AF224812

LEÇONS

DE

MATHÉMATIQUES SPÉCIALES

E. BLUTEL

ANCIEN PROFESSEUR DE MATHÉMATIQUES SPÉCIALES AU LYCÉE SAINT-LOUIS
INSPECTEUR GÉNÉRAL DE L'INSTRUCTION PUBLIQUE

Leçons
de
MATHÉMATIQUES
SPÉCIALES

A L'USAGE

DES CANDIDATS A L'ÉCOLE POLYTECHNIQUE ET A L'ÉCOLE NORMALE SUPÉRIEURE

ET DES ÉTUDIANTS DES FACULTÉS DES SCIENCES

I

ALGÈBRE — LIGNE DROITE ET PLAN
RIGONOMÉTRIE
ANALYSE — APPLICATIONS GÉOMÉTRIQUES

PARIS

LIBRAIRIE HACHETTE ET Cie

79, BOULEVARD SAINT-GERMAIN, 79

1914

AVERTISSEMENT

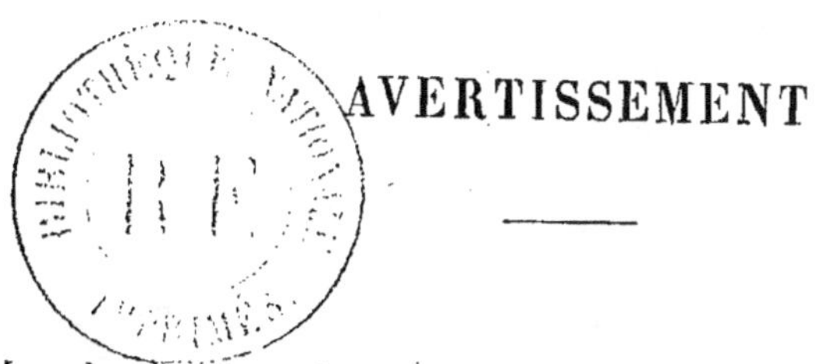

Les leçons que je publie aujourd'hui constituent le développement du programme de la classe de mathématiques spéciales des lycées, programme arrêté par une commission interministérielle et mis en vigueur en 1904.

J'ai laissé de côté ce qui a trait à la géométrie descriptive et à la mécanique, l'enseignement de ces matières se reliant moins bien à celui des autres.

Ayant suivi de près les travaux de la commission, je me suis inspiré des idées que les discussions ont mises en lumière. En particulier, le professeur a le droit d'exposer les matières du programme dans l'ordre qui lui paraît le plus profitable aux élèves; le maître a toute liberté pour le choix des méthodes. J'ai usé très largement de ce droit et de cette liberté.

Au lieu de suivre l'ordre traditionnel et d'exposer successivement l'algèbre, l'analyse, les compléments de trigonométrie et la géométrie analytique, j'ai cherché à fondre, dans la mesure du possible, ces divers enseignements.

Toute théorie algébrique est suivie immédiatement de ses applications géométriques; la portée d'une idée, l'intérêt que les élèves trouvent à ses développements, sont augmentés par cette association.

Toute étude géométrique du plan est accompagnée de l'étude correspondante de l'espace et, lorsque c'est possible, une seule étude traite des deux à la fois. La généralité de l'idée maîtresse se trouve ainsi mieux dégagée; la répétition des procédés de raisonnement ou de calcul, dans un court intervalle de temps, produit une impression plus durable et soulage l'effort imposé à la mémoire de l'élève.

Certaines classes de mathématiques spéciales sont constituées par des élèves ayant les origines les plus diverses, les connaissances les moins homogènes. Il importe de mettre rapidement les instruments les plus variés entre les mains de tous. On permet ainsi aux nouveaux de faire des applications, d'essayer leurs forces, de constater leurs progrès ; on donne aux anciens l'occasion de renouveler, sur des problèmes, plus difficiles, un intérêt affaibli par une ou plusieurs années de séjour dans une classe de spéciales. Mais il faut que les problèmes proposés aux plus forts ne soient pas inaccessibles aux autres et que chacun puisse faire son profit d'un exercice traité au tableau : l'entraînement général d'une classe, les résultats obtenus en fin d'année en dépendent. L'ordre que j'ai adopté et que j'ai mis à l'épreuve pendant plusieurs années m'a donné à ce sujet de grandes satisfactions.

Je n'ai pas craint de consacrer deux leçons à l'étude des propriétés essentielles des formes quadratiques à trois ou quatre variables ; le temps consacré à cette exposition est largement justifié par les simplifications qui en résultent. D'ailleurs, je n'ai fait que suivre sur ce point l'opinion très nette de la commission.

Il ne m'a pas paru possible de laisser complètement de côté l'usage des coordonnées tangentielles ; leur aide permet de traiter certaines questions du programme avec toute l'ampleur désirable et de donner aux propriétés corrélatives leur réelle signification.

J'ai supprimé franchement tous les développements que l'usage et la pratique des examens avaient introduits dans les cours à propos du théorème de Rolle, et je ne parle pas du théorème de Sturm.

J'ai donné à la construction des courbes toute l'importance qui s'attache à la représentation graphique des fonctions d'une variable. J'ai même cru devoir traiter avec quelques détails le cas où la courbe est définie par une équation algébrique simple, non résolue par rapport à l'une des coordonnées ; cela m'a obligé à donner des indications sommaires sur la continuité des racines d'une équation entière.

J'ai utilisé une disposition typographique souvent employée, les caractères ordinaires servant à l'exposition des idées essentielles du programme, des caractères plus fins étant réservés à des développements moins importants. Cette disposition m'a beaucoup servi dans l'étude des fonctions d'une variable où je me suis efforcé de mettre en lumière les différents problèmes qui se posent à l'esprit, laissant à des études plus poussées le soin de résoudre toutes les difficultés que révèle un premier examen.

J'ai introduit, à propos des limites, la notion d'ensemble dense en un point ; cela m'a permis de donner plus de concision aux

énoncés et aux démonstrations : il m'a suffi d'étudier le cas où
la fonction est définie pour un ensemble infini de valeurs de la
variable, cet ensemble constituant ou non tout un intervalle.

J'ai conservé quelques démonstrations classiques, plus simples
que rigoureuses ; j'en ai modifié d'autres lorsqu'il m'a paru possible d'allier la rigueur à la simplicité. La part qui me revient
dans ces essais n'apparaîtra guère. Je ne pouvais d'ailleurs citer
les auteurs de beaucoup de propositions ou de démonstrations
sans entrer dans des développements historiques que ne permet
pas un cadre déjà trop rempli.

Des exercices souvent nombreux suivent chaque leçon ; la
plupart donnent l'occasion de préciser un point élucidé d'une
façon incomplète, ou d'appliquer une idée exposée au cours de
la leçon : c'est dire que les élèves auront grand intérêt à les
étudier.

Les problèmes proposés aux examens écrits d'admission aux
grandes écoles scientifiques constituent aussi d'excellents exercices ; j'en ai reproduit fidèlement un grand nombre d'énoncés à
la fin du second volume.

Les amicales instances d'un maître regretté, excellent juge en
matière d'enseignement, C. Bourlet, m'ont déterminé à poursuivre
cette œuvre ; mes remerciements vont à sa mémoire.

Je serai heureux si ces leçons peuvent contribuer au bien de
l'enseignement et aider l'effort des élèves en soulageant celui
des professeurs.

E. BLUTEL.

Les Arches, le 14 avril 1914.

LEÇONS

DE

MATHÉMATIQUES SPÉCIALES

1re LEÇON

NOTION DE NOMBRE IRRATIONNEL

On démontre, en arithmétique, que toute fraction irréductible a dont les deux termes ne sont pas des puissances m^e de nombres naturels, n'est pas la m^e puissance d'une autre fraction, c'est-à-dire d'un nombre rationnel. Bien qu'on ait défini les valeurs de la racine m^e de a *approchées* par excès ou par défaut à $\frac{1}{10^p}$ près, par exemple, on ne peut parler de cette racine m^e (sans qualificatif) avant d'avoir précisé ce qu'il faut entendre par là. Prenons, par exemple, $m = 2$ et $a = \frac{4}{3}$. On peut classer l'ensemble des nombres rationnels positifs en deux catégories ou deux ensembles E et E' tels que tout nombre de E ait un carré inférieur à $\frac{4}{3}$ et tout nombre de E' ait un carré supérieur à $\frac{4}{3}$. Tout nombre de E est inférieur à tout nombre de E'. On peut trouver dans E et dans E' deux nombres dont la différence soit moindre qu'un nombre positif donné, si petit que soit ce dernier nombre. Il suffit, pour s'en rendre compte, de considérer les valeurs approchées a_1, a_2, ..., a_n, ... de la racine carrée de $\frac{4}{3}$ à $\frac{1}{10}$, $\frac{1}{100}$, ..., $\frac{1}{10^n}$, ... près par défaut ainsi que les valeurs approchées b_1, b_2, ..., b_n ... par excès dans les mêmes conditions; les premières forment un ensemble e partie de E et les secondes un ensemble e' partie de E', et l'on sait que la différence $b_n - a_n = \frac{1}{10^n}$ peut être rendue plus petite qu'un nombre donné, si petit qu'il soit.

Remarquons que $b_n^2 - a_n^2$ peut, comme $b_n - a_n$, être rendu moindre qu'un nombre donné et, à cause de l'égalité

$$b_n^2 - a_n^2 = \left(b_n^2 - \frac{4}{3}\right) + \left(\frac{4}{3} - a_n^2\right),$$

on voit que chacune des différences positives $b_n^2 - \frac{4}{3}$ et $\frac{4}{3} - a_n^2$ peut être rendue moindre qu'un nombre donné, si petit qu'il soit.

Nous dirons que les deux ensembles E et E′ définissent une coupure et qu'ils ont pour borne commune la racine carrée de $\frac{4}{3}$; nous représenterons cette racine par le symbole $\sqrt{\frac{4}{3}}$. Nous dirons aussi que tout nombre de E est inférieur à cette racine carrée et que tout nombre de E′ lui est supérieur.

Chaque fois que nous aurons formé deux ensembles E et E′ de nombres rationnels (ces ensembles ne comprennent pas forcément tous les nombres rationnels), possédant les deux propriétés caractéristiques suivantes :

1° Tout nombre de E est inférieur à tout nombre de E′;
2° On peut trouver dans E et dans E′ deux nombres dont la différence soit moindre qu'un nombre donné quelconque;

nous dirons que ces deux ensembles définissent une coupure que l'on peut regarder comme leur borne commune.

Les deux ensembles e et e' précédents satisfont à ces conditions.

Remarquons que la seconde propriété exige que les nombres de E ou de E′ soient en nombre infini. Prenons en effet un nombre quelconque a dans E et un nombre quelconque b dans E′; on peut déterminer a_1 de E et b_1 de E′ tel que l'on ait : $b_1 - a_1 < \dfrac{b - a}{2}$, par exemple. Si le nombre a_1 était inférieur à a, on aurait à fortiori $b_1 - a < \dfrac{b - a}{2}$; on peut donc supposer $a_1 \geqq a$ et, de même, $b_1 \leqq b$. Mais on ne peut avoir en même temps $a_1 = a$ et $b_1 = b$, c'est-à-dire que des deux nombres a_1 et b_1, il y en a au moins un nouveau. On répète le même raisonnement et on détermine a_2 et b_2 tels que $b_2 - a_2 < \dfrac{b_1 - a_1}{2}$, l'un au moins des deux nombres a_2 et b_2 étant nouveau, avec $a_2 \geqq a_1$ et $b_2 \leqq b_1$; et ainsi de suite. Il pourrait se faire qu'au bout d'un certain nombre d'opérations on retrouvât toujours le même nombre a_n par exemple; on en conclurait aisément que le nombre a_n est la borne commune aux deux ensembles, mais le nombre défini serait rationnel.

Par exemple, le nombre $\frac{4}{3}$ est la borne commune aux deux ensembles de nombres rationnels plus petits que lui ou plus grands que lui; on peut l'adjoindre à l'un ou à l'autre de ces ensembles et l'ensemble ainsi modifié possède encore avec l'autre les deux propriétés caractéristiques.

Le nombre 2,754 est la borne commune aux deux ensembles constitués par ses valeurs approchées par défaut ou par excès à $\dfrac{1}{10^p}$ près, mais l'un de ces ensembles contient un nombre fini de nombres, tandis que l'autre en contient une infinité.

La coupure représentée par $\sqrt{\dfrac{4}{3}}$ pourrait encore être définie de la façon suivante : les nombres rationnels positifs se partagent en deux classes, les uns vérifiant l'inégalité $x^2 - \dfrac{4}{3} < 0$ et les autres vérifiant l'inégalité $x^2 - \dfrac{4}{3} > 0$; on retrouve exactement ainsi les deux ensembles E et E' déjà rencontrés. Ceci nous amène à une généralisation.

Le polynome $f(x) \equiv x^4 - x - 1$, par exemple, a même valeur que le produit : $x^4\left(1 - \dfrac{1}{x^3} - \dfrac{1}{x^4}\right)$ et même signe que le facteur $1 - \dfrac{1}{x^3} - \dfrac{1}{x^4}$. Si l'on y substitue des nombres rationnels positifs de plus en plus grands, la valeur du facteur $1 - \dfrac{1}{x^3} - \dfrac{1}{x^4}$ devient de plus en plus grande; il en résulte que si l'on a $f(a) < 0$, on a aussi $f(a') < 0$ en même temps que $a' < a$. De même l'inégalité $f(b) > 0$ entraîne $f(b') > 0$ si l'on a $b' > b$. Tout nombre rationnel positif peut alors se ranger dans l'ensemble E des nombres a tels que l'on ait $f(a) < 0$, ou dans l'ensemble E' des nombres b tels que $f(b) > 0$ (on démontrera qu'il n'y a pas de nombre rationnel α tel que $f(\alpha)$ soit nul). Tout nombre de E est, d'après les remarques précédentes, moindre que tout nombre de E'. Par exemple 1 appartient à E et 2 fait partie de E'.

a étant un nombre de E, les nombres de la suite a, $a + \dfrac{1}{10^n}$, $a + \dfrac{2}{10^n}$, $\ldots$, $a + \dfrac{p}{10^n}$, $\ldots$ finissent par appartenir à E'. Par exemple, $a + \dfrac{p}{10^n}$ fait partie de E et $a + \dfrac{p+1}{10^n}$ fait partie de E'; leur différence $\dfrac{1}{10^n}$ peut être supposée moindre qu'un nombre donné.

Nous avons donc encore défini une coupure.

Nous montrerons, dans la suite, que $f(b) - f(a)$ tend vers zéro avec $b - a$ (ce langage sera précisé), et comme $f(b)$ est positif ainsi que $-f(a)$, on en conclut que chacun de ces nombres tend vers zéro : la coupure constitue une racine de l'équation $f(x) = 0$ ou un zéro de $f(x)$.

Des considérations analogues montrent que l'ensemble des nombres rationnels négatifs se partage en deux classes, les uns vérifiant l'inégalité $f(x) > 0$, les autres l'inégalité contraire. On définit ainsi une nouvelle coupure et une racine négative de l'équation $f(x) = 0$.

En somme, le polynome $f(x)$ étant donné, l'ensemble des nombres rationnels se trouve partagé en trois classes : les nombres de la première classe sont négatifs et vérifient l'inégalité $f(x) > 0$; les nombres de la seconde sont positifs ou négatifs et vérifient l'inégalité $f(x) < 0$; les nombres de la troisième sont positifs et vérifient l'inégalité $f(x) > 0$. Ces trois ensembles sont bornés deux à deux par des nombres irrationnels x_1 et x_2.

Nous verrons dans la suite que, d'une façon générale, un polynome entier $f(x)$ à coefficients entiers étant donné, on peut sous certaines réserves classer tous les nombres rationnels en un certain nombre d'ensembles bornés par des nombres rationnels ou irrationnels x_1, x_2, x_3, ..., x_k, tous les nombres rationnels inférieurs à x_1 ainsi que ceux qui sont compris entre x_2 et x_3, ou entre x_4 et x_5, etc., donnant à $f(x)$ un certain signe et tous les nombres rationnels compris entre x_1 et x_2 ou entre x_3 et x_4, etc., donnant à $f(x)$ le signe contraire. Ces nombres irrationnels particuliers s'appellent *nombres algébriques* ; les racines m^e des nombres rationnels en sont des cas particuliers.

Voici un autre exemple de coupure. Imaginons un nombre décimal quelconque $1,3476 \ldots$ illimité dont tous les chiffres décimaux sont bien définis d'après leur rang, Les nombres 1 ; $1,3$; $1,34$; $1,347$, ... forment un premier ensemble E ; les nombres 2 ; $1,4$; $1,35$; $1,348$, ... forment un second ensemble E'. Ces deux ensembles possédant les deux propriétés caractéristiques définissent une coupure et un nombre qui est rationnel si la fraction décimale est périodique, irrationnel dans le cas contraire.

La mesure des grandeurs nous conduit à des considérations analogues. Sur un axe Ox orienté positivement de gauche à droite, prenons un segment unitaire OA et du côté des x positifs, par exemple, un point M quelconque. Portons sur Ox à partir de O, vers la droite, un segment S quelconque, dont la mesure est un nombre rationnel $\dfrac{p}{q}$, p et q étant deux nombres naturels quelconques ; l'extrémité de S tombe soit entre O et M, soit à droite de M, et si les deux segments OM et OA n'ont pas de commune mesure, jamais l'extrémité de S ne coïncide avec M. Les segments S sont donc classés en deux catégories, ceux dont l'extrémité est entre O et M et ceux dont l'extrémité est à droite de M ; les mesures correspondantes sont des nombres rationnels positifs formant deux ensembles E et E' qui possèdent les deux propriétés caractéristiques. La borne commune à ces deux ensembles est un nombre irrationnel, mesure de OM lorsqu'on prend OA comme unité. Quand OM et OA sont commensurables, le nombre qui mesure OM peut être regardé comme faisant partie soit de l'ensemble E, soit de l'ensemble E'.

Comparaison d'un nombre irrationnel et d'un autre nombre. — La comparaison d'un nombre rationnel α à un nombre irrationnel x_0 défini par deux ensembles E et E' s'effectue ainsi : ou bien il existe dans E un nombre supérieur à α et on dit que x_0 est supérieur à α, ou il n'en existe pas ; ou bien il existe dans E' un nombre inférieur à α et on dit que α est supérieur à x_0, ou il n'en existe pas.

Dans le cas exceptionnel où tous les nombres de E sont inférieurs à α et tous les nombres de E' supérieurs à α, la borne commune de ces ensembles est nécessairement α et le nombre x_0 n'est pas irrationnel.

La comparaison d'un nombre rationnel et d'un nombre irrationnel conduit à la définition de la racine m^e d'un nombre irrationnel x_0 au moyen de deux ensembles E et E' de nombres rationnels possédant les deux propriétés caractéristiques ; on suppose en outre que les puissances m^e de ces nombres forment deux ensembles admettant x_0 comme coupure.

La comparaison de deux nombres irrationnels x_0 et x_1 se fait aisément.

Comparons les deux ensembles inférieurs E_0 et E_1 de nombres rationnels qui servent à la définition de x_0 et de x_1. Il peut se faire qu'il n'y ait, dans E_1, aucun nombre supérieur à tous les nombres de E_0 et, dans E_0, aucun nombre supérieur à tous les nombres de E_1 ; on en conclut facilement qu'on peut substituer E_1 à E_0 dans la définition de x_0 et E_0 à E_1 dans celle de x_1, et que la coupure définie par les deux ensembles E_0, E_0' est la même que la coupure définie par les deux ensembles E_1 et E_1', c'est-à-dire que $x_0 = x_1$. Sinon, il y a, dans E_1 par exemple, un nombre α supérieur à tous les nombres de E_0, donc supérieur à x_0 ; on en conclut que x_1 est supérieur à x_0.

Valeurs approchées d'un nombre incommensurable. — On dit qu'un nombre rationnel α est approché d'un nombre irrationnel x_0, par défaut, avec une erreur moindre qu'un nombre positif rationnel ε, lorsque x_0 est compris entre α et $\alpha + \varepsilon$; l'approximation a lieu par excès si x_0 est compris entre α et $\alpha - \varepsilon$.

Il est aisé de voir que la donnée de x_0 et de ε ne définit pas α ; aussi a-t-on été conduit à donner une définition plus précise de l'approximation des nombres irrationnels. On dit que $\dfrac{n}{10^p}$ (n désignant un entier et p un nombre naturel donné) est la valeur approchée par défaut de x_0 à $\dfrac{1}{10^p}$ près, lorsque x_0 est compris entre $\dfrac{n}{10^p}$ et $\dfrac{n+1}{10^p}$; le nombre $\dfrac{n+1}{10^p}$ est la valeur approchée de x_0 par excès à $\dfrac{1}{10^p}$ près. Plus généralement, ε étant un nombre positif rationnel donné, on dit que $n\varepsilon$ (n désignant un nombre entier) est la valeur approchée de x_0 à ε près par défaut, lorsque x_0 est compris entre $n\varepsilon$ et $(n+1)\varepsilon$; le nombre $(n+1)\varepsilon$ est la valeur approchée de x_0 par excès à ε près. Le nombre irrationnel x_0 étant défini par deux ensembles de nombres rationnels

E_0 et E_0', on déterminera la valeur approchée $n\epsilon$ en choisissant l'entier n de telle sorte qu'il y ait dans E_0 des nombres supérieurs à $n\epsilon$ et dans E_0' des nombres inférieurs à $(n+1)\epsilon$.

Opérations algébriques sur les nombres irrationnels. — 1° *Addition.* — Considérons deux nombres irrationnels x_0 et x_1 définis, le premier comme coupure des deux ensembles de nombres rationnels E_0 et E_0', le second comme coupure des deux ensembles analogues E_1 et E_1'. Considérons l'ensemble E_2 des nombres obtenus en ajoutant deux nombres quelconques pris, l'un dans E_0, l'autre dans E_1, et l'ensemble E_2' des nombres obtenus en ajoutant deux nombres quelconques de E_0' et de E_1'. Il est évident que les deux ensembles E_2 et E_2' possèdent la première propriété caractéristique; on démontrerait qu'ils possèdent la seconde par un mécanisme analogue à celui qui sera utilisé plus loin dans la théorie des opérations sur les limites; nous admettrons ce fait. Dès lors, E_2 et E_2' déterminent une coupure que nous regarderons comme définissant $x_0 + x_1$.

Si x_1 était un nombre rationnel, il suffirait de l'ajouter à tous les nombres de E_0 et à tous ceux de E_0' pour obtenir deux ensembles E_2 et E_2'.

2° *Soustraction.* — Pour obtenir $x_1 - x_0$, nous considérerons l'ensemble E_2 obtenu en retranchant, des nombres de E_1, les nombres de E_0', et l'ensemble E_2' obtenu en retranchant les nombres de E_0 des nombres de E_1'. On voit de suite que E_2 et E_2' possèdent la première propriété caractéristique; nous admettrons qu'ils possèdent la seconde en répétant l'observation faite sur ce sujet à propos de l'addition. Les deux ensembles E_2 et E_2' déterminent une coupure que nous prendrons comme définition de $x_1 - x_0$. On vérifierait aisément que, si au nombre $x_1 - x_0$, ainsi défini, on ajoute x_0, on retrouve x_1.

Le nombre $x_1 - x_0$ est positif s'il y a des nombres positifs dans l'ensemble E_2, négatif s'il y a des nombres négatifs dans l'ensemble E_2', et nul s'il n'y a pas de nombres positifs dans le premier, ni de nombres négatifs dans le second. On vérifierait aisément que si x_1 est supérieur à x_0, $x_1 - x_0$ est positif, et que si x_1 est inférieur à x_0, $x_1 - x_0$ est négatif. On aurait donc pu comparer x_0 et x_1 en étudiant tout d'abord le signe de $x_1 - x_0$.

Dans le cas où x_0 est un nombre rationnel, on obtient les deux ensembles E_2 et E_2' en retranchant x_0 de tous les nombres de E_1 et de E_1'.

3° *Multiplication.* — x_0 et x_1 étant deux nombres irrationnels positifs, considérons les deux ensembles E_2 et E_2' obtenus en multipliant un nombre quelconque de E_0 par un nombre quelconque de E_1 et un nombre quelconque de E_0' par un nombre quelconque de E_1'; E_2 et E_2' possèdent encore les deux propriétés caractéristiques et définissent une coupure qui détermine le produit $x_0 x_1$. Dans le cas où x_1 est un nombre rationnel, on obtient les deux ensembles E_2 et E_2' en multipliant par x_1 tous les nombres de E_0 et de E_0'.

Si l'un des nombres x_0 et x_1, ou tous deux, étaient négatifs, on les remplacerait par les nombres symétriques en appliquant la règle des signes.

Le produit $x_0 x_1$ peut d'ailleurs être un nombre rationnel, comme la somme $x_0 + x_1$ ou comme la différence $x_0 - x_1$.

4° *Division.* — x_0 et x_1 étant deux nombres irrationnels positifs, considérons l'ensemble E_2 des nombres obtenus en divisant les nombres de E_1 par ceux de E'_0 et l'ensemble E'_2 des nombres obtenus en divisant les nombres de E'_1 par ceux de E_0; les deux ensembles E_2 et E'_2 possèdent encore les deux propriétés caractéristiques et définissent une coupure qui détermine le quotient $\dfrac{x_1}{x_0}$. On vérifierait aisément que le produit de $\dfrac{x_1}{x_0}$ par x_0 est x_1. Si x_0 est un nombre rationnel, on obtient E_2 et E'_2 en divisant par x_0 les nombres de E_1 et de E'_1; une remarque analogue s'impose si x_1 est rationnel.

Si l'un des nombres x_0 et x_1, ou tous deux, étaient négatifs, on les remplacerait par les nombres symétriques en appliquant la règle des signes. Le quotient $\dfrac{x_1}{x_0}$ peut être rationnel.

Généralisation de la définition des nombres irrationnels. — Considérons deux ensembles E et E' de nombres rationnels ou irrationnels; la comparaison de leurs grandeurs respectives étant possible, d'après ce qui précède, et leurs différences étant définies, nous sommes en mesure de reconnaître si ces deux ensembles possèdent les **deux** propriétés caractéristiques; si oui, nous pourrons dire encore qu'ils définissent une coupure et un nombre irrationnel ou rationnel suivant les cas.

En voici un exemple simple tiré de la géométrie : les longueurs des côtés des polygones réguliers de 4, 8, 16, ... côtés inscrits dans un cercle de diamètre 1, ont pour mesures des nombres irrationnels, de sorte que les périmètres de ces polygones sont eux-mêmes mesurés par des nombres irrationnels p_4, p_8, p_{16}, ... formant un ensemble E; de même, les périmètres des polygones réguliers circonscrits de 4, 8, 16, ... côtés, sont mesurés par un nombre rationnel P_4 et par des nombres irrationnels P_8, P_{16}, ... formant un ensemble E'. Ces deux ensembles possèdent les deux propriétés caractéristiques et déterminent une coupure; le nombre qu'ils définissent est le nombre π. On a démontré, *non seulement que π n'est pas un nombre rationnel, mais qu'il n'est pas un nombre algébrique.* Il n'y a rien à changer à la définition des valeurs approchées des nombres irrationnels déterminés de cette façon, mais la recherche de ces valeurs approchées donnera lieu, en général, à des calculs plus pénibles que dans le cas où les nombres irrationnels sont définis par des ensembles de nombres rationnels. La même observation s'applique aux opérations à effectuer sur ces nombres.

EXERCICES

1° Démontrer que si l'on partage l'ensemble des nombres commensurables en deux autres ensembles E, E' possédant la première propriété caractéristique, ces deux ensembles E, E', possèdent aussi la seconde propriété caractéristique et définissent une coupure.

2° x_1 étant un nombre positif incommensurable, soit a_1 sa partie entière; $x_1 - a_1$ est un nombre incommensurable inférieur à 1 et $\dfrac{1}{x_1 - a_1} = x_2$ est un nombre incommensurable supérieur à 1. Soit a_2 la partie entière de x_2; $\dfrac{1}{x_2 - a_2} = x_3$ est un nombre incommensurable supérieur à 1. Soit a_3 la partie entière de x_3; etc.

Les nombres

$$r_1 = \frac{1}{a_1}, \qquad r_2 = a_1 + \frac{1}{a_2} = \frac{a_1 a_2 + 1}{a_2},$$

$$r_3 = \frac{a_1\left(a_2 + \dfrac{1}{a_3}\right) + 1}{a_2 + \dfrac{1}{a_3}} = \frac{a_1 a_2 a_3 + a_3 + a_1}{a_2 a_3 + 1}, \; \ldots$$

forment un ensemble infini de nombres rationnels qui constituent des valeurs approchées de x_1. On pose :

$$p_1 = a_1, \qquad p_2 = a_1 a_2 + 1, \qquad p_3 = a_1 a_2 a_3 + a_3 + a_1, \; \ldots$$
$$q_1 = 1, \qquad q_2 = a_2, \qquad q_3 = a_2 a_3 + 1, \; \ldots$$

La valeur approchée $r_n = \dfrac{p_n}{q_n}$ est la réduite de rang n relative à x_1; on dit que x_1 est réduit en fraction continue. Démontrer les relations :

$$p_n = a_n p_{n-1} + p_{n-2}, \qquad q_n = a_n q_{n-1} + q_{n-2},$$
$$p_n q_{n-1} - p_{n-1} q_n = (-1)^n, \qquad x_{n+1} = \frac{q_{n-1}}{q_n} \cdot \frac{r_{n-1} - x_1}{x_1 - r_n}.$$

Déduire de là : 1° que les réduites sont des fractions irréductibles; 2° que les réduites de rang impair vont en croissant, les réduites de rang pair en décroissant, et qu'une réduite de rang impair est plus petite qu'une réduite de rang pair; 3° que x_1 est compris entre deux réduites consécutives et que $|x_1 - r_n|$ est inférieur à $\dfrac{1}{q_n^2}$; 4° que tout nombre rationnel qui approche plus de x_1 que r_n a des termes plus grands que p_n et q_n.

2e LEÇON

OPÉRATIONS SUR LES RADICAUX ARITHMÉTIQUES
EXPONENTIELLES ET LOGARITHMES

Les nombres irrationnels positifs définis comme racines de nombres rationnels ou irrationnels positifs s'appellent radicaux arithmétiques.

Les opérations relatives à la multiplication et à la division de ces nombres donnent lieu à un certain nombre de remarques qui en facilitent l'exécution.

Tout d'abord, a étant irrationnel, on représente encore par a^p le produit de p nombres égaux à a.

1° RÈGLE.
$$\sqrt[q]{a} \cdot \sqrt[q]{b} = \sqrt[q]{a \cdot b}.$$

On vérifie de suite cette égalité en élevant les deux membres à la puissance q. Comme conséquences, on voit que

$$\frac{\sqrt[q]{a}}{\sqrt[q]{b}} = \sqrt[q]{\frac{a}{b}}$$

et que $\quad \left(\sqrt[q]{a^p}\right)^{p'} = \sqrt[q]{a^p} \cdot \sqrt[q]{a^p} \ldots \sqrt[q]{a^p} = \sqrt[q]{a^p \cdot a^p \ldots a^p} = \sqrt[q]{a^{pp'}}.$

2° RÈGLE.
$$\sqrt[q']{\sqrt[q]{a}} = \sqrt[qq']{a}.$$

En effet, si b est la valeur du premier membre, on a successivement :

$$b^{q'} = \sqrt[q]{a}, \qquad \left(b^{q'}\right)^q = b^{qq'} = a$$

et, par suite,
$$b = \sqrt[qq']{a}.$$

3° RÈGLE.
$$\sqrt[mq]{a^{mp}} = \sqrt[q]{a^p}.$$

En effet, si b est la valeur du premier membre, on a :
$$b^{mq} = a^{mp}$$

et, en extrayant les racines m^e des deux membres,
$$b^q = a^p, \qquad \text{d'où } b = \sqrt[q]{a^p}.$$

Dans la pratique, l'application de la 3e règle permet de simplifier les résultats auxquels conduit l'application des deux premières. Par exemple :

$$\left(\sqrt[6]{a^5}\right)^2 = \sqrt[6]{a^{10}} = \sqrt[3]{a^5},$$

$$\sqrt[3]{\sqrt[4]{a^9}} = \sqrt[12]{a^9} = \sqrt[4]{a^3}.$$

Toutes ces remarques se traduisent aisément en langage ordinaire.

L'application de la 3ᵉ règle permet de réduire deux radicaux quelconques au même indice (on peut définir le plus petit indice commun).

Par exemple, $\sqrt[6]{a^5}$ et $\sqrt[4]{b^3}$ peuvent s'écrire $\sqrt[12]{a^{10}}$ et $\sqrt[12]{b^9}$.

Ceci permet de remplacer le produit de deux radicaux quelconques par un seul radical; par exemple :

$$\sqrt[6]{a^5} \cdot \sqrt[4]{b^3} = \sqrt[12]{a^{10} b^9}.$$

Exposants fractionnaires. — Dans la pratique, a désignant un nombre positif quelconque, p et q deux nombres naturels, on représente $\sqrt[q]{a^p}$ par $a^{\frac{p}{q}}$. L'égalité $\dfrac{p'}{q'} = \dfrac{p}{q}$ entraine $a^{\frac{p'}{q'}} = a^{\frac{p}{q}}$. Cette dernière égalité équivaut en effet à

$$\sqrt[q]{a^p} = \sqrt[q']{a^{p'}},$$

ou bien à

$$\sqrt[qq']{a^{pq'}} = \sqrt[qq']{a^{p'q}},$$

qui est bien réalisée, à cause de $pq' = qp'$.

L'emploi de ces exposants fractionnaires est particulièrement commode; cela résulte du fait que les puissances correspondantes d'un nombre positif quelconque sont soumises aux mêmes règles de calcul que les puissances dont les exposants sont des nombres naturels. Ces règles se formulent ainsi :

$$a^m \cdot a^{m'} = a^{m+m'} \quad \text{et} \quad (a^m)^{m'} = a^{m \cdot m'}.$$

En effet, on a successivement :

$$a^{\frac{p}{q}} \cdot a^{\frac{p'}{q'}} = \sqrt[q]{a^p} \cdot \sqrt[q']{a^{p'}} = \sqrt[qq']{a^{pq'}} \cdot \sqrt[qq']{a^{p'q}} = \sqrt[qq']{a^{pq'+p'q}} = a^{\frac{p}{q}+\frac{p'}{q'}}$$

et

$$\left(a^{\frac{p}{q}}\right)^{\frac{p'}{q'}} = \sqrt[q']{\left(\sqrt[q]{a^p}\right)^{p'}} = \sqrt[q']{\sqrt[q]{a^{pp'}}} = \sqrt[qq']{a^{pp'}} = a^{\frac{pp'}{qq'}}.$$

Exposants négatifs. — On représente le nombre $\dfrac{1}{a^m}$, où m désigne un nombre rationnel positif, par a^{-m}.

Les puissances à exposants fractionnaires négatifs sont soumises aux mêmes règles de calcul que les puissances à exposants fractionnaires positifs.

Ainsi :

$$a^{-3} \cdot a^{-\frac{1}{2}} = \frac{1}{a^3} \cdot \frac{1}{a^{\frac{1}{2}}} = \frac{1}{a^{3+\frac{1}{2}}} = a^{-\left(3+\frac{1}{2}\right)} = a^{(-3)+\left(-\frac{1}{2}\right)},$$

$$a^5 \cdot a^{-\frac{1}{2}} = \frac{a^3}{a^{\frac{1}{2}}} = a^{3-\frac{1}{2}} = a^{(3)+\left(-\frac{1}{2}\right)}$$

et, d'une façon générale, $a^m \cdot a^{m'} = a^{m+m'}$.

Ceci conduit à une définition de a^0 regardé comme étant égal à :

$$a^m \cdot a^{-m} = \frac{a^m}{a^m} = 1.$$

De même :

$$(a^3)^{-\frac{1}{2}} = \frac{1}{(a^3)^{\frac{1}{2}}} = \frac{1}{a^{3 \times \frac{1}{2}}} = a^{3 \cdot \left(-\frac{1}{2}\right)},$$

$$(a^{-3})^{\frac{1}{2}} = \left(\frac{1}{a^3}\right)^{\frac{1}{2}} = \frac{1}{a^{3 \times \frac{1}{2}}} = a^{(-3) \cdot \frac{1}{2}},$$

$$(a^{-3})^{-\frac{1}{2}} = \frac{1}{\left(\frac{1}{a^3}\right)^{\frac{1}{2}}} = a^{3 \times \frac{1}{2}} = a^{(-3) \cdot \left(-\frac{1}{2}\right)}$$

et, d'une façon générale, $(a^m)^{m'} = a^{m \cdot m'}$.

Variations simultanées du nombre $a^{\frac{p}{q}}$ et de son exposant. — Il nous suffit d'étudier cette question en supposant l'exposant positif, à cause de l'égalité $a^{-m} = \frac{1}{a^m}$.

Il faut évidemment distinguer les deux cas où a est supérieur à 1 et où a est inférieur à 1, le second se ramenant d'ailleurs au premier en posant $a = \frac{1}{a'}$. Le cas où $a = 1$ est sans intérêt.

1° *L'exposant est un nombre naturel et* $a > 1$. — D'abord, la valeur de a^m, m étant un nombre naturel, est supérieure à 1 ; elle croît avec m et croît au delà de toute limite avec lui. Cette dernière propriété résulte du fait que si l'on pose $a = 1 + \alpha$, on a $a^m > 1 + m\alpha$ et ce dernier nombre croît au delà de toute limite avec m.

On en conclut de suite que si a est inférieur à 1, a^m est inférieur à 1, décroît quand m croît et tend vers zéro quand m augmente au delà de toute limite.

2° *Racines* ; $a > 1$. — $\sqrt[m]{a}$ est supérieur à 1. Si on a $m' > m$, les deux nombres $b = \sqrt[m]{a}$ et $b' = \sqrt[m']{a}$ sont tels que $b^m = b'^{m'}$ et $\left(\frac{b}{b'}\right)^m = b'^{m'-m} > 1$, donc b est supérieur à b'.

Si m augmente au delà de toute limite, $\sqrt[m]{a}$ tend vers 1. En effet, de l'égalité $\sqrt[m]{a} = 1 + \alpha$, on tire $a = (1 + \alpha)^m > 1 + m\alpha$, et, par suite, $\alpha < \frac{a - 1}{m}$; ce dernier nombre tendant vers zéro quand m augmente indéfiniment, α tend vers zéro et $\sqrt[m]{a}$ tend vers 1.

Si a est inférieur à 1, $\sqrt[m]{a}$ est inférieur à 1, croît avec m et tend vers 1 quand m croît indéfiniment.

3° *L'exposant est un nombre fractionnaire positif quelconque* ; $a > 1$.

— Le nombre $a^{\frac{p}{q}}$ étant égal à $\sqrt{a^p}$ est, en vertu de ce qui précède, supérieur à 1.

Comme $\dfrac{a^{\frac{p'}{q'}}}{a^{\frac{p}{q}}} = a^{\frac{p'}{q'} - \frac{p}{q}}$, on voit que si $\dfrac{p'}{q'}$ est supérieur à $\dfrac{p}{q}$, ce quotient

est supérieur à 1. D'une façon générale, $a^{\frac{p}{q}}$ croît donc avec l'exposant positif $\dfrac{p}{q}$.

Si $\dfrac{p}{q}$ augmente au delà de toute limite, sa partie entière m croît

aussi indéfiniment et $a^{\frac{p}{q}}$, qui est supérieur à a^m, augmente au delà de toute limite.

Si $\dfrac{p}{q}$ tend vers zéro, $\dfrac{q}{p}$ augmente au delà de toute limite ainsi que sa

partie entière n. L'inégalité $n \leqq \dfrac{q}{p}$ entraîne $\dfrac{p}{q} \leqq \dfrac{1}{n}$ et $a^{\frac{p}{q}} \leqq a^{\frac{1}{n}}$. Ce

dernier nombre tendant vers 1 quand n augmente indéfiniment, il en

est de même de $a^{\frac{p}{q}}$ quand $\dfrac{p}{q}$ tend vers zéro.

Si a est inférieur à 1, $a^{\frac{p}{q}}$ est inférieur à 1, décroît quand l'exposant croît, tend vers zéro quand l'exposant augmente au delà de toute limite, et vers 1 quand l'exposant tend vers zéro.

4° *L'exposant est un nombre rationnel négatif;* a > 1. — L'égalité $a^{-m} = \dfrac{1}{a^m}$ où l'on suppose $m > 0$ montre que a^{-m} est inférieur à 1.

Quand $(-m)$ croît, m décroît ainsi que a^m et $\dfrac{1}{a^m}$ croît. Quand $(-m)$

décroît au-dessous de toute limite, m croît au delà de toute limite,

a^m également et $\dfrac{1}{a^m}$ ou a^{-m} tend vers zéro. Quand $(-m)$ tend vers

zéro, il en est de même de m et, par suite, a^m tend vers 1 ainsi

que $\dfrac{1}{a^m}$ ou a^{-m}.

En résumé, a^x, où a est supérieur à 1 et x commensurable, croît avec x et tend vers 1 quand x tend vers zéro.

On en déduirait que si a est inférieur à 1, a^x décroît quand x croît et tend encore vers 1 quand x tend vers zéro; on montrerait aussi que, dans les mêmes conditions, a^x tend vers zéro quand x croît au delà de toute limite, et augmente au delà de toute limite quand x décroît au-dessous de toute limite.

Définition de a^x pour x incommensurable. Propriétés. — Supposons encore $a > 1$, par exemple. Le nombre irrationnel x étant défini comme coupure de deux ensembles E et E' de nombres rationnels, représentons par α un nombre quelconque de E et par α' un nombre quelconque de E'; les nombres a^{α}, d'une part, et les nombres $a^{\alpha'}$, d'autre part, forment deux ensembles E_1 et E_1', qui possèdent les deux propriétés caractéristiques, car l'inégalité $\alpha < \alpha'$ entraîne $a^{\alpha} < a^{\alpha'}$ et $a^{\alpha'} - a^{\alpha} = a^{\alpha} \cdot [a^{\alpha'-\alpha} - 1]$ tend vers zéro avec $\alpha' - \alpha$.

La coupure de ces deux ensembles E_1 et E_1' sert de définition à a^x dont la valeur est supérieure à celle de a^{α} et inférieure à celle de $a^{\alpha'}$. Si x' est supérieur à x, on peut imaginer un nombre rationnel β appartenant à l'ensemble des nombres rationnels supérieurs à x et à l'ensemble des nombres rationnels inférieurs à x'; d'après cela on a : $a^x < a^{\beta} < a^{x'}$, c'est-à-dire que a^x croît avec x.

On vérifierait, comme conséquence, que a^x augmente au delà de toute limite avec x, tend vers 1 quand x tend vers zéro, et tend vers zéro quand x décroît au-dessous de toute limite.

Les propositions correspondantes relatives à $a < 1$, se trouvent aisément.

Imaginons deux nombres irrationnels x_0 et x_1 définis, l'un par un ensemble E_0 de nombres rationnels α_0 et par un ensemble E_0' de nombres rationnels α_0', l'autre par deux ensembles analogues E_1 et E_1' de nombres rationnels α_1 et α_1'. Le produit $a^{x_0} \cdot a^{x_1}$ est défini comme coupure des deux ensembles de nombres formés par $a^{\alpha_0} \cdot a^{\alpha_1}$ et $a^{\alpha_0'} \cdot a^{\alpha_1'}$, c'est-à-dire par $a^{\alpha_0+\alpha_1}$ et $a^{\alpha_0'+\alpha_1'}$. Mais ces deux derniers ensembles admettent $a^{x_0+x_1}$ comme coupure. On en conclut que $a^{x_0} \cdot a^{x_1} = a^{x_0+x_1}$.

On en conclut aussi que a^x tend vers a^{x_0} quand x tend vers x_0, car le rapport $\dfrac{a^x}{a^{x_0}}$ vaut a^{x-x_0} qui tend vers 1 quand $x - x_0$ tend vers zéro.

p désignant un nombre naturel, et x étant irrationnel, on a :

$$(a^x)^p = a^{px}$$

comme conséquence de l'égalité $a^x \cdot a^{x'} = a^{x+x'}$.

q désignant un nombre naturel, on en conclut que l'on a :

$$(a^x)^{\frac{1}{q}} = a^{\frac{x}{q}}$$

car la puissance q^e du second membre est a^x.

De ces deux égalités, on conclut la suivante :

$$(a^x)^{\frac{p}{q}} = a^{\frac{px}{q}} \cdot$$

Cette dernière s'étend au cas où le nombre rationnel $\dfrac{p}{q}$ est négatif, à cause de $(a^x)^{-\frac{p}{q}} = \dfrac{1}{(a^x)^{\frac{p}{q}}} = \dfrac{1}{a^{\frac{px}{q}}} = a^{-\frac{px}{q}} \cdot$

Si l'on fait tendre $\dfrac{p}{q}$ vers un nombre irrationnel x', $(a^x)^{\frac{p}{q}}$ tend vers $(a^x)^{x'}$ et $a^{\frac{p}{q}x}$ tend vers $a^{xx'}$; on conclut que l'on a : $(a^x)^{x'} = a^{xx'}$.

Logarithmes. — Les nombres rationnels $\dfrac{p}{q}$ peuvent être rangés dans deux ensembles caractérisés, l'un par l'inégalité $2^{\frac{p}{q}} \leqq 3$, l'autre par l'inégalité $2^{\frac{p}{q}} > 3$. Il est aisé de voir que ces deux ensembles possèdent les deux propriétés caractéristiques et déterminent une coupure y_0 telle que l'on ait $2^{y_0} = 3$. Le nombre rationnel ou irrationnel y_0 ainsi défini s'appelle logarithme de 3 dans le système de base 2.

Des considérations analogues permettent de définir le logarithme y d'un nombre positif quelconque x dans le système ayant pour *base* un nombre positif donné a. Cette définition se traduit par l'égalité $x = a^y$ ou $y = \log_a x$. Le logarithme de la base est 1.

Si la base est supérieure à 1, les propriétés de la fonction exponentielle a^y montrent que le logarithme croît avec le nombre et croît au delà de toute limite avec lui, que le logarithme tend vers 0 quand le nombre tend vers 1 et qu'il décroît au-dessous de toute limite quand le nombre tend vers 0. Si la base est inférieure à 1, le logarithme décroît quand le nombre croît, décroît au-dessous de toute limite quand le nombre croît au-dessus de toute limite, tend vers 0 quand le nombre tend vers 1 et croît au-dessus de toute limite quand le nombre tend vers 0.

Les logarithmes employés dans les calculs numériques ont pour base le nombre 10; ce sont les logarithmes vulgaires.

En algèbre, on emploie de préférence les logarithmes népériens; ils ont pour base un nombre e incommensurable que nous définissons plus loin et se représentent par l'une ou l'autre des notations $\log x$, $\mathrm{L}x$.

Propriétés relatives au calcul des logarithmes. — Soient y et y' les logarithmes de deux nombres positifs quelconques b et b' dans le système de base a. Des deux égalités $b = a^y$ et $b' = a^{y'}$ on déduit : $bb' = a^{y+y'}$ et, par suite :

$$y + y' = \log_a (bb') = \log_a b + \log_a b' \qquad (1)$$

On déduit de là que $\log_a \dfrac{b'}{b} = \log_a b' - \log_a b$ et que $\log_a \dfrac{1}{b} = -\log_a b$.

De $b = a^y$ on tire $b^m = a^{my}$, c'est-à-dire :

$$my = m \log_a b = \log_a b^m. \qquad (2)$$

Les formules (1) et (2) sont fondamentales. La seconde permet de passer du logarithme d'un nombre positif quelconque b dans un système de base a au logarithme de ce même nombre dans le système de base a'. On a, en effet :

$$b = a^{\log_a b}$$

Prenons les logarithmes des deux membres dans le système de base a'; il vient :

$$\log_{a'} b = \log_a b \times \log_{a'} a.$$

Ceci montre que le rapport $\dfrac{\log_{a'} b}{\log_a b}$ est indépendant de b. On en obtient deux valeurs remarquables en faisant soit $b = a$, soit $b = a'$; la seconde est $\dfrac{1}{\log_a a'}$, ce qui montre que l'on a :

$$\log_{a'} a \times \log_a a' = 1.$$

Le nombre constant par lequel il faut multiplier les logarithmes du système de base a pour obtenir les logarithmes dans le système de base a' s'appelle le module relatif des deux systèmes. On appelle *module absolu* du système de base a le rapport du logarithme d'un nombre dans ce système au logarithme népérien correspondant.

EXERCICES

1° x_0 désignant une racine de l'équation $x^2 + px + q = 0$, démontrer que toute fonction rationnelle de x_0 (quotient de deux polynomes entiers en x_0) à coefficients rationnels, peut se mettre sous la forme $A x_0 + B$, A et B désignant des fonctions rationnelles de p et de q à coefficients rationnels.

2° a étant un nombre rationnel, on pose $x_0 = \sqrt[3]{a}$. Démontrer que toute fonction rationnelle de x_0 à coefficients rationnels peut se mettre sous la forme $\dfrac{A x_0 + B}{C x_0 + D}$, A, B, C, D, désignant des nombres rationnels.

ANALYSE COMBINATOIRE — APPLICATIONS

Arrangements. — On appelle arrangement de m objets distincts p à p (lettres, nombres, etc.), tout groupe que l'on peut former en plaçant p de ces objets sur une même ligne. Deux groupes sont différents soit lorsqu'ils ne contiennent pas les mêmes objets, soit lorsque ces objets ne sont pas rangés dans le même ordre. Le nombre A_m^p de ces groupes s'évalue aisément en remarquant que la suppression du dernier objet dans chacun d'eux donne un arrangement des m objets $p - 1$ à $p - 1$. Appelons A un arrangement $p - 1$ à $p - 1$ et A′ un arrangement p à p. Imaginons alors le tableau T de tous les A et ajoutons à la suite de chaque A un des $m - p + 1$ objets qui ne figurent pas dans ce groupe. Le tableau T′ de ces nouveaux groupes est évidemment formé par des A′. Un A′ quelconque y est contenu, car la suppression du dernier objet dans ce groupe redonne un A qui figure dans T. Tous les A′ contenus dans T′ sont d'ailleurs distincts, car s'ils proviennent du même A, ils diffèrent par la nature du dernier objet, et s'ils proviennent de deux A′ différents, ils se distinguent par l'ensemble des $p - 1$ premiers objets. Le tableau T′ contient ainsi un nombre de groupes égal d'une part à $A_m^{p-1}(m - p + 1)$ et d'autre part à A_m^p. On en conclut que

$$A_m^p = (m - p + 1)\, A_m^{p-1}$$

Cette égalité, vraie quel que soit le nombre naturel p compris entre 1 et m, donne successivement :

$$A_m^{p-1} = (m - p + 2)\, A_m^{p-2}$$
$$\dots\dots\dots\dots\dots$$
$$A_m^2 = (m - 1)\, A_m^1$$

En multipliant membre à membre toutes ces égalités et tenant compte du fait que $A_m^1 = m$, on obtient, après simplification :

$$A_m^p = m\,(m - 1)\,(m - 2)\ \dots\ (m - p + 1)$$

Le raisonnement précédent permet aussi de former de proche en proche tous les arrangements de m objets p à p.

Permutations. — On appelle permutation de m objets distincts tous les groupes que l'on peut former en les plaçant sur une même ligne. Deux groupes sont différents lorsque les objets n'y sont pas rangés dans le même ordre. Le nombre de ces groupes se représente par P_m. Il y a identité entre les permutations de m objets et les arrangements de ces objets m à m.

On peut donc écrire :

$$P_m = A_m^m = 1 \cdot 2 \cdot 3 \ldots m = m!$$

qui s'énonce *factorielle m*.

Ce nombre résulte encore du raisonnement suivant. Appelons A l'une quelconque des permutations de $m-1$ objets $a, b, c, \ldots, k$ et A' l'une quelconque des permutations des m objets $a, b, c, \ldots, k, l$. La suppression de l dans un A' donne un A. Imaginons le tableau T des A et, dans chaque groupe de ce tableau, ajoutons successivement l'objet l à toutes les places possibles (en nombre m); nous obtenons un nouveau tableau T' formé avec des A'. Un A' quelconque figure dans T' puisque la suppression de l dans ce groupe redonne un A qui est dans T. En outre deux A' ainsi formés diffèrent soit par la place de l s'ils proviennent du même A, soit par la place des autres objets s'ils sont déduits de deux A distincts. Le tableau T' contient donc d'une part $P_{m-1} \cdot m$ groupes et d'autre part, il en contient P_m. L'égalité

$$P_m = m \, P_{m-1}$$

en résulte. Cette égalité, vraie quel que soit le nombre naturel m supérieur à 1, entraîne les suivantes :

$$P_{m-1} = (m-1) \, P_{m-2}$$
$$\cdots\cdots\cdots\cdots$$
$$P_2 = 2 \, P_1$$

En remarquant que $P_1 = 1$ et multipliant ces égalités membre à membre, on obtient, après réduction :

$$P_m = 1 \cdot 2 \cdot 3 \ldots m$$

Ce nouveau raisonnement permet également de former le tableau des permutations de m objets, sans omission ni répétition.

Une permutation de m objets étant formée, on en peut déduire une autre en amenant chaque objet à la place du précédent et mettant le premier à la place du dernier. On peut recommencer la même opération sur la nouvelle permutation et ainsi de suite; au bout de m transformations de ce genre, on retombe sur la permutation primitive. On dit que les m permutations ainsi obtenues forment un *cycle* et on appelle permutation circulaire l'opération qui les déduit les unes des autres. On en a une représentation très nette en imaginant que les m objets sont placés les uns à la suite des autres sur un cercle orienté; l'énumération de tous les objets en commençant à l'un quelconque d'entre eux et parcourant le cercle dans le sens indiqué donne toutes les permutations d'un même cycle.

Combinaisons. — On appelle combinaison de m objets distincts p à p, tout groupe que l'on peut former avec p de ces objets. Deux groupes sont différents lorsqu'ils ne contiennent pas les mêmes objets. Leur nombre se représente par C_m^p. Imaginons un tableau T formé à l'aide de toutes les combinaisons A de m objets p à p, les objets d'un groupe quelconque étant rangés sur une même ligne. Dans chaque A permutons les objets de toutes les façons possibles; nous obtenons un nouveau tableau T' formé avec des arrangements B des m objets p à p. Un arrangement B quelconque figure dans T', car les objets qui le constituent forment une combinaison A qui existe dans T. Deux groupes de T' sont distincts, car ils diffèrent par l'ordre des objets s'ils proviennent du même A, et ils sont formés d'objets différents s'ils ont pour origine deux A distincts. Chaque A ayant donné naissance à P_p groupes B, le tableau T' contient d'une part $C_m^p \times P_p$ groupes et d'autres part A_m^p. L'égalité

$$A_m^p = C_m^p \cdot P_p,$$

en résulte. On en déduit :

$$C_m^p = \frac{A_m^p}{P_p} = \frac{m\,(m-1)\,(m-2\ldots(m-p+1)}{1\,.\,2\,.\,3\,\ldots\quad p}.$$

Le nombre C_m^p s'obtient encore par un raisonnement fort différent du précédent. Le tableau T contient $C_m^p \times p$ objets. Chaque objet y étant répété le même nombre de fois, puisque tous jouent le même rôle, chacun d'eux y figure $C_m^p \cdot \dfrac{p}{m}$ fois.

Isolons dans T tous les groupes qui contiennent l'objet l et supprimons-y cet objet ; nous obtenons un nouveau tableau T' constitué par toutes les combinaisons A' des $m-1$ objets $a, b, c, \ldots, k$, associés $p-1$ à $p-1$. Tout groupe A' est en effet dans T' puisque l'addition de l à ce groupe redonne une combinaison A. Deux groupes de T' sont distincts puisqu'ils proviennent de deux groupes différents de T par suppression du même objet. Le tableau T' contient donc C_{m-1}^{p-1} groupes et par suite l figurait dans T un nombre de fois égal à C_{m-1}^{p-1}. L'égalité

$$C_{m-1}^{p-1} = C_m^p \cdot \frac{p}{m}$$

en résulte. Elle peut s'écrire aussi :

$$C_m^p = \frac{m}{p} \cdot C_{m-1}^{p-1}.$$

On en déduit de nouvelles en y diminuant m et p simultanément de $1, 2, 3, \ldots, p-2$ unités, ce qui donne :

$$C_{m-1}^{p-1} = \frac{m-1}{p-1} \cdot C_{m-2}^{p-2}$$

$$\cdot\ \cdot\ \cdot\ \cdot\ \cdot\ \cdot\ \cdot\ \cdot$$

$$C_{m-p+2}^{2} = \frac{m-p+2}{2} \cdot C_{m-p+1}^{1}.$$

En remarquant que $C_{m-p+1}^{1} = m-p+1$ et multipliant toutes ces égalités membre à membre, on obtient, après simplification :

$$C_m^p = \frac{m\,(m-1)\,\ldots\,(m-p+1)}{1\,\cdot\,2\,\cdot\,3\,\ldots\quad p}.$$

Supposons que l'on ait attribué aux p objets un ordre naturel (ordre alphabétique s'il s'agit de lettres, ordre de grandeur croissante s'il s'agit de nombres, etc.) et imaginons les objets rangés dans l'ordre naturel dans chaque groupe A. Si dans chacun de ces groupes nous supprimons le dernier objet, nous obtenons une combinaison A′ des m objets $p-1$ à $p-1$, où tous les objets sont encore rangés dans l'ordre naturel. Un mode de formation simple des A en résulte. Il suffit de prendre un A′ quelconque et de le faire suivre de tous les objets qui suivent le dernier de ce groupe dans l'ordre naturel. On procédera donc de proche en proche.

Les nombres C_m^p dépendent des deux nombres naturels m et p tels que $p \leqq m$. Ils jouissent de diverses propriétés dont deux sont particulièrement importantes :

1° Lorsque parmi m objets, on en choisit p, on en laisse $m-p$. A deux groupes distincts de p objets correspondent deux groupes résiduels différents de $m-p$ objets. De là résulte que le nombre des uns est égal au nombre des autres, c'est-à-dire que

$$(1) \qquad C_m^p = C_m^{m-p}.$$

Cette égalité s'établit encore en remarquant que

$$\frac{m(m-1)\ldots(m-p+1)}{1\cdot 2\cdot 3\ldots p} = \frac{m(m-1)\ldots(m-p+1)(m-p)\ldots 2\cdot 1}{1\cdot 2\cdot 3\ldots p\cdot 1\cdot 2\cdot 3\ldots(m-p)}$$
$$= \frac{m(m-1)\ldots(p+1)}{1\cdot 2\cdot 3\ldots(m-p)}.$$

2° On peut classer les combinaisons de m objets p à p, en deux catégories, celles qui ne contiennent pas l'objet l et qui, étant formées avec $m-1$ objets, sont en nombre C_{m-1}^p, et celles qui contiennent l; on a vu que ces dernières sont en nombre C_{m-1}^{p-1}. De là résulte l'égalité

$$(2) \qquad C_m^p = C_{m-1}^p + C_{m-1}^{p-1}.$$

La vérification algébrique de cette égalité, en tenant compte de la valeur numérique des symboles qui y figurent, se fait sans difficulté. Elle ne suppose pas d'ailleurs que m soit un nombre naturel et elle subsiste si à la place de m on met un nombre x quelconque en convenant que

$$C_x^p = \frac{x(x-1)(x-2)\ldots(x-p+1)}{1\cdot 2\cdot 3\ldots p}.$$

Si, dans l'égalité (2), on remplace successivement m par $m-1, m-2, \ldots, p+1$, on obtient :

$$C_{m-1}^p = C_{m-2}^p + C_{m-2}^{p-1}$$
$$\cdots\cdots\cdots\cdots$$
$$C_{p+1}^p = C_p^p + C_p^{p-1}.$$

Remarquant que $C_p^p = 1 = C_{p-1}^{p-1}$ et additionnant toutes ces égalités membre à membre, on obtient, après réduction :

$$C_m^p = C_{m-1}^{p-1} + C_{m-2}^{p-1} + \ldots + C_p^{p-1} + C_{p-1}^{p-1}$$

ou encore, en augmentant m et p d'une unité :

$$(3) \qquad C_{m+1}^{p+1} = C_m^p + C_{m-1}^p + \ldots + C_{p+1}^p + C_p^p.$$

Cette formule donne un exemple de sommation simple des valeurs que prend un polynome entier C_x^p quand on y remplace la variable x par les nombres entiers $p, p+1, \ldots, m$.

Formule du binôme. — Considérons le produit

$$(x+a)(x+b) \ldots (x+l)$$

de m facteurs. C'est un polynome entier en x de degré m que l'on peut ordonner suivant les puissances décroissantes de la variable et qui s'écrit alors :

$$x^m + x^{m-1} \cdot \Sigma a + x^{m-2} \cdot \Sigma ab + x^{m-3} \cdot \Sigma abc + \ldots$$
$$+ x \cdot \Sigma abc \ldots k + abc \ldots kl,$$

Σa, Σab, Σabc, $\ldots$, $\Sigma abc \ldots k$ représentant les sommes des produits 1 à 1, 2 à 2, 3 à 3, $\ldots$ $m-1$ à $m-1$, des m nombres a, b, c, $\ldots$, l.

Si nous remarquons que Σa contient autant de termes qu'il y a de combinaisons de m objets 1 à 1, que Σab en contient autant qu'il y a de combinaisons de m objets 2 à 2, etc., et si nous faisons $a = b = c = \ldots = l$, nous obtenons :

$$(4) \qquad (x+a)^m = x^m + C_m^1 x^{m-1} a + C_m^2 x^{m-2} a^2 + \ldots$$
$$+ C_m^p x^{m-p} a^p + \ldots + C_m^{m-1} x a^{m-1} + a^m.$$

C'est cette identité algébrique qui porte le nom de formule du binôme. Si l'on y échange a et x, il vient :

$$(a+x)^m = a^m + C_m^1 a^{m-1} x + C_m^2 a^{m-2} x^2 + \ldots + C_m^p a^{m-p} x^p + \ldots$$
$$+ C_m^{m-1} a x^{m-1} + x^m.$$

La comparaison des seconds membres permet de vérifier de nouveau que $C_m^p = C_m^{m-p}$ et que les coefficients équidistants des extrêmes sont égaux deux à deux.

Le fréquent emploi de la formule du binôme exige que l'on sache en former très vite les valeurs des coefficients. On y arrive par un calcul de proche en proche. La multiplication des deux membres de (4) par $x+a$ montre que

$$(x+a)^{m+1} = x^{m+1} + x^m a (1 + C_m^1) + x^{m-1} a^2 (C_m^1 + C_m^2) + \ldots$$
$$+ x^{m-p} a^{p+1} (C_m^p + C_m^{p+1}) + \ldots + a^{m+1}.$$

Si l'on tient compte de (2), on voit que le second membre s'écrit aussi

$$x^{m+1} + C_{m+1}^1 x^m a + C_{m+1}^2 x^{m-1} a^2 + \ldots + C_{m+1}^{p+1} x^{m-p} a^{p+1} + \ldots + a^{m+1}.$$

Cela constitue une vérification de proche en proche de la formule du binôme. Au contraire, si l'on admet la formule du binôme, cela constitue une nouvelle vérification de la formule (2).

Nous retiendrons surtout le fait que chaque coefficient du binôme $(x+a)^{m+1}$ se déduit des deux coefficients du binôme $(x+a)^m$ qui occupent le même rang et le rang précédent en en faisant la somme;

en outre les coefficients extrêmes sont égaux à 1. De là résulte le tableau suivant connu sous le nom de triangle arithmétique :

$$
\begin{array}{llllll}
1 & 1 & & & & \\
1 & 2 & 1 & & & \\
1 & 3 & 3 & 1 & & \\
1 & 4 & 6 & 4 & 1 & \\
1 & 5 & 10 & 10 & 5 & 1
\end{array}
\qquad
\begin{array}{l}
\text{coefficients de } \quad x+a \\
\qquad\qquad - \qquad\quad (x+a)^2 \\
\qquad\qquad - \qquad\quad (x+a)^3 \\
\qquad\qquad - \qquad\quad (x+a)^4 \\
\qquad\qquad - \qquad\quad (x+a)^5
\end{array}
$$

Un coefficient d'une ligne quelconque se déduit du coefficient placé au-dessus et du coefficient placé à la gauche de ce dernier en les additionnant.

Applications du binôme. — 1° On peut calculer la puissance m^e d'un polynome $a+b+c+\ldots+l$ en le regardant comme un binôme $(a+b+c+\ldots+k)+l$. Certains termes du développement contiennent des puissances du polynome $a+b+\ldots+k$; on les calculera de la même façon, et ainsi de suite. Finalement tous les termes du développement seront des monômes. En appliquant cette méthode, on démontre aisément que

$$(a+b+\ldots+l)^2 = \Sigma a^2 + 2\Sigma ab$$
$$(a+b+\ldots+l)^3 = \Sigma a^3 + 3\Sigma a^2 b + 6\Sigma abc$$
$$(a+b+\ldots+l)^4 = \Sigma a^4 + 4\Sigma a^3 b + 6\Sigma a^2 b^2 + 12\Sigma a^2 bc + 24\Sigma abcd.$$

2° On peut évaluer la somme S_p des puissances p^e des termes u_1, u_2, ..., u_n d'une progression arithmétique dont la raison est r en remarquant que si l'on additionne membre à membre les égalités suivantes :

$$u_2^{p+1} = (u_1 + r)^{p+1} = u_1^{p+1} + C_{p+1}^1 u_1^p r + C_{p+1}^2 u_1^{p-1} r^2 + \ldots$$
$$+ C_{p+1}^p u_1 r^p + r^{p+1},$$
$$u_3^{p+1} = (u_2 + r)^{p+1} = u_2^{p+1} + C_{p+1}^1 u_2^p r + C_{p+1}^2 u_2^{p-1} r^2 + \ldots$$
$$+ C_{p+1}^p u_2 r^p + r^{p+1},$$
$$\ldots\ldots\ldots\ldots\ldots\ldots$$
$$u_{n+1}^{p+1} = (u_n + r)^{p+1} = u_n^{p+1} + C_{p+1}^1 u_n^p r + C_{p+1}^2 u_n^{p-1} r^2 + \ldots$$
$$+ C_{p+1}^p u_n r^p + r^{p+1}$$

toutes les puissances d'exposant $p+1$ disparaissent sauf celles de u_1, u_{n+1}, r, et il vient :

$$(5) \quad u_{n+1}^{p+1} - u_1^{p+1} - nr^{p+1} = C_{p+1}^1 r S_p + C_{p+1}^2 r^2 S_{p-1} + \ldots + C_{p+1}^p r^p S_1.$$

Si, dans cette égalité, nous remplaçons successivement p par 1, 2, 3, ..., p, nous obtenons p équations aux p inconnues S_1, S_2, ..., S_p. La première de ces équations donne S_1, la seconde donne S_2, et ainsi de suite, la p^e donnant S_p.

Appliquons au calcul de S_1, S_2, S_3 pour les n premiers nombres naturels, nous obtenons :

$$(n+1)^2 - (1+n) = 2S_1,$$
$$(n+1)^3 - (1+n) = 3S_2 + 3S_1,$$
$$(n+1)^4 - (1+n) = 4S_3 + 6S_2 + 4S_1,$$

dont la résolution donne :

$$S_1 = \frac{n(n+1)}{2}, \qquad S_2 = \frac{n(n+1)(2n+1)}{6}, \qquad S_3 = \frac{n^2(n+1)^2}{4} = S_1^2.$$

3º Développement d'un polynome entier à une variable, suivant les puissances croissantes d'un accroissement donné à cette variable. (*Formule de Taylor.*)

Cherchons ce que devient le polynome entier

$$f(x) = a_0 x^m + a_1 x^{m-1} + a_2 x^{m-2} + \ldots + a_{m-1} x + a_m,$$

quand on y remplace x par $x + h$. Nous obtenons de suite :

$$
\begin{aligned}
f(x+h) = a_0 &\left[x^m + \frac{m}{1} h x^{m-1} + \frac{m(m-1)}{1 \cdot 2} h^2 x^{m-2} + \ldots \right.\\
&\left. + \frac{m(m-1) \ldots (m-p+1)}{1 \cdot 2 \ldots p} h^p x^{m-p} + \ldots + h^m \right]\\
+ a_1 &\left[x^{m-1} + \frac{m-1}{1} h x^{m-2} + \frac{(m-1)(m-2)}{1 \cdot 2} h^2 x^{m-3} + \ldots \right.\\
&\left. + \frac{(m-1)(m-2) \ldots (m-p)}{1 \cdot 2 \ldots p} h^p x^{m-p-1} + \ldots + h^{m-1} \right]\\
+ &\; . \; . \; . \; . \; . \; . \; . \; . \; . \; . \; . \; . \; . \; . \; . \; . \; . \; .\\
+ a_{m-p} &\left[x^p + \frac{p}{1} h x^{p-1} + \frac{p(p-1)}{1 \cdot 2} h^2 x^{p-2} + \ldots \right.\\
&\left. + \frac{p(p-1) \ldots 1}{1 \cdot 2 \ldots p} h^p \right]\\
+ &\; . \; . \; . \; . \; . \; . \; . \; . \; . \; . \; . \\
+ a_m&.
\end{aligned}
$$

Ordonnons le second membre par rapport aux puissances croissantes de h ; l'égalité devient :

$$
\begin{aligned}
f(x+h) = a_0 x^m &+ a_1 x^{m-1} + \ldots + a_{m-p} x^p + \ldots + a_m\\
&+ \frac{h}{1} \left(m a_0 x^{m-1} + (m-1) a_1 x^{m-2} + \ldots + a_{m-1} \right)\\
&+ \frac{h^2}{1 \cdot 2} \left(m(m-1) a_0 x^{m-2} + (m-1)(m-2) a_1 x^{m-3} + \ldots \right.\\
&\qquad\qquad \left. + 2 \cdot 1 \cdot a_{m-2} \right)\\
&+ \; . \; . \; . \; . \; . \; . \; . \; . \; . \; .\\
&+ \frac{h^p}{1 \cdot 2 \ldots p} \left(m(m-1) \ldots (m-p+1) a_0 x^{m-p} \right.\\
&\qquad\qquad + (m-1)(m-2) \ldots (m-p) a_1 x^{m-p-1} + \ldots\\
&\qquad\qquad \left. + p(p-1) \ldots 1 \cdot a_{m-p} \right)\\
&+ \; . \; . \; . \; . \; . \; . \; . \; . \; . \; . \; . \; .\\
&+ \frac{h^m}{1 \cdot 2 \ldots m} m(m-1) \ldots 1 \cdot a_0.
\end{aligned}
$$

Représentons par $f'(x)$ le polynome obtenu en diminuant l'exposant de la puissance de x dans un terme quelconque de $f(x)$ d'une unité et multipliant ce terme par son exposant (le dernier est regardé comme ayant o pour exposant). (Nous dirons que $f'(x)$ est le polynome dérivé de $f(x)$ ou la dérivée première de $f(x)$ par rapport à x.) Représentons de même par $f''(x)$ la dérivée première de $f'(x)$, par $f'''(x)$ la dérivée première de $f''(x)$, etc. (Nous dirons que $f''(x)$, $f'''(x)$, ..., sont les dérivées seconde, troisième, etc., de $f(x)$ par rapport à x.)

La formule précédente s'écrit alors :

$$f(x+h) = f(x) + \frac{h}{1} f'(x) + \frac{h^2}{2!} f''(x) + \cdots$$
$$+ \frac{h^p}{p!} f^{(p)}(x) + \cdots + \frac{h^m}{m!} f^{(m)}(x).$$

Généralisation. — Soit un monôme contenant deux lettres : $M = A x^p y^q$. Développons le produit $A(x+h)^p(y+k)^q$ ou bien

$$A \left[x^p + \frac{p}{1} hx^{p-1} + \frac{p(p-1)}{2!} h^2 x^{p-2} + \frac{p(p-1)(p-2)}{3!} h^3 x^{p-3} + \cdots \right] \times$$
$$\times \left[y^q + \frac{q}{1} ky^{q-1} + \frac{q(q-1)}{2!} k^2 y^{q-2} + \frac{q(q-1)(q-2)}{3!} k^3 y^{q-3} + \cdots \right]$$

et ordonnons-le en groupant les termes de même degré par rapport à l'ensemble des lettres h et k; nous obtenons :

$$A \left[x^p y^q + \frac{1}{1} (hpx^{p-1}y^q + kqx^p y^{q-1}) + \frac{1}{2!} (h^2 p(p-1) x^{p-2} y^q + 2hkpqx^{p-1}y^{q-1} \right.$$
$$+ k^2 q(q-1) x^p y^{q-2}) + \frac{1}{3!} (h^3 p(p-1)(p-2) x^{p-3} y^q$$
$$+ 3h^2 kp(p-1) qx^{p-2}y^{q-1} + 3hk^2 pq(q-1) x^{p-1} y^{q-2}$$
$$\left. + k^3 q(q-1)(q-2) x^p y^{q-3}) + \cdots \right].$$

Le monôme M admet des dérivées successives par rapport à x et par rapport à y. On les appelle dérivées partielles par rapport à x et y. Il y en a deux du premier ordre, savoir :

$$M'_x = A px^{p-1} y^q ; \qquad M'_y = A qx^p y^{q-1}$$

trois du second ordre :

$$M''_{x^2} = A p(p-1)x^{p-2} y^q ; \qquad M''_{xy} = A pqx^{p-1} y^{q-1} ; \qquad M''_{y^2} = A q(q-1) x^p y^{q-2},$$

quatre du 3e ordre : $\qquad M'''_{x^3}, \qquad M'''_{x^2 y}, \qquad M'''_{xy^2}, \qquad M'''_{y^3}$; etc.

$m+1$ du m^e ordre : $\qquad M^{(m)}_{x^m}, \qquad M^{(m)}_{x^{m-1}y}, \qquad M^{(m)}_{x^{m-2}y^2}, \qquad \cdots \qquad M^{(m)}_{y^m}.$

Avec ces notations, le développement précédent donne :

$$A(x+h)^p(y+k)^q = M + \frac{1}{1} (hM'_x + kM'_y) + \frac{1}{2!} (h^2 M''_{x^2} + 2hkM''_{xy} + k^2 M''_{y^2})$$
$$+ \frac{1}{3!} (h^3 M'''_{x^3} + 3h^2 kM'''_{x^2 y} + \cdots) + \cdots.$$

Considérons maintenant un polynome entier à deux variables

$$f(x,y) = \Sigma_{p,q} A_{pq} x^p y^q \qquad (p = 0, 1, 2, \ldots m ; \ q = 0, 1, 2, \ldots n).$$

Ses dérivées partielles sont évidemment les sommes des dérivées partielles correspondantes de ses différents monômes ; nous les représenterons pour abréger par

$$f'_x, \; f'_y ; \quad f''_{x^2}, \; f''_{xy}, \; f''_{y^2} ; \quad f'''_{x^3}, \; f'''_{x^2y}, \; f'''_{xy^2}, \; f'''_{y^3}, \text{ etc.}$$

Dès lors, on peut écrire :

$$f(x+h, y+k) = f(x,y) + \frac{1}{1}(hf'_x + kf'_y) + \frac{1}{2!}(h^2 f''_{x^2} + 2hk f''_{xy} + k^2 f''_{y^2})$$
$$+ \frac{1}{3!}(h^3 f'''_{x^3} + 3h^2 k f'''_{x^2y} + 3hk^2 f'''_{xy^2} + k^3 f'''_{y^3}) + \ldots$$

Cette formule s'écrit encore sous forme abrégée :

$$f(x+h, y+k) = f(x,y) + \frac{1}{1}[hf'_x + kf'_y]^{(1)} + \frac{1}{2!}[kf'_x + kf'_y]^{(2)}$$
$$+ \frac{1}{3!}[hf'_x + kf'_y]^{(3)} + \ldots + \frac{1}{\alpha!}[hf'_x + kf'_y]^{(\alpha)} + \ldots$$

Le nombre naturel α peut prendre les valeurs 1, 2, 3, ..., $m+n$ et le symbole $[hf'_x + kf'_y]^{(\alpha)}$ a une valeur qui s'obtient en développant $(hf'_x + kf'_y)^\alpha$ par la formule du binôme et en y remplaçant un terme quelconque $B h^\beta k^{\alpha-\beta} (f'_x)^\beta (f'_y)^{\alpha-\beta}$ par $B h^\beta k^{\alpha-\beta} f^{(\alpha)}_{x^\beta y^{\alpha-\beta}}$.

On peut d'ailleurs généraliser encore et étendre à un polynome entier à un nombre quelconque de variables. Par exemple pour un polynome $f(x, y, z)$ à trois variables, on aura :

$$f(x+h, y+k, z+l) = f(x,y,z) + \frac{1}{1}[hf'_x + kf'_y + lf'_z]^{(1)}$$
$$+ \frac{1}{2!}[hf'_x + kf'_y + lf'_z]^{(2)} + \ldots$$
$$+ \frac{1}{\alpha!}[hf'_x + kf'_y + lf'_z]^{(\alpha)} + \ldots$$

On démontre que la valeur du symbole $[hf'_x + kf'_y + lf'_z]^{(\alpha)}$ s'obtient en développant $(hf'_x + kf'_y + lf'_z)^\alpha$ et en y remplaçant un terme quelconque $B h^\beta k^\gamma l^{\alpha-\beta-\gamma} f^{\beta}_x f^{\gamma}_y f^{\alpha-\beta-\gamma}_z$ par $B h^\beta k^\gamma l^{\alpha-\beta-\gamma} f^{(\alpha)}_{x^\beta y^\gamma z^{\alpha-\beta-\gamma}}$.

EXERCICES

1º Démontrer que si m est pair, les coefficients numériques du développement de $(x+a)^m$ vont en croissant jusqu'à celui du milieu, puis décroissent. Si m est impair, les coefficients A et B de rangs $\frac{m-1}{2}$ et $\frac{m+1}{2}$ sont égaux ; ceux qui précèdent croissent et ceux qui suivent décroissent.

2º Faire la somme des coefficients du binôme (on fait $x = a = 1$).

3º Faire la somme des coefficients du binôme de deux en deux (on fait d'abord $x = a = 1$, puis $x = 1$ et $a = -1$).

4º Chercher le coefficient du terme en $x^p a^q$ dans le produit $(x+a)^p (x+a)^q$ d'une part et dans le produit $(x+a)^{p+q}$ d'autre part : comparaison des résultats obtenus, cas de $p = q$.

5º Démontrer que si p est premier, tous les coefficients du développement de $(x+a)^p$, sauf le premier et le dernier, sont des multiples de p. Appliquer à la démonstration du théorème de Fermat : le nombre premier p divise $m^p - m$.

6° Démontrer que $S_p = 1^p + 2^p + 3^p + \ldots + m^p$ s'exprime au moyen d'un polynome entier en m de degré $p + 1$, qui s'annule pour $m = 0$ et $m = -1$. Calculer les cinq premiers coefficients de ce polynome ordonné suivant les puissances décroissantes de m.

7° m objets ayant un ordre naturel, on demande d'évaluer le rapport du nombre de leurs permutations où aucun objet n'occupe sa place naturelle au nombre total de leurs permutations.

8° Soit $P(x) \equiv P_1(x) P_2(x) \ldots P_k(x)$, un produit de polynomes entiers par rapport à x. Comparer les deux développements de $P(x + y)$ et de $P_1(x + y) \cdot P_2(x + y) \ldots P_k(x + y)$, suivant les puissances croissantes de y. En déduire en particulier l'identité

$$P'(x) \equiv P_1'(x) \cdot P_2(x) \ldots P_k(x) + P_1(x) P_2'(x) \cdot P_3(x) \ldots P_k(x) + \ldots$$
$$+ P_1(x) P_2(x) \ldots P_{k-1}(x) P_k'(x)$$

ou l'égalité :

$$\frac{P'(x)}{P(x)} = \Sigma \frac{P_i'(x)}{P_i(x)}.$$

4e LEÇON

VECTEURS — APPLICATIONS A LA TRIGONOMÉTRIE

On nomme vecteur un morceau de droite AB orienté de A vers B. A est l'origine du vecteur, B est son extrémité. La longueur du vecteur est la distance des deux points A et B. La droite indéfinie qui passe par A et B s'appelle le support du vecteur. Deux vecteurs AB et CD sont dits équipollents lorsque leurs supports sont parallèles, que leurs longueurs sont égales et qu'ils ont le même sens. L'égalité symbolique (AB) = (CD) traduit cette propriété. Deux côtés opposés d'un parallélogramme peuvent être regardés comme deux vecteurs équipollents; la réciproque est vraie. Deux vecteurs équipollents à un même troisième sont équipollents. Lorsque deux vecteurs ont même support, qu'ils sont égaux et de sens contraires, on dit qu'ils sont égaux et *directement opposés*.

Somme géométrique. — Considérons un système S de vecteurs quelconques $A_1 B_1$, $A_2 B_2$, ..., $A_n B_n$. Par un point O quelconque, menons le vecteur OC_1 équipollent à $A_1 B_1$, par C_1 le vecteur $C_1 C_2$ équipollent à $A_2 B_2$, etc., par C_{n-1} le vecteur $C_{n-1} C_n$ équipollent à $A_n B_n$. Le vecteur OC_n s'appelle la *somme géométrique* du système S relative au point O ou encore *résultante de translation* de S au point O. On représente cette opération par l'égalité symbolique :

$$(OC_n) = (A_1 B_1) + (A_2 B_2) + \ldots + (A_n B_n).$$

La somme géométrique n'est pas altérée si l'on remplace un vecteur quelconque de S par un vecteur équipollent.

Cette somme géométrique possède, comme une somme algébrique, la propriété de rester la même lorsqu'on échange l'ordre de ses termes d'une façon quelconque ou lorsqu'on remplace un nombre quelconque de termes par leur somme géométrique effectuée (commutation et association). Imaginons en effet qu'on échange les deux premiers vecteurs; cela revient à substituer au contour $OC_1 C_2$ un contour $OC_2' C_1'$ obtenu en menant OC_2' équipollent à $A_2 B_2$ et $C_2' C_1'$ équipollent à $A_1 B_1$. La figure $OC_1 C_2 C_2'$ est un parallélogramme puisque $C_1 C_2$ et OC_2' sont équipollents à $A_2 B_2$; $C_2' C_1'$ et $C_2' C_2$ équipollents à OC_1 sont confondus et C_1' est en C_2. La somme géométrique finale n'est donc pas altérée. Le même raisonnement s'applique à deux vecteurs consécutifs quelconques et, par voie d'échange de vecteurs consécutifs, à deux vecteurs quelconques.

Il est bien évident aussi que si l'on remplace les vecteurs $A_1 B_1$, $A_2 B_2$, ..., $A_k B_k$ par leur somme géométrique OC_k, la somme géométrique finale reste la même; cette remarque s'étend à k vecteurs quelconques, car on peut toujours les amener à occuper les k premiers rangs. Inversement, on peut remplacer l'un des vecteurs du système S par une série de vecteurs dont il est la somme géométrique, sans altérer la somme géométrique définitive.

Si l'on remplace le point O par un autre point O' pour effectuer la somme géométrique de S, le nouveau contour $O'C_1'C_2' \ldots C_n'$ ainsi formé résulte du contour $OC_1C_2 \ldots C_n$ par la translation rectiligne qui amène O en O' et la nouvelle somme $O'C_n'$ est un vecteur équipollent à la somme primitive OC_n.

Lorsque le point C_n est confondu avec O, on dit que la somme géométrique de S est nulle.

On appelle *différence géométrique* de deux vecteurs AB et CD, un vecteur EF tel que l'on ait : $(AB) = (CD) + (EF)$. Ceci peut s'écrire $(AB) + (DC) = (EF)$ et la construction de EF en résulte.

Projection sur une droite. — Donnons-nous, en même temps que les vecteurs, une droite D et un plan P non parallèle à D. Par les points A_1 et B_1, menons des plans parallèles à P; ces plans rencontrent D en deux points a_1 et b_1 (distincts ou non). Le vecteur a_1b_1 est dit la projection du vecteur A_1B_1 sur D parallèlement à P.

Deux vecteurs équipollents ont des projections qui résultent l'une de l'autre par un glissement sur D.

Le contour $OC_1C_2 \ldots C_n$ projeté de cette façon donne naissance aux vecteurs oc_1, c_1c_2, $\ldots$, $c_{n-1}'c_n$, dont la somme géométrique est oc_n projection de OC_n.

Projection sur un plan. — Imaginons un plan P et une droite D non parallèle à P. Par les deux extrémités du vecteur A_1B_1 menons des parallèles à D ; ces parallèles rencontrent P en deux points a_1 et b_1 (distincts ou non). Le vecteur a_1b_1 est dit la projection du vecteur A_1B_1 sur P parallèlement à D.

Deux vecteurs équipollents ont des projections équipollentes.

Le contour $OC_1C_2 \ldots C_n$ projeté de cette façon donne naissance à de nouveaux vecteurs oc_1, c_1c_n, $\ldots$, $c_{n-1}c_n$, dont la somme géométrique est oc_n projection de OC_n.

On peut donc énoncer la proposition suivante connue sous le nom de *théorème des projections* : la projection sur une droite ou sur un plan de la somme géométrique d'un système de vecteurs est la somme géométrique des projections de ces vecteurs.

Souvent, dans les applications, les supports des vecteurs sont des droites orientées (axes) et l'on peut associer à chaque vecteur un nombre relatif qui a pour valeur absolue la longueur de ce vecteur et pour signe le signe $+$ lorsque son sens est celui de l'axe et le signe $-$ dans le cas contraire. C'est ce qu'on appelle l'équivalent algébrique du vecteur. Un vecteur est complètement défini en position si l'on se donne l'axe qui le porte, son origine sur cet axe et son équivalent algébrique. Le théorème relatif à la projection de la somme géométrique d'un système de vecteurs S sur une droite prend une forme algébrique si l'on oriente cette droite. On sait en effet que :

$$\overline{oc_n} = \overline{oc_1} + \overline{c_1 c_2} + \ldots + \overline{c_{n-1} c_n},$$

c'est-à-dire que l'équivalent algébrique de la projection de la somme géométrique d'un système de vecteurs sur un axe est égal à la somme algébrique des équivalents algébriques des projections des différents vecteurs sur cet axe.

Proposons-nous de trouver l'équivalent algébrique de la projection d'un vecteur AB porté par un axe $x'x$, sur un autre axe $y'y$, parallèlement à un plan P. Imaginons un second vecteur CD porté par l'axe $x'x$. Les deux vecteurs ab et cd, projections respectives de AB et CD sur $y'y$, sont tels que :

$$\frac{ab}{cd} = \frac{AB}{CD}$$

à cause du parallélisme des plans projetants.

Si les deux vecteurs AB et CD sont de même sens, leurs projections ab et cd sont aussi de même sens; si AB et CD sont de sens contraires, ab et cd sont de sens contraires. Les deux rapports $\dfrac{\overline{ab}}{\overline{cd}}$ et $\dfrac{\overline{AB}}{\overline{CD}}$ ont donc même valeur absolue et même signe; par suite : $\dfrac{\overline{ab}}{\overline{cd}} = \dfrac{\overline{AB}}{\overline{CD}}$, c'est-à-dire que les mesures algébriques de deux vecteurs portés par un même axe sont proportionnelles à celles de leurs projections sur un autre axe. Supposons en particulier que $\overline{CD} = 1$; l'équivalent algébrique $\overline{cd}$ de sa projection sur $y'y$ est ce qu'on appelle le *paramètre de projection* relatif à la projection de $x'x$ sur $y'y$ parallèlement à P; représentons-le par p. Appelons l et L les équivalents algébriques de ab et de AB et remarquons que $\overline{CD} = 1$. On a donc :

$$l = p \times L$$

Dans le cas particulier où le plan P est perpendiculaire à $y'y$, on dit que les projections sont orthogonales. Dans ce cas, p est le cosinus $(\cos(x'x, y'y))$ de l'un quelconque des angles que font entre eux les axes $x'x$ et $y'y$; c'est aussi bien le paramètre de projection relatif à la projection orthogonale de $y'y$ sur $x'x$.

Produit géométrique de deux vecteurs. — On appelle produit géométrique de deux vecteurs AB et CD, le produit $AB \cdot CD \cdot \cos V$, en désignant par $\cos V$ le paramètre de projection relatif à la projection orthogonale soit de l'axe AB sur l'axe CD, soit de l'axe CD sur l'axe AB. On peut donc dire aussi que c'est le produit de la longueur de l'un d'eux par l'équivalent algébrique de la projection de l'autre sur lui. Il est nul si les deux supports sont rectangulaires ou si l'un des vecteurs est nul. Il n'est pas altéré si l'on remplace l'un d'eux par un vecteur équipollent.

Les deux vecteurs peuvent être portés eux-mêmes par des axes $x'x$, $y'y$ dont le paramètre relatif de projection orthogonale est $\cos(x'x, y'y)$; si l et l' sont les équivalents algébriques des deux vecteurs, on vérifie aisément que le produit géométrique a pour valeur $ll' \cos(x'x, y'y)$.

Considérons deux contours $A_1 A_2 A_3 \ldots A_n$ et $B_1 B_2 B_3 \ldots B_p$ et leurs résultantes $A_1 A_n$, $B_1 B_p$. Le produit géométrique $A_1 A_n \cdot B_1 B_p \cdot \cos(A_1 A_n, B_1 B_p)$ peut être transformé. On peut en effet appliquer le théorème des projections sur un axe et remplacer $B_1 B_p \cdot \cos(A_1 A_n, B_1 B_p)$ par

$$B_1 B_2 \cdot \cos(A_1 A_n, B_1 B_2) + B_2 B_3 \cdot \cos(A_1 A_n, B_2 B_3) + \cdots$$
$$+ B_{p-1} B_p \cdot \cos(A_1 A_n, B_{p-1} B_p).$$

Un terme quelconque du produit ainsi transformé est de la forme

$$B_{k-1} B_k \cdot A_1 A_n \cdot \cos(B_{k-1} B_k, A_1 A_n).$$

En appliquant de nouveau le théorème des projections sur un axe on peut le remplacer par

$$B_{k-1} B_k \cdot \left[A_1 A_2 \cdot \cos(B_{k-1} B_k, A_1 A_2) + A_2 A_3 \cdot \cos(B_{k-1} B_k, A_2 A_3) + \cdots \right.$$
$$\left. + A_{n-1} A_n \cdot \cos(B_{k-1} B_k, A_{n-1} A_n) \right].$$

Le résultat final s'obtient donc en faisant la somme algébrique de tous les produits de la forme $A_{h-1} A_h \cdot B_{k-1} B_k \cdot \cos(A_{h-1} A_h, B_{k-1} B_k)$, c'est-à-dire de tous les produits géométriques deux à deux des différents vecteurs qui ont pour somme géométrique $A_1 A_n$ et $B_1 B_p$. On peut donc énoncer la proposition suivante : *le produit géométrique des sommes géométriques de deux systèmes de vecteurs est égal à la somme algébrique des produits géométriques obtenus en associant de toutes les façons possibles un vecteur du premier système à un vecteur du second.*

Le produit géométrique d'un vecteur AB par lui-même s'appelle le carré géométrique de ce vecteur ; il a pour expression $\overline{AB}^2$. Le carré géométrique d'une somme géométrique est égal à la somme algébrique des carrés géométriques des différents vecteurs composants augmentée de deux fois la somme algébrique des produits géométriques deux à deux de ces mêmes vecteurs.

Applications. — 1° Considérons un triangle ABC dont les côtés sont $BC = a$, $CA = b$, $AB = c$. Regardons le vecteur BC comme la somme géométrique des vecteurs BA et AC et effectuons le carré géométrique de BC en appliquant la proposition précédente. Ce carré géométrique vaut a^2 ; il vaut aussi $b^2 + c^2 + 2 bc \cos(BA, AC)$. Mais $\cos(BA, AC)$ vaut $-\cos A$, de sorte que

$$a^2 = b^2 + c^2 - 2 bc \cos A.$$

2° Considérons une sphère de centre O et sur cette sphère trois points quelconques A, B, C. Les rayons OA, OB, OC sont les arêtes d'un trièdre nettement défini. Les faces de ce trièdre découpent sur la sphère trois arcs de grand cercle BC, CA, AB, moindres chacun qu'une demi-circonférence de grand cercle. Ces arcs forment un triangle sphérique dont ils sont les côtés. Si l'on prend comme unité de longueur le rayon de la sphère et comme unité d'angle le radian, les nombres a, b, c, qui mesurent les longueurs des côtés du triangle sphérique, sont les mêmes que ceux qui mesurent les faces du trièdre.

Les tangentes AT et AT′ menées aux deux arcs AB et AC par le sommet A dans le sens de ces arcs forment un angle géométrique qu'on appelle l'angle en A du triangle sphérique; on le représente d'habitude par A.

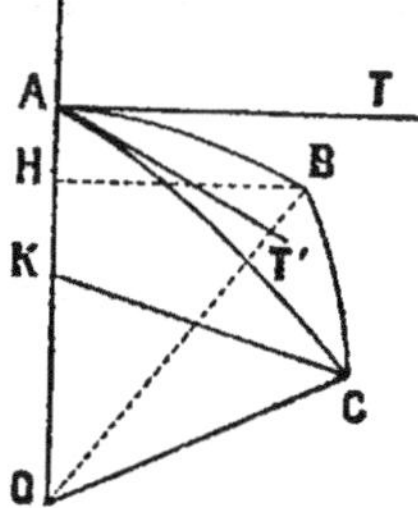

C'est aussi le rectiligne du dièdre d'arête OA dans le trièdre précédent.

On sait que la donnée des faces d'un trièdre définit complètement ses éléments. La donnée des côtés d'un triangle sphérique définit donc ses angles. La relation entre a, b, c, A, par exemple, s'établit aisément.

Projetons les sommets B et C orthogonalement sur OA en H et K et faisons le produit géométrique des vecteurs OB et OC regardés comme résultantes des contours OHB et OKC. Les équivalents algébriques de OH et OK portés par l'axe OA sont respectivement $\cos c$ et $\cos b$; ceux de HB et de KC qui sont respectivement parallèles à AT et AT′ et de même sens, sont $\sin c$ et $\sin b$. Les vecteurs OH et KC rectangulaires ont un produit géométrique nul; il en est de même de OK et HB. La somme algébrique des produits géométriques des vecteurs composants est donc $\cos b \cdot \cos c + \sin b \cdot \sin c \cdot \cos(\mathrm{AT}, \mathrm{AT}')$. Le produit géométrique de OB et OC est $\cos a$. Comme $\cos(\mathrm{AT}, \mathrm{AT}') = \cos \mathrm{A}$, on voit que :

$$\cos a = \cos b \cos c + \sin b \sin c \cos \mathrm{A}.$$

Cette formule est fondamentale en trigonométrie sphérique; elle définit complètement l'angle A compris entre o et π lorsque a, b, c, sont donnés. Des formules analogues donnant B et C s'en déduisent par permutation circulaire.

3° De même que nous avons défini l'équivalent algébrique d'un vecteur, nous pouvons définir l'équivalent algébrique d'un arc porté par un cercle orienté, en remarquant toutefois que la donnée de l'origine et de l'extrémité de l'arc ne suffit pas à définir complètement cet équivalent algébrique. On peut aller d'un point à l'autre en parcourant un nombre infini de chemins qui ne diffèrent les uns des autres que par un nombre entier de circonférences. A ces arcs correspondent des angles au centre qui ont même mesure qu'eux si l'on prend toujours comme unité d'angle le radian et comme unité de longueur le rayon de la circonférence; c'est ce que nous ferons constamment dans ce qui va suivre.

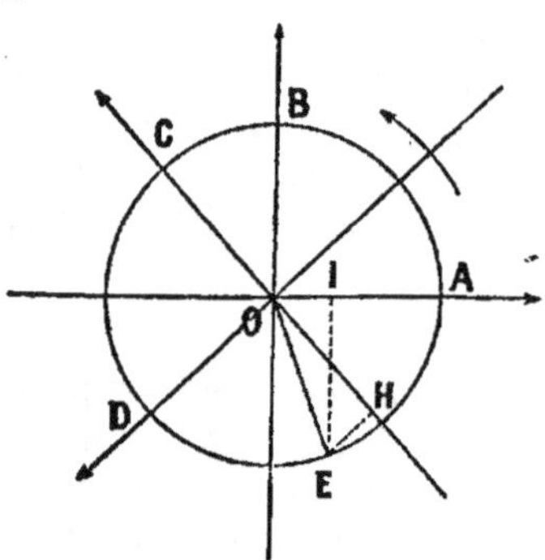

Nous pourrons parler indifféremment des lignes trigonométriques d'un angle ou des fonctions circulaires correspondantes que nous représenterons par les mêmes notations.

Imaginons que l'on ait porté sur le cercle trigonométrique l'un à la suite de l'autre, deux arcs AC et CE dont les équivalents algébriques sont a et b. Le cosinus et le sinus de l'arc b s'obtiennent en projetant orthogonalement OE sur l'axe OC et sur celui qui s'en déduit par une rotation de $+\frac{\pi}{2}$ (soit OD).

Projetons orthogonalement le contour OHE et sa résultante OE sur l'axe OA et appliquons le théorème des projections.

Le vecteur OH a pour équivalent algébrique $\cos b$ et l'axe OC qui le porte fait avec OA un angle a. Le vecteur HE a pour équivalent algébrique $\sin b$ et l'axe OD parallèlement auquel il est compté fait avec OA un angle $a + \frac{\pi}{2}$. Il vient donc :

$$\overline{OI} = \cos(a + b) = \cos b \cdot \cos a + \sin b \cdot \cos\left(a + \frac{\pi}{2}\right).$$

Remplaçant $\cos\left(a + \frac{\pi}{2}\right)$ par $-\sin a$, on obtient :

$$(1) \qquad \cos(a + b) = \cos a \cos b - \sin a \sin b.$$

Si l'on remplace b par $-b$ dans cette formule, il vient :

$$\cos(a - b) = \cos a \cos b + \sin a \sin b.$$

La substitution de $\frac{\pi}{2} - a$ à a dans cette dernière donne :

$$(2) \qquad \sin(a + b) = \sin a \cos b + \cos a \sin b.$$

Enfin le changement de b en $-b$ dans (2) conduit à :

$$\sin(a - b) = \sin a \cos b - \cos a \sin b.$$

Les formules (1) et (2) sont fondamentales. On en peut déduire une infinité d'autres soit en les combinant, soit en remplaçant un arc par une somme d'arcs, soit en donnant des valeurs égales aux arcs qui y figurent. Nous allons indiquer les plus importantes.

Si l'on fait $b = a$ dans (1) et (2), on obtient :

$$\cos 2a = \cos^2 a - \sin^2 a; \qquad \sin 2a = 2 \sin a \cos a.$$

Si l'on divise (1) et (2) membre à membre, il vient :

$$\operatorname{tg}(a + b) = \frac{\sin a \cos b + \sin b \cos a}{\cos a \cos b + \sin a \sin b}$$

et, en divisant par $\cos a \cos b$ les deux termes de cette fraction, on obtient :

$$(3) \qquad \operatorname{tg}(a + b) = \frac{\operatorname{tg} a + \operatorname{tg} b}{1 - \operatorname{tg} a \operatorname{tg} b}.$$

Le changement de b en $-b$ dans cette formule donne :

$$\operatorname{tg}(a - b) = \frac{\operatorname{tg} a - \operatorname{tg} b}{1 + \operatorname{tg} a \operatorname{tg} b}.$$

Si l'on fait $b = a$ dans (3), il vient :

$$\operatorname{tg} 2a = \frac{2 \operatorname{tg} a}{1 - \operatorname{tg}^2 a}.$$

En remplaçant b par $b + c$ dans (1), on obtient :

$$\cos(a + b + c) = \cos a \cos(b + c) - \sin a \sin(b + c)$$
$$= \cos a \cos b \cos c - \cos a \sin b \sin c$$
$$- \cos b \sin c \sin a - \cos c \sin a \sin b$$

qui s'écrit ainsi :

$$(4) \quad \cos(a + b + c) = \cos a \cos b \cos c [1 - \operatorname{tg} b \operatorname{tg} c - \operatorname{tg} c \operatorname{tg} a - \operatorname{tg} a \operatorname{tg} b].$$

La même substitution dans (2) donne :

$$(5) \quad \sin(a + b + c) = - \sin a \sin b \sin c + \sin a \cos b \cos c$$
$$+ \sin b \cos c \cos a + \sin c \cos a \cos b$$
$$= \cos a \cos b \cos c \, [- \operatorname{tg} a \operatorname{tg} b \operatorname{tg} c$$
$$+ \operatorname{tg} a + \operatorname{tg} b + \operatorname{tg} c].$$

En divisant cette dernière formule par la précédente, membre à membre, il vient :

$$(6) \quad \operatorname{tg}(a + b + c) = \frac{\operatorname{tg} a + \operatorname{tg} b + \operatorname{tg} c - \operatorname{tg} a \operatorname{tg} b \operatorname{tg} c}{1 - \operatorname{tg} b \operatorname{tg} c - \operatorname{tg} c \operatorname{tg} a - \operatorname{tg} a \operatorname{tg} b}.$$

Enfin, si l'on fait $a = b = c$ dans (4), (5), (6), on obtient :

$$\cos 3a = \cos^3 a - 3 \cos a \sin^2 a,$$
$$\sin 3a = 3 \cos^2 a \sin a - \sin^3 a,$$
$$\operatorname{tg} 3a = \frac{3 \operatorname{tg} a - \operatorname{tg}^3 a}{1 - 3 \operatorname{tg}^2 a}.$$

En continuant de cette façon, on démontrerait aisément les propositions suivantes :

Le sinus et le cosinus d'une somme d'arcs s'expriment par des polynomes entiers par rapport aux sinus et aux cosinus de ces arcs. La tangente d'une somme d'arcs s'exprime par une fonction rationnelle (quotient de deux polynomes entiers) par rapport aux tangentes de ces arcs.

En particulier, $\sin ma$ et $\cos ma$ (m étant un nombre naturel) s'expriment par des polynomes entiers en $\sin a$ et $\cos a$; $\operatorname{tg} ma$ s'exprime par une fonction rationnelle de $\operatorname{tg} a$.

Nous reviendrons plus loin sur la forme précise de ces expressions.

L'addition et la soustraction des développements de $\cos(a + b)$ et $\cos(a - b)$ ou de $\sin(a + b)$ et $\sin(a - b)$ donnent :

$$(7) \quad \begin{cases} \cos(a + b) + \cos(a - b) = 2 \cos a \cos b, \\ \cos(a + b) - \cos(a - b) = - 2 \sin a \sin b, \\ \sin(a + b) + \sin(a - b) = 2 \sin a \cos b, \\ \sin(a + b) - \sin(a - b) = 2 \sin b \cos a. \end{cases}$$

Les formules (7) permettent de résoudre deux problèmes également importants au point de vue pratique. Si l'on y pose $a + b = p$ et $a - b = q$,

d'où : $a = \dfrac{p + q}{2}, \quad b = \dfrac{p - q}{2}$, elles s'écrivent :

$$(7)'\begin{cases} \cos p + \cos q = 2 \cos \dfrac{p + q}{2} \cos \dfrac{p - q}{2}, \\[2mm] \cos p - \cos q = - 2 \sin \dfrac{p + q}{2} \sin \dfrac{p - q}{2}, \\[2mm] \sin p + \sin q = 2 \sin \dfrac{p + q}{2} \cos \dfrac{p - q}{2}, \\[2mm] \sin p - \sin q = 2 \sin \dfrac{p - q}{2} \cos \dfrac{p + q}{2}, \end{cases}$$

et permettent de remplacer une somme algébrique de deux sinus ou cosinus par un produit. La substitution d'un sinus à un cosinus permet de résoudre le même problème pour une somme algébrique d'un sinus et d'un cosinus.

Par exemple :

$$\sin a + \cos a = \sin a + \sin \left(\frac{\pi}{2} - a \right) = 2 \sin \frac{\pi}{4} \cos \left(\frac{\pi}{4} - a \right)$$

$$= \sqrt{2} \cos \left(\frac{\pi}{4} - a \right) = \sqrt{2} \sin \left(\frac{\pi}{4} + a \right).$$

On utilise ces propriétés pour transformer des sommes en produits, c'est-à-dire pour rendre des formules calculables par logarithmes.

Mais on peut aussi, en conservant la forme (7) primitive, remplacer un produit de deux sinus ou cosinus par une somme de sinus et de cosinus. Cette transformation, appliquée de proche en proche, permet de remplacer un produit d'un nombre quelconque de sinus et de cosinus par une somme de sinus et de cosinus affectés de coefficients numériques convenables. Ainsi :

$$\cos a \cos b = \frac{1}{2} \Big[\cos (a - b) + \cos (a + b) \Big],$$

$$\cos a \cos b \cos c = \frac{1}{2} \cos (a - b) \cos c + \frac{1}{2} \cos (a + b) \cos c$$

$$= \frac{1}{4} \Big[\cos (b + c - a) + \cos (a + c - b)$$

$$+ \cos (a + b - c) + \cos (a + b + c) \Big].$$

En donnant la même valeur à tous les arcs utilisés, on voit que toute puissance du sinus ou du cosinus d'un arc s'exprime au moyen d'une fonction linéaire (polynome entier du premier degré) de sinus ou cosinus de multiples de cet arc.

La même proposition s'étend au produit d'une puissance d'un sinus par une puissance du cosinus du même arc et plus généralement à un polynome entier par rapport au sinus et au cosinus d'un arc.

3

Plus généralement, tout polynome entier par rapport aux sinus et aux cosinus de divers arcs s'exprime par une fonction linéaire de sinus et de cosinus de multiples de ces arcs ou de sommes de ces multiples.

EXERCICES

1º Effectuer le carré géométrique d'un côté d'un quadrilatère plan ou gauche en regardant ce côté comme la somme géométrique des trois autres. Cas particuliers.

2º Déduire, par une élimination convenable entre les formules fondamentales de la trigonométrie sphérique, de nouvelles formules contenant deux côtés et les angles opposés (Proportion des sinus). Démontrer ces mêmes formules par la géométrie.

3º On appelle triangle sphérique supplémentaire d'un triangle ABC, le le triangle $A'B'C'$ qui est découpé sur la sphère par le trièdre $OA'B'C'$ supplémentaire du trièdre OABC. Ses côtés ont pour mesures $\pi - A$, $\pi - B$, $\pi - C$ et ses angles $\pi - a$, $\pi - b$, $\pi - c$. Appliquer les formules fondamentales à ce nouveau triangle.

4º Démontrer que si quatre nombres a, b, c, A, positifs et moindres que π, sont liés par la relation $\cos a = \cos b \cos c + \sin b \sin c \cos A$, il existe un triangle sphérique dont les côtés sont mesurés par a, b, c et un angle par A.

5º Transformer $\operatorname{tg} a + \operatorname{tg} b + \operatorname{tg} c$ en un produit sachant que $a + b + c = k\pi$.

6º Évaluer $\operatorname{tg} b \operatorname{tg} c + \operatorname{tg} c \operatorname{tg} a + \operatorname{tg} a \operatorname{tg} b$, sachant que $a + b + c = \dfrac{\pi}{2} + k\pi$.

7º Démontrer la formule

$$\operatorname{tg}(a_1 + a_2 + \ldots + a_n) = \frac{\Sigma_1 - \Sigma_3 + \Sigma_5 - \ldots}{1 - \Sigma_2 + \Sigma_4 - \ldots},$$

Σ_1 représentant la somme des tangentes des arcs a_1, $a_2 \ldots a_n$, Σ_2 la somme de leurs produits deux à deux, Σ_3 la somme de leurs produits trois à trois, etc. Cas où $a_1 = a_2 = \ldots = a_n$.

8º Démontrer que $\cos ma$ (m étant un nombre naturel) s'exprime par un polynome entier en $\cos a$.

9º Démontrer que $\dfrac{\sin ma}{\sin a}$ s'exprime par un polynome entier en $\cos a$.

10º Décomposer le polynome $1 + 2\cos a \cos b \cos c - \cos^2 a - \cos^2 b - \cos^2 c$, regardé comme un trinôme en $\cos a$, en un produit de facteurs du premier degré et rendre la valeur de ce polynome calculable par logarithmes. Vérifier que si a, b, c sont les côtés d'un triangle sphérique, cette valeur est toujours positive.

11º Démontrer que si l'on a :

$$a_1 \cos \alpha_1 + a_2 \cos \alpha_2 + \ldots + a_n \cos \alpha_n = 0,$$
$$a_1 \sin \alpha_1 + a_2 \sin \alpha_2 + \ldots + a_n \sin \alpha_n = 0,$$

on a aussi :

$$a_1 \cos(\alpha_1 + x) + a_2 \cos(\alpha_2 + x) + \ldots + a_n \cos(\alpha_n + x) = 0.$$

quel que soit x.

12º Trouver les relations qui doivent exister entre les coefficients d'un polynome entier en $\sin x$ et $\cos x$ pour que ce polynome soit nul quel que soit x.

5ᵉ LEÇON

NOMBRES COMPLEXES

On appelle nombre complexe ou imaginaire une expression de la forme $a + bi$, où a et b sont des nombres réels quelconques et i un symbole auquel on attribue des propriétés conventionnelles qui seront signalées ultérieurement.

Deux nombres complexes $a + bi$ et $a' + b'i$ sont dits égaux lorsque $a = a'$, $b = b'$.

Un nombre complexe $a + bi$ est dit nul lorsque $a = b = 0$.

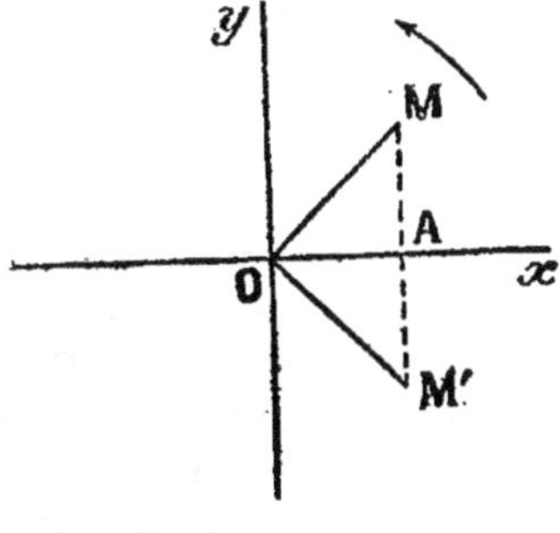

Imaginons deux axes rectangulaires Ox et Oy et, dans le plan de ces axes (plan complexe), un point M dont les coordonnées sont a et b; le point M est dit l'affixe du nombre $a + bi$. On dit quelquefois aussi que $a + bi$ est l'affixe du point M. Une correspondance univoque se trouve ainsi établie entre les points du plan complexe et l'ensemble des nombres complexes.

La longueur $OM = \rho$ s'appelle le module ou la valeur absolue du nombre complexe. L'un quelconque des angles dont il faut faire tourner l'axe Ox pour l'amener sur OM (le plan étant orienté de Ox vers Oy) s'appelle l'argument du nombre complexe. Si θ est un argument, $\theta + 2k\pi$ en est aussi un.

Les égalités $a = \rho\cos\theta$, $b = \rho\sin\theta$, montrent que le nombre complexe $a + ib$ peut aussi s'écrire $\rho(\cos\theta + i\sin\theta)$; on dit qu'il est mis sous forme géométrique. Remarquons encore que $\rho = \sqrt{a^2 + b^2}$, $\cos\theta = \dfrac{a}{\sqrt{a^2 + b^2}}$, $\sin\theta = \dfrac{b}{\sqrt{a^2 + b^2}}$. Si le nombre complexe est nul, son module est nul, et réciproquement.

Deux nombres complexes $a + ib$ et $a - ib$ sont dits conjugués. Leurs affixes sont des points M et M' symétriques par rapport à Ox. Ils ont même module et leurs arguments sont des nombres symétriques.

Un nombre réel peut être regardé comme un nombre complexe qui est à lui-même son conjugué.

Addition. — La somme de deux nombres complexes $a + bi$ et $a' + b'i$ est, par définition, le nombre complexe $a + a' + (b + b')i$. Le point N, affixe de cette somme, a pour coordonnées $a + a'$ et

$b + b'$; or, ces nombres mesurent les projections sur Ox et Oy du vecteur ON, somme géométrique de OM et OM'. La construction de N en résulte.

Dans le triangle OMN, un côté quelconque ON étant moindre que la somme des deux autres et plus grand que leur différence, on voit que

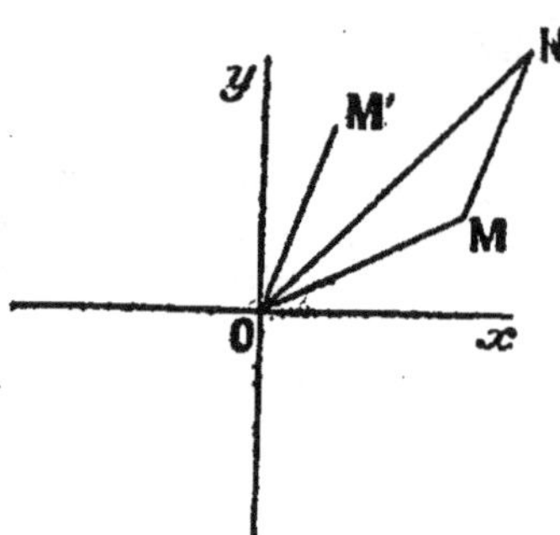

le module de la somme est moindre que la somme des modules des deux nombres complexes et plus grand que leur différence.

Accidentellement on peut avoir ON = OM + OM'; cela arrive lorsque M et M' sont alignés sur O et d'un même côté de O, c'est-à-dire lorsque les deux nombres complexes ont même argument. Ou bien ON = |OM — OM'|; cela a lieu si M et M' sont alignés sur O et de côtés différents de ce point, c'est-à-dire si les arguments des nombres complexes diffèrent de π.

Lorsque la somme de deux nombres complexes est nulle, on dit qu'ils sont symétriques; leurs affixes sont des points symétriques par rapport à l'origine.

On appelle somme de n nombres complexes $a_1 + b_1 i$, $a_2 + b_2 i$, ..., $a_n + b_n i$, le nombre complexe obtenu en faisant la somme des deux premiers, puis la somme du résultat et du troisième, et ainsi de suite. Son expression est d'après cela :

$$a_1 + a_2 + \ldots + a_n + (b_1 + b_2 + \ldots + b_n)i.$$

On voit qu'elle ne change pas si l'on échange les parties de la somme d'une façon quelconque ou si l'on remplace un certain nombre de parties par leur somme effectuée.

Ces propriétés sont encore évidentes sur la représentation géométrique : M_1, M_2, ..., M_n étant les affixes des nombres complexes donnés, l'affixe de leur somme est un point N tel que

$$(ON) = (OM_1) + (OM_2) + \ldots + (OM_n).$$

Le module de la somme est encore inférieur à la somme des modules; il est égal à cette somme lorsque les différents nombres composants ont le même argument.

Soustraction. — On appelle différence de deux nombres complexes $a + ib$ et $a' + ib'$ un troisième nombre complexe $x + iy$ qui, ajouté au second, reproduit le premier. On doit donc avoir :

$$x + a' = a, \quad y + b' = b, \quad \text{d'où} \quad x = a - a', \quad y = b - b';$$

ce qui montre que la différence existe et qu'elle est bien définie.

On voit que cela revient à ajouter au nombre complexe $a + bi$ le nombre $— a' — b'i$ symétrique de $a' + b'i$ et dont l'affixe est le point

M′₁ symétrique par rapport à l'origine de l'affixe M′. D'après cela, l'affixe P de la différence s'obtient en menant par M un vecteur MP équipollent à M′O. Le point P est le symétrique de M′ par rapport au milieu de OM.

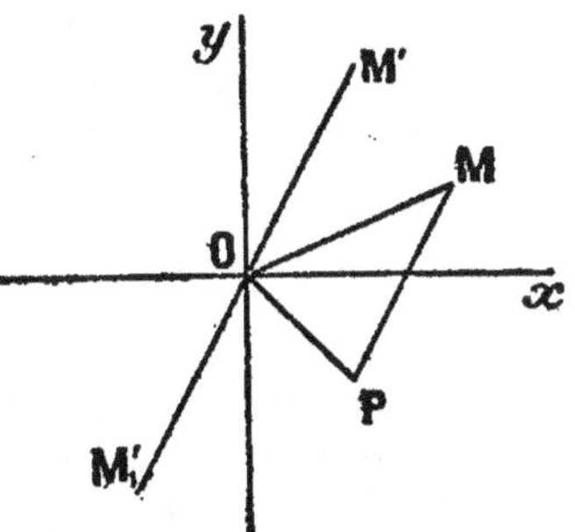

Le module OP de la différence est encore moindre que la somme des modules des deux termes et supérieur à leur différence; dans certains cas particuliers, l'une de ces inégalités peut être remplacée par une égalité.

Multiplication. — On appelle produit de deux nombres complexes $a + bi$, $a' + b'i$, le nombre complexe $aa' - bb' + (ab' + ba')i$. On l'obtient donc en effectuant la multiplication de $a + bi$ par $a' + b'i$ comme si i représentait un symbole algébrique quelconque et en remplaçant i^2 par $- 1$ dans le résultat obtenu. C'est aussi le reste de la division de $(a + bi)(a' + b'i)$ regardé comme polynôme en i par $i^2 + 1$.

On voit de suite que

$$\sqrt{(aa' - bb')^2 + (ab' + ba')^2} = \sqrt{a^2 + b^2} \cdot \sqrt{a'^2 + b'^2},$$

c'est-à-dire que le module du produit est égal au produit des modules des deux facteurs.

On appelle produit de n nombres complexes $a_1 + b_1 i$, $a_2 + b_2 i$, ..., $a_n + b_n i$, le nombre complexe obtenu en multipliant le produit des deux premiers par le troisième, le résultat obtenu par le quatrième, et ainsi de suite. En vertu de cette définition :

$$i^3 = i^2 \cdot i = - i; \quad i^4 = i^3 \cdot i = - i \cdot i = 1; \quad i^5 = i; \quad i^6 = - 1; \quad \text{etc.}$$

Il en résulte aussi que le module du produit est égal au produit des modules des différents facteurs. On en déduit une proposition importante : la condition nécessaire et suffisante pour qu'un produit de facteurs complexes soit nul est que l'un de ces facteurs soit nul. Un produit nul a en effet un module nul; le produit des modules de ses différents facteurs est donc nul, c'est-à-dire que l'un de ces modules est nul; le facteur correspondant est nul. Réciproquement, si l'un des facteurs est nul, son module est nul; il en est de même du produit des modules, du module du produit et du produit lui-même.

Reprenons le produit $(a_1 + ib_1)(a_2 + ib_2) \ldots (a_n + ib_n)$ et la suite des opérations qui en donnent la valeur. Nous verrons dans la suite que le reste de la division du polynome $(a_1 + b_1 x)(a_2 + b_2 x) \ldots (a_n + b_n x)$ entier en x par $x^2 + 1$ s'obtient en remplaçant le produit des deux premiers facteurs par le reste correspondant, multipliant le résultat obtenu par $a_3 + b_3 x$ et remplaçant ce produit par le reste de sa division par $x^2 + 1$, et ainsi de suite. Il en résulte que la valeur du produit de nombres complexes n'est autre que le reste de la division par $i^2 + 1$ du polynome $(a_1 + b_1 i)(a_2 + b_2 i) \ldots (a_n + b_n i)$. Cette valeur est donc indépendante de l'ordre des facteurs et l'on peut remplacer un nombre quelconque d'entre eux par leur produit effectué sans changer le résultat final. Son calcul peut même se faire de la façon suivante : on effectue le développement du produit $(a_1 + b_1 i)(a_2 + b_2 i) \ldots (a_n + b_n i)$ comme si i était un symbole algébrique quelconque, puis on y substitue -1 à i^2 autant de fois que possible, ce qui revient à remplacer i^3 par $-i$, i^4 par 1, i^5 par i, etc. Il en résulte que

$$(a + bi)^m = a^m + C_m^1 a^{m-1} bi - C_m^2 a^{m-2} b^2 - C_m^3 a^{m-3} b^3 i$$
$$+ C_m^4 a^{m-4} b^4 + C_m^5 a^{m-5} b^5 i - \ldots$$

La représentation géométrique des imaginaires permet de retrouver aisément le théorème du module et d'en découvrir un autre relatif à l'argument d'un produit de nombres complexes. En effet, si

$$a + bi = \rho(\cos\theta + i\sin\theta), \qquad a' + b'i = \rho'(\cos\theta' + i\sin\theta'),$$

on voit que :

$$(a + bi)(a' + b'i)$$
$$= \rho\rho' \left[\cos\theta\cos\theta' - \sin\theta\sin\theta' + i(\cos\theta\sin\theta' + \sin\theta\cos\theta')\right]$$
$$= \rho\rho' \left[\cos(\theta + \theta') + i\sin(\theta + \theta')\right].$$

Le module d'un produit de deux facteurs est donc égal au produit des modules et son argument est égal à la somme des arguments des facteurs.

Ces propositions s'étendent de suite à un produit d'un nombre quelconque de facteurs. L'invariabilité du produit lorsqu'on échange l'ordre des facteurs ou qu'on remplace un nombre quelconque d'entre eux par leur produit effectué en est une conséquence.

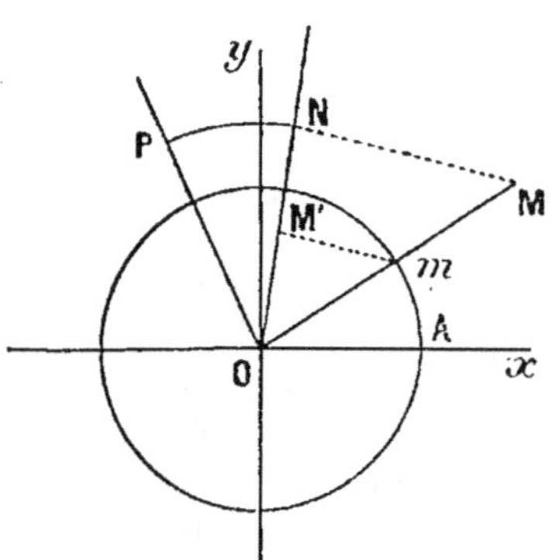

Il peut être utile d'indiquer une construction géométrique d'un produit de nombres complexes dont les affixes sont M et M'. Décrivons de O comme centre, avec l'unité graphique OA comme rayon, une circonférence.

Le produit des modules $OM \times OM'$ peut être remplacé par $\dfrac{OM \times OM'}{Om}$,

m désignant le point où la demi-droite OM coupe la circonférence. Joignons mM' et menons MN parallèle à cette droite. L'égalité :

$$\frac{ON}{OM'} = \frac{OM}{Om}$$

montre que ON est le module du produit. La rotation de ON d'un angle égal à l'angle $\widehat{xOM}$ donne le point P affixe du produit.

En particulier si $OM' = 1$, $ON = OM$ et une simple rotation autour de O donne P.

Applications. — Les nombres $\cos\theta_1 + i\sin\theta_1$, $\cos\theta_2 + i\sin\theta_2$, ..., $\cos\theta_n + i\sin\theta_n$ ayant tous pour module 1, leur produit a ce même module et son argument est $\theta_1 + \theta_2 + \ldots + \theta_n$. On peut donc écrire :

$$\cos(\theta_1 + \theta_2 + \ldots + \theta_n) + i\sin(\theta_1 + \theta_2 + \ldots + \theta_n)$$
$$= (\cos\theta_1 + i\sin\theta_1)(\cos\theta_2 + i\sin\theta_2)\ldots(\cos\theta_n + i\sin\theta_n)$$
$$= \cos\theta_1\cos\theta_2\ldots\cos\theta_n + i\,\Sigma\sin\theta_1\cos\theta_2\cos\theta_5\ldots\cos\theta_n$$
$$- \Sigma\sin\theta_1\sin\theta_2\cos\theta_5\ldots\cos\theta_n - i\,\Sigma\sin\theta_1\sin\theta_2\sin\theta_3$$
$$\cos\theta_4\ldots\cos\theta_n + \ldots$$

On en déduit :

$$\cos(\theta_1 + \theta_2 + \ldots + \theta_n)$$
$$= \cos\theta_1\cos\theta_2\ldots\cos\theta_n - \Sigma\sin\theta_1\sin\theta_2\cos\theta_3\ldots\cos\theta_n$$
$$+ \Sigma\sin\theta_1\sin\theta_2\sin\theta_5\sin\theta_4\cos\theta_5\ldots\cos\theta_n - \ldots$$
$$= \cos\theta_1\cos\theta_2\ldots\cos\theta_n\left[1 - \Sigma\,\mathrm{tg}\theta_1\,\mathrm{tg}\theta_2 + \Sigma\,\mathrm{tg}\theta_1\,\mathrm{tg}\theta_2\,\mathrm{tg}\theta_3\,\mathrm{tg}\theta_4 - \ldots\right];$$
$$\sin(\theta_1 + \theta_2 + \ldots + \theta_n)$$
$$= \Sigma\sin\theta_1\cos\theta_2\ldots\cos\theta_n - \Sigma\sin\theta_1\sin\theta_2\sin\theta_3\cos\theta_4\ldots\cos\theta_n + \ldots$$
$$= \cos\theta_1\cos\theta_2\ldots\cos\theta_n\left[\Sigma\,\mathrm{tg}\theta_1 - \Sigma\,\mathrm{tg}\theta_1\,\mathrm{tg}\theta_2\,\mathrm{tg}\theta_3 + \ldots\right].$$

La division de ces formules membre à membre donne :

$$\mathrm{tg}(\theta_1 + \theta_2 + \ldots + \theta_n) = \frac{\Sigma\,\mathrm{tg}\theta_1 - \Sigma\,\mathrm{tg}\theta_1\,\mathrm{tg}\theta_2\,\mathrm{tg}\theta_3 + \ldots}{1 - \Sigma\,\mathrm{tg}\theta_1\,\mathrm{tg}\theta_2 + \Sigma\,\mathrm{tg}\theta_1\,\mathrm{tg}\theta_2\,\mathrm{tg}\theta_3\,\mathrm{tg}\theta_4 + \ldots}$$

Si l'on fait $\theta_1 = \theta_2 = \ldots = \theta_n = \theta$ dans ces différentes égalités, on obtient :

$$\cos n\theta + i\sin n\theta = (\cos\theta + i\sin\theta)^n \qquad \text{(formule de Moivre)},$$
$$\cos n\theta = \cos^n\theta - C_n^2\cos^{n-2}\theta\sin^2\theta + C_n^4\cos^{n-4}\theta\sin^4\theta - \ldots$$
$$\sin n\theta = C_n^1\cos^{n-1}\theta\sin\theta - C_n^3\cos^{n-3}\theta\sin^3\theta + \ldots$$
$$\mathrm{tg}\,n\theta = \frac{C_n^1\,\mathrm{tg}\theta - C_n^3\,\mathrm{tg}^3\theta + \ldots}{1 - C_n^2\,\mathrm{tg}^2\theta + C_n^4\,\mathrm{tg}^4\theta - \ldots}.$$

Division. — On appelle quotient de deux nombres complexes $a + bi$ (dividende) et $c + di$ (diviseur), un nombre complexe $x + yi$ qui, multiplié par le diviseur, reproduit le dividende. L'égalité de définition est donc

$$(x + yi)(c + di) = a + bi = cx - dy + i(dx + cy).$$

On en conclut que

$$cx - dy = a, \qquad dx + cy = b.$$

La résolution de ces équations par rapport à x et y est toujours possible si $c^2 + d^2$ n'est pas nul, c'est-à-dire si le diviseur n'est pas nul. Elle donne :

$$x = \frac{ac + bd}{c^2 + d^2}, \qquad y = \frac{bc - ad}{c^2 + d^2}.$$

Le quotient est donc
$$\frac{ac + bd + i\,(bc - ad)}{c^2 + d^2}.$$

Mais c'est précisément celui de la division de $(a + bi)\,(c - di)$ par $(c + di)\,(c - di)$ ou $c^2 + d^2$. De là résulte une règle simple pour effectuer le quotient de nombres complexes.

Les propositions relatives au module et à l'argument du produit de deux nombres complexes conduisent aux suivantes :

Le module du quotient de deux nombres complexes est égal au quotient des modules de ces nombres et l'argument du quotient est égal à la différence de leurs arguments. On en pourrait déduire une construction géométrique du quotient.

En particulier,

$$\frac{1}{\cos m\theta + i\sin m\theta} = \cos(-m\theta) + i\sin(-m\theta) = \cos m\theta - i\sin m\theta,$$

car le dividende et le diviseur ont 1 pour module et l'argument du dividende est nul. Or si m est un nombre naturel, ce quotient s'écrit aussi $\dfrac{1}{(\cos\theta + i\sin\theta)^m}$ que l'on peut représenter conventionnellement par $(\cos\theta + i\sin\theta)^{-m}$. On voit donc que

$$(\cos\theta + i\sin\theta)^{-m} = \cos(-m\theta) + i\sin(-m\theta),$$

ce qui constitue une généralisation de la formule de Moivre.

EXERCICES

1º Vérifier par le calcul que $\sqrt{(a + a')^2 + (b + b')^2}$ est compris entre la somme des deux nombres $\sqrt{a^2 + b^2}$, $\sqrt{a'^2 + b'^2}$, et la valeur absolue de leur différence.

2º Calculer les puissances successives du nombre $1 + i$ en s'aidant ou non de la représentation géométrique.

3º Calculer la somme $(a + bi)^m + (a - bi)^m$ en mettant chacune de ses parties sous forme géométrique.

4º Calculer les deux sommes $S = 1 + \cos\theta + \cos 2\theta + \ldots + \cos m\theta$ et $S' = \sin\theta + \sin 2\theta + \ldots + \sin m\theta$, en évaluant la somme $S + iS'$. Pour calculer cette dernière, on pourra utiliser la formule de Moivre ou s'aider de la distribution géométrique des affixes des nombres $\cos k\theta + i\sin k\theta$.

5º La substitution $z' = \dfrac{az + b}{cz + d}$, où a, b, c, d sont des nombres complexes donnés, fait correspondre au point M d'affixe z, un point M' d'affixe z'. Montrer que cette correspondance peut toujours se ramener à un produit de transformations élémentaires : translation, homothétie, symétrie, inversion.

6º Résoudre les deux équations
$$\cos a + \cos(a + x) + \cos(a + 2x) + \ldots + \cos\big(a + (n - 1)x\big) = 0,$$
$$\sin a + \sin(a + x) + \sin(a + 2x) + \ldots + \sin\big(a + (n - 1)x\big) = 0.$$

6ᵉ LEÇON

APPLICATION DES NOMBRES COMPLEXES
A LA RÉSOLUTION DE QUELQUES ÉQUATIONS

Équation du second degré à coefficients réels. — L'équation $x^2 + l^2 = 0$, où l est un nombre réel, n'a pas de racine réelle; elle admet les deux racines complexes conjuguées et symétriques $\pm\, li$ et n'en admet pas d'autre, puisque $x^2 + l^2$ a même valeur que le produit $(x + li)(x - li)$ et que, pour annuler ce produit, il faut annuler l'un de ses facteurs.

L'équation $ax^2 + bx + c = 0$, où a, b, c sont des nombres réels, n'a pas de racine réelle lorsque $b^2 - 4ac$ est négatif. Mais le trinôme $ax^2 + bx + c$ ayant même valeur que $a\left(x + \dfrac{b}{2a}\right)^2 + \dfrac{4ac - b^2}{4a}$, s'annule pour les deux valeurs de x définies par l'équation

$$x = -\frac{b}{2a} \pm \frac{i}{2a}\sqrt{4ac - b^2}.$$

Ce sont encore des nombres complexes conjugués.

Racine carrée d'un nombre complexe. — On dit que $x + yi$ est la racine carrée de $a + bi$ si son carré vaut $a + bi$. Or le carré de $x + yi$ valant $x^2 - y^2 + 2\,ixy$, cette égalité exige que l'on ait :

$$x^2 - y^2 = a, \qquad 2xy = b.$$

La seconde équation donne $y = \dfrac{b}{2x}$ et en substituant dans la première il vient :

$$x^2 - \frac{b^2}{4x^2} = a, \quad \text{ou bien} \quad x^4 - ax^2 - \frac{b^2}{4} = 0.$$

La résolvante de cette équation n'admet qu'une racine positive qui est

$$x^2 = \frac{a + \sqrt{a^2 + b^2}}{2}.$$

Par suite, x a les seules valeurs réelles

$$x = \varepsilon\sqrt{\frac{a + \sqrt{a^2 + b^2}}{2}} \qquad\qquad (\varepsilon = \pm\, 1).$$

Les valeurs correspondantes de y sont $\dfrac{b}{2\,\varepsilon\sqrt{\dfrac{a+\sqrt{a^2+b^2}}{2}}}$, ce qui

donne deux racines carrées symétriques, savoir :

$$x+yi=\varepsilon\left[\sqrt{\frac{a+\sqrt{a^2+b^2}}{2}}+\frac{ib}{2\sqrt{\dfrac{a+\sqrt{a^2+b^2}}{2}}}\right].$$

On peut transformer le coefficient de i en multipliant son numérateur et son dénominateur par le nombre réel $\sqrt{\dfrac{-a+\sqrt{a^2+b^2}}{2}}$. On trouve ainsi :

$$x+yi=\varepsilon\left[\sqrt{\frac{a+\sqrt{a^2+b^2}}{2}}+i\frac{b}{\sqrt{b^2}}\sqrt{\frac{-a+\sqrt{a^2+b^2}}{2}}\right],$$

formule qui se simplifie dans la pratique, puisque $\dfrac{b}{\sqrt{b^2}}$ vaut $+1$ si b est positif, et -1 si b est négatif.

Supposons les deux nombres $a+bi$ et $x+yi$ mis sous forme géométrique et soit :

$$a+bi=r(\cos\alpha+i\sin\alpha),\quad x+yi=\rho(\cos\theta+i\sin\theta);$$

alors

$$(x+yi)^2=\rho^2(\cos2\theta+i\sin2\theta)=r(\cos\alpha+i\sin\alpha).$$

Cette égalité exige que $\rho^2=r$ et $2\theta=\alpha+2k\pi$, d'où :

$$\rho=\sqrt{r},\qquad \theta=\frac{\alpha}{2}+k\pi.$$

Il suffit d'ailleurs de donner à k les valeurs 0 et 1 pour obtenir les deux racines carrées : $\varepsilon\sqrt{r}\left(\cos\dfrac{\alpha}{2}+i\sin\dfrac{\alpha}{2}\right)$

La construction géométrique des points affixes résulte immédiatement de cette forme.

Équation bicarrée à coefficients réels. — L'équation étant mise sous la forme $x^4+px^2+q=0$, on sait que quatre racines sont réelles lorsque les inégalités $p^2-4q>0$, $q>0$, $p<0$ sont vérifiées. On calcule les racines x en cherchant d'abord celles de la résolvante ($y=x^2$, $y^2+py+q=0$) qui sont réelles et positives; puis on extrait les racines carrées des nombres obtenus. Les quatre racines sont données par la formule

$$x=\varepsilon\sqrt{-\frac{p}{2}+\varepsilon'\sqrt{\frac{p^2}{4}-q}}\qquad (\varepsilon=\pm1,\ \varepsilon'=\pm1).$$

Deux racines sont réelles lorsque l'on a $q < 0$; la résolvante a une racine positive $-\dfrac{p}{2} + \sqrt{\dfrac{p^2}{4} - q}$ à laquelle correspondent deux racines réelles de l'équation bicarrée, savoir : $\varepsilon \sqrt{-\dfrac{p}{2} + \sqrt{\dfrac{p^2}{4} - q}}$, et une racine négative $-\left(\dfrac{p}{2} + \sqrt{\dfrac{p^2}{4} - q}\right)$ qui conduit à deux racines conjuguées et symétriques de l'équation proposée; ce sont :

$$\varepsilon i \sqrt{\dfrac{p}{2} + \varepsilon' \sqrt{\dfrac{p^2}{4} - q}}.$$

L'équation n'a pas de racines réelles lorsque l'on a :

$$p^2 - 4q > 0, \quad q > 0, \quad p > 0;$$

dans ce cas, les deux racines de la résolvante sont négatives et conduisent à quatre racines complexes conjuguées et symétriques de l'équation bicarrée, savoir :

$$\varepsilon i \sqrt{\dfrac{p}{2} + \varepsilon' \sqrt{\dfrac{p^2}{4} - q}}.$$

Enfin l'équation bicarrée n'a pas non plus de racine réelle lorsque les racines de la résolvante sont imaginaires, c'est-à-dire lorsque

$$p^2 - 4q \text{ est } < 0.$$

On peut encore calculer les racines de la résolvante, puis leurs racines carrées; mais cette dernière opération conduit à la résolution d'une équation bicarrée dont deux racines sont réelles. Il est préférable de procéder de la façon suivante. $p^2 - 4q$ étant négatif, q est positif et on a :

$$x^4 + px + q = \left(x^2 + \sqrt{q}\right)^2 - \left(2\sqrt{q} - p\right)x^2.$$

Or, $4q - p^2 = \left(2\sqrt{q} - p\right)\left(2\sqrt{q} + p\right)$ étant positif, les deux nombres $2\sqrt{q} - p$ et $2\sqrt{q} + p$ ont le même signe; ce signe est celui de leur somme $4\sqrt{q}$. Ils sont donc positifs. Ceci permet d'écrire :

$$(1) \qquad x^4 + px^2 + q = \left(x^2 + \sqrt{q}\right)^2 - \left(x\sqrt{2\sqrt{q} - p}\right)^2$$
$$= \left(x^2 + x\sqrt{2\sqrt{q} - p} + \sqrt{q}\right)\left(x^2 - x\sqrt{2\sqrt{q} - p} + \sqrt{q}\right)$$

et le trinôme bicarré se trouve décomposé en un produit de deux facteurs du second degré *à coefficients réels*. Les zéros de ces facteurs sont aussi ceux du trinôme bicarré; ils ont pour expression

$$\dfrac{\varepsilon}{2}\sqrt{2\sqrt{q} - p} + i\dfrac{\varepsilon'}{2}\sqrt{2\sqrt{q} + p} \qquad (\varepsilon = \pm 1, \ \varepsilon' = \pm 1).$$

Ce sont quatre nombres complexes deux à deux conjugués et deux à deux symétriques. Les points affixes de ces racines sont les sommets d'un rectangle dont le centre est à l'origine du plan complexe et dont les côtés sont parallèles aux axes.

Les quatre zéros ont donc le même module, $\sqrt[4]{q}$.

Lorsque la résolvante a ses racines réelles, la décomposition de son premier membre en deux facteurs réels du premier degré donne une décomposition du trinôme bicarré en facteurs réels du second degré de la forme $\alpha x^2 + \beta$.

Lorsque la résolvante a ses racines imaginaires, on ne peut plus décomposer son premier membre en facteurs réels du premier degré, mais la méthode développée ci-dessus permet de mettre le trinôme bicarré sous forme d'un produit de facteurs réels :

$$(\alpha x^2 + \beta x + \gamma) \cdot (\alpha' x^2 + \beta' x + \gamma').$$

Lorsque le trinôme bicarré a quatre zéros réels, l'égalité (1) fournit encore une décomposition de ce trinôme en facteurs réels du second degré, car, dans ce cas, q étant positif et $p^2 - 4q$ positif, le produit $\left(2\sqrt{q} + p\right)\left(2\sqrt{q} - p\right)$ est négatif. Les deux facteurs $2\sqrt{q} + p$ et $2\sqrt{q} - p$ sont de signes différents, et comme p est négatif, le plus grand $2\sqrt{q} - p$ est positif tandis que l'autre $2\sqrt{q} + p$ est négatif.

Dans ce cas aussi, l'égalité

$$(2) \qquad x^4 + px^2 + q = \left(x^2 - \sqrt{q}\right)^2 - \left(-2\sqrt{q} - p\right)x^2$$
$$= \left(x^2 + \sqrt{-2\sqrt{q} - p} \cdot x - \sqrt{q}\right)\left(x^2 - \sqrt{-2\sqrt{q} - p} \cdot x - \sqrt{q}\right).$$

ne contient que des coefficients réels.

On obtient donc deux nouvelles décompositions du trinôme bicarré en facteurs réels du second degré. A chacune correspond un mode de calcul des quatre zéros qui sont de la forme :

$$\frac{\varepsilon}{2}\sqrt{-2\sqrt{q} - p} + \frac{\varepsilon'}{2}\sqrt{2\sqrt{q} - p}.$$

Cette forme est préférable à la forme usuelle lorsque p et $\sqrt{q}$ sont des nombres rationnels, $\sqrt{\dfrac{p^2}{4} - q}$ étant irrationnel; c'est le contraire lorsque p et $\sqrt{\dfrac{p^2}{4} - q}$ sont des nombres rationnels, $\sqrt{q}$ étant irrationnel.

Équation du second degré à coefficients imaginaires. — L'équation

$$(a + ia')z^2 + (b + ib')z + c + ic' = 0$$

se résout par la formule

$$z = \frac{-(b + ib') + \varepsilon\sqrt{(b + ib')^2 - 4(a + ia')(c + ic')}}{2(a + ia')}$$

que l'on démontre comme pour l'équation à coefficients réels ; son calcul exige en général la recherche de la racine carrée d'un nombre complexe.

L'équation bicarrée et l'équation réciproque du 4e degré à coefficients complexes se résolvent comme les équations correspondantes à coefficients réels, sauf que le calcul des radicaux qui figurent dans les formules exige en général la recherche des racines carrées de nombres complexes.

Racines m^e d'un nombre complexe ; équations binômes. — Le nombre complexe z est dit racine m^e de $a + bi$, lorsqu'il vérifie l'équation binôme $z^m = a + bi$.

Posons :

$$a + bi = r(\cos\alpha + i\sin\alpha) ; \qquad z = \rho(\cos\theta + i\sin\theta).$$

L'égalité

$$z^m = \rho^m(\cos m\theta + \sin m\theta) = r(\cos\alpha + i\sin\alpha)$$

exige que l'on ait : $\qquad \rho^m = r ; \qquad m\theta = \alpha + 2k\pi ;$

d'où $\qquad\qquad \rho = r^{\frac{1}{m}} ; \qquad \theta = \dfrac{\alpha}{m} + \dfrac{2k\pi}{m} ;$

$$z = r^{\frac{1}{m}}\left[\cos\left(\frac{\alpha}{m} + \frac{2k\pi}{m}\right) + i\sin\left(\frac{\alpha}{m} + \frac{2k\pi}{m}\right)\right].$$

Tous les nombres z ainsi obtenus ont même module ; leurs affixes sont donc placés sur un cercle C qui a son centre à l'origine. Leurs arguments regardés comme arcs sont les termes d'une progression arithmétique dont la raison $\dfrac{2\pi}{m}$ est la m^e partie de la circonférence de rayon 1 ; les extrémités de ces arcs sur le cercle trigonométrique sont les sommets d'un polygone régulier inscrit de m côtés. Les points affixes des racines sont donc eux-mêmes les sommets d'un polygone régulier de m côtés, inscrit dans le cercle C. D'après cela, il y a m racines m^e d'un nombre complexe et on les obtient toutes en donnant à k m valeurs entières consécutives, 0, 1, 2, 3, ..., $m - 1$,   par exemple.

Le nombre

$$z_k = r^{\frac{1}{m}}\left[\cos\left(\frac{\alpha}{m} + \frac{2k\pi}{m}\right) + i\sin\left(\frac{\alpha}{m} + \frac{2k\pi}{m}\right)\right]$$

peut aussi s'écrire :

$$r^{\frac{1}{m}}\left[\cos\left(\frac{\alpha}{m} + \frac{2h\pi}{m}\right) + i\sin\left(\frac{\alpha}{m} + \frac{2h\pi}{m}\right)\right] \times$$
$$\times \left[\cos\frac{2(k-h)\pi}{m} + i\sin\frac{2(k-h)\pi}{m}\right],$$

ou encore $\qquad z_h\left[\cos\dfrac{2(k-h)\pi}{m} + i\sin\dfrac{2(k-h)\pi}{m}\right].$

Or, si l'on représente par ζ_λ la racine $\cos \dfrac{2\lambda\pi}{m} + i \sin \dfrac{2\lambda\pi}{m}$ de l'équation binôme $\zeta^m - 1 = 0$, on voit que :

$$z_k = z_h \cdot \zeta_{k-h}.$$

Quand k prend m valeurs entières consécutives, il en est de même de $k - h$ où l'on suppose h fixe. On obtient donc la proposition suivante : *toutes les racines mᵉ d'un nombre complexe se déduisent de l'une d'elles en la multipliant par toutes les racines mᵉ de l'unité.* L'étude des propriétés des premières se trouve donc ramenée à l'étude des propriétés des secondes. Nous allons les exposer brièvement.

Si ζ_k et $\zeta_{k'}$ sont tels que $\zeta_k^m = 1$ et $\zeta_{k'}^m = 1$, on a évidemment $(\zeta_k \zeta_{k'})^m = 1$. et $\left(\dfrac{\zeta_k}{\zeta_{k'}} \right)^m = 1$, c'est-à-dire que le produit et le quotient de deux racines mᵉ de l'unité sont aussi une racine mᵉ de l'unité. Un produit d'un nombre quelconque de racines mᵉ de l'unité en est encore une racine mᵉ ; une puissance quelconque d'une racine mᵉ de l'unité en est une racine mᵉ.

On est conduit à se demander si des puissances convenablement choisies d'une racine de l'équation $\zeta^m - 1 = 0$ peuvent donner toutes les racines de cette équation.

Deux puissances ζ_k^p et $\zeta_k^{p'}$ d'une même racine sont égales si leurs arguments $\dfrac{2pk\pi}{m}$ et $\dfrac{2p'k\pi}{m}$ diffèrent d'un multiple de 2π ; ceci exige que l'on ait :

$$(p - p') k = \lambda m,$$

λ désignant un entier.

Supposons k et m premiers entre eux ; cette égalité ne peut avoir lieu que si m divise $p - p'$. Par suite, si l'on donne à p m valeurs entières consécutives, les valeurs prises par ζ^p sont toutes distinctes et constituent toutes les racines de l'équation proposée.

Supposons au contraire que k et m aient un plus grand commun diviseur d et posons $m = dm_1$, $k = dk_1$; les nombres m_1 et k_1 sont premiers entre eux.

Le nombre ζ_k dont l'argument vaut $\dfrac{2k\pi}{m}$ ou $\dfrac{2k_1\pi}{m_1}$, est donc une racine de l'équation $\zeta^{m_1} - 1 = 0$, et comme k_1 est premier avec m_1, les puissances consécutives de ζ_k sont les racines de cette dernière équation ; elles ne reproduisent donc pas toutes les racines de la proposée.

Remarquons encore que si k n'est pas premier avec m, ζ est racine d'une équation binôme dont le degré m_1 est inférieur à m et en est un diviseur ; pour cette raison, la racine ζ_k est dite non primitive.

Au contraire supposons k premier avec m ; on ne peut avoir $\zeta_k^p = 1$ que si l'argument $\dfrac{2pk\pi}{m}$ est un multiple de 2π, c'est-à-dire si m divise pk et par suite si m divise p. Alors ζ_k n'est racine que des équations binômes dont le degré p est un multiple de m et par suite est au moins égal à m.

Pour cette raison, la racine ζ_k est dite primitive.

Comme toutes les racines de l'équation $\zeta^m - 1 = 0$ s'obtiennent en donnant à k les valeurs 0, 1, 2, $\ldots$, $m - 1$, le nombre des racines primitives est égal au nombre des nombres inférieurs à m et premiers avec m.

Par exemple, l'équation $\zeta^2 - 1 = 0$ admet la racine primitive $- 1$.

L'équation $\zeta^3 - 1 = 0$ admet les deux racines primitives $\cos \dfrac{2\pi}{3} \pm i \sin \dfrac{2\pi}{3}$, c'est-à-dire $\dfrac{1}{2} \pm i \dfrac{\sqrt{3}}{2}$; si l'on représente l'une par j, l'autre est égale à j^2 et les trois racines de l'équation sont 1, j, j^2.

L'équation binôme $\zeta^4 - 1 = 0$ admet comme racines non primitives, $\zeta_0 = 1$ et $\zeta_2 = - 1$; ses racines primitives sont $\zeta_1 = i$, $\zeta_3 = - i$.

L'équation binôme $\zeta^5 - 1 = 0$ admet la seule racine non primitive $\zeta_0 = 1$; les quatre autres sont primitives et sont racines de l'équation

$$\frac{\zeta^4 - 1}{\zeta - 1} = \zeta^4 + \zeta^3 + \zeta^2 + \zeta + 1 = 0.$$

Cette dernière est une équation réciproque du 4e degré; sa résolution conduit à celle des équations

$$\zeta^2 - \frac{1 + \varepsilon \sqrt{5}}{2} \zeta + 1 = 0$$

et donne :

$$\zeta = \frac{1 + \varepsilon \sqrt{5} + \varepsilon' i \sqrt{10 - 2\varepsilon \sqrt{5}}}{4} \qquad (\varepsilon = \pm 1, \ \varepsilon' = \pm 1).$$

D'une façon générale, si k est premier avec m, il en est de même de $m - k$. Les deux racines ζ_k et ζ_{m-k} sont donc primitives en même temps. D'ailleurs, la somme de leurs arguments valant 2π, elles sont aussi conjuguées et réciproques.

Toutes les racines de l'équation $\zeta^m - 1 = 0$ étant représentées par ζ_k^0, ζ_k^1, ζ_k^2, $\ldots \zeta_k^{m-1}$, si ζ_k est une racine primitive, on voit que les puissances p^e de ces racines sont $\zeta_k^0 = 1$, ζ_k^p, ζ_k^{2p}, $\ldots \zeta_k^{(m-1)p}$; ce sont les termes d'une progression géométrique dont la raison vaut ζ_k^p. Si cette raison est égale à 1, c'est-à-dire si p est un multiple de m, tous ces termes sont égaux à 1 et leur somme S_p vaut m. Si cette raison n'est pas égale à 1, c'est-à-dire si p n'est pas un multiple de m, la somme S_p de cette progression vaut $\dfrac{\zeta_k^{(m-1)p} \cdot \zeta_k^p - 1}{\zeta_k^p - 1}$, c'est-à-dire 0.

La recherche algébrique des racines d'une équation binôme dont le degré n'est pas un nombre premier, est facilitée par la proposition suivante :

Si m et m' sont deux nombres premiers entre eux, on obtient toutes les racines de l'équation $\zeta^{m \cdot m'} - 1 = 0$ en effectuant les produits deux à deux des zéros de $\zeta^m - 1$ et des zéros de $\zeta^{m'} - 1$.

Ces deux binômes ont en effet des zéros représentés par les formules

$$\zeta_k = \cos \frac{2k\pi}{m} + i\sin\frac{2k\pi}{m}; \qquad (k = 0,\ 1,\ 2,\ \ldots,\ m-1),$$

$$\zeta'_{k'} = \cos \frac{2k'\pi}{m'} + i\sin\frac{2k'\pi}{m'}; \qquad (k' = 0,\ 1,\ 2,\ \ldots,\ m'-1).$$

Le produit de deux de ces zéros est

$$\zeta_k \zeta'_{k'} = \cos \frac{2(km' + k'm)\pi}{mm'} + i\sin\frac{2(km' + k'm)\pi}{mm'}$$

et c'est un zéro de $\zeta^{mm'} - 1$.

Deux de ces produits $\zeta_k \zeta'_{k'}$ et $\zeta_h \zeta'_{h'}$ sont distincts si la différence de leurs arguments n'est pas un multiple de 2π, c'est-à-dire si l'on n'a pas

$$(k-h)m' + (k'-h')m = \lambda mm',$$

λ désignant un entier.

Or cette égalité exige que m, qui divise le second membre et une partie du premier, divise l'autre, savoir $(k-h)m'$; comme il est premier avec m', il devrait diviser $k-h$, mais comme $|k-h|$ est moindre que m, c'est que $h = k$. On démontrerait de même que $h' = k'$, de sorte qu'on aurait pris deux fois le même produit. Les mm' produits $\zeta_k \zeta'_{k'}$ étant distincts constituent tous les zéros de $\zeta^{mm'} - 1$.

Par exemple, on obtient tous les zéros de $\zeta^6 - 1$ en multipliant ceux de $\zeta^2 - 1$ par ceux de $\zeta^3 - 1$; ce sont donc ± 1, $\pm j$; $\pm j^2$. On obtient tous les zéros de $\zeta^{10} - 1$ en multipliant ceux de $\zeta^2 - 1$ par ceux de $\zeta^5 - 1$; ce sont donc ± 1 et les huit nombres définis par la formule

$$\varepsilon\, \frac{1 + \varepsilon'\sqrt{5} + \varepsilon'' i \sqrt{10 - 2\varepsilon'\sqrt{5}}}{4}.$$

On peut établir une proposition analogue pour les racines primitives de l'équation $\zeta^{mm'} - 1 = 0$, sachant que m et m' sont premiers entre eux : *on les obtient en formant les produits deux à deux des zéros primitifs de $\zeta^m - 1$ et des zéros primitifs de $\zeta^{m'} - 1$.*

Imaginons, en effet, le tableau T de tous les produits deux à deux des zéros de $\zeta^m - 1$ et des zéros de $\zeta^{m'} - 1$; c'est aussi celui de tous les zéros de $\zeta^{mm'} - 1$. Un de ces produits formé avec un zéro non primitif, ζ_k, par exemple, de $\zeta^m - 1$ n'est pas un zéro primitif de $\zeta^{mm'} - 1$, car son argument est $\dfrac{2(km' + k'm)}{mm'}\pi$, et la fraction $\dfrac{km' + k'm}{mm'}$ n'est pas irréductible, puisque k et m ont un diviseur commun. Au contraire, un produit formé à l'aide de deux zéros ζ_k et $\zeta'_{k'}$ primitifs est un zéro primitif de $\zeta^{mm'} - 1$; pour le faire voir, il faut établir que la fraction $\dfrac{km' + k'm}{mm'}$ est irréductible. Soit d un diviseur premier du dénominateur; puisque m et m' sont premiers entre eux, d est, par exemple, un diviseur de m et il est premier avec m'. Il divise $k'm$ et est premier avec km', puisqu'il est premier avec chacun de ses facteurs. La fraction est donc bien irréductible. En rapprochant ces deux propositions, on en déduit de suite celle qu'il fallait établir.

Par exemple, les zéros primitifs de $x^{13} - 1$ s'obtiennent en multipliant ceux de $x^3 - 1$ par ceux de $x^5 - 1$. Ils sont au nombre de 8 et sont donnés par la formule

$$\frac{1}{8}\left(1 + \varepsilon i \sqrt{3}\right)\left(1 + \varepsilon' \sqrt{5} + \varepsilon'' i \sqrt{10 - 2\varepsilon'\sqrt{5}}\right),$$

ou encore

$$\frac{1}{8}\left[1 + \varepsilon'\sqrt{5} - \varepsilon\varepsilon''\sqrt{30 - 6\varepsilon'\sqrt{5}} + i\left(\varepsilon\sqrt{3} + \varepsilon\varepsilon'\sqrt{15} + \varepsilon''\sqrt{10 - 2\varepsilon'\sqrt{5}}\right)\right].$$

Il résulte de ce qui précède que le nombre des nombres inférieurs à mm' et premiers avec mm' est égal au produit des nombres correspondants pour m et m', si m et m' sont premiers entre eux.

EXERCICES

1º a et b désignant deux nombres rationnels et $\sqrt{b}$ étant irrationnel, mettre $\sqrt{a + \varepsilon\sqrt{b}}$ sous la forme $\sqrt{u} + \varepsilon\sqrt{v}$, u et v étant rationnels. Trouver la condition de possibilité et appliquer à la transformation des racines de l'équation bicarrée.

2º Mettre $\sqrt[3]{45 + 29\varepsilon\sqrt{2}}$ sous la forme $u + \varepsilon\sqrt{v}$, u et v étant entiers; en déduire la valeur de $\sqrt[3]{45 + 29\sqrt{2}} + \sqrt[3]{45 - 29\sqrt{2}}$.

3º Mettre $\sqrt[6]{76 + 44\sqrt{3}} + \sqrt[6]{76 - 44\sqrt{3}}$ sous une forme plus simple.

4º Résoudre l'équation $z^4 + 2z^2\cos\varphi + 1 = 0$.

5º Résoudre l'équation $z^{2n} + az^{2n-1} + 1 = 0$ et décomposer son premier membre en un produit de facteurs réels du second degré dans le cas où le nombre réel a a une valeur absolue inférieure à 2.

6º Montrer que les points affixes des racines de l'équation

$$\left(\frac{z - z_0}{z - z_1}\right)^m = z_2,$$

où z_0, z_1, z_2 sont des nombres complexes quelconques, sont distribués sur un cercle. Quelle condition doit remplir z_2 pour que ce cercle devienne une droite? Montrer que si cette condition est remplie et si z_0 et z_1 sont deux nombres conjugués, toutes les racines de cette équation sont réelles.

7º Résoudre l'équation $(a + bz)^m + (c + dz)^m = 0$, où a, b, c, d, sont des nombres quelconques.

8º Pour inscrire dans un cercle donné un polygone régulier de m côtés, on joint de k en k (k étant premier avec m), ou de $m - k$ en $m - k$, les points qui divisent le cercle en m arcs égaux. Démontrer que si le rayon du cercle est pris comme unité, le côté c_k du polygone correspondant vaut $\sqrt{2 - (\zeta_k + \zeta_{m-k})}$. Appliquer au calcul des côtés des pentagones, décagones et pentédécagones réguliers.

9º a désignant un nombre premier et α un nombre naturel, les racines non primitives de l'équation $\zeta^{a^\alpha} - 1 = 0$ sont racines des diverses équations : $\zeta - 1 = 0$, $\zeta^a - 1 = 0$, $\zeta^{a^2} - 1 = 0$, ..., $\zeta^{a^{\alpha-1}} - 1 = 0$, c'est-à-dire que ce sont toutes les racines de $\zeta^{a^{\alpha-1}} - 1 = 0$. Les racines primitives sont celles de $\dfrac{\zeta^{a^\alpha}-1}{\zeta^{a^{\alpha-1}}-1}=0$, en nombre $a^\alpha - a^{\alpha-1} = a^\alpha\left(1-\dfrac{1}{a}\right)$. En déduire que si n

décomposé en facteurs premiers vaut $a^\alpha \cdot b^\beta \cdot \ldots \cdot l^\lambda$, le nombre des nombres inférieurs à n et premiers avec lui a pour valeur : $n\left(1-\dfrac{1}{a}\right)\left(1-\dfrac{1}{b}\right)\cdots\left(1-\dfrac{1}{l}\right)$.

10º $\varphi(z)$ étant un polynome entier en z, ordonné suivant les puissances croissantes de z, la somme des coefficients de ce polynome comptés de p en p à partir du premier, vaut $\dfrac{1}{p}\left[\varphi(\zeta_0) + \varphi(\zeta_1) + \ldots + \varphi(\zeta_{p-1})\right]$, ζ_k représentant une racine quelconque de l'équation $\zeta^p - 1 = 0$; si l'on compte les coefficients de p en p à partir du second, leur somme vaut $\dfrac{1}{p}\Sigma\zeta_k^{-1}\varphi(\zeta_k)$; à partir du troisième, elle vaut $\dfrac{1}{p}\Sigma\zeta_k^{-2}\varphi(\zeta_k)$; etc.

Appliquer au calcul des sommes des cofficients du binôme pris de 3 en 3 ou de 4 en 4.

11º Chercher les racines communes aux deux équations $\zeta^m - 1 = 0$, $\zeta^{m'} - 1 = 0$ et montrer que ce sont les racines de l'équation $\zeta^d - 1 = 0$, d désignant le plus grand commun diviseur de m et m'.

7ᶜ LEÇON

DÉTERMINANTS

Considérons les différentes permutations formées avec un certain nombre d'objets auxquels il est naturel d'attribuer un ordre (cet ordre est habituellement l'ordre de grandeur croissante quand les objets sont des nombres naturels); on dit que deux objets d'une même permutation présentent une inversion lorsqu'ils ne sont pas placés, l'un par rapport à l'autre, dans l'ordre habituel. Le nombre des inversions d'une permutation déterminée s'évalue aisément : on compare chacun des objets qu'elle contient successivement à tous ceux qui sont placés après lui et on totalise les inversions que révèle cette comparaison.

On peut ranger ces permutations en deux classes : la première classe contient toutes celles dont le nombre des inversions est pair, la seconde classe contient les autres.

L'échange de deux objets dans une permutation en modifie la classe. Le fait est presque évident s'il s'agit de deux objets voisins, car cet échange n'altère pas la position relative de chacun de ces objets et de ceux qui les précèdent ou les suivent; il modifie simplement la position relative des deux objets échangés, ce qui augmente ou diminue d'une unité le nombre des inversions de la permutation considérée.

Supposons maintenant que les deux objets a et b échangés comprennent entre eux un ensemble E de p objets. On peut réaliser cet échange en permutant successivement b avec les p objets de E, puis a avec b et avec les p objets de E. Ces $2p+1$ échanges de deux objets voisins produisent $2p+1$ changements de classe de la permutation primitive ou, ce qui revient au même, un changement de classe.

Considérons maintenant un tableau carré

$$\begin{vmatrix} a_1^1, & a_1^2, & a_1^3, & \ldots, & a_1^n \\ a_2^1, & a_2^2, & a_2^3, & \ldots, & a_2^n \\ \cdot & \cdot & \cdot & \cdot & \cdot \\ a_n^1, & a_n^2, & a_n^3, & \ldots, & a_n^n \end{vmatrix}$$

contenant n^2 nombres réels ou complexes distribués dans n lignes horizontales et n colonnes verticales. Attribuons à chacun de ces nombres a_α^β deux indices : l'un α, inférieur, variable de 1 à n, indique le rang de la ligne; l'autre β, supérieur, variable dans les mêmes conditions, indique le rang de la colonne que l'*élément* considéré occupe dans le tableau. Ce tableau encadré de deux traits verticaux s'appelle le déterminant des n^2 nombres; il est dit d'*ordre n*.

On obtient un *terme* quelconque du déterminant en prenant de toutes les façons possibles un élément dans chaque ligne et dans chaque colonne et attribuant au produit des n facteurs obtenus chaque fois le signe $+$ ou le signe $-$ d'après la convention suivante : le signe est $+$ si les deux permutations d'indices supérieurs et inférieurs du produit considéré sont de même classe ; c'est le signe $-$ dans le cas contraire.

Un terme quelconque est donc représenté par la notation $(-1)^{\mathrm{I}+\mathrm{I}'}\, a_{\alpha_1}^{\beta_1} a_{\alpha_2}^{\beta_2} \dots a_{\alpha_n}^{\beta_n}$, I désignant le nombre des inversions de la permutation des indices supérieurs et I' celui des inversions de la permutation des indices inférieurs.

Toutefois, pour que la notion de la valeur du terme considéré apparaisse clairement, il est nécessaire de montrer que l'ordre donné aux facteurs qui le constituent est sans influence sur le signe qui lui est attribué. Or, cela résulte de ce que les deux nombres I et I' changent tous deux de parité lorsqu'on échange deux éléments quelconques de ce terme, si bien que la parité de leur somme n'est pas altérée, non plus que la valeur du terme lui-même.

La valeur du déterminant est, par définition, la somme de ses différents termes.

Puisque la valeur d'un terme ne dépend pas de l'ordre de ses facteurs, on peut supposer que les indices inférieurs de ce terme sont rangés dans l'ordre naturel. Le nombre des termes est donc égal au nombre des permutations des indices supérieurs, c'est-à-dire à $n!$

Dans ces conditions, un terme quelconque est représenté par $(-1)^{\mathrm{I}} a_1^{\beta_1} a_2^{\beta_2} \dots a_n^{\beta_n}$, car $\mathrm{I}' = 0$. A toute permutation des indices supérieurs en correspond une de classe différente obtenue en échangeant deux indices quelconques, si bien que le nombre des termes affectés du signe $+$ est égal à celui des termes affectés du signe $-$.

En partant de cette définition, on voit de suite que le déterminant du second ordre $\begin{vmatrix} a_1^1, & a_1^2 \\ a_2^1, & a_2^2 \end{vmatrix}$ vaut $a_1^1 a_2^2 - a_1^2 a_2^1$.

Le déterminant du troisième ordre $\begin{vmatrix} a_1^1, & a_1^2, & a_1^3 \\ a_2^1, & a_2^2, & a_2^3 \\ a_3^1, & a_3^2, & a_3^3 \end{vmatrix}$ a pour valeur

$$a_1^1 a_2^2 a_3^3 + a_1^2 a_2^3 a_3^1 + a_1^3 a_2^1 a_3^2 - a_1^3 a_2^2 a_3^1 - a_1^1 a_2^3 a_3^2 - a_1^2 a_2^1 a_3^3.$$

Le tableau carré des n^2 éléments d'un déterminant d'ordre n a deux diagonales ; on appelle diagonale principale celle qui descend de gauche à droite. D'après cela, si l'on répète, à la suite d'un déterminant du troisième ordre, ses deux premières colonnes et si l'on écrit :

les différents termes affectés du signe $+$ sont formés à l'aide des éléments situés sur la diagonale principale et sur les droites parallèles, tandis que les termes affectés du signe $-$ sont formés avec des éléments placés sur la seconde diagonale et sur les droites parallèles.

Le calcul de la valeur d'un déterminant d'ordre supérieur à trois, en tenant compte des valeurs des différents termes, est en général impraticable à cause du grand nombre de ces termes. Des procédés meilleurs vont résulter des propriétés que nous allons établir.

Échange des lignes et des colonnes. — Dans cet échange, les éléments d'une ligne quelconque se substituent aux éléments correspondants dans la colonne de même rang et inversement.

On peut représenter par le symbole
$$\begin{vmatrix} b_1^1, & b_1^2, & \ldots, & b_1^n \\ b_2^1, & b_2^2, & \ldots, & b_2^n \\ \cdot & \cdot & \cdot & \cdot \\ b_n^1, & b_n^2, & \ldots, & b_n^n \end{vmatrix}$$
le nouveau déterminant, en convenant que : $a_\alpha^\beta = b_\beta^\alpha$.

A un terme quelconque $(-1)^{1+l'} a_{\alpha_1}^{\beta_1} a_{\alpha_2}^{\beta_2} \ldots a_{\alpha_n}^{\beta_n}$ du premier, nous pouvons faire correspondre dans le second, le terme

$$(-1)^{l'+1} b_{\beta_1}^{\alpha_1} b_{\beta_2}^{\alpha_2} \ldots . b_{\beta_n}^{\alpha_n}$$

qui a évidemment la même valeur. Inversement, à un terme quelconque du second on peut faire correspondre un terme identique du premier. *La valeur du déterminant n'est donc pas altérée par cet échange.*

Échange de deux rangées parallèles. — Échangeons par exemple les éléments correspondants de la p^e et de la q^e ligne. Le nouveau déterminant peut encore se représenter par le même symbole que ci-dessus en convenant cette fois que $a_\alpha^\beta = b_\alpha^\beta$ si α n'est égal ni à p, ni à q, mais que $a_p^\beta = b_q^\beta$ et $a_q^\beta = b_p^\beta$.

Écrivons un terme quelconque du premier déterminant en y mettant en évidence les éléments pris dans la p^e et la q^e ligne, et en faisant abstraction de son signe ; c'est $a_{\alpha_1}^{\beta_1} a_{\alpha_2}^{\beta_2} \ldots . a_{\alpha_{n-2}}^{\beta_{n-2}} a_p^{\beta_{n-1}} a_q^{\beta_n}$.

A ce terme nous pouvons faire correspondre dans le second déterminant le terme formé à l'aide des facteurs $b_{\alpha_1}^{\beta_1} b_{\alpha_2}^{\beta_2} \ldots . b_{\alpha_{n-2}}^{\beta_{n-2}} b_q^{\beta_{n-1}} b_p^{\beta_n}$.

Ces deux termes sont constitués avec les mêmes facteurs, mais les signes qui doivent leur être attribués sont différents, car les permutations d'indices supérieurs sont les mêmes et les permutations d'indices inférieurs diffèrent par l'échange de deux indices. Donc, à chaque terme de l'un des déterminants en correspond un symétrique dans l'autre. *Les valeurs des deux déterminants sont donc des nombres symétriques.*

De cette proposition découle immédiatement la suivante : tout déterminant qui a deux rangées parallèles identiques est nul, car, en vertu de sa définition, sa valeur n'est pas altérée par un échange de deux rangées parallèles identiques et, d'après le théorème précédent, cette valeur change de signe.

Développement d'un déterminant suivant les éléments d'une rangée. — Chaque terme du déterminant contient un élément de la p^e ligne ; groupons tous ceux qui contiennent un même élément et mettons-y cet élément en facteur. La valeur du déterminant se met sous la forme $a_p^1 A_p^1 + a_p^2 A_p^2 + \ldots + a_p^q A_p^q + \ldots + a_p^n A_p^n$. On dit qu'on a développé le déterminant suivant les éléments de la p^e ligne.

De même, on pourrait le développer suivant les éléments d'une colonne quelconque.

Si l'on savait évaluer les coefficients A_p^q d'un tel développement, le calcul de la valeur Δ du déterminant en résulterait.

Considérons en particulier le coefficient A_1^1. Il provient de la réunion de tous les termes de la forme $(-1)^I a_1^1 a_2^{\beta_2} a_3^{\beta_3} \ldots a_n^{\beta_n}$. I est le nombre des inversions de la permutation $1, \beta_2, \beta_3, \ldots, \beta_n$ ou bien de la permutation $\beta_2, \beta_3, \ldots, \beta_n$ formée à l'aide des nombres $2, 3, \ldots, n$. C'est aussi celui des inversions de la permutation $\beta_2 - 1, \beta_3 - 1, \ldots, \beta_n - 1$, de sorte que $(-1)^I a_2^{\beta_2} a_3^{\beta_3} \ldots a_n^{\beta_n}$ est un terme quelconque du déterminant Δ_1^1 obtenu en supprimant dans Δ la première ligne et la première colonne. D'après cela, $A_1^1 = \Delta_1^1$.

Représentons par Δ_p^q le déterminant qui se déduit de Δ en y supprimant la p^e ligne et la q^e colonne. En échangeant successivement et de proche en proche la p^e ligne de Δ avec les $p - 1$ lignes qui la précèdent, puis la q^e colonne avec les $q - 1$ colonnes qui la précèdent, nous obtenons un nouveau déterminant Δ' qui diffère de Δ par $p - 1 + q - 1$ changements de signe, c'est-à-dire que

$$\Delta = \Delta' \cdot (-1)^{p+q}.$$

Or, dans Δ', l'élément a_p^q est dans la première ligne et la première colonne; son coefficient a donc pour valeur $\Delta_1'^1$ ou Δ_p^q. Dans Δ, le coefficient correspondant est donc $(-1)^{p+q} \Delta_p^q$. Ainsi $A_p^q = (-1)^{p+q} \cdot \Delta_p^q$.

On appelle *déterminants mineurs* ou simplement mineurs d'un déterminant donné, tous les déterminants qui s'en déduisent en y supprimant un même nombre de lignes et de colonnes. On classe les mineurs d'après leur ordre, c'est-à-dire d'après le nombre des lignes ou des colonnes; Δ_p^q est donc un mineur d'ordre $n - 1$; un élément de Δ peut être regardé comme un mineur du premier ordre. On peut représenter un mineur d'ordre $n - 2$ par la notation $\Delta_{p,p'}^{q,q'}$ qui rappelle les rangées supprimées dans Δ; etc. Le développement d'un déterminant suivant les éléments d'une rangée a de nombreuses conséquences.

La multiplication des éléments de la p^e ligne par un nombre arbitraire λ a évidemment pour résultat de multiplier par ce nombre la valeur du déterminant. Dès lors, si deux rangées parallèles ont leurs éléments correspondants proportionnels, le déterminant est nul, car, si λ est le coefficient de proportionnalité, le déterminant est égal au produit de λ par un déterminant qui a deux rangées parallèles identiques.

Imaginons deux déterminants dans lesquels les lignes de même rang sont les mêmes, sauf celles de rang p qui sont constituées respectivement par $a_p^1, a_p^2, \ldots, a_p^n$ et $b_p^1, b_p^2, \ldots, b_p^n$. Les valeurs de ces déterminants sont

$$a_p^1 A_p^1 + a_p^2 A_p^2 + \ldots + a_p^n A_p^n \qquad \text{et} \qquad b_p^1 A_p^1 + b_p^2 A_p^2 + \ldots + b_p^n A_p^n.$$

Leur somme est donc

$$(a_p^1 + b_p^1)\,\mathrm{A}_p^1 + (a_p^2 + b_p^2)\,\mathrm{A}_p^2 + \ldots + (a_p^n + b_p^n)\,\mathrm{A}_p^n.$$

C'est le développement d'un déterminant qui a en commun avec les deux proposés toutes leurs lignes communes et dans lequel les éléments de la p^e ligne sont les sommes des éléments correspondants des déterminants donnés.

Il en résulte que l'on peut décomposer un déterminant en une somme de plusieurs autres qui ont en commun avec lui toutes les lignes sauf une, pourvu que les sommes des éléments correspondants dans la ligne non commune de tous les déterminants composants reproduisent les éléments de cette même ligne dans le déterminant résultant.

En particulier, on ne change pas la valeur d'un déterminant en ajoutant aux éléments d'une rangée ceux d'autres rangées multipliés par un facteur constant (le même facteur pour une rangée).

On peut ainsi abaisser l'ordre d'un déterminant; montrons-le sur un déterminant du troisième ordre : $\begin{vmatrix} a, & b, & c, \\ a' & b' & c' \\ a'' & b'' & c'' \end{vmatrix}$.

a n'étant pas nul, multiplions les éléments de la première ligne par $-\dfrac{a'}{a}$ et ajoutons à ceux de la seconde; multiplions-les encore par $-\dfrac{a''}{a}$ et ajoutons à ceux de la troisième. Nous obtenons le déterminant

$$\begin{vmatrix} a, & b, & c \\ 0, & b' - \dfrac{a'b}{a}, & c' - \dfrac{a'c}{a} \\ 0, & b'' - \dfrac{a''b}{a}, & c'' - \dfrac{a''c}{a} \end{vmatrix}$$

dont le développement par rapport à la première colonne a pour valeur

$$a.\begin{vmatrix} b' - \dfrac{a'b}{a}, & c' - \dfrac{a'c}{a} \\ b'' - \dfrac{a''b}{a}, & c'' - \dfrac{a''c}{a} \end{vmatrix} \quad \text{ou encore} \quad \begin{vmatrix} ab' - ba', & ac' - ca' \\ b'' - \dfrac{a''b}{a}, & c'' - \dfrac{a''c}{a} \end{vmatrix}$$

Nous avons donc abaissé d'une unité l'ordre du déterminant.

Ce procédé, qui permet d'abaisser autant que l'on veut l'ordre d'un déterminant, se prête fort bien au calcul numérique de sa valeur.

Un procédé plus rapide encore, mais dont l'intérêt est surtout théorique, permet d'élever l'ordre d'un déterminant. Par exemple, le déterminant précédent a même valeur que le déterminant du quatrième ordre

$$\begin{vmatrix} a, & b, & c, & 0 \\ a', & b', & c', & 0 \\ a'', & b'', & c'', & 0 \\ \alpha, & \beta, & \gamma, & 1 \end{vmatrix}$$

On le voit de suite en développant ce dernier suivant les éléments de sa dernière colonne.

Il résulte de tout cela que l'on peut substituer à un déterminant donné un déterminant de même valeur et dont l'ordre est choisi arbitrairement.

Multiplication. — Le produit de deux déterminants quelconques peut se mettre sous forme d'un déterminant.

Considérons d'abord un déterminant d'ordre $p + q$ dans lequel les éléments communs à p lignes et à q colonnes sont nuls. Nous pouvons toujours, par des permutations de rangées, amener les p lignes contenant les éléments nuls à occuper les p premiers rangs et les q colonnes analogues à figurer aux q dernières places. Le déterminant prend alors la forme

$$\Delta = \begin{vmatrix} a_1^1, & \ldots, & a_1^p, & 0, & \ldots, & 0 \\ \cdot \cdot \cdot & \cdot \cdot \cdot & \cdot \cdot \cdot & \cdot \cdot \cdot & \cdot \cdot \cdot & \cdot \cdot \\ a_p^1, & \ldots, & a_p^p, & 0, & \ldots, & 0 \\ a_{p+1}^1, & \ldots, & a_{p+1}^p, & a_{p+1}^{p+1}, & \ldots, & a_{p+1}^{p+q} \\ \cdot \cdot \cdot & \cdot \cdot \cdot & \cdot \cdot \cdot & \cdot \cdot \cdot & \cdot \cdot \cdot & \cdot \cdot \\ a_{p+q}^1, & \ldots, & a_{p+q}^p, & a_{p+q}^{p+1}, & \ldots, & a_{p+q}^{p+q} \end{vmatrix}$$

Prenons un terme quelconque de ce déterminant; les éléments non nuls qu'il contient et qui figurent dans les p premières lignes appartiennent aussi aux p premières colonnes et les éléments non nuls des q dernières lignes qui y figurent, font aussi partie des q dernières colonnes. Ce terme peut donc s'écrire :

$$T = (-1)^I \, a_1^{\alpha_1} a_2^{\alpha_2} \ldots a_p^{\alpha_p} \, a_{p+1}^{\beta_1} a_{p+2}^{\beta_2} \ldots a_{p+q}^{\beta_q}.$$

La permutation $\alpha_1, \alpha_2, \ldots, \alpha_p$ est formée à l'aide des nombres $1, 2, 3, \ldots, p$ et la permutation $\beta_1, \beta_2, \ldots, \beta_q$ à l'aide des nombres $p + 1, p + 2, \ldots, p + q$.

I étant le nombre des inversions de la permutation supérieure totale et les nombres α_h étant inférieurs aux nombres β_k, on voit que $I = I_1 + I_2$, I_1 désignant le nombre des inversions de la permutation des α_h et I_2 celui des inversions de la permutation des β_k. Ce nombre I_2 est d'ailleurs aussi le nombre des inversions de la permutation $\beta_1 - p, \beta_2 - p, \ldots, \beta_q - p$. En écrivant T sous la forme

$$(-1)^{I_1} \, a_1^{\alpha_1} a_2^{\alpha_2} \ldots a_p^{\alpha_p} \times (-1)^{I_2} \, a_{p+1}^{\beta_1} a_{p+2}^{\beta_2} \ldots a_{p+q}^{\beta_q},$$

on voit que c'est le produit d'un terme quelconque du déterminant

$$\begin{vmatrix} a_1^1, & \ldots, & a_1^p \\ \cdot \cdot \cdot & \cdot \cdot \cdot & \cdot \cdot \\ a_p^1, & \ldots, & a_p^p \end{vmatrix}$$

par un terme quelconque du déterminant

$$\begin{vmatrix} a_{p+1}^{p+1}, & \ldots, & a_{p+1}^{p+q} \\ \cdot \cdot \cdot & \cdot \cdot \cdot & \cdot \cdot \\ a_{p+q}^{p+1}, & \ldots, & a_{p+q}^{p+q} \end{vmatrix}$$

Le déterminant Δ est donc égal au produit de ces deux derniers.

On aurait un résultat analogue en supposant nuls tous les éléments communs aux q premières colonnes et aux p dernières lignes.

Par exemple, on peut écrire :

$$\begin{vmatrix} a, & b \\ a', & b' \end{vmatrix} \cdot \begin{vmatrix} \alpha, & \beta \\ \alpha', & \beta' \end{vmatrix} = \begin{vmatrix} a, & b, & 0, & 0 \\ a', & b', & 0, & 0 \\ -1, & 0, & \alpha, & \alpha' \\ 0, & -1, & \beta, & \beta' \end{vmatrix}$$

Multiplions respectivement les éléments des deux premières colonnes du dernier déterminant par α et β et ajoutons-les aux éléments correspondants de la troisième colonne; puis multiplions-les par α' et β' et ajoutons-les à ceux de la quatrième colonne. Nous obtenons un déterminant de même valeur qui est

$$
\begin{vmatrix}
a, & b, & a\,\alpha + b\,\beta, & a\,\alpha' + b\,\beta' \\
a', & b', & a'\alpha + b'\beta, & a'\alpha' + b'\beta' \\
-1, & 0, & 0, & 0 \\
0, & -1, & 0, & 0
\end{vmatrix}
\qquad \text{ou bien} \qquad
\begin{vmatrix}
a\,\alpha + b\,\beta, & a\,\alpha' + b\,\beta' \\
a'\alpha + b'\beta, & a'\alpha' + b'\beta'
\end{vmatrix}
$$

Les mêmes transformations sont applicables au produit de deux déterminants d'ordre n et on est conduit à la règle suivante : *étant donnés deux déterminants D et D' d'ordre n, on forme les sommes des produits deux à deux des éléments de la p^e ligne de D successivement par les éléments correspondants des n lignes de D' et on prend ces n sommes comme éléments de la p^e ligne ($p = 1, 2, 3, \ldots, n$) d'un nouveau déterminant; la valeur de ce dernier est $D \cdot D'$.*

On peut mettre colonnes au lieu de lignes.

La vérification de cette règle sur un exemple est simple. Considérons en effet le déterminant

$$
P = \begin{vmatrix}
a\,\alpha + b\,\beta + c\,\gamma, & a\,\alpha' + b\,\beta' + c\,\gamma', & a\,\alpha'' + b\,\beta'' + c\,\gamma'' \\
a'\alpha + b'\beta + c'\gamma, & a'\alpha' + b'\beta' + c'\gamma', & a'\alpha'' + b'\beta'' + c'\gamma'' \\
a''\alpha + b''\beta + c''\gamma, & a''\alpha' + b''\beta' + c''\gamma', & a''\alpha'' + b''\beta'' + c''\gamma''
\end{vmatrix}
$$

obtenu en appliquant la règle précédente aux deux déterminants

$$
D = \begin{vmatrix}
a, & b, & c, \\
a', & b', & c', \\
a'', & b'', & c'',
\end{vmatrix},
\qquad
\Delta = \begin{vmatrix}
\alpha, & \beta, & \gamma \\
\alpha', & \beta', & \gamma' \\
\alpha'', & \beta'', & \gamma''
\end{vmatrix}.
$$

Le déterminant P peut se décomposer en une série de déterminants obtenus en substituant, aux éléments d'une colonne quelconque, des parties de ces éléments placées dans une même file verticale. De ces 27 déterminants, les uns, tels que

$$
\begin{vmatrix}
a\,\alpha, & a\,\alpha', & \ldots \\
a'\alpha, & a'\alpha', & \ldots \\
a''\alpha, & a''\alpha', & \ldots
\end{vmatrix}
$$

sont nuls comme ayant deux colonnes proportionnelles; les autres comme

$$
\begin{vmatrix}
a\,\alpha, & c\,\gamma', & b\,\beta'' \\
a'\alpha, & c'\gamma', & b'\beta'' \\
a''\alpha, & c''\gamma', & b''\beta''
\end{vmatrix},
$$

contiennent D en facteur et le coefficient de D, après sa mise en facteur, ne dépend que des éléments de Δ. On peut donc écrire :

$$
P = D \cdot F(\alpha, \beta, \gamma, \alpha', \beta', \gamma', \alpha'', \beta'', \gamma''),
$$

F désignant un polynome entier par rapport aux éléments de Δ.

Pour avoir la valeur de F, on peut particulariser les valeurs attribuées aux éléments de D et prendre :

$$D_1 = \begin{vmatrix} 1, & 0, & 0 \\ 0, & 1, & 0 \\ 0, & 0, & 1 \end{vmatrix} = 1.$$

Alors

$$P_1 = \begin{vmatrix} \alpha, & \alpha', & \alpha'' \\ \beta, & \beta', & \beta'' \\ \gamma, & \gamma', & \gamma'' \end{vmatrix} = \Delta = F(\alpha, \beta \ldots).$$

Donc $P = D \cdot \Delta.$

Si l'on applique cette règle au calcul du carré d'un déterminant, on voit de suite que ce carré est un déterminant symétrique, c'est-à-dire que les éléments occupant des positions symétriques par rapport à la diagonale principale sont égaux deux à deux.

Application de la multiplication des déterminants à l'étude des propriétés des déterminants adjoints. — Nous avons défini plus haut le coefficient A_p^q d'un élément a_p^q dans le développement d'un déterminant

$$\delta = \begin{vmatrix} a_1^1, & \ldots, & a_1^n \\ \cdot & \cdot \cdot \cdot \cdot & \cdot \\ a_n^1, & \ldots, & a_n^n \end{vmatrix}$$

Le déterminant $\Delta = \begin{vmatrix} A_1^1, & \ldots, & A_1^n \\ \cdot & \cdot \cdot \cdot \cdot & \cdot \\ A_n^1, & \ldots, & A_n^n \end{vmatrix}$ est dit l'adjoint de δ.

Les valeurs de ce déterminant et de ses mineurs des divers ordres sont étroitement liées à celles de δ et de ses mineurs.

Si nous remarquons que la somme $a_p^1 A_q^1 + a_p^2 A_q^2 + \ldots + a_p^n A_q^n$ est le développement de δ par rapport à la q^e ligne, mais où l'on a substitué les éléments de la p^e ligne à ceux de la q^e, nous voyons que cette somme est nulle chaque fois que p et q sont différents et qu'elle vaut δ quand p et q sont égaux. D'après cela, le produit $\delta \cdot \Delta$ est un déterminant dont tous les éléments sont nuls, sauf ceux de la diagonale principale qui valent tous δ ; ce produit est donc égal à δ^n. On en conclut que si δ n'est pas nul, $\Delta = \delta^{n-1}$.

Cette égalité des valeurs de deux polynomes entiers par rapport aux lettres a_p^q est établie quelles que soient les valeurs de ces lettres, pourvu qu'elles ne vérifient pas l'égalité $\delta = 0$. Or, on peut démontrer la proposition suivante : *lorsque l'égalité des valeurs de deux polynomes entiers à plusieurs variables est établie, sauf pour les valeurs exceptionnelles de ces variables qui vérifient certaines équations de condition, on peut affirmer que les deux polynomes sont identiques, c'est-à-dire composés des mêmes termes et, par suite, qu'ils sont encore égaux pour les valeurs exceptionnelles des variables.* Dans le cas qui nous occupe, on voit que Δ et δ^{n-1} sont identiques et que Δ est nul en même temps que δ.

Proposons-nous maintenant d'évaluer un mineur d'ordre p de Δ, par exemple celui que l'on obtient en supprimant les $n - p$ dernières lignes et les $n - p$ dernières colonnes. Nous obtenons un déterminant égal en écrivant :

$$\Delta_1 = \begin{vmatrix} A_1^1, & A_1^2, & \ldots, & A_1^p, & A_1^{p+1}, & \ldots, & A_1^n \\ \cdot & \cdot & \cdot & \cdot & \cdot & \cdot & \cdot \\ A_p^1, & A_p^2, & \ldots, & A_p^p, & A_p^{p+1}, & \ldots, & A_p^n \\ 0, & 0, & \ldots, & 0, & 1, & 0, & \ldots, 0 \\ 0, & 0, & \ldots, & 0, & 0, & 1, & \ldots, 0 \\ \cdot & \cdot & \cdot & \cdot & \cdot & \cdot & \cdot \\ 0, & 0, & \ldots, & 0, & 0, & 0, & \ldots, 1 \end{vmatrix}$$

déterminant dont les p premières lignes sont celles de Δ et dont les $n - p$ dernières sont constituées par des éléments nuls sauf ceux de la diagonale principale qui valent 1.

Le produit de δ par Δ, en appliquant les remarques précédentes, peut s'écrire :

$$\begin{vmatrix} \delta, & o, & \ldots, & o, & a_1^{p+1}, & \ldots, & a_1^n \\ o, & \delta, & \ldots, & o, & a_2^{p+1}, & \ldots, & a_2^n \\ \cdot & \cdot & \cdot & \cdot & \cdot & \cdot & \cdot \\ o, & o, & \ldots, & \delta, & a_p^{p+1}, & \ldots, & a_p^n \\ o, & o, & \ldots, & o, & a_{p+1}^{p+1}, & \ldots, & a_{p+1}^n \\ \cdot & \cdot & \cdot & \cdot & \cdot & \cdot & \cdot \\ o, & o, & \ldots, & o, & a_n^{p+1}, & \ldots, & a_n^n \end{vmatrix}$$

Les éléments de ce nouveau déterminant qui figurent à la fois dans les $n - p$ dernières lignes et dans les p premières colonnes sont tous nuls; ce déterminant est donc le produit de deux autres dont l'un vaut δ^p et dont l'autre se déduit de Δ en y conservant les éléments qui figurent à la fois dans les $n - p$ dernières lignes et dans les $n - p$ dernières colonnes. L'égalité $\Delta_1 = \delta^{p-1} \begin{vmatrix} a_{p+1}^{p+1}, & \ldots, & a_{p+1}^n \\ \cdot & \cdot & \cdot \\ a_n^{p+1}, & \ldots, & a_n^n \end{vmatrix}$

résulte de là. Elle subsiste lorsque $\delta = o$.

On est donc conduit au théorème suivant :

La suppression, dans un déterminant δ d'ordre n, de p lignes et de p colonnes donne un mineur δ_1; la conservation, dans l'adjoint Δ, des seuls éléments appartenant aux mêmes lignes et aux mêmes colonnes donne un mineur

Δ_1. *Le rapport* $\dfrac{\Delta_1}{\delta_1}$ *vaut* $\pm \delta^{p-1}$.

En particulier, lorsque δ est nul, tous les mineurs de son adjoint (ceux du premier ordre exceptés) sont nuls.

EXERCICES

1° Trouver le nombre des mineurs d'ordre p dans un déterminant d'ordre n. Cas où le déterminant proposé est symétrique.

2° On appelle déterminant symétrique gauche un déterminant dont les éléments symétriques par rapport à la diagonale principale sont des nombres symétriques tandis que ceux de la diagonale principale sont nuls. Démontrer que si son ordre est impair, ce déterminant est nul.

3° Démontrer que si λ, μ, ν mesurent les faces d'un trièdre, le déterminant

$\begin{vmatrix} 1, & \cos\nu, & \cos\mu \\ \cos\nu, & 1, & \cos\lambda \\ \cos\mu, & \cos\lambda, & 1 \end{vmatrix}$ est positif.

4° Dans un déterminant d'ordre n, on suppose que la somme des carrés des éléments d'une ligne quelconque vaut 1, et que la somme des produits deux à deux des éléments de deux lignes quelconques est nulle.

Calculer le carré de ce déterminant; calculer les valeurs des mineurs d'ordre $n - 1$ de son adjoint.

5° Démontrer que les éléments du déterminant adjoint de l'adjoint d'un déterminant donné sont proportionnels aux éléments de ce dernier.

En déduire la résolution des équations :

$$yz - u^2 = a, \qquad zx - v^2 = a', \qquad xy - w^2 = a'',$$
$$vw - ux = b, \qquad wu - vy = b', \qquad uv - wz = b''.$$

où les inconnues sont x, y, z, u, v, w. On examinera successivement le cas où

le déterminant $\begin{vmatrix} a, & b'', & b' \\ b'', & a', & b \\ b', & b, & a'' \end{vmatrix}$ est différent de zéro et celui où il est nul.

6° Le déterminant

$$\Delta = \begin{vmatrix} a_1^{n-1}, & a_1^{n-2}, & a_1^{n-3}, & \ldots, & a_1, & 1 \\ a_2^{n-1}, & a_2^{n-2}, & a_2^{n-3}, & \ldots, & a_2, & 1 \\ \cdot & \cdot & \cdot & \cdot & \cdot & \cdot \\ a_n^{n-1}, & a_n^{n-2}, & a_n^{n-3}, & \ldots, & a_n, & 1 \end{vmatrix}$$

s'appelle déterminant de Vandermonde relatif aux nombres $a_1, a_2, \ldots, a_n$. C'est un polynome entier par rapport à ces nombres; en particulier, il est de degré $n-1$ par rapport à chacun d'eux et le coefficient de a_1^{n-1} est le déterminant de Vandermonde Δ_1 relatif aux nombres $a_2, a_3, \ldots a_n$.

Démontrer : 1° que Δ vaut $(a_1 - a_2)(a_1 - a_3) \ldots (a_1 - a_n) \cdot \Delta_1$.

2° que Δ vaut $(a_1 - a_2)(a_1 - a_3)(a_1 - a_4) \ldots (a_1 - a_{n-1})(a_1 - a_n)$
$(a_2 - a_3)(a_2 - a_4) \ldots (a_2 - a_{n-1})(a_2 - a_n)$
$(a_3 - a_4) \ldots (a_3 - a_{n-1})(a_3 - a_n)$
$\cdot \cdot \cdot \cdot \cdot \cdot \cdot$
$(a_{n-2} - a_{n-1})(a_{n-2} - a_n)$
$(a_{n-1} - a_n)$

Cette dernière égalité s'écrit aussi :

$$\Delta = \Pi\,(a_h - a_k)$$

h et k prenant les valeurs $1, 2, 3, \ldots, n$, mais h étant inférieur à k. Trouver des propriétés analogues pour les différents mineurs d'ordre n déduits du tableau

$$\begin{Vmatrix} a_1^n, & a_1^{n-1}, & a_1^{n-2}, & \ldots, & a_1, & 1 \\ a_2^n, & a_2^{n-1}, & a_2^{n-2}, & \ldots, & a_2, & 1 \\ \cdot & \cdot & \cdot & \cdot & \cdot & \cdot \\ a_n^n, & a_n^{n-1}, & a_n^{n-2}, & \ldots, & a_n, & 1 \end{Vmatrix}$$

RÉSOLUTION ET DISCUSSION DES ÉQUATIONS LINÉAIRES

On appelle équation linéaire une équation où les inconnues figurent au premier degré. Si ces inconnues sont $x_1, x_2, \ldots x_n$, la forme générale d'une telle équation est :

$$a_1 x_1 + a_2 x_2 + \ldots + a_n x_n + b = 0,$$

où les nombres $a_1, a_2, \ldots a_n$, b sont donnés réels ou complexes.

Généralement, on se donne plusieurs de ces équations qui constituent un système. On appelle solution du système un ensemble de valeurs des inconnues dont la substitution donne aux premiers membres de ces équations la valeur zéro. Nous allons indiquer une méthode qui permet de reconnaître si un système donné a des solutions et de trouver ces solutions, c'est-à-dire de résoudre le système.

Considérons d'abord un système de n équations à n inconnues. Supposons-les ordonnées par rapport à ces inconnues et écrites les unes au-dessous des autres. Les coefficients des inconnues distribués en lignes d'après les équations où ils figurent et en colonnes d'après les inconnues qu'ils affectent, forment un déterminant Δ que nous appellerons déterminant du système et que nous supposerons tout d'abord différent de zéro. Pour distinguer ces coefficients, nous leur attribuerons deux indices, marquant ainsi le rang de l'équation et le rang de l'inconnue. Enfin, pour abréger, nous désignerons par X_p le polynome premier membre de la p^e équation. Le système s'écrit alors :

$$(1) \quad \begin{cases} X_1 \equiv a_{1,1} x_1 + a_{1,2} x_2 + \ldots + a_{1,n} x_n + b_1 = 0, \\ X_2 \equiv a_{2,1} x_1 + a_{2,2} x_2 + \ldots + a_{2,n} x_n + b_2 = 0, \\ \quad \cdots \cdots \cdots \cdots \cdots \cdots \cdots \cdots \cdots \\ X_n \equiv a_{n,1} x_1 + a_{n,2} x_2 + \ldots + a_{n,n} x_n + b_n = 0. \end{cases}$$

Les valeurs des inconnues qui vérifient ces équations, vérifient évidemment toute équation obtenue en égalant à zéro une fonction linéaire et homogène quelconque de $X_1, X_2, \ldots, X_n$.

Considérons en particulier les n équations obtenues en prenant successivement comme multiplicateurs les éléments d'une colonne quelconque du déterminant adjoint de Δ. Ces équations constituent le système

$$(2) \quad \begin{cases} Y_1 \equiv A_{1,1} X_1 + A_{2,1} X_2 + \ldots + A_{n,1} X_n = 0, \\ Y_2 \equiv A_{1,2} X_1 + A_{2,2} X_2 + \ldots + A_{n,2} X_n = 0, \\ \quad \cdots \cdots \cdots \cdots \cdots \cdots \cdots \cdots \cdots \\ Y_n \equiv A_{1,n} X_1 + A_{2,n} X_2 + \ldots + A_{n,n} X_n = 0. \end{cases}$$

Les systèmes (1) et (2) sont équivalents, c'est-à-dire que toute solution de (1) est solution de (2) et, réciproquement, oute solution de (2) est solution de (1).

Il suffit d'établir cette dernière proposition. Or, si nous ordonnons la somme $a_{p,1} Y_1 + a_{p,2} Y_2 + \ldots + a_{p,n} Y_n$ par rapport à $X_1, X_2, \ldots, X_n$, nous voyons qu'elle se réduit à ΔX_p, car le coefficient de X_q dans cette somme est égal à $a_{p,1} A_{q,1} + a_{p,2} A_{q,2} + \ldots + a_{p,n} A_{q,n}$, c'est-à-dire qu'il est nul si p diffère de q, et égal à Δ si p et q sont égaux.

Toute solution de (2) substituée dans ΔX_p lui donne la valeur zéro et, comme Δ n'est pas nul, c'est qu'elle annule X_p.

Le système (2) présente un intérêt particulier, parce que chacune de ses équations ne contient qu'une inconnue. En explicitant les polynomes X_h, on trouve en effet que Y_p est identique à

$$\Delta x_p + A_{1,p} b_1 + A_{2,p} b_2 + \ldots + A_{n,p} b_n.$$

Cela tient à ce que le coefficient de x_q, dans Y_p, vaut

$$a_{1,q} A_{1,p} + a_{2,q} A_{2,p} + \ldots + a_{n,q} A_{n,p},$$

c'est-à-dire zéro si q est différent de p, et Δ si q est égal à p.

L'équation $Y_p = o$ donne donc :

$$x_p = \frac{- A_{1,p} b_1 - A_{2,p} b_2 - \ldots - A_{n,p} b_n}{\Delta}.$$

Si l'on remarque que le numérateur de cette fraction se déduit de Δ en y remplaçant $a_{1,p}, a_{2,p}, \ldots, a_{n,p}$, respectivement par $- b_1, - b_2, \ldots,$ $- b_n$, on obtient l'énoncé suivant (règle de Cramer) :

Lorsque le déterminant d'un système de n équations linéaires à n inconnues n'est pas nul, ce système admet une solution. La valeur de chaque inconnue est celle d'une fraction dont le dénominateur est le déterminant du système; le numérateur se déduit du dénominateur en y remplaçant les coefficients de l'inconnue correspondante par les nombres symétriques des termes connus de ces équations.

Dans les mêmes conditions, si les termes connus sont nuls, c'est-à-dire si les équations sont *homogènes*, elles admettent évidemment une solution dans laquelle les valeurs des inconnues sont toutes nulles et n'admettent que celle-là : c'est ce que nous appellerons la solution zéro.

Examinons maintenant le cas général de p équations linéaires à n inconnues.

Formons le tableau rectangulaire T des coefficients des inconnues dans les équations ordonnées et imaginons l'ensemble des déterminants mineurs déduits de ce tableau en y conservant seulement les éléments communs à un certain nombre de lignes et au même nombre de colonnes. Parmi ces mineurs, il y en a certainement qui ne sont pas nuls, car nous écartons le cas où tous les éléments de T sont nuls. Appelons déterminant principal l'un quelconque des mineurs non nuls de l'ordre le plus élevé; soit k cet ordre qui est au plus égal au plus petit des deux nombres n et p. Appelons équations principales et inconnues principales celles dont les coefficients entrent dans le déterminant principal. Enfin, nommons déterminants caractéristiques tous ceux que l'on obtient en bordant (ou emboîtant) le déterminant principal, à droite par les termes connus des équations principales correspondantes, en bas par les coefficients correspondants de l'une quelconque des équations non principales, s'il en existe.

Nous pouvons toujours supposer qu'un changement dans l'ordre des équations et dans celui des inconnues a amené les k équations principales et les k inconnues principales à occuper les premiers rangs, si bien que le système s'écrit :

$$(3)\begin{cases} X_1 \equiv a_{1,1}x_1 + \ldots + a_{1,k}x_k + a_{1,k+1}x_{k+1} + \ldots + a_{1,n}x_n + b_1 = 0, \\ \ldots \ldots \ldots \ldots \ldots \ldots \ldots \ldots \ldots \ldots \ldots \\ X_k \equiv a_{k,1}x_1 + \ldots + a_{k,k}x_k + a_{k,k+1}x_{k+1} + \ldots + a_{k,n}x_n + b_k = 0, \\ \ldots \ldots \ldots \ldots \ldots \ldots \ldots \ldots \ldots \ldots \ldots \\ X_p \equiv a_{p,1}x_1 + \ldots + a_{p,k}x_k + a_{p,k+1}x_{k+1} + \ldots + a_{p,n}x_n + b_p = 0. \end{cases}$$

Désignons par Δ le déterminant principal

$$\begin{vmatrix} a_{1,1}, & \ldots, & a_{1,k} \\ \cdot & \cdots & \cdot \\ a_{k,1}, & \ldots, & a_{k,k} \end{vmatrix}$$

On peut substituer à ce système le suivant :

$$(4) \qquad X_1 = 0, \qquad X_2 = 0, \qquad \ldots, \qquad X_k = 0.$$

$$(5) \qquad Y_h \equiv \begin{vmatrix} a_{1,1}, & \ldots, & a_{1,k} & X_1 \\ \cdot & \cdots & \cdot & \cdot \\ a_{k,1}, & \ldots, & a_{k,k}, & X_k \\ a_{k+h,1}, & \ldots, & a_{k+h,k}, & X_{k+h} \end{vmatrix} = 0 \qquad (h = 1, 2, \ldots, p-k).$$

Il est évident d'abord que toute solution du système (3) vérifie le système (4), (5), puisqu'elle annule tous les X. Inversement une solution du système (4), (5) annulant $X_1, X_2, \ldots$, donne à X_{k+h} une valeur X'_{k+h} qui vérifie l'équation : $\Delta X'_{k+h} = 0$ en vertu de (5); cette valeur X'_{k+h} est nulle, puisque Δ ne l'est pas.

Les systèmes (3) et (4), (5) sont donc équivalents. Étudions le second. Remplaçons dans Y_h les polynomes X par leurs valeurs en fonction des x; le déterminant ainsi obtenu peut être décomposé en $n+1$ déterminants, en remplaçant la dernière colonne successivement par les parties de ses éléments qui appartiennent aux mêmes files verticales. Les k premiers de ces déterminants sont nuls comme ayant deux colonnes d'éléments proportionnels; chacun des $n-k$ suivants est égal au produit d'un mineur d'ordre $k+1$ de T (donc nul) par une inconnue non principale, si bien que Y_h se réduit au déterminant caractéristique

$$\Delta_h = \begin{vmatrix} a_{1,1}, & \ldots, & a_{1,k}, & b_1 \\ \cdot & \cdots & \cdot & \cdot \\ a_{k,1}, & \ldots, & a_{k,k}, & b_k \\ a_{k+h,1}, & \ldots, & a_{k+h,k}, & b_{k+h} \end{vmatrix}$$

(En réalité, cette analyse utilise simplement le fait que tous les mineurs d'ordre $k+1$ de T, obtenus en emboîtant Δ, sont nuls).

Finalement, on voit que le système (4), (5) se réduit au suivant :

$$(4) \qquad X_1 = 0, \qquad X_2 = 0, \qquad \ldots, \qquad X_k = 0.$$
$$(6) \qquad \Delta_1 = 0, \qquad \Delta_2 = 0, \qquad \ldots, \qquad \Delta_{p-k} = 0.$$

Nous pouvons donc énoncer le théorème suivant (Fontené-Rouché) :

Si tous les caractéristiques ne sont pas nuls, le système n'a pas de solution ; si tous les caractéristiques sont nuls, le système se réduit aux équations principales : les inconnues non principales (s'il en existe) sont arbitraires et l'application de la règle de Cramer aux équations principales donne les inconnues principales sous forme de fonctions linéaires des autres inconnues et des termes connus.

Il est à peine besoin de remarquer que si l'ordre du déterminant principal est égal au nombre des équations, il n'y a pas de déterminant caractéristique et le système a des solutions.

Application aux équations homogènes. — Nous avons déjà remarqué qu'un système composé uniquement de semblables équations admet la solution zéro. Dans nombre de cas, il est important de voir s'il en existe d'autres.

Il faut évidemment pour cela que l'ordre du déterminant principal soit inférieur au nombre des inconnues. Dès lors nous sommes conduits à envisager les deux cas suivants :

1° L'ordre k du déterminant principal est égal au nombre des inconnues : le système admet la seule solution zéro.

2° L'ordre k du déterminant principal est inférieur au nombre n des inconnues : $n - k$ des inconnues sont arbitraires et le système admet d'autres solutions que la solution zéro.

En particulier, *la condition nécessaire et suffisante pour que n équations linéaires et homogènes à n inconnues aient d'autres solutions que la solution zéro, est que le déterminant du système de ces équations soit nul.*

EXEMPLES. — 1° Considérons un système de deux équations linéaires et homogènes à trois inconnues

$$(7) \qquad \begin{cases} a\,x + b\,y + c\,z = 0, \\ a'x + b'y + c'z = 0. \end{cases}$$

En général le déterminant principal est du second ordre ; supposons, par exemple, $ab' - ba' \neq 0$.

L'application de la règle de Cramer à ces équations donne :

$$x = \frac{-b'cz + bc'z}{ab' - ba'} = \frac{z(bc' - cb')}{ab' - ba'} ;$$

$$y = \frac{-ac'z + a'cz}{ab' - ba'} = \frac{z(ca' - ac')}{ab' - ba'}.$$

z étant arbitraire, nous pouvons poser $z = \lambda(ab' - ba')$ où λ est aussi arbitraire.

L'ensemble des solutions du système (7) est alors représenté par les formules

$$(8) \quad x = \lambda(bc' - cb'), \qquad y = \lambda(ca' - ac'), \qquad z = \lambda(ab' - ba').$$

On arrive d'ailleurs aux mêmes formules en supposant non nul un autre déterminant du second ordre.

Supposons que le déterminant principal soit du premier ordre, a par exemple.

Le système se réduit à la première équation, y et z sont arbitraires et x s'en déduit par la formule

$$x = -\frac{b}{a}y - \frac{c}{a}z.$$

2° Soit un système de trois équations homogènes à quatre inconnues

$$(9) \quad \begin{cases} a\,x + b\,y + c\,z + d\,t = 0, \\ a'x + b'y + c'z + d't = 0, \\ a''x + b''y + c''z + d''t = 0. \end{cases}$$

Le déterminant principal est en général du 3e ordre ; supposons que ce soit

$$\Delta = \begin{vmatrix} a\,, & b\,, & c \\ a'\,, & b'\,, & c' \\ a''\,, & b''\,, & c'' \end{vmatrix}.$$

L'application de la règle de Cramer, en regardant t comme connu, donne :

$$x = \frac{1}{\Delta} \cdot \begin{vmatrix} -d\,t, & b, & c \\ -d'\,t, & b', & c' \\ -d''t, & b'', & c'' \end{vmatrix} = -\frac{t}{\Delta} \cdot \begin{vmatrix} b\,, & c\,, & d \\ b'\,, & c'\,, & d' \\ b''\,, & c''\,, & d'' \end{vmatrix};$$

$$y = \frac{t}{\Delta} \cdot \begin{vmatrix} a\,, & c\,, & d \\ a'\,, & c'\,, & d' \\ a''\,, & c''\,, & d'' \end{vmatrix}; \qquad z = -\frac{t}{\Delta} \cdot \begin{vmatrix} a\,, & b\,, & d \\ a'\,, & b'\,, & d' \\ a''\,, & b''\,, & d'' \end{vmatrix};$$

t étant arbitraire et Δ non nul, on peut poser $t = -\lambda\Delta$, où λ est arbitraire. Les solutions du système (9) sont alors représentées par les formules

$$(10) \quad x = \lambda \begin{vmatrix} b\,, & c\,, & d \\ b'\,, & c'\,, & d' \\ b''\,, & c''\,, & d'' \end{vmatrix}, \qquad y = -\lambda \begin{vmatrix} a\,, & c\,, & d \\ a'\,, & c'\,, & d' \\ a''\,, & c''\,, & d'' \end{vmatrix},$$

$$z = \lambda \begin{vmatrix} a\,, & b\,, & d \\ a'\,, & b'\,, & d' \\ a''\,, & b''\,, & d'' \end{vmatrix}, \qquad t = -\lambda \begin{vmatrix} a\,, & b\,, & c \\ a'\,, & b'\,, & c' \\ a''\,, & b''\,, & c'' \end{vmatrix}.$$

On arrive exactement aux mêmes formules si l'on suppose non nul un autre déterminant du troisième ordre.

Supposons maintenant que le déterminant principal soit du second ordre, soit $ab' - ba'$ par exemple. Le système (9) se réduit aux deux premières équations qui donnent pour x et y des valeurs de la forme

$$x = \alpha z + \beta t, \qquad y = \alpha' z + \beta' t,$$

où z et t sont arbitraires.

Enfin, si le déterminant principal est du premier ordre, soit a par exemple, les équations se réduisent à la première et toutes les solutions sont données par la formule

$$x = -\frac{b}{a}y - \frac{c}{a}z - \frac{d}{a}t,$$

où y, z et t sont arbitraires.

Méthode pratique pour la résolution d'un système d'équations linéaires. — Nous allons exposer brièvement cette méthode sur un système de trois équations du premier degré à trois inconnues

$$(11) \quad \begin{cases} a\,x + b\,y + c\,z + d = 0, \\ a'\,x + b'\,y + c'\,z + d' = 0, \\ a''x + b''y + c''z + d'' = 0. \end{cases}$$

Supposons $a \neq 0$ et regardons y et z comme connus ; la première équation permet de calculer x et, en portant sa valeur fonction de y et z dans les deux dernières, on remplace le système proposé par un système équivalent de la forme

$$(12) \quad \begin{cases} x = -\dfrac{b}{a}y - \dfrac{c}{a}z - \dfrac{d}{a}, \\ A\,y + B\,z + C = 0, \\ A'y + B'z + C' = 0. \end{cases}$$

Supposons que les coefficients A, B, A', B' ne soient pas tous nuls et soit, par exemple, $A \neq 0$. Tirons y de la seconde équation du système (12) et portons dans la troisième. Nous substituons ainsi au système (12) un système de la forme

$$(13) \quad \begin{cases} x = -\dfrac{b}{a}y - \dfrac{c}{a}z - \dfrac{d}{a}, \\ y = -\dfrac{B}{A}z - \dfrac{C}{A}, \\ \alpha z + \beta = 0. \end{cases}$$

qui lui est équivalent.

Si α n'est pas nul, la dernière équation donne z, la précédente donne y et la première donne x ; le système admet une solution.

Si α est nul et si β ne l'est pas, le système n'a pas de solution.

Si α et β sont nuls, le système se réduit aux deux premières équations (13) ; on peut donner à z une valeur quelconque, celles de y et x en résultent.

On reprendrait aisément la discussion dans le cas où A, B, A', B', seraient tous nuls.

Cette méthode, dont la généralité apparaît sur l'exposition précédente, s'applique parfaitement aux équations où les coefficients des inconnues sont des nombres donnés; dans ce cas, il n'y a pas de discussion et l'on se contente de constater les résultats.

Quelquefois aussi, on substitue à certaines équations du système proposé des combinaisons linéaires et homogènes simples de ces équations; ces combinaisons sont faites en vue d'obtenir des équations plus simples. Cette méthode est très simple et très commode, mais *il faut toujours s'assurer que la substitution effectuée a remplacé le système étudié par un système équivalent.*

Enfin, il y a quelquefois intérêt à augmenter le nombre des équations et celui des inconnues en prenant, comme inconnues auxiliaires nouvelles, certaines fonctions linéaires des inconnues primitives qui figurent en bloc dans les équations proposées.

Par exemple, si l'on a à résoudre les équations

$$(1 - a)x + y + z = \alpha,$$
$$x + (1 - b)y + z = \beta,$$
$$x + y + (1 - c)z = \gamma,$$

on prendra comme auxiliaire $t = x + y + z$. Le système proposé est équivalent au suivant :

$$t - ax = \alpha; \qquad t - by = \beta; \qquad t - cz = \gamma; \qquad x + y + z - t = 0.$$

Si abc n'est pas nul, les trois premières équations de ce nouveau système donnent :

$$x = \frac{t - \alpha}{a}, \qquad y = \frac{t - \beta}{b}, \qquad z = \frac{t - \gamma}{c}$$

et, en substituant dans la dernière, on trouve que t vérifie l'équation

$$t \left(\frac{1}{a} + \frac{1}{b} + \frac{1}{c} - 1 \right) = \frac{\alpha}{a} + \frac{\beta}{b} + \frac{\gamma}{c}.$$

La résolution et la discussion s'achèvent facilement dans ce cas. Il en est de même si un ou plusieurs des nombres a, b, c, sont nuls.

EXERCICES

1° La condition nécessaire et suffisante pour qu'un déterminant soit nul est qu'on puisse trouver entre les éléments des lignes ou des colonnes une même relation linéaire et homogène.

2° Montrer que si les deux équations $ax + by + cz = 0$, $a'x + b'y + c'z = 0$, sont distinctes, et si (x_0, y_0, z_0), (x_1, y_1, z_1), en sont deux solutions quelconques, les éléments correspondants de ces deux solutions sont proportionnels.

Démontrer la même propriété pour les solutions de trois équations linéaires et homogènes distinctes à quatre inconnues. — Généraliser.

3° Montrer que si les éléments correspondants de deux solutions (x_0, y_0, z_0),

(x_1, y_1, z_1), de l'équation $ax + by + cz = 0$, ne sont pas proportionnels, toute solution de cette équation est définie par les formules

$$x = \lambda x_0 + \mu x_1, \qquad y = \lambda y_0 + \mu y_1, \qquad z = \lambda z_0 + \mu z_1,$$

où λ et μ sont arbitraires.

4° Montrer que si les éléments correspondants de deux solutions (x_0, y_0, z_0, t_0), (x_1, y_1, z_1, t_1), des deux équations distinctes $ax + by + cz + dt = 0$, $a'x + b'y + c'z + d't = 0$, ne sont pas proportionnels, toute solution de ces deux équations est définie par les formules

$$x = \lambda x_0 + \mu x_1, \qquad y = \lambda y_0 + \mu y_1, \qquad z = \lambda z_0 + \mu z_1, \qquad t = \lambda t_0 + \mu t_1,$$

où λ et μ sont arbitraires. — Généraliser.

5° Le déterminant du système d'équations

$$a_{1,1} x_1 + \ldots + a_{1,n} x_n = y_1,$$
$$\cdots\cdots\cdots\cdots\cdots\cdots\cdots$$
$$a_{n,1} x_1 + \ldots + a_{n,n} x_n = y_n,$$

où l'on regarde $y_1, y_2, \ldots, y_n$ comme donnés, étant supposé non nul, on résoud ces équations par rapport aux x en fonction linéaire des y par l'application de la règle de Cramer, puis les nouvelles équations ainsi obtenues par rapport aux y en fonction des x. Comparer le système final au système primitif et dire les conséquences relatives aux propriétés des déterminants adjoints.

6° Dans le déterminant Δ du système précédent, on suppose que la somme des carrés des éléments d'une colonne quelconque soit égale à 1 et que la somme des produits deux à deux des éléments correspondants de deux colonnes quelconques soit nulle. On demande d'en profiter pour résoudre ces équations par rapport aux x en fonction des y et pour démontrer que

$$x_1^2 + x_2^2 + \ldots + x_n^2 = y_1^2 + y_2^2 + \ldots + y_n^2.$$

On utilisera cette propriété pour faire voir que la somme des carrés des éléments d'une ligne quelconque de Δ vaut 1 et que la somme des produits deux à deux des éléments correspondants de deux lignes quelconques est nulle.

9e LEÇON

FORMES LINÉAIRES

On donne ce nom à un polynome entier du premier degré par rapport à un certain nombre de variables; si le terme connu manque, la forme est dite homogène.

On a souvent à décider si des formes linéaires données sont dépendantes ou indépendantes. D'une façon générale, on dit que des fonctions d'un certain nombre de variables représentées par $f(x, y, z, \ldots)$, $g(x, y, z, \ldots)$, $h(x, y, z, \ldots)$, $\ldots$ sont indépendantes lorsqu'on peut leur faire acquérir des valeurs arbitrairement choisies pour des valeurs convenables attribuées aux variables. (Les valeurs des variables et celles des fonctions peuvent être des nombres complexes, si les fonctions sont définies pour des valeurs complexes attribuées aux variables, ce qui a lieu pour des formes linéaires et plus généralement pour des polynomes entiers).

Les fonctions sont indépendantes dans le cas contraire; par exemple, $\sin(x + y)$ et $\operatorname{tg}(x + y)$ sont des fonctions dépendantes.

Considérons p formes linéaires

$$X_q = a_{q,1} x_1 + a_{q,2} x_2 + \ldots + a_{q,n} x_n + b_q, \quad (q = 1, 2, \ldots, p)$$

par rapport aux variables $x_1, x_2, \ldots, x_n$.

Nous appellerons encore déterminant principal de ces formes, un mineur non nul de l'ordre le plus élevé, déduit du tableau des coefficients des variables; soit Δ ce déterminant qui est d'ordre k. Nous nommerons formes principales et variables principales celles dont les coefficients figurent dans Δ; supposons qu'elles occupent les premiers rangs.

Essayons de faire acquérir à ces formes des valeurs données, $\xi_1, \xi_2, \ldots, \xi_p$.

Un déterminant principal des équations obtenues en regardant les valeurs des variables comme des inconnues est précisément Δ. Par suite si k est égal à p, on peut résoudre ces équations par rapport à $x_1, x_2, \ldots, x_k$, les autres inconnues (s'il en existe) étant arbitraires : les formes sont indépendantes.

Si k est inférieur à p, il existe $p - k$ déterminants caractéristiques tels que

$$\begin{vmatrix} a_{1,1}, & \ldots, & a_{1,k}, & \xi_1 - & b_1 \\ \cdots & \cdots & \cdots & \cdots & \cdots \\ a_{k,1}, & \ldots, & a_{k,k}, & \xi_k - & b_k \\ a_{k+h,1}, & \ldots, & a_{k+h,k}, & \xi_{k+h} - & b_{k+h} \end{vmatrix} \qquad (h = 1, 2, \ldots, p - k),$$

qui doivent être nuls pour qu'il y ait des solutions.

En développant ces déterminants par rapport à leur dernière colonne, on obtient donc $p - k$ équations linéaires qui fournissent les valeurs des formes non principales en fonction linéaire des valeurs $\xi_1, \xi_2, \ldots, \xi_k$, attribuées arbitrairement aux formes principales. Nous avons donc établi la proposition suivante : *si le déterminant principal de formes linéaires est d'ordre égal à leur nombre, ces formes sont indépendantes; s'il est d'ordre moindre, les formes non principales s'expriment par des fonctions linéaires des formes principales.*

En particulier, si les formes sont en nombre supérieur à celui des variables, l'ordre du déterminant principal est inférieur au nombre des formes qui sont dépendantes.

Remarquons encore que, si les formes sont homogènes, les formes non principales s'expriment au moyen de fonctions linéaires et homogènes des formes principales.

Toutefois, le second fait peut exister indépendamment du premier.

Le procédé pratique qui nous a servi pour résoudre des équations linéaires va nous permettre de constater si des formes linéaires données à coefficients numériques sont indépendantes et, dans le cas où elles sont dépendantes, d'exprimer certaines d'entre elles en fonction des autres.

Considérons, par exemple, les trois formes linéaires à trois variables

$$X \equiv ax + by + cz + d,$$
$$Y \equiv a'x + b'y + c'z + d',$$
$$Z \equiv a''x + b''y + c''z + d''.$$

Cherchons à leur faire acquérir des valeurs ξ, η, ζ. Cela nous conduit à résoudre les équations

$$(1) \quad \begin{cases} ax + by + cz + d - \xi = 0, \\ a'x + b'y + c'z + d' - \eta = 0, \\ a''x + b''y + c''z + d'' - \zeta = 0. \end{cases}$$

Si a n'est pas nul, la première donne :

$$(2) \quad x = -\frac{b}{a}y - \frac{c}{a}z + \frac{\xi - d}{a}$$

et, en substituant cette valeur dans les deux autres, on obtient deux équations de la forme

$$(3) \quad \begin{cases} Ay + Bz + C + \alpha\xi - \eta = 0, \\ A'y + B'z + C' + \alpha'\xi - \zeta = 0. \end{cases}$$

Les équations (2) et (3) forment un système équivalent au système (1).

Supposons que A, B, A', B' ne soient pas tous nuls, par exemple que A ne le soit pas. La première des équations (3) donne :

$$(4) \quad y = -\frac{B}{A}z - \frac{C}{A} + \frac{\eta - \alpha\xi}{A}$$

et, en substituant dans la seconde, on obtient une équation de la forme

$$(5) \qquad D z + E + \left(\alpha' - \alpha \frac{A'}{A}\right) \xi + \frac{A'}{A} \eta - \zeta = 0.$$

Les équations (2) (4) et (5) constituent encore un système équivalent au système (1).

Si D n'est pas nul, l'équation (5) donne z, (4) donne y et (2) donne x; les formes sont indépendantes.

Si D est nul, l'équation (5) correspondante montre que ζ est déterminé quand ξ et η sont donnés et elle constitue une relation entre ξ, η et ζ.

Si A, B, A', B' sont tous nuls, les équations (3) correspondantes déterminent η et ζ quand ξ est donné; elles constituent deux relations distinctes entre les trois formes.

Dans la pratique, on garde les notations X, Y, Z, au lieu d'égaler ces fonctions à ξ, η, ζ.

Applications des propriétés des formes linéaires. — Lorsque dans une fonction $f(x_1, x_2, \ldots)$ des variables $x_1, x_2, \ldots$, on remplace ces variables par des fonctions linéaires de nouvelles variables $y_1, y_2, \ldots$, on dit qu'on effectue sur les x une substitution linéaire par rapport aux y. Cette substitution a évidemment pour effet de remplacer la fonction $f(x_1, x_2, \ldots)$ par une nouvelle fonction $\varphi(y_1, y_2, \ldots)$ et il y a égalité des valeurs numériques de ces deux fonctions, pourvu que les valeurs attribuées aux x et aux y soient reliées les unes aux autres par les équations qui définissent la substitution.

Si, dans un système de p formes $X_1, X_2, \ldots, X_p$, linéaires par rapport aux variables x, on effectue la substitution linéaire précédemment définie, on obtient un nouveau système de p formes $Y_1, Y_2, \ldots, Y_p$, linéaires par rapport aux variables y, et on peut écrire : $X_q = Y_q$, $(q = 1, 2, \ldots, p)$ sous la réserve précédente.

Si les formes X sont indépendantes par rapport aux x et si les formes x définies par la substitution sont indépendantes par rapport aux y, les formes Y sont aussi indépendantes par rapport aux y. On peut en effet attribuer aux X des valeurs arbitraires $\lambda_1, \lambda_2, \ldots, \lambda_p$, pour des valeurs convenables $\xi_1, \xi_2, \ldots$, données aux x; à ces valeurs des x correspondent des valeurs $\eta_{i1}, \eta_{i2}, \ldots$, des y et ces dernières font acquérir aux Y les valeurs arbitraires $\lambda_1, \lambda_2, \ldots, \lambda_p$.

De même, si les formes X sont dépendantes par rapport aux x, les formes Y sont dépendantes par rapport aux y, et cela est quelle que soit la façon dont les x se comportent par rapport aux y. En effet, certaines formes X s'expriment en fonctions linéaires des autres et les mêmes relations subsistent entre les Y, sans préjudice de nouvelles liaisons qui pourraient provenir de la nature de la substitution effectuée.

Dans le cas où les X sont indépendantes par rapport aux x, mais où les x sont dépendantes par rapport aux y, on ne peut rien affirmer *a priori* sur la façon dont se comportent les Y. On peut naturellement conclure à la dépendance de ces dernières si le nombre des nouvelles variables est inférieur à celui des fonctions.

Imaginons un tableau T rectangulaire contenant p lignes et n colonnes.

Supposons qu'un mineur Δ d'ordre k formé à l'aide des k premières lignes et des k premières colonnes de ce tableau ne soit pas nul, mais que tous les mineurs d'ordre $k + 1$ qui l'emboîtent soient nuls. Associons à ce tableau p formes linéaires et homogènes des n variables $y_1, y_2, \ldots, y_n$, dont les coefficients sont précisément les éléments des lignes de T. Les égalités

$$x_1 = a_{1,1} y_1 + \ldots + a_{1,k} y_k + a_{1,k+1} y_{k+1} + \ldots + a_{1,n} y_n,$$
$$\cdots\cdots\cdots\cdots\cdots\cdots\cdots\cdots\cdots\cdots$$
$$x_k = a_{k,1} y_1 + \ldots + a_{k,k} y_k + a_{k,k+1} y_{k+1} + \ldots + a_{k,n} y_n,$$
$$\cdots\cdots\cdots\cdots\cdots\cdots\cdots\cdots\cdots\cdots$$
$$x_p = a_{p,1} y_1 + \ldots + a_{p,k} y_k + a_{p,k+1} y_{k+1} + \ldots + a_{p,n} y_n,$$

définissent ces formes.

En reprenant les développements qui ont servi à la démonstration du théorème fondamental relatif aux équations linéaires, on constate que tous les déterminants obtenus en emboîtant Δ, à droite par les formes x_1, x_2, ..., x_k, x_{k+h} et en bas par les coefficients correspondants de x_{k+h}, sont nuls, de sorte que les formes x_{k+1}, x_{k+2}, ..., x_p, sont des fonctions linéaires et homogènes de x_1, x_2, ..., x_k.

Considérons maintenant $k + 1$ quelconques des fonctions x linéaires par rapport aux y. Dès l'instant qu'elles s'expriment en fonction de x_1, x_2, ..., x_k, elles sont dépendantes et l'ordre de leur déterminant principal est inférieur à $k + 1$; tous les mineurs d'ordre $k + 1$ du tableau des coefficients de ces formes sont donc nuls, ce qui revient à dire que tous les mineurs d'ordre $k + 1$ du tableau T sont nuls.

On arrive donc à cette conclusion : *si tous les mineurs d'ordre* k + 1 *obtenus en emboîtant un mineur d'ordre* k *non nul d'un tableau sont nuls, tous les mineurs d'ordre* k + 1 *de ce tableau sont nuls, ainsi que tous ceux d'ordre supérieur.*

Ce fait a une assez grande importance pratique; il conduit à une méthode permettant d'obtenir un déterminant principal d'un système de formes linéaires.

Dans le tableau correspondant, on prend un élément non nul, et on forme les mineurs du second ordre qui l'emboîtent. Ou bien tous ces mineurs sont nuls, et, dans ce cas, tous les mineurs du second ordre du tableau sont nuls, de sorte qu'un déterminant principal est l'élément d'où l'on est parti. Ou bien tous ces mineurs ne sont pas nuls; on s'arrête dès qu'on en a obtenu un non nul et on l'emboîte de toutes les façons possibles. Ou bien tous les mineurs de troisième ordre ainsi obtenus sont nuls et, dans ce cas, tous les mineurs du troisième ordre du tableau sont nuls, de sorte qu'un déterminant principal est le mineur du second ordre non nul précité. Ou bien un des mineurs du troisième ordre ainsi formés est différent de zéro ; on s'arrête dès qu'on l'a obtenu et on l'emboîte de toutes les façons possibles, etc.

Une autre application plus importante permet d'établir les conditions nécessaires et suffisantes pour que p équations linéaires admettent les solutions de k d'entre elles regardées comme équations principales : on forme un déterminant principal (d'ordre k) déduit des équations principales et on l'emboîte de façon à former, soit les déterminants caractéristiques, soit des mineurs d'ordre $k + 1$ du tableau des coefficients des inconnues ; *tous ces déterminants d'ordre* k + 1 *doivent être nuls.*

Par exemple, pour que le système

$$ax + by + cz + d = 0,$$
$$a'x + b'y + c'z + d' = 0,$$

admette toutes les solutions de la première équation où a n'est pas nul, il faut et il suffit que $ab' - ba'$, $ac' - ca'$ et $ad' - da'$ soient nuls.

Si l'on pose $a' = \lambda a$, ce qui détermine λ quand a et a' sont donnés, ces trois conditions donnent :

$$b' = \lambda b, \qquad c' = \lambda c, \qquad d' = \lambda d.$$

Cela revient à dire que la forme linéaire et homogène

$$P' \equiv a'x + b'y + c'z + d't$$

est identique à λP, en posant :

$$P \equiv ax + by + cz + dt.$$

Pour que le système des trois équations

$$ax + by + cz + d = 0,$$
$$a'x + b'y + c'z + d' = 0,$$
$$a''x + b''y + c''z + d'' = 0,$$

admette toutes les solutions des deux premières où l'on suppose $ab' - ba'$ non nul, il faut et il suffit que les deux déterminants

$$\begin{vmatrix} a, & b, & c \\ a', & b', & c' \\ a'', & b'', & c'' \end{vmatrix} \quad \text{et} \quad \begin{vmatrix} a, & b, & d \\ a', & b', & d' \\ a'', & b'', & d'' \end{vmatrix} \text{ soient nuls.}$$

Dans ces conditions, les quatre équations

$$a'' = \lambda a + \mu a',$$
$$b'' = \lambda b + \mu b',$$
$$c'' = \lambda c + \mu c',$$
$$d'' = \lambda d + \mu d',$$

aux inconnues λ et μ, se réduisent aux deux premières qui permettent d'obtenir ces inconnues, puisque le déterminant $ab' - ba'$ n'est pas nul et que les caractéristiques correspondants sont nuls. Cela revient à dire que la forme linéaire et homogène

$$P'' \equiv a''x + b''y + c''z + d''t$$

est une fonction linéaire des deux formes indépendantes

$$P \equiv ax + by + cz + dt \quad \text{et} \quad P' \equiv a'x + b'y + c'z + d't.$$

On peut multiplier ces exemples.

EXERCICES

1º Déterminer a par la condition que les trois formes

$$X \equiv ax + y + z, \quad Y \equiv x + ay + z, \quad Z \equiv x + y + az$$

soient dépendantes. Trouver les relations correspondantes entre ces formes.

2º Étant données n formes linéaires et homogènes par rapport à n variables $x_1, x_2, \ldots x_n$, on effectue sur ces variables une substitution linéaire et homogène par rapport aux variables $y_1, y_2, \ldots, y_n$. Démontrer que le déterminant des coefficients des nouvelles formes est égal au produit du déterminant des coefficients des formes primitives par le déterminant des coefficients (module) de la substitution.

3º Démontrer que, parmi les déterminants principaux du système des trois formes

$$X \equiv ax + b''y + b'z, \quad Y \equiv b''x + a'y + bz, \quad Z \equiv b'x + by + a''z,$$

il y en a au moins un qui est un mineur principal du déterminant de ces formes (On appelle mineur principal d'un déterminant Δ symétrique, un mineur dont la diagonale principale est composée uniquement avec des éléments de la diagonale principale du déterminant Δ). — Généralisation.

10ᵉ LEÇON

FORMES QUADRATIQUES

On appelle forme quadratique à plusieurs variables un polynome entier du second degré par rapport à l'ensemble de ces variables ; ce polynome peut être homogène ou non. Dans ce qui va suivre, nous supposerons les formes quadratiques homogènes, sauf indication contraire.

Nous n'utiliserons que les formes quadratiques homogènes à 1, 2, 3 et 4 variables ; aussi nous établirons souvent les propriétés des formes en nous bornant au cas de 3 ou de 4 variables.

La forme quadratique homogène à 2 variables est $A x^2 + 2 B xy + C y^2$ et contient 3 termes.

La forme à 3 variables est

$$\varphi(x, y, z) \equiv A x^2 + A' y^2 + A'' z^2 + 2 B yz + 2 B' zx + 2 B'' xy$$

et contient 6 termes.

La forme à 4 variables contient 10 termes ; c'est :

$$f(x, y, z, t) \equiv A x^2 + A' y^2 + A'' z^2 + 2 B yz + 2 B' zx + 2 B'' xy$$
$$+ 2 C xt + 2 C' yt + 2 C'' zt + D t^2.$$

Dans chaque forme, il y a autant de carrés que de variables et autant de rectangles que de combinaisons des variables 2 à 2.

Lorsqu'on effectue une substitution linéaire et homogène sur les variables d'une forme quadratique homogène, celle-ci se transforme en une nouvelle forme quadratique homogène. On peut donner des expressions symboliques simples des coefficients de la forme obtenue.

Effectuons par exemple sur les variables x, y, z, la substitution définie par les formules

$$(1) \qquad \begin{cases} x = a x' + a_1 y' + a_2 z', \\ y = b x' + b_1 y' + b_2 z', \\ z = c x' + c_1 y' + c_2 z'. \end{cases}$$

La forme $\varphi(x, y, z)$ devient $\varphi_1(x', y', z')$; cette dernière forme se réduit à son terme en x'^2 lorsqu'on y fait $y' = z' = 0$, ce qui revient à remplacer x, y, z respectivement par $a x', b x', c x'$ dans la forme primitive.

Le terme en x'^2 de φ, est donc $\varphi(a x', b x', c x')$, c'est-à-dire :

$$x'^2 \varphi(a, b, c).$$

Le terme rectangle en $x' y'$ de la forme φ_1 n'est pas altéré si l'on fait $z' = 0$ dans cette forme ; il faut donc le chercher dans

$$\varphi(a x' + a_1 y', b x' + b_1 y', c x' + c_1 y'),$$

c'est-à-dire dans

$$\Lambda (ax' + a_1 y')^2 + \Lambda' (bx' + b_1 y')^2 + \Lambda'' (cx' + c_1 y')^2$$
$$+ 2B (bx' + b_1 y')(cx' + c_1 y') + 2B'(cx' + c_1 y')(ax' + a_1 y')$$
$$+ 2B''(ax' + a_1 y')(bx' + b_1 y').$$

Le coefficient de $x'y'$ est donc

$$2\left[\Lambda\, aa_1 + \Lambda'\, bb_1 + \Lambda''\, cc_1 + B(bc_1 + cb_1) + B'(ca_1 + ac_1) + B''(ab_1 + ba_1)\right]$$

On peut l'ordonner, soit par rapport à a, b, c, soit par rapport à a_1, b_1, c_1, en remarquant que ces deux séries de nombres y figurent symétriquement.

On obtient ainsi :

$$a_1\left[2\Lambda\, a + 2B''b + 2B'c\right] + b_1\left[2B''a + 2\Lambda'b + 2Bc\right]$$
$$+ c_1\left[2B'a + 2Bb + 2\Lambda''c\right].$$

Si l'on représente par les notations abrégées φ'_a, φ'_b, φ'_c les dérivées partielles de $\varphi (a, b, c)$ respectivement par rapport à a, b, c, on voit que le coefficient de $x'y'$ vaut $a_1 \varphi'_a + b_1 \varphi'_b + c_1 \varphi'_c$. Il vaut aussi bien $a \varphi'_{a_1} + b \varphi'_{b_1} + c \varphi'_{c_1}$ et on a l'identité

$$(2) \qquad x \varphi'_{x'} + y \varphi'_{y'} + z \varphi'_{z'} \equiv x' \varphi'_x + y' \varphi'_y + z' \varphi'_z,$$

qui s'étend au cas d'un nombre quelconque de variables.

Remarquons encore l'identité :

$$(3) \qquad x \varphi'_x + y \varphi'_y + z \varphi'_z \equiv 2 \varphi (x, y, z).$$

Il résulte de ce qui précède que l'on peut écrire :

$$(4)\quad \varphi_1 (x', y', z') \equiv x'^2 \varphi (a, b, c) + y'^2 \varphi (a_1, b_1, c_1) + z'^2 \varphi (a_2, b_2, c_2)$$
$$+ y'z'(a_2 \varphi'_{a_1} + b_2 \varphi'_{b_1} + c_2 \varphi'_{c_1}) + z'x'(a \varphi'_{a_2} + b \varphi'_{b_2} + c \varphi'_{c_2})$$
$$+ x'y'(a_1 \varphi'_a + b_1 \varphi'_b + c_1 \varphi'_z).$$

Dans ce qui va suivre, nous n'effectuerons que des substitutions linéaires et homogènes dans lesquelles le nombre des variables nouvelles est égal à celui des anciennes. Les variables primitives étant remplacées par des fonctions linéaires *indépendantes* des variables nouvelles, nous appellerons μ le déterminant de ces fonctions linéaires, ou module de la substitution ; μ n'est pas nul, puisque les formes linéaires sont indépendantes.

Une question se pose naturellement : peut-on, par une substitution linéaire convenable, faire disparaître des termes et remplacer la forme primitive par une autre plus simple ? En particulier, peut-on faire en sorte que la nouvelle forme ne contienne que des carrés, par suite de la disparition des rectangles ? Il semble que ce soit toujours possible, puisque la forme générale à n variables contient $\dfrac{n(n-1)}{2}$ rectangles seulement, tandis que la substitution générale dépend de n^2 coefficients.

La réponse à cette question est liée à la décomposition de la forme donnée en une somme de carrés de fonctions linéaires indépendantes. Par exemple, si la forme $f(x, y, z, t)$ peut s'écrire $P^2 + Q^2 + R^2$, où

P, Q, R sont des formes linéaires indépendantes de x, y, z, t, nous pouvons toujours poser :

$$(5) \qquad x' = \mathrm{P}, \quad y' = \mathrm{Q}, \quad z' = \mathrm{R}, \quad t' = \mathrm{S}$$

S désignant une forme linéaire arbitraire de x, y, z, t, mais telle que les 4 formes P, Q, R, S soient indépendantes ; la substitution inverse de la substitution (5) ramène $f(x, y, z, t)$ à la forme $x'^2 + y'^2 + z'^2$ qui ne contient que des carrés.

Ceci nous amène donc à la décomposition d'une forme quadratique en carrés de fonctions linéaires indépendantes. Une méthode due à Gauss permet de réaliser une semblable décomposition ; nous allons l'exposer sur une forme à 4 variables.

Supposons que cette forme contienne un terme en x^2; on peut alors écrire :

$$f(x, y, z, t) = \mathrm{A}\, x^2 + 2x\mathrm{P} + \psi(y, z, t),$$

où P représente une forme linéaire et ψ une forme quadratique en y, z, t.

On en déduit :

$$f = \frac{1}{\mathrm{A}} (\mathrm{A} x + \mathrm{P})^2 + \psi(y, z, t) - \frac{\mathrm{P}^2}{\mathrm{A}}.$$

Le premier carré mis à part, le second membre ne contient plus qu'une forme quadratique aux 3 variables y, z, t, savoir $\psi(y, z, t) - \dfrac{\mathrm{P}^2}{\mathrm{A}}$; dans des cas particuliers, certaines de ces variables peuvent manquer.

En somme, en faisant apparaître un carré, nous avons fait disparaître une variable au moins.

Remarquons aussi que le carré obtenu est $\dfrac{1}{\mathrm{A}} \left(\dfrac{1}{2} f'x \right)^2$.

Supposons maintenant que les deux termes carrés en x^2 et y^2 manquent dans f, mais qu'il y ait un terme en xy, de sorte que f est de la forme

$$2\mathrm{B}'' xy + 2x\mathrm{P} + 2y\mathrm{Q} + \theta(z, t),$$

où P et Q désignent des fonctions linéaires et θ une forme quadratique de z et t. Nous pouvons écrire :

$$f = \frac{2}{\mathrm{B}''} (\mathrm{B}'' y + \mathrm{P})(\mathrm{B}'' x + \mathrm{Q}) + \theta(z, t) - \frac{2\mathrm{P}\mathrm{Q}}{\mathrm{B}''}$$

Utilisons l'identité

$$ab = \left(\frac{a+b}{2} \right)^2 - \left(\frac{a-b}{2} \right)^2;$$

alors

$$f = \frac{2}{\mathrm{B}''} \left[\frac{\mathrm{B}''(x+y) + \mathrm{P} + \mathrm{Q}}{2} \right]^2 - \frac{2}{\mathrm{B}''} \left[\frac{\mathrm{B}''(x-y) + \mathrm{P} - \mathrm{Q}}{2} \right]^2 + \theta_1(z, t)$$

où $\theta_1(z, t)$ représente $\theta(z, t) - 2\dfrac{PQ}{B''}$ et, par suite, une forme quadratique en z, t ; dans des cas particuliers, certaines de ces variables peuvent manquer.

En résumé, nous avons ainsi fait apparaître deux carrés dans la forme en faisant disparaître deux variables au moins dans la partie complémentaire. L'application répétée de l'un ou l'autre procédé permet de mettre f sous forme d'une somme de 4 carrés au plus de formes linéaires. Montrons qu'elles sont indépendantes.

Pour fixer les idées, supposons que la décomposition ait donné l'identité

$$f \equiv aP^2 + bQ^2 + cR^2 + dS^2.$$

La forme P obtenue par le premier procédé contient par exemple x qui ne figure plus dans les autres formes ; Q et R obtenus par le second procédé contiennent $y + z$ et $y - z$. Enfin S ne contient que t.

Cherchons à faire acquérir à ces 4 formes des valeurs arbitraires ; nous obtenons 4 équations qui donnent de proche en proche les valeurs correspondantes de t, $y - z$, $y + z$, x, c'est-à-dire les valeurs de x, y, z, t. Les formes sont donc indépendantes.

Le nombre des carrés indépendants de la décomposition d'une forme donnée ne dépend pas du procédé employé pour réaliser cette décomposition ; nous allons montrer que ce nombre est lié à certaines propriétés du *discriminant* de la forme.

Une forme quadratique à n variables admet par rapport à ces variables rangées dans un certain ordre n demi-dérivées partielles qui sont des formes linéaires par rapport aux variables de la forme considérée ; le déterminant de ces formes linéaires s'appelle discriminant de la forme quadratique. Ce déterminant est un polynome entier par rapport aux coefficients de la forme donnée et il est aisé de voir que c'est un déterminant symétrique. Ainsi, le discriminant de la forme $Ax^2 + 2Bxy + Cy^2$ est le déterminant des formes linéaires $Ax + By$ et $Bx + Cy$; c'est donc $AC - B^2$.

Celui de la forme $\varphi(x, y, z)$ est le déterminant des formes linéaires

$$Ax + B''y + B'z, \quad B''x + A'y + Bz, \quad B'x + By + A''z.$$

Il vaut

$$\Delta = \begin{vmatrix} A & B'' & B' \\ B'' & A' & B \\ B' & B & A'' \end{vmatrix} = AA'A'' + 2BB'B'' - AB^2 - A'B'^2 - A''B''^2,$$

etc.

Théorème. — *Le discriminant de la forme obtenue en effectuant sur les variables d'une forme donnée une substitution linéaire quelconque est égal au produit du discriminant de la forme primitive par le carré du module de la substitution.*

Démontrons-le pour une forme à 3 variables $\varphi(x, y, z)$, la substitution étant définie par les formules (1). Le déterminant

$$\mu = \begin{vmatrix} a, & b, & c \\ a_1, & b_1, & c_1 \\ a_2, & b_2, & c_2 \end{vmatrix}$$

est supposé différent de zéro. La nouvelle forme est définie par l'égalité (4).

Le déterminant de la forme primitive est Δ ; celui de la forme nouvelle vaut

$$\Delta_1 = \begin{vmatrix} \varphi(a, b, c), & \tfrac{1}{2}(a_1\varphi'_a + b_1\varphi'_b + c_1\varphi'_c), & \tfrac{1}{2}(a_2\varphi'_a + b_2\varphi'_b + c_2\varphi'_c) \\ \tfrac{1}{2}(a\varphi'_{a_1} + b\varphi'_{b_1} + c\varphi'_{c_1}), & \varphi(a_1, b_1, c_1), & \tfrac{1}{2}(a_2\varphi'_{a_1} + b_2\varphi'_{b_1} + c_2\varphi'_{c_1}) \\ \tfrac{1}{2}(a\varphi'_{a_2} + b\varphi'_{b_2} + c\varphi'_{c_2}), & \tfrac{1}{2}(a_1\varphi'_{a_2} + b_1\varphi'_{b_2} + c_1\varphi'_{c_2}), & \varphi(a_2, b_2, c_2) \end{vmatrix}$$

Cette expression de Δ_1 n'a pas l'aspect d'un déterminant symétrique, mais, en vertu de l'identité (2), il est bien symétrique.

Remplaçons-y $\varphi(a, b, c)$ par $\tfrac{1}{2}(a\varphi'_a + b\varphi'_b + c\varphi'_c)$ en vertu de l'identité (3) et effectuons des substitutions analogues sur $\varphi(a_1, b_1, c_1)$ et $\varphi(a_2, b_2, c_2)$.

Nous voyons alors que Δ_1 est égal au produit des deux déterminants

$$\begin{vmatrix} \tfrac{1}{2}\varphi'_a, & \tfrac{1}{2}\varphi'_b, & \tfrac{1}{2}\varphi'_c \\ \tfrac{1}{2}\varphi'_{a_1}, & \tfrac{1}{2}\varphi'_{b_1}, & \tfrac{1}{2}\varphi'_{c_1} \\ \tfrac{1}{2}\varphi'_{a_2}, & \tfrac{1}{2}\varphi'_{b_2}, & \tfrac{1}{2}\varphi'_{c_2} \end{vmatrix} \quad \text{et} \quad \begin{vmatrix} a, & b, & c \\ a_1, & b_1, & c_1 \\ a_2, & b_2, & c_2 \end{vmatrix}.$$

Le premier explicité s'écrit :

$$\begin{vmatrix} Aa + B''b + B'c, & B''a + A'b + Bc, & B'a + Bb + A''c \\ Aa_1 + \ldots, & B''a_1 + \ldots, & B'a_1 + \ldots \\ Aa_2 + \ldots, & B''a_2 + \ldots, & B'a_2 + \ldots \end{vmatrix} \quad \text{et vaut } \Delta \cdot \mu.$$

Donc $\Delta_1 = \Delta \cdot \mu^2$.

Cette démonstration s'étend au cas d'un nombre quelconque de variables.

Supposons maintenant que, par un procédé quelconque, nous ayons pu mettre $f(x, y, z, t)$ sous la forme $P^2 + Q^2 + R^2 + S^2$, où P, Q, R, S désignent 4 formes linéaires indépendantes de x, y, z, t. La substitution linéaire définie par les équations

$$(6) \qquad x' = P, \quad y' = Q, \quad z' = R, \quad t' = S,$$

transforme identiquement $x'^2 + y'^2 + z'^2 + t'^2$ en $f(x, y, z, t)$ de sorte que si μ est le déterminant des formes P, Q, R, S, le discriminant H de f

vaut μ^2, puisque celui de $x'^2 + y'^2 + z'^2 + t'^2$ vaut 1; donc H n'est pas nul.

Remarquons encore que la substitution inverse de la substitution (6) transformant $f(x, y, z, t)$ en $x'^2 + y'^2 + z'^2 + t'^2$, le discriminant 1 de cette dernière forme est égal à celui de f, multiplié par μ'^2, μ' désignant le module de la substitution nouvelle. La comparaison de ces résultats montre que $\mu.\mu' = 1$; on vérifie ce fait aisément en utilisant les propriétés des déterminants adjoints.

Supposons que f soit une somme de 3 carrés indépendants et que l'on ait :

$$f(x, y, z, t) \equiv P^2 + Q^2 + R^2,$$

où P, Q, R désignent 3 fonctions linéaires indépendantes de x, y, z, t; supposons-les indépendantes par rapport à x, y, z en particulier et désignons par P_1, Q_1, R_1, ce qu'elles deviennent lorsqu'on y fait $t = 0$.

Le calcul de $\frac{1}{2} f'_x$, $\frac{1}{2} f'_y$, $\frac{1}{2} f'_z$, $\frac{1}{2} f'_t$, en partant de l'expression de $P^2 + Q^2 + R^2$, montre que ces 4 formes linéaires de x, y, z, t s'expriment en fonction linéaire et homogène de P, Q, R, car la dérivée partielle de P^2 par exemple, par rapport à x, vaut $2\,P \cdot P'_x$, etc.

On en conclut que ces quatre formes sont dépendantes et que H est nul.

D'ailleurs, en faisant $t = 0$, on réalise l'identité

$$f(x, y, z, 0) \equiv P_1^2 + Q_1^2 + R_1^2$$

et le discriminant de $f(x, y, z, 0)$ par rapport aux variables x, y, z, n'est pas nul. Or, ce discriminant se déduit de H par suppression de la ligne et de la colonne qui se croisent sur le coefficient de t^2; c'est donc un mineur principal du 3e ordre de H.

Supposons maintenant que l'on ait :

$$f(x, y, z, t) \equiv P^2 + Q^2,$$

P et Q désignant deux formes linéaires indépendantes de x, y, z, t, indépendantes en particulier par rapport à x et y.

Le calcul des demi-dérivées partielles de f montre que ce sont des formes linéaires et homogènes en P et Q; trois quelconques d'entre elles sont donc dépendantes, de sorte que tous les mineurs du 3e ordre de H sont nuls.

Désignons par P_1 et Q_1 ce que deviennent P et Q quand on y fait $z = t = 0$.

Nous avons :

$$f(x, y, 0, 0) \equiv P_1^2 + Q_1^2$$

et, comme les deux formes P_1 et Q_1 sont indépendantes, le discriminant de $f(x, y, 0, 0)$ par rapport à x et y n'est pas nul; c'est un mineur principal du second ordre déduit de H par suppression des lignes et des colonnes qui se croisent sur le coefficient de z^2 et sur celui de t^2.

Enfin, supposons que l'on ait :

$$f(x, y, z, t) \equiv P^2.$$

Cette fois, les demi-dérivées partielles de f sont des fonctions linéaires et homogènes de P; deux quelconques sont dépendantes, de sorte que tous les mineurs du second ordre de H sont nuls. D'ailleurs, si P contient x, f contient x^2 et un élément principal de H n'est pas nul.

On peut répéter des raisonnements analogues quel que soit le nombre des variables de la forme et on démontre ainsi la proposition générale suivante :

Le nombre des carrés indépendants d'une forme quadratique ne dépend pas du procédé qui les a fournis. Si p est leur nombre, tous les mineurs d'ordre supérieur à p, du discriminant, sont nuls; parmi les mineurs principaux d'ordre p, il y en a un au moins qui n'est pas nul.

Le nombre p s'appelle quelquefois *rang* de la forme quadratique. Pour qu'une forme soit de rang inférieur au nombre de ses variables, il faut et il suffit que son discriminant soit nul.

Loi de l'inertie. — Dans tout ce qui précède, nous n'avons pas supposé réels les coefficients employés soit dans les formes quadratiques, soit dans les formes linéaires; c'est ce qui nous a permis de ramener à l'unité les coefficients des carrés indépendants.

Supposons que la forme quadratique soit à coefficients réels; nous pouvons éviter l'introduction des nombres imaginaires dans les formes linéaires et ramener les coefficients des carrés à être égaux, soit à 1, soit à -1, suivant les signes des carrés. Prenons cette précaution : *le nombre des carrés positifs et celui des carrés négatifs ne dépendent pas du mode de décomposition.*

Supposons en effet que nous ayions réalisé les identités

$$(7) \qquad f(x, y, z, t) \equiv P^2 + Q^2 - R^2 \equiv P_1^2 - Q_1^2 - R_1^2,$$

où P, Q, R sont trois formes linéaires indépendantes, ainsi que P_1, Q_1, R_1.

On en déduit immédiatement :

$$(8) \qquad P^2 + Q^2 + Q_1^2 + R_1^2 \equiv P_1^2 + R^2.$$

Posons : $\qquad P_1 = 0, \qquad Q_1 = \eta, \qquad R_1 = \zeta.$

Si les formes P_1, Q_1, R_1 sont indépendantes par rapport à x, y, z, nous pouvons tirer x, y, z de ces équations en fonction linéaire de t, η, ζ, qui restent arbitraires.

La substitution de ces valeurs dans P, Q, R, transforme ces fonctions de x, y, z, t en des fonctions de t, η, ζ; soient P', Q', R' ces nouvelles fonctions linéaires.

L'identité (8) devient :

$$(9) \qquad P'^2 + Q'^2 + \eta^2 + \zeta^2 \equiv R'^2.$$

On peut vérifier l'équation $R' = 0$ en prenant arbitrairement deux au moins des inconnues t, η, ζ et, par suite, on peut en trouver une solution dans laquelle η et ζ ne soient pas nuls tous deux; cette solution transportée dans l'identité (9) conduit à une impossibilité.

On démontrerait de la même façon l'impossibilité de réaliser toutes les identités (7) où les carrés positifs et les carrés négatifs ne seraient pas en nombres respectivement égaux dans les deux derniers membres.

Les valeurs numériques acquises par une forme quadratique homogène à coefficients réels décomposable en carrés de même signe, lorsqu'on donne aux variables des valeurs réelles quelconques, sont toutes de même signe. La forme peut aussi s'annuler pour la valeur zéro attribuée à toutes les variables; elle s'annule encore pour d'autres valeurs des variables si le nombre des carrés indépendants est inférieur au nombre des variables, car il suffit d'annuler ces carrés pour annuler la forme. On dit qu'une semblable forme est *définie*. Elle admet zéro comme maximum si tous ses carrés sont négatifs et comme minimum si tous ses carrés sont positifs.

Lorsque tous les carrés ne sont pas de même signe, on peut donner à l'un des carrés positifs une valeur positive arbitraire et annuler tous les autres; de même on peut faire acquérir à la forme une valeur négative quelconque.

EXERCICES

1º Décomposer en carrés indépendants la forme
$$x^2 + y^2 + z^2 + 2m (yz + zx + xy).$$

2º Calculer le discriminant de la forme
$$(x - x_0 z)^2 + (y - y_0 z)^2 - (lx + my + nz)^2.$$

3º Calculer le discriminant de la forme
$$(x - x_0 t)^2 + (y - y_0 t)^2 + (z - z_0 t)^2 - (lx + my + nz + pt)^2.$$

4º Quelles conditions doivent vérifier λ, μ, ν, pour que la forme
$$x^2 + y^2 + z^2 + 2yz \cos\lambda + 2zx \cos\mu + 2xy \cos\nu$$
soit une forme définie?

5º Démontrer que si P et Q sont deux formes linéaires à coefficients réels indépendantes par rapport à x et y, la forme $P^2 + Q^2$ est réductible d'une infinité de manières à la forme $P'^2 + Q'^2$, où P' et Q' désignent deux formes linéaires à coefficients réels indépendantes par rapport à x et y. Montrer que l'on peut déterminer α, de telle sorte que l'on ait :
$$P' \equiv P \cos\alpha - Q \sin\alpha, \qquad Q' \equiv P \sin\alpha + Q \cos\alpha.$$

6º La forme générale homogène à n variables, $f(x_1, x_2, \ldots, x_n)$ contient $\dfrac{n(n+1)}{2}$ termes; soient $f(x_1, x_2 \ldots, x_n)$ et $g(x_1, x_2 \ldots, x_n)$, deux semblables formes, le discriminant de la seconde n'étant pas nul. On peut essayer de réaliser les identités
$$f \equiv \lambda_1 P_1^2 + \lambda_2 P_2^2 + \ldots + \lambda_n P_n^2, \qquad g \equiv P_1^2 + P_2^2 + \ldots + P_n^2, \qquad \text{où } P_1, P_2, \ldots P_n$$
désignent des fonctions linéaires et homogènes indépendantes mais inconnues comme les nombres $\lambda_1, \lambda_2, \ldots, \lambda_n$, car les formes P_i contiennent n^2 coefficients indéterminés et il y a n nombres λ. Montrer que les nombres λ_i sont racines de l'équation en λ obtenue en annulant le discriminant de $f - \lambda g$.

11ᵉ LEÇON

FORMES QUADRATIQUES *(Suite)*

Formes non homogènes. — Si l'on fixe l'une des variables dans une forme quadratique homogène, on obtient une forme qui est quadratique en général, mais non homogène, par rapport aux autres variables. Par exemple, si l'on fait $t = 1$ dans la forme homogène $f(x, y, z, t)$ la plus générale à quatre variables, on trouve la forme quadratique non homogène la plus générale par rapport à x, y, z; c'est :

$$F(x, y, z) \equiv A x^2 + A'y^2 + A''z^2 + 2 B yz + 2 B'zx + 2 B''xy$$
$$+ 2 C x + 2 C'y + 2 C''z + D$$
$$\equiv \varphi(x, y, z) + 2 C x + 2 C'y + 2 C''z + D.$$

Inversement, si dans cette dernière forme on multiplie les termes du premier degré par t et le terme constant par t^2, on retrouve $f(x, y, z, t)$.

Remarquons encore que l'on a :

$$f(x, y, z, t) \equiv t^2 f\left(\frac{x}{t}, \frac{y}{t}, \frac{z}{t}, 1\right).$$

On peut aussi décomposer une forme quadratique non homogène en carrés de fonctions linéaires indépendantes; la méthode de Gauss s'applique sans modification, mais les résultats peuvent être très différents.

La forme $F(x, y, z)$ conduit en général à l'expression

$$(1) \qquad a P^2 + b Q^2 + c R^2 + k,$$

où a, b, c, k désignent des constantes. Mais il peut se faire qu'après l'introduction de deux variables dans deux carrés, la forme restante soit linéaire par rapport aux autres variables; on obtient alors l'expression

$$(2) \qquad a P^2 + b Q^2 + R.$$

La forme linéaire restante peut aussi se réduire à une constante et F se réduit à :

$$(3) \qquad a P^2 + b Q^2 + k.$$

Il peut se faire encore qu'après l'introduction d'une variable dans un carré, il ne reste plus qu'une forme linéaire par rapport aux autres variables; alors F vaut

$$(4) \qquad a P^2 + Q.$$

et si la forme Q se réduit à une constante, on obtient :

$$(5) \qquad a\,P^2 + k.$$

L'indépendance des formes linéaires P, Q, R s'établit comme dans le cas où la forme quadratique est homogène.

En résumé, il y a 5 formes principales possibles dans la décomposition d'une forme quadratique non homogène à 3 variables en carrés de fonctions linéaires indépendantes. 3 autres formes plus particulières se déduisent de (1), (3) et (5) en y faisant $k = o$; nous les désignerons par $(1)'$, $(3)'$, $(5)'$.

Si l'on représente par P_2, Q_2, R_2, ce que deviennent respectivement P, Q, R quand on y remplace x, y, z par $\dfrac{x}{t}, \dfrac{y}{t}, \dfrac{z}{t}$ et qu'on multiplie les résultats obtenus par t, on voit que la forme quadratique homogène

$$f(x, y, z, t) \equiv t^2\,F\left(\frac{x}{t}, \frac{y}{t}, \frac{z}{t}\right)$$

prend l'une des 5 formes suivantes :

$$a\,P_2^2 + b\,Q_2^2 + c\,R_2^2 + k\,t^2, \quad a\,P_2^2 + b\,Q_2^2 + R_2 t, \quad a\,P_2^2 + b\,Q_2^2 + k\,t^2,$$
$$a\,P_2^2 + Q_2 t, \quad a\,P_2^2 + k\,t^2,$$

ou l'une des 3 formes particulières :

$$a\,P_2^2 + b\,Q_2^2 + c\,R_2^2, \quad a\,P_2^2 + b\,Q_2^2, \quad a\,P_2^2.$$

La décomposition de ces expressions en carrés de fonctions linéaires indépendantes de x, y, z, t s'achève sans difficulté, et le nombre des carrés ainsi obtenus est lié aux propriétés du discriminant de $f(x, y, z, t)$.

De même, si l'on appelle P_1, Q_1, R_1 les parties homogènes de P, Q, R, on voit qu'à chaque décomposition de $F(x, y, z)$ en carrés correspond une décomposition de $\varphi(x, y, z)$ qui se met sous l'une des formes

$$
\begin{array}{ll}
a\,P_1^2 + b\,Q_1^2 + c\,R_1^2 & \text{associée à } (1) \\
a\,P_1^2 + b\,Q_1^2 & \qquad - \qquad (2) \text{ et } (3) \\
a\,P_1^2 & \qquad - \qquad (4) \text{ et } (5)
\end{array}
$$

Le nombre des carrés de cette nouvelle décomposition se relie aux propriétés du discriminant de φ. L'étude simultanée des propriétés des discriminants de $f(x, y, z, t)$ et de $\varphi(x, y, z)$ permet de voir *a priori* quelle est celle des formes principales ou des formes secondaires à laquelle on est conduit dans la réduction de la forme F à une somme de carrés ou de fonctions linéaires.

Par exemple, si le discriminant de f est nul et qu'un mineur principal du 3e ordre soit différent de zéro, c'est que $f(x, y, z, t)$ est réductible à 3 carrés ; on peut hésiter entre les formes $(1)'$, (3) et (4) qui conduisent toutes trois à 3 carrés. C'est la forme $(1)'$ qui est réalisée, si le discriminant de φ n'est pas nul ; c'est la forme (3), si ce discriminant est nul et si un de ses mineurs principaux du second ordre n'est pas nul ; c'est la forme (4), si tous les mineurs de ce discriminant sont nuls.

Si la forme $F(x, y, z)$ est à coefficients réels, on peut supposer les formes P, Q, R réelles ainsi que les coefficients a, b, c, k. Supposons que la décomposition obtenue soit de l'une des formes (1), (3) ou (5) ; si a, b, c sont de même signe dans le premier cas, ou si a et b sont de même signe dans le second cas, la fonction $F(x, y, z)$ admet un maximum ou un minimum égal à k, suivant que les coefficients des carrés sont négatifs ou positifs. Les valeurs des variables qui font acquérir à F sa plus grande ou sa plus petite valeur sont celles qui annulent les carrés. Dans tous les autres cas possibles, la forme F peut prendre toutes les valeurs réelles. Ce fait est évident sur l'une des formes (2) ou (4), car il suffit d'annuler les carrés et de faire prendre à la fonction linéaire restante la valeur réelle donnée. Supposons que la forme réalisée soit la première ; essayons de vérifier l'équation

$$a\,P^2 + b\,Q^2 + c\,R^2 + k = \lambda,$$

où λ est choisi arbitrairement. Les coefficients a, b, c n'ayant pas le même signe, nous pouvons supposer $a > 0$ et $b < 0$. Si $\lambda - k$ est > 0, nous n'avons qu'à prendre :

$$a\,P^2 = \lambda - k, \quad Q = 0, \quad R = 0.$$

Si $\lambda - k$ est < 0, nous prendrons :

$$P = 0, \quad b\,Q^2 = \lambda - k, \quad R = 0.$$

Les équations ainsi obtenues ont des solutions réelles et F peut prendre une valeur réelle quelconque.

Remarquons encore que si l'on fait $y = z = 0$ et si l'on donne à x une valeur absolue très grande, F a le signe de A. On en conclut que si A, A′ et A″ ne sont pas tous de même signe, la forme F est susceptible de prendre des valeurs très grandes positives ou négatives ; elle peut donc prendre toutes les valeurs possibles. Au contraire, si A, A′ et A″ ont le même signe, la forme F *peut* appartenir à la catégorie des formes quadratiques qui ont un maximum ou un minimum.

Nous utiliserons, dans la suite, des propriétés analogues des formes quadratiques non homogènes à deux variables.

Formes adjointes. — Soit une forme homogène à 3 variables $\varphi(x, y, z)$ dont le discriminant n'est pas nul.

Effectuons sur les variables x, y, z la substitution inverse de celle qui est définie par les formules

$$(6) \quad \begin{cases} u = \dfrac{1}{2}\,\varphi'_x = A\,x + B''y + B'z, \\[2mm] v = \dfrac{1}{2}\,\varphi'_y = B''x + A'y + Bz, \\[2mm] w = \dfrac{1}{2}\,\varphi'_z = B'x + By + A''z. \end{cases}$$

Appelons Δ le discriminant de φ et A_1, $A_1' \ldots$, B_1, $\ldots$, les éléments du déterminant Δ_1 adjoint de Δ. La substitution effectuée sur x, y, z est définie par les équations

$$(7) \qquad \left\{ \begin{aligned} x &= \frac{1}{\Delta}(A_1 u + B_1'' v + B_1' w), \\[2mm] y &= \frac{1}{\Delta}(B_1'' u + A_1' v + B_1 w), \\[2mm] z &= \frac{1}{\Delta}(B_1' u + B_1 v + A_1'' w), \end{aligned} \right.$$

obtenues en résolvant les équations (6) par rapport à x, y, z.

Au lieu de substituer ces valeurs de x, y, z directement dans $\varphi(x, y, z)$, nous pouvons utiliser l'identité

$$(8) \qquad \varphi(x, y, z) \equiv ux + vy + wz,$$

et nous voyons alors que $\varphi(x, y, z)$ se transforme identiquement en :

$$(9) \qquad \psi(u, v, w) \equiv \frac{1}{\Delta}(A_1 u^2 + A_1' v^2 + A_1'' w^2 + 2B' vw + 2B_1' wu + 2B_1'' uv)$$

$$= \frac{1}{\Delta}\varphi_1(u, v, w).$$

Cette forme ψ est dite l'*adjointe* de φ. On voit de suite que son discriminant Δ' vaut $\dfrac{\Delta_1}{\Delta^3}$ et, comme $\Delta_1 = \Delta^2$, on trouve que $\Delta\Delta' = 1$.

On peut encore mettre ψ sous une autre forme en remarquant que les équations (6) et l'équation (8), où l'on remplace $\varphi(x, y, z)$ par $\psi(u, v, w)$, ont une solution commune en x, y, z, quand on y fixe u, v, w. En annulant le caractéristique de ces équations, on obtient :

$$\begin{vmatrix} A, & B'', & B', & u \\ B'', & A', & B, & v \\ B', & B, & A'', & w \\ u, & v, & w, & \psi(u, v, w) \end{vmatrix} = 0.$$

Cette équation développée et ordonnée par rapport à ψ s'écrit :

$$(10) \qquad \Delta\psi(u, v, w) + \begin{vmatrix} A, & B'', & B', & u \\ B'', & A', & B, & v \\ B', & B, & A'', & w \\ u, & v, & w. & 0 \end{vmatrix} = 0.$$

Le déterminant du 4e ordre qui y figure n'est autre que la fonction $-\varphi_1(u, v, w)$.

La forme adjointe d'une forme quadratique donnée présente une propriété fondamentale : *son adjointe est la forme proposée*. Démontrons-le sur l'exemple étudié. Pour obtenir l'adjointe de $\psi(u, v, w)$, il faut effectuer la substitution inverse de celle qui est définie par les formules

$$(11) \quad \begin{cases} x' = \dfrac{1}{2}\,\varphi'_{1u} = \dfrac{1}{\Delta}\,(\mathrm{A}_1\,u + \mathrm{B}''_1\,v + \mathrm{B}'_1\,w), \\[2mm] y' = \dfrac{1}{2}\,\varphi'_{1v} = \dfrac{1}{\Delta}\,(\mathrm{B}''_1\,u + \mathrm{A}'_1\,v + \mathrm{B}_1\,w), \\[2mm] z' = \dfrac{1}{2}\,\varphi'_{1w} = \dfrac{1}{\Delta}\,(\mathrm{B}'_1\,u + \mathrm{B}_1\,v + \mathrm{A}''_1\,w), \end{cases}$$

les nouvelles variables étant x', y', z'.

La valeur de u se déduit de suite de ces équations en les multipliant respectivement par A, B'', B' et ajoutant membre à membre; on obtient de même v et w et l'on trouve :

$$(12) \quad \begin{cases} u = \mathrm{A}\,x' + \mathrm{B}''y' + \mathrm{B}'z', \\ v = \mathrm{B}''x' + \mathrm{A}'y' + \mathrm{B}z', \\ w = \mathrm{B}'x' + \mathrm{B}y' + \mathrm{A}''z'. \end{cases}$$

En substituant ces valeurs de u, v, w dans $\psi\,(u,\ v,\ w)$ ou mieux dans $ux' + vy' + wz'$ qui lui est égal en vertu de (11) et de $2\psi(u,v,w) = u\psi'_u + v\psi'_v + w\psi'_w$, on obtient la forme

$$\mathrm{A}\,x'^2 + \mathrm{A}'y'^2 + \mathrm{A}''z'^2 + 2\,\mathrm{B}\,y'z' + 2\,\mathrm{B}'z'x' + 2\,\mathrm{B}''x'y',$$

c'est-à-dire $\varphi(x,\ y,\ z)$ où l'on a remplacé x, y, z respectivement par x', y', z'.

Toutes ces propriétés s'étendent aux formes quadratiques homogènes à un nombre quelconque de variables, dont le discriminant n'est pas nul.

Exemples : 1° Cherchons la forme adjointe de

$$f(x_1,\ x_2,\ \ldots,\ x_n) \equiv \mathrm{A}_1 x_1^2 + \mathrm{A}_2 x_2^2 + \ldots + \mathrm{A}_n x_n^2.$$

Les équations qui définissent la substitution sont

$$u_1 = \tfrac{1}{2}f'_{x_1} = \mathrm{A}_1 x_1; \quad u_2 = \mathrm{A}_2 x_2; \quad \ldots; \quad u_n = \mathrm{A}_n x_n.$$

Les valeurs de x_1, x_2, $\ldots$, x_n en résultent de suite et, en portant ces valeurs directement dans f, on trouve la forme adjointe

$$\psi(u_1,\ u_2,\ \ldots,\ u_n) \equiv \frac{u_1^2}{\mathrm{A}_1} + \frac{u_2^2}{\mathrm{A}_2} + \ldots + \frac{u_n^2}{\mathrm{A}_n}.$$

2° Cherchons la forme adjointe de

$$f(x,\ y,\ z,\ t) \equiv 2\,\mathrm{B}''xy + 2\,\mathrm{C}''zt.$$

Représentons par u, v, w, h les nouvelles variables; elles sont données en fonction des anciennes par les formules

$$u = \tfrac{1}{2}f'_x = \mathrm{B}''y; \quad v = \tfrac{1}{2}f'_y = \mathrm{B}''x; \quad w = \tfrac{1}{2}f'_z = \mathrm{C}''t; \quad h = \tfrac{1}{2}f'_t = \mathrm{C}''z.$$

Les valeurs de y, x, t, z en résultent de suite et, en les substituant directement dans f, on trouve la forme adjointe

$$\psi(u,\ v,\ w,\ h) \equiv \frac{2\,uv}{\mathrm{B}''} + \frac{2\,wh}{\mathrm{C}''}.$$

Nous utiliserons ces résultats particuliers dans la suite.

La substitution qui transforme une forme en son adjointe n'a plus de sens quand le discriminant de la forme proposée est nul. Cependant, on peut toujours associer à une forme $\varphi(x, y, z)$, par exemple, la forme $\varphi_1(u, v, w)$ définie plus haut. Remarquons que si φ est une somme de deux carrés, φ_1 est un carré parfait, et que si φ est un carré parfait, φ_1 est identiquement nulle ; tout cela résulte des propriétés du discriminant Δ_1 de la forme φ_1, car ce discriminant est l'adjoint de Δ : tous ses mineurs sont nuls en même temps que Δ et tous ses éléments sont nuls en même temps que les mineurs du second ordre de Δ.

EXERCICES

1º Démontrer que les valeurs des variables qui donnent à une forme quadratique sa plus grande ou sa plus petite valeur sont aussi celles qui annulent les dérivées partielles de la forme.

2º Reprenons les notations de la leçon précédente : la forme $f(x, y, z, t) - kt^2$ est réductible à 3 carrés, 2 carrés ou 1 carré suivant que $F(x, y, z)$ est réductible à l'une des formes (1), (3) ou (5). On demande d'en déduire le calcul de k. On utilisera le discriminant de $f(x, y, z, t) - kt^2$ et, s'il y a lieu, les mineurs de ce discriminant qui contiennent k.

3º Calculer la forme adjointe de la forme
$$(ax + by + cz)^2 + (a_1 x + b_1 y + c_1 z)^2 + (a_2 x + b_2 y + c_2 z)^2.$$

4º Même question pour la forme
$$(x - x_0 z)^2 + (y - y_0 z)^2 - (lx + my + nz)^2.$$

5º Démontrer que le discriminant de la forme $\varphi(x, y, z) + (lx + my + nz)^2$ vaut $\Delta + \varphi_1(l, m, n)$, les symboles φ, Δ et φ_1 ayant la même signification que dans la leçon précédente. Généraliser pour un nombre quelconque de variables.

6º Conservant toujours les mêmes notations, démontrer que la forme adjointe de la forme $\varphi(x, y, z) + (lx + my + nz)^2$ est
$$\psi(u, v, w) - \frac{1}{4} \cdot \frac{[u\,\psi'_l + v\,\psi'_m + w\,\psi'_n]^2}{1 + \psi(l, m, n)}.$$
Généraliser.

7º On considère les valeurs prises par une forme quadratique homogène ou non, à coefficients réels, réductible à une somme de carrés tous de même signe, lorsqu'on attribue aux variables les valeurs réelles en nombre infini qui vérifient des équations linéaires données à coefficients réels. Démontrer que ces valeurs de la forme admettent un maximum ou un minimum.

8º Trouver le minimum de la forme quadratique $(x - x_0)^2 + (y - y_0)^2 + (z - z_0)^2$ sachant que x, y, z vérifient l'équation $\quad ax + by + cz + d = 0$.

9º Même question en supposant que x, y, z vérifient les équations
$$\frac{x - x_1}{a} = \frac{y - y_1}{b} = \frac{z - z_1}{c}.$$

10º Trouver le minimum de la forme quadratique $(x - x')^2 + (y - y')^2 + (z - z')^2$, sachant que x, y, z vérifient les équations
$$\frac{x - x_0}{a_0} = \frac{y - y_0}{b_0} = \frac{z - z_0}{c_0},$$
tandis que x', y', z' vérifient les équations
$$\frac{x' - x_1}{a_1} = \frac{y' - y_1}{b_1} = \frac{z' - z_1}{c_1}.$$

DÉFINITION DES COORDONNÉES DANS LE PLAN

Étant donnés deux axes concourants Ox et Oy qui définissent un plan, et l'unité graphique, on peut faire correspondre à tout point M de ce plan deux nombres relatifs x et y, équivalents algébriques des projec-

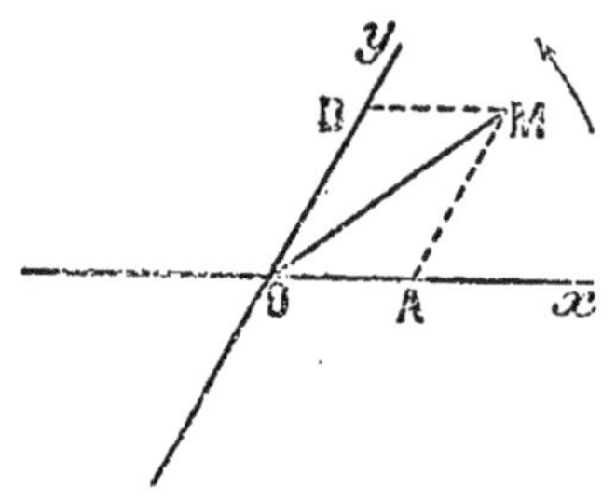

tions OA et OB du vecteur OM sur Ox parallèlement à Oy et sur Oy parallèlement à Ox. Ces deux nombres s'appellent *coordonnées cartésiennes* du point M par rapport aux axes de coordonnées Ox et Oy ; x est l'*abscisse* et y l'*ordonnée*. O est l'origine des axes ; OAM est un contour des coordonnées du point M.

Inversement, à deux nombres relatifs quelconques, correspondent deux vecteurs OA et OB qui les admettent pour équivalents algébriques, et par suite un point M du plan.

Toutefois, il faut indiquer l'ordre dans lequel sont pris ces deux nombres ; d'habitude on énonce l'abcisse en premier lieu. A cette façon de faire, qui rompt la symétrie du rôle des axes, on peut associer une orientation du plan. On considère comme sens direct celui dans lequel il faut faire tourner la demi-droite Ox pour l'amener sur la demi-droite Oy, l'angle de rotation étant moindre que π ; cet angle géométrique s'appelle l'angle des axes. Si les axes sont rectangulaires, on dit que les coordonnées sont rectangulaires ; elles sont obliques dans le cas contraire.

Dans la suite, nous emploierons constamment l'expression « point (x, y) » pour désigner le point dont les coordonnées sont x et y.

Plus généralement, on donne le nom de coordonnées d'un point d'un plan à tout ensemble de deux nombres dont la connaissance fixe la

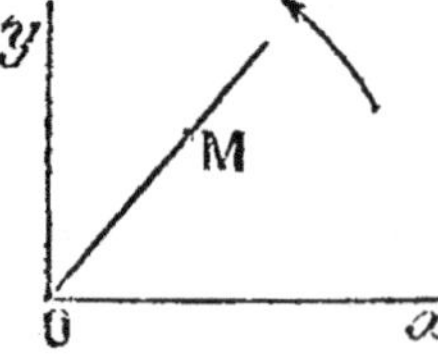

position du point dans ce plan. En voici deux nouveaux exemples.

Dans un plan orienté, considérons une demi-droite Ox (axe polaire) et balayons le plan au moyen de cette demi-droite en la faisant tourner de 2π.

La position d'un point quelconque M du plan sera définie si l'on connaît l'angle θ (compris entre 0 et 2π) dont il faut faire tourner Ox pour l'amener sur OM, ainsi que la distance OM mesurée par ρ.

ρ est le rayon vecteur et θ l'angle polaire du point M ; ce sont les coordonnées *polaires* de ce point. A tout point M correspondent un seul angle polaire θ, compris entre 0 et 2π, et un rayon vecteur ρ qui est positif. — O est le pôle.

Dans la suite, nous serons amenés à généraliser cette notion et à fixer un sens direct Oz sur OM; dans ces conditions, le vecteur OM a un équivalent algébrique que nous appellerons encore rayon vecteur. De plus, l'angle des deux directions Ox et Oz n'est défini qu'à un multiple près de 2π. Avec ces conventions on voit qu'on peut faire correspondre à un même point M deux systèmes de coordonnées polaires, savoir :

$$\rho, \theta + 2k\pi \quad \text{et} \quad -\rho, \theta + (2k+1)\pi.$$

Si l'on associe à Ox un axe Oy qui s'en déduit par une rotation de $\dfrac{\pi}{2}$ dans le sens direct, le point M admet, par rapport à ces axes, des coordonnées rectangulaires x et y reliées aux coordonnées polaires par les formules

$$x = \rho \cos\theta, \quad y = \rho \sin\theta.$$

Ces formules s'obtiennent en cherchant les équivalents algébriques des projections orthogonales de OM sur les deux axes.

Inversement on en déduit :

$$\rho = \varepsilon\sqrt{x^2 + y^2}, \quad \cos\theta = \frac{\varepsilon x}{\sqrt{x^2 + y^2}}, \quad \sin\theta = \frac{\varepsilon y}{\sqrt{x^2 + y^2}}, \quad \operatorname{tg}\theta = \frac{y}{x}.$$

Ces nouvelles formules correspondent bien aux deux systèmes de coordonnées polaires d'un même point.

Étant donnés deux points fixes O et O' (pôles), la position d'un point quelconque M, dans un plan fixe passant par ces points, est définie si l'on se donne les longueurs OM et O'M. Les mesures r et r' de ces longueurs sont des nombres positifs que l'on appelle coordonnées *bipolaires* du point M. Toutefois, il est bon d'observer que dans le triangle OMO' les trois côtés $OM = r$, $O'M = r'$ et $OO' = a$ sont tels que l'on a :

$$|r - r'| \leqq a \quad \text{et} \quad r + r' \geqq a.$$

En outre, à deux longueurs r et r' vérifiant ces inégalités, correspondent deux points M et M' symétriques par rapport à OO'. L'emploi de ces coordonnées ne rendra donc de réels services que dans l'étude des figures pour lesquelles la droite OO' est un axe de symétrie.

L'emploi des nombres pour la représentation des points d'un plan permettra de traduire des propriétés connues d'une configuration de points par des relations entre leurs coordonnées. Inversement, à toute relation entre des nombres regardés comme les coordonnées de certains points, correspond une propriété de l'ensemble de ces points, propriété dont l'énoncé en langage ordinaire est plus ou moins facile et peut même prendre des formes variées, à cause des formes diverses que l'on peut donner à une équation. La combinaison de plusieurs relations en fournira de nouvelles qui en sont des conséquences, de sorte que le calcul permettra de déduire de certaines propriétés d'une figure une infinité d'autres propriétés dont l'énoncé sous forme géométrique sera plus ou moins aisé, plus ou moins intéressant.

On aperçoit toute la généralité de ce mode d'étude des figures, auquel on a donné le nom de *géométrie analytique*.

Un premier exemple est relatif à l'étude des courbes. Une courbe plane est constituée par l'ensemble des points d'un plan qui possèdent une propriété déterminée. En traduisant cette propriété, on obtient une relation qui est vérifiée par les coordonnées des points de la courbe et qui ne l'est pas par les coordonnées de tout autre point du plan. Cette équation est dite l'*équation de la courbe*.

Inversement, toute équation à deux variables peut être envisagée comme l'équation d'une courbe; il suffit de regarder ces variables comme les coordonnées d'un point d'un plan. Si l'on sait trouver l'ensemble des solutions de l'équation et construire tout point dont on donne les coordonnées, on sait construire la courbe point par point. Ainsi l'équation $x - y = a$, où x et y désignent des coordonnées cartésiennes, représente, comme nous le verrons prochainement, une droite; si l'on y regarde x et y comme des coordonnées bipolaires, elle représente une branche d'une hyperbole et l'autre branche a pour équation $y - x = a$.

On peut imaginer d'ailleurs d'autres définitions analytiques de l'ensemble des points d'une courbe. Ainsi, les deux équations : $x = f(t)$, $y = g(t)$, où f et g sont deux fonctions données de la variable arbitraire t, définissent une courbe, si l'on regarde x et y comme les coordonnées cartésiennes d'un point qui varie avec t. On se rend compte que tous les points du plan ne peuvent être représentés par ces formules, car les équations : $f(t) = x_0$, $g(t) = y_0$, où x_0 et y_0 sont donnés, n'ont pas, en général, de solution commune en t; pour qu'elles en aient une, il faut que x_0 et y_0 satisfassent à une relation qui est précisément l'équation du lieu du point (x_0, y_0).

On dit que les deux équations proposées fournissent une représentation *paramétrique* de la courbe. — Par exemple, l'équation $y = f(x)$ peut être regardée comme donnant une représentation paramétrique d'une courbe.

Homogénéité des formules. — Imaginons qu'une propriété d'une figure se traduise par une relation $f(a, b, c, \ldots, l) = 0$ entre les nombres mesurant les longueurs de cette figure à une échelle déterminée. Supposons qu'on change l'unité graphique et qu'on en prenne une nouvelle λ fois plus petite que la première; les nombres nouveaux a', b', c', $\ldots$, l' mesurant les mêmes longueurs vérifient la même équation et comme

$$a' = \lambda a, \quad b' = \lambda b, \quad \ldots, \quad l' = \lambda l,$$

il en résulte que a, b, c, $\ldots$, l vérifient aussi l'équation

$$f(\lambda a, \lambda b, \ldots, \lambda l) = 0,$$

où le nombre λ est arbitraire. Chaque fois qu'une équation

$$f(a, b, c, \ldots, l) = 0$$

entraîne $f(\lambda a, \lambda b, \ldots, \lambda l = 0$, λ étant arbitraire, on dit que cette équation est homogène. Par exemple, la relation $a^2 = b^2 + c^2$, qui exprime que le triangle dont les côtés ont pour mesures a, b, c, est rectangle, est homogène. Il en est de même de la relation : $d = c \sin \dfrac{a}{b}$.

Chaque fois qu'une surface ou un volume entre dans une formule, le nombre correspondant doit être regardé comme mesurant le carré ou le cube d'une longueur.

Lorsqu'une longueur d'une figure intervient dans les formules plus fréquemment que les autres, il peut y avoir intérêt, pour la simplicité de l'écriture, à la prendre comme unité graphique; le nombre qui la mesure étant 1, l'homogénéité des formules disparaît. Par exemple, la relation $a^2 = b^2 + c^2$ devient : $b'^2 + c'^2 = 1$, si l'on prend comme unité la longueur a, et si l'on désigne par b' et c' les nouvelles mesures des longueurs représentées primitivement par b et c. Si l'on veut rétablir l'homogénéité, il suffit de remplacer b' et c' respectivement par leurs valeurs $\dfrac{b}{a}$ et $\dfrac{c}{a}$.

Remarquons encore que les relations obtenues par les combinaisons de relations homogènes doivent présenter le même caractère.

Construction de certaines formules. — Les instruments dont nous nous servirons sont la règle et le compas.

On apprend, en géométrie élémentaire, à construire une longueur égale à p fois une longueur donnée, une longueur égale à la q^e partie d'une longueur donnée (p et q désignant deux nombres naturels quelconques), et, par suite, une longueur égale au produit d'une longueur donnée par un nombre rationnel quelconque.

Chaque fois que, dans une formule, on rencontrera une longueur $\dfrac{p}{q}a$, a désignant une longueur donnée, on pourra lui substituer une longueur b connue.

Considérons maintenant l'expression $\dfrac{a \cdot b}{c}$, a, b, c, désignant des longueurs données; la construction d'une quatrième proportionnelle permet de la remplacer par une longueur a' également connue. Plus généralement, dans l'expression

$$\dfrac{a_1 \cdot a_2 \ldots a_{n+1}}{b_1 \cdot b_2 \ldots b_n} \quad \text{où } a_1, \ a_2, \ \ldots, \ a_{n+1},$$

$b_1, \ldots, b_n$, désignent des longueurs connues, on peut remplacer successivement $\dfrac{a_1 \cdot a_2}{b_1}$ par une longueur α_1 connue, puis $\dfrac{\alpha_1 \cdot a_3}{b_2}$ par une longueur α_2

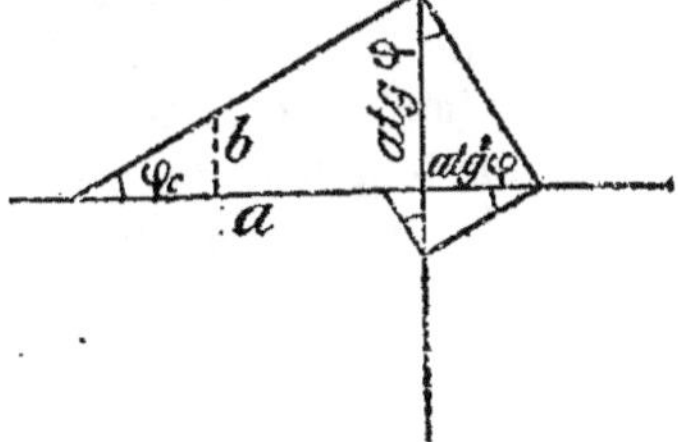

également connue, et ainsi de suite; finalement, on substitue à l'expression considérée une longueur α connue.

La construction peut se faire très vite pour des expressions de la forme $\alpha = a \left(\dfrac{b}{c} \right)^n$. Si l'on pose $\dfrac{b}{c} = \operatorname{tg} \varphi$, on voit que $\alpha = a \operatorname{tg}^n \varphi$. La construction d'un triangle rectangle dont les côtés de l'angle droit sont b et c donne l'angle φ opposé au côté b. La multiplication de a, n fois successivement par $\operatorname{tg}\varphi$ donne lieu à des constructions qui sont figurées ci-dessus.

Si b est moindre que c, on peut aussi poser $b = c\cos\varphi$ et on est ramené à construire $\alpha = a\cos^n\varphi$.

Si b est supérieur à c, on pose : $c = b\cos\varphi$ et on construit :

$$\alpha = \frac{a}{\cos^n\varphi}.$$

La méthode précédente permet de substituer au produit $a_1 \cdot a_2 \ldots a_n$ de n longueurs données un produit $\alpha^{n-1} \cdot \beta$, où α désigne une longueur arbitrairement choisie et β une longueur donnée par la formule

$$\beta = \frac{a_1 \cdot a_2 \ldots a_n}{\alpha^{n-1}}.$$

Considérons alors une expression de la forme $A + B - C$, où A, B, C représentent chacun un produit de n longueurs données ; λ représentant une longueur arbitraire, nous pouvons construire les longueurs α, β, γ définies par les équations

$$A = \lambda^{n-1}\alpha, \quad B = \lambda^{n-1}\beta, \quad C = \lambda^{n-1}\gamma,$$

si bien que l'expression proposée devient $\lambda^{n-1}(\alpha + \beta - \gamma)$. On construira la longueur égale à $\alpha + \beta - \gamma$ et finalement $A + B - C$ sera mis sous la forme $\lambda^{n-1}\mu$.

Appliquons ceci à la transformation de toute expression rationnelle telle que $\dfrac{A + B - C}{A' + B' - C'}$ où A, B, C sont des produits de $p + q$ longueurs connues, tandis que A', B', C' sont des produits de q longueurs connues. Nous savons construire μ et μ' définis par les égalités

$$A + B - C = \lambda^{p+q-1}\mu, \quad A' + B' - C' = \lambda^{q-1}\mu'.$$

L'expression rationnelle devient $\dfrac{\lambda^p \mu}{\mu'}$ et, en construisant $\nu = \dfrac{\lambda\mu}{\mu'}$, elle se met sous la forme définitive $\lambda^{p-1}\nu$.

On dit que la fraction rationnelle en question est homogène et de degré p. Nous voyons d'après cela qu'on peut donner à toute fraction rationnelle homogène et de degré p la forme $\lambda^{p-1}\nu$, en utilisant simplement la règle et le compas. En particulier, si $p = 1$, la fraction représente une longueur qui est construite par l'application de ce procédé.

L'utilisation des propriétés du triangle rectangle permet de construire les irrationnelles

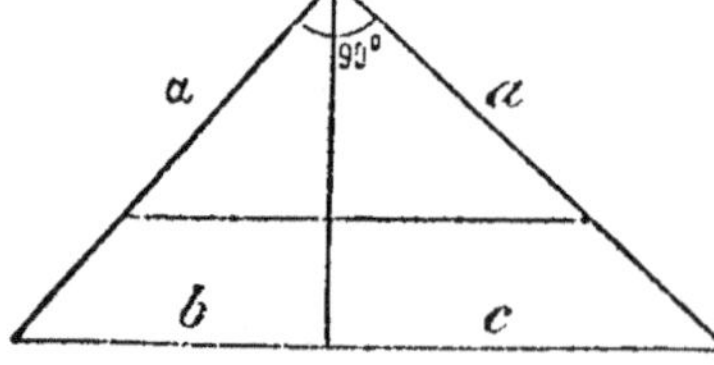

$$\sqrt{a^2 + b^2}, \quad \sqrt{a^2 - b^2}, \quad \sqrt{ab}, \quad a\sqrt{\frac{b}{c}}.$$

Si l'on pose en effet : $\alpha = a\sqrt{\dfrac{b}{c}}$,

cette équation équivaut à $\dfrac{\alpha^2}{a^2} = \dfrac{b}{c}$;

la construction de α est indiquée ci-contre. On peut d'ailleurs lire à la place de b et c, dans cette formule, deux nombres naturels quelconques qu'il suffira de multiplier par une longueur arbitraire pour ramener au cas précédent.

Plus généralement, on sait construire toute longueur définie par la formule $\alpha = \sqrt{\dfrac{A + B - C}{A' + B' - C'}}$, la fraction rationnelle sous le radical étant supposée homogène et du second degré ; les constructions développées ci-dessus permettent en effet de remplacer la fraction rationnelle par $\lambda\nu$ et on est ramené à la construction de la moyenne proportionnelle $\sqrt{\lambda\nu}$.

Supposons maintenant que la fraction rationnelle sous le radical soit homogène et de degré $2p$. Nous pouvons la mettre sous la forme $\lambda^{2p-1}\mu$ ou encore $\lambda^{2p-2}\nu^2$ en construisant $\nu = \sqrt{\lambda\mu}$. Alors α vaut $\lambda^{p-1}\nu$.

Ainsi, chaque fois qu'une formule contiendra d'une façon homogène des longueurs connues associées entre elles ou avec les nombres entiers au moyen des symboles élémentaires d'addition, de multiplication, de division et d'extraction de racines carrées, on pourra toujours se débarrasser (au moyen de constructions faites à l'aide de la règle et du compas) de tous ces symboles, en conservant simplement les symboles de multiplication de longueurs. En particulier, ce procédé permettra de construire toute longueur donnée par une formule qui présente ces caractères.

Par exemple, on sait construire $\alpha = \sqrt[4]{a^4 + b^4} = \sqrt{\sqrt{a^4 + b^4}}$.

On commence par construire β défini par l'égalité $b^4 = a^3\beta$. Alors

$$\alpha = \sqrt[4]{a^3(a + \beta)} = \sqrt[4]{a^3\gamma}.$$

On construit ensuite $\delta = \sqrt{a\gamma}$ et il vient $\alpha = \sqrt[4]{a^2\delta^2} = \sqrt{a\delta}$.

Une moyenne proportionnelle donne le résultat définitif.

La marche que nous venons d'indiquer conduit toujours au but ; on peut quelquefois en suivre une plus simple. Ainsi, dans l'exemple précédent, on peut construire β défini par $b^2 = a\beta$ et on obtient :

$$\alpha = \sqrt[4]{a^2(a^2 + \beta^2)}.$$

On construit ensuite $\gamma = \sqrt{a^2 + \beta^2}$ et il vient : $\alpha = \sqrt{a\gamma}$.

m désignant un nombre rationnel dont la valeur absolue est moindre que 1, on peut construire un angle φ dont le cosinus vaut m ; il en est de même si $|m|$ est la racine carrée d'un nombre rationnel ou est formé à l'aide de nombres entiers combinés entre eux par les opérations élémentaires mentionnées plus haut.

D'après cela, la recherche de la longueur $\alpha = \sqrt{a^2 + b^2 - 2\,mab}$, se fera en construisant un triangle dont deux côtés et l'angle compris sont respectivement a, b, φ. La longueur du troisième côté vaut précisément α.

On pourrait appliquer ces méthodes à la construction des racines d'une équation du second degré ou d'une équation bicarrée, lorsque ces racines représentent des longueurs. Là encore, il est préférable d'employer des méthodes particulières.

Si les deux racines de l'équation du second degré sont de même signe, on peut toujours les supposer positives, et l'équation étant mise sous la forme

$$x^2 - ax + b^2 = 0,$$

où a et b désignent des longueurs connues, on est conduit à la construction des deux longueurs x_1 et x_2 telles que :

$$x_1 + x_2 = a, \qquad x_1 x_2 = b^2.$$

Ces formules indiquent que x_1 et x_2 sont les segments déterminés sur l'hypoténuse a d'un triangle rectangle par la hauteur correspondante,

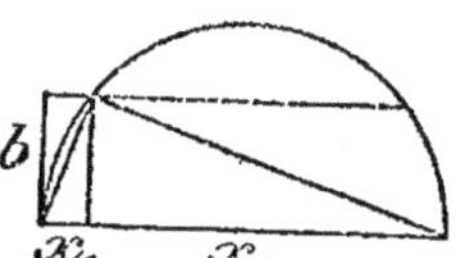

cette hauteur valant b. La construction est indiquée ci-contre et exige que b soit au plus égal à $\dfrac{a}{2}$.

Si les deux racines sont de signes contraires, on peut toujours supposer positive celle dont la valeur absolue est la plus grande; dans l'hypothèse contraire, il suffirait de changer les signes des racines pour ramener à ce cas. L'équation est alors

$$x^2 - ax - b^2 = 0,$$

et si x_1 représente la racine positive, tandis que la négative est $-x_2$, on a :

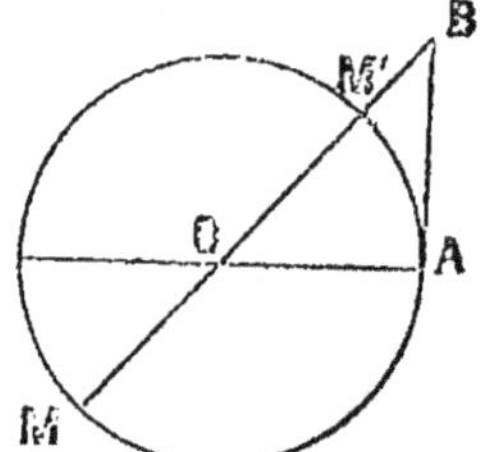

$$x_1 - x_2 = a, \qquad x_1 x_2 = b^2.$$

On voit, d'après cela, que x_1 et x_2 sont les longueurs du grand et du petit segment déterminés sur un diamètre d'un cercle (ce diamètre valant a) par un point B dont la puissance par rapport au cercle vaut b^2. La construction en résulte.

Une équation bicarrée dont certaines racines représentent des longueurs est de l'une des trois formes

$$x^4 - a^2 x^2 + b^4 = 0, \qquad x^4 - a^2 x^2 - b^4 = 0, \qquad x^4 + a^2 x^2 - b^4 = 0.$$

où a et b représentent des longueurs. En posant $x^2 = by$, on est ramené à la construction des racines d'une équation du second degré suivie de la recherche d'une ou deux moyennes proportionnelles.

EXERCICES

1° Construire la longueur $\quad \alpha = \dfrac{a^4 + b^4}{a^3 + b^3}$.

2° — $\alpha = \sqrt{\dfrac{a^4 + b^4}{a^2 + b^2}}$

3° — $\alpha = a\sqrt{2 \pm \sqrt{2}}$.

15e LEÇON

CHANGEMENT DE COORDONNÉES DANS LE PLAN

Distance d'un point à l'origine. — La distance du point M (x, y)
à l'origine s'obtient de suite en calculant le carré géométrique du vec-
teur OM qui est la somme géométrique des deux vecteurs $\overline{OA} = x$, $\overline{OB} = y$.
Si θ est l'angle des axes, on trouve :

$$\overline{OM}^2 = x^2 + 2\,xy\cos\theta + y^2.$$

Dans le cas particulier où les axes sont rectangulaires, on voit que :

$$\overline{OM}^2 = x^2 + y^2.$$

Direction d'une droite; représentation paramétrique. — Sur
une droite D passant par O, pre-
nons deux points quelconques I (a, b)
et I' (a', b'). On sait que :

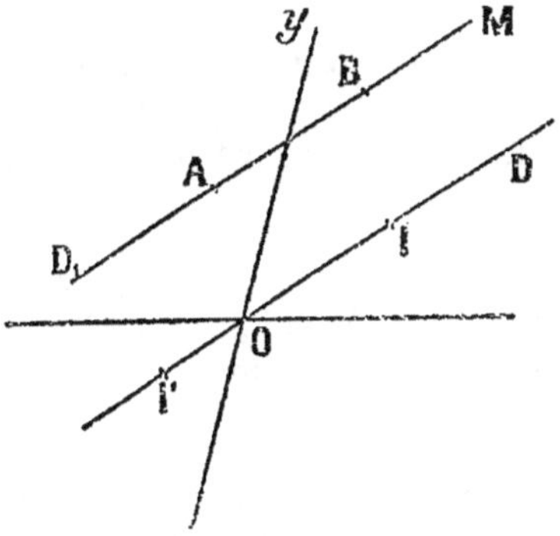

$$\frac{\overline{OI'}}{\overline{OI}} = \frac{\text{proj. } OI'}{\text{proj. } OI}.$$

En appliquant cette relation aux
projections des deux vecteurs sur
chaque axe parallèlement à l'autre,
on voit que :

$$\frac{\overline{OI'}}{\overline{OI}} = \frac{a'}{a} = \frac{b'}{b},$$

c'est-à-dire que deux points alignés sur l'origine ont des coordonnées
proportionnelles.

Si l'on représente par ρ le rapport $\dfrac{\overline{OI'}}{\overline{OI}}$, on voit que : $a' = \rho a$, $b' = \rho b$.

Réciproquement, si deux points I et I' ont leurs coordonnées propor-
tionnelles, ils sont alignés sur l'origine, car si $\dfrac{a'}{b} = \dfrac{b'}{a} = \rho$, le point I_1 de

la droite OI, tel que $\overline{OI_1} = \rho \cdot \overline{OI}$, a précisément pour coordonnées ρa et
ρb, c'est-à-dire a' et b'.

On appelle *paramètres directeurs* d'une droite D_1 quelconque parallèle à D, les coordonnées d'un point quelconque I de D; ce sont aussi les
mesures algébriques des projections sur les axes d'un vecteur AB équipollent à OI et porté par D_1.

On peut donc dire que les paramètres directeurs d'une droite sont les mesures algébriques des projections sur les axes d'un vecteur quelconque porté par la droite. Il résulte de ce qui précède que deux système de paramètres directeurs d'une droite ou de deux droites parallèles sont formés de nombres proportionnels et réciproquement deux systèmes de nombres proportionnels peuvent être regardés comme les paramètres directeurs de deux droites parallèles.

Soient $A(x_0, y_0)$ et $M(x, y)$ deux points quelconques de D_1. Deux systèmes de paramètres directeurs de D_1 sont a, b, et $x - x_0$, $y - y_0$; par suite :

$$\frac{x - x_0}{a} = \frac{y - y_0}{b} = \frac{\overline{AM}}{\overline{OI}},$$

en supposant D et D_1 orientées positivement dans un même sens arbitraire d'ailleurs.

Si nous représentons par ρ la valeur du rapport $\dfrac{\overline{AM}}{\overline{OI}}$ qui varie de $-\infty$ à $+\infty$ quand M parcourt D_1, le point A restant fixe, nous obtenons une représentation paramétrique de D_1 par les formules

$$(1) \qquad x = x_0 + a\rho, \qquad y = y_0 + b\rho.$$

Dans la pratique, on prend fréquemment $OI = 1$ et on oriente la droite D_1 positivement dans le sens OI; alors $\rho = \overline{AM}$. Dans ce cas, les nombres a et b s'appellent paramètres directeurs principaux de D_1; ils ne sont pas indépendants puisque $OI = 1$ et on a :

$$1 = a^2 + 2ab \cos\theta + b^2.$$

Si les axes sont rectangulaires, les paramètres directeurs principaux vérifient l'équation $a^2 + b^2 = 1$. D'ailleurs, dans ce cas, si l'on représente par α l'un quelconque des angles (Ox, OI), on peut poser :

$$a = \cos\alpha, \quad b = \sin\alpha.$$

Remarquons encore qu'une droite donnée a deux systèmes de paramètres directeurs principaux, a, b et $-a, -b$, puisqu'on peut l'orienter dans deux sens opposés.

On prend souvent aussi, $a = 1$; le nombre b correspondant s'appelle *coefficient angulaire* de la droite D_1. Deux droites parallèles ont donc même coefficient angulaire et inversement deux droites qui ont même coefficient angulaire sont parallèles.

L'égalité de deux valeurs du coefficient angulaire $\dfrac{y - y_0}{x - x_0}$ et $\dfrac{b}{a} = m$ d'une droite, donne l'équation de cette droite sous la forme

$$y - y_0 = m(x - x_0).$$

Dans le cas où les axes sont rectangulaires, le coefficient angulaire m est égal à $\operatorname{tg}\alpha$ puisque $\dfrac{b}{a} = \operatorname{tg}\alpha$. C'est la *pente* de la droite par rapport à Ox.

Il est facile d'obtenir une autre représentation paramétrique d'une droite. Prenons sur D_1 un second point $B\,(x_1,\,y_1)$ et comparons les vecteurs AM et BM ainsi que leurs projections sur les axes. Nous obtenons :

$$\frac{\overline{MA}}{\overline{MB}} = \frac{x_0 - x}{x_1 - x} = \frac{y_0 - y}{y_1 - y}.$$

Représentons par $-\lambda$ la valeur commune à ces rapports. On sait qu'à tout point de la droite correspond une valeur de λ et inversement qu'à toute valeur de λ (-1 excepté) correspond un point de la droite ; les coordonnées de ce point sont données par les formules :

$$(2) \qquad x = \frac{x_0 + \lambda\,x_1}{1 + \lambda}, \qquad y = \frac{y_0 + \lambda\,y_1}{1 + \lambda}.$$

En faisant varier λ de $-\infty$ à $+\infty$ dans les formules (2), on obtiendra donc l'ensemble des points de la droite. En particulier, si λ vaut 1, le point M est le milieu de AB ; les coordonnées du milieu d'un segment sont donc égales aux moyennes arithmétiques des coordonnées correspondantes de ses extrémités.

Centre des distances proportionnelles. — Considérons un système de points M_1, M_2, ..., M_p.

Désignons par x_i, y_i les coordonnées du point M_i auquel nous attribuons un indice λ_i arbitrairement choisi.

Si $\lambda_1 + \lambda_2$ n'est pas nul, nous venons de voir qu'on peut déterminer sur la droite $M_1 M_2$ un point N_1 tel que :

$$\frac{\overline{N_1 M_1}}{\overline{N_1 M_2}} = -\frac{\lambda_2}{\lambda_1}.$$

Donnons à ce point N_1 l'indice $\lambda_1 + \lambda_2$. Si $\lambda_1 + \lambda_2 + \lambda_3$ n'est pas nul, nous pouvons de même déterminer sur la droite $N_1 M_3$ un point N_2 tel que :

$$\frac{\overline{N_2 M_3}}{\overline{N_2 N_1}} = -\frac{\lambda_1 + \lambda_2}{\lambda_3}.$$

Donnons à ce point N_2 l'indice $\lambda_1 + \lambda_2 + \lambda_3$. En continuant ainsi et sous des réserves convenables, nous arriverons à un point N_{p-1} ou P qui se nomme *centre des distances proportionnelles* des points donnés. Cherchons les coordonnées de ce point.

Celles du point N_1 sont données par les formules

$$\xi_1 = \frac{x_1 + \dfrac{\lambda_2}{\lambda_1} x_2}{1 + \dfrac{\lambda_2}{\lambda_1}} = \frac{\lambda_1 x_1 + \lambda_2 x_2}{\lambda_1 + \lambda_2}; \qquad \eta_1 = \frac{\lambda_1 y_1 + \lambda_2 y_2}{\lambda_1 + \lambda_2}.$$

Celles du point N_2 sont, d'après cela

$$\xi_2 = \frac{(\lambda_1 + \lambda_2)\xi_1 + \lambda_3 x_3}{\lambda_1 + \lambda_2 + \lambda_3} = \frac{\lambda_1 x_1 + \lambda_2 x_2 + \lambda_3 x_3}{\lambda_1 + \lambda_2 + \lambda_3}; \qquad \eta_2 = \frac{\lambda_1 y_1 + \lambda_2 y_2 + \lambda_3 y_3}{\lambda_1 + \lambda_2 + \lambda_3}.$$

Finalement, on obtient les coordonnées du point P sous la forme

$$\xi = \frac{\Sigma \lambda_i x_i}{\Sigma \lambda_i}, \qquad \eta = \frac{\Sigma \lambda_i y_i}{\Sigma \lambda_i}.$$

On voit que ces coordonnées ne dépendent pas de l'ordre dans lequel les points M_i ont été associés. On peut alors se débarrasser des restrictions précédentes sauf une et se contenter de supposer que $\Sigma \lambda_i$ n'est pas nul. Supposons par exemple $\Sigma \lambda_i > 0$; il existe alors des points d'indices positifs et il peut y avoir des points d'indices négatifs. Associons d'abord tous les premiers avant d'utiliser les seconds ; il est bien évident qu'à un instant quelconque de cette association, la somme des indices employés n'est jamais nulle, puisqu'elle est toujours positive.

En particulier, si tous les indices sont égaux, le point P s'appelle le centre des moyennes distances des points M_i. Ses coordonnées sont $\frac{1}{p} \Sigma x_i$ et $\frac{1}{p} \Sigma y_i$; dans le cas de $p = 3$, ce sont donc $\frac{x_1 + x_2 + x_3}{3}$, $\frac{y_1 + y_2 + y_3}{3}$, qui représentent les coordonnées du point de rencontre des médianes du triangle M_1, M_2, M_3.

Angle de deux axes quelconques.

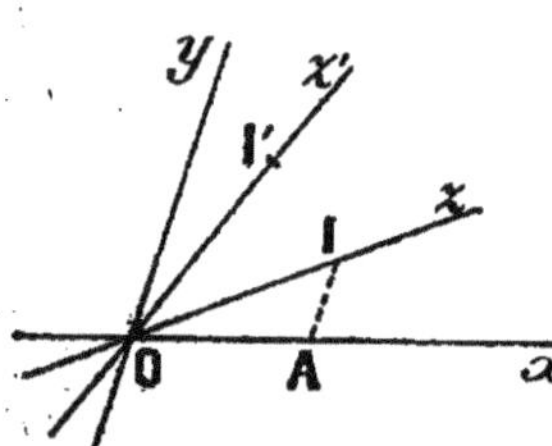

— Nous avons eu l'occasion de définir un axe Oz par ses paramètres directeurs principaux. On pourrait le déterminer aussi par les équivalents algébriques des projections orthogonales du vecteur $+ 1$ porté par cet axe (soit OI), sur les axes de coordonnées ; on les appelle *cosinus directeurs* de Oz.

Considérons deux axes Oz et Oz'. L'angle des demi-droites Oz, Oz' a un cosinus parfaitement déterminé égal à la mesure algébrique de la projection orthogonale du vecteur OI sur Oz'. Si a et b sont les paramètres directeurs principaux de Oz (coordonnées de I) et α', β' les cosinus directeurs de Oz', l'application du théorème des projections (orthogonales) au vecteur OI et au contour OAI donne :

$$\cos (Oz, Oz') = a\alpha' + b\beta'.$$

Cette formule s'applique sans difficulté au calcul des cosinus directeurs de Oz en fonction de a, b, $\cos \theta$.

Dans le cas particulier où les axes sont rectangulaires, les cosinus directeurs d'un axe quelconque et ses paramètres directeurs principaux sont identiques et, si l'on appelle a', b' ceux de l'axe Oz', on a :

$$\cos(Oz, Oz') = aa' + bb'.$$

Cette dernière formule est d'ailleurs une conséquence immédiate de la suivante :

$$\cos(\alpha' - \alpha) = \cos \alpha \cdot \cos \alpha' + \sin \alpha \cdot \sin \alpha'.$$

Orientation d'un angle géométrique. — Soient $A(x_0, y_0)$ et $B(x_1, y_1)$ deux points quelconques. Proposons-nous de voir le sens dans lequel il faut faire tourner OA pour l'amener sur OB en balayant l'angle géométrique $\widehat{AOB}$. Menons par A une parallèle à OB et appelons a son point de rencontre avec Ox. Puisque les deux points A et a sont d'un même côté de la droite OB, les deux angles $\widehat{AOB}$ et $\widehat{aOB}$ ont le même sens et il suffit de chercher le sens du dernier. Si OB et Oy sont d'un

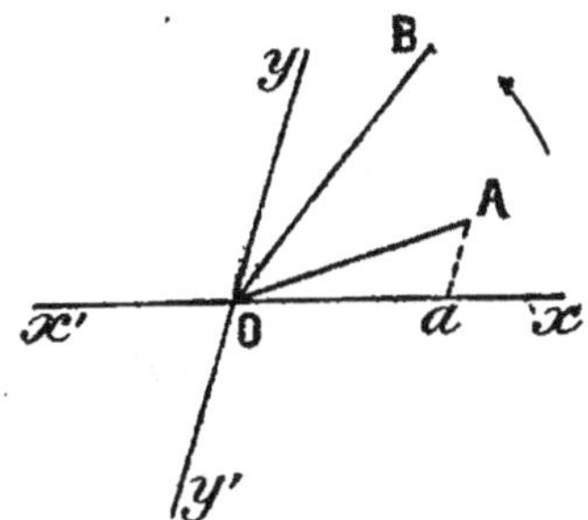

même côté de Ox, c'est-à-dire si y_1 est $> o$, les deux angles $\widehat{aOB}$ et $\widehat{aOy}$ sont de même sens; ce sens est le sens direct si l'abscisse X_0 du point a est $> o$, et c'est le sens inverse si X_0 est $< o$. Si OB et Oy' sont d'un

même côté de Ox, c'est-à-dire si y_1 est $< o$, les deux angles $\widehat{AOB}$ et $\widehat{aOy'}$ sont de même sens; ce sens commun est direct si X_0 est $< o$ et inverse

si X_0 est $> o$. En résumé, nous voyons que le sens de l'angle $\widehat{AOB}$ est direct ou inverse suivant que le produit $y_1 X_0$ est positif ou négatif.

Les paramètres directeurs de OB étant x_1, y_1, les coordonnées du point courant sur Aa sont : $x_0 + x_1\rho$ et $y_0 + y_1\rho$; le point a, qui a une ordonnée nulle, correspond à $\rho = -\dfrac{y_0}{y_1}$, de sorte que :

$$X_0 = x_0 - \frac{x_1 y_0}{y_1} \qquad \text{et} \qquad y_1 X_0 = x_0 y_1 - x_1 y_0 = \begin{vmatrix} x_0, & y_0 \\ x_1, & y_1 \end{vmatrix}.$$

Par suite, l'angle $\widehat{AOB}$ est de sens direct ou de sens inverse, suivant que la valeur du déterminant $\begin{vmatrix} x_0, & y_0 \\ x_1, & y_1 \end{vmatrix}$ est positive ou négative.

Changement d'axes de coordonnées. — On a quelquefois besoin de calculer les coordonnées d'un point quelconque d'un plan par rapport à un système d'axes quand on connaît ses coordonnées par rapport aux axes d'un autre système, ainsi que la position relative de ces deux systèmes.

Cette opération s'appelle un changement d'axes et les formules qui en résultent se nomment formules de transformation.

Traitons d'abord deux problèmes particuliers.

1° *Les directions et les sens des axes subsistent.* — La position des nouveaux axes $O'x'$ et $O'y'$ est définie si l'on se donne les coordonnées x_0, y_0 de la nouvelle origine par rapport aux axes primitifs Ox et Oy.

Soient x, y les coordonnées d'un point quelconque M dans le système primitif et x', y' ses coordonnées dans le nouveau.

En projetant le contour OO'M et sa résultante OM successivement sur Ox et sur Oy, on obtient :

$$x = x_0 + x', \qquad y = y_0 + y'$$

Inversement : $\quad x' = x - x_0, \qquad y' = y - y_0.$

2° *L'origine subsiste.* — La position des nouveaux axes est définie par leurs paramètres directeurs principaux relatifs à Ox et Oy; soient a, b ceux de Ox' et a', b' ceux de Oy'.

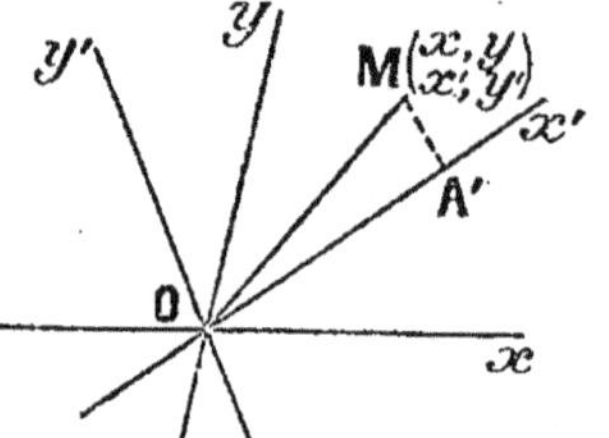

Soient (x, y), (x', y') les coordonnées d'un point quelconque M dans les deux systèmes.

Considérons le vecteur OM et son contour de coordonnées OA'M dans le second système ; projetons-les successivement sur Ox parallèlement à Oy et sur Oy parallèlement à Ox. Il vient :

$$(3) \qquad \begin{cases} x = ax' + a'y', \\ y = bx' + b'y'. \end{cases}$$

D'ailleurs $ab' - ba'$ n'est pas nul, sans quoi on aurait $\dfrac{a}{a'} = \dfrac{b}{b'}$: les deux droites Ox' et Oy' ayant des paramètres directeurs proportionnels seraient confondues, ce qu'on ne suppose pas. Dès lors, on peut résoudre (c'était à prévoir) les équations (3) par rapport à x' et y'; on obtient :

$$(4) \qquad \begin{cases} x' = \dfrac{b'x - a'y}{ab' - ba'}, \\[2mm] y' = \dfrac{-bx + ay}{ab' - ba'}. \end{cases}$$

Ces formes sont identiques à celles que l'on obtiendrait en échangeant le rôle des axes dans l'analyse précédente. Si l'on fait $y = 0$, $x = 1$, puis $x = 0$ et $y = 1$, on en déduit les paramètres directeurs principaux des anciens axes par rapport aux nouveaux.

En particulier, si les axes primitifs sont rectangulaires et si les angles (Ox, Ox') (Oy, Oy') valent respectivement α et β, les formules (3) deviennent :

$$x = x' \cos\alpha + y' \cos\beta$$
$$y = y' \sin\alpha + y' \sin\beta.$$

Si, de plus, les nouveaux axes sont rectangulaires, β est égal à $\alpha + \dfrac{\pi}{2}$ lorsque le sens de rotation défini par les axes Ox', Oy' est le même que celui des axes Ox, Oy et à $\alpha - \dfrac{\pi}{2}$ dans le cas contraire.

Bornons-nous au premier cas; les formules (3) sont alors

$$x = x' \cos\alpha - y' \sin\alpha,$$
$$y = x' \sin\alpha + y' \cos\alpha,$$

et les formules inverses sont

$$x' = x\cos\alpha + y\sin\alpha,$$
$$y' = -x\sin\alpha + y\cos\alpha.$$

3° *Changement d'axes le plus général.* — Supposons les nouveaux axes $O'x'$, $O'y'$ définis par les coordonnées x_0, y_0 du point O' et par leurs paramètres directeurs principaux relativement aux axes primitifs Ox, Oy. Prenons un système d'axes auxiliaires $O'X$, $O'Y$ respectivement parallèles aux anciens axes et de même sens. Appelons x, y, X, Y, x', y' les coordonnées d'un point quelconque M par rapport aux trois systèmes d'axes.

En appliquant les résultats obtenus plus haut, nous pouvons écrire

$$x = x_0 + X, \qquad X = ax' + a'y',$$
$$y = y_0 + Y, \qquad Y = bx' + b'y'.$$

On en déduit les formules définitives

$$(5) \qquad \begin{cases} x = x_0 + ax' + a'y', \\ y = y_0 + bx' + b'y'. \end{cases}$$

Les formules inverses sont

$$(6) \qquad \begin{cases} x' = \dfrac{b(x - x_0) - a'(y - y_0)}{ab' - ba'}, \\ y' = \dfrac{-b(x - x_0) + a(y - y_0)}{ab' - ba'}. \end{cases}$$

Dans le cas particulier où les deux systèmes sont rectangulaires et de même sens, ces formules deviennent :

$$x = x_0 + x'\cos\alpha - y'\sin\alpha, \qquad x' = (x - x_0)\cos\alpha + (y - y_0)\sin\alpha,$$
$$y = y_0 + x'\sin\alpha + y'\cos\alpha, \qquad y' = -(x - x_0)\sin\alpha + (y - y_0)\cos\alpha.$$

Applications. Distance de deux points. — Soient x_0, y_0 et x_1, y_1 les coordonnées des deux points A et B dont on cherche la distance. Prenons des axes auxiliaires ayant les mêmes directions et les mêmes sens que les axes donnés, la nouvelle origine étant le point A. Les coordonnées du point B par rapport à ces nouveaux axes sont

$$\xi = x_1 - x_0, \qquad \eta = y_1 - y_0.$$

L'angle des nouveaux axes étant l'angle θ des axes primitifs, on a vu que :

$$\overline{AB}^2 = \xi^2 + 2\xi\eta\cos\theta + \eta^2.$$

Par suite

$$\overline{AB}^2 = (x_1 - x_0)^2 + 2(x_1 - x_0)(y_1 - y_0)\cos\theta + (y_1 - y_0)^2.$$

Si les axes sont rectangulaires, cette formule devient :

$$\overline{AB}^2 = (x_1 - x_0)^2 + (y_1 - y_0)^2.$$

Orientation d'un angle géométrique quelconque. — Considérons un triangle ABC dont les sommets ont pour coordonnées x_0, y_0, x_1, y_1 et x_2, y_2. Proposons-nous de déterminer le sens commun aux angles géométriques $\widehat{BAC}$, $\widehat{ACB}$, $\widehat{CBA}$.

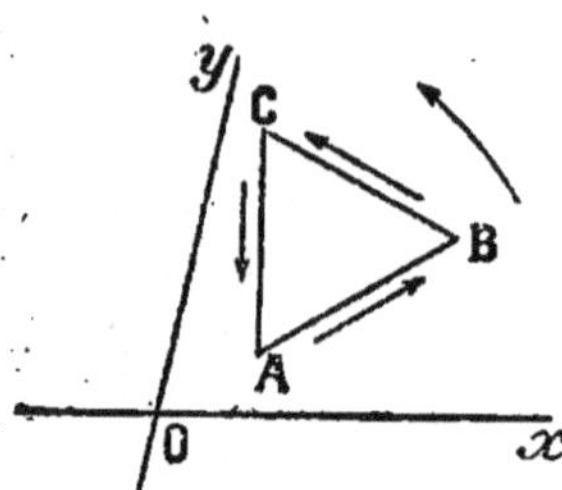

Transportons l'origine en A. Les coordonnées nouvelles du point B sont

$$x_1 - x_0,\ y_1 - y_0$$

et celles du point C sont $x_2 - x_0$, $y_2 - y_0$.

D'après une proposition établie ci-dessus, le sens de l'angle $\widehat{BAC}$ est direct ou inverse suivant que le déterminant $\begin{vmatrix} x_1 - x_0, & y_1 - y_0 \\ x_2 - x_0, & y_1 - y_0 \end{vmatrix}$ a une valeur positive ou une valeur négative.

Or, ce déterminant a même valeur que le déterminant $\Delta = \begin{vmatrix} x_0, & y_0, & 1 \\ x_1, & y_1, & 1 \\ x_2, & y_2, & 1 \end{vmatrix}$; le signe de ce dernier indique donc le sens de l'angle.

Remarquons qu'au sens commun aux trois angles correspond un sens de circulation pour un mobile qui décrirait le périmètre du triangle en rencontrant les sommets dans l'ordre A, B, C.

Courbes algébriques. — Étant donnée l'équation $f(x,y) = 0$ d'une courbe C par rapport à un système d'axes Ox, Oy, on peut se demander quelle est l'équation de la même courbe dans un autre système $O'x'$, $O'y'$. On l'obtient évidemment en remplaçant x et y par leurs valeurs fonctions de x' et y' fournies par les formules (5). Dans ces conditions, $f(x, y)$ se transforme en $f(x_0 + ax' + a'y', y_0 + bx' + by')$, c'est-à-dire en une fonction de x' et y'. Représentons-la par $F(x', y')$.

Inversement, si dans $F(x', y')$ on remplace x' et y' par les valeurs fonctions de x et y que donnent les formules (6), on retrouve $f(x,y)$.

Dans le cas particulier où f est un polynome entier en x et y, F est aussi un polynome entier en x' et y'. Il y a donc là une propriété qui est indépendante du choix des axes. On appelle *courbe algébrique* toute courbe définie par une équation de ce genre.

Remarquons encore que le degré m du polynome $f(x, y)$ par rapport à l'ensemble des lettres x et y est le même que le degré m' du polynome $F(x', y')$ par rapport à l'ensemble des lettres x' et y'. En effet la substitution (5) effectuée dans un monôme quelconque $A x^p y^q$, $(p + q \leqq m)$ de f donne naissance à de nouveaux monômes dont le degré est égal ou inférieur à $p + q$ et par suite égal ou inférieur à m; l'ensemble de ces nouveaux monômes, toutes réductions effectuées, a donc un degré égal ou inférieur à m, de sorte que m' est égal ou inférieur à m. Mais le même raisonnement appliqué au retour de $F(x', y')$ à $f(x, y)$ au moyen des formules (6) montre que m est égal ou inférieur à m'. On en conclut que $m' = m$.

On donne à ce nombre m le nom de *degré* ou *ordre* de la courbe algébrique définie par l'équation $f(x,y) = 0$.

Le degré d'une courbe algébrique a une interprétation géométrique intéressante.

Soit D une droite quelconque. Proposons-nous de trouver ses points de rencontre avec une courbe algébrique donnée de degré m. Si la droite D est prise comme axe Ox et si l'équation de la courbe dans le système d'axes choisi est $f(x, y) = o$, on obtient les abscisses des points cherchés en résolvant l'équation $f(x, o) = o$, puisque tous ces points ont une ordonnée nulle. Cette équation en x a un degré au plus égal à m, si bien que le nombre de ses solutions est (nous le verrons plus loin) égal ou inférieur à m. Une courbe algébrique d'ordre m rencontre donc une droite quelconque en m points au plus. Cette notion sera d'ailleurs précisée dans la suite, grâce à l'interprétation des solutions multiples, imaginaires ou infinies.

Systèmes de droites définis par des équations particulières. — Dans le cas où l'équation de la courbe ne contient qu'une variable, x, par exemple, elle définit une série de droites. En effet, une solution de l'équation $f(x) = o$ étant $x = x_0$, tous les points du plan dont l'abscisse est x_0 font partie de la courbe définie par cette équation ; cette courbe est donc composée de droites parallèles à Oy. De même, l'équation $f(y) = o$ définit une courbe composée de droites parallèles à Ox.

Lorsque l'équation $f(x, y) = o$ est homogène en x et y, elle définit un système de droites passant par l'origine. Considérons en effet une solution (a, b) de cette équation ; l'ensemble $(x = \rho a, \ y = \rho b)$, où ρ est arbitraire, donne une infinité de solutions nouvelles, puisque l'équation est homogène. Or ce sont là les coordonnées du point courant sur une droite passant par l'origine et dont les paramètres directeurs sont a et b.

EXERCICES

1º Trouver les paramètres directeurs principaux de la direction Oz définie par l'angle $(Ox, Oz) = \alpha$. Appliquer les résultats à la recherche des formules générales de transformation de coordonnées en supposant les nouveaux axes définis par les angles $(Ox, Ox') = \alpha$, $(Ox, Oy') = \beta$.

2º Vérifier par le calcul que le changement d'axes sans changement d'origine transforme $x^2 + 2xy \cos \theta + y^2$ en $x'^2 + 2x'y' \cos \theta' + y'^2$, θ' désignant l'angle des nouveaux axes.

3º Deux systèmes d'axes de coordonnées étant donnés, démontrer qu'il y a en général un point qui a les mêmes coordonnées dans les deux systèmes (point double de la transformation). Examen des cas particuliers où il n'y en a aucun, où il y en a une infinité ; interprétation géométrique des conditions correspondantes.

4º La substitution linéaire définie par les formules

$$x = x_0 + ax' + a'y', \qquad y = y_0 + bx' + b'y'$$

étant donnée, montrer qu'il n'y a pas, en général, de changement d'axes de coordonnées dont les formules soient identiques à celles de la substitution. Trouver la condition que doivent vérifier a, b, a', b' pour que ce changement d'axes existe. Interpréter la condition obtenue en regardant a et b comme les coordonnées d'un point A et a', b', comme les coordonnées d'un point A' par rapport à un système d'axes rectangulaires donnés.

14e LEÇON

DE LA DROITE

La plus simple des courbes algébriques est celle du premier degré. On peut établir que c'est une droite.

L'équation générale du premier degré à deux inconnues est

$$(1) \qquad ax + by + c = 0.$$

Si b n'est pas nul, on peut l'écrire

$$ax + b\left(y + \frac{c}{b}\right) = 0.$$

Toutes les solutions de cette équation s'obtiennent en posant $x = \rho b$, ce qui donne $y + \frac{c}{b} = -\rho a$, où ρ est arbitraire. Or nous avons vu (leç. 13) que ce sont là les coordonnées du point courant sur la droite passant par le point $B\left(x = 0, y = -\frac{c}{b}\right)$ et dont les paramètres directeurs sont b et $-a$. L'équation (1) définit donc bien une droite dont le coefficient angulaire est $-\frac{a}{b}$.

La direction de cette droite ne dépend pas du coefficient c, et toutes les droites définies par l'équation

$$(2) \qquad ax + by + \lambda = 0$$

où λ est arbitrairement choisi, sont parallèles.

Comme on peut déterminer λ de sorte que la droite (2) passe par un point quelconque du plan, on voit que cette équation définit toutes les parallèles à (1). On dit que c'est l'équation générale de ces parallèles.

En particulier, si l'on prend $\lambda = 0$, on trouve une droite

$$(3) \qquad ax + by = 0$$

qui passe par l'origine.

La droite (1) coupe Ox au point A dont l'abscisse vaut $-\frac{c}{a}$, puisque son ordonnée est nulle; elle coupe de même Oy au point B déjà rencontré et dont l'ordonnée est $-\frac{c}{b}$. Aussi, on appelle abscisse et ordonnée à l'origine de la droite, les deux nombres $-\frac{c}{a}$ et $-\frac{c}{b}$. Soient α et β ces deux nombres, de sorte que :

$$a = -\frac{c}{\alpha}, \qquad b = -\frac{c}{\beta}.$$

En substituant dans l'équation (1) et divisant par $-c$, on obtient l'équation de la droite sous la forme

$$\frac{x}{\alpha} + \frac{y}{\beta} - 1 = 0.$$

Inversement toute droite est définie par une équation du 1er degré. On le voit de suite en utilisant la représentation paramétrique déjà donnée des coordonnées du point courant sur une droite quelconque

$$x = x_0 + a\rho, \qquad y = y_0 + b\rho,$$

d'où l'on déduit, en éliminant ρ :

$$\frac{x - x_0}{a} = \frac{y - y_0}{b}.$$

On le voit aussi en prenant la droite comme axe Ox, par exemple; son équation est alors $y = 0$ et elle reste du 1er degré dans un changement d'axes quelconque.

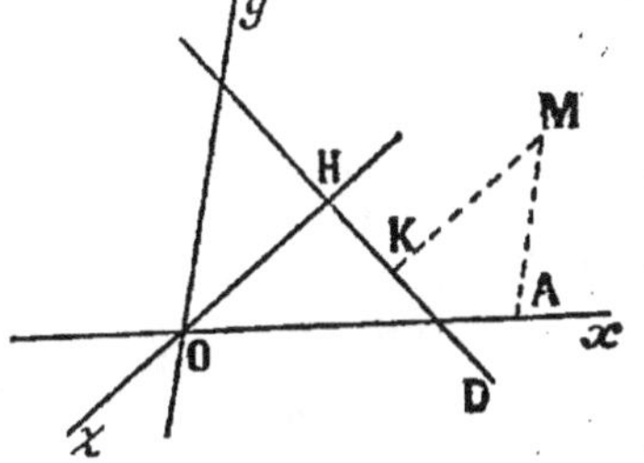

Enfin, on peut le démontrer par un raisonnement qui conduit à des conséquences nouvelles. Nous pouvons fixer la position de la droite D en nous donnant : 1° les cosinus directeurs, $\cos\alpha$, $\cos\beta$, d'une direction Oz perpendiculaire à D et orientée; 2° l'équivalent algébrique p du vecteur OH, distance de l'origine à la droite.

D'un point M (x, y) quelconque, abaissons la perpendiculaire MK sur D et menons le contour OAM des coordonnées de M.

La projection orthogonale sur Oz du contour fermé OAMKHO donne de suite :

$$x \cos\alpha + y \cos\beta + \overline{MK} + \overline{HO} = 0,$$

c'est-à-dire

$$\overline{KM} = x \cos\alpha + y \cos\beta - p.$$

KM étant nul pour tous les points de D, on voit que les coordonnées des points de cette droite vérifient l'équation

$$(4) \qquad x \cos\alpha + y \cos\beta - p = 0.$$

Inversement tous les points dont les coordonnées vérifient cette équation sont tels que KM est nul; ils sont donc sur la droite.

L'équation (4) est dite l'équation *normale* de la droite D dans le système xOy.

$\overline{KM}$ ayant des signes différents lorsque M se trouve dans l'une ou l'autre des deux régions en lesquelles D partage le plan, on voit qu'il en est de même de l'expression $x \cos\alpha + y \cos\beta - p$, qui lui est égale.

Si les axes sont rectangulaires, l'équation normale est

$$x \cos\alpha + y \sin\alpha - p = 0.$$

Deux droites définies par les équations

$$ax + by + c = 0, \qquad a'x + b'y + c' = 0,$$

sont confondues si ces équations ont les mêmes solutions, c'est-à-dire si leurs coefficients sont proportionnels.

Les mêmes droites sont parallèles si les droites parallèles menées par l'origine sont confondues, ce qui se traduit par la relation $\dfrac{a}{a'} = \dfrac{b}{b'}$.

On arrive au même résultat en écrivant que les coefficients angulaires des deux droites sont égaux.

Homogénéité. Détermination d'une droite. — L'équation générale

$$ux + vy + w = 0$$

d'une droite, dépend des trois nombres u, v, w qu'on appelle *coordonnées homogènes* de la droite. Les rapports $\dfrac{w}{u}$ et $\dfrac{w}{v}$ représentant des longueurs, on voit que le degré d'homogénéité de w par rapport aux longueurs, doit être supérieur d'une unité à celui de u et v. De plus, la droite restant la même quand on multiplie ses coordonnées par un nombre λ arbitraire, toute équation $f(u, v, w) = 0$ qui traduit une propriété géométrique de cette droite reste vérifiée quand on y remplace u, v, w respectivement par λu, λv, λw : elle est donc homogène.

Une droite quelconque ne dépend que de deux paramètres, $\dfrac{w}{u}$ et $\dfrac{w}{v}$, par exemple; une droite est donc déterminée par deux conditions géométriques simples qui lui sont imposées : on appelle condition géométrique simple toute propriété qui se traduit par une seule équation de condition entre les coordonnées de la droite

Nous avons déjà vu plus haut qu'il y a une droite parallèle à une droite donnée

$$ax + by + c = 0,$$

et qui passe par un point A (x_0, y_0). En écrivant que la droite générale

$$ax + by + \lambda = 0,$$

parallèle à la proposée, passe par A, on trouve $\lambda = -ax_0 - by_0$. L'équation de la droite cherchée est donc

$$(5) \qquad a(x - x_0) + b(y - y_0) = 0.$$

En particulier, si l'on se donne le coefficient angulaire m de la première droite, l'équation cherchée est

$$(5)' \qquad y - y_0 = m(x - x_0).$$

On peut aussi regarder ces deux dernières équations comme définissant toutes les droites passant par A, à condition d'y voir a, b, m, comme des nombres arbitraires.

On peut en déduire l'équation de la droite passant par les deux points

$A(x_0, y_0)$ et $B(x_1, y_1)$, en écrivant, par exemple, que la droite $(5)'$ passe par B, ce qui donne :

$$m = \frac{y_1 - y_0}{x_1 - x_0}.$$

L'équation de AB est donc

$$(6) \qquad \frac{x - x_0}{x_1 - x_0} = \frac{y - y_0}{y_1 - y_0}.$$

Cette forme s'obtient de suite en remarquant que les deux systèmes de nombres $x_1 - x_0$, $y_1 - y_0$ et $x - x_0$, $y - y_0$ sont des paramètres directeurs de la droite et par suite qu'ils sont proportionnels.

La formule (6) n'est pas irréductible ; en rendant l'équation entière, on constate en effet que les termes en $x_0 y_0$ se détruisent.

On peut aussi écrire que la droite générale

$$ux + vy + w = 0,$$

passe par les deux points donnés, ce qui fournit :

$$ux_0 + vy_0 + w = 0,$$
$$ux_1 + vy_1 + w = 0.$$

Ces deux équations homogènes aux inconnues u, v, w sont distinctes, car l'un au moins des nombres $x_0 - x_1$, $y_0 - y_1$ n'est pas nul ; elles donnent donc pour u, v, w des valeurs proportionnelles que l'on peut substituer dans l'équation générale. Mieux encore, on peut écrire que cette équation générale, où l'on regarde x et y comme fixes, et les deux équations de condition ont, par rapport aux inconnues u, v, w, d'autres solutions que zéro.

On obtient ainsi comme équation de AB

$$(7) \qquad \begin{vmatrix} x, & y, & 1 \\ x_0, & y_0, & 1 \\ x_1, & y_1, & 1 \end{vmatrix} = 0.$$

On aurait pu écrire ce résultat *a priori*, en remarquant que c'est bien là l'équation d'une droite et que cette droite passe par A et B.

Il va de soi que les équations (6) et (7), où l'on regarde les trois systèmes de nombres (x, y), (x_0, y_0), (x_1, y_1) comme donnés, expriment que les trois points correspondants sont alignés.

Intersection de deux droites. — Les coordonnées de tout point commun à deux courbes définies par les équations $f(x, y) = 0$, $g(x, y) = 0$, s'obtiennent en résolvant ces équations par rapport à x et y.

Les deux droites dont les équations sont

$$ax + by + c = 0,$$
$$a'x + b'y + c' = 0,$$

ont donc un point commun, si ces deux équations ont une solution.

Or si $ab' - ba'$ n'est pas nul, on sait qu'il existe une solution donnée par les formules

$$x = \frac{bc' - cb'}{ab' - ba'}, \qquad y = \frac{ca' - ac'}{ab' - ba'}.$$

Les droites ont alors un point commun.

Si $ab' - ba' = 0$ et que a ne soit pas nul, il existe un caractéristique $ac' - ca'$. Dans le cas où ce caractéristique n'est pas nul, les droites n'ont pas de point commun ; elles sont d'ailleurs parallèles en vertu de l'hypothèse $ab' - ba' = 0$. Si le caractéristique est nul, toutes les solutions de la première équation sont solutions de la seconde, c'est-à-dire que la seconde droite est confondue avec la première ou que son équation est identiquement vérifiée ; ce dernier cas est sans intérêt pratique.

Conditions pour que trois droites se coupent. — Considérons les trois droites définies par les équations

$$P \equiv ax \; + by \; + c \; = 0,$$
$$Q \equiv a'x \; + b'y \; + c' \; = 0,$$
$$R \equiv a''x + b''y + c'' = 0,$$

(nous dirons les droites P, Q, R, pour abréger le langage).

Elles ont un point commun si les trois équations ont une solution en x, y.

Supposons que le déterminant principal de ces équations soit du second ordre, ce qui revient à supposer que deux au moins des trois droites ne sont pas parallèles. Si P et Q ne sont pas parallèles, $ab' - ba$ est un déterminant principal, et le caractéristique

$$\Delta = \begin{vmatrix} a, & b, & c, \\ a', & b', & c', \\ a'', & b'', & c'', \end{vmatrix}$$

doit être nul pour que les droites soient concourantes.

Réciproquement si $\Delta = 0$ et si un mineur formé à l'aide des deux premières colonnes n'est pas nul ($ab' - ba'$ par exemple), les deux premières droites se coupent et leur point de rencontre est sur la troisième.

D'ailleurs, si les trois mineurs extraits des deux premières colonnes sont nuls, Δ est encore nul et les trois droites sont parallèles.

On peut donc dire que la condition $\Delta = 0$ exprime que les trois droites sont concourantes ou parallèles.

On sait d'autre part que cette condition exprime aussi la dépendance des trois formes linéaires et homogènes $ax + by + cz$, $a'x + b'y + c'z$, $a''x + b''y + c''z$, de sorte que, si les deux premières par exemple n'ont pas leurs coefficients proportionnels, c'est-à-dire si les droites P et Q sont distinctes, la troisième forme s'exprime en fonction linéaire et homogène des deux autres, et l'on a :

$$R \equiv \alpha P + \beta Q.$$

On en conclut que l'équation générale des droites passant par le point de rencontre des droites distinctes P et Q lorsqu'elles se coupent, ou parallèles à ces droites quand elles sont elles-mêmes parallèles, est

$$\alpha P + \beta R = 0,$$

où α et β sont des nombres quelconques.

En posant $\lambda = \dfrac{\beta}{\alpha}$, cette équation s'écrit aussi

$$(8) \qquad\qquad P + \lambda Q = 0.$$

On ne craindra pas d'y faire $\lambda = \infty$, ce qui revient à faire $\alpha = 0$ dans la précédente et redonne la droite Q. On dit que les droites (8) forment un faisceau linéaire.

Ce résultat a une grosse importance, à cause de son extension aux courbes algébriques quelconques; aussi nous allons en donner une autre démonstration plus facile à généraliser.

D'abord, si les deux droites P et Q se coupent en un point A, toutes les droites (8) passent par A dont les coordonnées annulent P et Q. Soit maintenant une droite quelconque Q passant par A; prenons dessus un point B (x_0, y_0) distinct de A, et écrivons que la droite (8) passe par ce point. Nous obtenons $\lambda = -\dfrac{P_0}{Q_0}$, en appelant P_0 et Q_0 les résultats de la substitution de x_0, y_0 à x, y dans P et Q.

En portant cette valeur dans (8), nous trouvons l'équation :

$$\frac{P}{P_0} = \frac{Q}{Q_0},$$

qui représente une droite passant par A et B, c'est-à-dire la droite D.

L'équation (8) définit donc toutes les droites passant par A.

Un raisonnement semblable montrerait que si les deux droites distinctes P et Q sont parallèles, l'équation (8) définit toutes les droites parallèles à P et Q.

Toutefois, dans ce cas particulier, la valeur $\lambda = -\dfrac{a}{a'}$, donne une équation qui ne représente plus rien.

Condition de perpendicularité de deux droites. — Dans toutes les questions d'angles et de distances, nous supposerons en général les axes rectangulaires.

Considérons les deux droites définies par les équations

$$ax + by + c = 0, \quad a'x + b'y + c' = 0.$$

Les droites parallèles menées par l'origine passent respectivement par les deux points A $(b, -a)$ et A' $(b', -a')$. Pour que les droites données soient rectangulaires, il faut et il suffit que OA et OA' le soient, ou que le produit géométrique des vecteurs OA et OA' soit nul; or ce produit vaut $aa' + bb'$.

La condition d'orthogonalité des deux droites est donc

$$(9) \qquad\qquad aa' + bb' = 0.$$

On peut aussi l'écrire $1 + \left(-\dfrac{b}{a}\right)\left(-\dfrac{b'}{a'}\right) = 0$, c'est-à-dire

$$(9') \qquad\qquad\qquad 1 + m\,m' = 0,$$

en désignant par m et m' les coefficients angulaires des droites.

Il en résulte que le coefficient angulaire d'une perpendiculaire à la première droite est $\dfrac{b}{a}$ (l'inverse changé de signe de $-\dfrac{a}{b}$), ou que les paramètres directeurs de cette perpendiculaire sont a et b.

L'équation de la perpendiculaire à la première droite menée par le point A (x_0, y_0) est donc

$$\frac{x - x_0}{a} = \frac{y - y_0}{b}.$$

Distance d'un point à une droite. — Nous connaissons déjà la solution de cette question quand l'équation de la droite est donnée sous forme normale en axes quelconques. Nous allons la traiter en axes rectangulaires en supposant la droite P définie par l'équation

$$(10) \qquad\qquad\qquad P \equiv ax + by + c = 0$$

et le point M par ses coordonnées x_0, y_0.

La perpendiculaire MH abaissée de M sur P a pour équation

$$(11) \qquad\qquad\qquad \frac{x - x_0}{a} = \frac{y - y_0}{b}.$$

Les coordonnées du pied H de cette perpendiculaire sont données par la résolution des équations (10) et (11). Il est commode de prendre comme inconnue auxiliaire la valeur ρ commune aux rapports $\dfrac{x - x_0}{a}$, $\dfrac{y - y_0}{b}$, de sorte que l'on obtient :

$$x = x_0 + a\,\rho, \qquad y = y_0 + b\,\rho.$$

La valeur de ρ s'obtient en substituant x et y dans (10), ce qui donne :

$$\rho = -\frac{P_0}{a^2 + b^2}.$$

D'ailleurs,

$$\overline{MH}^2 = (x - x_0)^2 + (y - y_0)^2 = \rho^2(a^2 + b^2) = \frac{P_0^2}{a^2 + b^2}.$$

Donc

$$(12) \qquad\qquad\qquad MH = \frac{|P_0|}{\sqrt{a^2 + b^2}}.$$

Dans la pratique, on prend $\dfrac{P_0}{\sqrt{a^2 + b^2}}$ comme expression de la distance qui est alors mesurée par un nombre relatif. Le signe de ce nombre dépend de la position du point M par rapport à la droite P. Nous allons montrer, en effet, que la *puissance algébrique* P_0 du point M par rapport à la droite P a un signe déterminé quand M est dans l'un des demi-plans limités par la droite P et le signe opposé quand M est dans l'autre.

Soient M_0 et M_1 deux points quelconques; on peut exprimer les coordonnées du point courant M sur la droite $M_0 M_1$ par les formules

$$x = \xi + \alpha\rho, \qquad y = \eta + \beta\rho$$

où α, β, ξ, η sont donnés et où ρ désigne un paramètre qui prend la valeur ρ_0 au point M_0 et la valeur ρ_1 en M_1. La puissance algébrique du point M par rapport à P est $a(\xi + \alpha\rho) + b(\eta + \beta\rho) + c$, qui est de la forme $A\rho + B$.

Le coefficient A n'est d'ailleurs pas nul si $M_0 M_1$ n'est pas parallèle à P.

Le point N où $M_0 M_1$ rencontre P correspond à la valeur $-\dfrac{B}{A}$ du paramètre ρ.

Si ρ_0 et ρ_1 sont d'un même côté par rapport à ce nombre, c'est-à-dire si M_0 et M_1 sont d'un même côté par rapport à N ou par rapport à P, les deux nombres $A\rho_0 + B$ et $A\rho_1 + B$ ont le même signe; dans le cas contraire, leurs signes sont différents. La proposition énoncée se trouve donc établie.

On peut appeler région positive du plan, par rapport à la droite P, celle dont les points ont une puissance algébrique positive par rapport à cette droite, et région négative, etc. — On peut d'ailleurs distinguer aisément ces deux régions, en remarquant soit que la puissance algébrique de l'origine est c, soit que la puissance algébrique d'un point à l'infini sur Ox du côté des x positifs a le signe de a, etc.

On trouve aisément, en utilisant la formule qui donne la distance d'un point à une droite, les équations des bissectrices des angles des deux droites définies par les équations

$$P \equiv ax + by + c = 0, \qquad Q \equiv a'x + b'y + c' = 0.$$

Si x et y sont les coordonnées d'un point de l'une de ces bissectrices, ses distances aux deux droites données sont égales et réciproquement, etc. Cette propriété est exprimée par l'équation

$$\frac{|P|}{\sqrt{a^2 + b^2}} = \frac{|Q|}{\sqrt{a'^2 + b'^2}},$$

que l'on peut remplacer par la suivante :

$$\frac{P}{\sqrt{a^2 + b^2}} = \pm \frac{Q}{\sqrt{a'^2 + b'^2}}.$$

On trouve bien les équations de deux droites passant par le point de rencontre des proposées.

— Il est aussi facile de calculer la mesure de l'aire d'un triangle dont on donne les sommets A_0, A_1, A_2, par leurs coordonnées x_0, y_0; x_1, y_1; x_2, y_2.

L'équation de la droite $A_1 A_2$ étant

$$\begin{vmatrix} x, & y, & 1 \\ x_1, & y_1, & 1 \\ x_2, & y_2, & 1 \end{vmatrix} = 0,$$

la distance $A_0 H_0$ du sommet A_0 à cette droite vaut

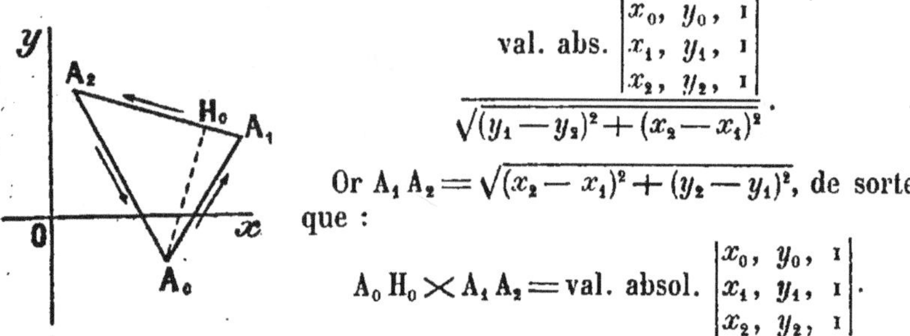

$$\text{val. abs.} \; \frac{\begin{vmatrix} x_0, & y_0, & 1 \\ x_1, & y_1, & 1 \\ x_2, & y_2, & 1 \end{vmatrix}}{\sqrt{(y_1 - y_2)^2 + (x_2 - x_1)^2}}.$$

Or $A_1 A_2 = \sqrt{(x_2 - x_1)^2 + (y_2 - y_1)^2}$, de sorte que :

$$A_0 H_0 \times A_1 A_2 = \text{val. absol.} \begin{vmatrix} x_0, & y_0, & 1 \\ x_1, & y_1, & 1 \\ x_2, & y_2, & 1 \end{vmatrix}.$$

On en conclut que la mesure de l'aire S cherchée est

$$(13) \qquad S = \frac{1}{2} \text{val. absol.} \begin{vmatrix} x_0, & y_0, & 1 \\ x_1, & y_1, & 1 \\ x_2, & y_1, & 1 \end{vmatrix}.$$

D'autre part, nous avons vu plus haut (leç. 13) comment le signe du déterminant qui figure dans cette formule est relié au sens de circulation d'un mobile qui parcourt le périmètre du triangle en rencontrant les sommets dans l'ordre A_0, A_1, A_2.

Angle de deux droites. — On appelle angle de deux droites D et D′ dans un plan orienté, l'un quelconque des angles dont il faut faire tourner D, autour du point commun aux deux droites, pour l'amener sur D′. Une rotation d'amplitude π autour de ce point ramenant la droite D sur elle-même, on voit que si V est un angle des deux droites, un angle quelconque est fourni par la formule $(D, D') = V + k\pi$. Tous ces angles ont la même tangente

Au lieu des deux droites D et D′, on peut prendre les deux droites

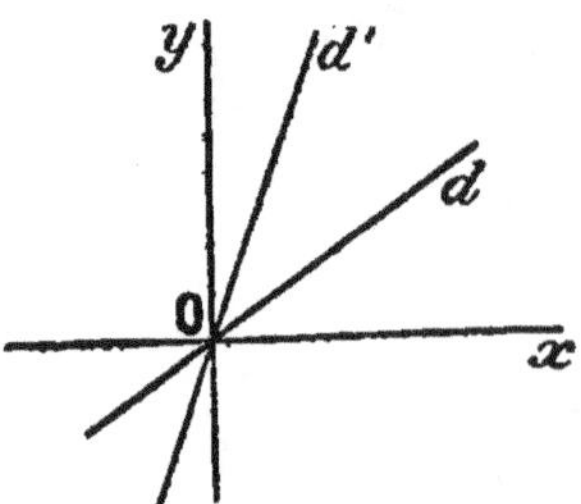

parallèles d et d' menées par l'origine ; les angles de ces dernières droites sont égaux aux angles des premières. Or si l'on désigne par α et α' les angles de Ox avec d et d' dans le plan orienté, on sait que :

$$\text{tg} \, \alpha = m \quad \text{et} \quad \text{tg} \, \alpha' = m',$$

m et m' désignant les coefficients angulaires de D et D′.

D'autre part, une rotation d'amplitude $\alpha' - \alpha$ effectuée sur d autour du point O, l'amène évidemment sur d'. On peut donc écrire

$$(14) \qquad \text{tg} \, (D, D') = \text{tg} \, (\alpha' - \alpha) = \frac{\text{tg} \, \alpha' - \text{tg} \, \alpha}{1 + \text{tg} \, \alpha \, \text{tg} \, \alpha'} = \frac{m' - m}{1 + mm'}.$$

Si les deux droites données ont pour équations

$$ax + by + c = 0, \quad a'x + b'y + c' = 0,$$

leur angle est défini par la formule

$$(15) \qquad \operatorname{tg}(D, D') = \frac{-\dfrac{a'}{b'} + \dfrac{a}{b}}{1 + \dfrac{aa'}{bb'}} = \frac{ab' - ba'}{aa' + bb'}.$$

La formule (14) ne s'applique pas immédiatement si l'on suppose l'une des droites parallèle à Oy. Si, par exemple, D' est parallèle à Oy, on imagine une droite D'_1 variable et tendant vers D', ce qui revient à faire tendre m' vers l'infini dans la formule. On trouve ainsi que $\operatorname{tg}(D, Oy) = \dfrac{1}{m}$, résultat prévu.

On retrouve les conditions de parallélisme et de perpendicularité de deux droites en écrivant que $\operatorname{tg}(D, D')$ est nul ou infini.

EXERCICES

1° Vérifier que les hauteurs d'un triangle sont concourantes en montrant qu'il existe une relation linéaire et homogène entre les premiers membres de leurs équations. On se donnera le triangle, soit par les coordonnées de ses sommets, soit par les équations de ses côtés.

2° Soient

$$P \equiv x\cos\alpha + y\sin\alpha - p = 0, \quad Q \equiv x\cos\beta + y\sin\beta - q = 0, \quad R \equiv x\cos\gamma + y\sin\gamma - r = 0,$$

les équations des trois côtés d'un triangle sous forme normale en axes rectangulaires. On suppose l'origine à l'intérieur du triangle et les nombres p, q, r, positifs. Trouver les équations des bissectrices intérieures et des bissectrices extérieures de ce triangle. Vérifier que trois de ces bissectrices convenablement associées sont concourantes.

3° Trouver la distance du point A (x_0, y_0), au point de rencontre des deux droites définies par les équations

$$P \equiv ax + by + c = 0, \qquad Q \equiv a'x + b'y + c' = 0.$$

4° Conservant les notations de l'exercice précédent, on demande de trouver l'équation de la droite symétrique de Q par rapport à P.

DÉFINITION DES COORDONNÉES DANS L'ESPACE

Soient trois axes $x'x$, $y'y$, $z'z$ passant par un même point O et non situés dans un même plan, et l'unité graphique. A un point M quelconque, on peut faire correspondre trois nombres x, y, z, qui sont les équivalents algébriques des trois projections OA, OB, OC du vecteur OM sur chacun de ces axes parallèlement au plan des deux autres. Ces nombres s'appellent *coordonnées cartésiennes* du point M par rapport au système d'axes considéré; x est l'*abscisse*, y est l'*ordonnée* et z est la *cote*.

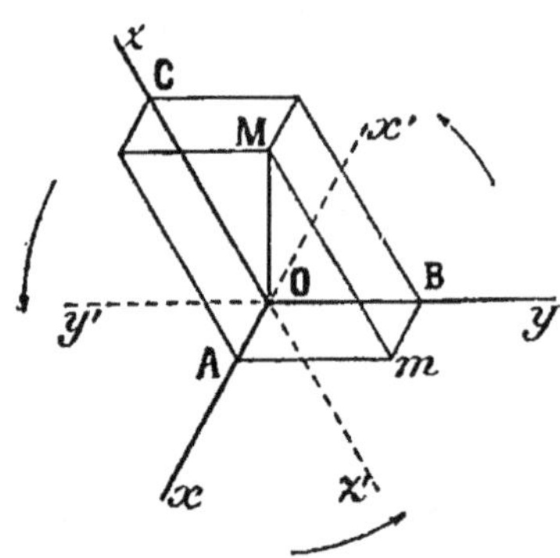

Les trois plans projetant OM sur les axes et les trois plans des axes deux à deux ou plans de coordonnées, déterminent un parallélépipède dans lequel O et M sont deux sommets opposés. L'arête Mm de ce parallélépipède parallèle à Oz perce le plan xOz au point m, et le contour OAmM est un contour des coordonnées du point M.

Inversement, à trois nombres relatifs quelconques, correspondent trois vecteurs OA, OB, OC qui les admettent pour équivalents algébriques et par suite un point M qui est à l'intersection des plans menés par chacun des points A, B, C, parallèlement aux plans de coordonnées.

Toutefois, il faut indiquer l'ordre dans lequel sont donnés les trois nombres ; d'habitude on les énonce dans l'ordre abscisse, ordonnée, cote.

A cette façon de faire, qui rompt la symétrie du rôle des axes, on peut associer une orientation du trièdre dont les arêtes sont énumérées dans l'ordre Ox, Oy, Oz. On sait que le sens est le même pour deux énumérations qui diffèrent l'une de l'autre par une permutation circulaire ; au contraire, à deux énumérations dans lesquelles deux axes sont simplement échangés, correspondent deux trièdres de sens différents.

Quand nous n'utiliserons qu'un trièdre de coordonnées, nous prendrons toujours comme sens direct celui du trièdre O (x, y, z).

Remarquons qu'à cette orientation du trièdre correspondent des orientations de chacun des plans de coordonnées.

Si les axes sont rectangulaires, c'est-à-dire si le trièdre des coordonnées est trirectangle, on dit que les coordonnées sont rectangulaires.

Dans le cas contraire, on dit qu'elles sont obliques ; on représente alors par λ, μ, ν, les angles géométriques des axes : $\lambda = \widehat{yOz}$; $\mu = \widehat{zOx}$; $\nu = \widehat{xOy}$.

Nous emploierons constamment la notation (x, y, z) pour désigner un point dont les coordonnées sont x, y, z.

Plus généralement on appelle coordonnées d'un point dans l'espace, tout système de trois nombres dont la connaissance fixe la position du point.

En voici deux nouveaux exemples.

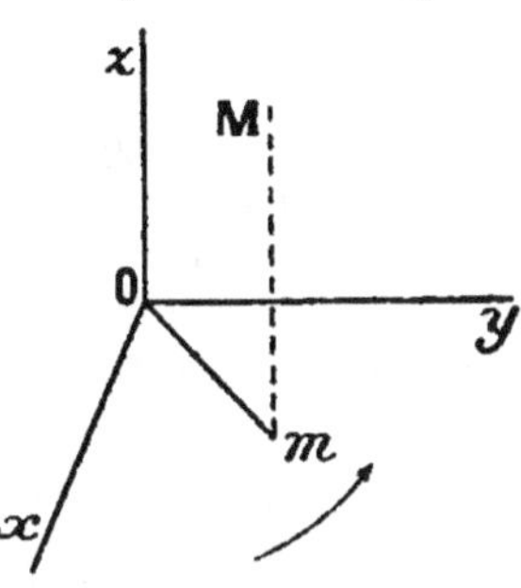

Considérons un trièdre trirectangle $O(x, y, z)$ et un point quelconque M. La projection orthogonale du point M sur le plan xOy est un point m dont la position est définie par les coordonnées polaires ρ et θ de ce point ; l'axe polaire étant Ox et le plan xOy étant orienté de Ox vers Oy.

Si l'on se donne de plus la cote $\overline{mM} = z$, la position du point M est déterminée.

Les trois nombres ρ, θ, z s'appellent *coordonnées semi-polaires* du point M. Elles sont liées aux coordonnées cartésiennes x, y, z du même point par les formules

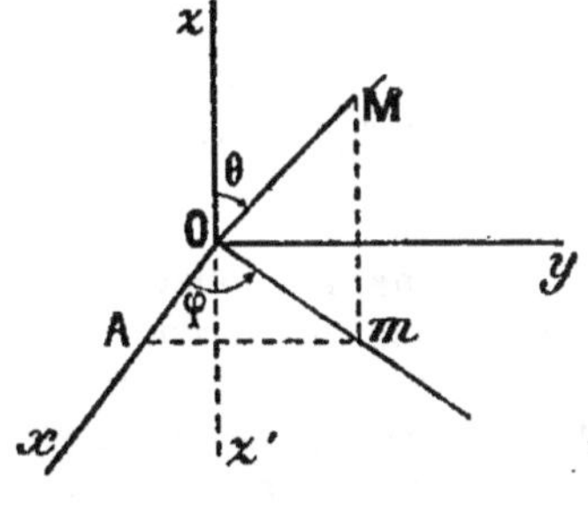

$$x = \rho \cos \theta, \qquad y = \rho \sin \theta, \qquad z = z.$$

Prenons encore un trièdre trirectangle $O(x, y, z)$ et un point M quelconque. Le demi-plan déterminé par le point M et la droite $z'z$ qui le limite, coupe le plan zOy suivant la demi-droite Ot. La position de M dans ce demi-plan est bien définie par la longueur $OM = \rho$ et par l'angle géométrique $\widehat{zOM} = \theta$.

D'autre part, quand ce demi-plan tourne de 2π autour de $z'z$, il engendre tout l'espace ; soit φ son angle avec le plan zOx, angle qui varie, par exemple, de 0 à 2π. Les trois nombres ρ, θ, φ s'appellent *coordonnées sphériques* du point M.

Leur emploi est particulièrement commode quand le point M appartient à une sphère donnée dont le centre est en O, parce qu'alors ρ est constant.

Remarquons encore que si θ est donné, le point M se trouve sur *une* nappe d'un cône de révolution dont l'axe est Oz.

Ces coordonnées sphériques sont liées aux coordonnées cartésiennes par les formules

$$x = \rho \sin \theta \cos \varphi, \qquad y = \rho \sin \theta \sin \varphi, \qquad z = \rho \cos \theta,$$

que l'on obtient en projetant OM orthogonalement sur les axes.

Courbes. — Une courbe donnée peut être regardée comme l'ensemble des points de l'espace assujettis à deux conditions géométriques simples.

Par exemple, si la courbe est plane, ses points sont dans un plan, ce qui impose à ces points une première condition; dans ce plan, ils sont astreints à une seconde condition.

D'après cela, les coordonnées du point courant sur une courbe C vérifient deux équations

$$(1) \qquad f(x, y, z) = 0, \qquad g(x, y, z) = 0,$$

qu'on appelle *équations de la courbe*.

On peut imaginer que l'on ait pris pour la coordonnée x, par exemple, une fonction arbitraire d'une variable t et que l'on ait résolu les équations (1) par rapport à y et z en fonction de t. On a alors une *représentation paramétrique* de la courbe par les formules

$$(2) \qquad x = \varphi(t), \qquad y = \varphi_1(t), \qquad z = \varphi_2(t).$$

En particulier, on peut imaginer que x ait été pris pour paramètre et que y et z soient des fonctions données de x.

Si $M(x, y, z)$ est un point de la courbe, sa projection m sur le plan xOy parallèlement à Oz a pour coordonnées x, y, o. L'équation du lieu du point m, c'est-à-dire de la projection c de C sur le plan xOy, donne une relation entre x et y. On l'obtiendra en éliminant z entre les équations (1).

On a aussi une représentation paramétrique de cette projection au moyen des équations

$$x = \varphi(t), \qquad y = \varphi_1(t).$$

Des remarques analogues s'appliquent aux projections de C sur les autres plans de coordonnées.

On peut substituer, d'une infinité de manières, aux équations (1) deux équations qui leur soient équivalentes. Il y a donc une infinité de façons de définir une courbe analytiquement en suivant cette voie. Nous allons voir les conséquences géométriques de cette observation.

Surfaces. — On appelle surface l'ensemble des points assujettis à une condition géométrique simple. Cette condition s'exprime au moyen d'une équation qui relie les coordonnées d'un point quelconque de la surface. Cette équation, $f(x, y, z) = 0$, est ce qu'on appelle *équation de la surface*.

On peut imaginer que l'on ait donné à x et y des valeurs quelconques et que l'on ait résolu cette équation par rapport à z (si elle le contient). On est ainsi conduit à une équation nouvelle $z = \varphi(x, y)$, qui sera utilisée fréquemment dans la suite.

Dans le cas particulier où l'équation ne contient pas z, la surface qu'elle définit est un cylindre dont les génératrices sont parallèles à Oz. Nous pouvons en effet interpréter l'équation $f(x, y) = 0$, soit dans le plan xOy où elle définit une courbe c, soit dans l'espace où elle définit une surface S. A tout point m de c nous pouvons associer les différents points M de la parallèle menée à Oz par m et ces points M sont sur S puisque leurs coordonnées vérifient l'équation donnée. Le lieu géométrique de cette parallèle, quand m décrit c, est un cylindre dont les génératrices sont parallèles à Oz.

De même, si l'équation ne contient que y et z, ou que z et x, elle définit un cylindre dont les génératrices sont parallèles à Ox ou à Oy.

Enfin, l'équation pourrait ne contenir qu'une variable; par exemple, si elle contient seulement x, elle définit un système de plans parallèles au plan yOz.

On peut donner une autre définition analytique d'une surface. Un point quelconque m du plan xOy peut être regardé comme défini par les formules

$$x = \psi(\alpha, \beta), \qquad y = \psi_1(\alpha, \beta),$$

où ψ et ψ_1 sont des fonctions arbitraires de deux paramètres ou coordonnées α, β.

Par ce point, menons une parallèle à Oz; cette droite rencontre la surface en un certain nombre de points dont la cote s'obtient en substituant x et y dans l'équation $f(x, y, z) = o$ et résolvant l'équation obtenue par rapport à z. Soit : $z = \psi_2(\alpha, \beta)$, l'une des valeurs trouvées.

Les formules

$$(3) \qquad x = \psi(\alpha, \beta), \qquad y = \psi_1(\alpha, \beta), \qquad z = \psi_2(\alpha, \beta)$$

donnent une *représentation paramétrique* de la surface ou d'une portion de la surface.

Inversement, les formules (3) étant données au hasard, il leur correspond en général une surface, car un point M quelconque de l'espace ne peut être défini par ces formules qui fourniraient trois équations aux deux inconnues α et β, si l'on se donnait x, y, z; en outre on peut en général se donner x et y, ce qui détermine α et β et par suite z.

Pour obtenir une courbe tracée sur une surface, on peut imposer aux points de cette surface une nouvelle condition géométrique simple qui donne naissance à une équation $g(x, y, z) = o$, entre les coordonnées d'un point quelconque de la courbe étudiée. Cette courbe est alors définie comme étant l'intersection des surfaces dont les équations sont

$$f(x, y, z) = o, \qquad g(x, y, z) = o.$$

Substituer à ces équations de nouvelles équations équivalentes revient à remplacer les deux surfaces définissant la courbe par deux autres.

Si l'on utilise la représentation paramétrique (3) et si l'on écrit qu'un point de la surface S correspondante possède une propriété géométrique donnée, on obtient une relation entre α et β. Inversement à toute équation $\theta(\alpha, \beta) = o$, reliant α et β, correspond une courbe tracée sur S; on obtient une représentation paramétrique de cette courbe, par exemple, en résolvant l'équation $\theta = o$, par rapport à β en fonction de α et transportant la valeur de β dans (3).

On peut regarder α et β comme les coordonnées d'un point m dans un plan P (coordonnées cartésiennes ou non). Une correspondance se trouve ainsi établie par les formules (3) entre les points m du plan P et les points M de la surface S. A toute courbe du plan P correspond une courbe de S.

Donnons à α une valeur fixe α_0 ; les équations

$$x = \varphi(\alpha_0, \beta), \qquad y = \varphi_1(\alpha_0, \beta), \qquad z = \varphi_2(\alpha_0, \beta)$$

définissent une courbe de S et, quand α_0 varie, cette courbe engendre S.

On a un résultat analogue en fixant β.

Il est souvent intéressant de voir ce que sont les courbes $\alpha = C^{te}$ ou $\beta = C^{te}$, lorsqu'on veut se rendre compte des propriétés de la surface.

Distance d'un point à l'origine. — La distance du point M(x, y, z) à l'origine s'obtient de suite en calculant le carré géométrique du vecteur OM, résultant des trois vecteurs $\overline{OA} = x$, $\overline{OB} = y$, $\overline{OC} = z$.

Si les angles des axes sont λ, μ, ν, on trouve :

$$\overline{OM}^2 = x^2 + y^2 + z^2 + 2\,yz\cos\lambda + 2\,zx\cos\mu + 2\,xy\cos\nu.$$

Dans le cas particulier où les axes sont rectangulaires, on voit que :

$$\overline{OM}^2 = x^2 + y^2 + z^2.$$

Paramètres directeurs d'une droite; représentation paramétrique. — Sur une droite D passant par O, prenons deux points quelconques I(a, b, c) et I$'(a', b', c')$. On sait que :

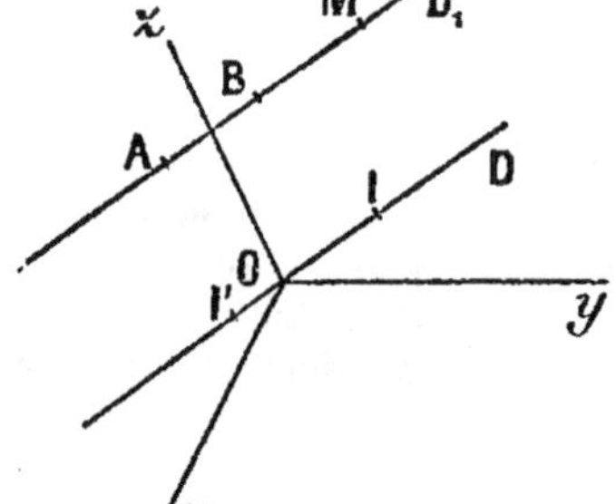

$$\frac{\overline{OI'}}{\overline{OI}} = \frac{\text{proj. OI}'}{\text{proj. OI}}$$

En appliquant cette relation aux projections des deux vecteurs sur chaque axe parallèlement au plan des deux autres, on voit que :

$$\frac{\overline{OI'}}{\overline{OI}} = \frac{a'}{a} = \frac{b'}{b} = \frac{c'}{c},$$

c'est-à-dire que deux points alignés sur l'origine ont des coordonnées proportionnelles.

Si l'on représente par ρ le rapport $\dfrac{\overline{OI'}}{\overline{OI}}$, on voit que : $a' = \rho a$, $b' = \rho b$, $c' = \rho c$.

Réciproquement, si deux points I et I$'$ ont leurs coordonnées proportionnelles, ils sont alignés sur l'origine, car si

$$\frac{a'}{a} = \frac{b'}{b} = \frac{c'}{c} = \rho,$$

le point I_1 de la droite OI, tel que $\overline{OI_1} = \rho \cdot \overline{OI}$ a précisément pour coordonnées ρa, ρb, ρc, c'est-à-dire a', b', c'.

On appelle *paramètres directeurs* d'une droite D_1 quelconque parallèle à D, les coordonnées d'un point I quelconque de D; ce sont aussi les mesures algébriques des projections sur les axes d'un vecteur AB équipollent à OI et porté par D_1. On peut donc dire que les paramètres directeurs d'une droite sont les mesures algébriques des projections sur les axes d'un vecteur quelconque porté par la droite.

Il résulte de ce qui précède que deux systèmes de paramètres directeurs d'une même droite ou de deux droites parallèles sont formés de nombres proportionnels, et réciproquement deux systèmes de nombres proportionnels peuvent être regardés comme les paramètres directeurs de deux droites parallèles.

Soient $A(x_0, y_0, z_0)$ et $M(x, y, z)$ deux points quelconques de D_1. Deux systèmes de paramètres directeurs de D_1 sont a, b, c et $x - x_0$, $y - y_0$, $z - z_0$; par suite

$$\frac{x - x_0}{a} = \frac{y - y_0}{b} = \frac{z - z_0}{c} = \frac{\overline{AM}}{\overline{OI}}$$

en supposant D et D_1 orientés positivement dans le même sens d'ailleurs arbitraire.

Si nous représentons par ρ la valeur du rapport $\dfrac{\overline{AM}}{\overline{OI}}$ qui varie de $-\infty$ à $+\infty$ quand M parcourt D_1, le point A restant fixe, nous obtenons une représentation paramétrique de D_1 par les formules

$$x = x_0 + a\rho, \quad y = y_0 + b\rho, \quad z = z_0 + c\rho.$$

Dans le cas particulier où $OI = 1$, si l'on oriente la droite D_1 positivement dans le sens du vecteur OI, on voit que $\rho = \overline{AM}$.

Dans ce cas, les nombres a, b, c sont dits les *paramètres directeurs principaux* de D_1. Ils ne sont pas indépendants puisque $OI = 1$, et l'on a :

$$1 = a^2 + b^2 + c^2 + 2bc\cos\lambda + 2ca\cos\mu + 2ab\cos\nu.$$

Si les axes sont rectangulaires, les paramètres directeurs principaux vérifient la relation

$$1 = a^2 + b^2 + c^2.$$

Remarquons encore qu'une droite donnée a deux systèmes de paramètres directeurs principaux a, b, c et $-a$, $-b$, $-c$.

Prenons sur D_1 un second point fixe $B(x_1, y_1, z_1)$ et comparons les vecteurs AM et BM ainsi que leurs projections sur les axes. Nous obtenons :

$$\frac{\overline{AM}}{\overline{BM}} = \frac{x - x_0}{x - x_1} = \frac{y - y_0}{y - y_1} = \frac{z - z_0}{z - z_1}.$$

Représentons par $-\lambda$ la valeur commune à ces rapports. On sait qu'à tout point de la droite correspond une valeur de λ et, inversement, qu'à toute valeur de λ (en exceptant -1) correspond un point de la droite; les coordonnées de ce point sont données par les formules :

$$x = \frac{x_0 + \lambda x_1}{1 + \lambda}, \qquad y = \frac{y_0 + \lambda y_1}{1 + \lambda}, \qquad z = \frac{z_0 + \lambda z_1}{1 + \lambda},$$

qui fournissent une seconde représentation paramétrique de la droite AB.

Centre des distances proportionnelles. — La définition du centre des distances proportionnelles d'un système de p points $M_i(x_i, y_i, z_i)$ dont chacun est affecté d'un indice λ_i est la même que dans le plan.

Sous la seule réserve que $\Sigma\lambda_i$ n'est pas nul, on démontre, en répétant le raisonnement déjà employé (leç. 13), que ce centre existe et que ses coordonnées sont

$$\xi = \frac{\Sigma\lambda_i x_i}{\Sigma\lambda_i}, \qquad \eta = \frac{\Sigma\lambda_i y_i}{\Sigma\lambda_i}, \qquad \zeta = \frac{\Sigma\lambda_i z_i}{\Sigma\lambda_i}.$$

Les coordonnées du centre des moyennes distances des mêmes points sont

$$\frac{1}{p}\Sigma x_i, \qquad \frac{1}{p}\Sigma y_i, \qquad \frac{1}{p}\Sigma z_i.$$

En particulier, les coordonnées du point de rencontre des médianes du triangle $M_1 M_2 M_3$ sont

$$\frac{x_1 + x_2 + x_3}{3}, \qquad \frac{y_1 + y_2 + y_3}{3}, \qquad \frac{z_1 + z_2 + z_3}{3}.$$

Angle de deux axes quelconques. — Nous avons défini un axe quelconque Ot par ses paramètres directeurs principaux a, b, c, coordonnées du point I situé sur cet axe et tel que $\overline{OI} = 1$. On pourrait le définir aussi par les mesures algébriques des projections orthogonales du vecteur OI sur les axes de coordonnées, ou *cosinus directeurs* de Ot; représentons ces cosinus par α, β, γ.

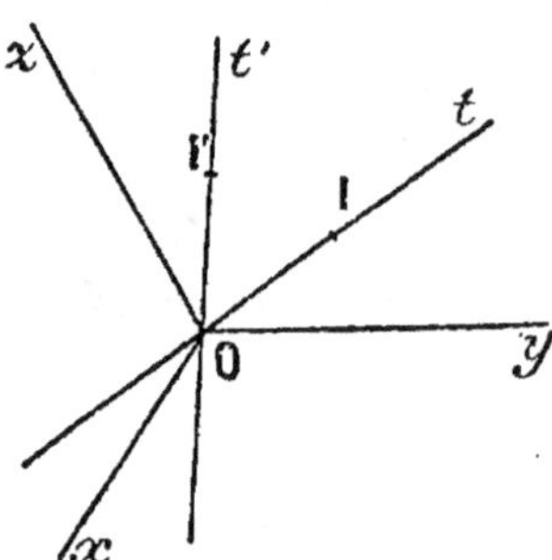

Le cosinus de tous les angles que forment deux axes quelconques Ot et Ot' est égal à la mesure algébrique de la projection orthogonale de OI sur Ot'. Appliquons le théorème des projections au vecteur OI et à son contour de coordonnées en projetant sur Ot'. Soient α', β', γ' les cosinus directeurs de Ot'. Nous obtenons :

$$(4) \qquad \cos(Ot, Ot') = a\alpha' + b\beta' + c\gamma'.$$

Si les paramètres directeurs principaux de Ot' sont a', b', c', on a de même :

$$\cos(Ot, Ot') = a'\alpha + b'\beta + c'\gamma.$$

Dans le cas où les axes sont rectangulaires, les paramètres directeurs principaux d'une direction sont identiques à ses cosinus directeurs et on peut écrire

$$\cos(Ot, Ot') = \alpha\alpha' + \beta\beta' + \gamma\gamma'.$$

La formule (4) s'applique sans difficulté au calcul de α, β, γ en fonction de a, b, c, et des angles des axes.

Orientation d'un trièdre. — Soit un trièdre dont le sommet est à l'origine et dont les arêtes passent respectivement par l'un des points

$$A(x_0, y_0, z_0), \quad B(x_1, y_1, z_1), \quad C(x_2, y_2, z_2).$$

Proposons-nous de comparer le sens du trièdre $O(A, B, C)$ (soit T), à celui du trièdre $O(x, y, z)$.

Si nous substituons au point A, le point $a(X_0, Y_0, o)$ où la parallèle à OC menée par ce point perce le plan xOy, nous obtenons un nouveau trièdre $O(a, B, C)$ qui a même sens que T, puisque Oa et OA sont d'un même côté du plan BOC.

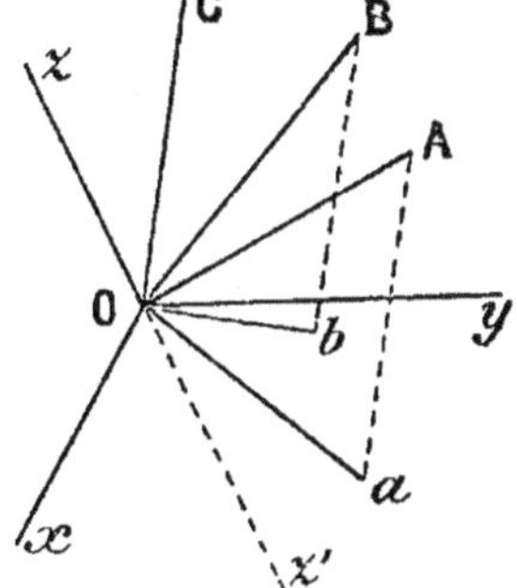

De même, la parallèle à OC menée par B rencontre le plan xOy en un point $b(X_1, Y_1, o)$ et le trièdre $O(a, b, C)$ a même sens que T. Si OC et OZ sont d'un même côté du plan xOy, c'est-à-dire si z_2 est positif, le trièdre $O(a, b, C)$ a même sens que le trièdre $O(a, b, z)$; si z_2 est négatif, son sens est le même que celui du trièdre $O(a, b, z')$.

Or, le trièdre $O(a, b, z)$ est de même sens que le trièdre $O(x, y, z)$ (sens direct) si $X_0 Y_1 - Y_0 X_1$ est $> o$, et de sens opposé si $X_0 Y_1 - Y_0 X_1 < o$ (leç. 13).

En rapprochant ces différents cas, on trouve que le trièdre T est de sens direct si $z_2(X_0 Y_1 - Y_0 X_1)$ est $> o$, et de sens inverse dans le cas contraire. Or, les paramètres directeurs de OC étant x_2, y_2, z_2, les coordonnées du point courant sur Aa sont :

$$x_0 + \rho x_2, \quad y_0 + \rho y_2, \quad z_0 + \rho z_2.$$

Le point a correspond à $\rho = -\dfrac{z_0}{z_2}$, de sorte que l'on a :

$$X_0 = x_0 - \frac{x_2}{z_2} z_0, \qquad Y_0 = y_0 - \frac{y_2}{z_2} z_0.$$

De même,

$$X_1 = x_1 - \frac{x_2}{z_2} z_1, \qquad Y_1 = y_1 - \frac{y_2}{z_2} z_1.$$

Par suite

$$z_2(X_0 Y_1 - Y_0 X_1) = z_2 \begin{vmatrix} x_0 - \dfrac{x_2}{z_2} z_0, & y_0 - \dfrac{y_2}{z_2} z_0 \\[2mm] x_1 - \dfrac{x_2}{z_2} z_1, & y_1 - \dfrac{y_2}{z_2} z_1 \end{vmatrix} = \begin{vmatrix} x_0, & y_0, & z_0 \\ x_1, & y_1, & z_1 \\ x_2, & y_2, & z_2 \end{vmatrix}.$$

Le trièdre T est donc de sens direct si ce dernier déterminant est positif, et de sens inverse si ce déterminant est négatif.

EXERCICES

1º Trouver la relation qui existe entre les cosinus directeurs d'une direction quelconque et les cosinus des angles des axes de coordonnées.

2º Calculer les cosinus directeurs et les paramètres directeurs principaux des arêtes du trièdre supplémentaire du trièdre des axes.

3º On suppose que les angles λ, μ, ν des axes de coordonnées sont égaux, et on propose d'étudier les positions relatives des quatre points

$$M(x, y, z), \qquad M_1(x, z, y), \qquad M_2(z, y, x), \qquad M_3(y, x, z).$$

CHANGEMENTS D'AXES DE COORDONNÉES DANS L'ESPACE

Étant donnés deux systèmes d'axes de coordonnées $O(x, y, z)$ et $O'(x', y', z')$ dont on connaît les positions relatives, on va chercher à exprimer les coordonnées x, y, z d'un point M quelconque de l'espace dans le premier système en fonction de ses coordonnées x', y', z' dans l'autre et inversement.

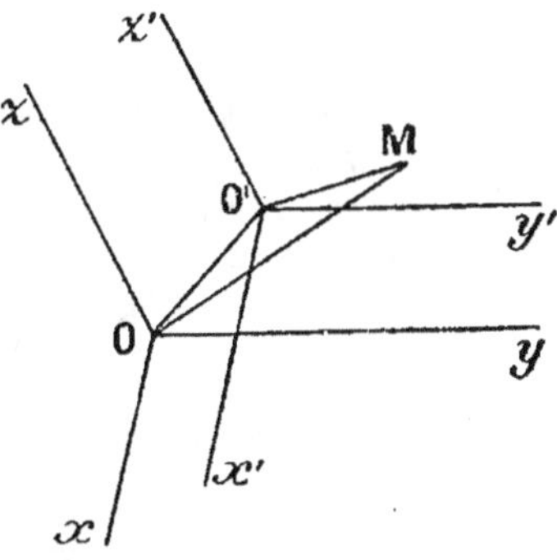

1° On remplace chaque axe par un autre ayant même direction et même sens. — Pour définir la position du nouveau trièdre $O'(x', y', z')$ par rapport au trièdre primitif $O(x, y, z)$, donnons-nous les coordonnées x_0, y_0, z_0 du point O' dans le système primitif.

Projetons le contour OO'M et sa résultante OM sur chacun des axes primitifs parallèlement au plan des deux autres. Nous obtenons :

$$x = x_0 + x', \qquad y = y_0 + y', \qquad z = z_0 + z'.$$

Inversement :

$$x' = x - x_0, \qquad y' = y - y_0, \qquad z' = z - z_0.$$

Les coordonnées de l'origine primitive dans le nouveau système sont

$$- x_0, \; - y_0, \; - z_0.$$

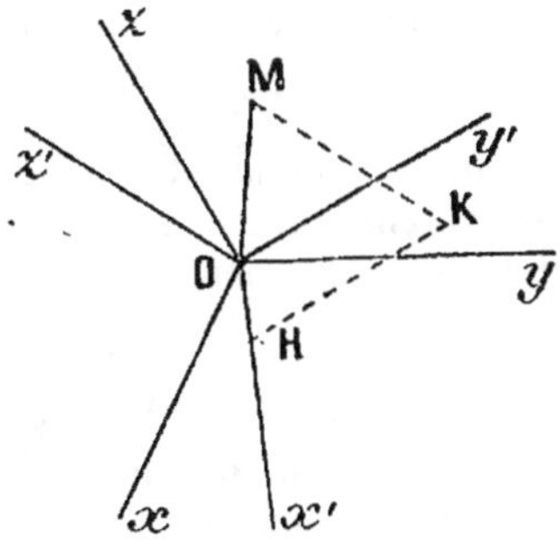

2° On conserve l'origine. — Pour définir la position du nouveau trièdre $O(x', y', z')$ par rapport au trièdre primitif $O(x, y, z)$, donnons-nous les paramètres directeurs principaux des nouveaux axes par rapport aux anciens. Soient a, b, c ceux de Ox', puis a', b', c' ceux de Oy' et a'', b'', c'' ceux de Oz'.

Menons le contour OHKM des coordonnées de M dans le second système et projetons ce contour et sa résultante OM sur chacun des axes primitifs, parallèlement au plan des deux autres axes.

Nous obtenons :

$$(1) \qquad \begin{cases} x = ax' + a'y' + a''z', \\ y = bx' + b'y' + b''z', \\ z = cx' + c'y' + c''z'. \end{cases}$$

Le déterminant

$$\delta = \begin{vmatrix} a, & b, & c \\ a', & b', & c' \\ a'', & b'', & c'' \end{vmatrix}$$

n'est pas nul, car, s'il était nul, on pourrait trouver des valeurs non toutes nulles de x', y', z', vérifiant les équations :

$$ax' + a'y' + a''z' = 0, \quad bx' + b'y' + b''z' = 0, \quad cx' + c'y' + c''z' = 0.$$

Le point $M(x', y', z')$ correspondant n'est pas à l'origine, puisque ses coordonnées x', y', z' ne sont pas toutes nulles; or, en vertu des formules (1), ses coordonnées x, y, z seraient nulles et il serait à l'origine. La contradiction est évidente.

Dès lors, on peut résoudre les équations (1) par rapport à x', y', z' en fonction linéaire de x, y, z, et l'on trouve :

$$(2) \qquad x' = \frac{1}{\delta}(Ax + By + Cz), \qquad y' = \frac{1}{\delta}(A'x + B'y + C'z),$$

$$z' = \frac{1}{\delta}(A''x + B''y + C''z);$$

A, B, C, ... désignant les éléments du déterminant adjoint de δ.

En faisant dans ces formules : $x = 1$, $y = 0$, $z = 0$, on obtient les paramètres directeurs principaux de Ox par rapport aux nouveaux axes; etc.

Lorsque les deux systèmes d'axes sont rectangulaires, les formules (2) se simplifient beaucoup. Les paramètres directeurs principaux des nouveaux axes par rapport aux anciens sont alors les cosinus des angles que font deux à deux les anciens axes et les nouveaux. On connaît donc de suite les cosinus directeurs des anciens axes par rapport aux nouveaux ; ce sont a, a', a'' pour Ox, b, b', b'' pour Oy et c, c', c'' pour Oz.

Les formules inverses sont donc

$$(2') \quad x' = ax + by + cz, \quad y' = a'x + b'y + c'z, \quad z' = a''x + b''y + c''z.$$

En les comparant aux formules (2), on obtient des relations intéressantes entre les éléments de δ et les coefficients qu'ont ces éléments dans le développement de δ :

$$A = \delta a, \qquad B = \delta b, \text{ etc.}$$

On peut aussi établir ces relations en suivant une voie dans laquelle on ne suppose pas la réalité des éléments utilisés. Imaginons une substitution linéaire définie par les formules (1) où les nombres a, b, c, a', ..., réels ou complexes, possèdent les propriétés suivantes : 1° la somme des carrés des éléments contenus dans une ligne quelconque de δ est égale à 1 ; 2° la somme des produits deux à deux des éléments correspondants de deux lignes quelconques est nulle. La substitution est dite *orthogonale*, parce que les propriétés énoncées ci-dessus sont réalisées pour les formules (1) qui correspondent à un changement d'axes rectangulaires.

Nous pouvons résoudre les équations de substitution par rapport à x' en les multipliant respectivement par a, b, c et ajoutant les résultats obtenus.

On obtient y', en utilisant les multiplicateurs a', b', c' et z' au moyen des multiplicateurs a'', b'', c''. On trouve ainsi :

$$(3) \quad x' = ax + by + cz, \quad y' = a'x + b'y + c'z, \quad z' = a''x + b''y + c''z.$$

Les valeurs de x', y', z' étant bien déterminées en fonction de x, y, z, c'est que δ n'est pas nul; d'ailleurs, on vérifie de suite que $\delta^2 = 1$.

En vertu des formules (1), on a :

$$\begin{aligned}
x^2 + y^2 + z^2 &= (ax' + a'y' + a''z')^2 + (bx' + b'y' + b''z')^2 \\
&\quad + (cx' + c'y' + c''z')^2 \\
&= (a^2 + b^2 + c^2)x'^2 + \cdots \\
&\quad + 2y'z'(a'a'' + b'b'' + c'c'') + \cdots
\end{aligned}$$

ou bien $x^2 + y^2 + z^2 = x'^2 + y'^2 + z'^2$.

Or les formules (3) donnent :

$$\begin{aligned}
x'^2 + y'^2 + z'^2 &= (a^2 + a'^2 + a''^2)x^2 + \cdots \\
&\quad + 2yz(bc + b'c' + b''c'') + \cdots \\
&= x^2 + y^2 + z^2.
\end{aligned}$$

L'égalité des deux derniers membres est établie quelles que soient les valeurs attribuées à x', y', z', et par suite quelles que soient les valeurs de x, y, z.

On en conclut que : 1° la somme des carrés des éléments contenus dans une colonne quelconque de δ vaut 1 ; 2° la somme des produits deux à deux des éléments correspondants de deux colonnes quelconques est nulle.

Dans le cas où les neuf éléments a, b, c, a', ... sont réels, ces éléments associés par lignes ou par colonnes sont les cosinus directeurs de trois directions rectangulaires par rapport à trois axes également rectangulaires. Associons-les par exemple par lignes. Les nombres (a, b, c), (a', b', c'), (a'', b'', c'') sont les cosinus directeurs des arêtes d'un trièdre trirectangle $O(x', y', z')$ par rapport aux arêtes d'un autre trièdre trirectangle $O(x, y, z)$. Si δ vaut 1, ces deux trièdres sont de même sens et si δ vaut -1, ces deux trièdres sont de sens différents.

3° *Changement d'axes le plus général.* — Supposons les nouveaux axes $O'(x', y', z')$ définis par les coordonnées x_0, y_0, z_0 du point O' et par leurs paramètres directeurs principaux relatifs aux axes primitifs $O(x, y, z)$. Prenons un système d'axes auxiliaires $O'(x, y, z)$ ayant respectivement même direction et même sens que les axes primitifs.

Appelons x, y, z les coordonnées du point M dans le système auxiliaire. En appliquant les formules établies plus haut, nous obtenons :

$$x = x_0 + X, \qquad y = y_0 + Y, \qquad z = z_0 + Z$$

et

$$X = ax' + a'y' + a''z', \quad Y = bx' + b'y' + b''z', \quad Z = cx' + c'y' + c''z'.$$

Les formules définitives du changement d'axes général sont donc

$$(4) \quad x = x_0 + ax' + a'y' + a''z', \qquad y = y_0 + bx' + b'y' + b''z',$$
$$z = z_0 + cx' + c'y' + c''z'.$$

On trouverait les formules inverses en résolvant les précédentes par rapport à x', y', z' qu'on obtiendrait sous forme de fonctions linéaires de x, y, z.

Le changement d'axes le plus général dépend de 9 paramètres qui sont les coordonnées de la nouvelle origine et, par exemple, 2 paramètres directeurs de chacun des nouveaux axes. (On suppose donné *a priori* le système d'axes auquel on veut en substituer un autre.)

Si l'on conserve l'origine, il n'y a plus que 6 paramètres; il n'en reste que 3 si l'on se donne les grandeurs des faces du nouveau trièdre. En particulier, le changement d'axes rectangulaires général avec conservation de l'origine dépend de 3 paramètres. Il est d'ailleurs aisé de vérifier que l'on peut résoudre le système d'équations

$$a^2 + b^2 + c^2 = 1, \quad a'^2 + b'^2 + c'^2 = 1, \quad a''^2 + b''^2 + c''^2 = 1,$$
$$a'a'' + b'b'' + c'c'' = 0, \quad a''a + b''b + c''c = 0, \quad aa' + bb' + cc' = 0,$$

en se donnant arbitrairement a, b, a'. Une méthode géométrique due à Euler va montrer ces faits d'une façon évidente.

Formules d'Euler. — Considérons deux trièdres trirectangles de même sens, savoir $O(x, y, z)$ ou T et $O(x', y', z')$ ou T'. Nous pouvons fixer la position du second trièdre par rapport au premier au moyen de trois angles. Choisissons sur la droite d'intersection des deux plans xOy et

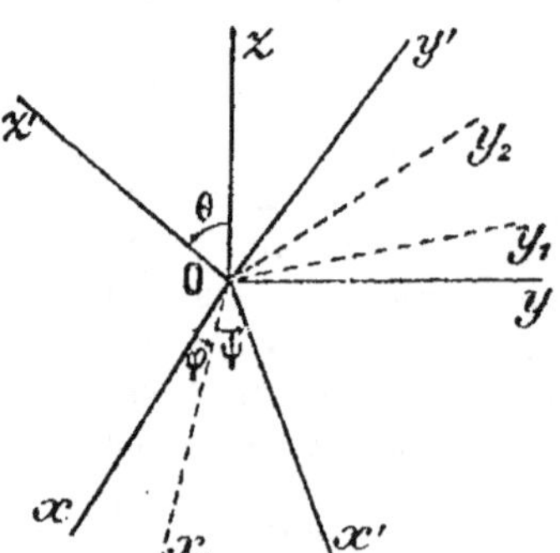

$x'Oy'$ supposés distincts un sens positif Ox_1. Désignons par φ l'un des angles de Ox avec Ox_1 dans le plan xOy orienté de Ox vers Oy; une rotation d'amplitude φ autour de l'axe Oz amène le trièdre T dans la position $O(x_1, y_1, z)$ ou T_1.

Les trois demi-droites Oy_1, Oz et Oz' sont perpendiculaires à Ox_1.

Désignons par θ l'un des angles de Oz avec Oz' dans le plan y_1Oz orienté de Oy_1 vers Oz; une rotation d'amplitude θ autour de l'axe Ox_1 amène le trièdre T_1 dans la position $O(x_1, y_2, z')$ ou T_2. Les quatre demi-droites Ox', Oy', Ox_1, Oy_2 sont perpendiculaires à Oz' et l'angle $\widehat{x_1Oy_2}$ a même sens que l'angle $\widehat{x'Oy'}$, puisque les deux trièdres T_2 et T' ont même sens. Désignons par ψ l'un des angles de Ox_1 avec Ox' dans le plan x_1Oy_2 orienté de Ox_1 vers Oy_2; une rotation d'amplitude ψ autour de l'axe Oz' amène T_2 sur T'.

La connaissance des trois angles φ, θ, ψ, permet donc de placer T' par rapport à T. Aux quatre trièdres T, T_1, T_2, T' correspondent quatre systèmes de coordonnées; le passage de chacun d'eux à celui qui suit ou à celui qui précède conserve une coordonnée et se ramène à un changement d'axes rectangulaires dans un plan. Nous allons, par exemple, exprimer les coordonnées x, y, z d'un point quelconque en fonction de x', y', z'. Nous avons successivement :

$$x = x_1 \cos\varphi - y_1 \sin\varphi, \qquad y = x_1 \sin\varphi + y_1 \cos\varphi; \quad \text{(passage de T à } T_1)$$
$$y_1 = y_2 \cos\theta - z' \sin\theta, \qquad z = y_2 \sin\theta + z' \cos\theta; \quad \text{(passage de } T_1 \text{ à } T_2)$$
$$x_1 = x' \cos\psi - y' \sin\psi, \qquad y_2 = x' \sin\psi + y' \cos\psi; \quad \text{(passage de } T_2 \text{ à } T').$$

En éliminant x_1, y_1, y_2 entre ces équations, on obtient les formules cherchées

$$(5) \begin{cases} x = x'(\cos\varphi\cos\psi - \sin\varphi\sin\psi\cos\theta) - y'(\cos\varphi\sin\psi + \sin\varphi\cos\psi\cos\theta) + z'\sin\varphi\sin\theta \\ y = x'(\sin\varphi\cos\psi + \cos\varphi\sin\psi\cos\theta) - y'(\sin\varphi\sin\psi - \cos\varphi\cos\psi\cos\theta) - z'\cos\varphi\sin\theta \\ z = x'\sin\psi\sin\theta \qquad\qquad\qquad + y'\cos\psi\sin\theta \qquad\qquad\qquad + z'\cos\theta. \end{cases}$$

Pour obtenir les formules inverses, il serait préférable d'effectuer les rotations partielles en sens inverse, plutôt que de résoudre les équations précédentes par rapport à x', y', z'.

Applications des changements d'axes. Distance de deux points. — Soient $A(x_0, y_0, z_0)$ et $B(x_1, y_1, z_1)$ les points dont on cherche la distance. Transportons les axes parallèlement à eux-mêmes en prenant A comme origine nouvelle; les coordonnées de B dans le nouveau système sont

$$\xi = x_1 - x_0, \qquad \eta = y_1 - y_0, \qquad \zeta = z_1 - z_0.$$

Les angles des nouveaux axes sont les mêmes que ceux des axes primitifs.

On a donc :

$$\overline{AB}^2 = (x_1 - x_0)^2 + (y_1 - y_0)^2 + (z_1 - z_0)^2 + 2(y_1 - y_0)(z_1 - z_0)\cos\lambda$$
$$+ 2(z_1 - z_0)(x_1 - x_0)\cos\mu + 2(x_1 - x_0)(y_1 - y_0)\cos\nu.$$

Si les axes sont rectangulaires, cette formule se réduit à :

$$\overline{AB}^2 = (x_1 - x_0)^2 + (y_1 - y_0)^2 + (z_1 - z_0)^2.$$

Orientation d'un trièdre quelconque. — Considérons un trièdre $A(B, C, D)$ défini par son sommet $A(x_0, y_0, z_0)$ et par un point sur chaque arête, savoir :

$$B(x_1, y_1, z_1), \qquad C(x_2, y_2, z_2), \qquad D(x_3, y_3, z_3).$$

Transportons les axes parallèlement à eux-mêmes en prenant A comme origine nouvelle. Les coordonnées de B, C, D, dans le nouveau système, sont respectivement

$$(x_1 - x_0, \; y_1 - y_0, \; z_1 - z_0), \qquad (x_2 - x_0, \; y_2 - y_0, \; z_2 - z_0),$$
$$(x_3 - x_0, \; y_3 - y_0, \; z_3 - z_0).$$

Le trièdre A (B, C, D) est donc de sens direct [de même sens que O (x, y, z)] si le déterminant

$$\begin{vmatrix} x_1 - x_0, & y_1 - y_0, & z_1 - z_0 \\ x_2 - x_0, & y_2 - y_0, & z_2 - z_0 \\ x_3 - x_0, & y_3 - y_0, & z_3 - z_0 \end{vmatrix}$$

est positif ; il est de sens inverse si ce déterminant est négatif.

Or ce déterminant a une valeur symétrique de celle du déterminant

$$\begin{vmatrix} x_0, & y_0, & z_0, & 1 \\ x_1, & y_1, & z_1, & 1 \\ x_2, & y_2, & z_2, & 1 \\ x_3, & y_3, & z_3, & 1 \end{vmatrix}.$$

Par suite, le trièdre étudié est de sens direct quand ce dernier déterminant est négatif, et de sens inverse lorsque ce déterminant est positif.

Surfaces algébriques. — L'équation $f(x, y, z) = 0$ d'une surface S par rapport à un système d'axes O (x, y, z) étant donnée, on peut se proposer de trouver l'équation de la même surface par rapport à un second système O' (x', y', z'). On l'obtient en remplaçant x, y, z par leurs valeurs fonctions de x', y', z', fournies par les formules (4). Dans ces conditions, $f(x, y, z)$ se transforme en

$$f(x_0 + ax' + a'y' + a''z', \; y_0 + bx' + \ldots, \; z_0 + cx' + \ldots),$$

c'est-à-dire en une fonction de x, y, z ; représentons-la par F (x', y', z'). La nouvelle équation est F $(x', y'\, z') = 0$. Inversement, si dans F (x', y', z'), on remplace x', y', z' par leurs valeurs fonctions de x, y, z que donnent les formules (4) on retrouve $f(x, y, z)$.

Dans le cas particulier où $f(x, y, z)$ est un polynome entier par rapport à x, y, z, F (x', y', z') est aussi un polynome entier par rapport à x', y', z'. On appelle *surface algébrique*, toute surface définie par une équation de ce genre.

Le degré de f par rapport à l'ensemble des lettres x, y, z est le même que le degré de F par rapport à l'ensemble des lettres x', y', z' ; la démonstration de cette proposition est identique à la démonstration donnée à propos des courbes algébriques dans le plan (leçon 13). Ce degré s'appelle *degré* ou *ordre* de la surface algébrique.

En répétant le raisonnement qui a déjà servi pour les courbes algébriques, on vérifie que le nombre des points de rencontre d'une surface algébrique d'ordre m avec une droite quelconque est égal ou inférieur à m.

Courbes algébriques. — On appelle courbe algébrique toute courbe par laquelle on peut faire passer deux surfaces algébriques différentes.

Cette définition ne suppose nullement que les deux surfaces n'ont pas d'autres points communs que ceux de la courbe en question. Des exemples donnés plus loin permettront de préciser cette observation. On appelle *ordre* d'une courbe algébrique le nombre de ses points de rencontre avec un plan quelconque.

Section plane d'une surface. — Les formules d'Euler peuvent être utilisées pour l'étude d'une section plane d'une surface, dans son plan. On peut toujours supposer que l'origine a été transportée en un point O du plan de la section. En outre, si les axes primitifs $O(x, y, z)$ sont rectangulaires, on peut définir un nouveau trièdre trirectangle $O(x', y', z')$ dont le plan $x'Oy'$ coïncide avec le plan de la section, et prendre comme axe Ox' l'intersection de ce plan avec le plan xOy. La position du nouveau trièdre est alors définie par les angles φ et θ puisque $\psi = o$ et les formules correspondantes sont

$$(6) \quad \begin{cases} x = x' \cos \varphi - y' \sin \varphi \cos \theta + z' \sin \varphi \sin \theta, \\ y = x' \sin \varphi + y' \cos \varphi \cos \theta - z' \cos \varphi \sin \theta, \\ z = \qquad\qquad\ y' \sin \theta \qquad + z' \cos \theta. \end{cases}$$

Si l'équation de la surface donnée est $f(x, y, z) = o$, celle de la section par le plan $x'Oy'$ s'obtient en y remplaçant x, y, z par les valeurs (6) où l'on a fait $z' = o$. C'est donc

$$f(x' \cos \varphi - y' \sin \varphi \cos \theta, \ x' \sin \varphi + y' \cos \varphi \cos \theta, \ y' \sin \theta) = o.$$

On voit de suite que toute section plane d'une surface algébrique d'ordre m est une courbe d'ordre égal ou inférieur à m.

EXERCICES

1º Trouver la relation qui existe entre les cosinus directeurs d'une direction par rapport à trois axes obliques. Appliquer au calcul de $\cos(Ot, Oz)$, Ot désignant une perpendiculaire au plan xOy; déduire du résultat le volume du parallélépipède ayant pour arêtes $OA = OB = OC = 1$, suivant les axes de coordonnées.

2º On fait tourner un trièdre trirectangle $O(x, y, z)$ d'un angle θ autour d'un axe Ot donné par rapport à la position primitive du trièdre. Tout point M lié invariablement au trièdre entraîné vient occuper une nouvelle position M'. Trouver dans le système $O(x, y, z)$ les coordonnées de M' en fonction de celles de M.

3º Deux systèmes d'axes de coordonnées étant donnés, démontrer qu'il existe en général un point qui a les mêmes coordonnées dans les deux systèmes (point double de la transformation). Examiner les cas particuliers où il n'y en a aucun, où il y en a une infinité.

17ᵉ LEÇON

LE PLAN ET LA DROITE

La plus simple des surfaces algébriques est celle du premier degré ; on peut établir que c'est un plan.

L'équation générale du premier degré à trois inconnues est

$$(1) \qquad ax + by + cz + d = 0.$$

Si deux des coefficients a, b, c sont nuls, nous savons qu'elle définit un plan parallèle à l'un des plans de coordonnées. Si un de ces coefficients est nul, c par exemple, elle définit le lieu géométrique des droites parallèles à Oz et dont la trace sur le plan xOy décrit la droite qui a pour équation $ax + by + d = 0$; ce lieu est un plan parallèle à Oz.

Dans le cas général ($abc \neq 0$), la surface P définie par l'équation (1) rencontre chaque axe de coordonnées en un point ; le point de rencontre A avec Ox a pour abscisse $\alpha = -\dfrac{d}{a}$, le point de rencontre B avec Oy a pour ordonnée $\beta = -\dfrac{d}{b}$ et le point de rencontre C avec Oz a pour cote $\gamma = -\dfrac{d}{c}$.

P coupe chaque plan de coordonnées suivant une droite ; la section par le plan yOz, par exemple, a pour équation dans ce plan, $by + cz + d = 0$. Les trois traces en question sont donc les droites BC, CA et AB.

L'ensemble des solutions de l'équation (1) s'obtient en donnant à z une valeur arbitraire z_0 et considérant l'ensemble correspondant des valeurs de x et y ; cela revient à étudier les solutions des deux équations

$$z = z_0, \qquad ax + by + cz_0 + d = 0.$$

Or ces deux équations définissent un plan parallèle à xOy et un plan parallèle à Oz ; la trace de ce dernier plan sur xOy a une direction fixe qui est celle de AB. L'intersection des deux plans a donc une direction fixe parallèle à AB. De plus, elle perce le plan yOz sur BC et le plan xOz sur CA. Quand z_0 varie, elle engendre le plan ABC. L'équation (1) définit donc ce plan.

L'abscisse, l'ordonnée et la cote du plan à l'origine sont respectivement α, β, γ.

Si l'on remplace dans l'équation (1), a, b, c par $-d\alpha$, $-d\beta$ et $-d\gamma$ et qu'on divise par $-d$, on obtient l'équation du plan sous la forme

$$\frac{x}{\alpha} + \frac{y}{\beta} + \frac{z}{\gamma} - 1 = 0.$$

On peut démontrer la même proposition en suivant une autre voie qui se prête également bien à la démonstration de la proposition réciproque.

Considérons d'abord l'équation $ax + by + cz = 0$. Construisons un vecteur OI dont les projections orthogonales sur les axes ont pour mesures a, b, c; les cosinus directeurs α, β, γ de l'axe OI sont proportionnels à a, b, c.

Soit M (x, y, z) un point quelconque de l'espace dont les coordonnées vérifient l'équation précédente. La projection orthogonale du vecteur OM sur l'axe OI a pour mesure $\alpha x + \beta y + \gamma z$; elle est nulle, puisque α, β, γ sont proportionnels à a, b, c. Le point M considéré se trouve donc dans le plan perpendiculaire à OI mené par O. Inversement tout point M de ce plan a des coordonnées vérifiant l'équation $ax + by + cz = 0$ puisque les deux directions OI et OM sont rectangulaires.

L'étude de l'équation générale (1) se ramène à la précédente par un transport de l'origine au point A par exemple.

Il résulte de ce qui précède que les cosinus directeurs d'une perpendiculaire au plan (1) sont proportionnels à a, b, c, de sorte que deux plans pour lesquels les coefficients a, b, c sont proportionnels, sont parallèles comme étant perpendiculaires à une même droite. On constate le même fait en remarquant que les traces des plans définis par les équations

$$ax + by + cz + d = 0, \quad a'x + b'y + c'z + d' = 0$$

sur les plans des coordonnées, sont parallèles lorsque l'on a :

$$\frac{a'}{a} = \frac{b'}{b} = \frac{c'}{c}.$$

Ces deux plans sont confondus si leurs équations ont les mêmes solutions, ou si leurs traces sur les plans de coordonnées sont confondues, ce qui conduit aux conditions

$$\frac{a'}{a} = \frac{b'}{b} = \frac{c'}{c} = \frac{d'}{d}.$$

On peut présenter la démonstration du fait que tout plan est défini par une équation du premier degré, de façon à mettre en évidence des résultats nouveaux.

P étant le plan donné, abaissons de l'origine sur ce plan une perpendiculaire OJ et choisissons sur cette perpendiculaire un sens positif arbitraire Ot; nous pouvons fixer l'axe Ot par ses cosinus directeurs α, β, γ. Le plan P est défini si l'on connaît α, β, γ et l'équivalent algébrique p de $\overline{OJ}$, J étant le point de rencontre de Ot et du plan.

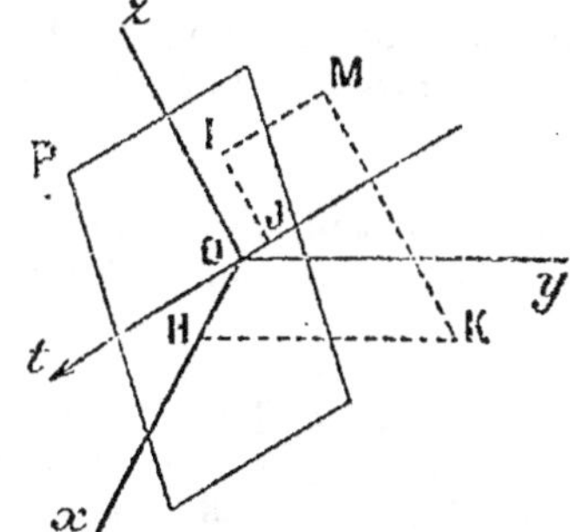

Menons d'un point quelconque M(x, y, z) la perpendiculaire MI sur le plan P; soit I le point où elle perce ce plan. Menons aussi le contour

OHKM des coordonnées de M, et projetons le contour fermé OHKMIJO orthogonalement sur Ot. Nous obtenons :

$$\alpha x + \beta y + \gamma z + \overline{MI} + \overline{JO} = 0$$

c'est-à-dire

$$\overline{IM} = \alpha x + \beta y + \gamma z - p.$$

IM étant nul pour les points du plan P et pour ces points seulement, on voit que l'équation de ce plan est

(2) $$\alpha x + \beta y + \gamma z - p = 0.$$

Cette équation est dite *équation normale* du plan P dans le système $O(x, y, z)$.

$\overline{IM}$ ayant des signes différents lorsque M se trouve dans l'une ou l'autre des régions en lesquelles P partage l'espace, on voit qu'il en est de même de l'expression $\alpha x + \beta y + \gamma z - p$ qui lui est égale.

Homogénéité ; détermination d'un plan. — L'équation générale d'un plan

(3) $$ux + vy + wz + h = 0,$$

dépend des quatre nombres arbitraires u, v, w, h, qu'on appelle *coordonnées homogènes* du plan. Les rapports $\dfrac{h}{u}, \dfrac{h}{v}, \dfrac{h}{w}$ représentent des longueurs; par suite, le degré d'homogénéité de h par rapport aux longueurs doit être supérieur d'une unité à celui de u, v, w.

De plus, le plan restant le même quand on multiplie ses coordonnées homogènes par un nombre arbitraire λ, toute équation $f(u, v, w, h) = 0$ qui traduit une propriété géométrique de ce plan reste vérifiée quand on y remplace u, v, w, h respectivement par λu, λv, λw, λh. Cette équation est donc homogène par rapport à u, v, w, h.

Un plan quelconque ne dépend que de trois paramètres, $\dfrac{h}{u}, \dfrac{h}{v}, \dfrac{h}{w}$, par exemple. Il est donc déterminé lorsqu'on l'assujettit à trois conditions géométriques simples. Les conditions le plus souvent imposées à un plan sont de passer par un, deux ou trois points, d'être parallèle à une ou deux directions de droites, d'être parallèle à un plan.

Nous avons vu que tous les plans définis par l'équation

(4) $$ax + by + cz + \lambda = 0,$$

ù a, b, c sont fixes et λ arbitrairement choisi, sont parallèles; en particulier, ils sont parallèles au plan défini par l'équation

$$ax + by + cz = 0,$$

plan qui passe par l'origine. L'équation (4) est d'ailleurs l'équation générale des plans qui possèdent cette propriété, car on peut déterminer λ par la condition que le plan (4) passe par un point quelconque $A(x_0, y_0, z_0)$. On trouve ainsi $\lambda = -ax_0 - by_0 - cz_0$, ce qui donne comme équation du plan cherché

(5) $$a(x - x_0) + b(y - y_0) + c(z - z_0) = 0.$$

D'ailleurs, si l'on regarde a, b, c comme variables, cette équation (5) représente l'ensemble des plans qui passent par A ; ces plans dépendent de deux paramètres, $\dfrac{b}{a}$ et $\dfrac{c}{a}$, par exemple.

Donnons-nous deux points $A(x_0, y_0, z_0)$, $B(x_1, y_1, z_1)$ d'un plan ; en écrivant que le plan (3) passe par ces deux points, nous obtenons les conditions

$$(6) \qquad ux_0 + vy_0 + wz_0 + h = 0, \qquad ux_1 + vy_1 + wz_1 + h = 0.$$

Supposons, par exemple, $z_0 - z_1 \neq 0$. Nous pouvons résoudre ces deux équations par rapport à w et h en fonction de u et v ; en portant les valeurs obtenues dans (3), nous obtiendrons en fonction de u et v l'équation générale des plans passant par A et B. Cette équation s'obtient aussi en écrivant que les équations (3) et (6), où l'on regarde x, y, z, u, v comme fixes, sont compatibles en w et h; l'annulation du caractéristique donne :

$$(7) \quad \begin{vmatrix} ux + vy, & z, & 1 \\ ux_0 + vy_0, & z_0, & 1 \\ ux_1 + vy_1, & z_1, & 1 \end{vmatrix} = 0 = u \begin{vmatrix} x, & z, & 1 \\ x_0, & z_0, & 1 \\ x_1, & z_1, & 1 \end{vmatrix} + v \begin{vmatrix} y, & z, & 1 \\ y_0, & z_0, & 1 \\ y_1, & z_1, & 1 \end{vmatrix}.$$

Cette équation générale est de la forme $uP + vQ = 0$, où P et Q sont les premiers membres des équations de deux plans particuliers passant par A et B. Ce résultat sera généralisé plus loin.

Donnons-nous un troisième point $C(x_2, y_2, z_2)$; nous savons que si ce point n'est pas en ligne droite avec les points A et B, le plan ABC est déterminé. Son équation pourrait s'obtenir en écrivant que le plan (7) passe par C, mais une méthode plus symétrique consiste à écrire que le plan (3) passe par les trois points A, B, C. On obtient ainsi les conditions

$$(8) \qquad ux_0 + vy_0 + wz_0 + h = 0, \qquad ux_1 + vy_1 + wz_1 + h = 0,$$
$$ux_2 + vy_2 + wz_2 + h = 0.$$

Supposons que le déterminant principal de ces trois équations homogènes soit d'ordre 3, et en particulier que le déterminant

$$\begin{vmatrix} y_0, & z_0, & 1 \\ y_1, & z_1, & 1 \\ y_2, & z_2, & 1 \end{vmatrix}$$

ne soit pas nul. S'il était nul, c'est que les projections des points A, B, C sur le plan yOz seraient en ligne droite, c'est-à-dire que les points seraient dans un plan parallèle à Ox.

Si les deux autres déterminants analogues étaient nuls également, les trois points seraient aussi dans un plan parallèle à Oy et dans un plan parallèle à Oz. Ces points seraient donc en ligne droite et le dernier déterminant d'ordre 3, savoir $\begin{vmatrix} x_0, & y_0, & z_0 \\ x_1, & y_1, & z_1 \\ x_2, & y_2, & z_2 \end{vmatrix}$ serait nul aussi. Ce cas particulier étant écarté, on peut résoudre les équations (8) par rapport à v, w, h en fonction de u et en portant ces valeurs dans (3), on obtient l'équation du plan cherché. On peut l'écrire de suite en remarquant que l'équation (3), où l'on suppose x, y, z fixes, et les équations (8) ont en u, v, w, h d'autres solutions que la solution zéro. On obtient ainsi :

$$(9) \qquad \begin{vmatrix} x, & y, & z, & 1 \\ x_0, & y_0, & z_0, & 1 \\ x_1, & y_1, & z_1, & 1 \\ x_2, & y_2, & z_2, & 1 \end{vmatrix} = 0.$$

Si l'on regarde dans cette équation x, y, z comme donnés, elle exprime que les quatre points (x, y, z), (x_0, y_0, z_0), (x_1, y_1, z_1), (x_2, y_2, z_2) sont dans un même plan.

Le plan (3) est parallèle à une droite de paramètres directeurs a, b, c, si le plan parallèle mené par l'origine contient la parallèle à la droite menée par ce même point. Il faut et il suffit que le plan dont l'équation est $ux + vy + wz = 0$, contienne le point (a, b, c), c'est-à-dire que l'on ait :

$$ua + vb + wc = 0.$$

On peut déterminer un plan en se donnant un point de ce plan et deux directions de droites qui lui sont parallèles, ou deux points et une direction de droite qui lui soit parallèle.

Nous allons donner une solution commune à ces problèmes en remarquant que la condition nécessaire et suffisante, pour que trois directions distinctes définies par leurs paramètres directeurs (a, b, c), (a', b', c'), (a'', b'', c'') soient parallèles à un même plan, est

$$(10) \qquad \begin{vmatrix} a, & b, & c \\ a', & b', & c' \\ a'', & b'', & c'' \end{vmatrix} = 0.$$

On l'obtient en écrivant que les trois relations

$$ua + vb + wc = 0, \qquad ua' + vb' + wc' = 0, \qquad ua'' + vb'' + wc'' = 0$$

ont en u, v, w d'autres solutions que la solution zéro.

Pour obtenir l'équation d'un plan passant par un point $A(x_0, y_0, z_0)$ et parallèle aux directions D et D' dont les paramètres directeurs sont a, b, c et a', b', c', il suffit d'écrire que la direction de la droite MA qui joint un point $M(x, y, z)$ quelconque du plan au point A, et les deux directions D et D' sont parallèles à un même plan ; on trouve ainsi :

$$(11) \qquad \begin{vmatrix} x - x_0, & y - y_0, & z - z_0 \\ a, & b, & c \\ a', & b', & c' \end{vmatrix} = 0.$$

On trouve l'équation du plan passant par deux points $A(x_0, y_0, z_0)$, $B(x_1, y_1, z_1)$, et parallèle à la direction D, en écrivant que les directions de MA et de AB sont, avec la direction D, parallèles à un même plan ; on obtient :

$$(12) \qquad \begin{vmatrix} x - x_0, & y - y_0, & z - z_0 \\ x_1 - x_0, & y_1 - y_0, & z_1 - z_0 \\ a, & b, & c, \end{vmatrix} = 0.$$

Ceci suppose naturellement que les directions AB et D sont distinctes.

On pourrait retrouver l'équation d'un plan passant par trois points A, B, C, en écrivant que MA, AB, AC sont parallèles à un même plan.

Droite ; intersection de deux plans. — La droite peut être définie par deux points situés dessus ou par deux plans qui la contiennent. Nous avons déjà étudié la première définition et nous avons vu que la droite a alors comme équations

$$(13) \qquad \frac{x - x_0}{x_1 - x_0} = \frac{y - y_0}{y_1 - y_0} = \frac{z - z_0}{z_1 - z_0}.$$

Si l'on s'en donne un point et les paramètres directeurs, ses équations sont

$$(14) \qquad \frac{x - x_0}{a} = \frac{y - y_0}{b} = \frac{z - z_0}{c}.$$

Supposons maintenant la droite D définie comme intersection de deux plans dont les équations sont

$$(15) \quad P \equiv ax + by + cz + d = 0, \quad Q \equiv a_1 x + b_1 y + c_1 z + d_1 = 0.$$

Ces deux plans n'étant pas parallèles, les coefficients de x, y, z dans les équations (15) ne sont pas proportionnels et on peut supposer, par exemple, que $ab_1 - ba_1$ n'est pas nul. On peut alors résoudre ces équations par rapport à x et y en fonction linéaire de z et on obtient :

$$(16) \qquad x = mz + p, \qquad y = nz + q.$$

Ces nouvelles équations définissent à volonté les plans projetant D sur le plan xOz et sur le plan yOz, ou les projections de la droite sur ces mêmes plans.

Une droite parallèle à D menée par l'origine est définie soit par les équations

$$ax + by + cz = 0, \qquad a_1 x + b_1 y + c_1 z = 0,$$

soit par les équations

$$x = mz, \qquad y = nz,$$

obtenues en substituant aux plans (15) et (16) des plans parallèles menés par l'origine.

Les paramètres directeurs de la droite sont donc $bc_1 - cb_1$, $ca_1 - ac_1$, $ab_1 - ba_1$, si l'on utilise la forme (15), et m, n, 1, si l'on utilise la forme (16).

Remarquons encore que sur la forme (16) on lit de suite les coordonnées p, q du point où la droite perce le plan xOy.

L'étude des plans passant par une droite est, au fond, l'étude des plans passant par deux points, ou des plans passant par un point et parallèles à une droite, ou des plans passant par l'intersection de deux autres ; plaçons-nous à ce dernier point de vue, et cherchons à généraliser un résultat obtenu plus haut. Tous les plans définis par l'équation

$$(17) \qquad \lambda P + \mu Q = 0$$

passent par D, car les coordonnées de tout point de D annulent P et Q. Inversement, soit R un plan passant par D; prenons dans ce plan un point $A(x_0, y_0, z_0)$ non placé sur D et écrivons que le plan (17) contient ce point. L'équation de condition $\lambda P_0 + \mu Q_0 = 0$ (P_0 et Q_0 étant les résultats obtenus en substituant x_0, y_0, z_0 à x, y, z dans P et Q),

donne : $\dfrac{\lambda}{Q_0} = \dfrac{\mu}{-P_0}$, de sorte que le plan défini par l'équation $PQ_0 - QP_0 = 0$ passe par D et A; il est donc confondu avec R.

L'équation (17) est donc l'équation générale des plans passant par D.

Dans la pratique, on suppose souvent que $\lambda = 1$ et l'on prend l'équation $P + \mu Q = 0$ pour définir tous les plans passant par D; le plan Q correspond à $\mu = \infty$.

Intersection de trois plans. — Soient les trois plans définis par les équations

$$P \equiv ax + by + cz + d = 0, \qquad Q \equiv a_1 x + b_1 y + c_1 z + d_1 = 0,$$
$$R \equiv a_2 x + b_2 y + c_2 z + d_2 = 0.$$

Ils ont un point commun si ces trois équations ont une solution en x, y, z, c'est-à-dire si le déterminant $\begin{vmatrix} a, & b, & c \\ a_1, & b_1, & c_1 \\ a_2, & b_2, & c_2 \end{vmatrix}$ n'est pas nul.

On sait trouver les coordonnées du point.

Supposons ce déterminant nul et supposons, en outre, que le déterminant principal du système soit d'ordre 2, ce qui revient à dire que deux des trois plans ne sont pas parallèles; soit donc $ab_1 - ba_1 \neq 0$.

Les équations ne sont compatibles que si le déterminant caractéristique $\begin{vmatrix} a, & b, & d \\ a_1, & b_1, & d_1 \\ a_2, & b_2, & d_2 \end{vmatrix}$ est nul, auquel cas le plan R passe par l'intersection de P et Q.

Si ce caractéristique n'est pas nul, l'intersection de P et Q ne coupe pas R : elle doit lui être parallèle. On peut vérifier ce fait en remarquant que les plans parallèles aux plans P, Q, R, menés par l'origine ont une droite commune, puisque les équations

$$ax + by + cz = 0, \qquad a_1 x + b_1 y + c_1 z = 0, \qquad a_2 x + b_2 y + c_2 z = 0$$

ont d'autres solutions que la solution zéro, en vertu de l'hypothèse

$$\begin{vmatrix} a, & b, & c \\ a_1, & b_1, & c_1 \\ a_2, & b_2, & c_2 \end{vmatrix} = 0.$$

Dans le cas où les trois plans P, Q, R ont une droite commune, le déterminant principal des trois formes linéaires

$$ax + by + cz + dt, \quad a_1 x + b_1 y + c_1 z + d_1 t, \quad a_2 x + b_2 y + c_2 z + d_2 t$$

est du second ordre et l'une des trois formes est une fonction linéaire et homogène des deux autres. Dans l'exemple, puisque le déterminant principal est $ab_1 - ba_1$ on peut déterminer λ et μ de telle sorte que R soit identique à $\lambda P + \mu Q$; on retrouve un résultat déjà établi plus haut.

Intersection de quatre plans; condition pour que deux droites se coupent. — Soient quatre plans définis par les équations

$$P \equiv ax + by + cz + d = 0, \qquad Q \equiv a_1 x + b_1 y + c_1 z + d_1 = 0,$$
$$R \equiv a_2 x + b_2 y + c_2 z + d_2 = 0, \qquad S \equiv a_3 x + b_3 y + c_3 z + d_3 = 0.$$

Supposons que le déterminant principal de ces équations soit d'ordre 3, ce qui revient à supposer que trois au moins de ces plans ne sont pas parallèles à une même droite; soit, par exemple :

$$\begin{vmatrix} a, & b, & c \\ a_1, & b_1, & c_1 \\ a_2, & b_2, & c_2 \end{vmatrix} \neq 0.$$

Pour que les quatre plans se coupent, il faut que le caractéristique

$$\delta = \begin{vmatrix} a, & b, & c, & d \\ a_1, & b_1, & c_1, & d_1 \\ a_2, & b_2, & c_2, & d_2 \\ a_3, & b_3, & c_3, & d_3 \end{vmatrix}$$

soit nul. Si le déterminant principal du système est d'ordre inférieur à 3, le déterminant δ est encore nul, puisque les mineurs du 3e ordre ou même du second ordre formés à l'aide des trois premières colonnes sont nuls. La condition $\delta = 0$ exprime donc, soit que les quatre plans ont un point commun, soit qu'ils sont parallèles à une même droite ou passent par une même droite, soit qu'ils sont parallèles à un même plan ou qu'ils sont confondus.

Dans le cas précis où δ est nul et où le mineur $\begin{vmatrix} a, & b, & c \\ a_1, & b_2, & c_1 \\ a_2, & b_2, & c_2 \end{vmatrix}$ ne l'est pas, la forme linéaire $a_3 x + b_3 y + c_3 z + d_3 t$ est une fonction linéaire et homogène des trois formes

$$ax + by + cz + dt, \quad a_1 x + b_1 y + c_1 z + d_1 t, \quad a_2 x + b_2 y + c_2 z + d_2 t;$$

on en conclut, en faisant $t = 1$, que l'on peut déterminer trois nombres λ, μ, ν tels que S soit identique à $\lambda P + \mu Q + \nu R$. Il en résulte aussi que l'équation des plans passant par le point de rencontre des plans P, Q, R est

$$(18) \qquad \lambda P + \mu Q + \nu R = 0.$$

Ce fait pourrait s'établir directement par un raisonnement analogue à celui qui a été employé pour étudier l'équation (17).

Dire que les quatre plans P, Q, R, S en un point commun, c'est dire que l'intersection de P et Q, par exemple, rencontre l'intersection de R et S. La condition trouvée exprime donc aussi que deux droites convenablement choisies sont concourantes.

Recherchons-la en supposant les droites données par les équations

$$\text{D}_0, \qquad \frac{x - x_0}{a_0} = \frac{y - y_0}{b_0} = \frac{z - z_0}{c_0},$$

$$\text{D}_1, \qquad \frac{x - x_1}{a_1} = \frac{y - y_1}{b_1} = \frac{z - z_1}{c_1}.$$

Prenons comme inconnues auxiliaires la valeur ρ_0 des premiers rapports et la valeur ρ_1 des derniers. Nous sommes amenés à écrire que les équations

$$\begin{aligned}
x &= x_0 + a_0\rho_0 = x_1 + a_1\rho_1, \\
y &= y_0 + b_0\rho_0 = y_1 + b_1\rho_1, \\
z &= z_0 + c_0\rho_0 = z_1 + c_1\rho_1,
\end{aligned}$$

ont une solution en ρ_0, ρ_1. Une condition nécessaire est que le déterminant $\begin{vmatrix} a_0, & a_1, & x_0 - x_1 \\ b_0, & b_1, & y_0 - y_1 \\ b_0, & c_1, & z_0 - z_1 \end{vmatrix}$ soit nul; mais cette condition n'est suffisante que si le déterminant principal des équations en ρ_0, ρ_1 est du second ordre, ce qui revient à supposer que D_0 et D_1 ne sont pas parallèles. D'ailleurs la condition

$$\begin{vmatrix} x_0 - x_1, & y_0 - y_1, & z_0 - z_1 \\ a_0, & b_0, & c_0 \\ a_1, & b_1, & c_1 \end{vmatrix} = 0,$$

exprime que D_0 et D_1 sont dans un même plan [voir (11)].

EXERCICES

1º Quelle est la surface définie par les équations

$$x = a\alpha + b\beta + c, \qquad y = a_1\alpha + b_1\beta + c_1, \qquad z = a_2\alpha + b_2\beta + c_2,$$

où α, β représentent deux paramètres susceptibles de prendre toutes les valeurs possibles?

2º Démontrer que si les points $A(x_0, y_0, z_0)$, $B(x_1, y_1, z_1)$, $C(x_2, y_2, z_2)$ définissent un plan, les coordonnées d'un point quelconque de ce plan sont données par les formules

$$x = \frac{\lambda_0 x_0 + \lambda_1 x_1 + \lambda_2 x_2}{\lambda_0 + \lambda_1 + \lambda_2}, \qquad y = \frac{\lambda_0 y_0 + \lambda_1 y_1 + \lambda_2 y_2}{\lambda_0 + \lambda_1 + \lambda_2}, \qquad z = \frac{\lambda_0 z_0 + \lambda_1 z_1 + \lambda_2 z_2}{\lambda_0 + \lambda_1 + \lambda_2}.$$

3º Démontrer que la condition nécessaire et suffisante pour que les plans définis par l'équation $\lambda^2 P + \lambda Q + R = 0$, où λ désigne un paramètre variable, passent par une droite fixe, est que les trois plans P, Q, R aient une droite commune.

4º Démontrer que la condition nécessaire et suffisante pour que les plans définis par l'équation $\lambda^3 P + \lambda^2 Q + \lambda R + S = 0$, passent par un point fixe, est que les quatre plans P, Q, R, S aient un point commun.

18ᵉ LEÇON

ANGLES ET DISTANCES (AXES RECTANGULAIRES)

Angle de deux droites. — Nous avons vu plus haut (leç. 15) que le cosinus de l'angle de deux axes quelconques dont on donne les cosinus directeurs α, β, γ et α', β', γ' est fourni par la formule

$$\cos V = \alpha\alpha' + \beta\beta' + \gamma\gamma'.$$

Soient D et D' deux droites dont les paramètres directeurs sont a, b, c et a', b', c'. Orientons chacune de ces droites et soient α, β, γ et α', β', γ' les cosinus directeurs des deux axes ainsi définis. Nous savons que l'on a :

$$\frac{\alpha}{a} = \frac{\beta}{b} = \frac{\gamma}{c}$$

et, en tenant compte de la relation $\alpha^2 + \beta^2 + \gamma^2 = 1$, nous en tirons :

$$\alpha = \frac{\varepsilon a}{\sqrt{a^2 + b^2 + c^2}}, \quad \beta = \frac{\varepsilon b}{\sqrt{a^2 + b^2 + c^2}}, \quad \gamma = \frac{\varepsilon c}{\sqrt{a^2 + b^2 + c^2}}; \ (\varepsilon = \pm 1).$$

Nous avons de même :

$$\alpha' = \frac{\varepsilon' a'}{\sqrt{a'^2 + b'^2 + c'^2}}, \quad \beta' = \frac{\varepsilon' b'}{\sqrt{a'^2 + b'^2 + c'^2}}, \quad \gamma' = \frac{\varepsilon' c'}{\sqrt{a'^2 + b'^2 + c'^2}}; \ (\varepsilon' = \pm 1).$$

Par suite,

$$(1) \qquad \cos(D, D') = \varepsilon\varepsilon' \frac{aa' + bb' + cc'}{\sqrt{(a^2 + b^2 + c^2)(a'^2 + b'^2 + c'^2)}}.$$

Si l'on veut avoir le cosinus de l'angle aigu des deux droites, il faut prendre la valeur absolue du second membre de cette formule.

Les deux droites sont rectangulaires si la somme $aa' + bb' + cc'$ est nulle.

On a quelquefois besoin du sinus de l'angle des droites; il est fourni par la formule

$$\sin^2(D, D') = 1 - \cos^2(D, D') = 1 - \frac{(aa' + bb' + cc')^2}{(a^2 + b^2 + c^2)(a'^2 + b'^2 + c'^2)}$$

On peut transformer ce résultat en réduisant au même dénominateur dans le dernier membre et en appliquant à l'expression

$$(a^2 + b^2 + c^2)(a'^2 + b'^2 + c'^2) - (aa' + bb' + cc')^2$$

une identité algébrique due à Lagrange. Supposons données deux séries de nombres constituant un tableau à deux lignes, savoir :

$$\left\| \begin{matrix} a_1, & a_2, & a_3, & \ldots, & a_n \\ b_1, & b_2, & b_3, & \ldots, & b_n \end{matrix} \right\|;$$

on a identiquement :

$$\Sigma\,(a_i b_j - a_j b_i)^2 = \Sigma a_i^2 \cdot \Sigma b_i^2 - (\Sigma a_i b_i)^2.$$

On trouve ainsi :

$$(2)\qquad \sin^2(\mathrm{D},\,\mathrm{D}') = \frac{(bc' - cb')^2 + (ca' - ac')^2 + (ab' - ba')^2}{(a^2 + b^2 + c^2)\,(a'^2 + b'^2 + c'^2)}.$$

On peut déduire de ces résultats l'équation d'un *cône de révolution* dont le sommet est le point $\mathrm{A}(x_0,\ y_0,\ z_0)$, dont l'axe D a comme paramètres directeurs a, b, c et dont l'angle générateur (demi-angle au sommet) vaut V.

Si $\mathrm{M}(x,\ y,\ z)$ est un point quelconque de ce cône, les deux droites D et AM faisant un angle V, on obtient, en appliquant la formule (1) et élevant au carré :

$$\cos^2 \mathrm{V}\cdot(a^2 + b^2 + c^2)\left[(x - x_0)^2 + (y - y_0)^2 + (z - z_0)^2\right]$$
$$= \left[a\,(x - x_0) + b\,(y - y_0) + c\,(z - z_0)\right]^2.$$

Cette équation est de la forme

$$(3)\qquad (x - x_0)^2 + (y - y_0)^2 + (z - z_0)^2$$
$$= \left[l\,(x - x_0) + m\,(y - y_0) + n\,(z - z_0)\right]^2.$$

On revient de cette équation (3) à la précédente en posant :

$$l = \frac{a}{\sqrt{a^2 + b^2 + c^2}\cdot\cos \mathrm{V}}, \qquad m = \frac{b}{\sqrt{a^2 + b^2 + c^2}\cdot\cos \mathrm{V}},$$

$$n = \frac{c}{\sqrt{a^2 + b^2 + c^2}\cdot\cos \mathrm{V}},$$

équation d'où l'on tire : $(l^2 + m^2 + n^2)\cos^2 \mathrm{V} = 1$.

Toute équation (3) où l, m, n sont tels que $l^2 + m^2 + n^2$ soit supérieur à 1, définit donc un cône de révolution dont le sommet est le point $(x_0,\ y_0,\ z_0)$ et dont l'axe a l, m, n comme paramètres directeurs. On pourrait aussi partir de la formule (2) pour établir l'équation du cône.

Angle d'une droite et d'un plan. — C'est le complément de l'angle de la droite avec une perpendiculaire au plan. L'équation du plan étant $ax + by + cz + d = 0$, les paramètres directeurs d'une perpendiculaire à ce plan sont a, b, c; soient l, m, n ceux de la droite donnée. L'angle cherché V est défini par la formule

$$\sin \mathrm{V} = \frac{|al + bm + cn|}{\sqrt{(a^2 + b^2 + c^2)\,(l^2 + m^2 + n^2)}}.$$

Comme vérification, on voit que la condition $\sin \mathrm{V} = 0$ entraîne la condition connue du parallélisme de la droite et du plan.

Angle de deux plans. — C'est le même que celui de deux perpendiculaires à ces plans. Si les équations des plans sont

$$ax + by + cz + d = 0, \quad a'x + b'y + c'z + d' = 0,$$

le cosinus de leur angle est donné par la formule

$$\cos V = \pm \frac{aa' + bb' + cc'}{\sqrt{(a^2 + b^2 + c^2)(a'^2 + b'^2 + c'^2)}}.$$

La condition d'orthogonalité des deux plans est la même que celle de leurs axes; elle s'exprime par l'équation $aa' + bb' + cc' = 0$.

Perpendiculaire menée d'un point à un plan; distance du point au plan. — Donnons-nous un plan P défini par l'équation

$$(4) \qquad P \equiv ax + by + cz + d = 0$$

et un point $A(x_0, y_0, z_0)$. La perpendiculaire menée de ce point au plan a a, b, c comme paramètres directeurs; ses équations sont donc

$$(5) \qquad \frac{x - x_0}{a} = \frac{y - y_0}{b} = \frac{z - z_0}{c}.$$

Cette droite rencontre le plan en un point H et la longueur AH est la distance du point A au plan P. Les coordonnées x, y, z du point H vérifient les équations (4) et (5).

Prenons comme inconnue auxiliaire la valeur ρ des rapports (5); alors

$$x - x_0 = a\rho, \quad y - y_0 = b\rho, \quad z - z_0 = c\rho.$$

En substituant dans (4) les valeurs de x, y, z, on voit que ρ est défini par l'équation

$$\rho(a^2 + b^2 + c^2) + ax_0 + by_0 + cz_0 + d = 0,$$

d'où l'on tire :

$$\rho = - \frac{P_0}{a^2 + b^2 + c^2}.$$

D'autre part, $\overline{AH}^2$ vaut

$$(x - x_0)^2 + (y - y_0)^2 + (z - z_0)^2 = \rho^2(a^2 + b^2 + c^2).$$

Donc

$$\overline{AH}^2 = \frac{P_0^2}{a^2 + b^2 + c^2} \quad \text{et} \quad AH = \frac{|P_0|}{\sqrt{a^2 + b^2 + c^2}}. \qquad (6)$$

Un raisonnement identique à celui qui a été fait en géométrie plane permet de montrer que la puissance algébrique P_0 du point A par rapport au plan P change de signe quand le point traverse le plan. En particulier on voit de suite quels sont les signes des puissances algébriques de l'origine ou des points à l'infini sur les axes de coordonnées.

Nous allons appliquer la formule (6) à la solution de divers problèmes.

$1°$ Cherchons les plans bissecteurs des dièdres formés par les deux plans P et Q dont les équations sont

$$P \equiv ax + by + cz + d = 0, \qquad Q \equiv a'x + b'y + c'z + d' = 0.$$

Les distances d'un point $M(x, y, z)$ à ces deux plans ont comme mesures respectives

$$\frac{|P|}{\sqrt{a^2 + b^2 + c^2}} \quad \text{et} \quad \frac{|Q|}{\sqrt{a'^2 + b'^2 + c'^2}}.$$

Leur égalité place le point M sur l'un des deux plans définis par l'équation

$$\frac{P}{\sqrt{a^2 + b^2 + c^2}} = \pm \frac{Q}{\sqrt{a'^2 + b'^2 + c'^2}}.$$

Ce sont les deux plans bissecteurs cherchés.

2° Cherchons le volume d'un tétraèdre défini par les sommets $A_0(x_0, y_0, z_0)$, $A_1(x_1, y_1, z_1)$, $A_2(x_2, y_2, z_2)$ et $A_3(x_3, y_3, z_3)$. Le nombre qui mesure ce volume est égal à

$$\frac{1}{3}\,\text{aire } A_1 A_2 A_3 \times A_0 H_0,$$

$A_0 H_0$ étant la distance du sommet A_0 au plan de la face opposée $A_1 A_2 A_3$.

L'évaluation du nombre S, qui mesure une surface plane située dans l'espace d'une façon quelconque, peut se faire de diverses manières. La projection de cette surface plane sur le plan yOz, par exemple, est une nouvelle surface plane dont la mesure S_x vaut $S\,|\alpha|$, α désignant le cosinus de l'angle du plan de la surface étudiée avec le plan yOz ou, ce qui revient au même, le cosinus de l'angle de Ox avec une perpendiculaire au plan. Si l'on connaît S_x et α on peut en déduire S.

Mais on peut aussi utiliser les projections orthogonales sur les plans zOx et xOy.

On a de même : $S_y = S\,|\beta|$ et $S_z = S\,|\gamma|$, α, β, γ désignant les cosinus directeurs d'un axe perpendiculaire au plan.

Les trois égalités précédentes conduisent à la suivante :

$$S_x^2 + S_y^2 + S_z^2 = S^2(\alpha^2 + \beta^2 + \gamma^2) = S^2,$$

d'où l'on tire :
$$S = \sqrt{S_x^2 + S_y^2 + S_z^2}.$$

Appliquons cette formule à la recherche de l'aire S du triangle $A_1 A_2 A_3$. La projection de ce triangle sur le plan yOz est un triangle dont les sommets ont comme coordonnées dans ce plan (y_1, z_1), (y_2, z_2), (y_3, z_3). Par suite,

$$S_x = \frac{1}{2}\,\text{val. abs. de}\begin{vmatrix} y_1 & z_1 & 1 \\ y_2 & z_2 & 1 \\ y_3 & z_3 & 1 \end{vmatrix}.$$

On obtient de même :

$$S_y = \frac{1}{2}\,\text{val. abs. de}\begin{vmatrix} x_1 & z_1 & 1 \\ x_2 & z_2 & 1 \\ x_3 & z_3 & 1 \end{vmatrix}, \qquad S_z = \frac{1}{2}\,\text{val. abs. de}\begin{vmatrix} x_1 & y_1 & 1 \\ x_2 & y_2 & 1 \\ x_3 & y_3 & 1 \end{vmatrix}$$

et

$$S = \frac{1}{2}\sqrt{\begin{vmatrix} y_1 & z_1 & 1 \\ y_2 & z_2 & 1 \\ y_3 & z_3 & 1 \end{vmatrix}^2 + \begin{vmatrix} x_1 & z_1 & 1 \\ x_2 & z_2 & 1 \\ x_3 & z_3 & 1 \end{vmatrix}^2 + \begin{vmatrix} x_1 & y_1 & 1 \\ x_2 & y_2 & 1 \\ x_3 & y_3 & 1 \end{vmatrix}^2}.$$

D'autre part, l'équation du plan $A_1 A_2 A_3$ étant

$$\begin{vmatrix} x & , & y & , & z & , & 1 \\ x_1, & y_1, & z_1, & 1 \\ x_2, & y_2, & z_2, & 1 \\ x_3, & y_3, & z_3, & 1 \end{vmatrix} = 0,$$

si l'on pose :

$$\Delta = \begin{vmatrix} x_0, & y_0, & z_0, & 1 \\ x_1, & y_1, & z_1, & 1 \\ x_2, & y_2, & z_2, & 1 \\ x_3, & y_3, & z_3, & 1 \end{vmatrix},$$

on a de suite :

$$A_0 H_0 = \frac{|\Delta|}{\sqrt{(2 S_x)^2 + (2 S_y)^2 + (2 S_z)^2}} = \frac{|\Delta|}{2 S}.$$

Donc
$$\text{vol. } A_0 A_1 A_2 A_3 = \frac{1}{6} |\Delta|. \tag{7}$$

Remarquons, pour vérifier cette formule, que le volume est bien nul quand les quatre sommets sont dans un même plan.

De plus, le signe du déterminant Δ, qui figure dans l'expression du volume, dépend, comme on l'a vu (leçon 16), de l'orientation du trièdre $A_0 (A_1, A_2, A_3)$.

Il est négatif si le trièdre est de sens direct, et positif dans le cas contraire.

Si l'on applique la formule (7) au tétraèdre $O A_1 A_2 A_3$, on voit que le volume de ce tétraèdre vaut

$$\frac{1}{6} \text{ val. abs. de } \begin{vmatrix} x_1, & y_1, & z_1 \\ x_2, & y_2, & z_2 \\ x_3, & y_3, & z_3 \end{vmatrix}.$$

Plan mené par un point perpendiculairement à une droite; distance du point à la droite. — Donnons-nous une droite D définie par les équations

$$\tag{8} \frac{x - x_0}{a} = \frac{y - y_0}{b} = \frac{z - z_0}{c}$$

et un point $M (x_1, y_1, z_1)$. Soit $A (x_0, y_0, z_0)$ le point mis en évidence sur D.
Le plan mené par M perpendiculairement à D a pour équation

$$\tag{9} a (x - x_1) + b (y - y_1) + c (z - z_1) = 0,$$

puisqu'une perpendiculaire à ce plan a comme paramètres directeurs a, b, c.

La perpendiculaire MH menée de M à la droite D se trouve dans le plan (9) et dans le plan passant par M et D; ce dernier plan a pour équation

$$\tag{10} \begin{vmatrix} x - x_1, & y - y_1, & z - z_1 \\ x_0 - x_1, & y_0 - y_1, & z_0 - z_1 \\ a, & b, & c \end{vmatrix} = 0,$$

de sorte que MH est définie par les équations (9) et (10).

La distance MH du point M à la droite D est un côté de l'angle droit du triangle MHA rectangle en H, de sorte que :

$$\overline{MH}^2 = \overline{MA}^2 - \overline{AH}^2.$$

La longueur AH est la distance du point A au plan (9); par suite,

$$\overline{AH}^2 = \frac{\left[a(x_1 - x_0) + b(y_1 - y_0) + c(z_1 - z_0)\right]^2}{a^2 + b^2 + c^2}.$$

Donc

$$(11) \qquad \overline{MH}^2 = (x_1 - x_0)^2 + (y_1 - y_0)^2 + (z_1 - z_0)^2$$
$$- \frac{\left[a(x_1 - x_0) + b(y_1 - y_0) + c(z_1 - z_0)\right]^2}{a^2 + b^2 + c^2}.$$

En réduisant au même dénominateur dans le second membre de cette formule et appliquant l'identité de Lagrange au numérateur, on trouve :

$$(12) \quad \overline{MH}^2 = \frac{\left[c(y_1 - y_0) - b(z_1 - z_0)\right]^2 + \left[a(z_1 - z_0) - c(x_1 - x_0)\right]^2 + \left[b(x_1 - x_0) - a(y_1 - y_0)\right]^2}{a^2 + b^2 + c^2}$$
$$= \frac{N}{a^2 + b^2 + c^2}.$$

Cette dernière forme est assez facile à retenir si l'on remarque que le numérateur n'est autre que la somme des carrés des mineurs déduits du tableau

$$\left\| \begin{array}{ccc} x_1 - x_0, & y_1 - y_0, & z_1 - z_0 \\ a, & b, & c \end{array} \right\|.$$

On l'obtient d'ailleurs de suite en remarquant que :

$$\sin^2 (MA, D) = \frac{N}{(a^2 + b^2 + c^2)\left[(x_1 - x_0)^2 + (y_1 - y_0)^2 + (z_1 - z_0)^2\right]}$$
$$= \frac{N}{\overline{AM}^2 \cdot (a^2 + b^2 + c^2)}.$$

La droite D pourrait aussi être définie comme intersection de deux plans *rectangulaires* dont les équations sont

$$P \equiv ax + by + cz + d = 0, \qquad Q \equiv a'x + b'y + c'z + d' = 0.$$

Le carré de la distance MH d'un point $M(x, y, z)$ à la droite D est égal à la somme des carrés des distances de ce point aux deux plans rectangulaires qui la contiennent ; on a donc de suite :

$$(13) \qquad \overline{MH}^2 = \frac{P^2}{a^2 + b^2 + c^2} + \frac{Q^2}{a'^2 + b'^2 + c'^2}.$$

La formule qui donne le carré de la distance d'un point à une droite permet d'écrire vite l'équation d'un *cylindre de révolution* dont on donne l'axe et le rayon. Si l'axe est défini par les équations (8) et si le rayon vaut R, l'équation du cylindre est

$$(14) \qquad R^2 = (x - x_0)^2 + (y - y_0)^2 + (z - z_0)^2$$
$$- \frac{\left[a(x - x_0) + b(y - y_0) + c(z - z_0)\right]^2}{a^2 + b^2 + c^2}.$$

On l'obtient en remplaçant x_1, y_1, z_1 par x, y, z dans (11).

Perpendiculaire commune à deux droites; plus courte distance. — Soient D_0 et D_1 les deux droites définies par les équations

$$D_0, \qquad \frac{x - x_0}{a_0} = \frac{y - y_0}{b_0} = \frac{z - z_0}{c_0},$$

$$D_1, \qquad \frac{x - x_1}{a_1} = \frac{y - y_1}{b_1} = \frac{z - z_1}{c_1}.$$

Remarquons qu'un plan parallèle aux deux droites mené par D_0 a pour équation

$$(15) \qquad \begin{vmatrix} x - x_0, & y - y_0, & z - z_0 \\ a_0, & b_0, & c_0 \\ a_1, & b_1, & c_1 \end{vmatrix} = 0.$$

Les paramètres directeurs d'une perpendiculaire à ce plan sont les coefficients de x, y, z, dans l'équation de ce plan, c'est-à-dire $b_0 c_1 - c_0 b_1$, $c_0 a_1 - a_0 c_1$, $a_0 b_1 - b_0 a_1$; ce sont aussi les paramètres directeurs de la perpendiculaire commune $H_0 H_1$.

La droite $H_0 H_1$ est l'intersection de deux plans qui sont parallèles à $H_0 H_1$ et qui sont menés respectivement par D_0 et D_1. Elle est donc définie par les deux équations

$$(16) \qquad \begin{vmatrix} x - x_0, & y - y_0, & z - z_0 \\ a_0, & b_0, & c_0 \\ b_0 c_1 - c_0 b_1, & c_0 a_1 - a_0 c_1, & a_0 b_1 - b_0 a_1 \end{vmatrix} = 0,$$

$$\begin{vmatrix} x - x_1, & y - y_1, & z - z_1 \\ a_1, & b_1, & c_1 \\ b_0 c_1 - c_0 b_1, & c_0 a_1 - a_0 c_1, & a_0 b_1 - b_0 a_1 \end{vmatrix} = 0.$$

L'intersection du plan mené par D_1 parallèlement à $H_0 H_1$ avec la droite D_0 définit le pied H_0 de la perpendiculaire commune sur D_0.

La plus courte distance de D_0 et D_1 est égale à la distance d'un point quelconque de D_1 le point (x_1, y_1, z_1) par exemple, au plan mené par D_0 parallèlement à D_1, c'est-à-dire au plan (15). Cette distance est donnée par la formule

$$(17) \qquad H_0 H_1 = \frac{\text{val. abs. de} \begin{vmatrix} x_1 - x_0, & y_1 - y_0, & z_1 - z_0 \\ a_0, & b_0, & c_0 \\ a_1, & b_1, & c_1 \end{vmatrix}}{\sqrt{(b_0 c_1 - c_0 b_1)^2 + (c_0 a_1 - a_0 c_1)^2 + (a_0 b_1 - b_0 a_1)^2}}.$$

Tous ces calculs sont naturellement en défaut si les deux droites sont parallèles.

Il convient de signaler deux cas particulièrement simples où la recherche de la perpendiculaire commune et celle de la plus courte distance s'effectuent rapidement.

1° Supposons les deux droites parallèles à l'un des plans de coordonnées, au plan xOy par exemple. D_0 et D_1 sont alors définies par les équations

$$D_0, \qquad a_0 x + b_0 y + c_0 = 0, \qquad z - z_0 = 0,$$
$$D_1, \qquad a_1 x + b_1 y + c_1 = 0, \qquad z - z_1 = 0.$$

La perpendiculaire commune est la parallèle à Oz qui s'appuie sur ces deux droites; c'est donc l'intersection des deux plans projetant D_0 et D_1 sur le plan xOy et elle est définie par les équations

$$a_0 x + b_0 y + c_0 = 0, \qquad a_1 x + b_1 y + c_1 = 0.$$

La plus courte distance est la distance des deux plans parallèles au plan xOy menés respectivement par D_0 et D_1; cette distance vaut $|z_1 - z_0|$.

2° Supposons l'une des droites D_0 parallèle à un axe, Oz par exemple; ses équations sont $x = x_0$, $y = y_0$. Supposons la seconde droite définie par les équations

$$(18) \qquad ax + by + cz + d = 0, \qquad (19) \quad a'x + b'y + d' = 0.$$

La perpendiculaire commune $H_0 H_1$ est dans le plan mené par D_0 perpendiculairement à la projection de D_1 sur le plan xOy, projection qui est définie par l'équation (19).

L'équation de ce plan est donc

$$(20) \qquad \frac{x - x_0}{a'} = \frac{y - y_0}{b'}.$$

Il coupe la droite D_1 au point H_1, pied de la perpendiculaire commune sur D_1. La cote de ce point H_1 est celle de tous les points de $H_0 H_1$; c'est la solution de l'équation obtenue en éliminant x et y entre les équations (18) (19) et (20) qui définissent les coordonnées de H_1. On trouve ainsi :

$$(21) \qquad \begin{vmatrix} a, & b, & cz + d \\ a', & b', & d' \\ b', & -a', & a'y_0 - b'x_0 \end{vmatrix} = 0.$$

Les équations (20) et (21) définissent $H_0 H_1$. Quant à la distance des deux droites, c'est la distance d'un point quelconque de D_0 au plan (19), c'est-à-dire

$$\frac{|a'x_0 + b'y_0 + d'|}{\sqrt{a'^2 + b'^2}}.$$

EXERCICES

1º Trouver la condition pour que la droite dont les paramètres directeurs sont l, m, n soit perpendiculaire à l'intersection des deux plans définis par les équations $ax + by + cz = 0$, $a'x + b'y + c'z = 0$.

2º Trouver les coordonnées du point symétrique d'un point $A(x_0, y_0, z_0)$ par rapport au plan P défini par l'équation $P \equiv ax + by + cz + d = 0$.

Appliquer les résultats obtenus à la recherche de l'équation du plan Q symétrique d'un plan Q donné par rapport au plan P, à la recherche des équations de la droite D_1 symétrique d'une droite D donnée par rapport au plan P.

3º Traiter les questions analogues aux précédentes en remplaçant le plan P par une droite Δ dont les équations sont $\dfrac{x - x_0}{a} = \dfrac{y - y_0}{b} = \dfrac{z - z_0}{c}$.

4º Démontrer que la distance MH d'un point $M(x, y, z)$ à la droite D intersection des plans définis par les équations $P \equiv ax + by + cz + d = 0$, $Q \equiv a'x + b'y + c'z + d' = 0$ est donnée par la formule

$$\overline{MH}^2 = \frac{CP^2 - 2BPQ + AQ^2}{AC - B^2}.$$

en posant : $A = a^2 + b^2 + c^2$, $B = aa' + bb' + cc'$, $C = a'^2 + b'^2 + c'^2$.

[On pourra chercher à définir la droite comme intersection de deux plans rectangulaires, soit en associant au plan P un plan perpendiculaire, soit en prenant les plans bissecteurs des dièdres formés par les plans P et Q].

5º Démontrer par la géométrie analytique que les hauteurs $A_0 H_0$ et $A_1 H_1$ d'un tétraèdre sont concourantes lorsque les deux arêtes $A_0 A_1$ et $A_2 A_3$ sont orthogonales.

6º Trouver la plus courte distance des deux arêtes opposées $A_0 A_1$ et $A_2 A_3$ d'un tétraèdre; comparer son expression à celle du volume du tétraèdre.

7º On suppose que l'origine O des axes est à l'intérieur d'un tétraèdre et on oriente chaque perpendiculaire menée de O à chacune des faces de ce tétraèdre, du point O vers la face correspondante. Dans ces conditions, les équations normales des faces sont

$$P_0 \equiv \alpha_0 x + \beta_0 y + \gamma_0 z - p_0 = 0$$
$$P_1 \equiv \alpha_1 x + \beta_1 y + \gamma_1 z - p_1 = 0$$
$$P_2 \equiv \alpha_2 x + \beta_2 y + \gamma_2 z - p_2 = 0$$
$$P_3 \equiv \alpha_3 x + \beta_3 y + \gamma_3 z - p_3 = 0$$

Démontrer que les plans bissecteurs intérieurs des dièdres du tétraèdre sont définis par les équations

$$P_0 = P_1, \quad P_0 = P_2, \ldots, P_2 = P_3$$

tandis que les plans bissecteurs extérieurs sont définis par les équations

$$P_0 = -P_1, \quad P_0 = -P_2, \ldots, P_2 = -P_3.$$

En déduire diverses conséquences relatives à l'intersection de 3 ou 6 plans bissecteurs convenablement associés.

19ᵉ LEÇON

VECTEURS — THÉORIE GÉOMÉTRIQUE

Nous avons défini la somme géométrique d'un système de vecteurs (leç. 4).

On appelle *résultante de translation* d'un système de vecteurs en un point O, un vecteur qui a pour origine ce point et qui est égal à la somme géométrique des vecteurs du système considéré. Il résulte des propriétés de la somme géométrique que deux résultantes de translation d'un même système relatives à deux points O et O' sont des vecteurs équipollents.

Nous allons étudier maintenant le moment d'un système de vecteurs par rapport à un point ou par rapport à une droite.

Moment d'un vecteur par rapport à un point; sa variation. — On appelle moment d'un vecteur AB par rapport à un point O, un vecteur OG perpendiculaire au plan OAB, tel que le trièdre O(G, A, B) soit de sens direct, le nombre qui mesure OG étant égal au double du nombre qui mesure l'aire du triangle OAB. Ce moment est nul si le vecteur AB est nul ou si son support passe par O.

Il résulte de cette définition que si l'on fait glisser le vecteur AB sur son support, son moment par rapport à un point fixe O n'est pas altéré et que, si l'on déplace le point O sur une parallèle à AB, le moment OG est remplacé par un moment équipollent.

Si l'on substitue au point O un autre point quelconque O', le nouveau moment O'G' n'est pas en général équipollent à OG; nous allons chercher comment on passe de l'un à l'autre.

Prenons comme plan du tableau le plan perpendiculaire à AB mené par A, et supposons que AB soit derrière ce plan. Déplaçons les points O et O', chacun sur une parallèle à AB de façon à les amener dans le plan du tableau.

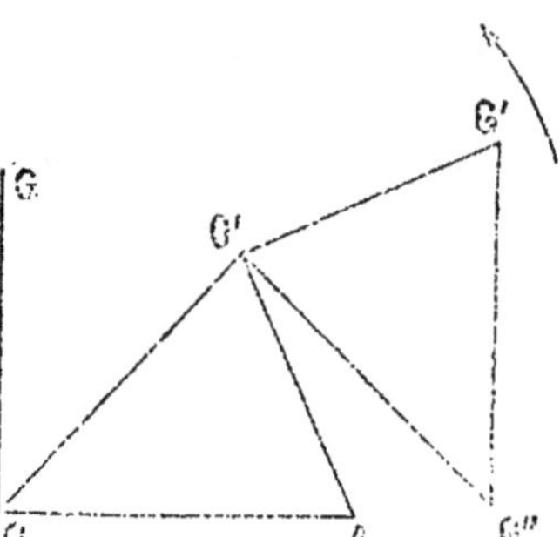

Le moment OG est dans le plan du tableau puisqu'il est perpendiculaire à AB et, si l'on a pris AB comme unité de longueur, OG est égal à OA et en résulte par une rotation de $\frac{\pi}{2}$ autour de O dans le sens de la flèche (le sens direct est supposé dextrorsum). De même, le moment O'G' est dans le plan du tableau et résulte de O'A par une rotation de $\frac{\pi}{2}$ autour de O' dans le sens de la flèche. Imprimons la même rotation au triangle O'OA autour du point O' : il vient prendre la position O'G''G' et le vecteur G''G' est équipollent à OG d'après sa construction. Par suite,

$$(O'G') = (O'G'') + (G''G') = (OG) + (O'G'').$$

Or, le vecteur O'G'' qui résulte de O'O par une rotation de $\frac{\pi}{2}$ autour du point O' dans le sens de la flèche, est le moment par rapport au point O' d'un vecteur OC équipollent à AB. Nous pouvons donc énoncer le théorème suivant :

Théorème I. — *Le moment d'un vecteur AB par rapport au point O' est la somme géométrique du moment de AB par rapport au point O et du moment par rapport à O' d'un vecteur OC équipollent à AB.*

Les deux moments par rapport à O et O' sont équipollents si le moment de OC par rapport à O' est nul, c'est-à-dire si O' est sur OC, ce qui exige que OO' soit parallèle à AB ; nous retrouvons le cas signalé plus haut.

Moment d'un vecteur par rapport à une droite. — Soit D une droite quelconque. Prenons le moment OG d'un vecteur AB par rapport à un point O de D et projetons orthogonalement ce moment sur D ; nous obtenons un nouveau vecteur Og qu'on appelle moment de AB par rapport à D.

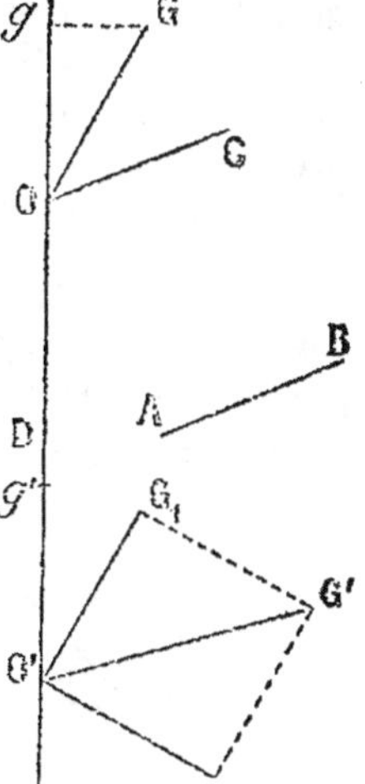

Cette définition suppose le choix d'un point O sur D ; imaginons qu'on en ait pris un autre O'. Le moment O'G' de AB par rapport à ce point est la somme géométrique du vecteur O'G$_1$ équipollent à OG et d'un vecteur O'G$_2$, moment par rapport à O' du vecteur OC équipollent à AB ; O'G$_2$ est perpendiculaire à D, de sorte que la projection O'g de O'G' sur D est un vecteur équipollent à la projection de O'G$_1$ ou de OG sur D. Ainsi Og et O'g résultent l'un de l'autre par un glissement sur D.

Le moment Og est nul si OG est nul ou perpendiculaire à D.

OG est nul quand AB est nul ou passe par O ; OG est perpendiculaire à D quand le plan OAB contient D. En résumé, le moment d'un vecteur par rapport à une droite est nul quand le vecteur est nul ou que son support et la droite sont dans un même plan.

Moment résultant d'un système de vecteurs par rapport à un point ; sa variation. — Considérons un système S de vecteurs A$_1$B$_1$, A$_2$B$_2$, ..., A$_n$B$_n$ et un point O ; soient OG$_1$, OG$_2$, ..., OG$_n$ les moments de ces vecteurs par rapport au point O. Le vecteur OG, somme géométrique des vecteurs $Ob_1, Ob_2 \ldots, Ob_n$, s'appelle *moment résultant* du système S par rapport à O.

Proposons-nous de construire le moment résultant, par rapport à un point O, d'un système de vecteurs $AB_1, AB_2, \ldots, AB_n$ qui ont même origine A. Les moments de tous ces vecteurs par rapport au point O sont dans le plan P mené par ce point perpendiculairement à OA. Le moment OG_1 a même mesure que le double de l'aire du triangle OAB_1 et, si l'on prend OA comme unité de longueur, on voit que OG_1 est égal à la hauteur B_1H_1 de ce triangle, ou aussi bien à la projection orthogonale Ob_1 de AB_1 sur le plan P.

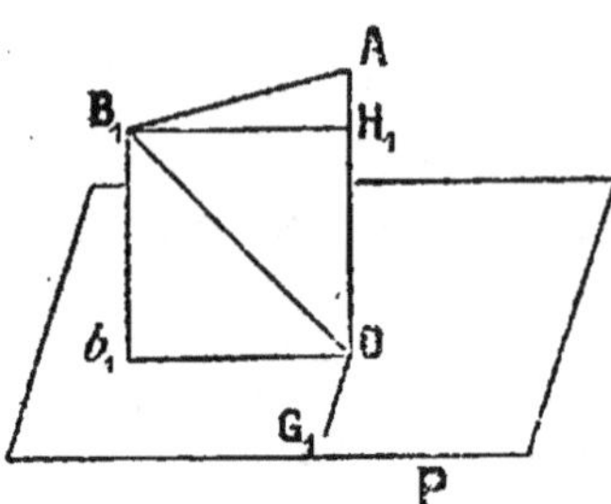

De plus, les deux trièdres $O(A, B_1, G_1)$, $O(A, b_1, G_1)$ sont de même sens, puisque B_1 et b_1 sont d'un même côté du plan AOG_1; le premier étant de sens direct, il en est de même du second, et OG_1 résulte de Ob_1 par une rotation de $\dfrac{\pi}{2}$ autour de l'axe OA dans le sens direct. Désignons cette rotation par Ω. De même, les moments $OG_2, \ldots, OG_n$ résultent des projections $Ob_2, \ldots, Ob_n$, par cette rotation Ω. La somme géométrique OG des vecteurs $OG_1, OG_2, \ldots, OG_n$ se déduit donc de la somme géométrique Ob des vecteurs $Ob_1, Ob_2, \ldots, Ob_n$ par cette rotation Ω. Or, en vertu du théorème des projections sur un plan, la projection de la somme géométrique AB des vecteurs $AB_1, \ldots, AB_n$, sur le plan P est précisément Ob et le moment de AB par rapport au point O est OG. Nous avons donc établi la proposition suivante :

Théorème II. — *Le moment résultant d'un système de vecteurs concourants par rapport à un point O est le moment, par rapport à ce point, du vecteur résultant de tous les vecteurs considérés.*

Dans le cas où tous les vecteurs sont dans un même plan passant par O, tous les moments sont portés par une même droite, et chacun d'eux représente le double d'une aire algébrique; le théorème correspondant est dû à Varignon.

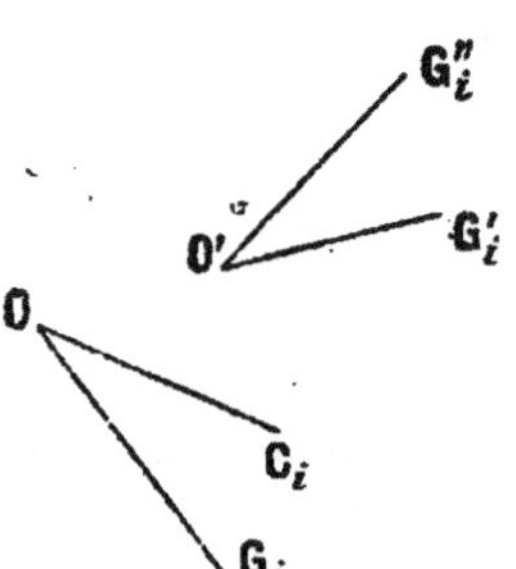

Nous pouvons maintenant comparer les moments résultants OG et O'G' d'un système S par rapport à deux points O et O'. Les moments d'un vecteur quelconque A_iB_i de ce système par rapport aux deux points sont OG_i et $O'G'_i$ et on sait que :

$$(O'G'_i) = (OG_i) + (O'G''_i),$$

le vecteur $O'G''_i$ étant le moment par rapport à O' du vecteur OC_i équipollent à A_iB_i.

L'égalité $(O'G') = \Sigma(O'G_i')$, qui est une conséquence de la définition du moment résultant, conduit à la suivante :

$$(O'G') = \Sigma(OG_i) + \Sigma(O'G_i'').$$

Or $\Sigma(OG_i) = (OG)$ et, en vertu du théorème II, $\Sigma(O'G_i'')$ est le moment par rapport à O' du vecteur OC résultant des différents vecteurs OC_i; ce vecteur OC n'est autre que la résultante de translation du système S en O. Nous sommes donc conduits à la proposition suivante :

Théorème III. — *Le moment résultant d'un système S par rapport au point O' est la somme géométrique de son moment résultant par rapport au point O et du moment, pris par rapport à O', de la résultante de translation de S relative à O.*

Le moment résultant par rapport à O' est équipollent au moment résultant par rapport à O si la droite OO′ est parallèle à la résultante de translation ou si cette dernière est nulle. Il y aura donc lieu d'attacher une importance particulière à un système de vecteurs dont la résultante de translation est nulle, car les moments résultants de ce système par rapport à tous les points de l'espace sont équipollents. Un exemple nous est donné par l'ensemble de deux vecteurs égaux, parallèles et de sens contraires, c'est-à-dire *égaux et opposés* : cet ensemble s'appelle *couple*. On appelle bras de levier du couple le segment intercepté sur une perpendiculaire commune aux deux vecteurs par leurs supports. Si l'on prend comme point O un point de l'un d'eux, on voit que le moment résultant du couple a pour mesure le produit des nombres qui mesurent la longueur du bras de levier et l'un des vecteurs. Ce moment s'appelle aussi l'*axe* du couple; cet axe n'est défini qu'en direction, grandeur et sens.

Considérons un système S dont la résultante de translation OC n'est pas nulle, non plus que le moment résultant OG. Regardons OG comme la somme géométrique de deux vecteurs dont l'un Og a même support que OC et dont l'autre Oγ est perpendiculaire à OC.

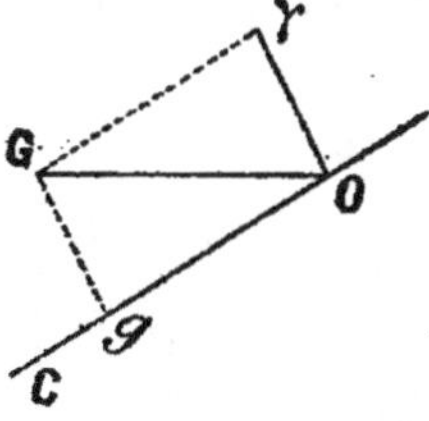

Lorsqu'on passe du point O à un point O', le moment de OC par rapport à O' étant perpendiculaire à OC n'a pas d'influence sur la composante $O'g'$ qui remplace Og; la composante Oγ se trouve seule altérée. Ainsi, *la projection du moment résultant sur la résultante de translation est un vecteur constant en direction, grandeur et sens.*

On en conclut de suite que *le produit géométrique du moment résultant et de la résultante de translation en un point est constant*, c'est-à-dire que sa grandeur est indépendante du point. Dans le cas d'un système S composé de deux vecteurs AB, CD, on peut donner une représentation géométrique de ce produit. Le moment résultant de S par rapport au point C se réduit au moment CG de AB par rapport à ce point. La projection CE de la résultante de translation CΓ sur CG étant la somme géométrique de la projection de AB et de la projection de CD, se réduit à cette dernière. Cette projection est égale à la hauteur DH du tétraèdre ABCD. Sa mesure est donc

$$\frac{3\,\text{vol.\,ABCD}}{\text{surf.\,ABC}} = \frac{6\,\text{vol.\,ABCD}}{CG}.$$

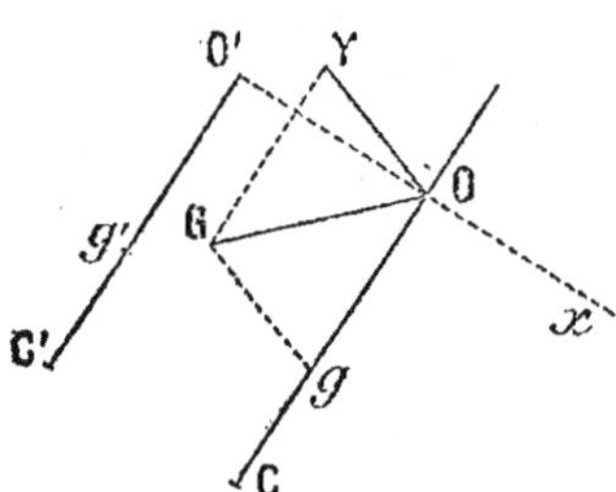

Le produit géométrique de CF et CG qui vaut $\overline{CE} \cdot \overline{CG}$ a donc comme valeur absolue 6 vol. ABCD. En outre ce produit est positif si CE et CG sont de même sens, c'est-à-dire si CD et CG sont d'un même côté du plan ABC.

Le trièdre C(G, A, B) étant de sens direct, cela revient à dire que le produit géométrique est positif si le trièdre C(D, A, B) est de sens direct et négatif dans le cas contraire.

Reprenons la décomposition du moment résultant d'un système S par rapport à un point O en deux composantes dont l'une Og a même support que la résultante de translation et dont l'autre Oγ est per-

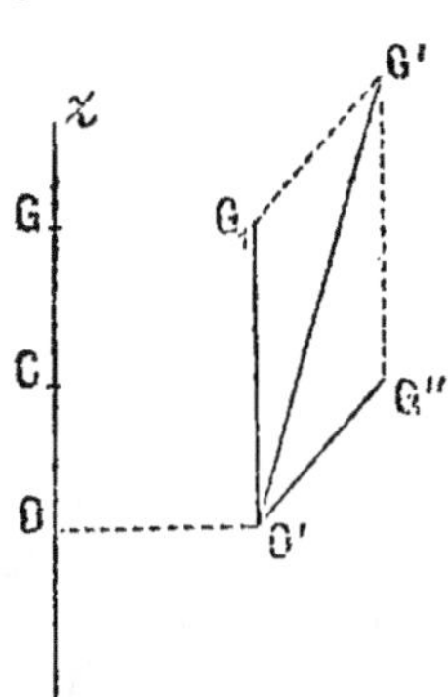

pendiculaire à cette résultante. Nous sommes conduits à chercher un point O' tel que la composante O'γ' relative à ce point soit nulle; cela ne peut être que si Oγ et le moment O'G'' de OC par rapport à O' sont deux vecteurs égaux et opposés. Le point O' inconnu ne peut donc se trouver que dans le plan perpendiculaire à Oγ mené par O; cherchons-le sur une perpendiculaire

Ox à OC dans ce plan. On peut trouver sur Ox deux points O' tels que l'on ait : OC · OO' = Oγ; ces deux points sont situés de part et d'autre du point O. Les moments de OC par rapport à ces points ont la même grandeur que Oγ et la même direction, mais leurs sens respectifs sont contraires; il y en a donc un et un seul pour lequel le moment de OC est opposé à Oγ.

Le moment de S par rapport à ce point O' est un vecteur O'g' ayant même support que la résultante de translation O'C'. La même propriété existe pour tout point de O'C', et elle n'existe pas pour tout point non situé sur cette droite, puisqu'à la composante O'g' vient s'en adjoindre une autre perpendiculaire à O'C'. La droite O'C' s'appelle *axe central* du système S. Le moment résultant de S est minimum pour tous les points de cette droite.

Il est maintenant facile de voir comment varie le moment résultant OG quand le point O se déplace. Soit Oz l'axe central du système et soient OG et OC le moment résultant et la résultante de translation en un point O de cet axe.

Prenons un point O′ quelconque dans le plan perpendiculaire à Oz mené par O et cherchons le moment résultant O′G′ en ce point. C'est la somme géométrique du vecteur O′G₁ équipollent à OG et d'un vecteur O′G″ qui est perpendiculaire à O′G₁ et qui a même mesure que OC × OO′. La figure O′G″G′G₁ est un rectangle dont une dimension varie avec OO′. On voit donc que O′G′ conserve la même grandeur quand O′ se déplace sur un cylindre de révolution dont l'axe est l'axe central et que son angle avec cet axe reste constant dans les mêmes conditions.

Moment résultant d'un système de vecteurs par rapport à une droite. — Un vecteur quelconque A_iB_i d'un système S a, par rapport à une droite D, un moment Og_i. La somme géométrique Og de tous ces moments est un vecteur porté sur D; ce vecteur s'appelle *moment résultant de S par rapport à D*. Son origine sur la droite est arbitraire; sa grandeur et son sens sont bien définis.

Le vecteur Og_i étant la projection sur D du moment OG_i de A_iB_i par rapport au point O, le vecteur Og est la projection sur D du vecteur OG qui est la somme géométrique des vecteurs OG_i; or, OG est le moment résultant de S par rapport au point O. Nous voyons donc que *le moment résultant d'un système de vecteurs par rapport à une droite est la projection, sur cette droite, du moment résultant du système par rapport à un point de la droite.*

Quand le moment de S par rapport à D est nul, on dit que D est une *droite de moment nul* par rapport à ce système. Cela est si, au point O, la droite D est perpendiculaire au moment résultant OG. Les droites de moment nul qui passent par un point quelconque sont donc les perpendiculaires au moment résultant en ce point; leur lieu est un plan.

Systèmes équivalents, systèmes particuliers; transformations élémentaires. — Le théorème III montre que, si deux systèmes S et S′ ont même résultante de translation et même moment résultant en un point O, ils ont encore même résultante de translation et même moment résultant en un point quelconque de l'espace : on dit qu'ils sont *équivalents*.

Il résulte de cette définition qu'un système S qui a comme résultante de translation et comme moment résultant en un point O les vecteurs OC et OG, est équivalent au système S′ composé du vecteur OC et d'un couple dont l'axe est OG.

Deux systèmes équivalents ayant même moment en un point quelconque ont aussi même moment par rapport à une droite passant par ce point, c'est-à-dire par rapport à une droite quelconque.

On dit qu'un système est *équivalent à zéro* lorsque sa résultante de translation et son moment résultant sont nuls en un point particulier et, par suite, en un point quelconque.

Un système équivalent à zéro a un moment nul par rapport à une droite quelconque.

Certaines transformations appliquées à un système de vecteurs lui substituent un système équivalent; nous appellerons *transformations élémentaires* celles qui utilisent les opérations suivantes :

1° *Transport d'un vecteur sur son support.*

2° *Composition de plusieurs vecteurs de même origine en un vecteur de même origine d'après la règle de la somme géométrique; décomposition d'un vecteur en plusieurs autres de même origine d'après la même règle.*

On peut regarder comme faisant partie de cette dernière catégorie les opérations qui consistent à supprimer deux vecteurs égaux et directement opposés ayant même origine ou à ajouter au système deux vecteurs possédant toutes ces propriétés. En faisant appel au transport d'un vecteur sur son support, on peut se débarrasser de la restriction relative à la communauté d'origine.

Il suffit de se reporter aux définitions et aux théorèmes relatifs à la résultante de translation et au moment résultant d'un système par rapport à un point pour voir que des transformations élémentaires quelconques n'altèrent pas ces éléments et substituent, par suite, au système, un système équivalent.

Deux vecteurs équivalents sont nécessairement équipollents, puisqu'ils ont même résultante de translation. De plus, le moment de l'un par rapport à un point quelconque de son support étant nul, ce point doit appartenir au support de l'autre et les deux vecteurs ont même support; ils résultent l'un de l'autre par un glissement sur leur support commun.

Le moment d'un vecteur par rapport à un point étant nul ou perpendiculaire à ce vecteur, un système S ne peut être équivalent à un vecteur que si son moment résultant en un point est nul ou s'il est perpendiculaire à sa résultante de translation. Cette condition nécessaire est d'ailleurs suffisante, car, si l'on construit l'axe central d'un tel système, on constate que le moment résultant en un point O de cet axe est nul et la résultante de translation en ce point est un vecteur OC équivalent à S. On dit alors que S admet une résultante. Appliquons ce

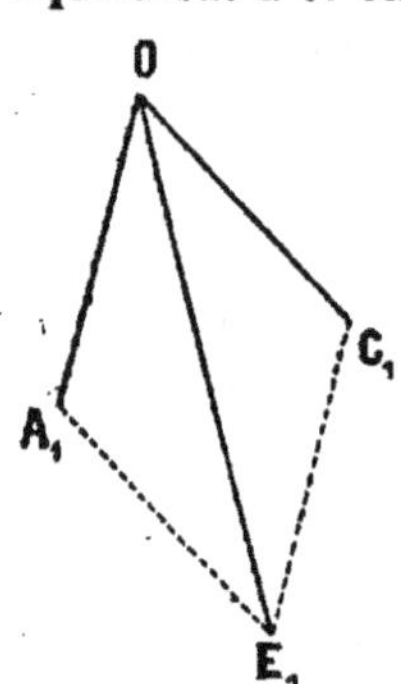

résultat à la recherche de la condition pour qu'un système S de deux vecteurs donnés AB et CD soit équivalent à un vecteur EF inconnu. Toute droite joignant un point M de AB à un point de CD est une droite de moment nul pour S; elle doit donc rencontrer EF ou lui être parallèle, ce qui prouve que EF et CD sont dans le plan MCD. On en conclut que AB et CD sont dans un même plan.

Supposons d'abord que leurs supports concourent en un point O; un glissement permet de leur donner ce point comme origine. Soient OA₁ et OC₁ les vecteurs équivalents à AB et CD; ils ont pour résultante OE₁ et le vecteur EF est équivalent à cette résultante. La grandeur de la résultante peut être calculée en fonction des grandeurs de AB et de CD et de l'angle de ces vecteurs; le triangle OA_1E_1 donne en effet :

$$\overline{OE_1}^2 = \overline{OA_1}^2 + \overline{A_1E_1}^2 - 2\,OA_1 \cdot A_1E_1 \cos\widehat{OA_1E_1}$$

ou bien

$$\overline{OE_1}^2 = \overline{AB}^2 + \overline{CD}^2 + 2\,AB \cdot CD \cos(AB, CD).$$

Remarquons encore que, dans le même triangle, les côtés sont proportionnels aux sinus des angles opposés, ce qui conduit à écrire :

$$\frac{AB}{\sin(CD, EF)} = \frac{CD}{\sin(AB, EF)} = \frac{EF}{\sin(AB, CD)}.$$

Supposons que les supports de AB et CD soient parallèles. Si ces deux vecteurs sont égaux et opposés, la résultante de translation est nulle et le système S n'est pas équivalent à un vecteur; il constitue d'ailleurs un couple. Ce cas écarté, nous pouvons déterminer sur AC un point O tel que :

$$\overline{OA} \cdot \overline{AB} + \overline{OC} \cdot \overline{CD} = 0,$$

puisque cela revient à partager le segment AC dans un rapport différent de 1. La résultante de translation en ce point est un vecteur OE tel que :

$$\overline{OE} = \overline{AB} + \overline{CD},$$

et le moment résultant est nul, comme on le montre aisément. Le système S admet donc la résultante OE.

Enfin, si les supports de AB et CD sont confondus, leur système admet encore une résultante qui peut être nulle; ce dernier cas se présente si les deux vecteurs sont directement opposés et, dans ces conditions, le système est équivalent à zéro.

On peut, en utilisant ces résultats, trouver les conditions pour qu'un système de trois vecteurs soit équivalent à zéro. Si cela est, un vecteur égal et directement opposé à l'un des vecteurs donnés est équivalent au système des deux autres; on le voit de suite en remontant à la définition de l'équivalence. Les supports de ces vecteurs sont donc dans un même plan et sont, en outre, concourants ou parallèles.

Supposons qu'ils concourent en un point O que nous prendrons comme origine des trois vecteurs OA, OB, OC. OC, par exemple, est égal et directement opposé à la résultante de OA et de OB, et on peut écrire :

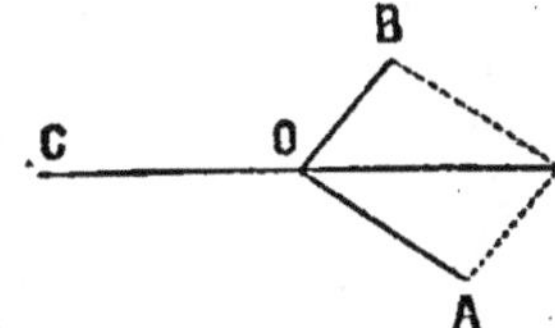

$$\frac{OA}{\sin\widehat{BOC}} = \frac{OB}{\sin\widehat{AOC}} = \frac{OC}{\sin\widehat{AOB}}.$$

On traitera aisément le cas où les trois vecteurs sont parallèles, en se reportant à la composition de deux vecteurs parallèles.

Un système ne peut être équivalent à un couple que si sa résultante de translation est nulle ; cette condition est d'ailleurs suffisante, car on peut construire une infinité de couples dont l'axe est le moment résultant du système en question et chacun de ces couples est équivalent au système donné.

En particulier, pour que deux vecteurs constituent un système équivalent à un couple, il faut et il suffit qu'ils soient égaux et opposés.

Appliquons les résultats précédents à des vecteurs particuliers.

1° *Vecteurs concourants.* — Le moment résultant par rapport au point O de rencontre est nul, de sorte que le système est équivalent à un vecteur dont le support passe par O. On obtient d'ailleurs ce vecteur en construisant la résultante de translation en O ; si cette résultante est nulle, le système est équivalent à zéro.

2° *Vecteurs situés dans un plan.* — Le moment résultant en un point O quelconque du plan contenant tous les vecteurs est perpendiculaire à ce plan ou nul. Comme la résultante de translation est dans le plan en question, le système est équivalent à un vecteur si cette résultante n'est pas nulle ; si elle est nulle, le système est équivalent à un couple qui peut être nul.

En résumé, des vecteurs situés dans un plan constituent un système équivalent à un vecteur, ou à un couple, ou à zéro.

3° *Vecteurs parallèles.* — Le moment résultant en un point quelconque est perpendiculaire à la direction commune à tous ces vecteurs et par suite à la résultante de translation si celle-ci n'est pas nulle ; dans cette hypothèse, le système est équivalent à un vecteur. Si la résultante de translation est nulle, le système est équivalent à un couple qui peut être nul.

En résumé, un système de vecteurs parallèles est équivalent à un vecteur, ou à un couple, ou à zéro.

Remarquons encore qu'un système constitué d'un nombre quelconque de couples a une résultante de translation nulle et un moment résultant qui est la somme géométrique des moments de ces couples. Il est donc équivalent à un couple dont l'axe est la somme géométrique des axes des couples composants ; ce couple résultant peut être nul.

Imaginons enfin un contour rectiligne fermé $A_1 A_2 A_3 \ldots A_n A_1$ et le système constitué par les vecteurs $A_1 A_2, A_2 A_3, \ldots, A_{n-1} A_n, A_n A_1$; la résultante de translation de ce système est évidemment nulle et ce système est équivalent à un couple qui peut être nul.

Un système quelconque S est équivalent à une infinité de systèmes de deux vecteurs et on peut choisir arbitrairement le support de l'un de ces derniers. En effet, soient OC et OG la résultante de translation et le moment résultant de S par rapport à un point O pris sur le support donné D de l'un des vecteurs inconnus. Nous écartons le cas où S est équivalent à un vecteur ou à un couple, de sorte que

OC et OG ne sont ni nuls ni rectangulaires. Soient OE le vecteur porté sur D et AB le second vecteur inconnu ; soit Δ le support de AB.

Le moment résultant des deux vecteurs OE et AB, par rapport au point O, se réduit au moment de AB ; par suite OG, moment de AB, est perpendiculaire au plan défini par O et Δ. Δ se trouve donc dans le plan P perpendiculaire à OG en O.

OC étant la somme géométrique de OE et de AB, la direction de Δ est parallèle au plan COD ; appelons II ce plan que nous supposons bien défini, ce qui revient à dire que D n'est pas le support de OC.

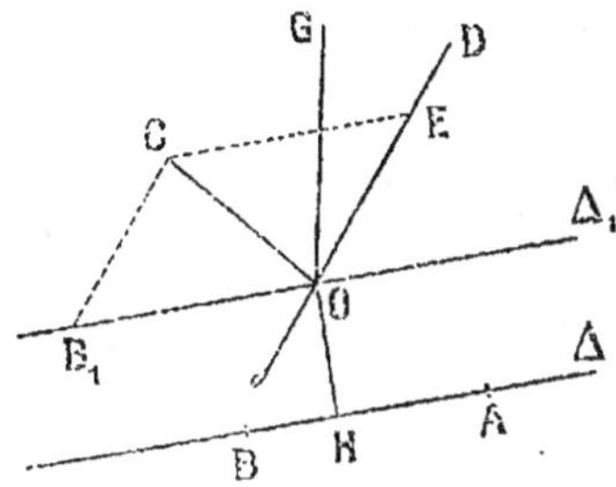

La direction de Δ est donnée par l'intersection des plans P et II. Ces deux plans sont distincts puisque OC, droite du plan II, n'est pas perpendiculaire à OG ; soit Δ_1 leur intersection. Dans le cas particulier où Δ_1 et D sont confondues, on ne peut décomposer OC en deux vecteurs dirigés suivant D et Δ_1 et le problème n'a pas de solution ; D est alors une droite de moment nul du système S. Ce cas écarté, les deux directions de D et de Δ_1 étant distinctes, on peut décomposer OC en deux vecteurs OE et OB_1 suivant D et Δ_1 ; le vecteur AB est équipollent à OB_1 et, puisque son moment par rapport au point O est OG, la distance de son support au point O est donnée par l'égalité $OH = \dfrac{OG}{AB}$. Δ est tangente au cercle décrit de O comme centre avec un rayon égal à OH ; on peut mener à ce cercle deux tangentes parallèles à Δ_1, mais, le sens de AB étant bien défini, une seule de ces tangentes convient pour Δ. Le problème admet donc une solution.

Nous avons négligé le cas où D est le support de OC. Dans ce cas, le vecteur AB, différence géométrique des vecteurs OC et OE, aurait un support parallèle à D, c'est-à-dire que S serait équivalent à un vecteur ou à un couple ; or nous avons écarté ces cas, et le problème n'a pas de solution.

En résumé, un système S qui n'est équivalent ni à un vecteur ni à un couple, est équivalent à une infinité de systèmes de deux vecteurs ; on peut choisir arbitrairement le support D de l'un de ces vecteurs, pourvu que D ne soit pas une droite de moment nul ni une parallèle à la résultante de translation de S, et le support Δ de l'autre est bien déterminé.

Remarquons que D et Δ sont réciproques par rapport à S ; pour cette raison, on dit que ce sont deux *droites conjuguées* par rapport à S. Nous pouvons encore observer que lorsque le point O se déplace sur D, le plan P perpendiculaire à OG au point O tourne autour de Δ_1 et que toutes les droites qui s'appuient sur deux droites conjuguées sont des droites de moment nul.

Le passage d'un système S à un système équivalent composé de deux vecteurs peut s'effectuer au moyen de transformations élémentaires.

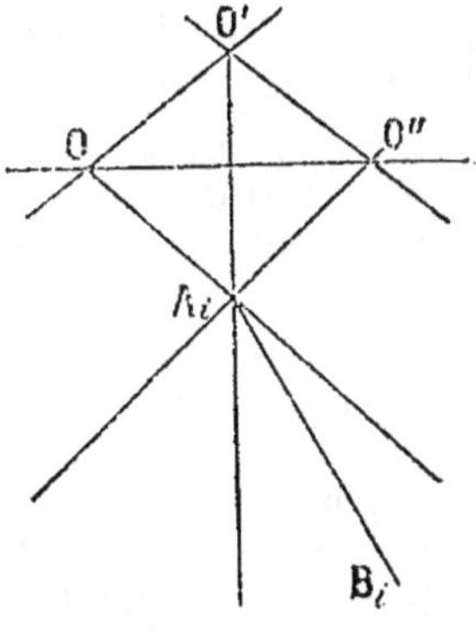

Nous allons établir tout d'abord que *des transformations élémentaires permettent de réduire le système S à un système équivalent S' composé de trois vecteurs dont les origines respectives sont trois points O, O' et O'' arbitrairement choisis, mais non en ligne droite.*

Nous pouvons décomposer un vecteur $A_i B_i$ dont l'origine A_i est extérieure au plan O, O', O'' en trois autres qui sont dirigés suivant OA_i, $O'A_i$, $O''A_i$, puisque ces droites ne sont pas dans un même plan.

Un glissement imprimé à ces vecteurs nouveaux amènera leur origine en O, ou en O', ou en O''.

Si le point A_i est dans le plan $OO'O''$ et si le vecteur A_iB_i n'y est pas, un glissement préalable de ce vecteur ramène au cas précédent.

Si A_iB_i est dans le plan $OO'O''$ et si A_i, par exemple, n'est pas sur OO', on peut de même le remplacer par deux vecteurs ayant pour origines respectives O et O' sans altérer l'équivalence.

Cela étant fait pour tous les vecteurs A_iB_i du système S, composons tous les vecteurs dont l'origine commune est le point O, ou O', ou O'',

Nous obtenons ainsi un système S' de trois vecteurs ayant pour origines respectives les points O, O', O''; S' est équivalent à S.

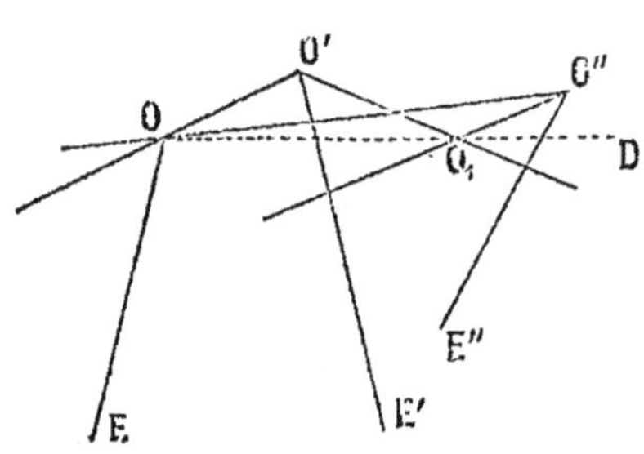

Soient OE, O'E', O''E'' les trois vecteurs qui constituent S'; menons par O une droite D qui s'appuie sur O'E' et O''E'' et prenons sur cette droite un point O_1 quelconque. Des opérations élémentaires permettent de remplacer le vecteur O'E' par deux autres dirigés suivant O'O et $O'O_1$; un glissement amènera ces derniers à l'origine O et à l'origine O_1.

Répétons la même opération pour le vecteur O''E'' auquel nous substituerons deux vecteurs ayant comme origines respectives O et O_1.

Composons les trois vecteurs dont l'origine est O et les deux vecteurs dont l'origine est O_1. Nous substituons au système S' et par suite au système S, un système S'' composé de deux vecteurs dont les origines respectives sont les points O et O_1; le point O est d'ailleurs complètement arbitraire.

Cette manière de procéder met moins bien en évidence que la précédente l'indétermination du problème de réduction d'un système S à un système équivalent de deux vecteurs. Cette indétermination se révèle dans le fait que l'on peut faire glisser un vecteur quelconque avant de le décomposer. On peut remarquer aussi que, si l'on ajoute à S'' suivant OO_1 deux vecteurs égaux et directement opposés OK et O_1K_1, on obtient un nouveau système qui est équivalent à S et qui se réduit à un système de deux vecteurs dont les origines respectives sont encore O et O_1.

D'après une remarque faite antérieurement, la valeur absolue du produit géométrique de la résultante de translation et du moment résultant de S, en un point quelconque, est égale à 6 fois le volume du tétraèdre construit sur les deux vecteurs de S''.

Dans le cas particulier où le système S est équivalent à zéro, les deux vecteurs de S'' sont égaux et directement opposés ; ainsi, *quand un système est équivalent à zéro, des transformations élémentaires permettent d'en faire disparaître tous les vecteurs.*

On en déduit que si deux systèmes S et S′ sont équivalents, des transformations élémentaires convenables permettent de passer de l'un à l'autre. Représentons en effet par — S le système composé des vecteurs égaux et directement opposés aux vecteurs de S et ayant respectivement les mêmes origines. Le système constitué par les vecteurs de S et ceux de — S est équivalent à zéro. D'ailleurs la résultante de translation et le moment résultant de — S en un point sont des vecteurs respectivement égaux et directement opposés à la résultante de translation et au moment résultant de S au même point. De cette remarque et de l'équivalence de S et S′, on conclut que le système composé de S′ et — S est aussi équivalent à zéro. Nous pouvons passer de S′ à S par des transformations élémentaires en ajoutant à S′ le système (S, — S) puis faisant disparaître les vecteurs du système (S′, — S) qui est équivalent à zéro.

EXERCICES

(Voir *Leçon* 20.)

20e LEÇON

VECTEURS — THÉORIE ALGÉBRIQUE

Moment d'un vecteur par rapport à un point et par rapport à un axe; coordonnées d'un vecteur. — Prenons comme origine de trois axes rectangulaires $O(x, y, z)$ le point O par rapport auquel nous cherchons le moment d'un vecteur AB. Soient x, y, z, les coordonnées de l'origine A de ce vecteur et X, Y, Z les équivalents algébriques de ses projections orthogonales sur les trois axes de coordonnées (dorénavant, nous dirons les composantes du vecteur suivant les trois axes ou même simplement les composantes du vecteur). Soient L, M, N les composantes du moment OG de AB par rapport au point O.

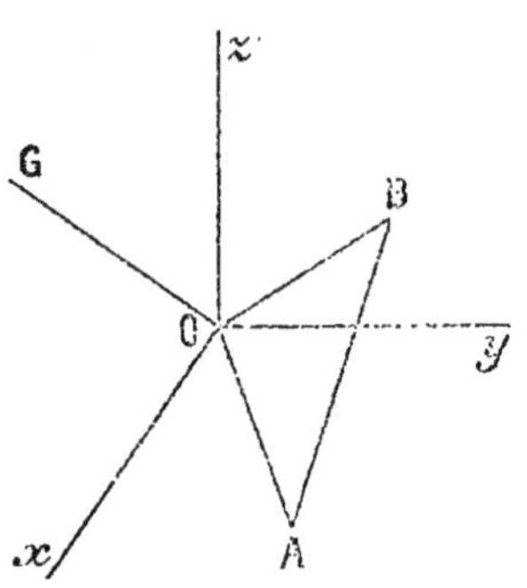

En écrivant que OG est perpendiculaire aux deux directions OA et AB, nous obtenons les deux relations

$$(1) \qquad Lx + My + Nz = 0,$$
$$(2) \qquad LX + MY + NZ = 0.$$

En outre, $\qquad \overline{OG}^2 = L^2 + M^2 + N^2.$

Or, le trièdre O(G, A, B) étant de sens direct et les coordonnées de B étant $x + X, y + Y, z + Z$, nous savons que l'on a :

$$\overline{OG}^2 = OG \times 2 \text{ surf. } OAB = 6 \text{ vol. tétr. } (OGAB)$$

$$= \begin{vmatrix} L, & M, & N \\ x, & y, & z \\ x+X, & y+Y, & z+Z \end{vmatrix} = \begin{vmatrix} L, & M, & N \\ x, & y, & z \\ X, & Y, & Z \end{vmatrix}.$$

Donc

$$(3) \qquad L^2 + M^2 + N^2 = \begin{vmatrix} L, & M, & N \\ x, & y, & z \\ X, & Y, & Z \end{vmatrix}$$

$$= L(yZ - zY) + M(zX - xZ) + N(xY - yX).$$

Les relations (1) et (2) nous donnent :

$$\frac{L}{yZ - zY} = \frac{M}{zX - xZ} = \frac{N}{xY - yX}.$$

Désignons par $\dfrac{1}{\rho}$ la valeur commune à ces rapports, et substituons dans l'équation (3) à la place de $yZ - zY$, $zX - xZ$, $xY - yX$, leurs valeurs ρL, ρM, ρN.

Nous obtenons :

$$L^2 + M^2 + N^2 = \rho (L^2 + M^2 + N^2), \quad \text{c'est-à-dire } \rho = 1.$$

Donc, les composantes de OG sont

$$(4) \qquad L = yZ - zY, \qquad M = zX - xZ, \qquad N = xY - yX.$$

Remarquons que L, M, N sont aussi les équivalents algébriques des moments de AB par rapport aux axes de coordonnées, puisque ce sont les équivalents algébriques des projections de OG sur ces axes.

Les six nombres X, Y, Z, L, M, N s'appellent *coordonnées du vecteur* AB par rapport aux axes de coordonnées. Ils ne sont pas indépendants puisqu'ils sont liés par la relation (2). Inversement 6 nombres X, Y, Z, L, M, N, qui vérifient l'équation (2) peuvent être regardés comme les coordonnées d'un vecteur, pourvu que X, Y, Z ne soient pas nuls tous trois ; cela revient à dire que les équations (4) ont des solutions en x, y, z. Or, si l'on suppose Z non nul, par exemple, on tire des deux premières :

$$y = \frac{L + zY}{Z}, \quad x = \frac{-M + zX}{Z}$$

et, en substituant dans la troisième, on trouve une identité à cause de (2).

Si l'on regarde x, y, z comme des coordonnées courantes, les équations (4) définissent donc une droite dont tout point peut être pris comme origine d'un vecteur ayant comme composantes X, Y, Z. D'ailleurs cette droite est parallèle au vecteur, comme on le voit en cherchant ses paramètres directeurs, et elle sert de support au vecteur.

Les équations (4) définissent respectivement les plans projetant ce support sur les trois plans de coordonnées et l'équation (1) définit le plan passant par l'origine et cette droite.

Plus généralement, étant donnés 6 nombres X, Y, Z, L, M, N, vérifiant la relation (2), (X, Y, Z n'étant pas nuls tous trois), les équations surabondantes (1) et (4) définissent une droite par rapport à 3 axes quelconques O(x, y, z). Ces 6 nombres s'appellent *coordonnées plückériennes de la droite*; X, Y, Z représentent encore les composantes, suivant les axes, d'un vecteur porté par la droite, mais la signification géométrique de L, M, N a changé. Lorsqu'on multiplie les 6 coordonnées d'une droite par un nombre quelconque, les équations (1) et (4) correspondantes ne sont pas altérées et la droite reste la même. Toute condition géométrique imposée à une droite se traduit donc par une équation homogène entre ses coordonnées.

L'ensemble des droites de l'espace qui possèdent une propriété géométrique s'appelle un *complexe*. L'équation qui relie les coordonnées de ces droites est *l'équation du complexe*. Lorsque cette équation est algébrique, on dit que le complexe est algébrique ; le degré de l'équation entière est le degré ou *l'ordre du complexe*. On appelle *complexe linéaire* tout complexe du premier ordre.

On passe immédiatement du moment OG de AB par rapport au point O, à son moment O'G' par rapport à un point quelconque O'(x_0, y_0, z_0). Il suffit de transporter l'origine en ce dernier point. Les nouvelles coordonnées du point A sont $x - x_0$, $y - y_0$, $z - z_0$ et le moment $O'G'$ a comme composantes

$$L' = (y - y_0)Z - (z - z_0)Y; \qquad M' = (z - z_0)X - (x - x_0)Z;$$
$$N' = (x - x_0)Y - (y - y_0)X.$$

On peut les écrire

$$(5) \qquad L' = yZ - zY + (-y_0)Z - (-z_0)Y; \quad \text{etc.}$$

Les coordonnées du point O par rapport aux nouveaux axes, dont l'origine est en O', sont $-x_0$, $-y_0$, $-z_0$, de sorte que le moment par rapport à O' d'un vecteur OG équipollent à AB a comme composantes

$$(-y_0)Z - (-z_0)Y, \quad \text{etc.}$$

Les formules (5) montrent donc que $O'G'$ est la somme géométrique de OG et du moment de OG par rapport à O'; c'est le théorème I de la leçon précédente.

Donnons-nous une droite définie par les équations

$$\frac{x - x_0}{\alpha} = \frac{y - y_0}{\beta} = \frac{z - z_0}{\gamma},$$

α, β, γ désignant les cosinus directeurs de cette droite orientée (axe). Les composantes du moment $O'G'$ de AB par rapport au point $O'(x_0, y_0, z_0)$ de la droite sont L', M' et N'. L'équivalent algébrique de la projection orthogonale de $O'G'$ sur la droite orientée est $\alpha L' + \beta M' + \gamma N'$; c'est la mesure algébrique du moment de AB par rapport à cette droite.

Moment résultant d'un système de vecteurs par rapport à un point; sa variation. — Imaginons d'abord le cas où tous les vecteurs $AB_i (i = 1, 2, \ldots, n)$ du système ont même origine $A(x, y, z)$. Soient X_i, Y_i, Z_i les composantes du vecteur AB_i.

Le moment résultant OG de ce système par rapport à l'origine est la somme géométrique de tous les vecteurs OG_i, moments respectifs des vecteurs AB_i par rapport au point O ; il a pour composantes

$$\Sigma(yZ_i - zY_i), \quad \Sigma(zX_i - xZ_i), \quad \Sigma(xY_i - yX_i),$$

c'est-à-dire

$$y\Sigma Z_i - z\Sigma Y_i, \quad z\Sigma X_i - x\Sigma Z_i, \quad x\Sigma Y_i - y\Sigma X_i.$$

Or, la somme géométrique AB des vecteurs AB_i a comme composantes ΣX_i, ΣY_i, ΣL_i; les composantes de son moment sont donc les mêmes que celles de OG et on retrouve le théorème II de la leçon précédente.

Examinons maintenant le cas général; soient x_i, y_i, z_i les coordonnées de l'origine A_i d'un vecteur quelconque A_iB_i du système donné, et soient X_i, Y_i, Z_i, les composantes de ce vecteur. Les composantes du moment de A_iB_i par rapport au point $O'(x, y, z)$ sont

$$(y_i - y)Z_i - (z_i - z)Y_i, \quad \text{etc.}$$

Les composantes du moment résultant $O'G'$ du système par rapport à ce même point sont donc

$$\Sigma\big[(y_i - y)Z_i - (z_i - z)Y_i\big], \quad \text{etc.,}$$

ou bien

$$L' = \Sigma(y_i Z_i - z_i Y_i) + (-y)\Sigma Z_i - (-x)\Sigma Y_i; \quad \text{etc.}$$

En particulier, les composantes L, M, N du moment résultant OG par rapport à l'origine des axes de coordonnées sont $\Sigma(y_i Z_i - z_i Y_i)$, etc.

Les expressions de L', M', N' montrent que l'on a :

$$O'G' = (OG) + (O'G'')$$

car, la résultante de translation OC, au point O, ayant pour composantes ΣX_i, ΣY_i, ΣZ_i, son moment $O'G''$ par rapport au point O' a comme composantes

$$(-y)\Sigma Z_i - (-z)\Sigma Y_i, \quad \text{etc.}$$

On retrouve donc le théorème III de la leçon précédente.

Posons : $\qquad X = \Sigma X_i, \qquad Y = \Sigma Y_i, \qquad Z = \Sigma Z_i,$
$$L = \Sigma(y_i Z_i - z_i Y_i), \quad M = \Sigma(z_i X_i - x_i Z_i), \quad N = \Sigma(x_i Y_i - y_i X_i).$$

Les 6 nombres X, Y, Z, L, M, N s'appellent *coordonnées du système de vecteurs* par rapport aux axes $O(x, y, z)$.

Les composantes du moment résultant $O'G'$ de ce système par rapport au point O' s'écrivent alors

$$L' = L - yZ + zY, \quad M' = M - zX + xZ, \quad N' = N - xY + yX.$$

Le produit géométrique du moment résultant en O' et de la résultante de translation en ce point a pour mesure $L'X + M'Y + N'Z$ qui, d'après les formules précédentes, vaut $LX + MY + NZ$. Sa valeur est donc indépendante de la position du point O'.

En particulier, imaginons un système S composé des deux vecteurs $A_1 B_1$ et $A_2 B_2$ et cherchons la valeur du produit géométrique correspondant. Alors

$$X = X_1 + X_2, \qquad Y = Y_1 + Y_2, \qquad Z = Z_1 + Z_2,$$
$$L = L_1 + L_2, \qquad M = M_1 + M_2, \qquad N = N_1 + N_2.$$

Le volume V du tétraèdre $A_1 B_1 A_2 B_2$ est donné par l'équation $6V = |\Delta|$, en posant :

$$\Delta = \begin{vmatrix} x_1, & y_1, & z_1, & 1 \\ x_1 + X_1, & y_1 + Y_1, & z_1 + Z_1, & 1 \\ x_2, & y_2, & z_2, & 1 \\ x_2 + X_2, & y_2 + Y_2, & z_2 + Z_2, & 1 \end{vmatrix}.$$

On voit de suite que Δ est aussi la valeur du déterminant

$$\begin{vmatrix} x_1, & y_1, & z_1, & 1 \\ X_1, & Y_1, & Z_1, & 0 \\ x_2, & y_2, & z_2, & 1 \\ X_2, & Y_2, & Z_2, & 0 \end{vmatrix}.$$

En développant ce dernier par rapport aux éléments de sa dernière colonne, on trouve :

$$\Delta = - \begin{vmatrix} X_1, & Y_1, & Z_1 \\ x_2, & y_2, & z_2 \\ X_2, & Y_2, & Z_2 \end{vmatrix} - \begin{vmatrix} x_1, & y_1, & z_1 \\ X_1, & Y_1, & Z_1 \\ X_2, & Y_2, & Z_2 \end{vmatrix}.$$

Développons les déterminants du second membre, l'un par rapport aux éléments de sa première ligne, l'autre par rapport aux éléments de sa dernière ligne. Nous voyons que :

$$\Delta = - (X_1 L_2 + Y_1 M_2 + Z_1 N_2) - (X_2 L_1 + Y_2 M_1 + Z_2 N_1),$$

c'est-à-dire

$$\Delta = - (X_1 + X_2)(L_1 + L_2) - (Y_1 + Y_2)(M_1 + M_2) - (Z_1 + Z_2)(N_1 + N_2),$$

à cause des relations :

$$L_1 X_1 + M_1 Y_1 + N_1 Z_1 = 0, \qquad L_2 X_2 + M_2 Y_2 + N_2 Z_2 = 0.$$

Finalement, on trouve :

$$(6) \qquad \Delta = - (LX + MY + NZ).$$

On sait de plus que Δ est négatif si le trièdre $A_1(B_1, A_2, B_2)$ est de sens direct et positif si ce trièdre est de sens inverse ; le produit géométrique est donc positif ou négatif suivant que le trièdre en question est de sens direct ou de sens inverse.

Cherchons si l'on peut déterminer le point O' de sorte que le moment $O'G'$ et la résultante de translation $O'C'$ aient le même support. Il faut et il suffit pour cela que l'on ait :

$$\frac{L'}{X} = \frac{M'}{Y} = \frac{N'}{Z},$$

c'est-à-dire

$$\frac{L - yZ + zY}{X} = \frac{M - zX + xZ}{Y} = \frac{N - xY + yX}{Z}.$$

Désignons par ρ la valeur commune à ces rapports, de sorte que les équations précédentes sont équivalentes aux suivantes :

$$(7) \quad L - yZ + zY - \rho X = 0, \qquad M - zX + xZ - \rho Y = 0,$$
$$N - xY + yX - \rho Z = 0.$$

Multiplions ces équations respectivement par X, Y, Z et ajoutons ; il vient :

$$(8) \qquad LX + MY + NZ - \rho(X^2 + Y^2 + Z^2) = 0,$$

qui donne :

$$\rho = \frac{LX + MY + NZ}{X^2 + Y^2 + Z^2}.$$

Si Z n'est pas nul, on peut substituer l'équation (8) à la dernière du système (7) ; les deux premières équations de ce système donnent y et x en fonction linéaire de z, choisi arbitrairement. Les équations (7) définissent donc une droite ; on voit de suite que ses paramètres directeurs sont X, Y, Z, composantes de la résultante de translation. En un point quelconque de cette droite, la résultante de translation et le moment résultant ont même support, et ce support est la droite trouvée. Les équations (7) définissent donc l'axe central.

Il résulte de ces équations que les coordonnées plückériennes de l'axe central sont X, Y, Z, $L - \rho X$, $M - \rho Y$, $N - \rho Z$.

Lorsque la résultante de translation est nulle, le problème précédent disparaît.

Moment résultant par rapport à un axe. — Supposons le système S défini comme précédemment par les coordonnées x_i, y_i, z_i de l'origine A_i et les composantes X_i, Y_i, Z_i de l'un quelconque de ses vecteurs $A_i B_i$.

Soient
$$\frac{x - x_0}{\alpha} = \frac{y - y_0}{\beta} = \frac{z - z_0}{\gamma}$$

les équations de la droite par rapport à laquelle on cherche le moment résultant $O'g'$ du système, et soient α, β, γ les cosinus directeurs de cette droite orientée.

Cherchons le moment $O'g'_i$ du vecteur $A_i B_i$ par rapport à cet axe.

Le point O' ayant pour coordonnées x_0, y_0, z_0, nous avons vu que l'on a :
$$\overline{O'g'_i} = \alpha \left[(y_i - y_0) Z_i - (z_i - z_0) Y_i \right] + \beta \left[(z_i - z_0) X_i - (x_i - x_0) Z_i \right]$$
$$+ \gamma \left[(x_i - x_0) Y_i - (y_i - y_0) X_i \right].$$

Par suite,
$$\overline{O'g'} = \Sigma \overline{O'g'_i} = \alpha \Sigma \left[(y_i - y_0) Z_i - (z_i - z_0) Y_i \right] + \ldots,$$
$$= \alpha (L - y_0 Z + z_0 Y) + \beta (M - z_0 X + x_0 Z)$$
$$+ \gamma (N - x_0 Y + y_0 X),$$
$$= \alpha L' + \beta M' + \gamma N'.$$

Nous retrouvons une proposition déjà établie par la géométrie.

Les droites de moment nul par rapport au système S sont caractérisées par l'équation $\alpha L' + \beta M' + \gamma N' = 0$, que l'on peut écrire aussi

$$\alpha L + \beta M + \gamma N + X(y_0 \gamma - z_0 \beta) + Y(z_0 \alpha - x_0 \gamma) + Z(x_0 \beta - y_0 \alpha) = 0.$$

Les multiplicateurs respectifs de L, M, N, X, Y, Z, dans cette équation, sont des coordonnées plückériennes de la droite sur laquelle on a porté un vecteur de longueur 1 ; les composantes de ce vecteur sont α, β, γ.

Si l'on appelle $X_1, Y_1, Z_1, L_1, M_1, N_1$ les coordonnées plückériennes d'une droite quelconque, on voit que cette droite est de moment nul par rapport au système S si l'on a :

$$(9) \qquad L X_1 + M Y_1 + N Z_1 + X L_1 + Y M_1 + Z N_1 = 0.$$

Cette équation (9) est une équation entière du 1er degré par rapport aux coordonnées $X_1, Y_1, Z_1, L_1, M_1, N_1$ de la droite ; c'est même la plus générale de cette espèce, car les coefficients L, M, N, X, Y, Z peuvent prendre toutes les valeurs possibles. Elle définit donc le complexe linéaire le plus général. L'axe central du système de vecteurs associé à ce complexe s'appelle axe central du complexe.

Conditions d'équivalence de deux systèmes de vecteurs. Applications. — Soient deux systèmes de vecteurs dont les coordonnées respectives par rapport à 3 axes rectangulaires donnés sont X, Y, Z, L, M, N et X', Y', Z', L', M', N'

En écrivant qu'ils ont même résultante de translation et même moment résultant à l'origine, on trouve :

$$(10) \quad \begin{cases} X' = X, & Y' = Y, & Z' = Z, \\ L' = L, & M' = M, & N' = N. \end{cases}$$

On voit de suite que ces deux systèmes ont même moment résultant en un point quelconque de l'espace. Réciproquement, si deux systèmes ont même moment en un point quelconque de l'espace, ils sont équivalents. On a en effet :

$$L - yZ + zY = L' - yZ' + zY',$$

quels que soient y et z, ce qui entraîne $L = L'$, $Z = Z'$, $Y = Y'$.

En utilisant aussi les deux autres composantes du moment résultant, on trouve un ensemble de conditions qui coïncident avec les conditions (10).

Cherchons si un système S donné est équivalent à un vecteur; soient toujours X, Y, Z, L, M, N les coordonnées de S. Soient x, y, z les coordonnées de l'origine du vecteur inconnu, et X_1, Y_1, Z_1 ses composantes. En écrivant que ce vecteur est équivalent à S, on obtient :

$$X = X_1, \quad Y = Y_1, \quad Z = Z_1,$$
$$L = yZ_1 - zY_1, \quad M = zX_1 - xZ_1, \quad N = xY_1 - yX_1,$$

de sorte que x, y, z sont définis par les trois équations :

$$L = yZ - zY, \quad M = zX - xZ, \quad N = xY - yX.$$

Nous avons déjà étudié ces équations et nous avons vu que si X, Y, Z ne sont pas tous nuls, elles ne sont compatibles que si l'on a :

$$LX + MY + NZ = 0,$$

c'est-à-dire si le produit géométrique de la résultante de translation et du moment résultant est nul. La résultante de translation n'étant pas nulle, il faut que le moment résultant soit perpendiculaire à cette résultante de translation ou soit nul.

Un système S est équivalent à un couple, si sa résultante de translation est nulle, c'est-à-dire si l'on a : $X = Y = Z = 0$.

Étudions encore quelques systèmes particuliers.

1° *Vecteurs concourants.* — Le point de concours étant pris comme origine des axes de coordonnées, les coordonnées L_i, M_i, N_i d'un vecteur quelconque du système sont nulles. Par suite, on a : $L = M = N = 0$.

Le système admet une résultante qui passe par l'origine et a pour composantes :

$$X = \Sigma X_i, \quad Y = \Sigma Y_i, \quad Z = \Sigma Z_i.$$

Le système est équivalent à zéro si la résultante de translation est nulle, ce qui exige seulement 3 conditions :

$$\Sigma X_i = \Sigma Y_i = \Sigma Z_i = 0.$$

2° *Vecteurs dans un plan.* — Prenons ce plan comme plan xOy. Soient x_i, y_i, o les coordonnées de l'origine A_i, et X_i, Y_i, o les composantes d'un vecteur quelconque $A_i B_i$ du système considéré. Alors :

$$X = \Sigma X_i, \qquad Y = \Sigma Y_i, \qquad Z = o,$$
$$L = \Sigma(y_i Z_i - z_i Y_i) = o, \quad M = \Sigma(z_i X_i - x_i Z_i) = o, \quad N = \Sigma(x_i Y_i - y_i X_i).$$

On voit de suite que $LX + MY + NZ = o$, et, si la résultante de translation n'est pas nulle, le système se réduit à un vecteur dont les composantes sont X, Y, o et dont le support, placé dans le plan xOy, a pour équation :

$$x Y - y X = N.$$

Si la résultante de translation est nulle, le système est équivalent à un couple dont l'axe a comme composantes o, o, N. Enfin, si X, Y et N sont nuls, le système est équivalent à zéro. Dans ce cas encore, on trouve 3 conditions d'équivalence à zéro.

3° *Vecteurs parallèles.* — Donnons-nous les cosinus directeurs α, β, γ d'un axe parallèle à tous ces vecteurs. Chaque vecteur $A_i B_i$ est défini par les coordonnées x_i, y_i, z_i de son origine et par son équivalent algébrique F_i, de sorte que :

$$X_i = \alpha F_i, \qquad Y_i = \beta F_i, \qquad Z_i = \gamma F_i.$$

Les 6 coordonnées du système sont :

$$X = \alpha \cdot \Sigma F_i, \qquad Y = \beta \cdot \Sigma F_i, \qquad Z = \gamma \cdot \Sigma F_i$$
$$L = \Sigma(y_i F_i \gamma - z_i F_i \beta) = \gamma \cdot \Sigma F_i y_i - \beta \cdot \Sigma F_i z_i; \quad \text{etc.}$$

On constate de suite que $LX + MY + NZ$ est nul. Supposons d'abord que ΣF_i ne soit pas nul; la résultante de translation n'étant pas nulle, le système est équivalent à un vecteur. L'une des équations du support de ce vecteur est : $L = y Z - z Y$, que l'on peut écrire :

$$\gamma \cdot \Sigma F_i y_i - \beta \cdot \Sigma F_i z_i = y \gamma \cdot \Sigma F_i - z \beta \cdot \Sigma F_i,$$

ou bien
$$\gamma(y \cdot \Sigma F_i - \Sigma F_i y_i) = \beta(z \cdot \Sigma F_i - \Sigma F_i z_i),$$

ou encore
$$\gamma \left(y - \frac{\Sigma F_i y_i}{\Sigma F_i} \right) = \beta \left(z - \frac{\Sigma F_i z_i}{\Sigma F_i} \right).$$

On est donc amené à poser :

$$\xi = \frac{\Sigma F_i x_i}{\Sigma F_i}, \qquad \eta = \frac{\Sigma F_i y_i}{\Sigma F_i}, \qquad \zeta = \frac{\Sigma F_i z_i}{\Sigma F_i},$$

et les équations du support se réduisent à :

$$\frac{x - \xi}{\alpha} = \frac{y - \eta}{\beta} = \frac{z - \zeta}{\gamma}.$$

Le point (ξ, η, ζ) de cette droite a des coordonnées qui dépendent des grandeurs des vecteurs et de leurs origines, et nullement de la direction commune à ces vecteurs.

Ce point s'appelle *centre des vecteurs parallèles*; ce n'est autre que le centre des distances proportionnelles relatif aux origines de ces vecteurs, l'origine A_i étant affectée de l'indice F_i.

Si $\Sigma F_i = o$, le système se réduit à un couple dont l'axe a comme composantes L, M, N.

Cela étant, le système est équivalent à zéro si $L = M = N = o$. On voit que ces équations se réduisent aux deux suivantes :

$$\frac{\Sigma F_i x_i}{\alpha} = \frac{\Sigma F_i y_i}{\beta} = \frac{\Sigma F_i z_i}{\gamma},$$

et le nombre des conditions d'équivalence à zéro est encore 3.

Remarquons que les deux dernières équations sont certainement vérifiées si l'on a :

$$\Sigma F_i x_i = \Sigma F_i y_i = \Sigma F_i z_i = o.$$

Si l'on a en même temps $\Sigma F_i = o$, le système de vecteurs est équivalent à zéro quelle que soit la direction commune à ces vecteurs.

EXERCICES

1º Démontrer que la perpendiculaire commune aux supports de deux vecteurs rencontre l'axe central du système de ces vecteurs et lui est perpendiculaire.

2º Sur une droite de moment nul par rapport à un système de vecteurs S, on prend deux points quelconques O et O'; démontrer que l'on peut déterminer deux vecteurs OA et O'A' dont le système soit équivalent à S.

3º Démontrer qu'il y a, en général, dans un plan donné, un point tel que le moment résultant d'un système de vecteurs donné, en ce point, soit perpendiculaire au plan.

4º Trouver le lieu des droites passant par un point et telles que le moment d'un système de vecteurs donné, par rapport à ces droites, ait une grandeur donnée.

5º Trouver l'enveloppe des droites situées dans un plan et telles que le moment d'un système de vecteurs donné par rapport à ces droites ait une grandeur donnée.

6º Étudier le déplacement du moment résultant OG d'un système de vecteurs donné par rapport à un point O, lorsque ce point décrit une droite donnée. Montrer que le point G décrit une droite et que OG reste parallèle à un plan.

7º Un point O se déplace dans un plan; trouver le lieu de l'extrémité du moment résultant OG d'un système de vecteurs donné par rapport à ce point.

8º Réduire, par des transformations élémentaires, un système donné à un vecteur et à un couple.

9º Composition des couples par des transformations élémentaires.

10º Démontrer qu'un vecteur situé dans le plan d'un triangle est équivalent à un système de 3 vecteurs bien définis dont les supports respectifs sont les côtés du triangle. Extension de cette propriété à un système.

11º Placer, suivant les côtés d'un quadrilatère plan, 4 vecteurs qui constituent un système équivalent à zéro.

12º Étant donné un polygone plan $A_1 A_2 A_3 \ldots A_n$, on considère les vecteurs $A_1 A_2, A_2 A_3, \ldots, A_n A_1$, et l'on fait tourner tous ces vecteurs d'un même angle, dans un sens déterminé, autour de leurs milieux respectifs. Étudier le système formé par les nouveaux vecteurs; cas particulier où l'angle de rotation est droit. Cas du triangle.

13º Démontrer qu'un vecteur quelconque est équivalent à un système de six vecteurs bien définis dont les supports respectifs sont les six arêtes d'un tétraèdre donné. Extension de cette propriété à un système de vecteurs.

14º Trouver les points tels que les moments résultants de deux systèmes de vecteurs donnés, par rapport à ces points, soient les mêmes. Discuter. Montrer que si les deux systèmes ont même moment résultant par rapport à 3 points non alignés, ces systèmes sont équivalents.

15° Deux systèmes de vecteurs qui ont les mêmes moments, par rapport aux six arêtes d'un tétraèdre, sont équivalents.

16° Le nombre des conditions d'équivalence à zéro d'un système dont tous les vecteurs sont parallèles à un plan ou rencontrent une même droite est égal à 5.

17° Si 4 vecteurs constituent un système équivalent à zéro, toute droite qui rencontre les supports de 3 d'entre eux rencontre aussi le support du quatrième ou lui est parallèle.

18° Un tétraèdre étant donné, on mène par le centre de gravité de chaque face un vecteur perpendiculaire au plan de cette face; la grandeur de chaque vecteur étant proportionnelle à l'aire de la face correspondante et tous les vecteurs étant dirigés soit vers l'intérieur, soit vers l'extérieur du tétraèdre, démontrer que le système de ces vecteurs est équivalent à zéro.

19° Démontrer que toute droite qui rencontre 3 hauteurs d'un tétraèdre rencontre la quatrième ou lui est parallèle.

20° Réduire un système de vecteurs donné à deux vecteurs rectangulaires dont l'un a pour origine un point donné O. Le problème a une infinité de solutions. Trouver, dans ces conditions, le lieu de l'extrémité du vecteur dont l'origine est en O. Trouver le lieu de la projection orthogonale du point O sur le support du second vecteur; déduire de là le déplacement de ce support.

21° Lorsqu'on réduit un système de vecteurs donné à deux vecteurs AB et CD dont l'un a une origine fixe A, le support de l'autre est dans un plan fixe. Si l'on assujettit les deux vecteurs à une nouvelle condition, l'extrémité B décrit une courbe plane Γ et le support CD enveloppe une courbe plane Γ'. Etudier la liaison géométrique de ces deux courbes. Chercher, en particulier, ce que sont ces courbes lorsque l'un des vecteurs a une longueur donnée.

22° On donne 6 vecteurs non nuls constituant un système équivalent à zéro. Démontrer qu'il existe un système de vecteurs, non équivalent à zéro, pour lequel les supports des vecteurs donnés sont des droites de moment nul. Réciproque.

23° Démontrer que toutes les droites de moment nul par rapport aux deux systèmes $S_1(X_1, Y_1, Z_1, L_1, M_1, N_1)$ et $S_2(X_2, Y_2, Z_2, L_2, M_2, N_2)$ sont aussi de moment nul par rapport au système dont les coordonnées sont :

$$X_1 + \lambda X_2, \ Y_1 + \lambda Y_2, \ Z_1 + \lambda Z_2, \ L_1 + \lambda L_2, \ M_1 + \lambda M_2, \ N_1 + \lambda N_2,$$

λ désignant un nombre arbitraire.

Déduire de là que les droites de moment nul par rapport à S_1 et à S_2 rencontrent en général deux droites fixes.

24° Considérons, dans un plan, un système S de n vecteurs $A_1 B_1$, $A_2 B_2$, ..., $A_n B_n$. Par un point C_0 du plan, menons $C_0 C_1$ équipollent à $A_1 B_1$, $C_1 C_2$ équipollent à $A_2 B_2$, ..., $C_{n-1} C_n$ équipollent à $A_n B_n$. Le contour $C_0 C_1 C_2 \ldots C_n$ s'appelle le *dynamique* du système S. Joignons les sommets du dynamique à un point O arbitraire du plan.

Construisons $n + 1$ droites D_0, D_1, ..., D_n respectivement parallèles à OC_0, OC_1, ..., OC_n. De plus, la droite D_0 menée par un point quelconque du plan rencontre $A_1 B_1$ en M_1; la droite D_1 menée par M_1 rencontre $A_2 B_2$ en M_2; la droite D_2 menée par M_2 rencontre $A_3 B_3$ en M_3, et ainsi de suite; enfin, la droite D_{n-1} menée par M_{n-1} rencontre $A_n B_n$ au point M_n par lequel on mène D_n. L'ensemble des droites D_0, D_1, D_2, ..., D_n s'appelle le *funiculaire* de S. On dit que le funiculaire se ferme quand D_0 et D_n coïncident.

Sur chaque droite D_i on porte deux vecteurs directement opposés et égaux tous deux à OC_i.

Démontrer que le système constitué par S et ces nouveaux vecteurs (système équivalent à S) se réduit à deux vecteurs, dont l'un V_0 porté par D_0 est équipollent à $C_0 O$ et dont l'autre V_n porté par D_n est équipollent à OC_n.

Supposons que le dynamique ne se ferme pas et plaçons le point O en C_0; montrer que S est équivalent à V_n.

Supposons que le dynamique se ferme; donnons au point O une position quelconque. Montrer que les deux vecteurs V_0 et V_n forment un couple si le funiculaire ne se ferme pas et que S est équivalent à zéro si le funiculaire se ferme.

Etudier l'indétermination de la réduction de S à deux vecteurs par ce procédé.

21ᵉ LEÇON

DU CERCLE

La circonférence d'un cercle ou, plus brièvement, un cercle est le lieu géométrique des points $M(x, y)$ d'un plan, situés à une distance r d'un point fixe $C(x_0, y_0)$ de ce plan. Les axes étant rectangulaires, on a :

$$(1) \qquad (x - x_0)^2 + (y - y_0)^2 - r^2 = 0.$$

Cette équation définit le cercle le plus général, pourvu qu'on donne à x_0, y_0, r toutes les valeurs réelles. Elle peut s'écrire aussi

$$x^2 + y^2 - 2xx_0 - 2yy_0 + x_0^2 + y_0^2 - r^2 = 0$$

et elle est de la forme

$$(2) \qquad \Gamma(x, y) \equiv x^2 + y^2 + 2ax + 2by + c = 0,$$

a, b, c ayant des valeurs réelles.

Inversement l'équation (2) est équivalente à l'équation

$$(x + a)^2 + (y + b)^2 - (a^2 + b^2 - c) = 0.$$

Si $a^2 + b^2 - c$ est positif, elle définit un cercle dont le centre est le point $(-a, -b)$ et dont le rayon est donné par la formule

$$r^2 = a^2 + b^2 - c.$$

Si $a^2 + b^2 - c$ est nul, l'équation (2) n'admet pas d'autre solution réelle que la solution $x = -a$, $y = -b$; on dit qu'elle définit un cercle point ou cercle évanouissant.

Si $a^2 + b^2 - c$ est négatif, cette équation n'a pas de solutions réelles; nous dirons qu'elle définit un cercle imaginaire, et nous justifierons cette convention plus loin.

L'équation (2) dépendant de 3 nombres arbitraires a, b, c, on peut dire que le cercle le plus général du plan dépend de 3 paramètres. Il faudra se donner 3 conditions géométriques pour le définir.

Points communs à une droite et à un cercle. — Les points communs au cercle (2) et à la droite

$$(3) \qquad ux + vy + w = 0$$

ont des coordonnées qui vérifient les équations (2) et (3). Si l'on tire y de l'équation de la droite en supposant $v \neq 0$ et si l'on porte dans l'équation du cercle, on trouve que x est racine de l'équation

$$(4) \quad (u^2 + v^2)x^2 + 2(uw + av^2 - buv)x + w^2 - 2bvw + cv^2 = 0.$$

La condition de réalité des racines de cette équation se présente tout d'abord sous une forme compliquée, mais des simplifications et la suppression du facteur v^2 permettent de l'écrire :

$$(5) \quad a^2v^2 + b^2u^2 - 2abuv + 2auw + 2bvw - c(u^2 + v^2) - w^2 > 0,$$

ou

$$(5)' \quad (a^2 + b^2 - c)(u^2 + v^2) - (au + bv - w)^2 > 0,$$

ou enfin

$$(5)'' \quad a^2 + b^2 - c > \left(\frac{-au - bv + w}{\sqrt{u^2 + v^2}}\right)^2.$$

Le premier membre de l'inégalité $(5)''$ représente le carré du rayon du cercle ; le second représente le carré de la distance du centre à la droite, et l'on retrouve la condition connue : pour qu'une droite coupe un cercle, il faut et il suffit que sa distance au centre soit inférieure au rayon du cercle. Dans la pratique, on utilise cette condition pour écrire de suite l'inégalité $(5)''$. Si c'est l'inégalité inverse qui est vérifiée, les équations (2) et (3) n'ont pas de solutions réelles ; elles ont deux solutions imaginaires, et nous dirons que la droite et le cercle se coupent en deux points imaginaires.

Si la distance du centre du cercle à la droite est égale au rayon, la droite est tangente au cercle ; la condition de contact de la droite (3) et du cercle (2) est donc

$$(6) \quad (a^2 + b^2 - c)(u^2 + v^2) - (au + bv - w)^2 = 0.$$

C'est ce qu'on appelle aussi l'équation tangentielle du cercle.

En divisant les deux membres de cette équation par $a^2 + b^2 - c$ supposé positif, on peut la mettre sous la forme

$$(7) \quad u^2 + v^2 - (\alpha u + \beta v + \gamma w)^2 = 0,$$

où α, β, γ sont des nombres réels, γ n'étant pas nul. Réciproquement, toute équation de la forme (7), où α, β, γ sont des constantes réelles quelconques, γ n'étant pas nul, peut s'écrire

$$\frac{1}{\gamma^2} = \left(\frac{\dfrac{\alpha}{\gamma}u + \dfrac{\beta}{\gamma}v + w}{\sqrt{u^2 + v^2}}\right)^2.$$

Elle exprime que la droite (3) est à une distance $\left|\dfrac{1}{\gamma}\right|$ du point $\left(\dfrac{\alpha}{\gamma}, \dfrac{\beta}{\gamma}\right)$. (7) est donc l'équation tangentielle d'un cercle.

Points communs à deux cercles. — Soient deux cercles Γ et Γ_1, définis par les équations

$$\Gamma(x, y) \equiv x^2 + y^2 + 2ax + 2by + c = 0,$$
$$\Gamma_1(x, y) \equiv x^2 + y^2 + 2a_1x + 2b_1y + c_1 = 0.$$

Les coordonnées de leurs points communs vérifient aussi l'équation

$$\Gamma(x, y) - \Gamma_1(x, y) \equiv 2(a - a_1)x + 2(b - b_1)y + c - c_1 = 0,$$

qui définit une droite (à moins que les deux cercles ne soient concentriques). Ce cas particulier écarté, la droite ainsi obtenue coupe l'un des cercles aux points cherchés : c'est la corde commune aux deux cercles. On vérifie aisément qu'elle est perpendiculaire à la ligne des centres.

Les deux cercles se coupent en des points réels si la corde commune coupe Γ, c'est-à-dire si l'on a :

$$H \equiv (a^2+b^2-c)\left[(a-a_1)^2+(b-b_1)^2\right] - \left[a(a-a_1)+b(b-b_1)-\frac{c-c_1}{2}\right]^2 > 0.$$

Lorsque H est < 0, les deux cercles ne se coupent pas, et si H est nul, ils sont tangents.

La condition $H = 0$ n'est pas symétrique, en apparence, parce que la marche suivie pour l'obtenir fait jouer un rôle particulier à l'un des cercles ; on pourrait, en la réduisant, vérifier qu'elle est symétrique. On pourrait aussi en déduire la relation connue entre les rayons r, r_1 des deux cercles et la distance de leurs centres :

$$d = |r \pm r_1|$$

Lorsque deux cercles donnés par leurs équations sont tangents, leur point de contact est défini par l'intersection de leur corde commune et de la ligne des centres.

Si l'équation de la corde commune aux deux cercles est $P(x, y) = 0$, les deux polynomes $\Gamma - \Gamma_1$ et P ne diffèrent que par un facteur constant $-\lambda$, de sorte que l'on a :

$$\Gamma_1 \equiv \Gamma + \lambda P.$$

Ainsi, l'équation générale des cercles passant par les points communs (réels ou imaginaires) au cercle Γ et à la droite P, est

$$\Gamma(x, y) + \lambda P(x, y) = 0.$$

Considérons un troisième cercle défini par l'équation

$$\Gamma_2(x, y) \equiv x^2 + y^2 + 2a_2 x + 2b_2 y + c_2 = 0.$$

Il passe par les points communs aux deux premiers si la corde commune à Γ et Γ_2 est la même que la corde commune à Γ_1 et Γ_2, c'est-à-dire si l'on a l'identité

$$\Gamma - \Gamma_2 = -\mu(\Gamma_1 - \Gamma_2)$$

ou bien

$$\Gamma_2 \equiv \frac{\Gamma + \mu\Gamma_1}{1 + \mu},$$

μ désignant une constante.

On en conclut que l'équation générale des cercles passant par les points communs à Γ et Γ_1 est

$$(8) \qquad\qquad \Gamma + \mu\Gamma_1 = 0.$$

A $\mu = -1$, correspond un cercle limite qui est la corde commune à Γ et Γ_1.

A cause de la forme de cette équation (8), on dit qu'elle définit un faisceau linéaire de cercles ; les deux cercles Γ et Γ_1 s'appellent cercles de base du faisceau et leurs points communs (réels ou imaginaires) sont dits les points de base.

Lorsque les points de base sont réels, la déformation du cercle Γ_2, quand μ varie, est à peu près évidente. D'ailleurs, son équation s'écrit

$$\Gamma_2(x, y) \equiv x^2 + y^2 + 2\,\frac{a + \mu a_1}{1 + \mu}\,x + 2\,\frac{b + \mu b_1}{1 + \mu}\,y + \frac{c + \mu c_1}{1 + \mu} = 0.$$

On voit que le centre C_2 de ce cercle a pour coordonnées $\frac{-a + \mu(-a_1)}{1 + \mu}$, $\frac{-b + \mu(-b_1)}{1 + \mu}$; c'est un point partageant le segment CC_1 dans le rapport $-\mu$.

En particulier, si l'on a pris comme axe Ox la droite CC_1 et comme axe Oy la corde commune à Γ et Γ_1, on a :

$$\Gamma\ (x, y) \equiv x^2 + y^2 + 2\,ax\ + c,$$
$$\Gamma_1(x, y) \equiv x^2 + y^2 + 2\,a_1 x + c,$$

car $\Gamma - \Gamma_1$ doit être de la forme kx; par suite,

$$\Gamma_2(x, y) \equiv x^2 + y^2 + 2\,\frac{a + \mu a_1}{1 + \mu}\,x + c.$$

L'abscisse ξ_2 du centre C_2 est donnée par la formule

$$\xi_2 = -\,\frac{a + \mu a_1}{1 + \mu}$$

et le rayon r_2 par l'équation

$$r_2^2 = \xi_2^2 - c.$$

Si les points de base sont imaginaires, c est positif et $|\xi_2|$ doit être supérieur à $\sqrt{c}$ pour que le cercle Γ_2 soit réel. En particulier, si ξ_2 vaut $\pm\sqrt{c}$, le cercle Γ_2 correspondant est un cercle évanouissant; soient I et I' les deux points ainsi obtenus. Quand $|\xi_2|$ croît à partir de $\sqrt{c}$, c'est-à-dire quand le point C_2 extérieur au segment II' s'éloigne des extrémités de ce segment, le rayon de Γ_2 croît à partir de o et peut croître au delà de toute limite.

Les deux points I et I' s'appellent les points limites du faisceau considéré.

Remarquons encore que les deux points A et A' où un cercle du faisceau coupe CC_1 sont tels que l'on ait :

$$\overline{OI}^2 = c = \overline{OA} \cdot \overline{OA}'.$$

Les faisceaux de cercles se divisent donc en deux catégories : les uns ont des points de base réels et des points limites imaginaires, les autres ont des points de base imaginaires et des points limites réels.

Puissance d'un point par rapport à un cercle. — La puissance d'un point $M(x, y)$, par rapport à un cercle Γ de centre C et de rayon r a été définie en géométrie élémentaire ; on a vu que c'est $\overline{MC}^2 - r^2$. Or, on a :

$$\overline{MC}^2 = (x+a)^2 + (y+b)^2 \quad \text{et} \quad r^2 = a^2 + b^2 - c.$$

Cette puissance vaut donc

$$(x+a)^2 + (y+b)^2 - (a^2 + b^2 - c), \quad \text{c'est-à-dire} \quad \Gamma(x, y).$$

En particulier, c est la puissance de l'origine des axes par rapport à Γ.

Si $\Gamma(x, y)$ est < 0, le point M est intérieur à Γ ; si $\Gamma(x, y)$ est > 0, le point est à l'extérieur du cercle. Lorsque le cercle est imaginaire, on peut prendre $\Gamma(x, y)$ comme définition de la puissance du point par rapport au cercle : cette puissance est toujours positive.

Lieu des points dont les puissances par rapport à deux cercles ont un rapport constant ; axe radical de deux cercles ; centre radical de trois cercles. — Soit $-\lambda$ le rapport constant des puissances du point $M(x, y)$ par rapport aux deux cercles Γ et Γ_1, réels ou imaginaires. On en déduit :

$$\frac{\Gamma(x, y)}{\Gamma_1(x, y)} = -\lambda \quad \text{ou} \quad \Gamma(x, y) + \lambda\Gamma_1(x, y) = 0$$

et réciproquement.

Quand λ varie, on retrouve tous les cercles d'un faisceau linéaire dont Γ et Γ_1 sont les cercles de base. En particulier, pour $\lambda = -1$, on obtient le lieu des points d'égale puissance par rapport aux deux cercles, ou *axe radical* des deux cercles : c'est leur corde commune.

Considérons 3 cercles quelconques Γ, Γ_1, Γ_2. Leurs axes radicaux ont comme équations respectives

$$\Gamma_1 - \Gamma_2 = 0, \quad \Gamma_2 - \Gamma = 0, \quad \Gamma - \Gamma_1 = 0.$$

Les deux premiers sont des droites perpendiculaires à $C_1 C_2$ et CC_2 ; ils se coupent donc en un point I, si les centres des trois cercles ne sont pas alignés. Ce point I se trouve aussi sur le troisième axe radical et a même puissance par rapport aux trois cercles : on l'appelle *centre radical* de ces trois cercles.

Si C, C_1, C_2 sont alignés, les deux premiers axes radicaux peuvent être parallèles ou confondus. Dans le premier cas, il n'y a pas de point ayant même puissance par rapport aux trois cercles donnés ; dans le second cas les 3 axes radicaux sont confondus en un seul dont tous les points ont même puissance par rapport à Γ, Γ_1, Γ_2. Les 3 cercles font d'ailleurs partie d'un faisceau linéaire.

Cherchons si 4 cercles donnés, Γ, Γ_1, Γ_2, Γ_3, ont un même centre radical. Supposons que Γ, Γ_1, Γ_2 aient un centre radical I, c'est-à-dire que les centres de ces cercles ne soient pas alignés. Pour que I ait même puissance par rapport aux 4 cercles, il faut et il suffit que l'axe radical de Γ et Γ_3 passe par le point de rencontre des deux droites

$$\Gamma - \Gamma_1 = 0, \quad \Gamma - \Gamma_2 = 0,$$

c'est-à-dire que ces deux droites et la droite $\Gamma - \Gamma_3 = 0$ soient concourantes.

On doit donc pouvoir déterminer λ et μ de façon à réaliser l'identité

$$\Gamma - \Gamma_3 \equiv \lambda(\Gamma - \Gamma_1) + \mu(\Gamma - \Gamma_2)$$

ou
$$\Gamma_3 \equiv (1 - \lambda - \mu)\Gamma + \lambda\Gamma_1 + \mu\Gamma_2.$$

Si l'on pose $\dfrac{\lambda}{1 - \lambda - \mu} = \alpha$, $\dfrac{\mu}{1 - \lambda - \mu} = \beta$, on voit que l'équation de Γ_3 est de la forme

$$(9) \qquad \Gamma + \alpha\Gamma_1 + \beta\Gamma_2 = 0.$$

Quand α et β varient, tous les cercles définis par l'équation (9) ont le même centre radical I; on dit qu'ils appartiennent à un *réseau linéaire*.

Pour toutes les valeurs de α et β vérifiant l'équation $1 + \alpha + \beta = 0$, on obtient des droites passant par I.

Lorsque les 3 cercles Γ, Γ_1, Γ_2 ont leurs centres alignés, sans faire partie d'un même faisceau linéaire, l'équation (9) définit tous les cercles qui ont leur centre sur la droite CC_1C_2.

Cercles orthogonaux. — On démontre en géométrie élémentaire que deux cercles Γ et Γ_1 sont orthogonaux lorsque la puissance du centre de Γ par rapport à Γ_1 est égale au carré du rayon de Γ. Appliquons cette condition en posant :

$$\Gamma(x, y) \equiv x^2 + y^2 + 2ax + 2by + c,$$
$$\Gamma_1(x, y) \equiv x^2 + y^2 + 2a_1x + 2b_1y + c_1.$$

Le centre de Γ a pour coordonnées $-a$, $-b$; sa puissance par rapport à Γ_1 vaut $a^2 + b^2 - 2aa_1 - 2bb_1 + c_1$. En égalant cette puissance à $a^2 + b^2 - c$, carré du rayon de Γ, on obtient la condition

$$(10) \qquad 2(aa_1 + bb_1) = c + c_1.$$

Cherchons l'équation générale des cercles Γ orthogonaux à deux cercles donnés Γ_0 et Γ_1. Prenons C_0C_1 comme axe Ox, et l'axe radical de Γ_0 et Γ_1 comme axe Oy. On en déduit :

$$\Gamma_0(x, y) \equiv x^2 + y^2 + 2a_0x + c_0, \qquad \Gamma_1(x, y) \equiv x^2 + y^2 + 2a_1x + c_0.$$

Les conditions d'orthogonalité de Γ_0 et Γ, de Γ_1 et Γ, sont respectivement

$$2aa_0 = c_0 + c, \qquad 2aa_1 = c_0 + c;$$

on en tire rapidement :

$$a = 0, \qquad c = -c_0.$$

Par suite, on a :

$$(11) \qquad \Gamma(x,y) \equiv x^2 + y^2 + 2by - c = 0,$$

b désignant un paramètre.

Les cercles Γ appartiennent donc à un faisceau linéaire. Ils ont Ox comme axe radical et leurs centres sont sur Oy, axe radical des cercles donnés.

Remarquons encore que les cercles Γ sont orthogonaux, non seulement à Γ_0 et Γ_1, mais aussi à tous les cercles du faisceau $\Gamma_0 + \lambda\Gamma_1 = 0$, ou encore

$$(12) \qquad x^2 + y^2 + 2\mu x + c = 0.$$

Les deux faisceaux linéaires (11) et (12) sont tels que tout cercle de l'un est orthogonal à tout cercle de l'autre ; ces deux faisceaux sont dits conjugués.

Ils sont d'ailleurs d'espèce différente, car les points de base de l'un sont réels, tandis que les points limites de l'autre sont réels.

Tangente en un point d'un cercle. — C'est la droite perpendiculaire au rayon en ce point. Soient x_0, y_0 les coordonnées du centre, x_1, y_1 les coordonnées du point. L'équation de la tangente est donc

$$(x - x_1)(x_1 - x_0) + (y - y_1)(y_1 - y_0) = 0.$$

Avec les notations usuelles, $x_0 = -a$, $y_0 = -b$, et cette équation devient :

$$(x - x_1)(x_1 + a) + (y - y_1)(y_1 + b) = 0$$

ou

$$x(x_1 + a) + y(y_1 + b) - (x_1^2 + y_1^2 + ax_1 + by_1) = 0.$$

Or le point (x_1, y_1) est sur le cercle, de sorte que l'on a :

$$x_1^2 + y_1^2 + 2ax_1 + 2by_1 + c = 0.$$

Ajoutons cette équation à la précédente, membre à membre ; nous obtenons :

$$x(x_1 + a) + y(y_1 + b) + ax_1 + by_1 + c = 0.$$

Si l'on pose :

$$\Gamma(x, y, z) \equiv x^2 + y^2 + 2axz + 2byz + cz^2,$$

on voit que l'on a :

$$\frac{1}{2}\Gamma'_x = x + az, \qquad \frac{1}{2}\Gamma'_y = y + bz, \qquad \frac{1}{2}\Gamma'_z = ax + by + cz.$$

Représentons par $\frac{1}{2}\Gamma'_{x_1}$, $\frac{1}{2}\Gamma'_{y_1}$, $\frac{1}{2}\Gamma'_{z_1}$, ce que deviennent ces expressions lorsqu'on y remplace x, y, z, respectivement par x_1, y_1, 1. L'équation de la tangente peut se mettre sous la forme symbolique :

$$x\Gamma'_{x_1} + y\Gamma'_{y_1} + \Gamma'_{z_1} = 0.$$

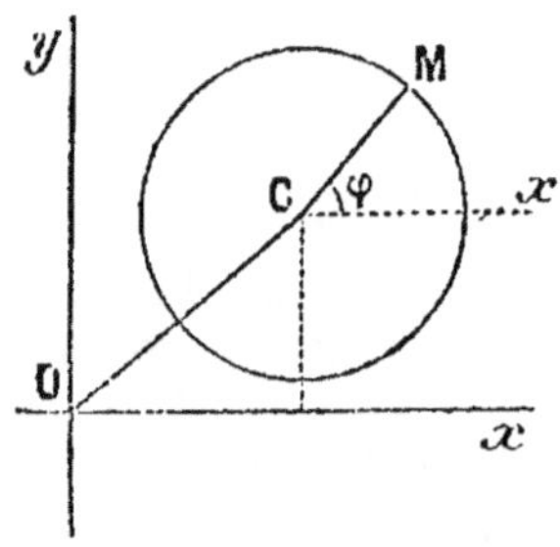

Représentation paramétrique d'un cercle. — Supposons le cercle défini par son centre $C(x_0, y_0)$ et son rayon r. Définissons un point $M(x, y)$ de ce cercle par l'angle φ des demi-droites Ox, CM dans le plan orienté.

En projetant orthogonalement le contour OCM sur les deux axes, on obtient :

$$x = x_0 + r\cos\varphi,$$
$$y = y_0 + r\sin\varphi.$$

En faisant varier φ dans un intervalle de 2π, ces formules définissent tous les points du cercle.

Si l'on pose : $\operatorname{tg}\frac{\varphi}{2}=t$, on peut aussi écrire

$$x = x_0 + \frac{r(1 - t^2)}{1 + t^2}, \qquad y = y_0 + \frac{2rt}{1 + t^2}.$$

En particulier, l'équation de la tangente en M s'écrit de suite sous forme normale

$$(x - x_0)\cos\varphi + (y - y_0)\sin\varphi - r = 0.$$

Détermination d'un cercle. — Un cercle est déterminé lorsqu'on l'assujettit à trois conditions géométriques distinctes.

La condition qui se traduit sous la forme algébrique la plus simple est celle qui conduit à une équation linéaire entre les coefficients a, b, c, de l'équation du cercle. Soit

$$(13) \qquad A\,a + B\,b + C\,c + D = 0$$

cette équation.

Si C n'est pas nul, on peut toujours diviser les deux membres par C et mettre la condition sous la forme

$$c + n = 2\,la + 2\,mb,$$

où l, m, n sont donnés. Elle exprime que le cercle inconnu est orthogonal au cercle réel ou imaginaire

$$x^2 + y^2 + 2\,lx + 2\,my + n = 0$$

ou, ce qui est la même chose, qu'il a, par rapport au point $(-l, -m)$, une puissance égale à $l^2 + m^2 - n$. En particulier, si $l^2 + m^2 - n$ est nul, cette équation exprime que le cercle passe par le point $(-l, -m)$.

Si C est nul, l'équation

$$(14) \qquad A\,a + B\,b + D = 0$$

exprime que le centre du cercle inconnu est sur la droite

$$A\,x + B\,y - D = 0$$

ou, ce qui revient au même, que le cercle est orthogonal à la droite.

On pourrait d'ailleurs considérer cette condition comme la limite de la précédente. L'équation (13), où C n'est pas nul, exprime en effet que le cercle Γ est orthogonal au cercle γ

$$C(x^2 + y^2) - A\,x - B\,y + D = 0,$$

et, si l'on fait tendre C vers 0 en laissant fixes A, B, D, le cercle γ a pour position limite une droite.

Un cercle est défini par la condition d'être orthogonal à trois cercles donnés. On trouvera aisément son équation en appliquant les observations précédentes et résolvant les équations de conditions par rapport aux coefficients inconnus a, b, c.

EXERCICES

1º Calculer la longueur de la corde interceptée sur une droite donnée par un cercle donné.

2º Démontrer que l'on peut prendre comme cercles de base d'un faisceau deux cercles quelconques de ce faisceau.

3º Construire géométriquement un cercle d'un faisceau linéaire passant par un point donné, dans le cas où les points de base du faisceau sont imaginaires.

4º Soient ω et ω' les centres d'homothétie de deux cercles Γ_0 et Γ_1.

Démontrer que le cercle décrit sur $\omega\omega'$ comme diamètre fait partie du faisceau défini par Γ_0 et Γ_1.

5º Trouver en fonction des coordonnées de M_0 et M_1 l'équation d'un cercle décrit sur $M_0 M_1$ comme diamètre.

6º Étant donnés 3 cercles Γ_0, Γ_1, Γ_2, et un point quelconque M, montrer qu'il existe, en général, un second point M′ tel que les puissances de M et M′ par rapport aux 3 cercles soient respectivement proportionnelles.

7º Étude géométrique des cercles tangents

    a) à une droite et à un cercle ;
    b) à deux cercles.

Trouver les lieux géométriques de leurs centres. Montrer que ces cercles peuvent être groupés par familles, les cercles d'une même famille ayant même puissance par rapport à un point convenablement choisi.

8º Parmi les angles que font les tangentes à deux cercles Γ et Γ_0 en un point M commun à ces deux cercles, il y en a un qui est égal à l'angle en M du triangle CMC_0; prenons-le comme angle des deux cercles. Avec cette convention, deux cercles tangents intérieurement se coupent sous un angle nul et deux cercles tangents extérieurement se coupent sous un angle égal à π.

Démontrer que le lieu des centres des cercles qui coupent 3 cercles donnés Γ_0, Γ_1, Γ_2, sous un même angle est une droite.

Si l'on suppose deux des angles égaux et le troisième supplémentaire des deux premiers, on obtient encore une droite, ce qui donne, en tout, 4 droites. Montrer que ces droites sont définies par l'équation

$$\begin{vmatrix} \Gamma_0(x, y), & 1, & \varepsilon_0 r_0 \\ \Gamma_1(x, y), & 1, & \varepsilon_1 r_1 \\ \Gamma_2(x, y), & 1, & \varepsilon_2 r_2 \end{vmatrix} = 0; \qquad (\varepsilon_0 = \pm 1 ; \quad \varepsilon_1 = \pm 1 ; \quad \varepsilon_2 = \pm 1.)$$

Démontrer qu'elles passent par un même point.

La droite qui correspond au cas où $\varepsilon_0 = \varepsilon_1 = \varepsilon_2$, passe par les points définis par les équations

$$\frac{\Gamma_0}{r_0} = \frac{\Gamma_1}{r_1} = \frac{\Gamma_2}{r_2},$$

Déduire de cette remarque la construction de la droite.

Appliquer à la recherche des centres des cercles tangents à 3 cercles donnés.

9º Soient Ox et Oy deux axes rectangulaires, D une droite donnée parallèle à Oy. Soit Γ un cercle quelconque tangent à Ox et Oy; soit Γ' un cercle quelconque tangent à Ox et à D. On demande de trouver le lieu géométrique du point de contact d'un cercle Γ et d'un cercle Γ' qui lui est tangent. (On cherchera une représentation paramétrique du lieu en fixant la position du point de contact sur chaque cercle au moyen du paramètre angulaire correspondant.)

$$22^e \text{ LEÇON}$$

DE LA SPHÈRE

La surface d'une sphère ou, plus brièvement, une sphère, est le lieu des points $M(x, y, z)$ situés à une distance r d'un point fixe $C(x_0, y_0, z_0)$. Les axes étant rectangulaires, on a :

$$(1) \qquad (x - x_0)^2 + (y - y_0)^2 + (z - z_0)^2 - r^2 = 0.$$

Cette équation définit la sphère la plus générale, pourvu qu'on donne à x_0, y_0, z_0, r, toutes les valeurs réelles. Elle peut s'écrire aussi

$$x^2 + y^2 + z^2 - 2xx_0 - 2yy_0 - 2zz_0 + x_0^2 + y_0^2 + z_0^2 - r^2 = 0$$

et elle est de la forme :

$$(2) \qquad x^2 + y^2 + z^2 + 2ax + 2by + 2cz + d = 0.$$

Inversement, l'équation (2) est équivalente à la suivante :

$$(x + a)^2 + (y + b)^2 + (z + c)^2 - (a^2 + b^2 + c^2 - d) = 0.$$

Si $a^2 + b^2 + c^2 - d$ est positif, elle définit une sphère dont le centre est le point $(-a, -b, -c)$ et dont le rayon vaut $\sqrt{a^2 + b^2 + c^2 - d}$.

Si $a^2 + b^2 + c^2 - d$ est nul, l'équation (2) n'admet pas d'autre solution réelle que la solution $x = -a$, $y = -b$, $z = -c$: elle définit une sphère point ou sphère évanouissante.

Si $a^2 + b^2 + c^2 - d$ est négatif, cette équation n'a pas de solutions réelles ; nous dirons qu'elle définit une sphère imaginaire et nous expliquerons cette définition dans la suite.

L'équation (2) dépend de quatre nombres arbitraires a, b, c, d : la sphère la plus générale dépend donc de quatre paramètres ; il faudra donner quatre conditions géométriques pour définir une sphère.

Intersection d'une sphère et d'un plan. — Les points communs à la sphère (2) et au plan

$$(3) \qquad ux + vy + wz + h = 0$$

ont des coordonnées vérifiant les équations (2) et (3). L'intersection est un cercle réel si la distance du centre de la sphère au plan est inférieure au rayon, c'est-à-dire si l'on a :

$$a^2 + b^2 + c^2 - d > \left(\frac{-au - bv - cw + h}{\sqrt{u^2 + v^2 + w^2}} \right)^2$$

ou bien

$$(4) \qquad (a^2 + b^2 + c^2 - d)(u^2 + v^2 + w^2) - (au + bv + cw - h)^2 > 0.$$

Le centre du cercle est le pied de la perpendiculaire menée du centre de la sphère au plan.

Si l'inégalité inverse de (4) est vérifiée, le plan ne coupe pas la sphère : on dit que le cercle d'intersection est imaginaire.

La condition de contact de la sphère (2) et du plan (3) est

$$(5) \quad (a^2 + b^2 + c^2 - d)(u^2 + v^2 + w^2) - (au + bv + cw - h)^2 = 0.$$

Elle peut se ramener à la forme

$$u^2 + v^2 + w^2 - (\alpha u + \beta v + \gamma w + \delta h)^2 = 0,$$

où α, β, γ, δ sont des nombres réels quelconques, δ n'étant pas nul.

Inversement, toute équation de cette forme est l'équation tangentielle d'une sphère de centre $\left(\dfrac{\alpha}{\delta}, \dfrac{\beta}{\delta}, \dfrac{\gamma}{\delta} \right)$ et de rayon $\left| \dfrac{1}{\delta} \right|$.

Intersection de deux sphères. — Soient deux sphères Σ et Σ_1 définies par les deux équations

$$\Sigma\,(x, y, z) \equiv x^2 + y^2 + z^2 + 2ax + 2by + 2cz + d = 0,$$
$$\Sigma_1\,(x, y, z) \equiv x^2 + y^2 + z^2 + 2a_1 x + 2b_1 y + 2c_1 z + d_1 = 0.$$

Les coordonnées de leurs points communs vérifient aussi l'équation

$$\Sigma - \Sigma_1 \equiv 2(a - a_1)x + 2(b - b_1)y + 2(c - c_1)z + d - d_1 = 0,$$

qui définit un plan, à moins que les deux sphères ne soient concentriques. Ce cas particulier écarté, le plan ainsi obtenu coupe l'une des sphères suivant le cercle cherché. On vérifie aisément qu'il est perpendiculaire à la ligne des centres.

Les deux sphères se coupent suivant un cercle réel si la distance de ce plan au centre de Σ est inférieure au rayon de Σ, c'est-à-dire si l'on a :

$$H \equiv (a^2 + b^2 + c^2 - d)\left[(a - a_1)^2 + (b - b_1)^2 + (c - c_1)^2 \right]$$
$$- \left[a(a - a_1) + b(b - b_1) + c(c - c_1) - \frac{d - d_1}{2} \right]^2 > 0.$$

Lorsque H est < 0, le cercle d'intersection est imaginaire, et les deux sphères sont tangentes si $H = 0$. On peut retrouver la condition de contact en partant de la relation élémentaire

$$CC_1 = |r \pm r_1|.$$

Lorsque deux sphères données par leurs équations sont tangentes, il est commode de définir leur point de contact comme intersection de la ligne des centres avec le plan du cercle de rayon nul commun aux deux sphères.

Si l'équation du plan commun à deux sphères quelconques Σ et Σ_1 est

$$P\,(x, y, z) = 0,$$

les deux polynomes $\Sigma - \Sigma_1$ et P ne diffèrent que par un facteur constant $-\lambda$, de sorte que l'on a :

$$\Sigma_1 \equiv \Sigma + \lambda P.$$

Ainsi, l'équation générale des sphères passant par le cercle commun à la sphère Σ et au plan P est

$$\Sigma + \lambda P = 0.$$

Considérons une troisième sphère Σ_2 définie par l'équation

$$\Sigma_2(x, y, z) \equiv x^2 + y^2 + z^2 + 2 a_2 x + 2 b_2 y + 2 c_2 z + d_2 = 0.$$

Elle passe par le cercle commun aux deux premières si les plans des cercles communs à Σ et Σ_1 d'une part, à Σ_1 et Σ_2 d'autre part, sont les mêmes, c'est-à-dire si l'on a l'identité

$$\Sigma_1 - \Sigma_2 \equiv - \mu(\Sigma_1 - \Sigma_2) \quad \text{ou} \quad \Sigma_2 \equiv \frac{\Sigma + \mu \Sigma_1}{1 + \mu},$$

μ désignant une constante.

On en conclut que l'équation générale des sphères passant par le cercle commun à Σ et Σ_1 est

$$(6) \qquad \Sigma + \mu \Sigma_1 = 0.$$

A $\mu = -1$, correspond un plan limite qui est celui du cercle commun à toutes les sphères. Les sphères définies par cette équation forment un faisceau linéaire et le cercle commun est dit *cercle de base*.

Un raisonnement analogue à celui qui a été fait pour les cercles d'un faisceau linéaire montre que le centre C_2 de la sphère Σ_2 partage le segment CC_1 dans le rapport $-\mu$. Si le cercle de base est imaginaire, il y a deux sphères de rayon nul parmi les sphères du faisceau et, si leurs centres sont I et I', le centre d'une sphère réelle du faisceau est à l'extérieur du segment II'. Les points I et I' s'appellent *points limites* du faisceau et l'on a la relation

$$\overline{OI}^2 = \overline{OA} \cdot \overline{OA'},$$

O désignant le point où la ligne des centres CC_1 rencontre le plan du cercle de base (milieu de II'), et A, A' étant les points d'intersection d'une sphère quelconque du faisceau avec CC_1.

Les faisceaux linéaires de sphères se divisent en deux catégories : les uns ont des cercles de base réels et des points limites imaginaires ; les autres ont des cercles de base imaginaires et des points limites réels.

Intersection d'une sphère et d'une droite. — Les points où la sphère (2) rencontre la droite

$$(7) \qquad \frac{x - x_1}{l} = \frac{y - y_1}{m} = \frac{z - z_1}{n}$$

ont des coordonnées solutions des équations (2) et (7). Il est commode, pour les obtenir, d'exprimer les coordonnées du point courant sur la droite en fonction d'un paramètre, en posant :

$$x = x_1 + l\rho, \quad y = y_1 + m\rho, \quad z = z_1 + n\rho.$$

En substituant ces valeurs dans (2), on obtient l'équation

$$(l^2 + m^2 + n^2)\rho^2 + 2(lx_1 + my_1 + nz_1 + al + bm + cn)\rho$$
$$+ x_1^2 + y_1^2 + z_1^2 + 2ax_1 + 2by_1 + 2cz_1 + d = 0$$

qui détermine ρ. La discussion de réalité des points d'intersection se fait aisément en partant de là. On peut la faire aussi *à priori* en remarquant qu'une droite est sécante, tangente ou non sécante suivant que la distance du centre de la sphère à cette droite est inférieure, égale ou supérieure au rayon.

Supposons la droite définie comme intersection des deux plans
$$P(x, y, z) \equiv ux + vy + wz + h = 0, \quad P_1(x, y, z) \equiv u_1x + v_1y + w_1z + h_1 = 0.$$
Elle est sécante, tangente ou non sécante, suivant que les plans tangents à la sphère menés par cette droite sont imaginaires, confondus ou réels et distincts. Un plan quelconque passant par la droite étant défini par l'équation

$$(8) \quad P + \lambda P_1 \equiv (u + \lambda u_1)x + (v + \lambda v_1)y + (w + \lambda w_1)z + h + \lambda h_1 = 0,$$

on obtient les valeurs de λ correspondant aux plans tangents en question en écrivant que le plan (8) est tangent à la sphère (2). La condition de contact est du second degré en λ; en l'ordonnant on trouve :

$$\lambda^2 \left[r^2(u_1^2 + v_1^2 + w_1^2) - (au_1 + bv_1 + cw_1 - h)^2 \right]$$
$$+ 2\lambda \left[r^2(uu_1 + vv_1 + ww_1) - (au + bv + cw - h)(au_1 + bv_1 + cw_1 - h_1) \right]$$
$$+ r^2(u^2 + v^2 + w^2) - (au + bv + cw - h)^2 = 0.$$

La droite est sécante, tangente ou non sécante, suivant que les racines de cette équation sont imaginaires, confondues ou distinctes et réelles. En particulier, la condition de contact de la droite et de la sphère est

$$(9) \quad \left[r^2(uu_1 + vv_1 + ww_1) - (au + bv + cw - h)(au_1 + bv_1 + cw_1 - h_1) \right]^2$$
$$- \left[r^2(u^2 + v^2 + w^2) - (au + bv + cw - h)^2 \right] \times$$
$$\times \left[r^2(u_1^2 + v_1^2 + w_1^2) - (au_1 + bv_1 + cw_1 - h_1)^2 \right] = 0.$$

Supposons le plan P_1 fixe; le point de contact de la droite et de la sphère est sur le cercle Γ_1, intersection de Σ et P_1, et la droite est une tangente à ce cercle. L'équation (9), où l'on regarde u, v, w, h, comme des variables, exprime donc que les plans P, dont les coordonnées vérifient cette équation, passent par une tangente au cercle Γ_1, c'est-à-dire sont tangents à ce cercle. On peut dire que l'équation (9) est l'équation tangentielle de ce cercle.

Puissance d'un point par rapport à une sphère. — La puissance d'un point $M(x, y, z)$, par rapport à une sphère Σ de centre C et de rayon r a été définie en géométrie élémentaire; on a vu que c'est $\overline{MC}^2 - r^2$. Un calcul simple montre que c'est aussi $\Sigma(x, y, z)$. En particulier, d est la puissance de l'origine par rapport à Σ.

Si $\Sigma(x, y, z)$ est < 0, le point M est intérieur à Σ; il est extérieur, si $\Sigma(x, y, z)$ est > 0. Lorsque la sphère est imaginaire, la puissance $\Sigma(x, y, z)$, d'un point quelconque est toujours positive.

Lieu des points dont les puissances par rapport à deux sphères ont un rapport donné; plan radical de deux sphères; axe radical de trois sphères; centre radical de quatre sphères. — Soit $-\lambda$, le rapport constant des puissances du point $M(x, y, z)$ par rapport aux deux sphères Σ et Σ_1 réelles ou imaginaires. On en déduit :

$$\frac{\Sigma(x,\ y,\ z)}{\Sigma_1(x,\ y,\ z)} = -\lambda \qquad \text{ou} \qquad \Sigma(x,\ y,\ z) + \lambda\Sigma_1(x,\ y,\ z) = 0,$$

et réciproquement.

Quand λ varie, on retrouve les sphères du faisceau linéaire dont les sphères de base sont Σ et Σ_1. En particulier, pour $\lambda = -1$, on obtient le lieu des points d'égale puissance ou *plan radical* des deux sphères ; c'est le plan de leur cercle commun. Pour le définir géométriquement, il suffit de construire un point de l'axe radical des deux cercles découpés sur les sphères par un plan quelconque et de mener par ce point un plan perpendiculaire à la ligne des centres des deux sphères.

Considérons 3 sphères quelconques Σ, Σ_1, Σ_2. Leurs plans radicaux ont comme équations

$$\Sigma_1 - \Sigma_2 = 0, \quad \Sigma_2 - \Sigma = 0, \quad \Sigma - \Sigma_1 = 0.$$

Les deux premiers sont respectivement perpendiculaires à $C_1\,C_2$ et CC_2 ; ils se coupent suivant une droite Δ si les centres des trois sphères ne sont pas alignés. Cette droite Δ se trouve aussi dans le troisième plan radical et chacun de ses points a même puissance par rapport aux 3 sphères : on l'appelle *axe radical* des 3 sphères. Cet axe radical est la perpendiculaire au plan des centres menée par le centre radical des 3 cercles découpés sur les 3 sphères par un plan arbitraire.

Si C, C_1, C_2 sont alignés, les deux premiers plans radicaux peuvent être parallèles ou confondus. Dans le premier cas, il n'y a pas de point ayant même puissance par rapport aux 3 sphères ; dans le second, les 3 plans radicaux sont confondus en un seul dont tous les points ont même puissance par rapport à Σ, Σ_1, Σ_2 : les 3 sphères font partie d'un faisceau linéaire.

Cherchons si 4 sphères données, Σ, Σ_1, Σ_2, Σ_3, ont même axe radical. En écrivant que le plan radical de Σ et Σ_3 passe par l'axe radical de Σ, Σ_1, Σ_2, on est conduit à déterminer λ et μ de façon à vérifier l'identité

$$\Sigma - \Sigma_3 \equiv \lambda(\Sigma - \Sigma_1) + \mu(\Sigma - \Sigma_2)$$

en x, y, z, ou bien la suivante

$$\Sigma_3 \equiv \Sigma(1 - \lambda - \mu) + \lambda\Sigma_1 + \mu\Sigma_2.$$

Posons :

$$\frac{\lambda}{1 - \lambda - \mu} = \alpha, \qquad \frac{\mu}{1 - \lambda - \mu} = \beta.$$

On voit que l'équation de Σ_3 est de la forme

$$(10) \qquad\qquad \Sigma + \alpha\Sigma_1 + \beta\Sigma_2 = 0,$$

où α et β sont des constantes arbitraires.

On dit que les sphères définies par cette équation constituent un *réseau linéaire*.

Pour toutes les valeurs de α et β vérifiant l'équation $1 + \alpha + \beta = 0$, l'équation (10) représente un plan passant par l'axe radical du réseau. Toutes les sphères du réseau passent par deux points fixes réels ou imaginaires qu'on appelle points de base du réseau. On peut encore classer les réseaux linéaires de sphères en deux catégories suivant que leurs points de base sont réels ou imaginaires.

Lorsque les 3 centres C, C_1, C_2 sont alignés, l'équation (10) définit toutes les sphères dont les centres sont sur la droite CC_1C_2.

Considérons maintenant 4 sphères quelconques Σ, Σ_1, Σ_2, Σ_3. Leurs plans radicaux deux à deux sont au nombre de 6 et sont définis par les équations

$$\Sigma - \Sigma_1 = 0, \qquad \Sigma - \Sigma_2 = 0, \qquad \Sigma - \Sigma_3 = 0,$$
$$\Sigma_1 - \Sigma_2 = 0, \qquad \Sigma_1 - \Sigma_3 = 0, \qquad \Sigma_2 - \Sigma_3 = 0.$$

Les trois premiers, perpendiculaires respectivement aux droites CC_1, CC_2, CC_3, supposées distinctes, se coupent en un seul point lorsque ces droites ne sont pas dans un même plan. Ce point, qui a même puissance par rapport aux 4 sphères, s'appelle leur *centre radical*; il est situé dans les 6 plans radicaux.

Nous n'examinerons pas les cas particuliers qui peuvent se présenter.

Cherchons si 5 sphères données Σ, Σ_1, Σ_2, Σ_3, Σ_4 ont un même centre radical. En écrivant que le plan radical de Σ et Σ_4 passe par le point de rencontre I des 3 plans radicaux de Σ et Σ_1, Σ et Σ_2, Σ et Σ_3, on est conduit à déterminer les constantes λ, μ, ν, de façon à vérifier l'identité

$$\Sigma - \Sigma_4 \equiv \lambda(\Sigma - \Sigma_1) + \mu(\Sigma - \Sigma_2) + \nu(\Sigma - \Sigma_3)$$

en x, y, z, ou bien la suivante

$$\Sigma_4 \equiv \Sigma(1 - \lambda - \mu - \nu) + \lambda\Sigma_1 + \mu\Sigma_2 + \nu\Sigma_3.$$

Posons :

$$\frac{\lambda}{1 - \lambda - \mu - \nu} = \alpha, \qquad \frac{\mu}{1 - \lambda - \mu - \nu} = \beta, \qquad \frac{\nu}{1 - \lambda - \mu - \nu} = \gamma.$$

L'équation générale des sphères Σ_4 cherchées est de la forme

$$(11) \qquad \Sigma + \alpha\Sigma_1 + \beta\Sigma_2 + \gamma\Sigma_3 = 0,$$

où α, β, γ sont des constantes arbitraires. La sphère Σ_4 appartient donc à une famille dont l'équation dépend linéairement de 3 paramètres.

Pour toutes les valeurs de ces paramètres vérifiant la condition $1 + \alpha + \beta + \gamma = 0$, l'équation (11) définit des plans passant par I.

Sphères orthogonales. — Deux sphères Σ et Σ_1 sont orthogonales lorsque la puissance du centre de Σ par rapport à Σ_1 est égale au carré du rayon de Σ.

En répétant le calcul fait à propos des cercles orthogonaux, on trouve la condition

$$(12) \qquad 2(aa_1 + bb_1 + cc_1) = d + d_1.$$

Prenons comme axe des x la ligne des centres de deux sphères données Σ_0 et Σ_1 et comme plan yOz leur plan radical. Les équations de ces sphères sont

$$\Sigma_0 \equiv x^2 + y^2 + z^2 + 2a_0x + d_0 = 0, \qquad \Sigma_1 \equiv x^2 + y^2 + z^2 + 2a_1x + d_0 = 0.$$

On démontre par un calcul analogue à celui de la 21e leçon que l'équation générale des sphères Σ orthogonales à Σ_0 et Σ_1 est

$$(13) \qquad x^2 + y^2 + z^2 + 2\mu.y + 2\nu z - d_0 = 0,$$

μ et ν étant des constantes arbitraires. Ces sphères Σ sont aussi orthogonales aux sphères du faisceau linéaire défini par Σ_0 et Σ_1, savoir :

$$x^2 + y^2 + z^2 + 2\lambda.x + d_0 = 0.$$

Donnons-nous maintenant 3 sphères Σ_0, Σ_1, Σ_2, et prenons comme plan yOz le plan de leurs centres, l'axe Ox étant leur axe radical. Leurs équations sont

$$\Sigma_0 \equiv x^2 + y^2 + z^2 + 2 b_0 y + 2 c_0 z + d_0 = 0,$$
$$\Sigma_1 \equiv x^2 + y^2 + z^2 + 2 b_1 y + 2 c_1 z + d_0 = 0,$$
$$\Sigma_2 \equiv x^2 + y^2 + z^2 + 2 b_2 y + 2 c_2 z + d_0 = 0.$$

Un calcul rapide montre que l'équation générale des sphères Σ qui leur sont orthogonales est

$$x^2 + y^2 + z^2 + 2\lambda.x - d_0 = 0.$$

Ces sphères Σ sont d'ailleurs orthogonales à toutes les sphères du réseau linéaire

$$x^2 + y^2 + z^2 + 2\mu.y + 2\nu z + d_0 = 0,$$

dont font partie les 3 sphères données. Cette proposition n'est autre que la précédente, les rôles du faisceau et du réseau se trouvant échangés. Si les points de base du réseau sont réels, le cercle de base du faisceau est imaginaire et inversement.

Plan tangent à une sphère en un point donné. — C'est le plan perpendiculaire au rayon en ce point. Soient x_0, y_0, z_0 les coordonnées du centre, x_1, y_1, z_1 celles du point. L'équation du plan tangent est

$$(x - x_1)(x_1 - x_0) + (y - y_1)(y_1 - y_0) + (z - z_1)(z_1 - z_0) = 0.$$

Un calcul semblable à celui de la 21e leçon montre que cette équation se met sous la forme

$$x(x_1 + a) + y(y_1 + b) + z(z_1 + c) + ax_1 + by_1 + cz_1 + d = 0.$$

Si l'on pose :

$$\Sigma(x, y, z, t) \equiv x^2 + y^2 + z^2 + 2 a x t + 2 b y t + 2 c z t + d t^2,$$

on vérifie encore que l'équation du plan tangent se met sous la forme symbolique

$$x\Sigma'_{x_1} + y\Sigma'_{y_1} + z\Sigma'_{z_1} + \Sigma'_{t_1} = 0,$$

en représentant par Σ'_{x_1}, Σ'_{y_1}, Σ'_{z_1}, Σ'_{t_1}, ce que deviennent Σ'_x, Σ'_y, Σ'_z, Σ'_t, quand on y remplace x, y, z, t respectivement par x_1, y_1, z_1, 1.

Représentation paramétrique d'une sphère. — La solution de ce problème est immédiate au moyen des coordonnées sphériques en prenant comme origine le centre de la sphère. Nous avons déjà établi les formules (leç. 15) :

$$x = r \sin\theta \cos\varphi, \qquad y = r \sin\theta \sin\varphi, \qquad z = r \cos\theta.$$

En faisant varier θ dans l'intervalle $(0, \pi)$ et φ dans un intervalle de 2π, on obtient tous les points de la sphère. L'équation du plan tangent au point (θ, φ) est alors, sous forme normale :

$$x \sin\theta \cos\varphi + y \sin\theta \sin\varphi + z \cos\theta - r = 0.$$

On pourrait aussi poser :

$$\operatorname{tg} \frac{\theta}{2} = u, \qquad \operatorname{tg} \frac{\varphi}{2} = v$$

et on exprimerait ainsi x, y, z en fonctions rationnelles de u et v.

Cette représentation n'est pas sans inconvénient, car, si à un système donné de valeurs de u et v correspond un point M bien déterminé de la sphère, à un point M correspondent plusieurs systèmes de valeurs de u et v : par exemple, les angles $\theta' = -\theta$, $\varphi' = \varphi + \pi$ donnent le même point que les angles θ et φ ; or $\operatorname{tg} \dfrac{\theta'}{2} = -u$ et $\operatorname{tg} \dfrac{\varphi'}{2} = -\dfrac{1}{v}$, de sorte que les nombres $u' = -u$, $v' = -\dfrac{1}{v}$ donnent le même point de la sphère que les nombres u et v.

L'emploi de la projection stéréographique permet de donner une représentation univoque.

La droite IM qui joint un point quelconque M de la sphère à un point fixe I de cette sphère perce un plan donné P en un point m qui correspond à M, et réciproquement à tout point de P correspond un point de la sphère. Prenons comme origine le centre de la sphère, comme point I le point $(0, 0, -r)$, et comme plan P le plan xOy ; fixons la position de m dans le plan xOy par ses coordonnées ξ, η. En écrivant que les 3 points I $(0, 0, -r)$, $m\,(\xi, \eta, 0)$, M(x, y, z) sont alignés, on obtient :

$$x = \frac{\xi}{1 + \lambda}, \qquad y = \frac{\eta}{1 + \lambda}, \qquad z = \frac{-\lambda r}{1 + \lambda}.$$

Le point M étant sur la sphère donnée, on a en outre :

$$\frac{\xi^2 + \eta^2 + \lambda^2 r^2}{(1 + \lambda)^2} - r^2 = 0.$$

On en tire :

$$\lambda = \frac{\xi^2 + \eta^2 - r^2}{2\,r^2}, \qquad 1 + \lambda = \frac{\xi^2 + \eta^2 + r^2}{2\,r^2},$$

et, par suite,

$$x = \frac{2\,r^2 \xi}{\xi^2 + \eta^2 + r^2}, \qquad y = \frac{2\,r^2 \eta}{\xi^2 + \eta^2 + r^2}, \qquad z = \frac{r\,(r^2 - \xi^2 - \eta^2)}{\xi^2 + \eta^2 + r^2}.$$

Les coordonnées de M sont exprimées rationnellement en fonctions des coordonnées de m.

De même, les coordonnées du point courant sur IM étant

$$\frac{x}{1+\mu}, \qquad \frac{y}{1+\mu}, \qquad \frac{z-\mu r}{1+\mu},$$

le point m, où cette droite perce le plan xOy, correspond à $\mu = \dfrac{z}{r}$,

d'où $\qquad \dfrac{1}{1+\mu} = \dfrac{r}{r+z} \qquad$ et $\qquad \xi = \dfrac{rx}{r+z}, \qquad \eta = \dfrac{ry}{r+z}.$

Les coordonnées de m sont exprimées rationnellement en fonctions de celles de M.

Détermination d'une sphère. — Une sphère est déterminée quand on l'assujettit à 4 conditions géométriques distinctes.

La condition qui se traduit sous la forme algébrique la plus simple est celle qui conduit à une équation linéaire par rapport aux coefficients a, b, c, d de l'équation de la sphère. Soit

$$(14) \qquad Aa + Bb + Cc + Dd + E = 0$$

cette équation. Si D n'est pas nul, on peut toujours diviser les deux membres par D et mettre la condition sous la forme

$$d + p = 2la + 2mb + 2nc$$

où l, m, n, p sont donnés. Elle exprime que la sphère inconnue est orthogonale à la sphère réelle ou imaginaire dont l'équation est

$$x^2 + y^2 + z^2 + 2lx + 2my + 2nz + p = 0$$

ou, ce qui revient au même, qu'elle a, par rapport au point $(-l, -m, -n)$ une puissance égale à $l^2 + m^2 + n^2 - p$. En particulier, si $l^2 + m^2 + n^2 - p$ est nul, cette équation exprime que la sphère passe par le point $(-l, -m, -n)$.

Si D est nul, l'équation

$$(15) \qquad Aa + Bb + Cc + E = 0$$

exprime que le centre de la sphère inconnue est dans le plan

$$Ax + By + Cz - E = 0$$

ou, ce qui est équivalent, que la sphère est orthogonale au plan. On pourrait d'ailleurs considérer cette condition (15) comme limite de la condition (14). L'équation (14), où D n'est pas nul, exprime en effet que la sphère Σ est orthogonale à la sphère σ :

$$D(x^2 + y^2 + z^2) - Ax - By - Cz + E = 0$$

et, si l'on fait tendre D vers zéro, en laissant fixes A, B, C, E, la sphère σ a pour position limite un plan.

Une sphère est définie par la condition d'être orthogonale à quatre sphères données. On trouvera aisément son équation en appliquant les observations précédentes et résolvant les équations de condition par rapport aux coefficients inconnus a, b, c, d.

EXERCICES

1º Calculer le rayon du cercle découpé sur une sphère donnée par un plan donné.

2º Calculer la longueur de la corde interceptée sur une droite donnée par une sphère donnée.

3º Les deux cônes de révolution circonscrits à deux sphères données se coupent suivant deux cercles; définir géométriquement la sphère passant par ces deux cercles.

4º Construction géométrique du plan radical d'une sphère quelconque et d'une sphère point.

5º Trouver les lieux géométriques des centres des sphères coupant 3 sphères données sous des angles égaux (Voir la question analogue du plan) ou supplémentaires. Construire ces lieux.

6º Trouver les lieux géométriques des centres des sphères coupant 4 sphères données sous des angles égaux ou supplémentaires. Appliquer les résultats obtenus à la recherche des sphères tangentes à 4 sphères données.

7º Une sphère étant donnée, soit P le plan du cercle de contact de cette sphère et du cône circonscrit ayant pour sommet un point quelconque M. Nous dirons que M est le pôle de P et que P est le plan polaire de M. Trouver la condition nécessaire et suffisante pour que les plans polaires de deux points M_0 et M_1 coupent la sphère suivant deux cercles orthogonaux. Montrer que les cercles découpés sur une sphère par les plans d'un faisceau linéaire sont orthogonaux aux cercles découpés sur la même sphère par les plans d'un second faisceau linéaire.

8º On considère la courbe définie, sous forme paramétrique, par les équations

$$x = x_0 + a\cos\varphi + a_1\sin\varphi$$
$$y = y_0 + b\cos\varphi + b_1\sin\varphi$$
$$z = z_0 + c\cos\varphi + c_1\sin\varphi.$$

où $x_0, y_0, z_0, a, b, c, a_1, b_1, c_1,$ sont des constantes. Démontrer que cette courbe est un cercle, si l'on a :

$$a^2 + b^2 + c^2 = a_1^2 + b_1^2 + c_1^2, \quad aa_1 + bb_1 + cc_1 = 0.$$

Réciproque.

VARIABLE ET FONCTIONS D'UNE VARIABLE

Lorsqu'une grandeur y est déterminée en même temps qu'une autre grandeur x est donnée, on dit que y est une *fonction* de x; x s'appelle la *variable*. Donnons des exemples.

Le produit $1 \cdot 2 \cdot 3 \cdot \cdot \cdot \cdot (x - 1) \cdot x$ est une fonction du nombre naturel x.

a^x, où a est un nombre positif donné, est une fonction de x définie plus haut, quel que soit x.

x^m, où m est un nombre naturel donné, est une fonction de x définie quel que soit x. Dans les mêmes conditions, $\dfrac{1}{x^m}$ ou x^{-m} est définie quel que soit x, sauf pour $x = 0$, et, si la valeur absolue de x devient de plus en plus petite, celle de x^{-m} devient de plus en plus grande et peut devenir supérieure à un nombre positif donné, si grand qu'il soit.

La fonction $\sin \dfrac{1}{x}$ est définie quel que soit x, sauf pour $x = 0$, et si la valeur absolue de x devient de plus en plus petite, cette fonction prend encore toutes les valeurs possibles entre -1 et $+1$; par exemple, elle prend la valeur 0 pour les valeurs de x de la forme $\dfrac{1}{K\pi}$ où K est un entier quelconque, la valeur 1 pour les valeurs de x de la forme $\dfrac{1}{\dfrac{\pi}{2} + 2K\pi}$, où K est encore un entier quelconque; etc.

La fonction $\sqrt{(2 - x)(x - 1)}$ est définie pour toutes les valeurs de x comprises entre 1 et 2.

Ces divers exemples montrent qu'il y a lieu de prendre des précautions pour énoncer les valeurs de la variable auxquelles correspond une valeur de la fonction, c'est-à-dire pour lesquelles la fonction est définie, et pour énumérer d'une façon précise les propriétés de la fonction.

Voyons d'abord la variable.

Les valeurs attribuées à la variable peuvent être en nombre limité ou illimité; dans tous les cas, elles constituent un ensemble de nombres. Nous avons déjà rencontré cette expression. D'une façon générale, on appelle ensemble d'objets une collection contenant tous les objets (en nombre limité ou illimité) qui sont caractérisés par une ou plusieurs propriétés.

L'ensemble des nombres naturels, l'ensemble des nombres entiers,

l'ensemble des nombres rationnels, l'ensemble des valeurs approchées
à 1 près, 0,1 près, 0,01 près, etc. d'un nombre donné, l'ensemble des
nombres compris entre deux nombres donnés, l'ensemble des points
d'un segment rectiligne, sont des exemples familiers.

Nous nous occuperons surtout des propriétés des ensembles de
nombres.

On appelle intervalle (a, b), a étant inférieur à b, l'ensemble des
deux nombres a et b et de tous les nombres compris entre a et b; a
s'appelle la borne inférieure, b la borne supérieure de l'intervalle.
Lorsque l'une ou l'autre des bornes est exclue de l'intervalle, on le
mentionne explicitement. Enfin, on représente par $(a, +\infty)$, l'ensemble constitué par a et par tous les nombres supérieurs à a et par
$(-\infty, a)$ l'ensemble constitué par le nombre a et par tous les nombres
moindres que a.

On dit qu'un ensemble de nombres est *limité supérieurement* lorsqu'il existe un nombre supérieur à tous les nombres de cet ensemble;
il est à peine besoin de remarquer que, s'il y a un tel nombre, il y en
a une infinité. On dit qu'un ensemble est *limité inférieurement* lorsqu'il existe un nombre inférieur à tous les nombres de cet ensemble.
L'ensemble des nombres entiers n'est limité ni inférieurement, ni supérieurement.

Étant donné un ensemble E de nombres, limité supérieurement, ou
bien il y a un nombre de cet ensemble supérieur à tous les autres, et
on l'appelle borne supérieure de l'ensemble, ou il n'y en a pas. Plaçons-nous dans ce dernier cas; soient b une limite supérieure de l'ensemble et a un nombre quelconque de cet ensemble. L'intervalle (a, b)
contient un nombre illimité de nombres appartenant à E, car, s'il en
contenait un nombre limité, le plus grand d'entre eux serait supérieur
à tous les nombres de E.

Tout nombre x compris entre a et b peut être rangé dans deux
classes distinctes C_1 et C_2 suivant qu'il y a des nombres de E supérieurs
à x, ou qu'il n'y en a pas.

Tout nombre de C_1 est moindre que tout nombre de C_2. En outre, on
peut trouver deux nombres appartenant, l'un à C_1, l'autre à C_2 et tels
que leur différence soit moindre que tout nombre positif donné.

Prenons, en effet, la moyenne arithmétique de a et b: le nombre
ainsi obtenu peut appartenir à C_1 ou à C_2. Supposons qu'il appartienne
à C_1 et appelons-le a_1; posons $b_1 = b$, de sorte que $b_1 - a_1 = \dfrac{b-a}{2}$.
La moyenne arithmétique de a_1 et b_1 appartient, par exemple, à C_2;
appelons-la b_2 et posons $a_2 = a_1$. Et ainsi de suite.

Nous formerons ainsi deux suites de nombres $a, a_1, a_2, \ldots; b, b_1,
b_2, \ldots$. Les nombres de la première suite appartiennent à la classe C_1
et ceux de la seconde suite, à la classe C_2. Comme $b_n - a_n = \dfrac{b-a}{2^n}$,
on voit que leur différence peut être rendue moindre que tout nombre
positif donné.

Les deux classes C_1 et C_2 définissent donc une coupure et un nombre c de l'intervalle (a, b). Ce nombre c est supérieur à tous les nombres de E et dans tout intervalle $(c - \alpha, c)$, si petit qu'il soit, il y a des nombres de E; pour ces raisons, on dit encore que c est la borne supérieure de l'ensemble considéré.

On voit, d'après ce qui précède, *que tout ensemble de nombres limité supérieurement admet une borne supérieure qui appartient ou non à l'ensemble.*

On démontrerait de même que tout ensemble limité inférieurement admet une borne inférieure qui appartient ou non à l'ensemble.

On dit qu'un ensemble E est *dense* au voisinage d'un nombre x_0 qui fait partie ou non de E, lorsqu'il y a des nombres de cet ensemble dans l'un des deux intervalles $(x_0 - \alpha, x_0)$, $(x_0, x_0 + \alpha)$, ou dans tous deux, si petit que soit α.

Si cela est seulement dans l'intervalle $(x_0 - \alpha, x_0)$, on dit que l'ensemble est dense au voisinage de x_0 à gauche; si c'est dans l'intervalle $(x_0, x_0 + \alpha)$, on parle de densité à droite; si c'est à droite et à gauche, on dit simplement que l'ensemble est dense au voisinage de x_0. Par exemple, l'ensemble des valeurs approchées de $\sqrt{2}$ à 1 près, 0,1 près, 0,01 près, etc. est dense au voisinage de $\sqrt{2}$; l'ensemble des valeurs approchées par défaut est dense au voisinage de $\sqrt{2}$ et à gauche. — L'ensemble des nombres rationnels est dense au voisinage d'un nombre quelconque.

Voyons maintenant la fonction.

Étant donné un ensemble E de valeurs d'une variable x pour lesquelles la fonction $y = f(x)$ est définie, on peut se proposer de faire, sur l'ensemble E′ des valeurs prises par la fonction, une série de remarques analogues à celles qui ont été faites sur l'ensemble E et de voir si E′ est limité supérieurement ou inférieurement, s'il est borné supérieurement ou inférieurement, si l'une ou l'autre de ces bornes possibles est atteinte ou non. On appelle *maximum absolu* de la fonction la borne supérieure et *minimum absolu* la borne inférieure de E′.

On peut se demander encore si à deux valeurs x_0 et x_1 de E, correspondent dans E′ deux nombres $f(x_0)$ et $f(x_1)$ dont l'ordre de grandeur soit le même, c'est-à-dire si $f(x_1) - f(x_0)$ et $x_1 - x_0$ ont le même signe.

On dit que la fonction $f(x)$ est *croissante* dans l'intervalle (a, b), si $f(x_1) - f(x_0)$ et $x_1 - x_0$ ont le même signe, quels que soient les deux nombres x_0 et x_1 de E, pris dans (a, b). Il peut se faire aussi que, pour certains couples de valeurs x_0, x_1, la différence $f(x_1) - f(x_0)$ soit nulle et que pour tous les autres elle ait le signe de $x_1 - x_0$; on dit alors que la fonction *n'est pas décroissante* dans l'intervalle (a, b).

On peut définir, d'une façon semblable, une fonction *décroissante* ou une fonction *non croissante* dans un intervalle (a, b), en imaginant que le produit $[f(x_1) - f(x_0)](x_1 - x_0)$ soit négatif ou nul, quels que soient les nombres x_0 et x_1 pris dans l'intervalle (a, b) et *appartenant* à E.

x_0 étant un nombre de E, on dit que la fonction $f(x)$ est croissante pour $x = x_0$ si la valeur $f(x_0)$ est plus grande que les valeurs voisines qui la précèdent et plus petite que les valeurs voisines qui la suivent; cela signifie que l'on peut déterminer deux intervalles $(x_0 - \alpha, x_0)$ et $(x_0, x_0 + \alpha')$ contenant tous deux des nombres de E et tels que $\left[f(x) - f(x_0)\right][x - x_0]$ soit positif, x désignant l'un quelconque des nombres de E contenus dans l'intervalle $(x_0 - \alpha, x_0 + \alpha')$, x_0 mis à part.

Il est évident, d'après ces définitions, que toute fonction croissante dans un intervalle est croissante pour tout nombre de E contenu dans cet intervalle.

Essayons de voir si, réciproquement, une fonction qui est définie pour les valeurs de x appartenant à un ensemble E et qui est croissante pour tout nombre de E contenu dans un intervalle (a, b), est croissante dans cet intervalle.

x_0 étant un nombre quelconque de E dans l'intervalle (a, b), il faut voir si l'inégalité $f(x) > f(x_0)$ est vérifiée par toutes les valeurs de x communes à E et à l'intervalle (x_0, b); représentons par E_1 l'ensemble de ces valeurs.

Imaginons qu'il y ait dans E_1 un ou plusieurs nombres x vérifiant l'inégalité $f(x) < f(x_0)$ et représentons par E_2 l'ensemble de ces nombres.

L'ensemble E_2 limité inférieurement par x_0 a une borne inférieure x_1 qui est plus grande que x_0 puisque l'inégalité $f(x) > f(x_0)$ est vérifiée dans un petit intervalle $(x_0, x_0 + \alpha)$. Supposons que x_1 appartienne à E et par suite à E_1.

La fonction étant croissante pour $x = x_1$, on peut déterminer un intervalle $(x_1 - \beta, x_1)$ et un intervalle $(x_1, x_1 + \beta')$ tels que l'on ait $f(x_2) < f(x_1)$, si x_2 est un nombre commun à E_1 et au premier intervalle, et $f(x_3) > f(x_1)$ si x_3 est un nombre de E_1 contenu dans le second intervalle.

On en conclut les inégalités suivantes :

$$f(x_0) < f(x_2) < f(x_1) < f(x_3).$$

Or si x_1, borne inférieure de E_2, est un nombre de cet ensemble, on sait que l'on a $f(x_1) < f(x_0)$ et la contradiction est évidente.

Si x_1 n'appartient pas à E_2, cet ensemble est dense au voisinage de x_1 à droite; il y a donc des nombres de E_2 contenus dans l'intervalle $(x_1, x_1 + \beta')$ et on peut supposer que x_3 est un de ces nombres. Par suite, on a $f(x_3) < f(x_0)$ et la contradiction apparaît encore.

On ne peut conclure si x_1 n'est pas un nombre de E.

Dans le cas où la fonction est définie dans tout l'intervalle (a, b), x_1 appartient nécessairement à E et la contradiction existe toujours.

Nous pouvons donc affirmer qu'*une fonction* f(x) *définie dans un intervalle* (a, b) *et croissante pour toute valeur de la variable contenue dans cet intervalle est croissante dans cet intervalle.*

On peut présenter des observations analogues au sujet des fonctions décroissantes.

On dit que la fonction $f(x)$ passe par un *maximum relatif* pour $x = x_0$ (x_0 appartenant à E), lorsque la valeur $f(x_0)$ est plus grande que les valeurs voisines qui la précèdent et qui la suivent, c'est-à-dire lorsqu'on peut déterminer deux intervalles $(x_0 - \alpha, x_0)$ et $(x_0, x_0 + \alpha')$ contenant tous deux des nombres de E et tels que $f(x_0)$ soit plus grand que l'une quelconque des valeurs prises par $f(x)$ dans l'intervalle $(x_0 - \alpha, x_0 + \alpha')$, x_0 mis à part. Il est évident que si la fonction $f(x)$ est croissante dans un intervalle $(x_0 - \alpha, x_0)$ et décroissante dans un intervalle $(x_0, x_0 + \alpha')$, elle passe par un maximum relatif pour $x = x_0$.

On dit que $f(x)$ passe par un *minimum relatif* pour $x = x_0$, lorsque la valeur $f(x_0)$ est plus petite que les valeurs voisines qui la précèdent et qui la suivent.

Le cas où l'ensemble E est constitué par tous les nombres d'un intervalle (a, b) est particulièrement intéressant; dans ce cas on peut simplifier le langage des définitions et dire :

1° Une fonction $f(x)$ définie dans l'intervalle (a, b) est croissante dans cet intervalle, si $f(x_1) - f(x_0)$ a le signe de $x_1 - x_0$, quels que soient les deux nombres x_0 et x_1 de cet intervalle. Elle n'est pas décroissante dans l'intervalle, si le produit $\left[f(x_1) - f(x_0)\right](x_1 - x_0)$ est positif ou nul, dans les mêmes conditions.

On peut donner une définition analogue pour une fonction décroissante ou non croissante dans un intervalle.

2° Une fonction $f(x)$ définie au voisinage de x_0, c'est-à-dire dans un intervalle $(x_0 - \alpha, x_0 + \alpha)$, est croissante pour $x = x_0$, si le produit $\left[f(x) - f(x_0)\right][x - x_0]$ est positif quel que soit x pris dans l'intervalle précité, x_0 mis à part. Etc.

3° Une fonction $f(x)$ définie au voisinage de x_0 passe par un maximum relatif pour $x = x_0$, si $f(x_0)$ est plus grand que toutes les valeurs que prend $f(x)$ dans l'intervalle $(x - \alpha, x_0 + \alpha)$, x_0 mis à part, etc.

Limite d'une fonction. — Une autre question importante est celle de l'existence de la *limite* d'une fonction pour une valeur x_0 de la variable appartenant ou non à l'ensemble E, pour lequel la fonction est définie, lorsque cet ensemble est dense au voisinage de x_0. Dans ces conditions, si petit que soit le nombre positif α, l'un des deux intervalles $(x_0 - \alpha, x_0)$ et $(x_0, x_0 + \alpha)$, ou tous les deux, contiennent une infinité de nombres appartenant à E. Supposons, par exemple, que l'ensemble E soit dense au voisinage de x_0 et à droite de x_0; supposons aussi qu'à tout nombre positif ε on puisse faire correspondre un nombre positif α tel que, pour toutes les valeurs de x appartenant à E et à l'intervalle $(x_0, x_0 + \alpha)$, l'inégalité $|f(x) - A| < \varepsilon$ soit vérifiée, A désignant un nombre fixe. On dit que $f(x)$ tend vers A quand x tend vers x_0 à droite, et A s'appelle la limite de $f(x)$ dans ces conditions.

Si l'ensemble E est dense au voisinage de x_0 à droite et à gauche et si, de plus, le nombre A est le même, que x appartienne à l'intervalle $(x_0 - \alpha, x_0)$ ou à l'intervalle $(x_0, x_0 + \alpha)$, on dit simplement que $f(x)$ tend vers A quand x tend vers x_0. Mais il peut se faire que $f(x)$ tende vers deux limites différentes suivant que x tend vers x_0 à droite ou à gauche, ou que $f(x)$ tende vers une limite dans l'un des cas et qu'il n'ait pas de limite dans l'autre, ou que $f(x)$ ne tende vers une limite dans aucun cas.

On peut également dire que $f(x)$ tend vers $+ \infty$ quand x tend vers x_0 à droite si, à tout nombre N, si grand qu'il soit, on peut faire correspondre un nombre positif α tel que l'inégalité $f(x) > N$ soit vérifiée pour toutes les valeurs de x appartenant à E et à l'intervalle $(x_0, x_0 + \alpha)$.

Dans les mêmes conditions, on dit que $f(x)$ tend vers $-\infty$ si $-f(x)$ tend vers $+\infty$, et que $f(x)$ tend vers l'infini si sa valeur absolue tend vers $+\infty$, son signe variant. On remarque d'ailleurs que la fonction $\dfrac{1}{f(x)}$ tend alors vers o à droite dans le premier cas, à gauche dans le second cas et vers o tout simplement dans le troisième.

Si l'ensemble E n'est pas limité supérieurement, il contient une infinité de nombres supérieurs à tout nombre donné. Supposons qu'à tout nombre positif ε, on puisse faire correspondre un nombre β tel que l'inégalité $|f(x) - A| < \varepsilon$ soit vérifiée pour toutes les valeurs de x supérieures à β; on dit alors que $f(x)$ tend vers A quand x tend vers $+\infty$.

Dans les mêmes conditions, $f(x)$ pourrait tendre vers l'infini.

Ces cas se ramènent d'ailleurs aux précédents, car, si l'on substitue à la variable x la variable $x' = \dfrac{1}{x}$, x' tend vers o à droite quand x tend vers $+\infty$; etc.

Il est très important de reconnaître si une fonction $f(x)$ tend vers une limite A quand x tend vers x_0; on peut affirmer l'existence de cette limite dans quelques cas simples que nous allons étudier. Supposons, par exemple, que x tende vers x_0 à gauche.

1° Supposons que $f(x)$ ne soit pas décroissante dans un intervalle (ξ_0, x_0).

Appelons E_0 l'ensemble des nombres de E contenus dans cet intervalle (x_0 étant excepté, au cas où x_0 ferait partie de E). Supposons de plus que l'ensemble E'_0 des valeurs prises par $f(x)$ dans E_0 soit limité supérieurement : cet ensemble E'_0 admet une borne supérieure A.

Ou bien cette borne supérieure est atteinte dans l'intervalle (ξ_0, x_0) pour $x = x_1$ et, comme la fonction n'est pas décroissante, elle conserve la valeur A dans l'intervalle (x_1, x_0). Ou bien la valeur A n'est pas atteinte dans l'intervalle (ξ_0, x_0). On peut alors déterminer dans cet intervalle un nombre x_2 tel que l'on ait $f(x_2) > A - \varepsilon$, ε désignant un nombre positif arbitraire et, comme la fonction n'est pas décroissante, on a $A - \varepsilon < f(x) < A$, dans l'intervalle (x_2, x_0). La fonction a donc pour limite A quand x tend vers x_0 à gauche.

2° Supposons que $f(x)$ ne soit pas croissante dans l'intervalle (ξ_0, x_0) et qu'elle soit limitée inférieurement dans cet intervalle. Un raisonnement analogue au précédent démontrera que la fonction tend vers sa borne inférieure quand x tend vers x_0.

3° Si x tend vers x_0 à droite, il suffit de supposer que la fonction n'est pas décroissante et qu'elle est limitée inférieurement, ou bien qu'elle n'est pas croissante et qu'elle est limitée supérieurement, pour démontrer qu'elle tend vers une limite.

$4°$ x tendant vers x_0 à gauche, supposons qu'à tout nombre positif ε_0 on puisse faire correspondre dans E un nombre ξ_0 tel que l'on ait :

$$|f(x) - f(x')| < \varepsilon_0$$

pour toutes les valeurs de x et de x' appartenant à l'intervalle (ξ_0, x_0).

Si l'on fait $x' = \xi_0$, on voit que l'ensemble des valeurs prises par $f(x)$, dans cet intervalle, est limité inférieurement par $l_0 = f(\xi_0) - \varepsilon_0$ et supérieurement par $L_0 = f(\xi_0) + \varepsilon_0$.

Posons $\varepsilon_1 = \dfrac{\varepsilon_0}{2}$. Soit ξ_1 un nombre qui correspond à ε_1 comme ξ_0 correspond à ε_0. Les deux intervalles (ξ_0, x_0) et (ξ_1, x_0) ayant même borne supérieure et les nombres du second satisfaisant à la condition imposée aux nombres du premier, on peut toujours supposer $\xi_1 \geqslant \xi_0$ de sorte que les valeurs prises par $f(x)$ dans l'intervalle (ξ_1, x_0) sont comprises entre l_0 et L_0. Mais elles sont aussi comprises entre $f(\xi_1) - \varepsilon_1$ et $f(\xi_1) + \varepsilon_1$. Soit l_1 le plus grand des deux nombres l_0 et $f(\xi_1) - \varepsilon_1$; soit L_1 le plus petit des deux nombres L_0 et $f(\xi_1) + \varepsilon_1$. Les valeurs prises par $f(x)$ dans l'intervalle (ξ_1, x_0) sont donc comprises entre l_1 et L_1; la différence entre ces deux limites est au plus égale à $2\varepsilon_1$ ou ε_0.

Nous pouvons répéter le même raisonnement en prenant $\varepsilon_2 = \dfrac{\varepsilon_1}{2}$ et ainsi de suite.

Les nombres l_n ne décroissent pas et restent inférieurs à L_0; ils ont donc une borne supérieure. Les nombres L_n ne croissent pas et restent supérieurs à l_0; ils ont donc une borne inférieure. Ces bornes coïncident puisque $L_n - l_n$ est égal ou inférieur à $\dfrac{\varepsilon_0}{2^{n-1}}$, qui peut être rendu moindre que tout nombre positif donné ε. Soit A la borne commune qui est comprise entre l_n et L_n. Les valeurs prises par $f(x)$ dans l'intervalle (ξ_n, x_0) sont aussi comprises entre l_n et L_n et diffèrent de A d'un nombre moindre que ε. $f(x)$ tend donc vers A quand x tend vers x_0 à gauche. Le même raisonnement s'applique aussi bien si x tend vers x_0 à droite.

On pourrait, en modifiant convenablement le langage, traiter semblablement le cas où x_0 est infini.

Continuité. — Supposons que l'ensemble E des valeurs de la variable, pour lesquelles la fonction $f(x)$ est définie, soit dense au voisinage de x_0, x_0 appartenant à E, et supposons que $f(x)$ tende vers une limite A quand x tend vers x_0 à gauche et à droite ; il y a lieu de voir si cette limite A est précisément $f(x_0)$: c'est toute la question de la continuité d'une fonction, pour une valeur particulière x_0 de la variable, qui se pose ainsi.

Nous y reviendrons plus loin en supposant que l'ensemble E soit constitué par tous les nombres d'un intervalle.

Si x_0 n'appartient pas à E et si $f(x)$ tend vers A quand il tend vers x_0 à gauche et à droite, on peut convenir de prendre A comme définition de $f(x_0)$.

Dans le cas où l'ensemble E est dense dans tout un intervalle (a, b) on peut, de cette façon, arriver à définir la fonction $f(x)$ dans tout l'intervalle, pourvu que $f(x)$ tende vers une limite chaque fois que x tend d'une manière quelconque vers tout nombre x_0 appartenant à l'intervalle, mais non à E.

EXERCICE

La somme $p + q$ des deux termes d'une fraction irréductible $\dfrac{p}{q}$ est une fonction définie pour toutes les valeurs commensurables positives de la variable $\dfrac{p}{q}$. Que peut-on dire des valeurs prises par cette fonction au voisinage d'une valeur particulière $\dfrac{p_0}{q_0}$ de la variable? Démontrer que la fonction n'est pas limitée supérieurement au voisinage de $\dfrac{p_0}{q_0}$. On pourra s'appuyer sur le fait que la fraction $\dfrac{p_0}{q_0} - \dfrac{1}{d^n} = \dfrac{p_0 d^n - q_0}{q_0 d^n}$, où d désigne un nombre naturel premier avec q_0 et n un nombre naturel quelconque, est irréductible.

PROPRIÉTÉS DES LIMITES — CONTINUITÉ

Limite d'une somme. — Soient $f(x)$ et $g(x)$ deux fonctions de la variable x définies pour les valeurs de x appartenant à un ensemble E dense au voisinage de x_0, à droite de x_0 par exemple (dans le cas où $f(x)$ et $g(x)$ sont définies pour $x = x_0$, nous exclurons x_0 de l'ensemble E). Supposons que ces fonctions tendent respectivement vers A et B quand x tend vers x_0 à droite. A tout nombre positif ε, on peut faire correspondre un nombre positif α tel que l'inégalité $|f(x) - A| < \dfrac{\varepsilon}{2}$, soit vérifiée pour toutes les valeurs de x communes à E et à l'intervalle $(x_0, x_0 + \alpha)$, et un nombre positif α' tel que l'inégalité $|g(x) - B| < \dfrac{\varepsilon}{2}$ soit vérifiée pour toutes les valeurs de x communes à E et à l'intervalle $(x_0, x_0 + \alpha')$. Soit α le plus petit des deux nombres α et α'; toutes les valeurs de x communes à E et à l'intervalle $(x_0, x_0 + \alpha)$ sont donc telles que l'on ait $|f(x) - A| + |g(x) - B| < \varepsilon$ et par suite $|f(x) + g(x) - (A + B)| < \varepsilon$. Il en résulte que $f(x) + g(x)$ tend vers $A + B$ quand x tend vers x_0 à droite.

C'est ce qu'on exprime sous forme abrégée en disant que *la limite d'une somme est égale à la somme des limites de ses parties*. Cette proposition s'étend au cas d'une somme d'un nombre quelconque de fonctions.

On démontre sans difficulté que si $f(x)$ tend vers $+ \infty$ et si $g(x)$ est limitée inférieurement, $f(x) + g(x)$ tend vers $+ \infty$. Si $f(x)$ tend vers $- \infty$ et si $g(x)$ est limitée supérieurement, $f(x) + g(x)$ tend vers $- \infty$. Si $f(x)$ et $g(x)$ tendent vers l'infini ou si l'une de ces fonctions tend vers $+ \infty$ en même temps que l'autre tend vers $- \infty$, on ne peut rien dire *a priori*, mais si l'on peut établir, par un procédé quelconque, que $f(x) + g(x)$ tend vers une limite, on peut prendre comme valeur de la fonction $f(x) + g(x)$ pour $x = x_0$ la limite en question ; on la désigne quelquefois par *vraie valeur* de la fonction, par opposition avec la *forme illusoire* $\infty - \infty$ sous laquelle se présente $f(x) + g(x)$.

On arrive à des conclusions analogues si x, au lieu de tendre vers x_0, tend vers $+ \infty$, ou vers $- \infty$, ou vers l'infini. Ce cas se ramène d'ailleurs au précédent si l'on prend comme variable $x' = \dfrac{1}{x}$.

Limite d'un produit. — Cherchons ce que devient un produit $f(x) \, g(x)$ lorsque x tend vers un nombre x_0 au voisinage duquel l'ensemble E 'est dense, par exemple, à gauche de x_0. Supposons toujours que $f(x)$ tende vers A et que $g(x)$ tende vers B.

Posons $f(x) = A + f_1(x)$ et $g(x) = B + g_1(x)$, de sorte que $f_1(x)$ et $g_1(x)$ tendent vers zéro quand x tend vers x_0 à gauche.

On peut écrire

$$f(x)\,g(x) - AB = \left[A + f_1(x)\right]\left[B + g_1(x)\right] - AB$$
$$= A\,g_1(x) + B\,f_1(x) + f_1(x)\,g_1(x)$$

Il en résulte que l'on a :

$$(1) \quad |f(x)\,g(x) - AB| \leqq |A\,g_1(x)| + |B\,f_1(x)| + |f_1(x)\cdot g_1(x)|.$$

Étant donné un nombre positif ε', on peut lui faire correspondre un nombre positif α tel que toutes les valeurs de x communes à E et à l'intervalle $(x_0 - \alpha, x_0)$ vérifient les inégalités $|f_1(x)| < \varepsilon'$, $|g_1(x)| < \varepsilon'$.

Dans ces conditions, le second membre de l'inégalité (1) est limité supérieurement par $\varepsilon'|A| + \varepsilon'|B| + \varepsilon'^2$.

Un nombre positif ε étant donné, on peut toujours lui faire correspondre un nombre positif ε' tel que l'on ait $\varepsilon'|A| + \varepsilon'|B| + \varepsilon'^2 < \varepsilon$; il suffit de prendre ε' moindre que la racine positive de l'équation $u^2 + u\left[|A| + |B|\right] - \varepsilon = 0$.

Cela étant, on voit que toutes les valeurs de x communes à E et à l'intervalle $(x_0 - \alpha, x_0)$ vérifient l'inégalité $|f(x)\,g(x) - AB| < \varepsilon$, c'est-à-dire que $f(x)\,g(x)$ a pour limite AB quand x tend vers x_0 à gauche.

On exprime cela en disant que *la limite d'un produit est égale au produit des limites.* Cette proposition s'étend au cas d'un produit d'un nombre quelconque de facteurs.

Si $f(x)$ tend vers l'infini et si $|g(x)|$ est limité inférieurement par un nombre positif, on peut démontrer que $f(x)\,g(x)$ tend vers l'infini.

Si $f(x)$ tend vers o et si $|g(x)|$ est limité supérieurement, $f(x)\,g(x)$ tend vers zéro.

Dans certains de ces cas, on pourra en outre étudier le signe du produit.

Enfin, si $f(x)$ tend vers o en même temps que $g(x)$ tend vers l'infini, on ne peut rien dire *a priori* sur l'existence de la limite du produit $f(x)\,g(x)$ ou sur la valeur de cette limite. On étudiera, dans la suite, des fonctions d'une variable qui se présentent sous la forme illusoire $\infty \times o$; lorsqu'une de ces fonctions tend vers une limite, on dit que cette limite est la vraie valeur de la fonction pour $x = x_0$.

En modifiant légèrement les démonstrations précédentes, on arrive à des conclusions analogues lorsque x, au lieu de tendre vers x_0, tend vers $+\infty$, ou vers $-\infty$, ou vers l'infini.

Limite d'un quotient. — Cherchons ce que devient le quotient $\dfrac{f(x)}{g(x)}$, lorsque x tend vers un nombre x_0 au voisinage duquel l'ensemble E est dense, à gauche de x_0 par exemple. Supposons encore que $f(x)$ et $g(x)$ tendent respectivement vers A et B et supposons de plus que B n'est pas nul. Posons, comme plus haut, $f(x) = A + f_1(x)$, $g(x) = B + g_1(x)$, de sorte que l'on a :

$$\frac{f(x)}{g(x)} - \frac{A}{B} = \frac{A + f_1(x)}{B + g_1(x)} - \frac{A}{B} = \frac{B f_1(x) - A g_1(x)}{B[B + g_1(x)]}$$

et (2)
$$\left| \frac{f(x)}{g(x)} - \frac{A}{B} \right| \leq \frac{|B f_1(x)| + |A g_1(x)|}{|B(B + g_1(x))|}.$$

Cherchons une limite supérieure du second membre de l'inégalité (2) quand x tend vers x_0 à gauche. Étant donné un nombre positif ε' inférieur à $|B|$, on peut lui faire correspondre un nombre positif α tel que toutes les valeurs de x communes à E et à l'intervalle $(x_0 - \alpha, x_0)$ vérifient les inégalités $|f_1(x)| < \varepsilon'$, $|g_1(x)| < \varepsilon'$.

Dans ces conditions, le second membre de l'inégalité (2) est limité supérieurement par le nombre $\dfrac{|B|\varepsilon' + |A|\varepsilon'}{|B|\big[|B| - \varepsilon'\big]}$ obtenu en augmentant le numérateur et en diminuant le dénominateur.

Un nombre positif ε étant donné, on peut déterminer le nombre positif ε' moindre que $|B|$ de telle sorte que l'on ait : $\dfrac{\big[|A| + |B|\big]\varepsilon'}{|B|\big[|B| - \varepsilon'\big]} < \varepsilon$;

il suffit pour cela que ε' soit inférieur au nombre $\dfrac{\varepsilon B^2}{|A| + |B|(1 + \varepsilon)}$ qui est moindre que $|B|$. Dès lors tous les nombres communs à E et à l'intervalle $(x_0 - \alpha, x_0)$ vérifient l'inégalité $\left| \dfrac{f(x)}{g(x)} - \dfrac{A}{B} \right| < \varepsilon$, c'est-à-dire que $\dfrac{f(x)}{g(x)}$ a pour limite $\dfrac{A}{B}$, quand x tend vers x_0 à gauche.

On exprime ce fait en disant que *la limite d'un quotient est égale au quotient des limites*, pourvu que la limite du dénominateur ne soit pas nulle.

Si $f(x)$ tend vers o et si $|g(x)|$ est limité inférieurement par un nombre positif, $\dfrac{f(x)}{g(x)}$ tend vers o.

Si $g(x)$ tend vers o et si $|f(x)|$ est limité inférieurement par un nombre positif, $\dfrac{f(x)}{g(x)}$ tend vers l'infini.

Si $f(x)$ tend vers l'infini et si $|g(x)|$ est limité supérieurement, $\dfrac{f(x)}{g(x)}$ tend vers l'infini.

Si $g(x)$ tend vers l'infini et si $|f(x)|$ est limité supérieurement, $\dfrac{f(x)}{g(x)}$ tend vers o.

Dans certains de ces cas, on peut en outre étudier le signe du quotient.

Enfin, si $f(x)$ et $g(x)$ tendent simultanément vers o ou vers l'infini, le quotient se présente sous l'une des formes illusoires $\dfrac{o}{o}$, $\dfrac{\infty}{\infty}$; s'il tend vers une limite, on dit que cette limite est la vraie valeur de la fraction $\dfrac{f(x)}{g(x)}$ pour $x = x_0$.

De légères modifications aux démonstrations précédentes permettent d'arriver à des conclusions analogues quand x, au lieu de tendre vers x_0, tend vers $+\infty$, ou vers $-\infty$, ou vers l'infini.

Nous chercherons fréquemment les vraies valeurs de fonctions qui se présentent sous l'une des formes illusoires $\infty - \infty$, $\infty \times 0$, $\dfrac{0}{0}$, $\dfrac{\infty}{\infty}$.

La seconde forme se ramène de suite à l'une des dernières, car on peut écrire

$$f(x) \cdot g(x) = \dfrac{f(x)}{\dfrac{1}{g(x)}} = \dfrac{g(x)}{\dfrac{1}{f(x)}}.$$

L'étude de la première se ramène facilement à l'étude des suivantes.

Supposons en effet que $f(x)$ et $g(x)$ tendent vers $+\infty$ quand x tend vers x_0; la fonction $f(x) - g(x)$ présente la forme $\infty - \infty$. Mais on peut l'écrire :

$$f(x) \left[1 - \dfrac{g(x)}{f(x)} \right].$$

La fraction $\dfrac{g(x)}{f(x)}$ prend la forme illusoire $\dfrac{\infty}{\infty}$ pour $x = x_0$.

Supposons que $\left| 1 - \dfrac{g(x)}{f(x)} \right|$ soit limité inférieurement par un nombre positif, ce qui arrive en particulier si $\dfrac{g(x)}{f(x)}$ tend vers un nombre différent de 1; alors $f(x) - g(x)$ tend vers l'infini et il ne reste plus qu'à étudier son signe.

Si $\dfrac{g(x)}{f(x)}$ tend vers 1, le facteur $1 - \dfrac{g(x)}{f(x)}$ tend vers 0 et le produit qui remplace $f(x) - g(x)$ présente la forme illusoire $\infty \times 0$.

L'étude des trois dernières formes est souvent simplifiée dans la pratique par l'emploi de *fonctions équivalentes* aux fonctions $f(x)$ et $g(x)$.

On dit que les deux fonctions $f(x)$ et $\varphi(x)$ définies pour un même ensemble de valeurs de la variable, ensemble dense au voisinage de x_0, sont *équivalentes* pour $x = x_0$, quand la fraction $\dfrac{f(x)}{\varphi(x)}$ tend vers 1 en même temps que x tend vers x_0. Quand x_0 est infini, on dit aussi que les fonctions équivalentes $f(x)$ et $\varphi(x)$ sont *asymptotiques*.

On établit aisément la proposition suivante : *les limites du produit* $f(x) \cdot g(x)$ *et du quotient* $\dfrac{f(x)}{g(x)}$, *quand* x *tend vers* x_0, *ne sont pas modifiées si l'on remplace les fonctions* $f(x)$ *et* $g(x)$ *par des fonctions équivalentes pour* $x = x_0$.

Continuité des fonctions d'une variable. — Dans tout ce qui va suivre, nous nous occuperons uniquement de fonctions définies dans un intervalle.

On dit qu'une fonction $f(x)$, définie au voisinage de x_0, est *continue, pour cette valeur de la variable*, lorsque $f(x)$ tend vers $f(x_0)$ en même temps que x tend vers x_0 par valeurs quelconques. En nous reportant aux définitions antérieures, nous voyons qu'à tout nombre positif ε, on peut faire correspondre un nombre positif α, tel que $f(x)$ soit définie dans tout l'intervalle $(x_0 - \alpha, x_0 + \alpha)$ et qu'une valeur quelconque de x prise dans cet intervalle vérifie l'inégalité $|f(x) - f(x_0)| < \varepsilon$.

La fonction $f(x)$ pourrait être définie pour $x = x_0$ et à droite de x_0 seulement, dans son voisinage; si $f(x)$ tend vers $f(x_0)$, quand x tend vers x_0 à droite, on dit que la fonction est continue, pour $x = x_0$, à droite.

On définit la continuité à gauche d'une façon analogue.

On dit qu'une fonction $f(x)$ définie dans un intervalle (a, b) est *continue dans cet intervalle*, lorsqu'elle est continue pour toutes les valeurs de la variable appartenant à l'intervalle; il s'agit évidemment de continuité à droite pour $x = a$ et de continuité à gauche pour $x = b$.

La fonction a^x est continue dans tout intervalle et la fonction $\log_a x$ est continue dans tout intervalle dont les bornes sont positives.

On peut établir un certain nombre de propriétés d'une semblable fonction.

Considérons une fonction $f(x)$ définie et continue dans l'intervalle (a, b); supposons qu'elle prenne des valeurs de signes contraires aux bornes de cet intervalle : nous allons faire voir qu'*elle s'annule au moins une fois dans l'intervalle*.

Supposons, par exemple, $f(a) < 0$ et $f(b) > 0$.

Les valeurs de x appartenant à l'intervalle (a, b) et rendant $f(x)$ positif forment un ensemble E borné inférieurement par un nombre x_0 supérieur à a, car, si x est voisin de a, $f(x)$ est voisin de $f(a)$ et par suite négatif.

Tout nombre de l'intervalle (a, x_0) rend $f(x)$ négatif, car si l'un de ces nombres donnait à $f(x)$ une valeur positive, x_0 ne serait pas la borne inférieure de E.

$f(x_0)$ ne peut être positif, sans quoi, x variant dans un petit intervalle $(x_0 - \alpha, x_0)$, $f(x)$ voisin de $f(x_0)$ serait positif, ce qui est contraire à la remarque précédente.

$f(x_0)$ ne peut être négatif, sans quoi, x variant dans un petit intervalle $(x_0, x_0 + \alpha)$, $f(x)$ voisin de $f(x_0)$ serait négatif et x_0 ne serait pas la borne inférieure de E. Donc $f(x_0) = 0$.

Il peut y avoir, dans l'intervalle (a, b), d'autres zéros de la fonction $f(x)$ que x_0; celui que nous avons mis en évidence est tel que, dans l'intervalle (a, x_0), la fonction a le signe de $f(a)$.

On dit que x_0 et x_1 sont deux *zéros consécutifs* lorsque la fonction $f(x)$ s'annule pour x_0 et x_1 et ne s'annule pas entre x_0 et x_1. On peut établir que la fonction conserve un signe constant dans l'intervalle (x_0, x_1). En effet, si elle prenait des valeurs de signes contraires pour x_2 et x_3 (x_2 et x_3 appartenant à l'intervalle x_0, x_1), elle s'annulerait au moins une fois dans l'intervalle (x_2, x_3) et par suite dans l'intervalle (x_0, x_1), ce qui est contraire à l'hypothèse.

Une fonction $f(x)$ définie et continue dans un intervalle (a, b) peut s'annuler un nombre infini de fois dans cet intervalle. Ainsi, la fonction $x^2 \sin \dfrac{\pi}{x}$ est un produit de deux facteurs définis quel que soit x, sauf pour $x = o$; on voit de suite qu'elle tend vers o avec x. Prenons o comme valeur de cette fonction pour $x = o$; elle est alors définie et continue dans un intervalle quelconque. Cette fonction prend des valeurs de signes contraires pour $x = -2$ et $x = 2$ et s'annule un nombre infini de fois dans l'intervalle $(-2, +2)$; l'ensemble de ses zéros est dense au voisinage de o. La fonction $x \sin \dfrac{\pi}{x}$ a des propriétés analogues.

Une fonction $f(x)$ définie et continue dans l'intervalle (a, b) *passe au moins une fois par toute valeur λ comprise entre* $f(a)$ *et* $f(b)$, car, la fonction $f(x) - \lambda$, définie et continue comme $f(x)$, prend des valeurs de signes contraires aux bornes de l'intervalle. Il résulte des observations précédentes que la valeur λ peut être acquise plusieurs fois et même une infinité de fois par la fonction dans l'intervalle considéré.

ε étant un nombre positif donné, soit ξ un nombre quelconque choisi dans l'intervalle (a, b), b excepté. Considérons la fonction

$$\varphi(x) = |f(x) - f(\xi)| - \varepsilon$$

définie et continue, comme la fonction $f(x)$ dans l'intervalle (a, b). Cette fonction $\varphi(x)$, négative pour $x = \xi$, peut être négative dans tout l'intervalle (ξ, b); sinon, d'après la proposition précédente, on peut déterminer un nombre ξ' de cet intervalle, tel que $\varphi(\xi')$ soit nul et que $\varphi(x)$ soit négatif dans tout l'intervalle (ξ, ξ'), ξ' excepté.

Nous allons montrer que l'on peut décomposer l'intervalle (a, b) en un nombre limité d'intervalles tels que (ξ, ξ') ou (ξ, b).

Faisons $\xi = a$; il vient $\xi' = b$ ou $\xi' = a_1 < b$, suivant les cas. Puis, prenons $\xi' = a_1$ s'il y a lieu et ainsi de suite. Supposons que les nombres $a, a_1, a_2, \ldots$ ainsi obtenus soient en nombre infini, c'est-à-dire que, si grand que soit n, la fonction $|f(x) - f(a_n)| - \varepsilon$ ne soit pas négative dans tout l'intervalle (a_n, b). Ces nombres croissant avec n et restant inférieurs à b tendent vers une limite c égale ou inférieure à b et leur ensemble est dense au voisinage de c. D'autre part, en vertu de la continuité de $f(x)$ pour $x = c$, on peut déterminer un intervalle $(c - \alpha, c)$ dans lequel $|f(x) - f(c)|$ soit inférieur à $\dfrac{\varepsilon}{2}$. Supposons n assez grand pour que a_n soit dans cet intervalle. Des deux inégalités $|f(a_n) - f(c)| < \dfrac{\varepsilon}{2}$ et $|f(a_{n+1}) - f(c)| < \dfrac{\varepsilon}{2}$, on conclut $|f(a_n) - f(a_{n+1})| < \varepsilon$, ce qui est contraire à l'égalité $|f(a_n) - f(a_{n+1})| = \varepsilon$.

Les nombres $a, a_1, a_2, \ldots$ sont donc en nombre limité et le dernier a_p est égal à b. Considérons les intervalles partiels $(a, a_1), (a_1, a_2), \ldots (a_{p-1}, b)$. Désignons par α l'amplitude du plus petit de ces intervalles et prenons dans (a, b) deux nombres quelconques x_1, x_2 tels que $|x_1 - x_2|$ soit inférieur à α; soit $x_1 < x_2$.

Soit a_i celui des nombres a_j qui se rapproche le plus de x_1 par défaut. L'intervalle (x_1, x_2) peut ne contenir aucun nombre a_j; dans ce cas, les deux inégalités $|f(x_1) - f(a_i)| < \varepsilon$ et $|f(x_2) - f(a_i)| < \varepsilon$ entraînent la suivante :

$$|f(x_1) - f(x_2)| < 2\varepsilon.$$

L'intervalle (x_1, x_2) peut contenir le nombre a_{i+1}; dans ce cas, les inégalités $|f(x_1) - f(a_i)| < \varepsilon$, $|f(x_2) - f(a_{i+1})| < \varepsilon$ et l'égalité $|f(a_{i+1}) - f(a_i)| = \varepsilon$, entraînent $|f(x_1) - f(x_2)| < 3\varepsilon$.

Si, dans cette analyse, on remplace ε par $\frac{\varepsilon}{3}$, on voit qu'*à tout nombre positif ε on peut faire correspondre un nombre positif α tel que l'inégalité $|f(x_1) - f(x_2)| < \varepsilon$ soit vérifiée par deux nombres quelconques x_1 et x_2 de l'intervalle (a, b), pourvu que l'on ait $|x_1 - x_2| < \alpha$. On prend quelquefois cette propriété comme caractéristique de la continuité d'une fonction dans un intervalle.*

Soient x_1 et x_2 $(x_1 < x_2)$, deux nombres quelconques de l'intervalle (a, b). Appelons n la valeur approchée à 1 près par excès de $\dfrac{x_2 - x_1}{\alpha}$ et décomposons l'intervalle $(x_1, x_2,)$ en n intervalles partiels égaux et par suite moindres que α. Soient x_1', x_2', ... x_{n-1}' les bornes (autres que x_1 et x_2) de ces intervalles.

Les inégalités

$$|f(x_1') - f(x_1)| < \varepsilon, \quad |f(x_2') - f(x_1')| < \varepsilon, \quad \ldots, \quad |f(x_2) - f(x_{n-1}')| < \varepsilon$$

entraînent $|f(x_2) - f(x_1)| < n\varepsilon$.

On en conclut de suite que la fonction $f(x)$ est limitée supérieurement et inférieurement dans l'intervalle (a, b); *elle admet donc, dans cet intervalle, une borne supérieure ou maximum absolu M et une borne inférieure ou minimum absolu m.* La différence $M - m$ est l'*oscillation* de la fonction dans l'intervalle.

On peut montrer que la *fonction atteint, au moins une fois, son maximum et son minimum absolus.*

Supposons par exemple que l'on ait $f(a) > f(b)$. Si $M = f(a)$, la fonction $f(x)$ atteint son maximum absolu pour $x = a$. Supposons M supérieur à $f(a)$. Soit c la moyenne arithmétique de a et b. Il peut se faire que $f(x)$ soit borné supérieurement par M dans l'un seulement des deux intervalles (a, c), (c, b); représentons cet intervalle particulier par (a_1, b_1). Si $f(x)$ est borné supérieurement par M dans les deux intervalles, représentons encore par (a_1, b_1) celui des deux qui a la plus petite borne inférieure. Dans tous les cas, nous substituons ainsi à l'intervalle (a, b), un intervalle (a_1, b_1) qui a une amplitude égale à la moitié de celle du premier, qui a une borne commune avec lui et qui est tout entier à son intérieur; la borne supérieure de $f(x)$ dans (a_1, b_1) est encore M.

Écartons encore le cas où $f(x)$ prendrait la valeur M pour l'une des bornes de ce nouvel intervalle; nous pouvons de même substituer à (a_1, b_1) un intervalle moitié (a_2, b_2) et ainsi de suite. Ou bien nous tomberons sur un intervalle dont l'une des bornes donnerait à $f(x)$ la valeur M, ou bien nous pourrons répéter indéfiniment la substitution en question. Dans ce dernier cas, les nombres $a, a_1, a_2, \ldots$, non décroissants et inférieurs à b, admettent une borne supérieure, les nombres $b, b_1, b_2, \ldots$, non croissants et supérieurs à a, admettent une borne inférieure. Ces deux bornes sont confondues puisque $b_n - a_n = \dfrac{b - a}{2^n}$ tend vers zéro quand n augmente indéfiniment; soit x_0 la borne commune.

Je dis que $f(x_0) = M$. En effet, si cela n'est pas, c'est que $f(x_0) = M' < M$. Soit M'' un nombre compris entre M' et M. Puisque la fonction $f(x)$ est continue pour $x = x_0$, on peut déterminer un intervalle $(x_0 - \alpha, x_0 + \alpha)$ dans lequel $f(x)$, voisin de $f(x_0)$, est inférieur à M''. On peut aussi supposer n assez grand pour que l'intervalle (a_n, b_n), qui a ses bornes séparées par x_0, soit tout entier à l'intérieur du précédent. D'après cela, la fonction $f(x)$ serait limitée supérieurement par M'', dans l'intervalle (a_n, b_n) et bornée supérieurement par M dans ce même intervalle. La contradiction est évidente, puisque M est supérieur à M''. Donc $f(x_0) = M$.

On démontrerait d'une façon analogue qu'une fonction définie et continue dans un intervalle atteint au moins une fois son minimum absolu.

Le maximum et le minimum absolus peuvent d'ailleurs être atteints une infinité de fois; par exemple, si la fonction $f(x)$, définie et continue dans l'intervalle (a, b), admet une infinité de zéros dans cet intervalle, la fonction $f^2(x)$ atteint son minimum absolu, qui est zéro, une infinité de fois.

Représentation graphique des fonctions continues. — Quelques-unes des propriétés des fonctions continues sont intuitives sur la représentation graphique de ces fonctions.

Soit $y = f(x)$ une fonction quelconque définie pour un ensemble E de valeurs de x. A toute valeur de x appartenant à E correspond une valeur de y; x et y sont les coordonnées d'un point P par rapport à deux axes donnés Ox, Oy, que l'on peut supposer rectangulaires. A l'ensemble E des valeurs de x correspond un ensemble E' de points du plan xOy.

Supposons que la fonction $f(x)$ soit définie dans un intervalle (a, b); toute parallèle à Oy, dont l'abscisse est comprise entre a et b, porte un point et un seul de E'.

Si, de plus, la fonction $f(x)$ est continue dans l'intervalle considéré, la courbe C, lieu des points de E', peut être dite continue en ce sens que deux quelconques de ses points qui ont des abscisses voisines ont également des ordonnées voisines.

Toutefois, on ne peut pas toujours imaginer un tracé effectif d'une telle courbe ; le tracé complet d'une courbe ou sa description par un mobile exclut la répétition indéfinie de certaines particularités, comme le fait de traverser un nombre infini de fois une droite $(Ox$, par exemple). Ainsi, on ne peut figurer complètement la courbe $y = x \cdot \sin \dfrac{\pi}{x}$ dans tout intervalle qui contient zéro.

Supposons la courbe tracée complètement. Si $f(a)$ et $f(b)$ sont de signes contraires, comme dans le cas de la figure, il est évident qu'un mobile décrivant la courbe et venant de A en B a traversé Ox, puisque A et B sont de part et d'autre de cet axe ; la fonction $f(x)$ s'annule donc au moins une fois dans l'intervalle (a, b). Cette fonction peut changer de signe ou non en s'annulant; la figure en donne divers exemples. Mais si le nombre des changements de signes est fini, on peut affirmer que ce nombre est impair chaque fois que $f(a)$ et $f(b)$

sont de signes contraires, et qu'il est pair quand $f(a)$ et $f(b)$ sont de même signe.

Toute droite parallèle à Ox et dont l'ordonnée λ est comprise entre $f(a)$ et $f(b)$ rencontre la courbe en un point au moins.

La courbe est tout entière comprise entre deux parallèles à Ox, dont les ordonnées sont respectivement égales au maximum et au minimum absolu de la fonction dans l'intervalle (a, b).

Si, pour $x = x_0$, la fonction est décroissante, les droites qui joignent

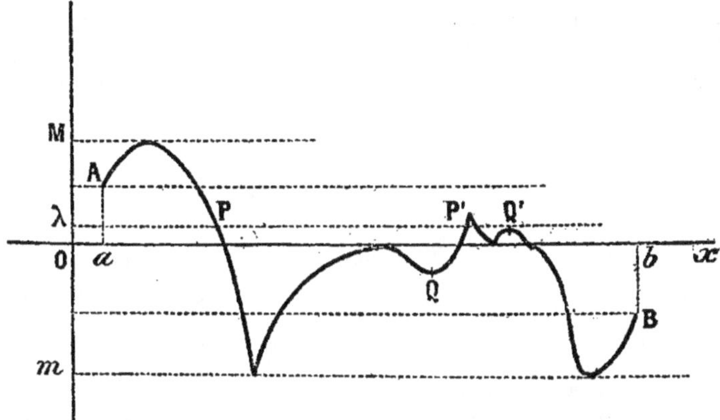

le point P correspondant aux points voisins sur la courbe, ont une pente négative.

Si, pour $x = x_1$, la fonction est croissante, les droites qui joignent le point P' correspondant aux points voisins sur la courbe, ont une pente positive.

Si, pour $x = x_2$, la fonction passe par un minimum relatif, les droites qui joignent le point Q correspondant aux points voisins de la courbe, ont une pente négative ou positive suivant que le point voisin a une abscisse plus petite ou plus grande que x_2.

Si, pour $x = x_3$, la fonction passe par un maximum relatif, les droites qui joignent le point Q' correspondant aux points voisins de la courbe, ont une pente positive ou négative suivant que le point voisin a une abscisse plus petite ou plus grande que x_5.

A ces propositions correspondent évidemment des propositions réciproques.

Modes de formation de fonctions continues. — Les propositions relatives aux limites de sommes, de produits et de quotients conduisent évidemment à la proposition suivante :

Supposons données des fonctions d'une variable x continues pour une valeur particulière x_0' : toute fonction formée à l'aide de ces fonctions en utilisant simplement les opérations d'addition, de multiplication et de division, autrement dit, toute fonction rationnelle des fonctions données, est continue, pour $x = x_0$, pourvu que x_0 ne soit pas un zéro du dénominateur de cette fonction rationnelle.

On peut conclure à la continuité dans un intervalle si, dans cet intervalle, les fonctions composantes sont continues, et si le dénominateur de la fonction rationnelle ne s'annule pas. On arrive à cette conclusion soit que l'on s'appuie sur la définition de la continuité dans un intervalle, soit que l'on utilise la propriété caractéristique de cette continuité.

En particulier, tout polynome entier en x est une fonction continue de x dans un intervalle quelconque; toute fraction rationnelle en x, c'est-à-dire tout quotient de deux polynomes entiers en x est une fonction continue de x dans tout intervalle qui ne contient pas un zéro du dénominateur de cette fonction.

Nous étudierons, dans la suite, d'autres modes de formation de fonctions continues.

EXERCICES

1º Démontrer que la fonction $\sin\dfrac{\pi}{x}\cdot\sin\dfrac{\pi}{1-x}$ tend vers o quand x tend vers o ou vers 1. Montrer que l'ensemble des zéros de cette fonction est illimité et qu'il est dense au voisinage de o et de 1.

2º Démontrer que si l'ensemble des zéros d'une fonction continue dans l'intervalle (a, b) est dense au voisinage d'un nombre x_0 de cet intervalle, x_0 appartient à cet ensemble.

3º a étant un nombre supérieur à 1, et n étant un nombre naturel qui vérifie l'inégalité $n \geqslant \dfrac{(a-1)a^{x_0}}{\varepsilon}$, montrer que toute valeur de x de l'intervalle $\left(x_0-\dfrac{1}{n},\ x_0+\dfrac{1}{n}\right)$ vérifie l'inégalité $|a^x - a^{x_0}| < \varepsilon$.

4º a étant un nombre positif inférieur à 1, et n étant un nombre naturel qui vérifie l'inégalité $n \geqslant \dfrac{(1-a)a^{x_0}}{a\varepsilon}$, montrer que toute valeur de x de l'intervalle $\left(x_0-\dfrac{1}{n},\ x_0+\dfrac{1}{n}\right)$, vérifie l'inégalité $|a^x - a^{x_0}| < \varepsilon$.

5º a étant un nombre positif supérieur à 1, montrer que l'inégalité $|x - x_0| < x_0\cdot\left(1 - a^{-\varepsilon}\right)$ entraîne l'inégalité $|\log_a x - \log_a x_0| < \varepsilon$. Quel est l'énoncé correspondant quand a est inférieur à 1.

FONCTIONS DE PLUSIEURS VARIABLES
POLYNOMES ENTIERS

Soient maintenant deux variables indépendantes x et y; associons à ces variables un point M de coordonnées x et y par rapport à deux axes Ox, Oy, que nous pouvons supposer rectangulaires.

Nous dirons que z est une fonction de x et y définie pour un ensemble E de points du plan xOy, lorsqu'aux coordonnées de chacun de ces points correspond une valeur bien déterminée de z.

Imaginons une courbe fermée C qui ne se coupe pas elle-même. Nous dirons que z est une fonction de x et y définie à l'intérieur du contour C quand, à tout point du domaine ainsi délimité, correspond une valeur bien définie de z. La fonction peut être aussi définie en certains points du contour ou sur le contour tout entier.

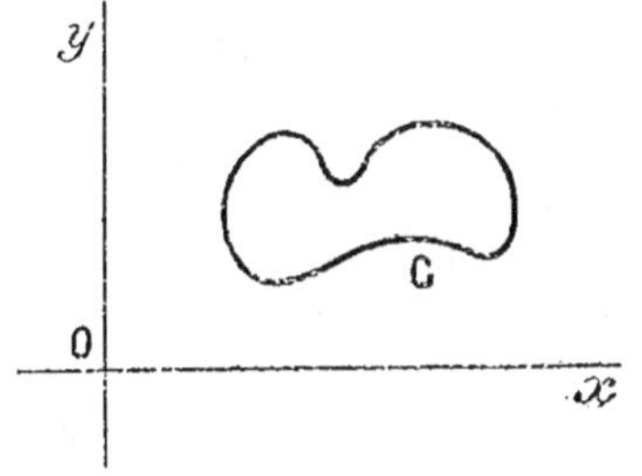

On dit qu'une fonction de deux variables est définie au voisinage d'un point (x_0, y_0) quand elle est définie à l'intérieur d'un petit domaine qui contient ce point. Généralement, on prend pour ce petit domaine un carré dont les côtés sont parallèles aux axes et dont le centre est le point considéré; cela revient à dire que la fonction est définie quand x varie de $x_0 - \alpha$ à $x_0 + \alpha$ et y de $y_0 - \alpha$ à $y_0 + \alpha$ (2α est la longueur du côté du carré). Quelquefois aussi on prend un cercle dont le centre est le point (x_0, y_0).

A toute fonction z des deux variables x et y définie dans un domaine, on peut associer une surface lieu du point dont les coordonnées sont x, y, z par rapport à trois axes donnés; l'équation de la surface est $z = f(x, y)$, si f est la fonction proposée. Les points de cette surface se projettent, sur le plan xOy, parallèlement à Oz, à l'intérieur du domaine considéré.

Ces définitions s'étendent au cas d'un nombre quelconque de variables.

Dans le cas de trois variables indépendantes, un domaine est limité par une surface fermée qui ne se coupe pas elle-même, ou par une série de surfaces.

Lorsque le nombre des variables indépendantes est supérieur à trois, l'image géométrique d'un domaine disparaît; on définit algébriquement le domaine considéré au moyen de certaines inégalités que doivent vérifier les valeurs attribuées aux variables.

On peut donner de la continuité des fonctions de plusieurs variables des définitions analogues à celles qui ont été données dans le cas d'une variable.

Dans le cas de deux ou trois variables, l'emploi du langage géométrique est commode.

On dit que $f(x, y)$, définie au voisinage du point $M_0(x_0, y_0)$, est continue en ce point, lorsqu'on peut déterminer un petit domaine contenant M_0 et tel que pour tout point M de ce domaine, on ait :

$$|f(x, y) - f(x_0, y_0)| < \varepsilon,$$

ε étant un nombre positif donné quelconque. En particulier, si les axes sont rectangulaires, on peut imaginer un petit carré dont les côtés sont parallèles aux axes, dont M_0 est le centre et dont le côté a 2α pour longueur, de sorte que les inégalités $|x - x_0| < \alpha$, $|y - y_0| < \alpha$ entraînent $|f(x, y) - f(x_0, y_0)| < \varepsilon$.

On pourrait prendre, comme domaine contenant le point, un cercle dont le centre est en M_0 et dont le rayon vaut β; cette fois l'inégalité $(x - x_0)^2 + (y - y_0)^2 < \beta^2$ entraînerait $|f(x, y) - f(x_0, y_0)| < \varepsilon$.

Étant donné un domaine limité par une courbe C, pour caractériser la continuité d'une fonction $f(x, y)$ définie à l'intérieur de ce domaine, nous nous adresserons de préférence à la propriété démontrée plus haut pour les fonctions d'une variable continue dans un intervalle et nous dirons :

La fonction $f(x, y)$ est continue, dans le domaine considéré, si l'on peut faire correspondre à tout nombre positif ε, un nombre positif α tel que les deux inégalités $|x_1 - x_0| < \alpha$, $|y_1 - y_0| < \alpha$ entraînent l'inégalité $|f(x_1, y_1) - f(x_0, y_0)| < \varepsilon$, quels que soient les deux points $M_0(x_0, y_0)$ et $M_1(x_1, y_1)$ du domaine proposé.

On pourrait dire aussi que la fonction est continue dans ce domaine si l'inégalité $|f(x_1, y_1) - f(x_0, y_0)| < \varepsilon$ est vérifiée par tout couple de points M_0 et M_1 appartenant au domaine et dont la distance est moindre qu'un nombre β associé à ε.

On ne peut définir le sens de la variation d'une fonction de plusieurs variables sans restreindre la liberté de variation de ces variables, mais on peut définir un maximum ou un minimum relatif de cette fonction.

On dit qu'une fonction $f(x, y, z)$, par exemple, passe par un maximum pour $x = x_0$, $y = y_0$, $z = z_0$, quand la valeur particulière $f(x_0, y_0, z_0)$ est plus grande que les valeurs voisines; cela signifie que l'on peut déterminer un petit domaine contenant le point $M_0(x_0, y_0, z_0)$ et tel que, pour tout point $M(x, y, z)$ de ce domaine, on ait $f(x, y, z) < f(x_0, y_0, z_0)$. Pratiquement on imagine un nombre positif α tel que l'inégalité précédente soit vérifiée tant que $|x - x_0|$, $|y - y_0|$, $|z - z_0|$ sont moindres que α.

On définit un minimum relatif au moyen de l'inégalité

$$f(x, y, z) > f(x_0, y_0, z_0),$$

réalisée au voisinage de M_0.

On définit le maximum ou le minimum absolu d'une fonction de plusieurs variables dans un domaine, comme le maximum ou le minimum absolu d'une fonction d'une seule variable dans un intervalle. Nous ne démontrerons rien au sujet de l'existence de ce maximum et de ce minimum pour les fonctions définies dans un domaine donné et continues à l'intérieur de ce domaine.

On peut, à propos des limites des fonctions de plusieurs variables, donner des définitions et démontrer des propositions analogues à celles qui ont été développées au sujet des fonctions d'une variable.

En particulier, on dit qu'une fonction $f(x, y)$, définie au voisinage du point $M_0(x_0, y_0)$, tend vers une limite A, quand x tend vers x_0 et y vers y_0, lorsqu'à tout nombre positif ε, on peut faire correspondre un nombre positif α, tel que l'inégalité $|f(x, y) - A| < \varepsilon$ soit vérifiée pour toutes les valeurs de x et de y satisfaisant aux inégalités $|x - x_0| < \alpha$, $|y - y_0| < \alpha$.

Par exemple, si la fonction $f(x, y)$ est continue en M_0, $f(x, y)$ tend vers $f(x_0, y_0)$.

Les propositions relatives aux limites d'une somme, d'un produit ou d'un quotient de fonctions de plusieurs variables s'établiraient par des raisonnements analogues à ceux qui ont été employés pour les fonctions d'une variable, avec des restrictions semblables.

On en déduit la continuité (pour un système de valeurs particulières des variables ou dans un domaine) d'une somme, d'un produit, d'un quotient de fonctions continues et, plus généralement, d'une fonction rationnelle de fonctions continues avec les restrictions relatives aux cas où les dénominateurs des fractions employées sont susceptibles de s'annuler.

Par exemple, un polynome entier à plusieurs variables est une fonction continue de ces variables dans un domaine quelconque.

Une fraction rationnelle de plusieurs variables, c'est-à-dire un quotient de deux polynomes entiers par rapport à ces variables, est une fonction continue dans tout domaine qui ne contient pas un système de valeurs des variables donnant la valeur zéro au dénominateur de la fraction.

Fonctions d'une variable complexe. — Considérons un ensemble E de nombres complexes (on peut lui associer l'ensemble E' des points affixes de ces nombres dans le plan complexe xOy).

On dit qu'une fonction $f(z)$ est définie pour les valeurs de z appartenant à E lorsqu'à tout nombre de cet ensemble correspond pour $f(z)$ une valeur complexe bien déterminée.

Cette valeur est de la forme $F(x, y) + iG(x, y)$ où $F(x, y)$ et $G(x, y)$ sont des fonctions de x et y bien déterminées en chaque point de E'.

Si l'ensemble E' est constitué par tous les points d'un certain domaine, la fonction $f(z)$ est définie dans ce domaine.

Une fonction $f(z)$ définie au voisinage de z_0 est continue pour $z = z_0$ si, à tout nombre positif ε, on peut faire correspondre un nombre positif β tel que l'inégalité $|f(z) - f(z_0)| < \varepsilon$ soit vérifiée par toutes les valeurs de z qui vérifient l'inégalité $|z - z_0| < \beta$. Cela revient à dire que la fonction $F(x, y) + iG(x, y)$ des deux variables x et y est continue pour $x = x_0$, $y = y_0$.

La fonction $f(z)$ est continue dans un domaine si l'inégalité

$$|f(z_1) - f(z_0)| < \varepsilon$$

est vérifiée pour tous les points M_0 et M_1, du domaine considéré, tels que l'on ait $|z_1 - z_0| < \beta$ (ε est un nombre positif arbitraire et β lui correspond).

On peut également définir la limite d'une fonction $f(z)$ quand z tend vers z_0 et démontrer sur les limites de sommes, de produits ou de quotients, des propositions analogues à celles qui ont été développées plus haut.

On en conclut que toute fonction rationnelle de fonctions d'une variable complexe (continues en un point ou à l'intérieur d'un domaine du plan complexe) est une fonction continue de cette variable; il faut, bien entendu, écarter les points du plan complexe pour lesquels les dénominateurs des fractions employées s'annulent.

Ainsi, un polynome entier par rapport à une variable complexe est une fonction continue dans tout le plan. Une fraction rationnelle d'une variable complexe est définie dans tout le plan, sauf pour les valeurs de z qui annulent le dénominateur de cette fraction; elle est continue dans tout domaine qui ne contient aucun des points affixes des zéros de son dénominateur.

On ne peut dire qu'un nombre complexe est plus grand qu'un autre, mais on peut comparer les grandeurs des modules de deux nombres complexes.

Dans certaines conditions, il y aura lieu d'étudier la grandeur du module d'une fonction $f(z)$ et on pourra parler de maximum ou de minimum absolu, de maximum ou de minimum relatif, pour ce module.

Remarquons encore que le module d'une fonction continue est défini et continu en même temps que cette fonction.

Propriétés des polynomes entiers à une variable réelle ou complexe. — La continuité de tels polynomes dans tout le plan a été établie. On peut en préciser le caractère en démontrant un certain nombre de propositions particulières.

Théorème. — *Un polynome entier* $f(x)$ *à coefficients réels dont le coefficient du terme de plus haut degré est positif tend vers* $+\infty$ *en même temps que* x.

Soit en effet, $f(x) \equiv a_0 x^m + a_1 x^{m-1} + a_2 x^{m-2} + \ldots + a_m$, le polynome proposé dans lequel a_0 est positif.

Nous allons montrer qu'à tout nombre positif M, si grand qu'il soit, on peut faire correspondre un nombre N tel que l'inégalité $f(x) > M$ soit vérifiée par toutes les valeurs de x supérieures à N.

L'inégalité à vérifier s'écrit

$$f(x) - M \equiv a_0 x^m + a_1 x^{m-1} + a_2 x^{m-2} + \ldots + a_{m-1} x + a_m - M > 0.$$

Désignons par N' la plus grande des valeurs absolues des coefficients $a_1, a_2, \ldots, a_{m-1}, a_m - M$, et écrivons

$$f(x) - M \equiv a_0 x^m - N'(x^{m-1} + x^{m-2} + \ldots + x + 1)$$
$$+ (a_1 + N')x^{m-1} + (a_2 + N')x^{m-2} + \ldots + a_m - M + N'.$$

Si nous remarquons que les coefficients du polynome souligné dans le second membre sont tous positifs ou nuls et que, par suite, ce polynome a une valeur positive pour toute valeur positive attribuée à x, il nous suffit de vérifier l'inégalité

$$a_0 x^m - N'(x^{m-1} + x^{m-2} + \ldots + x + 1) > 0.$$

Divisons les deux membres par x^m, qui est positif, et écrivons

$$(1) \qquad a_0 - N'\left(\frac{1}{x} + \frac{1}{x^2} + \ldots + \frac{1}{x^m}\right) > 0.$$

Supposons $x > 1$ et renforçons le coefficient de N' en lui substituant la somme de la progression illimitée $\frac{1}{x} + \frac{1}{x^2} + \ldots$ dont la raison $\frac{1}{x}$

est moindre que 1 ; cette somme vaut $\dfrac{\frac{1}{x}}{1 - \frac{1}{x}} = \dfrac{1}{x - 1}$.

L'inégalité (2) : $a_0 - \dfrac{N'}{x - 1} > 0$ étant supposée vérifiée, l'inégalité (1) l'est à fortiori. Il suffit donc que l'on ait : $x > 1 + \dfrac{N'}{a_0}$ et on peut prendre $N = 1 + \dfrac{N'}{a_0}$.

Prenons, en particulier, $M = 0$ et appelons N la plus grande valeur absolue des coefficients $a_1, a_2, \ldots, a_m$; nous voyons alors que toute valeur de x supérieure à $1 + \dfrac{N}{a_0}$ donne à $f(x)$ une valeur positive. Les zéros du polynome $f(x)$, s'il en a, sont donc limités supérieurement par ce nombre $1 + \dfrac{N}{a_0}$.

Si l'on remarque que les zéros de $f(-x)$ sont les nombres symétriques de $f(x)$, on pourra appliquer cette règle à la recherche d'une limite supérieure des zéros de $f(-x)$, c'est-à-dire d'une limite inférieure des zéros de $f(x)$.

En outre, les zéros de $f\left(\dfrac{1}{x}\right)$ étant les nombres inverses des zéros de $f(x)$, la détermination d'une limite supérieure et d'une limite inférieure des zéros de $f\left(\dfrac{1}{x}\right)$ conduit à la détermination d'une limite inférieure des zéros positifs et d'une limite supérieure des zéros négatifs de $f(x)$.

Enfin, si l'on remarque que le module d'un polynome $f(z)$ à coefficients complexes, savoir $f(z) \equiv a_0 z^m + a_1 z^{m-1} + \ldots + a_{m-1} z + a_m$, est au moins égal à

$$|a_0 z^m| - |a_1 z^{m-1} + a_2 z^{m-2} + \ldots + a_{m-1} z + a_m|,$$

et que celui du polynome $a_1 z^{m-1} + a_2 z^{m-2} + \ldots + a_m$ est au plus égal à

$$|a_1 z^{m-1}| + |a_2 z^{m-2}| + \ldots + |a_{m-1} z| + |a_m|,$$

on voit que l'on a :

$$|f(z)| \geqslant |a_0 z^m| - |a_1 z^{m-1}| - |a_2 z^{m-2}| - \ldots - |a_{m-1} z| - |a_m|.$$

Posons $\qquad\qquad |a_h| = r_h \quad$ et $\quad |z| = \zeta.$

Le polynome $\quad r_0 \zeta^m - r_1 \zeta^{m-1} - r_2 z^{m-2} - \ldots - r_{m-1} \zeta - r_m \quad$ est rendu positif par toute valeur de ζ supérieure à $1 + \dfrac{r}{r_0}$, r désignant le plus grand des coefficients $r_1, r_2, \ldots r_m$. $|f(z)|$, qui a une valeur égale ou supérieure à celle de ce polynome, est donc positif dans les mêmes conditions. Par suite, $1 + \dfrac{r}{r_0}$ est une limite supérieure des modules des zéros du polynome $f(z)$.

Théorème. — *Si un polynome entier quelconque* f (z) *manque de terme constant, on peut faire correspondre à tout nombre positif* ε *un nombre positif* β *tel que l'on ait* |f (z)| < ε *en même temps que* |z| < β.

Soit $\qquad f(z) \equiv a_0 z^p + a_1 z^{p+1} + a_2 z^{p+2} + \ldots + a_k z^{p+k}.$

Posons encore : $\qquad |a_h| = r_h \quad$ et $\quad |z| = \zeta.$

Nous pouvons écrire de suite

$$|f(z)| \leqq r_0 \zeta^p + r_1 \zeta^{p-1} + \ldots + r_k \zeta^{p+k}.$$

r désignant le plus grand des modules $r_0, r_1, \ldots, r_k$, le second membre est égal ou inférieur à $r(\zeta^p + \zeta^{p+1} + \ldots + r\zeta^{p+k})$, et si ζ est moindre que 1, on renforce ce dernier nombre en substituant au coefficient de r la somme de la progression illimitée $\zeta^p + \zeta^{p+1} + \ldots$ ou $\dfrac{\zeta^p}{1-\zeta}$, de sorte que $|f(z)|$ est inférieur à $\dfrac{r\,\zeta^p}{1-\zeta}$. Si p est supérieur à 1, on peut mettre à part dans ce dernier nombre le facteur ζ^{p-1} qui est moindre que 1 et on conclut que l'on a dans tous les cas $|f(z)| < \dfrac{r\,\zeta}{1-\zeta}$.

$|f(z)|$ sera certainement moindre que ε si l'on a $\dfrac{r\,\zeta}{1-\zeta} < \varepsilon$, c'est-à-dire $\zeta < \dfrac{\varepsilon}{r+\varepsilon}$. En prenant $\beta = \dfrac{\varepsilon}{r+\varepsilon}$, on est sûr de réaliser l'inégalité $|f(z)| < \varepsilon$ pourvu que $|z|$ soit inférieur à β.

La continuité d'un polynome entier quelconque $f(z)$ pour une valeur particulière z_0 de la variable, résulte immédiatement de là, car $f(z_0 + h) - f(z_0)$ est, comme on sait, un polynome entier en h qui manque de terme indépendant de h et qui, par suite, tend vers zéro avec h.

Théorème. — *La valeur d'un polynome entier quelconque* f (z) *et celle de son terme de moindre degré sont équivalentes pour* z = o.

En effet, l'égalité

$$\frac{f(z)}{a_0 z^p} = 1 + \frac{a_1}{a_0} z + \frac{a_2}{a_0} z^2 + \ldots + \frac{a_k}{a_0} z^k$$

montre que le rapport $\dfrac{f(z)}{a_0 z^p}$ tend vers 1 quand z tend vers zéro (p peut d'ailleurs être nul).

On en conclut, en particulier, que la valeur d'un polynome entier à coefficients réels et à variable réelle et celle de son terme de moindre degré sont des nombres de même signe quand la variable tend vers zéro.

Théorème. — *Un polynome entier quelconque* f (z) *et son terme de plus haut degré sont équivalents pour z infini* ($|z|$ *tend vers* $+\infty$).

En effet, de l'égalité

$$f(z) \equiv a_0 z^m + a_1 z^{m-1} + \ldots + a_{m-1} z + a^m,$$

on tire :
$$\frac{f(z)}{a_0 z^m} = 1 + \frac{a_1}{a_0} \cdot \frac{1}{z} + \frac{a_2}{a_0} \cdot \frac{1}{z^2} + \ldots + \frac{a^m}{a_0} \cdot \frac{1}{z^m}.$$

Quand $|z|$ tend vers $+\infty$, $\frac{1}{z}$ tend vers zéro et le second membre tend vers 1, ce qui établit la proposition énoncée.

En particulier, un polynome entier à coefficients et à variable réels et son terme de plus haut degré ont des valeurs de même signe quand x tend vers l'infini.

Les deux derniers théorèmes peuvent être étendus à des polynomes à une variable dont les monômes ont des exposants entiers quelconques positifs ou négatifs; les notions de termes de plus haut et de plus bas degré subsistent. Ainsi, la valeur numérique de $z^{-2} - z^{-1} + 1 + z + z^3$ est équivalente à celle de z^{-2} pour $z = 0$ et à celle de z^3 pour z infini.

Applications. — $1°$ *Vraies valeurs des fractions rationnelles quand la variable tend vers zéro ou vers l'infini.*

Soit
$$\frac{f(z)}{g(z)} = \frac{a_0 z^m + a_1 z^{m-1} + \ldots + a_{m-k} z^k}{b_0 z^p + b_1 z^{p-1} + \ldots + b_{p-h} z^h},$$

les deux termes de la fraction étant ordonnés, par exemple, suivant les puissances décroissantes de z, de sorte que les termes de plus haut ou de plus bas degré apparaissent de suite.

Quand z tend vers l'infini, le numérateur et le dénominateur de la fraction sont respectivement équivalents à $a_0 z^m$ et $b_0 z^p$; la valeur de la fraction est donc équivalente à celle du quotient $\frac{a_0 z^m}{b_0 z^p}$, c'est-à-dire qu'elle tend vers l'infini ou vers zéro suivant que m est supérieur ou inférieur à p, et vers $\frac{a_0}{b_0}$ si m et p sont égaux.

Quand z tend vers zéro, la valeur de la fraction est équivalente à celle du rapport $\frac{a_{m-k} z^k}{b_{p-h} z^h}$ qui tend vers 0, $\frac{a_{m-k}}{b_{p-k}}$, ou l'infini suivant que k est supérieur, égal ou inférieur à h.

$2°$ *Tout polynome entier à coefficients réels, de degré impair, admet au moins un zéro réel.*

Substituons à x, dans le polynome $f(x)$, des valeurs de très grand module, positives ou négatives. Nous savons que les valeurs de $f(x)$ et de son terme de plus haut degré ont le même signe. Or le terme de plus haut degré $a_0 x^{2p+1}$ prend alors des valeurs de signes contraires; il en est de même de $f(x)$. C'est ce qu'on exprime en écrivant l'inégalité $f(-\infty) \cdot f(+\infty) < 0$.

La fonction $f(x)$ continue dans l'intervalle $(-\infty, +\infty)$ et ayant des valeurs de signes contraires pour deux nombres de cet intervalle, s'annule au moins une fois. On peut préciser le signe de la racine de l'équation $f(x) = 0$, ainsi mise en évidence, en comparant le signe de $f(0)$ à ceux de $f(-\infty)$ et de $f(+\infty)$, c'est-à-dire le signe du terme constant à celui du coefficient du terme de plus haut degré.

3° *Tout polynome entier à coefficientss réels, de degré pair, dont les coefficients extrêmes sont de signes contraires, a au moins deux zéros réels, l'un négatif, l'autre positif.*

Soit $f(x) \equiv a_0 x^{2p} + a_1 x^{2p-1} + \ldots + a_{2p}$, le polynome ordonné comme le suppose l'énoncé. On suppose $a_0 a_{2p} < 0$.

Par suite $f(-\infty)$ et $f(0)$ sont de signes contraires; le polynome a donc au moins un zéro négatif.

De même $f(+\infty)$ et $f(0)$ sont de signes contraires ; le polynome a donc au moins un zéro positif.

EXERCICES

1° Soit $f(x) \equiv a_0 x^m + a_1 x^{m-1} + \ldots + a_p x^{m-p} + \ldots + a_m$, un polynome entier à coefficients réels; on suppose que a_p est le premier coefficient négatif que l'on rencontre en lisant de gauche à droite. Démontrer que les zéros du polynome sont limités supérieurement par $1 + \sqrt[p]{\dfrac{N}{a_0}}$, N désignant la plus grande valeur absolue des coefficients négatifs de $f(x)$.

2° Montrer qu'un polynome entier $f(x)$ à coefficients réels, dans lequel le coefficient du terme de plus haut degré est positif, peut se mettre, d'une infinité de manières, sous la forme :

$$\varphi_0(x) + \varphi_1(x) + \varphi_2(x) + \ldots \varphi_p(x)$$

où les polynomes $\varphi_0, \varphi_1, \ldots \varphi_p$, présentent les mêmes particularités que $f(x)$. En déduire un mode de recherche d'une limite supérieure des zéros du polynome donné.

3° L'application de l'idée précédente au polynome $x^4 + a x^3 + b x^2 + c x + d^2$ permet de le mettre sous la forme $\varphi_0(x) + \varphi_1(x)$, en posant :

$$\varphi_0(x) \equiv x^4 + a x^3 + (b - \lambda) x^2$$
$$\varphi_1(x) \equiv \lambda x^2 + c x + d^2.$$

Démontrer que si les nombres a, b, c, d, vérifient l'inégalité :

$$\frac{c^2}{d^2} < 4 b - a^2$$

le polynome proposé n'a pas de zéros réels.

4° Démontrer que deux racines quelconques de l'équation $f(x) + \lambda g(x) = 0$. où f et g sont deux polynomes entiers donnés et λ un paramètre variable, sont liées par une relation algébrique entière et symétrique.

5° On verra plus loin comment on peut former une équation ayant pour racines les carrés des différences des racines d'une équation entière donnée. Utiliser une limite inférieure des racines positives de l'équation aux carrés des différences pour séparer les racines de l'équation donnée.

26ᵉ LEÇON

DIVISION DES POLYNOMES

Nous avons établi l'existence de zéros d'un polynome à coefficients réels, dans certaines conditions. Nous allons montrer que *tout polynome* $f(z)$ *à coefficients complexes admet au moins un zéro complexe.*

Montrons d'abord que si $f(z_0)$ n'est pas nul, *on peut trouver au voisinage de* z_0, *un nombre complexe* z, *tel que* $|f(z)|$ *soit inférieur à* $|f(z_0)|$. z valant $x + iy$, posons $z = z_0 + z'$ et $z' = x' + iy'$, d'où $x = x_0 + x'$, $y = y_0 + y'$.

Cela revient au transport de l'origine des axes du plan complexe au point (x_0, y_0).

Le polynome $f(z)$ est remplacé par un polynome $f(z_0 + z')$ qui n'est pas nul à l'origine nouvelle. Nous pouvons donc nous borner à établir à l'origine la proposition énoncée.

Soit
$$f(z) \equiv a_0 + a_1 z + a_2 z^2 + \ldots + a_m z^m,$$
avec l'hypothèse
$$a_0 \neq 0.$$

Posons :
$$a_h = r_h(\cos\theta_h + i\sin\theta_h) \quad \text{et} \quad z = \rho(\cos\omega + i\sin\omega).$$

Alors
$$f(z) = r_0(\cos\theta_0 + i\sin\theta_0) + r_1\rho\big(\cos(\theta_1 + \omega) + i\sin(\theta_1 + \omega)\big)$$
$$+ r_2\rho^2\big(\cos(\theta_2 + 2\omega) + i\sin(\theta_2 + 2\omega)\big) + \ldots$$
$$+ r_m\rho^m\big(\cos(\theta_m + m\omega) + i\sin(\theta_m + m\omega)\big).$$

et
$$|f(z)|^2 = \big[r_0\cos\theta_0 + r_1\rho\cos(\theta_1 + \omega) + r_2\rho^2\cos(\theta_2 + 2\omega) + \ldots\big]^2$$
$$+ \big[r_0\sin\theta_0 + r_1\rho\sin(\theta_1 + \omega) + r_2\rho^2\sin(\theta_2 + 2\omega) + \ldots\big]^2$$
$$= r_0^2 + 2r_0 r_1\rho\cos(\theta_1 + \omega - \theta_0) + A\rho^2 + \ldots + r_m^2\rho^{2m}.$$

Supposons $r_1 \neq 0$ et choisissons ω par la condition que $\cos(\theta_1 + \omega - \theta_0)$ soit négatif, (il suffit de prendre $\omega = \theta_0 - \theta_1 + \pi$). La partie soulignée est alors un polynome entier en ρ et, pour des valeurs de ρ suffisamment petites, la valeur de ce polynome a le signe du terme de plus bas degré, c'est-à-dire qu'elle est négative. Les points correspondants du plan complexe rendent donc $|f(z)|$ inférieur à r_0.

L'inégalité $\cos(\theta_1 + \omega - \theta_0) < 0$ place la demi-droite dont l'angle polaire est ω d'un certain côté de la droite D définie par l'équation $\omega = \theta_0 - \theta_1 + \dfrac{\pi}{2}$. Le point M d'affixe z partant de O et se déplaçant d'un certain côté de D donne à $|f(z)|$ des valeurs moindres que r_0; s'il se déplace du côté opposé, il donne à $|f(z)|$ des valeurs supérieures à r_0.

Nous avons supposé $r_1 \neq 0$; supposons maintenant que l'on ait :

$$r_1 = r_2 = \ldots = r_{k-1} = 0 \quad \text{et} \quad r_k \neq 0.$$

Un calcul rapide montre que l'on a :

$$|f(z)|^2 = r_0^2 + 2\,r_0\,r_k\,\rho^k \cos(\theta_k + k\omega - \theta_0) + B\rho^{k+1} + \ldots + r_m^2\rho^{2m}.$$

Il suffit de donner à ω une valeur telle que $\cos(\theta_k + k\omega - \theta_0)$ soit négatif pour retrouver les résultats obtenus plus haut.

Cette fois, les changements de signes du cosinus ont lieu pour toutes les valeurs de ω définies par l'équation $\omega = \dfrac{1}{k}\left(\theta_0 - \theta_k + \dfrac{\pi}{2} + \lambda\pi\right)$, où λ désigne un entier quelconque. On trouve k droites séparatrices analogues à D et faisant entre elles des angles égaux à $\dfrac{\pi}{k}$.

Considérons maintenant un polynome quelconque :

$$f(z) \equiv a_0 z^m + a_1 z^{m-1} + \ldots + a_m.$$

Son module est égal ou supérieur, comme nous l'avons vu plus haut, au nombre $|a_0 z^m| - |a_1 z^{m-1}| - |a_2 z^{m-2}| - \ldots - |a_m|$. Nous avons vu aussi que l'on peut déterminer un cercle C ayant son centre en O et tel que pour toute valeur de z, dont l'affixe est extérieure à ce cercle ou située sur ce cercle, le nombre précédent et par suite $|f(z)|$ soient supérieurs à un nombre donné, $|a_m|$, par exemple.

Considérons la surface S dont la cote u est définie par l'équation $u = |f(z)|$, (l'axe Ou est supposé perpendiculaire au plan xOy); la portion de cette surface située à l'intérieur du cylindre droit dont C est la base, a, sur ce cylindre, une trace dont tous les points ont une cote supérieure à $|a_m|$. Un point de cette surface au moins a la cote $|a_m|$, c'est celui qui se projette en O. Admettons que, parmi les points de cette surface continue, il y en ait au moins un plus rapproché que tous les autres du plan xOy, c'est-à-dire que la fonction u des variables x et y ait un minimum absolu qu'elle atteint. Ce minimum est nécessairement zéro en vertu de la proposition établie plus haut.

Un complément important va nous être fourni par l'emploi de la division des polynomes.

Division des polynomes. — Étant donnés deux polynomes A (dividende) et B (diviseur), entiers par rapport à une même variable x, et à coefficients numériques quelconques, on ne peut trouver, en général, un polynome entier en x dont le produit par B reproduise identiquement A, c'est-à-dire tous les termes de A. Mais on peut, d'une infinité de manières, déterminer deux polynomes entiers Q et R tels que l'on ait :

$$(1) \qquad\qquad A \equiv BQ + R.$$

Par exemple, on peut choisir arbitrairement Q, et R en résulte.

Nous allons montrer que, parmi les solutions de ce problème, il y en a une et une seule pour laquelle le degré de R est inférieur à celui de B; Q s'appelle alors le quotient et R le reste de la division.

Quand R est identiquement nul, on dit que A est divisible par B.

Supposons, pour la commodité du langage, que tous les polynomes employés soient ordonnés par rapport aux puissances décroissantes de x, de sorte que le premier terme de chacun d'eux est aussi son terme de plus haut degré.

Le premier terme du produit BQ est égal au produit du premier terme de B par le premier terme de Q, et comme le degré de R est inférieur à celui de BQ, on voit que le premier terme de A est égal au produit du premier terme de B par le premier terme de Q. Cela n'est possible que si le degré de A est égal ou supérieur à celui de B. Dans le cas contraire, il faut prendre $Q \equiv o$ et $R \equiv A$; telle est la solution dans le cas particulier où le degré de B est supérieur à celui de A.

Supposons que le degré de A soit égal ou supérieur à celui de B; appelons q le premier terme de Q. L'égalité : 1er terme de $A = 1^{er}$ terme de $B \times q$, nous donne :

$$q = \frac{1^{er} \text{ terme de A}}{1^{er} \text{ terme de B}}.$$

Posons $Q \equiv q + Q_1$. L'identité (1) devient :

$$A \equiv B(q + Q_1) + R,$$

ou bien

$$(2) \qquad A_1 \equiv A - Bq \equiv BQ_1 + R.$$

Si l'on peut vérifier l'identité (2) au moyen de deux polynomes entiers Q_1 et R, le degré de R étant inférieur au degré n de B, on en déduit inversement que l'identité (1) est vérifiée par $Q \equiv q + Q_1$ et R.

Nous sommes donc ramenés à traiter un problème identique au problème primitif mais où le polynome A est remplacé par un polynome A_1 de degré moindre, puisque le 1er terme de A et le 1er terme de Bq sont les mêmes.

Si le degré de A_1 est inférieur à n, Q_1 est identiquement nul et R est identique à A_1; sinon, on peut répéter sur A_1 ce qu'on a fait sur A, trouver le 1er terme de Q_1 et substituer au polynome A_1 un polynome de degré moindre, et ainsi de suite.

La répétition de cette opération ne peut se faire qu'un nombre limité de fois puisque les polynomes $A, A_1, A_2, \ldots$ ont des degrés décroissants; soit A_k le premier polynome dont le degré est inférieur à n. Alors R est identique à A_k et Q est identique à la somme des monômes obtenus dans les divisions partielles successives.

Ce raisonnement montre bien que le problème posé a une solution et une seule.

On peut vérifier *a priori* que, si ce problème a une solution, il n'en a qu'une.

Supposons en effet que l'on puisse déterminer quatre polynomes entiers Q, R, Q_1, R_1, tels que l'on ait :

$$A \equiv BQ + R, \qquad A \equiv BQ_1 + R_1,$$

avec les restrictions :

$$\text{degré de R} < \text{degré de B}, \qquad \text{degré de } R_1 < \text{degré de B}.$$

Les identités précédentes entraînent la suivante :

$$B(Q - Q_1) \equiv R_1 - R.$$

dans laquelle le second membre a un degré inférieur à celui de B. On voit de suite, en cherchant le degré du premier membre, que si Q et Q_1 ne sont pas identiques, cette identité ne peut être. Donc Q_1 est identique à Q et par suite R_1 est identique à R.

On est conduit à la règle suivante :

Le dividende et le diviseur étant ordonnés par rapport aux puissances décroissantes de la variable, on obtient le premier terme du quotient en divisant le premier terme du dividende par le premier terme du diviseur. On multiplie le diviseur par le premier terme du quotient et on retranche le produit obtenu du dividende; on obtient ainsi le premier dividende partiel. On recommence sur ce dividende partiel l'opération effectuée sur le dividende donné et on continue jusqu'à ce que le degré du dividende partiel obtenu soit inférieur au degré du diviseur; ce dernier dividende partiel est le reste et la somme des monômes obtenus dans les divisions partielles est le quotient.

Appliquons cette règle à la recherche du quotient et du reste de la division d'un polynome entier

$$f(x) = a_0 x^m + a_1 x^{m-1} + a_2 x^{m-2} + \ldots + a_{m-1} x + a_m$$

par le binôme $x - a$.

Le premier terme du quotient est $a_0 x^{m-1}$. Le premier dividende partiel est $(a_0 a + a_1) x^{m-1} + a_2 x^{m-2} + \ldots + a_{m-1} x + a_m$, c'est-à-dire que tous ses termes, sauf le premier, sont identiques aux termes correspondants du dividende donné; quant au premier terme, son coefficient s'obtient en multipliant par a le coefficient du premier terme de $f(x)$ et ajoutant au produit obtenu le coefficient du terme correspondant (en x^{m-1}) dans $f(x)$.

Ces deux observations se répètent pour la recherche du second terme du quotient et du premier terme du second dividende partiel, et ainsi de suite.

On peut donc écrire l'identité

$$f(x) \equiv (x - a)\left[a_0 x^{m-1} + (a_0 a + a_1) x^{m-2} + (a_0 a^2 + a_1 a + a_2) x^{m-3} + \ldots \right.$$
$$\left. + a_0 a^{m-1} + a_1 a^{m-2} + \ldots + a_{m-2} a + a_{m-1}\right] +$$
$$+ a_0 a^m + a_1 a^{m-1} + a_2 a^{m-2} + \ldots + a_{m-1} a + a_m.$$

En particulier, on voit que le reste de la division vaut $f(a)$; ce résultat est évident, car si, dans l'identité $f(x) \equiv (x - a)Q + R$, où R désigne une constante, on fait $x = a$, il vient $f(a) = R$.

On en déduit que l'égalité $f(a) = 0$ est la condition nécessaire et suffisante pour que le polynome $f(x)$ soit divisible par $x - a$.

La simplification des fractions rationnelles résulte de cette observation.

Supposons que la fraction rationnelle $\dfrac{f(z)}{g(z)}$, où f et g désignent deux polynomes entiers à coefficients complexes, prenne la forme $\dfrac{o}{o}$ pour $z = z_0$ (z_0 peut être complexe). $f(z)$, s'annulant pour $z = z_0$, est divisible par $z - z_0$; soit α le plus grand nombre naturel tel que $f(z)$ soit divisible par $(z - z_0)^\alpha$. Soit de même β le plus grand nombre naturel tel que $g(z)$ soit divisible par $(z - z_0)^\beta$.

Nous pouvons écrire

$$f(z) \equiv (z - z_0)^\alpha f_1(z), \qquad g(z) \equiv (z - z_0)^\beta g_1(z),$$

les polynomes entiers $f_1(z)$ et $g_1(z)$ ne s'annulant pas pour $z = z_0$. Dès lors,

$$\frac{f(z)}{g(z)} = \frac{(z - z_0)^\alpha f_1(z)}{(z - z_0)^\beta g_1(z)}.$$

La fraction rationnelle étudiée tend vers o si α est supérieur à β, vers l'infini si α est moindre que β et vers $\dfrac{f_1(z_0)}{g_1(z_0)}$ si $\alpha = \beta$, quand z tend vers z_0.

Supposons que $f(z)$ soit divisible par $(z - a)^\alpha$ et ne le soit pas par $(z - a)^{\alpha+1}$; supposons encore que ce polynome soit divisible par $(z - b)^\beta$ ($b \neq a$) et ne le soit pas par $(z - b)^{\beta+1}$; nous allons montrer que $f(z)$ est divisible par $(z - a)^\alpha (z - b)^\beta$ et que le quotient de la division n'est divisible ni par $z - a$, ni par $z - b$.

En vertu des hypothèses faites, nous pouvons écrire $f(z) \equiv (z - a)^\alpha f_1(z)$, $f_1(z)$ désignant un polynome entier qui ne s'annule pas pour $z = a$.

De même $f(z) \equiv (z - b)^\beta \varphi(z)$ avec $\varphi(b) \neq o$.

Faisons $z = b$ dans la première identité; nous en déduisons $f_1(b) = o$, de sorte que $f_1(z)$ est divisible par $z - b$. Soit β' le plus grand nombre naturel tel que $f_1(z)$ soit divisible par $(z - b)^{\beta'}$. Nous pouvons écrire encore :

$$f_1(z) \equiv (z - b)^{\beta'} f_2(z), \qquad\qquad \text{avec } f_2(b) \neq o \text{ et } f_2(a) \neq o.$$

Par suite $$f(z) \equiv (z - a)^\alpha (z - b)^{\beta'} f_2(z),$$

et $$(z - b)^\beta \varphi(z) \equiv (z - a)^\alpha (z - b)^{\beta'} f_2(z).$$

Si β est supérieur à β' on peut diviser les deux membres de cette dernière identité par $(z - b)^{\beta'}$ et on obtient une identité nouvelle dont le premier membre s'annule encore pour $z = b$, tandis que le second membre ne s'annule plus; de même si l'on suppose β inférieur à β', on arrive à une contradiction. Donc $\beta' = \beta$. Dès lors, on a $f(z) \equiv (z - a)^\alpha (z - b)^\beta f_2(z)$, ce qui montre bien que $f(z)$ est divisible par $(z - a)^\alpha (z - b)^\beta$, le quotient $f_2(z)$ ne s'annulant plus pour $z = a$ ou $z = b$ et, par suite, n'étant divisible ni par $z - a$, ni par $z - b$.

On démontrerait de même que si $f(z)$ est divisible par $(z - a)^\alpha$, $(z - b)^\beta$ et $(z - c)^\gamma$, il est divisible par $(z - a)^\alpha (z - b)^\beta (z - c)^\gamma$; etc.

Ces propositions pourront d'ailleurs être rattachées à une proposition plus générale concernant la divisibilité d'un polynome par un produit de polynomes premiers entre eux.

Recherche du quotient de la division d'un produit de polynomes par un polynome. — Des identités $A \equiv BQ + R$ et $Q \equiv B_1 Q_1 + R_1$, avec les restrictions : degré $R <$ degré B, degré $R_1 <$ degré B_1, on déduit :

$$A \equiv B(B_1 Q_1 + R_1) + R \equiv BB_1 Q_1 + BR_1 + R,$$

avec la restriction : degré $(BR_1 + R) =$ degré de $BR_1 <$ degré (BB_1), ce qui montre que Q_1 est le quotient de la division de A par BB_1.

On généralise aisément la règle qui résulte de cette observation : *pour obtenir le quotient de la division de A par le produit $B_1 \cdot B_2 \cdot B_3 \cdot \ldots B_m$, on divise A par B_1, le quotient obtenu par B_2, et ainsi de suite jusqu'à épuisement des diviseurs B. Le dernier quotient obtenu est le quotient cherché.*

Si, dans une division, on remplace le dividende donné par plusieurs autres polynomes dont il est la somme, on obtient une série de restes dont la somme est le reste cherché. Soit alors à trouver le reste de la division de AA_1 par B. Soient R et R_1 les restes des divisions partielles de A par B et de A_1 par B, de sorte que l'on a :

$$A \equiv BQ + R, \qquad A_1 \equiv BQ_1 + R_1$$

et, par suite, $AA_1 \equiv B[BQQ_1 + QR_1 + RQ_1] + RR_1.$

La première partie du second membre étant divisible par B, le reste de la division de AA_1 par B est le même que celui de la division de RR_1 par B.

On généraliserait aisément.

Ces différentes remarques appliquées à la recherche du reste $Pz + Q$ de la division d'un polynome $f(z)$ par $z^2 + pz + q$, jointes au fait que le reste de la division de z^2 par $z^2 + pz + q$ est $-(pz + q)$, montrent que $Pz + Q$ s'obtient en remplaçant z^2 par $-(pz + q)$ dans $f(z)$, autant de fois que possible, jusqu'à ce qu'on obtienne un polynome du premier degré.

Cette observation est souvent employée. Elle s'étend à la recherche du reste de la division de $f(z)$ par $z^3 + az^2 + bz + c$; on remplace dans $f(z)$, z^3 par $-(az^2 + bz + c)$, autant de fois que possible, jusqu'à ce qu'on obtienne un polynome du second degré; etc.

Théorème. — *Un polynome entier $f(z)$ de degré m, à coefficients complexes, peut se mettre sous forme d'un produit de m facteurs linéaires binômes; la mise sous cette forme est possible d'une seule façon.*

En effet, le polynome $f(z) \equiv a_0 z^m + a_1 z^{m-1} + \ldots + a_m$ admet au moins un zéro complexe; soit z_1 ce zéro. $f(z)$ est divisible par $z - z_1$ et on a : $f(z) \equiv (z - z_1) f_1(z)$, $f_1(z)$ désignant un polynome à coefficients complexes dont le terme de plus haut degré est $a_0 z^{m-1}$.

En recommençant sur $f_1(z)$ le raisonnement fait sur $f(z)$ et ainsi de suite, on arrive à mettre $f(z)$ sous la forme :

$$(z - z_1)(z - z_2) \ldots (z - z_m) a_0.$$

On dit que le polynome est décomposé en ses facteurs premiers.

Supposons qu'en suivant une autre voie, on ait pu mettre $f(z)$ sous la forme :

$$(z - z_1')(z - z_2') \ldots (z - z_m') a_0'.$$

La première forme s'annulant pour $z = z_1$, il en est de même de la seconde; il en résulte que z_1 est égal à l'un des nombres $z_1', z_2', \ldots, z_m$. Supposons, par exemple, $z_1' = z_1$ et considérons les deux décompositions du quotient $\dfrac{f(z)}{z - z_1}$ déduites des précédentes par suppression du facteur commun $z - z_1$.

En recommençant, sur ces nouvelles décompositions, le raisonnement précédent, jusqu'à épuisement des facteurs de la première décomposition, on conclut que la décomposition de $f(z)$ est possible d'une seule façon.

Les nombres $z_1, z_2, \ldots z_m$, qui figurent dans la décomposition unique, peuvent n'être pas distincts; supposons que l'on ait groupé tous les facteurs binômes égaux et que l'on ait :

$$f(z) \equiv a_0 (z-a)^\alpha (z-b)^\beta \ldots (z-l)^\lambda,$$

avec $\alpha + \beta + \ldots + \lambda = m$, les nombres a, b, c, $\ldots$, l étant distincts. On a mis ainsi en évidence les zéros distincts du polynome $f(z)$; *leur nombre est égal ou inférieur à m.*

L'exposant α s'appelle *ordre de multiplicité* du zéro a; on dit aussi qu'un zéro d'ordre 2 est un zéro double, un zéro d'ordre 3 est un zéro triple, etc.

On conclut de ce qui précède que, si un polynome entier de degré m au plus est nul pour plus de m valeurs distinctes de la variable, pour $m+1$ valeurs par exemple, ce polynome est identiquement nul. Si deux polynomes entiers de degré m au plus sont égaux pour $m+1$ valeurs de la variable, ces deux polynomes sont identiques, car leur différence est identiquement nulle. Par suite, il n'y a qu'un polynome, de degré m au plus, qui prenne des valeurs données $u_0, u_1, u_2, \ldots, u_m$ pour $m+1$ valeurs distinctes $z_0, z_1, z_2, \ldots, z_m$, de la variable. Il y en a effectivement un, car le polynome

$$u_0 \frac{(z-z_1)(z-z_2)\ldots(z-z_m)}{(z_0-z_1)(z_0-z_2)\ldots(z_0-z_m)} + u_1 \frac{(z-z_0)(z-z_2)\ldots(z-z_m)}{(z_1-z_0)(z_1-z_2)\ldots(z_1-z_m)} + \ldots$$
$$+ u_m \frac{(z-z_0)(z-z_1)\ldots(z-z_{m-1})}{(z_m-z_0)(z_m-z_1)\ldots(z_m-z_{m-1})}$$

répond à la question.

EXERCICES

1° Connaissant $f(a)$ et $f(b)$, trouver le reste de la division de $f(x)$ par $(x-a)(x-b)$.

2° A et B étant deux polynomes entiers en x donnés, et de degrés respectifs m et p, $(m \geqslant p)$, Q et R étant deux autres polynomes inconnus de degrés respectifs $m-p$ et $p-1$, calculer les coefficients de ces polynomes inconnus en résolvant les équations du premier degré qui résultent de l'identification des deux polynomes A et $BQ + R$. Montrer que les coefficients de Q et de R sont des fractions ayant pour dénominateurs certaines puissances du coefficient de x^p dans B et pour numérateurs des polynomes entiers du premier degré par rapport aux coefficients de A et d'un certain degré par rapport aux coefficients de B. Préciser la forme de ces résultats et les prévoir en remarquant que la multiplication de A, B, R par un même nombre arbitraire conserve l'identité, ainsi que la multiplication et la division simultanée de B et Q par un même nombre arbitraire.

3° Calculer les coefficients inconnus du polynome $a_0 z^m + a_1 z^{m-1} + \ldots + a_m$, connaissant les valeurs $u_0, u_1, u_2, \ldots, u_m$, que prend ce polynome quand on donne à z les valeurs $z_0, z_1, z_2, \ldots, z_m$, distinctes. Montrer que le déterminant principal du système des équations linéaires auxquelles on est conduit, est d'ordre $m+1$.

4° Le polynome entier en x et y, de degré m en x et de degré p en y, le plus général, contient $(m+1)(p+1)$ termes distincts. En écrivant que deux semblables polynomes $f(x, y)$ et $g(x, y)$ sont identiques (composés des mêmes termes), on obtient donc $(m+1)(p+1)$ équations de condition. Supposons, en particulier, qu'à l'un quelconque x_h des $m+1$ nombres distincts x_0, x_1, x_2, ..., x_m, on puisse faire correspondre $p+1$ nombres distincts $y_{h,0}$, $y_{h,1}$, $y_{h,2}$, ..., $y_{h,p}$, tels que l'on ait $f(x_h, y_{h,k}) = g(x_h, y_{h,k})$; montrer que les deux polynomes $f(x, y)$ et $g(x, y)$ sont identiques.

Généraliser pour deux polynomes entiers à 3 variables.

5° Démontrer que si l'égalité des valeurs numériques de deux polynomes entiers à deux variables x et y a été établie quelles que soient les valeurs attribuées à ces variables, sauf pour les solutions d'une certaine équation algébrique entière par rapport à ces variables, les deux polynomes considérés sont identiques.

Généraliser.

6° Le déterminant adjoint d'un déterminant symétrique gauche δ d'ordre pair est lui-même un déterminant symétrique gauche Δ du même ordre. Appelons mineurs principaux de ces déterminants ceux que l'on en déduit en supprimant dans chacun d'eux des lignes et des colonnes de même rang. Si Δ_1 est un mineur principal formé avec deux lignes et deux colonnes de Δ, et δ_1 le mineur principal de δ obtenu par suppression des lignes et des colonnes de même rang, on sait que $\Delta_1 = \delta \delta_1$.

Déduire de là que δ est le carré d'un polynome entier par rapport à ses éléments.

7° Démontrer qu'un polynome entier à n variables, $f(x_1, x_2, ..., x_n)$, qui s'annule quand on donne à 2 variables quelconques des valeurs arbitraires égales, est identique au produit d'un polynome entier par rapport aux mêmes variables par le produit $\Pi(x_h - x_k)$.

8° Démontrer que le déterminant *circulant*

$$\begin{vmatrix} a_1, & a_2, & a_3, & \dots, & a_n \\ a_2, & a_3, & a_4, & \dots, & a_1 \\ a_3, & a_4, & a_5, & \dots, & a_2 \\ \cdot & \cdot & \cdot & \cdot & \cdot \\ a_n, & a_1, & a_2, & \dots, & a_{n-1} \end{vmatrix}$$

est un produit de facteurs linéaires par rapport à ses éléments.

Calculer sa valeur lorsque $n = 3$.

9° Quelle relation doit exister entre les coefficients complexes du polynome $z^3 + az^2 + bz + c$ pour que les affixes de ses zéros soient les sommets d'un triangle équilatéral ?

10° Le polynome entier $a_0 + a_1 C_x + a_2 C_x^2 + ... + a_m C_x^m$ est de degré m en x. Si a_0, a_1, a_2, ..., a_m sont des nombres entiers quelconques, ce polynome prend des valeurs entières quel que soit l'entier substitué à x. Démontrer que c'est le polynome le plus général de degré m qui possède cette propriété.

27ᵉ LEÇON

DIVISION GÉNÉRALISÉE — DIVISIBILITÉ

Reprenons l'application de la règle de la division telle qu'elle a été exposée plus haut. Appelons toujours n le degré du diviseur B et supposons qu'au lieu de pousser les opérations jusqu'au moment où le dividende partiel obtenu est de degré égal ou inférieur à $n-1$, nous nous arrêtions à l'instant où son degré est égal ou inférieur à $n+k-1$, k désignant un nombre naturel donné.

Le dividende partiel précédent est de degré égal ou supérieur à $n+k$, de sorte que le dernier terme du quotient est de degré égal ou supérieur à k.

Nous avons alors déterminé un polynome entier Q dont le terme de moindre degré a un degré égal ou supérieur à k et un polynome R dont le terme de plus haut degré a un degré égal ou inférieur à $n+k-1$, vérifiant l'identité $A \equiv BQ + R$.

Il serait facile de montrer, en répétant les raisonnements faits à propos de la division ordinaire ($k=0$) que si k est donné, la solution de ce nouveau problème est bien définie. Un raisonnement *a priori* montre d'ailleurs que ce problème n'a pas plus d'une solution.

Supposons, en effet, que l'on ait les deux identités $A \equiv BQ + R$, $A \equiv BQ_1 + R_1$, les termes de moindre degré dans Q et Q_1 ayant des degrés égaux ou supérieurs à k, les termes de plus haut degré dans R et R_1 ayant des degrés égaux ou inférieurs à $n+k-1$.

De l'identité $B(Q - Q_1) \equiv R_1 - R$ qui résulte des précédentes, on conclut l'identité de Q et Q_1, de R et R_1, car si Q_1 n'est pas identique à Q, $Q - Q_1$ est un polynome de degré égal ou supérieur à k et le premier membre de l'identité a un degré égal ou supérieur à $n+k$, tandis que le degré du second membre est inférieur à $n+k$.

Dans cette exposition, rien n'oblige d'ailleurs à supposer positif le nombre k, à condition d'utiliser des polynomes dont certains monômes ont des exposants négatifs. Dans la pratique, nous supposerons simplement k entier.

Voici l'intérêt qui s'attache à la notion du quotient ainsi défini par rapport au nombre k.

Supposons que l'on veuille étudier la valeur de la fraction $\dfrac{A}{B}$ lorsqu'on attribue à la variable des valeurs de grand module (on ne suppose pas nécessairement la variable réelle).

De l'identité de la division, on déduit l'égalité $\dfrac{A}{B} = Q + \dfrac{R}{B}$, valable pour les valeurs de x qui n'annulent pas B, et nous pouvons toujours supposer $|x|$ assez grand pour que B ne soit pas nul. Si nous écrivons $\dfrac{R}{B}$ sous la forme $x^k \dfrac{R}{Bx^k}$, le facteur $\dfrac{R}{Bx^k}$ est une fraction rationnelle dont le numérateur a un degré égal ou inférieur à $n + k - 1$, tandis que le dénominateur a un degré égal à $n + k$.

La valeur ε de cette fraction rationnelle tend donc vers o quand x tend vers l'infini.

On a réalisé ainsi l'égalité $\dfrac{A}{B} = Q + \varepsilon x^k$, où Q est un polynome dont le terme de moindre degré a un degré égal ou supérieur à k, et ε est une fraction rationnelle de x dont la valeur numérique tend vers o quand x tend vers l'infini.

On peut encore montrer que si le nombre entier k est donné, le polynome Q et la fraction rationnelle ε sont bien définis.

Supposons, en effet, que l'on ait de deux façons différentes :

$$\frac{A}{B} = Q + \varepsilon x^k, \qquad \frac{A}{B} = Q_1 + \varepsilon_1 x^k.$$

On en conclut l'égalité

$$\frac{Q - Q_1}{x^k} = \varepsilon_1 - \varepsilon.$$

Si Q_1 n'est pas identique à Q, la fraction rationnelle $\dfrac{Q - Q_1}{x^k}$ tend vers l'infini ou vers un nombre non nul suivant que le degré de $Q - Q_1$ est supérieur ou égal à k, tandis que le second membre de l'égalité tend vers o ; il faut donc que Q_1 soit identique à Q et que l'on ait $\varepsilon_1 = \varepsilon$.

Application. — Appliquons ces résultats à la représentation graphique de la fraction rationnelle

$$y = \frac{a_0 x^m + a_1 x^{m-1} + \ldots + a_m}{b_1 x^{m-1} + \ldots + b_m},$$

où les coefficients et la variable sont réels.

Cherchons le quotient généralisé du numérateur par le dénominateur jusqu'au premier terme d'exposant négatif ; soit $-k$ cet exposant négatif. Nous aurons, d'après ce qui précède :

$$y = ax + b + \frac{c}{x^k} + \frac{\varepsilon}{x^k},$$

où ε tend vers o quand x tend vers l'infini.

Considérons la droite D définie par l'équation $Y = ax + b$. La différence des ordonnées de deux points de même abscisse x sur la courbe étudiée et sur la droite D est

$$y - Y = \frac{c + \varepsilon}{x^k}.$$

Cette différence tend vers zéro quand x tend vers l'infini et son signe est celui de $\dfrac{c}{x^k}$.

Il est donc facile de placer la courbe par rapport à la droite ; nous verrons, dans la suite, que D est une asymptote de la courbe.

Plus généralement, la courbe définie par l'équation $y = \dfrac{f(x)}{g(x)}$, où $f(x)$ et $g(x)$ désignent deux polynomes entiers en x, est asymptote à la courbe dont l'équation est $Y = Q(x)$, $Q(x)$ désignant le quotient de $f(x)$ par $g(x)$; on trouve aisément la position relative des deux courbes en étudiant le signe de $y - Y$ quand x tend vers l'infini.

Division ordonnée par rapport aux puissances croissantes. — Soient A et B deux polynomes entiers en x (B ayant un terme constant), et k un nombre naturel donné. Nous allons montrer que l'on peut déterminer un polynome entier Q de degré égal ou inférieur à k, et un polynome entier R, contenant le facteur x^{k+1}, de façon à vérifier l'identité $A \equiv BQ + R$ (1).

Les polynomes Q et R ainsi définis s'appellent respectivement quotient et reste de la division (de A par B) ordonnée par rapport aux puissances croissantes, relativement au nombre k.

Tous les polynomes étant ordonnés par rapport aux puissances croissantes, on voit de suite que si le premier terme de A est de degré supérieur à k, Q est identiquement nul et R est identique à A ; car, si Q n'était pas identiquement nul, le produit BQ aurait un premier terme de degré égal ou inférieur à k et ce terme ne pourrait se retrouver dans le premier membre.

Si le premier terme de A est de degré égal ou inférieur à k, on le retrouve en faisant le produit du premier terme de Q par le terme constant de B, d'où

$$q = 1^{\text{er}} \text{ terme de } Q = \frac{1^{\text{er}} \text{ terme de } A}{1^{\text{er}} \text{ terme de } B}.$$

Posons $Q = q + Q_1$. L'identité (1) devient :

$$A \equiv B(q + Q_1) + R$$

ou bien

$$(2) \qquad A_1 \equiv A - Bq \equiv BQ_1 + R.$$

Si l'on peut vérifier cette identité au moyen de deux polynomes entiers, Q_1 de degré égal ou inférieur à k et R contenant x^{k+1} en facteur, on en déduit inversement que l'identité (1) est vérifiée par les polynomes $Q \equiv q + Q_1$ et R, ces polynomes possédant bien les propriétés voulues.

Nous sommes ramenés à traiter un problème identique au problème primitif, mais le polynome A est remplacé par un polynome A_1 dont le premier terme a un degré supérieur à celui du premier terme de A, puisque le premier terme de A est identique à celui de Bq.

Si le degré du premier terme de A_1 est supérieur à k, Q_1 est identiquement nul et R est identique à A_1 ; sinon on peut répéter sur A_1 ce qu'on a fait sur A. La répétition de cette opération ne peut se faire qu'un nombre limité de fois, puisque les premiers termes des polynomes $A, A_1, A_2 \ldots$, ont des degrés croissants ; soit A_k le premier polynome dont le premier terme a un degré supérieur à k. Alors R est identique à A_k et Q est identique à la somme des monômes obtenus dans les divisions partielles successives. Ce raisonnement montre que le problème posé a une solution et une seule. On peut d'ailleurs vérifier, *a priori*, que s'il y a une solution, il n'y en a pas d'autre.

Supposons, en effet, que l'on puisse déterminer quatre polynomes entiers Q, R, Q_1, R_1, tels que l'on ait :

$$A \equiv BQ + R, \qquad A_1 \equiv BQ_1 + R_1,$$

Q et Q_1 ayant des degrés non supérieurs à k, R et R_1 contenant le facteur x^{k+1}.

Les identités précédentes entraînent la suivante :

$$B(Q - Q_1) \equiv R_1 - R,$$

dans laquelle le premier membre a un premier terme de degré non supérieur à k à moins d'être identiquement nul. La première hypothèse conduit à une contradiction, puisque le premier terme du second membre a un degré supérieur à k. Il faut donc que Q_1 soit identique à Q et R_1 identique à R.

On est conduit à la règle suivante :

Le dividende et le diviseur étant ordonnés par rapport aux puissances croissantes de x, *on obtient le premier terme du quotient en divisant le premier terme du dividende par le terme constant du diviseur. On multiplie le diviseur par le premier terme du quotient et on retranche le produit obtenu du dividende ; on obtient ainsi le premier dividende partiel. On recommence sur ce dividende partiel l'opération effectuée sur le dividende donné et on continue jusqu'à ce que le degré du premier terme du dividende partiel obtenu soit supérieur au nombre k donné. Ce dernier dividende partiel est le reste et la somme des monômes obtenus dans les divisions partielles est le quotient.*

REMARQUE. — Supposons que A soit divisible par B, c'est-à-dire que l'on ait :

$$(3) \qquad\qquad\qquad A \equiv BQ.$$

Soient m et n les degrés respectifs de A et B ; celui de Q est $m - n$.

Prenons $k = m - n$, nous pouvons alors regarder l'identité (3) comme résultant de la division de A par B en ordonnant par rapport aux puissances croissantes de x à condition de prendre R identiquement nul. Il résulte de cette observation que le calcul de Q s'effectuera aussi bien en ordonnant la division par rapport aux puissances décroissantes de x. Pratiquement, on pourra même calculer une partie des coefficients par un procédé et une autre partie par l'autre procédé.

Supposons que l'on veuille étudier la valeur de la fraction $\dfrac{A}{B}$ lorsqu'on attribue à la variable des valeurs de faible module. De l'identité de la division, on déduit l'égalité $\dfrac{A}{B} = Q + \dfrac{R}{B}$ valable pour les valeurs de x qui n'annulent pas B et nous pouvons toujours supposer $|x|$

assez petit pour que B ne soit pas nul, puisque B a un terme constant.

Si nous écrivons $\dfrac{R}{B}$ sous la forme $x^k \dfrac{R}{x^k B}$, le facteur $\dfrac{R}{x^k B}$ est une fraction rationnelle dont la valeur tend vers zéro avec x, car le degré du premier terme de R est supérieur à k, tandis que celui du premier terme de $x^k B$ est égal à k. On a donc réalisé l'égalité $\dfrac{A}{B} = Q + \varepsilon x^k$, où Q est un polynome entier de degré non supérieur à k, et ε, une fraction rationnelle qui tend vers o avec x.

On montrerait aisément que si k est donné, le polynome Q et la fraction rationnelle ε sont bien définis.

Application. — Appliquons ces résultats à la représentation graphique de la fraction rationnelle

$$y = \frac{a_0 + a_1 x + a_2 x^2 + \ldots}{b_0 + b_1 x + b_2 x^2 + \ldots},$$

où les coefficients et la variable sont réels et où l'on suppose x voisin de zéro. Une division préalable en prenant $k > 1$, permettra d'écrire

$$y = a + bx + cx^k + \varepsilon x^k.$$

La courbe étudiée coupe Oy, au point d'ordonnée a et elle a en ce point une tangente dont l'équation est $Y = a + bx$; la position de la courbe par rapport à sa tangente est donnée par l'étude du signe de

$$y - Y = x^k (c + \varepsilon).$$

Si on prend $k > 2$, on a encore :

$$y = a + bx + cx^2 + x^{2-h} (d + \varepsilon).$$

La parabole définie par l'équation : $Y = a + bx + cx^2$ est osculatrice à la courbe étudiée au point situé sur Oy. Tous ces résultats seront établis dans la suite et pourront s'appliquer à l'étude de la forme d'une courbe $y = \dfrac{f(x)}{g(x)}$ au voisinage d'un point quelconque d'abscisse x_0; il suffira de poser $x = x_0 + x'$ pour être ramené à l'étude précédente.

Divisibilité des polynomes. — Quand un polynome B entier en x divise un polynome A également entier en x, on dit que B est un *diviseur* de A. Tout diviseur de A a un degré non supérieur à celui de A. S'il est de même degré, leur quotient est une constante et leurs coefficients sont proportionnels. Dans la suite, nous ne regarderons pas comme distincts, au point de vue de la divisibilité, deux polynomes entiers qui ne diffèrent l'un de l'autre que par un facteur constant.

Étant donnés plusieurs polynomes entiers, on peut se proposer de trouver leurs diviseurs communs. Traitons d'abord le problème pour deux polynomes A et B, en supposant le degré de B non supérieur à celui de A.

Si A est divisible par B, tout diviseur de B est un diviseur de A et les diviseurs communs à A et B sont les diviseurs de B. Sinon, on peut écrire : $A \equiv BQ + R$, le degré de R étant inférieur à celui de B.

Tout diviseur commun à A et à B divise R et tout diviseur commun à B et à R divise A ; le problème est donc ramené à la recherche des diviseurs communs à B et R. On peut recommencer sur B et R le raisonnement fait sur A et B, et ainsi de suite. On obtient une suite d'identités : $B \equiv RQ_1 + R_1$; $R \equiv R_1 Q_2 + R_2$; etc.,..., traduisant les divisions successives.

Les degrés des polynomes $B, R, R_1, R_2, \ldots$, diminuent puisque chacun de ces polynomes est le reste d'une division dans laquelle le précédent est le diviseur. Dès lors, ou bien on arrive à une division qui se fait exactement, soit $R_{n-2} \equiv R_{n-1} Q_n$, ou bien on tombe sur un reste R_n qui est une constante.

Dans le premier cas, les diviseurs communs à A et à B sont les diviseurs de R_{n-1} et ce dernier polynome étant celui de ces diviseurs qui a le plus grand degré est dit le plus grand commun diviseur de A et B.

Dans le second cas, tout diviseur commun à A et B devant diviser la constante R_n, les deux polynomes donnés n'ont pas de diviseur commun ; on dit qu'ils sont *premiers entre eux*. Si l'on convient de dire qu'ils admettent comme diviseur commun une constante quelconque, on peut dire aussi que leur plus grand commun diviseur est une constante, 1 par exemple. Avec cette convention, on peut ajouter, sans restrictions, que *tout diviseur commun à deux polynomes entiers est un diviseur de leur plus grand commun diviseur.*

Les diviseurs communs à plusieurs polynomes A, B, C, D, sont des diviseurs du plus grand commun diviseur de A et B, soit E. Les diviseurs communs à A, B, C sont des diviseurs de E et C, et, par suite, du plus grand commun diviseur de E et C, soit F. Les diviseurs communs à A, B, C, D, sont des diviseurs de F et D et, par suite, du plus grand commun diviseur de F et D, soit G.

Ce polynome G dont les diviseurs constituent l'ensemble des diviseurs communs à A, B, C, D, est dit le plus grand commun diviseur de ces derniers polynomes.

Si l'on multiplie les deux membres de l'identité $A \equiv BQ + R$ par un polynome entier C, arbitraire, on trouve l'identité $AC \equiv (BC) \cdot Q + RC$, et, si le degré de R est inférieur à celui de B, le degré de RC est inférieur à celui de BC. Si R est le reste de la division de A par B, RC est le reste de la division de AC par BC, c'est-à-dire que *si l'on multiplie deux polynomes entiers par un polynome entier arbitraire, le reste de leur division est multiplié par ce polynome arbitraire.* Inversement, *si l'on divise deux polynomes entiers par un même troisième* (en supposant cette opération possible), *le reste de leur division est divisé par ce troisième.*

En rapprochant cette propriété du procédé de recherche du plus grand commun diviseur de deux polynomes entiers, on constate que *si l'on multiplie ou divise deux polynomes entiers par un même troisième, leur plus grand commun diviseur est multiplié ou divisé par ce troisième.*

Cette proposition s'étend de suite à un nombre quelconque de polynomes entiers.

Théorème. — *Tout diviseur du produit AB, premier avec A, divise B.*

Soit C ce diviseur premier avec A, de sorte que le plus grand commun diviseur de A et C est 1; le plus grand commun diviseur de AB et CB est donc B. Le polynome C divisant AB et CB divise leur plus grand commun diviseur B.

Applications. — On en déduit que deux produits de facteurs premiers entre eux deux à deux sont premiers entre eux. Par exemple, si A_1 et A_2 sont des polynomes entiers premiers avec B_1, le produit $A_1 A_2$ est premier avec B_1. Supposons, en effet, que $A_1 A_2$ et B_1 aient un diviseur commun C; C est premier avec A_1 puisque A_1 et B_1 sont premiers entre eux. Dès lors, C devrait diviser A_2 qui ne serait pas premier avec B_1.

Si A_1, A_2, A_3 sont premiers respectivement avec B_1, ce polynome est premier avec $A_1 A_2$, puis avec $(A_1 A_2) A_3$, c'est-à-dire $A_1 A_2 A_3$.

Si A_1, A_2, A_3 sont premiers respectivement avec B_1 et B_2, chacun de ces derniers est premier avec le produit $A_1 A_2 A_3$ et celui-ci est premier avec le produit $B_1 B_2$; etc.

On peut chercher également les multiples communs à plusieurs polynomes.

Soient A et B deux polynomes entiers en x et M, un polynome entier divisible par chacun d'eux, de sorte que l'on a :

$$M \equiv AQ \equiv BQ'.$$

Soit D le plus grand commun diviseur de A et B; posons :

$$A \equiv DA_1, \qquad B \equiv DB_1.$$

Les deux polynomes A_1 et B_1 ont pour plus grand commun diviseur $\dfrac{D}{D}$, c'est-à-dire sont premiers entre eux.

La substitution de A et B dans l'identité $AQ \equiv BQ'$ donne $A_1 Q \equiv B_1 Q'$.

Le second membre de cette nouvelle identité est divisible par B_1 qui est premier avec A_1; par suite Q est divisible par B_1. On a donc :

$$Q \equiv B_1 N \quad \text{et} \quad Q' \equiv A_1 N,$$

N désignant un polynome entier, et

$$M \equiv A_1 B_1 DN.$$

Ainsi, tout multiple commun à A et à B est un multiple du polynome $A_1 B_1 D$ qui peut s'écrire AB_1 ou $A_1 B$ ou $\dfrac{AB}{D}$ et qui est un multiple de A et de B. On donne à ce polynome $M_1 \equiv A_1 B_1 D$ le nom de plus petit multiple commun de A et B. Il y a identité entre l'ensemble des multiples communs à A et B et l'ensemble des multiples de M_1.

Un raisonnement analogue à celui que nous avons fait plus haut pour le p. g. c. d. de plusieurs polynomes entiers conduit à la notion du p. p. m. c. de plusieurs polynomes entiers, et au fait que tout multiple commun à plusieurs polynomes est un multiple de leur p. p. m. c.

Une autre application est relative à la notion de *fraction rationnelle irréductible*.

On dit qu'une fraction rationnelle $\dfrac{f(x)}{g(x)}$ est irréductible lorsqu'on ne peut trouver de fraction rationnelle $\dfrac{f_1(x)}{g_1(x)}$ ayant des termes de degrés respectivement moindres que ceux des termes de la proposée et qui lui soit égale. Il est évident que si $f(x)$ et $g(x)$ ne sont pas premiers entre eux, on peut, en les divisant par un même facteur commun, substituer à la fraction proposée une nouvelle fraction égale ayant des termes de degrés moindres. Au contraire, si $f(x)$ et $g(x)$ sont premiers entre eux, l'égalité $\dfrac{f(x)}{g(x)} = \dfrac{f_1(x)}{g_1(x)}$ entraînant l'identité

$$f(x)\,g_1(x) \equiv f_1(x)\,g(x),$$

on voit que $g(x)$ diviseur du produit fg_1 et premier avec f divise g_1. Dès lors, on peut écrire : $g_1(x) \equiv g(x)\,h(x)$ et $f_1(x) \equiv f(x)\,h(x)$, de sorte que la fraction $\dfrac{f_1}{g_1}$ a des termes équimultiples de ceux de la fraction $\dfrac{f}{g}$.

Ainsi, *pour qu'une fraction* $\dfrac{f(x)}{g(x)}$ *soit irréductible, il faut et il suffit que ses deux termes soient premiers entre eux.*

La recherche des diviseurs communs à plusieurs polynomes étant ramenée à celle des diviseurs d'un polynome, nous allons insister sur cette dernière. — Elle repose tout entière sur la décomposition du polynome en ses facteurs binômes ou facteurs premiers.

Théorème. — *Pour qu'un polynome* A *soit divisible par un polynome* B, *il faut et il suffit que sa décomposition en facteurs premiers contienne tous les facteurs premiers de* B *avec un exposant au moins égal.*

La démonstration est immédiate.

Soit donc $A \equiv a_0 (x - a)^\alpha (x - b)^\beta \ldots (x - l)^\lambda$.

Tout diviseur de A est de la forme $a_0'(x - a)^{\alpha'}(x - b)^{\beta'} \ldots (x - l)^{\lambda'}$, où a_0' est arbitraire et où les nombres naturels α', β', ..., λ' sont bornés supérieurement par α, β, ..., λ. La formation de ces diviseurs est donc facile chaque fois qu'on connaît les zéros de A. Si on laisse de côté le coefficient a_0', le nombre de ces diviseurs est

$$(\alpha + 1)(\beta + 1) \ldots (\lambda + 1),$$

en y comprenant 1.

La connaissance des décompositions de plusieurs polynomes en leurs facteurs premiers conduit de suite à la connaissance de leur p. g. c. d.

et de leur p. p. m. c. On forme le p. g. c. d. en faisant le produit de tous les facteurs premiers communs aux polynomes donnés après avoir affecté chacun de ces facteurs de son plus faible exposant. On forme le p. p. m. c. en faisant le produit de tous les facteurs premiers des polynomes donnés et affectant chacun de ces facteurs de son plus fort exposant.

Tout cela est analogue à ce qu'on a vu en arithmétique à propos de la divisibilité des nombres entiers et de leur décomposition en facteurs premiers. Toutefois, en se plaçant à un point de vue pratique, il convient de remarquer que la décomposition d'un polynome entier en ses facteurs premiers exige la connaissance de ses zéros; il n'y aura donc lieu d'utiliser les facteurs premiers que lorsqu'on connaîtra ces zéros.

EXERCICES

1° Étant donnés deux polynomes entiers en x, A et B, et un nombre naturel k. (B contient un terme constant), déterminer les coefficients du polynome Q de degré non supérieur à k et ceux du polynome R qui contient le facteur x^{k+1}, sachant que l'on a : $A \equiv BQ + R$.

Dire la forme des coefficients de Q et de R par rapport aux coefficients de A et de B.

2° Des identités $A \equiv BQ + R$, $B \equiv RQ_1 + R_1$, ..., $R_{h-2} \equiv R_{h-1}Q_h + R_h$, ... déduites de la recherche du p. g. c. d. de A et B, on tire : $R \equiv A - BQ$; $R_1 \equiv B - Q_1 R \equiv - AQ_1 + B(1 + QQ_1)$; ...; $R_h \equiv AX_h + BY_h$; ..., X_h et Y_h désignant des polynomes entiers. Soient m et p les degrés respectifs de A et B, r_h celui de R_h. Démontrer que le degré de X_h est $p - r_{h-1}$, et que celui de Y_h est $m - r_{h-1}$. (On exprime X_h et Y_h en fonction de X_{h-2}, Y_{h-2}, X_{h-1}, Y_{h-1} et Q_h). Déduire de là que si A et B sont premiers entre eux, on sait déterminer deux polynomes entiers X et Y de degrés respectivement moindres que p et m et tels que l'on ait $AX + BY \equiv 1$. Réciproquement, cette identité indique que A et B sont premiers entre eux.

3° Étant donnés deux polynomes entiers A (x) et B (x) premiers entre eux, on peut, d'après ce qui précède, trouver deux polynomes entiers X_1 et Y_1, tels que l'on ait $AX_1 + BY_1 \equiv 1$. Quelle que soit l'origine de X_1 et Y_1, trouver tous les polynomes entiers X et Y tels que l'on ait $AX + BY \equiv 1$. On trouve : $X \equiv X_1 + MB$, $Y \equiv Y_1 - MA$, M désignant un polynome entier arbitraire; choisir M de telle sorte que X et Y soient de degrés respectivement moindres que p et m. Déterminer ces deux polynomes particuliers par la méthode des coefficients indéterminés.

4° Deux polynomes entiers en x et y, A(x, y) et B(x, y), sont tels que, pour une infinité de valeurs de y, le premier considéré comme polynome entier en x, soit divisible par le second envisagé au même point de vue; démontrer qu'il existe un troisième polynome C(x, y) entier en x et en y, tel que l'on ait : $A(x, y) \equiv B(x, y) . C(x, y)$.

5° Deux polynomes entiers en x et y, A(x, y) et B(x, y), sont tels que, pour une infinité de valeurs de y, tous deux regardés comme polynomes en x aient un diviseur commun. Démontrer qu'il existe un polynome C(x, y) entier en x et y, tel que l'on ait : $A(x, y) \equiv C(x, y) . A_1(x, y)$, et $B(x, y) \equiv C(x, y) . B_1(x, y)$, A_1 et B_1 désignant aussi des polynomes entiers en x et y.

6° On suppose : 1° que deux équations algébriques entières $f(x, y) = 0$, $g(x, y) = 0$ ne sont vérifiées quel que soit x pour aucune valeur particulière de y; 2° que, quelle que soit la valeur particulière attribuée à y, elles ont, en x, les mêmes solutions avec les mêmes ordres de multiplicité. Démontrer que l'on a : $g(x, y) \equiv kf(x, y)$, k désignant une constante.

Peut-on établir la même proposition en supposant que la seconde condition soit réalisée pour un nombre limité, convenablement choisi, de valeurs de y?

28e LEÇON

RACINES COMMUNES A DEUX ÉQUATIONS ALGÉBRIQUES ENTIÈRES, A UNE INCONNUE

Si deux polynomes entiers $A(x)$ et $B(x)$ à coefficients numériques ont des zéros communs, ils ont un p. g. c. d. D dont les zéros sont précisément ces zéros communs; l'ordre d'un zéro de D est le plus petit des ordres de ce zéro dans A et dans B. Le degré de D étant k, on dit que A et B ont k zéros communs distincts ou non.

Si les coefficients de A et de B dépendent de un ou de plusieurs paramètres, on peut se proposer de trouver les conditions que doivent vérifier ces paramètres pour que A et B aient un p. g. c. d. de degré k et, par suite, k zéros communs.

Soient donc

$$A \equiv a_0 x^m + a_1 x^{m-1} + \ldots + a_{m-1} x + a_m ,$$
$$B \equiv b_0 x^p + b_1 x^{p-1} + \ldots + b_{p-1} x + b_p ,$$

a_i et b_j étant des fonctions d'un certain nombre de variables.

Supposons qu'un système de valeurs attribuées à ces variables n'annule pas a_0, mais transforme A et B en des polynomes ayant un diviseur commun de degré k. Pour ne pas compliquer les notations, représentons encore les nouveaux polynomes par A et B, et leur p. g. c. d. par D. On peut alors écrire : $A \equiv D \cdot A_1$, A_1 étant de degré $m-k$, puisque A est effectivement de degré m; puis $B \equiv D \cdot B_1$, B_1 étant de degré $p-k$ si b_0 n'est pas nul, et de degré moindre si b_0 est nul.

D'ailleurs A_1 et B_1 sont premiers entre eux.

Des deux identités précédentes, on déduit $AB_1 - BA_1 \equiv 0$, identité de la forme

$$(1) \qquad\qquad AX + BY \equiv 0$$

vérifiée par $X \equiv B_1$ et $Y \equiv A_1$, c'est-à-dire par deux polynomes entiers X et Y premiers entre eux, de degrés respectifs $p-k$ (au plus) et $m-k$.

Inversement, si, pour un système de valeurs attribuées aux variables dont dépendent les coefficients a_i, b_i, l'identité (1) est vérifiée dans les conditions précitées, on peut affirmer que les polynomes A et B correspondants ont un p. g. c. d. de degré k. En effet, Y divise AX et, étant premier avec X, divise A, de sorte que l'on a : $A \equiv Y \cdot D$ et par suite $B \equiv - XD$.

Le p. g. c. d. de X et Y étant 1, celui de A et B est D qui est de degré $m - (m - k) = k$.

Soient alors

$$X \equiv \alpha_0\, x^{p-k} + \alpha_1\, x^{p-k-1} + \ldots + \alpha_{p-k},$$
$$Y \equiv \beta_0\, x^{m-k} + \beta_1\, x^{m-k-1} + \ldots + \beta_{m-k},$$

les deux polynomes entiers en x vérifiant l'identité (1). En écrivant que le polynome $AX + BY$ de degré $m + p - k$ est identiquement nul, on obtient un système S, composé de $m + p - k + 1$ équations linéaires et homogènes par rapport aux $p - k + 1 + m - k + 1$ ou $m + p - 2k + 2$ coefficients inconnus $\alpha_i\, \beta_j$.

Le nombre des équations surpasse celui des inconnues de $k - 1$ unités et l'une des équations est $a_0\, \alpha_0 + b_0\, \beta_0 = 0$.

Pour que ces équations aient des solutions non nulles, il faut que l'ordre de leur déterminant principal soit inférieur au nombre des inconnues; supposons d'abord que cet ordre soit égal à $h = m + p - 2k + 1$, c'est-à-dire inférieur d'une unité au nombre des inconnues. Il faut que tous les déterminants d'ordre $h + 1$, obtenus en bornant ce principal δ, soient nuls; ces nouveaux déterminants sont en nombre

$$m + p - k + 1 - h = k.$$

Réciproquement, imaginons un système de valeurs des variables vérifiant ces k équations de condition mais n'annulant ni δ, ni a_0 par exemple.

On peut alors trouver pour les α et les β des valeurs non toutes nulles, dont une arbitraire. En particulier β_0 n'est pas nul, sans quoi l'équation $a_0\, \alpha_0 + b_0\, \beta_0 = 0$ entraînerait $\alpha_0 = 0$. On pourrait alors vérifier l'identité (1) avec les polynomes X_1 et Y_1 de degrés respectivement moindres que $p - k$ et que $m - k$; on la vérifierait encore avec des polynomes $X \equiv PX_1$, $Y \equiv PY_1$, de degrés non supérieurs à $p - k$ et $m - k$, en prenant pour P un polynome arbitraire de degré suffisamment faible. D'après cela, le système S admettrait des solutions avec des inconnues arbitraires en nombre égal à celui des coefficients de P, c'est-à-dire en nombre supérieur à 1, ce qui est contraire à l'hypothèse $\delta \neq 0$. De plus, les deux polynomes X et Y correspondants sont premiers entre eux, sans quoi, en les divisant par un diviseur commun, on aurait deux nouveaux polynomes X_1 et Y_1 de degrés respectivement moindres que $p - k$ et $m - k$, vérifiant l'identité (1), et nous venons de voir que cela est impossible. Par suite, ce système de valeurs des variables donne deux polynomes A et B qui ont k zéros communs et k seulement.

Il n'y a pas lieu d'examiner le cas où l'ordre du déterminant principal de S serait inférieur à h. Dans ce cas, en effet, S aurait une infinité de solutions avec deux inconnues arbitraires au moins et l'on pourrait disposer de ces inconnues arbitraires de façon à annuler β_0 qui en est une fonction linéaire et homogène; nous avons vu qu'il fallait écarter le cas où β_0 est nul en même temps que a_0 est différent de zéro.

Dans ce raisonnement, on a fait jouer un rôle particulier au coefficient a_0; on aurait pu le faire jouer au coefficient b_0.

Supposons $k = 1$; le système S contient $m + p$ équations et $m + p$ inconnues.

Il admet des solutions non nulles si le déterminant d'ordre $m + p$ de ce système est nul. On verrait aisément, en écrivant les équations de S, que ce déterminant est

$$\Delta = \begin{vmatrix}
a_0, & 0, & 0, & \ldots, 0, & b_0, & 0, & 0, & \ldots, 0 \\
a_1, & a_0, & 0, & \ldots, 0, & b_1, & b_0, & 0, & \ldots, 0 \\
a_2, & a_1, & a_0, & \ldots, 0, & b_2, & b_1, & b_0, & \ldots, 0 \\
\cdot & \cdot & \cdot & \cdots & \cdot & \cdot & \cdot & \cdots \\
a_{p-1}, & a_{p-2}, & a_{p-3}, & \ldots, a_0, & b_{p-1}, & b_{p-2}, & b_{p-3}, & \cdots \\
a_p, & a_{p-1}, & a_{p-2}, & \ldots, a_1, & b_p, & b_{p-1}, & b_{p-2}, & \cdots \\
\cdot & \cdot & \cdot & \cdots & 0, & b_p, & b_{p-1}, & \cdots \\
\cdot & \cdot & \cdot & \cdots & \cdot & \cdot & \cdot & \cdots \\
a_m, & a_{m-1}, & a_{m-2}, & \cdots & \cdot & \cdot & \cdot & \cdots \\
0, & a_m, & a_{m-1}, & \cdots & \cdot & \cdot & \cdot & \cdots \\
\cdot & \cdot & \cdot & \cdots & \cdot & \cdot & \cdot & \cdots
\end{vmatrix}$$

Il contient p colonnes composées avec les coefficients a et m colonnes composées avec les coefficients b. On passe de l'une quelconque des p premières colonnes ou des m dernières à la suivante, en abaissant d'un rang les éléments de la colonne origine. Les éléments de la diagonale principale donnent le terme $a_0^p b_p^m$.

La condition $\Delta = 0$ est nécessaire pour que les équations proposées aient une racine commune au moins; elles n'en ont qu'une si ce déterminant est nul et si un de ses mineurs d'ordre $m + p - 1$ n'est pas nul, non plus que a_0 ou b_0. Δ s'appelle *résultant* des deux polynomes A et B.

Ce déterminant s'annule en même temps que a_0 et b_0, de sorte qu'il faut écarter, parmi les solutions de l'équation $\Delta = 0$, celles qui vérifieraient les deux équations $a_0 = b_0 = 0$; nous interpréterons ce fait plus loin.

La formation du p. g. c. d. de A et B n'exigeant que des divisions, tous les coefficients des restes successifs obtenus dans sa recherche et, en particulier, ceux du p. g. c. d. lui-même, sont des fonctions rationnelles des coefficients de A et de B. Si A et B n'ont qu'un zéro commun, le p. g. c. d. étant du premier degré, ce zéro commun est une fonction rationnelle des coefficients de A et B.

Au lieu d'employer la méthode précédente, pour écrire que deux polynomes entiers ont k zéros communs, on peut, en regardant leurs coefficients comme donnés, effectuer les opérations qui conduisent à la recherche de leur p. g. c. d. et écrire que le reste de degré k obtenu au cours de cette recherche, divise le reste précédent. Le reste de degré $k - 1$ devant être nul, on annule ses coefficients, ce qui donne k équations de condition. Cette méthode présente l'avantage de fournir en même temps le p. g. c. d. qui est le reste de degré k, mais elle peut offrir aussi des inconvénients graves.

Dans chacune des divisions effectuées, on suppose non nul le premier coefficient du diviseur employé. Il faudra donc écarter, parmi les solutions des k équations de condition, celles qui annuleraient l'un ou l'autre des premiers coefficients en question.

Dans le cas où ces premiers coefficients sont numériques, les inconvénients disparaissent.

Nous aurons quelquefois à écrire que des polynomes entiers, en nombre supérieur à deux, ont k zéros communs. Un procédé régulier consiste à écrire que deux d'entre eux ont un p. g. c. d. de degré k, puis que ce p. g. c. d. divise les autres polynomes.

Dans certains cas, des procédés particuliers permettent d'arriver plus vite au but. En voici deux exemples.

Soit à écrire que les trois équations

$$ax^2 + bx + c = 0, \quad a'x^2 + b'x + c' = 0, \quad a''x^2 + b''x + c'' = 0,$$

ont une racine commune. Regardons ces équations comme des équations du premier degré aux inconnues x et x^2. Supposons par exemple $ab' - ba' \neq 0$.

La résolution des deux premières donne :

$$x^2 = \frac{bc' - cb'}{ab' - ba'}, \qquad x = \frac{ca' - ac'}{ab' - ba'}.$$

En substituant dans la troisième et écrivant que le carré de x vaut x^2, on obtient les deux conditions

$$\begin{vmatrix} a, & b, & c \\ a', & b', & c' \\ a'', & b'', & c'' \end{vmatrix} = 0, \qquad (ca' - ac')^2 - (ab' - ba')(bc' - cb') = 0.$$

La seconde s'obtient en annulant le résultant des deux premiers polynomes.

Soit encore à écrire que les trois équations

$$ax^3 + bx^2 + cx + d = 0, \qquad a'x^3 + b'x^2 + c'x + d' = 0,$$
$$a''x^3 + b''x^2 + c''x + d'' = 0,$$

ont une solution commune. Regardons ces équations comme des équations linéaires aux inconnues x, x^2 et x^3; résolvons-les par rapport à ces inconnues et écrivons que le carré et le cube de la valeur de x sont respectivement égaux aux valeurs obtenues pour x^2 et x^3 : nous aurons les deux équations de condition.

Racines multiples d'une équation algébrique entière. — Supposons qu'un nombre x_0 soit un zéro multiple d'ordre k d'un polynome entier $f(x)$. Ce polynome est divisible par $(x - x_0)^k$ et non par $(x - x_0)^{k+1}$.

On peut donc écrire : $f(x) \equiv (x - x_0)^k f_1(x)$, $f_1(x_0)$ n'étant pas nul.

Posons $x = x_0 + x'$. L'identité $f(x_0 + x') \equiv x'^k f_1(x_0 + x')$ montre que le polynome $f(x_0 + x')$ est divisible par x'^k et non par x'^{k+1}. Or on a :

$$f(x_0 + x') \equiv f(x_0) + \frac{x'}{1} f'(x_0) + \frac{x'^2}{2!} f''(x_0) + \dots$$
$$+ \frac{x'^{k-1}}{(k-1)!} f^{(k-1)}(x_0) + \frac{x'^k}{k!} f^{(k)}(x_0) + \dots.$$

Pour que ce polynome soit divisible par x'^k et non par x'^{k+1}, il faut et il suffit que l'on ait :

$$f(x_0) = 0, \quad f'(x_0) = 0, \quad \ldots, \quad f^{(k-1)}(x_0) = 0, \quad f^{(k)}(x_0) \neq 0,$$

c'est-à-dire que x_0 soit un zéro de $f(x), f'(x), \ldots, f^{(k-1)}(x)$ et non de $f^{(k)}(x)$.

Un zéro d'ordre k de $f(x)$ annule $f'(x)$ et ses $k-2$ premières dérivées sans annuler la $(k-1)^{eme}$; *c'est donc un zéro d'ordre $k-1$ de $f'(x)$.*

Réciproquement, tout zéro d'ordre $k-1$ de $f'(x)$, qui annule $f(x)$, est un zéro d'ordre k de ce dernier polynome.

Soit $f(x) \equiv a_0(x-a)^\alpha(x-b)^\beta \ldots, (x-l)^\lambda$, un polynome entier de degré m qui admet μ zéros distincts, $a, b, c, \ldots, l$; ce sont aussi des zéros de $f(x)$ avec les ordres respectifs $\alpha-1, \beta-1, \ldots, \lambda-1$. Il en résulte que le plus grand commun diviseur de $f(x)$ et $f'(x)$ vaut $a'_0(x-a)^{\alpha-1}(x-b)^{\beta-1} \ldots, (x-l)^{\lambda-1}$; il est de degré

$$\alpha-1+\beta-1+\ldots+\lambda-1 = m-\mu.$$

Le quotient de $f(x)$ par ce plus grand commun diviseur est de degré $m-(m-\mu)$ ou μ.

On peut se poser, relativement aux zéros multiples d'un polynome entier, des questions de natures très variées. Elles rentrent dans deux catégories bien distinctes.

$1°$ *Étant donnée une équation algébrique entière à coefficients numériques, qui a des racines multiples, réduire cette équation.*

Voici une solution complète de ce problème; elle est due à Lagrange.

Représentons par X_1 le produit des facteurs binômes correspondant aux zéros simples de $f(x)$, par X_2 le produit des facteurs binômes correspondant aux zéros doubles, etc., par X_k le produit des facteurs binômes correspondant aux zéros d'ordre k.

On suppose que k est l'ordre le plus élevé de ces zéros. S'il n'y a pas de zéros d'un ordre α moindre que k, X_α est une constante.

On peut alors écrire

$$f(x) \equiv X_1 X_2^2 X_3^3 \ldots X_{k-1}^{k-1} X_k^k,$$

en faisant entrer des facteurs numériques convenables dans les polynomes X_i, de façon à reproduire le coefficient du terme de plus haut degré dans $f(x)$.

Désignons par D_1 le plus grand commun diviseur de $f(x)$ et de sa dérivée, par D_2 le plus grand commun diviseur de D_1 et de sa dérivée, etc. En vertu de ce qui précède, nous savons que l'on a :

$$D_1 \equiv X_2 X_3^2 \ldots X_{k-1}^{k-2} X_k^{k-1},$$
$$D_2 \equiv \quad\ X_3 \ldots X_{k-1}^{k-3} X_k^{k-2},$$
$$\cdots\cdots\cdots\cdots\cdots\cdots\cdots$$
$$D_{k-2} \equiv \quad\quad\quad\quad X_{k-1} X_k^2,$$
$$D_{k-1} \equiv \quad\quad\quad\quad\quad X_k.$$

On en déduit successivement, par des divisions :

$$\frac{f(x)}{D_1} = X_1 X_2 X_3 \ldots X_{k-1} X_k \equiv \varphi_1,$$

$$\frac{D_1}{D_2} = \qquad X_2 X_3 \ldots X_{k-1} X_k \equiv \varphi_2,$$

$$\cdots \cdots \cdots \cdots \cdots \cdots \cdots$$

$$\frac{D_{k-2}}{D_{k-1}} = \qquad\qquad\qquad X_{k-1} X_k \equiv \varphi_{k-1},$$

$$D_{k-1} \equiv \qquad\qquad\qquad\qquad X_k \equiv \varphi_k,$$

puis

$$\frac{\varphi_1}{\varphi_2} = X_1; \qquad \frac{\varphi_2}{\varphi_3} = X_2; \qquad \ldots; \qquad \frac{\varphi_{k-1}}{\varphi_k} = X_{k-1}; \qquad \varphi_k \equiv X_k.$$

Ainsi, de simples divisions permettent de trouver les polynomes $X_1, X_2, \ldots, X_k$.

Les coefficients de ces polynomes sont rationnels par rapport aux coefficients de $f(x)$, et, si l'un de ces polynomes est du premier degré, son zéro est rationnel par rapport aux coefficients de $f(x)$; donc tout zéro seul de son ordre de multiplicité, d'un polynome entier, est une fonction rationnelle des coefficients de ce polynome.

2° *Étant donné un polynome entier à coefficients variables, trouver les relations qui doivent exister entre ses coefficients pour qu'il ait des zéros multiples d'ordres donnés.*

Nous nous contenterons d'indiquer la solution de ce problème dans quelques cas particuliers et de faire sentir les difficultés que l'on rencontre dans le cas général.

Soit à écrire que le polynome $f(x)$ admet *un* zéro multiple d'ordre k. Les k équations $f(x) = 0, f'(x) = 0, \ldots, f^{(k-1)}(x) = 0$, doivent avoir une racine commune; nous avons indiqué plus haut comment on trouve les $k - 1$ équations de condition correspondantes. En particulier, pour une racine double, il faut écrire que $f(x)$ et $f'(x)$ ont un zéro commun : on annule leur résultant qui contient a_0 en facteur; on écarte naturellement ce facteur.

Soit encore à écrire que $f(x)$ admet deux zéros doubles. $f(x)$ et $f'(x)$ doivent avoir un plus grand commun diviseur du second degré et, en écrivant que cela est, on obtient un système S composé de deux équations de condition. Mais $f(x)$ et $f'(x)$ ont aussi un plus grand commun diviseur du second degré si $f(x)$ a un zéro triple. Si l'on écrit que $f(x)$ a un zéro triple, on obtient deux équations de condition formant un système S_1 dont les solutions conviennent à S. Les solutions de S se rangent donc en deux catégories : celles qui conviennent à S_1 et les autres qui sont précisément celles que nous cherchons. On les distingue aisément en remarquant que les premières donnent un zéro double au plus grand commun diviseur de $f(x)$ et $f'(x)$. On pourra chercher à former des combinaisons des équations de S de façon à faire apparaître la décomposition de ce système en S_1 et en un autre système S_2 dont les solutions conviennent au problème traité; des procédés réguliers permettraient d'y arriver, mais leur exposition nous entraînerait trop loin.

Au lieu de procéder ainsi, on peut écrire que le polynome $f(x)$ est divisible par $(x^2 + \alpha x + \beta)^2$, les zéros de $x^2 + \alpha x + \beta$ étant précisément les zéros doubles dont on désire l'existence. En écrivant que le reste de la division est identiquement nul, on obtient 4 équations de condition aux inconnues α et β; il reste à écrire que ces équations sont compatibles pour obtenir les relations cherchées entre les coefficients de $f(x)$.

Dans la pratique, on peut aussi écrire que $f(x)$ est divisible par $x^2 + \alpha x + \beta$ et que le quotient obtenu est encore divisible par $x^2 + \alpha x + \beta$.

On peut introduire des simplifications notables, dans les deux catégories de problèmes que nous venons d'étudier, en utilisant les identités algébriques relatives aux polynomes homogènes à deux variables.

Soit $M \equiv a x^\alpha y^\beta$, un monôme. Ses dérivées partielles sont

$$M'_x \equiv \alpha\, a x^{\alpha-1} y^\beta = \frac{\alpha M}{x}, \qquad M'_y \equiv \beta\, a x^\alpha y^{\beta-1} = \frac{\beta M}{y}.$$

On en déduit l'identité

$$(\alpha + \beta) M \equiv x M'_x + y M'_y.$$

Soit $F(x, y)$ un polynome entier dont tous les monômes ont le même degré m par rapport à l'ensemble des lettres x et y; on dit qu'il est homogène et de degré m.

La somme $\alpha + \beta$ ayant la même valeur pour tous ces monômes, on voit que l'on a :

$$m\, F(x, y) \equiv x F'_x(x, y) + y F'_y(x, y).$$

Les dérivées partielles premières de ce polynome homogène sont également homogènes et de degré $m - 1$. En leur appliquant le résultat précédent, on obtient les identités :

$$(m - 1) F'_x(x, y) \equiv x F''_{x^2}(x, y) + y F''_{xy}(x, y),$$
$$(m - 1) F'_y(x, y) \equiv x F''_{xy}(x, y) + y F''_{y^2}(x, y),$$

et ainsi de suite.

Faisons $y = 1$ dans ces identités et représentons par $f(x)$, f'_x, f'_y, f''_{x^2}, f''_{xy}, f''_{y^2}, ..., ce que deviennent respectivement $F(x, y)$, $F'_x(x, y)$, $F'_y(x, y)$, $F''_{x^2}(x, y)$, $F''_{xy}(x, y)$, $F''_{y^2}(x, y)$, ..., quand on y fait $y = 1$. Remarquons aussi que f'_x, f''_{x^2}, ... ne sont autres que $f'(x)$, $f''(x)$, ... Nous obtenons les identités

$$m f(x) \equiv x f'_x + f'_y; \qquad (m - 1) f'_x \equiv x f''_{x^2} + f''_{xy};$$
$$(m - 1) f'_y \equiv x f''_{xy} + f''_{y^2}; \qquad \text{etc...,}$$

On voit d'après cela que :

1° Tout zéro commun à $f(x)$ et $f'(x)$ est un zéro de f'_y et que, réciproquement, tout zéro commun à f'_x et f'_y est un zéro commun à $f(x)$ et $f'(x)$.

2° Tout zéro commun à $f(x)$, $f'(x)$, $f''(x)$ est un zéro de f'_x, f'_y, f''_{x^2} et, par suite, de f''_{xy}, f''_{y^2}; réciproquement, tout zéro commun à f''_{x^2}, f''_{xy}, f''_{y^2} est un zéro de f'_x et f'_y, et, par suite, de $f(x)$, c'est-à-dire un zéro commun à $f(x)$, $f'(x)$ et $f''(x)$ ou un zéro triple de $f(x)$. Etc.

On pourra donc, dans tout ce qui précède, substituer aux polynomes $f(x)$, $f'(x)$, ..., de nouveaux polynomes plus simples puisqu'ils ont des degrés moindres.

En outre, il sera commode d'écrire le polynome $f(x)$ de degré m en lui donnant, outre ses coefficients habituels, les coefficients numériques du binôme de rang m.

Exemples. — 1° Soit $f(x) \equiv ax^2 + 2bx + c$.

$$\frac{1}{2}f'_x \equiv ax + b; \qquad \frac{1}{2}f'_y \equiv bx + c.$$

$f(x)$ a un zéro double si f'_x et f'_y ont un zéro commun; cela exige que l'on ait $ac - b^2 = 0$. Le zéro double est $-\dfrac{b}{a}$, ou $-\dfrac{c}{b}$.

2° Soit $\qquad f(x) \equiv ax^3 + 3bx^2 + 3cx + d$.

$$\frac{1}{3}f'_x \equiv ax^2 + 2bx + c; \qquad \frac{1}{3}f'_y \equiv bx^2 + 2cx + d.$$

$f(x)$ a un zéro double si f'_x et f'_y ont un zéro commun; cela exige que l'on ait : $\qquad (ad - bc)^2 - 4(ac - b^2)(bd - c^2) = 0$.

Le zéro double est $\qquad \dfrac{bc - ad}{2(ac - b^2)}$.

En particulier, si $f(x)$ vaut $x^3 + px + q$, f'_x vaut $3x^2 + p$ et f'_y vaut $2px + 3q$.

Un zéro double de $f(x)$ annulant f'_y vaut $-\dfrac{3q}{2p}$ et, en écrivant que ce dernier nombre est un zéro de f'_x, on obtient la condition

$$4p^3 + 27q^2 = 0.$$

3° Soit $\qquad f(x) \equiv ax^4 + 4bx^3 + 6cx^2 + 4dx + e$.

$$\frac{1}{4}f'_x \equiv ax^3 + 3bx^2 + 3cx + d; \qquad \frac{1}{4}f'_y \equiv bx^3 + 3cx^2 + 3dx + e;$$

$$\frac{1}{12}f''_{x^2} \equiv ax^2 + 2bx + c; \qquad \frac{1}{12}f''_{xy} \equiv bx^2 + 2cx + d;$$

$$\frac{1}{12}f''_{y^2} \equiv cx^2 + 2dx + e.$$

$f(x)$ a un zéro triple si les trois polynomes du second degré ont un zéro commun. Si $ac - b^2$ n'est pas nul, ce zéro vaut $\dfrac{bc - ad}{2(ac - b^2)}$.

Il faut que les deux premiers aient un zéro commun, ce qui exige que l'on ait : $(ad - bc)^2 - 4(ac - b^2)(bd - c^2) = 0.$

Il faut, en outre, que le déterminant $\Delta = \begin{vmatrix} a, & b, & c \\ b, & c, & d \\ c, & d, & e \end{vmatrix}$ soit nul.

Mais, si ce déterminant est nul, il en est de même de tous les mineurs de son adjoint

$$\begin{vmatrix} ce - d^2, & cd - be, & bd - c^2 \\ cd - be, & ae - c^2, & bc - ad \\ bd - c^2, & bc - ad, & ac - b^2 \end{vmatrix}$$

et, en particulier, du mineur

$$(ae - c^2)(ac - b^2) - (bc - ad)^2.$$

En rapprochant cette nouvelle condition de la première, on conclut que l'on a :

$$(ac - b^2)\left[4(bd - c^2) - (ae - c^2)\right] = 0,$$

$ac - b^2$ n'étant pas nul, $4bd - ae - 3c^2$ doit l'être. Voilà la condition qu'il faut adjoindre à $\Delta = 0$.

<h3 style="text-align:center">EXERCICES</h3>

1º Démontrer que si $f(x)$ est divisible par $f'(x)$, $f(x)$ n'a qu'un zéro. Réciproque.

2º Démontrer que le p. g. c. d. de $x^m - 1$ et de x^{p-1} est $x^d - 1$, d désignant le p. g. c. d. de m et p.

3º Trouver les conditions pour que $ax^3 + 3bx^2 + 3cx + d$ ait un zéro triple.

4º Trouver les conditions pour que $ax^4 + 4bx^3 + 6cx^2 + 4dx + e$ ait deux zéros doubles.

5º Soit D le p. g. c. d. de $f(x)$ et $f'(x)$. Posons : $\dfrac{f(x)}{D} = \varphi(x)$, $\dfrac{f'(x)}{D} = \psi(x)$. Le produit des facteurs binômes de $f(x)$ correspondant aux zéros d'ordre α de ce polynome entier est le p. g. c. d. de $\varphi(x)$ et de $\psi(x) - \alpha\varphi'(x)$.

6º Démontrer que si A et B sont deux polynomes entiers premiers entre eux, de degrés respectifs m et p, on peut déterminer, d'une seule façon, deux polynomes entiers X et Y dont les degrés sont respectivement égaux ou inférieurs à $p - 1$ et $m - 1$ et tels que l'on ait : $AX + BY \equiv C$, C désignant un polynome entier quelconque de degré non supérieur à $m + p - 1$. Cas où $C \equiv 1$.

7º Quatre nombres en progression arithmétique peuvent se mettre sous la forme $\rho - 3r$, $\rho - r$, $\rho + r$, $\rho + 3r$.

Trouver les relations qui doivent exister entre les coefficients d'une équation du 4ᵉ degré de la forme $x^4 + 4ax^3 + 6bx^2 + 4cx + d = 0$, pour que ses racines soient en progression arithmétique.

29ᵉ LEÇON

APPLICATIONS DIVERSES DE LA DÉCOMPOSITION
D'UN POLYNOME EN PRODUIT DE FACTEURS BINÔMES

Soit $f(x)$ un polynome entier à coefficients réels; supposons que $a + ib$ soit un zéro de ce polynome. La division de $f(x)$ par $(x-a)^2 + b^2$ conduit à l'identité

$$f(x) \equiv \left[(x-a)^2 + b^2\right] f_1(x) + \mathrm{M}x + \mathrm{N},$$

$f_1(x)$ étant un polynome entier à coefficients réels, M et N des nombres réels. Si l'on donne à x la valeur $a + ib$, on voit que $\mathrm{M}(a + ib) + \mathrm{N}$ doit être nul et, par suite, que M et N sont nuls. Le polynome $f(x)$ divisible par $(x-a)^2 + b^2$ admet donc aussi le zéro $a - ib$ conjugué du premier.

Supposons que $f(x)$ admette le zéro $a + ib$ avec l'ordre α de multiplicité et soit β l'exposant de la plus haute puissance de $(x-a)^2 + b^2$ par laquelle $f(x)$ est divisible. On peut écrire

$$f(x) \equiv \left[(x-a)^2 + b^2\right]^\beta \varphi(x).$$

Le polynome $\varphi(x)$ à coefficients réels n'admet plus le zéro $a + ib$, sans quoi il serait encore divisible par $(x-a)^2 + b^2$. Pour la même raison, $\varphi(x)$ n'admet plus le zéro $a - ib$. On en conclut que $a + ib$ et $a - ib$ sont des zéros du même ordre de multiplicité β de $f(x)$ et par suite que $\beta = \alpha$.

Si l'on groupe les facteurs binômes de $f(x)$ qui correspondent à des zéros conjugués, on obtient des facteurs du second degré à coefficients réels, de sorte que tout polynome entier à coefficients réels est décomposable en un produit de facteurs binômes ou trinômes à coefficients réels.

Théorème des substitutions. — Soient a, b, c, ..., l les zéros réels, distincts ou non, d'un polynome entier $f(x)$ à coefficients réels. On peut écrire

$$f(x) \equiv (x-a)(x-b) \ldots (x-l)\varphi(x),$$

$\varphi(x)$ étant un polynome entier à coefficients réels qui n'admet pas de zéros réels. Substituons dans $f(x)$ deux nombres réels quelconques α et β. Nous obtenons, en faisant le produit des résultats trouvés :

$$f(\alpha)f(\beta) = \left[(\alpha-a)(\beta-a)\right]\left[(\alpha-b)(\beta-b)\right] \ldots \times$$
$$\times \left[(\alpha-l)(\beta-l)\right]\varphi(\alpha)\varphi(\beta).$$

Le produit $\varphi(\alpha)\varphi(\beta)$ est positif, sans quoi l'intervalle (α, β) contiendrait au moins un zéro de $\varphi(x)$. D'autre part, un produit tel que $(\alpha - a)(\beta - a)$ est positif si a est extérieur à l'intervalle (α, β) et négatif si a est intérieur à cet intervalle.

Le signe de $f(\alpha)\,f(\beta)$ est donc celui de $(-1)^k$, k désignant le nombre des zéros, distincts ou non, de $f(x)$ compris entre α et β. *Si donc* $f(\alpha)f(\beta)$ *est* > 0, k *est pair et si* $f(\alpha)f(\beta)$ *est* < 0, k *est impair.*

Relations entre les coefficients et les racines. — Soit $f(x)$ un polynome entier quelconque de degré m, et soient $x_1, x_2, \ldots, x_m$ ses zéros, distincts ou non. Nous avons vu que l'on a :

$$f(x) \equiv a_0 x^m + a_1 x^{m-1} + a_2 x^{m-2} + \ldots + a_{m-1} x + a_m$$
$$\equiv a_0(x - x_1)(x - x_2)\ldots(x - x_m)$$

En écrivant l'égalité des coefficients des différentes puissances de x dans les derniers membres, on obtient :

$$-a_0 \cdot \Sigma x_1 = a_1,$$
$$a_0 \cdot \Sigma x_1 x_2 = a_2,$$
$$-a_0 \cdot \Sigma x_1 x_2 x_3 = a_3,$$
$$\cdots\cdots\cdots\cdots$$
$$(-1)^{m-1} a_0 \cdot \Sigma x_1 x_2 \ldots x_{m-1} = a_{m-1},$$
$$(-1)^m a_0 \cdot x_1 x_2 \ldots x_m = x_m.$$

Inversement, si m nombres $x_1, x_2, \ldots, x_m$ vérifient de semblables équations, on peut établir que l'un quelconque d'entre eux, x_1, par exemple, est racine de l'équation $f(x) = 0$.

En effet, posons :

$$\Sigma x_2 = q_1; \quad \Sigma x_2 x_3 = q_2; \quad \Sigma x_2 x_3 x_4 = q_3; \quad \ldots; \quad \Sigma x_2 x_3 \ldots x_{m-1} = q_{m-2};$$
$$x_2 x_3 \ldots x_m = q_{m-1}.$$

Les équations précédentes, où l'on groupe les termes qui contiennent x_1 et ceux qui ne le contiennent pas, deviennent :

$$-a_0(x_1 + q_1) = a_1,$$
$$a_0(x_1 q_1 + q_2) = a_2,$$
$$-a_0(x_1 q_2 + q_3) = a_3,$$
$$\cdots\cdots\cdots\cdots$$
$$(-1)^{m-1} a_0(x_1 q_{m-2} + q_{m-1}) = a_{m-1},$$
$$(-1)^m a_0 x_1 q_{m-1} = a_m.$$

L'élimination de $q_1, q_2, \ldots, q_{m-1}$ entre ces équations pourrait se faire en tirant q_{m-1} de la dernière et portant dans la précédente qui fournirait q_{m-2} et ainsi de suite.

Elle se fait, en bloc, en multipliant la dernière équation par 1, l'avant-dernière par x_1, la précédente par x_1^2, etc., la seconde par x_1^{m-2}, la première par x_1^{m-1}, et ajoutant membre à membre les équations obtenues; on obtient ainsi :

$$-a_0 x_1^m = a_1 x_1^{m-1} + a_2 x_1^{m-2} + \ldots + a_{m-1} x_1 + a_m,$$

c'est-à-dire $f(x_1) = 0$.

La comparaison du développement de $f(x+y)$ suivant les puissances croissantes de y, par la formule de Taylor, et du développement analogue du produit $a_0\,\Pi(x+y-x_i)$ qui lui est identique, conduit à des identités intéressantes. D'une part, ce développement est :

$$f(x) + yf'(x) + \frac{y^2}{2}f''(x) + \dots$$

et, d'autre part, c'est :

$$a_0\left[\Pi(x-x_i) + y\cdot\Sigma\frac{\Pi(x-x_i)}{x-x_h} + y^2\cdot\Sigma\frac{\Pi(x-x_i)}{(x-x_h)(x-x_k)} + \dots\right],$$

ou bien

$$f(x) + yf(x)\cdot\Sigma\frac{1}{x-x_h} + y^2 f(x)\cdot\Sigma\frac{1}{(x-x_h)(x-x_k)} + \dots.$$

Par suite, on a :

$$f'(x) = f(x)\cdot\Sigma\frac{1}{x-x_h};\qquad \frac{1}{2}f''(x) = f(x)\cdot\Sigma\frac{1}{(x-x_h)(x-x_k)};\quad\text{etc.}$$

Fonctions symétriques de plusieurs variables. — On appelle *fonction symétrique* de plusieurs variables indépendantes $x_1, x_2, \dots, x_m$ toute fonction de ces variables qui ne change pas quand on permute ces variables d'une façon quelconque. Nous nous occuperons uniquement, dans ce qui va suivre, des fonctions symétriques rationnelles; et, plus particulièrement, des fonctions symétriques entières, c'est-à-dire des polynomes entiers symétriques.

$\dfrac{x^2+y^2}{x+y}$ et $\dfrac{x^3-y^3}{x^2-y^2}$ sont des fonctions symétriques rationnelles de x et y, mais elles se présentent sous des aspects différents. Tandis que les termes de la première sont des fonctions symétriques entières, les deux termes de la seconde ne sont pas des fonctions symétriques; il est vrai que la suppression du facteur commun $x-y$ au numérateur et au dénominateur de la seconde fraction donne la fraction égale $\dfrac{x^2+xy+y^2}{x+y}$ dont les deux termes sont symétriques. Plus généralement, si l'on multiplie les deux termes supposés symétriques d'une fraction rationnelle par un même polynome entier non symétrique, on obtient une nouvelle fraction égale dont les termes ne sont pas symétriques. On est conduit à se demander si, inversement, une fraction rationnelle étant symétrique sans que ses termes le soient, il n'existe pas un polynome entier non symétrique qui soit facteur commun au numérateur et au dénominateur et dont la suppression conduit à une fraction rationnelle dont les deux termes sont symétriques.

La réponse est affirmative, mais nous ne démontrerons pas ce fait.

Nous nous contenterons de faire voir que toute fonction rationnelle symétrique est égale au rapport de deux polynomes entiers symétriques. Supposons, par exemple, que $\dfrac{f(x,y)}{g(x,y)}$ soit une fonction symétrique de x et y, sans que les deux polynomes entiers f et g soient symétriques et remarquons que la dissymétrie de l'un des polynomes entraîne la dissymétrie de l'autre, sans quoi la fraction ne serait pas symétrique.

La symétrie de cette fraction entraîne les égalités

$$\frac{f(x, y)}{g(x, y)} = \frac{f(y, x)}{g(y, x)} = \frac{f(x, y) - f(y, x)}{g(x, y) - g(y, x)}.$$

Les deux termes de la dernière fraction sont des polynomes entiers non identiquement nuls qui s'annulent si l'on y fait $x = y$; ils sont donc divisibles par $x - y$. La suppression de ce facteur commun donne une nouvelle fraction égale $\dfrac{f_1(x, y)}{g_1(x, y)}$ dont les deux termes ont, par rapport à l'ensemble des lettres x et y, des degrés respectivement moindres d'une unité que ceux de $f(x, y)$ et $g(x, y)$. Si f_1 et g_1 sont symétriques, la proposition est établie; s'ils ne le sont pas, on peut recommencer et on arrivera forcément à une fraction dont les deux termes sont symétriques. Les opérations à faire sont en nombre limité supérieurement par le plus petit des degrés de f et g.

Si le nombre des variables est supérieur à 2, on pourra, par des transformations analogues, remplacer la fraction rationnelle par une autre dont les termes ne changent pas quand on y échange deux variables quelconques et, par suite, quand on y permute les variables d'une façon quelconque. L'étude des fractions rationnelles symétriques est donc ramenée à celle des fonctions symétriques entières.

Un polynome entier symétrique par rapport aux variables $x_1, x_2, \ldots,$ x_m, ayant un terme de la forme $A x_1^{\alpha_1} x_2^{\alpha_2} \ldots x_m^{\alpha_m}$ où $\alpha_1, \alpha_2, \ldots, \alpha_m$ sont des nombres naturels quelconques, contient tous les termes qui se déduisent de celui-là par une permutation quelconque des variables. La réunion de tous ces termes donne une fonction symétrique entière $A \Sigma x_1^{\alpha_1} x_2^{\alpha_2} \ldots x_m^{\alpha_m}$, qui est caractérisée par le coefficient numérique A et par les exposants entiers et positifs $\alpha_1, \alpha_2, \ldots, \alpha_m$, dont le nombre maximum est m.

On donne le nom de *fonctions symétriques fondamentales* aux fonctions symétriques de la forme $\Sigma x_1^{\alpha_1} x_2^{\alpha_2} \ldots x_m^{\alpha_m}$ où les exposants $\alpha_1, \alpha_2,$ $\ldots, \alpha_m$ sont des nombres entiers, positifs, négatifs ou nuls. Nous avons donc établi que toute fonction symétrique entière est une fonction linéaire de fonctions symétriques fondamentales où les exposants sont positifs. On appelle *ordre* d'une fonction symétrique fondamentale le nombre des exposants qui la caractérisent. Les fonctions du premier ordre sont de la forme Σx_1^{α}; on les représente de préférence par la notation S_α.

Théorème I. — *Toutes les fonctions symétriques fondamentales s'expriment par des polynomes entiers par rapport aux fonctions du premier ordre.*

En effet, si α_1 et α_2 sont différents, on a l'égalité

$$S_{\alpha_1} S_{\alpha_2} = \Sigma x_1^{\alpha_1} x_2^{\alpha_2} + S_{\alpha_1 + \alpha_2},$$

d'où l'on tire :

$$(1) \qquad \Sigma x_1^{\alpha_1} x_2^{\alpha_2} = S_{\alpha_1} S_{\alpha_2} - S_{\alpha_1 + \alpha_2}.$$

Si $\alpha_1 = \alpha_2$, on voit que l'on a :

$$(S_{\alpha_1})^2 = 2 \Sigma x_1^{\alpha_1} x_2^{\alpha_1} + S_{2\alpha_1},$$

d'où

$$(1)' \qquad \Sigma x_1^{\alpha_1} x_2^{\alpha_1} = \frac{1}{2} \left[(S_{\alpha_1})^2 - S_{2\alpha_1} \right].$$

On aurait pu déduire l'équation $(1)'$ de l'équation (1) en faisant $\alpha_2 = \alpha_1$ dans celle-ci et remarquant que les termes de $\Sigma x_1^{\alpha_1} x_2^{\alpha_2}$ deviennent deux à deux égaux. Le théorème est donc établi pour les fonctions du second ordre.

Si l'on multiplie une fonction symétrique fondamentale d'ordre k par S_α, on obtient une fonction linéaire d'une fonction d'ordre $k + 1$ et de fonction d'ordre k.

Inversement cette fonction d'ordre $k + 1$ s'exprime par un polynome entier par rapport à S_α et à des fonctions d'ordre k; en supposant que ces dernières sont des polynomes entiers par rapport à des fonctions du premier ordre, on voit qu'il en est de même pour la fonction d'ordre $k + 1$.

Par exemple, si α_1, α_2, α_3 sont trois nombres distincts, on trouve :

$$\Sigma x_1^{\alpha_1} x_2^{\alpha_2} \cdot S_{\alpha_3} = \Sigma x_1^{\alpha_1} x_2^{\alpha_2} x_3^{\alpha_3} + \Sigma x_1^{\alpha_1 + \alpha_3} x_2^{\alpha_2} + \Sigma x_1^{\alpha_1} x_2^{\alpha_2 + \alpha_3}$$

et finalement

$$(2) \quad \Sigma x_1^{\alpha_1} x_2^{\alpha_2} x_3^{\alpha_3} = S_{\alpha_1} S_{\alpha_2} S_{\alpha_3} - S_{\alpha_1} S_{\alpha_2 + \alpha_3} - S_{\alpha_2} S_{\alpha_1 + \alpha_3} - S_{\alpha_3} S_{\alpha_1 + \alpha_2}$$
$$+ 2 S_{\alpha_1 + \alpha_2 + \alpha_3}.$$

Lorsque deux des nombres α_1, α_2, α_3 sont égaux, les termes de la fonction précédente sont deux à deux égaux et, en ne conservant chacun qu'une fois, on obtient :

$$(2)' \quad \Sigma x_1^{\alpha_1} x_2^{\alpha_1} x_3^{\alpha_3} = \frac{1}{2} \left[(S_{\alpha_1})^2 S_{\alpha_3} - 2 S_{\alpha_1} S_{\alpha_1 + \alpha_3} - S_{\alpha_3} S_{2\alpha_1} + 2 S_{2\alpha_1 + \alpha_3} \right].$$

Si les trois exposants sont égaux, les termes de la fraction $\Sigma x_1^{\alpha_1} x_2^{\alpha_2} x_3^{\alpha_3}$ donnent 6 à 6 naissance au même terme et, en ne conservant chacun qu'une fois, on obtient :

$$(2)'' \qquad \Sigma x_1^{\alpha_1} x_2^{\alpha_1} x_3^{\alpha_1} = \frac{1}{6} \left[(S_{\alpha_1})^3 - 3 S_{\alpha_1} S_{2\alpha_1} + 2 S_{3\alpha_1} \right].$$

Remarquons que, dans chacune de ces formules, la somme des exposants de la fonction fondamentale du premier membre est égale à la somme des indices des fonctions du premier ordre qui figurent dans chaque terme du second membre.

On appelle *fonctions symétriques élémentaires*, des polynomes entiers symétriques homogènes et du premier degré par rapport à chacune des variables. Ce sont :

$$p_1 = \Sigma x_1, \quad p_2 = \Sigma x_1 x_2, \quad p_3 = \Sigma x_1 x_2 x_3, \quad \ldots, \quad p_{m-1} = \Sigma x_1 x_2 \ldots x_{m-1},$$
$$p_m = x_1 x_2 \ldots x_m$$

Théorème II. — *Les fonctions symétriques fondamentales s'expriment par des fonctions rationnelles des fonctions symétriques élémentaires.*

En vertu du théorème I, il suffit évidemment d'établir cette proposition pour les fonctions du premier ordre ou sommes des puissances semblables des variables.

Pour y arriver, il est commode de regarder $x_1, x_2, \ldots x_m$ comme les racines d'une équation de degré m, savoir

$$x^m - p_1 x^{m-1} + p_2 x^{m-2} - \ldots + (-1)^m p_m = 0.$$

Pour avoir plus de symétrie dans l'écriture des résultats, nous poserons :

$$f(x) \equiv a_0 x^m + a_1 x^{m-1} + a_2 x^{m-2} + \ldots + a_m$$
$$\equiv a_0 (x - x_1)(x - x_2) \ldots (x - x_m),$$

de sorte que l'on a :

$$-p_1 = \frac{a_1}{a_0}, \qquad p_2 = \frac{a_2}{a_0}, \qquad \ldots, \qquad (-1)^m p_m = \frac{a_m}{a_0}.$$

Nous avons vu plus haut l'identité

$$f'(x) = \frac{f(x)}{x - x_1} + \frac{f(x)}{x - x_2} + \ldots + \frac{f(x)}{x - x_m}.$$

Si l'on remarque que l'on a :

$$\frac{f(x)}{x - x_1} = a_0 x^{m-1} + (a_0 x_1 + a_1) x^{m-2} + (a_0 x_1^2 + a_1 x_1 + a_2) x^{m-3} + \ldots$$
$$+ (a_0 x_1^p + a_1 x_1^{p-1} + \ldots + a_p) x^{m-p-1} + \ldots$$
$$+ a_0 x_1^{m-1} + a_1 x_1^{m-2} + \ldots + a_{m-1},$$

on obtient de suite :

$$\Sigma \frac{f(x)}{x - x_1} = m a_0 x^{m-1} + (a_0 S_1 + m a_1) x^{m-2} + (a_0 S_2 + a_1 S_1 + m a_2) x^{m-3} + \ldots$$
$$+ (a_0 S_p + a_1 S_{p-1} + \ldots + m a_p) x^{m-p-1} + \ldots$$
$$+ a_0 S_{m-1} + a_1 S_{m-2} + \ldots + m a_{m-1}.$$

D'autre part, $f'(x)$ vaut

$$m a_0 x^{m-1} + (m-1) a_1 x^{m-2} + (m-2) a_2 x^{m-3} + \ldots$$
$$+ (m-p) a_p x^{m-p-1} + \ldots + a_{m-1}.$$

La comparaison de ces deux formes de $f'(x)$, accompagnée de quelques simplifications, donne :

$$(3) \quad \begin{cases} a_0 S_1 + a_1 = 0, \\ a_0 S_2 + a_1 S_1 + 2 a_2 = 0, \\ a_0 S_3 + a_1 S_2 + a_2 S_1 + 3 a_3 = 0, \\ \cdots \cdots \cdots \cdots \cdots \cdots \cdots \cdots \\ a_0 S_{m-1} + a_1 S_{m-2} + \ldots + a_{m-2} S_1 + (m-1) a_{m-1} = 0. \end{cases}$$

On en tire, de proche en proche, S_1, S_2, S_3, ... S_{m-1} sous forme de polynomes entiers par rapport à $\dfrac{a_1}{a_0}$, $\dfrac{a_2}{a_0}$, ..., $\dfrac{a_{m-1}}{a_0}$, c'est-à-dire par rapport à p_1, p_2, ..., p_{m-1}.

De l'égalité $f(x_1) = 0$, on tire $x_1^k f(x_1) = 0$ et, en faisant la somme des égalités obtenues en y remplaçant x_1 successivement par x_2, x_3, ... x_m, on obtient :

$$\Sigma x_1^k f(x_1) = a_0 S_{m+k} + a_1 S_{m+k-1} + a_2 S_{m+k-2} + \ldots + a_{m-1} S_{k+1} + a_m S_k = 0.$$

Faisons successivement $k = 0$, 1, 2, 3, ..., dans cette relation; nous obtenons une suite illimitée d'équations

$$(4) \quad \begin{cases} a_0 S_m + a_1 S_{m-1} + a_2 S_{m-2} + \cdots \cdots + a_{m-1} S_1 + m a_m = 0, \\ a_0 S_{m+1} + a_1 S_m + a_2 S_{m-1} + \cdots \cdots + a_{m-1} S_2 + a_m S_1 = 0, \\ a_0 S_{m+2} + a_1 S_{m+1} + a_2 S_m + \cdots \cdots + a_{m-1} S_3 + a_m S_2 = 0, \\ \cdots \cdots \cdots \cdots \cdots \cdots \cdots \cdots \cdots \end{cases}$$

d'où l'on tire, de proche en proche, S_m, S_{m+1}, S_{m+2}, ... sous forme de polynomes entiers par rapport à p_1, p_2, ..., p_m.

En donnant à k des valeurs entières négatives -1, -2, -3, ..., on aurait une suite illimitée d'équations contenant S_{-1}, S_{-2}, S_{-3}, ...; on en pourrait tirer ces diverses sommes, de proche en proche, en fonction *rationnelle*, cette fois, de p_1, p_2, ... p_m, à cause de la présence du facteur a_m qui s'introduirait en dénominateur à chaque résolution nouvelle.

Mais il est préférable de procéder autrement et de remarquer que si l'on pose $y_i = \dfrac{1}{x_i}$ et $\Sigma y_i^\alpha = S'_\alpha$, on a de suite $S'_\alpha = S_{-\alpha}$.

D'ailleurs, en remplaçant x par $\dfrac{1}{y}$ dans l'équation $f(x) = 0$, on obtient une équation dont les racines sont y_1, y_2, ..., y_m, et cette équation s'écrit

$$a_m y^m + a_{m-1} y^{m-1} + \ldots a_1 y + a_0 = 0.$$

En lui appliquant les formules (3) et (4), on trouve les suivantes :

$$(5) \quad \begin{cases} a_m S_{-1} + a_{m-1} = 0, \\ a_m S_{-2} + a_{m-1} S_{-1} + 2 a_{m-2} = 0, \\ \cdots \cdots \cdots \cdots \cdots \cdots \cdots \cdots \\ a_m S_{-m} + a_{m-1} S_{-m+1} + \ldots + a_1 S_{-1} + m a_0 = 0, \\ a_m S_{-m-1} + a_{m-1} S_{-m} + \ldots \ldots + a_0 S_{-1} = 0. \\ \cdots \cdots \cdots \cdots \cdots \cdots \cdots \cdots \end{cases}$$

qui donnent, de proche en proche, S_{-1}, S_{-2}, S_{-3}, ..., sous forme de polynomes entiers par rapport à $\dfrac{a_{m-1}}{a_m}$, $\dfrac{a_{m-2}}{a_m}$, ..., $\dfrac{a_0}{a_m}$, c'est-à-dire par

rapport à $\dfrac{p_{m-1}}{p_m}$, $\dfrac{p_{m-2}}{p_m}$, ..., $\dfrac{p_1}{p_m}$, $\dfrac{1}{p_m}$.

Le théorème II est donc établi.

L'ensemble des formules (3), (4) et (5) est dû à Newton.

Dans la pratique, on a quelquefois à calculer les sommes S_α relatives aux racines d'une équation à coefficients numériques. Au lieu de résoudre les équations numériques qui résultent alors des formules de Newton, on peut remarquer que la division ordonnée par rapport aux puissances décroissantes de x permet d'écrire

$$\frac{1}{x-x_1} = \frac{1}{x} + \frac{x_1}{x^2} + \frac{x_1^2}{x^3} + \ldots + \frac{x_1^p}{x^{p+1}} + \frac{\varepsilon_1}{x^{p+1}},$$

ε_1 désignant une fonction rationnelle de x dont la valeur numérique tend vers o quand x tend vers l'infini. On en déduit, en faisant la somme de toutes les égalités analogues membre à membre :

$$\frac{f'(x)}{f(x)} = \Sigma \frac{1}{x-x_1} = \frac{m}{x} + \frac{S_1}{x^2} + \frac{S_2}{x^3} + \ldots + \frac{S_p}{x^{p+1}} + \frac{\varepsilon}{x^{p+1}}.$$

$\varepsilon = \varepsilon_1 + \varepsilon_2 + \ldots + \varepsilon_m$, est encore une fonction rationnelle de x dont la valeur tend vers o quand x tend vers l'infini.

Or, la division de $f'(x)$ par $f(x)$, suivant les puissances décroissantes de x, effectuée d'après la règle indiquée (leçon 27) permet d'écrire

$$\frac{f'(x)}{f(x)} = \frac{m}{x} + \frac{b_1}{x^2} + \frac{b_2}{x^3} + \ldots + \frac{b_p}{x^{p+1}} + \frac{\eta}{x^{p+1}}.$$

η possédant les propriétés signalées pour ε. Nous avons vu aussi que la mise sous cette forme de la fraction $\dfrac{f'(x)}{f(x)}$ est bien déterminée quand p est donné. Nous en concluons les égalités

$$S_1 = b_1, \quad S_2 = b_2, \quad S_3 = b_3, \ldots$$

En ordonnant, au contraire, par rapport aux puissances croissantes de x, on a :

$$\frac{1}{x_1-x} = \frac{1}{x_1} + \frac{x}{x_1^2} + \frac{x^2}{x_1^3} + \ldots + \frac{x^{p-1}}{x_1^p} + \varepsilon_1 x^{p-1}.$$

ε_1 tendant vers o avec x. Par suite,

$$\frac{-f'(x)}{f(x)} = S_{-1} + x S_{-2} + x^2 S_{-3} + \ldots + x^{p-1} S_{-p} + \varepsilon x^{p-1}.$$

On démontrera, par un raisonnement analogue au précédent, que $S_{-1}, S_{-2}, S_{-3}, \ldots$ sont les coefficients du quotient de $-f'(x)$ par $f(x)$, ordonné suivant les puissances croissantes de x.

Ces méthodes appliquées à l'équation $x^m - 1 = 0$, montrent de suite que S_α est nul si α n'est pas un multiple de m, et que S_α vaut m si α est un multiple de m.

Les démonstrations que nous venons de faire conduisent à une proposition fondamentale :

Tout polynome entier symétrique par rapport à $x_1, x_2, \ldots x_m$, s'exprime par un polynome entier par rapport aux fonctions symétriques élémentaires de ces variables.

EXERCICES

1º Sachant qu'un polynome entier à coefficients réels a $2p$ racines réelles et distinctes, trouver le nombre de ses décompositions en produits de facteurs réels du second degré.

2º Étant donnée l'équation générale de degré m, calculer les fonctions symétriques

$$\Sigma \frac{x_1}{x_2}, \quad \Sigma \frac{x_1^2}{x_2}, \quad \Sigma \frac{x_1 x_2}{x_3}, \quad \Sigma \frac{1}{(x_1 - a)(x_2 - a)}, \quad \Sigma \frac{1}{(x_1 - a)(x_1 - b)}.$$

3º Exprimer les fonctions symétriques
$$\Sigma (x_1 - x_2)^{2p}, \quad \Sigma (x_1 + x_2)(x_1 + x_3), \quad \Sigma (x_1 + x_2)(x_3 + x_4), \quad \Sigma (x_1 - x_2)^2 (x_3 - x_4)^2,$$
en fonction de fonctions symétriques fondamentales de premier ordre.

4º Calculer S_a pour les racines de l'équation $x^6 + px^3 + q = 0$.

5º Démontrer que si $S_1, S_2, S_3, \ldots, S_m$ sont donnés, $x_1, x_2, x_3, \ldots, x_m$ sont racines d'une équation de degré m bien déterminée.

6º On pose $\Delta = \begin{vmatrix} x_1^{m-1}, & x_1^{m-2}, & \ldots, & x_1, & 1 \\ x_2^{m-1}, & x_2^{m-2}, & \ldots, & x_2, & 1 \\ \cdot & \cdot \cdot \cdot \cdot \cdot \cdot & \cdot & \cdot \\ x_m^{m-1}, & x_m^{m-2}, & \ldots, & x_m, & 1 \end{vmatrix} = \Pi (x_i - x_j) \qquad (i < j).$

Exprimer Δ^2 ou $\Pi (x_i - x_j)^2$ en fonction des sommes de puissances semblables. Appliquer aux racines de l'équation $x^m - 1 = 0$.

7º On pose :
$$y = (x_2 - x_3)(x_3 - x_1)(x_1 - x_2); \quad z = x_1^2 x_2 + x_2^2 x_3 + x_3^2 x_1; \quad u = \frac{x_1}{x_2} + \frac{x_2}{x_3} + \frac{x_3}{x_1}.$$
$$p_1 = x_1 + x_2 + x_3, \quad p_2 = x_2 x_3 + x_3 x_1 + x_1 x_2; \quad p_3 = x_1 x_2 x_3.$$

Vérifier que y, z et u prennent deux valeurs distinctes quand on permute x_1, x_2, x_3. Démontrer qu'une valeur quelconque de l'une de ces grandeurs s'exprime en fonction rationnelle de l'une quelconque des deux autres et de p_1, p_2, p_3.

8º Sachant que toutes les racines d'une équation algébrique $f(x) = 0$ sont en progression arithmétique, on demande de calculer leur somme et la somme de leurs carrés en fonction d'une racine extrême et de la raison. Déduire de là un mode de résolution de l'équation.

FONCTIONS SYMÉTRIQUES *(Suite)*

Poids d'une fonction symétrique homogène. — Considérons une fonction symétrique rationnelle quelconque $F(x_1, x_2, \ldots, x_m)$. Nous savons qu'elle s'exprime par une fonction rationnelle

$$\Phi(a_0, a_1, a_2, \ldots, a_m),$$

des coefficients de l'équation

$$f(x) \equiv a_0 x^m + a_1 x^{m-1} + a_2 x^{m-2} + \ldots + a_m = 0,$$

qui admet $x_1, x_2, \ldots, x_m$, comme racines.

La multiplication de $a_0, a_1, a_2, \ldots, a_m$, par un nombre arbitraire, ne changeant pas $x_1, x_2, \ldots, x_m$, ne doit pas changer non plus F, ni, par suite, Φ. La fonction Φ est donc homogène et de degré 0.

Supposons que la fonction F homogène soit de degré k par rapport aux x_i, c'est-à-dire que cette fonction soit multipliée par λ^k quand on multiplie tous les x_i par un même nombre arbitraire λ.

Les nombres $y_1 = \lambda x_1$, $y_2 = \lambda x_2$, $\ldots$, $y_m = \lambda x_m$, sont racines d'une équation $f\left(\dfrac{y}{\lambda}\right) = 0$, ou encore

$$a_0 y^m + a_1 \lambda y^{m-1} + a_2 \lambda^2 y^{m-2} + \ldots + a_{m-1} \lambda^{m-1} y + a_m \lambda^m = 0.$$

Par suite, on a :

$$F(y_1, y_2, \ldots, y_m) = \Phi(a_0, a_1 \lambda, a_2 \lambda^2, \ldots, a_m \lambda^m).$$

Mais, à cause de l'homogénéité de F, on a aussi :

$$F(y_1 y_2, \ldots, y_m) = F(\lambda x_1, \lambda x_2, \ldots, \lambda x_m) = \lambda^k F(x_1, x_2, \ldots, x_m)$$
$$= \lambda^k \Phi(a_0, a_1, \ldots, a_m).$$

Donc

$$\Phi(a_0, a_1 \lambda, a_2 \lambda^2, \ldots, a_m \lambda^m) = \lambda^k \Phi(a_0, a_1, a_2, \ldots, a_m).$$

Lorsqu'une fonction Φ de variables $a_0, a_1, a_2, \ldots, a_m$, possède la propriété traduite par cette équation, on dit qu'elle est *isobare* et de *poids k*.

En particulier, si Φ est un polynome entier par rapport à

$$\frac{a_1}{a_0}, \frac{a_2}{a_0}, \ldots, \frac{a_m}{a_0},$$

un terme quelconque $A \left(\dfrac{a_1}{a_0}\right)^{\beta_1} \left(\dfrac{a_2}{a_0}\right)^{\beta_2} \cdots \left(\dfrac{a_m}{a_0}\right)^{\beta_m}$ est tel que l'on ait :

$$\beta_1 + 2\beta_2 + 3\beta_3 + \ldots + m\beta_m = k.$$

La vérification de cette proposition se fait sans difficulté sur les formules (1), (2), (3) et (4) de la leçon précédente.

Degré d'une fonction symétrique entière. — Une fonction symétrique entière $F(x_1, x_2, \ldots, x_m)$ peut se mettre sous la forme $\Phi(p_1, p_2, \ldots, p_m)$, Φ désignant un polynome entier. Cela veut dire que, si l'on remplace dans Φ, les variables $p_1, p_2, \ldots, p_m$ respectivement par $\Sigma x_1, \Sigma x_1 x_2, \ldots, x_1 x_2 \ldots x_m$, on retrouve *identiquement* la fonction $F(x_1, x_2, \ldots, x_m)$.

Si k est le degré de Φ par rapport à l'ensemble des lettres $p_1, p_2, \ldots, p_m$, comme on remplace chacune de celles-ci par une fonction linéaire de x_1, le degré de F par rapport à x_1 n'est pas supérieur à k. Nous allons montrer qu'il lui est égal, en cherchant l'ensemble des termes de plus haut degré par rapport à x_1, après substitution dans Φ et réduction des termes semblables, s'il y a lieu.

Remarquons d'abord que la proposition est évidente dans le cas d'une variable, car x_1 étant égal à p_1, on a $\Phi(p_1) = \Phi(x_1)$.

Supposons maintenant la proposition vraie dans le cas de $m - 1$ variables et étendons-la au cas de m variables. Posons, comme précédemment :

$$q_1 = \Sigma x_2, \qquad q_2 = \Sigma x_2 x_3, \qquad \ldots, \qquad q_{m-1} = x_2 x_3 \ldots x_m,$$

de sorte que l'on a :

$$p_1 = x_1 + q_1, \qquad p_2 = x_1 q_1 + q_2, \qquad \ldots, \qquad p_m = x_1 q_{m-1}.$$

Prenons dans Φ, l'ensemble homogène φ des termes de degré k; ce sont les seuls qui, après substitution, pourront donner des termes de degré k en x_1. Soit $A p_1^{\beta_1} p_2^{\beta_2} \ldots p_m^{\beta_m}$ l'un de ces termes; on suppose que l'on a :

$$\beta_1 + \beta_2 + \ldots + \beta_m = k.$$

Après substitution, ce terme donne :

$$A (x_1 + q_1)^{\beta_1} (x_1 q_1 + q_2)^{\beta_2} \ldots (x_1 q_{m-1})^{\beta_m}$$

et le terme en x_1^k provenant de là a pour coefficient $A q_1^{\beta_2} q_2^{\beta_3} \ldots q_{m-1}^{\beta_m}$. Ce coefficient se déduit du terme origine en y remplaçant $p_1, p_2, p_3, \ldots, p_m$ respectivement par $1, q_1, q_2, \ldots, q_{m-1}$. Le coefficient de x_1^k dans F est donc $\varphi(1, q_1, q_2, \ldots, q_{m-1})$ ou $\psi(q_1, q_2, \ldots, q_{m-1})$. Cette fonction ψ n'est pas identiquement nulle à cause de son origine; soit k' son degré par rapport à $q_1, q_2, \ldots, q_{m-1}$. Si l'on y remplace ces variables par leurs expressions en fonction de $x_2, x_3, \ldots, x_m$, elle se transforme en une fonction de degré k' par rapport à chacune des nouvelles variables. Le coefficient de x_1^k n'est donc pas identiquement nul dans F.

Le nombre k s'appelle *degré* de la fonction symétrique entière.

On peut, en utilisant les propriétés de degré et de poids, constituer une nouvelle méthode de calcul des fonctions symétriques entières en fonction des fonctions symétriques élémentaires. Nous allons l'exposer sur des exemples.

1° $\Sigma x_1^2 x_2$ est une fonction symétrique entière de degré 2, homogène et de poids 3. Les seuls termes de poids 3 et de degré non supérieur à 2, que l'on peut former avec $p_1, p_2, p_3, \ldots$ sont $p_1 p_2$ et p_3, de sorte que l'on a :

$$\Sigma x_1^2 x_2 = A p_1 p_2 + B p_3,$$

A et B désignant des coefficients numériques. Deux équations suffisent pour déterminer ces coefficients. Si l'on remplace, dans le second membre, p_1, p_2 et p_3 par leurs valeurs en fonction de $x_1, x_2, x_3, \ldots$, on doit obtenir une identité. En prenant les termes en $x_1^2 x_2$ dans les deux membres, on trouve $A = 1$. En écrivant, qu'il n'y a pas de terme en $x_1 x_2 x_3$ dans le second, on obtient la condition : $3A + B = 0$, d'où $B = -3$. On a donc :

$$\Sigma x_1^2 x_2 = p_1 p_2 - 3 p_3.$$

2° La fonction symétrique $V = (x_2 - x_3)^2 (x_3 - x_1)^2 (x_1 - x_2)^2$ est entière de degré 4, homogène et de poids 6. Les seuls termes de poids 6 et de degré non supérieur à 4, que l'on peut former avec p_1, p_2, p_3, sont $p_1^3 p_3, p_1^2 p_2^2, p_1 p_2 p_3, p_2^3, p_3^2$.

On peut donc écrire

$$(1) \qquad V = A p_1^3 p_3 + B p_1^2 p_2^2 + C p_1 p_2 p_3 + D p_2^3 + E p_3^2,$$

A, B, C, D, E, désignant des nombres.

Imaginons que l'on remplace p_1, p_2, p_3, par leurs valeurs en fonction de x_1, x_2, x_3, et identifions dans les deux membres les termes en x_1^4; nous obtenons l'identité

$$(x_2 - x_3)^2 \equiv A x_2 x_3 + B (x_2 + x_3)^2$$

qui donne : $B = 1, \qquad A = -4.$

L'identification des termes en x_1^3 dans les deux membres donne, après suppression du facteur commun $x_2 + x_3$:

$$- 2 (x_2 - x_3)^2 \equiv 3 A x_2 x_3 + 2 B (x_2 + x_3)^2 + 2 B x_2 x_3$$
$$+ C x_2 x_3 + D (x_2 + x_3)^2.$$

On en tire : $-2 = 2B + D,$

d'où $D = -4$

et $4 = 3A + 6B + C + 2D,$

d'où $C = 18.$

La détermination de E se fait en utilisant les termes en x_1^2 dans les deux membres.

On peut aussi faire $x_1 = x_2 = x_3$ et on obtient :

$$0 = 27 A + 81 B + 9 C + 9 D + E,$$

d'où $E = -27.$

Donc $V = -4 p_1^3 p_3 + p_1^2 p_2^2 + 18 p_1 p_2 p_3 - 4 p_2^3 - 27 p_3^2.$

Ce second exemple montre la variété des moyens que l'on peut employer pour réaliser l'identification. On pourrait aussi donner aux x_i des valeurs numériques.

Lorsque p_1 est nul, la fonction précédente se réduit à :

$$- 4 p_2^3 - 27 p_3^2.$$

On peut se proposer de la déterminer sans passer par le calcul général. Voici comment on procède.

La fonction V et la fonction $D p_2^3 + E p_3^2$ sont identiques quand on y remplace p_2 et p_3 par les valeurs fonctions de x_1, x_2, x_3 et qu'on y tient compte de $p_1 = 0$, c'est-à-dire qu'on y remplace, par exemple, x_1 par $-(x_2 + x_3)$. On trouve alors :

$$p_2 = -(x_2 + x_3)^2 + x_2 x_3; \qquad p_3 = -(x_2 + x_3) x_2 x_3,$$

et il faut réaliser l'identité

$$(x_2 - x_3)^2 (2 x_3 + x_2)^2 (2 x_2 + x_3)^2 \equiv D \left[-(x_2 + x_3)^2 + x_2 x_3 \right]^3$$
$$+ E (x_2 + x_3)^2 x_2^2 x_3^2.$$

En égalant les termes en x_2^6, on trouve $D = -4$, et en faisant $x_2 = x_3$, on a :

$$0 = -27 D + 4 E,$$

d'où $\qquad\qquad\qquad E = -27.$

On aurait pu aussi donner à x_1, x_2, x_3 deux systèmes de valeurs numériques vérifiant l'égalité $x_1 + x_2 + x_3 = 0$. Par exemple, $x_1 = 1$, $x_2 = -1$, $x_3 = 0$, sont racines de l'équation $x_3 - x = 0$, pour laquelle on a $p_1 = 0$, $p_2 = -1$, $p_3 = 0$. La substitution de ces nombres dans l'équation (1) donne : $4 = -D$.

Puis, $x_1 = x_2 = 1$, $x_3 = -2$, sont racines de l'équation

$$x^3 - 3 x + 2 = 0,$$

pour laquelle on a $p_1 = 0$, $p_2 = -3$, $p_3 = 2$. La substitution dans (1) donne :

$$0 = -27 D + 4 E.$$

On retrouve ainsi $\qquad D = -4, \quad E = -27.$

3° Supposons qu'une fonction symétrique entière des racines d'une équation

$$x^m + p_1 x^{m-1} + p_2 x^{m-2} + \ldots + p_m = 0$$

ne dépende que des différences des racines et, par suite, ne change pas quand on diminue toutes ces racines d'un nombre arbitraire λ.

L'équation nouvelle qui les définit est

$$(y + \lambda)^m + p_1 (y + \lambda)^{m-1} + p_2 (y + \lambda)^{m-2} + \ldots + p_m = 0,$$

c'est-à-dire

$$y^m + (p_1 + m\lambda) y^{m-1}$$
$$+ \left(p_2 + (m - 1)\lambda p_1 + \frac{m(m-1)}{2} \lambda^2 \right) y^{m-2} + \ldots = 0.$$

Si $\Phi(p_1, p_2, \ldots, p_m)$ est l'expression de la fonction symétrique inconnue, on doit avoir :

$$\Phi(p_1, p_2, \ldots, p_m) = \Phi \left(p_1 + m\lambda, p_2 + (m - 1)\lambda p_1 + \frac{m(m-1)}{2} \lambda^2, \ldots \right)$$

et cette égalité doit être une identité par rapport à $\lambda, p_1, p_2, \ldots$ qui sont des variables indépendantes. En écrivant que cette identité est réalisée, on obtient une suite d'équations du premier degré par rapport aux coefficients numériques inconnus de la fonction Φ; on utilisera ces équations pour la détermination des coefficients.

L'application de cette remarque au calcul de la fonction V précédemment définie conduit très vite au résultat; en écrivant que le coefficient de λ est nul, on obtient l'identité

$$0 \equiv A\left(9 p_1^2 p_3 + p_1^3 p_2\right) + B\left(4 p_1^3 p_2 + 6 p_1 p_2^2\right)$$
$$+ C\left(p_1 p_2^2 + 2 p_1^2 p_3 + 3 p_2 p_3\right) + 6 D p_1 p_2^2 + 2 E p_2 p_3$$

et, par suite, les égalités

$$9 A + 2 C = 0, \quad A + 4 B = 0, \quad 6 B + C + 6 D = 0, \quad 3 C + 2 E = 0.$$

En utilisant la valeur de B obtenue plus haut, on en déduit immédiatement les valeurs des 4 autres coefficients.

Application des fonctions symétriques à l'élimination. — Supposons données deux équations algébriques entières $f(x) = 0$, $g(x) = 0$, dont les coefficients dépendent de certaines variables : ces équations n'ont pas en général de racine commune. On peut toujours trouver une fonction entière R des coefficients de ces deux équations possédant les propriétés suivantes :

1° Lorsque les variables ont des valeurs telles que les deux équations correspondantes ont une racine commune, cette fonction est nulle.

2° Lorsque les valeurs attribuées aux variables annulent cette fonction, les deux équations correspondantes ont au moins une racine commune.

Cette fonction R s'appelle l'*éliminant* ou le *résultant* des deux équations; on donne à sa recherche le nom d'*élimination*.

Remarquons d'ailleurs que les propriétés précédentes ne sont pas caractéristiques de la fonction R, car si une fonction R possède ces propriétés, R^2 les possède aussi. L'emploi des fonctions symétriques permet toujours de calculer un résultant. Posons :

$$f(x) \equiv a_0 x^m + a_1 x^{m-1} + \ldots + a_{m-1} x + a_m,$$
$$g(x) \equiv b_0 x^p + b_1 x^{p-1} + \ldots + b_{p-1} x + b_p,$$

et désignons par $x_1, x_2, \ldots, x_m$, les m racines de la première équation, en supposant $a_0 \neq 0$. Si les équations ont une racine commune, le produit $g(x_1) g(x_2) \ldots g(x_m)$ est nul, puisque l'un de ses facteurs est nul; ce produit est un polynome entier, homogène, de degré m par rapport aux coefficients de $g(x)$. C'est une fonction symétrique des zéros de $f(x)$ et son degré est p si b_0 n'est pas nul; c'est donc un polynome entier de degré p par rapport à $\dfrac{a_1}{a_0}, \dfrac{a_2}{a_0}, \ldots, \dfrac{a_m}{a_0}$, et le produit

$$a_0^p g(x_1) g(x_2) \ldots g(x_m)$$

est un polynome entier, homogène, de degré p par rapport aux coefficients de $f(x)$. Appelons R ce produit.

Inversement, si R est nul et si a_0 ne l'est pas, $f(x)$ a m zéros dont l'un est un zéro de $g(x)$. R est donc un résultant *sous la réserve* $a_0 \neq 0$.

De même, en supposant $b_0 \neq 0$, on démontre que le produit

$$R' = b_0^m f(x_1') f(x_2') \ldots f(x_p'),$$

$[x_1', x_2', \ldots, x_p'$, étant les zéros de $g(x)]$, est aussi un résultant.

La comparaison de R et de R' est aisée. Sous la réserve $b_0 \neq 0$, on peut écrire
$$g(x) \equiv b_0 (x - x_1')(x - x_2') \ldots (x - x_p')$$

et, par suite,
$$R = a_0^p b_0^m \, \Pi (x_i - x_j').$$

On trouve de même :
$$R' = b_0^m a_0^p \, \Pi (x_j' - x_i).$$

Donc $R' = (-1)^{mp} R$. Cette égalité, établie sous la réserve $a_0 b_0 \neq 0$, est une identité. Il résulte de là que si l'un ou l'autre des coefficients a_0 ou b_0 n'est pas nul, R est un résultant.

On peut montrer que R est nul en même temps que a_0 et b_0. Si l'on pose $g(x) \equiv b_0 x^p + g_1(x)$, $g_1(x)$ étant un polynome entier de degré $p - 1$ au plus, on a :

$$R = a_0^p \left[b_0 x_1^p + g_1(x_1) \right] \left[b_0 x_2^p + g_1(x_2) \right] \ldots \left[b_0 x_m^p + g_1(x_m) \right].$$

Cette expression peut se décomposer en deux parties : l'une, $a_0^p g_1(x_1) g_1(x_2) \ldots g_1(x_m)$, est une fonction symétrique entière, de degré $p - 1$ au plus, des zéros de $f(x)$ et, par suite, est le produit de a_0 par un polynome R_1 entier par rapport aux coefficients de $f(x)$ et de $g(x)$; l'autre, de degré p, contient b_0 en facteur dans tous ses termes et se met sous la forme $b_0 R_2$, R_2 désignant aussi un polynome entier par rapport aux coefficients de $f(x)$ et de $g(x)$. Ainsi, on a l'identité

$$R \equiv a_0 R_1 + b_0 R_2,$$

ce qui prouve bien que R s'annule en même temps que a_0 et b_0.

Nous conviendrons de dire que, si a_0 et b_0 sont nuls, les deux polynomes f et g ont une racine commune infinie. Avec cette convention, R est toujours un résultant.

Propriétés du résultant. — Il résulte de ce qui précède que R est un polynome entier, homogène, de degré p, par rapport aux coefficients de f, homogène et de degré m par rapport aux coefficients de g.

Si l'on remarque que la multiplication des racines des deux équations par un même nombre arbitraire λ a pour conséquence la multiplication du produit $\Pi(x_i - x_j')$ par λ^{mp}, on conclut que la fonction

$$R \equiv F(a_0, a_1, \ldots, a_m, b_0, b_1, \ldots, b_p)$$

vérifie l'identité

$$F(a_0, a_1 \lambda, a_2 \lambda^2, \ldots a_m \lambda^m, b_0, b_1 \lambda, b_2 \lambda^2, \ldots, b_p \lambda^p)$$
$$\equiv \lambda^{mp} F(a_0, a_1, a_2, \ldots, a_m, b_0, b_1, b_2, \ldots, b_p).$$

Autrement dit, R est isobare et de poids mp par rapport aux coefficients de f et de g. Un terme quelconque $A a_0^{\alpha_0} a_1^{\alpha_1} \ldots a_m^{\alpha_m} b_0^{\beta_0} b_1^{\beta_1} \ldots b_p^{\beta_p}$ de R a donc des exposants vérifiant les trois équations

$$\alpha_0 + \alpha_1 + \alpha_2 + \ldots + \alpha_m = p; \qquad \beta_0 + \beta_1 + \beta_2 + \ldots + \beta_p = m;$$
$$\alpha_1 + 2\alpha_2 + \ldots + m\alpha_m + \beta_1 + 2\beta_2 + \ldots + p\beta_p = mp.$$

On doit remarquer aussi que l'addition d'un même nombre arbitraire μ aux zéros de f et de g ne modifie pas les différences $x_i - x'_j$, ni par suite R; la fonction F où l'on remplace les coefficients a_i, b_j par leurs nouvelles valeurs fonctions de μ, ne dépend donc pas de μ.

Calcul de R. — Effectuons le produit $g(x_1) g(x_2) \ldots g(x_m)$ et ordonnons-le par rapport à l'ensemble des lettres b_j; un terme quelconque est alors de la forme $B b_0^{\beta_0} b_1^{\beta_1} b_2^{\beta_2} \ldots b_p^{\beta_p}$, où B représente une fonction symétrique fondamentale de $x_1, x_2, \ldots, x_m$, que l'on calculera en fonction de $\dfrac{a_1}{a_0}, \dfrac{a_2}{a_0}, \ldots, \dfrac{a_m}{a_0}$, d'après les procédés indiqués plus haut.

Appliquons cette méthode à deux polynomes du second degré

$$f(x) \equiv ax^2 + bx + c, \qquad g(x) \equiv a'x^2 + b'x + c'.$$
$$g(x_1) g(x_2) = a'^2 x_1^2 x_2^2 + a'b' x_1 x_2 (x_1 + x_2) + b'^2 x_1 x_2$$
$$+ a'c' (x_1^2 + x_2^2) + b'c' (x_1 + x_2) + c'^2.$$
$$R = a^2 g(x_1) g(x_2)$$
$$= a'^2 c^2 - a'b'cb + b'^2 ca + a'c' (b^2 - 2ca) - b'c'ba + c'^2 a^2,$$

ou bien

$$R = (ac' - ca')^2 - (ab' - ba')(bc' - cb').$$

On peut mettre R sous forme d'un déterminant d'ordre $m + p$, dont les éléments sont les coefficients a_i, b_j, rangés dans un certain ordre. Ce déterminant, déjà rencontré plus haut (leç. 28), est

$$\Delta = \begin{vmatrix}
a_0, & a_1, & a_2, & \ldots\ldots\ldots, & a_{m-1}, & a_m & , & 0 & , \ldots, & 0 \\
0, & a_0, & a_1, & \ldots\ldots\ldots, & a_{m-2}, & a_{m-1}, & a_m, & & \ldots, & 0 \\
\cdot & \cdot & \cdot & \cdot & \cdot & \cdot & \cdot & \cdot & \cdot & \cdot \\
0, & 0, & 0, & \ldots, & a_0 & , & a_1 & , & \ldots\ldots\ldots, & a_m \\
b_0, & b_1, & b_2, & \ldots, & b_{p-1}, & b_p & , & 0 & , \ldots\ldots\ldots, & 0 \\
0, & b_0, & b_1, & \ldots, & b_{p-2}, & b_{p-1}, & b_p, & & \ldots\ldots\ldots, & 0 \\
\cdot & \cdot & \cdot & \cdot & \cdot & \cdot & \cdot & \cdot & \cdot & \cdot \\
0, & & \ldots, & & & b_0 & , & b_1 & , \ldots\ldots\ldots, & b_p
\end{vmatrix}$$

Remarquons en effet que le produit $\Pi(x_i - x'_j)$, qui figure dans R, entre aussi dans le déterminant Δ' de Vandermonde, d'ordre $m + p$, formé à l'aide des $m + p$ zéros, $x_1, x_2, \ldots, x_m, x'_1, x'_2, \ldots, x'_p$. On a :

$$\Delta' = \Pi(x_i - x_h) . \Pi(x'_j - x'_k) . \Pi(x_i - x'_j); \qquad i < h, \; j < k.$$

D'autre part, le produit $\Delta\Delta'$, calculé d'après la règle de multiplication des déterminants, vaut

$$\begin{vmatrix}
x_1^{p-1} f(x_1), & x_1^{p-2} f(x_1), & \ldots, & f(x_1), & x_1^{m-1} g(x_1), & x_1^{m-2} g(x_1), & \ldots, & g(x_1) \\
\cdot & \cdot & \cdot & \cdot & \cdot & \cdot & \cdot & \cdot \\
x_m^{p-1} f(x_m), & x_m^{p-2} f(x_m), & \ldots, & f(x_m), & x_m^{m-1} g(x_m), & x_m^{m-2} g(x_m), & \ldots, & g(x_m) \\
x_1'^{p-1} f(x'_1), & x_1'^{p-2} f(x'_1), & \ldots, & f(x'_1), & x_1'^{m-1} g(x'_1), & x_1'^{m-2} g(x'_1), & \ldots, & g(x'_1) \\
\cdot & \cdot & \cdot & \cdot & \cdot & \cdot & \cdot & \cdot \\
x_p'^{p-1} f(x'_p), & x_p'^{p-2} f(x'_p), & \ldots, & f(x'_p), & x_p'^{m-1} g(x'_p), & x_p'^{m-2} g(x'_p), & \ldots, & g(x'_p)
\end{vmatrix}$$

C'est-à-dire, en remarquant que la première ligne contient $g(x_1)$ en facteur, que la seconde contient $g(x_2)$, etc. :

$$\Delta\Delta' = (-1)^{mp} \cdot \begin{vmatrix} x_1^{m-1}, & x_1^{m-2}, & \ldots, & x_1, & 1 \\ \cdot & \cdot & \ldots & \cdot & \cdot \\ x_m^{m-1}, & x_m^{m-2}, & \ldots, & x_m, & 1 \end{vmatrix} \times$$

$$\times \begin{vmatrix} x_1'^{p-1}, & x_1'^{p-2}, & \ldots, & x_1', & 1 \\ \cdot & \cdot & \ldots & \cdot & \cdot \\ x_p'^{p-1}, & x_p'^{p-2}, & \ldots, & x_p', & 1 \end{vmatrix} f(x_1') f(x_2') \ldots f(x_p') \cdot g(x_1) g(x_2) \ldots g(x_m)$$

ou bien

$$\Delta\Delta' = (-1)^{mp} \Pi(x_i - x_h) \Pi(x_j' - x_k') \frac{R'}{b_0^m} \frac{R}{a_0^p}.$$

$$= \Delta \Pi(x_i - x_h) \Pi(x_j' - x_k') \Pi(x_i - x_j').$$

Donc
$$\Delta = (-1)^{mp} \frac{R R'}{a_0^p b_0^m \Pi(x_i - x_j')} = R.$$

EXERCICES

1° Calculer la fonction symétrique $\Sigma(x_1 - x_2)^2(x_1 - x_3)^2$ des racines de l'équation générale $x^m + p_1 x^{m-1} + p_2 x^{m-2} + \ldots + p_{m-1} x + p_m = 0$.

2° On a calculé (ex. 6, leç. 29) la valeur de $\Pi(x_i - x_j)^2$ pour les racines de l'équation $x^m - 1 = 0$. Calculer la valeur de cette expression pour les racines de l'équation : $x^m - x = 0$.

En déduire le calcul de la même expression pour les racines de l'équation : $x^m + px + q = 0$, en remarquant que Π est de la forme $Ap^m + Bq^{m-1}$.

3° Aux fonctions symétriques de plusieurs variables indépendantes qui ont fait l'objet de la leçon 29, on peut ajouter d'autres fonctions qui ne seraient pas symétriques si les variables dont elles dépendent étaient indépendantes, mais qui le deviennent si ces variables sont liées par certaines relations. Ainsi, la fonction $\Phi(p_1, p_2, p_3) + p_1 F(x_1, x_2, x_3)$ où F désigne une fonction quelconque de x_1, x_2, x_3 n'est pas une fonction symétrique de x_1, x_2, x_3; elle le devient si ces variables sont liées par la relation $x_1 + x_2 + x_3 = 0$. Supposons qu'une fonction $F(x_1, x_2)$ non symétrique *en forme* soit symétrique *en valeur* à cause de l'existence d'une relation convenable entre x_1 et x_2. (Nous ne cherchons pas comment on peut reconnaître ce fait). $F(x_1, x_2)$ et $F(x_2, x_1)$ ayant la même valeur, $\frac{1}{2}[F(x_1, x_2) + F(x_2, x_1)]$ est une fonction symétrique en forme qui a cette même valeur, on sait la calculer en fonction de p_1 et p_2.
Généraliser ce procédé de calcul des fonctions symétriques en valeur.

4° Vérifier que le résultant des deux trinômes $ax^2 + 2bx + c$, $a'x^2 + 2b'x + c'$ est $(ac' + ca' - 2bb')^2 - 4(ac - b^2)(a'c' - b'^2)$.

5° Démontrer que si le résultant de deux trinômes du second degré à coefficients réels est négatif, les zéros de ces trinômes sont réels et se séparent mutuellement.

6° Si les deux équations $f(x) = 0$, $g(x) = 0$, de degrés respectifs m et p, ont une racine commune, cette racine convient aussi aux équations

$$xf(x) = 0, \quad x^2 f(x) = 0, \quad \ldots, \quad x^{p-1} f(x) = 0,$$
$$xg(x) = 0, \quad x^2 g(x) = 0, \quad \ldots, \quad x^{m-1} g(x) = 0.$$

Ces $m + p$ équations sont linéaires et homogènes par rapport aux inconnues $x^0, x^1, x^2, \ldots, x^{m+p-1}$. En écrivant qu'elles sont compatibles, on retrouve la condition $R = 0$ (méthode d'élimination de Sylvester).
En résolvant ces équations par rapport à $x, x^2, x^3, \ldots, x^{m+p-1}$, on obtient une série de valeurs de la racine commune sous forme de quotients de déterminants d'ordre $m + p - 1$.

7° Supposons $m \geqq p$; k étant un nombre naturel quelconque égal ou inférieur à p, on peut écrire

$$f(x) \equiv x^k f_1(x) + f_2(x); \qquad g(x) \equiv x^k g_1(x) + g_2(x),$$

où f_2 et g_2 sont des polynomes de degrés égaux ou inférieurs à $k-1$, $f_1(x)$ étant de degré $m-k$ et $g_1(x)$ de degré $p-k$.

Toute racine commune aux deux équations, $f(x)=0$, $g(x)=0$, appartient à chacune des p équations de la forme $f_1 g_2 - f_2 g_1 = 0$; c'est aussi une racine des $m-p$ équations $g(x)=0$, $xg(x)=0$, ..., $x^{m-p-1}g(x)=0$. Toutes ces équations sont de degré $m-1$ au plus et sont en nombre m. En les regardant comme linéaires et homogènes par rapport à x^0, x^1, ... x^{m-1}, on est conduit à annuler leur déterminant. On retrouve ainsi le résultant de f et g sous forme d'un déterminant d'ordre m dont p lignes sont linéaires et homogènes respectivement par rapport aux coefficients de f et par rapport à ceux de g, les $m-p$ autres lignes étant constituées par les coefficients de g (méthode d'élimination de Cauchy). En résolvant ces équations par rapport à x, x^2, ..., x^{m-1}, on obtient une série de valeurs de la racine commune sous forme de quotients de déterminants d'ordre $m-1$.

8° Éliminer x entre les deux équations

$$ax^m + bx + c = 0, \quad a'x^m + b'x + c' = 0.$$

9° Supposons que l'on donne des valeurs quelconques aux variables dont dépendent les coefficients de $f(x)$ et $g(x)$. R, polynome entier par rapport aux coefficients de $g(x)$, a, relativement à ces coefficients, des dérivées partielles premières que l'on peut écrire

$$\frac{\partial R}{\partial b_0} = a_0^p x_1^p g(x_2) g(x_5) \ldots g(x_m) + a_0^p x_2^p g(x_1) g(x_3) \ldots g(x_m) + \ldots,$$

$$\frac{\partial R}{\partial b_1} = a_0^p x_1^{p-1} g(x_2) g(x_3) \ldots g(x_m) + a_0^p x_2^{p-1} g(x_1) g(x_3) \ldots g(x_m) + \ldots,$$

$$\cdots \cdots \cdots \cdots \cdots$$

Donnons aux variables un système de valeurs particulières pour lesquelles $f(x)$ et $g(x)$ ont un seul zéro commun ξ_1 et soient ξ_2, ξ_3, ..., ξ_m les autres zéros de $f(x)$ dans ces conditions. Représentons par $[a_0]$, $[g(x)]$, $\left[\dfrac{\partial R}{\partial b_0}\right]$, $\left[\dfrac{\partial R}{\partial b_1}\right]$, ...

ce que deviennent a_0, $g(x)$, $\dfrac{\partial R}{\partial b_0}$, $\dfrac{\partial R}{\partial b_1}$, ... pour ces valeurs particulières des variables. Les équations précédentes deviennent :

$$\left[\frac{\partial R}{\partial b_0}\right] = [a_0]^p \, \xi_1^p \, [g(\xi_2)] \, [g(\xi_3)] \, \ldots \, [g(\xi_m)],$$

$$\left[\frac{\partial R}{\partial b_1}\right] = [a_0]^p \, \xi_1^{p-1} \, [g(\xi_2)] \, [g(\xi_3)] \, \ldots \, [g(\xi_m)],$$

$$\cdots \cdots \cdots \cdots \cdots$$

On en déduit :

$$\frac{\xi_1^p}{\left[\dfrac{\partial R}{\partial b_0}\right]} = \frac{\xi_1^{p-1}}{\left[\dfrac{\partial R}{\partial b_1}\right]} = \cdots = \frac{\xi_1}{\left[\dfrac{\partial R}{\partial b_{p-1}}\right]} = \frac{1}{\left[\dfrac{\partial R}{\partial b_p}\right]}.$$

Ces égalités fournissent une série de valeurs de la racine commune. On en aurait d'analogues en utilisant R′ au lieu de R.

Démontrer que si les variables ont des valeurs telles que $f(x)$ et $g(x)$ aient deux zéros communs, les valeurs correspondantes des dérivées partielles premières du résultant par rapport aux divers coefficients a_i et b_j sont nulles.

Calculer les valeurs des dérivées partielles secondes et en déduire des polynomes du second degré admettant les deux zéros communs à $f(x)$ et $g(x)$.

Généraliser.

10° Trouver le degré, par rapport à l'ensemble des variables x, y, du résultant des deux équations en t :

$$xf(t) - f_1(t) = 0, \quad yf(t) - f_2(t) = 0,$$

f, f_1, f_2, désignant des polynomes entiers de degrés égaux ou inférieurs à m.

11° Démontrer que le résultant des deux équations en t :

$$xf(t) + yf_1(t) + zf_2(t) + f_3(t) = 0, \quad F(t) = 0,$$

f, f_1, f_2, f_3, F, désignant des polynomes entiers et m étant le degré de F, est le premier membre de l'équation d'un système de m plans.

31ᵉ LEÇON

ÉLIMINATION *(Suite)*

Discriminant d'un polynome entier. — On donne ce nom au résultant d'un polynome entier,

$$f(x) \equiv a_0 x^m + a_1 x^{m-1} + \ldots + a_{m-1} x + a_m,$$

et du polynome dérivé

$$f'(x) \equiv m a_0 x^{m-1} + (m-1) a_1 x^{m-2} + \ldots a_{m-1}.$$

On remarque toutefois que les différents termes du produit $a_0^{m-1} f'(x_1) f'(x_2) \ldots f'(x_m)$ contenant en facteur le premier coefficient de $f(x)$ ou celui de $f'(x)$ et, par suite, a_0, il suffit d'envisager le produit $D = a_0^{m-2} f'(x_1) f'(x_2) \ldots f'(x_m)$.

On peut exprimer ce discriminant uniquement au moyen des zéros de $f(x)$ et de a_0. On a vu en effet précédemment que l'on a :

$$f'(x) = \frac{f(x)}{x - x_1} + \frac{f(x)}{x - x_2} + \ldots + \frac{f(x)}{x - x_m}$$

et, par suite, que

$$f'(x_1) = a_0 (x_1 - x_2)(x_1 - x_3) \ldots (x_1 - x_m),$$
$$f'(x_2) = a_0 (x_2 - x_1)(x_2 - x_3) \ldots (x_2 - x_m), \quad \text{etc.}$$

Donc

$$f'(x_1) f'(x_2) \ldots f'(x_m) = (-1)^{\frac{m(m-1)}{2}} a_0^m \Pi (x_i - x_j)^2$$

et

$$D = (-1)^{\frac{m(m-1)}{2}} a_0^{2m-2} \Pi (x_i - x_j)^2.$$

Supposons réels les coefficients de $f(x)$. Le signe de D dépend de la parité de $\frac{m(m-1)}{2}$ et du signe de $\Pi (x_i - x_j)^2$. Si m est un multiple de 4, ou un multiple de $4 + 1$, $\frac{m(m-1)}{2}$ est pair; sinon, $\frac{m(m-1)}{2}$ est impair. Quant au signe du produit $\Pi (x_i - x_j)^2$, il dépend de la parité du nombre k des couples de zéros imaginaires conjugués de $f(x)$. En effet, si x_i et x_j sont réels, le facteur $(x_i - x_j)^2$ est positif; si l'un ou l'autre de ces nombres est imaginaire, ou si tous deux sont imaginaires non conjugués, en appelant x'_i et x'_j les nombres complexes conjugués, on voit que le produit $(x_i - x_j)^2 (x'_i - x'_j)^2$ est positif; enfin, si x_i et x_j sont deux nombres imaginaires conjugués, le facteur $(x_i - x_j)^2$ est négatif. En résumé, le signe de $\Pi (x_i - x_j)^2$ est celui de $(-1)^k$. Par exemple, pour $m = 2,\ 3,\ 4,\ 5$, la condition $\Pi (x_i - x_j)^2 < 0$ exprime que k est impair et par suite que l'équation $f(x) = 0$ a un couple de racines imaginaires conjuguées, puisque k est nécessairement inférieur à 3.

Le discriminant de $f(x)$ peut encore s'écrire $m^m a_0^{m-1} f(x'_1) f(x'_2) \ldots f(x'_{m-1})$,

x'_1, x'_2, ..., x'_{m-1}, désignant les zéros de $f'(x)$. Or, si l'on tient compte de l'identité d'Euler :

$$mf(x) \equiv xf'(x) + f'_y(x),$$

on voit que l'on a :

$$f(x'_1) = \frac{1}{m} f'_y(x'_1).$$

Par suite,

$$\mathrm{D} = m\, a_0^{m-1} f'_y(x'_1) f'_y(x'_2) \ldots f'_y(x'_{m-1}).$$

Par exemple, le discriminant du trinôme $ax^2 + 2bx + c$ vaut 4 fois le résultant des deux binômes $ax + b$, $bx + c$, c'est donc $4\,(ac - b^2)$.

Celui du polynome $ax^3 + 3bx^2 + 3cx + d$ vaut 27 fois le résultant des deux trinômes $ax^2 + 2bx + c$, $bx^2 + 2cx + d$; on a donc :

$$\frac{\mathrm{D}}{27} = (ad - bc)^2 - 4\,(ac - b^2)(bd - c^2).$$

La condition $\mathrm{D} < 0$ exprime que tous les zéros du polynome du 3ᵉ degré sont réels, puisqu'il n'y a pas de couple de zéros complexes.

Remarquons encore que le discriminant du polynome général de degré m est homogène et de degré $2m - 2$ par rapport à ses coefficients, et de poids $m\,(m - 1)$.

Résolution de deux équations algébriques entières à deux inconnues. — Soient $f(x, y) = 0$, $g(x, y) = 0$, les équations à résoudre et soit (x_0, y_0) une solution de ces équations. Les deux équations $f(x_0, y) = 0$, $g(x_0, y) = 0$ ont en y au moins une solution commune y_0, de sorte que leur résultant est nul. Ce résultant n'est autre que celui des équations proposées où y est l'inconnue et où l'on aurait remplacé x par x_0. Soit $\mathrm{R}(x)$ le résultant des équations données où l'on regarde y comme l'inconnue ; x_0 est donc une racine de l'équation $\mathrm{R}(x) = 0$. Réciproquement, si x_0 est un zéro de $\mathrm{R}(x)$, les deux équations $f(x_0, y) = 0$, $g(x_0, y) = 0$ ont en y au moins une solution commune y_0, puisque leur résultant $\mathrm{R}(x_0)$ est nul, et l'on voit que (x_0, y_0) est une solution des équations proposées.

La recherche de toutes ces solutions conduit donc aux trois opérations suivantes :

1° Formation de l'éliminant $\mathrm{R}(x)$ des deux équations où l'inconnue est y ;

2° Recherche d'un zéro quelconque x_0 de $\mathrm{R}(x)$;

3° Recherche des racines communes aux deux équations $f(x_0, y) = 0$, $g(x_0, y) = 0$.

On résoud cette dernière question en cherchant, par exemple, le p. g. c. d. des deux polynomes entiers $f(x_0, y)$ et $g(x_0, y)$; les coefficients de ce p. g. c. d. sont des fonctions rationnelles des coefficients des deux polynomes et, par suite, de x_0. Si ce p. g. c. d. est du premier degré, c'est-à-dire si les deux polynomes ont un seul zéro commun, ce zéro est une fonction rationnelle de x_0.

Degré de $\mathrm{R}(x)$; *théorème de Bezout.* — Posons :

$$f(x, y) \equiv y^m a_0(x) + y^{m-1} a_1(x) + \ldots + a_m(x),$$
$$g(x, y) \equiv y^n b_0(x) + y^{n-1} b_1(x) + \ldots + b_p(x),$$

de sorte que l'on a :

$$\mathrm{R}(x) \equiv \mathrm{F}(a_0, a_1, a_2, \ldots, a_m, \ b_0, b_1, b_2, \ldots, b_p).$$

Imaginons le cas particulier où les degrés des polynomes entiers $a_0, a_1, \ldots, a_m$ sont respectivement égaux ou inférieurs à m', $m'+1$, $m'+2, \ldots, m'+m$ et ceux des polynomes entiers $b_0, b_1, b_2, \ldots, b_p$ sont p', $p'+1$, $p'+2, \ldots, p'+p$ au plus. Représentons par $c_0 x^{m'}$, $c_1 x^{m'+1}, \ldots, c_m x^{m'+m}$, les termes de plus haut degré des premiers et par $d_0 x^{p'}$, $d_1 x^{p'+1}, \ldots, d_p x^{p'+p}$, les termes de plus haut degré des seconds (certains des coefficients c_i, d_j, pouvant être nuls).

Le monôme de plus haut degré en x provenant d'un terme quelconque $\mathrm{A} a_0^{\alpha_0} a_1^{\alpha_1} \ldots a_m^{\alpha_m} b_0^{\beta_0} b_1^{\beta_1} \ldots b_p^{\beta_p}$ de F, s'obtient en remplaçant dans ce terme a_i par $c_i x^{m'+i}$ et b_j par $d_j x^{p'+j}$. Ce monôme vaut donc

$$\mathrm{A} c_0^{\alpha_0} c_1^{\alpha_1} \ldots c_m^{\alpha_m} d_0^{\beta_0} d_1^{\beta_1} \ldots d_p^{\beta_p} \times$$
$$\times x^{\alpha_0 m' + \alpha_1 (m'+1) + \ldots + \alpha_m (m'+m) + \beta_0 p' + \beta_1 (p'+1) + \ldots + \beta_p (m'+p)}.$$

Il est facile de voir que l'exposant de x vaut $m'p + p'm + mp$. Le terme de plus haut degré de $\mathrm{R}(x)$ est donc

$$x^{m'p + p'm + mp} . \mathrm{F}(c_0, c_1, \ldots, c_m, d_0, d_1, \ldots, d_p),$$

à condition, bien entendu, que le coefficient

$$\mathrm{F}(c_0, c_1, \ldots, c_m, d_0, d_1, \ldots, d_p)$$

ne soit pas nul. Ce coefficient n'est autre que le résultant des deux équations

$$c_0 t^m + c_1 t^{m-1} + \ldots + c_m = 0, \quad d_0 t^p + d_1 t^{p-1} + \ldots + d_p = 0,$$

où l'inconnue est t.

En tout cas, le degré de $\mathrm{R}(x)$ est égal ou inférieur à

$$(m' + m)(p' + p) - m'p'.$$

Supposons $p' = m' = 0$, c'est-à-dire supposons que $f(x, y)$ et $g(x, y)$ soient les premiers membres des équations de deux courbes algébriques d'ordres respectifs m et p : le degré de $\mathrm{R}(x)$ est au plus égal à mp ; il est égal à mp si les équations aux coefficients angulaires des directions asymptotiques des deux courbes n'ont pas de racine commune, c'est-à-dire si les deux courbes n'ont pas de direction asymptotique commune. C'est cette proposition qui constitue le théorème de Bezout.

On peut déduire de là que deux courbes algébriques d'ordres m et p qui ont plus de mp points communs en ont une infinité et que les deux polynomes $f(x, y)$, $g(x, y)$ correspondants sont les produits d'un même polynome entier $\mathrm{P}(x, y)$ par deux autres polynomes entiers $f_1(x, y)$, $g_1(x, y)$, c'est-à-dire que les deux courbes algébriques se décomposent et ont une partie commune. On peut, en effet, supposer la direction de Oy choisie de telle sorte que deux points quelconques communs aux deux courbes ne soient pas sur une même parallèle à cet axe ; dès lors, les abscisses de ces points sont distinctes, et $\mathrm{R}(x)$ ayant plus de mp zéros est identiquement nul.

Les deux polynomes $f(x, y)$, $g(x, y)$ entiers en y ont donc un p. g. c. d. entier en y et rationnel en x; on en conclut assez rapidement ce qui précède.

Résolution de 3 équations à 3 inconnues. — Soient $f(x, y, z) = 0$, $g(x, y, z) = 0$, $h(x, y, z) = 0$, les équations données et soit (x_0, y_0, z_0) une solution.

Les trois équations $f(x_0, y_0, z) = 0$, $g(x_0, y_0, z) = 0$, $h(x_0, y_0, z) = 0$, ont une solution commune en z et, par suite, le résultant de la première et de la seconde est nul, ainsi que celui de la première et de la troisième. On est donc conduit à former le résultant $R(x, y)$ des deux équations en z : $f(x, y, z) = 0$, $g(x, y, z) = 0$, et le résultant $R_1(x, y)$ des deux équations $f(x, y, z) = 0$, $h(x, y, z) = 0$.

(x_0, y_0) constitue une solution des deux équations $R(x, y) = 0$, $R_1(x, y) = 0$. (Au point de vue géométrique, cela revient à dire que tout point commun à 3 surfaces se projette sur le plan xOy en un point commun aux projections des deux courbes d'intersection de l'une des surfaces avec les deux autres).

Mais on ne peut affirmer qu'à toute solution de ces équations corresponde une solution des équations proposées, car si $R(x_1, y_1)$ et $R_1(x_1, y_1)$ sont nuls, $f(x_1, y_1, z)$ et $g(x_1, y_1, z)$ ont au moins un zéro commun, ainsi que $f(x_1, y_1, z)$ et $h(x_1, y_1, z)$, mais on ne peut dire à priori que ces zéros sont les mêmes.

Dans le cas particulier où $f(x, y, z)$ est du premier degré en z, cette difficulté n'existe pas, mais la solution du problème se ramène de suite à la résolution de deux équations à deux inconnues : on tire z de la première équation, on porte dans les deux autres et on obtient deux équations définissant x et y. Il en est de même lorsque l'une des équations ne contient pas l'une des inconnues; ainsi, la résolution des équations : $f(x, y) = 0$, $g(x, y, z) = 0$, $h(x, y, z) = 0$, se ramène à la résolution de l'équation $f(x, y) = 0$, et de l'équation $R(x, y) = 0$, obtenue en éliminant z entre les deux dernières.

On généraliserait aisément ces remarques.

Remarques sur les méthodes d'élimination. — Dans la pratique, on emploie fréquemment des méthodes d'élimination moins régulières que les méthodes précédemment exposées, et on adjoint aux proposées de nouvelles équations qui admettent leurs racines communes. Nous allons exposer un de ces procédés sur un exemple.

Considérons deux polynomes

$$f(x) \equiv ax^3 + bx^2 + cx + d, \qquad g(x) \equiv a'x^3 + b'x^2 + c'x + d'.$$

Tout zéro commun à ces deux polynomes appartient aussi aux polynomes

$$a'f(x) - ag(x) \equiv (ba' - ab')x^2 + (ca' - ac')x + da' - ad',$$
$$d'f(x) - dg(x) \equiv x\left[(ad' - da')x^2 + (bd' - db')x + cd' - dc'\right],$$

qui sont plus simples, à certains égards, que les proposés.

Inversement, tout zéro commun aux deux derniers est commun aux premiers, pourvu que $da' - ad'$ ne soit pas nul. Sous cette même réserve, l'équation $a'f(x) - ag(x) = 0$ n'admet pas de racine nulle, et on peut dire que toute racine commune aux deux équations $f(x) = 0$, $g(x) = 0$, convient aux deux équations

$$F(x) \equiv (ba' - ab')x^2 + (ca' - ac')x + da' - ad' = 0,$$
$$G(x) \equiv (ad' - da')x^2 + (bd' - db')x + cd' - dc' = 0,$$

et réciproquement. On obtient donc la condition pour que $f(x)$ et $g(x)$ aient un zéro commun en annulant le résultant de $F(x)$ et $G(x)$.

En fait, ce dernier résultant est égal à celui de $f(x)$ et $g(x)$ multiplié par $ad' - da'$; chaque fois que $ad' - da'$ ne dépend pas des variables, il y a intérêt à suivre cette marche. Il y a encore intérêt à la suivre si l'on veut écrire que $f(x)$ et $g(x)$ ont deux zéros communs; on est amené, en effet, à écrire que $F(x)$ et $G(x)$ ont deux zéros communs, ce qui donne les deux conditions

$$\frac{ba' - ab'}{ad' - da'} = \frac{ca' - ac'}{bd' - db'} = \frac{da' - ad'}{cd' - dc'}.$$

Le procédé employé pour substituer à $f(x)$ et $g(x)$ des polynomes de degrés moindres ayant leurs zéros communs pourrait être systématisé facilement.

Remarquons enfin qu'il peut y avoir intérêt, dans certaines questions, à prendre comme inconnues auxiliaires les puissances de l'inconnue à éliminer. Ainsi, l'élimination de x entre les trois équations

$$ax^2 + bx + c = 0, \qquad a'x^2 + b'x + c' = 0, \qquad a''x^2 + b''x + c'' = 0,$$

revient à l'élimination de x et y entre les quatre équations

$$ay + bx + c = 0, \qquad a'y + b'x + c' = 0, \qquad a''y + b''x + c'' = 0, \qquad y = x^2.$$

On tire x et y des deux premières équations, par exemple, et, en portant les valeurs obtenues dans les deux dernières, on obtient les deux équations de condition; ce procédé est bien supérieur à celui qui consisterait à écrire que les deux premières équations en x ont une solution commune, et que cette solution vérifie la troisième.

EXERCICES

1° Trouver le discriminant du polynome $x^m + px + q$. (On est ramené de suite à la recherche du résultant d'un binôme du premier degré et d'un binôme de degré $m - 1$).

2° Trouver le nombre des valeurs de λ pour lesquelles l'équation $f(x) + \lambda g(x) = 0$ admet une racine double, les deux polynomes entiers f et g étant de degrés égaux ou inférieurs à m.

3° Montrer que si x_0 est un zéro simple du résultant $R(x)$ des deux polynomes entiers en y, $f(x, y)$ et $g(x, y)$, les deux équations $f(x_0, y) = 0$, $g(x_0, y) = 0$, n'ont qu'une racine commune. [On s'appuiera sur l'ex. 9, de la leçon précédente.]

APPLICATIONS DE L'ÉLIMINATION ET DU CALCUL DES FONCTIONS SYMÉTRIQUES A LA TRANSFORMATION DES ÉQUATIONS

Le problème général des transformées rationnelles des équations algébriques est le suivant : étant donnée une équation algébrique entière, de degré m, $f(x) = 0$, dont les racines $x_1, x_2, \ldots, x_m$, sont supposées distinctes, et une fonction rationnelle $y = \dfrac{\varphi(u, v, w, \ldots)}{\psi(u, v, w, \ldots)}$ de variables $u, v, w, \ldots$ en nombre au plus égal à m, on demande de former une équation entière, $F(y) = 0$, qui admette pour racines les différentes valeurs prises par la fonction $\dfrac{\varphi}{\psi}$ quand on y remplace $u, v, w, \ldots$ successivement par tous les groupes distincts de racines de l'équation proposée.

Il va de soi que plusieurs valeurs numériques prises par y, pour des groupes différents de zéros de $f(x)$, peuvent être égales; nous ne nous occuperons pas provisoirement de ce fait. Toutefois, nous supposerons tout d'abord qu'aucun groupe de zéros de $f(x)$ n'annule la fonction ψ.

Représentons par $\dfrac{\varphi_1}{\psi_1}, \dfrac{\varphi_2}{\psi_2}, \ldots, \dfrac{\varphi_N}{\psi_N}$, les valeurs algébriques distinctes de la fonction $\dfrac{\varphi}{\psi}$ dans ces conditions. L'équation cherchée est de degré N et peut s'écrire

$$\left(y - \frac{\varphi_1}{\psi_1}\right)\left(y - \frac{\varphi_2}{\psi_2}\right) \cdots \left(y - \frac{\varphi_N}{\psi_N}\right) = 0,$$

ou bien

$$(1) \qquad F(y) \equiv (\psi_1 y - \varphi_1)(\psi_2 y - \varphi_2) \cdots (\psi_N y - \varphi_N) = 0.$$

$F(y)$ est une fonction symétrique entière des zéros de $f(x)$ et peut être exprimée rationnellement en fonction des coefficients de ce polynome. Nous pouvons donc regarder le problème général de la transformation comme résolu.

L'équation transformée étant prise sous la forme (1), on peut se débarrasser d'une restriction faite plus haut : si k groupes de zéros de $f(x)$ annulent la fonction ψ, le degré de F s'abaisse de k unités et le degré de la transformée n'est plus que N $— k$. Nous écarterons d'ailleurs le cas où un groupe de zéros de $f(x)$ annulerait à la fois φ et ψ.

On appelle *ordre* de la transformation le nombre des variables $u, v, w, \ldots$.

Le cas où la transformation est du premier ordre présente un certain nombre de particularités. Soit $y = \dfrac{\varphi(x)}{\psi(x)}$, l'équation qui définit la transformation. On peut toujours supposer la fraction $\dfrac{\varphi}{\psi}$ irréductible, ce qui écarte le cas où un zéro de $f(x)$ annulerait à la fois φ et ψ. On peut même supposer qu'aucun zéro de $f(x)$ n'annule $\psi(x)$, en débarrassant le polynome f des facteurs binômes correspondant aux zéros communs à f et ψ.

L'équation transformée

$$(2) \qquad F(y) \equiv \big[y\psi(x_1) - \varphi(x_1) \big] \big[y\psi(x_2) - \varphi(x_2) \big] \cdots$$
$$\times \big[y\psi(x_m) - \varphi(x_m) \big] = 0$$

est alors du degré m comme l'équation donnée. Sa forme montre que son premier membre est le résultant des deux polynomes $f(x)$ et $y\psi(x) - \varphi(x)$. Un raisonnement à priori le montrerait d'ailleurs aisément.

Les deux polynomes $f(x)$ et $\psi(x)$ étant premiers entre eux, on peut en déterminer deux autres $A(x)$ et $B(x)$ tels que l'on ait :

$$A(x)f(x) + B(x)\psi(x) \equiv 1.$$

Si l'on fait $x = x_i$ dans les deux membres de cette identité, on obtient :

$$\frac{1}{\psi(x_i)} = B(x_i),$$

de sorte que la fonction $B(x)\varphi(x)$ prend les mêmes valeurs que la fonction y, lorsqu'on y remplace x par les zéros de $f(x)$. Ainsi : *toute transformation rationnelle du premier ordre se ramène à une transformation entière.*

Soit $y = \varphi(x)$ l'équation définissant une transformation entière ; si le degré de φ est supérieur ou égal à celui de f, on peut utiliser l'identité qui résulte de la division de $\varphi(x)$ par $f(x)$, soit

$$\varphi(x) \equiv f(x)\,q(x) + \varphi_1(x),$$

où le degré de φ_1 est inférieur à m. Si, dans les deux membres de cette identité, on fait $x = x_i$, on obtient : $\varphi(x_i) = \varphi_1(x_i)$, de sorte que l'on peut définir la transformation par l'équation $y = \varphi_1(x)$.

Le polynome $\varphi_1(x)$ contient m coefficients au plus ; on peut donc dire que la transformée rationnelle la plus générale du premier ordre d'une équation de degré m dépend de m paramètres.

La transformation du premier ordre la plus intéressante est la transformation homographique définie par l'équation $y = \dfrac{\alpha x + \beta}{\gamma x + \delta}$. Elle dépend de trois paramètres, savoir les rapports de trois des coefficients α, β, γ, δ, à l'un d'eux supposé non nul. Les valeurs de y correspondant à deux valeurs distinctes de x ne sont différentes que si $\alpha\delta - \beta\gamma$ n'est pas nul ; nous écarterons le cas où cette expression est nulle.

La formation de l'équation transformée est immédiate, car on a :
$x = \dfrac{\beta - \delta y}{\gamma y - \alpha}$; l'équation transformée est donc $f\left(\dfrac{\beta - \delta y}{\gamma y - \alpha}\right) = 0$.

On peut rattacher à la transformation homographique générale, des transformations particulières fréquemment employées :

$$1° \quad y = \lambda x, \qquad 2° \quad y = x + \mu, \qquad 3° \quad y = \frac{1}{x}.$$

Si l'on remarque que

$$\frac{\alpha x + \beta}{\gamma x + \delta} = \frac{\alpha}{\gamma} + \frac{\beta\gamma - \alpha\delta}{\gamma^2\left(x + \dfrac{\delta}{\gamma}\right)}$$

et si l'on pose :

$$u = x + \frac{\delta}{\gamma}, \qquad v = \frac{\beta\gamma - \alpha\delta}{\gamma^2 u}, \qquad y = \frac{\alpha}{\gamma} + v,$$

on voit que la transformation homographique générale est un produit des transformations particulières signalées plus haut. L'intérêt de la transformation homographique réside dans la conservation du rapport anharmonique; c'est un fait que nous étudierons plus loin.

La transformation $y = x^2$ est également intéressante par ses applications. Le polynome $f(x)$ pouvant s'écrire $f_1(x^2) + x f_2(x^2)$, où f_1 et f_2 désignent des polynomes entiers, on obtient l'équation transformée en éliminant x entre les deux équations

$$f_1(y) + x f_2(y) = 0, \qquad y = x^2.$$

L'équation transformée est donc $f_1^2(y) = y f_2^2(y)$.

L'élimination de x entre l'équation $x^2 + px + q = 0$, et l'équation générale $f(x) = 0$, se ramène à des transformations de ce genre.

Si l'on pose, en effet, $u = x + \dfrac{p}{2}$, on voit que $u^2 = \dfrac{p^2}{4} - q$. Il suffit de

former l'équation aux carrés des racines de l'équation $f\left(u - \dfrac{p}{2}\right) = 0$

et de remplacer, dans l'équation obtenue, u^2 par $\dfrac{p^2}{4} - q$.

La transformation $y = x + \dfrac{1}{x}$ convenablement appliquée aux équations réciproques permet de ramener la résolution de ces équations à celles d'une équation de degré moitié et d'équations du second degré.

On dit qu'une équation est réciproque lorsque ses racines sont deux à deux inverses l'une de l'autre. Nous écarterons le cas où une racine serait à elle-même son inverse, auquel cas cette racine serait 1 ou — 1; nous débarrasserons donc l'équation de ces racines particulières. Nous écarterons aussi le cas où deux racines de l'équation auraient la même inverse, car ces racines seraient égales et nous pouvons supposer l'équation débarrassée de ses racines multiples.

L'équation considérée est alors nécessairement de degré pair; soit

$$f(x) \equiv a_0 x^{2n} + a_1 x^{2n-1} + \ldots + a_n x^n + \ldots + a_{2n-1} x + a_{2n} = 0.$$

Elle a les mêmes racines que l'équation aux inverses, savoir

$$a_{2n} x^{2n} + a_{2n-1} x^{2n-1} + \ldots + a_n x^n + \ldots + a_1 x + a_0 = 0,$$

Ces deux équations ont donc leurs coefficients proportionnels, c'est-à-dire que l'on a :

$$\frac{a_0}{a_{2n}} = \frac{a_1}{a_{2n-1}} = \ldots = \frac{a_n}{a_n} = \ldots = \frac{a_{2n-1}}{a_1} = \frac{a_{2n}}{a_0}.$$

Si a_n n'est pas nul, ces rapports sont égaux à 1 et les coefficients équidistants des extrêmes dans $f(x)$ sont égaux deux à deux.

Supposons $a_n = 0$ et désignons par λ la valeur commune à ces rapports; des deux équations $a_0 = \lambda a_{2n}$, $a_{2n} = \lambda a_0$, on déduit $\lambda^2 = 1$.

On ne peut supposer $\lambda = -1$, parce qu'alors l'équation admettrait les racines 1 et -1 que nous supposons enlevées. Donc, nous pouvons toujours supposer égaux deux à deux les coefficients équidistants des extrêmes dans $f(x)$, et nous pouvons écrire

$$f(x) \equiv a_0 (x^{2n} + 1) + a_1 (x^{2n-1} + x) + \ldots + a_{n-1} (x^{n+1} + x^{n-1}) + a_n x^n.$$

Remarquons que la fonction $y = x + \dfrac{1}{x}$, prend la même valeur lorsqu'on y remplace x par deux nombres inverses l'un de l'autre.

L'équation transformée de degré $2n$ en y a donc ses racines égales deux à deux et son premier membre formé d'après les procédés réguliers est le carré d'un polynome entier de degré n; on peut obtenir ce dernier polynome de la façon suivante.

Divisons $f(x)$ par x^n et écrivons

$$\frac{1}{x^n} f(x) = a_0 \left(x^n + \frac{1}{x^n} \right) + a_1 \left(x^{n-1} + \frac{1}{x^{n-1}} \right) + \ldots + a_{n-1} \left(x + \frac{1}{x} \right) + a_n.$$

Posons $\quad y_k = x^k + \dfrac{1}{x^k}$ et remarquons que $y_k y = y_{k+1} + y_{k-1}$; d'où

$$(3) \qquad\qquad y_{k+1} = y_k y - y_{k-1}.$$

D'ailleurs, $\qquad\qquad y_2 = x^2 + \dfrac{1}{x^2} = y^2 - 2.$

L'équation (3), où l'on fait $k = 2$, montre que y_3 est un polynome du 3e degré en y et donne ce polynome; en y faisant $k = 3$, on obtient y_4 sous forme d'un polynome entier en y de degré 4, et ainsi de suite. On voit donc que $\dfrac{1}{x^n} f(x)$ se met sous la forme d'un polynome $F(y)$ entier et de degré n.

La recherche des zéros de $f(x)$ se trouve ramenée à la recherche d'un zéro quelconque y_0 de $F(y)$ et à la résolution des équations telles que

$$x^2 - x y_0 + 1 = 0$$

Parmi les transformations du second ordre, nous en citerons trois particulièrement simples :

$$1° \quad y = u + v, \quad 2° \quad z = uv, \quad 3° \quad t = u - v.$$

Les équations transformées en y et z sont de degrés respectifs $\dfrac{m(m-1)}{2}$; l'équation transformée en t est de degré $m(m-1)$ et ses racines sont symétriques deux à deux, de sorte que son premier membre ne contient que des puissances de t^2.

On peut former les équations en y et t en écrivant que

$$u = \frac{y+t}{2} \quad \text{et} \quad v = \frac{y-t}{2}$$

sont des racines de l'équation $f(x) = 0$. On obtient ainsi :

$$f\left(\frac{y+t}{2}\right) = f\left(\frac{y}{2}\right) + \frac{\frac{t}{2}}{1} f'\left(\frac{y}{2}\right) + \frac{\left(\frac{t}{2}\right)^2}{1\cdot 2} f''\left(\frac{y}{2}\right) + \frac{\left(\frac{t}{2}\right)^3}{1\cdot 2\cdot 3} f'''\left(\frac{y}{2}\right) + \ldots = 0,$$

$$f\left(\frac{y-t}{2}\right) = f\left(\frac{y}{2}\right) - \frac{\frac{t}{2}}{1} f'\left(\frac{y}{2}\right) + \frac{\left(\frac{t}{2}\right)^2}{1\cdot 2} f''\left(\frac{y}{2}\right) - \frac{\left(\frac{t}{2}\right)^3}{1\cdot 2\cdot 3} f'''\left(\frac{y}{2}\right) + \ldots = 0,$$

qui, par addition et soustraction, donnent :

$$(4) \qquad f\left(\frac{y}{2}\right) + \frac{\left(\frac{t}{2}\right)^2}{1\cdot 2} f''\left(\frac{y}{2}\right) + \frac{\left(\frac{t}{2}\right)^4}{1\cdot 2\cdot 3\cdot 4} f^{\text{IV}}\left(\frac{y}{2}\right) + \ldots = 0,$$

$$\frac{t}{2}\left[\frac{1}{1} f'\left(\frac{y}{2}\right) + \frac{\left(\frac{t}{2}\right)^2}{1\cdot 2\cdot 3} f'''\left(\frac{y}{2}\right) + \ldots \right] = 0.$$

On peut supprimer le facteur t dans la seconde, parce que la solution $t = 0$ reviendrait à prendre pour u et v la même racine de l'équation proposée. On est donc ramené à l'équation (4) et à l'équation

$$(5) \qquad \frac{1}{1} f'\left(\frac{y}{2}\right) + \frac{\left(\frac{t}{2}\right)^2}{1\cdot 2\cdot 3} f'''\left(\frac{y}{2}\right) + \frac{\left(\frac{t}{2}\right)^4}{1\cdot 2\cdot 3\cdot 4\cdot 5} f^{\text{v}}\left(\frac{y}{2}\right) + \ldots = 0.$$

En éliminant $\left(\frac{t}{2}\right)^2$ entre (4) et (5), on obtient l'équation en y ; en éliminant au contraire y on obtient l'équation transformée en t ou t^2.

On peut aussi former les équations transformées en y et z en écrivant que le polynome $f(x)$ admet les deux zéros du trinôme $x^2 - yx + z$, c'est-à-dire qu'il est divisible par ce trinôme. Le reste de la division s'obtient en remplaçant dans $f(x)$, x^2 par $yx - z$ autant de fois que possible ; ce reste est de la forme $A(y,z)\, x + B(y,z)$, A et B désignant deux polynomes entiers.

y et z sont solutions des deux équations $A(y,z) = 0$, $B(y,z)$; on obtiendra l'équation en y en éliminant z, et l'équation en z, en éliminant y.

Dans le cas où $f(x)$ est du 4e degré on peut procéder plus symétriquement et poser :

$$x^4 + ax^3 + bx^2 + cx + d \equiv (x^2 - xy + z)(x^2 - xy' + z')$$

y' représentant également la somme de deux racines et z' leur produit. On en déduit :

$$(6) \quad -a = y + y', \qquad b = yy' + z + z', \qquad -c = yz' + zy',$$
$$d = zz'.$$

La seconde et la troisième équation donnent :

$$\frac{by + c - y^2 y'}{y - y'} = z, \qquad \frac{by' + c - yy'^2}{y' - y} = z',$$

et, en portant ces valeurs de z et z' dans la quatrième, on obtient :

$$(7) \qquad (by + c - y^2 y')(by' + c - yy'^2) + d(y - y')^2 = 0.$$

En remplaçant y', dans cette dernière équation, par $-a - y$, on obtient l'équation transformée en y. Les racines de l'équation en y ont deux à deux pour somme $-a$, de sorte que l'équation du 6e degré en

$$y_1 = y + \frac{a}{2}$$ ne contient que des puissances de y_1^2.

On peut rattacher à ces problèmes la solution des suivants : *écrire que deux racines d'une équation $f(x) = 0$ ont une somme donnée ou un produit donné; cela étant, abaisser le degré de l'équation.*

Si l'on se donne, par exemple, la somme β de deux racines, il suffit d'écrire que l'équation aux sommes des racines deux à deux admet la racine β et on a la condition cherchée. Les deux équations $A(\beta, z) = 0$, $B(\beta, z) = 0$ ont une solution commune en z, soit γ. L'équation proposée admet les deux racines de l'équation $x^2 - \beta x + \gamma = 0$ et on peut la débarrasser de ces racines. Dans le cas où $f(x)$ est du 4e degré, il sera encore commode d'utiliser les équations (6).

On pourrait aussi écrire que deux racines de l'équation $f(x) = 0$ sont liées par une relation involutive donnée :

$$\alpha XX' + \beta(X + X') + \gamma = 0.$$

Si α est nul, on est ramené à écrire que deux racines de l'équation ont une somme donnée.

Si α n'est pas nul, la relation peut s'écrire

$$(\alpha X + \beta)(\alpha X' + \beta) = \beta^2 - \alpha\gamma$$

et, si l'on effectue sur l'équation proposée la transformation

$$y = \alpha x + \beta,$$

on est amené à écrire que deux racines de l'équation en y ont un produit donné.

Nous signalerons encore une transformation particulière du 4e ordre relative à l'équation générale du 4e degré, parce que la connaissance des racines de l'équation transformée conduit à une méthode élégante

de résolution de l'équation donnée ; cette méthode est due à Ferrari.
Le polynome $f(x) \equiv x^4 + ax^3 + bx^2 + cx + d$ peut s'écrire

$$f(x) \equiv \left(x^2 + \frac{a}{2}x + \lambda\right)^2 + \left(b - \frac{a^2}{4} - 2\lambda\right)x^2 + (c - a\lambda)x + d - \lambda^2,$$

λ désignant un nombre arbitraire.

Déterminons ce nombre par la condition que le trinôme

$$\left(2\lambda + \frac{a^2}{4} - b\right)x^2 + (a\lambda - c)x + \lambda^2 - d$$

soit un carré parfait. Il suffit que λ soit une racine de l'équation du
3ᵉ degré :

$$(8) \qquad (a\lambda - c)^2 - (8\lambda + a^2 - 4b)(\lambda^2 - d) = 0.$$

λ_0 désignant une de ces racines, on a :

$$f(x) \equiv \left(x^2 + \frac{a}{2}x + \lambda_0\right)^2 - \left(\sqrt{\lambda_0^2 - d} + \frac{a\lambda_0 - c}{\sqrt{\lambda_0^2 - d}}\,x\right)^2$$

et les 4 racines de l'équation donnée sont les racines des deux équations du second degré :

$$x^2 + \left(\frac{a}{2} + \frac{a\lambda_0 - c}{\sqrt{\lambda_0^2 - d}}\right)x + \lambda_0 + \sqrt{\lambda_0^2 - d} = 0,$$

$$x^2 + \left(\frac{a}{2} - \frac{a\lambda_0 - c}{\sqrt{\lambda_0^2 - d}}\right)x + \lambda_0 - \sqrt{\lambda_0^2 - d} = 0.$$

Si x_1 et x_2 sont les racines de la première, x_3 et x_4 les racines de la
seconde, on a :

$$x_1 x_2 = \lambda_0 + \sqrt{\lambda_0^2 - d},$$
$$x_3 x_4 = \lambda_0 - \sqrt{\lambda_0^2 - d},$$

d'où
$$\lambda_0 = \frac{x_1 x_2 + x_3 x_4}{2}.$$

On voit bien à priori que la transformée en $y = \dfrac{x_1 x_2 + x_3 x_4}{2}$ est du
3ᵉ degré ; la méthode précédente la fournit rapidement.

EXERCICES

1º Démontrer que toute fonction rationnelle de $\sin x$ et de $\cos x$ peut se
mettre sous l'une des formes

$$\frac{f(\sin x)}{g(\sin x)}\cos x + \frac{f_1(\sin x)}{g_1(\sin x)} ; \quad \frac{f(\cos x)}{g(\cos x)}\sin x + \frac{f_1(\cos x)}{g_1(\cos x)} ; \quad \frac{f(\operatorname{tg} x)}{g(\operatorname{tg} x)}\sin x + \frac{f_1(\operatorname{tg} x)}{g_1(\operatorname{tg} x)} ;$$
$$\frac{f(\operatorname{tg} x)}{g(\operatorname{tg} x)}\cos x + \frac{f_1(\operatorname{tg} x)}{g_1(\operatorname{tg} x)}.$$

Qu'arrive-t-il si la fonction rationnelle donnée ne change pas ou change simplement de signe quand on y remplace x par $-x$, ou par $\pi - x$, ou par $\pi + x$?
Appliquer les résultats obtenus à la recherche de la meilleure inconnue, lorsqu'on a à résoudre une équation entière en $\sin x$ et $\cos x$.

2º Démontrer que la transformation rationnelle du premier ordre la plus générale relative à une équation du 3º degré peut se ramener à une transformation homographique.

3º Démontrer que, par une transformation homographique convenable, on peut toujours ramener une équation du 3º degré à une équation binôme. (C'est un mode de résolution de l'équation du 3º degré).

4º Démontrer que la transformation rationnelle du premier ordre la plus générale relative à une équation du 4º degré peut se ramener à la forme

$$y = \frac{\alpha x^2 + \beta x + \gamma}{\delta x + \varepsilon}, \qquad \text{ou } y = \frac{\alpha x + \beta}{\gamma x^2 + \delta x + \varepsilon} \cdot$$

Généraliser.

5º Démontrer que toute transformation rationnelle symétrique d'ordre $m-1$ relative à une équation de degré m se ramène à une transformation du premier ordre.

6º Effectuer la transformation $y = x + \dfrac{1}{x}$ pour l'équation générale $f(x) = 0$.

$\left[\text{On applique la méthode du cours au polynome réciproque } f(x)f\left(\dfrac{1}{x}\right) \right] \cdot$

7º Effectuer la transformation : $y = \dfrac{x_1}{x_2} + \dfrac{x_2}{x_3} + \dfrac{x_3}{x_1}$ pour l'équation générale du 3º degré.

8º Effectuer la transformation $y = (x_1 + x_2)(x_3 + x_4)$ pour l'équation générale du 4º degré. [On pourra partir de l'équation (7) de la leçon précédente ou rattacher à la résolvante de Ferrari].

9º $\dfrac{\varphi(u, v)}{\psi(u, v)}$ étant une fonction rationnelle non symétrique de u et v, l'équation $y = \dfrac{\varphi(u, v)}{\psi(u, v)}$ définit une transformée de degré $m(m-1)$ relative à l'équation de degré m, $f(x) = 0$. Démontrer qu'on obtient cette équation en éliminant u et v entre les trois équations

$$f(u) = 0, \quad \frac{f(u) - f(v)}{u - v} = 0, \quad y\,\psi(u, v) - \varphi(u, v) = 0.$$

[On élimine d'abord v entre les deux dernières, puis u entre l'équation résultante et la première.]

10º La fonction symétrique $\Pi(y - x_i x_j)$ des racines de l'équation générale $f(x) = 0$ est de degré $m-1$. Déduire de là que si les coefficients de $f(x)$ dépendent linéairement d'un paramètre, il existe, en général, $m-1$ valeurs de ce paramètre pour lesquelles deux racines de l'équation ont un produit donné.

11º Etant donné un polynome entier $\psi(u, v, w, \ldots)$ qui ne s'annule pas quand on y remplace $u, v, w, \ldots$, par un groupe quelconque de zéros du polynome $f(x)$, le produit $\psi_1 \cdot \psi_2 \ldots \psi_N$ des valeurs algébriquement distinctes de ce polynome, quand on y remplace $u, v, w, \ldots$ par tous les groupes en question, est une fonction symétrique des zéros de $f(x)$. En déduire qu'une transformation rationnelle, quel que soit son ordre, peut, en général, se ramener à une transformation entière.

12º Trouver la relation qui doit exister entre les coefficients de l'équation

$$x^4 + 4ax^3 + 6bx^2 + 4cx + d = 0,$$

pour qu'une substitution homographique effectuée sur l'inconnue donne une équation binôme par rapport à la nouvelle inconnue.

33ᵉ LEÇON

RECHERCHE DES RACINES COMMENSURABLES
D'UNE ÉQUATION A COEFFICIENTS COMMENSURABLES
THÉORÈME DE DESCARTES

On peut toujours supposer que les coefficients de l'équation donnée sont des nombres entiers; si cette condition n'était pas remplie, on réduirait tous les coefficients au même dénominateur et on multiplierait l'équation par ce dénominateur commun.

Soit
$$f(x) \equiv a_0 x^m + a_1 x^{m-1} + \ldots + a_{m-1} x + a_m = 0,$$

l'équation donnée à coefficients entiers.

Supposons que le nombre commensurable $\dfrac{p}{q}$ (p entier, q naturel, p et q premiers entre eux) soit un zéro de $f(x)$. Le polynome $f(x)$ est divisible, au sens algébrique, par $qx - p$; nous allons montrer que *les coefficients du quotient sont des nombres entiers*.

Calculons le quotient en ordonnant la division par rapport aux puissances décroissantes de x; un coefficient quelconque du quotient se présente alors sous la forme $\dfrac{A}{q^k}$, A désignant un nombre entier.

Calculons-le en ordonnant la division par rapport aux puissances croissantes de x; un coefficient quelconque se présente alors sous la forme $\dfrac{B}{p^{k'}}$, B désignant un nombre entier.

L'égalité $\dfrac{A}{q^k} = \dfrac{B}{p^{k'}}$, où q^k et $p^{k'}$ sont premiers entre eux, exige que A et B soient des équimultiples de q^k et $p^{k'}$; les coefficients du quotient sont donc entiers. Voici une série de conséquences :

1° Le terme de plus haut degré du quotient est $\dfrac{a_0}{q} x^{m-1}$; donc q est un diviseur de a_0. En particulier, si $a_0 = \pm 1$, les racines commensurables sont entières.

2° Le terme constant du quotient est $-\dfrac{a_m}{p}$; donc p est un diviseur de a_m. En particulier, si $a_m = \pm 1$, les racines commensurables sont des inverses de nombres entiers.

3° Si, dans l'identité $f(x) \equiv (qx - p) f_1(x)$, $f_1(x)$ désignant un polynome entier à coefficients entiers, on substitue à x un nombre entier quelconque n, on obtient $f(n) = (qn - p) C$, C désignant un nombre entier, c'est-à-dire que $f(n)$ est divisible, au sens arithmétique, par $qn - p$.

En particulier, $f(1)$ est divisible par $q - p$, et $f(- 1)$ est divisible par $q + p$.

On déduit de là une méthode de recherche des racines commensurables d'un polynome donné :

On commence par substituer 1 et $- 1$ dans $f(x)$, et, si l'un des résultats obtenus est nul, on débarrasse $f(x)$ du zéro correspondant ; on peut donc supposer $f(1)$ et $f(- 1)$ non nuls.

On cherche ensuite les nombres naturels q qui divisent a_0 et les nombres entiers p diviseurs de a_m. On forme un tableau à double entrée dont les lignes portent en regard les nombres q, dans l'ordre de grandeur croissante, en commençant par 1, et les colonnes portent les nombres p, dans l'ordre de valeur absolue croissante, en commençant par 1. A toute case de ce tableau correspond un nombre $\dfrac{p}{q}$ qui peut être un zéro de $f(x)$ (1 et $- 1$ exceptés) et qu'il faut essayer. Pour faire cet essai, on cherche si $f(1)$ est divisible par $p - q$ et $f(- 1)$ par $p + q$; supposons que ces deux conditions soient réalisées : il y a lieu de poursuivre l'essai. On calcule alors le quotient de $f(x)$ par $qx - p$ en ordonnant la division, soit par rapport aux puissances décroissantes, soit par rapport aux puissances croissantes de x, suivant les cas ; on s'arrête dès qu'on obtient au quotient un coefficient non entier. On effectue celle des divisions qui a le plus de chance de produire rapidement ce résultat ; si $q = 1$, il faut ordonner par rapport aux puissances croissantes, et si $p = 1$, par rapport aux puissances décroissantes.

Si l'on a préalablement calculé une limite inférieure et une limite supérieure des zéros de $f(x)$, on laisse de côté les nombres $\dfrac{p}{q}$ qui ne sont pas compris entre ces limites.

Les essais ainsi dirigés se font rapidement.

Théorème de Descartes. — On dit que deux nombres réels présentent une permanence ou une variation, suivant qu'ils sont de même signe ou de signes différents. Imaginons une suite de nombres réels rangés dans un certain ordre, $a_0, a_1, a_2, \ldots, a_m$.

En comparant chacun de ces nombres à celui qui le suit immédiatement, on constate l'existence d'un certain nombre v de variations ; c'est ce qu'on appelle le nombre des variations de la suite. Soit v_1 le nombre des variations de la suite qui se déduit de la proposée en y supprimant un terme intermédiaire quelconque. Trois cas sont possibles :

$1°$ Le terme supprimé est compris entre deux termes de signes différents ; alors, $v_1 = v$.

$2°$ Le terme supprimé est compris entre deux termes ayant le même signe que lui ; ici encore $v_1 = v$.

3° Le terme supprimé est compris entre deux termes dont le signe est différent du sien; alors $v_1 = v - 2$.

En tout cas, v et v_1 sont deux nombres de même parité.

La suppression de tous les termes, sauf les extrêmes, conduit donc à la proposition suivante : le nombre des variations d'une suite est pair ou impair suivant que les termes extrêmes de cette suite sont de même signe ou de signes différents.

Appelons variations d'un polynome entier $f(x)$ ordonné, à coefficients réels, les variations de la suite de ses coefficients (il importe peu que le polynome soit ordonné par rapport aux puissances croissantes ou par rapport aux puissances décroissantes de x). Nous allons montrer que, *si a est un nombre positif, le nombre des variations du produit* $f(x)(x - a)$ *ordonné est supérieur à celui des variations de* $f(x)$ *et en diffère d'un nombre impair.*

Ordonnons $f(x)$ par rapport aux puissances décroissantes de x et supposons que son premier coefficient soit positif; après des termes positifs, nous rencontrons des termes négatifs : signalons le premier ; à la suite de ces termes négatifs, nous rencontrons des termes positifs : signalons le premier ; et ainsi de suite. Signalons aussi, s'il y a lieu, le dernier terme de $f(x)$.

D'après cela, on a :

$$f(x) = A x^{m} + \ldots - B x^{n} - \ldots + C x^{p} + \ldots + \varepsilon E x^{r} + \ldots + \varepsilon F x^{s}.$$

Le nombre des variations de $f(x)$ est égal au nombre des coefficients A, B, C, ..., E, diminué de 1.

Dans le produit $f(x)(x - a)$ ordonné de la même façon, mettons en évidence les termes de degrés respectifs

$$m + 1, \quad n + 1, \quad p + 1, \quad \ldots, \quad r + 1, \quad s.$$

Remarquons que le coefficient de x^{m+1} est A; celui de x^{n+1} étant égal à $-B$ augmenté du produit de $-a$ par un nombre positif ou nul, est négatif : soit $-B'$; celui de x^{p+1} étant égal à C augmenté du produit de $-a$ par un nombre négatif ou nul est positif : soit C'; etc.; celui de x^{r+1}, étant égal à εE augmenté du produit de $-a$ par un nombre qui a le signe de $-\varepsilon$ ou qui est nul, a lui-même le signe de ε : soit $\varepsilon E'$; enfin, celui de x^{s} est $-\varepsilon a F$. Le produit étant écrit sous la forme

$$A x^{m+1} \ldots - B' x^{n+1} \ldots + C' x^{p+1} \ldots + \varepsilon E' x^{r+1} \ldots - \varepsilon a F x^{s},$$

on voit que le nombre de ses variations est égal ou supérieur à celui des nombres A, B', C', ..., E', aF, diminué de 1. Le nombre des variations de $f(x)(x - a)$ est donc supérieur à celui des variations de $f(x)$.

Pour montrer qu'il en diffère d'un nombre impair, supposons $\varepsilon = + 1$; $f(x)$, ayant des coefficients extrêmes de même signe, a un nombre pair de variations; $f(x)(x - a)$, ayant des coefficients extrêmes de signes différents, a un nombre impair de variations; le second nombre surpasse le premier d'un nombre impair. On ferait une vérification analogue lorsque $\varepsilon = - 1$.

Considérons maintenant un polynome entier $f(x)$ dont les racines positives $a, b, c, \ldots, l$, distinctes ou non, sont en nombre p. Soit $f_1(x)$ le quotient de $f(x)$ par le produit $(x - a)(x - b) \ldots (x - l)$. Le produit $f_1(x)(x - a)$ présente plus de variations que $f_1(x)$, il en a donc une au moins ; le produit $f_1(x)(x - a)(x - b)$ présente plus de variations que $f_1(x)(x - a)$, il en a donc deux au moins, et ainsi de suite. Finalement on constate que le produit $f_1(x)(x - a)(x - b) \ldots (x - l)$, c'est-à-dire $f(x)$, présente au moins p variations. On a donc la proposition suivante connue sous le nom de théorème de Descartes :

Le nombre v *des variations d'un polynome ordonné est une limite supérieure du nombre* p *de ses racines positives.*

On peut ajouter que $v - p$ est un nombre pair. En effet, si v est pair, les coefficients extrêmes de $f(x)$ sont de même signe ; $f(o)$ et $f(+\infty)$ ont le même signe et p est pair : $v - p$ est donc pair. Si v est impair, les coefficients extrêmes de $f(x)$ sont de signes différents ; $f(o)$ et $f(+\infty)$ ont des signes différents et p est impair : $v - p$ est encore pair. En particulier, si $v = 1$, $p = 1$.

Aux racines négatives, en nombre n, de l'équation $f(x) = 0$, correspondent les racines positives de l'équation $f(-x) = 0$; soit v' le nombre des variations de $f(-x)$: le nombre v' est une limite supérieure de n et $v' - n$ est un nombre pair.

Remarquons encore que si le polynome $f(x)$ est complet, le nombre $v + v'$ est égal au degré m de ce polynome. En effet, v et v' sont les nombres de variations des deux suites

$$a_m, a_{m-1}, a_{m-2}, a_{m-3}, \ldots, a_1, a_0,$$
$$a_m, -a_{m-1}, a_{m-2}, -a_{m-3}, \ldots,$$

obtenues en ordonnant les polynomes $f(x)$ et $f(-x)$ par rapport aux puissances croissantes de x, et l'on voit que la comparaison de deux coefficients consécutifs montre une variation dans l'une des suites ou dans l'autre ; comme il y a m comparaisons, il y a m variations au total dans les deux suites.

Supposons $f(x)$ incomplet, mais ayant un terme constant, et soit $F(x)$ un polynome complet de degré m ayant tous les termes de $f(x)$ et autant d'autres qu'il est nécessaire pour le rendre complet. Soient v_1 et v'_1 les nombres de variations de $F(x)$ et de $F(-x)$; on a vu que $v_1 + v'_1 = m$.

$f(x)$ résultant de $F(x)$ par suppression d'un certain nombre de termes intermédiaires, on sait que $v_1 - v$ est positif et pair ou nul ; de même, $v'_1 - v'$ est positif et pair ou nul. Donc $v_1 + v'_1 - v - v'$, qui vaut $m - v - v'$, est un nombre positif et pair ou nul.

Posons $v = p + 2k$, $v' = n + 2k'$, $m = v + v' + 2h$, les nombres naturels k, k', h pouvant être nuls. L'élimination de v et v' entre ces trois équations donne :

$$(1) \qquad m - p - n = 2k + 2k' + 2h.$$

Or le premier membre est égal au nombre des racines imaginaires de l'équation $f(x) = 0$. On déduit de là diverses conséquences.

Supposons que l'équation $f(x) = 0$ ait toutes ses racines réelles; le nombre $2k + 2k' + 2h$ étant nul, k, k' et h sont nuls : le nombre des racines positives de l'équation est égal au nombre v de ses variations et le nombre de ses racines négatives est égal à $m - v$.

Il est facile de trouver le nombre des racines supérieures à un nombre donné a pour une telle équation; à tout nombre x supérieur à a correspond un nombre y positif défini par $y = x - a$, de sorte que le nombre des racines de l'équation $f(x) = 0$, supérieures à a, est égal au nombre des racines positives de l'équation $f(a + y) = 0$.

Cette dernière équation ordonnée suivant les puissances croissantes de y s'écrit

$$f(a) + \frac{y}{1} f'(a) + \frac{y^2}{1 \cdot 2} f''(a) + \ldots + \frac{y^m}{m!} f^{(m)}(a) = 0.$$

Elle a aussi toutes ses racines réelles, de sorte que le nombre de ses racines positives est égal au nombre des variations de la suite

$$f(a), f'(a), f''(a), \ldots, f^{(m)}(a).$$

On déduira de là la recherche du nombre de racines de l'équation $f(x) = 0$, comprises entre deux nombres donnés a et b, et, par suite, on séparera, par ce procédé, les racines de l'équation.

Nous avons vu plus haut que le produit $f(x)(x - a)$ présente un nombre impair de variations de plus que $f(x)$, si a est positif. Supposons qu'il en présente $2\lambda + 1$ de plus. Appelons v_1 le nombre total des variations du produit, p_1 le nombre de ses racines positives. Il résulte de l'égalité (1) que le nombre des racines imaginaires de $f(x)(x - a)$, et par suite de $f(x)$, est au moins égal à $v_1 - p_1$. Or $v_1 = v + 2\lambda + 1$, $p_1 = p + 1$; donc, $v_1 - p_1 = v - p + 2\lambda$, qui est égal ou supérieur à 2λ. On peut donc affirmer que $f(x)$ possède au moins 2λ zéros imaginaires.

Dans la pratique, il y aura lieu d'apporter une attention spéciale aux polynomes pour lesquels $m - v - v'$ n'est pas nul, car de tels polynomes ont, d'après l'égalité (1), au moins $m - v - v'$ racines imaginaires.

EXERCICES

1º $f(x)$ étant un polynome entier à coefficients entiers, α un nombre entier quelconque, n un nombre premier quelconque, on suppose qu'aucun des nombres $f(\alpha)$, $f(\alpha + 1)$, $f(\alpha + 2)$, …, $f(\alpha + n - 1)$, ne soit divisible par n. Démontrer que $f(x)$ n'a pas de zéros commensurables.

2º Soient $f(x)$ et $g(x)$ deux polynomes entiers à coefficients entiers. On suppose que les coefficients de g sont premiers entre eux dans leur ensemble et que $f(x)$ admet tous les zéros de $g(x)$. Démontrer que le quotient de $f(x)$ par $g(x)$ est un polynome entier à coefficients entiers.

3º On dit qu'un polynome entier à coefficients commensurables est réductible lorsque c'est le produit de plusieurs polynomes entiers à coefficients commensurables. Démontrer que, si un polynome entier $f(x)$ à coefficients commensurables admet un zéro d'un polynome entier $g(x)$ à coefficients commensurables, mais irréductible, il les admet tous avec le même ordre de multiplicité.

En particulier, a et b étant commensurables et b non carré parfait, si $f(x)$ admet le zéro $a + \sqrt{b}$ avec l'ordre α, il admet le zéro $a - \sqrt{b}$ avec le même ordre.

4º Démontrer que si l'équation algébrique entière $f(x) = 0$ a toutes ses racines réelles, le nombre de ces racines comprises entre deux nombres quelconques a et b est égal au nombre des variations de l'équation $f\left(\dfrac{a - y}{y - b}\right) = 0$, rendue entière et ordonnée.

5º On dit qu'une équation entière $f(x) = 0$, de degré m, présente des lacunes lorsqu'elle ne contient pas tous les monômes de degré moindre que m. Lorsqu'on annule la somme de deux termes consécutifs encadrant une lacune, on obtient une équation binôme qui peut admettre des racines imaginaires. Démontrer que $m - v - v'$ est la somme des nombres de racines imaginaires de toutes les équations binômes ainsi obtenues.

Il résulte de là que, s'il existe des lacunes d'un terme entre deux termes de même signe, ou des lacunes de plus d'un terme, $m - v - v'$ n'est pas nul et l'équation proposée a des racines imaginaires.

6º Démontrer que si un polynome entier $f(x)$ ordonné a trois coefficients consécutifs en progression géométrique, ce polynome a au moins deux zéros imaginaires. [Le produit $f(x)(x - q)$, q désignant la raison de la progression, présente une lacune de deux termes.]

7º Démontrer que si un polynome entier $f(x)$ ordonné a quatre coefficients consécutifs en progression arithmétique, ce polynome a au moins deux zéros imaginaires. [Le produit $f(x)(x - 1)$ ordonné a trois coefficients consécutifs égaux].

8º En écrivant que le produit de $f(x) \equiv \ldots + A\,x^p + B\,x^{p-1} + C\,x^{p-2} + D\,x^{p-5} + \ldots$ par $x + h$, manque de terme de degré $p - 1$ et que les termes de degrés p et $p - 2$ ont des coefficients de même signe, on trouve que les quatre coefficients consécutifs, A, B, C, D, vérifient l'inégalité

$$(AC - B^2)(BD - C^2) < 0.$$

Démontrer que si l'équation $a_0 x^m + a_1 x^{m-1} + a_2 x^{m-2} + \ldots + a_{m-1} x + a_m = 0$ a toutes ses racines réelles, la suite

$$a_0 a_2 - a_1^2, \ a_1 a_3 - a_2^2, \ a_2 a_4 - a_3^2, \ \ldots$$

ne présente que des permanences. Quel est le signe commun à ses termes?

9º En écrivant que le produit de $f(x)$ par $x^2 + px + q$ manque de termes de degrés p et $p - 1$ et que les zéros de $x^2 + px + q$ sont réels, on trouve que les quatre coefficients consécutifs A, B, C, D vérifient l'inégalité

$$(BC - AD)^2 - 4(AC - B^2)(BD - C^2) \geqslant 0$$

Démontrer que si l'équation $f(x) = 0$ a toutes ses racines réelles, 4 coefficients consécutifs quelconques vérifient l'inégalité

$$(AC - B^2)(BD - C^2) > \tfrac{1}{4}(BC - AD)^2.$$

10º Démontrer que si l'équation $f(x) = 0$ a toutes ses racines réelles, l'équation aux carrés des différences de ces racines est complète et ne présente que des variations.

Réciproque. Application à l'équation $x^3 + px + q = 0$.

54e LEÇON

DÉCOMPOSITION DES FRACTIONS RATIONNELLES
EN ÉLÉMENTS SIMPLES

On dit qu'un nombre a est *pôle* d'une fraction rationnelle $\dfrac{f(x)}{g(x)}$ lorsque sa substitution à x rend la fraction infinie. Il faut pour cela que a soit un zéro de $g(x)$; si a est en même temps zéro de $f(x)$, il faut en outre que son ordre de multiplicité dans $g(x)$ soit supérieur à son ordre dans $f(x)$.

Si la fraction $\dfrac{f}{g}$ est irréductible, ses pôles sont les zéros de $g(x)$; on appelle alors ordre d'un pôle a l'ordre de multiplicité α du zéro a de $g(x)$.

Nous allons montrer que l'on peut déterminer des nombres A_1, A_2, ..., A_α, tels que la fraction rationnelle

$$F(x) = \frac{f(x)}{g(x)} - \frac{A_1}{(x-a)^\alpha} - \frac{A_2}{(x-a)^{\alpha-1}} - \ldots - \frac{A_\alpha}{x-a}$$

n'admette plus le pôle a. Posons en effet :

$$g(x) \equiv (x-a)^\alpha g_1(x),$$

$g_1(a)$ étant différent de zéro ainsi que $f(a)$.

Divisons le polynome $f(a+y)$ par $g_1(a+y)$ en ordonnant par rapport aux puissances croissantes de y, jusqu'à ce que nous obtenions un reste qui contienne y^α en facteur. Nous réalisons ainsi l'identité

$$(1) \quad f(a+y) \equiv g_1(a+y)\big[A_1 + A_2 y + A_3 y^2 + \ldots + A_\alpha y^{\alpha-1}\big] + y^\alpha R(y)$$

et, par suite,

$$\frac{f(a+y)}{y^\alpha g_1(a+y)} = \frac{A_1}{y^\alpha} + \frac{A_2}{y^{\alpha-1}} + \frac{A_3}{y^{\alpha-2}} + \ldots + \frac{A_\alpha}{y} + \frac{R(y)}{g_1(a+y)}$$

c'est-à-dire, en reprenant l'ancienne variable,

$$\frac{f(x)}{g(x)} - \frac{A_1}{(x-a)^\alpha} - \frac{A_2}{(x-a)^{\alpha-1}} \ldots - \frac{A_\alpha}{x-a} = \frac{R(x-a)}{g_1(x)}.$$

La fraction rationnelle du second membre n'admettant plus le pôle a, il en est de même de celle du premier membre, et les nombres $A_1, A_2, \ldots, A_\alpha$, ainsi calculés possèdent bien les propriétés indiquées.

Remarquons que si l'on fait $y = 0$ dans l'identité (1), il vient :

$$A_1 = \frac{f(a)}{g_1(a)}.$$

Dans le cas particulier où $\alpha = 1$, l'identité

$$g'(x) \equiv g_1(x) + (x - a) g_1'(x)$$

donne $g'(a) = g_1(a)$, de sorte que l'on a aussi :

$$(2) \qquad A_1 = \frac{f(a)}{g'(a)}.$$

On peut montrer que les coefficients $A_1, A_2, \ldots, A_\alpha$ ont des valeurs indépendantes de la méthode qui les a fournis.

Montrons d'abord que si la fraction rationnelle

$$\varphi(x) = \frac{C_1}{(x - a)^\gamma} + \frac{C_2}{(x - a)^{\gamma-1}} + \ldots + \frac{C_\gamma}{x - a}$$

n'admet pas le pôle a, les coefficients $C_1, C_2, \ldots, C_\gamma$ sont nuls. En effet, on peut écrire

$$\varphi(x) = \frac{1}{(x - a)^\gamma} \left[C_1 + C_2 (x - a) + \ldots + C_\gamma (x - a)^{\gamma-1} \right].$$

Quand x tend vers a, le polynome entre crochets tend vers C_1 tandis que le facteur $\dfrac{1}{(x - a)^\gamma}$ tend vers l'infini. Il faut donc que C_1 soit nul ; de même $C_2, C_3, \ldots, C_\gamma$ sont nuls.

Supposons maintenant qu'on ait pu, d'une autre manière, déterminer des nombres $A_1', A_2', \ldots, A_{\alpha'}'$, tels que la fraction rationnelle

$$F_1(x) = \frac{f(x)}{g(x)} - \frac{A_1'}{(x - a)^{\alpha'}} - \frac{A_2'}{(x - a)^{\alpha'-1}} - \ldots - \frac{A_{\alpha'}'}{x - a}$$

n'admette plus le pôle a ; il en est de même de la fraction $F(x) - F_1(x)$ qui vaut

$$\frac{A_1}{(x - a)^\alpha} + \frac{A_2}{(x - a)^{\alpha-1}} + \ldots + \frac{A_\alpha}{x - a}$$
$$- \frac{A_1'}{(x - a)^{\alpha'}} - \frac{A_2'}{(x - a)^{\alpha'-1}} - \ldots - \frac{A_{\alpha'}'}{x - a}$$

et qui a la même forme que $\varphi(x)$. Cela exige que $\alpha' = \alpha$ et que $A_1' = A_1$.

Les expressions bien définies, $\dfrac{A}{(x - a)^\alpha}, \dfrac{A_1}{(x - a)^{\alpha-1}}, \ldots, \dfrac{A_\alpha}{x - a}$ s'appellent *éléments simples* de la fraction rationnelle $\dfrac{f(x)}{g(x)}$ relatifs au pôle a ; le coefficient A_α s'appelle le *résidu* de la fraction relativement à ce pôle.

Soient $a, b, c, \ldots, l$ les pôles de la fraction rationnelle, $\alpha, \beta, \gamma, \ldots, \lambda$ leurs ordres respectifs. En cherchant les éléments simples de la fraction relatifs à ses différents pôles, on peut la mettre sous la forme

$$\frac{f(x)}{g(x)} = \frac{A_1}{(x-a)^\alpha} + \frac{A_2}{(x-a)^{\alpha-1}} + \cdots + \frac{A_\alpha}{x-a}$$
$$+ \frac{B_1}{(x-b)^\beta} + \frac{B_2}{(x-b)^{\beta-1}} + \cdots + \frac{B_\beta}{x-b} + \cdots$$
$$+ \frac{L_1}{(x-l)^\lambda} + \frac{L_2}{(x-l)^{\lambda-1}} + \cdots + \frac{L_\lambda}{x-l} + E(x),$$

$E(x)$ désignant une fraction rationnelle qui n'admet plus de pôles et qui, par suite, est nécessairement un polynome entier. On dit alors que la fraction rationnelle est décomposée en ses éléments simples.

Remarquons que les nombres A_i, B_j, ... étant bien définis, il en est de même du polynome $E(x)$, de sorte que *la décomposition d'une fraction rationnelle en ses éléments simples n'est possible que d'une seule façon.*

D'ailleurs, la fraction rationnelle $\dfrac{f(x)}{g(x)} - E(x)$ tendant vers zéro quand x tend vers l'infini, $E(x)$ est le quotient de la division de $f(x)$ par $g(x)$, ordonnée par rapport aux puissances décroissantes de x.

Procédés pratiques pour effectuer la décomposition. — L'exposition précédente donne une méthode excellente pour la recherche des éléments simples lorsque les pôles sont multiples.

Lorsque les pôles sont simples, on peut utiliser la formule (2); elle est d'un emploi particulièrement commode pour les fractions rationnelles de la forme $\dfrac{f(x)}{x^m - a}$, parce que $g'(x_i) = m\,x_i^{m-1} = \dfrac{ma}{x_i}$ (x_i désignant un zéro quelconque de $x^m - a$), de sorte que l'on a :

$$\frac{f(x)}{x^m - a} = E(x) + \Sigma \frac{x_i f(x_i)}{ma(x-x_i)}.$$

On peut aussi utiliser la méthode des coefficients indéterminés; en voici un exemple.

La fraction $F(x) = \dfrac{1}{x(x-1)(x-2)}$ peut s'écrire $\dfrac{A}{x} + \dfrac{B}{x-1} + \dfrac{C}{x-2}$

et, par suite,

$$x F(x) = A + \frac{Bx}{x-1} + \frac{Cx}{x-2} = \frac{1}{(x-1)(x-2)}.$$

Faisons $x = 0$ dans les deux membres; nous obtenons $A = \dfrac{1}{2}$. On calculerait de même B en faisant $x = 1$ dans le produit $(x-1)F(x)$ et C en faisant $x = 2$ dans $(x-2)F(x)$.

Dans le cas où la fraction rationnelle est une fonction paire de x ou une fonction impaire, la connaissance de l'élément simple relatif à un pôle entraîne la connaissance immédiate de l'élément simple relatif au pôle symétrique. Par exemple, la fraction $\dfrac{x^5 + 3x}{x^4 - 5x^2 + 4}$ est de la

forme $\dfrac{A}{x - 1} + \dfrac{A_1}{x + 1} + \dfrac{B}{x - 2} + \dfrac{B_1}{x + 2}$.

Si l'on y change x en $-x$, on voit que l'on a :

$$\dfrac{A}{x - 1} + \dfrac{A_1}{x + 1} + \dfrac{B}{x - 2} + \dfrac{B_1}{x + 2}$$

$$= -\left[\dfrac{A}{-x - 1} + \dfrac{A_1}{-x + 1} + \dfrac{B}{-x - 2} + \dfrac{B_1}{-x + 2} \right]$$

et, par suite, $A = A_1$, $B = B_1$.

Supposons que la fraction $\dfrac{f(x)}{g(x)}$ ait ses coefficients réels ; ses pôles sont réels ou imaginaires conjugués deux à deux. Deux pôles conjugués $p + iq$ et $p - iq$ ont le même ordre de multiplicité μ et les éléments simples correspondants sont deux à deux imaginaires conjugués ; cela résulte, soit du calcul de ces éléments effectué par la méthode de la division, car le calcul fait pour l'un des pôles se répète exactement pour l'autre, sauf qu'on remplace partout i par $-i$; soit du fait que la décomposition étant possible d'une seule façon et le changement de i en $-i$ dans la fraction proposée ne l'altérant pas, ce changement substitue, aux éléments correspondant à l'un des pôles, les éléments correspondant au pôle conjugué.

Soient

$$\dfrac{P_1 + iQ_1}{(x - p - iq)^\mu} + \dfrac{P_2 + iQ_2}{(x - p - iq)^{\mu-1}} + \cdots + \dfrac{P_\mu + iQ_\mu}{x - p - iq} + \dfrac{P_1 - iQ_1}{(x - p + iq)^\mu}$$

$$+ \dfrac{P_2 - iQ_2}{(x - p + iq)^{\mu-1}} + \cdots + \dfrac{P_\mu - iQ_\mu}{x - p + iq}$$

les éléments simples correspondant à ces deux pôles. Le groupement de ces fractions permet de mettre leur somme sous la forme

$$\psi(x) = \dfrac{\varphi(x)}{[(x - p)^2 + q^2]^\mu},$$

$\varphi(x)$ désignant un polynome entier à coefficients réels de degré $2\mu - 1$ au plus.

Posons $x = p + y$ et mettons $\varphi(p + y)$ sous la forme $\varphi_1(y^2) + y\varphi_2(y^2)$, φ_1 et φ_2 désignant des polynomes entiers de degré $\mu - 1$ au plus.

Posons encore $y^2 + q^2 = z$. Alors le polynome

$$\varphi(x) = \varphi_1(z - q^2) + y\varphi_2(z - q^2)$$

peut être ordonné suivant les puissances croissantes de z et il peut s'écrire

$$M_1 + N_1 y + (M_2 + N_2 y)z + (M_3 + N_3 y)z^2 + \cdots + (M_\mu + N_\mu y)z^{\mu-1},$$

de sorte que

$$\psi(x) = \dfrac{M_1 + N_1(x - p)}{[(x - p)^2 + q^2]^\mu} + \dfrac{M_2 + N_2(x - p)}{[(x - p)^2 + q^2]^{\mu-1}} + \cdots + \dfrac{M_\mu + N_\mu(x - p)}{(x - p)^2 + q^2}$$

Les fractions simples du second membre sont à coefficients réels et leurs numérateurs sont du 1er degré, au plus, en x; on les utilise quelquefois comme éléments simples de la décomposition de la fraction $\dfrac{f}{g}$, lorsqu'on désire éviter l'emploi des imaginaires.

On peut encore montrer que ces éléments sont bien déterminés, en suivant la voie déjà utilisée plus haut.

D'abord, si une fraction rationnelle

$$\theta(x) = \frac{R_1 + S_1(x-p)}{\left[(x-p)^2 + q^2\right]^\nu} + \frac{R_2 + S_2(x-p)}{\left[(x-p)^2 + q^2\right]^{\nu-1}} + \cdots + \frac{R_\nu + S_\nu(x-p)}{(x-p)^2 + q^2}$$

à coefficients réels, n'admet pas le pôle $p + iq$, les coefficients R_h, S_h, sont tous nuls. On peut écrire en effet :

$$\theta(x) = \frac{1}{\left[(x-p)^2 + q^2\right]^\nu} \times$$

$$\times \left\{ \begin{array}{l} R_1 + S_1(x-p) + \left[(x-p)^2 + q^2\right]\left[R_2 + S_2(x-p)\right] + \cdots \\ + \left[(x-p)^2 + q^2\right]^{\nu-1}\left[R_\nu + S_\nu(x-p)\right] \end{array} \right\}$$

Si l'on fait tendre x vers $p + iq$, le crochet tend vers $R_1 + iq\,S_1$ et le facteur $\dfrac{1}{\left[(x-p)^2 + q^2\right]^\nu}$ tend vers l'infini, ce qui exige que $R_1 = S_1 = 0$. De même, on trouvera que R_2, S_2, etc., sont nuls.

Dès lors, si les deux fractions rationnelles

$$\frac{f(x)}{g(x)} - \frac{M_1 + N_1(x-p)}{\left[(x-p)^2+q^2\right]^\mu} - \frac{M_2 + N_2(x-p)}{\left[(x-p)^2+q^2\right]^{\mu-1}} \cdots - \frac{M_\mu + N_\mu(x-p)}{(x-p)^2 + q^2},$$

$$\frac{f(x)}{g(x)} - \frac{M'_1 + N'_1(x-p)}{\left[(x-p)^2+q^2\right]^{\mu'}} - \frac{M'_2 + N'_2(x-p)}{\left[(x-p)^2+q^2\right]^{\mu'-1}} \cdots - \frac{M'_{\mu'} + N'_{\mu'}(x-p)}{(x-p)^2 + q^2}$$

n'admettent plus le pôle $p + iq$, il en est de même de leur différence; or, cette différence est de la forme de la fonction $\theta(x)$ étudiée plus haut; c'est donc que l'on a $\mu = \mu'$ et $M_h = M'_h$, $N_h = N'_h$.

La recherche de ces nouveaux éléments, pour une fraction rationnelle donnée, peut se faire en suivant la marche qui résulte de l'exposition précédente. Lorsque les pôles complexes sont simples, il est encore commode d'employer la méthode des coefficients indéterminés; en voici un exemple.

Le polynome $x^4 + 1$, dont les zéros sont simples et imaginaires, peut s'écrire $(x^2 + 1)^2 - 2x^2 = (x^2 + x\sqrt{2} + 1)(x^2 - x\sqrt{2} + 1)$, de sorte que la fraction $\dfrac{ax^3 + bx^2 + cx + d}{x^4 + 1}$ peut se mettre sous la forme

$$\frac{Mx + N}{x^2 + x\sqrt{2} + 1} + \frac{M'x + N'}{x^2 - x\sqrt{2} + 1}.$$

On en déduit l'identité

$$ax^3 + bx^2 + cx + d \equiv (Mx + N)(x^2 - x\sqrt{2} + 1)$$
$$+ (M'x + N')(x^2 + x\sqrt{2} + 1).$$

En égalant les coefficients des mêmes puissances de x dans les deux membres, on obtient :

$$M + M' = a; \qquad N + N' + (M' - M)\sqrt{2} = b;$$
$$M + M' + (N' - N)\sqrt{2} = c; \qquad N + N' = d.$$

On tire de là :

$$M + M' = a; \qquad N + N' = d; \qquad M' - M = \frac{b - d}{\sqrt{2}}; \qquad N' - N = \frac{c - a}{\sqrt{2}}$$

et, par suite,

$$M = \frac{a}{2} + \frac{d - b}{2\sqrt{2}}; \qquad M' = \frac{a}{2} + \frac{b - d}{2\sqrt{2}};$$
$$N = \frac{d}{2} + \frac{a - c}{2\sqrt{2}}; \qquad N' = \frac{d}{2} + \frac{c - a}{2\sqrt{2}}.$$

On pourrait aussi chercher à déterminer M et N indépendamment de M' et N'. On remarque, pour cela, que la fraction rationnelle

$$\frac{ax^3 + bx^2 + cx + d}{x^4 + 1} - \frac{Mx + N}{x^2 + x\sqrt{2} + 1}$$

n'admet plus pour pôles les zéros du trinôme $x^2 + x\sqrt{2} + 1$. Cette fraction rationnelle pouvant s'écrire.

$$\frac{ax^3 + bx^2 + cx + d - (Mx + N)(x^2 - x\sqrt{2} + 1)}{(x^2 + x\sqrt{2} + 1)(x^2 - x\sqrt{2} + 1)}$$

il faut que le numérateur soit divisible par $x^2 + x\sqrt{2} + 1$. Le reste de la division s'obtient en y remplaçant x^2 par $- x\sqrt{2} - 1$, autant de fois que possible ; ce reste est

$$x\left[a + c - b\sqrt{2} - 4M + 2N\sqrt{2}\right] + a\sqrt{2} + d - b - 2M\sqrt{2}.$$

En écrivant qu'il est nul, on retrouve les valeurs de M et N déjà rencontrées.

Dans ce cas particulier, le second calcul est plus long que le premier, mais la marche correspondante se généralise plus aisément.

EXERCICES

1º Mettre les fractions rationnelles $\dfrac{1}{x^{2m} - 1}$, $\dfrac{1}{x^{2m+1} - 1}$, sous forme de sommes d'éléments simples à coefficients réels.

2º Trouver la condition pour que la décomposition de la fraction rationnelle $\dfrac{(x - a)(x - b)}{(x - \alpha)^2 (x - \beta)^2}$ soit de la forme $\dfrac{A}{(x - \alpha)^2} + \dfrac{B}{(x - \beta)^2}$. Expliquer *a priori* pourquoi on ne trouve qu'une condition.

3º $g_1(x)$ et $g_2(x)$ étant deux polynomes premiers entre eux, on sait qu'on peut en déterminer deux autres $\gamma_1(x)$ et $\gamma_2(x)$ tels que l'on ait :

$$g_1(x)\,\gamma_2(x) + g_2(x)\,\gamma_1(x) \equiv 1,$$

et, par suite,

$$\frac{\gamma_1(x)}{g_1(x)} + \frac{\gamma_2(x)}{g_2(x)} = \frac{1}{g_1(x)\,g_2(x)}.$$

Déduire de là que la fraction rationnelle irréductible $\dfrac{f(x)}{g_1(x)\,g_2(x)\ldots g_n(x)}$, où $g_1, g_2, \ldots, g_n$ sont des polynomes premiers entre eux deux à deux, peut se mettre sous la forme

$$E(x) + \frac{f_1(x)}{g_1(x)} + \frac{f_2(x)}{g_2(x)} + \cdots \frac{f_n(x)}{g_n(x)},$$

$E, f_1, f_2, \ldots, f_n$ désignant des polynomes entiers et toutes les fractions $\dfrac{f_h}{g_h}$ étant irréductibles.

Démontrer que si l'on suppose le degré de f_h inférieur à celui de g_h, la mise sous cette forme est encore possible et ne l'est que d'une seule façon. Retrouver en partant de là, les divers modes de décomposition d'une fraction rationnelle en éléments simples.

4º La fraction rationnelle $\dfrac{A}{(x-a)^2} + \dfrac{B}{(x-b)^2} + \dfrac{A_1}{x-a} + \dfrac{B_1}{x-b} + 1$ est de la forme $\dfrac{f(x)}{(x-a)^2(x-b)^2}$ où $f(x)$ désigne un polynome du 4ᵉ degré dont le terme en x^4 a 1 pour coefficient. Trouver les relations qui doivent exister entre A, B, A_1, B_1, pour que ce polynome ait deux zéros doubles. [$f(x)$ étant alors le carré d'un polynome de la forme $x^2 + px + q$, on peut écrire

$$\frac{f(x)}{(x-a)^2(x-b)^2} = \left[\frac{x^2 + px + q}{(x-a)(x-b)}\right]^2 = \left(1 + \frac{\alpha}{x-a} + \frac{\beta}{x-b}\right)^2.$$

On effectue la décomposition du dernier membre en éléments simples et on l'identifie à la décomposition donnée : on obtient 4 équations aux inconnues α et β.]

5º Ecrire que les deux équations

$$\frac{A}{(x-a)^2} + \frac{A}{(x-b)^2} + \frac{A_1}{x-a} + \frac{B_1}{x-b} + 1 = 0,$$

$$\frac{A'}{(x-a)^2} + \frac{B'}{(x-b)^2} + \frac{A'_1}{x-a} + \frac{B'_1}{x-b} + 1 = 0,$$

ont deux solutions communes. [La première est de la forme $\dfrac{f(x)}{(x-a)^2(x-b)^2} = 0$; la seconde est de la forme $\dfrac{f_1(x)}{(x-a)^2(x-b)^2} = 0$, et les polynomes f et f_1, du quatrième degré, ayant deux zéros communs, ont un facteur commun du second degré; on peut donc déterminer deux trinomes $x^2 + px + q$, $x^2 + p'x + q'$, tels que l'on ait : $f(x)(x^2 + px + q) \equiv f_1(x)(x^2 + p'x + q')$.

Les deux fractions rationnelles $\dfrac{f(x)(x^2 + px + q)}{(x-a)^2(x-b)^2}$, $\dfrac{f_1(x)(x^2 + p'x + q')}{(x-a)^2(x-b)^2}$, ont donc même décomposition en éléments simples; on cherche ces décompositions et, en écrivant qu'elles sont identiques, on obtient 6 équations linéaires aux 4 inconnues p, q, p', q'].

6º $f(x)$ étant un polynome de degré m dont les zéros, distincts ou non, sont $x_1, x_2, \ldots, x_m$, on sait que l'on a :

$$\frac{f'(x)}{f(x)} = \frac{1}{x-x_1} + \frac{1}{x-x_2} + \cdots + \frac{1}{x-x_m}.$$

Déduire de là que deux zéros réels consécutifs de $f(x)$ comprennent au moins un zéro de $f'(x)$ et, par suite, que si les zéros de $f(x)$ sont tous réels et

distincts, il en est de même de ceux de $f'(x)$, les zéros de l'un de ces polynomes séparant les zéros de l'autre.

7° Démontrer que l'équation

$$\frac{A}{x-a} + \frac{B}{x-b} + \frac{C}{x-c} + \cdots + \frac{L}{x-l} + M = 0,$$

à coefficients réels, où A, B, C, ..., L sont des nombres tous de même signe,
a toutes ses racines réelles et séparées par a, b, ..., l.

8° $g(x)$ étant un polynome de degré m dont tous les zéros sont réels et
distincts, $f(x)$ un polynome de degré m ou $m-1$ dont les zéros tous réels
séparent ceux de $g(x)$, démontrer que les coefficients de la décomposition de
$\frac{f(x)}{g(x)}$ en éléments simples sont tous de même signe. [On s'appuie sur la forme (2)
des résidus et sur l'ex. 6.].

9° L'équation $\quad \frac{A}{x-a} + \frac{B}{x-b} + \cdots + \frac{L}{x-l} + Mx + N = 0$, à coefficients
réels, où les nombres A, B, ..., L ont tous le même signe et M un signe
différent, a toutes ses racines réelles et distinctes. Réciproque?

35ᵉ LEÇON

ÉTUDE DES ÉQUATIONS RÉSULTANT DE LA DIVISION DES ARCS

Le problème général qui conduit à ces équations est le suivant : *étant donnée une fonction circulaire d'un arc inconnu, on demande de calculer une fonction circulaire quelconque de la m^e partie de cet arc.*

Nous nous contenterons d'en indiquer la solution en prenant comme donnée du problème le sinus, le cosinus ou la tangente d'un arc et, comme inconnues, les mêmes fonctions circulaires de sa m^e partie.

I. Division par 2. — Étant donné $\cos a$, $\sin \dfrac{a}{2}$ et $\cos \dfrac{a}{2}$ résultent des deux équations

$$\sin^2 \frac{a}{2} = \frac{1 - \cos a}{2}, \qquad \cos^2 \frac{a}{2} = \frac{1 + \cos a}{2}.$$

On en tire :

$$\sin \frac{a}{2} = \varepsilon \sqrt{\frac{1 - \cos a}{2}}, \qquad \cos \frac{a}{2} = \varepsilon' \sqrt{\frac{1 + \cos a}{2}},$$

d'où

$$\operatorname{tg} \frac{a}{2} = \varepsilon \varepsilon' \sqrt{\frac{1 - \cos a}{1 + \cos a}}.$$

Il est aisé de prévoir géométriquement l'existence de deux valeurs symétriques pour chacune des inconnues. Le choix de ε et de ε', lorsque a est donné, résulte immédiatement de l'observation du quadrant où se trouve l'extrémité de l'arc $\dfrac{a}{2}$.

Étant donné $\sin a$, $\sin \dfrac{a}{2}$ et $\cos \dfrac{a}{2}$ sont les solutions des deux équations

$$\sin^2 \frac{a}{2} + \cos^2 \frac{a}{2} = 1, \qquad 2 \sin \frac{a}{2} \cos \frac{a}{2} = \sin a.$$

En ajoutant et retranchant membre à membre ces deux équations et extrayant chaque fois les racines carrées des deux membres obtenus, on les remplace par les deux équations équivalentes

$$(1) \qquad \sin \frac{a}{2} + \cos \frac{a}{2} = \varepsilon \sqrt{1 + \sin a},$$

$$(2) \qquad \sin \frac{a}{2} - \cos \frac{a}{2} = \varepsilon' \sqrt{1 - \sin a},$$

d'où

$$\sin\frac{a}{2} = \frac{1}{2}\left[\varepsilon\sqrt{1+\sin a} + \varepsilon'\sqrt{1-\sin a}\right],$$

$$\cos\frac{a}{2} = \frac{1}{2}\left[\varepsilon\sqrt{1+\sin a} - \varepsilon'\sqrt{1-\sin a}\right].$$

On en déduit :

$$\operatorname{tg}\frac{a}{2} = \frac{\sqrt{1+\sin a} + \varepsilon\varepsilon'\sqrt{1-\sin a}}{\sqrt{1+\sin a} - \varepsilon\varepsilon'\sqrt{1-\sin a}}$$

et, en multipliant les deux termes de cette fraction par le numérateur,

$$\operatorname{tg}\frac{a}{2} = \frac{1 + \varepsilon\varepsilon'\sqrt{1-\sin^2 a}}{\sin a}.$$

L'existence de quatre valeurs symétriques deux à deux pour $\sin\dfrac{a}{2}$ et de quatre valeurs deux à deux égales aux précédentes pour $\cos\dfrac{a}{2}$ est encore facile à prévoir géométriquement.

Le choix de ε et ε', lorsque a est donné, se fait en cherchant le signe de $\sin\dfrac{a}{2} + \cos\dfrac{a}{2}$ qui est celui de ε et le signe de $\sin\dfrac{a}{2} - \cos\dfrac{a}{2}$, qui est celui de ε'.

Par exemple, si l'arc $\dfrac{a}{2}$ est terminé dans le troisième quadrant, $\sin\dfrac{a}{2}$ et $\cos\dfrac{a}{2}$ sont négatifs, de sorte que $\varepsilon = -1$. Si l'arc $\dfrac{a}{2}$ est terminé dans la première moitié du troisième quadrant, $\sin\dfrac{a}{2}$ est supérieur à $\cos\dfrac{a}{2}$ et $\varepsilon' = +1$; c'est le contraire si l'arc $\dfrac{a}{2}$ est terminé dans la seconde moitié.

$\operatorname{tg} a$ étant donnée, nous nous bornerons à calculer $\operatorname{tg}\dfrac{a}{2}$ qui résulte de l'équation

$$\operatorname{tg} a = \frac{2\operatorname{tg}\dfrac{a}{2}}{1 - \operatorname{tg}^2\dfrac{a}{2}},$$

c'est-à-dire

$$\operatorname{tg}^2\frac{a}{2} + \frac{2}{\operatorname{tg} a}\cdot\operatorname{tg}\frac{a}{2} - 1 = 0.$$

Cette équation a deux racines réelles dont le produit vaut -1; ce fait est encore aisé à prévoir.

Le problème de la division par 4, 8, 16, ... se ramène à une suite de divisions par 2

II. Division par 3. — Supposons donné $\cos a$. L'application de la formule de Moivre donne :

$$\cos 3a = \cos^3 a - 3\cos a \sin^2 a = \cos^3 a - 3\cos a\,(1 - \cos^2 a)$$
$$= 4\cos^3 a - 3\cos a.$$

Si l'on y remplace a par $\dfrac{a}{3}$ et $\cos\dfrac{a}{3}$ par x, on obtient l'équation

$$(3) \qquad\qquad f(x) \equiv 4x^3 - 3x - \cos a = 0.$$

La géométrie montre de suite que cette équation a ses trois racines réelles, distinctes en général, comprises entre -1 et $+1$, et permet de séparer ces racines.

En effet, $\cos a$ étant donné, il existe une infinité d'arcs a compris dans les formules

$$a = \pm\,\alpha + 2k\pi, \quad \text{d'où} \quad \frac{a}{3} = \frac{\alpha}{3} + k\frac{2\pi}{3} \quad \text{et} \quad \frac{a}{3} = -\frac{\alpha}{3} + k'\frac{2\pi}{3}$$

(k et k' entiers quelconques).

Les arcs $\dfrac{a}{3}$ de la première série sont en progression arithmétique de raison $\dfrac{2\pi}{3}$ égale au tiers de la circonférence. Ces arcs sont donc terminés aux sommets d'un triangle équilatéral T_1, inscrit dans le cercle trigonométrique ; on obtient les trois sommets en donnant à k, 3 valeurs entières consécutives quelconques, 0, 1, 2, par exemple.

De même, les arcs $\dfrac{a}{3}$ de la seconde série sont terminés aux sommets d'un second triangle équilatéral T_2, sommets obtenus en donnant à k' les valeurs 0, -1, -2, par exemple. Les arcs qui fournissent les sommets de T_2 étant mesurés par des nombres symétriques de ceux qui mesurent les arcs correspondant aux sommets de T_1, les sommets de T_2 sont symétriques des sommets de T_1 par rapport à l'axe OA des cosinus ; les cosinus fournis par T_2 sont les mêmes que ceux fournis par T_1. L'orientation de T_1 étant quelconque, on obtient bien 3 cosinus distincts.

Pour que deux sommets de T_1 donnent le même cosinus, il faut qu'ils soient symétriques par rapport à OA ; le troisième sommet est alors à l'origine A des arcs ou au point A' diamétralement opposé. Dans l'un de ces cas, la racine double vaut $-\dfrac{1}{2}$ et la racine simple vaut 1 ; dans l'autre, la racine double vaut $\dfrac{1}{2}$ et la racine simple vaut -1. Le fait que la racine double vaut $\pm\dfrac{1}{2}$ résulte d'ailleurs de ce que $f'(x) = 3\,(4x^2 - 1)$ a pour zéros $-\dfrac{1}{2}$ et $\dfrac{1}{2}$.

La géométrie montre que $-\dfrac{1}{2}$ et $\dfrac{1}{2}$ séparent les racines de l'équation (3); il est aisé de vérifier ce fait par le calcul. On trouve en effet :

$$f(-1) = -1 - \cos a; \quad f\left(-\frac{1}{2}\right) = 1 - \cos a;$$

$$f\left(\frac{1}{2}\right) = -1 - \cos a; \qquad f(1) = 1 - \cos a.$$

Ces quatre résultats de substitution ne présentent que des variations, sauf si $\cos a$ vaut -1 ou $+1$; ces deux cas exceptés, les zéros de $f(x)$ sont contenus dans les trois intervalles définis par les 4 nombres

$$-1, \ -\frac{1}{2}, \ \frac{1}{2}, \ 1.$$

Si $\cos a$ vaut 1, $f\left(-\frac{1}{2}\right)$ et $f(1)$ sont nuls; $-\frac{1}{2}$, étant un zéro de $f'(x)$, est un zéro double de $f(x)$ et 1 en est le zéro simple. Etc.

Le calcul de $\sin\frac{a}{3}$ et $\operatorname{tg}\frac{a}{3}$, connaissant $\cos a$, est moins intéressant que le précédent. Si, dans l'équation $\cos a = \cos^3\frac{a}{3} - 3\cos\frac{a}{3}\sin^2\frac{a}{3}$, on remplace $\cos\frac{a}{3}$ par $\varepsilon\sqrt{1 - \sin^2\frac{a}{3}}$ et $\sin\frac{a}{3}$ par y, on trouve l'équation irrationnelle

$$\cos a = \varepsilon\sqrt{1 - y^2}\,[1 - 4\,y^2].$$

Cette équation rendue entière est du 6e degré et a ses racines symétriques deux à deux.

La géométrie permet de montrer que ces racines sont réelles, distinctes en général, symétriques deux à deux et comprises entre -1 et $+1$. Le triangle T_1 donne en effet 3 sinus et le triangle T_2 donne les 3 sinus symétriques.

Si, dans l'équation $\cos a = \cos^3\frac{a}{3} - 3\cos\frac{a}{3}\sin^2\frac{a}{3}$, on remplace $\cos\frac{a}{3}$ par $\dfrac{\varepsilon}{\sqrt{1 + \operatorname{tg}^2\frac{a}{3}}}$, $\sin\frac{a}{3}$ par $\dfrac{\varepsilon\operatorname{tg}\frac{a}{3}}{\sqrt{1 + \operatorname{tg}^2\frac{a}{3}}}$ et $\operatorname{tg}\frac{a}{3}$ par z, on obtient l'équation irrationnelle

$$\cos a = \frac{\varepsilon}{\sqrt{1 + z^2}}\,\frac{1 - 3z^2}{1 + z^2}.$$

Cette équation rendue entière est du 6e degré et a ses racines deux à deux symétriques.

La géométrie permet de voir que ces racines sont réelles, distinctes en général, et symétriques deux à deux. Le triangle T_1 donne en effet 3 tangentes et le triangle T_2 donne les 3 tangentes symétriques.

Supposons maintenant qu'on se donne $\sin a$; si, dans la formule

$$\sin 3a = 3\cos^2 a \sin a - \sin^3 a,$$

on remplace $\cos a$ en fonction de $\sin a$, puis a par $\dfrac{a}{3}$ et $\sin\dfrac{a}{3}$ par x, on trouve l'équation

$$(4) \qquad\qquad g(x) \equiv 4x^3 - 3x + \sin a = 0.$$

L'étude algébrique de cette équation, faite comme plus haut, montre qu'elle a ses racines réelles comprises dans les intervalles définis par les nombres $-1,\ -\dfrac{1}{2},\ \dfrac{1}{2},\ 1$.

Géométriquement, $\sin a$ étant donné, les arcs a sont donnés par l'une des formules $\alpha + 2k\pi$ et $\pi - \alpha + 2k'\pi$; les arcs $\dfrac{a}{3}$ le sont donc par l'une des formules $\dfrac{\alpha}{3} + k\dfrac{2\pi}{3}$, $\dfrac{\pi - \alpha}{3} + k'\dfrac{2\pi}{3}$. Ce sont encore des arcs en progression arithmétique de raison $\dfrac{2\pi}{3}$, terminés aux sommets de deux triangles équilatéraux T_1 et T_2.

Si l'on donne à k les valeurs $0, 1, 2$, et à k' les valeurs correspondantes $1, 0, -1$, on obtient des arcs dont les sommes deux à deux valent π. Il en résulte que les sommets de T_2 sont symétriques des sommets de T_1 par rapport à l'axe des sinus et donnent naissance aux mêmes sinus que les sommets de T_1, à des cosinus symétriques et à des tangentes symétriques. Il y a donc, en général, 3 valeurs pour le sinus, 6 deux à deux symétriques pour le cosinus et pour la tangente des arcs $\dfrac{a}{3}$.

Application à la résolution de l'équation $X^3 + pX + q = 0$, *dont toutes les racines sont réelles.* — Les racines de l'équation (4) dépendent d'un paramètre, $\sin a$. Si on les multiplie par un nombre arbitraire λ, en posant $X = \lambda x$, on trouve que X est solution de l'équation :

$$4X^3 - 3\lambda^2 X + \lambda^3 \sin a = 0,$$

qui dépend de 2 paramètres, comme l'équation

$$(5) \qquad\qquad X^3 + pX + q = 0,$$

dont elle a la forme. Ces deux équations ont les mêmes racines si leurs coefficients sont proportionnels, c'est-à-dire si l'on a :

$$4 = \frac{-3\lambda^2}{p} = \frac{\lambda^3 \sin a}{q}.$$

λ n'est réel que si p est négatif ; supposons que cela soit.

Alors, $\quad \lambda = \varepsilon\sqrt{-\dfrac{4p}{3}}\quad$ et $\quad \sin a = \dfrac{4q}{-\dfrac{4p}{3}\,\varepsilon\sqrt{-\dfrac{4p}{3}}} = \dfrac{3\varepsilon q}{-p\sqrt{-\dfrac{4p}{3}}}.$

Cette valeur ne peut convenir que si son carré est inférieur à 1, c'est-à-dire si l'on a $\dfrac{27\,q^2}{-4\,p^3} < 1$, ou bien $4\,p^3 + 27\,q^2 < 0$. On reconnaît la condition de réalité des racines de l'équation $X^3 + pX + q = 0$, et on voit qu'elle entraîne la condition $p < 0$.

Supposons donc que $4\,p^3 + 27\,q^2$ soit négatif et prenons ε de telle sorte que εq soit positif. L'équation $\sin a = \dfrac{3\,\varepsilon q}{-\,p\,\sqrt{-\dfrac{4\,p}{3}}}$ donne un arc a fourni par les tables trigonométriques et les 3 racines de l'équation (5) sont

$$\lambda \sin\frac{a}{3}, \qquad \lambda \sin\left(\frac{a}{3} + \frac{2\,\pi}{3}\right), \qquad \lambda \sin\left(\frac{a}{3} + 4\,\frac{\pi}{3}\right).$$

Si l'on se donne $\operatorname{tg} a$, l'équation $\operatorname{tg} a = \dfrac{3\,\operatorname{tg}\dfrac{a}{3} - \operatorname{tg}^3\dfrac{a}{3}}{1 - 3\,\operatorname{tg}^2\dfrac{a}{3}}$, où l'on pose $\operatorname{tg}\dfrac{a}{3} = x$, est une équation du 3e degré qui peut s'écrire

$$(6) \qquad f(x) \equiv x^3 - 3\,x + \operatorname{tg} a \cdot (1 - 3\,x^2) = 0.$$

La géométrie montre que, $\operatorname{tg} a$ étant donnée, l'arc est donné par la formule $\alpha + k\pi$; les arcs $\dfrac{a}{3}$ étant de la forme $\dfrac{\alpha}{3} + k\,\dfrac{\pi}{3}$ appartiennent à une progression arithmétique dont la raison vaut $\dfrac{2\,\pi}{6}$, c'est-à-dire le sixième de la circonférence. Ces arcs sont donc terminés aux sommets d'un hexagone régulier dont les sommets sont deux à deux diamétralement opposés sur le cercle trigonométrique; ils donnent naissance à 3 tangentes toujours distinctes (l'une peut être infinie), à 6 sinus distincts en général et symétriques deux à deux, à 6 cosinus possédant les mêmes propriétés.

Deux hexagones correspondant à des valeurs différentes de $\operatorname{tg} a$ ont des diamètres qui s'enchevêtrent; il en résulte que les racines des équations (6) associées à ces hexagones se séparent. En particulier, si l'on fait $\operatorname{tg} a = 0$, on trouve l'équation $x^3 - 3\,x = 0$ dont les racines sont 0 et $\pm\sqrt{3}$, et si l'on fait $\operatorname{tg} a$ infini, on trouve l'équation $1 - 3\,x^2 = 0$ dont les racines sont $\pm\dfrac{1}{\sqrt{3}}$. Il est aisé de vérifier, par des substitutions, que ces deux séries de nombres séparent les racines de l'équation (6), quelle que soit la valeur de $\operatorname{tg} a$.

III. **Division par m.**

Supposons donné $\cos a$. De la formule de Moivre, on tire :

$$\cos ma = \cos^m a - C_m^2 \cos^{m-2} a \sin^2 a + C_m^4 \cos^{m-4} a \sin^4 a - \ldots$$

Si l'on remplace a par $\dfrac{a}{m}$, $\sin^2\dfrac{a}{m}$ par $1 - \cos^2\dfrac{a}{m}$ et $\cos\dfrac{a}{m}$ par x, on obtient l'équation

$$(7)\quad f(x) \equiv x^m - C_m^2 x^{m-2}(1 - x^2) + C_m^4 x^{m-4}(1 - x^2)^2 - \ldots - \cos a = 0.$$

Cette équation (7) est de degré m, car le coefficient de x^m vaut

$$1 + C_m^2 + C_m^4 + \ldots = 2^{m-1}.$$

La géométrie montre que ses racines sont réelles, comprises entre -1 et $+1$, et distinctes en général. Les arcs a rentrent, en effet, dans les deux formules $\alpha + 2k\pi$ et $-\alpha + 2k'\pi$; les arcs $\dfrac{a}{m}$ étant de l'une des formes $\dfrac{\alpha}{m} + k \cdot \dfrac{2\pi}{m}$ et $-\dfrac{\alpha}{m} + k' \cdot \dfrac{2\pi}{m}$, appartiennent à deux progressions arithmétiques dont la raison vaut la m^e partie de la circonférence. On voit de plus, en faisant $k' = -k$, que les termes de la seconde progression ont des valeurs symétriques des termes de la première. Ces deux séries d'arcs $\dfrac{a}{m}$ sont donc terminées aux sommets de deux polygones réguliers de m côtés, P_1 et P_2, symétriques par rapport à l'axe des cosinus. Les cosinus provenant des sommets de P_2 sont donc les mêmes que ceux qui viennent des sommets de P_1.

Comme P_1 a une orientation quelconque, ces cosinus sont en nombre m et sont distincts en général.

Les sinus venant de P_2 étant symétriques deux à deux de ceux qui viennent de P_1, il convient d'étudier ces derniers. Si m est pair, P_1 a ses sommets diamétralement opposés deux à deux ; dans ce cas, $y = \sin\dfrac{a}{m}$ a seulement m valeurs symétriques deux à deux. On obtient l'équation qui les fournit en remplaçant x^2 par $1 - y^2$ dans l'équation $f(x) = 0$. Si m est impair, P_1 ayant une orientation quelconque donne naissance en général à m sinus distincts non symétriques, et P_2 fournit m sinus symétriques des précédents. Dans ce cas, $y = \sin\dfrac{a}{m}$ a $2m$ valeurs symétriques deux à deux. L'équation qui les fournit s'obtient encore aisément.

On présentera des remarques analogues à propos de $\operatorname{tg}\dfrac{a}{m}$ et l'on vérifiera que si $m = 2n$, $z = \operatorname{tg}\dfrac{a}{m}$ a m valeurs symétriques deux à deux, racines de l'équation

$$\cos a = \frac{1 - C_m^2 z^2 + C_m^4 z^4 - \ldots}{(1 + z^2)^n}.$$

Si m est impair, $\operatorname{tg}\dfrac{a}{m}$ a $2m$ valeurs symétriques deux à deux, racines de l'équation

$$\cos^2 a = \frac{\left[1 - C_m^2 z^2 + C_m^4 z^4 - \ldots\right]^2}{(1 + z^2)^m}.$$

Supposons donné $\sin a$. La formule de Moivre donnant :

$$\sin a = C_m^1 \cos^{m-1}\frac{a}{m} \sin\frac{a}{m} - C_m^3 \cos^{m-3}\frac{a}{m} \sin^3\frac{a}{m} + \ldots,$$

si l'on veut calculer $x = \sin\dfrac{a}{m}$, il convient de distinguer la parité de m.

Soit $m = 2n + 1$. Alors x est racine de l'équation

$$C_m^1(1 - x^2)^n x - C_m^3(1 - x^2)^{n-1}x^3 + \ldots - \sin a = 0.$$

Cette équation est de degré m, car le coefficient de x^m est

$$(-1)^n[C_m^1 + C_m^3 + \ldots] \quad \text{ou} \quad (-1)^n 2^{m-1}.$$

Si m est pair, on trouve que x est racine d'une équation de degré $2m$ facile à former.

Si l'on veut calculer $y = \cos\dfrac{a}{m}$, il faut remplacer $\sin\dfrac{a}{m}$ par $\varepsilon\sqrt{1 - y^2}$ dans l'expression de $\sin a$ et l'on tombe toujours sur une équation de degré $2m$.

Enfin, si l'on désire $z = \operatorname{tg}\dfrac{a}{m}$, il y a encore lieu de distinguer la parité de m.

Si m est pair, l'équation en z est de degré m; c'est :

$$\sin a = \frac{C_m^1 z - C_m^3 z^3 + \ldots}{\left(1 + z^2\right)^{\frac{m}{2}}}.$$

Si m est impair, elle est de degré $2m$; c'est :

$$\sin^2 a = \frac{\left[C_m^1 z - C_m^3 z^3 + \ldots\right]^2}{\left(1 + z^2\right)^m}.$$

Vérifions encore ces résultats et complétons-les par la géométrie.

$\operatorname{Sin} a$ étant donné, les arcs $\dfrac{a}{m}$ rentrent dans les deux formules $\dfrac{\alpha}{m} + k \cdot \dfrac{2\pi}{m}$ et $\dfrac{\pi - \alpha}{m} + k' \cdot \dfrac{2\pi}{m}$. Ils sont terminés aux sommets de deux polygones réguliers P_1 et P_2 de m côtés. Étudions, par exemple, les sinus de ces arcs. P_1 ayant une orientation quelconque donne naissance à m sinus distincts, en général, et symétriques deux à deux lorsque m est pair. Un sommet de P_2 donnera le même sinus qu'un sommet de P_1 dans deux cas : 1° si ces deux sommets sont confondus, c'est-à-dire si la différence des arcs correspondants est un multiple de 2π; cette différence dépendant de α, cela n'a pas lieu en général; 2° si ces deux sommets sont symétriques par rapport à l'arc des sinus, c'est-à-dire si la somme des arcs correspondants est de la forme $(2h + 1)\pi$. Cette somme valant $\dfrac{\pi}{m} + \dfrac{2(k + k')\pi}{m}$, on est conduit à étudier l'égalité

$$\frac{\pi}{m}(2k + 2k' + 1) = (2h + 1)\pi,$$

c'est-à-dire

$$2k + 2k' + 1 = (2h + 1)m.$$

Elle exige que m soit impair; d'ailleurs, si m est impair, il est toujours possible de la vérifier en prenant k' arbitrairement, h nul et $k = \dfrac{m - 2k' - 1}{2}$, c'est-à-dire que tout sommet de P_2 est symétrique d'un sommet de P_1 par rapport à l'axe des sinus. Donc, si m est impair, $\sin\dfrac{a}{m}$ a m valeurs et si m est pair, $\sin\dfrac{a}{m}$ a $2m$ valeurs symétriques deux à deux.

Supposons enfin qu'on se donne $\operatorname{tg} a$, et cherchons simplement $\operatorname{tg}\dfrac{a}{m} = x$.

On sait que l'on a :

$$(8) \qquad \operatorname{tg} a = \frac{C_m^1 x - C_m^3 x^3 + \dots}{1 - C_m^2 x^2 + \dots} \, ;$$

x est donné par une équation de degré m.

La géométrie montre que les arcs $\dfrac{a}{m}$ sont de la forme $\dfrac{\alpha}{m} + k \cdot \dfrac{\pi}{m}$ et sont terminés aux sommets d'un polygone régulier de $2m$ côtés. Ce polygone donne naissance à m tangentes toujours distinctes. Deux polygones qui correspondent à deux valeurs différentes de $\operatorname{tg} a$ ont des diamètres qui s'enchevêtrent. Les racines des équations (8) associées à ces polygones se séparent donc mutuellement.

En particulier, si l'on fait $\operatorname{tg} a$ nul ou infini, on obtient deux équations particulières dont les racines respectives séparent celles de l'équation (8), quelle que soit la valeur attribuée à $\operatorname{tg} a$.

EXERCICES

1º Démontrer que les résidus de la fraction rationnelle

$$\frac{C_m^1 x - C_m^3 x^3 + \dots}{1 - C_m^2 x^2 + C_m^4 x^4 - \dots},$$

relatifs à ses différents pôles, ont tous le même signe et que, si m est impair, le coefficient de x, dans le quotient de la division du numérateur par le dénominateur, a un signe différent.

2º Démontrer qu'une substitution homographique convenable de la forme : $y = \dfrac{x - a}{1 + ax}$ effectuée sur l'équation

$$C_m^1 x - C_m^3 x^3 + \dots + \lambda (1 - C_m^2 x^2 + \dots) = 0$$

reproduit cette même équation. Démontrer que toutes les racines de cette équation sont des fonctions rationnelles de l'une d'elles et de a.

3º Étant donnée une fonction circulaire de l'arc $\dfrac{p}{q} a$, on demande de calculer une fonction circulaire de l'arc $\dfrac{p'}{q'} a$. En posant $\dfrac{p}{q} a = b$, il vient $\dfrac{p'}{q'} a = \dfrac{p'q}{pq'} b = \dfrac{m}{n} b$, la fraction $\dfrac{m}{n}$ étant irréductible. Résoudre le problème avec ces nouvelles notations; former les équations correspondantes et discuter par la géométrie. On est conduit à des polygones réguliers étoilés).

4° Calculer la valeur du produit

$$\operatorname{tg} a \operatorname{tg}\left(a + \frac{\pi}{m}\right) \operatorname{tg}\left(a + \frac{2\pi}{m}\right) \ldots \operatorname{tg}\left(a + \frac{(m-1)\pi}{m}\right),$$

[On remarque que les facteurs de ce produit sont les racines de l'équation qui donne $\operatorname{tg} a$, connaissant $\operatorname{tg} ma$].

5° Calculer la valeur du produit

$$\cos a \cos\left(a + \frac{2\pi}{m}\right) \cos\left(a + \frac{4\pi}{m}\right) \ldots \cos\left(a + \frac{2(m-1)\pi}{m}\right).$$

6° Calculer la valeur du produit

$$\cos a \cos\left(a + \frac{\pi}{m}\right) \cos\left(a + \frac{2\pi}{m}\right) \ldots \cos\left(a + \frac{(m-1)\pi}{m}\right).$$

7° Calculer la valeur du produit

$$\sin a \sin\left(a + \frac{\pi}{m}\right) \sin\left(a + \frac{2\pi}{m}\right) \ldots \sin\left(a + \frac{(m-1)\pi}{m}\right).$$

8° On peut vérifier l'équation $X^3 + pX + q = 0$, en posant $X = y + z$, et en déterminant y et z, par les deux équations

$$3yz + p = 0, \qquad y^3 + z^3 + q = 0.$$

Déduire de là que les 3 valeurs de X sont données par la formule

$$X = \sqrt[3]{-\frac{q}{2} + \sqrt{\left(\frac{q}{2}\right)^2 + \left(\frac{p}{3}\right)^3}} + \sqrt[3]{-\frac{q}{2} - \sqrt{\left(\frac{q}{2}\right)^2 + \left(\frac{p}{3}\right)^3}} \quad \text{(Cardan)},$$

à condition d'associer à chaque valeur du premier radical cubique, celle du second dont le produit par la première vaut $-\dfrac{p}{3}$.

Cette formule conduit à un calcul effectif de la seule valeur réelle de X quand $4p^3 + 27q^2$ est positif.

9° L'expression $X = \lambda(j \operatorname{tg}\varphi + \varepsilon j^2 \cot g\,\varphi)$, où λ et φ désignent deux nombres réels quelconques, j l'une quelconque des racines cubiques de l'unité, a trois valeurs dont une est réelle et les deux autres imaginaires conjuguées. Ces valeurs dépendent de deux paramètres; elles sont racines d'une équation de la forme $X^3 + pX + q = 0$, que l'on obtient de suite en formant X^3.

Déduire de là un mode de résolution logarithmique de l'équation

$$X^3 + pX + q = 0,$$

lorsqu'une seule de ses racines est réelle.

36e LEÇON

SUITES CONVERGENTES — SÉRIES

Supposons qu'à l'ensemble des nombres naturels rangés par ordre de grandeur croissante, on fasse correspondre une suite de nombres réels $S_1, S_2, \ldots S_n, \ldots$. On dit que cette suite est convergente lorsque S_n tend vers une limite quand n tend vers l'infini. Les propositions établies (leçon 23) sur la limite des fonctions d'une variable nous permettent d'affirmer que S_n tend vers une limite dans les trois cas suivants :

1° Lorsque S_n ne va pas en décroissant et est limité supérieurement.

2° Lorsque S_n ne va pas en croissant et est limité inférieurement.

3° Lorsqu'à tout nombre positif ε, on peut faire correspondre un nombre naturel N tel que, pour toutes les valeurs de n et de n' égales ou supérieures à N, on ait $|S_n - S_{n'}| < \varepsilon$.

Les deux premières conditions ne sont pas nécessaires à l'existence de la limite, mais la troisième l'est, car si S_n tend vers une limite, comme $S_{n'}$, tend vers la même limite, $S_n - S_{n'}$ tend vers zéro.

Le problème de la convergence des suites est équivalent au problème de la convergence des séries que nous allons étudier.

On donne aussi le nom de série à une suite de nombres :

$$u_1, u_2, \ldots u_n, \ldots,$$

correspondant à l'ensemble des nombres naturels rangés par ordre de grandeur croissante. (Nous dirons constamment la série u_n pour désigner la série dont le terme de rang n, ou terme général, est u_n.)

Posons :
$$S_n = u_1 + u_2 + \ldots + u_n.$$

La série u_n est dite convergente lorsque S_n tend vers une limite S quand n tend vers l'infini, c'est-à-dire lorsque la suite $S_1, S_2, \ldots S_n, \ldots$ est convergente. Le nombre S s'appelle la somme de la série et l'on pose dans ce cas :

$$S = u_1 + u_2 + \ldots + u_n + \ldots .$$

Lorsqu'une série n'est pas convergente, on dit qu'elle est divergente. Inversement, étant donnée une suite $S_1, S_2, \ldots S_n, \ldots$, l'égalité

$$S_n = S_1 + (S_2 - S_1) + (S_3 - S_2) + \ldots + (S_n - S_{n-1})$$

montre que cette suite est convergente en même temps que la série dont le terme général est $S_n - S_{n-1}$.

Lorsqu'une série u_n est convergente, $S_{n+p} - S_n$ tend vers zéro (quelque soit le nombre naturel p) quand n tend vers l'infini; or, cette différence est égale à $u_{n+1} + u_{n+2} + \ldots + u_{n+p}$. En particulier u_n tend vers zéro.

Cette dernière condition ne suffit pas à assurer la convergence d'une série. L'exemple de la série harmonique, $u_n = \dfrac{1}{n}$, le montre de suite.

En effet $S_{2n} - S_n$ qui vaut $\dfrac{1}{n+1} + \dfrac{1}{n+2} + \ldots + \dfrac{1}{2n}$ se compose de n termes égaux ou supérieurs au dernier $\dfrac{1}{2n}$, de sorte que cette diffé-rence est supérieure à $\dfrac{n}{2n}$ ou $\dfrac{1}{2}$ et ne tend pas vers zéro quand n tend vers l'infini. La série harmonique est donc divergente et cependant son terme général tend bien vers zéro.

Dans quelques cas simples, on peut expliciter S_n en fonction de n sous une forme qui permet de reconnaître l'existence d'une limite pour n infini et de trouver cette limite.

On a démontré, par exemple, que la somme des n premiers termes de la progression géométrique illimitée $a + aq + aq^2 + \ldots + aq^n + \ldots$ est

$$S_n = a\,\frac{1 - q^n}{1 - q},$$

Si $|q|$ est supérieur à 1, q^n tend vers l'infini et la série correspondante est divergente.

Si $|q| = 1$, le terme général ne tend pas vers zéro et la série est encore divergente.

Si $|q|$ est inférieur à 1, q^n tend vers zéro et S_n tend vers $\dfrac{a}{1 - q}$.

On reconnaît beaucoup plus facilement la convergence ou la diver-gence d'une série à termes tous de même signe (certains pouvant être nuls), que la convergence ou la divergence d'une série à termes de signes quelconques. Nous allons étudier tout d'abord les séries à termes positifs, les séries à termes tous négatifs s'en déduisant aisé-ment.

Séries à termes positifs. — S_n ne va pas en décroissant; s'il tend vers une limite S, il est borné supérieurement par cette limite et limité supérieurement par tout nombre supérieur à S.

Réciproquement, si S_n est limité supérieurement par un nombre M, il tend vers une limite inférieure ou égale à M.

Il suffira donc de constater que S_n est limité supérieurement pour établir la convergence de la série. Il suffira même de vérifier que cer-taines valeurs de S_n, en nombre infini, sont limitées supérieurement, pour conclure que toutes le sont et que la série est convergente.

Si S_n n'est pas limité supérieurement, il tend vers l'infini avec n puisqu'il ne décroît pas; on dit quelquefois que la série a une somme infinie.

Pratiquement, on utilise un certain nombre de règles déduites des considérations précédentes ; nous allons en établir quelques-unes.

$1°$ RÈGLE DE D'ALEMBERT : *Si le rapport* $\dfrac{u_{n+1}}{u_n}$ *est, à partir d'un certain rang, moindre qu'un nombre* $k < 1$, *la série* u *est convergente.*

Supposons en effet que pour toutes les valeurs de n égales ou supérieures à p, on ait $\dfrac{u_{n+1}}{u_n} < k$, c'est-à-dire $u_{n+1} < ku_n$.

Donnons à n successivement les valeurs $p, p+1, \ldots, p+q$, et multiplions membre à membre les inégalités correspondantes ; nous obtenons :

$$u_{p+q} < k^q u_p.$$

et, par suite,

$$S_{p+n} - S_p = u_{p+1} + u_{p+2} + \ldots + u_{p+n} < ku_p + k^2 u_p + \ldots + k^n u_p$$
$$= u_p \frac{k - k^{n+1}}{1 - k} < \frac{ku_p}{1 - k}.$$

Donc, on a :

$$S_{p+n} < S_p + \frac{ku_p}{1 - k}.$$

S_{p+n} étant limité supérieurement, la série est convergente.

Dans ce cas particulier, on peut calculer une limite supérieure *utile* de l'erreur commise lorsqu'on remplace la somme de la série par la somme $S_{p'}$ en supposant $p' \geqq p$.

Le raisonnement précédent montre en effet que l'on a :

$$S_{p'+n} - S_{p'} < \frac{k}{1 - k} u_{p'},$$

et, si l'on fait tendre n vers l'infini, on voit que $S - S_{p'}$ est inférieur à $\dfrac{k}{1 - k} u_{p'}$. Cette limite supérieure de l'erreur tend vers zéro quand p' tend vers l'infini. Par exemple, si $k = \dfrac{1}{2}$, on voit que l'erreur commise est inférieure au dernier terme employé.

Un exemple très simple est donné par la série

$$1 + \frac{1}{1} + \frac{1}{1 \cdot 2} + \frac{1}{1 \cdot 2 \cdot 3} + \ldots + \frac{1}{1 \cdot 2 \ldots n} + \ldots$$

Représentons le premier terme par u_0, de sorte que $u_n = \dfrac{1}{n!}$.

Le rapport $\dfrac{u_{n+1}}{u_n}$ valant $\dfrac{1}{n+1}$ est inférieur ou égal à $\dfrac{1}{2}$ et l'on se trouve dans le cas précédent. On représente par e la somme de cette série convergente. Cherchons une limite supérieure de l'erreur commise en substituant à e la somme S_n des $n+1$ premiers termes.

Cette erreur est la somme σ de la série

$$u_{n+1} + u_{n+2} + \ldots,$$

et si l'on remarque que l'on a :

$$\frac{u_{n+2}}{u_{n+1}} = \frac{1}{n+2} < \frac{1}{n+1}, \qquad \frac{u_{n+3}}{u_{n+1}} = \frac{1}{(n+2)(n+3)} < \frac{1}{(n+1)^2}, \qquad \ldots,$$

on voit que σ est moindre que la somme de la progression géométrique

$$u_{n+1} + \frac{u_{n+1}}{n+1} + \frac{u_{n+1}}{(n+1)^2} + \ldots = u_{n+1}\frac{n+1}{n} = \frac{u_n}{n}.$$

On peut donc écrire $e = S_n + \dfrac{\theta u_n}{n}$, θ désignant un nombre positif et moindre que 1.

Il résulte de là que le nombre e est compris entre $\dfrac{5}{2}$ et 3; il suffit de faire $n = 2$ pour le voir. Il en résulte aussi que e est un nombre incommensurable. Supposons, en effet, que e soit égal à $\dfrac{p}{q}$; nous avons :

$$e = \frac{p}{q} = S_q + \frac{\theta u_q}{q},$$

et, par suite,

$$\left(\frac{p}{q} - S_q\right) q! = \frac{\theta}{q}.$$

Le premier membre est un nombre entier, puisque toutes les fractions qui composent son premier facteur ont pour dénominateur des diviseurs de $q!$. Le second membre étant moindre que 1, la contradiction est évidente. On a démontré aussi que le nombre e n'est pas un nombre algébrique. Nous allons montrer, sur cet exemple, les difficultés que l'on rencontre lorsqu'on veut évaluer la somme d'une série avec une erreur moindre qu'un nombre donné. Proposons-nous de calculer e à $\dfrac{1}{10^5}$ près; nous nous arrêterons au premier terme inférieur à $\dfrac{1}{10^5}$ et nous calculerons chacun des termes conservés à $\dfrac{1}{10^7}$ près par défaut. Nous verrons que

$$u_0 = 1, \qquad u_1 = 1, \qquad u_2 = 0,5, \qquad u_3 = 0,1666666 + \varepsilon_3,$$
$$u_4 = 0,0416666 + \varepsilon_4, \qquad u_5 = 0,0083333 + \varepsilon_5, \qquad u_6 = 0,0013888 + \varepsilon_6,$$
$$u_7 = 0,0001984 + \varepsilon_7, \qquad u_8 = 0,0000248 + \varepsilon_8, \qquad u_9 = 0,0000027 + \varepsilon_9,$$

et que

$$S_9 = 2,7182812 + \varepsilon_3 + \varepsilon_4 + \ldots + \varepsilon_9.$$

Chacun des 7 nombres ε_i étant moindre que $\dfrac{1}{10^7}$, leur somme est inférieure à $\dfrac{7}{10^7}$. D'autre part, $e - S_9$ est inférieur à $\dfrac{u_9}{9}$ et, par suite, à $\dfrac{28}{9 \times 10^7}$, ou encore à $\dfrac{4}{10^7}$. Donc, e est compris entre $2,7182812$ et

$$2,7182812 + \dfrac{7+4}{10^7} \quad \text{ou} \quad 2,7182823.$$

On peut donc affirmer que $2,7182082$ est approché de e à $\dfrac{1}{10^6}$ près, mais on ignore le sens de l'approximation. Au contraire, on est sûr que $2,71828$ est approché de e à $\dfrac{1}{10^5}$ près par défaut.

RÈGLE INVERSE. — *Si le rapport $\dfrac{u_{n+1}}{u_n}$ est, à partir d'un certain rang, au moins égal à 1, la série u_n est divergente.*

Il résulte en effet de l'hypothèse que l'on a $u_{n+1} \geqq u_n$ et que u_n ne tend pas vers zéro quand n tend vers l'infini.

Dans la pratique, on cherche si $\dfrac{u_{n+1}}{u_n}$ tend vers une limite quand n tend vers l'infini; supposons que cette limite existe, soit l.

Si $l < 1$, la série est convergente. En effet, k désignant un nombre compris entre l et 1, on peut déterminer un entier p tel que pour $n \geqq p$ on ait $\left| \dfrac{u_{n+1}}{u_n} - l \right| < k - l$ et, par suite,

$$\dfrac{u_{n+1}}{u_n} < k < 1.$$

Si $l > 1$, $\dfrac{u_{n+1}}{u_n}$ devient et reste supérieur à 1; la série est divergente.

Si $l = 1$, on ne peut rien dire à priori; toutefois, lorsque $\dfrac{u_{n+1}}{u_n}$ tend vers 1 par valeurs plus grandes, on peut encore conclure à la divergence de la série.

2° RÈGLE DE CAUCHY. — *Si $\sqrt[n]{u_n}$ est, à partir d'un certain rang, moindre qu'un nombre k inférieur à 1, la série u_n est convergente.*

Supposons, en effet, que, pour $n > p$, on ait $\sqrt[n]{u_n} < k$, ou $u_n < k^n$. On en déduit :

$$u_{p+1} < k^{p+1}, \qquad u_{p+2} < k^{p+2}, \qquad \ldots, \qquad u_{p+n} < k^{p+n},$$

et, par suite,

$$S_{p+n} - S_p < k^{p+1} + k^{p+2} + \ldots + k^{p+n} = k^{p+1} \dfrac{1 - k^n}{1 - k} < \dfrac{k^{p+1}}{1 - k},$$

c'est-à-dire

$$S_{p+n} < S_p + \dfrac{k^{p+1}}{1 - k}.$$

S_{p+n} étant limité supérieurement, la série est convergente.

Dans ce cas encore, on peut trouver une limite supérieure *utile* de l'erreur commise lorsqu'on substitue, à la somme de la série, la somme $S_{p'}$ en supposant $p' \geqq p$.

Le raisonnement précédent montre en effet que l'on a :

$$S_{p'+n} - S_{p'} < \frac{k^{p'+1}}{1-k}.$$

Si l'on fait tendre n vers l'infini, $S_{p'+n}$ tend vers S et l'on conclut que $S - S_{p'}$ est inférieur à $\dfrac{k^{p'+1}}{1-k}$.

La limite supérieure ainsi obtenue tend aussi vers zéro quand p' tend vers l'infini.

Règle inverse. — *Si $\sqrt[n]{u_n}$ est au moins égal à 1, pour des valeurs de* n *en nombre infini, la série* u_n *est divergente.*

Pour ces valeurs de n, u_n est en effet égal ou supérieur à 1, et le terme général de la série ne tend pas vers zéro.

Dans la pratique, on cherche si $\sqrt[n]{u_n}$ tend vers une limite quand n tend vers l'infini. Supposons que cette limite existe, soit l'. En répétant un raisonnement analogue à celui qui a été fait avec $\dfrac{u_{n+1}}{u_n}$, on verra que si $l' < 1$, la série est convergente; si $l' > 1$, la série est divergente. Si $l' = 1$, on ne peut rien dire à priori; toutefois, si $\sqrt[n]{u_n}$ tend vers 1 par valeurs tantôt plus petites, tantôt plus grandes, on voit encore que le terme général ne tend pas vers zéro et que la série est divergente.

L'analogie des résultats obtenus par la considération de $\dfrac{u_{n+1}}{u_n}$ et de $\sqrt[n]{u_n}$ conduit à chercher si ces deux expressions n'ont pas la même limite. On peut établir que si $\dfrac{u_{n+1}}{u_n}$ tend vers une limite l, $\sqrt[n]{u_n}$ tend vers la même limite. La réciproque n'est pas vraie, comme on s'en assure en considérant la suite

$$q^2, \quad q, \quad q^4, \quad q^3, \quad q^6, \quad q^5, \quad \ldots$$

où $\dfrac{u_{n+1}}{u_n}$ vaut alternativement $\dfrac{1}{q}$ et q^3, et n'admet pas de limite, tandis que $\sqrt[n]{u_n}$ est de l'une des formes $q^{\frac{2p-1}{2p}}$ et $q^{\frac{2p}{2p-1}}$, et a pour limite q.

Supposons donc que $\dfrac{u_{n+1}}{u_n}$ tende vers l. A tout nombre positif ε, nous pouvons faire correspondre un entier p tel que, pour $n \geqq p$, on ait :

$$l - \varepsilon < \frac{u_{n+1}}{u_n} < l + \varepsilon.$$

Remplaçons n successivement par p, $p+1$, $\ldots$, $p+n$, et faisons les produits membre à membre, des inégalités obtenues; nous avons :

$$(l-\varepsilon)^n < \frac{u_{p+n}}{u_p} < (l+\varepsilon)^n,$$

d'où
$$u_p(l-\varepsilon)^n < u_{p+n} < u_p(l+\varepsilon)^n,$$

et
$$\sqrt[p+n]{u_p(l-\varepsilon)^n} < \sqrt[p+n]{u_{p+n}} < \sqrt[p+n]{u_p(l+\varepsilon)^n},$$

que l'on peut écrire

$$(l-\varepsilon)\sqrt[p+n]{\frac{u_p}{(l-\varepsilon)^p}} < \sqrt[p+n]{u_{p+n}} < (l+\varepsilon)\sqrt[p+n]{\frac{u_p}{(l+\varepsilon)^p}} \; .$$

p restant fixe, faisons tendre n vers l'infini : le 1er membre tend vers $l-\varepsilon$ et le 3e vers $l+\varepsilon$. On peut donc déterminer un entier n' tel que, pour $n \geqslant n'$, le premier membre soit supérieur à $l-2\varepsilon$ et le troisième inférieur à $l+2\varepsilon$. On aura alors :

$$l-2\varepsilon < \sqrt[p+n]{u_{p+n}} < l+2\varepsilon,$$

ce qui montre bien que $\sqrt[n]{u_n}$ tend vers l quand n tend vers l'infini.

Dans la pratique, on utilisera celle des deux expressions $\dfrac{u_{n+1}}{u_n}$ et $\sqrt[n]{u_n}$ qui a la forme la plus simple.

3e RÈGLE. — *Si le rapport* $\dfrac{v_n}{u_n}$ *est moindre, à partir d'un certain rang, qu'un nombre donné* λ, *et si la série* u_n *est convergente, la série* v_n *l'est aussi.*

La suppression d'un certain nombre de termes, au début d'une série, n'en modifiant ni la convergence, ni la divergence, nous pouvons supposer que la propriété traduite par l'inégalité $v_n < \lambda u_n$, est réalisée dès le début. Il en résulte que l'on a : $S'_n < \lambda S_n$, S_n et S'_n désignant les sommes des n premiers termes des séries u_n et v_n. Le nombre S'_n est donc limité supérieurement par λS et la série v_n est convergente.

RÈGLE INVERSE. — *Si le rapport* $\dfrac{v_n}{u_n}$ *est, à partir d'un certain rang, supérieur à un nombre donné* μ *positif, et si la série* u_n *est divergente, la série* v_n *l'est aussi.*

En effet, si l'on suppose l'hypothèse réalisée dès le début, l'inégalité $S'_n > \mu S_n$ montre que S'_n tend vers l'infini en même temps que S_n.

En rapprochant ces deux règles, on conclut que deux séries à termes positifs u_n et v_n sont de même nature (toutes deux convergentes ou toutes deux divergentes), chaque fois que le rapport $\dfrac{v_n}{u_n}$ est, à partir d'un certain rang, compris entre deux nombres positifs λ et μ.

En particulier, si $\dfrac{v_n}{u_n}$ tend vers une limite non nulle quand n tend vers l'infini, les deux séries v_n et u_n sont de même nature.

Plus particulièrement encore, si u_n et v_n sont équivalents pour n infini, les deux séries u_n et v_n sont de même nature.

On aurait pu rattacher la règle de d'Alembert et la règle de Cauchy à la règle précédente en prenant comme série de comparaison une progression géométrique dont la nature est toujours connue.

D'une façon générale, chaque fois qu'on connaîtra la nature d'une série u_n, on pourra en déduire la nature d'une infinité de séries v_n. Nous allons appliquer à un exemple.

La série $u_n = \dfrac{1}{n^k}$, où k est inférieur à 1, est évidemment divergente, car ses termes sont respectivement plus grands que ceux de la série harmonique ; mais si k est supérieur à 1, elle est convergente.

Remarquons en effet que la différence $S_{2n} - S_n$ qui a pour valeur $\dfrac{1}{(n+1)^k} + \dfrac{1}{(n+2)^k} + \ldots + \dfrac{1}{(2n)^k}$, a ses termes moindres que $\dfrac{1}{n^k}$; elle est donc plus petite que $\dfrac{n}{n^k} = \dfrac{1}{n^{k-1}}$. En donnant à n, successivement, les valeurs 1, 2, 2^2, $\ldots$, 2^p, on en déduit :

$$S_2 - S_1 < 1, \qquad S_4 - S_2 < \frac{1}{2^{k-1}}, \qquad \ldots, \qquad S_{2^{p+1}} - S_{2^p} < \frac{1}{(2^p)^{k-1}}.$$

En additionnant ces inégalités membre à membre, on obtient :

$$S_{2^{p+1}} - S_1 < 1 + \frac{1}{2^{k-1}} + \frac{1}{2^{2(k-1)}} + \ldots + \frac{1}{2^{p(k-1)}} < \frac{1}{1 - \dfrac{1}{2^{k-1}}}.$$

Le nombre $S_{2^{p+1}}$ étant limité supérieurement, la série est convergente.

Étant donnée une série v_n de nature inconnue, supposons que l'on puisse trouver un nombre k tel que $n^k u_n$ soit, à partir d'un certain rang, compris entre deux nombres positifs λ et μ ; les deux séries v_n et $u_n = \dfrac{1}{n^k}$ sont de même nature, ce qui permet de conclure, pour la série v_n, suivant la valeur de k.

Pratiquement, on cherche à déterminer k (ce n'est pas toujours possible) de telle sorte que $n^k u_n$ ait une limite non nulle ; un moyen commode consiste à simplifier en remplaçant v_n par un nombre u_n qui lui soit équivalent pour n infini.

Par exemple, $v_n = \dfrac{2n+1}{n^3 + an^2 + bn + c}$ est équivalent à $\dfrac{2}{n^2}$ qui est le terme général d'une série convergente ; la série v_n est donc convergente.

De même, $v_n = \dfrac{1}{n}\,\mathrm{tg}\,\dfrac{\pi}{\sqrt{n}}$ est équivalent, pour n infini, à $\dfrac{\pi}{n\sqrt{n}}$ qui est le terme général d'une série convergente ; la série v_n est donc convergente.

4ᵉ RÈGLE. — *Si le rapport $\dfrac{v_{n+1}}{v_n}$ est, à partir d'un certain rang, inférieur à $\dfrac{u_{n+1}}{u_n}$, et si la série u_n est convergente, la série v_n l'est aussi.*

L'hypothèse étant réalisée à partir de $n = p$, on a :

$$\frac{v_{p+1}}{v_p} < \frac{u_{p+1}}{u_p}, \qquad \frac{v_{p+2}}{v_{p+1}} < \frac{u_{p+2}}{u_{p+1}}, \qquad \ldots, \qquad \frac{v_{p+n}}{v_{p+n-1}} < \frac{u_{p+n}}{u_{p+n-1}}.$$

En multipliant ces inégalités membre à membre, on trouve :

$$\frac{v_{p+n}}{v_p} < \frac{u_{p+n}}{u_p},$$

c'est-à-dire $\qquad\qquad v_{p+n} < u_{p+n} \cdot \frac{v_p}{u_p}.$

Si l'on pose $\lambda = \dfrac{v_p}{u_p}$, on retrouve les conditions d'application de la 3e règle.

RÈGLE INVERSE. — *Si le rapport $\dfrac{v_{n+1}}{v_n}$ est, à partir d'un certain rang, supérieur à $\dfrac{u_{n+1}}{u_n}$, et si la série u_n est divergente, la série v_n l'est aussi.*

On montre en effet, comme précédemment, que l'on a, cette fois, $v_{p+n} > u_{p+n} \dfrac{v_p}{u_p}$, et, en posant $\mu = \dfrac{v_p}{u_p}$, on retrouve les conditions d'application de la règle inverse de la troisième.

On peut déduire de là, la démonstration de la règle de Duhamel qui sert fréquemment lorsque le rapport $\dfrac{u_{n+1}}{u_n}$ tend vers 1 par valeurs plus petites. Posons $\dfrac{u_n}{u_{n+1}} = 1 + \alpha_n$, α_n étant un nombre positif qui tend vers zéro. Dans la série harmonique, $v_n = \dfrac{1}{n}$, le nombre α_n vaut $\dfrac{1}{n}$. Toute série u_n pour laquelle, à partir d'un certain rang, α_n est égal ou inférieur à $\dfrac{1}{n}$, c'est-à-dire pour laquelle $n\,\alpha_n$ est égal ou inférieur à 1, est telle que $\dfrac{u_n}{u_{n+1}} \leq \dfrac{v_n}{v_{n+1}}$ ou $\dfrac{u_{n-1}}{u_n} \geq \dfrac{v_{n+1}}{v_n}$; cette série u_n est donc divergente.

Supposons maintenant qu'à partir d'un certain rang, on ait $n\,\alpha_n > h > 1$. Prenons comme série de comparaison la série convergente $v_n = \dfrac{1}{n^{1+\frac{1}{p}}}$, p désignant un nombre naturel arbitraire. On a, d'une part :

$$\frac{u_n}{u_{n-1}} = 1 + \alpha_n > 1 + \frac{h}{n} = \frac{n+h}{n}$$

et, d'autre part :

$$\frac{v_{n+1}}{v_n} = \frac{n^{1+\frac{1}{p}}}{(n+1)^{1+\frac{1}{p}}}.$$

Effectuons le produit membre à membre de l'inégalité et de l'égalité précédente, nous obtenons :

$$\frac{u_n v_{n+1}}{u_{n+1} v_n} > \frac{(n+h)\, n^{\frac{1}{p}}}{(n+1)^{1+\frac{1}{p}}}$$

et, en élevant les deux membres à la puissance p,

$$\left(\frac{u_n v_{n+1}}{u_{n+1} v_n}\right)^p > \frac{(n+h)^p\, n}{(n+1)^{p+1}} = \frac{n^{p+1} + phn^p + \ldots}{n^{p+1} + (p+1) n^p + \ldots}.$$

Le dernier rapport tend vers 1 quand n tend vers l'infini, et si l'on détermine p par la condition $ph > p + 1$, ce qui est possible puisque h est supérieur à 1, ce rapport tend vers 1 par valeurs plus grandes. On en conclut qu'à partir d'un certain rang, le rapport $\frac{u_n v_{n+1}}{u_{n+1} v_n}$ est supérieur à 1, c'est-à-dire que $\frac{u_{n+1}}{u_n}$ est inférieur à $\frac{v_{n+1}}{v_n}$. La série u_n est donc convergente.

On peut alors énoncer la règle suivante : lorsque le rapport $\frac{u_n}{u_{n+1}}$ vaut $1 + \alpha_n$, α_n désignant un nombre positif qui tend vers zéro, si, à partir d'un certain rang, $n\alpha_n$ est égal ou inférieur à 1, la série u_n est divergente ; si $n\alpha_n$ est supérieur ou égal à un nombre h plus grand que 1, la série est convergente.

En particulier, si $n\alpha_n$ tend vers une limite l, la série est convergente ou divergente suivant que l est supérieur ou inférieur à 1. Lorsque l vaut 1, on ne peut rien dire à priori ; toutefois, si la limite 1 est atteinte par valeurs plus petites, la série est divergente.

Pratiquement, chaque fois qu'on pourra comparer la série u_n à une série $v_n = \frac{1}{n^k}$, il faudra le faire plutôt que d'utiliser la règle de Duhamel.

On conçoit enfin qu'en prenant des séries de comparaison autres que la série $\frac{1}{n^\mu}$, on puisse, en suivant la même voie, arriver à de nouvelles règles qui s'appliquent lorsque la règle de Duhamel ne s'applique pas.

EXERCICES

1° Étant donnée une fonction $f(x_1, x_2, \ldots, x_{p-1})$, bien déterminée, de $p - 1$ variables, on suppose que p termes consécutifs quelconques $S_{n+1}, S_{n+2}, \ldots, S_{n+p}$, d'une suite, sont liés par l'équation $S_{n+p} = f(S_{n+1}, S_{n+2}, \ldots, S_{n+p-1})$. Démontrer que si cette suite est convergente, sa limite est, sous certaines réserves, une racine de l'équation $x = f(x, x, \ldots, x)$.

2° Trouver la limite de l'expression $\sqrt[n]{\frac{f(n)}{g(n)}}$, ($f$ et g désignant deux polynomes entiers dont les coefficients des termes de plus haut degré ont le même signe) quand n tend vers l'infini.

3° Montrer que l'expression $\sqrt[n]{n!}$ tend vers l'infini avec n. Trouver, pour chaque valeur de n, une limite inférieure et une limite supérieure de cette expression.

4° Dans quel cas la série $a + aq + aqq' + aq^2q' + aq^2q'^2 + \ldots$ est-elle convergente ? Trouver sa somme.

5° On suppose que, dans une série, on ait $\frac{u_{n+1}}{u_n} = \frac{n^p + an^{p-1} + bn^{p-2} + \ldots}{n^p + a'n^{p-1} + b'n^{p-2} + \ldots}$, p désignant un nombre positif. Démontrer que la série u_n est convergente lorsque $a' - a$ est supérieur à 1 et divergente lorsque $a' - a$ est inférieur ou égal à 1 (Gauss.)

(Pour traiter le cas limite, on prendra comme série de comparaison la série $v_n = \dfrac{1}{n-h}$, h désignant un nombre positif arbitraire).

6° $\varphi(x)$ étant un polynome entier arbitraire de degré n, le polynome entier $f(x) \equiv (x+a)\,\varphi(x+1) - (x+b)\,\varphi(x)$, est de degré $n-1$ au plus. Démontrer que si le polynome $f(x)$ de degré $n-1$ au plus est donné, on peut déterminer un polynome $\varphi(x)$ de degré n au plus de façon à vérifier l'identité précédente. En déduire que toute fraction rationnelle $\dfrac{f(x)}{(x+a)(x+a+1)\ldots(x+a+p)}$, où $f(x)$ est de degré $p-1$ au plus, peut se mettre sous la forme

$$\frac{\varphi(x+1)}{(x+a+1)\ldots(x+a+p)} - \frac{\varphi(x)}{(x+a)\ldots(x+a+p-1)},$$

où $\varphi(x)$ est de degré p au plus.

Démontrer que si aucun des nombres a, $a+1$, $a+2$, ..., $a+p$, n'est un entier négatif, la série $u_n = \dfrac{f(n)}{(n+a)(n+a+1)\ldots(n+a+p)}$ est une série convergente. Calculer sa somme.

7° Les nombres positifs f_1, f_2, ..., f_n, ... appartenant à une suite illimitée, on dit que le produit $f_1 f_2 \ldots f_n$ est convergent lorsque ce produit est le terme général d'une suite convergente. Il tend vers une limite en même temps que son logarithme; ce logarithme est la somme des n premiers termes d'une série dont le terme général est $\log f_n$. La convergence du produit entraîne la convergence de la série et réciproquement (sauf le cas où le produit tendant vers zéro, son logarithme tend vers $-\infty$); cette convergence exige donc que f_n tende vers 1, ce qu'on peut d'ailleurs voir directement. Admettant que $\log(1+x)$ et x sont équivalents pour $x=0$, démontrer que le produit $(1+\alpha_1)(1+\alpha_2)\ldots(1+\alpha_n)\ldots$ est convergent en même temps que la série à termes positifs $\alpha_1 + \alpha_2 + \ldots + \alpha_n + \ldots$; que le produit $(1-\alpha_1)(1-\alpha_2)\ldots(1-\alpha_n)\ldots$ est convergent en même temps que la série précédente et qu'il tend vers zéro quand cette série est divergente.

8° Démontrer que la série

$$\frac{a_1}{1+a_1} + \frac{a_2}{(1+a_1)(1+a_2)} + \ldots + \frac{a_n}{(1+a_1)(1+a_2)\ldots(1+a_n)} + \ldots,$$

où les nombres a_1, a_2, ... a_n ... sont des nombres positifs quelconques, est toujours convergente. Exprimer la somme en fonction de la limite du produit $(1+a_1)(1+a_2)\ldots(1+a_n)\ldots$, lorsque cette limite existe. (On formera $1 - S_n$).

9° On suppose $k > 1$, et on demande de calculer les deux sommes

$$\frac{1}{1^k} + \frac{1}{3^k} + \frac{1}{5^k} + \ldots + \frac{1}{(2n-1)^k} + \ldots,$$

$$\frac{1}{2^k} + \frac{1}{4^k} + \frac{1}{6^k} + \ldots + \frac{1}{(2n)^k} + \ldots,$$

en fonction de la somme

$$\frac{1}{1^k} + \frac{1}{2^k} + \frac{1}{3^k} + \ldots + \frac{1}{n^k} + \ldots.$$

10° Démontrer que $\dfrac{1}{n+1} + \dfrac{1}{n+2} + \ldots + \dfrac{1}{2n}$ tend vers la somme de la série

$$\frac{1}{1\cdot 2} + \frac{1}{3\cdot 4} + \frac{1}{5\cdot 6} + \ldots + \frac{1}{(2n-1)\,2n} + \ldots.$$

11° Si l'on change l'ordre des termes dans une série divergente à termes positifs, on obtient encore une série divergente.

12° Démontrer que $\dfrac{1}{(n+1)^k} + \dfrac{1}{(n+2)^k} + \ldots + \dfrac{1}{(2n)^k}$, où k est inférieur à 1, tend vers l'infini avec n.

13° Démontrer que $\dfrac{u_{n+1}}{u_n}$ et $\sqrt[n]{u_n}$ ne peuvent avoir de limites différentes en appliquant successivement les règles de convergence correspondantes à la série $u_n x^n (x > 0)$, et montrant qu'on pourrait choisir x de telle sorte que cette série fût à la fois convergente et divergente si les limites étaient distinctes.

14° Démontrer que $\dfrac{1}{n+1} + \dfrac{1}{n+2} + \cdots + \dfrac{1}{2n} + \dfrac{1}{2n+1} + \cdots + \dfrac{1}{pn}$ (p désignant un nombre naturel donné), tend vers une limite quand n tend vers l'infini.

15° Démontrer que la série

$$\frac{x}{x+1} + \frac{x+1}{(x+1)(x+2)} + \frac{x+2}{(x+1)(x+2)(x+3)} + \cdots$$

est convergente et que sa somme vaut 1 (On suppose que x n'est pas un entier négatif).

16° Démontrer que tout nombre positif peut se mettre sous la forme

$$a_1 + \frac{a_2}{2!} + \frac{a_3}{3!} + \cdots + \frac{a_n}{n!} + \cdots,$$

$a_1, a_2, a_3, \ldots a_n, \ldots$ désignant des nombres naturels, et $a_2, a_3, \ldots a_n, \ldots$ étant respectivement moindres que 2, 3, …, n, …. Faire voir que si la suite $a_1, a_2, \ldots a_n, \ldots$ est illimitée, le nombre ainsi représenté est incommensurable.

17° Tout polynome entier $f(x)$ de degré p peut se mettre sous la forme
$$a_0 x(x-1)\ldots(x-p+1) + a_1 x(x-1)\ldots(x-p+2) + \cdots + a_{p-2} x(x-1) + a_{p-1} x + a_p.$$

En déduire la somme de la série $u_n = \dfrac{f(n)}{n!}$.

18° Étudier la convergence de la série $u_n = \left(\dfrac{1\cdot 3\cdot 5 \ldots 2n-1}{2\cdot 4\cdot 6 \ldots 2n}\right)^p$, p désignant un nombre naturel.

19° Étudier la convergence de la série

$$\frac{1}{1} + \frac{1}{2^2} + \frac{1}{3^2} + \cdots + \frac{1}{9^2} + \frac{1}{10} + \frac{1}{11^2} + \frac{1}{12^2} + \cdots + \frac{1}{99^2} + \frac{1}{100} + \frac{1}{101^2} + \cdots$$
$$+ \frac{1}{999^2} + \frac{1}{1000} + \frac{1}{1001^2} + \cdots$$

Étude de $n^k u_n$.

20° Étudier la convergence de la série $u_n = \left[\dfrac{4^n (n!)^2}{(2n+1)!}\right]^p$, p désignant un nombre naturel.

21° De l'inégalité $\dfrac{u_n}{u_{n+1}} > 1 + \dfrac{h}{n}$, avec $h > 1$, on tire :

$$u_{n+1} < \frac{n u_n - (n+1) u_{n+1}}{h-1}.$$

Déduire de là : 1° que $n u_n$ tend vers une limite, 2° que la série u_n est convergente.

37e LEÇON

SÉRIES A TERMES QUELCONQUES

Séries absolument convergentes. — La convergence d'une série à termes de signes quelconques exige encore que le terme général tende vers zéro. Mais comme la somme S_n ne varie pas toujours dans le même sens, on conçoit que la convergence puisse résulter soit de la rapidité avec laquelle la valeur absolue du terme général tend vers zéro, soit de la variation du signe de ce terme.

On dit qu'une série u_n est absolument convergente lorsque la série $v_n = |u_n|$ est convergente.

Théorème. — *Toute série absolument convergente est convergente et on peut changer l'ordre de ses termes d'une façon quelconque sans changer sa convergence ni sa somme.*

Appelons toujours S_n la somme des n premiers termes de la série donnée, Σ_n la somme de leurs valeurs absolues, s_n la somme des termes positifs contenus dans S_n, et s'_n la somme des valeurs absolues des termes négatifs contenus dans S_n. On a évidemment :

$$S_n = s_n - s'_n, \qquad \Sigma_n = s_n + s'_n.$$

Σ désignant la somme de la série des modules, s_n et s'_n sont limités supérieurement par Σ; comme ils ne vont pas en décroissant, ils tendent respectivement vers des limites s, s', et S_n tend vers $s - s'$.

Comparons à la série des modules une série qui s'en déduit en y changeant l'ordre des termes d'une façon quelconque; appelons Σ'_n la somme des n premiers termes de la seconde série. Σ'_n est limité supérieurement par Σ et tend vers une limite Σ' égale ou inférieure à Σ. Un raisonnement analogue montre que Σ est égal ou inférieur à Σ', de sorte que $\Sigma = \Sigma'$.

Appelons A une série absolument convergente, A′ la série des modules qui lui correspond, B une série qui se déduit de A en y changeant l'ordre des termes suivant une loi déterminée, B′ la série correspondante des modules. B′ étant convergente avec A′, B est convergente avec A.

De plus, les sommes des deux séries de termes positifs et de termes négatifs dans B sont les mêmes que les sommes correspondantes dans A; la somme de B est donc la même que celle de A.

Par exemple, la série $v_n = \dfrac{1}{n^k}$, où k est supérieur à 1, est convergente; la série

$$\frac{1}{1^k} - \frac{1}{2^k} + \frac{1}{3^k} - \frac{1}{4^k} + \ldots + \frac{1}{(2n-1)^k} - \frac{1}{(2n)^k} + \ldots$$

est donc convergente.

Séries alternées. — On appelle ainsi les séries dans lesquelles les termes ont alternativement des signes différents, nous supposerons le premier terme positif, de sorte que la série peut s'écrire

$$u_1 - u_2 + u_3 - u_4 + \ldots + u_{2n-1} - u_{2n} + \ldots,$$

tous les membres u étant positifs.

Théorème. — *Toute série alternée dont la valeur absolue du terme général ne va pas en croissant, et tend vers zéro, est convergente.*

L'égalité $$S_{2n+1} - S_{2n-1} = -(u_{2n} - u_{2n+1})$$

montre que les sommes d'indice impair ne vont pas en croissant.

L'égalité

$$S_{2n+1} = (u_1 - u_2) + (u_3 - u_4) + \ldots + (u_{2n-1} - u_{2n}) + u_{2n+1}$$

montre que S_{2n+1}, composé de nombres positifs ou nuls, est limité inférieurement par o.

Donc S_{2n+1} tend vers une limite S par valeurs plus grandes que S.

Puisque u_{2n+1} tend vers o, S_{2n} tend vers la même limite que S_{2n+1} et la série est convergente.

Nous avons vu que les sommes de rang impair sont approchées de S par excès.

L'égalité $$S_{2n} - S_{2n-2} = u_{2n-1} - u_{2n}$$

montre que les sommes de rang pair ne vont pas en décroissant et, par suite, que S_{2n} est inférieur à S; les sommes de rang pair sont donc approchées par défaut.

S étant compris entre S_{2n} et S_{2n+1}, $S - S_{2n}$ est inférieur à u_{2n+1}.

De même $S_{2n+1} - S$ est inférieur à u_{2n+2}. On voit donc que l'erreur commise, lorsqu'on substitue à la somme de la série la somme d'un nombre quelconque de termes, est inférieure au premier terme négligé.

Par exemple, la série

$$\frac{1}{1^k} - \frac{1}{2^k} + \frac{1}{3^k} - \frac{1}{4^k} + \ldots + \frac{1}{(2_{n-1})^k} - \frac{1}{(2_n)^k} + \ldots,$$

où k est un nombre positif quelconque, rentre dans cette catégorie, mais elle n'est absolument convergente, et on ne peut y changer l'ordre des termes d'une façon quelconque, que si k est supérieur à 1.

Séries à termes de signes quelconques. — Il est difficile de donner des règles générales permettant d'établir la convergence ou la divergence de ces séries en dehors de la convergence absolue. Voici cependant une remarque importante : le terme général u_n d'une série donnée tendant vers zéro, groupons les termes de cette série à partir du premier suivant une loi déterminée, mais de telle sorte que chaque groupe contienne un nombre de termes moindre qu'un nombre donné. Prenons les groupes successifs ainsi formés comme termes v_n d'une nouvelle série. Les deux séries u_n et v_n sont de même nature et ont même somme en cas de convergence.

D'abord, v_n tend vers zéro quand n tend vers l'infini, comme se composant d'un nombre fini de termes u qui tendent vers zéro.

Appelons S_n et S'_n les sommes des n premiers termes de ces deux séries. Supposons la première convergente, soit S sa somme.

n désignant un nombre naturel quelconque, S'_n est égal à une somme $S_{n'}$. Quand n tend vers l'infini, il en est de même de n', de sorte que S'_n tend vers S; la seconde série est donc convergente en même temps que la première et elle a la même somme.

Supposons maintenant la seconde convergente, soit S′ sa somme.

Un nombre naturel quelconque n étant choisi, la somme S_n renferme tous les termes contenus dans les groupes v_1, v_2, ..., $v_{n'}$, sans contenir tous les termes de $v_{n'+1}$; de sorte que $S_n - S'_{n'}$, est composée de certains termes du groupe $v_{n'+1}$, cette différence tend donc vers zéro quand n et par suite n' tendent vers l'infini. S_n tend donc vers S′.

Les deux séries convergentes ensemble sont divergentes en même temps.

Cette remarque, appliquée à la série

$$\frac{1}{1} + \frac{1}{2} - \frac{2}{3} + \frac{1}{4} + \frac{1}{5} - \frac{2}{6} + \ldots + \frac{1}{3n-2} + \frac{1}{3n-1} - \frac{2}{3n} + \ldots,$$

dont le terme général tend vers zéro, conduit à grouper les termes par 3, alors
$$v_n = \frac{1}{3n-2} + \frac{1}{3n-1} - \frac{2}{3n} = \frac{9n-4}{(3n-2)(3n-1)\,3n}.$$

La série v_n est à termes positifs, et son terme général est équivalent à $\frac{1}{3n^2}$ pour n infini; cette série est convergente ainsi que la série u_n.

Nous allons encore établir une proposition très générale, mais par cela même d'une application délicate, concernant la convergence des séries à termes de signes quelconques.

Théorème. — Étant données deux suites de nombres, les uns u_1, u_2, ... u_n, ... positifs, ne croissant pas et tendant vers zéro, les autres v_1, v_2, ... v_n, ... tels que $|v_1 + v_2 + \ldots + v_n|$ reste limité supérieurement, la série $u_n v_n$ est convergente. On a en effet l'identité

$$\begin{aligned}
S_n &= u_1 v_1 + u_2 v_2 + \ldots + u_n v_n \\
&= (u_1 - u_2) v_1 + (u_2 - u_3)(v_1 + v_2) + \ldots \\
&\quad + (u_{n-1} - u_n)(v_1 + v_2 + \ldots + v_{n-1}) + \underline{u_n(v_1 + v_2 + \ldots + v_n).}
\end{aligned}$$

La partie non soulignée du second membre est la somme des $n-1$ premiers termes d'une série dont le terme général vaut $(u_n - u_{n+1})(v_1 + v_2 + \ldots + v_n)$. La valeur absolue de ce terme s'obtient en multipliant $u_n - u_{n-1}$ qui est le terme général d'une série convergente à termes positifs, par le facteur $|v_1 + v_2 + \ldots + v_n|$ qui est limité supérieurement. La partie non soulignée est donc la somme des n premiers termes d'une série absolument convergente et elle tend vers la somme de cette série quand n tend vers l'infini. Dans les mêmes conditions, la partie soulignée tend vers zéro, et S_n tend vers une limite.

Ce théorème redonne sans difficulté la proposition relative aux séries alternées; suffit de faire $v_1 = 1$, $v_2 = -1$, $v_3 = 1$, $v_4 = -1$, ...

On retrouve aussi bien l'exemple traité ci-dessus, en prenant :

$$v_1 = 1,\ v_2 = 1,\ v_3 = -2,\ v_4 = 1,\ v_5 = 1,\ v_6 = -2,\ \ldots.$$

Une autre application importante est relative aux séries de la forme

$$u_0 \cos\alpha + u_1 \cos(\alpha + \beta) + u_2 \cos(\alpha + 2\beta) + \ldots + u_n \cos(\alpha + n\beta) + \ldots,$$
$$u_0 \sin\alpha + u_1 \sin(\alpha + \beta) + u_2 \sin(\alpha + 2\beta) + \ldots + u_n \sin(\alpha + n\beta) + \ldots,$$

où u_n est un nombre positif non croissant et tendant vers zéro.

Si l'on remarque que $\cos\alpha + \cos(\alpha + \beta) + \ldots + \cos(\alpha + (n-1)\beta)$ vaut

$$\frac{\sin\dfrac{n\beta}{2}}{\sin\dfrac{\beta}{2}} \cos\left(\alpha + (n-1)\frac{\beta}{2}\right),$$

et que $\sin\alpha + \sin(\alpha + \beta) + \ldots + \sin(\alpha + (n-1)\beta)$ vaut

$$\frac{\sin\dfrac{n\beta}{2}}{\sin\dfrac{\beta}{2}} \sin\left(\alpha + (n-1)\frac{\beta}{2}\right),$$

on voit que, si $\sin\dfrac{\beta}{2}$ n'est pas nul, c'est-à-dire si β n'est pas un multiple de 2π, les deux sommes précédentes ont des valeurs absolues limitées supérieurement par $\dfrac{1}{\left|\sin\dfrac{\beta}{2}\right|}$ et les deux séries sont convergentes.

Séries entières. — Nous avons étudié jusqu'ici des séries à termes fixes.

On conçoit des séries dont les termes sont des fonctions d'une ou plusieurs variables. Un cas particulier est celui des séries dont le terme général est $u_n = a_n x^n$, a_n désignant une fonction de n et x une variable arbitraire. On les appelle *séries entières*.

On conçoit aussi que de telles séries soient convergentes pour certaines valeurs de x et ne le soient pas pour d'autres. Par exemple, la série $u_n = \dfrac{x^n}{n}$ est absolument convergente pour $|x| < 1$, car

$$\left|\frac{u_{n+1}}{u_n}\right| = |x| \frac{n}{n+1}$$

tend vers $|x|$; elle est divergente lorsque $|x|$ est supérieur à 1, parce que son terme général ne tend pas vers zéro; elle est encore divergente pour $x = 1$ et convergente pour $x = -1$.

La série $u_n = \dfrac{x^n}{n!}$ est absolument convergente quel que soit x, car le rapport $\left|\dfrac{u_{n+1}}{u_n}\right|$ vaut $\dfrac{|x|}{n+1}$ et tend vers 0 quand n tend vers l'infini.

La série $u_n = n!\, x^n$ est divergente quel que soit x (0 excepté), car $\left|\dfrac{u_{n+1}}{u_n}\right| = (n+1)\,|x|$ tend vers l'infini avec n et le terme général ne tend jamais vers zéro.

Lorsqu'une série entière est convergente pour certaines valeurs de x et divergente pour d'autres, on peut établir qu'elle est convergente pour toutes les valeurs de x contenues dans un intervalle $(-l, +l)$, (les bornes de cet intervalle pouvant être exceptées), et divergente pour toute valeur de x extérieure à cet intervalle. L'intervalle $(-l, +l)$ s'appelle *intervalle de convergence* de la série entière.

Considérons d'abord une série entière $u_n = a_n x^n$ à termes positifs $(a_n > 0, x > 0)$.

Si cette série est convergente pour une valeur x_0 de la variable, elle est convergente pour toute valeur x'_0 moindre que x_0, puisque $a_n x'^n_0$ est inférieur à $a_n x^n_0$. De même, si cette série est divergente pour une valeur x_1 de la variable, elle est divergente pour toute valeur x'_1 plus grande que x_1, car $a_n x'^n_1$ est supérieur à $a_n x^n_1$.

Dès lors, si cette série n'est pas convergente ou divergente quelle que soit la valeur positive donnée à x, on peut ranger tous les nombres positifs en deux classes : les uns, mis à la place de x, rendent la série convergente, les autres la rendent divergente et tout nombre de la première classe est moindre que tout nombre de la seconde.

Ces deux classes définissent une coupure l. La série est convergente pour toute valeur positive de x inférieure à l, et divergente pour toute valeur de x supérieure à l ; on ne peut rien dire à priori sur la nature de la série pour $x = l$.

De plus, pour toute valeur x_1 de x supérieure à l, le terme général de la série n'est pas limité supérieurement. Si l'on avait en effet $a_n x^n_1 < M$, on aurait aussi $a_n x^n_2 < M \left(\dfrac{x_2}{x_1} \right)^n$, et il suffirait de prendre x_2 inférieur à x_1 pour que la série $u_n = a_n x^n_2$ soit convergente; en prenant x_2 compris entre l et x_1, on aboutirait à une contradiction.

En particulier, pour $x > l$, le terme général ne tend pas vers 0.

Considérons maintenant une série entière dont le terme général $u_n = a_n x^n$ a un signe quelconque et associons-lui la série entière $v_n = |a_n| \xi^n$, où $\xi = |x|$.

Ou bien la seconde série est convergente quel que soit ξ, et la série proposée est absolument convergente quel que soit x.

Ou bien la seconde série n'est convergente pour aucune valeur de ξ; il n'existe alors aucune valeur de ξ pour laquelle le terme $|a_n| \xi^n$ soit limité supérieurement et le terme général de la série proposée ne tend vers 0 pour aucune valeur de x : cette série est donc divergente quel que soit x.

Ou bien la seconde série est convergente dans un intervalle $(0, l)$ et, pour $\xi > l$, son terme général ne tend pas vers zéro ; alors la série proposée est absolument convergente dans l'intervalle $(-l, +l)$ et divergente en dehors puisque, pour toute valeur de x extérieure à cet intervalle, son terme général ne tend pas vers zéro.

La somme d'une série entière convergente est évidemment une fonction $f(x)$ de la variable x. Cette fonction est continue dans l'intervalle de convergence (il n'est pas question des bornes). Soient en effet x_0 et x_1 deux nombres quelconques de l'intervalle et ξ un nombre supérieur à $|x_0|$ et $|x_1|$ mais inférieur à l.

La série $u_n = |a_n| \, \xi^n$ étant convergente, nous pouvons choisir n assez grand pour que la somme

$$\eta = |a_{n+1}| \, \xi^{n+1} |a_{n+2}| \, \xi^{n+2} + \ldots$$

soit inférieure à un nombre positif donné ε.

Posons :
$$\varphi(x) = a_0 + a_1 x + \ldots + a_n x^n,$$
$$\psi(x) = a_{n+1} x^{n+1} + a_{n+2} x^{n+2} + \ldots,$$

de sorte que $f(x) = \varphi(x) + \psi(x)$
et
$$f(x_1) - f(x_0) = \varphi(x_1) - \varphi(x_0) + \psi(x_1) - \psi(x_0),$$

d'où l'on tire :

$$|f(x_1) - f(x_0)| \leq |\varphi(x_1) - \varphi(x_0)| + |\psi(x_0)| + |\psi(x_1)| \; ;$$

$|\psi(x_0)|$ et $|\psi(x_1)|$ sont évidemment inférieurs à η et par suite à ε.

D'autre part, x_0 étant fixe, et le polynome entier $\varphi(x)$ étant continu quel que soit x, on peut déterminer un nombre positif α tel que l'inégalité $|x_1 - x_0| < \alpha$ entraîne $|\varphi(x_1) - \varphi(x_0)| < \varepsilon$.

Il en résulte que l'on a $|f(x_1) - f(x_0)| < 3\varepsilon$; la fonction $f(x)$ est donc bien continue pour une valeur quelconque x_0 de l'intervalle de convergence.

Théorème. — *La différence entre la somme d'une série entière et la somme de ses* n *premiers termes est équivalente au premier terme négligé pour* x $= 0$.

En effet : $D = f(x) - a_0 - a_1 x - a_2 x^2 - \ldots - a_{n-1} x^{n-1}$

$$= a_n x^n + a_{n+1} x^{n+1} + \ldots = a_n x^n \left(1 + \frac{a_{n+1}}{a_n} x + \ldots \right).$$

La série entre parenthèses est convergente avec la proposée ; elle a 1 pour somme quand $x = 0$; sa somme tend donc vers 1 quand x tend vers zéro et $\dfrac{D}{a_n x^n}$ tend vers 1 dans ces conditions.

Il en résulte qu'une fonction donnée ne peut avoir plus d'un développement en série entière. Supposons en effet que la même fonction $f(x)$ puisse être regardée comme la somme de la série

$$a_0 + a_1 x + \ldots + a_{n-1} x^{n-1} + a_n x^n + \ldots,$$

et comme la somme de la série

$$a_0 + a_1 x + \ldots + a_{n-1} x^{n-1} + b_n x^n + \ldots$$

qui commence à différer de la première au terme en x^n. La différence

$$f(x) - a_0 - a_1 x - \ldots - a_{n-1} x^{n-1}$$

est équivalente, pour $x = 0$, à $a_n x^n$ et à $b_n x^n$; donc $\dfrac{a_n x^n}{b_n x^n}$ tend vers 1 quand x tend vers zéro, ce qui exige que $a_n = b_n$.

Les deux développements sont donc identiques.

EXERCICES

1º Trouver la nature de la série

$$\frac{1}{\sqrt{2}-1} - \frac{1}{\sqrt{2}+1} + \frac{1}{\sqrt{3}-1} + \frac{1}{\sqrt{3}+1} + \dots + \frac{1}{\sqrt{n}-1} - \frac{1}{\sqrt{n}+1} + \dots$$

2º On suppose que deux termes consécutifs d'une suite sont liés par l'équation

$$S_{n+1} = a\,S_n + b,$$

a et b étant deux nombres donnés. Dans quel cas cette suite est-elle convergente? Trouver sa limite.

3º On suppose que deux termes consécutifs d'une suite sont liés par l'équation

$$S_{n+1} = a \sin S_n + b.$$

Démontrer que si $|a|$ est inférieur à 1, cette suite est convergente (équation de Képler).

4º Etudier la convergence de la série

$$\frac{1}{1^k} + \frac{1}{3^k} - \frac{1}{2^k} + \frac{1}{5^k} + \frac{1}{7^k} - \frac{1}{4^k} + \dots + \frac{1}{(4n-3)^k} + \frac{1}{(4n-1)^k} - \frac{1}{(2n)^k} + \dots$$

Lorsqu'elle est convergente, comparer sa somme à celle de la série

$$\frac{1}{1^k} - \frac{1}{2^k} + \frac{1}{3^k} - \frac{1}{4^k} + \dots + \frac{1}{(2n-1)^k} - \frac{1}{(2n)^k} + \dots,$$

qui n'en diffère que par l'ordre des termes.

5º Démontrer que si le terme général d'une série tend vers zéro, les termes positifs de cette série constituant une série divergente ainsi que les termes négatifs, on peut ranger ces termes dans un ordre tel que la somme de la série obtenue soit égale à un nombre donné.

6º Démontrer que la série

$$\frac{1}{1} + \frac{1}{2} + \dots + \frac{1}{p-1} - \frac{p-1}{p} + \frac{1}{p+1} + \frac{1}{p+2} + \dots + \frac{1}{2p-1} - \frac{p-1}{2p} + \dots$$
$$+ \frac{1}{(n-1)p+1} + \frac{1}{(n-1)p+2} + \dots + \frac{1}{np-1} - \frac{p-1}{np} + \dots$$

est convergente. Comparer la somme de cette série à la limite de l'expression

$$\frac{1}{n+1} + \frac{1}{n+2} + \dots + \frac{1}{np} + \dots$$

quand n tend vers l'infini.

7º Étude de la série $\qquad u_n = \dfrac{(-1)^n\, n + 2}{n^2}.$

8º Étude de la série $\qquad u_n = \dfrac{1}{n}\left(\dfrac{na+b}{na'+b'}\right)^n.$

SÉRIES A TERMES IMAGINAIRES
OPÉRATIONS SUR LES SÉRIES — LIMITE DE $\left(1+\dfrac{1}{m}\right)^m$

Le terme général d'une telle série est un nombre complexe $w_n = u_n + iv_n$. La somme des n premiers termes est

$$(u_1 + u_2 + \ldots + u_n) + i(v_1 + v_2 + \ldots + v_n);$$

elle tend vers une limite en même temps que les deux sommes

$$u_1 + u_2 + \ldots + u_n \qquad \text{et} \qquad v_1 + v_2 + \ldots + v_n.$$

La convergence de cette série entraîne donc la convergence de la série des parties réelles et de la série des coefficients de i, et réciproquement.

Le terme général doit encore tendre vers zéro.

On dit qu'une série à termes complexes est absolument convergente quand la série des valeurs absolues de ses termes est convergente. Mais si la série $x_n = \sqrt{u_n^2 + v_n^2}$ est convergente, il en est de même des deux séries $|u_n|$ et $|v_n|$ qui ont leurs termes inférieurs ou égaux à x_n. Les deux séries u_n et v_n sont donc convergentes ainsi que la série w_n.

Ainsi, toute série absolument convergente est convergente. Si l'on change l'ordre de ses termes, cela revient à modifier l'ordre des termes des deux séries absolument convergentes u_n et v_n, ce qui n'altère ni leur convergence, ni leurs sommes; cela ne change donc ni la convergence ni la somme de la série w_n.

Séries entières à termes complexes. — Soit $w_n = (a_n + ib_n)z^n$. Posons :

$$r_n = \sqrt{a_n^2 + b_n^2} \qquad \text{et} \qquad \zeta = |z|.$$

Si la série des modules $r_n \zeta^n$ est convergente quel que soit ζ, la série proposée l'est quel que soit z; on dit qu'elle est convergente dans tout le plan, en adoptant la représentation géométrique des imaginaires.

Si la série des modules n'est convergente pour aucune valeur de ζ, son terme général ne tend vers zéro pour aucune valeur de ζ et le terme général de la série proposée ne tend vers o pour aucune valeur de z; cette série est divergente dans tout le plan, sauf à l'origine.

Si la série des modules est convergente quand ζ est compris entre o et l et divergente pour $\zeta > l$, la série proposée est absolument convergente pour toute valeur de z ayant une affixe intérieure au cercle C décrit de O comme centre avec l pour rayon; elle est divergente à l'extérieur de ce cercle, car son terme général ne tend pas vers zéro. Le cercle C s'appelle *cercle de convergence* de la série entière.

La démonstration faite plus haut, sur la continuité d'une série entière, subsiste sans modification, à l'intérieur du cercle de convergence, pour les séries entières à termes complexes. Il en est de même de l'unité du développement d'une fonction $f(z)$ d'une variable complexe suivant les puissances entières croissantes de cette variable.

Opérations sur les séries. — Addition. — Considérons les deux séries convergentes

$$S = u_1 + u_2 + \ldots + u_n + \ldots,$$
$$S' = v_1 + v_2 + \ldots + v_n + \ldots,$$

à termes quelconques réels ou complexes.

La somme $S_n + S'_n$ peut s'écrire

$$(u_1 + v_1) + (u_2 + v_2) + \ldots + (u_n + v_n)$$

C'est la somme des n premiers termes d'une série dont le terme général est $u_n + v_n$. Comme elle tend vers $S + S'$ quand n tend vers l'infini, la série $u_n + v_n$ est convergente et a pour somme $S + S'$.

Il va de soi que, si les deux séries données sont absolument convergentes, on peut, sans changer le résultat final, y modifier l'ordre des termes d'une façon quelconque avant de procéder à l'addition.

Soustraction. — Un raisonnement analogue au précédent montre que la série dont le terme général est $u_n - v_n$, est convergente et a pour somme $S - S'$.

Multiplication. — Prenons d'abord deux séries convergentes à termes positifs a_n et b_n, les premiers termes étant a_0 et b_0. Posons :

$$s = a_0 + a_1 + \ldots + a_n + \ldots,$$
$$s' = b_0 + b_1 + \ldots + b_n + \ldots.$$

Remarquons que le produit

$$s_n \cdot s'_n \quad \text{ou} \quad (a_0 + a_1 + \ldots + a_n)(b_0 + b_1 + \ldots + b_n)$$

contient tous les groupes

$$a_0 b_0, \qquad a_0 b_1 + b_1 a_0, \qquad a_0 b_2 + a_1 b_1 + a_2 b_0, \ldots,$$
$$a_0 b_n + a_1 b_{n-1} + \ldots + a_n b_0,$$

avec d'autres termes de la forme $a_i b_j$ où $i + j$ est supérieur à n et inférieur ou égal à $2n$; ces derniers termes tendant vers zéro quand n tend vers l'infini, nous sommes conduits à considérer la série dont le terme général est

$$c_n = a_0 b_n + a_1 b_{n-1} + a_2 b_{n-2} + \ldots + a_n b_0,$$

et à la comparer au produit ss'.

Posons :

$$\sigma_n = c_0 + c_1 + c_2 + \ldots + c_n.$$

Il résulte d'une observation antérieure que l'on a :

$$\sigma_n < s_n s'_n < ss'.$$

σ_n limité supérieurement par ss' et non décroissant tend donc vers une limite σ égale ou inférieure à ss'.

σ_{2n} contient tous les produits $a_i b_j$ dans lesquels $i+j$ est inférieur ou égal à $2n$; $s_n s'_n$ contient certains seulement de ces produits et n'en contient pas d'autres, de sorte que l'on a :

$$s_n s'_n < \sigma_{2n}.$$

La limite σ de σ_{2n} est donc supérieure ou égale à la limite ss' de $s_n s'_n$. On en conclut que $\sigma = ss'$.

Considérons maintenant deux séries absolument convergentes

$$S = u_0 + u_1 + \ldots u_n + \ldots,$$
$$S' = v_0 + v_1 + \ldots v_n + \ldots,$$

à termes réels ou complexes, et la série dont le terme général est

$$w_n = u_0 v_n + u_1 v_{n-1} + \ldots + u_n v_0.$$

Posons :

$$\Sigma_n = w_0 + w_1 + \ldots + w_n, \qquad a_n = |u_n|, \qquad b_n = |v_n|,$$
$$s_n = a_0 + a_1 + \ldots + a_n, \qquad s'_n = b_0 + b_1 + b_1 + \ldots + b_n,$$
$$c_n = a_0 b_n + a_1 b_{n-1} + \ldots + a_n b_0, \qquad \sigma_n = c_0 + c_1 + \ldots + c_n.$$

La différence $S_n S'_n - \Sigma_n$, effectuée, se compose d'un certain nombre de termes de la forme $u_i v_j$ où la somme $i+j$ est supérieure à n et inférieure à $2n$. Représentons-la par le symbole $\Sigma u_i v_j$. On en conclut que l'on a :

$$|S_n S'_n - \Sigma_n| \leqq \Sigma a_i b_j.$$

Or, on a aussi $s_n s'_n - \sigma_n = \Sigma a_i b_j$ et ce nombre tend vers zéro quand n tend vers l'infini puisque $s_n s'_n$ et σ_n tendent vers ss'. Donc $S_n S'_n - \Sigma_n$ tend vers zéro et Σ_n tend vers SS'.

On peut établir le même résultat en supposant simplement que l'une des séries est absolument convergente et l'autre convergente; nous ne ferons pas la démonstration qui est plus compliquée que la précédente. Appliquons cette règle à la recherche du produit des deux séries entières absolument convergentes, quels que soient z et z' complexes,

$$\varphi(z) = 1 + \frac{z}{1} + \frac{z^2}{1 \cdot 2} + \ldots + \frac{z^n}{1 \cdot 2 \ldots n} + \ldots,$$
$$\varphi(z') = 1 + \frac{z'}{1} + \frac{z'^2}{1 \cdot 2} + \ldots + \frac{z'^n}{1 \cdot 2 \ldots n} + \ldots$$

Le terme général de la série produit est

$$\frac{z'^n}{n!} + \frac{z'^{n-1}}{(n-1)!} \cdot \frac{z}{1} + \frac{z'^{n-2}}{(n-2)!} \cdot \frac{z^2}{2!} + \ldots + \frac{z'}{1} \cdot \frac{z^{n-1}}{(n-1)!} + \frac{z^n}{n!},$$

ou bien

$$\frac{1}{n!} \left[z'^n + C_n^1 z'^{n-1} z + C_n^2 z'^{n-2} z^2 + \ldots + C_n^{n-1} z' z^{n-1} + C_n^n z^n \right],$$

ou encore $\quad \dfrac{(z + z')^n}{n!};\quad$ c'est le terme général de $\varphi(z + z')$.

On voit donc que la fonction $\varphi(z)$ possède la propriété traduite par l'égalité

$$\varphi(z) \cdot \varphi(z') = \varphi(z + z').$$

Remarquons que si l'on effectue le produit d'une série entière en z, convergente à l'intérieur d'un cercle de rayon l, par une série entière en z convergente à l'intérieur d'un cercle de rayon l', en appliquant la règle précédente, on obtient encore une série entière en z qui est certainement convergente à l'intérieur du plus petit des deux cercles précédents; mais rien ne permet d'affirmer *a priori* que ce cercle est le cercle de convergence de la nouvelle série.

Pour appliquer correctement à deux séries entières la règle de multiplication, il convient de représenter toujours par u_n le terme $a_n z^n$, même si a_n est nul.

Division de deux séries entières en z. — Étant données deux séries entières

$$f(z) = A_0 + A_1 z + A_2 z^2 + \dots,$$
$$g(z) = B_0 + B_1 z + B_2 z^2 + \dots,$$

proposons-nous d'en trouver une troisième

$$q(z) = C_0 + C_1 z + C_2 z^2 + \dots,$$

telle que le produit $g(z)q(z)$ soit identique à $f(z)$. Cela conduit à résoudre les équations

$$B_0 C_0 = A_0,$$
$$B_0 C_1 + B_1 C_0 = A_1,$$
$$B_0 C_2 + B_1 C_1 + B_2 C_0 = A_2,$$
$$\dots \dots \dots \dots \dots \dots \dots \dots$$
$$B_0 C_n + B_1 C_{n-1} + \dots + B_n C_0 = A_n,$$
$$\dots \dots \dots \dots \dots \dots \dots \dots$$

par rapport à C_0, C_1, C_2, ... La résolution est possible de proche en proche si B_0 n'est pas nul. Le mécanisme de l'opération à laquelle on est conduit est d'ailleurs le même que celui de la recherche du quotient dans la division des polynomes ordonnés par rapport aux puissances croissantes de la variable.

Il n'y aura intérêt à chercher la série $q(z)$ que si elle peut être convergente.

Limite de $\left(1 + \dfrac{1}{m}\right)^m$ quand m tend vers l'infini. — Supposons d'abord que m soit un nombre naturel. La formule du binôme donne :

$$\left(1 + \frac{1}{m}\right)^m = 1 + \frac{m}{1} \cdot \frac{1}{m} + \frac{m(m-1)}{1 \cdot 2} \cdot \frac{m^2}{1} + \dots$$
$$+ \frac{m(m-1)\dots(m-p+1)}{1 \cdot 2 \dots p} \cdot \frac{1}{m^p}$$
$$+ \frac{m(m-1)\dots(m-p)}{1 \cdot 2 \dots (p+1)} \cdot \frac{1}{m^{p+1}} + \dots$$
$$+ \frac{m(m-1)\dots(m-m+1)}{1 \cdot 2 \dots m} \cdot \frac{1}{m^m}.$$

Écrivons le terme général du second membre en divisant son dénominateur par m^p et chacun des p facteurs du numérateur par m. Nous obtenons ainsi :

$$A_m = \left(1 + \frac{1}{m}\right)^m = 1 + \frac{1}{1} + \frac{1}{2!}\left(1 - \frac{1}{m}\right) + \ldots$$
$$+ \frac{1}{p!}\left(1 - \frac{1}{m}\right)\left(1 - \frac{2}{m}\right)\ldots\left(1 - \frac{p-1}{m}\right)$$
$$+ \frac{1}{(p+1)!}\left(1 - \frac{1}{m}\right)\ldots\left(1 - \frac{p}{m}\right) + \ldots$$
$$+ \frac{1}{m!}\left(1 - \frac{1}{m}\right)\ldots\left(1 - \frac{m-1}{m}\right).$$

Chacun des termes de ce développement est égal au produit d'un terme de la série

$$e = 1 + \frac{1}{1} + \frac{1}{2!} + \ldots + \frac{1}{p!} + \ldots,$$

par un nombre moindre que 1 et qui tend vers 1 quand m tend vers l'infini; en outre, e contient des termes qui n'ont pas de correspondant dans A_m. Par suite, A_m est inférieur à e.

Soit ε un nombre positif donné; choisissons p de telle sorte que la somme

$$e - S_p = \eta_p = \frac{1}{(p+1)!} + \frac{1}{(p+2)!} + \ldots$$

soit moindre que ε.

Posons :

$$B_{p,m} = 1 + \frac{1}{1} + \frac{1}{2!}\left(1 - \frac{1}{m}\right) + \ldots$$
$$+ \frac{1}{p!}\left(1 - \frac{1}{m}\right)\left(1 - \frac{2}{m}\right)\ldots\left(1 - \frac{p-1}{m}\right).$$
$$C_{p,m} = \frac{1}{(p+1)!}\left(1 - \frac{1}{m}\right)\left(1 - \frac{2}{m}\right)\ldots\left(1 - \frac{p}{m}\right) + \ldots$$
$$+ \frac{1}{m!}\left(1 - \frac{1}{m}\right)\left(1 - \frac{2}{m}\right)\ldots\left(1 - \frac{m-1}{m}\right)$$

et étudions la différence

$$e - A_m = S_p - B_{p,m} + \eta_p - C_{p,m},$$

quand m tend vers l'infini. La différence $\eta_p - C_{p,m}$ est positive et moindre que ε.

$S_p - B_{p,m}$, qui est aussi positif, est la valeur d'un polynome entier de degré $p - 1$, par rapport à la variable $\dfrac{1}{m} = x$; ce polynome s'annule pour $x = 0$ et tend vers zéro avec x. On peut donc choisir m' tel que l'inégalité $m \geqq m'$ entraîne $S_p - B_{p,m} < \varepsilon$ et, par suite,

$$0 < e - A_m < 2\varepsilon.$$

On en conclut que A_m tend vers e quand m tend vers l'infini.

Supposons maintenant que m soit un nombre positif quelconque; soit m' sa valeur approchée à 1 près par défaut, de sorte que l'on a :

$$m' \leqq m < m' + 1$$

et, par suite,

$$1 + \frac{1}{m'} \geqq 1 + \frac{1}{m} > 1 + \frac{1}{m' + 1}.$$

En utilisant le fait que la fonction a^x (où a est supérieur à 1) et la fonction x^n (où n et x sont positifs) sont des fonctions croissantes, on en déduit les inégalités

$$\left(1 + \frac{1}{m'}\right)^{m'+1} > \left(1 + \frac{1}{m'}\right)^{m} \geqq \left(1 + \frac{1}{m}\right)^{m} > \left(1 + \frac{1}{m'+1}\right)^{m} \geqq \left(1 + \frac{1}{m'+1}\right)^{m'}.$$

Retenons seulement les inégalités

$$\left(1 + \frac{1}{m'}\right)^{m'+1} > \left(1 + \frac{1}{m}\right)^{m} > \left(1 + \frac{1}{m'+1}\right)^{m'}$$

et mettons-les sous la forme

$$\left(1 + \frac{1}{m'}\right)^{m'} \left(1 + \frac{1}{m'}\right) > \left(1 + \frac{1}{m}\right)^{m} > \left(1 + \frac{1}{m'+1}\right)^{m'+1} \frac{1}{1 + \dfrac{1}{m'+1}}.$$

Quand m tend vers l'infini, il en est de même de m' et $m' + 1$; le premier et le troisième membre tendent vers e, et $\left(1 + \dfrac{1}{m}\right)^{m}$, qui est comprise entre eux, tend aussi vers e.

Supposons enfin m négatif et posons $m = -m'$.

$$\left(1 + \frac{1}{m}\right)^{m} = \left(1 - \frac{1}{m'}\right)^{-m'} = \left(\frac{m'}{m'-1}\right)^{m'}$$
$$= \left(1 + \frac{1}{m'-1}\right)^{m'-1} \left(1 + \frac{1}{m'-1}\right).$$

Cette expression tend encore vers e quand m' tend vers $+\infty$.

On peut alors trouver la limite de $\left(1 + \dfrac{a}{m}\right)^{m}$ où a est un nombre réel quelconque quand m tend vers l'infini. On a en effet :

$$\left(1 + \frac{a}{m}\right)^{m} = \left[\left(1 + \frac{a}{m}\right)^{\frac{m}{a}}\right]^{a}.$$

Posons $\dfrac{m}{a} = n$ qui tend vers l'infini avec m. Le nombre $\left(1 + \dfrac{a}{m}\right)^{m}$, qui vaut $\left[\left(1 + \dfrac{1}{n}\right)^{n}\right]^{a}$, tend vers e^{a}, puisque $\left(1 + \dfrac{1}{n}\right)^{n}$ tend vers e et que la fonction x^{a} est continue (nous le verrons plus loin).

Nous rencontrerons fréquemment des expressions de la forme $(1 + \alpha)^{\beta}$ où les nombres réels α et β tendent simultanément, le premier vers zéro, le second vers l'infini. Comme $(1+\alpha)^{\beta}=\left[(1+\alpha)^{\frac{1}{\alpha}}\right]^{\alpha\beta}$, si le produit $\alpha\beta$ tend vers une limite l, cette expression tend vers e^{l}. (Nous admettons, il est vrai, la continuité de la fonction u^{v} où u et v sont des fonctions continues d'une même variable; cette continuité sera établie plus loin).

Limite de $\left(1+\dfrac{z}{m}\right)^{m}$ (z **étant un nombre complexe donné**), **quand le nombre naturel** m **tend vers l'infini.** — La formule du binôme donne, comme plus haut :

$$\left(1+\frac{z}{m}\right)^{m}=1+\frac{z}{1}+\frac{z^{2}}{2!}\left(1-\frac{1}{m}\right)+\ldots+\frac{z^{p}}{p!}\left(1-\frac{1}{m}\right)\ldots\left(1-\frac{p-1}{m}\right)$$
$$+\frac{z^{p+1}}{(p+1)!}\left(1-\frac{1}{m}\right)\ldots\left(1-\frac{p}{m}\right)+\ldots+\frac{z^{m}}{m!}\left(1-\frac{1}{m}\right)\ldots\left(1-\frac{m-1}{m}\right).$$

Considérons la série absolument convergente

$$\varphi(z)=1+\frac{z}{1}+\frac{z^{2}}{2!}+\ldots+\frac{z^{p}}{p!}+\frac{z^{p+1}}{(p+1)!}+\ldots.$$

Appelons S_{p} la somme de ses $p+1$ premiers termes, η_{p} la différence $\varphi(z)-S_{p}$ et η'_{p} la somme

$$\frac{\zeta^{p+1}}{(p+1)!}+\frac{\zeta^{p+2}}{(p+2)!}+\ldots$$

en posant $\zeta=|z|$. Choisissons p assez grand pour que η'_{p} soit moindre qu'un nombre positif donné ε; c'est possible à cause de la convergence de la série $\dfrac{\zeta^{n}}{n!}$.

Représentons enfin par $B_{p,m}$ et $C_{p,m}$ la partie non soulignée et la partie soulignée de $\left(1+\dfrac{z}{m}\right)^{m}$; nous pouvons alors écrire

$$\varphi(z)-\left(1+\frac{z}{m}\right)^{m}=S_{p}-B_{p,m}+\eta_{p}-C_{p,m},$$

d'où

$$\left|\varphi(z)-\left(1-\frac{z}{m}\right)^{m}\right|\leqq|S_{p}-B_{p,m}|+|\eta_{p}|+|C_{p,m}|.$$

Remarquons que l'on a : $|\eta_{p}|\leqq\eta'_{p}$ et $|C_{p,m}|<\eta'_{p}$ et que, p étant fixé, le polynome $S_{p}-B_{p,m}$, de degré $p-1$ par rapport à la variable $x=\dfrac{1}{m}$, tend vers o avec cette variable; on peut donc fixer m' de manière que l'inégalité $m\geqq m'$ entraîne $|S_{p}-B_{p,m}|<\varepsilon$, et nous voyons que l'on a :

$$\left|\varphi(z)-\left(1+\frac{z}{m}\right)^{m}\right|<3\varepsilon.$$

Cela montre que $\left(1 + \dfrac{z}{m}\right)^{m}$ tend vers $\varphi(z)$ quand m tend vers l'infini.

(Cette démonstration, appliquée au cas de $z = 1$, redonne un résultat déjà trouvé).

EXERCICES

1° Trouver le rayon du cercle de convergence de la série $u_n = f(n)\, z^n$, $f(x)$ désignant un polynome entier en x à coefficients réels ou complexes. Calculer la somme S de cette série (on peut former $(1 - z)\,$S).

2° Étudier la série $u_n = \dfrac{z^n}{n}$ sur son cercle de convergence.

3° Démontrer que toute série entière formée avec certains termes d'une série entière donnée est convergente à l'intérieur du cercle de convergence de cette dernière.

4° Trouver la limite de $\left(1 + \dfrac{1}{m^2}\right)\left(1 + \dfrac{2}{m^2}\right)\left(1 + \dfrac{3}{m^2}\right) \cdots \left(1 + \dfrac{m}{m^2}\right)$, quand le nombre naturel m tend vers l'infini.

5° Étudier la convergence de la série $u_n = \left(1 + \dfrac{x}{n}\right)^{-n^2}$.

6° On suppose que le cercle de convergence de la série $u_n = a_n z^n$ a un rayon égal à 1, et que la série a_n est convergente; soit S_n la somme des n premiers termes de la série a_n et soit S la somme de cette série.

$|z|$ étant inférieur à 1, la série u_n a pour somme $f(z)$. Démontrer l'égalité
$$f(z) = (1 - z)(S_0 + S_1 z + S_2 z^2 + \ldots + S_p z^p + \ldots).$$

On pose $S_{p+n} = S + \varepsilon_n$, $\quad P_p(z) = S_0 + S_1 z + \ldots S_p z^p$. L'égalité précédente s'écrit alors
$$f(z) = (1 - z)\, P_p(z) + S z^{p+1} + \underline{z^{p+1}(1 - z)(\varepsilon_1 + \varepsilon_2 z + \varepsilon_3 z^2 + \ldots)}$$

Si η_p est une limite supérieure de $|\varepsilon_n|$ quand p est fixé, on voit que le module de la partie soulignée est limité supérieurement par $\eta_p\, \dfrac{|1 - z|}{1 - |z|}$, et, par suite, que l'on a :
$$|f(z) - S| < |1 - z|\,|P_p(z)| + |S(1 - z^{p+1})| + \eta_p\, \frac{|1 - z|}{1 - |z|}.$$

On peut d'ailleurs choisir p assez grand pour que η_p soit moindre qu'un nombre positif donné. Supposons que le point $M(z)$, intérieur au cercle de convergence, tende vers le point $A(1)$, de telle sorte que la pente de la droite AM soit limitée; démontrer que, dans ces conditions, $f(z)$ tend vers S.

Etendre cette proposition au cas où l'on remplace le point A par un autre point pris sur le cercle de convergence et où la série u_n est convergente.

7° Étudier la convergence de la série $u_n = \dfrac{1}{n}(z^2 - a^2)^n$, a désignant un nombre réel et z un nombre complexe.

8° Étudier la convergence de la série $u_n = (1 - z)^n z^{n(n+1)}$, z désignant un nombre complexe.

9° Trouver la limite de $\left(\dfrac{\sqrt[n]{a} + \sqrt[n]{b}}{2}\right)^n$ quand n tend vers l'infini.

39ᵉ LEÇON

DÉVELOPPEMENT DE e^x, a^x EN SÉRIE ENTIÈRE
FONCTIONS CIRCULAIRES — FONCTIONS HYPERBOLIQUES

Nous avons déjà vu que, si z a une valeur réelle x, $\left(1 + \dfrac{x}{m}\right)^m$ a aussi pour limite e^x quand m tend vers l'infini suivant une loi quelconque; ceci nous permet d'écrire

$$e^x = 1 + \frac{x}{1} + \frac{x^2}{2!} + \ldots + \frac{x^n}{n!} + \ldots$$

En posant $a^x = e^{x \log a}$ et développant cette dernière fonction suivant les puissances croissantes de $x \log a$, nous obtenons :

$$a^x = 1 + \frac{x \log a}{1} + \frac{x^2 (\log a)^2}{2!} + \ldots + \frac{x^n (\log a)^n}{n!} + \ldots$$

Ce développement rend bien compte de la façon dont a^x (lorsqu'on suppose $a > 1$) tend vers $+ \infty$ avec x. Cette série a en effet, dans ce cas, tous ses termes positifs; a^x est donc plus grand que l'un quelconque de ses termes. Par suite, $\dfrac{a^x}{x^k}$, où k est un nombre positif donné, tend vers $+ \infty$ avec x. On exprime ce fait d'une façon abrégée en disant que, dans les conditions précitées, une puissance positive quelconque de l'exposant est négligeable devant l'exponentielle.

Ce même développement où l'on fait tendre x vers $- \infty$ ne peut servir à rien, parce que ses termes sont de signes différents et tendent tous vers l'infini (sauf le premier); on sait d'autre part que a^x tend alors vers zéro.

Le cas où a est inférieur à 1 se ramène de suite au précédent.

Du fait que $\dfrac{\mu . x}{e^{\mu z}}$, où μ et x sont positifs, tend vers zéro quand x tend vers $+ \infty$, on déduit, en posant $x = \log y$, que $\dfrac{\log y}{y^x}$ tend vers zéro quand y tend vers $+ \infty$, c'est-à-dire que le logarithme est négligeable devant une puissance positive quelconque du nombre. Remplaçons, dans la dernière expression, y par $\dfrac{1}{x}$: nous voyons encore que $x^\mu \log x$ tend vers zéro avec x.

Définition et propriétés de la fonction e^z pour z complexe. — On la définit comme somme de la série

$$\varphi(z) = 1 + \frac{z}{1} + \frac{z^2}{2!} + \ldots + \frac{z^n}{n!} + \ldots$$

convergente dans tout le plan.

La multiplication des séries nous a montré que l'on a :

$$\varphi(z) \cdot \varphi(z') = \varphi(z + z'), \qquad \text{donc} \qquad e^{z} \cdot e^{z'} = e^{z + z'}$$

et, par suite, $(e^{z})^{m} = e^{mz}$, lorsque m est un entier positif. La formule est encore vraie quand m est un entier négatif $-m'$, si l'on regarde $(e^{z})^{-m'}$ comme étant égal à $\dfrac{1}{(e^{z})^{m'}} = \dfrac{1}{e^{m'z}} = e^{-m'z}$.

Posons $z = x + iy$, et mettons le nombre complexe $\left(1 + \dfrac{z}{m}\right)^{m}$, ($m$ étant un nombre naturel), sous la forme trigonométrique.

Le module de $1 + \dfrac{z}{m}$ étant

$$\sqrt{\left(1 + \frac{x}{m}\right)^{2} + \frac{y^{2}}{m^{2}}} \quad \text{ou} \quad \left(1 + \frac{2\cdot x}{m} + \frac{x^{2} + y^{2}}{m^{2}}\right)^{\frac{1}{2}},$$

celui de $\left(1 + \dfrac{z}{m}\right)^{m}$ vaut $\left(1 + \dfrac{2\cdot x}{m} + \dfrac{x^{2} + y^{2}}{m^{2}}\right)^{\frac{m}{2}}$ dont la limite, quand m tend vers l'infini, est $e^{\lim \cdot \frac{m}{2}\left(\frac{2\,x}{m} + \frac{x^{2} + y^{2}}{m^{2}}\right)} = e^{x}$.

D'autre part, l'argument θ de $1 + \dfrac{z}{m}$ est défini par les deux équations

$$\cos\theta = \frac{1 + \dfrac{y}{m}}{\sqrt{\left(1 + \dfrac{x}{m}\right)^{3} + \dfrac{y^{2}}{m^{2}}}}, \qquad \sin\theta = \frac{\dfrac{y}{m}}{\sqrt{\left(1 + \dfrac{x}{m}\right)^{2} + \dfrac{y^{2}}{m^{2}}}}$$

Prenons la valeur de cet argument qui tend vers 0 quand m tend vers l'infini; elle est équivalente à son sinus qui est lui-même équivalent à $\dfrac{y}{m}$; l'argument $m\theta$ de $\left(1 + \dfrac{z}{m}\right)^{m}$ est donc équivalent à y pour m infini, et sa limite est y.

Nous voyons donc que $\left(1 + \dfrac{x + iy}{m}\right)^{m}$ tend vers $e^{x}(\cos y + i\sin y)$, ce qui établit les égalités

$$e^{x + iy} = e^{x}(\cos y + i\sin y) = 1 + \frac{x + iy}{1} + \frac{(x + iy)^{2}}{2!} + \cdots$$
$$+ \frac{(x + iy)^{n}}{n!} + \cdots,$$

quels que soient les nombres réels x et y.

En y faisant $x = 0$, on obtient :

$$e^{iy} = \cos y + i\sin y = 1 + \frac{iy}{1} - \frac{y^{2}}{2!} - \frac{iy^{3}}{3!} + \frac{y^{4}}{4!} + \frac{iy^{5}}{5!} - \cdots$$

et, par suite,

$$\cos y = 1 - \frac{y^2}{2!} + \frac{y^4}{4!} - \cdots,$$

$$\sin y = \frac{y}{1} - \frac{y^3}{3!} + \frac{y^5}{5!} - \cdots.$$

Remarquons que l'égalité $e^z \cdot e^{z'} = e^{z+z'}$ s'établit encore simplement en tenant compte de l'égalité $e^{x+iy} = e^x(\cos y + i\sin y)$ et de la multiplication des imaginaires sous forme trigonométrique.

Définitions et propriétés des fonctions $\cos z$, $\sin z$, $\operatorname{tg} z$, pour z complexe. — Les deux séries

$$1 - \frac{z^2}{2!} + \frac{z^4}{4!} - \cdots + \frac{(-1)^n z^{2n}}{(2n)!} + \cdots,$$

$$\frac{z}{1} - \frac{z^3}{3!} + \frac{z^5}{5!} - \cdots + \frac{(-1)^n z^{2n+1}}{(2n+1)!} + \cdots,$$

sont convergentes dans tout le plan, car les séries des modules correspondants sont constituées avec des termes de la série convergente $\varphi(\zeta)$, en posant $\zeta = |z|$. On prend leurs sommes comme définitions de $\cos z$ et de $\sin z$, lorsque z est complexe.

Le cosinus est une fonction paire, le sinus est une fonction impaire.

D'autre part, on a :

$$e^{iz} = 1 + \frac{iz}{1} - \frac{z^2}{2!} - \frac{iz^3}{3!} + \frac{z^4}{4!} + \frac{iz^5}{5!} - \cdots,$$

$$e^{-iz} = 1 - \frac{iz}{1} - \frac{z^2}{2!} + \frac{iz^3}{3!} + \frac{z^4}{4!} - \frac{iz^5}{5!} - \cdots,$$

d'où l'on déduit, par addition et soustraction :

$$\cos z = \frac{e^{iz} + e^{-iz}}{2}, \qquad \sin z = \frac{e^{iz} - e^{-iz}}{2i} \qquad \text{(Euler)}.$$

Par convention encore, $\qquad \operatorname{tg} z = \dfrac{\sin z}{\cos z}.$

Ces formules s'appliquent naturellement si z est réel.

Les fonctions $\sin z$, $\cos z$, $\operatorname{tg} z$, d'une variable complexe, satisfont aux différentes relations algébriques que vérifient les fonctions circulaires correspondantes d'une variable réelle. Par exemple, on a : $\sin(\alpha + \beta) = \sin\alpha\,\cos\beta + \sin\beta\,\cos\alpha$, α et β étant complexes; on peut le vérifier en tenant compte des formules d'Euler et utilisant la propriété $e^z \cdot e^{z'} = e^{z+z'}$.

Les formules d'Euler sont d'un emploi commode pour traiter certains problèmes de trigonométrie. Par exemple, si, dans le développement de $(e^{ix} + e^{-ix})^m$ (m étant un nombre naturel), on groupe deux à deux les termes équidistants des extrêmes, on trouve :

$$(e^{ix} + e^{-ix})^m = e^{imx} + e^{-imx} + C_m^1\left[e^{i(m-2)x} + e^{-i(m-2)x}\right]$$
$$+ C_m^2\left[e^{i(m-4)x} + e^{-i(m-4)x}\right] + \cdots$$

(la forme du dernier terme dépend de la parité de m), et, en divisant les deux membres par 2^m et revenant à la notation trigonométrique,

$$\cos^m x = \frac{1}{2^{m-1}}\left[\cos mx + C_m^1 \cos(m-2)x + C_m^2 \cos(m-4)x + \ldots\right].$$

De même,

$$(e^{ix}-e^{-ix})^{2m} = e^{i2mx} + e^{-i2mx} - C_{2m}^1\left(e^{i(2m-2)x} + e^{-i(2m-2)x}\right)$$
$$+ C_{2m}^2\left(e^{i(2m-4)x} + e^{-i(2m-4)x}\right) - \ldots + (-1)^m C_{2m}^m,$$

d'où, en divisant les deux membres par $(2i)^{2m} = (-1)^m \cdot 2^{2m}$, on obtient :

$$\sin^{2m} x = \frac{(-1)^m}{2^{2m-1}}\left[\cos 2mx - C_{2m}^1 \cos(2m-2)x\right.$$
$$\left. + C_{2m}^2 \cos(2m-4)x - \ldots + (-1)^m \frac{1}{2} C_{2m}^m\right].$$

On trouvera d'une façon analogue :

$$\sin^{2m+1} x = \frac{(-1)^m}{2^{2m}}\left[\sin(2m+1)x + C_{2m+1}^1 \sin(2m-1)x\right.$$
$$\left. + C_{2m+1}^3 \sin(2m-3)x + \ldots\right].$$

Ces diverses formules expriment les puissances du cosinus et du sinus d'un arc en fonctions linéaires de cosinus et de sinus de multiples de cet arc. Elles sont valables encore quand x est complexe, mais nous les utiliserons surtout quand x est réel.

On peut se demander si les fonctions e^z, $\cos z$, $\sin z$, $\operatorname{tg} z$ précédemment définies sont susceptibles de prendre une valeur complexe quelconque $r(\cos\alpha + i\sin\alpha)$ ou $a+ib$.

Les égalités

$$e^z = e^{x+iy} = e^x(\cos y + i\sin y) = r(\cos\alpha + i\sin\alpha)$$

entraînent :

$$e^x = r \quad\text{ou}\quad x = \log r \quad\text{et}\quad y = \alpha + 2k\pi,$$

k étant un entier quelconque. La fonction e^z prend donc une valeur donnée arbitrairement pour une infinité de valeurs de z différant entre elles de multiples de $2i\pi$; cette fonction admet donc la période $2i\pi$.

Inversement, le nombre $\log r + i(\alpha + 2k\pi)$ peut être regardé comme le logarithme népérien du nombre $a+ib$; on pourrait se borner à donner à k la valeur zéro et à α des valeurs comprises entre $-\pi$ et $+\pi$. En particulier, $\log i = i\frac{\pi}{2}$, $\log(-1) = i\pi$.

La résolution de l'équation $\cos z = a + ib$ se ramène à la résolution des deux suivantes :

$$e^{iz} = u, \qquad \frac{1}{2}(u + u^{-1}) = a + ib.$$

La seconde donne pour u deux valeurs inverses l'une de l'autre, soient $r(\cos\alpha + i\sin\alpha)$ et $\frac{1}{r}(\cos\alpha - i\sin\alpha)$. On tire alors de la première :

soit
$$iz = \log r + i(\alpha + 2k\pi)$$
soit
$$iz = -\log r + i(-\alpha + 2k'\pi).$$

Par suite,
$$z = -i\log r + \alpha + 2k\pi$$
ou
$$z = i\log r - \alpha + 2k'\pi.$$

Ces valeurs sont deux à deux symétriques, ce qu'on pouvait prévoir, puisque $\cos z$ est une fonction paire; elles montrent en outre que cette fonction admet la période 2π.

La résolution de l'équation $\sin z = a + ib$ se ramène de même à la résolution des deux suivantes :

$$e^{iz} = u, \qquad \frac{1}{2i}(u - u^{-1}) = a + ib.$$

La seconde donne pour u deux valeurs qui ont pour produit -1, soient

$$r(\cos\alpha + i\sin\alpha) \qquad \text{et} \frac{1}{r}\big(\cos(\pi - \alpha) + i\sin(\pi - \alpha)\big).$$

On tire alors de la première :

soit
$$iz = \log r + i(\alpha + 2k\pi),$$
soit
$$iz = -\log r + i(\pi - \alpha + 2k'\pi).$$

Par suite,
$$z = -i\log r + \alpha + 2k\pi$$
ou
$$z = i\log r + \pi - \alpha + 2k'\pi.$$

Ces valeurs ont deux à deux pour somme π; elles montrent également que $\sin z$ admet la période 2π.

La résolution de l'équation $\operatorname{tg} z = a + ib$ se ramène à la résolution des deux suivantes :

$$e^{iz} = u, \qquad \frac{u - u^{-1}}{u + u^{-1}} = a + ib.$$

La seconde s'écrit $\dfrac{u^2 - 1}{u^2 + 1} = a + ib$ et donne pour u deux valeurs symétriques,

soient $\qquad r(\cos\alpha + i\sin\alpha) \qquad$ et $\quad r\big(\cos(\alpha + \pi) + i\sin(\alpha + \pi)\big).$

On tire alors de la première :

soit
$$iz = \log r + i(\alpha + 2k\pi),$$
soit
$$iz = \log r + i(\alpha + \pi + 2k'\pi).$$

Par suite,
$$z = -i\log r + \alpha + 2k\pi$$
$$z = -i\log r + \alpha + \pi + 2k'\pi.$$
ou

Ces deux séries de valeurs rentrent dans la formule $z = -i\log r + \alpha + h\pi$, h désignant un nombre entier quelconque; la période de $\operatorname{tg} z$ est donc π.

Fonctions hyperboliques. — On définit le cosinus, le sinus et la tangente hyperboliques de z par les formules

$$\operatorname{ch} z = \frac{e^z + e^{-z}}{2}, \qquad \operatorname{sh} z = \frac{e^z - e^{-z}}{2}, \qquad \operatorname{th} z = \frac{\operatorname{sh} z}{\operatorname{ch} z} = \frac{e^z - e^{-z}}{e^z + e^{-z}}.$$

(On lit l'abréviation du nom de chacune de ces fonctions en énonçant simplement les trois lettres qui la composent). La première fonction est une fonction paire, les deux dernières sont des fonctions impaires.

En particulier, si l'on donne à z des valeurs réelles, on obtient des fonctions réelles d'une variable réelle.

Il résulte immédiatement des formules précédentes que l'on a :

$$\operatorname{ch} z + \operatorname{sh} z = e^z, \qquad \operatorname{ch} z - \operatorname{sh} z = e^{-z},$$

$$\operatorname{ch} z = 1 + \frac{z^2}{2!} + \frac{z^4}{4!} + \ldots,$$

$$\operatorname{sh} z = \frac{z}{1} + \frac{z^3}{3!} + \frac{z^5}{5!} + \ldots,$$

$$\operatorname{ch} iz = \cos z, \qquad \operatorname{sh} iz = i \sin z, \qquad \operatorname{ch} z = \cos iz, \qquad \operatorname{sh} z = - i \sin iz,$$
$$\operatorname{th} iz = i \operatorname{tg} z, \qquad \operatorname{th} z = - i \operatorname{tg} iz.$$

A toute relation entre fonctions sin et cos, on peut faire correspondre, en partant de ces formules, une relation analogue entre fonctions sh et ch.

Par exemple, à la relation

$$\cos^2 z + \sin^2 z = 1$$

correspond
$$\operatorname{ch}^2 z - \operatorname{sh}^2 z = 1.$$

A la relation

$$\cos(z + z') = \cos z \cos z' - \sin z \sin z'$$

correspond

$$\operatorname{ch}(z + z') = \operatorname{ch} z \operatorname{ch} z' + \operatorname{sh} z \operatorname{sh} z'.$$

A la formule de Moivre

$$(\cos z + i \sin z)^m = \cos mz + i \sin mz$$

correspond

$$(\operatorname{ch} z + \operatorname{sh} z)^m = \operatorname{ch} mz + \operatorname{sh} mz,$$

relation qui se vérifie d'ailleurs immédiatement en partant de la définition de $\operatorname{ch} z$ et $\operatorname{sh} z$.

Un raisonnement analogue à celui qui a été fait pour les fonctions $\cos z$, $\sin z$ et $\operatorname{tg} z$, montre que la résolution de l'équation

$$\operatorname{ch} z = a + ib$$

donne pour z, deux séries de valeurs. On les obtient de suite en remarquant que l'équation précédente équivaut à

$$\cos iz = a + ib,$$

d'où
$$z = - \log r - i (\alpha + 2k\pi)$$

ou bien
$$z = \log r + i (\alpha - 2k'\pi),$$

r, α, k, k' ayant la même signification que plus haut.

La fonction $\operatorname{ch} z$ admet donc la période $2i\pi$.

On retrouvera la même période pour $\operatorname{sh} z$ et on montrera que $\operatorname{th} z$ admet la période $i\pi$.

En particulier, si l'on veut obtenir pour x des valeurs réelles en résolvant les équations

$$\operatorname{ch} x = a, \qquad \operatorname{sh} x = b, \qquad \operatorname{th} x = c,$$

on constate aisément que a doit être supérieur à 1 (x a alors deux valeurs symétriques), que b peut être quelconque (x n'a qu'une valeur correspondante), et c doit être compris entre -1 et $+1$ (x n'a encore qu'une valeur correspondante).

EXERCICES

1° Calculer $\dfrac{1}{e}$ à $\dfrac{1}{10^5}$ près.

2° Calculer $\sin 1^{e}$ à $\dfrac{1}{10^6}$ près.

3° Calculer $\cos 1^{e}$ à $\dfrac{1}{10^8}$ près.

4° Calculer $\operatorname{ch} 1$ à $\dfrac{1}{10^6}$ près.

5° Calculer $\operatorname{sh} 1$ à $\dfrac{1}{10^7}$ près.

6° Développer en série la fonction $e^z \sin z$.

7° Développer en série la fonction $\sin^3 z$.

8° Développer en série la fonction $\operatorname{ch}^3 z$.

40ᵉ LEÇON

DÉRIVÉES

Définition des dérivées; signification géométrique de la dérivée première. — Étant donnée une fonction $y = f(x)$ définie au voisinage de la valeur x_0 de la variable, désignons par y_0 la valeur que prend cette fonction pour $x = x_0$ et par $y_0 + k$ la valeur qu'elle prend pour $x = x_0 + h$.

Les signes relatifs de h et k indiquent si la fonction est croissante ou décroissante pour x_0. L'étude de ces signes conduit à la formation du rapport $\dfrac{k}{h}$. Cherchons ce que devient ce rapport quand h tend vers zéro. Il ne peut avoir de limite que si k tend vers zéro avec h, *ce qui exige que la fonction soit continue pour x_0*; (la réciproque n'est d'ailleurs pas vraie, car il ne suffit pas que k tende vers zéro avec h, pour que $\dfrac{k}{h}$ ait une limite).

Lorsque $\dfrac{k}{h}$ tend vers une limite, h tendant vers zéro suivant une loi quelconque, cette limite s'appelle la *dérivée* de la fonction pour $x = x_0$.

En général cette limite varie avec x_0; on la représente par $f'(x_0)$ ou y_0' et, lorsqu'on veut indiquer l'ensemble des valeurs qu'elle prend dans tout un intervalle, on emploie les notations $f'(x)$ et y'.

Lorsque la fonction $f(x)$ n'est définie, au voisinage de x_0, que d'un certain côté de x_0, à droite par exemple, on peut encore chercher la limite du rapport $\dfrac{k}{h}$ quand h tend vers zéro par valeurs positives : cette limite s'appelle la dérivée de $f(x)$ pour x_0 à droite.

Considérons la représentation graphique d'une fonction continue; soient M_0 et M les points qui correspondent aux valeurs x_0 et $x_0 + h$ de la variable; leurs ordonnées étant respectivement y_0 et $y_0 + k$, le rapport $\dfrac{k}{h}$ est le coefficient angulaire de la sécante M_0M. La limite de ce rapport, quand h tend vers zéro, est le coefficient angulaire d'une droite position limite de M_0M lorsque M tend vers M_0 en décrivant la courbe; cette position limite est, par définition, la tangente à la courbe en M_0. Ainsi, le coefficient angulaire de la tangente en un point d'une courbe est la dérivée de l'ordonnée par rapport à l'abscisse en ce point. Supposer que l'ordonnée admet une dérivée par rapport à l'abscisse dans tout un intervalle, c'est supposer qu'un arc de la courbe admet une tangente en chacun de ses points et réciproquement.

Il résulte de ce qui précède que la tangente en un point de coordonnées x_0, y_0, sur la courbe $y = f(x)$, a pour équation

$$y - y_0 = y_0'(x - x_0) \quad \text{ou bien} \quad y - f(x_0) = (x - x_0) f'(x_0).$$

Il peut se faire que $\dfrac{k}{h}$ tende vers l'infini quand h tend vers o; on dit que y' est infini pour la valeur correspondante de x; la tangente à la courbe $y = f(x)$ au point correspondant existe encore et elle est parallèle à Oy.

La dérivée première d'une fonction $f(x)$ étant une fonction de x, peut admettre une dérivée. Cette dérivée s'appelle dérivée seconde de $f(x)$; on la représente par $f''(x)$ ou y''. On arrive ainsi, de proche en proche, à définir la dérivée n^e qu'on écrit $f^{(n)}(x)$ ou $y^{(n)}$.

Nous verrons des exemples de fonctions qui admettent une dérivée d'ordre n, si grand que soit n.

Dérivée de a^x. — Si nous donnons à x un accroissement h, y reçoit un accroissement $k = a^{x+h} - a^x = a^x(a^h - 1)$ et $\dfrac{k}{h} = a^x \dfrac{a^h - 1}{h}$.

Pour trouver la limite de $\dfrac{a^h - 1}{h}$ quand h tend vers zéro, posons :

$a^h = 1 + \alpha$, d'où $h \log a = \log(1 + \alpha)$ et $\dfrac{k}{h} = a^x \log a \cdot \dfrac{\alpha}{\log(1 + \alpha)}$.

α tendant vers zéro avec h, nous sommes amenés à trouver la limite du rapport $\dfrac{\log(1 + \alpha)}{\alpha}$; or ce rapport vaut $\log(1 + \alpha)^{\frac{1}{\alpha}}$ qui tend vers $\log e = 1$ quand α tend vers zéro.

Nous utiliserons fréquemment l'équivalence de $\log(1 + \alpha)$ et de α pour $\alpha = o$.

Il en résulte que $\dfrac{k}{\alpha}$ tend vers $a^x \log a$ qui est la dérivée de a^x.

En particulier, la dérivée de e^x est e^x et les dérivées successives de e^x sont égales à cette fonction.

Dérivée de $\log_a x$. — Quand on donne à x un accroissement h, cette fonction prend un accroissement

$$\log_a(x + h) - \log_a x = \log_a\left(\frac{x + h}{x}\right) = \log_a\left(1 + \frac{h}{x}\right) = \frac{\log\left(1 + \dfrac{h}{x}\right)}{\log a}.$$

Donc

$$\frac{k}{h} = \frac{1}{\log a} \cdot \frac{\log\left(1 + \dfrac{h}{x}\right)}{h} = \frac{1}{x \log a} \cdot \frac{\log\left(1 + \dfrac{h}{x}\right)}{\dfrac{h}{x}}.$$

Quand $\dfrac{h}{x}$ tend vers zéro, $\dfrac{k}{h}$ tend vers $\dfrac{1}{x \log a}$ qui est la dérivée de $\log_a x$.

En particulier, la dérivée de $\log x$ est $\dfrac{1}{x}$.

La fonction n'est définie que pour les valeurs positives de x; sa dérivée l'est encore pour les valeurs négatives de x. Il est aisé de montrer que la dérivée de $\log|x|$ pour x négatif est encore $\dfrac{1}{x}$.

Dérivée de x^n. — Si n est un nombre naturel, cette fonction est définie quel que soit x. Il en est de même, sauf pour $x = 0$, si n est un entier négatif. Mais si n n'est pas un entier, il faut que x soit positif pour que la fonction soit définie dans un intervalle. Il y a donc lieu, pour la recherche de la dérivée, de distinguer ces différents cas.

1° n est un nombre naturel. L'application de la formule du binôme donne :

$$k = (x + h)^n - x^n = nhx^{n-1} + \frac{n(n-1)}{1 \cdot 2} h^2 x^{n-2} + \ldots + h^n,$$

de sorte que $\dfrac{k}{h}$ tend vers nx^{n-1}.

La notion de dérivée première d'un monôme et celle du monôme dérivé déjà donnée (leç. 3) sont donc identiques.

2° n est un entier négatif, soit $-n'$. Alors

$$k = \frac{1}{(x+h)^{n'}} - \frac{1}{x^{n'}} = -\frac{(x+h)^{n'} - x^{n'}}{x^{n'}(x+h)^{n'}}.$$

La limite de $\dfrac{(x+h)^{n'} - x^{n'}}{h}$ étant $n'x^{n'-1}$, on voit que celle de $\dfrac{k}{h}$ est égale à $\dfrac{-n'x^{n'-1}}{x^{2n'}} = -n'x^{-n'-1} = nx^{n-1}$.

3° n est quelconque, x est positif. Alors

$$k = (x+h)^n - x^n = x^n \left[\left(1 + \frac{h}{x} \right)^n - 1 \right].$$

Posons : $\left(1 + \dfrac{h}{x} \right)^n = 1 + \alpha$; α tend vers zéro avec h, car on a :

$n\log\left(1 + \dfrac{h}{x} \right) = \log(1 + \alpha)$. Quand h tend vers zéro, $\log\left(1 + \dfrac{h}{x} \right)$ tend vers zéro et $\log(1 + \alpha)$ aussi, donc α tend vers zéro.

D'ailleurs

$$\frac{k}{h} = x^n \frac{\alpha}{h} = x^{n-1} \frac{\alpha}{\dfrac{h}{x}}.$$

α étant équivalent à $\log(1 + \alpha)$ et $\dfrac{h}{x}$ à $\log\left(1 + \dfrac{h}{x}\right)$, leur rapport est équivalent à $\dfrac{\log(1 + \alpha)}{\log\left(1 + \dfrac{h}{x}\right)}$ qui vaut n. Donc $\dfrac{k}{h}$ tend vers nx^{n-1}.

Ainsi, la dérivée de la fonction x^n est toujours nx^{n-1}.

On voit de suite que la dérivée de $af(x)$, a désignant une constante, est $af'(x)$. Il en résulte que la dérivée seconde de x^n est $n(n-1)x^{n-2}$; etc.; la dérivée p^e est $n(n-1)\ldots(n-p+1)x^{n-p}$.

Lorsque n est un nombre naturel, la dérivée n^e de x^n est une constante $n!$; sa dérivée d'ordre $n+1$ et toutes les dérivées d'ordre supérieur sont nulles.

Dérivées de $\sin x$, $\cos x$, $\operatorname{tg} x$.

$$1° \qquad \frac{\sin(x+h) - \sin x}{h} = \frac{2\sin\dfrac{h}{2}\cos\left(x + \dfrac{h}{2}\right)}{h}.$$

Pour $h = 0$, $\sin\dfrac{h}{2}$ est équivalent à $\dfrac{h}{2}$; le rapport $\dfrac{2\sin\dfrac{h}{2}}{h}$ tend donc vers 1 et $\dfrac{k}{h}$ tend vers $\cos x$. La dérivée de $\sin x$ est donc $\cos x$, qu'on peut aussi écrire $\sin\left(x + \dfrac{\pi}{2}\right)$.

$$2° \qquad \frac{\cos(x+h) - \cos x}{h} = \frac{-2\sin\dfrac{h}{2}\sin\left(x + \dfrac{h}{2}\right)}{h}.$$

En utilisant le fait que $\dfrac{2\sin\dfrac{h}{2}}{h}$ tend vers 1, on voit que ce rapport tend vers $-\sin x$. La dérivée de $\cos x$ est donc $-\sin x$ qu'on peut aussi écrire $\cos\left(x + \dfrac{\pi}{2}\right)$.

On en déduit de suite les dérivées successives de la fonction $y = \sin x$, ce sont :

$$y' = \cos x, \quad y'' = -\sin x, \quad y''' = -\cos x, \quad y^{\text{iv}} = \sin x, \ldots$$

Elles se reproduisent périodiquement de 4 en 4.
On peut aussi les écrire

$$y' = \sin\left(x + \frac{\pi}{2}\right), \ y'' = \sin\left(x + \frac{2\pi}{2}\right), \ \ldots, \ y^{(n)} = \sin\left(x + n\frac{\pi}{2}\right), \ \ldots$$

On voit de même que la dérivée d'ordre n de $\cos x$ est $\cos\left(x + n\,\dfrac{\pi}{2}\right)$.

$$3° \qquad \frac{\operatorname{tg}(x+h) - \operatorname{tg}x}{h} = \frac{\sin(x+h)\cos x - \sin x \cos(x+h)}{h \cos x \cos(x+h)}$$

$$= \frac{\sin h}{h} \cdot \frac{1}{\cos x \cos(x+h)}.$$

Le rapport $\dfrac{\sin h}{h}$ tend vers 1 et la dérivée de $\operatorname{tg}x$ est $\dfrac{1}{\cos^2 x}$ ou $1 + \operatorname{tg}^2 x$.

Continuité et dérivée d'une fonction de fonction. — Lorsque y est une fonction de u, u étant une fonction de x, y est aussi une fonction de x; on dit que c'est une fonction de fonction. Par exemple e^u est une fonction de fonction, si u est une fonction de x; de même $\log u$ (u étant positif).

u étant fonction continue de x, et y fonction continue de u, y est fonction continue de x. On peut démontrer ainsi la continuité de la fonction $y = u^v$ où u et v sont des fonctions continues de x (u étant positif). On a en effet :

$$y = e^{\log y} = e^{v \log u}.$$

y est donc une fonction exponentielle, c'est-à-dire une fonction continue de l'exposant; ce dernier est le produit d'une fonction continue v par le logarithme d'une fonction continue, c'est-à-dire un produit de fonctions continues.

Proposons-nous de trouver la dérivée d'une fonction de fonction.

Soit
$$y = f(u), \qquad u = g(x).$$

Donnons à x un accroissement Δx; soit Δu celui que prend u et soit Δy l'accroissement correspondant de y. On peut écrire

$$\frac{\Delta y}{\Delta x} = \frac{\Delta y}{\Delta u} \cdot \frac{\Delta u}{\Delta x}.$$

Faisons tendre Δx vers zéro et supposons que u admette une dérivée $g'(x)$; le rapport $\dfrac{\Delta u}{\Delta x}$ tend alors vers $g'(x)$.

Dans ces conditions, Δu tend vers zéro, puisque u, admettant une dérivée par rapport à x, est fonction continue de x. Supposons que y admette une dérivée $f'(u)$ par rapport à u; le rapport $\dfrac{\Delta y}{\Delta u}$ tend alors vers $f'(u)$ et $\dfrac{\Delta y}{\Delta x}$ tend vers $f'(u)\,g'(x)$. La fonction y de x admet donc une dérivée.

Pour éviter toute confusion, on met en indice la variable par rapport à laquelle on a pris la dérivée et on écrit

$$y'_x = y'_u\, u'_x.$$

Par exemple, la dérivée de e^u, où u est une fonction de x, vaut $e^u u'$.

Celle de $\log|u|$ vaut $\dfrac{u'}{u}$: on l'appelle dérivée logarithmique de u.

Celle de u^n vaut $nu^{n-1}u'$; en particulier la dérivée de $\sqrt{u}$ ou $u^{\frac{1}{2}}$ vaut $\dfrac{u'}{2\sqrt{u}}$.

La définition d'une fonction de fonction est quelquefois plus compliquée ; on peut supposer que y est fonction de u, u étant fonction de v, et v fonction de x : y est alors, par rapport à x, une fonction de fonctions.

Si l'on suppose que y admette une dérivée par rapport à u, que u en ait une par rapport à v et que v en ait une par rapport à x, on déduira de l'égalité

$$\frac{\Delta y}{\Delta x} = \frac{\Delta y}{\Delta u} \cdot \frac{\Delta u}{\Delta v} \cdot \frac{\Delta v}{\Delta x},$$

la formule

$$y'_x = y'_u u'_v v'_x.$$

Par exemple, la dérivée de la fonction $\sin(\log u)$ est $\cos(\log u)\,\dfrac{u'}{u}$.

Dérivée d'une somme. — Considérons la somme algébrique $y = u + v - w$, u, v, w étant des fonctions de x. Donnons à x un accroissement Δx et appelons $\Delta u, \Delta v, \Delta w, \Delta y$, les accroissements correspondants des diverses fonctions.

De l'égalité

$$y + \Delta y = u + \Delta u + v + \Delta v - (w + \Delta w)$$

et de la précédente, on déduit par soustraction :

$$\Delta y = \Delta u + \Delta v - \Delta w,$$

ce qui signifie que l'accroissement d'une somme algébrique est la somme algébrique des accroissements de ses diverses parties. En divisant les deux membres de cette égalité par Δx, on obtient :

$$\frac{\Delta y}{\Delta x} = \frac{\Delta u}{\Delta x} + \frac{\Delta v}{\Delta x} - \frac{\Delta w}{\Delta x}.$$

Si l'on suppose que u, v, w aient des dérivées par rapport à x, le second membre tend vers $u' + v' - w'$ quand Δx tend vers zéro. Le premier membre a donc une limite et *la dérivée d'une somme algébrique est égale à la somme algébrique des dérivées de ses diverses parties.*

En particulier, la dérivée première d'un polynome entier de degré n

$$f(x) = a_0 x^n + a_1 x^{n-1} + \ldots + a_{n-1} x + a_n,$$

est un polynome entier de degré $n - 1$, identique au polynome dérivé déjà défini (leç. 3), savoir

$$f'(x) = na_0 x^{n-1} + (n-1)a_1 x^{n-2} + \ldots + a_{n-1}.$$

Sa dérivée d'ordre p est un polynome de degré $n - p$, et sa dérivée d'ordre n est la constante $n!\, a_0$; les dérivées d'ordre supérieur à n sont toutes nulles.

Rappelons en passant que ces dérivées successives nous ont donné l'identité

$$f(x+h) \equiv f(x) + \frac{h}{1} f'(x) + \frac{h^2}{1 \cdot 2} f''(x) + \ldots$$
$$+ \frac{h^p}{p!} f^{(p)}(x) + \ldots + \frac{h^n}{n!} f^{(n)}(x).$$

La dérivée de $\mathrm{ch}\, x = \dfrac{e^x + e^{-x}}{2}$ est $\dfrac{e^x - e^{-x}}{2}$ ou $\mathrm{sh}\, x$; de même la dérivée de $\mathrm{sh}\, x$ est $\mathrm{ch}\, x$.

Dérivée d'un produit. — Considérons d'abord un produit de deux facteurs $y = uv$.

De l'égalité $y + \Delta y = (u + \Delta u)(v + \Delta v)$ et de la précédente, on déduit par soustraction :

$$\Delta y = (u + \Delta u)(v + \Delta v) - uv = v\,\Delta u + u\,\Delta v + \Delta u\,\Delta v,$$

d'où

$$\frac{\Delta y}{\Delta x} = \frac{\Delta u}{\Delta x} v + u \frac{\Delta v}{\Delta x} + \frac{\Delta u}{\Delta x} \Delta v.$$

Si l'on suppose que u et v ont des dérivées par rapport à x et, par suite, que Δu et Δv tendent vers zéro avec Δx, on voit que le second membre a pour limite $u'v + uv'$.

Le produit uv a donc une dérivée qui s'obtient en faisant la somme des produits partiels obtenus en y remplaçant successivement un des facteurs par sa dérivée.

Cette règle s'étend sans modification au cas d'un produit d'un nombre quelconque de facteurs. Supposons-la vraie pour un produit de n facteurs $u_1 u_2 \ldots u_n$ et montrons qu'elle est vraie pour un facteur de plus. En posant $y = zu_{n+1}$, z étant égal à $u_1 u_2 \ldots u_n$, on a :

$$y' = z' u_{n+1} + z u'_{n+1},$$
$$z' = u'_1 u_2 \ldots u_n + u_1 u'_2 \ldots u_n + \ldots + u_1 u_2 \ldots u'_n,$$

et, en remplaçant dans y' les fonctions z et z' par leurs valeurs, on trouve bien :

$$y' = u'_1 u_2 \ldots u_{n+1} + u_1 u'_2 \ldots u_{n+1} + \ldots$$
$$+ u_1 u_2 \ldots u'_n u_{n+1} + u_1 u_2 \ldots u'_{n+1}.$$

Cette règle se démontre encore en partant de l'égalité

$$\log |u_1 u_2 \ldots u_n| = \log |u_1| + \log |u_2| + \ldots + \log |u_n|$$

et prenant les dérivées des deux membres. On obtient ainsi :

$$\frac{(u_1 u_2 \ldots u_n)'}{u_1 u_2 \ldots u_n} = \frac{u_1'}{u_1} + \frac{u_2'}{u_2} + \cdots + \frac{u_n'}{u_n}.$$

En chassant les dénominateurs on retrouve la règle énoncée.

On peut déduire de là la dérivée de la fonction $y = u^v$ en écrivant

$$\log y = v \log u$$

et prenant les dérivées des deux membres de cette dernière égalité. On trouve :

$$\frac{y'}{y} = v' \log u + \frac{vu'}{u},$$

d'où
$$y' = y\left(v' \log u + \frac{vu'}{u}\right) = u^v \log u \cdot v' + v u^{v-1} u'.$$

On déduit aussi de ce qui précède que, si plusieurs fonctions ont des dérivées jusqu'à l'ordre n, leur produit admet des dérivées jusqu'à l'ordre n.

Le calcul de la dérivée d'ordre n d'un produit de deux fonctions conduit à un résultat intéressant. On trouve, de proche en proche :

$$\begin{aligned}
y \ \ &= uv \\
y' \ &= u'v + uv' \\
y'' &= u''v + 2u'v' + uv'' \\
y''' &= u'''v + 3u''v' + 3u'v'' + uv'''.
\end{aligned}$$

Les coefficients numériques dans chaque second membre sont ceux du binôme dont l'exposant est égal à l'indice de la dérivée qui figure au premier membre ; de plus, la somme des indices des dérivées qui entrent dans chaque produit partiel d'un second membre est égale à ce même exposant. On est donc porté à écrire

$$y^{(n)} = u^{(n)}v + C_n^1 u^{(n-1)}v' + C_n^2 u^{(n-2)}v'' + \cdots + C_n^{n-1} u'v^{(n-1)} + C_n^n u v^{(n)}.$$

Pour démontrer la généralité de cette formule, qui est due à Leibnitz, il suffit de montrer que, si elle est vraie pour la dérivée n^e, elle est vraie pour la $n+1^e$.

Or on obtient, en prenant les dérivées des deux membres :

$$y^{(n+1)} = u^{(n+1)}v + (1 + C_n^1) u^{(n)}v' + (C_n^1 + C_n^2) u^{(n-1)}v'' + \cdots$$

c'est-à-dire, à cause des propriétés des coefficients du binôme,

$$y^{(n+1)} = u^{(n+1)}v + C_{n+1}^1 u^{(n)}v' + C_{n+1}^2 u^{(n-1)}v'' + \cdots.$$

Dérivée d'un quotient. — Soit $y = \dfrac{u}{v}$. De l'égalité

$$y + \Delta y = \frac{u + \Delta u}{v + \Delta v}$$

et de la précédente, on tire :

$$\Delta y = \frac{u + \Delta u}{v + \Delta v} - \frac{u}{v} = \frac{(u + \Delta u)v - u(v + \Delta v)}{v(v + \Delta v)} = \frac{v\Delta u - u\Delta v}{v(v + \Delta v)}.$$

Par suite,

$$\frac{\Delta y}{\Delta x} = \frac{v\dfrac{\Delta u}{\Delta x} - u\dfrac{\Delta v}{\Delta x}}{v(v + \Delta v)}.$$

Si u et v ont des dérivées par rapport à x, $\dfrac{\Delta u}{\Delta x}$ et $\dfrac{\Delta v}{\Delta x}$ tendent vers u' et v', Δv tend vers zéro et $\dfrac{\Delta y}{\Delta x}$ tend vers $\dfrac{vu' - uv'}{v^2}$. On a donc :

$$y' = \frac{vu' - uv'}{v^2}.$$

Ceci suppose naturellement que v n'est pas nul pour la valeur de x considérée.

En appliquant cette formule à $\operatorname{tg} x = \dfrac{\sin x}{\cos x}$, on trouve comme dérivée :
$$\frac{\cos x \cdot \cos x - \sin x(-\sin x)}{\cos^2 x} \quad \text{c'est-à-dire} \quad \frac{1}{\cos^2 x}.$$

Un calcul analogue montre que la dérivée de $\operatorname{cotg} x = \dfrac{\cos x}{\sin x}$ est $\dfrac{-1}{\sin^2 x}$ et que celle de $\operatorname{th} x$ est $\dfrac{1}{\operatorname{ch}^2 x}$ ou $1 - \operatorname{th}^2 x$.

Appliquons encore la même règle à $y = \dfrac{u^m}{v^p}$; nous trouvons :

$$y' = \frac{v^p m u^{m-1} u' - u^m p v^{p-1} v'}{v^{2p}} = \frac{u^{m-1} v^{p-1}(mvu' - puv')}{v^{2p}}$$
$$= u^{m-1}\frac{(mvu' - puv')}{v^{p+1}}.$$

Cette dernière formule est d'un usage assez fréquent; on l'obtient un peu plus vite en regardant le quotient $\dfrac{u^m}{v^p}$ comme un produit $u^m v^{-p}$: c'est ce que nous ferons fréquemment.

Cette remarque s'applique au calcul des dérivées successives d'un quotient; il est cependant plus simple de procéder de la façon suivante : on part de l'équation $vy = u$, et l'on prend les dérivées successives des deux membres en appliquant la formule de Leibnitz au premier. Les règles de dérivation d'un quotient et d'un produit montrent que, si u et v ont des dérivées jusqu'à l'ordre n, y a des dérivées jusqu'à l'ordre n, ce qui justifie cette façon de faire. On obtient ainsi :

$$vy = u$$
$$v'y + vy' = u'$$
$$v''y + 2v'y' + vy'' = u''$$
$$\cdots\cdots\cdots\cdots\cdots\cdots$$
$$v^{(n)}y + C_n^1 v^{(n-1)}y' + \ldots + vy^{(n)} = u^{(n)}.$$

La résolution de ces équations, soit de proche en proche, soit par la règle de Cramer, montre que $y^{(n)}$ est de la forme

$$\frac{1}{v^{n+1}}\left(Au + A_1 u' + A_2 u'' + \ldots + A_n u^{(n)}\right),$$

A, A_1, A_2, $\ldots A_n$ désignant des polynomes entiers par rapport à v, v', v'', $\ldots\ldots$, $v^{(n)}$.

EXERCICES

1º Calculer les dérivées successives de $e^x f(x)$, de $\sin x . f(x)$.

2º Calculer les dérivées successives de $\sin^m x$, $\cos^n x$, m et n désignant des nombres naturels. (On peut commencer par exprimer $\sin^m x$ et $\cos^n x$ au moyen de fonctions linéaires de sin. ou de cos. de multiples de l'arc x.)

3º Dérivée seconde et dérivée troisième par rapport à x de la fonction $y = f(u)$, sachant que $u = g(x)$.

4º Dérivée de $\sqrt[3]{u}$.

5º Montrer que la notion de dérivée subsiste pour un polynome entier par rapport à une variable complexe, ainsi que pour une fraction rationnelle, et que les règles relatives à la recherche de la dérivée d'une somme, d'un produit, d'un quotient, ne sont pas modifiées pour ces fonctions.

FONCTIONS INVERSES — DÉRIVÉES

Soit $y = f(x)$ une fonction définie, continue et croissante dans l'intervalle (a, b). Cette fonction passe une fois et une seule par toute valeur y comprise entre $A = f(a)$ et $B = f(b)$ quand x varie de a à b; soit x l'abscisse correspondante à y. On voit que x est une fonction définie de y dans l'intervalle (A, B). Cette fonction $g(y)$ est croissante; montrons qu'elle est continue.

Soit y_0 un nombre quelconque de l'intervalle (A, B) et soit $x_0 = g(y_0)$. ε étant un nombre positif quelconque tel que $x_0 - \varepsilon$ et $x_0 + \varepsilon$ soient dans l'intervalle (a, b), posons :

$$f(x_0 - \varepsilon) = y_0 - \alpha \qquad \text{et} \qquad f(x_0 + \varepsilon) = y_0 + \alpha'.$$

α et α' sont des nombres positifs, soit α le plus petit. Quand y varie de $y_0 - \alpha$ à $y_0 + \alpha$, x croît de $x_0 - \varepsilon$ à une valeur $x_0 + \varepsilon'$ inférieure à $x_0 + \varepsilon$. On voit donc que l'inégalité $|y - y_0| < \alpha$ entraîne

$$|g(y) - g(y_0)| < \varepsilon$$

et la fonction $g(y)$ est continue.

Cette fonction $g(y)$ s'appelle la *fonction inverse* de $y = f(x)$.

On montrerait de même que, si $y = f(x)$ est continue et décroissante dans un intervalle (a, b) et varie de A à B, la fonction inverse $x = g(y)$ est continue et décroissante dans l'intervalle (B, A).

x, y et $x + \Delta x$, $y + \Delta y$ étant deux couples de valeurs correspondantes, on a évidemment :

$$\frac{\Delta y}{\Delta x} \cdot \frac{\Delta x}{\Delta y} = 1.$$

Comme Δx et Δy tendent vers zéro simultanément, l'existence de la limite de $\dfrac{\Delta y}{\Delta x}$ entraîne l'existence de la limite de $\dfrac{\Delta x}{\Delta y}$ et l'on a $y'_x x'_y = 1$.

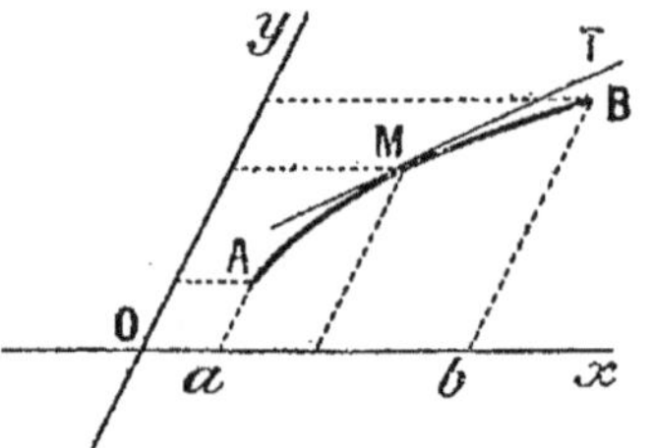

Ainsi, deux fonctions inverses ont des dérivées dont les valeurs sont inverses l'une de l'autre. Si l'une est nulle, l'autre est infinie.

La représentation graphique rend compte de ces différents faits; si, par exemple, la fonction $y = f(x)$ est définie, continue et croissante dans l'intervalle (a, b), toute parallèle à l'axe des x dont l'ordonnée est comprise entre A et B rencontre la courbe en un seul point, c'est-à-dire qu'à toute valeur de y dans l'intervalle (A, B) correspond une valeur de x. Le tracé continu de la courbe entraîne la continuité de x en fonction de y.

L'existence de y'_x entraîne l'existence de la tangente MT et, par suite, de x'_y. Les coefficients angulaires d'une droite par rapport aux deux axes de coordonnées sont d'ailleurs inverses l'un de l'autre.

Remarquons que la fonction $f(x)$ pourrait être infinie à l'une des bornes ou aux deux bornes de l'intervalle (a, b) sans que rien fût changé aux conclusions.

De même l'une des bornes de l'intervalle ou toutes deux pourraient être infinies.

Un exemple important est donné par $y = a^x$ qui croît de 0 à $+\infty$ quand x varie de $-\infty$ à $+\infty$, si a est supérieur à 1, et est continue. La fonction inverse $x = \log_a y$ est bien déterminée dans l'intervalle $(0, +\infty)$; elle est croissante et continue dans cet intervalle. De la dérivée $y'_x = a^x \log a$, on déduit $x'_y = \dfrac{1}{a^x \log a} = \dfrac{1}{y \log a}$. On retrouve des résultats connus.

D'autres exemples intéressants nous sont fournis par les fonctions circulaires inverses.

La fonction $x = \sin y$ est définie et continue quel que soit y, mais elle est croissante dans certains intervalles et décroissante dans les autres. Il en résulte que la fonction inverse n'est pas bien déterminée, c'est-à-dire qu'elle n'est pas *uniforme*. Il y a une infinité d'arcs y admettant un sinus donné x compris entre -1 et $+1$; tous ces arcs sont contenus dans les deux formules $y_0 + 2k\pi$, $\pi - y_0 + 2k'\pi$, y_0 désignant l'un d'eux. Parmi ces arcs, il y en a un seul qui est compris entre $-\dfrac{\pi}{2}$ et $\dfrac{\pi}{2}$; nous conviendrons de le représenter par arc $\sin x$.

Cette fonction de x est uniforme et croît de $-\dfrac{\pi}{2}$ à $+\dfrac{\pi}{2}$ quand x croît de -1 à $+1$. L'équation $x = \sin y$ équivaut donc aux deux suivantes :

$$y = \operatorname{arc\,sin} x + 2k\pi, \qquad y = \pi - \operatorname{arc\,sin} x + 2k'\pi.$$

De même, la fonction y de x définie par l'équation $x = \cos y$ admet une infinité de déterminations comprises dans la formule $\pm y_0 + 2k\pi$, y_0 désignant l'une d'elles; nous représenterons par arc $\cos x$ celle qui est comprise entre 0 et π et qui décroît de π à 0 quand x croît de -1 à $+1$.

Enfin, la fonction y de x définie par l'équation $x = \operatorname{tg} y$ admet une infinité de déterminations comprises dans la formule $y_0 + k\pi$, y_0 désignant l'une d'elles; nous représenterons par arc $\operatorname{tg} x$ celle qui est comprise entre $-\dfrac{\pi}{2}$ et $+\dfrac{\pi}{2}$ et qui croît de $-\dfrac{\pi}{2}$ à $+\dfrac{\pi}{2}$ quand x croît de $-\infty$ à $+\infty$.

Cherchons les dérivées de ces fonctions.

La fonction inverse de $y = \operatorname{arc\,sin} x$ est $x = \sin y$; elle admet une dérivée $x'_y = \cos y$. Par suite, y admet une dérivée par rapport à x et l'on a :

$$y'_x = \frac{1}{x'_y} = \frac{1}{\cos y}$$

Or, $\cos y$ vaut $\sqrt{1 - x^2}$, car l'arc y compris entre $-\dfrac{\pi}{2}$ et $+\dfrac{\pi}{2}$ a un cosinus positif. Donc

$$y'_x = \frac{1}{\sqrt{1 - x^2}}.$$

La fonction inverse de $z = \arccos x$ est $x = \cos z$; elle admet une dérivée $x'_z = -\sin z$. Par suite, z admet une dérivée par rapport à x et l'on a :

$$z'_x = \frac{1}{x'_z} = -\frac{1}{\sin z}.$$

Or, $\sin z$ vaut $\sqrt{1 - x^2}$, car l'arc z compris entre 0 et π a un sinus positif. Donc

$$z'_x = -\frac{1}{\sqrt{1 - x^2}}.$$

La fonction inverse de $u = \arctg x$ est $x = \tg u$; elle admet une dérivée $x'_u = \dfrac{1}{\cos^2 u} = 1 + \tg^2 u$. Par suite, u admet une dérivée par rapport à x et l'on a :

$$u'_x = \frac{1}{x'_u} = \frac{1}{1 + \tg^2 u} = \frac{1}{1 + x^2}.$$

Il est d'ailleurs facile de retrouver ces résultats par un calcul direct. Pour obtenir la dérivée de $\arcsin x$, il faut chercher la limite de

$$\frac{\arcsin(x + h) - \arcsin x}{h}$$

quand h tend vers zéro. Posons : $\arcsin x = \alpha$, $\arcsin(x + h) = \beta$. La différence $\beta - \alpha$ tendant vers zéro avec h, est équivalente à son sinus ; il suffit alors de chercher la limite de $\dfrac{\sin(\beta - \alpha)}{h}$. Or $\sin(\beta - \alpha) = \sin\beta \cos\alpha - \sin\alpha \cos\beta$; $\sin\alpha = x$, $\cos\alpha = \sqrt{1 - x^2}$ ($\cos\alpha$ est > 0), $\sin\beta = x + h$, $\cos\beta = \sqrt{1 - (x + h)^2}$. Donc

$$\frac{\sin(\beta - \alpha)}{h} = \frac{(x + h)\sqrt{1 - x^2} - x\sqrt{1 - (x + h)^2}}{h}.$$

Multiplions les deux termes de cette fraction par

$$D = (x + h)\sqrt{1 - x^2} + x\sqrt{1 - (x + h)^2},$$

nous obtenons :

$$\frac{\sin(\beta - \alpha)}{h} = \frac{(x + h)^2(1 - x^2) - x^2(1 - (x + h)^2)}{h\,D} = \frac{(x + h)^2 - x^2}{h\,D} = \frac{2x + h}{D}.$$

Le numérateur de la dernière fraction tend vers $2x$ et D tend vers $2x\sqrt{1-x^2}$ quand h tend vers zéro. Nous retrouvons donc $\dfrac{1}{\sqrt{1-x^2}}$ comme dérivée de arc sin x.

Le raisonnement est analogue pour cos x.

Pour trouver la dérivée de arc tg x, il faut chercher la limite de

$$\frac{\operatorname{arc\,tg}(x+h)-\operatorname{arc\,tg}x}{h}$$

quand h tend vers zéro. Posons arc tg $x=\alpha$, arc tg $(x+h)=\beta$ et remarquons que la différence $\beta-\alpha$ qui tend vers zéro avec h est équivalente à sa tangente; il suffit donc de trouver la limite de $\dfrac{\operatorname{tg}(\beta-\alpha)}{h}$. Or $\operatorname{tg}(\beta-\alpha)=\dfrac{\operatorname{tg}\beta-\operatorname{tg}\alpha}{1+\operatorname{tg}\alpha\,\operatorname{tg}\beta}$.

Comme $\operatorname{tg}\alpha=x$ et $\operatorname{tg}\beta=x+h$, $\quad \operatorname{tg}(\beta-\alpha)=\dfrac{h}{1+x(x+h)}$,

et $$\frac{\operatorname{tg}(\beta-\alpha)}{h}=\frac{1}{1+x(x+h)}.$$

Cette expression tend vers $\dfrac{1}{1+x^2}$ qui est la dérivée de arc tg x.

La fonction $x=\operatorname{ch}y$ croît de 1 à $+\infty$ quand y croît de 0 à $+\infty$ et elle est continue; représentons par $y=\operatorname{arg.\,ch}x$ la fonction inverse qui est définie, continue et croissante dans l'intervalle $(1,+\infty)$. La dérivée de ch y étant, sh $y=\sqrt{\operatorname{ch}^2 y-1}$ (sh y est >0 puisque y est >0), ou bien $\sqrt{x^2-1}$, la dérivée de arg. ch x est $\dfrac{1}{\sqrt{x^2-1}}$.

Un raisonnement semblable montre que la fonction $y=\operatorname{arg.\,sh}x$ est définie, continue et croissante quel que soit x et qu'elle a pour dérivée $\dfrac{1}{\sqrt{x^2+1}}$.

La fonction $y=\operatorname{arg.\,th}x$ est définie, croissante et continue dans l'intervalle $(-1,+1)$; sa dérivée est $\dfrac{1}{1-x^2}$.

On peut retrouver les dérivées de $\dfrac{1}{\sqrt{x^2-1}}$, $\dfrac{1}{\sqrt{x^2+1}}$, $\dfrac{1}{\sqrt{1-x^2}}$, sans employer les fonctions inverses des fonctions hyperboliques.

Un calcul rapide montre, en effet, que la dérivée de $\log\left|x+\sqrt{x^2+a}\right|$ est $\dfrac{1}{\sqrt{x^2+a}}$, et il suffit de faire $a=\pm1$, pour retrouver deux des résultats précédents.

La dérivée de $\dfrac{1}{2}\log\left|\dfrac{1+x}{1-x}\right|$ est $\dfrac{1}{1-x^2}$.

On peut exprimer les dérivées successives de la fonction inverse d'une fonction donnée au moyen des dérivées successives de cette dernière, en appliquant le théorème relatif au calcul de la dérivée d'une fonction de fonction. Ainsi, de l'égalité $x'_y=\dfrac{1}{y'_x}=\varphi(x)$, on déduit :

$$x''_{y^2}=\varphi'(x)\cdot x'_y=\frac{\varphi'(x)}{y'_x}$$

et comme
$$\varphi'(x) = -\frac{y''_{x^2}}{(y'_x)^2},$$

on a :

$$x''_{y^2} = -\frac{y''_{x^2}}{(y'_x)^3}.$$

Il est d'ailleurs plus commode de partir de l'égalité $x'_y \cdot y'_x = 1$, et d'égaler à o la dérivée du premier membre par rapport à y.

De même, si l'on part de l'égalité

$$x''_{y^2}(y'_x)^3 + y''_{x^2} = o,$$

et qu'on annule la dérivée du premier membre par rapport à y, on obtient :

$$x'''_{y^3}(y'_x)^3 + 3\,x''_{y^2}(y'_x)^2 y''_{x^2} x'_y + y'''_{x^3} x'_y = o.$$

En remplaçant x'_y et x''_{y^2} par leurs valeurs, on en déduit :

$$x'''_{y^3} = \frac{3\,(y''_{x^2})^2 - y'_x y'''_{x^3}}{(y'_x)^5}; \quad \text{etc.}$$

Fonctions primitives; théorème de Rolle, formule des accroissements finis. — On dit qu'une fonction $F(x)$ est fonction primitive d'une fonction $f(x)$ dans un intervalle (a, b), quand on a l'égalité $F'(x) = f(x)$, quel que soit x dans l'intervalle considéré.

Nous verrons plus loin que l'on peut, dans certaines conditions, affirmer qu'une fonction donnée a une fonction primitive.

Il est évident que si $F(x)$ est une primitive de $f(x)$, $F(x) + C^{te}$ en est une autre. Nous allons montrer que, réciproquement, deux fonctions $F(x)$ et $F_1(x)$ primitives d'une même fonction $f(x)$ dans un intervalle (a, b) ont pour différence, dans cet intervalle, une constante.

Cette proposition est intuitive en remarquant que la dérivée de la fonction $y = F(x) - F_1(x)$ est constamment nulle dans l'intervalle considéré; la tangente en un point quelconque de la représentation graphique de cette fonction est donc parallèle à Ox dans l'intervalle en question. On ne voit qu'un morceau de droite parallèle à Ox qui puisse remplir cette condition; les ordonnées des divers points de ce segment de droite étant les mêmes, on conclut que $F(x) - F_1(x)$ a une valeur constante dans l'intervalle considéré.

On peut démontrer ce fait en toute rigueur en s'appuyant sur la formule des accroissements finis qui est elle-même une conséquence du théorème de Rolle.

Théorème de Rolle. — *Si une fonction* f(x) *définie et continue dans un intervalle* (a, b), *aux bornes duquel elle s'annule, admet une dérivée bien déterminée dans cet intervalle, cette dérivée s'annule au moins une fois dans l'intervalle.*

Écartons d'abord le cas où la fonction serait constante dans l'intervalle : sa dérivée serait constamment nulle. La fonction n'étant pas constante prend des valeurs positives ou négatives; supposons que, parmi ces valeurs, il y en ait de positives. Puisque la fonction est continue, ses valeurs positives sont bornées supérieurement par un nombre M, maximum absolu de la fonction dans l'intervalle (a, b), et ce maximum est atteint pour une valeur au moins de la variable, soit x_0.

h étant un nombre positif astreint seulement à ce que $x_0 - h$ et $x_0 + h$ soient contenus dans (a, b), on a :

$$f(x_0 - h) - f(x_0) \leqq 0 \qquad f(x_0 + h) - f(x_0) \leqq 0$$

On en déduit :

$$\frac{f(x_0 - h) - f(x_0)}{-h} \geqq 0 \quad \text{et} \quad \frac{f(x_0 + h) - f(x_0)}{h} \leqq 0.$$

Si l'on fait tendre h vers zéro, on est conduit aux deux inégalités : $f'(x_0) \geqq 0$ et $f'(x_0) \leqq 0$. L'unique détermination de $f'(x)$ dans l'intervalle exige que l'on ait $f'(x_0) = 0$.

On ferait une démonstration analogue en utilisant le minimum absolu de la fonction lorsque celle-ci prend des valeurs négatives.

(Nous n'avons utilisé la parfaite détermination de la dérivée de la fonction que pour une seule valeur de la variable; on pourrait donc réduire les conditions qui figurent dans l'énoncé du théorème, mais on compliquerait inutilement cet énoncé).

La proposition subsiste si a ou b est infini, ou si l'un vaut $-\infty$ et l'autre $+\infty$.

Géométriquement, cela revient à dire qu'en un point M_0 au moins d'un arc continu de courbe AB, la tangente $M_0 T_0$ est parallèle à la corde AB.

Si l'on applique cette remarque lorsque les extrémités de l'arc ont

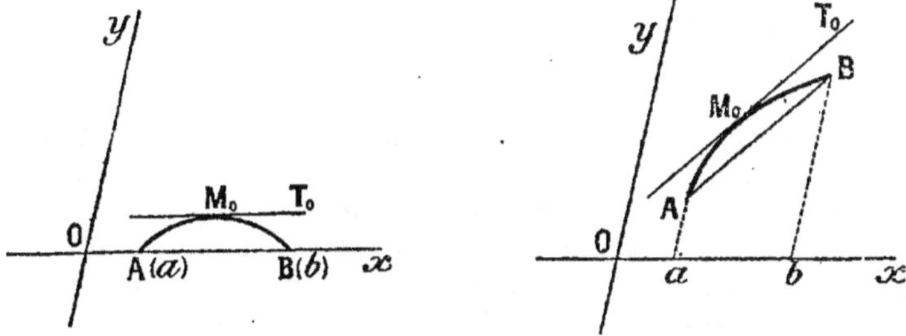

une position quelconque dans le plan des axes, la courbe étant toujours définie par l'équation $y = f(x)$, le coefficient angulaire de AB est $\dfrac{f(b) - f(a)}{b - a}$, celui de la tangente en M_0 est $f'(x_0)$ et le parallélisme des deux droites entraîne l'égalité

$$\frac{f(b) - f(a)}{b - a} = f'(x_0)$$

ou

$$f(b) - f(a) = (b - a) f'(x_0),$$

x_0 étant compris entre a et b.

C'est cette formule qui porte le nom de formule des accroissements finis; rien n'oblige à y supposer b supérieur à a.

La démonstration géométrique que nous venons de donner prête à des objections; nous allons en donner une autre dont le principe sera fréquemment utilisé.

Désignons par A le rapport $\dfrac{f(b) - f(a)}{b - a}$, de sorte que l'on a :

$$f(b) - f(a) - \mathrm{A}(b - a) = 0.$$

Considérons la fonction $\mathrm{F}(x) = f(b) - f(x) - \mathrm{A}(b - x)$, qui s'annule pour $x = a$, en vertu de l'égalité précédente, et pour $x = b$. Elle est définie et continue dans l'intervalle (a, b) comme la fonction $f(x)$ et admet pour dérivée

$$\mathrm{F}'(x) = - f'(x) + \mathrm{A}.$$

En vertu du théorème de Rolle, cette dérivée s'annule pour une valeur au moins de l'intervalle, soit x_0. On a donc $\mathrm{A} = f'(x_0)$, ce qui démontre la formule des accroissements finis.

Posons $b = a + h$; le nombre $x_0 - a$ est compris entre o et h. On peut donc le représenter par θh, θ étant positif et inférieur à 1. Avec ces notations, la formule des accroissements finis devient :

$$f(a + h) - f(a) = h f'(a + \theta h).$$

En particulier, si l'on suppose que la dérivée d'une fonction $f(x)$ soit nulle dans un intervalle (a, b), x_0 et x_1 étant deux nombres quelconques de l'intervalle, l'égalité

$$f(x_1) - f(x_0) = (x_1 - x_0) f'(x_2),$$

où x_2 désigne un nombre de l'intervalle (x_0, x_1) et, par suite, de l'intervalle (a, b), montre que $f(x_0) = f(x_1)$. La fonction $f(x)$ est donc constante dans l'intervalle.

Dérivées partielles d'une fonction de plusieurs variables. — Étant donnée une fonction $u = f(x, y, z)$ de trois variables, par exemple, on peut définir la dérivée de cette fonction par rapport à x en y regardant y et z comme des constantes; c'est ce qu'on appelle la *dérivée partielle* de la fonction par rapport à x. On la représente par u'_x ou $f'_x(x, y, z)$, ou simplement f'_x. Quand on veut spécifier que l'on considère la valeur de cette dérivée pour un système de valeurs particulières x_0, y_0, z_0 attribuées aux variables, on écrit $f'_x(x_0, y_0, z_0)$ ou simplement f'_{x_0}.

Les dérivées partielles premières, par rapport à y et z, se définissent de la même façon et se représentent par u'_y, u'_z ou $f'_y(x, y, z)$, $f'_z(x, y, z)$, ou simplement par f'_y, f'_z. Ces dérivées partielles premières sont, en général, des fonctions des trois variables x, y, z et peuvent admettre des dérivées partielles par rapport à ces variables; ce sont les dérivées partielles secondes de la fonction donnée; et ainsi de suite. On représente les dérivées secondes provenant de u'_x par $u''_{x,x}$ ou u''_{x^2} et u''_{xy}, u''_{xz}.

En partant de u'_y on est de même conduit à u''_{yx}, u''_{y^2}, u''_{yz}; etc.

On doit se demander si les 9 dérivées partielles secondes ainsi définies sont distinctes. Nous allons faire voir que, dans certaines conditions, les dérivées sont bien déterminées par le choix des variables par rapport auxquelles on les calcule et qu'en particulier on a $u''_{xy} = u''_{yx}$.

En appliquant cette proposition, on pourra établir que l'on a :

$$u'''_{xyz} = u'''_{yxz} = u'''_{zxy} = \ldots ; \text{ etc.}$$

Considérons simplement une fonction de deux variables $f(x, y)$ et l'expression

$$D = f(x + h, y + k) - f(x + h, y) - f(x, y + k) + f(x, y).$$

Si l'on pose : $\quad F(x) = f(x, y + k) - f(x, y),$

on a : $\quad D = F(x + h) - F(x),$

c'est-à-dire, en vertu de la formule des accroissements finis :

$$D = h\, F'(x + \theta h).$$

Or $\quad F'(x) = f'_x(x, y + k) - f'_x(x, y),$

donc $\quad D = h\left[f'_x(x + \theta h, y + k) - f'_x(x + \theta h, y) \right].$

L'expression entre crochets est l'accroissement de la fonction $f'_x(x + \theta h, y)$ quand on donne à y l'accroissement k ; en lui appliquant aussi la formule des accroissements finis, on trouve :

$$D = hk f''_{xy}(x + \theta h, y + \theta' k),$$

θ et θ' étant positifs et inférieurs à 1.

De même, si l'on pose :

$$\Phi(y) = f(x + h, y) - f(x, y),$$

on trouve : $\quad D = \Phi(y + k) - \Phi(y),$

et en effectuant une série de transformations analogues aux précédentes, on arrive à :

$$D = kh f''_{yx}(x + \theta_1 h, y + \theta'_1 k).$$

Par suite,

$$f''_{xy}(x + \theta h, y + \theta' k) = f''_{yx}(x + \theta_1 h, y + \theta'_1 k).$$

Si l'on suppose la continuité des deux fonctions $f''_{xy}(x, y)$ et $f''_{yx}(x, y)$ pour le système de valeurs attribuées aux variables, on voit, en faisant tendre h et k vers zéro, qu'on a :

$$f''_{xy}(x, y) = f''_{yx}(x, y).$$

Il résulte de là qu'une fonction de deux variables qui a déjà deux dérivées partielles premières $p = f'_x$, $q = f'_y$, n'a que 3 dérivées partielles secondes, savoir $r = f''_{x^2}$, $s = f''_{xy}$, $t = f''_{y^2}$, 4 dérivées partielles troisièmes, etc. Une fonction de 3 variables a 3 dérivées partielles premières, 6 dérivées partielles secondes, 10 dérivées partielles troisièmes, etc.

Dérivées d'une fonction composée. — Supposons que y soit une fonction des 3 variables u, v, w, qui sont elles-mêmes des fonctions de x; on dit que y est une *fonction composée* de x, par l'intermédiaire de u, v, w. Par exemple, u^v, où u et v sont des fonctions de x, est une fonction composée de x par l'intermédiaire de u et v.

Une somme, un produit, un quotient de fonctions d'une variable peuvent être regardés comme des fonctions composées de cette variable par l'intermédiaire de leurs termes ou de leurs facteurs.

Proposons-nous de trouver la dérivée d'une fonction composée $y = f(u, v, w)$.

x recevant un accroissement Δx, u, v, w, y prennent des accroissements Δu, Δv, Δw, Δy, et l'on a :

$$\Delta y = f(u + \Delta u, v + \Delta v, w + \Delta w) - f(u, v, w)$$

qui peut s'écrire :

$$\Delta y = \Big(f(u + \Delta u, v + \Delta v, w + \Delta w) - f(u, v + \Delta v, w + \Delta w) \Big)$$
$$+ \Big(f(u, v + \Delta v, w + \Delta w) - f(u, v, w + \Delta w) \Big)$$
$$+ \Big(f(u, v, w + \Delta w) - f(u, v, w) \Big).$$

Chaque parenthèse est l'accroissement d'une fonction des variables u, v, w, quand on fait varier une seule de ces variables; en appliquant à chacune la formule des accroissements finis et divisant les deux membres de l'égalité par Δx, on obtient :

$$\frac{\Delta y}{\Delta x} = \frac{\Delta u}{\Delta x} \, f'_u(u + \theta \Delta u, v + \Delta v, w + \Delta w) + \frac{\Delta v}{\Delta x} \, f'_v(u, v + \theta_1 \Delta v, w + \Delta w)$$
$$+ \frac{\Delta w}{\Delta x} \, f'_m(u, v, w + \theta_2 \Delta w).$$

Faisons tendre Δx vers zéro; supposons que u, v, w aient des dérivées par rapport à x (de sorte que Δu, Δv, Δw tendent vers zéro) et que f'_u, f'_v, f'_w soient des fonctions continues de u, v, w (on n'utilise en fait qu'une partie de ces hypothèses).

Alors le second membre tend vers

$$u' f'_u(u, v, w) + v' f'_v(u, v, w) + w' f'_w(u, v, w),$$

et on a :

$$y' = u' f'_u + v' f'_v + w' f'_w.$$

Si l'on suppose que u', v', w' ont des dérivées, que f'_u, f'_v, f'_w ont des dérivées partielles continues, on peut appliquer la même règle à la somme $u' f'_u + v' f'_v + w' f'_w$ de fonctions composées et on trouve :

$$y'' = u'' f'_u + v'' f'_v + w'' f'_w + u'^2 f''_{u^2} + v'^2 f''_{v^2} + w'^2 f''_{w^2}$$
$$+ 2 v' w' f''_{vw} + 2 w' u' f''_{wu} + 2 u' v' f''_{uv} \, ; \text{ etc.}$$

Les formules vont en se compliquant rapidement quand l'ordre des dérivées augmente et il n'y a aucun intérêt à les retenir. Il convient cependant de signaler un cas particulier important où u, v, w sont des fonctions linéaires de x, de sorte que leurs dérivées d'ordre égal ou supérieur à 2 sont nulles.

En reprenant le calcul de y'' qui vaut alors

$$u'^2 f''_{u^2} + v'^2 f''_{v^2} + w'^2 f''_{w^2} + 2 v' w' f''_{vw} + 2 w' u' f''_{wu} + 2 u' v' f''_{uv},$$

on voit que le mécanisme des opérations est le même que celui de la recherche du produit du polynome $u'f'_u + v'f'_v + w'f'_w$ par lui-même sauf que, dans le résultat, on remplace $(f'_u)^2$ par f''_{u^2}, $f'_u f'_v$ par f''_{uv}, etc.

Cette remarque peut être généralisée et la dérivée d'ordre n de y peut se mettre, dans ce cas, sous la forme $[u'f'_u + v'f'_v + w'f'_w]^{(n)}$, étant entendu qu'on calculera la valeur de ce symbole en effectuant la puissance n^e de $u'f'_u + v'f'_v + w'f'_w$ et remplaçant, dans le résultat obtenu, tout produit de la forme $(f'_u)^\alpha (f'_v)^\beta (f'_w)^\gamma$ par la dérivée $f^{(n)}_{u^\alpha v^\beta w^\gamma}$.

On peut appliquer le théorème des fonctions composées à la recherche de la dérivée d'un déterminant dont les éléments sont des fonctions d'une variable x. La valeur du déterminant est une fonction composée de cette variable, par l'intermédiaire de ses éléments. La dérivée partielle première du déterminant par rapport à un élément particulier est le coefficient de cet élément dans le développement du déterminant par rapport aux éléments de la ligne ou de la colonne qui le contiennent. On pourrait utiliser une remarque analogue pour le calcul des dérivées successives du déterminant.

EXERCICES

1° Dérivées de $\arcsin 2x\sqrt{1 - x^2}$, de $\operatorname{arc\,tg} \dfrac{2x}{1 - x^2}$, de $\arcsin(3x - 4x^3)$, de $\operatorname{arc\,tg} \dfrac{3x - x^3}{1 - 3x^2}$. Expliquer les résultats trouvés.

2° Dérivées de x^x, $x^{\sin x}$, x^{x^x}.

3° Si une fonction $f(x)$ s'annule pour $m + 1$ valeurs de x, $a_0, a_1, a_2, \ldots, a_m$, rangées par ordre de grandeur croissante, sa dérivée $f'(x)$ s'annule pour m valeurs au moins $b_1, b_2, \ldots, b_m$, respectivement contenues dans les intervalles (a_0, a_1), (a_1, a_2), $\ldots$, sa dérivée seconde s'annule pour $m - 1$ valeurs au moins contenues dans les intervalles (b_1, b_2), (b_2, b_3), $\ldots$ et, par suite, dans l'intervalle (a_0, a_m); etc. Finalement la dérivée $f^{(m)}(x)$ s'annule une fois au moins dans l'intervalle (a_0, a_m). Démontrer que, si une fonction $f(x)$ s'annule pour $x = a_1, a_2, \ldots, a_n$, on peut écrire

$$f(x_0) = (x_0 - a_1)(x_0 - a_2) \ldots (x_0 - a_n) \frac{f^{(n)}(x_1)}{n!}$$

x_1 désignant un nombre compris entre le plus grand et le plus petit des nombres $x_0, a_1, \ldots, a_n$.

4° Démontrer que si x et x' tendent vers x_0, le rapport $\dfrac{f(x) - f(x')}{x - x'}$ tend (sous certaines réserves) vers $f'(x_0)$. Conséquence géométrique de cette proposition.

FORMULE DES ACCROISSEMENTS FINIS
POUR UNE FONCTION DE PLUSIEURS VARIABLES
DÉRIVÉES DES FONCTIONS IMPLICITES

Considérons, par exemple, une fonction $u = f(x, y, z)$ de trois variables et supposons qu'on donne à ces variables deux systèmes de valeurs x_0, y_0, z_0 et $x_0 + h, y_0 + k, z_0 + l$. La différence des valeurs prises par la fonction est

$$\Delta u = f(x_0 + h, y_0 + k, z_0 + l) - f(x_0, y_0, z_0).$$

On peut la regarder comme la différence des valeurs prises par la fonction $F(t) = f(x_0 + ht, y_0 + kt, z_0 + lt)$ quand on donne successivement à t les valeurs o et 1. Par suite $\Delta u = (1 - 0) F'(\theta)$ ou $F'(\theta)$, θ étant positif et moindre que 1. Or $F'(t) = hf'_x + kf'_y + lf'_z$, donc

$$\Delta u = hf'_x(x_0 + \theta h, \ y_0 + \theta k, \ z_0 + \theta l) + kf'_y(x_0 + \theta h, \ y_0 + \theta k, \ z_0 + \theta l)$$
$$+ lf'_z(x_0 + \theta h, \ y_0 + \theta k, \ z_0 + \theta l).$$

Cette formule a une assez grande importance au point de vue pratique, pour le calcul des valeurs approchées de fonctions de plusieurs variables. Les erreurs que l'on peut commettre dans ce calcul ont deux origines différentes :

1° On ne peut calculer exactement la valeur de la fonction correspondant à des valeurs bien déterminées des variables, à cause de la forme de la fonction, et on est obligé d'employer des méthodes d'approximation qui varient avec la définition de la fonction; nous en avons donné divers exemples et en particulier nous avons calculé une valeur approchée de e^x pour $x = 1$.

2° On ne connaît qu'approximativement les valeurs des variables déduites, par exemple, de mesures expérimentales. C'est dans ce dernier cas que la formule des accroissements finis peut rendre des services.

Supposons que les valeurs approchées des variables soient x_0, y_0, z_0 et que les valeurs exactes soient $x_0 + h, y_0 + k, z_0 + l$, les nombres h, k, l, étant inconnus, mais leurs modules étant limités supérieurement par des nombres connus α, β, γ. Supposons de plus que l'on connaisse des limites supérieures A, B, C, des modules de f'_x, f'_y, f'_z, au voisinage du système de valeurs particulières (x_0, y_0, z_0).

On en déduit que $|\Delta u|$ est inférieur à $A\alpha + B\beta + C\gamma$.

A l'erreur Δu que l'on commet quand on remplace

$$f(x_0 + h, \ y_0 + k, \ z_0 + l)$$

par $f(x_0, y_0, z_0)$, peut d'ailleurs s'en ajouter une autre résultant du calcul approché de $f(x_0, y_0, z_0)$; cette seconde erreur relève du premier ordre d'idées que nous avons signalé.

Appliquons les résultats précédents au quotient $z = \dfrac{x}{y}$; nous trouverons :

$$\Delta z = \frac{h}{y_0 + \theta k} - \frac{k(x_0 + \theta h)}{(y_0 + \theta k)^2} = \frac{hy_0 - kx_0}{(y_0 + \theta k)^2}.$$

Prenons, par exemple, pour $\dfrac{e}{\pi}$, le nombre $\dfrac{2,7183}{3,1416}$; alors

$$x_0 = 2,7183\,; \quad y_0 = 3,1416\,; \quad |h| < \frac{2}{10^5}\,; \quad |k| < \frac{8}{10^6}\,; \quad y_0 + \theta k > 3.$$

Donc on a : $\qquad |\Delta z| < \dfrac{1}{10^6}(20 y_0 + 8 x_0) \times \dfrac{1}{9}.$

Or $20 y_0$ est inférieur à 64, $8 x_0$ est inférieur à 23, de sorte que $20 y_0 + 8 x_0$ est plus petit que 87. Alors $|\Delta z|$ est inférieure à $\dfrac{87}{9 \times 10^6}$ ou à $\dfrac{1}{10^5}$.

D'autre part, $\dfrac{x_0}{y_0}$ vaut $0,86525$ à $\dfrac{1}{10^5}$ près par défaut; donc $\dfrac{e}{\pi}$ est compris entre $0,86524$ et $0,86527$.

Fonctions implicites; dérivées. — Considérons une fonction de deux variables $f(x, y)$, et les systèmes de valeurs de ces variables qui font acquérir à cette fonction la valeur zéro, c'est-à-dire qui vérifient l'équation $f(x, y) = 0$.

Quand on se donne la valeur de l'une d'elles, x par exemple, la valeur de l'autre ne doit pas être choisie arbitrairement et peut admettre certaines déterminations; chacune de ces déterminations est une fonction de x. On dit que l'équation $f(x, y) = 0$, non résolue en y, définit y comme fonction *implicite* de x.

L'étude des conditions d'existence d'une fonction implicite, de ses multiples déterminations, de leur continuité, présente en général de grosses difficultés; nous ne ferons cette étude que dans des cas particuliers.

Nous allons montrer comment, en admettant l'existence de la fonction et de ses dérivées, on peut calculer les valeurs de ces dernières pour un système de valeurs données de x et y.

Si nous représentons par $\varphi(x)$ l'une des déterminations de y, l'équation $f(x, \varphi(x)) = 0$ est vérifiée dans tout intervalle où la fonction φ est définie.

La fonction $f(x, \varphi(x))$, étant nulle dans un intervalle, a une dérivée nulle dans cet intervalle. Appliquons le théorème des fonctions composées au calcul de cette dérivée, en remplaçant $\varphi(x)$ par y dans le résultat; nous obtenons :

$$(1) \qquad f'_x(x, y) + y' f'_y(x, y) = 0.$$

Si $f'_x(x, y)$ n'est pas nulle pour le système de valeurs (x, y) considéré, l'équation (1) donne :

$$y' = -\frac{f'_x(x, y)}{f'_y(x, y)}.$$

La dérivée première se présente ainsi sous forme d'un quotient de deux fonctions composées de x par l'intermédiaire de y fonction implicite de x.

En appliquant les règles connues pour la recherche de la dérivée de y', on trouve :

$$y'' = -\frac{1}{(f'_y)^2} \left[(f''_{x^2} + y' f''_{xy}) f'_y - (f''_{xy} + y' f''_{y^2}) f'_x \right].$$

En y remplaçant y' par sa valeur, on obtient :

$$(2) \qquad y'' = -\frac{(f'_x)^2 f''_{y^2} - 2 f'_x f'_y f''_{xy} + (f'_y)^2 f''_{x^2}}{(f'_y)^3}.$$

On pourra continuer ainsi le calcul des dérivées successives; il n'y a pas d'intérêt à retenir les formules compliquées auxquelles on est conduit.

Nous avons supposé f'_y non nulle; dans le cas contraire, l'équation (1) conduirait à une impossibilité si f'_x n'est pas nulle en même temps. Mais en reprenant le raisonnement et regardant x comme une fonction de y, on trouverait que sa dérivée est fournie par l'équation

$$(1)' \qquad x' f'_x(x, y) + f'_y(x, y) = 0,$$

ce qui est d'ailleurs d'accord avec le théorème des fonctions inverses.

Dans le cas particulier envisagé, on trouve $x' = 0$ et y' est infini.

Mais si f'_x et f'_y sont nulles pour une solution (x_0, y_0) de l'équation $f(x, y) = 0$, les équations (1) et (1)' deviennent des identités. Nous verrons plus loin, dans certains cas, que si l'on fait tendre x vers x_0, plusieurs valeurs de y solutions de l'équation $f(x, y) = 0$ tendent vers y_0; ces valeurs de y peuvent avoir des dérivées pour $x = x_0$. Le raisonnement suivant permet de les obtenir : remarquons qu'en général le calcul de y'' peut s'effectuer en écrivant que la dérivée de la fonction composée $f'_x + y' f'_y$ est nulle comme cette fonction de x, ce qui donne la relation

$$(3) \qquad f''_{x^2} + 2 y' f''_{xy} + y'^2 f''_{y^2} + y'' f'_y = 0.$$

Donnons à x et y, les valeurs x_0, y_0 définies plus haut et supposons que y' ait une valeur y'_0 correspondante; cette valeur y'_0 est racine de l'équation du second degré

$$(3)' \qquad f''_{x_0^2} + 2 y'_0 f''_{x_0 y_0} + y'^2_0 f''_{y_0^2} = 0$$

et peut admettre deux déterminations.

Donnons une image géométrique de ces résultats. L'équation $f(x, y) = o$ définit une courbe par rapport à deux axes Ox et Oy. Les coordonnées courantes étant X, Y, l'équation de la tangente en un point de cette courbe est $Y - y = y'(X - x)$ et, en y remplaçant y' par sa valeur tirée de l'équation (1), on trouve :

$$(4) \qquad (X - x) f'_x + (Y - y) f'_y = o.$$

En un point de la courbe tel que f'_y soit nulle sans que f'_x le soit, la tangente a pour équation $X - x = o$.

En un point (x_0, y_0) tel que f'_x et f'_y soient nulles, l'équation (4) est indéterminée. Un tel point est dit *point singulier* de la courbe.

(Nous emploierons quelquefois l'expression « point singulier d'une fonction » pour désigner un système de valeurs de x et y, annulant à la fois $f(x, y)$, f'_x et f'_y, ainsi que l'expression « branche d'une fonction » pour représenter une détermination particulière de la fonction implicite.)

Si, dans l'équation (3)', on remplace y'_0 par $\dfrac{Y - y_0}{X - x_0}$, on obtient une équation du second degré qui peut représenter deux droites tangentes à la courbe au point singulier considéré. Cette équation devient elle-même une identité si l'on a, en même temps :

$$f''_{x_0^2} = o, \quad f''_{x_0 y_0} = o, \quad f''_{y_0^2} = o.$$

Le point singulier est dit alors d'espèce supérieure.

Tangente à une courbe définie par sa représentation paramétrique. — Considérons d'abord le cas d'une courbe plane définie par les équations $x = f(t)$, $y = g(t)$.

Prenons sur cette courbe deux points $M(x, y)$ et $M'(x + \Delta x, y + \Delta y)$ correspondant aux valeurs t et $t + \Delta t$ du paramètre. L'équation de la sécante MM' est

$$\frac{X - x}{\Delta x} = \frac{Y - y}{\Delta y} \qquad \text{ou} \qquad \frac{X - x}{\dfrac{\Delta x}{\Delta t}} = \frac{Y - y}{\dfrac{\Delta y}{\Delta t}}.$$

Si l'on fait tendre Δt vers zéro et si l'on suppose que x et y aient des dérivées par rapport à t, on trouve comme équation limite

$$\frac{X - x}{x'} = \frac{Y - y}{y'} \qquad \text{ou} \qquad \frac{X - f(t)}{f'(t)} = \frac{Y - g(t)}{g'(t)}.$$

Telle est l'équation de la tangente au point M.

On aurait pu l'obtenir en remarquant que le coefficient angulaire y'_x de la tangente vaut $y'_t \cdot t'_x$ ou $\dfrac{y'_t}{x'_t}$, c'est-à-dire $\dfrac{g'(t)}{f'(t)}$.

Considérons maintenant une courbe définie, dans l'espace, par les équations

$$x = f(t), \quad y = g(t), \quad z = h(t).$$

Soient $M(x, y, z)$ et $M'(x + \Delta x, y + \Delta y, z + \Delta z)$ deux points de cette courbe correspondant aux valeurs t et $t + \Delta t$ du paramètre. Les équations de la sécante MM' sont

$$\frac{X - x}{\Delta x} = \frac{Y - y}{\Delta y} = \frac{Z - z}{\Delta z} \quad \text{ou} \quad \frac{X - x}{\dfrac{\Delta x}{\Delta t}} = \frac{Y - y}{\dfrac{\Delta y}{\Delta t}} = \frac{Z - z}{\dfrac{\Delta z}{\Delta t}}.$$

Si l'on fait tendre Δt vers zéro et si l'on suppose que x, y, z aient des dérivées par rapport à t, on trouve comme équations de la tangente

$$\frac{X - x}{x'} = \frac{Y - y}{y'} = \frac{Z - z}{z'} \quad \text{ou} \quad \frac{X - f(t)}{f'(t)} = \frac{Y - g(t)}{g'(t)} = \frac{Z - h(t)}{h'(t)}.$$

On aurait pu arriver aussi à ce résultat en remarquant que la tangente à une courbe se projette sur chacun des plans de coordonnées suivant la tangente à la projection correspondante de la courbe.

Tangente à une courbe définie comme intersection de deux surfaces; plan tangent. — Considérons une courbe C définie comme intersection de deux surfaces S et S' qui ont pour équations respectives

$$(5) \qquad\qquad f(x, y, z) = 0, \qquad g(x, y, z) = 0.$$

Si l'on se donne, par exemple, l'abscisse x d'un point M de cette courbe, les deux équations (5) déterminent l'ordonnée et la cote qui sont définies comme fonctions implicites de x. Les équations de la tangente en M sont alors

$$(6) \qquad\qquad X - x = \frac{Y - y}{y'} = \frac{Z - z}{z'},$$

y' et z' représentant les dérivées des fonctions y et z de x. Soient $y = \varphi(x)$ et $z = \psi(x)$.

La fonction $f\big(x, \varphi(x), \psi(x)\big)$ est nulle dans tout intervalle où les fonctions φ et ψ sont définies; sa dérivée est donc nulle aussi. Calculons cette dérivée en appliquant le théorème des fonctions composées et remplaçons φ et ψ par y et z dans le résultat. Nous obtenons l'équation

$$(7) \qquad\qquad f'_x + y' f'_y + z' f'_z = 0,$$

que vérifient y' et z'. Nous aurons de même :

$$(8) \qquad\qquad g'_x + y' g'_y + z' g'_z = 0.$$

Si $f'_y g'_z - f'_z g'_y$ n'est pas nul, on peut tirer de là y' et z' et porter dans les équations (6).

On peut aussi bien tirer y' et z' de (6) et porter dans (7) et (8); on obtient ainsi les équations

$$(9) \qquad \begin{cases} (X - x) f'_x + (Y - y) f'_y + (Z - z) f'_z = 0, \\ (X - x) g'_x + (Y - y) g'_y + (Z - z) g'_z = 0, \end{cases}$$

qui définissent la tangente cherchée comme intersection de deux plans.

Si $f'_y g'_z - f'_z g'_y$ est nul pour le point considéré et si $f'_x g'_y - f'_y g'_x$ ne l'est pas, on peut reprendre le raisonnement en regardant x et y comme des fonctions implicites de z, et on est encore conduit aux équations (9) pour définir la tangente.

Finalement, on reconnaît qu'il faut écarter seulement le cas où x, y, z, vérifiant les équations (5), vérifient aussi les équations $\dfrac{f'_x}{g'_x} = \dfrac{f'_y}{g'_y} = \dfrac{f'_z}{g'_z}$. Nous verrons plus loin ce qui se passe alors.

Reprenons le cas général et supposons la fonction f donnée, ainsi que le point $M(x, y, z)$.

Remplaçons la fonction g par une autre g_1 astreinte également à la condition $g_1(x, y, z) = 0$, ce qui revient à substituer à la surface S' une autre surface S'_1 qui passe aussi par M. La courbe C, intersection de S et de S', est donc remplacée par une autre courbe C_1, intersection de S et de S'_1 et qui passe encore par M.

La tangente en M à cette courbe C_1 est encore dans le plan défini par la première des équations (9). Nous voyons ainsi que les tangentes aux différentes courbes passant par M, sur la surface S, sont dans le plan

$$(10) \qquad (X - x)f'_x + (Y - y)f'_y + (Z - z)f'_z = 0.$$

Ce plan est dit tangent à la surface en M, et les droites tangentes aux diverses courbes passant par M sur S sont dites les tangentes à la surface en ce point.

Les équations (9) montrent que la tangente à C en un de ses points est l'intersection des plans tangents en ce point aux deux surfaces qui se coupent suivant la courbe.

Lorsqu'on a $\dfrac{f'_x}{g'_x} = \dfrac{f'_y}{g'_y} = \dfrac{f'_z}{g'_z}$, les plans tangents à S et S' sont confondus et les deux surfaces sont tangentes en M. Nous verrons plus loin, sur des exemples, que plusieurs branches de C passent en général au point considéré qui est dit *point singulier de la courbe.*

Dans le cas où $f'_x = f'_y = f'_z = 0$, l'équation du plan tangent à S en M est une identité. Nous verrons que les tangentes à la surface en ce point sont alors les génératrices d'un cône; un tel point est dit *point singulier de la surface.*

Nous prendrons assez souvent l'équation d'une surface sous la forme $z = f(x, y)$. L'équation du plan tangent en un point est alors

$$(X - x)f'_x + (Y - y)f'_y - (Z - z) = 0$$

ou bien, en utilisant les notations abrégées $p = f'_x$, $q = f'_y$, c'est :

$$Z - z = p(X - x) + q(Y - y).$$

On appelle *normale* à une surface en un point la droite perpendiculaire au plan tangent en ce point. Si les axes sont rectangulaires et si l'équation de la surface est $f(x, y, z) = 0$, les équations de la normale sont

$$\frac{X - x}{f'_x} = \frac{Y - y}{f'_y} = \frac{Z - z}{f'_z}.$$

On appelle *plan normal* à une courbe en un point, le plan perpendiculaire à la tangente en ce point; c'est le lieu des perpendiculaires à la tangente, c'est-à-dire des normales à la courbe au point considéré. Si la courbe est définie sous forme paramétrique par les équations $x = f(t)$, $y = g(t)$, $z = h(t)$, le plan normal au point $M(t)$, a pour équation

$$x'(X - x) + y'(Y - y) + z'(Z - z) = 0.$$

Si la courbe est définie comme intersection des deux surfaces qui ont pour équations $f(x, y, z) = 0$, $g(x, y, z) = 0$, il est commode d'utiliser le fait que les normales aux deux surfaces en un point de leur intersection sont normales à l'intersection en ce point; le plan normal à la courbe est parallèle à ces deux normales et a pour équation :

$$\begin{vmatrix} X - x, & f'_x, & g'_x \\ Y - y, & f'_y, & g'_y \\ Z - z, & f'_z, & g'_z \end{vmatrix} = 0.$$

Il nous arrivera quelquefois de déterminer une surface par sa représentation paramétrique; soient $x = f(u, v)$, $y = g(u, v)$, $z = h(u, v)$, les équations correspondantes. Soient u, v, les valeurs des paramètres définissant un point M de cette surface.

Si nous laissons v fixe et que nous fassions varier u, nous obtenons sur la surface une courbe ($v = C^{te}$) dont la tangente en M a pour paramètres directeurs x'_u, y'_u, z'_u.

De même, si nous laissons u fixe et que nous fassions varier v, nous obtenons une courbe ($u = C^{te}$) dont la tangente en M a pour paramètres directeurs x'_v, y'_v, z'_v.

Le plan tangent en M est défini par la condition de passer par ce point et d'être parallèle à ces deux tangentes, ce qui permet d'écrire son équation

$$\begin{vmatrix} X - x, & x'_u, & x'_v, \\ Y - y, & y'_u, & y'_v, \\ Z - z, & z'_u, & z'_v, \end{vmatrix} = 0.$$

Ceci suppose naturellement que les deux courbes $v = C^{te}$, $u = C^{te}$, ne sont pas tangentes au point considéré.

EXERCICES

1° Démontrer la formule des accroissements finis, pour une fonction $z = f(x, y)$, en utilisant le fait que la tangente en un point convenablement choisi d'un arc de courbe plane tracée sur la surface correspondante, et dont le plan est parallèle à Oz, est parallèle à une corde donnée de cette courbe.

2° Calcul de la dérivée seconde de y par rapport à x, en un point singulier de la courbe $f(x, y) = 0$.

3º Calcul des dérivées secondes des deux fonctions implicites y et z de x, définies par les deux équations $f(x, y, z) = 0$, $g(x, y, z) = 0$.

4º Trouver les tangentes en un point M de la courbe d'intersection des deux surfaces $f(x, y, z) = 0$, $g(x, y, z) = 0$, lorsque les deux surfaces sont tangentes en ce point.

5º Trouver les points en lesquels deux surfaces données $f(x, y, z) = 0$, $g(x, y; z) = 0$, se coupent à angle droit.

6º Trouver sur deux courbes données les pieds des normales communes à ces deux courbes.

7º Trouver sur une courbe et une surface données les pieds des normales communes à la courbe et à la surface.

8º Trouver sur deux surfaces données les pieds des normales communes.

9º Sur une courbe C définie par les équations

$$x = f(t), \quad y = g(t), \quad z = h(t),$$

prenons un arc $M_0 M_1$ dont les extrémités correspondent à $t = t_0$, $t = t_1$. Démontrer qu'il existe en général sur cet arc, un point M où la tangente à la courbe est parallèle à un plan arbitrairement choisi mené par la droite $M_0 M_1$. Déduire de là que l'équation

$$\begin{vmatrix} f'(t), & f(t_1) - f(t_0), & \alpha \\ g'(t), & g(t_1) - g(t_0), & \beta \\ h'(t), & h(t_1) - h(t_0), & \gamma \end{vmatrix} = 0,$$

où α, β, γ, sont arbitrairement choisis, a au moins une solution comprise entre t_0 et t_1.

FONCTIONS HOMOGÈNES — FORMULE DE TAYLOR
VARIATION DES FONCTIONS

On dit qu'une fonction $f(x, y, z)$ de trois variables, par exemple, est homogène lorsque l'égalité

$$(1) \qquad f(\lambda x, \lambda y, \lambda z) = \lambda^m f(x, y, z)$$

est vérifiée quel que soit λ. (On suppose naturellement les valeurs de x, y, z, λ, compatibles avec l'existence de la fonction). Le nombre m s'appelle degré d'homogénéité de la fonction. Prenons les dérivées des deux membres de l'égalité (1) par rapport à x; nous obtenons :

$$\lambda f'_x(\lambda x, \lambda y, \lambda z) = \lambda^m f'_x(x, y, z),$$

c'est-à-dire $\qquad f'_x(\lambda x, \lambda y, \lambda z) = \lambda^{m-1} f'_x(x, y, z).$

La dérivée partielle $f'_x(x, y, z)$ est donc homogène et de degré $m-1$; il en est de même des deux autres dérivées premières. Les dérivées partielles secondes sont homogènes et de degré $m-2$; etc.

Au lieu d'écrire l'égalité (1), qui caractérise une fonction homogène et de degré m, on peut dire que la condition nécessaire et suffisante, pour qu'une fonction $f(x, y, z)$ soit homogène et de degré m, est que le rapport $\dfrac{f(\lambda x, \lambda y, \lambda z)}{\lambda^m}$ soit indépendant de λ. Cette condition est nécessaire en vertu de (1); elle est suffisante, car si on la suppose remplie, comme on obtient la valeur de ce rapport en donnant à λ une valeur quelconque, 1 par exemple, on retrouve l'égalité (1).

Pour que ce rapport soit indépendant de λ, il faut et il suffit que sa dérivée par rapport à λ soit nulle. Or cette dérivée vaut

$$\frac{1}{\lambda^{m+1}} \Big[\lambda \big(x f'_x(\lambda x, \lambda y, \lambda z) + y f'_y(\lambda x, \lambda y, \lambda z) + z f'_z(\lambda x, \lambda y, \lambda z) \big) - m f(\lambda x, \lambda y, \lambda z) \Big].$$

En l'annulant et en y remplaçant $\lambda x, \lambda y, \lambda z$, qui sont arbitraires comme x, y, z, λ, par u, v, w, on obtient l'égalité

$$(2) \quad u f'_u(u, v, w) + v f'_v(u, v, w) + w f'_w(u, v, w) = m f(u, v, w),$$

qui est réalisée quels que soient u, v, w et qui est caractéristique des fonctions homogènes et de degré m. Elle est due à Euler.

On obtiendrait des égalités analogues caractérisant l'homogénéité des dérivées partielles de la fonction. Ces égalités se vérifient sans difficulté sur les polynomes entiers homogènes à plusieurs variables.

On peut, en utilisant cette égalité, modifier et, quelquefois, sim-

plifier l'équation de la tangente en un point d'une courbe $f(x, y) = 0$,
et l'équation du plan tangent en un point d'une surface $f(x, y, z) = 0$.

Nous allons faire l'application à une surface et indiquer le résultat
correspondant pour une courbe.

Nous avons vu que l'équation du plan tangent, en un point
$M(x_0, y_0, z_0)$ de la surface $f(x, y, z) = 0$, est

$$(x - x_0) f'_{x_0} + (y - y_0) f'_{y_0} + (z - z_0) f'_{z_0} = 0.$$

Associons à la fonction $f(x, y, z)$, une fonction homogène $F(x, y, z, t)$,
de 4 variables, qui se réduise à $f(x, y, z)$ lorsqu'on y fait $t = 1$. Il est
facile de former une infinité de fonctions F possédant ces propriétés :
la fonction $f\left(\dfrac{x}{t}, \dfrac{y}{t}, \dfrac{z}{t}\right)$ homogène et de degré zéro, la fonction
$t^m f\left(\dfrac{x}{t}, \dfrac{y}{t}, \dfrac{z}{t}\right)$ homogène et de degré m, sont des fonctions F.

Dans l'identité

$$x F'_x(x, y, z, t) + y F'_y(x, y, z, t) + z F'_z(x, y, z, t) + t F'_t(x, y, z, t)$$
$$= m F(x, y, z, t),$$

faisons $t = 1$ et remarquons que

$$F(x, y, z, 1) = f(x, y, z), \qquad F'_x(x, y, z, 1) = f'_x(x, y, z), \quad \text{etc.}$$

Représentons par $f'_t(x, y, z)$ ce que devient $F'_t(x, y, z, t)$ quand on y
fait $t = 1$.

L'identité devient alors :

$$x f'_x(x, y, z) + y f'_y(x, y, z) + z f'_z(x, y, z) + f'_t(x, y, z) = m f(x, y, z).$$

Donnons maintenant à x, y, z, les valeurs x_0, y_0, z_0, coordonnées
de M, et représentons par $f'_{t_0}(x_0, y_0, z_0)$ ce que devient $f'_t(x, y, z)$ quand
on y remplace x, y, z, par x_0, y_0, z_0.

Nous obtenons ainsi :

$$x_0 f'_{x_0} + y_0 f'_{y_0} + z_0 f'_{z_0} + f'_{t_0} = 0.$$

En ajoutant cette égalité à l'équation du plan tangent, membre à
membre, nous trouvons :

$$(3) \qquad x f'_{x_0} + y f'_{y_0} + z f'_{z_0} + f'_{t_0} = 0.$$

Il y a surtout avantage à employer cette transformation lorsque
$f(x, y, z)$ est un polynome entier, c'est-à-dire lorsque la surface est
algébrique. Soit m son degré ; posons :

$$f(x, y, z) \equiv \varphi_m(x, y, z) + \varphi_{m-1}(x, y, z) + \varphi_{m-2}(x, y, z) + \cdots$$
$$+ \varphi_1(x, y, z) + \varphi_0,$$

$\varphi_k(x, y, z)$ désignant l'ensemble des termes homogènes et de degré k
dans f, et prenons :

$$F(x, y, z, t) \equiv t^m f\left(\dfrac{x}{t}, \dfrac{y}{t}, \dfrac{z}{t}\right)$$
$$\equiv \varphi_m(x, y, z) + t \varphi_{m-1}(x, y, z)$$
$$+ t^2 \varphi_{m-2}(x, y, z) + \cdots + t^{m-1} \varphi_1(x, y, z) + t^m \varphi_0.$$

Alors

$$F'_t(x, y, z, t) \equiv \varphi_{m-1}(x, y, z) + 2\,t\,\varphi_{m-2}(x, y, z) + \ldots$$
$$+ (m-1)\,t^{m-2}\varphi_1(x, y, z) + m\,t^{m-1}\varphi_0,$$
$$F'_t(x, y, z, 1) \equiv f'_t(x, y, z) \equiv \varphi_{m-1} + 2\,\varphi_{m-2} + \ldots + (m-1)\,\varphi_1 + m\,\varphi_0.$$

Le terme constant $f'_t(x_0, y_0, z_0)$ de l'équation du plan tangent n'est plus alors que de degré $m-1$ au plus par rapport aux coordonnées du point de contact, tandis que, dans l'équation primitive, $x_0 f'_{x_0} + y_0 f'_{y_0} + z_0 f'_{z_0}$ est du degré m. En résumé, l'équation nouvelle du plan tangent en un point d'une surface algébrique de degré m n'est que du degré $m-1$ par rapport aux coordonnées du point de contact.

Dans le cas d'une courbe $f(x, y) = 0$, on remplace l'équation de la tangente, $(x - x_0)f'_{x_0} + (y - y_0)f'_{y_0} = 0$, par

$$(4) \qquad\qquad x f'_{x_0} + y f'_{y_0} + f'_{z_0} = 0.$$

f'_z représente la dérivée, par rapport à z, de $z^m f\left(\dfrac{x}{z}, \dfrac{y}{z}\right)$, où l'on a fait $z = 1$, et f'_{z_0} désigne ce que devient f'_z quand on y remplace x et y par x_0 et y_0.

Il y a intérêt à employer cette transformation pour les courbes algébriques.

Formules de Taylor et de Mac Laurin. — Nous avons établi qu'un polynome entier quelconque $f(z)$, de degré m, vérifie l'identité

$$f(z + u) \equiv f(z) + \frac{u}{1} f'(z) + \frac{u^2}{2!} f''(z) + \ldots + \frac{u^m}{m!} f^{(m)}(z).$$

Nous allons généraliser ce fait pour les fonctions quelconques d'une variable réelle définies et admettant des dérivées jusqu'à l'ordre m dans l'intervalle borné par deux nombres x_0 et $x_0 + h$ (h peut être positif ou négatif). Posons à cet effet :

$$f(x_0 + h) = f(x_0) + \frac{h}{1} f'(x_0) + \frac{h^2}{2!} f''(x_0) + \ldots$$
$$+ \frac{h^{m-1}}{(m-1)!} f^{(m-1)}(x_0) + h^m A,$$

A désignant un nombre défini par cette égalité.

Posons aussi $x_1 = x_0 + h$; écrivons l'égalité précédente en y remplaçant h par $x_1 - x_0$ et réunissant tous les termes dans un membre

$$0 = -f(x_1) + f(x_0) + \frac{x_1 - x_0}{1} f'(x_0) + \frac{(x_1 - x_0)^2}{2!} f''(x_0)$$
$$+ \frac{(x_1 - x_0)^3}{3!} f'''(x_0) + \ldots + \frac{(x_1 - x_0)^{m-1}}{(m-1)!} f^{(m-1)}(x_0) + (x_1 - x_0)^m A.$$

Considérons la fonction de x suivante :

$$F(x) = -f(x_1) + f(x) + \frac{x_1 - x}{1} f'(x) + \frac{(x_1 - x)^2}{2!} f''(x)$$
$$+ \frac{(x_1 - x)^3}{3!} f'''(x) + \ldots + \frac{(x_1 - x)^{m-1}}{(m-1)!} f^{(m-1)}(x) + (x_1 - x)^m A.$$

Elle est définie, comme $f(x)$ et ses $m-1$ premières dérivées, dans l'intervalle borné par x_0 et x_1, et elle admet une dérivée dans cet intervalle. Comme elle s'annule pour $x = x_0$ et pour $x = x_1$, sa dérivée s'annule pour une valeur x_2 comprise entre x_0 et x_1.

Calculons cette dérivée en écrivant dans une première ligne les termes qui proviennent des dérivées de f, f', f'', etc.; nous obtenons :

$$F'(x) = f'(x) + \frac{x_1 - x}{1} f''(x) + \frac{(x_1 - x)^2}{2!} f'''(x) + \cdots + \frac{(x_1 - x)^{m-1}}{(m-1)!} f^{(m)}(x)$$
$$- f'(x) - \frac{x_1 - x}{1} f''(x) - \frac{(x_1 - x)^2}{2!} f'''(x) - \cdots - \frac{(x_1 - x)^{m-2}}{(m-2)!} f^{(m-1)}(x) - m(x_1 - x)^{m-1} A,$$

c'est-à-dire

$$F'(x) = \frac{(x_1 - x)^{m-1}}{(m-1)!} f^{(m)}(x) - m(x_1 - x)^{m-1} A$$
$$= m(x_1 - x)^{m-1} \left[\frac{f^{(m)}(x)}{m!} - A \right].$$

Ce produit s'annule entre x_0 et x_1; ce n'est pas le premier facteur qui s'annule, c'est donc le second et on a : $A = \dfrac{f^{(m)}(x_2)}{m!}$.

Si l'on pose $x_2 = x_0 + \theta h$, θ étant compris entre 0 et 1, on obtient la formule de Taylor sous la forme

$$f(x_0 + h) = f(x_0) + \frac{h}{1} f'(x_0) + \frac{h^2}{2!} f''(x_0) + \cdots$$
$$+ \frac{h^{m-1}}{(m-1)!} f^{(m-1)}(x_0) + \frac{h^m}{m!} f^{(m)}(x_0 + \theta h).$$

Le terme $\dfrac{h^m}{m!} f^{(m)}(x_0 + \theta h)$ s'appelle le reste.

En y remplaçant x_0 par 0 et h par x, on obtient la formule de Mac Laurin

$$f(x) = f(0) + \frac{x}{1} f'(0) + \frac{x^2}{2!} f''(0) + \cdots$$
$$+ \frac{x^{m-1}}{(m-1)!} f^{(m-1)}(0) + \frac{x^m}{m!} f^{(m)}(\theta x).$$

Pour $m = 1$, la formule de Taylor redonne la formule des accroissements finis.

Application au développement des fonctions en série entière. Séries de Taylor et de Mac Laurin. — Supposons qu'une fonction $f(x)$ ait, pour $x = x_0$, des dérivées de tous ordres, si bien que l'expression $u_p = \dfrac{h^p}{p!} f^{(p)}(x_0)$ a un sens, si grand que soit p, et considérons la série dont le terme général est u_p. La différence entre $f(x_0 + h)$ et la somme des m premiers termes de cette série est le reste correspondant de la formule de Taylor : $\dfrac{h^m}{m!} f^{(m)}(x_0 + \theta h)$.

Si ce reste tend vers zéro quand m tend vers l'infini, la série est convergente et a pour somme $f(x_0 + h)$; on obtient ainsi le développement de $f(x_0 + h)$ en série entière par rapport à h :

$$f(x_0 + h) = f(x_0) + \frac{h}{1} f'(x_0) + \frac{h^2}{2!} f''(x_0) + \ldots + \frac{h^p}{p!} f^{(p)}(x_0) + \ldots$$

Pratiquement, il peut y avoir intérêt à s'assurer que cette série est convergente avant d'étudier si le reste tend vers zéro, car, si elle est divergente, il est inutile de continuer.

La formule de Mac Laurin conduit, dans des conditions analogues, à la série

$$f(x) = f(0) + \frac{x}{1} f'(0) + \frac{x^2}{2!} f''(0) + \ldots + \frac{x^p}{p!} f^{(p)}(0) + \ldots,$$

qui se déduit aussi de la série de Taylor en y faisant $x_0 = 0$ et $h = x$.

Appliquons à la recherche du développement de $\sin(x_0 + h)$. Dans ce cas, $f^{(p)}(x)$ vaut $\sin\left(x + p\frac{\pi}{2}\right)$ et le terme général de la série de Taylor est $\frac{h^p}{p!} \sin\left(x_0 + p\frac{\pi}{2}\right)$. Sa valeur absolue est inférieure à celle de $\frac{h^p}{p!}$, la série est donc convergente quels que soient x_0 et h, et le reste $\frac{h^m}{m!} \sin\left(x_0 + \theta h + \frac{m\pi}{2}\right)$ tend vers zéro. On a donc :

$$\sin(x_0 + h) = \sin x_0 + \frac{h}{1} \sin\left(x_0 + \frac{\pi}{2}\right) + \frac{h^2}{2!} \sin(x_0 + \pi) + \ldots$$
$$+ \frac{h^p}{p!} \sin\left(x_0 + p\frac{\pi}{2}\right) + \ldots$$

En y faisant $x_0 = 0$ et $h = x$, on retrouve le développement en série entière de $\sin x$; en faisant $x_0 = \frac{\pi}{2}$ et $h = x$, on retrouve celui de $\cos x$.

L'application à la recherche du développement en série entière de e^x est encore plus rapide. Cette fois, $f^{(p)}(x) = e^x$ et le terme général de la série de Mac Laurin vaut $\frac{x^p}{p!}$, la série est convergente quel que soit x.

Le reste $\frac{x^m}{m} e^{\theta x}$ tend vers 0 quand m tend vers l'infini, car le facteur $\frac{x^m}{m!}$ tend vers zéro et le facteur $e^{\theta x}$ est limité supérieurement. On retrouve ainsi le développement connu.

Application à la variation des fontions d'une variable. — Les applications des formules de Taylor et de Mac Laurin sont extrêmement nombreuses. En particulier, la formule de Taylor permet de reconnaître si une fonction qui admet des dérivées successives, pour une valeur x_0 de la variable, est croissante ou décroissante pour cette valeur ou si elle passe par un maximum ou un minimum.

Supposons en effet que la première dérivée qui ne s'annule pas pour $x = x_0$ soit d'ordre p, de sorte que l'on a :

$$f(x_0 + h) - f(x_0) = \frac{h^p}{p!} f^{(p)} (x_0 + \theta h)$$

et, si l'on suppose la dérivée d'ordre p continue au voisinage de x_0, le facteur $f^{(p)} (x_0 + \theta h)$ a le signe de $f^{(p)} (x_0)$ dans un petit intervalle $(x_0 - \alpha, x_0 + \alpha)$.

Il convient alors de distinguer deux cas :

1° p est impair ($p = 1$ par exemple), le facteur h^p change de signe avec h.

Si $f^{(p)} (x_0)$ est positif, la différence $f(x) - f(x_0)$ est négative avant x_0 et positive après ; la fonction $f(x)$ est donc croissante pour $x = x_0$. Si $f^{(p)} (x_0)$ est négatif, la différence $f(x) - f(x_0)$ est positive avant x_0 et négative après, la fonction est donc décroissante pour $x = x_0$.

2° p est pair, le facteur h^p est positif quel que soit le signe de h. Si $f^{(p)} (x_0)$ est négatif, $f(x) - f(x_0)$ est négatif au voisinage de x_0, la fonction passe par un maximum pour x_0. Si $f^{(p)} (x_0)$ est positif, la fonction passe par un minimum.

Si l'on connaît le sens de variation de la fonction pour toutes les valeurs de la variable, on en déduit le sens de sa variation dans un intervalle quelconque. *Pratiquement, on suit la marche inverse.*

La définition de la dérivée montre de suite que, si une fonction est croissante dans un intervalle, sa dérivée est positive ou nulle comme limite d'une quantité positive, et que si la fonction est décroissante, sa dérivée est négative ou nulle.

D'autre part, la formule des accroissements finis montre que, si la dérivée d'une fonction est constamment positive dans un intervalle (a, b), cette fonction est croissante dans l'intervalle, car x_0 et x_1 désignant deux nombres quelconques de l'intervalle, $\dfrac{f(x_1) - f(x_0)}{x_1 - x_0}$, qui est égal à l'une des valeurs de $f'(x)$ entre x_0 et x_1, est positif. On suppose naturellement la formule applicable dans l'intervalle considéré.

On peut d'ailleurs aller plus loin et montrer que, si dans un intervalle (a, b) la dérivée d'une fonction n'est jamais négative, la fonction est croissante dans cet intervalle. Le fait est évident si la dérivée s'annule un nombre fini de fois dans (a, b). Les zéros de la dérivée contenus dans cet intervalle le partagent en intervalles partiels où la dérivée est positive et la fonction croissante. Supposons maintenant que la dérivée s'annule un nombre infini de fois dans (a, b); soient x_0 et x_1 deux nombres quelconques de cet intervalle $(x_0 < x_1)$. Écartons le cas où l'ensemble des zéros de la dérivée serait dense en tous les points de (x_0, x_1). On peut alors trouver, dans ce dernier intervalle, deux nombres x_2 et x_3 $(x_2 < x_3)$ ne comprenant aucun zéro de la dérivée. En vertu de la formule des accroissements finis, on peut affirmer que l'on a :

$$f(x_0) \leqq f(x_2), \qquad f(x_2) < f(x_3), \qquad f(x_3) \leqq f(x_1),$$

puisque $f'(x)$ est positif dans l'intervalle (x_2, x_3), et positif ou nul dans les intervalles (x_0, x_2), (x_3, x_1). On en conclut $f(x_0) < f(x_1)$, ce qui indique bien que la fonction est croissante.

Inversement, si la dérivée d'une fonction n'est jamais positive dans un intervalle, cette fonction est décroissante dans l'intervalle.

Pour étudier le sens de la variation d'une fonction, on déterminera d'abord les intervalles dans lesquels cette fonction est continue, puis on cherchera, en général, à déterminer les intervalles dans lesquels sa dérivée première conserve un signe constant, car de ce signe dépend le sens de variation de la fonction dans l'intervalle correspondant.

La dérivée ne peut changer de signe, dans tout intervalle où elle est continue, qu'en s'annulant. Il y a donc intérêt à chercher les zéros de la dérivée et les valeurs de la variable pour lesquelles elle est discontinue. Ces nombres, rangés par ordre de grandeur croissante, bornent les intervalles dans lesquels le signe de $f'(x)$ est constant et, pour avoir ce signe, il suffit d'y remplacer x par un nombre particulier de chaque intervalle.

Les changements de signes de la dérivée indiquent les maximums et les minimums de la fonction.

On peut d'ailleurs retrouver ce qui se passe, pour une valeur particulière de la variable, en utilisant la proposition suivante : *lorsqu'une fonction* $f(x)$ *s'annule pour* $x = x_0$, *le rapport* $\dfrac{f(x)}{f'(x)}$ *change de signe en passant de* $-$ *à* $+$ *quand* x *passe par* x_0 *en croissant.*

Supposons en effet qu'on puisse déterminer de part et d'autre de x_0 deux petits intervalles $(x_0 - \alpha, x_0)$ et $(x_0, x_0 + \alpha)$ dans chacun desquels $f'(x)$ a un signe constant. Supposons que ce soit le signe $+$ dans l'intervalle $(x_0 - \alpha, x_0)$; $f(x)$ est alors croissante dans cet intervalle et, arrivant à zéro, a des valeurs négatives : le rapport $\dfrac{f(x)}{f'(x)}$ est donc négatif dans l'intervalle $(x_0 - \alpha, x_0)$. Si le signe constant de $f'(x)$, dans le même intervalle, est le signe $-$, $f(x)$ est décroissante et, arrivant à zéro, a des valeurs positives : le rapport $\dfrac{f(x)}{f'(x)}$ est encore négatif.

On démontrerait de même que $\dfrac{f(x)}{f'(x)}$ est positif dans l'intervalle $(x_0, x_{0+\alpha})$.

Remarquons que si $f(x)$ est un polynome entier, il est toujours possible de déterminer α, de telle sorte que $f'(x)$ ne s'annule dans aucun des intervalles $(x_0 - \alpha, x_0)$ et $(x_0, x_0 + \alpha)$ et ait un signe constant dans chacun d'eux. Dès lors si x_0 et x_1 sont deux zéros consécutifs de $f(x)$, et si l'on a choisi α et α' de telle sorte que $f'(x)$ ne s'annule pas entre x_0 et $x_0 + \alpha$, ni entre $x_1 - \alpha'$ et x_1, des deux inégalités

$$\frac{f(x_0 + \alpha)}{f'(x_0 + \alpha)} > 0, \qquad \frac{f(x_1 - \alpha')}{f'(x_1 - \alpha')} < 0,$$

on conclut que $f'(x_0 + \alpha)\, f'(x_1 - \alpha')$ est négatif, puisque $f(x)$ ne s'étant pas annulé entre x_0 et x_1 n'a pas changé de signe dans l'intervalle (x_0, x_1). Le théorème des substitutions indique alors qu'il y a un nombre impair de zéros de $f'(x)$ dans l'intervalle $(x_0 + \alpha, x_1 - \alpha')$, c'est-à-dire dans l'intervalle (x_0, x_1); autrement dit, *deux zéros consécutifs d'un polynome entier comprennent un nombre impair de zéros du polynome dérivé.*

Reprenons maintenant une fonction $f(x)$ dont les dérivées d'ordres $1, 2, \ldots, p - 1$ sont nulles pour $x = x_0$, la dérivée d'ordre p n'étant pas nulle, et écrivons

$$f'(x) = \underline{\frac{f'(x)}{f''(x)}} \cdot \underline{\frac{f''(x)}{f'''(x)}} \cdot \ldots \cdot \underline{\frac{f^{(p-1)}(x)}{f^{(p)}(x)}} \cdot f^{(p)}(x).$$

Tous les facteurs soulignés, en nombre $p - 1$, changent de signe, en passant de $-$ à $+$, quand x passe par x^0 en croissant.

Si p est impair, $p - 1$ est pair et le produit des facteurs soulignés est positif avant et après x_0, de sorte que $f'(x)$ a, au voisinage de x_0, le signe constant de $f^{(p)}(x)$. Si $f^{(p)}(x_0)$ est > 0, $f'(x)$ est positif et la fonction croissante au voisinage de x_0 l'est, en particulier, pour x_0; si $f^{(p)}(x_0)$ est < 0, $f'(x)$ est négatif et la fonction est décroissante pour x_0.

Si p est pair, $p - 1$ est impair, le produit des facteurs soulignés est négatif avant x_0 et positif après, de sorte que $f'(x)$ a un signe contraire à celui de $f^{(p)}(x)$ avant x_0 et le même signe après. Si $f^{(p)}(x_0)$ est > 0, $f'(x)$ est négatif avant x_0 et positif après, la fonction est décroissante avant x_0 et croissante après : elle passe par un minimum pour $x = x_0$. Si $f^{(p)}(x_0)$ est < 0, $f'(x)$ est positif avant x_0 et négatif après, la fonction est croissante avant x_0 et décroissante après : elle passe par un maximum pour x_0.

Position d'une courbe plane par rapport à la tangente en l'un de ses points. — Considérons une courbe définie par l'équation $y = f(x)$, et proposons-nous de reconnaître la position de cette courbe par rapport à la tangente $M_0 T_0$ au point $M_0 (x_0, y_0)$, dans le voisinage du point de contact.

Cette position dépend évidemment du sens du vecteur NM qui a pour origine N un point quelconque de la tangente et pour extrémité M le point de même abscisse sur la courbe, quand x varie au voisinage de x_0.

L'équivalent algébrique de ce vecteur vaut

$$\delta = \overline{AM} - \overline{AN} = y - y'_0(x - x_0).$$

C'est une fonction de x qui s'annule pour $x = x_0$ ainsi que sa dérivée première $y' - y'_0$, et dont la dérivée seconde vaut y''.

Si y''_0 est > 0, δ, passant par un minimum nul pour $x = x_0$, est positif au voisinage de x_0, c'est-à-dire que la courbe est au-dessus de sa tangente au voisinage de M_0 (on suppose Oy orienté positivement vers le haut). On dit alors que la courbe tourne sa concavité vers les y positifs ou vers le haut.

Si y_0'' est $< o$, un raisonnement analogue montre que la courbe tourne sa concavité vers les y négatifs ou vers le bas.

Si $y_0'' = o$, on ne peut conclure de suite ; il faut employer les dérivées d'ordre supérieur de δ, c'est-à-dire de y, pour $x = x_0$.

Si la première dérivée de y qui ne s'annule pas pour $x = x_0$ est d'ordre pair, la fonction δ passe par un minimum si cette dérivée est positive et la courbe tourne sa concavité vers les y positifs ; si cette dérivée est négative, la courbe tourne sa concavité vers les y négatifs.

Si la première dérivée de y qui ne s'annule pas pour $x = x_0$ est d'ordre impair, δ est croissant ou décroissant pour $x = x_0$ et change de signe en s'annulant, de sorte que la courbe traverse sa tangente en M_0 : on dit alors que ce point M_0 est un point d'inflexion. Remarquons que les points d'inflexion sont caractérisés par le changement de signe de y''.

Ces résultats sont applicables au cas où la courbe est définie par une équation non résolue $f(x, y) = o$, mais on peut échanger le rôle de x et y, si l'on trouve avantage à le faire, pour le calcul des dérivées successives de la fonction.

Si la courbe est définie par sa représentation paramétrique

$$x = f(t), \qquad y = g(t),$$

on peut encore appliquer les conclusions précédentes et chercher les valeurs des dérivées successives de y par rapport à x en appliquant le théorème des fonctions de fonctions. Il est préférable de donner une autre forme à ces conclusions avant de les appliquer.

La condition $y_0'' > o$, qui caractérise un point où la courbe tourne sa concavité vers les y positifs, indique que le coefficient angulaire μ de la tangente en ce point est une fonction croissante de x. On reconnaîtra ce fait en cherchant si l'expression $\mu = \dfrac{g'(t)}{f'(t)}$ est une fonction croissante de t en même temps que x, ou une fonction décroissante de t en même temps que x ; les points en question sont donc caractérisés par le fait que μ_t' et x_t' sont de même signe : cela se traduit par l'inégalité $(f'g'' - g'f'')\, f' > o$. L'inégalité contraire caractérise les points où la courbe tourne sa concavité vers les y négatifs.

Les points d'inflexion étant caractérisés par le changement de signe de y'', on peut dire que ce sont les points où y' passe par un maximum ou un minimum ; on cherchera donc les points où le coefficient angulaire μ passe par un maximum ou un minimum, c'est-à-dire qu'on cherchera les valeurs de t pour lesquelles μ_t' change de signe : ce sont les valeurs de t qui font changer le signe de $f'g'' - g'f''$.

EXERCICES

1º Démontrer que toute fonction homogène $f(x, y, z)$ de degré m vérifie l'identité

$$x^2 f''_{x^2} + y^2 f''_{y^2} + z^2 f''_{z^2} + 2yz f''_{yz} + 2zx f''_{zx} + 2xy f''_{xy} = m(m-1)f(x, y, z).$$

Existe-t-il d'autres fonctions homogènes vérifiant la même identité? Généraliser.

2º Dans la démonstration de la formule de Taylor, on remplace $A h^m$ par $A h^p$, p désignant un nombre naturel. Démontrer qu'on trouve alors comme reste

$$\frac{(1-\theta)^{m-p}}{p} \cdot \frac{h^m}{(m-1)!} f^{(m)}(x_0 + \theta h).$$

Pour $p = m$, on retrouve la forme usuelle du reste due à Lagrange; pour $p = 1$, on trouve la forme de Cauchy.

Plus généralement, au lieu de prendre $A h^m$, on pourrait prendre $A \varphi(h)$, la fonction $\varphi(x)$ étant définie ainsi que sa dérivée entre o et h et $\varphi(o)$ étant nul.

3º Trouver le développement en série entière de $\log(1 + x)$. On utilisera la forme du reste de Lagrange pour $x > o$ et la forme de Cauchy pour $x < o$.

4º Trouver le développement en série entière de $(1 + x)^m$. On utilisera encore la forme de Lagrange pour $x > o$ et celle de Cauchy pour $x < o$.

5º θ étant une fonction de h définie par l'égalité

$$f(x_0+h) = f(x_0) + \frac{h}{1}f'(x_0) + \frac{h^2}{2!}f''(x_0) + \ldots + \frac{h^{m-1}}{(m-1)!}f^{(m-1)}(x_0) + \frac{h^m}{m!}f^{(m)}(x_0+\theta h),$$

trouver les premiers termes du développement de θ suivant les puissances croissantes de h en supposant $f^{m+1}(x_0)$ non nul.

6º Utiliser le développement en série de $\log(1 + x)$ pour démontrer que $\frac{1}{1} + \frac{1}{2} + \frac{1}{3} + \ldots + \frac{1}{n} - \log n$ tend vers une limite quand n tend vers l'infini. (Cette limite porte le nom de constante d'Euler.)

7º Utiliser le développement en série de $(1 + x)^m$ pour démontrer la règle de Duhamel. Appliquer à l'étude de la série $u_n = \frac{1 \cdot 3 \cdot 5 \ldots (2n-1)}{2 \cdot 4 \cdot 6 \ldots 2n} \frac{1}{n^p}$.

8º Démontrer que l'expression $\frac{1}{\sqrt{1}} + \frac{1}{\sqrt{2}} + \ldots + \frac{1}{\sqrt{n}} - 2\sqrt{n}$ tend vers une limite quand n tend vers l'infini.

44e LEÇON

APPLICATIONS GÉOMÉTRIQUES DE LA FORMULE DE TAYLOR

Plan osculateur en un point d'une courbe. — Supposons la courbe définie par les expressions

$$x = f(t), \qquad y = g(t), \qquad z = h(t)$$

des coordonnées du point courant $M(x, y, z)$ en fonction du paramètre t. Soient $x + \Delta x$, $y + \Delta y$, $z + \Delta z$, les coordonnées d'un point M' voisin de M et correspondant à la valeur $t + \Delta t$ du paramètre. Supposons M fixe et considérons le plan $M'MT$, MT étant la tangente à la courbe en M; la position limite de ce plan quand M' tend vers M en décrivant la courbe est le *plan osculateur* à cette courbe en M.

Nous allons montrer que, si x, y, z ont des dérivées premières et secondes pour la valeur t du paramètre, la courbe a, en général, un plan osculateur en M. Nous montrerons simplement que l'équation du plan $M'MT$ admet une équation limite, d'où l'on peut conclure que ce plan a une position limite. L'équation de ce plan est

$$\begin{vmatrix} X - f(t), & f'(t), & \Delta x \\ Y - g(t), & g'(t), & \Delta y \\ Z - h(t), & h'(t), & \Delta z \end{vmatrix} = 0,$$

puisqu'il passe par M et qu'il est parallèle aux deux droites MT et MM'. Si nous faisions $\Delta t = 0$ dans cette équation, nous trouverions une identité. Développons Δx, Δy, Δz, suivant les puissances croissantes de Δt par la formule de Taylor, jusqu'au terme en $\overline{\Delta t}^2$ Nous trouvons :

$$\Delta x = \Delta t \cdot f'(t) + \frac{\overline{\Delta t}^2}{2} \cdot f''(t + \theta \Delta t),$$

$$\Delta y = \Delta t \cdot g'(t) + \frac{\overline{\Delta t}^2}{2} \cdot g''(t + \theta_1 \Delta t), \qquad \Delta z = \dots.$$

Substituons dans le déterminant; multiplions les éléments de la seconde colonne par Δt et retranchons des éléments correspondants de la 3e colonne; enfin, divisons par $\dfrac{\Delta t^2}{2}$, les éléments ainsi modifiés de cette 3e colonne. L'équation du plan $M'MT$ devient :

$$\begin{vmatrix} X - f(t), & f'(t), & f''(t + \theta \Delta t) \\ Y - g(t), & g'(t), & g''(t + \theta_1 \Delta t) \\ Z - h(t), & h'(t), & h''(t + \theta_2 \Delta t) \end{vmatrix} = 0.$$

L'équation limite, quand Δt tend vers zéro, est

$$(1) \quad \begin{vmatrix} X - f(t), & f'(t), & f''(t) \\ Y - g(t), & g'(t), & g''(t) \\ Z - h(t), & h'(t), & h''(t) \end{vmatrix} = 0 \quad \text{ou} \quad \begin{vmatrix} X - x, & x', & x'' \\ Y - y, & y', & y'' \\ Z - z, & z', & z'' \end{vmatrix} = 0.$$

On voit, d'après cela, que la direction de paramètres directeurs x'', y'', z'', est parallèle au plan osculateur; cette direction de droite et la direction de la tangente définissent donc la direction du plan osculateur.

Toutefois, le raisonnement conduit à une identité, lorsque les deux directions (x', y', z'), (x'', y'', z'') sont confondues, c'est-à-dire lorsqu'on a :

$$(2) \qquad \frac{x''}{x'} = \frac{y''}{y'} = \frac{z''}{z'}.$$

Cela n'empêche pas l'existence du plan osculateur aux points singuliers qui vérifient ces conditions; on obtient ce plan en prenant le développement de Δx, Δy, Δz jusqu'au terme en Δt^3 et on trouve comme équation correspondante du plan M'MT

$$\begin{vmatrix} X - f(t), & f'(t), & f'''(t + \theta \Delta t) \\ Y - g(t), & g'(t), & g'''(t + \theta_1 \Delta t) \\ Z - h(t), & h'(t), & h'''(t + \theta_2 \Delta t) \end{vmatrix} = 0,$$

qui a comme équation limite

$$\begin{vmatrix} X - x, & x', & x''' \\ Y - y, & y', & y''' \\ Z - z, & z', & z''' \end{vmatrix} = 0.$$

Un plan quelconque passant par MT est dit tangent à la courbe en M. Cherchons la position de la courbe par rapport à ce plan au voisinage de M. L'équation du plan étant

$$P(X, Y, Z) \equiv \alpha(X - x) + \beta(Y - y) + \gamma(Z - z) = 0,$$

avec la condition

$$(3) \qquad \alpha x' + \beta y' + \gamma z' = 0,$$

cherchons la puissance algébrique du point M' par rapport à ce plan; c'est :

$$P(x + \Delta x, \ldots, \ldots) = \alpha \Delta x + \beta \Delta y + \gamma \Delta z.$$

Remplaçons-y Δx, Δy, Δz, par leurs développements suivant les puissances croissantes de Δt; le coefficient de Δt, dans cette somme, est nul en vertu de (3). Celui de $\dfrac{\Delta t^2}{2}$ est $\alpha x'' + \beta y'' + \gamma z''$; il est différent de zéro si le plan tangent n'est pas osculateur et on a alors :

$$P(x + \Delta x, \ldots) = \frac{\overline{\Delta t}^2}{2}(\alpha x'' + \beta y'' + \gamma z'' + \eta),$$

η tendant vers zéro avec Δt.

Cette puissance algébrique a un signe constant quand Δt tend vers zéro, c'est-à-dire que la courbe est tout entière d'un même côté de son plan tangent au voisinage de M.

Supposons maintenant que le plan tangent soit osculateur, c'est-à-dire que l'on ait :

$$(4) \qquad \alpha x'' + \beta y'' + \gamma z'' = 0.$$

On trouve alors :

$$P(x + \Delta x, \ldots) = \frac{\overline{\Delta t}^5}{6}\,(\alpha x''' + \beta y''' + \gamma z''' + \eta'),$$

η' tendant vers zéro avec Δt.

Le signe de cette puissance algébrique change comme celui de Δt quand Δt tend vers zéro, c'est-à-dire que la courbe traverse son plan osculateur au point considéré.

Exceptionnellement, si l'on a :

$$(5) \qquad \alpha x''' + \beta y''' + \gamma z''' = 0,$$

il faut pousser le développement jusqu'au terme en Δt^4 et on constate que le plan osculateur en un tel point ne traverse pas la courbe : ces points sont dits *stationnaires* et les plans osculateurs correspondants sont dits *plans stationnaires*.

Les valeurs de t correspondant à ces points sont telles que les équations (3), (4) et (5) en α, β, γ, ont des solutions non nulles ; ces valeurs de t sont donc solutions de l'équation

$$(6) \qquad \begin{vmatrix} x', & y', & z' \\ x'', & y'', & z'' \\ x''', & y''', & z''' \end{vmatrix} = 0.$$

Remarquons que les points singuliers définis par les équations (2) vérifient cette équation, mais ce ne sont pas les seuls.

Si la courbe était définie comme intersection de deux surfaces, on prendrait comme variable indépendante l'une des coordonnées du point courant et on calculerait les dérivées premières et secondes des deux autres coordonnées définies comme fonctions implicites par les équations des deux surfaces ; en portant leurs valeurs dans l'équation (1), on aurait l'équation du plan osculateur.

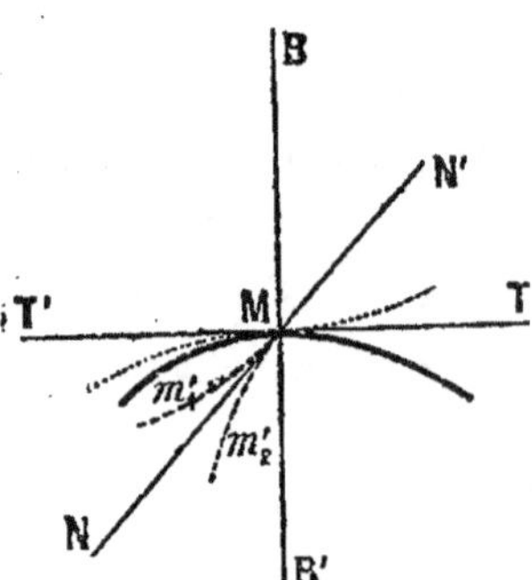

On peut déduire des résultats précédents, la forme habituelle des projections orthogonales d'une courbe sur le plan normal, le plan osculateur et le plan tangent perpendiculaire au plan osculateur en un point M. Les arêtes des trièdres qu'ils forment sont la tangente MT, la normale principale MN (normale dans le plan osculateur) et la binormale MB perpendiculaire au plan osculateur.

La courbe étant tout entière d'un même côté du plan BMT dans le voisinage de M, nous pouvons appeler MN la demi-normale principale située de ce côté (région intérieure à la courbe au voisinage de M).

Prenons sur MT un sens arbitraire. Nous pouvons distinguer de part et d'autre de M, sur la courbe, deux petits arcs, l'un MM_1 placé du même côté que MT par rapport au plan normal et d'un certain côté du plan osculateur, l'autre MM_2 placé du même côté que MT' par rapport au plan normal et situé de l'autre côté du plan osculateur.

Choisissons MB du même côté que l'arc MM_1, par rapport au plan osculateur, de sorte que MB' est du même côté que l'arc MM_2 par rapport à ce plan.

Avec ces conventions, on voit de suite que la projection orthogonale de la courbe sur le plan osculateur est tangente à MT et tout entière du même côté que MN, par rapport à MT, au voisinage de M (trait plein).

La projection sur le plan tangent BMT admet MT comme tangente d'inflexion (points).

Un point M_1' de l'arc MM_1 se projette sur le plan normal en un point m_1' de l'angle BMN, et un point M_2' de l'arc MM_2 se projette, dans les mêmes conditions, en un point m_2' de l'angle B'MN; d'ailleurs, la droite Mm_1' trace, sur le plan normal, du plan M_1'MT a pour position limite la trace du plan osculateur, c'est-à-dire MN; il en est de même pour Mm_2'. La projection sur le plan normal présente donc un point de rebroussement en M, la tangente étant MN (trait rompu).

Formule de Taylor pour les fonctions de plusieurs variables. — Considérons une fonction $u = f(x, y, z)$ de trois variables et la valeur $f(x_0 + h, y_0 + k, z_0 + l)$ que prend cette fonction quand on donne aux variables les valeurs $x_0 + h$, etc.

La fonction

$$F(t) = f(x_0 + ht, y_0 + kt, z_0 + lt)$$

est une fonction composée de t. On peut, dans certaines conditions, la développer par la formule de Mac-Laurin suivant les puissances croissantes de t. Le coefficient de t, qui est $F'(o)$, vaut $hf'_{x_0} + kf'_{y_0} + lf'_{z_0}$; celui de $\dfrac{t^2}{2}$ qui est $F''(o)$, vaut

$$h^2 f''_{x_0^2} + k^2 f''_{y_0^2} + l^2 f''_{z_0^2} + 2\,klf''_{y_0 z_0} + 2\,lhf''_{z_0 x_0} + 2\,hkf''_{x_0 y_0}; \quad \text{etc.}$$

On constate que ces coefficients successifs sont des polynomes entiers homogènes en h, k, l, de degrés respectifs 1, 2, 3, ... Le coefficient de $\dfrac{t^p}{p!}$, d'après une remarque antérieure, peut se mettre sous la forme symbolique $[hf'_{x_0} + kf'_{y_0} + lf'_{z_0}]^{(n)}$ dont nous avons expliqué la signification. Si, dans ce développement, on fait $t = 1$, on obtient le développement de $f(x_0 + h, y_0 + k, z_0 + l)$ suivant des polynomes homogènes en h, k, l, de degrés croissants. Si l'on se borne aux termes du second degré, on a :

$$f(x_0 + h, y_0 + k, z_0 + l) = f(x_0, y_0, z_0) + h f'_{x_0} + k f'_{y_0} + l f'_{z_0}$$
$$+ \frac{1}{2}\left[h^2 f''_{x^2}(x_0 + \theta h, y_0 + \theta k, z_0 + \theta l) + \cdots \right.$$
$$\left. + 2 h k f''_{xy}(x_0 + \theta h, y_0 + \theta k, z_0 + \theta l)\right].$$

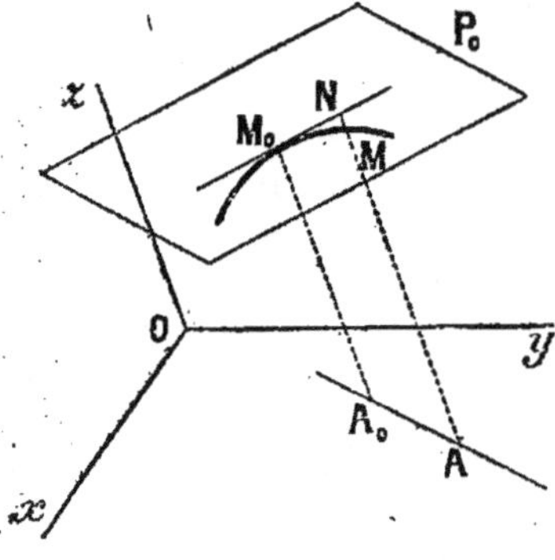

θ désignant, comme d'habitude, un nombre compris entre o et 1.

Application à la recherche de la position d'une surface par rapport à son plan tangent. — Soit la surface $z = f(x, y)$. La position de la surface par rapport au plan tangent P_0 en un point $M_0(x_0, y_0, z_0)$, au voisinage de ce point, dépend du sens du vecteur NM qui a pour origine, dans le plan P_0, un point quelconque N voisin de M_0 et pour extrémité, sur la surface, le point M dont l'abscisse x et l'ordonnée y sont les mêmes que celles du point N. L'équivalent algébrique de ce vecteur est

$$\delta = \overline{AM} - \overline{AN} = z - p_0(x - x_0) - q_0(y - y_0),$$

puisque l'équation du plan tangent en M_0 est

$$Z - p_0(X - x_0) - q_0(Y - y_0) = o.$$

Posons $x = x_0 + h$, $y = y_0 + k$ et développons l'expression

$$\delta = f(x_0 + h, y_0 + k) - h f'_{x_0} - k f'_{y_0},$$

suivant les puissances croissantes de h et k, par la formule de Taylor, jusqu'aux termes du second degré ; nous obtenons :

$$\delta = \frac{1}{2}\left[h^2 f''_{x^2}(x_0 + \theta h, y_0 + \theta k) + 2 h k f''_{xy}(x_0 + \theta h, y_0 + \theta k) \right.$$
$$\left. + k^2 f''_{y^2}(x_0 + \theta h, y_0 + \theta k)\right].$$

Supposons les dérivées f''_{x^2}, f''_{xy}, f''_{y^2} continues pour $x = x_0$, $y = y_0$, de sorte qu'au voisinage du point (x_0, y_0), on peut poser :

$$f''_{x^2} = r_0 + \eta, \qquad f''_{xy} = s_0 + \eta_1, \qquad f''_{y^2} = t_0 + \eta_2,$$

η, η_1, η_2, tendant vers zéro avec h et k. D'après cela,

$$\delta = \frac{1}{2}\left[(r_0 + \eta)h^2 + 2(s_0 + \eta_1)hk + (t_0 + \eta_2)k^2 \right].$$

Pour étudier le signe de cette fonction de deux variables, posons $k = \mu h$, μ étant un nombre arbitraire fixe, ce qui revient à faire déplacer le point A sur une droite passant par A_0 et le point M sur la courbe d'intersection de la surface avec un plan $M_0 A_0 A$ parallèle à Oz. Alors, on a :

$$\delta = \frac{h^2}{2} \left[r_0 + 2 s_0 \mu + t_0 \mu^2 + \zeta \right],$$

ζ tendant vers zéro avec h.

Si $r_0 + 2 s_0 \mu + t_0 \mu^2$ n'est pas nulle, le signe de δ est celui de cette quantité quand h tend vers zéro. Il faut donc distinguer suivant le signe de cette expression qui est un trinôme du second degré en μ.

1° $r_0 t_0 - s_0^2 > 0$. Le signe du trinôme est constant; c'est celui de r_0 et t_0. Le signe de δ est donc constant au voisinage de M_0 et la surface est située d'un certain côté de son plan tangent, du côté des z positifs si $r_0 > 0$ et du côté des z négatifs si $r_0 < 0$. La sphère est un exemple de surface située tout entière d'un même côté d'un plan tangent au voisinage du point de contact de ce plan.

2° $r_0 t_0 - s_0^2 < 0$. Le signe du trinôme change avec la position de μ par rapport aux zéros μ_0 et μ_1 de ce trinôme. Considérons les deux plans Π_0 et Π_1 définis par les équations

$$y - y_0 = \mu_0 (x - x_0), \qquad y - y_0 = \mu_1 (x - x_0).$$

Ces plans forment quatre dièdres dont l'arête est $A_0 M_0$; dans deux de ces dièdres opposés par le sommet, la surface est d'un certain côté de son plan tangent au voisinage de M_0; dans les deux autres dièdres, elle est du côté opposé. La surface traverse donc son plan tangent en M_0. Pour décider ce qui se passe sur les courbes d'intersection de Π_0 et Π_1 avec la surface, il faudrait faire appel aux dérivées troisièmes puisque $r_0 + 2 s_0 \mu + t_0 \mu^2$ est alors nul. On verra qu'en général ces courbes traversent le plan tangent et présentent une inflexion en M_0.

Les surfaces réglées du second degré autres que les cônes et les cylindres sont des exemples de surfaces traversant leurs plans tangents.

Le tore est un exemple de surface traversant certains de ses plans tangents et n'en traversant pas d'autres. Supposons que le cercle méridien ne coupe pas l'axe; une perpendiculaire à l'axe coupant ce cercle en deux points, appelons M_0 le point le plus éloigné de l'axe et M_1 le plus rapproché. Il est facile de voir que le plan tangent en M_0 ne traverse pas la surface, tandis que le plan tangent en M_1 la traverse au voisinage de ce point; le passage d'une région à l'autre s'effectue par les parallèles limites du tore. Les résultats sont un peu plus compliqués quand le cercle méridien coupe l'axe, et il faut alors distinguer trois régions sur la surface.

3° $r_0 t_0 - s_0^2 = 0$. Le trinôme $r_0 + 2 s_0 \mu + t_0 \mu^2$ a encore un signe constant, mais il s'annule pour une valeur μ_0 de μ. La surface est donc encore tout entière d'un même côté de son plan tangent au voisinage de M_0. Il faut cependant excepter les points de la courbe d'intersection de la surface avec le plan Π_0. Dans ce cas encore, il faudra faire appel aux dérivées du troisième ordre pour voir ce qui se passe.

Les cônes et les cylindres sont des surfaces singulières présentant ce caractère en tous leurs points.

Si la surface est définie par une équation $f(x, y, z) = o$, on applique le théorème des fonctions implicites au calcul des dérivées partielles premières et secondes de z par rapport à x et y.

Maximum et minimum d'une fonction de plusieurs variables.

— On peut appliquer les considérations précédentes à l'étude des maximums ou des minimums relatifs d'une fonction de deux variables, $z = f(x, y)$. Si cette fonction est maximum ou minimum pour $x = x_0$, $y = y_0$, il en est de même de la fonction $f(x, y_0)$ pour $x = x_0$ et de la fonction $f(x_0, y)$ pour $y = y_0$. On en conclut, en général, que f'_{x_0} et f'_{y_0} sont nuls. Ces conditions remplies, le plan tangent à la surface $z = f(x, y)$ au point $M_0 (x_0, y_0, z_0)$ est parallèle au plan $x\,Oy$. Si la fonction z passe par un maximum ou un minimum en ce point, la surface est tout entière d'un même côté du plan tangent en M_0 au voisinage de ce point, c'est-à-dire que $r_0 t_0 - s_0^2$ est positif ou nul exceptionnellement. Le signe de r_0 indique si l'on a un maximum ou un minimum.

Il va de soi que l'on aurait pu se passer de l'interprétation géométrique et étudier la différence $f(x, y) - f(x_0, y_0)$, comme on l'a fait plus haut, en se plaçant à un point de vue purement algébrique. Si l'on applique cette façon de faire à une fonction de 3 variables $f(x, y, z)$, on est conduit aux résultats suivants : pour que cette fonction passe par un maximum ou un minimum pour $x = x_0$, $y = y_0$, $z = z_0$, il faut en général que f'_{x_0}, f'_{y_0}, f'_{z_0} soient nuls; il faut en outre que la forme quadratique

$$u^2 f''_{x_0^2} + v^2 f''_{y_0^2} + w^2 f''_{z_0^2} + 2\,vw f''_{y_0 z_0} + 2\,wu f''_{z_0 x_0} + 2\,uv f''_{x_0 y_0}$$

soit une forme définie. On a un maximum si cette forme définie est négative et un minimum si elle est positive.

Application de la formule de Taylor aux formes indéterminées $\frac{o}{o}$.

— Nous avons défini ce qu'on appelle vraie valeur du quotient $\dfrac{f(x)}{g(x)}$ de deux fonctions $f(x)$ et $g(x)$ qui s'annulent pour une même valeur x_0 de la variable.

La recherche de cette vraie valeur qui est la limite de $\dfrac{f(x_0 + h)}{g(x_0 + h)}$ quand h tend vers zéro, s'effectue sans difficulté si la formule de Taylor est applicable aux deux fonctions pour $x = x_0$.

Désignons en effet par $f^{(p)}(x)$ et $g^{(q)}(x)$ les dérivées des ordres les moins élevés, non nulles pour x_0; supposons-les continues pour cette valeur de la variable. La formule de Taylor montre que $f(x_0 + h)$ est équivalent à $\dfrac{h^p}{p!} f^{(p)}(x_0)$ et que $g(x_0 + h)$ est équivalent à $\dfrac{h^q}{q!} g^{(q)}(x_0)$.

Le rapport $\dfrac{f(x)}{g(x)}$ tend donc vers o si $p > q$, vers l'infini si $p < q$ et vers $\dfrac{f^{(p)}(x_0)}{g^{(p)}(x_0)}$ si $p = q$.

Les calculs seront naturellement facilités chaque fois qu'on connaîtra des développements de $f(x_0 + h)$ et de $g(x_0 + h)$ ou tout au moins leurs premiers termes; il y a donc un intérêt pratique à retenir certains de ces développements.

EXERCICES

1º Une courbe plane C étant définie par les équations
$$x = f(t), \quad y = g(t),$$
étudier la position d'un point $M'(t + \Delta t)$ de cette courbe, par rapport à la tangente au point $M(t)$, définie par l'équation $(X - x)y' - (Y - y)x' = 0$; on suivra la marche indiquée pour une courbe gauche et son plan osculateur. Etudier le sens de la concavité de C au point M, par rapport à l'origine des axes.

2º Une courbe gauche étant définie par les équations
$$x = f(t), \qquad y = g(t), \qquad z = h(t),$$
montrer que les valeurs de t qui vérifient les équations $\dfrac{f''}{f'} = \dfrac{g''}{g'} = \dfrac{h''}{h'}$ correspondent en général à des points tels que tous les plans tangents à la courbe en ces points, le plan osculateur excepté, la traversent. De tels points se projettent sur un plan quelconque en des points d'inflexion de la courbe projection.

3º Une courbe gauche étant définie par les équations
$$x = \frac{f_1(t)}{f_4(t)}, \quad y = \frac{f_2(t)}{f_4(t)}, \quad z = \frac{f_3(t)}{f_4(t)},$$
montrer que les valeurs de t correspondant aux points signalés dans l'exercice précédent annulent tous les déterminants du 3º ordre déduits du tableau
$$T, \quad \begin{vmatrix} f_1, & f_2, & f_3, & f_4 \\ f'_1, & f'_2, & f'_3, & f'_4 \\ f''_1, & f''_2, & f''_3, & f''_4 \end{vmatrix}.$$

Les valeurs de t, correspondant aux points stationnaires de la courbe vérifient l'équation
$$F(t) = \begin{vmatrix} f_1, & f_2, & f_3, & f_4 \\ f'_1, & f'_2, & f'_3, & f'_4 \\ f''_1, & f''_2, & f''_3, & f''_4 \\ f'''_1, & f'''_2, & f'''_3, & f'''_4 \end{vmatrix} = 0.$$

Dans le cas où f_1, f_2, f_3, f_4 sont des polynomes entiers de degré m, simplifier cette dernière équation et montrer qu'elle est, en général, de degré $4(m - 3)$. Démontrer que toute valeur de t annulant les déterminants du 3º ordre déduits de T, est un zéro double, en général, de $F(t)$.

4º Démontrer que le plan mené par un point M d'une courbe et par deux voisins M′ M″ de la même courbe tend vers le plan osculateur en M quand M′ et M″ tendent vers M.

5º Démontrer que le plan mené par la tangente MT en un point M d'une courbe parallèlement à la tangente en un point voisin M′, tend vers le plan osculateur en M quand M′ tend vers M.

FORMES INDÉTERMINÉES *(Suite)*

Lorsque la formule de Taylor n'est pas applicable aux fonctions $f(x)$ et $g(x)$, qui s'annulent pour $x = x_0$ et sont continues, soit à droite, soit à gauche de x_0, le procédé employé dans la leçon précédente pour trouver la limite de $\dfrac{f(x)}{g(x)}$, quand x tend vers x_0, est en défaut. Dans certains cas, il est inutile de chercher la limite parce qu'elle n'existe évidemment pas ; en voici un exemple.

Supposons que x tendant vers x_0 à droite, $f(x)$ et $g(x)$ s'annulent un nombre infini de fois et que les deux ensembles de zéros correspondants diffèrent par une infinité de nombres. Considérons la courbe C dont le point courant M a pour coordonnées

$$X = g(x), \quad Y = f(x).$$

Quand x tend vers x_0 à droite, le point M vient un nombre infini de fois sur OX ou sur OY suivant que c'est $f(x)$ ou $g(x)$ qui s'annule et la droite OM qui a pour coefficient angulaire $\dfrac{f(x)}{g(x)}$ vient coïncider un nombre infini de fois avec OX et avec OY ; elle n'a pas de position limite et le rapport $\dfrac{f(x)}{g(x)}$ n'a pas de limite.

Ainsi, la fraction $\dfrac{x\left(1 + 2\sin\dfrac{1}{x}\right)}{\sin x\left(1 + 3\cos\dfrac{1}{x}\right)}$ n'a pas de limite quand x tend vers zéro, soit à droite, soit à gauche.

On peut imaginer d'autres cas plus généraux dans lesquels le rapport $\dfrac{f}{g}$ n'a pas de limite, mais leur caractère est moins apparent.

Remarquons encore que, si l'ensemble des zéros de la fonction f est dense au voisinage de x_0 sans qu'il en soit de même pour l'ensemble des zéros de g (ce qui revient à supposer que $g(x)$ ne s'annule pas au voisinage de x_0), la limite de $\dfrac{f}{g}$ ne peut être que zéro ; on ne peut d'ailleurs affirmer à priori l'existence d'une limite dans ces conditions.

Si, au contraire, c'est l'ensemble des zéros de g qui est dense au voisinage de x_0, la limite de $\dfrac{f}{g}$ ne peut être qu'infinie, car la limite de $\dfrac{g}{f}$ ne peut être que zéro.

Nous pourrons donc nous borner, dans la suite, à l'examen du cas où $g(x)$ ne s'annule pas au voisinage de x_0, soit à droite, soit à gauche, si bien que $\dfrac{f}{g}$ conserve une valeur finie dans l'intervalle où l'on fait varier x.

Reprenons l'interprétation géométrique et la courbe C : quand x tend vers x_0, le point M tend vers O, la position limite de OM ne peut être que la tangente en O à C. On est donc conduit à voir si la tangente en M a une direction limite, c'est-à-dire à substituer au coefficient angulaire $\dfrac{f}{g}$ de OM, le coefficient angulaire $\dfrac{f'}{g'}$ de la tangente en M. Nous allons montrer que cette substitution est légitime, sous certaines réserves.

Posons $\dfrac{f(x_1) - f(x_2)}{g(x_1) - g(x_2)} = A$ et considérons la fonction

$$f(x_1) - f(x) - A\big(g(x_1) - g(x)\big),$$

qui s'annule pour $x = x_1$ et $x = x_2$. Sa dérivée $-f'(x) + A\,g'(x)$ s'annule pour une valeur x_3, au moins, comprise entre x_1 et x_2. De l'égalité $f'(x_3) = A\,g'(x_3)$ on tire $A = \dfrac{f'(x_3)}{g'(x_3)}$, sauf si $f'(x_3)$ et $g'(x_3)$ sont nuls (on trouverait aisément l'interprétation de ce cas singulier sur la courbe C).

Appliquons ce résultat au rapport $\dfrac{f(x_0 + h) - f(x_0)}{g(x_0 + h) - g(x_0)}$ qui vaut $\dfrac{f(x_0 + h)}{g(x_0 + h)}$, puisque $f(x_0)$ et $g(x_0)$ sont nuls. Nous pouvons écrire

$$\frac{f(x_0 + h)}{g(x_0 + h)} = \frac{f'(x_0 + \theta h)}{g'(x_0 + \theta h)}.$$

Cette formule subsiste quand on fait tendre h vers zéro par valeurs positives, si x tend vers x_0 à droite ; elle n'a d'ailleurs de signification que si $f'(x_0 + \theta h)$ et $g'(x_0 + \theta h)$ ne sont pas nuls tous deux, ce qui conduit à écarter le cas où les deux fonctions $f'(x)$ et $g'(x)$ auraient, au voisinage de x_0 et à droite, une infinité de zéros communs. Comme nous allons supposer que $\dfrac{f'(x)}{g'(x)}$ tend vers une limite quand x tend vers x_0 à droite, cela revient à supposer que $g'(x)$ ne s'annule pas au voisinage de x_0 à droite.

Dans ces conditions, *si le rapport* $\dfrac{f'(x)}{g'(x)}$ *tend vers une limite* l, *le rapport* $\dfrac{f(x)}{g(x)}$ *tend vers la même limite.*

En vertu de l'hypothèse, on peut faire correspondre, à tout nombre positif ε, un nombre positif α tel que les inégalités $0 < h < \alpha$ entraînent $\left|\dfrac{f'(x_0 + h)}{g'(x_0 + h)} - l\right| < \varepsilon$ et, par suite, $\left|\dfrac{f'(x_0 + \theta h)}{g'(x_0 + \theta h)} - l\right| < \varepsilon$ pour toutes les valeurs de θ comprises entre 0 et 1.

Donc, on a aussi $\left|\dfrac{f(x_0 + h)}{g(x_0 + h)} - l\right| < \varepsilon$ et $\dfrac{f(x_0 + h)}{g(x_0 + h)}$ tend vers l.

En modifiant légèrement la démonstration, on montrerait que si $\dfrac{f'(x)}{g'(x)}$ tend vers $+\infty$, il en est de même de $\dfrac{f(x)}{g(x)}$; etc.

On pourrait être tenté de démontrer la proposition réciproque en s'entourant des mêmes précautions; mais on se heurte ici à une difficulté nouvelle. Si l'on suppose que $\dfrac{f(x)}{g(x)}$ tend vers l quand x tend vers x_0, à droite, on peut, à tout nombre positif ε, faire correspondre un nombre positif α tel que les inégalités $0 < h < \alpha$ entraînent $\left|\dfrac{f(x_0 + h)}{g(x_0 + h)} - l\right| < \varepsilon$ et par suite $\left|\dfrac{f'(x_0 + \theta h)}{g'(x_0 + \theta h)} - l\right| < \varepsilon$, θ étant une fonction de h comprise entre 0 et 1. On n'en peut conclure l'inégalité $\left|\dfrac{f'(x_0 + h)}{g'(x_0 + h)} - l\right| < \varepsilon$, même en remplaçant α par un nombre plus petit, parce qu'on ignore si le nombre θ est limité inférieurement par un nombre positif. En fait, l'exemple de la fraction $\dfrac{x^2 \sin \dfrac{1}{x}}{\sin x}$ qui tend vers 0, avec x, tandis que le rapport des dérivées $\dfrac{2x \sin \dfrac{1}{x} - \cos \dfrac{1}{x}}{\cos x}$ ne tend vers aucune limite, montre que la proposition réciproque peut être fausse.

La règle précédente est connue sous le nom de règle de l'Hospital. On peut en établir une semblable lorsque le rapport $\dfrac{f(x)}{g(x)}$ se présente sous la forme $\dfrac{\infty}{\infty}$ pour une valeur x_0 de la variable.

Supposons donc que x tendant vers x_0, à droite par exemple, $f(x)$ et $g(x)$ tendent vers l'infini et que, dans un petit intervalle $(x_0, x_0 + \beta)$, il n'y ait pas de zéros des deux fonctions $g(x)$ et $g'(x)$. Nous allons montrer que si $\dfrac{f'(x)}{g'(x)}$ tend vers l, $\dfrac{f(x)}{g(x)}$ tend aussi vers l.

A tout nombre positif ε, nous pouvons en faire correspondre un autre α, inférieur à β, et tel que les inégalités $0 < h < \alpha$ entraînent $\left|\dfrac{f'(x_0 + h)}{g'(x_0 + h)} - l\right| < \varepsilon$. Soit h_1 un nombre fixe satisfaisant à ces conditions et soit $h < h_1$.

Le rapport $\dfrac{f(x_0 + h) - f(x_0 + h_1)}{g(x_0 + h) - g(x_0 + h_1)} = \dfrac{f'(x_0 + h_2)}{g'(x_0 + h_2)}$, $(h < h_2 < h_1 < \alpha)$, est compris entre $l - \varepsilon$ et $l + \varepsilon$. Il peut se mettre sous la forme

$$M \dfrac{f(x_0 + h)}{g(x_0 + h)}, \quad \text{en posant} \quad M = \dfrac{1 - \dfrac{f(x_0 + h_1)}{f(x_0 + h)}}{1 - \dfrac{g(x_0 + h_1)}{g(x_0 + h)}} \cdot \text{Le nombre M tendant}$$

vers 1 quand h tend vers zéro, on peut remplacer la double inégalité

$$l - \varepsilon < \mathrm{M}\,\frac{f(x_0 + h)}{g(x_0 + h)} < l + \varepsilon$$

par les suivantes :

$$\frac{l - \varepsilon}{\mathrm{M}} < \frac{f(x_0 + h)}{g(x_0 + h)} < \frac{l + \varepsilon}{\mathrm{M}}.$$

Les limites des membres extrêmes étant $l - \varepsilon$ et $l + \varepsilon$, on peut déterminer un nombre α' tel que les inégalités $0 < h < \alpha'$, entraînent :

$$\frac{l - \varepsilon}{\mathrm{M}} > l - 2\varepsilon \quad \text{et} \quad \frac{l + \varepsilon}{\mathrm{M}} < l + 2\varepsilon,$$

et, par suite,

$$l - 2\varepsilon < \frac{f(x_0 + h)}{g(x_0 + h)} < l + 2\varepsilon.$$

Le rapport $\dfrac{f(x_0 + h)}{g(x_0 + h)}$ tend donc bien vers l.

On montrerait de même que si $\dfrac{f'(x)}{g'(x)}$ tend vers $+ \infty$, $\dfrac{f(x)}{g(x)}$ tend aussi vers $+ \infty$; etc.

La substitution de $f'(x)$ et $g'(x)$ à $f(x)$ et $g(x)$, dans ces conditions, présente des difficultés. Si $f(x)$ tend vers $+ \infty$ quand x tend vers x_0, à gauche par exemple, on peut montrer que $f'(x)$ n'est pas limité supérieurement. L'existence d'une limite supérieure L entraînerait en effet l'inégalité $f'(x) - \mathrm{L} < 0$; on en conclurait que la fonction primitive $f(x) - \mathrm{L}x$ est décroissante quand x tend vers x_0 à gauche : elle ne pourrait tendre, dans ces conditions, vers $+ \infty$, comme l'exige l'hypothèse faite sur $f(x)$. On montrerait d'une façon analogue que, si $f(x)$ tend vers $- \infty$ quand x tend vers x_0 à droite, $f'(x)$ n'est pas limité supérieurement ; etc.

Il résulte de ces observations que si $f(x)$ tend vers l'infini quand x tend vers x_0, $f'(x)$ prend également des valeurs dont le module dépasse tout nombre positif donné, si bien que la difficulté qui s'est présentée avec $f(x)$ et $g(x)$ se représente avec $f'(x)$ et $g'(x)$. Il peut se faire cependant que l'étude du rapport $\dfrac{f'}{g'}$ soit plus simple que celle du rapport $\dfrac{f}{g}$ et qu'il y ait intérêt à faire cette substitution.

Nous avons supposé, dans tout ce qui précède, que l'indétermination a lieu pour une valeur finie de la variable ; supposons qu'elle se présente pour x infini et posons $x = \dfrac{1}{y}$. Alors

$$\frac{f(x)}{g(x)} = \frac{f\left(\dfrac{1}{y}\right)}{g\left(\dfrac{1}{y}\right)} = \frac{\mathrm{F}(y)}{\mathrm{G}(y)}.$$

L'indétermination du nouveau rapport ayant lieu pour $y = 0$, on est conduit à appliquer la règle de l'Hospital. Alors

$$\frac{F'(y)}{G'(y)} = \frac{-\dfrac{1}{y^2} f'\left(\dfrac{1}{y}\right)}{-\dfrac{1}{y^2} g'\left(\dfrac{1}{y}\right)} = \frac{f'\left(\dfrac{1}{y}\right)}{g'\left(\dfrac{1}{y}\right)} = \frac{f'(x)}{g'(x)}.$$

On voit qu'on est encore amené à trouver la limite du rapport $\dfrac{f'(x)}{g'(x)}$ quand x tend vers l'infini. Si x tend vers $+\infty$, par exemple, on suppose que, dans un intervalle $(a, +\infty)$, il n'y a de zéros ni de $g(x)$ ni de $g'(x)$.

Considérons maintenant un produit $f(x) \cdot g(x)$ de deux fonctions dont l'une $f(x)$ s'annule pour $x = x_0$, l'autre $g(x)$ devenant infinie. Le produit se présente alors sous la forme indéterminée $0 \times \infty$.

On peut ramener cette forme à l'une des deux précédentes $\dfrac{0}{0}$ ou $\dfrac{\infty}{\infty}$ en écrivant

$$f(x)\, g(x) = \frac{f(x)}{\dfrac{1}{g(x)}} = \frac{g(x)}{\dfrac{1}{f(x)}}.$$

Appliquons cette remarque à la fonction $x \log x$ pour $x = 0$ (x tend vers 0 à droite).

Si nous l'écrivons $\dfrac{x}{\dfrac{1}{\log x}}$ qui se présente sous la forme $\dfrac{0}{0}$, le rapport des dérivées vaut $\dfrac{1}{-\dfrac{1}{x \log^2 x}} = -x \log^2 x$. Cette nouvelle fonction est indéterminée comme la première pour $x = 0$; elle est même plus compliquée.

Écrivons-la, au contraire, $\dfrac{\log x}{\dfrac{1}{x}}$, qui se présente sous la forme $\dfrac{\infty}{\infty}$; le rapport des dérivées vaut $\dfrac{\dfrac{1}{x}}{-\dfrac{1}{x^2}} = -x$, qui tend vers zéro avec x. Donc, $x \log x$ tend vers zéro avec x. Nous avions d'ailleurs établi ce résultat par une méthode bien préférable.

(Remarquons, en passant, que la règle de l'Hospital a substitué au produit $x \log x$, des fonctions qui ne lui sont pas équivalentes pour $x = 0$).

Considérons encore la différence $f(x) - g(x)$ et supposons que $f(x)$ et $g(x)$ tendent vers $+\infty$ quand x tend vers x_0; la différence se présente sous la forme $\infty - \infty$.

On peut l'écrire $f(x)\left[1-\dfrac{g(x)}{f(x)}\right]$. Si $\left|1-\dfrac{g(x)}{f(x)}\right|$ est limité inférieurement par un nombre positif, $f(x)-g(x)$ tend vers l'infini; mais si $\dfrac{g(x)}{f(x)}$ tend vers 1, la fonction étudiée se présente sous la forme $\infty\cdot0$ signalée plus haut. On est donc amené tout d'abord à l'étude du rapport $\dfrac{g(x)}{f(x)}$, quand x tend vers x_0, c'est-à-dire à l'étude d'une forme $\dfrac{\infty}{\infty}$.

Nous avons ainsi épuisé les différents symboles d'indétermination provenant de la définition des fonctions au moyen des opérations algébriques dans l'ordre : division, multiplication, addition.

L'emploi des logarithmes permet de ramener de nouvelles formes indéterminées aux précédentes. Considérons en effet la fonction

$$y=f(x)^{g(x)},\qquad (f(x)>0).$$

Son logarithme vaut $g(x)\log f(x)$ et peut se présenter sous la forme $0\times\infty$, pour $x=x_0$, dans les trois circonstances suivantes :

1° $g(x_0)=0$, $\log f(x_0)=+\infty$, c'est-à-dire $f(x_0)=+\infty$; y se présente sous la forme ∞^0 ;

2° $g(x_0)=0$, $\log f(x_0)=-\infty$, c'est-à-dire $f(x_0)=0$; y se présente sous la forme 0^0 ;

3° $g(x_0)=\infty$, $\log f(x_0)=0$, c'est-à-dire $f(x_0)=1$; y se présente sous la forme 1^∞.

L'emploi des logarithmes ramène donc les trois formes ∞^0, 0^0, 1^∞, à une forme déjà étudiée.

Application à l'étude de certaines branches infinies des courbes planes. — Il y a des branches infinies de plusieurs espèces. Nous en verrons, par exemple, qui s'enroulent autour d'un cercle dont elles se rapprochent indéfiniment. Sur d'autres, un point peut se déplacer de telle sorte que sa distance à un point fixe quelconque du plan tende vers l'infini. L'une des coordonnées cartésiennes au moins de ce point tend vers l'infini dans ces conditions. Réciproquement, si l'une au moins des coordonnées cartésiennes d'un point, qui se déplace sur une courbe, tend vers l'infini, la branche sur laquelle il se déplace est infinie.

On dit qu'une droite est asymptote à une branche infinie de courbe, quand la distance d'un point de la courbe à la droite tend vers zéro lorsque ce point s'éloigne indéfiniment sur la branche en question; on dit aussi que la courbe est asymptote à la droite.

Plus généralement, on dit que deux branches infinies de courbes sont asymptotes, lorsqu'on peut associer à tout point M de l'une un point N de l'autre, tel que la distance MN tende vers zéro quand M s'éloigne indéfiniment sur la première.

Nous allons chercher comment on détermine les asymptotes rectilignes d'une courbe donnée, soit par son équation en coordonnées cartésiennes, soit par sa représentation paramétrique. Incidemment, nous donnerons quelques exemples de courbes asymptotes.

1° *Asymptotes parallèles aux axes.* — Une branche infinie de la courbe étant asymptote à une droite D parallèle à Oy et d'abscisse x_0, menons par un point M de cette branche une parallèle à Ox et une perpendiculaire à D; soient N et H les points où ces deux droites rencontrent D. Les deux longueurs MH et MN, dont le rapport vaut sin θ, tendent simultanément vers zéro. L'abscisse du point M tend donc vers x_0 en même temps que son ordonnée tend vers l'infini puisque ce point s'éloigne indéfiniment. On en déduit la règle suivante : *on obtient les asymptotes parallèles à* Oy *en cherchant les valeurs finies de* x *qui rendent* y *infini.*

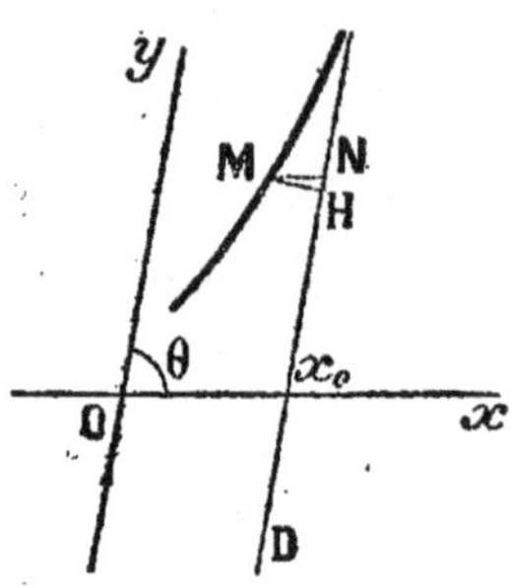

x_0 étant l'une de ces abscisses, on cherchera les signes de $x - x_0$ et de y, ce qui permettra de placer les branches infinies par rapport à l'asymptote correspondante.

En échangeant le rôle de x et de y dans ce raisonnement, on est conduit aux asymptotes parallèles à Ox en cherchant les valeurs finies de y qui rendent x infini.

2° *Asymptotes ayant une direction quelconque.* — Une branche infinie de la courbe étant asymptote à une droite D dont l'équation est $Y = cx + d$, menons par un point $M(x, y)$ de la courbe, une parallèle à Oy; soit N le point où elle rencontre D. Soit MH la distance de M à D.

α désignant l'angle que fait D avec Oy, on a $MH = MN \sin \alpha$, de sorte que MH et MN tendent vers zéro simultanément.

L'équivalent algébrique du vecteur NM étant $y - Y$, la condition nécessaire et suffisante pour que D soit asymptote, est que $y - Y$ tende vers zéro quand x tend vers l'infini.

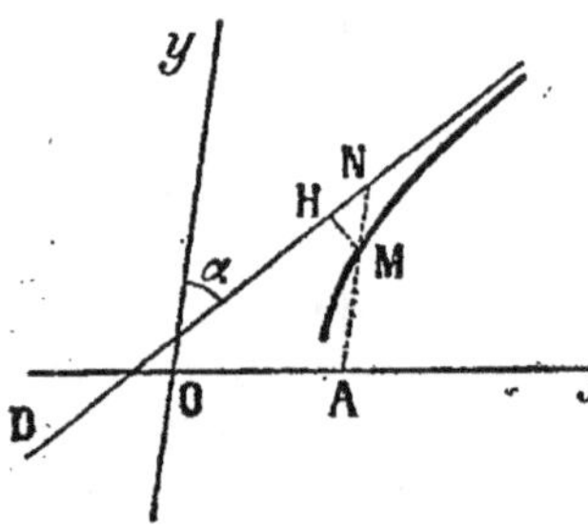

Posons
$$\delta = y - Y,$$

d'où $\qquad y = Y + \delta = cx + d + \delta \quad$ et $\quad \dfrac{y}{x} = c + \dfrac{d + \delta}{x}.$

Quand x tend vers l'infini, $\dfrac{y}{x}$ tend vers c : *on obtient donc le coefficient angulaire d'une asymptote non parallèle à* Oy *en cherchant la limite du rapport* $\dfrac{Y}{X}$ *quand* x *tend vers l'infini.*

Géométriquement, cela revient à dire que la direction limite de OM, dans ces conditions, est parallèle à D. Cette direction limite est indépendante de la position du point O comme on s'en assure en déplaçant l'origine.

D'autre part, l'égalité $y - cx = d + \delta$, montre que $y - cx$ tend vers d, puisque δ tend vers zéro : *on obtient donc l'ordonnée à l'origine d'une asymptote de coefficient angulaire* c, *en cherchant la limite de* y — cx *quand* x *tend vers l'infini*.

Cette dernière règle appliquée au cas de $c = 0$, conduit à la recherche de la limite de y quand x tend vers l'infini; ce résultat est d'accord avec celui que nous avons établi plus haut en cherchant directement les asymptotes parallèles à Ox.

Il peut se faire que $\dfrac{y}{x}$ ait une limite c et que $y - cx$ n'en ait pas; la direction de coefficient angulaire c s'appelle encore une direction asymptotique de la courbe.

Lorsqu'on aura trouvé c et d au moyen de ces règles, l'étude du signe de δ donnant le sens du vecteur NM et l'étude du signe de x permettront de décider si la courbe est asymptote à l'une ou à l'autre des extrémités de la droite, si elle est au-dessus ou au-dessous de son asymptote; autrement dit, on pourra placer la courbe par rapport à son asymptote.

L'application de la règle de l'Hospital aux formes indéterminées $\dfrac{y}{x}$ et $y - cx$ conduit à un résultat intéressant.

$\dfrac{y}{x}$ se présentant sous la forme $\dfrac{\infty}{\infty}$, le rapport des dérivées, en prenant x comme variable indépendante, est y'; c'est le coefficient angulaire de la tangente en $M(x, y)$.

$y - cx = x\left(\dfrac{y}{x} - c\right)$ se présente sous la forme $\infty \times 0$; si on l'écrit

$$\dfrac{\dfrac{y}{x} - c}{\dfrac{1}{x}},$$ il se présente sous la forme $\dfrac{0}{0}$; le rapport des dérivées est

$$\dfrac{\dfrac{xy' - y}{x^2}}{-\dfrac{1}{x^2}}$$ ou $y - xy'$, c'est-à-dire l'ordonnée à l'origine de la tangente en M.

On en déduit la proposition suivante : si y' et $y - xy'$ tendent vers une limite quand x tend vers l'infini, c'est-à-dire si la tangente en M tend vers une position limite quand le point M s'éloigne indéfiniment sur une branche de la courbe, cette position limite est asymptote à la branche de courbe considérée.

La non-existence d'une position limite pour la tangente ne donne aucune indication quant à l'existence de l'asymptote. Ainsi, la courbe

$$y = \frac{\sin x}{x}$$ admet évidemment Ox comme asymptote, or on a :

$$y' = \frac{\cos x}{x} - \frac{\sin x}{x^2}, \qquad y - xy' = \frac{2\sin x}{x} - \cos x.$$

y' tend vers o quand x tend vers l'infini, mais $y - xy'$ ne tend pas vers une limite : nous avons donc un exemple d'asymptote qui n'est pas la position limite d'une tangente. On peut rapprocher facilement cet exemple de celui que nous avons donné plus haut et dans lequel la règle inverse de la règle de l'Hospital n'est pas applicable.

L'application des diverses règles relatives à la recherche des asymptotes ne présente pas de difficultés spéciales lorsque l'équation de la courbe donne l'une des coordonnées en fonction de l'autre au moyen de symboles algébriques dont les propriétés sont connues ; nous en verrons de nombreux exemples.

Il en est de même lorsque la courbe est définie par les équations paramétriques

$$x = f(t), \qquad y = g(t).$$

Si l'on veut trouver les asymptotes parallèles à Oy, on cherche les valeurs finies ou infinies de t qui donnent à x une valeur finie et qui rendent y infini.

Si t_0 est une de ces valeurs, x_0 la valeur correspondante de x, on étudie le signe de $x - x_0$ et celui de y, au voisinage de t_0, afin de placer la courbe par rapport à son asymptote. Cette étude se fait par des moyens divers, suivant la forme des fonctions $f(t)$ et $g(t)$; elle est quelquefois facilitée par une étude préalable des signes de x' et y' d'où l'on déduit les sens de variation de $x - x_0$ et de y, sur la branche considérée.

On obtient de même les asymptotes parallèles à Ox en cherchant les valeurs finies ou infinies de t qui donnent à y une valeur finie et qui rendent x infini.

Enfin, on aura les autres branches infinies en cherchant les valeurs finies ou infinies de t qui rendent x et y infinis simultanément ; soit t_1 l'une de ces valeurs. On aura le coefficient angulaire de l'asymptote correspondante en cherchant la limite de $\dfrac{g(t)}{f(t)}$ quand t tend vers t_1. Si ce rapport ne tend vers aucune limite, la droite OM oscille ou tourne indéfiniment dans le même sens quand M s'éloigne indéfiniment. Si ce rapport tend vers o ou vers l'infini, la droite OM tend à venir s'appliquer sur Ox ou sur Oy, mais il n'y a pas d'asymptote puisque x et y tendent vers l'infini ; les branches infinies correspondantes s'appellent branches paraboliques, parce qu'on en rencontre de semblables dans la parabole. Les signes de x et y, sur ces branches, permettent de les placer par rapport aux axes.

Supposons maintenant que $\dfrac{g(t)}{f(t)}$ tende vers une limite c non nulle.

On cherche la limite de $y - cx = g(t) - cf(t)$ quand t tend vers t_1 ;

si cette expression ne tend vers aucune limite, on a des branches infinies de courbes sans asymptote et non paraboliques; si cette expression tend vers l'infini, en obtient des branches paraboliques dont la position, par rapport à la droite $y = cx$, est donnée par le signe de $y - cx$ et par le signe de x.

Enfin si $y - cx$ tend vers une limite d, on a une asymptote; l'étude du signe de la fonction $\delta = y - cx - d = g(t) - cf(t) - d$, qui tend vers o quand t tend vers t_1, permet, avec l'étude du signe de x, de placer chaque branche de courbe par rapport à l'asymptote. Pour cette étude, il sera quelquefois commode d'examiner tout d'abord le signe de la dérivée seconde δ'', la dérivée première $\delta' = y' - c$ s'annulant pour $t = t_1$. Or $\delta'' = y''$; on sera donc amené à chercher le sens de la concavité de la courbe sur chaque branche infinie.

L'application de ces mêmes règles au cas où l'équation de la courbe $f(x, y) = o$ n'est pas résoluble par rapport à x ou à y, ou ne permet pas de trouver une représentation paramétrique, présente au contraire des difficultés spéciales.

Nous y reviendrons plus loin et nous indiquerons sommairement des procédés permettant de résoudre ces difficultés dans le cas des équations algébriques.

EXERCICES

1º Trouver la limite de $\dfrac{\sqrt{x}\,\sin x}{(1 - \cos\sqrt{x})\,\sin\sqrt{x}}$ quand x tend vers o à droite.

2º Étudier le rapport $\dfrac{x + x^2 \sin\dfrac{1}{x}}{\sin x + x^2 \cos\dfrac{1}{x}}$ et le rapport des dérivées quand x tend vers zéro.

3º Vraies valeurs de x^x, $x^{\sin x}$, $x^{\operatorname{tg} x}$, quand x tend vers o à droite.

4º Étude de la fonction $x e^{\frac{1}{\sin x}}$ quand x tend vers o à gauche ou à droite.

5º Étude de la fonction $\dfrac{1}{x} e^{\frac{1}{\sin x}}$ quand x tend vers o à gauche ou à droite.

6º Démontrer la formule
$$\frac{-f(x_0 + h) + \dfrac{h}{1} f'(x_0) + \dfrac{h^2}{2!} f''(x_0) + \cdots + \dfrac{h^{m-1}}{(m-1)!} f^{(m-1)}(x_0)}{-g(x_0 + h) + \dfrac{h}{1} g'(x_0) + \dfrac{h^2}{2!} g''(x_0) + \cdots + \dfrac{h^{m-1}}{(m-1)!} g^{(m-1)}(x_0)} = \frac{f^{(m)}(x_0 + \theta h)}{g^{(m)}(x_0 + \theta h)}$$
Trouver la limite de θ quand h tend vers o.

7º On définit une asymptote d'une courbe dans l'espace comme dans le plan. Indiquer la marche à suivre pour trouver les asymptotes d'une courbe définie par sa représentation paramétrique.

EXEMPLES DE CONSTRUCTIONS DE COURBES DÉFINIES PAR UNE ÉQUATION $y = F(x)$

I. $F(x)$ est un polynome entier. — La fonction est définie et continue quel que soit x.

1° Soit
$$y = ax^2 + bx + c.$$

La dérivée $2ax + b$ s'annule et change de signe quand x passe par la valeur $x'_0 = -\dfrac{b}{2a}$. La fonction passe alors par un minimum, $c - \dfrac{b^2}{4a}$, si a est positif et par un maximum si a est négatif. La courbe correspondante est une parabole.

2° Soit
$$y = x^3 + px.$$

A des valeurs symétriques de x, correspondent des valeurs symétriques de y, c'est-à-dire qu'à tout point (x, y) de la courbe correspond le point $(-x, -y)$ symétrique par rapport à O.

L'origine étant centre de symétrie, on peut construire d'abord la branche qui correspond à $x > 0$ et compléter par symétrie.

Quand x tend vers $+\infty$, y équivalent à x^3 tend vers $+\infty$, $\dfrac{y}{x}$ également ; la branche infinie est parabolique.

Le signe de y pour $x > 0$ dépend du signe de $x^2 + p$, lequel varie avec le signe de p.

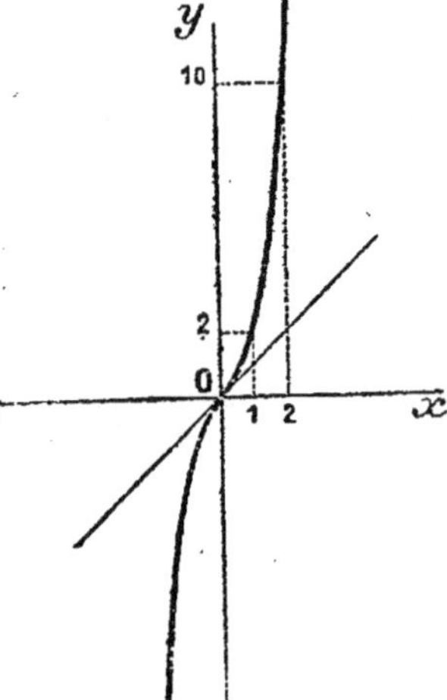

Supposons d'abord $p > 0$, y est positif avec x et croît avec lui, puisque c'est une somme de monômes croissants. D'ailleurs la dérivée $y' = 3x^2 + p$ est toujours positive. La courbe part de l'origine et le coefficient angulaire de la tangente en ce point est p. La dérivée seconde $y'' = 6x$ change de signe avec x ; la courbe tourne sa concavité vers les y positifs quand x est positif et vers les y négatifs quand x est négatif. L'origine est un point d'inflexion ; d'ailleurs, chaque fois qu'une courbe ayant un centre de symétrie O passe par ce point, ce centre est un point d'inflexion de la courbe : à tout point M de la courbe, voisin de O, en correspond un autre M' également voisin de O, puisque O est le milieu de MM′, et ces deux points sont de part et d'autre de la tangente en O.

y croissant de $-\infty$ à $+\infty$, quand x varie de $-\infty$ à $+\infty$, passe une fois et une seule par toute valeur $-q$ donnée. Il en résulte que l'équation $x^3 + px + q = 0$ a une seule racine réelle lorsque p est positif.

Le tracé ci-dessus correspond à $p = 1$.

Supposons maintenant $p < 0$ et $x > 0$. La fonction s'annule pour $x_1 = \sqrt{-p}$; elle est négative quand x varie de 0 à x_1 et positive quand x est supérieur à x_1.

Sa dérivée $3x^2 + p$ change de signe en passant de $-$ à $+$ quand x passe en croissant par la valeur $x_1' = \sqrt{-\dfrac{p}{3}}$; la fonction atteint alors le minimum $m = x_1'^3 + px_1'$, c'est-à-dire, en tenant compte de $x_1'^2 = -\dfrac{p}{3}$, $m = -\dfrac{p}{3}x_1' + px_1' = \dfrac{2p}{3}x_1' = \dfrac{2p}{3}\sqrt{-\dfrac{p}{3}}$. Ce minimum est négatif.

A ce minimum correspond un maximum $M = -\dfrac{2p}{3}\sqrt{-\dfrac{p}{3}}$ pour $x_0' = -\sqrt{-\dfrac{p}{3}}$.

Si l'on donne à y une valeur comprise entre m et M, il y a trois valeurs de x correspondantes ; si l'on donne à y une valeur extérieure à l'intervalle (m, M), il n'y a qu'une valeur de x correspondante. Pour qu'il y en ait 3, il faut et il suffit que le carré de y soit inférieur à m^2, c'est-à-dire que l'on ait :

$$y^2 < -\frac{4p^3}{27}.$$

L'équation $x^3 + px + q = 0$, où p est négatif, a donc 3 racines réelles si l'on a :

$$q^2 < -\frac{4p^3}{27}$$

ou

$$4p^3 + 27q^2 < 0.$$

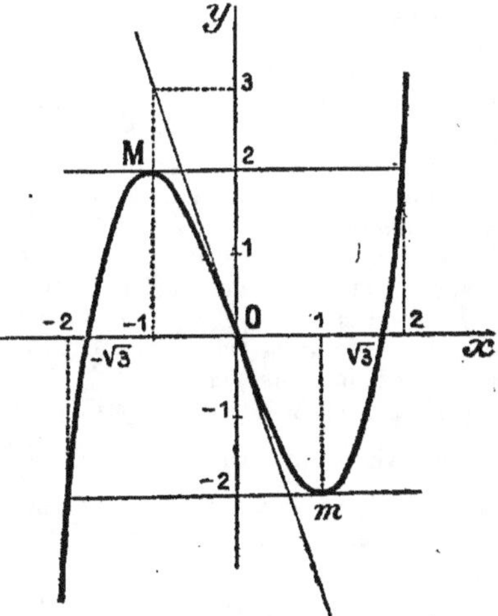

Si l'on remarque que $4p^3 + 27q^2$ est > 0 chaque fois que l'équation a une racine réelle, quel que soit le signe de p, on voit que la première inégalité caractérise le cas de 3 racines réelles et la seconde le cas d'une racine réelle. Nous retrouvons un résultat déjà démontré.

Le cas limite où $4p^3 + 27q^2$ est nul correspond à une racine double et à une racine simple de l'équation; la racine double vaut x'_1 si q est > 0 et $- x'_1$ si $q < 0$.

Dans tous les cas, cette racine vaut aussi $- \dfrac{3q}{2p}$; la racine simple vaut $\dfrac{3q}{p}$.

Le tracé ci-dessus correspond à $p = -3$.

On pourrait ramener l'étude de la réalité des racines de l'équation $x^3 + ax^2 + bx + c = 0$ à l'étude précédente en effectuant la transformation $x' = x + \dfrac{a}{3}$; x' est alors racine d'une équation de la forme $x'^3 + px' + q = 0$, et à toute valeur réelle de x' correspond une valeur réelle de x et réciproquement.

Il est préférable de suivre la variation de la fonction
$$f(x) = x^3 + ax^2 + bx + c.$$

Si sa dérivée $3x^2 + 2ax + b$ n'a pas de zéro réel, cette dérivée est toujours positive et la fonction croissant de $-\infty$ à $+\infty$, quand x varie de $-\infty$ à $+\infty$, s'annule une fois.

Si la dérivée a un zéro double $-\dfrac{a}{3}$, cette dérivée est encore positive et la fonction $f(x)$ ne s'annule qu'une fois, mais si $f\left(-\dfrac{a}{3}\right)$ est nul, $-\dfrac{a}{3}$ est un zéro triple de $f(x)$.

Si la dérivée a ses zéros réels et distincts (soient x'_0 et x'_1), la dérivée est positive dans les deux intervalles $(-\infty, x'_0)$, $(x'_1, +\infty)$ et négative dans l'intervalle (x'_0, x'_1).

La fonction varie encore de $-\infty$ à $+\infty$, en passant par un maximum $M = f(x'_0)$ et un minimum $m = f(x'_1)$. Si le maximum est négatif, il en est de même du minimum qui est plus petit et la courbe $y = f(x)$ rencontre l'axe Ox en un seul point. Si le maximum est positif, deux cas sont possibles : ou bien le minimum est négatif et la courbe traverse l'axe Ox en trois points séparés par les points d'abscisses x'_0 et x'_1, ou bien le minimum est positif et la courbe ne rencontre Ox qu'en un point. L'équation $f(x) = 0$ ne peut donc avoir 3 racines réelles et distinctes que si M et m sont de signes contraires.

La condition $f(x'_0)f(x'_1) < 0$ est donc nécessaire; elle est d'ailleurs suffisante, car elle entraîne la réalité de x'_0 et x'_1 (si x'_0 et x'_1 étaient imaginaires, ils seraient conjugués ainsi que $f(x'_0)$ et $f(x'_1)$ dont le produit serait positif); de plus, M étant supérieur à m, si Mm est négatif, M est > 0 et $m < 0$.

On a vu d'autre part que $f(x'_0) = \dfrac{1}{3} f'_z(x'_0)$ et $f(x'_1) = \dfrac{1}{3} f'_z(x'_1)$, f'_z représentant la dérivée partielle par rapport à z du polynome homogène $x^3 + ax^2 z + bxz^2 + cz^3$, où l'on a fait $z = 1$; c'est donc $ax^2 + 2bx + 3c$. La condition $Mm < 0$ devient donc :
$$(ax'^2_0 + 2bx'_0 + 3c)(ax'^2_1 + 2bx'_1 + 3c) < 0.$$

On l'obtient en écrivant que le résultant des deux équations
$$3x^2 + 2ax + b = 0, \qquad ax^2 + 2bx + 3c = 0$$
est négatif. C'est :
$$\Delta = (9c - ab)^2 - 4(3b - a^2)(3ac - b^2) < 0.$$

Si Δ est nul, l'équation proposée a une racine double.

3° Soit $y = f(x)$, $f(x)$ désignant un polynome entier en x de degré m.

Nous pouvons toujours supposer positif le coefficient de x^m. Le signe de la fonction pour $x = -\infty$ diffère suivant la parité de m.

La dérivée $f'(x)$ change de signe quand x passe par un zéro d'ordre impair de cette dérivée ; on retiendra ces zéros d'ordre impair et on les rangera par ordre de grandeur croissante : soient $x'_1, x'_2, \ldots, x'_p$. A chacun d'eux correspond un maximum ou un minimum de la fonction ; on calculera donc les nombres de la suite

$$(1) \qquad f(x'_1), (fx'_2), \ldots f(x'_p).$$

Entre deux zéros consécutifs x'_k et x'_{k+1}, la dérivée gardant un signe constant (elle peut encore s'annuler, mais ne change pas de signe), la fonction varie toujours dans le même sens et s'annule une fois au plus : elle s'annule si $f(x'_k)$ et $f(x'_{k+1})$ sont de signes contraires, et ne s'annule pas si ces deux nombres sont de même signe. Accidentellement l'un des nombres $f(x'_k)$, (fx'_{k+1}) peut être nul ; si $f(x'_k) = 0$, x'_k est racine multiple de $f(x)$ avec un ordre pair et il n'y a de zéro de $f(x)$ dans aucun des intervalles (x'_{k-1}, x'_k) et (x'_k, x'_{k+1}).

Le nombre des zéros distincts de $f(x)$ compris entre x'_1 et x'_p est donc donné par le nombre des variations de la suite (1).

Dans l'intervalle $(-\infty, x'_1)$, la dérivée gardant un signe constant, la fonction varie encore dans le même sens et s'annule une fois au plus ; elle s'annule si $f(-\infty)$ et $f(x'_1)$ sont de signes contraires. De même, dans l'intervalle $(x'_p, +\infty)$, la fonction $f(x)$ s'annule une fois si $f(x'_p)$ et $f(+\infty)$ sont de signes contraires, et ne s'annule pas si $f(x'_p)$ et $f(+\infty)$ sont de même signe.

Si l'on compare les signes de $f(x'_{p-1})$, $f(x'_p)$ et $f(+\infty)$, on est conduit aux différents cas signalés dans la figure ci-jointe : On constate que si $f(x)$ s'annule dans l'intervalle (x'_{p-1}, x'_p), il s'annule aussi dans l'intervalle $(x'_p, +\infty)$; il peut d'ailleurs s'annuler dans le second sans s'annuler dans le premier.

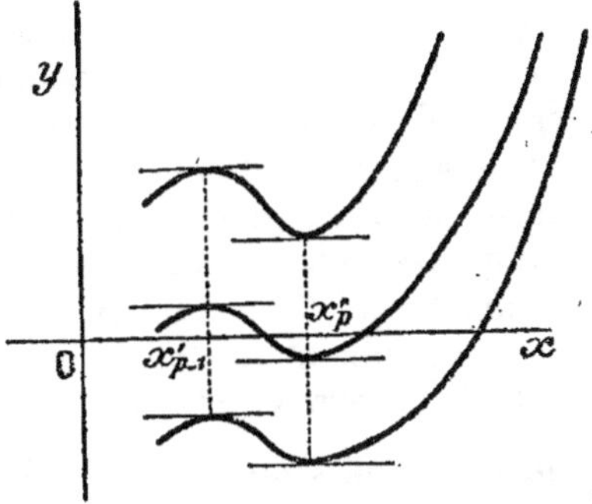

En changeant x en $-x$, on conclut que, si $f(x)$ s'annule dans l'intervalle (x'_1, x'_2), il s'annule aussi dans l'intervalle $(-\infty, x'_1)$.

On peut appliquer ces considérations à la recherche des conditions pour qu'un polynome entier $f(x)$ ait tous ses zéros réels et distincts. Soient $x_1, x_2, \ldots, x_m$, ces zéros rangés par ordre de grandeur croissante. En vertu du théorème de Rolle, $f'(x)$, qui est de degré $m-1$ et qui a au moins un zéro dans chacun des $m-1$ intervalles (x_k, x_{k+1}), a tous ses zéros réels et en a un dans chacun de ces intervalles. Soient $x'_1, x'_2, \ldots, x'_{m-1}$, les zéros de $f'(x)$. Puisque x'_k et x'_{k+1} comprennent un zéro de $f(x)$, les deux nombres $f(x'_k)$ et $f(x'_{k+1})$ sont de signes contraires ; autrement dit, la suite

$$(2) \qquad\qquad f(x'_1),\ f(x'_2),\ \ldots,\ f(x'_{m-1})$$

ne présente que des variations. Ces conditions étant réalisées, $f(x)$ a un zéro dans chacun des intervalles $(x'_k,\ x'_{k+1})$; il en a un aussi dans chacun des intervalles $(-\infty,\ x'_1)$ et $(x'_{m-1},\ +\infty)$, puisqu'il en a un dans chacun des intervalles $(x'_1,\ x'_2)$, $(x'_{m-2},\ x'_{m-1})$. $f(x)$ a donc m zéros distincts.

En appliquant ces résultats à un polynome du troisième degré, nous retrouvons la condition signalée plus haut ; cet exemple montre d'ailleurs que les conditions qui entraînent la réalité des zéros de $f'(x)$ et celles que l'on obtient en écrivant que la suite (2) ne présente que des variations, peuvent n'être pas distinctes.

Pratiquement, cette façon de reconnaître la réalité des zéros d'un polynome $f(x)$ donné exige la connaissance des zéros de $f'(x)$.

Supposons $f(x)$ de degré 4 ; on ne connaît pas en général les zéros de $f'(x)$. Mais si $f(x)$ est de la forme $x^4 + ax^3 + bx^2 + c$, sa dérivée $4x^3 + 3ax^2 + 2bx$ a des zéros que l'on sait calculer. On peut ramener le cas général à celui-là.

L'équation $x^4 + Ax^3 + Bx^2 + Cx + D = 0$ se ramène, par la transformation $y = x + \dfrac{A}{4}$, à une équation de la forme $y^4 + ay^2 + by + c = 0$. La transformation $y = \dfrac{1}{z}$ remplace cette dernière par l'équation $cz^4 + bz^3 + az^2 + 1 = 0$, qui a la forme simple signalée plus haut. A toute valeur réelle de x correspond une valeur réelle de z et réciproquement.

II. F(x) est une fonction rationnelle.

— Soit $y = \dfrac{f(x)}{g(x)}$, f et g désignant deux polynomes entiers de degrés respectifs m et m'. On peut toujours supposer cette fonction rationnelle irréductible.

Cette fonction est définie quel que soit x, mais est infinie pour les zéros réels de $g(x)$.

Son signe change quand x passe par un des zéros réels d'ordre impair de $f(x)$ ou de $g(x)$. Aux zéros de $g(x)$ correspondent des asymptotes de la courbe parallèles à Oy.

Quand x tend vers l'infini, la fonction tend vers 0 si m est inférieur à m', vers une limite finie si $m = m'$, et vers l'infini si $m > m'$. Effectuons la division de $f(x)$ par $g(x)$ en ordonnant par rapport aux puissances décroissantes ; soit $P(x)$ le quotient habituel et $\dfrac{A}{x^k}$ le premier terme obtenu en continuant la division. Nous savons que $y - P(x)$ est équivalent à $\dfrac{A}{x^k}$ pour x infini, de sorte que $y - P(x)$ tend vers zéro et a le signe de $\dfrac{A}{x^k}$ quand x tend vers l'infini.

La courbe étudiée et la courbe $Y = P(x)$ sont donc asymptotes ; en outre, le signe de $\dfrac{A}{x^k}$ rapproché du signe de x permet de placer les deux courbes l'une par rapport à l'autre.

Si $m \leqq m' + 1$, la courbe $Y = P(x)$ est une droite et on obtient une asymptote rectiligne non parallèle à Oy; il n'y en a d'ailleurs pas d'autre, puisque y n'a qu'une valeur correspondant à chaque valeur de x.

Le signe de $y' = \dfrac{gf' - fg'}{g^2}$ est le même que celui de $\Phi = gf' - fg'$; il y aura donc lieu de chercher les zéros d'ordre impair de ce polynome entier. Lorsque m et m' sont différents, le degré μ de ce polynome est $m + m' - 1$; lorsque $m = m'$, son degré est égal ou inférieur à $2m - 2$.

La substitution d'un des zéros de Φ dans $\dfrac{f}{g}$ donne le même résultat que la substitution dans $\dfrac{f'}{g'}$; on pourra donc utiliser cette dernière fraction pour la recherche des maximums et des minimums de y.

Nous avons vu, à propos de la transformation des équations, qu'il existe un polynome entier, de degré $\mu - 1$ au plus, prenant les mêmes valeurs que $\dfrac{f}{g}$ pour les zéros de Φ; il pourra y avoir intérêt à former ce polynome.

Dans certains cas, il est préférable aussi de ne pas rendre la fraction $\dfrac{f}{g}$ irréductible; il convient alors de laisser de côté les zéros communs à f et à g, qui se retrouvent dans les zéros de Φ; quant à la vraie valeur de $\dfrac{f}{g}$ pour ces zéros, c'est celle de $\dfrac{f'}{g'}$.

Le cas particulier de la fonction homographique $y = \dfrac{ax + b}{cx + d}$ est intéressant, car sa dérivée $y' = \dfrac{ad - bc}{(cx + d)^2}$ ayant un signe constant, cette fonction varie toujours dans le même sens. Si l'on transporte l'origine au point de rencontre des deux asymptotes $x = -\dfrac{d}{c}, y = \dfrac{a}{c}$, l'équation prend la forme $Y = \dfrac{bc - ad}{c^2 X}$.

C'est l'équation d'une hyperbole rapportée à ses asymptotes.

La fonction $y = \dfrac{ax^2 + bx + c}{b'x + c'}$ admet également comme représentation graphique une hyperbole. En mettant en évidence l'asymptote non parallèle à Oy, cette équation s'écrit

$$y = \frac{a}{b'}\,x + \frac{bb' - ac'}{b'^2} + \frac{cb'^2 - bb'c' + ac'^2}{b'^2(b'x + c')}.$$

Écartons le cas où $cb'^2 - bb'c' + ac'^2$ étant nul, la fraction $\dfrac{f}{g}$ ne serait pas irréductible : l'équation $y(b'x + c') - (ax^2 + bx + c) = 0$ se mettrait sous la forme

$$(b'x + c')(y - px - q) = 0.$$

et définirait deux droites.

En transportant l'origine au point de rencontre des deux asymptotes

$$x = -\frac{c'}{b'}, \qquad y = \frac{bb' - 2ac'}{b'^2};$$

l'équation prend la forme

$$Y = \frac{a}{b'}X + \frac{cb'^2 - bb'c' + ac'^2}{b'^3 X},$$

et l'on voit que le changement de X en $-$ X, remplace Y par $-$ Y, c'est-à-dire que l'origine est un centre de symétrie de la courbe.

Il est commode, pour construire la courbe par points, d'ajouter à chaque ordonnée de l'asymptote $y = \dfrac{a}{b'}x + \dfrac{bb' - ac'}{b'^2}$, la valeur correspondante de la fraction $\dfrac{cb'^2 - bb'c' + ac'^2}{b'^2(b'x + c')}$.

Le cas de la fraction $y = \dfrac{ax^2 + 2bx + c}{a'x^2 + 2b'x + c'}$, donne également lieu à des remarques intéressantes. (En faisant $a' = 0$, on retombe sur la fonction précédente.)

Sa dérivée y' vaut $2\dfrac{(ab' - ba')x^2 + (ac' - ca')x + bc' - cb'}{(a'x^2 + 2b'x + c')^2}$; elle a le signe du trinôme

$$\Phi = (ab' - ba')x^2 + (ac' - ca')x + bc' - cb'.$$

Les zéros de ce trinôme sont imaginaires lorsque la quantité

$$R = (ac' - ca')^2 - 4(ab' - ba')(bc' - cb')$$

est négative. Or R est le résultant des deux équations $f(x) = 0$, $g(x) = 0$.

On en conclut que si les zéros de f et g s'enchevêtrent, y' a un signe constant et y varie toujours dans le même sens (dans tout intervalle où cette fonction est continue).

Lorsque les zéros de f et g supposés réels ne s'enchevêtrent pas, ou lorsqu'un de ces polynomes au moins a des zéros imaginaires, R est > 0, F a des zéros réels et le signe de y' change avec la position de x par rapport à ces zéros ; la fonction y ne varie pas toujours dans le même sens.

Pour trouver les points d'inflexion de la courbe, il est commode de décomposer la fraction $\dfrac{f}{g}$ en ses éléments simples, avant de calculer y' et y'' ; le procédé s'appliquant aussi bien au cas où $f(x)$ est du 3ᵉ degré, $g(x)$ étant du second, nous allons étudier, à ce point de vue, la courbe définie par l'équation

$$y = \frac{Ax^3 + Bx^2 + Cx + D}{ax^2 + bx + c}.$$

Les pôles de cette fraction rationnelle étant x_0 et x_1, on peut écrire

$$y = \alpha x + \beta + \frac{\gamma_0}{x - x_0} + \frac{\gamma_1}{x - x_1},$$

d'où

$$y' = \alpha - \frac{\gamma_0}{(x - x_0)^2} - \frac{\gamma_1}{(x - x_1)^2}, \qquad \frac{1}{2} y'' = \frac{\gamma_0}{(x - x_0)^3} + \frac{\gamma_1}{(x - x_1)^3}.$$

Les abscisses des points d'inflexion sont les racines de l'équation

$$\left(\frac{x - x_1}{x - x_0} \right)^3 = - \frac{\gamma_1}{\gamma_0}.$$

Si x_0 et x_1 sont réels, γ_0 et γ_1 le sont aussi, et cette équation donne pour $\frac{x - x_1}{x - x_0}$ une seule valeur réelle, c'est-à-dire pour x une seule valeur réelle. Ainsi, la courbe étudiée n'a qu'un point d'inflexion réel quand ses asymptotes sont réelles.

Si x_0 et x_1 sont imaginaires, ils sont conjugués; il en est de même de γ_0 et γ_1, et le nombre $- \frac{\gamma_1}{\gamma_0}$ ayant 1 pour module, les trois valeurs imaginaires de $\frac{x - x_1}{x - x_0}$ tirées de l'équation binôme ont aussi le module 1, et les valeurs correspondantes de x sont réelles, comme le montre la représentation géométrique des imaginaires. Ainsi, la courbe étudiée a 3 points d'inflexion réels lorsque ses asymptotes sont imaginaires.

Certains des résultats obtenus dans l'étude de la fraction rationnelle du second degré peuvent être généralisés. Considérons la fraction rationnelle

$$y = A x + B + \frac{C_1}{x - a_1} + \frac{C_2}{x - a_2} + \ldots + \frac{C_m}{x - a_m},$$

où $a_1, a_2, \ldots, a_m$ sont des nombres réels et distincts, $C_1, C_2, \ldots, C_m$ des nombres de même signe, A un nombre de signe différent, qui peut être nul, et B un nombre réel quelconque.

La dérivée y' vaut $A - \dfrac{C_1}{(x - a_1)^2} - \dfrac{C_2}{(x - a_2)^2} - \ldots - \dfrac{C_m}{(x - a_m)^2}$.

Elle a toujours le signe de C_1, de sorte que y varie toujours dans le même sens.

La courbe se compose de $m + 1$ branches asymptotes deux à deux aux m droites $x = a_1, x = a_2, \ldots, x = a_m$ et à la droite $y = A x + B$.

Si A n'est pas nul, toute parallèle à Ox rencontre ces $m + 1$ branches chacune en un point. Si A est nul, toute parallèle à Ox rencontre seulement m de ces branches.

Ces résultats doivent être rapprochés de ceux qui ont été signalés à propos de la décomposition des fractions rationnelles en éléments simples (leç. 34, exercices).

Courbes de Van der Waals. — Considérons la fraction rationnelle

$$p = - \frac{a}{v^2} + \frac{RT}{v - b},$$

où a, b, R désignent des constantes positives dépendant de la nature
d'un fluide, T sa température absolue, v son volume et p sa pression.
Étudions la variation de la pression pour une valeur donnée de T,
quand v varie de b à $+\infty$, et cherchons les différentes particularités
de la représentation graphique correspondante, c'est-à-dire cherchons
les zéros de p, p' et p''. On a de suite :

$$p' = \frac{2a}{v^3} - \frac{RT}{(v-b)^2}; \qquad p'' = \frac{-6a}{v^4} + \frac{2RT}{(v-b)^3}.$$

Les équations $p = 0$, $p' = 0$, $p'' = 0$ peuvent s'écrire

$$\frac{RT}{a} = \frac{v-b}{v^2}, \qquad \frac{RT}{a} = 2 \cdot \frac{(v-b)^2}{v^3}, \qquad \frac{RT}{a} = 3 \cdot \frac{(v-b)^3}{v^4}.$$

On est donc amené à étudier la variation des trois fonctions

$$z = \frac{v-b}{v^2}, \qquad u = 2 \cdot \frac{(v-b)^2}{v^3}, \qquad w = 3 \cdot \frac{(v-b)^3}{v^4}.$$

quand v varie de b à $+\infty$.

$z' = \dfrac{2b-v}{v^3}$ s'annule pour $v = 2b$; z part de zéro pour y revenir et

passe par un maximum $M_1 = \left(\dfrac{1}{2}\right)^2 \dfrac{1}{b}$. La courbe correspondante est

tracée en trait plein.

$u' = 2 \cdot \dfrac{(v-b)(3b-v)}{v^4}$; u part de zéro pour y revenir et passe par

un maximum $M_2 = \left(\dfrac{2}{3}\right)^3 \dfrac{1}{b}$ pour $v = 3b$. La courbe correspondante

tracée en points part tangentiellement à Ov et passe par le point le
plus haut de la précédente, car $u - z = \dfrac{v-b}{v^3}(v-2b)$.

$w' = 3 \cdot \dfrac{(v-b)(4b-v)}{v^5}$; w part de zéro pour y revenir et passe

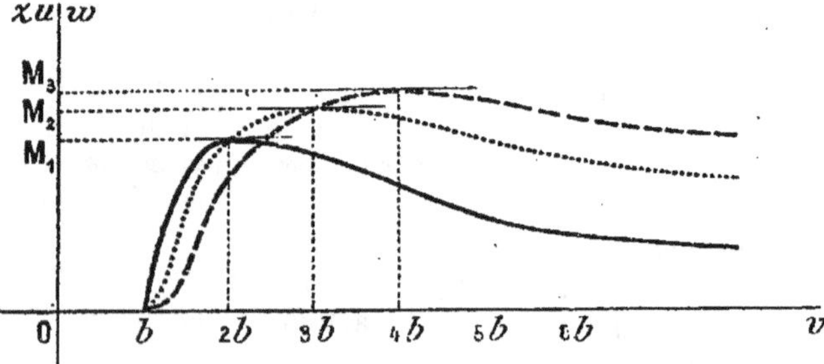

par un maximum $M_3 = \left(\dfrac{3}{4}\right)^4 \dfrac{1}{b}$ pour $v = 4b$. La courbe correspondante

tracée en trait rompu passe par le point le plus haut de la précé-

dente, car $\qquad w - u = \dfrac{(v-b)^2}{v^4}(v-3b)$.

Si la quantité $\dfrac{RT}{a}$ est comprise entre 0 et M_1, la courbe C_1 coupe l'axe des v en deux points, elle présente deux tangentes parallèles à Ov et deux points d'inflexion.

Si $\dfrac{RT}{a}$ est comprise entre M_1 et M_2, la courbe C_2 ne coupe plus l'axe

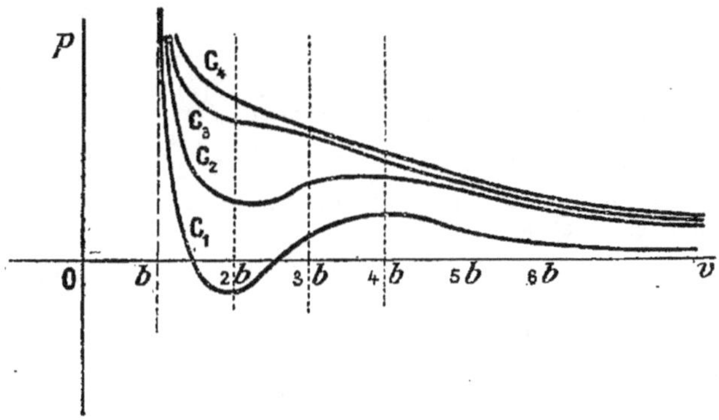

des v; les tangentes parallèles à Ov subsistent ainsi que les points d'inflexion.

Si $\dfrac{RT}{a}$ est comprise entre M_2 et M_3, les points d'inflexion subsistent seuls.

Enfin, si $\dfrac{RT}{a}$ est supérieure à M_3, les points d'inflexion disparaissent également.

EXERCICES

1º Démontrer que si le polynome entier $f(x)$ a tous ses zéros réels et non distincts, le polynome $f'(x)$ a aussi tous ses zéros réels séparés par ceux de $f(x)$ ou égaux à ces derniers.

2º q étant un nombre naturel égal ou supérieur au nombre naturel p, la dérivée d'ordre p du polynome $x^p(1+x)^q$ a tous ses zéros réels.
Déduire de là que l'équation

$$y^p + C_p^1 C_q^1 y^{p-1} + C_p^2 C_q^2 y^{p-2} + \ldots + C_p^{p-1} C_q^{p-1} y + C_p^p C_q^p = 0$$

a toutes ses racines réelles.

3º $f(x)$ étant un polynome entier de degré m dont tous les zéros sont réels, la fonction $e^{\frac{x}{a}} f(x)$ admet les zéros de $f(x)$ et s'annule en outre pour $x = -\infty$ si a est positif et pour $x = +\infty$ si a est négatif. En déduire que l'équation $f(x) + af'(x) = 0$ a toutes ses racines réelles. Démontrer la même proposition
pour l'équation $\qquad f(x) + (a+b)f'(x) + abf''(x) = 0,$
pour l'équation $\quad f(x) + p_1 f'(x) + p_2 f''(x) + p_3 f'''(x) + \ldots = 0,$
sachant que l'équation $x^m - p_1 x^{m-1} + p_2 x^{m-2} - p_3 x^{m-3} + \ldots = 0$ a toutes ses racines réelles.
Appliquer au cas où $f(x) = x^m$, en prenant :
$$p_1 = C_m^1, \quad p_2 = C_m^2, \quad p_3 = C_m^3, \ldots;$$
puis $\qquad p_1 = m C_m^1, \quad p_2 = m(m-1) C_m^2, \quad p_3 = m(m-1)(m-2) C_m^3, \ldots;$ etc.

4° $f(x)$ désignant un polynome entier dont tous les zéros sont réels, la fonction $e^{-x^2}f(x)$ admet ces zéros et s'annule aussi pour $x = -\infty$ et $x = +\infty$. Déduire de là que le polynome $2xf(x) - f'(x)$ a tous ses zéros réels.

La dérivée d'ordre n de e^{-x^2} est de la forme $P_n e^{-x^2}$, P_n désignant un polynome entier en x de degré n. Démontrer que tous les zéros de ce polynome sont réels et distincts.

5° $f(x)$ étant un polynome entier en x, la fonction $e^{\frac{1}{x}}f(x)$ tend vers zéro quand x tend vers zéro à gauche et vers l'infini quand x tend vers zéro à droite. Sa dérivée première est $\dfrac{-1}{x^2}e^{\frac{1}{x}}\left(f(x) - x^2 f'(x)\right)$. Démontrer que si $f(x)$ a p zéros réels, distincts ou non, le polynome $x^2 f'(x) - f(x)$ en a au moins $p - 1$. Montrer qu'il en a au moins $p + 1$, si les zéros de $f(x)$ sont tous négatifs.

6° La dérivée d'ordre n de $e^{\frac{1}{x}}$ est de la forme $\dfrac{P_n}{x^{2n}}e^{\frac{1}{x}}$, P_n désignant un polynome entier de degré $n - 1$; démontrer que ce polynome a tous ses zéros réels, distincts et négatifs.

7° Montrer que la dérivée d'ordre n de $\dfrac{ax + b}{(x^2 + 1)^p}$, ($p$ désignant un nombre supérieur à $\dfrac{1}{2}$ si a n'est pas nul, et positif si $a = 0$), est de la forme $\dfrac{P_n}{(x^2 + 1)^{p+n}}$, P_n désignant un polynome entier en x dont tous les zéros sont réels. Calculer ces zéros lorsque $p = 1$ et $a = 1$, $b = 0$, ou $a = 0$, $b = 1$.

8° Étudier la variation de la fonction $\qquad y = x^{m+m'} + px^m$.

Discuter la réalité des racines de l'équation $\qquad x^{m+m'} + px^m + q = 0$.

9° Étudier la variation de la fonction $\qquad y = \dfrac{x^m - 1}{x^{m'} - 1}$.

10° Étudier la variation de la fonction $\qquad y = \dfrac{(x - a)^m (x - b)^{m'}}{x^{m''}}$.

11° Étudier la variation de la fonction $\qquad y = \left(\dfrac{x - a}{x - b}\right)^m \left(\dfrac{x - c}{x}\right)^{m'}$.

12° Former l'équation aux abscisses des points de rencontre de la courbe

$$y = \alpha x + \beta + \frac{\gamma_0}{x - x_0} + \frac{\gamma_1}{x - x_1},$$

avec la droite $y = px + q$.

Montrer que l'on peut déterminer p et q de telle sorte que cette équation ait les mêmes racines que l'équation

$$\gamma_0 (x - x_1)^3 + \gamma_1 (x - x_0)^3 = 0.$$

Interpréter ce résultat géométriquement.

$$47^{\text{e}}\ \text{LEÇON}$$

CONSTRUCTION DES COURBES DÉFINIES PAR $y = F(x)$ LORSQUE $F(x)$ EST UNE FONCTION IRRATIONNELLE. CONIQUES

Un exemple fréquent de fonction irrationnelle est fourni par

$$y = f(x) \pm \sqrt{g(x)},$$

f et g désignant des fonctions rationnelles de x. La construction des coniques conduit à des équations de cette forme, et la marche que nous allons suivre pour cette construction peut être généralisée.

L'équation générale d'une conique

$$(1) \qquad f(x, y) \equiv A x^2 + 2 B x y + C y^2 + 2 D x + 2 E y + F = 0,$$

peut être regardée comme une équation du second degré en y si C n'est pas nul.

Quand C est nul, l'équation correspondante donne :

$$y = -\frac{A x^2 + 2 D x + F}{2 (B x + E)};$$

y est alors une fonction rationnelle d'une forme étudiée dans la leçon précédente.

Si B n'est pas nul et si $AE^2 - 2 BDE + FB^2$ ne l'est pas non plus, cette équation définit une hyperbole ; si $AE^2 - 2 BDE + FB^2$ est nul, l'équation (1) représente deux droites.

Si B est nul, E ne l'étant pas, cette équation définit une parabole.

Si B et E sont nuls, l'équation (1) se réduit à $A x^2 + 2 D x + F = 0$ et définit des droites parallèles à Oy.

Ces cas écartés, supposons $C \neq 0$. La résolution de l'équation (1) par rapport à y donne :

$$(2) \qquad y = -\frac{B x + E}{C} \pm \frac{1}{C} \sqrt{R(x)}$$

en posant :

$$R(x) \equiv x^2 (B^2 - AC) + 2 x (BE - CD) + E^2 - CF.$$

Posons encore :

$$\delta = AC - B^2, \qquad p = BE - CD, \qquad q = E^2 - CF,$$

de sorte que l'on a :

$$(3) \qquad R(x) \equiv -\delta x^2 + 2 p x + q.$$

Remarquons que δ est le discriminant de la forme quadratique

$$\varphi(x, y) \equiv A x^2 + 2 B xy + C y^2,$$

constituée avec les termes du second degré de $f(x, y)$.

Si l'équation (2) a des solutions, sa forme met en évidence un certain nombre de propriétés géométriques de la courbe représentée.

A une valeur x_0 telle que $R(x_0)$ soit positif, correspondent deux points M_0 et M'_0 dont les ordonnées $-\dfrac{B x_0 + E}{C} \pm \dfrac{1}{C}\sqrt{R(x_0)}$ s'obtiennent en ajoutant ou retranchant à $-\dfrac{B x_0 + E}{C}$ une même quantité $\dfrac{1}{C}\sqrt{R(x_0)}$.

Considérons la droite D définie par l'équation

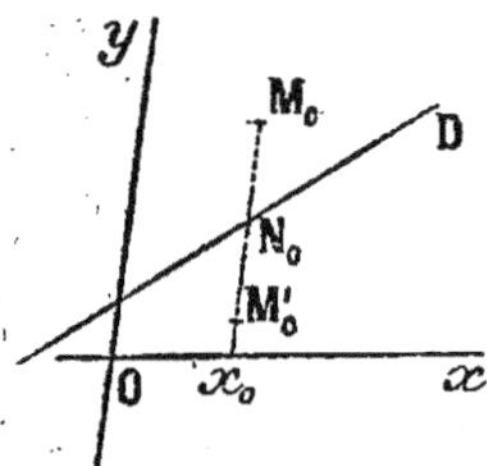

$$(4) \qquad y = -\frac{B x + E}{C}$$

et soit N_0 le point d'abscisse x_0 sur cette droite. Les deux longueurs $N_0 M_0$ et $N_0 M'_0$ sont égales, d'après ce qui précède, et les cordes $M_0 M'_0$ de la courbe parallèles à Oy ont toutes leurs milieux sur D; on dit que Q est le diamètre de ces cordes.

Un changement d'axes défini par les formules

$$x = a X + a' Y, \qquad y = b X + b' Y,$$

permet de prendre comme axe OY une direction arbitraire.

Le coefficient de Y^2, dans la nouvelle équation, est

$$A a'^2 + 2 B a' b' + C b'^2 \quad \text{ou} \quad \varphi(a', b').$$

Si ce coefficient n'est pas nul, on peut répéter les mêmes constatations.

Ainsi, les cordes de la courbe parallèles à une direction fixe quelconque, mais dont les paramètres directeurs α, β ne vérifient pas l'équation $\varphi(\alpha, \beta) = 0$, ont leurs milieux sur une droite. Toute conique possède donc une infinité de diamètres, à moins que les diamètres trouvés pour les diverses directions de cordes ne coïncident; ce dernier fait sera élucidé plus loin.

Si δ n'est pas nul, le trinôme $R(x)$ prend la même valeur quand on substitue à x deux nombres équidistants de la demi-somme $\dfrac{p}{\delta}$ de ses zéros; soient x_0 et x_1 ces deux nombres. Il leur correspond sur la courbe quatre points M_0, M'_0, M_1, M'_1 qui sont les sommets d'un parallélogramme, puisque $M_0 M'_0$ et $M_1 M'_1$ sont égaux et parallèles à cause de l'égalité $N_0 M_0 = N_1 M_1$.

Les sommets de ce parallélogramme sont deux à deux symétriques par rapport au milieu I de $N_0 N_1$.

Or ce point I est fixe, puisqu'il est sur D et que son abscisse, moyenne arithmétique des abscisses de N_0 et N_1, vaut $\dfrac{p}{\delta}$.

Les points de la courbe étant symétriques deux à deux par rapport à un point fixe I, ce point I est centre de symétrie de la courbe. Il est d'ailleurs situé sur tous les diamètres rencontrés plus haut.

Remarquons encore que les cordes $M_0 M_1$, $M'_0 M'_1$ parallèles à D, ont leurs milieux J et J' sur la parallèle à Oy menée par le centre; cette parallèle est donc le diamètre des cordes parallèles à D.

Ainsi, chaque fois que δ n'est pas nul, la conique admet, outre un centre de symétrie, une infinité de couples de droites telles que chacune est le diamètre des cordes parallèles à l'autre : les droites d'un même couple s'appellent diamètres conjugués.

L'examen du signe de δ va nous conduire à une classification des coniques d'après l'existence ou l'absence de branches infinies.

$1°$ Supposons $\delta > 0$. Le coefficient de x^2 dans $R(x)$ étant négatif, x ne peut prendre des valeurs de grand module, car les valeurs correspondantes de y seraient imaginaires. Comme y ne peut devenir infini pour une valeur finie de x, la courbe n'a pas de branches infinies.

Le trinôme $R(x)$ ne peut, dans ces conditions, prendre des valeurs positives que si ses zéros sont réels et si l'on donne à x des valeurs comprises entre ces zéros.

Les zéros de R sont réels si l'on a $p^2 + q\delta > 0$. Or, un calcul facile montre que l'on a : $p^2 + q\delta = - C\Delta$, Δ désignant le discriminant de la forme quadratique homogène

$$F(x,y,z) \equiv A x^2 + 2 B xy + C y^2 + 2 D xz + 2 E yz + F z^2,$$

savoir $\qquad \Delta = ACF + 2 BDE - AE^2 - CD^2 - FB^2.$

La courbe n'existe donc, quand δ est > 0, que si $C\Delta$ est < 0. Cette dernière condition étant remplie, x variera entre les zéros de $R(x)$, et comme les deux valeurs de y sont égales pour chacun de ces zéros, et qu'elles varient dans l'intervalle d'une façon continue, la courbe est fermée : c'est une *ellipse*.

Si $\Delta = 0$, le trinôme $R(x)$ est un carré parfait et s'écrit

$$- \left(x \sqrt{\delta} - \frac{p}{\sqrt{\delta}} \right)^2.$$

L'équation (2) devient :

$$y = - \frac{B x + E}{C} \pm \frac{i}{C} \left(x \sqrt{\delta} - \frac{p}{\sqrt{\delta}} \right).$$

On dit qu'elle définit deux droites imaginaires conjuguées; cette convention sera développée plus loin.

L'équation n'admet alors qu'une solution réelle

$$x = \frac{p}{\delta}, \quad y = -\frac{Bx+E}{C};$$

on retrouve le point I déjà signalé plus haut. Pour cette raison, on dit quelquefois que l'ellipse se réduit à son centre ou que c'est une ellipse évanouissante ou ellipse point.

Si $C\Delta$ est > 0, l'équation $f(x, y) = 0$ n'a pas de solutions réelles; on dit que cette équation définit une ellipse imaginaire.

2° Supposons $\delta < 0$. Le coefficient de x^2 dans $R(x)$ étant positif, ce trinôme prend des valeurs positives pour des valeurs de x de grand module; la courbe possède donc des branches infinies du côté des x positifs et du côté des x négatifs. Elle est du genre *hyperbole*.

Avant de continuer, remarquons que si C est nul, δ se réduit à $-B^2$ et est négatif. La condition $\delta < 0$ est donc remplie dans le cas singulier écarté tout d'abord, cas où la conique est une hyperbole.

Il y a lieu de chercher les asymptotes relatives à ces branches infinies.

Au lieu d'employer la méthode usuelle, remarquons que le trinôme $R(x)$ décomposé en carrés s'écrit alors

$$R(x) \equiv \left(x\sqrt{-\delta} + \frac{p}{\sqrt{-\delta}}\right)^2 - \frac{C\Delta}{\delta}.$$

Sa valeur, quand x tend vers l'infini, diffère de $\left(x\sqrt{-\delta} + \frac{p}{\sqrt{-\delta}}\right)^2$ d'une quantité finie, de sorte que $\sqrt{R(x)}$ est comparable à $x\sqrt{-\delta} + \frac{p}{\sqrt{-\delta}}$ lorsque x tend vers $+\infty$, et à $-\left(x\sqrt{-\delta} + \frac{p}{\sqrt{-\delta}}\right)$ lorsque x tend vers $-\infty$.

Considérons donc les deux droites dont les équations sont

$$(5) \qquad Y_1 = -\frac{Bx+E}{C} + \frac{1}{C}\left(x\sqrt{-\delta} + \frac{p}{\sqrt{-\delta}}\right),$$

$$(6) \qquad Y_2 = -\frac{Bx+E}{C} - \frac{1}{C}\left(x\sqrt{-\delta} + \frac{p}{\sqrt{-\delta}}\right),$$

et les deux branches de l'hyperbole :

$$y_1 = -\frac{Bx+E}{C} + \frac{1}{C}\sqrt{R(x)},$$

$$y_2 = -\frac{Bx+E}{C} - \frac{1}{C}\sqrt{R(x)}.$$

Comparons la branche y_1 et la droite (5).

La différence $y_1 - Y_1 = \frac{1}{C}\left[\sqrt{R(x)} - \left(x\sqrt{-\delta} + \frac{p}{\sqrt{-\delta}}\right)\right]$, se présente sous la forme $\infty - \infty$ pour $x = + \infty$. En multipliant et divisant par la somme $M = \sqrt{R(x)} + \left(x\sqrt{-\delta} + \dfrac{p}{\sqrt{-\delta}} \right)$, on obtient :

$$y_1 - Y_1 = \frac{1}{C \cdot M}\left[R(x) - \left(x\sqrt{-\delta} + \frac{p}{\sqrt{-\delta}} \right)^2 \right] = -\frac{\Delta}{\delta \cdot M}.$$

Quand x tend vers $+\infty$, M tend vers $+\infty$ et $y_1 - Y_1$ tend vers zéro, de sorte que la branche y_1 est asymptote à la droite (5) du côté des x positifs ; leur position relative dépend du signe de Δ.

Un raisonnement analogue montre que la branche y_1 est asymptote à la droite (6) du côté des x négatifs, que la branche y_2 est asymptote à la droite (5) du côté des x négatifs et à la droite (6) du côté des y positifs.

Nous sommes sûrs d'avoir obtenu toutes les asymptotes par ce procédé, puisque nous avons une asymptote correspondante à chaque branche infinie de la courbe.

L'ensemble des asymptotes est représenté par l'équation

$$\left(y + \frac{Bx + E}{C} \right)^2 - \frac{1}{C^2}\left[x\sqrt{-\delta} + \frac{p}{\sqrt{-\delta}} \right]^2 = 0,$$

c'est-à-dire

$$(Cy + Bx + E)^2 - \left(x\sqrt{-\delta} + \frac{p}{\sqrt{-\delta}} \right)^2 = 0.$$

En y remplaçant $\left(x\sqrt{-\delta} + \dfrac{p}{\sqrt{-\delta}} \right)^2$ par sa valeur en fonction de $R(x)$, on obtient :

$$(Cy + Bx + E)^2 - R(x) - \frac{C\Delta}{\delta} = 0,$$

et si l'on remarque l'identité $(Cy + Bx + E)^2 - R(x) \equiv Cf(x, y)$, on voit que l'équation du couple des asymptotes est

$$f(x, y) - \frac{\Delta}{\delta} = 0.$$

Dans le cas où $\Delta = 0$, la courbe dégénère en ses asymptotes.

On voit aussi, dans le cas général, que le point d'abscisse $\dfrac{p}{\delta}$ sur chaque asymptote est également sur D : les asymptotes passent donc par le centre de l'hyperbole.

On voit enfin que D est le diamètre conjugué des cordes parallèles à Oy dans la conique formée par le couple des asymptotes : la conique et ses asymptotes ont mêmes couples de diamètres conjugués.

3° Supposons $\delta = 0$. L'équation (2) devient :

$$(7) \qquad y = -\frac{Bx + E}{C} \pm \frac{1}{C}\sqrt{2px + q}.$$

Supposons $p \neq 0$. La notion de centre disparaît. Si p est > 0, x peut prendre des valeurs tendant vers $+ \infty$; si p est < 0, x peut tendre vers $- \infty$.

La courbe n'a donc de branches infinies que du côté des x positifs ou du côté des x négatifs : c'est une *parabole*.

Remarquons encore que, dans le cas singulier signalé plus haut où C et B sont nuls et où la conique est une parabole, on a aussi $\delta = 0$.

Si p est nul, l'équation devient :

$$(8) \qquad y = - \frac{\mathrm{B}x + \mathrm{E}}{\mathrm{C}} \pm \frac{1}{\mathrm{C}} \sqrt{q}.$$

Elle définit deux droites parallèles réelles si q est > 0, imaginaires conjuguées si q est < 0 et confondues si $q = 0$. Cette fois, $\mathrm{R}(x)$ étant constant, tous les points du diamètre sont des centres de la courbe.

Dans ces divers cas, on déduit de l'égalité $p^2 = - \mathrm{C}\Delta$, que Δ est nul.

Nous pouvons résumer les résultats de cette discussion dans le tableau suivant, en supposant $\mathrm{C} \neq 0$.

$$\delta > 0, \text{ ellipse} \begin{cases} \mathrm{C}\Delta < 0, \text{ ellipse réelle.} \\ \Delta = 0, \text{ 2 droites imaginaires conjuguées.} \\ \mathrm{C}\Delta > 0, \text{ ellipse imaginaire.} \end{cases}$$

$\delta < 0$, hyperbole véritable si $\Delta \neq 0$; 2 droites si $\Delta = 0$.

$\delta = 0$, parabole véritable si $\Delta \neq 0$; 2 droites parallèles (réelles ou imaginaires) si $\Delta = 0$.

En rapprochant le contenu de ce tableau des constatations faites lorsque C est nul, on peut conclure que la condition nécessaire et suffisante pour que la conique dégénère en deux droites réelles ou imaginaires, distinctes ou confondues, est $\Delta = 0$.

Application de la méthode à des exemples numériques. —

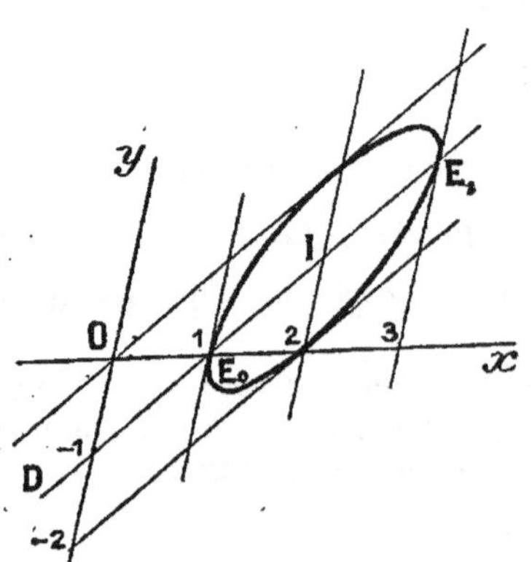

1° Soit
$$y = x - 1 \pm \sqrt{(x - 1)(3 - x)}.$$

x ne peut varier qu'entre 1 et 3 ; la courbe est donc une ellipse.

Traçons le diamètre $y = x - 1$ des cordes parallèles à $\mathrm{O}y$.

$\sqrt{(x - 1)(3 - x)}$ varie de 0 à 0 et passe par un maximum égal à 1 pour $x = 2$, abscisse du centre.

La dérivée
$$y' = 1 \pm \frac{- x + 2}{\sqrt{(x - 1)(3 - x)}}$$

est infinie aux deux bornes de l'intervalle utile, et égale au coefficient angulaire du diamètre pour $x = 2$. On en conclut la forme figurée.

2^0 Soit
$$y = x - 1 \pm \sqrt{(x+1)(x-3)}.$$

x ne peut varier qu'en dehors de l'intervalle $(-1, 3)$; la courbe est une

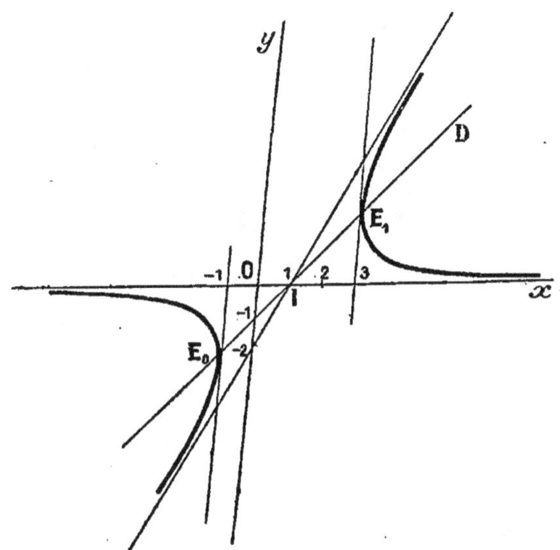

hyperbole. Quand x varie de 3 à $+\infty$, par exemple, $\sqrt{(x+1)(x-3)}$ croît de o à $+\infty$. La branche supérieure

$$y_1 = x - 1 + \sqrt{(x+1)(x-3)}$$

est alors asymptote à la droite

$$Y_1 = x - 1 + (x - 1) = 2(x - 1).$$

La différence $y_1 - Y_1$ vaut $\dfrac{-4}{\sqrt{(x+1)(x-3)} + x - 1}$; elle tend vers zéro et est < 0.

De même, la branche

$$y_2 = x - 1 - \sqrt{(x+1)(x-3)}$$

est asymptote à la droite

$$Y_2 = x - 1 - (x - 1) = 0$$

et, comme on a $y_2 - Y_2 = -(y_1 - Y_1)$, cette différence tend vers zéro par valeurs positives.

En complétant par symétrie par rapport au point I de coordonnées 1 et o, on a le tracé figuré.

3° Soit
$$y = x \pm \sqrt{4x^2 - 8x + 5}.$$

x peut varier de $-\infty$ à $+\infty$; la courbe est une hyperbole. Quand x

varie de 1 (abscisse du centre) à $+\infty$, $\sqrt{4x^2 - 8x + 5}$ croît de 1 à $+\infty$.

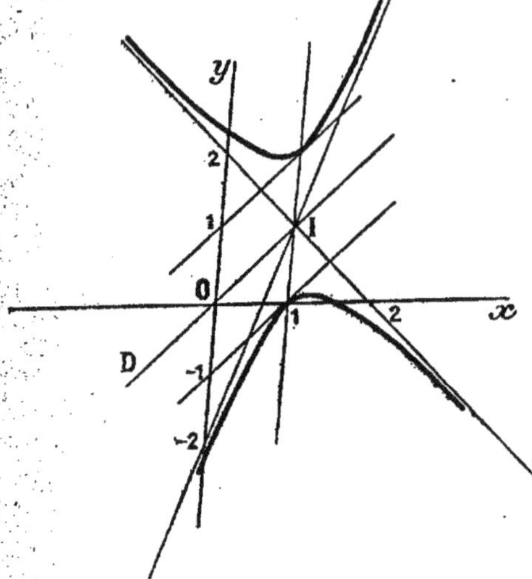

La branche supérieure

$$y_1 = x + \sqrt{4x^2 - 8x + 5}$$

est asymptote à la droite

$$Y_1 = x + 2(x - 1) = 3x - 2$$

et la différence $y_1 - Y_1$, valant

$$\frac{1}{\sqrt{4x^2 - 8x + 5} + 2(x - 1)},$$

tend vers 0 par valeurs positives.

On en conclut que pour la branche inférieure et l'asymptote correspondante

$$Y_2 = x - 2(x - 1) = -x + 2,$$

la différence

$$y_2 - Y_2 = -(y_1 - Y_1),$$

tend vers zéro par valeurs négatives.

Enfin, pour $x = 1$, la dérivée y' acquiert encore la valeur 1 du coefficient angulaire du diamètre des cordes parallèles à Oy. En complétant par symétrie, on obtient le tracé figuré.

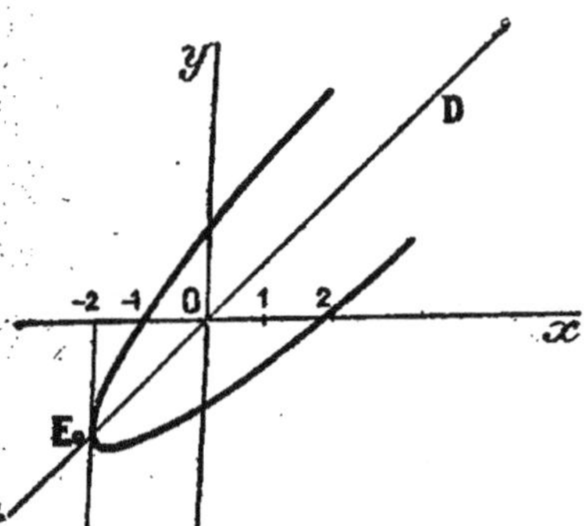

$4°$ Soit $\quad y = x \pm \sqrt{x + 2}$

x ne peut varier que de -2 à $+\infty$; $\sqrt{x + 2}$ croît, dans ces conditions, de 0 à $+\infty$. $\frac{y}{x}$ tend alors vers 1, mais $y - x$ tend vers l'infini et il n'y a pas d'asymptote.

La direction du diamètre est direction asymptotique de la courbe, car la direction limite de OM, quand M s'éloigne à l'infini sur la parabole, est la direction du diamètre.

$y' = 1 \pm \dfrac{1}{2\sqrt{x + 2}}$ est infini pour $x = -2$, de sorte que la tangente au point de rencontre E_0 de la parabole avec son diamètre est parallèle à Oy. On obtient ainsi le tracé figuré.

Dans aucun de ces exemples, nous n'avons cherché à suivre la variation de y, ni à trouver les zéros de sa dérivée. Cela tient à ce qu'il est plus naturel de placer la courbe par rapport à un diamètre que par rapport aux axes.

Nous n'avons pas non plus parlé du sens de la concavité de la courbe;

son étude générale est intéressante. La dérivée seconde de la fonction

$$y = -\frac{Bx+E}{C} \pm \frac{1}{C}\sqrt{R(x)}$$

est la même que celle de la fonction $z = \pm\frac{1}{C}\sqrt{R(x)}$.

On a successivement, en prenant la dérivée logarithmique $\frac{z'}{z}$ et la dérivée de cette dernière fonction :

$$\frac{z'}{z} = \frac{1}{2}\frac{R'(x)}{R(x)}, \qquad \frac{z''}{z} - \frac{z'^2}{z^2} = \frac{1}{2}\frac{RR'' - R'^2}{R^2},$$

et

$$\frac{z''}{z} = \frac{1}{2}\frac{RR'' - R'^2}{R^2} + \frac{1}{4}\frac{R'^2}{R^2} = \frac{2RR'' - R'^2}{4R^2}.$$

Or

$$2RR'' - R'^2 = -4(-\delta x^2 + 2px + q)\delta - (-2\delta x + 2p)^2$$
$$= -4q\delta - 4p^2 = 4C\Delta.$$

Donc

$$\frac{z''}{z} = \frac{C\Delta}{R^2}.$$

Si la courbe est une ellipse réelle, $C\Delta$ est < 0 et z'' a un signe contraire à celui de z; il en résulte que, sur la branche supérieure, l'ellipse tourne sa concavité vers le bas, et qu'elle la tourne vers le haut sur la branche inférieure.

Si la courbe est une parabole, $C\Delta$ valant $-p^2$ est encore négatif et on arrive aux mêmes conclusions.

Si la courbe est une hyperbole, $C\Delta$ peut être positif ou négatif. Si $C\Delta$ est > 0, z'' a le signe de z : la branche supérieure tourne sa concavité vers le haut et la branche inférieure la tourne vers le bas. Si $C\Delta$ est < 0, il y a deux branches au-dessus du diamètre D à l'extérieur de l'intervalle des zéros de $R(x)$; ces deux branches tournent leur concavité vers le bas, les deux autres tournent leur concavité vers le haut.

EXERCICES

1º Construire la courbe $\qquad y = \varepsilon\sqrt{x} + \varepsilon'\sqrt{x-1} \qquad (\varepsilon = \pm 1,\ \varepsilon' = \pm 1)$.
Placer cette courbe par rapport à la parabole $\qquad y^2 = 4x$.

2º Construire la courbe $\qquad y = \varepsilon\sqrt{x} + \varepsilon'\sqrt{2x+2}$.

3º Construire la courbe $\qquad y = \varepsilon\sqrt{x} + \varepsilon'\sqrt{x-1}$.

4º Construire la courbe $\qquad y = \varepsilon\sqrt{x} + \varepsilon'\sqrt{3-2x}$.

5º Construire la courbe $\qquad y = \varepsilon\sqrt{\dfrac{x-1}{x}} + \varepsilon'\sqrt{\dfrac{x}{x-1}}$.

6º Construire la courbe $\qquad y = \varepsilon\sqrt{\dfrac{x-1}{x}} + 3\varepsilon'\sqrt{\dfrac{x}{x-1}}$.

7º Construire la courbe $\qquad y = \varepsilon\sqrt{\dfrac{1-x}{x}} + \varepsilon'a\sqrt{\dfrac{x}{1-x}}$, a désignant une constante donnée.

8º Construire la courbe définie par l'équation

$$xy^2 - 2xy(x-1) + (x-1)(ax^2 + bx + c) = 0.$$

Discuter sa forme quand on fait varier a, b, c.

CONSTRUCTION D'UNE COURBE DÉFINIE PAR $y = F(x)$, F(x) DÉSIGNANT UNE FONCTION TRANSCENDANTE

Il y a lieu de chercher, en général, les intervalles où la fonction est définie. Nous allons donner de nombreux exemples.

1° $y = a^x$ et $y = \log_a x$. — La fonction a^x, où a est un nombre positif, est définie et continue quel que soit x.

Elle est croissante si a est supérieur à 1, et varie de o à $+\infty$ quand x varie de $-\infty$ à $+\infty$; $\dfrac{y}{x}$ tend vers $+\infty$ avec x. Elle est décroissante si a est inférieur à 1, et varie alors de $+\infty$ à o; $\dfrac{y}{x}$ tend vers $-\infty$ avec x. L'une des branches infinies est asymptote à Ox, l'autre est parabolique. Pour $x = $ o, $y = $ 1.

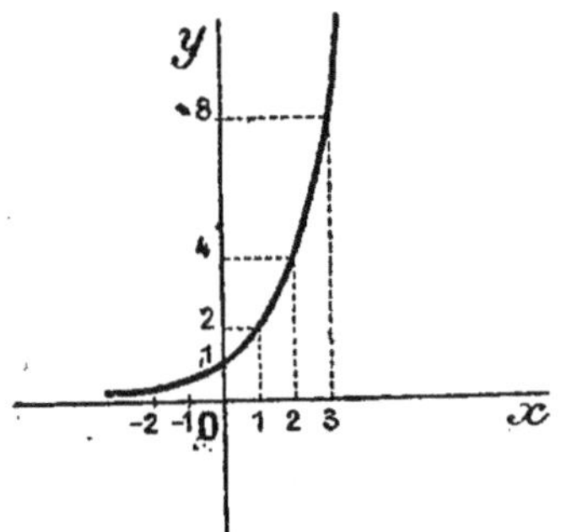

D'ailleurs la dérivée $a^x \log a$ a le signe de $\log a$; elle prend la valeur $\log a$ pour $x = $ o. Sa dérivée seconde $a^x (\log a)^2$ est positive et la courbe tourne sa concavité du côté des y positifs.

Avec ces renseignements, il est aisé de voir l'allure générale de la courbe. Le tracé ci-joint correspond à $a = 2$; celui qui correspond à $a = \dfrac{1}{2}$ est symétrique du précédent par rapport à Oy. D'une façon générale, deux tracés correspondant à deux valeurs différentes de a sont tels que les abscisses relatives à une même ordonnée sont proportionnelles.

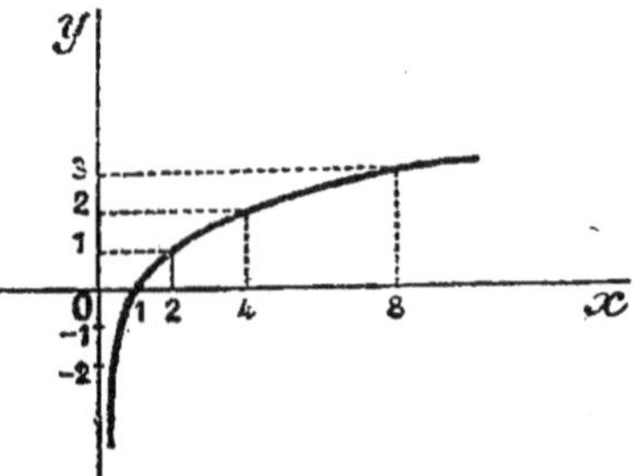

La courbe définie par $y = \log_a x$ se déduit de la courbe $y = a^x$ en échangeant x et y; à tout point (x, y) de l'une correspond donc un point (y, x) de l'autre.

Or, deux tels points sont symétriques par rapport à la première bissectrice. L'une des courbes se déduit donc de l'autre par retournement autour de cette bissectrice. Le tracé ci-joint correspond à $y = \log_2 x$.

Deux tracés correspondant à deux valeurs différentes de a ont leurs ordonnées proportionnelles. On en déduit aisément que les tangentes en deux points de même abscisse se coupent sur Ox.

2° $y = \sin x$ et $y = \text{arc} \sin x$. — La fonction $\sin x$ est définie et continue quel que soit x; elle admet la période 2π.

On aura toute la courbe figurative en construisant l'arc qui correspond à un intervalle quelconque d'amplitude 2π et en imprimant à cet

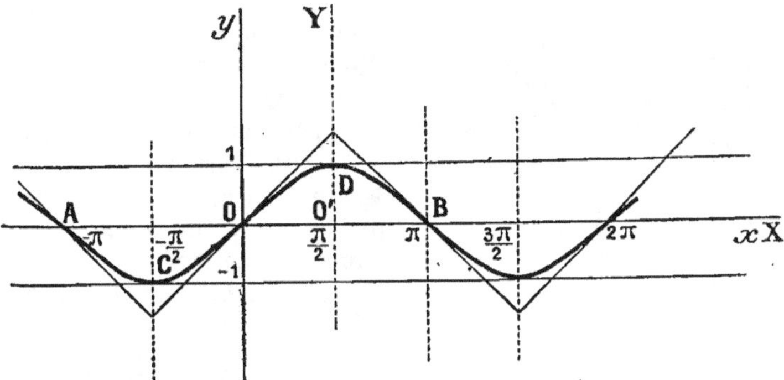

arc, parallèlement à Ox, des translations d'amplitude $2h\pi$, h désignant un entier quelconque. Cette courbe s'appelle *sinusoïde*.

Par exemple, on peut faire varier x de $-\pi$ à $+\pi$ et l'on obtient l'arc AB. Le sens de variation du sinus est bien connu. La dérivée première étant $\cos x$, et la dérivée seconde étant $-\sin x$, on voit que les tangentes aux points de rencontre de la courbe avec Ox ont pour pente ± 1 et que ces points sont des points d'inflexion. Ce sont aussi des centres de symétrie de la courbe illimitée. Les droites $x = \dfrac{\pi}{2} + h\pi$ sont des axes de symétrie.

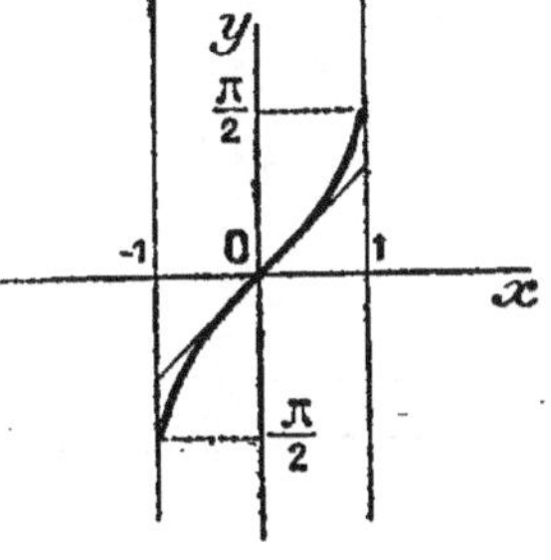

Pour obtenir la courbe définie par $y = \text{arc} \sin x$, comme la fonction varie de $-\dfrac{\pi}{2}$ à $+\dfrac{\pi}{2}$ quand x croît de -1 à 1, il suffit de retourner l'arc COD de la courbe précédente autour de la première bissectrice, c'est-à-dire autour de la tangente en O.

La fonction $Y = \cos X$ valant $\sin\left(\dfrac{\pi}{2} + X\right)$, il suffit de transporter l'origine au point O' d'abscisse $\dfrac{\pi}{2}$ dans le tracé relatif à $y = \sin x$.

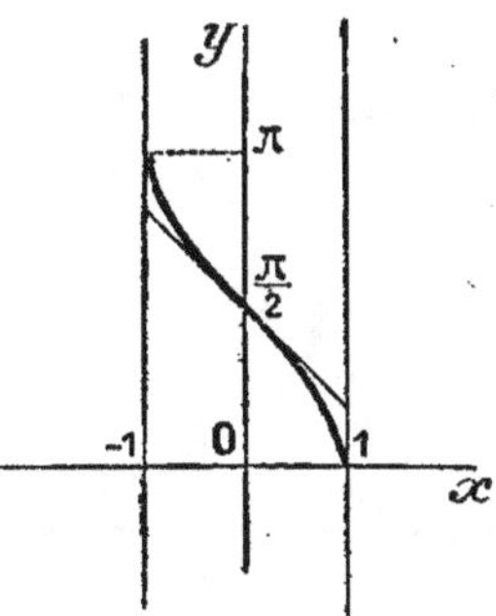

La fonction $y = \text{arc} \cos x$ variant de π à 0 quand x varie de -1 à $+1$, le tracé correspondant se déduit du tracé relatif à $\text{arc} \sin x$ en prenant une symétrie par rapport à Oy et effectuant une translation d'amplitude $\frac{\pi}{2}$ vers les y positifs.

3° $y = \operatorname{tg} x$ et $y = \operatorname{arc\,tg} x$. — La fonction $\operatorname{tg} x$ est définie et continue quel que soit x, sauf pour les valeurs de la forme $\frac{\pi}{2} + h\pi$, h désignant un entier quelconque; elle est infinie pour ces valeurs particulières.

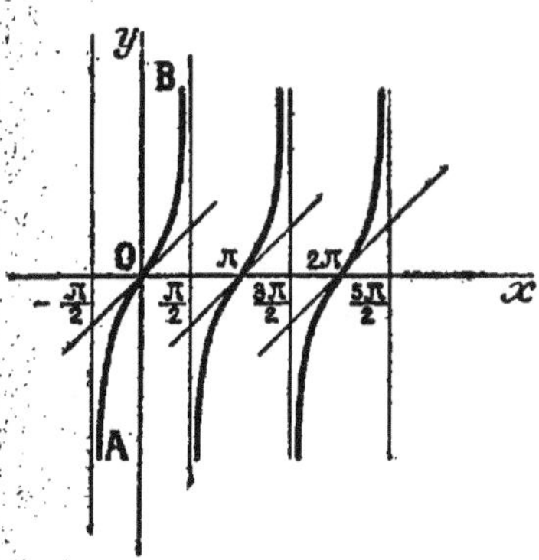

Sa période étant π, on aura toute la courbe figurative en construisant l'arc qui correspond à un intervalle quelconque d'amplitude π et en imprimant à cet arc des translations d'amplitude $h\pi$, parallèlement à Ox.

Par exemple, on peut faire varier x de $-\frac{\pi}{2}$ à $+\frac{\pi}{2}$ et l'on obtient l'arc AB. Le sens de variation de la tangente est bien connu. Sa dérivée première étant $\frac{1}{\cos^2 x}$ et sa dérivée seconde $\frac{2}{\cos^2 x}\operatorname{tg} x$, les branches situées au-dessus de Ox tournent leur concavité vers le haut et les branches au-dessous de Ox tournent leur concavité vers le bas. Tous les points de rencontre avec Ox sont des centres de symétrie de la courbe et les tangentes en ces points sont inclinées à 45° sur Ox; ce sont des tangentes d'inflexion.

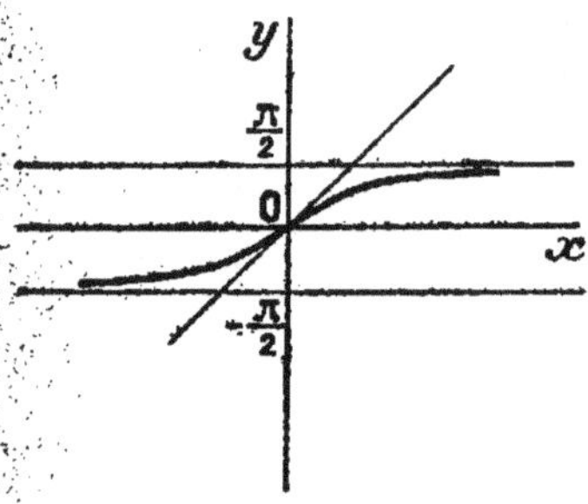

La fonction $\operatorname{arc\,tg} x$ variant de $-\frac{\pi}{2}$ à $+\frac{\pi}{2}$, quand x varie de $-\infty$ à $+\infty$, il suffit de retourner l'arc AOB de la courbe précédente autour de la première bissectrice pour obtenir le tracé correspondant.

4° $y = \dfrac{\log x}{x - 1}$. — Cette fonction est définie pour toutes les valeurs positives de x, sauf pour $x = 1$ qui lui donne la forme $\frac{0}{0}$. Le rapport des dérivées vaut $\frac{1}{x}$, de sorte que la vraie valeur de la fonction, pour $x = 1$, est 1. Quand x tend vers o à droite, la fonction tend vers $+\infty$. y est toujours positif.

y est de la forme $\dfrac{\infty}{\infty}$ pour $x = +\infty$, mais le dénominateur étant équivalent à x, on est ramené à trouver la limite de $\dfrac{\log x}{x}$ pour $x = +\infty$, et l'on sait que cette limite est nulle. La courbe est donc asymptote à Ox.

La dérivée y' vaut $\dfrac{1}{x(x-1)} - \dfrac{\log x}{(x-1)^2}$. Elle se présente sous une forme indéterminée, comme la fonction, pour $x = 1$, et si on l'écrit, en réduisant les deux fractions au même dénominateur,

$$(1) \qquad y' = \frac{x - 1 - x \log x}{x(x-1)^2},$$

on voit que son signe, pour x positif, est le même que celui de la fonction

$$u = x - 1 - x \log x,$$

qui s'annule pour $x = 1$.

Pour reconnaître si u a d'autres zéros, étudions sa variation. On trouve :

$$u' = 1 - \log x - x \frac{1}{x} = - \log x \cdot$$

u' change de signe en passant de $+$ à $-$ quand x passe par 1 en croissant, donc u est maximum pour $x = 1$; son maximum étant nul, u est constamment négatif ainsi que y'. La fonction y décroît donc constamment.

y' pris sous la forme (1) est indéterminé pour $x = 1$ et se présente sous la forme $\dfrac{o}{o}$; y' est alors équivalent à $\dfrac{x - 1 - x \log x}{(x-1)^2}$ qui est encore indéterminé pour $x = 1$. Le rapport des dérivées premières est $- \dfrac{\log x}{2x - 1}$, qui tend vers $- \dfrac{1}{2}$ quand x tend vers 1.

L'étude de la concavité est également intéressante. On trouve :

$$y'' = \frac{-3x + 1}{x^2(x-1)^2} + \frac{2 \log x}{(x-1)^3},$$

en réunissant les termes rationnels d'une part et les termes transcendants de l'autre. Si l'on réduit au même dénominateur, y'' prend la forme $\dfrac{(1 - 3x)(x-1) + 2x^2 \log x}{x^2(x-1)^3}$ et l'on est amené à l'étude du signe de la fonction $v = (1 - 3x)(x-1) + 2x^2 \log x$, qui s'annule pour $x = 1$.

Si l'on calcule sa dérivée pour en apprécier le signe et suivre la variation de v, on se heurte à de grosses difficultés, parce que cette dérivée contient encore des termes rationnels avec un logarithme. On peut arriver au résultat cherché, en employant un artifice qui réussit souvent; écrivons y'' en mettant en facteur le coefficient $\dfrac{1}{(x-1)^3}$ de $\log x$,

$$(2) \qquad y'' = \frac{1}{(x-1)^3}\left[2\log x - \frac{(3x-1)(x^2-1)}{x^2}\right].$$

Nous sommes amenés à l'étude du signe de la fonction

$$w = 2\log x - \frac{(3x-1)(x-1)}{x^2} = 2\log x - 3 + \frac{4}{x} - \frac{1}{x^2},$$

qui s'annule aussi pour $x = 1$.

Mais, à cause de la précaution prise, la dérivée de cette nouvelle fonction est rationnelle et nous pourrons étudier son signe. On trouve d'ailleurs :

$$w' = \frac{2}{x} - \frac{4}{x^2} + \frac{2}{x^3} = \frac{2}{x}\left(1 - \frac{1}{x}\right)^2;$$

w' est donc constamment positif; w, croissant constamment et s'annulant pour $x = 1$, est négatif avant et positif après. Il en est de même du dénominateur $(x-1)^3$ de y'' sous la forme (2), de sorte que y'' est constamment positif et on peut figurer le tracé.

$5°$ $y = \left(1 + \dfrac{1}{x}\right)^x$. — Cette fonction n'est définie que si $1 + \dfrac{1}{x}$ est positif, c'est-à-dire si x est extérieur à l'intervalle $(-1, 0)$. Elle se présente sous forme indéterminée pour x infini; on trouve, en effet, 1^∞, mais on sait que sa limite, dans ces conditions, est e. Quand x tend vers -1 à gauche, elle se présente sous la forme 0^{-1}, c'est-à-dire qu'elle est infinie; elle est d'ailleurs toujours positive. Quand x tend vers 0 à droite, elle se présente sous la forme indéterminée ∞^0. La méthode usuelle, en pareil cas, conduit à chercher ce que devient

$$\log y = x\log\left(1 + \frac{1}{x}\right) = x\log(x+1) - x\log x.$$

Cette expression tend vers 0, de sorte que y tend vers 1.

Pour calculer y', servons-nous également de l'équation

$$(3) \qquad \log y = x\log\left(1 + \frac{1}{x}\right).$$

On en tire $\qquad \dfrac{y'}{y} = \log\left(1 + \dfrac{1}{x}\right) - \dfrac{1}{x+1} = u.$

On ne peut songer à calculer les zéros de u; étudions la variation de cette fonction. On trouve de suite :

$$u' = \frac{-1}{x(x+1)} + \frac{1}{(x+1)^2} = \frac{-1}{x(x+1)^2}.$$

Dans l'intervalle $(-\infty, -1)$, u' est positif et u croît; u partant de 0, pour $x = -\infty$, est constamment positif dans l'intervalle considéré. y étant positif ainsi que u, y' est positif et y croît dans cet intervalle.

Dans l'intervalle $(o, +\infty)$, u' est négatif et u décroît. Comme u arrive à o, pour $x = +\infty$, u est constamment positif dans l'intervalle considéré. On en conclut encore que y est une fonction croissante dans l'intervalle $(o, +\infty)$.

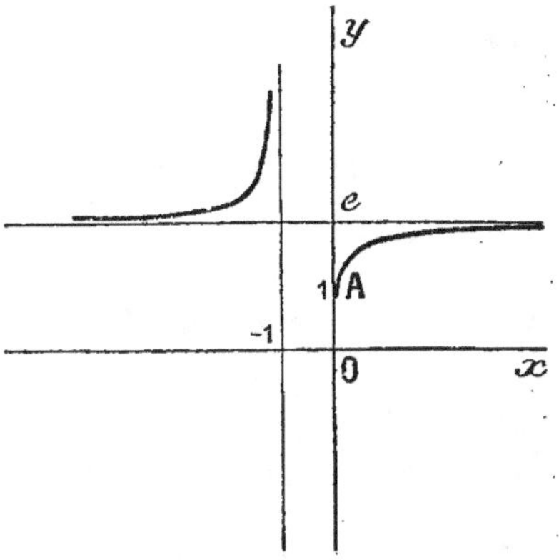

De plus, $\dfrac{y'}{y}$ est infini pour $x = o$; il en est de même de y' et la courbe part tangentiellement à Oy au point A d'ordonnée 1.

L'étude de la concavité est également intéressante. En prenant les dérivées des deux membres de l'équation $\dfrac{y'}{y} = u$, on obtient :

$$\frac{y''}{y} - \frac{y'^2}{y^2} = u', \qquad \text{d'où} \qquad \frac{y''}{y} = u^2 + u' = v.$$

Dans l'intervalle $(-\infty, -1)$, u' est $> o$ et v aussi, donc y'' est $> o$ et la courbe tourne sa concavité vers les y positifs.

On ne peut rien dire à priori dans l'intervalle $(o, +\infty)$.

Pour étudier le signe de v, cherchons la variation de cette fonction; nous sommes amenés à étudier le signe de

$$v' = 2uu' + u''.$$

Si nous remarquons que u contient un logarithme, que u' et u'' sont rationnels, nous sommes encore conduits à écrire

$$v' = u'\left(2u + \frac{u''}{u'}\right),$$

et à étudier le signe de la fonction $w = 2u + \dfrac{u''}{u'}$ en cherchant sa variation. On voit facilement que

$$w = 2\log\left(1 + \frac{1}{x}\right) - \frac{1}{x} - \frac{4}{x+1}$$

et
$$w' = \frac{-2}{x(x+1)} + \frac{1}{x^2} + \frac{4}{(x+1)^2} = \frac{3x^2+1}{x^2(x+1)^2}.$$

w' étant positif, w est croissante; cette fonction arrive à o pour $x = +\infty$, elle est donc négative dans l'intervalle $(o, +\infty)$; u' étant négatif dans ce même intervalle, v' est positif. La fonction v croissante et arrivant à zéro pour $x = +\infty$ est négative dans l'intervalle considéré ainsi que y''. La courbe tourne donc sa concavité vers les y négatifs dans cet intervalle. Nous avons tous les renseignements nécessaires au tracé.

Il résulte de ce qui précède que $\left(1 + \dfrac{1}{m}\right)^m$ tend vers e par valeurs plus grandes quand m tend vers $-\infty$, et par valeurs plus petites quand m tend vers $+\infty$.

6° $y = x \sin x$. — Cette fonction est définie quel que soit x; elle est paire, de sorte que la courbe est symétrique par rapport à Oy. Supposons $x > 0$.

$\dfrac{y}{x}$ oscille entre -1 et $+1$ et la courbe est tout entière comprise dans les angles des bissectrices des axes qui contiennent Ox.

$\dfrac{y}{x}$ prenant la valeur 1, chaque fois que x est de la forme $\dfrac{\pi}{2} + 2h\pi$, et la valeur -1, chaque fois que x est de la forme $-\dfrac{\pi}{2} + 2h\pi$, la courbe a une infinité de points sur les deux bissectrices. L'étude de y' montre qu'elle leur est tangente en ces points. La fonction s'annule et change de signe pour toutes les valeurs de x de la forme $h\pi$.

y' valant $\sin x + x\cos x = \cos x(\operatorname{tg} x + x)$, s'annule et change de signe pour tous les zéros de $x + \operatorname{tg} x$. Ces zéros ont pour valeurs les abscisses des points de rencontre de la courbe $y = \operatorname{tg} x$ avec la seconde bissectrice. L'étude graphique de cette question montre qu'il y a un zéro de y' dans chaque intervalle de la forme $\left(h\pi - \dfrac{\pi}{2},\, h\pi\right)$, h désignant un nombre naturel quelconque. y' s'annule aussi pour $x = 0$.

L'étude du signe de

$$y'' = 2\cos x - x\sin x = \sin x(2\cot g\, x - x)$$

conduit à des considérations analogues. On constate que y'' s'annule et change de signe pour une valeur de x dans chacun des intervalles de la forme $\left(h\pi,\, h\pi + \dfrac{\pi}{2}\right)$, h désignant un nombre naturel qui peut être nul.

Avec ces renseignements, on peut tracer approximativement la courbe.

EXERCICES

1° Construire la courbe $y = (1 + x)^{\frac{1}{x}}$

2° Construire la courbe $y = x^x$

3° Construire la courbe $y = x \sin x$.

4° Construire la courbe $y = x^2 + \sin x$.

5° Construire la courbe $y = x e^{\frac{x-1}{x}}$.

6° Construire la courbe $y = x e^{-\frac{1}{2}x^2}$.

7° Discuter la réalité des racines de l'équation

$$3x \log x - x^2 - \lambda x + 2 = 0,$$

quand on fait varier λ (on étudie la variation de la fonction de x obtenue en résolvant cette équation par rapport à λ. Ce procédé peut être utilisé chaque fois que l'équation est résoluble par rapport au paramètre dont elle dépend).

CONSTRUCTION DES COURBES DÉFINIES
SOUS FORME PARAMÉTRIQUE — COURBES UNICURSALES

La construction des courbes définies par deux équations, $x = f(t)$, $y = g(t)$, exige l'étude des deux fonctions f et g au point de vue de la détermination, de la continuité, du signe et du sens de variation. Nous avons indiqué aussi la marche à suivre pour l'étude du sens de la concavité et pour celle des branches infinies.

La multiplicité des résultats qui entrent en jeu dans cette construction exige, en général, la formation d'un tableau dans lequel on les consigne à mesure qu'on les obtient. Une disposition commode est la suivante :

t	$-\infty$	$+\infty$
x'		
x		
y		
y'		

On inscrit dans la première ligne, par ordre de grandeur croissante, les valeurs de t rencontrées dans chacune des études particulières indiquées ci-dessus et l'on mentionne dans les autres lignes, soit en regard des valeurs remarquables de t, soit en regard des intervalles que bornent ces valeurs, les propriétés correspondantes relatives à x et y et à leurs dérivées premières. Une fonction croissante est indiquée par ↗, décroissante par ↘. Cette disposition rapprochant x' et x, y' et y, x et y, permet de coordonner leurs propriétés en vue du tracé.

On pourra quelquefois adjoindre au tableau deux autres lignes relatives, l'une aux propriétés de $\frac{y}{x}$ pour l'étude de la courbe à l'origine et à l'infini, l'autre aux propriétés de $\frac{y'}{x'}$ pour l'étude des tangentes et de la concavité.

Il y aura lieu également de tenir compte des symétries qui pourront réduire l'étendue du tableau.

Appliquons ces considérations au cas où l'on a :
$$x = \operatorname{sh} t, \qquad y = t^2 - t - 2.$$

$\operatorname{sh} t$ s'annulant pour $t = 0$, y pour $t = -1$ et $t = 2$, y' pour $t = \frac{1}{2}$, la constitution du tableau est immédiate.

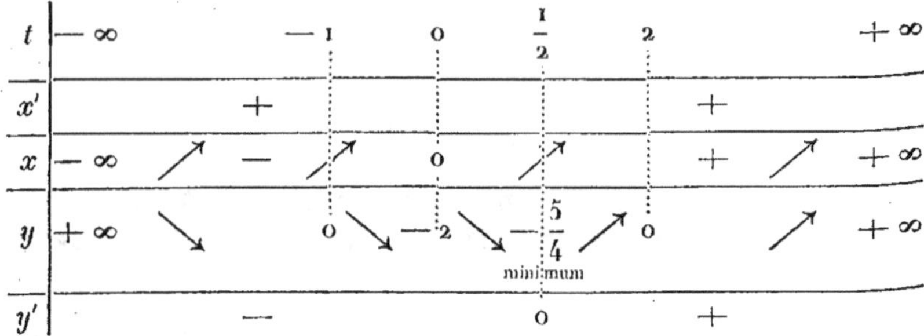

t	$-\infty$		-1	0	$\dfrac{1}{2}$	2	$+\infty$
x'		$+$				$+$	
x	$-\infty$	↗	$-$ ↗	0 ↗		$+$ ↗	$+\infty$
y	$+\infty$ ↘		0 ↘ -2 ↘	$-\dfrac{5}{4}$ ↗	0	↗	$+\infty$
				minimum			
y'		$-$		0		$+$	

La valeur de x correspondant au minimum de y vaut $\operatorname{sh}\dfrac{1}{2}$ qui est voisin de o,5. Les valeurs qui correspondent à y nul sont $\operatorname{sh}(-1)$ qui est voisin de $-1,2$ et $\operatorname{sh}2$ qui est voisin de $3,6$.

Le coefficient angulaire de la tangente $\mu = \dfrac{y'}{x'} = \dfrac{2t-1}{\operatorname{ch}t}$ varie de o à o quand t varie de $-\infty$ à $+\infty$, et s'annule encore pour $t = \dfrac{1}{2}$; il est d'ailleurs négatif dans l'intervalle $\left(-\infty, \dfrac{1}{2}\right)$ et positif dans l'intervalle $\left(\dfrac{1}{2}, +\infty\right)$; il vaut -1 pour $t = 0$. Ce coefficient angulaire passe donc par un minimum au moins dans le premier intervalle et par un maximum au moins dans le second; il y a donc au moins un point d'inflexion dans chacun de ces intervalles.

Comme μ' vaut $\dfrac{2\operatorname{ch}t - (2t-1)\operatorname{sh}t}{\operatorname{ch}^2 t}$, on est conduit à étudier le signe de la fonction

$$u = 2\frac{\operatorname{ch}t}{\operatorname{sh}t} - 2t + 1 \qquad \text{qui vaut} \qquad \frac{\mu'}{\operatorname{sh}t}.$$

Or, $u' = \dfrac{-2}{\operatorname{sh}^2 t} - 2$ est toujours négatif; u décroissant constamment ne peut s'annuler plus d'une fois dans chacun des intervalles précités;

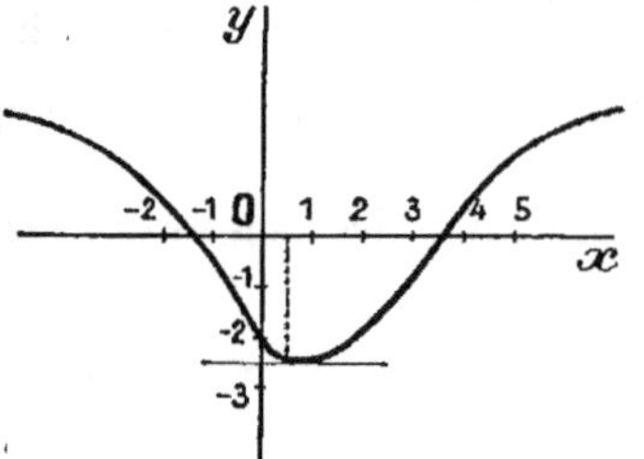

par suite, μ' ne s'annule pas plus d'une fois dans chacun de ces intervalles et il n'y a qu'un point d'inflexion dans chacun d'eux.

Une étude rapide montre que μ' est $<$ o pour $t = 1$, positif pour $t = \dfrac{1}{2}$ et négatif pour $t = 2$. Les points d'inflexion sont donc placés sur les arcs de la courbe qui vont du point le plus bas aux points situés sur Ox. Si l'on remarque enfin que $\dfrac{y}{x}$ tend vers o quand x tend vers l'infini, on voit que les branches infinies sont paraboliques et l'on obtient approximativement le tracé ci-joint.

Courbes unicursales. — Lorsque les deux fonctions $f(t)$ et $g(t)$ sont des fonctions rationnelles de t, on dit que la courbe correspondante est unicursale.

Soient donc $x = \dfrac{f(t)}{f_1(t)}$, $y = \dfrac{g(t)}{g_1(t)}$, deux fonctions rationnelles de t; on peut toujours les supposer irréductibles, de sorte qu'à toute valeur de t correspondent des valeurs déterminées pour x et pour y (ces valeurs peuvent être infinies).

Si l'on cherche les points de rencontre de la courbe définie par ces équations avec une droite quelconque $ux + vy + w = 0$, on est conduit à trouver les valeurs de t qui vérifient l'équation

$$u\frac{f}{f_1} + v\frac{g}{g_1} + w = 0.$$

Pour rendre cette équation entière, il faut multiplier les deux membres par le plus petit dénominateur commun des fractions $\dfrac{f}{f_1}$ et $\dfrac{g}{g_1}$. On pourrait remplacer tout d'abord ces fractions par les fractions égales qui ont comme dénominateur commun le plus petit multiple commun de f_1 et g_1; soient $\dfrac{F(t)}{F_2(t)}$ et $\dfrac{F_1(t)}{F_2(t)}$ ces deux fractions nouvelles, de sorte que, la courbe étant définie par les équations

$$x = \frac{F(t)}{F_2(t)}, \; y = \frac{F_1(t)}{F_2(t)},$$

les valeurs de t correspondant à ses points de rencontre avec la droite $ux + vy + w = 0$ sont racines de l'équation

$$(1) \qquad u F(t) + v F_1(t) + w F_2(t) = 0.$$

Le degré m de cette équation est le degré le plus élevé des polynômes F, F_1, F_2. A toute racine de l'équation (1) correspondent pour x et y des valeurs déterminées. Cette racine ne pourrait être un zéro commun à F et à F_2, par exemple, sans être un zéro de F_1 si l'on suppose v non nul; F, F_1, F_2 auraient un diviseur commun, de sorte que x et y n'auraient pas été réduits au plus petit dénominateur commun.

Il est vrai que v pourrait être nul. La sécante $ux + w = 0$ étant alors parallèle à Oy, l'abscisse des points cherchés est bien déterminée; aux zéros communs à F et F_2 qui sont des racines de l'équation $uF + wF_2 = 0$ correspondent, pour y, des valeurs infinies. L'étude de cette question se rattache à l'étude des points à l'infini des courbes algébriques et des ordres de multiplicité de ces points.

Quoi qu'il en soit, nous sommes amenés à penser qu'une droite quelconque coupe la courbe en m points (réalité mise à part) et que la courbe est algébrique et d'ordre m.

Elle est algébrique, comme le montre l'élimination de t entre les équations données. Mais on ne peut affirmer que son degré est m parce que les m valeurs obtenues pour t ne donnent pas nécessairement m points distincts, la sécante choisie étant cependant quelconque.

Par exemple, la courbe définie par les équations

$$(2) \qquad x = \frac{(t+1)^2}{t}, \qquad y = 2\,\frac{t^2+1}{t},$$

paraît être une conique. Or, si l'on part de la droite $x = \theta + 2$, $y = 2\theta$, et que l'on pose : $\theta = t + \dfrac{1}{t}$, on est conduit aux formules (2).

Les équations (2) définissent donc une droite. A chaque valeur réelle de θ correspond un point réel de la droite, mais les valeurs correspondantes de t ne sont réelles que si $|\theta|$ est supérieur à 2. Deux valeurs de t inverses l'une de l'autre, réelles ou imaginaires conjuguées, donnent le même point réel de la droite, puisqu'elles donnent à θ la même valeur. Les racines de l'équation

$$u(t+1)^2 + 2v(t^2+1) + wt = 0,$$

correspondant aux points de rencontre de la courbe avec la droite réelle $ux + vy + w = 0$, sont précisément inverses l'une de l'autre et réelles ou imaginaires conjuguées.

On dit que la représentation (2) est une représentation *impropre*.

En posant $\theta = \dfrac{\omega(t)}{\omega_1(t)}$, ω et ω_1 désignant deux polynomes entiers dont le degré le plus élevé est k, on aurait une représentation dans laquelle un point de la droite correspondrait à k valeurs du paramètre.

Une question se pose donc tout d'abord : étant donnée une représentation paramétrique $x = \dfrac{f(t)}{f_1(t)}$, $y = \dfrac{g(t)}{g_1(t)}$, d'une courbe unicursale, reconnaître si cette représentation est propre. Voici une manière de répondre à cette question.

Il faut voir si, à une valeur t_1 arbitrairement choisie, on peut faire correspondre une valeur différente t_2, telle que l'on ait :

$$\frac{f(t_1)}{f_1(t_1)} = \frac{f(t_2)}{f_1(t_2)} \qquad \text{avec} \qquad \frac{g(t_1)}{g_1(t_1)} = \frac{g(t_2)}{g_1(t_2)}.$$

Ces équations en t_1 et t_2, mises sous forme entière

$$(3) \quad f(t_1)f_1(t_2) - f(t_2)f_1(t_1) = 0, \qquad g(t_1)g_1(t_2) - g(t_2)g_1(t_1) = 0,$$

ont leurs premiers membres divisibles par $t_1 - t_2$. Les quotients obtenus, après division, sont des polynomes entiers symétriques en t_1 et t_2; ils s'expriment au moyen de polynomes entiers en $t_1 + t_2 = X$, et $t_1 t_2 = Y$, soient $\varphi(X, Y)$ et $\psi(X, Y)$. Il faut voir si les équations algébriques

$$\varphi(X, Y) = 0, \qquad \psi(X, Y) = 0,$$

ont une infinité de solutions avec une inconnue arbitraire. On sait résoudre ce problème en utilisant la théorie de l'élimination.

Regardons X et Y comme des coordonnées : ou bien les deux courbes définies par les équations $\varphi = 0$, $\psi = 0$ ont un nombre limité de points communs et la représentation est propre, ou bien elles ont une branche commune dont on peut trouver l'équation sous forme irréductible; soit $\theta(X, Y) = 0$, cette équation. Si θ est de degré p par rapport à l'ensemble des lettres X, Y, il est aussi de degré p

en t_1 et de degré p en t_2, c'est-à-dire qu'à une valeur arbitraire donnée à t_1 correspondent p valeurs de t_2 qui définissent le même point; $p+1$ valeurs de t donnent donc un même point arbitrairement choisi sur la courbe.

Posons :

$$\theta(t_1 + t_2, t_1\,t_2) = t_2^p\,\omega_0(t_1) + t_2^{p-1}\,\omega_1(t_1) + \ldots + \omega_p(t_1)$$

les polynomes entiers $\omega_0(t)$, $\omega_1(t)$, $\ldots$, $\omega_p(t)$ étant convenablement choisis et l'un d'eux au moins, ω_k par exemple, étant du degré p puisque θ est de degré p en t_1 comme en t_2.

L'équation $\theta(t_1 + t, t_1\,t) = 0$, de degré p en t, donne les p valeurs de t_2 qui correspondent à une même valeur de t_1; ces p nombres et t_1 sont racines de l'équation $(t - t_1)\,\theta(t_1 + t, t_1\,t) = 0$, qui s'écrit développée

$$\omega_0(t_1)\,t^{p+1} + \big[\omega_1(t_1) - t_1\,\omega_0(t_1)\big]\,t^p$$
$$+ \big[\omega_2(t_1) - t_1\,\omega_1(t_1)\big]\,t^{p-1} + \ldots - t_1\,\omega_p(t_1) = 0.$$

Soit

$$(4) \qquad t^{p+1} + \alpha_1\,t^p + \alpha_2\,t^{p-1} + \ldots + \alpha_{p+1} = 0,$$

cette équation dont le premier coefficient a été ramené à l'unité. Ses autres coefficients sont variables avec t_1, sans quoi t_1, qui est une racine de cette équation, serait fixe. En écrivant que les deux équations ont les mêmes racines, on obtient :

$$(5) \qquad \omega_0(t_1) = \frac{- t_1\,\omega_0(t_1) + \omega_1(t_1)}{\alpha_1} = \ldots$$
$$= \frac{- t_1\,\omega_k(t_1) + \omega_{k+1}(t_1)}{\alpha_{k+1}} = \ldots = \frac{- t_1\,\omega_p(t_1)}{\alpha_{p+1}}.$$

Considérons, par exemple, l'égalité

$$\omega_0(t_1) = \frac{- t_1\,\omega_k(t_1) + \omega_{k+1}(t_1)}{\alpha_{k+1}},$$

où t_1 figure au degré $p + 1$, puisque $\omega_k(t)$ est de degré p. Cette égalité reste vraie quand on y remplace t_1 par l'une quelconque des valeurs de t_2 correspondantes, c'est-à-dire par l'une quelconque des racines de l'équation (4). Cette dernière a donc les mêmes racines que l'équation

$$(6) \qquad t\omega_k(t) - \omega_{k+1}(t) + \alpha_{k+1}\,\omega_0(t) = 0,$$

dans laquelle le coefficient α_{k+1} est variable, puisque les coefficients de ω_0, ω_k et ω_{k+1} sont fixes et qu'une racine est arbitraire.

On pourrait obtenir cette équation sous une forme différente en apparence en utilisant une autre des relations (5) qui serait de degré $p + 1$ en t_1, mais cette nouvelle forme serait équivalente à la précédente.

A la fonction rationnelle $\dfrac{f(t)}{f_1(t)}$, on peut substituer un polynome entier, de degré p au plus, qui prenne les mêmes valeurs qu'elle quand on y remplace t par l'une quelconque des racines de l'équation (6) où l'on a fixé α_{k+1}; les coefficients de ce polynome entier sont des fonctions rationnelles de α_{k+1}. Ce polynome entier prenant la même valeur quand on y remplace t par $p + 1$ nombres distincts est indépendant de t et x se trouve exprimé en fonction rationnelle de α_{k+1}. On fera de même pour y et comme à chaque point de la courbe ne correspond qu'une valeur de α_{k+1}, la nouvelle représentation est propre.

Appliquons ces résultats au cas où $p = 1$. Alors $\theta(t_1 + t_2, t_1\,t_2)$ vaut $at_1 t_2 + b(t_1 + t_2) + c$ et l'équation du second degré qui admet comme racines t_1 et t_2 est

$$(t - t_1)\,[att_1 + b(t + t_1) + c] = 0$$

ou

$$t^2(at_1 + b) + t\,[bt_1 + c - t_1(at_1 + b)] - t_1(bt_1 + c) = 0.$$

Si on l'écrit sous la forme $t^2 + \alpha t + \beta = 0$, on a les deux relations

$$at_1 + b = \frac{bt_1 + c - t_1(at_1 + b)}{\alpha} = \frac{- t_1(bt_1 + c)}{\beta}.$$

Si a n'est pas nul, on peut mettre l'équation du second degré sous la forme

$$t(at+b) - (bt+c) + \alpha(at+b) = 0 = at^2 - c + \alpha(at+b),$$

où α est arbitraire.

Si b n'est pas nul, on peut l'écrire

$$t(bt+c) + \beta(at+b) = 0,$$

où β est arbitraire.

Si ab n'est pas nul, ces deux équations sont équivalentes, parce que α et β sont liés par la relation $a\beta - b\alpha + c = 0$; si a ou b est nul, l'une de ces équations est une identité en vertu de la même relation.

Si l'on suppose p supérieur à 1, il est aisé de voir que l'on ne peut plus prendre pour θ le polynome entier le plus général de degré p par rapport à l'ensemble des deux lettres X et Y.

Nous supposerons dorénavant que la représentation utilisée est propre.

Dans ce cas, nous pouvons encore chercher, à titre exceptionnel, des valeurs distinctes de t qui donnent un même point particulier de la courbe.

On les obtient en résolvant les équations $\varphi(X, Y) = 0$, $\psi(X, Y) = 0$, qui n'ont alors qu'un nombre limité de solutions; (X_0, Y_0) désignant l'une de ces solutions, on cherchera ensuite les racines t_1, t_2, de l'équation $t^2 - X_0 t + Y_0 = 0$ et, en portant l'une d'elles dans $\dfrac{f(t)}{f_1(t)}$ et $\dfrac{g(t)}{g_1(t)}$, on aura les coordonnées x_0, y_0 du point correspondant de la courbe.

On peut aussi chercher un polynome du premier degré prenant les mêmes valeurs que $\dfrac{f(t)}{f_1(t)}$ quand on y substitue t_1 et t_2; ce polynome se réduit à son terme constant dont la valeur est précisément x_0. On opère de même pour le calcul de y_0. Si X_0 et Y_0 sont réels, x_0 et y_0 le sont aussi sans que t_1 et t_2 le soient nécessairement.

Si l'on ne cherche que des renseignements utiles au tracé de la courbe, il y a lieu de retenir simplement les valeurs réelles de x et y. Il convient de faire à ce sujet une remarque essentielle.

Si, à un point réel donné $M(x, y)$ de la courbe, ne correspond qu'une valeur de t, les deux équations

$$A(t) \equiv xf_1(t) - f(t) = 0, \qquad B(t) \equiv yg_1(t) - g(t) = 0$$

n'ont qu'une solution commune, le plus grand commun diviseur D de A et B est un polynome du premier degré à coefficients réels et la valeur de t qui annule D est réelle. Mais, si à ce point M correspondent plusieurs valeurs de t, D est de degré supérieur à 1 et, bien que ses coefficients soient réels, il peut avoir des zéros imaginaires; ces zéros imaginaires sont d'ailleurs conjugués.

Si un point particulier réel $M_0(x_0, y_0)$ est obtenu pour une seule valeur (réelle, par conséquent) du paramètre, soit t_0, quand on fait varier t au voisinage de t_0 par valeurs réelles, le point M correspondant décrit une branche qui passe par M_0.

Si le point M_0 est obtenu pour deux valeurs réelles t_1 et t_2 du paramètre, on obtient deux branches de la courbe passant par M_0 en faisant varier t successivement au voisinage de t_1 et de t_2 par valeurs réelles.

Mais si t_1 et t_2 sont imaginaires conjuguées et que l'on donne à t une valeur t' voisine de t_2, valeur imaginaire par conséquent, on obtiendra pour x et y des valeurs imaginaires, sans quoi on retrouverait ces mêmes valeurs en donnant à t la valeur conjuguée de t' et la représentation serait impropre. Il n'y a donc pas, dans ce cas, de branche réelle de la courbe passant par le point réel M_0; ce point est dit *isolé*.

Dans tous les cas, on dit qu'un point M_0 qui correspond à deux valeurs du paramètre est un point double, qu'un point qui correspond à trois valeurs du paramètre est un point triple, etc. On adopte ces dénominations lors même que x_0, y_0 sont imaginaires.

Toutes ces conventions seront rattachées dans la suite à d'autres plus générales.

Lorsque nous aurons donné la notion de racine infinie d'une équation algébrique entière, nous verrons que la méthode de recherche des points multiples exposée plus haut ne suppose pas nécessairement finies toutes les valeurs de t qui correspondent à ces points. Toutefois, il conviendra de rejeter en général celles qui conduiraient à un point à l'infini de la courbe, x et y ayant été supposés finis dans le raisonnement.

Si les deux polynomes $f_1(t)$ et $g_1(t)$ ont plusieurs zéros communs distincts, ce qui arrive en général, car x et y peuvent devenir infinies en même temps, deux de ces zéros, t_1 et t_2 constituent une solution des équations (3) puisque $f_1(t_1)$ et $g_1(t_1)$ sont nuls ainsi que $f_1(t_2)$ et $g_1(t_2)$.

Si $D(t)$ est le plus grand commun diviseur de $f_1(t)$ et $g_1(t)$, l'équation qui fournit les valeurs de $Y = t_1 t_2$ admettra comme racines étrangères au problème les produits deux à deux des zéros de $D(t)$.

Au lieu de poser $t_1 + t_2 = X$ et $t_1 t_2 = Y$, pour résoudre les équations (3), on pourrait poser $t_1 + t_2 = 2\lambda$, $t_1 - t_2 = 2\mu$, d'où $t_1 = \lambda + \mu$ et $t_2 = \lambda - \mu$.

La première de ces équations devient :

$$f(\lambda + \mu) f_1(\lambda - \mu) - f(\lambda - \mu) f_1(\lambda + \mu) = 0.$$

Son premier membre est une fonction impaire de μ et, si on le développe suivant les puissances croissantes de μ par la formule de Taylor, on trouve, toutes réductions faites :

$$\frac{\mu}{1} \left[f_1(\lambda) f'(\lambda) - f(\lambda) f_1'(\lambda) \right]$$

$$+ \frac{\mu^3}{3!} \left[f_1(\lambda) f'''(\lambda) - 3 f_1'(\lambda) f''(\lambda) + 3 f_1''(\lambda) f'(\lambda) - f_1'''(\lambda) f(\lambda) \right] + \ldots = 0.$$

La seconde devient de même :

$$\frac{\mu}{1} \left[g_1(\lambda) g'(\lambda) - g(\lambda) g_1'(\lambda) \right]$$

$$+ \frac{\mu^3}{3!} \left[g_1(\lambda) g'''(\lambda) - 3 g_1'(\lambda) g''(\lambda) + 3 g_1''(\lambda) g'(\lambda) - g_1'''(\lambda) g(\lambda) \right] + \ldots = 0.$$

Après suppression du facteur μ, dont la présence correspond à $t_1 = t_2$, on obtient, sous la réserve précédente, les équations du problème; elles sont entières en λ et μ^2.

Dans le cas particulier où les deux équations

$$(7) \quad f_1(t)f'(t) - f(t)f_1'(t) = 0, \qquad g_1(t)g'(t) - g(t)g_1'(t) = 0$$

ont une solution commune t_0, les équations en μ, où l'on a fait $\lambda = t_0$, ont encore la solution commune $\mu = 0$, et le point singulier M_0 est obtenu pour

$$t_1 = t_2 = t_0.$$

On peut regarder ce cas comme un cas limite de celui où t_1 et t_2 sont distincts.

L'examen des valeurs de $x' = \dfrac{f_1 f' - f f_1'}{f_1^2}$, $y' = \dfrac{g_1 g' - g g_1'}{g_1^2}$, en un tel point, montre que ces valeurs sont nulles. La forme usuelle de l'équation de la tangente, savoir

$$\frac{x - x_0}{x_0'} = \frac{y - y_0}{y_0'},$$

est donc en défaut au point considéré. La formule de Taylor étant applicable au développement de Δx_0 et Δy_0 suivant les puissances croissantes de $t - t_0$, la tangente existe quand même en ce point; elle est définie par l'équation

$$\frac{x - x_0}{x_0''} = \frac{y - y_0}{y_0''},$$

si x_0'' et y_0'' ne sont pas nuls; etc.

Cherchons la forme de la courbe au voisinage de M_0 en supposant x_0'' et y_0'' non nuls. Pour cela, écrivons les développements de $x - x_0$ et $y - y_0$ suivant les puissances croissantes de $t - t_0$; soient

$$x - x_0 = \frac{(t - t_0)^2}{2} x_0'' + \frac{(t - t_0)^3}{6}(x_0''' + \eta),$$

$$y - y_0 = \frac{(t - t_0)^2}{2} y_0'' + \frac{(t - t_0)^3}{6}(y_0''' + \eta_1),$$

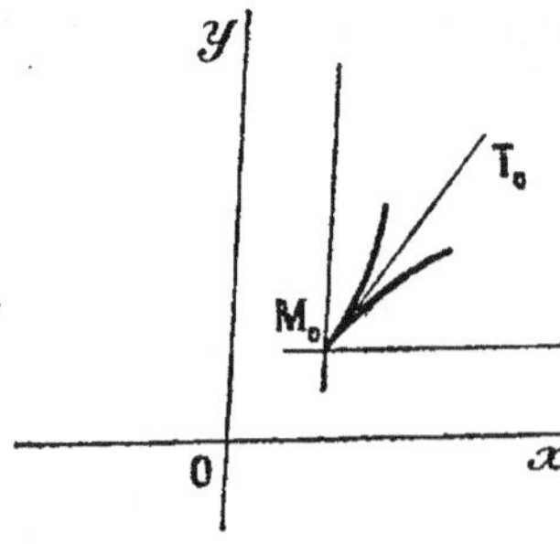

η et η_1 tendant vers zéro avec $t - t_0$. Si, par exemple, x_0'' et y_0'' sont positifs, $x - x_0$ et $y - y_0$ tendent vers zéro à droite, quel que soit le signe de $t - t_0$, ce qui montre qu'au voisinage de M_0 la courbe est tout entière située dans le premier angle des parallèles aux axes, menées par ce point. Plaçons la courbe par rapport à sa tangente $M_0 T_0$ dont l'équation est

$$Y - y_0 = \frac{y_0''}{x_0''}(x - x_0).$$

Pour cela, étudions le signe de la différence

$$\delta = y - Y = y - y_0 - (Y - y_0) = \frac{(t - t_0)^3}{6}\left[y_0''' - \frac{y_0''}{x_0''} x_0''' + \eta_2\right],$$

η_2 tendant encore vers o avec $t - t_0$. Si $x_0'' y_0''' - y_0'' x_0'''$ n'est pas nul, on voit que le signe de δ change avec celui de $t - t_0$, c'est-à-dire que les deux branches aboutissant en M_0 sont de part et d'autre de la tangente et on a la disposition figurée : la courbe présente un rebroussement en M_0, etc.

Si l'on suppose les équations de la courbe mises sous la forme $x = \dfrac{F(t)}{F_2(t)}$, $y = \dfrac{F_1(t)}{F_2(t)}$, F, F_1, F_2, étant trois polynomes entiers premiers entre eux dans leur ensemble, l'équation de la tangente en un point $M(t)$ est

$$\frac{x - \dfrac{F}{F_2}}{F_2 F' - F F_2'} = \frac{y - \dfrac{F_1}{F_2}}{F_2 F_1' - F_1 F_2'}.$$

En la rendant entière, on trouve :

$$x(F_1 F_2' - F_2 F_1') + y(F_2 F' - F F_2') + F F_1' - F_1 F' = 0,$$

ou bien, en utilisant un déterminant,

$$(8) \qquad \begin{vmatrix} x, & y, & 1 \\ F, & F_1, & F_2 \\ F', & F_1', & F_2' \end{vmatrix} = 0.$$

Cette équation de la tangente peut s'obtenir autrement.

Considérons une sécante quelconque $ux + vy + w = 0$ et formons l'équation qui donne les valeurs de t correspondant aux points où elle est rencontrée par la courbe. C'est :

$$(9) \qquad R(t) \equiv u F(t) + v F_1(t) + w F_2(t) = 0.$$

Écrivons que cette équation admet une racine double t et par conséquent que l'on a :

$$(10) \qquad R'(t) \equiv u F'(t) + v F_1'(t) + w F_2'(t) = 0.$$

Si les équations (9) et (10), où l'on regarde t comme donnée et u, v, w, comme inconnues, sont distinctes, on peut en tirer pour u, v, w des quantités proportionnelles et, en portant ces valeurs dans l'équation de la sécante, on met l'équation de cette droite sous la forme (8).

On peut donc dire qu'une tangente à la courbe est une droite qui la rencontre en deux points confondus, étant entendu que cette propriété se manifeste par l'existence d'une racine double de l'équation $R(t) = 0$. Mais si les équations (9) et (10) sont équivalentes, c'est-à-dire si t vérifie à la fois les relations

$$(11) \qquad \frac{F'}{F} = \frac{F_1'}{F_1} = \frac{F_2'}{F_2},$$

le raisonnement est en défaut.

Les points correspondants de la courbe sont précisément les points de rebroussement signalés plus haut, car la valeur de t qui leur correspond annule les binômes $F_1' F_2 - F_1 F_2'$, etc.

Si l'on écrit, dans ce cas, que t est un zéro triple de $R(t)$, c'est-à-dire que l'on a :

$$(12) \qquad R''(t) \equiv u F''(t) + v F_1''(t) + w F_2''(t) = 0,$$

les équations (9) et (12), supposées distinctes en u, v, w, donnent encore des valeurs proportionnelles pour ces variables et l'on obtient une sécante particulière qui rencontre la courbe en 3 points au moins confondus au point de rebroussement correspondant. On pourrait vérifier que cette droite est la tangente au point de rebroussement.

On peut aussi chercher les sécantes particulières pour lesquelles l'équation $R(t) = 0$ admet une racine triple sans que cette racine corresponde forcément à un point de rebroussement de la courbe. Si t est la valeur de la racine triple, les équations (9) (10) et (12) ont une solution non nulle en u, v, w et l'on a :

$$(13) \qquad \Delta(t) \equiv \begin{vmatrix} F, & F_1, & F_2 \\ F', & F'_1, & F'_2 \\ F'', & F''_1, & F''_2 \end{vmatrix} = 0.$$

Or, si l'on écrit que le coefficient angulaire $\mu(t) = \dfrac{F_2 F'_1 - F_1 F'_2}{F_2 F' - F F'_2}$ de la tangente en un point de la courbe, passe par un maximum ou un minimum, c'est-à-dire que $\mu'(t) = 0$, on est précisément conduit à l'équation (13).

Il en résulte que les points correspondant aux racines de cette équation sont : 1° les points d'inflexion de la courbe; 2° ses points de rebroussement.

On peut d'ailleurs montrer qu'une solution des équations (11) annule $\Delta'(t)$, c'est-à-dire que c'est un zéro double de $\Delta(t)$.

La forme (8) de l'équation de la tangente paraît être de degré $2m - 1$ par rapport à t, si la courbe est de degré m, parce que les éléments de la seconde ligne sont de degré m et ceux de la troisième de degré $m - 1$. Mais on peut mettre cette équation sous la forme équivalente

$$\begin{vmatrix} m F - \dfrac{x,}{F'} t F', & m F_1 - \dfrac{y,}{F'_1} t F'_1, & m F_2 - \dfrac{1}{F'_2} t F'_2 \end{vmatrix} = 0,$$

et, cette fois, les éléments de la seconde ligne ne sont plus que du degré $m - 1$, de sorte que le degré par rapport à t est $2m - 2$ en général.

Des transformations analogues montrent que $\Delta(t)$ est en général de degré $3m - 6$ tandis qu'il paraît être de degré $3m - 3$.

On appelle *classe* d'une courbe le nombre des tangentes qu'on peut lui mener par un point. L'équation qui exprime que la droite (8) passe par un point donné est de degré $2m - 2$ en t; mais elle admet les solutions des équations (11), s'il en existe; soit r leur nombre. Il reste $2m - 2 - r$ valeurs de t auxquelles correspondent autant de tangentes à la courbe passant par le point donné. La courbe est donc de classe $2m - 2 - r$, en général. De même, si l'on veut trouver le nombre des points d'inflexion de la courbe, il faut en général retrancher du degré $3m - 6$ de $\Delta(t)$, 2 fois le nombre r.

Remarquons enfin que les coordonnées des points multiples de la courbe $x = \dfrac{f}{f_1}$, $y = \dfrac{g}{g_1}$, pourraient s'obtenir en écrivant que les deux équations

$$f_1 x - f = 0, \qquad g_1 y - g = 0,$$

où l'on regarde x et y comme connus, ont plusieurs solutions communes en t.

EXERCICES

1° Construire la courbe définie par les équations

$$x = \frac{t^2 - 1}{t}, \qquad y = \frac{(t - 1)(t^2 - 1)}{t(t + a)},$$

a désignant une constante qui peut prendre toutes les valeurs possibles.

2° Montrer que toute courbe définie par une équation de la forme

$$\varphi(x - x_0, y - y_0) + \psi(x - x_0, y - y_0) = 0,$$

$\varphi(u, v)$, $\psi(u, v)$ étant deux polynomes entiers et homogènes dont les degrés diffèrent de 1, est unicursale. (On exprime x et y rationnellement en fonction de $\dfrac{y - y_0}{x - x_0} = t$, ce qui revient à chercher l'intersection de la courbe avec une sécante variable passant par le point (x_0, y_0)). Appliquer aux coniques.

3° Montrer que toute courbe définie par une équation de la forme

$$P^{m-1}P_1 + P^{m-2}QP_2 + P^{m-3}Q^2P_3 + \ldots + Q^{m-1}P_m = 0,$$

où $P, Q, P_1, P_2, \ldots, P_m$ sont des fonctions linéaires de x et y, est unicursale. (On coupe la courbe par une sécante variable, $P - Qt = 0$).

4° Construire la courbe définie par l'équation

$$(x - 1)y^3 + 3x^2(1 - x)y + x^3(x + 1) = 0.$$

5° L'équation aux t des points d'intersection d'une droite quelconque $ux + vy + w = 0$, et de la cubique unicursale

$$x = \frac{F(t)}{F_2(t)}, \qquad y = \frac{F_1(t)}{F_2(t)},$$

étant $u\,F(t) + v\,F_1(t) + w\,F_2(t) = 0$, dépend linéairement de deux paramètres. Montrer que les fonctions symétriques élémentaires de ses racines

$$p_1 = t_1 + t_2 + t_3, \quad p_2 = t_2 t_3 + t_3 t_1 + t_1 t_2, \quad p_3 = t_1 t_2 t_3$$

sont liées par une relation de la forme

$$A p_3 + B p_2 + C p_1 + D = 0.$$

Cette relation exprime la condition nécessaire et suffisante pour que les trois points de la cubique correspondant à t_1, t_2, t_3, soient alignés. Supposons cette équation donnée. Si t_1 et t_2 correspondent à un point double de la cubique, t_3 est arbitraire.

Déduire de là que la cubique possède un point double et trouver les valeurs de t correspondantes. Cas où le point double est de rebroussement.

Trouver l'équation qui admet comme racines les t des points d'inflexion. Montrer que cette dernière équation a ses racines réelles si le point double est isolé, et qu'elle a deux racines imaginaires si le point double n'est pas isolé.

Démontrer que les trois points d'inflexion sont alignés.

6° L'équation du 4° degré aux t des points de rencontre d'une droite quelconque et d'une quartique unicursale donnée dépend linéairement de deux paramètres. Montrer que les fonctions symétriques élémentaires de ses racines sont liées par deux équations

$$A p_4 + B p_3 + C p_2 + D p_1 + E = 0, \quad A' p_4 + B' p_3 + C' p_2 + D' p_1 + E' = 0.$$

Ces deux équations étant données, trouver les valeurs de t qui correspondent aux points doubles de la courbe. Discuter la solution de ce problème et trouver, en particulier, les conditions pour que les points doubles soient tous de rebroussement.

Trouver l'équation qui admet comme racines les t des points d'inflexion.

7° On suppose qu'en étudiant une représentation impropre d'une courbe unicursale on ait obtenu entre deux valeurs t_1 et t_2 du paramètre relatives à un même point une relation biquadratique symétrique

$$A t_1^2 t_2^2 + B t_1 t_2 (t_1 + t_2) + C (t_1^2 + t_2^2) + D t_1 t_2 + E (t_1 + t_2) + F = 0.$$

Montrer que les coefficients de cette relation satisfont à une condition et trouver cette condition.

8° Construire la courbe $x^y = y^x$.

(Si l'on égale les logarithmes de x^y et y^x, et qu'on pose $\dfrac{y}{x} = t$, on exprime x et y en fonction de t).

Cette équation pouvant s'écrire aussi $\dfrac{\log x}{x} = \dfrac{\log y}{y}$, la courbe proposée rentre dans la catégorie générale de celles qui ont pour équation $f(x) = f(y)$, la fonction inverse de $t = f(u)$ ayant plusieurs déterminations. On construit avec précision la courbe définie par l'équation $t = f(u)$ et à chaque valeur de t correspondent plusieurs valeurs de u qui peuvent être prises indifféremment pour x et pour y.

50e LEÇON

CONSTRUCTION DES COURBES DÉFINIES
PAR UNE ÉQUATION $f(x, y) = 0$

Lorsqu'une courbe est définie par une équation d'où l'on ne sait tirer les expressions de x et de y en fonction d'un paramètre, on ne peut donner de règle générale permettant de la construire. Nous allons nous borner à quelques indications concernant le cas où l'équation donnée est une équation algébrique entière par rapport à l'une des variables, y par exemple, les coefficients des diverses puissances de y étant des fonctions de x continues dans certains intervalles.

Il nous faut voir si une telle équation en y a des racines et si ces racines sont des fonctions continues de x.

Nous avons donné une solution du premier problème dans des cas très étendus en appliquant le théorème de Rolle à la discussion de la réalité des valeurs de y. La solution du second résulte du théorème suivant :

Les racines d'une équation algébrique entière, dont les coefficients sont des fonctions continues d'une ou de plusieurs variables, sont des fonctions continues de ces variables.

Pour établir sommairement cette proposition, nous raisonnerons sur une équation en y, du quatrième degré, dont les coefficients sont des fonctions continues de x. Soit

$$(1) \qquad a_0(x)y^4 + a_1(x)y^3 + a_2(x)y^2 + a_3(x)y + a_4(x) = 0$$

cette équation.

$1°$ Si $a_0(x_0) \neq 0$, $a_2(x_0) \neq 0$, $a_3(x_0) = 0$, $a_4(x_0) = 0$, deux racines de l'équation (1) tendent vers 0 quand x tend vers x_0.

Soient, en effet, y_1, y_2, y_3, y_4 les quatre racines réelles ou imaginaires de l'équation qui correspond à la valeur x de la variable, $\eta_1, \eta_2, \eta_3, \eta_4$ leurs modules.

Utilisons les relations suivantes entre les coefficients et les racines :

$$y_1 y_2 y_3 y_4 = \frac{a_4(x)}{a_0(x)}; \qquad y_2 y_3 y_4 + y_1(y_2 y_3 + y_2 y_4 + y_3 y_4) = -\frac{a_3(x)}{a_0(x)};$$

$$y_1(y_2 + y_3 + y_4) + y_2(y_3 + y_4) + y_3 y_4 = \frac{a_2(x)}{a_0(x)}.$$

On déduit de la première :

$$(2) \qquad \eta_1 \eta_2 \eta_3 \eta_4 = \left| \frac{a_4(x)}{a_0(x)} \right|$$

et l'on en conclut que l'un des nombres η_1, η_2, η_3, η_4, au moins, tend vers zéro quand x tend vers x_0; soit η_1.

De la seconde, on tire :

$$(3) \qquad \eta_2\,\eta_3\,\eta_4 \leq \left| \frac{a_3(x)}{a_0(x)} \right| + \eta_1\,(\eta_2\,\eta_3 + \eta_2\,\eta_4 + \eta_3\,\eta_4).$$

Or, si l'on remarque qu'au voisinage de x_0, les coefficients de l'équation (1) ayant des modules limités supérieurement par un nombre M tandis que $|a_0(x)|$ est limité inférieurement par un nombre m, les modules des différentes racines sont limités supérieurement par $1 + \dfrac{M}{m}$, on voit que le produit $\eta_1\,(\eta_2\,\eta_3 + \eta_2\,\eta_4 + \eta_3\,\eta_4)$ tend vers zéro quand x tend vers x_0 puisque le facteur η_1 tend vers zéro tandis que l'autre est limité supérieurement.

Le second membre de l'inégalité (3) tendant vers zéro avec $x - x_0$, le produit $\eta_2\,\eta_3\,\eta_4$ tend vers zéro et l'un au moins de ses facteurs, η_2 par exemple, tend vers zéro.

Enfin, de la troisième relation, on tire :

$$(4) \qquad \eta_3\,\eta_4 \geq \left| \frac{a_2(x)}{a_0(x)} \right| - \eta_1\,(\eta_2 + \eta_3 + \eta_4) - \eta_2\,(\eta_3 + \eta_4) ;$$

$\eta_3\,\eta_4$ étant supérieur ou égal à un nombre qui tend vers $\left| \dfrac{a_2(x_0)}{a_0(x_0)} \right|$ et les deux facteurs η_3 et η_4 étant limités supérieurement, chacun d'eux est limité inférieurement par un nombre positif, ce qui prouve bien que deux racines de l'équation (1) et pas plus de deux tendent vers zéro avec $x - x_0$.

$2°$ En posant $y = \dfrac{1}{z}$, on en déduit que, si $a_4(x_0)$ et $a_2(x_0)$ ne sont pas nuls, tandis que $a_0(x_0) = a_1(x_0) = 0$, deux valeurs de z tendent vers zéro et par suite deux valeurs de y tendent vers l'infini quand x tend vers x_0.

On peut arriver à la même conclusion en se débarrassant de la restriction relative à $a_4(x_0)$. Posons en effet : $y = y' + h$, ce qui donne l'équation

$$
\begin{aligned}
(5) \quad a_0(x)\,y'^4 &+ \big(4\,h\,a_0(x) + a_1(x)\big)\,y'^3 + \big(6\,h^2 a_0(x) + 3\,h\,a_1(x) + a_2(x)\big)\,y'^2 \\
&+ \big(4\,h^3 a_0(x) + 3\,h^2 a_1(x) + 2\,h\,a_2(x) + a_3(x)\big)\,y' + h^4 a_0(x) \\
&+ h^3 a_1(x) + h^2 a_2(x) + h\,a_3(x) + a_4(x) = 0.
\end{aligned}
$$

Prenons pour h un nombre quelconque qui ne soit pas une racine de l'équation $h^2 a_2(x_0) + h\,a_3(x_0) = 0$; la chose est possible, puisque $a_2(x_0)$ n'est pas nul.

Quand x tend vers x_0, les deux premiers coefficients de l'équation (5) tendent vers zéro, le troisième tend vers $a_2(x_0)$ qui n'est pas nul et le dernier tend vers $h^2 a_2(x_0) + h\,a_3(x_0)$ qui n'est pas nul non plus à cause du choix de h. Par suite, deux racines de l'équation en y' tendent vers l'infini et deux racines de l'équation en y également.

3° Supposons maintenant $a_4(x_0) = a_3(x_0) = 0$ et $a_2(x_0) \neq 0$ sans rien supposer sur $a_0(x_0)$. Posons $y = \dfrac{1}{z}$. Deux racines de l'équation en z tendent vers l'infini en vertu de la constatation précédente et, par suite, deux racines de l'équation en y tendent vers zéro, quand x tend vers x_0.

En rapprochant ces différents faits, nous pouvons donc dire que si les p premiers coefficients d'une équation en y ordonnée suivant les puissances décroissantes de l'inconnue tendent vers zéro ainsi que les q derniers, celui qui suit les p premiers et celui qui précède les q derniers ayant leurs modules limités inférieurement par un nombre positif, p racine tendent vers l'infini et q tendent vers zéro.

Nous ne pouvons conclure si tous les coefficients de l'équation tendent vers zéro à la fois. On évitera cette difficulté en divisant tous les coefficients par un facteur convenable sans altérer leur continuité.

Considérons maintenant l'équation

$$(6) \quad f(x, y) \equiv a_0(x) y^m + a_1(x) y^{m-1} + \ldots + a_{m-1}(x) y + a_m(x) = 0$$

$a_0, a_1, \ldots, a_m$, désignant des fonctions de x continues pour la valeur x_0 de la variable.

Supposons que, pour $x = x_0$, l'équation (6) ait p racines égales à y_0.

Posons $y = y_0 + z$. L'équation $f(x, y_0 + z) = 0$ est une équation entière de degré m en z. Ses coefficients sont des fonctions linéaires et homogènes de $a_0, a_1, \ldots, a_m$; ce sont donc des fonctions continues de x au voisinage de x_0. Cette équation ayant p racines nulles pour $x = x_0$, ses p derniers coefficients s'annulent pour cette valeur de x, tandis que le précédent ne s'annule pas. Les p derniers coefficients tendent donc vers zéro et le précédent vers un nombre non nul quand x tend vers x_0.

Par suite, p racines de l'équation en z tendent vers zéro et p racines de l'équation en y tendent vers y_0. La continuité des racines de l'équation en y est donc établie.

En particulier, si $a_0, a_1, \ldots, a_m$, sont des polynomes entiers en x, on peut les supposer premiers dans leur ensemble et il n'existe aucune valeur de x qui les annule à la fois. Les m racines y sont alors des fonctions continues de x, quel que soit x. Toutefois, certaines d'entre elles tendent vers l'infini quand x tend vers un des zéros, x_0, de $a_0(x)$.

Il peut en être de même quand x tend vers l'infini. Pour élucider cette question, il convient de diviser les deux membres de l'équation par la plus haute puissance de x qui figure dans les divers polynomes $a_i(x)$.

Les coefficients de l'équation nouvelle resteront continus quand x tend vers l'infini et, comme tous ne tendent pas vers zéro, on pourra conclure.

Par exemple, l'équation

$$y^4(x^2 + 1) + y^3(x - 1) + y^2 x^3 + yx + 1 = 0$$

peut s'écrire, en divisant par x^3,

$$y^4\left(\frac{1}{x} + \frac{1}{x^2}\right) + y^3\left(\frac{1}{x^2} - \frac{1}{x^3}\right) + y^2 + y\frac{1}{x^2} + \frac{1}{x^3} = 0.$$

Quand x tend vers l'infini, deux valeurs de y tendent vers l'infini et les deux autres vers zéro.

Comme il importe de distinguer les unes des autres les diverses branches de la fonction, il faudra chercher les valeurs x_1 de x pour lesquelles l'équation en y acquiert une racine double ; ce sont les zéros du discriminant $R(x)$ de cette équation. Pour le tracé de la courbe, on ne retiendra que les nombres x_0 et x_1 qui sont réels.

Pour placer la courbe par rapport aux axes, il faudra chercher les signes des différentes valeurs de y ; les signes des racines ne peuvent changer, dans les intervalles où elles sont continues, que lorsqu'elles s'annulent. Ce fait se présente chaque fois que x passe par un zéro x_2 de $a_m(x)$. On ne retiendra encore que ceux de ces zéros qui sont réels.

Rangeons alors, par ordre de grandeur croissante, les nombres x_0, x_1, x_2, ainsi que $-\infty$ et $+\infty$. Dans tout intervalle, borné par deux de ces nombres, nous pouvons affirmer que l'équation conserve le même nombre de racines réelles, que ces racines sont des fonctions continues de x et que leurs signes ne changent pas. Remarquons, en effet, qu'une racine imaginaire qui varie d'une façon continue ne peut devenir réelle que si le coefficient de i, dans cette racine, tend vers zéro ; mais le coefficient de i, dans le nombre complexe conjugué qui est aussi une racine, tend vers zéro en même temps. Donc, à l'instant où une racine imaginaire devient réelle, l'équation acquiert une racine double ; le changement dans la réalité des racines ne peut donc se produire qu'aux bornes des intervalles considérés et même à celles de ces bornes qui sont des nombres x_1.

Cela étant, si nous donnons à x une valeur particulière comprise dans un de ces intervalles, nous n'aurons qu'à étudier la réalité et les signes des racines de l'équation à coefficients numériques correspondante pour être renseigné sur ce qui se passe, à ce point de vue, dans tout l'intervalle.

En fait, on suivra, en général, les changements qui se produisent chaque fois que x passe par une des bornes.

Reste à élucider la question de la tangente en un point quelconque de la courbe. Soit (x_0, y_0) un point quelconque réel, tel que y_0 soit racine simple de l'équation $f(x_0, y) = 0$. Donnons à x une valeur $x_0 + h$ voisine de x_0 ; il en résulte, pour y, une seule valeur voisine de y_0, et cette valeur est réelle, car si elle était imaginaire, le nombre conjugué qui serait également racine, serait aussi voisin de y_0. Soit $y_0 + k$ la valeur voisine de y_0.

Si nous appliquons la formule des accroissements finis à

$$f(x_0 + h, y_0 + k),$$

nous trouvons :

$$hf'_x(x_0 + \theta h, y_0 + \theta k) + kf'_y(x_0 + \theta h, y_0 + \theta k) = 0$$

et
$$\text{limite } \frac{k}{h} = -\frac{f'_x(x_0, y_0)}{f'_y(x_0, y_0)}.$$

Nous retrouvons un résultat établi plus haut, en admettant l'existence de la dérivée.

Si $f'_y(x_0, y_0)$ est nul, il y a plusieurs valeurs de y voisines de y_0 quand x est voisin de x_0 et on ne peut plus affirmer leur réalité. Nous reviendrons sur cette question, plus tard, lorsque nous étudierons la forme d'une courbe algébrique au voisinage d'un de ses points.

Appliquons ces considérations à l'étude du tracé de la courbe définie par l'équation

$$f(x, y) \equiv F(y) \equiv y^3(x-1) - 3x^2 y(x-1)(x+1)^2 + 4x^2(x+1)^5 = 0.$$

On trouve aisément :

$$F'(y) \equiv 3(x-1)\left[y^2 - x^2(x+1)^2\right].$$

$F'(y)$ s'annule donc pour les deux valeurs symétriques

$$y_0 = -x(x+1), \qquad y_1 = x(x+1).$$

Quand x varie de 0 à -1, y_0 est supérieur à y_1, et en dehors de cet intervalle c'est le contraire. Un calcul rapide donne :

$$F(y_0) = 2x^2(x+1)^5(x^2-x+2),$$
$$F(y_1) = -2x^2(x+1)^4(x-2).$$

Ces résultats de substitution s'annulent pour $x = -1$, 0 ou 2, et l'équation en y admet des racines multiples pour ces valeurs de x. D'autre part, les 3 racines y tendent vers l'infini quand x tend vers 1 et vers 0 quand x tend vers 0 ou -1. Quand x tend vers l'infini, deux valeurs de y tendent vers l'infini et la troisième vers $\dfrac{4}{3}$.

Pour $x = 2$, $y_1 = 6$ est racine double, et la racine simple vaut -12, puisque la somme des valeurs de y est nulle.

Nous avons à étudier la réalité et les signes des racines dans les intervalles bornés par les nombres

$$-\infty, \qquad -1, \qquad 0, \qquad 1, \qquad 2, \qquad +\infty,$$

$1°$ Intervalle $(-\infty, -1)$.

$$F(-\infty) > 0, \quad F(y_0) < 0, \quad F(0) < 0, \quad F(y_1) > 0, \quad F(+\infty) < 0.$$

Il y a donc une racine de l'équation proposée dans chacun des intervalles

$$(-\infty, y_0), \qquad (0, y_1), \qquad (y_1, +\infty).$$

$2°$ Intervalle $(-1, 0)$.

$$F(-\infty) > 0, \quad F(y_1) > 0, \quad F(0) > 0, \quad F(y_0) > 0, \quad F(+\infty) < 0.$$

Il n'y a plus qu'une racine dans l'intervalle $(y_0, +\infty)$.

$3°$ Intervalle $(0, 1)$.

$$F(-\infty) > 0, \quad F(y_0) > 0, \quad F(0) > 0, \quad F(y_1) > 0, \quad F(+\infty) < 0.$$

L'équation admet une racine dans l'intervalle $(y_1, +\infty)$.

4° Intervalle $(1, 2)$.

$$F(-\infty) < 0, \quad F(y_0) > 0, \quad F(0) > 0, \quad F(y_1) > 0, \quad F(+\infty) > 0.$$

L'équation admet une racine dans l'intervalle $(-\infty, y_0)$.

5° Intervalle $(2, +\infty)$.

$$F(-\infty) < 0, \quad F(y_0) > 0, \quad F(0) > 0, \quad F(y_1) < 0, \quad F(+\infty) > 0.$$

Il y a une racine dans chacun des intervalles

$$(-\infty, y_0), \qquad (0, y_1), \qquad (y_1, +\infty).$$

La droite $x = 1$ est une asymptote : la position de la courbe par rapport à cette asymptote résulte de l'étude faite dans l'intervalle $(0, 1)$ et dans l'intervalle $(1, 2)$.

Nous avons vu aussi que la droite $y = \dfrac{4}{3}$ est une asymptote; pour placer la courbe par rapport à cette asymptote, il faut étudier le signe de $\delta = y - \dfrac{4}{3}$, quand x tend vers $\pm \infty$ ou le signe de x quand y tend vers $\dfrac{4}{3}$. Or l'équation étant ordonnée par rapport aux puissances décroissantes de x, savoir

$$x^5(4 - 3y) + x^4(12 - 3y) + \ldots + xy^5 - y^5 = 0,$$

on constate qu'une seule valeur de x tend vers l'infini quand y tend vers $\dfrac{4}{3}$; son signe est celui de la somme des racines x, c'est-à-dire le signe de $\dfrac{3y - 12}{4 - 3y}$ ou de $\dfrac{-8}{\dfrac{4}{3} - y}$, ou encore de $y - \dfrac{4}{3}$.

Quant aux autres branches infinies, leur position résulte de la séparation précédemment effectuée au moyen des paraboles

$$\begin{aligned}
P_0, \quad & y = -x(x + 1), \\
P_1, \quad & y = x(x + 1).
\end{aligned}$$

Ces branches sont paraboliques et $\dfrac{y}{x}$ tend vers l'infini.

Cherchons encore les tangentes à l'origine qui est un point singulier, en déterminant la limite de $\dfrac{y}{x} = t$. L'équation qui relie t et x est

$$t^3 x(x - 1) - 3tx(x - 1)(x + 1)^2 + 4(x + 1)^5 = 0.$$

Quand x tend vers zéro, toutes les valeurs de t tendent vers l'infini; il en est de même en particulier pour la valeur de t relative à la branche étudiée, et la courbe n'admet que la tangente Oy à l'origine.

Cherchons de même les tangentes au point $A(-1, 0)$, qui est aussi

un point singulier, en déterminant la limite de $\dfrac{y}{x+1} = t$. L'équation
qui relie t et x est

$$t^3(x-1) - 3\,tx^2(x-1) + 4\,x^2 = 0.$$

Pour $x = -1$, cette équation devient :

$$t^3 - 3\,t - 2 = 0 = (t+1)^2(t-2).$$

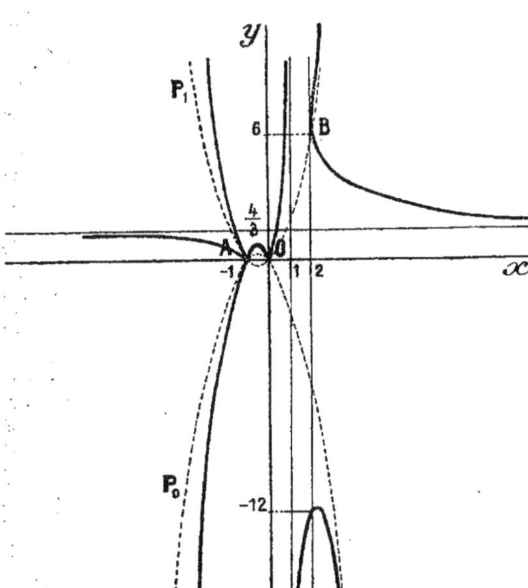

La courbe admet donc au point A deux tangentes de coefficients angulaires -1 et 2. La tangente, dont le coefficient angulaire est -1, est, en même temps, tangente à la parabole séparatrice P_1.

A l'aide de tous ces renseignements, nous pouvons donner l'allure générale de la courbe qui est figurée en trait plein. Les deux paraboles séparatrices ont été figurées en trait rompu. La tangente au point B $(2, 6)$ est parallèle à Oy.

Méthode des régions. — Considérons une courbe algébrique C définie par l'équation $f(x, y) = 0$, f désignant un polynome entier en x, y. Posons :

$$x = x_0 + a\rho, \qquad y = y_0 + b\rho,$$

x_0, y_0, a, b, désignant des nombres donnés et ρ un paramètre variable, de sorte que le point $M(x, y)$ est astreint à se déplacer sur une droite D. La puissance algébrique $f(x, y)$ de ce point M par rapport à C s'exprime alors par un polynome entier $F(\rho)$ dont les zéros correspondent aux points de rencontre de D et de C. La valeur de $F(\rho)$ change de signe chaque fois que ρ passe par un zéro réel multiple d'ordre impair (un zéro simple, par exemple); nous dirons qu'au point correspondant D traverse C. Il résulte de là que si M se déplace sans rencontrer la courbe, sa puissance algébrique conserve un signe constant. C partage le plan en régions caractérisées par le signe de la puissance algébrique de l'un quelconque de leurs points. On arriverait à la même conclusion en remarquant que la fonction continue $f(x, y)$ ne peut changer de signe sans s'annuler, lorsque le point M se déplace dans le plan d'une façon continue.

Supposons que l'équation d'une courbe algébrique C soit mise sous la forme

$$f_1(x, y) \cdot f_2(x, y) \cdot f_3(x, y) = g_1(x, y) \cdot g_2(x, y),$$

par exemple, f_1, f_2, f_3, g_1, g_2 désignant des polynomes entiers. Supposons de plus qu'on sache tracer avec quelque précision les courbes c_1, c_2, c_3 ayant pour équations respectives

$$f_1 = 0, \qquad f_2 = 0, \qquad f_3 = 0.$$

Faisons la même hypothèse sur les courbes γ_1 et γ_2 définies par les équations

$$g_1 = 0, \qquad g_2 = 0.$$

D'abord, tout point de rencontre d'une courbe c et d'une courbe γ est un point de C. En outre, les coordonnées de tout point de C non situé sur l'une de ces courbes particulières, rendant égaux les deux produits $f_1 f_2 f_3$ et $g_1 g_2$, leur donnent des valeurs de même signe. L'étude du signe de la puissance algébrique d'un point par rapport aux courbes c_1, c_2, c_3 d'une part et par rapport aux courbes γ_1 et γ_2 d'autre part, permettra donc de partager le plan en régions bornées par des arcs de ces courbes, régions dans lesquelles les deux produits considérés conserveront des signes constants. Dans toute région où ces signes sont différents, il n'y a pas de points de C. On couvrira ces régions de hachures.

Dans toute région où ces signes sont les mêmes, il peut y avoir des points de C.

Ces renseignements, joints à d'autres obtenus en appliquant d'autres procédés, pourront permettre de tracer approximativement la courbe.

EXERCICE

Construire les courbes définies par l'équation suivante qui dépend du paramètre a

$$x(x + y)(x - y + 1) = a(y - 2)$$

On examinera plus particulièrement les deux cas où $a = -3$ et $a = 6$.

51e LEÇON

RECHERCHE DES ASYMPTOTES DES COURBES ALGÉBRIQUES

Les principes exposés dans la leçon précédente peuvent être appliqués à la recherche des asymptotes des courbes algébriques.

I. Asymptotes parallèles aux axes. — On obtient les asymptotes parallèles à Oy, d'après ce qui précède, en cherchant les zéros du coefficient $a_0(x)$ de la plus haute puissance de y, dans l'équation de la courbe. Soit x_0 un nombre réel tel que $a_0(x_0) = 0$.

Si $a_1(x_0)$ n'est pas nul et si l'on fait tendre x vers x_0, une seule valeur de y tend vers l'infini; elle est réelle, d'après une observation antérieure. On a donc une branche infinie de courbe correspondante.

Pour placer cette branche, par rapport à l'asymptote, il suffit de remarquer que la somme des racines de l'équation en y a même signe que la racine qui tend vers l'infini. On étudiera donc le signe de $-\dfrac{a_1(x)}{a_0(x)}$, au voisinage de x_0, c'est-à-dire le signe de $-\dfrac{a_1(x_0)}{a_0(x)}$.

Si $a_1(x_0)$ est nul et que $a_2(x_0)$ ne le soit pas, deux racines y tendent vers l'infini quand x tend vers x_0 et l'on ne peut plus affirmer *a priori* qu'elles sont réelles. On pose $x = x_0 + X$, $y = \dfrac{1}{Y}$. On est ramené à l'étude de la réalité et des signes des valeurs de X et Y qui tendent vers zéro simultanément et qui vérifient l'équation $f\left(x_0 + X, \dfrac{1}{Y}\right) = 0$.

Cette nouvelle équation définit une courbe algébrique qui passe à l'origine et dont on doit étudier les branches aboutissant en ce point. Cette étude sera faite plus loin, etc.

Les asymptotes parallèles à Ox s'obtiennent par des raisonnements analogues; il suffit d'échanger x et y dans ce qui précède.

Il va de soi que si la recherche des asymptotes a été précédée d'une étude complète de la réalité des branches de la courbe et des signes des valeurs de y, la question se trouve simplifiée.

II. Asymptotes quelconques. — Pour obtenir leur direction, il faut chercher la limite de $\dfrac{y}{x}$ quand x tend vers l'infini. Supposons l'équation de la courbe mise sous la forme

$$(1) \qquad f(x, y) \equiv \varphi_m(x, y) + \varphi_{m-1}(x, y) + \ldots + \varphi_1(x, y) + \varphi_0 = 0,$$

$\varphi_k(x, y)$ représentant l'ensemble des termes homogènes et de degré k; m

est le degré de la courbe. Posons $\dfrac{y}{x} = t$. L'équation qui relie t à x est $f(x, tx) = 0$, ou bien

$$(2) \qquad x^m \varphi_m(1, t) + x^{m-1} \varphi_{m-1}(1, t) + \ldots + x \varphi_1(1, t) + \varphi_0 = 0.$$

Les valeurs limites c de t pour x infini s'obtiennent en annulant le coefficient de x^m; elles sont donc racines de l'équation

$$(3) \qquad \varphi_m(1, c) = 0$$

dont le premier membre s'obtient en remplaçant x par 1 et y par c dans $\varphi_m(x, y)$.

C'est l'équation aux coefficients angulaires des directions asymptotiques de la courbe.

Le degré de cette équation est égal ou inférieur à m; s'il est moindre que m, c'est que $\varphi_m(x, y)$ ne contient pas de terme en y^m et, par suite, renferme en facteur une certaine puissance de x. Il en résulte que si l'on cherche la limite de $\dfrac{x}{y} = t'$, on trouve que cette limite est racine de l'équation $\varphi_m(c', 1) = 0$ qui a un certain nombre de racines nulles; on en conclut que les valeurs correspondantes de $\dfrac{y}{x}$ tendent vers l'infini et il faut alors ajouter aux directions fournies par l'équation (3), la direction Oy comptée un nombre de fois égal à l'exposant de la puissance de x qui se trouve en facteur dans $\varphi_m(x, y)$.

En résumé, l'équation $\varphi_m(x, y) = 0$ fournit m directions asymptotiques réelles ou imaginaires, distinctes ou confondues.

Si $\alpha x + \beta y$ est un facteur linéaire d'ordre k de la forme $\varphi_m(x, y)$, la direction de la droite $\alpha x + \beta y = 0$ est dite direction asymptotique multiple d'ordre k.

Considérons une direction asymptotique non parallèle à Oy et cherchons s'il y a des asymptotes correspondantes. Il faut voir si $y - cx$, c étant une racine réelle de l'équation (3), tend vers une limite quand x tend vers l'infini.

Posons $y - cx = \theta$ et cherchons l'équation qui relie θ et x; si l'on remarque que $\dfrac{y}{x} = t = c + \dfrac{\theta}{x}$, il suffit de remplacer t par $c + \dfrac{\theta}{x}$ dans l'équation (2).

Ordonnons l'équation obtenue par rapport aux puissances décroissantes de x en remarquant que

$$\psi\left(c + \frac{\theta}{x}\right) = \psi(c) + \frac{\theta}{x}\psi'(c) + \frac{\theta^2}{2!\,x^2}\psi''(c) + \frac{\theta^3}{3!\,x^3}\psi'''(c) + \ldots$$

et en utilisant la condition $\varphi_m(1, c) = 0$, nous obtenons :

$$(4) \qquad x^{m-1}\left[\theta \varphi_m'(1, c) + \varphi_{m-1}(1, c)\right]$$
$$+ x^{m-2}\left[\frac{\theta^2}{2}\varphi_m''(1, c) + \frac{\theta}{1}\varphi_{m-1}'(1, c) + \varphi_{m-2}(1, c)\right] + \ldots = 0.$$

Pour avoir la limite de θ quand x tend vers l'infini, il faut annuler le coefficient de la plus haute puissance de x dans (4). On trouve que la limite de θ est en général solution de l'équation

$$(5) \qquad d\,\varphi'_m(1,c) + \varphi_{m-1}(1,c) = 0.$$

Si $\varphi'_m(1,c)$ n'est pas nul, c'est-à-dire si la direction asymptotique considérée est simple, cette équation donne une valeur limite $d = -\dfrac{\varphi_{m-1}(1,c)}{\varphi'_m(1,c)}$, et l'équation de l'asymptote correspondante est

$$(6) \qquad y - cx - \frac{\varphi_{m-1}(1,c)}{\varphi'_m(1,c)} = 0.$$

On peut d'ailleurs affirmer l'existence d'une branche de courbe correspondante, car c étant racine simple de l'équation (3), une seule valeur de t, racine de l'équation (2), tend vers c quand x tend vers l'infini; elle est donc réelle ainsi que la valeur de y qui lui correspond.

Reste à placer la branche de courbe par rapport à son asymptote : sa position est donnée par le signe de $\delta = y - cx - d$ quand x tend vers l'infini.

L'équation qui relie δ à x s'obtient en remplaçant θ par $d + \delta$ dans (4); quand x tend vers l'infini, une seule racine δ de cette équation tend vers zéro, une seule valeur de $\dfrac{1}{\delta}$ tend vers l'infini et le signe de cette dernière, qui est le signe de δ, est aussi le signe de la somme des inverses des racines de l'équation en δ.

On pourrait aussi poser $x = \dfrac{1}{X}$; l'équation qui relie δ à X est une équation algébrique. La courbe correspondante (on regarde δ et X comme des coordonnées) passe à l'origine et on est ramené à étudier les signes de δ et X sur les branches qui aboutissent à l'origine.

Si $\varphi'_m(1,c)$ est nul, c'est-à-dire si la direction asymptotiqne considérée est double au moins, deux cas sont possibles :

1° $\varphi_{m-1}(1,c)$ n'est pas nul. Si l'on fait x infini dans l'équation (4), après division par x^{m-1}, on constate que les coefficients des diverses puissances de θ s'annulent, de sorte que toutes les valeurs de θ racines de cette équation tendent vers l'infini avec x; il en est de même sur les branches que nous étudions et il n'y a pas d'asymptotes : si ces branches sont réelles, elles sont paraboliques. Or, on peut affirmer la réalité des branches en question. Pour $t = c$, l'équation (2) se réduit à $x^{m-1}\,\varphi_{m-1}(1,c) + \ldots\ldots = 0$ et admet une seule racine infinie en x, de sorte que, t tendant vers c, une seule racine x tend vers l'infini et est réelle. Pour obtenir son signe, il suffit de remarquer que c'est celui de la somme $-\dfrac{\varphi_{m-1}(1,t)}{\varphi_m(1,t)}$ des racines x, c'est-à-dire que le signe de x est le même que celui de $-\dfrac{\varphi_{m-1}(1,c)}{\varphi_m(1,t)}$ quand t varie au voisinage de c.

Si c est un zéro double de $\varphi_m(1,c)$, $\varphi_m(1,t)$ ne change pas de signe avec $t - c$, et le signe de x est bien déterminé, de sorte que les branches infinies paraboliques sont du côté des x positifs ou du côté des x négatifs; leur position par rapport à la droite $y = cx$ est donnée par le signe de la variable $t - c$.

2° $\varphi_{m-1}(1, c)$ est nul. Une nouvelle discussion s'impose.

Supposons que le coefficient de x^{m-2} dans l'équation (4) ne soit pas nul, quel que soit θ; cette équation étant de degré $m - 2$ en x, on aura la limite de θ, pour x infini, en écrivant que le coefficient de x^{m-2} s'annule.

On trouve ainsi l'équation

$$(7) \qquad \frac{d^2}{2} \varphi_m''(1, c) + \frac{d}{1} \varphi_{m-1}'(1, c) + \varphi_{m-2}(1, c) = 0.$$

Supposons $\varphi_m''(1, c) \neq 0$; la direction asymptotique considérée est double et, quand x tend vers l'infini, deux valeurs de t tendent vers c. On ne peut dire *a priori* si ces valeurs sont réelles.

Si l'on fait tendre t vers c, on constate de même que deux racines x au moins de l'équation (2) tendent vers l'infini et on ne peut pas davantage conclure à la réalité des branches de courbe. Cependant, si les racines d_0 et d_1 de l'équation (7) sont réelles et distinctes, on peut affirmer qu'il y a des branches de courbe asymptotes aux deux droites

$$y = cx + d_0, \qquad y = cx + d_1.$$

Considérons en effet l'équation qui remplace (4), dans ce cas; c'est :

$$(4)' \quad x^{m-2} \left[\frac{\theta^2}{2} \varphi_m''(1, c) + \frac{\theta}{1} \varphi_{m-1}'(1, c) + \varphi_{m-2}(1, c) \right] + \ldots = 0.$$

Pour x infini, l'équation en θ se réduit à (7) et admet une seule racine d_0; donc, quand x tend vers l'infini, une racine réelle de l'équation en θ tend vers d_0 et il y a une branche réelle de la courbe qui lui correspond. Le même raisonnement s'applique à d_1.

On étudiera la position des branches par rapport à la première asymptote en cherchant le signe de $y - cx - d_0 = \delta$. Les méthodes indiquées plus haut sont encore applicables à cette recherche.

Si les racines de l'équation (7) sont imaginaires, il n'y a pas lieu de chercher de branches réelles, et si elles sont confondues, on ne peut conclure *a priori*.

Dans ce dernier cas, d désignant la racine double de (7), on posera $y - cx - d = \delta$, on formera l'équation entre δ et $X = \dfrac{1}{x}$, et on étudiera à l'origine la courbe algébrique représentée par la nouvelle équation (on regarde encore δ et X comme des coordonnées).

Nous voyons donc, finalement, que l'étude complète des branches infinies se ramène à l'étude d'une courbe algébrique au voisinage d'un de ses points.

Reprenons ces raisonnements, rapidement, sur l'exemple suivant :

$$xy(y - x)^2 + y(y^2 - x^2) + ax^2 - 4x = 0.$$

La courbe admet deux directions asymptotiques simples, qui sont les directions des axes, et une direction asymptotique double, qui est la direction de la première bissectrice.

L'équation, mise sous la forme

$$(8) \qquad y^3(x+1) - 2x^2y^2 + x^2y(x-1) + ax^2 - 4x = 0,$$

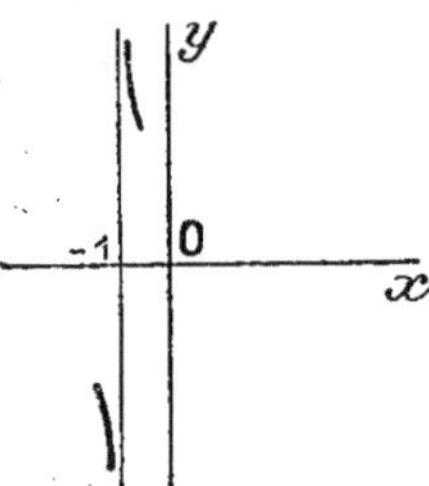

montre que si x tend vers -1, une seule valeur de y tend vers l'infini; cette valeur est réelle et son signe est celui de la somme des racines $\dfrac{2x^2}{x+1}$, c'est-à-dire le signe de $x+1$.

On en conclut la position de la courbe par rapport à l'asymptote $x = -1$.

La forme

$$(9) \qquad x^5y - x^2(2y^2 + y - a) + x(y^3 - 4) + y^5 = 0$$

montre que, quand y tend vers zéro, une seule valeur de x tend vers l'infini si a n'est pas nul. Supposons donc $a \neq 0$. La valeur de x qui tend vers l'infini est réelle et son signe est celui de la somme des racines $\dfrac{2y^2 + y - a}{y}$, c'est-à-dire le signe de $-\dfrac{a}{y}$ quand y tend vers zéro. On en conclut encore la position de la courbe par rapport à l'asymptote $y = 0$.

Si a est nul, deux valeurs de x tendent vers l'infini quand y tend vers zéro, mais la forme (8), après division des deux membres par x^3, montre qu'une seule valeur de y tend vers zéro quand x tend vers l'infini et l'on a encore une branche réelle de courbe. Le signe de y tendant zéro est le même que celui de $\dfrac{1}{y}$, c'est-à-dire le signe de la somme des valeurs de $\dfrac{1}{y}$ ou $\dfrac{-x^2(x-1)}{ax^2 - 4x}$, ou encore $\dfrac{x(1-x)}{ax - 4}$, et comme a est nul, c'est le signe de $x(x-1)$ qui est positif; ainsi, quand x tend vers $\pm\infty$, y tend vers zéro par valeurs positives.

Pour avoir les asymptotes correspondant à la direction asymptotique double, cherchons la limite de $\theta = y - x$. L'équation qui relie θ et x est

$$(10) \qquad (\theta^2 + 2\theta + a)x^2 + (\theta - 1)(\theta + 2)^2 x + \theta^3 = 0.$$

Quand x tend vers l'infini, les deux valeurs de θ correspondant aux branches sur lesquelles $\frac{y}{x}$ tend vers 1, tendent vers les racines de l'équation

$$(11) \qquad\qquad A(d) \equiv d^2 + 2d + a = 0.$$

Ces racines sont imaginaires si a est supérieur à 1, égales à -1 si $a = 1$, réelles et distinctes si a est inférieur à 1. L'une d'elles, au moins, est négative; les deux le sont si a est positif.

d_0 désignant l'une quelconque d'entre elles et d_1 l'autre, la position de la courbe, par rapport à l'asymptote $y = x + d_0$, dépend du signe de $\theta - d_0$ et du signe de x quand ces grandeurs tendent respectivement vers zéro et vers l'infini. Pour $\theta = d_0$, l'équation (10) se réduit à

$$(d_0 - 1)(d_0 + 2)^2 x + d_0^5 = 0.$$

Elle admet une racine infinie si d_0 n'est égal ni à 1, ni à -2; si d_0 vaut 1 (ce qui arrive lorsque $a = -3$), ou si d_0 vaut -2 (ce qui arrive lorsque $a = 0$), l'équation (10) admet deux racines x infinies.

Supposons donc d'abord a différent de 0 et de -3.

Quand θ tend vers d_0, une seule racine x de l'équation (10) tend vers l'infini; son signe est celui de la somme des racines $\dfrac{(1 - \theta)(\theta + 2)^2}{(\theta - d_0)(\theta - d_1)}$ ou de $\dfrac{1 - d_0}{(\theta - d_0)(d_0 - d_1)}$. Il dépend donc de la position de 1 par rapport à d_0 et d_1 et du signe de $d_0 - d_1$. Or $A(1) = a + 3$.

Si $a > -3$, 1 est supérieur à d_0 et d_1, la racine x qui tend vers l'infini a le signe de $\theta - d_0$ si d_0 est le plus grand des deux nombres d_0 et d_1; elle a le signe de $d_0 - \theta$ si d_0 est le plus petit.

Si $a < -3$, 1 est compris entre d_0 et d_1, et $\dfrac{1 - d_0}{d_0 - d_1}$ est négatif quelle que soit la détermination prise pour d_0; la racine x qui tend vers l'infini a donc le signe de $d_0 - \theta$.

Il nous reste à étudier les trois cas limites $a = -3$, $a = 0$, $a = 1$.

Pour $a = -3$, l'équation (10) devient :

$$(10)' \qquad (\theta - 1)(\theta + 3)x^2 + (\theta - 1)(\theta + 2)^2 x + \theta^5 = 0.$$

Quand θ tend vers 1, les deux racines x tendent vers l'infini; leur réalité exige que le produit $(\theta - 1)\left[(\theta - 1)(\theta + 2)^4 - 4(\theta + 3)\theta^5\right]$ soit positif, et, comme le second facteur tend vers -16, il faut que $\theta - 1$ soit négatif, quel que soit le signe de x.

Quand θ tend vers -3, on peut appliquer les résultats de l'analyse précédente, puisqu'une seule valeur de x tend vers l'infini, et le signe de cette valeur est celui de $-(\theta + 3)$.

Pour $a = 0$, l'équation (10) devient :

$$(10)'' \qquad \theta(\theta + 2)x^2 + (\theta - 1)(\theta + 2)^2 x + \theta^5 = 0.$$

Quand θ tend vers 0, une seule racine x tend vers l'infini et son signe est celui de θ.

Quand θ tend vers -2, les deux racines x tendent vers l'infini; leur réalité exige que le produit $(\theta + 2)\left[(\theta - 1)^2(\theta + 2)^3 - 4\theta^4\right]$ soit positif, et, comme le second facteur tend vers — 64, il faut que $\theta + 2$ soit négatif, quel que soit le signe de x.

Pour $a = 1$, l'équation (10) devient :

$$(10)''' \qquad (\theta + 1)^2 x^2 + (\theta - 1)(\theta + 2)^2 x + \theta^3 = 0.$$

Les deux asymptotes sont confondues suivant la droite $y = x - 1$.

Quand θ tend vers — 1, une seule racine x tend vers l'infini et son signe est celui de la somme $\dfrac{(1 - \theta)(\theta + 2)^2}{(\theta + 1)^2}$ ou de $1 - \theta$, c'est-à-dire le signe +.

Avec ces renseignements, nous pouvons représenter les branches infinies de la courbe. Les tracés sont relatifs aux cas limites et à quatre cas particuliers appartenant à chacune des quatre catégories rencontrées dans la discussion, savoir

$$a = \quad 4.$$

$$a = \quad \frac{3}{4}, \qquad d_0 = -\frac{3}{2}, \qquad d_1 = -\frac{1}{2}.$$

$$a = -\frac{5}{4}, \qquad d_0 = -\frac{5}{2}, \qquad d_1 = \frac{1}{2}.$$

$$a = -\frac{21}{4}, \qquad d_0 = -\frac{7}{2}, \qquad d_1 = \frac{3}{2}.$$

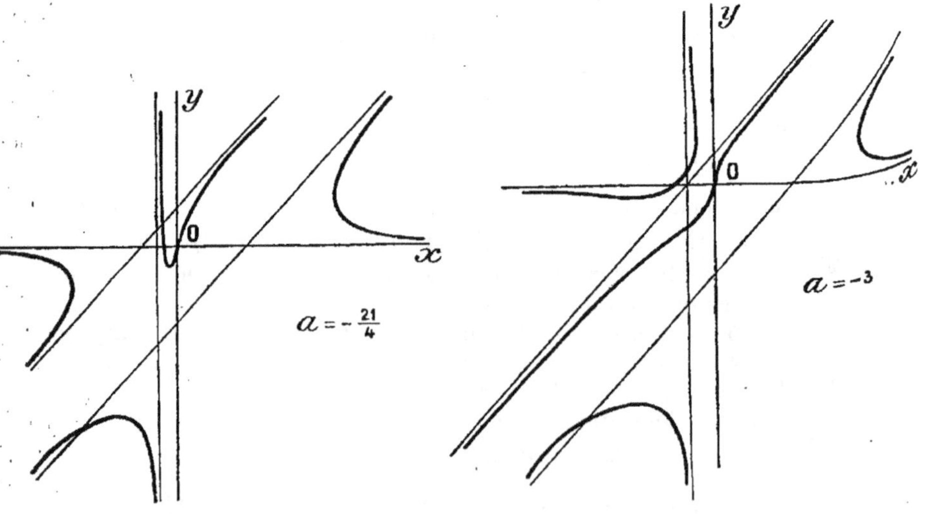

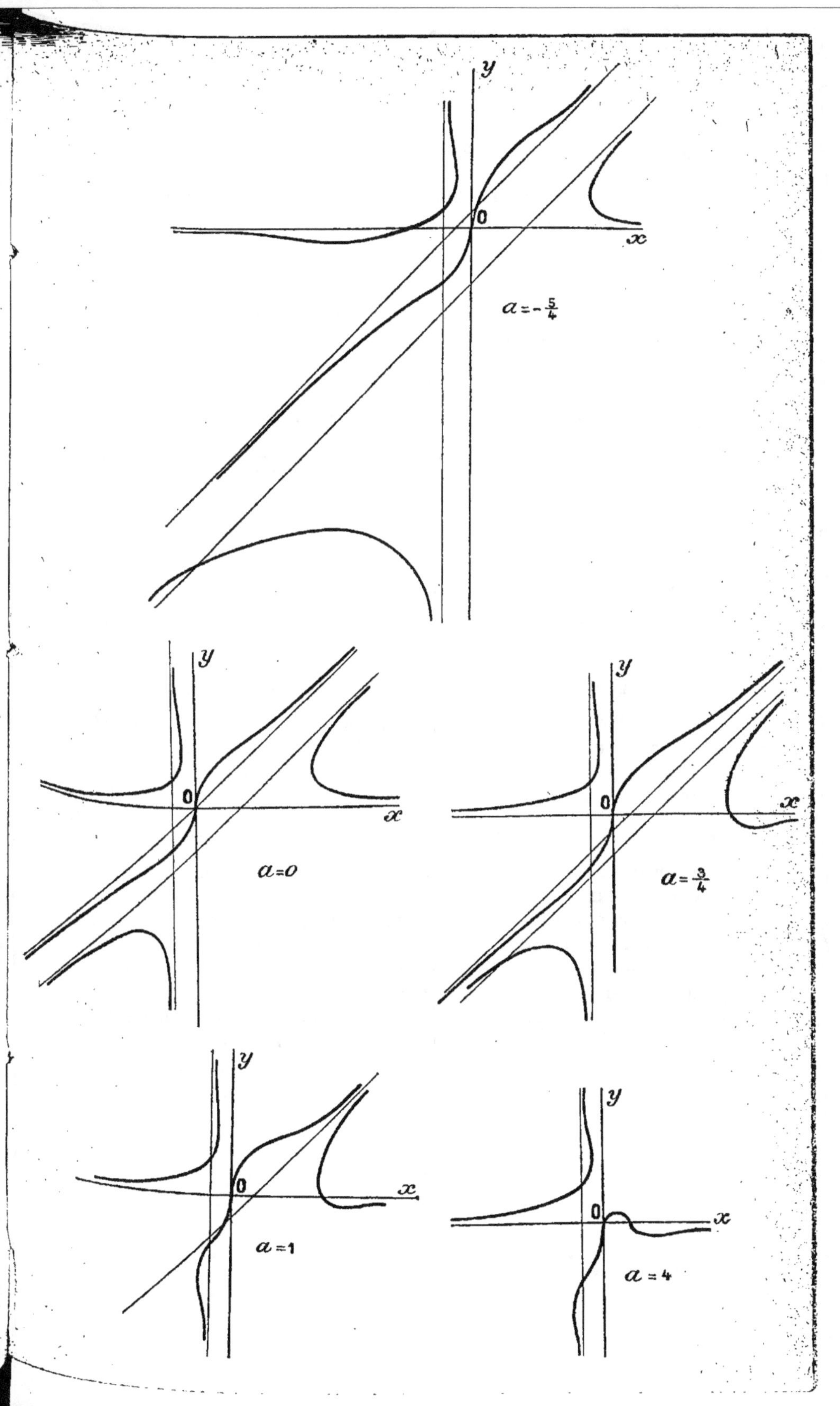

y
x
0
a=-5/4
y
x
0
a=0
y
x
0
a=3/4
y
x
0
a=1
y
x
0
a=4

Pour faire ces tracés, on a remarqué :

1° Que la courbe ne rencontre Oy qu'à l'origine et qu'elle lui est tangente en ce point ;

2° Qu'elle coupe Ox en deux points dont les abscisses sont o et $\dfrac{4}{a}$;

3° Qu'elle coupe l'asymptote $x = -$ 1 aux points dont les ordonnées sont racines de l'équation

$$2\,y^2 + 2\,y - (a + 4) = o ;$$

4° Qu'elle rencontre chaque asymptote parallèle à la première bissectrice en un point dont l'abscisse $x = \dfrac{d^3}{(1 - d)(d + 2)^2}$ s'obtient en faisant $\theta = d$ dans l'équation (10).

En s'aidant de la continuité, on peut suivre les déformations de la courbe quand a varie de $- \infty$ à $+ \infty$.

Le passage de $a = - \dfrac{21}{4}$ à $a = - 3$ s'explique par l'existence d'une valeur intermédiaire de a pour laquelle la courbe admettrait un point double.

Le passage de $a = \dfrac{3}{4}$ à $a = 1$ se justifie plus difficilement. Si l'on imagine que, lorsque a est un peu inférieur à 1, les deux branches asymptotes aux parallèles à la première bissectrice, du côté des x négatifs, se rejoignent ainsi que la branche supérieure asymptote à l'une de ces droites du côté des x positifs et la branche inférieure asymptote à $x = - 1$ du côté des y négatifs, le passage de $a = \dfrac{3}{4}$ à a voisin de 1 à gauche s'explique, comme précédemment, par l'existence d'une valeur intermédiaire de a pour laquelle la courbe aurait un point double. Une étude plus complète montre, en effet, que la courbe admet un point double pour deux valeurs réelles de a.

L'équation étant du 3ᵉ degré en y et du 3ᵉ degré en x, la courbe peut être rencontrée en trois points réels par une parallèle à Ox ou à Oy ; aussi il n'est pas impossible *à priori* que, pour certaines valeurs de a, la courbe présente des boucles fermées qui prendraient naissance ou disparaîtraient comme une ellipse qui se réduit à un point.

EXERCICES

1° Les asymptotes d'une courbe algébrique de degré m correspondant aux directions asymptotiques simples de cette courbe ne dépendent que des termes de degré m et $m-1$. Montrer que si $\varphi_{m-1}(x, y)$ est identiquement nul, toutes les asymptotes passent par l'origine.

2° L'équation $\varphi_m(x, y) = 0$ définissant m droites distinctes, montrer que toutes les courbes définies par l'équation

$$\varphi_m(x, y) + \varphi_{m-1}(x, y) + f_{m-2}(x, y) = 0,$$

où φ_{m-1} est donné ainsi que φ_m et où f_{m-2} représente un polynome entier quelconque de degré $m-2$ au plus, ont les mêmes asymptotes.

Déduire de là que si les équations

$$P_1 = 0, \quad P_2 = 0, \quad \ldots, \quad P_m = 0$$

définissent m droites de directions différentes, l'équation générale des courbes de degré m admettant ces droites comme asymptotes est

$$P_1 P_2 \ldots P_m + f_{m-2}(x, y) = 0.$$

Cas particuliers : $m = 2$, $m = 3$, $m = 4$.
Conséquences géométriques.

52e LEÇON

RÉSOLUTION GRAPHIQUE DES ÉQUATIONS
MÉTHODES D'APPROXIMATION

Le tracé des courbes rend sensibles aux yeux certaines propriétés des fonctions. On peut l'appliquer à la résolution approchée des équations à une inconnue.

Une équation donnée $F(x) = o$ peut se mettre, d'une infinité de manières, sous la forme $f(x) = g(x)$. Les abscisses des points communs aux deux courbes

$$y = f(x), \qquad y = g(x),$$

sont les solutions de cette équation. Si l'on sait tracer ces courbes avec quelque précision, la mesure à l'échelle du dessin des abscisses de leurs points de rencontre donne des valeurs approchées des solutions cherchées.

Certaines parties des tracés sont inutiles. Par exemple, il suffira de tracer les deux courbes dans les intervalles où $f(x)$ et $g(x)$ ont le même signe. Ou bien, si l'une des fonctions est comprise entre certaines limites, il suffira de représenter l'autre entre ces limites.

Les courbes le plus souvent employées sont des droites, des cercles, des coniques, des courbes dont l'équation est de la forme $y = x^m$ (m peut être quelconque), les courbes $y = \sin x$, $y = \operatorname{tg} x$, etc.

L'intersection de la courbe $y = x^m$ avec la droite $y = -ax - b$, donne la résolution graphique des équations de la forme

$$x^m + ax + b = o.$$

Pour $m = 3$, on trouve une équation réduite du 3e degré.

Si l'on remplace la droite par la parabole $y = -ax^2 - bx - c$, on résoud une équation de la forme $x^m + ax^2 + bx + c = o$.

Pour $m = 4$, on a une équation du 4e degré et on sait toujours ramener à cette forme une équation quelconque du 4e degré.

On peut encore résoudre l'équation $x^4 + ax^2 + bx + c = o$ en cherchant l'intersection de la parabole $y = x^2$ avec un cercle

$$(x - \alpha)^2 + (y - \beta)^2 - \rho^2 = o,$$

convenablement choisi. L'équation aux abscisses des points de rencontre de ces deux coniques est, en effet,

$$x^4 + x^2 (1 - 2\beta) - 2\alpha x + \alpha^2 + \beta^2 - \rho^2 = o.$$

Elle a les mêmes racines que l'équation proposée si l'on a :

$$\beta = \frac{1 - a}{2}, \quad \alpha = -\frac{b}{2}, \quad \rho^2 = \alpha^2 + \beta^2 - c = \frac{(1 - a)^2 + b^2 - 4c}{4}$$

En particulier, on voit que, si c est supérieur à $\dfrac{(1-a)^2+b^2}{4}$, on trouve pour ρ^2 une valeur négative et toutes les racines de l'équation donnée sont imaginaires. Nous verrons plus loin comment la recherche des points communs à deux coniques peut se ramener à la résolution d'une équation du 3e degré ; nous aurons ainsi un nouveau moyen de remplacer la résolution d'une équation du 4e degré par la recherche d'une racine d'une équation du 3e degré et par la résolution d'équations du second degré.

L'intersection de la sinusoïde, $y=\sin x$, avec la droite D, $y=ax+b$, donne lieu à des remarques intéressantes.

La sinusoïde étant comprise entre les deux droites $y=1$ et $y=-1$, les points de rencontre de cette courbe et de la droite sont placés entre le point A d'ordonnée -1 et le point B d'ordonnée 1 sur la droite : leurs abscisses sont donc comprises entre $-\dfrac{1+b}{a}$ et $\dfrac{1-b}{a}$. Le nombre de ces points peut être aussi grand que l'on veut ; il suffit que A et B soient assez éloignés l'un de l'autre.

Une séparation précise s'obtient, sans tracé graphique, par la méthode usuelle, en calculant les zéros de la dérivée de $F(x)=\sin x-(ax+b)$, c'est-à-dire les zéros de $\cos x-a$ situés dans l'intervalle borné par $-\dfrac{1+b}{a}$ et $\dfrac{1-b}{a}$ et cherchant les signes des maximums et des minimums correspondants de $F(x)$.

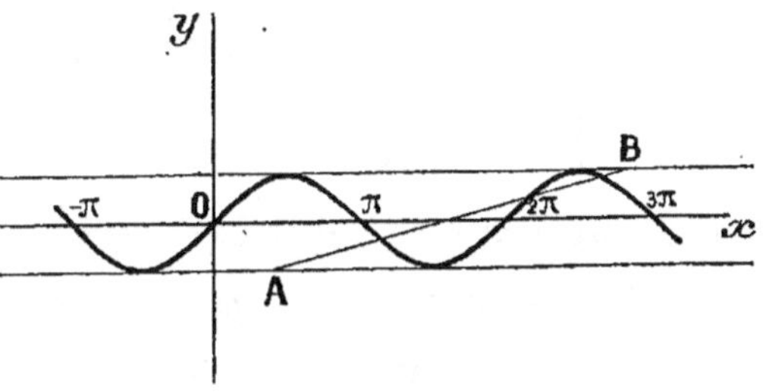

Dans le cas particulier où $|a|$ est supérieur ou égal à 1, $F'(x)$ conserve un signe constant et la fonction $F(x)$, variant toujours dans le même sens, s'annule une fois au plus ; elle s'annule d'ailleurs puisque $F(-\infty)$ a le signe de a et que $F(+\infty)$ a le signe de $-a$.

Géométriquement, cela revient à dire que toute droite dont la pente a une valeur absolue égale ou supérieure à 1 rencontre la sinusoïde en un point.

Les équations de la forme
$$A\cos x+B\sin x=ax+b,$$
se ramènent à la forme précédente en mettant le premier membre sous la forme $C\sin x'$ par un changement d'inconnue $x=\alpha+x'$, où α est convenablement choisi.

L'intersection de la courbe $y=\operatorname{tg}x$, avec la droite $y=ax+b$, donne lieu à des remarques analogues. Cherchons les points de rencontre de la droite avec la branche de la courbe située à l'intérieur d'une bande bornée par les deux asymptotes $x=-\dfrac{\pi}{2}+h\pi$,

$x = \dfrac{\pi}{2} + h\,\pi$, et posons $x = x' + h\,\pi$. Nous sommes ramenés à chercher l'intersection de la branche C située entre les deux asymptotes $x = -\dfrac{\pi}{2}$, $x = +\dfrac{\pi}{2}$ et de la droite $y = ax + b + ah\pi$ parallèle à la droite donnée.

Le morceau AB de la droite limitée aux deux asymptotes rencontre

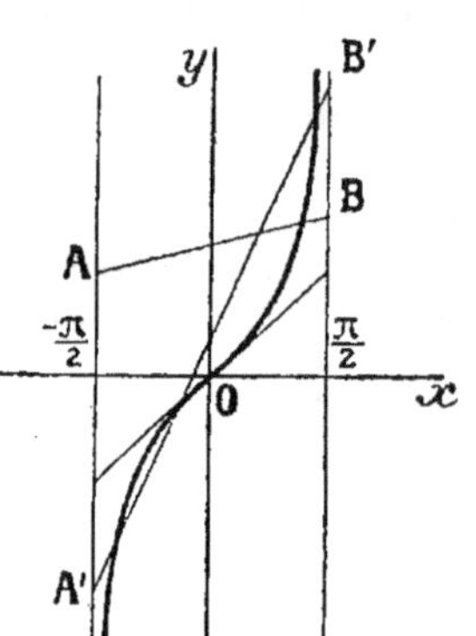

la branche C en un point si sa pente est inférieure ou égale au minimum 1 de la pente de la tangente à C, et en 1, 2 ou 3 points si sa pente est supérieure à 1.

Dans ce dernier cas, il y a 3 points de rencontre si la droite est comprise entre les deux tangentes qu'on peut mener à C parallèlement à sa direction, 2 si la droite est tangente C, et 1 si la droite est en dehors des deux tangentes.

L'étude algébrique de l'équation

$$F(x) \equiv \operatorname{tg} x - ax - b = 0$$

conduit aisément à ce résultat. $F'(x)$, valant $\dfrac{1}{\cos^2 x} - a$, est constamment positif si a est inférieur ou égal à 1, de sorte que la fonction $F(x)$ croissante s'annule une fois au plus dans l'intervalle $\left(-\dfrac{\pi}{2}, +\dfrac{\pi}{2}\right)$.

Elle s'annule puisque $F\left(-\dfrac{\pi}{2} + \varepsilon\right)$ est < 0 et que $F\left(\dfrac{\pi}{2} - \varepsilon\right)$ est > 0.

Si a est supérieur à 1, $F'(x)$ admet deux zéros symétriques dans l'intervalle considéré : soient $-\alpha$ et α, tels que $\cos\alpha = \sqrt{\dfrac{1}{a}}$.

$F(-\alpha)$ est un maximum et $F(\alpha)$ un minimum de la fonction. Si ces deux nombres sont de même signe, la fonction s'annule une fois et, s'ils sont de signes contraires, elle s'annule 3 fois. Elle s'annule 2 fois si l'un de ces nombres est nul ; la droite est tangente à C dans ce dernier cas.

Méthodes d'approximation. — Étant donnée une équation $f(x) = 0$, on suppose connue une valeur approchée a d'une racine inconnue x_0 de cette équation et l'on propose de calculer une autre valeur a_1 plus approchée que la première.

Diverses méthodes permettent, dans des cas très étendus, d'arriver à ce résultat.

1° *Méthode de Newton.* — Posons $x_0 = a + h$. Supposons la formule de Taylor applicable à la fonction $f(x)$ au voisinage de x_0, de sorte que l'on a :

$$(1) \qquad f(a + h) = f(a) + h f'(a) + \dfrac{h^2}{2} f''(a + \theta h) = 0.$$

Lorsqu'on emploie la méthode de Newton, on néglige le terme $\frac{h^2}{2} f''(a + \theta h)$ et l'on prend pour h la valeur approchée

$$h' = - \frac{f(a)}{f'(a)}.$$

Cherchons à voir si la nouvelle valeur $a_1 = a + h'$ est plus approchée de la racine que l'ancienne, c'est-à-dire si $|x_0 - a_1|$ est inférieur à $|x_0 - a|$. Cette inégalité équivaut à la suivante :

$$\left| \frac{x_0 - a_1}{x_0 - a} \right| < 1 \quad \text{ou bien} \quad \left| \frac{h - h'}{h} \right| < 1.$$

Or, de (1) on tire :

$$h = - \frac{f(a)}{f'(a)} - \frac{h^2 f''(a + \theta h)}{2 f'(a)} = h' - \frac{h^2 f''(a + \theta h)}{2 f'(a)}$$

et

$$(2) \qquad \frac{h - h'}{h} = - \frac{h f''(a + \theta h)}{2 f'(a)}.$$

La valeur absolue du second membre est un produit de deux facteurs dont l'un $\left| \frac{f''(a + \theta h)}{2 f'(a)} \right|$ varie peu au voisinage de x_0 si l'on suppose $f'(x)$ et $f''(x)$ continus et si $f'(x_0)$ n'est pas nul ; l'autre $|h|$, au contraire, peut être supposé aussi petit que l'on veut.

D'une façon précise, représentons par N une limite supérieure de $|f''(x)|$ et par n une limite inférieure de $|f'(x)|$ dans l'intervalle borné par $x_0 - h$ et $x_0 + h$. On peut affirmer que l'on a :

$$\left| \frac{h - h'}{h} \right| \leq |h| \frac{N}{2 n},$$

puisque a est une des bornes de cet intervalle et que $a + \theta h$ est dans cet intervalle.

Posons $\frac{N}{2n} = l$ et $x_0 - a_1 = h_1 = h - h'$.

Nous pouvons supposer $|h|$ assez petit pour que $\rho = l\,|h|$ soit inférieur à 1.

L'inégalité précédente donne alors :

$$(3) \qquad |h_1| \leq l\,|h|^2 = \frac{\rho^2}{l}.$$

Le nombre a_1 étant dans l'intervalle $(x_0 - h,\ x_0 + h)$, nous pouvons lui appliquer la méthode ; nous serons conduits à un nombre a_2 tel que la différence $h_2 = x_0 - a_2$ vérifie l'inégalité

$$|h_2| \leq l\,|h_1|^2 \leq \frac{\rho^4}{l}$$

et ainsi de suite. Après p applications de la méthode, nous aurons une valeur approchée a_p telle que la différence $h_p = x_0 - a_p$ vérifie l'inégalité

$$|h_p| \leq l\,|h_{p-1}|^2 \leq \frac{\rho^{2^p}}{l}.$$

Le nombre h_p tend donc rapidement vers zéro si ρ est sensiblement inférieur à 1, et la valeur approchée a_p tend rapidement vers la racine cherchée.

Cette méthode s'interprète aisément par la géométrie. Menons la tangente à la courbe $y = f(x)$ au point M d'abscisse a; son équation est

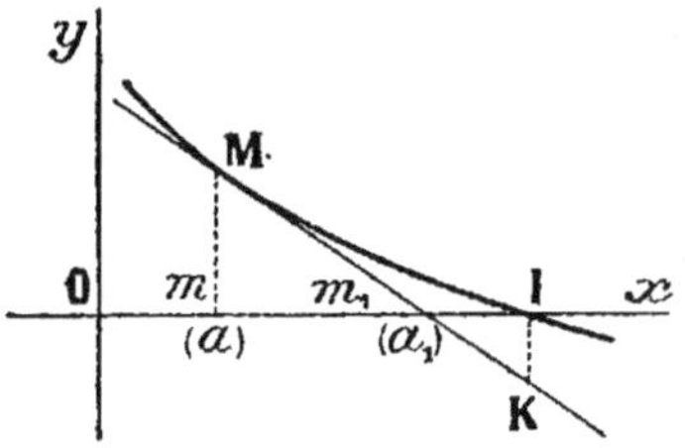

$$y - f(a) = (x - a)f'(a).$$

Cette droite coupe Ox en un point m_1 dont l'abscisse a_1 est donnée par l'équation

$$a_1 - a = -\frac{f(a)}{f'(a)}.$$

On reconnaît le nombre a_1 trouvé plus haut.

L'inspection de la figure suggère une observation importante :

a étant $< x_0$, on a supposé que l'arc MI de la courbe qui aboutit au point I d'abscisse x_0 sur Ox, est tout entier au-dessus de Ox et que la courbe tourne sa concavité du côté des y positifs en tous les points de cet arc. Il en résulte que la courbe est au-dessus de la tangente en M dans tout l'intervalle (a, x_0) et que le point m_1 est entre m et I, c'est-à-dire que a_1 est plus approché que a de x_0 et dans le même sens. Considérons, en effet, la différence

$$\delta = y - f(a) - (x - a)f'(a)$$

entre l'ordonnée d'un point de la courbe et l'ordonnée du point de la tangente en M ayant même abscisse que lui. Sa dérivée $\delta' = y' - f'(a)$ est nulle pour $x = a$; sa dérivée seconde $\delta'' = y''$ est positive, de sorte que δ' est croissante dans l'intervalle considéré et, partant de zéro, est positive dans cet intervalle. δ est donc croissante dans le même intervalle et, partant de zéro, est positive dans l'intervalle. Le point K d'abscisse x_0 sur la tangente en M est donc au-dessous de Ox et m_1 est bien placé entre m et I.

Un raisonnement analogue montre que chaque fois que $f(x)$ a un signe constant dans l'intervalle borné par a et x_0 et que $f''(x)$ a ce même signe dans l'intervalle en question, la méthode de Newton appliquée à a donne un nombre a_1 compris entre a et x_0. Ce fait résulte d'ailleurs du calcul de h' fait plus haut. Le produit

$$h'(h - h') = (a_1 - a)(x_0 - a_1) \quad \text{vaut} \quad \frac{f(a)f''(a + \theta h)}{2f'^2(a)};$$

il est donc positif dans les conditions où nous nous plaçons, et a_1 est compris entre a et x_0.

En répétant l'application de la méthode, dans ces conditions, on trouve une suite illimitée de nombres $a, a_1, a_2, \ldots, a_p, \ldots$, tels que chacun d'eux est compris entre le précédent et x_0. Par exemple, si a est inférieur à x_0, ces nombres croissants et inférieurs à x_0 forment une suite convergente. Sa limite x_1 est inférieure ou égale à x_0. La convergence de la suite exige que $a_{p+1} - a_p = -\dfrac{f(a_p)}{f'(a_p)}$ tende vers zéro, c'est-à-dire que $f(a_p)$ tende vers zéro. Or, $f(a_p)$ tend vers $f(x_1)$; c'est donc que $f(x_1)$ est nul et, comme il n'y a pas de zéro de $f(x)$ entre a et x_0, c'est que $x_1 = x_0$. La limite de a_p est donc le nombre x_0 cherché.

Cette observation s'applique en particulier chaque fois qu'on peut déterminer un intervalle (a, b) dans lequel $f''(x)$ conserve un signe constant et tel que $f(a)f(b)$ soit négatif. Montrons d'abord que $f(x)$ a un zéro x_0 et un seul dans cet intervalle.

$f''(x)$ ayant un signe constant, $f'(x)$ varie toujours dans le même sens et ne peut s'annuler plus d'une fois. Si $f'(x)$ ne s'annule pas, il conserve un signe constant et $f(x)$ variant dans le même sens s'annule une fois au plus dans l'intervalle; il s'annule d'ailleurs, pour $x = x_0$ par exemple, puisqu'il prend des valeurs de signes contraires aux bornes de l'intervalle. Si $f'(x)$ s'annule pour $x = x_1$ il change de signe quand x passe par x_1; supposons que $f'(x)$ soit négatif avant x_1 et positif après. $f(x_1)$, constituant un minimum de $f(x)$, est plus petit que $f(a)$ et $f(b)$; si $f(a)$ est supérieur à $f(b)$, $f(a)$ est positif, $f(b)$ est négatif, $f(x_1)$ est négatif et $f(x)$ s'annule une fois entre a et x_1, etc.

Dans chacun des intervalles (a, x_0), (x_0, b), $f(x)$ a un signe constant qui est $+$ dans l'un et $-$ dans l'autre; $f''(x)$ ayant un signe constant dans tout l'intervalle (a, b) a le signe de $f(x)$ dans l'un des deux intervalles particuliers, et l'on se trouve dans les conditions précitées.

Les avantages que présente l'application de la méthode de Newton dans ces conditions spéciales sont un peu illusoires. D'abord, il est possible qu'on ne puisse reconnaître aisément si $f''(x)$ conserve un signe constant au voisinage de x_0. En outre, comme, dans la pratique, on remplace souvent la valeur approchée a_1 que donne la méthode par une valeur approchée a'_1 plus simple, on ne peut être sûr de conserver le sens de l'approximation qu'en la diminuant; par exemple, si a_1 est approché par défaut de x_0, on est sûr que toute valeur a'_1 approchée par défaut de a_1 est approchée par défaut de x_0; on n'a pas de renseignement à ce sujet, en général, si a'_1 est approché par excès de a_1. En fait, il y a tout intérêt à prendre a'_1 approché par excès de a_1, car si a'_1 est approché par défaut de x_0, il est plus approché que a_1 et s'il est approché par excès de x_0, ce dernier nombre est contenu dans l'intervalle (a_1, a'_1), circonstance très favorable à l'appréciation d'une limite supérieure de l'erreur commise.

Exemple : Considérons l'équation $f(x) \equiv 5x^3 - 17x^2 + 8x + 1 = 0$. $f(1)$ valant -3, et $f(0)$ et $f(+\infty)$ étant positifs, l'équation a deux racines positives dont l'une x_1 est comprise entre 0 et 1, et l'autre x_2 est supérieure à 1. Elle a aussi une racine négative.

Nous utiliserons $f'(x)$ et $f''(x)$.

$$f'(x) \equiv 15 x^2 - 34 x + 8 ; \quad f''(2) \equiv 30 x - 34.$$

$f(x)$ et $f''(x)$ sont négatifs entre x_1 et 1 ; l'application de la méthode de Newton à 1 donne une valeur approchée par excès de x_1. On trouve $f'(1) = -11$; le terme de correction $-\dfrac{f(1)}{f'(1)}$ vaut donc $-\dfrac{3}{11} = -0,27\cdots$ et x_1 est inférieur à $1 - 0,27 = 0,73$.

Prenons $0,7$ comme valeur approchée et appliquons-lui la méthode.

$$f(0,7) = -0,015 ; \quad f'(0,7) = -8,45.$$

x_1 est donc inférieur à $0,7$ et le terme de correction vaut $-0,0017\cdots$; x_1 est donc aussi inférieur à $0,7 - 0,0017 = 0,6983$.

Prenons $0,698$ comme valeur approchée et appliquons-lui la méthode. $f(0,698) = 0,00187396$, ce qui prouve que $0,698$ est approché par défaut.

$f'(0,698) = -8,42394$. Le terme de correction $-\dfrac{f(0,698)}{f'(0,698)}$ vaut $0,0002224\ldots$ et x_1 est moindre que $0,6982225$, puisque la valeur approchée exacte est supérieure à x_1. L'erreur commise, après cette correction, vaut $-\dfrac{h^2 f''(a + \theta h)}{2 f'(a)}$. Or h est inférieur à $0,0003$ et h^2 est moindre que $\dfrac{9}{10^8}$ ou que $\dfrac{1}{10^7}$. Un calcul facile montre que $\dfrac{f''(a + \theta h)}{2 f'(a)}$ est inférieur à 1 dans l'exemple considéré. On en conclut que la valeur approchée de x à $\dfrac{1}{10^7}$ près est $0,6982224$; le sens de l'erreur est inconnu.

Comme $f(2)$ vaut -11 et que $f(3)$ vaut 7, la racine x_2 est comprise entre 2 et 3. $f(x)$ et $f''(x)$ sont positifs dans l'intervalle $(x_2, 3)$.

Appliquons la méthode de Newton à 3. $f'(3) = 41$. Le terme de correction vaut $-\dfrac{7}{41} = -0,17\ldots$. La racine x_2 est inférieure à $3 - 0,17 = 2,83$.

Appliquons la méthode à $2,8$.

$f(2,8) = -0,12$, c'est-à-dire que x_2 est supérieur à $2,8$.

$f'(2,8) = 30,4$. Le terme de correction $-\dfrac{f(2,8)}{f'(2,8)}$ vaut $0,00394\cdots$ et x_2 est inférieur à $2,8 + 0,00395 = 2,80395$.

Prenons $2,8039$ comme valeur approchée et appliquons-lui la méthode. $f(2,8039) = -0,001059453405$, ce qui prouve que x_2 est supérieur à $2,8039$.

$f'(2,8039) = 30,61522815$. Le terme de correction vaut $0,0000346o\ldots$ et x_2 est inférieur à $2,8039346$. Dans cette dernière application de la méthode, h est inférieur à $\dfrac{4}{10^5}$, h^2 est moindre que $\dfrac{16}{10^{10}}$ ou que $\dfrac{1}{10^8}$.

Un calcul facile montre encore que $\dfrac{f''(a + \theta h)}{2 f'(a)}$ est inférieur à 1. On en conclut que la valeur approchée de x_2 à $\frac{1}{10^8}$ près est $2,80393460$; le sens de l'erreur est encore inconnu.

Pour calculer la racine négative, changeons x en $-x$, et considérons l'équation

$$f(x) \equiv 5x^3 + 17x^2 + 8x - 1 = 0,$$

dont il faut calculer la racine positive x_0.

$$f'(x) \equiv 15x^2 + 34x + 8; \quad f''(x) \equiv 30x + 34.$$

$f''(x)$ est positif avec x et $f\left(\frac{1}{8}\right)$ est positif, de sorte que $f(x)$ est positif dans l'intervalle $\left(x_0, \frac{1}{8}\right)$. Au lieu de $\frac{1}{8} = 0,125$, qui est approché par excès, prenons le nombre plus simple $0,1$ et appliquons-lui la méthode.

$f(0,1) = -0,025$; $f'(0,1) = 11,55$; le terme de correction vaut $0,0021 \ldots$ et x_0 est inférieur à $0,1022$.

Appliquons la méthode à $0,102$.

$f(0,102) = -0,00182596$; $f'(0,102) = 11,62406$; le terme de correction vaut $0,0001570 \ldots$ et x_0 est inférieur à $0,1021571$.

Dans cette dernière application h est moindre que $\frac{16}{10^5}$, h^2 est inférieur à $\frac{256}{10^{10}}$. Un calcul facile montre que $\frac{f''(a + \theta h)}{2f'(a)}$ est inférieur à 2, de sorte que l'erreur commise en prenant la valeur approchée exacte est moindre que $\frac{512}{10^{10}}$ ou que $\frac{1}{10^7}$. Finalement, la valeur approchée de x_0 à $\frac{1}{10^7}$ près est $0,1021570$.

Si l'on calcule la valeur approchée de $x_1 + x_2 - x_0$, en tenant compte de ces résultats, on trouve $3,4$ qui est exactement la somme algébrique des racines de l'équation proposée.

Généralisation de la méthode de Newton. — Le premier procédé d'exposition montre que la méthode est particulièrement avantageuse chaque fois que $|f''(x)|$ est petit ou que $|f'(x)|$ est grand au voisinage de x_0, et que l'intervalle où l'on peut choisir la première valeur approchée peut être très étendu lorsque ces conditions sont réalisées. Il semble que la méthode ne soit plus applicable si $f'(x)$ s'annule au voisinage de x_0 et, en particulier, pour x_0. On pourrait montrer qu'il n'en est rien. Mais, dans ce cas, il est préférable de substituer à la méthode de Newton une autre méthode dont elle est un cas particulier et qui donne la suite convergeant le plus rapidement vers le nombre cherché. Cette méthode s'applique d'ailleurs indifféremment à la recherche des zéros et des pôles d'une fonction.

Considérons une fonction $f(x)$ telle que $\dfrac{f(x)}{|x - x_0|^m}$ tend vers une limite finie et non nulle quand x tend vers x_0 (il est possible que la fonction ne soit définie qu'à gauche ou à droite de x_0). m est un nombre quelconque non nul : x_0 est un zéro de $f(x)$ si m est positif, et un pôle si m est négatif.

Posons : $f(x) = |x - x_0|^m f_1(x)$ et supposons que la fonction $f(x)$ et sa dérivée soient définies au voisinage de x_0 soit à gauche, soit à droite; il en est de même de $f_1(x)$ et de sa dérivée que nous supposons encore définie pour x_0.

L'égalité des dérivées logarithmiques des deux membres donne :

$$(4) \qquad \frac{f'(x)}{f(x)} = \frac{m}{x - x_0} + \frac{f_1'(x)}{f_1(x)}.$$

A un nombre arbitraire a, faisons correspondre un nombre a_1 défini par l'équation

$$a_1 = a - k\frac{f(a)}{f'(a)},$$

k désignant un nombre arbitrairement choisi. En tenant compte de la valeur de $\frac{f(a)}{f'(a)}$ donnée par l'équation (4), on trouve aisément :

$$a_1 - x_0 = a - x_0 - \frac{k}{\dfrac{m}{a - x_0} + \dfrac{f_1'(a)}{f_1(a)}} = \frac{m - k + (a - x_0)\dfrac{f_1'(a)}{f_1(a)}}{\dfrac{m}{a - x_0} + \dfrac{f_1'(a)}{f_1(a)}}$$

et

$$\frac{a_1 - x_0}{a - x_0} = \frac{m - k + (a - x_0)\dfrac{f_1'(a)}{f_1(a)}}{m + (a - x_0)\dfrac{f_1'(a)}{f_1(a)}}.$$

Pour rendre petit le module de ce rapport, en même temps que celui de $a - x_0$, on voit qu'il y a intérêt à prendre $k = m$, en supposant m connu.

Ainsi, la transformation

$$(5) \qquad a_1 = a - m\frac{f(a)}{f'(a)}$$

fait correspondre, au nombre a, un nombre a_1 tel que l'on ait :

$$(6) \qquad \frac{a_1 - x_0}{(a - x_0)^2} = \frac{f_1'(a)}{mf_1(a) + (a - x_0)f_1'(a)} = A(a).$$

On ne pourra répéter la transformation avec fruit sur le nombre a_1 que si $f(a_1)$ est défini comme $f(a)$. Il y a donc lieu de préciser la définition de $f(x)$ au voisinage de x_0.

Remarquons d'abord que si $f(x)$ est défini dans un certain intervalle (x_0, x_1), à droite de x_0 et si, dans cet intervalle, le produit $mf_1(x)f_1'(x)$ est positif, le rapport $\dfrac{(x - x_0)f_1'(x)}{mf_1(x) + (x - x_0)f_1'(x)}$ est positif et inférieur à 1, dès l'instant que x est pris dans cet intervalle. L'égalité $\dfrac{a_1 - x_0}{a - x_0} = \dfrac{(a - x_0)f_1'(a)}{mf_1(a) + (a - x_0)f_1'(a)}$ donne alors un nombre a_1 compris entre a et x_0, quel que soit le nombre a pris dans l'intervalle (x_0, x_1).

La même transformation appliquée indéfiniment donne une suite de nombres $a, a_1, a_2, \ldots, a_p, \ldots$, décroissants et supérieurs à x_0. Ces nombres tendent donc vers une limite x_0' égale ou supérieure à x_0 et $a_{p+1} - a_p$ tend vers 0.

Mais cette différence vaut $- m\dfrac{f(a_p)}{f'(a_p)}$, et si l'on exclut l'existence d'un zéro de $f(x)$ ou d'un pôle de $f'(x)$ dans l'intervalle (x_0, x_1), on a nécessairement $x_0' = x_0$.

On montrerait de même que si la fonction $f(x)$ est définie dans un intervalle (x_2, x_0) à gauche de x_0 et si le produit $mf_1(x)f_1'(x)$ est négatif dans cet intervalle, l'application indéfinie de la transformation, en prenant comme nombre initial a un nombre quelconque de l'intervalle en question, donne une suite dont le terme général tend vers x_0.

On peut exposer la question différemment sans supposer remplie l'une ou l'autre des conditions particulières précitées.

1° Supposons d'abord que $f(x)$ soit défini à gauche et à droite au voisinage de x_0.

Quand a est voisin de x_0, $A(a)$ est voisin de $\dfrac{f_1'(x_0)}{mf_1(x_0)}$ si $f_1'(x)$ est continu. En tout cas, supposons que $|f_1'(x)|$ soit limité supérieurement au voisinage de x_0; il est facile de montrer qu'il en est de même de $|A(x)|$; soit l une limite supérieure de $|A(x)|$ dans ces conditions.

Choisissons a de sorte que $\rho = l|a - x_0|$ soit inférieur à 1.

L'égalité (6) donne $\qquad |a_1 - x_0| \leqslant l|a - x_0|^2 = \dfrac{\rho^2}{l}$.

Appliquons la même transformation au nombre a_1 qui est plus approché que a de x_0 et ainsi de suite. Après p opérations, nous aurons un nombre a_p vérifiant l'inégalité

$$|a_p - x_0| \leqslant \frac{1}{l}\rho^{2^p}.$$

de sorte que a_p tend vers x_0 quand p tend vers l'infini.

Pour $m = 1$, on retrouve la méthode de Newton.

L'intervalle, dans lequel on peut choisir la valeur initiale a, est d'autant plus étendu que $|f_1(x_0)|$ est plus grand et que $|f_1'(x)|$ est petit au voisinage de x_0.

Une analyse précédente a montré que, si $f_1'(x)$ a au voisinage de x_0 à gauche un signe différent de celui de $mf_1(x_0)$ et si l'on part d'un nombre a inférieur à x_0, a_p tend vers x_0 à gauche, et que si $f_1'(x)$ a au voisinage de x_0 à droite le même signe que $mf_1(x_0)$, la valeur initiale a étant supérieure à x_0, a_p tend vers x_0 à droite.

Il pourrait arriver que $f_1'(x)$ ait le même signe que $mf_1(x_0)$ à gauche de x_0 et un signe différent à droite de x_0; on démontrerait sans difficulté que les nombres a, a_1, ..., a_p, ..., sont placés alternativement de part et d'autre de leur limite x_0.

2° Supposons maintenant que $f(x)$ ne soit défini que d'un côté de x_0, à droite par exemple. On pourra appliquer la méthode au nombre a_1 obtenu en partant de la valeur initiale a prise à droite de x_0, si $f_1'(x)$ a, au voisinage de x_0, à droite, le signe de $mf_1(x_0)$. Si $f_1'(x)$ a un signe contraire, la méthode est en défaut. Elle est encore en défaut si $f(x)$ n'étant défini qu'au voisinage de x_0 à gauche, $f_1'(x)$ a, dans ces conditions, le même signe que $mf_1(x_0)$.

Appliquons ces considérations à une fraction rationnelle $f(x)$; m est alors un nombre entier et $f(x)$ est défini au voisinage de x_0 de part et d'autre de x_0. $f_1(x)$ est une fraction rationnelle qui n'admet x_0 ni comme zéro, ni comme pôle. $f_1'(x)$ est également une fraction rationnelle qui a les mêmes pôles que $f_1(x)$; x_0 n'en est donc pas un pôle, mais peut en être un zéro. Si $f_1'(x_0)$ n'est pas nul, le rapport $\dfrac{f_1'(x)}{mf_1(x)}$ a un signe constant au voisinage de x_0, le même de part et d'autre. Il en résulte que l'application de la méthode à droite de x_0 si ce signe est $+$, à gauche de x_0 si ce signe est $-$, permettra d'approcher de x_0 toujours dans le même sens. On aboutit aux mêmes conclusions si x_0 est un zéro d'ordre pair de $f_1'(x)$. Si x_0 est un zéro d'ordre impair de $f_1'(x)$, le signe constant de $\dfrac{f_1'(x)}{mf_1(x)}$ peut être $-$ avant x_0 et $+$ après, ou bien $+$ avant x_0 et $-$ après; dans le premier cas, on approche de x_0 dans le même sens, que le point de départ soit à gauche ou à droite; dans le second, on approche de x_0 de part et d'autre alternativement. — Cette application n'offre qu'un intérêt théorique, car, dans la pratique, on appliquera la méthode au numérateur de $f(x)$ pour trouver ses zéros et à son dénominateur pour avoir ses pôles. D'ailleurs, on a des procédés plus expéditifs pour déterminer les zéros multiples d'un polynome entier.

EXERCICES

1º Discuter la réalité des racines de l'équation $x^3 + px + q = 0$, en cherchant les points de rencontre de la courbe $y = x^3$ et de la droite $y = -px - q$.

2º Montrer que, si aux points de même abcisse situés à l'intérieur d'une bande limitée par les deux droites $x = a$, $x = b$, deux arcs de courbes tournent leur concavité en sens inverse, ces deux arcs n'ont pas plus de deux points communs. En particulier, une droite et un arc de courbe qui tourne sa concavité du même côté en tous ses points n'ont pas plus de deux points communs.

3º Démontrer que l'équation

$$e^x = 1 + \frac{x}{1} + \frac{x^2}{2!} + \cdots + \frac{x^n}{n!}$$

n'a pas d'autre racine que o.

4º Établir la même proposition pour les équations

$$\sin x = \frac{x}{1} - \frac{x^3}{3!} + \cdots + (-1)^n \frac{x^{2n+1}}{(2n+1)!},$$
$$\cos x = 1 - \frac{x^2}{2!} + \cdots + (-1)^n \frac{x^{2n}}{(2n)!}.$$

5º Étudier les équations

$$\operatorname{ch} x = ax + b,$$
$$\operatorname{sh} x = ax + b,$$
$$\operatorname{th} x = ax + b.$$

6º Calculer la racine positive de l'équation

$$x^6 - 42x^4 + 840x^2 - 5040 = 0.$$

7º On fait correspondre à un nombre a quelconque, un nombre a_1 défini par la formule $a_1 = \frac{1}{2}\left(a + \frac{b}{a}\right)$, b étant un nombre positif donné. On remplace a par a_1, et ainsi de suite. Démontrer que le nombre a_p tend vers une limite quand p tend vers l'infini. Trouver cette limite.

8º Étudier la suite illimitée dont deux termes consécutifs sont liés par la relation

$$a_{p+1} = \frac{1}{m}\left[(m-1)a_p + \frac{b}{a_p^{m-1}}\right],$$

m désignant un nombre naturel donné et b un nombre donné quelconque.

9º On suppose que la fonction $f(x)$ a, dans l'intervalle (α, β), une dérivée dont le module est inférieur à un nombre k moindre que 1. Montrer que l'équation $x - f(x) = 0$ n'a pas plus d'une racine dans cet intervalle. Faire voir que, si elle en a une, cette racine est la limite de la suite

$$a_1 = f(a), \quad a_2 = f(a_1), \quad \ldots, \quad a_{p+1} = f(a_p), \quad \ldots$$

a désignant un nombre arbitrairement choisi dans l'intervalle (α, β).

10º On suppose que la fonction $f(x)$ a, quel que soit x, une dérivée dont le module est inférieur à un nombre k moindre que 1. Démontrer que l'équation $x - f(x) = 0$ admet une racine; cette racine peut s'obtenir par la méthode indiquée dans l'exercice précédent, le nombre a étant quelconque. Appliquer à l'équation de Kepler : $x - e\sin x = a$, e étant positif et plus petit que 1.

MÉTHODES D'APPROXIMATION *(Suite)*

Méthode des parties proportionnelles. — Considérons une fonction $f(x)$ continue dans l'intervalle (a, b) et telle que $f(a)$ et $f(b)$ soient de signes contraires. Cette fonction s'annule au moins une fois dans l'intervalle (a, b); supposons qu'elle ne s'annule qu'une fois pour la valeur x_0, de sorte que $f(x)$ a un signe constant dans l'intervalle (a, x_0) et le signe contraire dans l'intervalle (x_0, b). Avec la méthode des parties proportionnelles, on substitue à l'arc de la courbe $y = f(x)$, limitée aux deux points A et B d'abscisses a et b, la corde AB, et l'on remplace le point $I(x_0)$ où cet arc rencontre Ox par le point d'intersection (x_1) de AB et de Ox. Cela revient

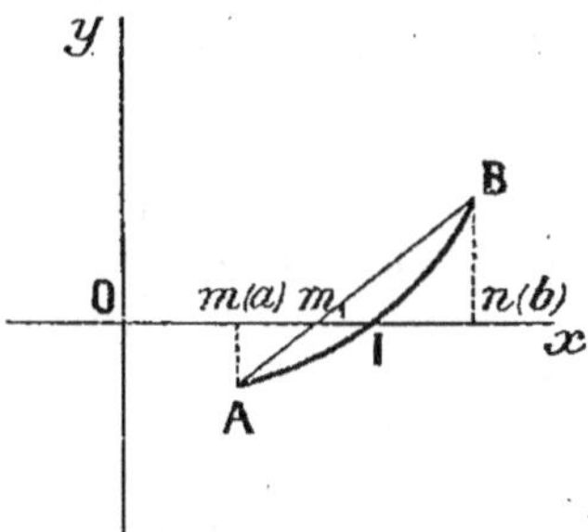

à remplacer la fonction $f(x)$ par une autre dont la variation dans l'intervalle (a, b) est proportionnelle à la variation de x; de là vient le nom de la méthode.

La droite AB ayant pour équation

$$\frac{x - a}{y - f(a)} = \frac{x - b}{y - f(b)} = \frac{b - a}{f(b) - f(a)},$$

l'abscisse x_1 est donnée par l'une ou l'autre des formules équivalentes

$$x_1 - a = - f(a) \frac{b - a}{f(b) - f(a)}, \quad x_1 - b = - f(b) \frac{b - a}{f(b) - f(a)}.$$

Le point correspondant est placé sur l'un des segments mI, nI, de sorte que x_1 est dans l'un des intervalles (a, x_0), (x_0, b) et est plus approché de x_0 que l'un des deux nombres a et b. Exceptionnellement, x_1 pourrait être égal à x_0. On reconnaît la position de x_1 en calculant $f(x_1)$, calcul qui servira à une nouvelle application de la méthode, s'il y a lieu. Supposons que $f(x_1)$ ait le signe de $f(a)$. Nous poserons :

$$a_1 = x_1, \qquad b_1 = b$$

et nous appliquerons de nouveau la méthode des parties proportionnelles à a_1 et b_1. Nous trouverons un nombre x_2; supposons que $f(x_2)$ ait le signe de $f(b_1)$, nous poserons :

$$a_2 = a_1, \qquad b_2 = x_2$$

et nous appliquerons la méthode à a_2 et b_2, et ainsi de suite.

Le point m_i (a_i) se déplace de gauche à droite à chaque opération ou reste stationnaire.

Le point n_i (b_i) se déplace de droite à gauche ou reste stationnaire. Si nous écartons le cas exceptionnel où x_i peut devenir égal à x_0, ce qu'on reconnaîtrait à l'égalité $f(x_i) = 0$, l'application de la méthode se répète indéfiniment et l'une au moins des deux suites de nombres a_i et b_i contient une infinité de nombres distincts; supposons que la suite a_i soit ainsi constituée. Les nombres a_i non décroissants et restant inférieurs à x_0 tendent vers une limite x_0' égale ou inférieure à x_0; par suite $a_{i+1} - a_i$ tend vers zéro. Or cette différence, lorsqu'elle n'est pas nulle, est égale à $-f(a_i)\dfrac{b_i - a_i}{f(b_i) - f(a_i)}$. Le produit $(b_i - a_i)f(a_i)$ tend donc vers zéro; si le facteur $f(a_i)$ tend vers zéro, comme il tend aussi vers $f(x_0')$, c'est que $f(x_0')$ est nul et $x_0' = x_0$; si le facteur $b_i - a_i$ tend vers zéro, on arrive à la même conclusion, car les deux nombres a_i et b_i comprenant x_0 ont tous deux ce nombre pour limite.

Ce dernier cas est particulièrement avantageux, parce qu'on connaît à chaque instant une limite supérieure utile de l'erreur commise.

Dans le cas particulier où $f''(x)$ conserve un signe constant dans l'intervalle (a, b), si, par exemple, $f''(x)$ est positif, $f(a)$ négatif et $f(b)$ positif, le nombre b_i est fixe et c'est a_i qui tend vers x_0 à gauche, comme l'indique la figure.

On peut d'ailleurs l'établir en toute rigueur en montrant que $f(x_i)$ est négatif comme $f(a)$.

La différence $\delta = y - \left[f(a) + (x - a)\dfrac{f(b) - f(a)}{b - a}\right]$ entre l'ordonnée d'un point quelconque de la courbe et l'ordonnée du point de même abscisse sur la corde AB, est nulle pour $x = a$ et $x = b$; sa dérivée première s'annule donc au moins une fois dans l'intervalle (a, b). Mais sa dérivée seconde $\delta'' = y''$ est positive dans cet intervalle; δ', croissant et s'annulant au moins une fois, ne s'annule qu'une fois pour une valeur x' de l'intervalle, en passant du signe $-$ au signe $+$. δ, décroissant et partant de zéro pour croître et arriver à zéro, est donc constamment négative dans l'intervalle, ce qui montre que $f(x_i)$ est négatif puisque l'ordonnée correspondante de la corde est nulle.

L'application de la méthode des parties proportionnelles offre l'avantage de n'utiliser que les valeurs de la fonction sans faire appel à sa dérivée. Son emploi est tout indiqué lorsque la dérivée est compliquée ou mal connue.

Appliquons-la à l'exemple étudié dans la leçon précédente et cherchons la racine ξ de l'équation

$$5\,x^3 - 17\,x^2 + 8\,x + 1 = 0,$$

qui est comprise entre 0 et 1.

$f(0)$ valant 1 et $f(1)$ valant -3, le terme de correction, en partant de 0 vaut $\dfrac{1}{4}$ ou 0,25. Remplaçons 0 par 0,3 pour une seconde application de la méthode.

$f(0,3) = 2,005$. Conservons seulement le premier chiffre; une valeur approchée du terme de correction en partant de 0,3 est $\dfrac{2 \times 0,7}{5} = 0,28$

et la nouvelle valeur approchée est 0,58. Remplaçons-la par 0,6 pour une troisième application.

$f(0,6) = 0,76$. Le terme de correction, en partant de 0,6, vaut $\dfrac{0,76 \times 0,4}{3,76}$ ou 0,080 .... Prenons 0,69 comme valeur approchée pour une quatrième application.

$f(0,69) = 0,068845$. Conservons seulement les deux premiers chiffres significatifs en forçant le dernier ; une valeur approchée du terme de correction en partant de 0,69 est $\dfrac{0,069 \times 0,31}{3,069}$. Pour calculer ce quotient, remplaçons le diviseur par 3.

Nous trouvons 0,0071 comme valeur approchée du terme de correction et nous prendrons 0,698 pour une cinquième application.

Un calcul antérieur nous a donné $f(0,698) = 0,00187396$; conservons encore les deux premiers chiffres significatifs en forçant le dernier pour le calcul d'une valeur approchée du terme de correction en partant de 0,698. Cette valeur approchée vaut $0,0019 \times \dfrac{0,302}{3,0019}$. Remplaçons encore le diviseur par 3, ce qui donne 0,00019 comme valeur approchée du terme de correction et nous prendrons 0,6982 pour une sixième application.

$f(0,6982) = 0,0001888....$ Conservons seulement les deux premiers chiffres significatifs en forçant le dernier ; une valeur approchée du terme de correction, en partant de 0,6982, est $\dfrac{0,00019 \times 0,3018}{3,00019}$. Remplaçons toujours le dénominateur par 3 ; nous trouvons 0,00019 comme valeur approchée du terme de correction et nous prenons 0,69822 pour une nouvelle application.

La comparaison de ces résultats avec ceux qu'a donnés la méthode de Newton appliquée au même exemple, montre nettement, dans ce cas, la supériorité de la méthode de Newton.

Application de la méthode de Newton à deux équations à deux inconnues. — Soient $f(x, y) = 0$, $g(x, y) = 0$ deux équations à deux inconnues dont on connaît une solution approchée (a, b), d'une solution inconnue (x_0, y_0).

Posons $x_0 = a + h$, $y_0 = b + k$. Supposons la formule de Taylor applicable aux deux fonctions $f(x, y)$, $g(x, y)$ au voisinage de (x_0, y_0). Nous trouvons :

$$(1) \begin{cases} f(a + h, b + k) = 0 = f(a, b) + hf'_a + kf'_b \\ \qquad\qquad + \dfrac{1}{2}\big[h^2 f''_{x^2}(a + \theta h, b + \theta k) \\ \qquad\qquad\qquad + 2hk f''_{x,y}(a + \theta h, b + \theta k) \\ \qquad\qquad\qquad + k^2 f''_{y^2}(a + \theta h, b + \theta k) \big], \\ g(a + h, b + k) = 0 = g(a, b) + hg'_a + kg'_b \\ \qquad\qquad + \dfrac{1}{2}\big[h^2 g''_{x^2}(a + \theta' h, b + \theta' k) + \ldots \big]. \end{cases}$$

Négligeons h^2, hk et k^2 et appelons h' et k' les valeurs approchées de h et de k qui résultent des deux équations

$$(2) \qquad \begin{cases} f(a,\,b) + h'f'_a + k'f'_b = 0, \\ g(a,\,b) + h'g'_a + k'g'_b = 0. \end{cases}$$

Si $f'_a g'_b - f'_b g'_a$ n'est pas nul, on tire de là h' et k' et l'on prend :

$$a_1 = a + h', \qquad b_1 = b + k',$$

comme nouvelles valeurs approchées de x_0, y_0.

Répétant l'application de la méthode à $(a_1,\,b_1)$, on trouvera une nouvelle solution approchée $(a_2,\,b_2)$ et ainsi de suite.

On reconnaît que a_p et b_p tendent vers une solution du système quand $f(a_p,\,b_p)$ et $g(a_p,\,b_p)$ tendent vers zéro.

On doit se demander si l'application répétée de cette méthode permet d'approcher autant qu'on le désire d'une solution déterminée $(x_0,\,y_0)$, en choisissant convenablement la solution approchée initiale $(a,\,b)$. Il convient de définir tout d'abord une solution plus approchée qu'une autre de la solution exacte. Adoptons une représentation géométrique et considérons les deux courbes $f(x,\,y) = 0$, $g(x,\,y) = 0$ rapportées à un système d'axes rectangulaires. Soit $M_0(x_0,\,y_0)$ un point commun à ces deux courbes et soit $P(a,\,b)$ un point voisin. Nous dirons que $(a_1,\,b_1)$ est plus approché de $(x_0,\,y_0)$ que $(a,\,b)$ si la distance P_1M_0 est plus petite que la distance PM_0, P_1 étant le point de coordonnées $a_1,\,b_1$. Ce fait se traduit par l'inégalité

$$(x_0 - a_1)^2 + (y_0 - b_1)^2 < (x_0 - a)^2 + (y_0 - b)^2.$$

Posons $\qquad x_0 = a_1 + h_1, \qquad y_0 = b_1 + k_1.$

Cette inégalité devient :

$$h_1^2 + k_1^2 < h^2 + k^2.$$

Or, si l'on porte $h = h_1 + h'$ et $k = k_1 + k'$, dans les termes du premier degré des équations (1) en tenant compte des équations (2) que vérifient h' et k', on obtient :

$$(3) \begin{cases} h_1 f'_a + k_1 f'_b + \dfrac{1}{2}\Big[h^2 f''_{x^2}(a + \theta h,\, b + \theta k) + 2hk f''_{xy}(a + \theta h,\, b + \theta k) \\ \qquad\qquad + k^2 f''_{y^2}(a + \theta h,\, b + \theta k)\Big] = 0, \\ h_1 g'_a + k_1 g'_b + \dfrac{1}{2}\Big[h^2 g''_{x^2}(a + \theta' h,\, b + \theta' k) + \ldots\Big] = 0. \end{cases}$$

Ces deux équations donnent pour h_1 et k_1 des valeurs de la forme

$$(4) \begin{cases} h_1 = \dfrac{1}{\Delta(a,\,b)}\,(A\,h^2 + 2\,B\,hk + C\,k^2), \\ k_1 = \dfrac{1}{\Delta(a,\,b)}\,(A'\,h^2 + 2\,B'\,hk + C'\,k^2). \end{cases}$$

A, B, C, A', B', C' sont des fonctions linéaires et homogènes de

$$f''_{x^2}(x_1, y_1), \quad f''_{xy}(x_1, y_1), \quad f''_{y^2}(x_1, y_1), \quad g''_{x^2}(x_2, y_2), \quad g''_{xy}(x_2, y_2), \quad g''_{y^2}(x_2, y_2)$$

où

$$x_1 = x_0 + \theta h, \quad y_1 = y_0 + \theta k \quad \text{et} \quad x_2 = x_0 + \theta' h, \quad y_2 = y_0 + \theta' k$$

représentent les coordonnées de deux points Q et R du segment $M_0 P$. Ce sont aussi des fonctions linéaires et homogènes de f'_a, f'_b, g'_a, g'_b. Posons, par exemple,

$$A = \alpha(a, b, x_1, y_1, x_2, y_2); \qquad B = \beta(a, b, x_1, y_1, x_2, y_2); \quad \text{etc.}$$

Quant à $\Delta(a, b)$, c'est la valeur que prend le déterminant fonctionnel $f'_x g'_y - f'_y g'_x$ des deux fonctions $f(x, y)$, $g(x, y)$, quand on y remplace x et y par a et b.

Si nous supposons que les dérivées premières et secondes de f et de g soient limitées supérieurement en valeur absolue au voisinage du point M_0 et que $\Delta(x_0, y_0)$ ne soit pas nul, $|\Delta(x, y)|$ est limité inférieurement dans les mêmes conditions et les fonctions $\alpha(x, y, x', y', x'', y'')$, $\beta(x, y, x', y', x'', y'')$, ..., où (x, y) (x', y') (x'', y'') sont les coordonnées de points P, Q, R voisins de M_0, ont des modules limités supérieurement. Soit L une limite supérieure commune à ces différents modules et l une limite inférieure de $\Delta(x, y)$ à l'intérieur d'un cercle Γ décrit de M_0 avec $M_0 P$ comme rayon ou sur ce cercle. Dans ces conditions, les modules de $\dfrac{A}{\Delta}$, $\dfrac{B}{\Delta}$, ... sont limités supérieurement par $\dfrac{L}{l}$ et les égalités (4) nous donnent :

$$|h_1| \leq \frac{L}{l} (h^2 + 2|hk| + k^2) \leq \frac{2L}{l} (h^2 + k^2),$$

car

$$2|hk| \leq h^2 + k^2$$

et

$$|k_1| \leq \frac{2L}{l} (h^2 + k^2).$$

On en tire :

$$(5) \qquad h_1^2 + k_1^2 \leq \frac{4L^2}{l^2} (h^2 + k^2)^2.$$

Supposons la distance $M_0 P$ assez petite pour que $\rho = \dfrac{4L^2}{l^2} (h^2 + k^2)$ soit inférieur à 1.

L'inégalité précédente donne alors :

$$\frac{h_1^2 + k_1^2}{h^2 + k^2} < 1$$

et le point P_1 est à l'intérieur du cercle Γ.

En appliquant la méthode aux coordonnées a_1, b_1 de ce point, on trouvera un point P_2 intérieur au cercle Γ_1 décrit de M_0 comme centre avec $M_0 P_1$ pour rayon, etc.

D'ailleurs, l'inégalité (5) peut s'écrire

$$\overline{M_0 P_1}^2 \leq \frac{4L^2}{l^2} \overline{M_0 P}^2 \leq \frac{l^2}{4L^2} \rho^2.$$

On aura de même :

$$\overline{M_0 P_2}^2 \leqq \frac{4 L^2}{l^2} \overline{M_0 P_1}^2 \leqq \frac{l^2}{4 L^2} \rho^4,$$

$$\cdots \cdots \cdots \cdots \cdots \cdots$$

$$\overline{M_0 P_p}^2 \leqq \frac{4 L^2}{l^2} \overline{M_0 P_{p-1}}^2 \leqq \frac{l^2}{4 L^2} \rho^{2p},$$

ce qui montre bien que le point P_p tend vers M_0 et que ses coordonnées a_p, b_p ont pour limites respectives x_0 et y_0.

Ainsi, pourvu que le point de départ P soit à une distance de M_0 inférieure à $\dfrac{l}{2 L}$, on peut affirmer que l'application répétée de la méthode permet d'approcher indéfiniment du point M_0.

Le raisonnement est en défaut si $\Delta(x_0, y_0)$ est nul, c'est-à-dire si les deux courbes sont tangentes en M_0. Cela ne veut pas dire d'ailleurs que la méthode n'est pas applicable dans ce cas.

Les raisonnements que nous venons de faire pour deux équations à deux inconnues peuvent être généralisés. En les appliquant à n équations

$$f_1(x_1, x_2, \ldots, x_n) = 0, \ f_2(x_1, x_2, \ldots, x_n) = 0, \ \ldots, f_n(x_1, x_2, \ldots, x_n) = 0$$

à n inconnues, on arrive aux conclusions suivantes :

Si les équations données admettent une solution $(x_1', x_2', \ldots, x_n')$ au voisinage de laquelle les fonctions $f_1, f_2, \ldots, f_n$ ont des dérivées partielles premières et secondes dont les valeurs absolues soient limitées supérieurement, et si le déterminant fonctionnel

$$\begin{vmatrix} f'_{1x_1}, & f'_{1x_2}, & \ldots, & f'_{1x_n} \\ \cdots & \cdots & \cdots & \cdots \\ f'_{nx_1}, & f'_{nx_2}, & \ldots, & f'_{nx_n} \end{vmatrix}$$

de ces fonctions n'est pas nul pour la solution considérée, l'application répétée de la méthode de Newton, à partir d'un système quelconque de valeurs des variables appartenant à un certain domaine dont fait partie la solution cherchée, permet d'approcher indéfiniment et autant qu'on le désire de cette solution.

EXERCICES

1o Démontrer que, dans le cas où les courbes données sont des coniques, la correspondance établie entre les points P et P_1 par l'application de la méthode de Newton peut être définie géométriquement de la façon suivante :

On prend les polaires de P par rapport aux deux coniques et les droites homothétiques de ces polaires avec P comme centre et $\frac{1}{2}$ comme rapport d'homothétie; P_1 est le point d'intersection des deux droites ainsi obtenues. Voir ce qui arrive si l'on prend comme point de départ un point d'une sécante commune aux deux coniques.

2o Démontrer que si deux coniques sont homothétiques et tangentes, l'application répétée de la méthode de Newton, en prenant comme point de départ un point quelconque de leur plan, permet d'approcher indéfiniment et autant qu'on le désire de leur point de contact.

3o Démontrer que, si deux coniques sont bitangentes, la distance du point P_1, déduit d'un point P quelconque par l'application de la méthode de Newton, à la corde des contacts est moitié de la distance du point P à cette même droite. On suppose que la corde des contacts est un diamètre commun aux deux coniques : qu'arrive-t-il si l'on répète indéfiniment l'application de la méthode de Newton en prenant comme point de départ un point quelconque du plan?

54e LEÇON

INFINIMENT PETITS ET DIFFÉRENTIELLES

On dit qu'une grandeur variable est infiniment petite lorsqu'elle tend vers zéro.

Deux grandeurs dont l'une est fonction de l'autre peuvent tendre vers zéro en même temps ; on dit que ce sont des infiniment petits simultanés. Si leur rapport tend vers 1, ce sont des infiniment petits équivalents.

Plusieurs infiniment petits simultanés étant donnés, on peut en regarder un comme la variable : on l'appelle *infiniment petit principal*.

Soient α l'équivalent algébrique de l'infiniment petit principal et β celui d'un autre infiniment petit ; si $\dfrac{\beta}{\alpha^m}$ tend vers une limite a finie et non nulle quand α tend vers 0, on dit que β est un infiniment petit d'ordre m et que $a\alpha^m$ est sa partie ou *valeur principale*. m peut ne pas être un nombre naturel ; dans ce cas il faut prendre α^m ou $(-\alpha)^m$ pour que la valeur principale soit définie.

β et sa valeur principale $a\alpha^m$ sont équivalents.

Par exemple, x étant pris comme infiniment petit principal :

$\sin x$ est un infiniment petit du premier ordre et sa valeur principale est x ;

$1 - \cos x$ est un infiniment petit du second ordre et sa valeur principale est $\dfrac{x^2}{2}$;

$x - \sin x$ est un infiniment petit du troisième ordre et sa valeur principale est $\dfrac{x^3}{6}$; etc.

$x \log x$ est infiniment petit avec x, mais on ne peut déterminer de nombre m tel que $\dfrac{x \log x}{x^m}$ tende vers une limite finie et non nulle quand x tend vers zéro ; l'infiniment petit $x \log x$ n'a donc pas d'ordre par rapport à x.

α étant l'infiniment petit principal et $a\alpha^m$ la valeur principale d'un infiniment petit β, la différence $\beta - a\alpha^m$ est infiniment petite par rapport à β, c'est-à-dire que le rapport $\dfrac{\beta - a\alpha^m}{\beta}$ tend vers zéro ; cela résulte de l'égalité $\dfrac{\beta}{\alpha^m} = a + \beta_1$, où β_1 tend vers zéro avec α. L'infiniment petit β_1 peut avoir un ordre m_1 et une valeur principale $a_1\alpha^{m_1}$.

Posons alors $\dfrac{\beta_1}{\alpha^{m_1}} = a_1 + \beta_2$, de sorte que l'on a :

$$\beta = a\alpha^m + \beta_1\alpha^m = a\alpha^m + a_1\alpha^{m+m_1} + \beta_2\alpha^{m+m_1},$$

où β_2 est encore un infiniment petit. Supposons qu'on continue de cette façon jusqu'à ce qu'on obtienne un infiniment petit β_p et qu'on mette β sous la forme

$$\beta = a\alpha^m + a_1\alpha^{m+m_1} + a_2\alpha^{m+m_1+m_2} + \ldots + a_{p-1}\alpha^{m+m_1+\ldots+m_{p-1}}$$
$$+ \beta_p\alpha^{m+m_1+\ldots+m_{p-1}};$$

on dit qu'on a développé β suivant les puissances croissantes de l'infiniment petit α, jusqu'au p^e terme. p étant donné, ce développement est unique. On s'en rend compte en remarquant que le premier terme $a\alpha^m$ est la valeur principale de β; cette valeur principale est unique, car si l'on en avait deux $a\alpha^m$ et $a'\alpha^{m'}$, leur rapport devrait tendre vers 1 quand α tend vers zéro : or ceci exige que l'on ait $m' = m$ et $a' = a$.

De même, le second terme $a_1\alpha^{m+m_1}$ est la valeur principale de $\beta - a\alpha^m$; etc.

En particulier, la formule de Taylor nous donne le développement de l'infiniment petit $f(x_0 + h) - f(x_0)$ suivant les puissances croissantes de l'infiniment petit principal h. La formule de Mac-Laurin donne

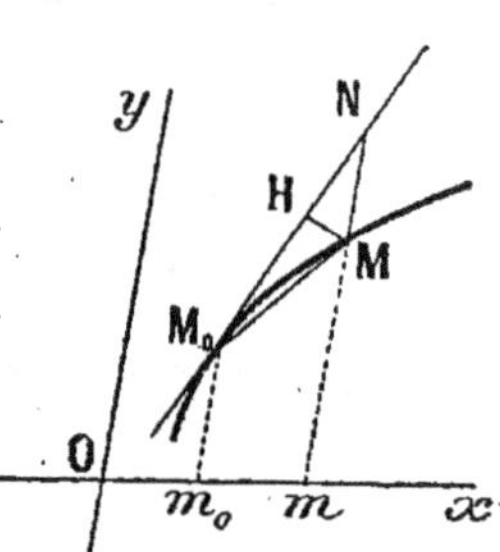

le développement de $f(x) - f(0)$ suivant les puissances croissantes de x. Elles nous ont servi à trouver des infiniment petits équivalents pour la recherche de vraies valeurs de fonctions qui se présentent sous la forme $\dfrac{0}{0}$.

La géométrie donne des exemples d'infiniment petits de divers ordres.

Considérons la différence entre les ordonnées de la courbe $y = f(x)$ et de la tangente à cette courbe au point $M_0(x_0, y_0)$, pour une même valeur x de la variable. Cette différence $\delta = \overline{NM}$ est

$$\delta = y - f(x_0) - (x - x_0) f'(x_0)$$
$$= \frac{(x-x_0)^2}{2!} f''(x_0) + \ldots + \frac{(x-x_0)^{p-1}}{(p-1)!} f^{(p-1)}(x_0) + \frac{(x-x_0)^p}{p!} f^{(p)}(x_1),$$

x_1 étant compris entre x_0 et x.

Si p est l'ordre de la première dérivée non nulle, pour $x = x_0$ (après $f'(x_0)$), δ est un infiniment petit d'ordre p par rapport à $x - x_0$ ou $\overline{m_0 m}$.

Soit MH la distance du point M à la tangente en M_0. On démontre aisément que $\dfrac{M_0 M}{m_0 m}$ tend vers une limite non nulle quand x tend vers x_0, que $\dfrac{M_0 M}{M_0 H}$ tend vers 1 dans les mêmes conditions et que $\dfrac{HM}{NM}$ est constant.

Il en résulte que MH est un infiniment petit d'ordre p par rapport à $M_0 H$. En général, $p = 2$.

L'aire du triangle $M_0 MH$ est en général du 3e ordre, celle du triangle MHN est en général du 4e ordre, etc.

Un raisonnement analogue montre que si l'on considère deux courbes

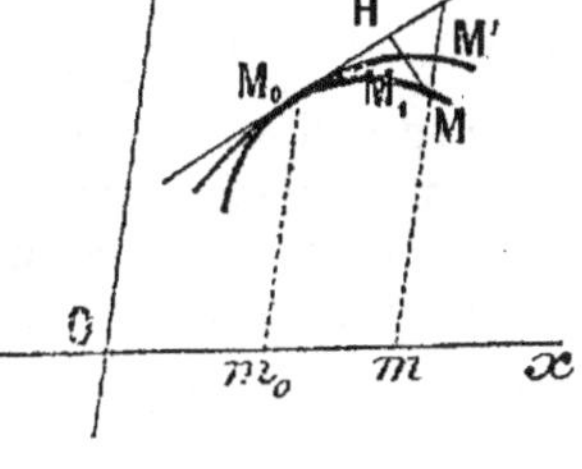

$$y = f(x), \qquad y = g(x),$$

tangentes entre elles au point M_0, et si les dérivées de l'ordre le moins élevé de $f(x)$ et de $g(x)$, qui ne sont pas égales pour $x = x_0$, sont d'ordre $p + 1$, la longueur MM' est d'ordre $p + 1$ par rapport à $m_0 m$ ou par rapport à $M_0 H$.

Dans le triangle infiniment petit $MM_1 M'$, les angles ne sont pas infiniment petits, puisque la direction limite de $M_1 M'$ est, en général, la direction $M_0 N$; le rapport $\dfrac{MM_1}{MM'}$ tend donc vers une limite et MM_1 est un infiniment petit d'ordre $p + 1$ par rapport à $M_0 H$. On dit, dans ce cas, que les courbes ont en M_0 un contact d'ordre p.

Quand l'ordre du contact est pair, $\overline{MM'}$ est infiniment petit d'ordre impair; son équivalent algébrique change de signe avec $x - x_0$ et les deux courbes se traversent en M_0. Si le contact est d'ordre impair, les deux courbes ne se traversent pas en M_0.

Valeurs principales d'une somme, d'un produit, d'un quotient. — Considérons d'abord une somme de deux infiniment petits β et γ, γ étant infiniment petit par rapport à β. Si β a une valeur principale $a \alpha^m$, c'est aussi celle de $\beta + \gamma$, car $\dfrac{\gamma}{\alpha^m} = \dfrac{\gamma}{\beta} \cdot \dfrac{\beta}{\alpha^m}$ tend vers zéro et $\dfrac{\beta + \gamma}{\alpha^m}$ tend vers a. Si β n'a pas de valeur principale, $\beta + \gamma$ n'en a pas non plus.

Considérons maintenant une somme de deux infiniment petits β et γ, $\dfrac{\gamma}{\beta}$ tendant vers une limite finie et non nulle. Si β a une valeur principale $a \alpha^m$, γ en a une de même ordre $a' \alpha^m$, et si $a + a'$ n'est pas nul, $\dfrac{\beta + \gamma}{\alpha^m}$ tend vers $a + a'$ et $\beta + \gamma$ a pour valeur principale $(a + a') \alpha^m$.

Si $a + a'$ est nul, il faut utiliser les développements de β et γ suivant les puissances croissantes de α pour obtenir la valeur principale de $\beta + \gamma$ lorsque cette valeur existe.

Ces remarques s'étendent à une somme algébrique quelconque d'infiniment petits.

Si β et γ sont des infiniment petits ayant $a \alpha^m$ et $a' \alpha^{m'}$ comme valeurs principales, $\beta\gamma$ est un infiniment petit ayant pour valeur principale $aa'\alpha^{m+m'}$; on le voit de suite en reprenant la définition de la valeur principale.

Si β est un infiniment petit d'ordre m par rapport à a et si γ n'a pas d'ordre, $\beta\gamma$ n'a pas d'ordre non plus. Si β et γ n'ont d'ordre ni l'un ni l'autre, $\beta\gamma$ peut ne pas avoir d'ordre ou en avoir; ainsi $x\log x$ et $\sin x(1+\log x)$ sont infiniment petits avec x, leur produit n'a pas d'ordre; $x\log x$ et $\dfrac{\sin x}{1+\log x}$ sont infiniment petits avec x, leur produit est du second ordre et admet x^2 comme valeur principale.

Un quotient de deux infiniment petits peut être une quantité infiniment petite, une quantité finie ou une quantité infiniment grande ou même ne tendre vers aucune limite. Si β et γ ont comme valeurs principales $a\alpha^m$ et $a'\alpha^{m'}$, m étant supérieur à m', $\dfrac{\beta}{\gamma}$ est un infiniment petit qui admet $\dfrac{a}{a'}\alpha^{m-m'}$ comme valeur principale, etc.

On pourrait faire une théorie des infiniment grands tout à fait analogue; d'ailleurs, si un nombre est infiniment petit, son inverse est infiniment grand et réciproquement.

Différentielle première d'une fonction d'une variable. — Soit $y=f(x)$ une fonction quelconque de la variable x admettant une dérivée. Quand on donne à x un accroissement Δx *arbitraire* compatible avec la définition de la fonction, celle-ci reçoit un accroissement Δy qui vaut $f(x+\Delta x)-f(x)=\Delta x\cdot f'(x+\theta\Delta x)$.

Le produit $f'(x)\cdot\Delta x$ s'appelle différentielle première de la fonction $f(x)$; l'un des facteurs $f'(x)$ est déterminé quand la fonction est donnée ainsi que x; l'autre Δx est une variable arbitraire. On représente cette différentielle par dy et l'on a :

$$dy=f'(x)\cdot\Delta x=y'\Delta x.$$

Si l'on applique cette définition à la fonction $y=x$, comme $y'=1$, on trouve $dx=\Delta x$. Pour cette raison, on représente habituellement par dx l'accroissement de la variable et l'on écrit

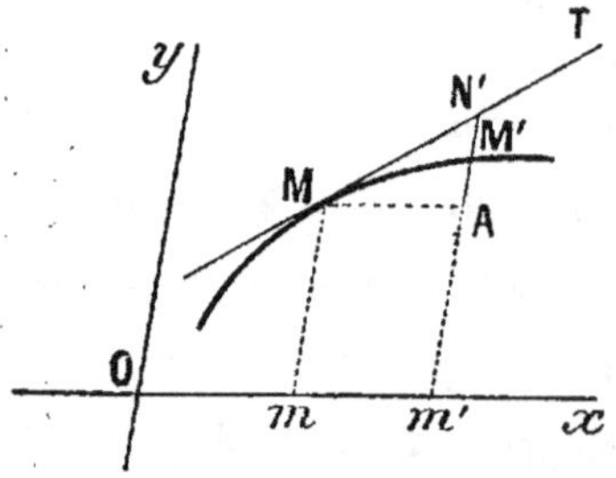

$$(1)\qquad dy=y'dx.$$

Lorsque dx est infiniment petit et que y' n'est pas nul, $y'dx$ est la valeur principale de Δy quand on prend dx comme infiniment petit principal; mais si y' est nul, cette proposition n'est plus vraie, puisque dy est alors nul et que la valeur principale d'un infiniment petit qui n'est pas identiquement nul n'est jamais nulle.

La comparaison de dy et de Δy se fait très simplement sur le tracé de la courbe $y=f(x)$. Menons la tangente à cette courbe au point $M(x, y)$ et par M une parallèle à Ox.

dx étant l'équivalent algébrique de $\overline{mm'}$, Δy est celui de $\overline{AM'}$ et dy celui de $\overline{AN'}$.

On tire de l'égalité (1) $y' = \dfrac{dy}{dx}$. Désormais nous emploierons indifféremment la notation y' et la notation $\dfrac{dy}{dx}$ pour représenter la dérivée première de y par rapport à x.

Supposons que x et y soient des fonctions d'une même variable auxiliaire t, soient

$$x = f(t), \qquad y = g(t).$$

Les différentielles de ces deux fonctions sont

$$d_t x = f'(t)\,dt, \qquad d_t y = g'(t)\,dt.$$

On en déduit :
$$\frac{d_t y}{d_t x} = \frac{g'(t)}{f'(t)}.$$

Mais on sait que le second rapport est aussi la dérivée de y par rapport à x. Nous pourrons donc représenter cette dérivée par $\dfrac{dy}{dx}$, les deux différentielles dy et dx ayant été calculées par rapport à une variable auxiliaire quelconque. Par analogie, nous écrirons

$$y''_{x^2} = \frac{d^2 y}{dx^2}, \qquad y'''_{x^3} = \frac{d^3 y}{dx^3}, \quad \text{etc.}$$

mais, provisoirement, nous regarderons les seconds membres comme de simples notations et non comme des quotients. Si nous nous placions à ce dernier point de vue, nous serions conduits à l'étude des différentielles d'ordre supérieur au premier et à des développements hors de proportion avec les services que nous pourrions en tirer.

Calcul des différentielles. — Ce calcul est une conséquence immédiate du calcul des dérivées et de la définition des différentielles.

La dérivée d'une somme algébrique
$$y = u + v - w$$
étant
$$y' = u' + v' - w',$$
sa différentielle $y'\,dx$ est donnée par l'équation
$$y'\,dx = u'\,dx + v'\,dx - w'\,dx$$
ou bien
$$dy = du + dv - dw.$$

La dérivée d'un produit $y = uvw$ étant
$$y' = u'vw + uv'w + uvw',$$
sa différentielle est
$$y'\,dx = vwu'\,dx + uwv'\,dx + uvw'\,dx$$
c'est-à-dire
$$dy = vw\,du + uw\,dv + uv\,dw.$$

(Chaque fois que, dans un produit, l'un des facteurs est une différentielle, ce facteur s'écrit toujours le dernier).

La dérivée d'un quotient $y = \dfrac{u}{v}$ étant

$$y' = \frac{vu' - uv'}{v^2},$$

sa différentielle est

$$y'\,dx = \frac{vu'\,dx - uv'\,dx}{v^2}$$

c'est-à-dire

$$dy = \frac{v\,du - u\,dv}{v^2}.$$

La dérivée d'une fonction composée $y = f(u, v, w)$ étant

$$y' = u'f'_u + v'f'_v + w'f'_w,$$

sa différentielle est

$$y'\,dx = f'_u u'\,dx + f'_v v'\,dx + f'_w w'\,dx,$$

c'est-à-dire

$$dy = f'_u\,du + f'_v\,dv + f'_w\,dw.$$

Par analogie avec la notation différentielle des dérivées successives d'une fonction d'une variable, nous représenterons les dérivées partielles premières d'une fonction $f(x, y, z)$ de plusieurs variables par $\dfrac{\partial f}{\partial x}$, $\dfrac{\partial f}{\partial y}$, $\dfrac{\partial f}{\partial z}$, les dérivées partielles secondes par $\dfrac{\partial^2 f}{\partial x^2}$, $\dfrac{\partial^2 f}{\partial y^2}$, $\dfrac{\partial^2 f}{\partial z^2}$, $\dfrac{\partial^2 f}{\partial y\,\partial z}$, $\dfrac{\partial^2 f}{\partial z\,\partial x}$, $\dfrac{\partial^2 f}{\partial x\,\partial y}$; etc. Ces nouveaux symboles ne sont jamais regardés comme des quotients.

Avec ces notations, la différentielle d'une fonction composée s'écrit

$$dy = \frac{\partial f}{\partial u}\,du + \frac{\partial f}{\partial v}\,dv + \frac{\partial f}{\partial w}\,dw.$$

La dérivée y' d'une fonction implicite y de x définie par l'équation $f(x, y) = 0$ étant elle-même fournie par l'équation $f'_x + f'_y y' = 0$, multiplions les deux membres de cette dernière par dx ; nous obtenons :

$$\frac{\partial f}{\partial x}\,dx + \frac{\partial f}{\partial y}\,dy = 0$$

qui donne indifféremment dy en fonction de dx ou dx en fonction de dy.

Équations des tangentes avec la notation différentielle. — Considérons une courbe plane dont la tangente en un point quelconque (x, y) a pour équation $\dfrac{X - x}{x'} = \dfrac{Y - y}{y'}$, x' et y' représentant les dérivées de x et y par rapport à un même paramètre t. En multipliant les dénominateurs par dt, nous obtenons $\dfrac{X-x}{dx} = \dfrac{Y-y}{dy}$.

De même, dans l'espace, on peut écrire les équations de la tangente

$$\frac{X-x}{dx} = \frac{Y-y}{dy} = \frac{Z-z}{dz};$$

dx, dy, dz, sont les paramètres directeurs de la droite.

EXERCICES

1° x étant l'infiniment petit principal, déterminer a, b, c, de telle sorte que l'expression $e^x + a\sin x + b\cos x + c$ soit un infiniment petit de l'ordre le plus élevé possible et calculer la valeur principale de cet infiniment petit.

2° On considère, dans un cercle de rayon 1, l'aire du segment ayant pour base une corde de longueur x; trouver la partie principale de cette aire en prenant x comme infiniment petit principal.

3° Déterminer a, b, c, de sorte que l'expression

$$\frac{\pi}{2} + a\,\mathrm{arc\,sin}\,x + b\,\mathrm{arc\,cos}\,x + c\,\mathrm{arc\,tg}\,x$$

soit infiniment petite avec x et trouver sa valeur principale, dans le cas où son ordre est le plus grand possible.

4° Trouver la relation entre dx et dy sachant que x et y vérifient l'équation

$$x\sqrt{1-y^2} + y\sqrt{1-x^2} = \mathrm{C^{te}}.$$

5° x et y vérifiant l'équation

$$x + y - k(1 - xy) = 0,$$

trouver la relation entre dx et dy, 1° sous une forme qui ne contienne plus y, 2° sous une forme qui ne contienne plus k.

6° x et y vérifiant l'équation $f(x, y) = 0$, qui est du second degré par rapport à chacune des variables (relation biquadratique), montrer que l'on peut mettre la relation entre dx et dy sous la forme (2) $\dfrac{dx}{\sqrt{A(x)}} = \pm \dfrac{dy}{\sqrt{B(y)}}$, A et B désignant des polynomes entiers du 4e degré en général.

On suppose que f soit une forme quadratique par rapport à x et y; montrer que A et B sont seulement du second degré et que leurs coefficients sont cinq des coefficients de la forme $\psi(u, v, w)$ adjointe de la forme homogène $z^2 f\left(\dfrac{x}{z}, \dfrac{y}{z}\right)$ de sorte que l'équation (2) n'est pas modifiée si l'on altère le sixième coefficient de $\psi(u, v, w)$.

Qu'arrive-t-il si l'équation biquadratique est symétrique?

55ᵉ LEÇON

DIFFÉRENTIELLE TOTALE D'UNE FONCTION
DE PLUSIEURS VARIABLES

Soit u une fonction de plusieurs variables indépendantes x, y, z, $\ldots$

Quand on donne à ces variables des accroissements arbitraires Δx, Δy, Δz, $\ldots$, la fonction reçoit un accroissement

$$f(x + \Delta x, \; y + \Delta y, \; z + \Delta z, \; \ldots) - f(x, \; y, \; z, \; \ldots),$$

que l'on peut mettre sous la forme

$$\Delta x \cdot f'_x(x + \theta \Delta x, \; y + \theta \Delta y, \; \ldots)$$
$$+ \Delta y \cdot f'_y(x + \theta \Delta x, \; y + \theta \Delta y, \; \ldots) + \ldots$$

On appelle différentielle totale de u pour le système de valeurs x, y, z, $\ldots$ attribuées aux variables, l'expression

$$du = f'_x(x, \; y, \; z, \; \ldots)\Delta x + f'_y(x, \; y, \; z, \; \ldots)\Delta y + \ldots$$

En particulier, si l'on applique cette définition à la fonction $u = x$, on retrouve $dx = \Delta x$; on aura de même $dy = \Delta y$, $dz = \Delta z$, $\ldots$ de sorte que l'égalité qui définit la différentielle totale est

$$(\text{1}) \qquad du = \frac{\partial f}{\partial x}\,dx + \frac{\partial f}{\partial y}\,dy + \frac{\partial f}{\partial z}\,dz + \ldots,$$

où dx, dy, dz, $\ldots$ sont arbitraires.

Considérons maintenant une fonction $u = f(x, \; y, \; z, \; \ldots)$, où les variables x, y, z, $\ldots$, indépendantes ou non, sont des fonctions données d'autres variables x', y', z', $\ldots$ que nous pouvons toujours supposer indépendantes. Dans ces conditions, on a, quelles que soient les valeurs attribuées à x', y', z', $\ldots$:

$$(\text{2}) \qquad f(x, \; y, \; z, \; \ldots) \equiv F(x', \; y', \; z', \; \ldots)$$

et, en vertu de la définition,

$$(\text{3}) \qquad du = \frac{\partial F}{\partial x'}\,dx' + \frac{\partial F}{\partial y'}\,dy' + \ldots$$

Or si nous égalons les dérivées partielles des deux membres de l'égalité (2) successivement par rapport à x', y', z', $\ldots$, en regardant le premier membre comme une fonction composée de x', y', z', $\ldots$ par l'intermédiaire des fonctions x, y, z, $\ldots$ de ces variables, nous obtenons :

$$\frac{\partial F}{\partial x'} = \frac{\partial f}{\partial x}\frac{\partial x}{\partial x'} + \frac{\partial f}{\partial y}\frac{\partial y}{\partial x'} + \ldots,$$
$$\frac{\partial F}{\partial y'} = \frac{\partial f}{\partial x}\frac{\partial x}{\partial y'} + \frac{\partial f}{\partial y}\frac{\partial y}{\partial y'} + \ldots, \; \text{etc.}$$

En substituant ces valeurs dans le second membre de l'égalité (3) et ordonnant par rapport à $\dfrac{\partial f}{\partial x}$, $\dfrac{\partial f}{\partial y}$, ..., nous avons :

$$du = \frac{\partial f}{\partial x}\left(\frac{\partial x}{\partial x'}\,dx' + \frac{\partial x}{\partial y'}\,dy' + \ldots\right)$$
$$+ \frac{\partial f}{\partial y}\left(\frac{\partial y}{\partial x'}\,dx' + \frac{\partial y}{\partial y'}\,dy' + \ldots\right) + \ldots$$

Or, en vertu de la définition de la différentielle totale des fonctions de plusieurs variables indépendantes, nous avons aussi :

$$dx = \frac{\partial x}{\partial x'}\,dx' + \frac{\partial x}{\partial y'}\,dy' + \ldots\;; \qquad dy = \frac{\partial y}{\partial x'}\,dx' + \frac{\partial y}{\partial y'}\,dy' + \ldots\;; \text{ etc.}$$

de sorte que, finalement,

$$du = df = \frac{\partial f}{\partial x}\,dx + \frac{\partial f}{\partial y}\,dy + \frac{\partial f}{\partial z}\,dz + \ldots.$$

Nous voyons donc que l'égalité (1) donne toujours la différentielle totale de la fonction f; si les variables x, y, z, ... sont indépendantes, dx, dy, dz, ... sont arbitraires; si les variables x, y, z, ..., indépendantes ou non, sont fonctions d'autres variables, dx, dy, dz, ... représentent les différentielles totales de x, y, z, ... par rapport à ces nouvelles variables.

Nous avons rencontré un exemple de ce dernier fait à propos de la différentielle d'une fonction composée $y = f(u, v, w)$ de la variable x, puisque nous avons établi l'égalité

$$dy = \frac{\partial f}{\partial u}\,du + \frac{\partial f}{\partial v}\,dv + \frac{\partial f}{\partial w}\,dw.$$

L'emploi des différentielles totales permet d'établir rapidement un grand nombre de propositions; il est facilité par deux théorèmes essentiels que nous allons établir.

Théorème. — *Pour qu'une fonction de plusieurs variables, indépendantes ou non, conserve une valeur constante quand on attribue à ces variables des valeurs quelconques, compatibles avec les liaisons qui existent entre elles, il faut et il suffit que la différentielle totale de cette fonction soit nulle.*

Soit en effet une fonction de plusieurs variables indépendantes $f(x, y, z, \ldots)$. Si cette fonction est constante quand on donne aux variables des valeurs arbitraires, elle l'est encore quand on fixe la valeur de toutes ces variables sauf une, x par exemple; sa dérivée partielle par rapport à x est donc nulle, puisque cette fonction de x est une constante. Il en est de même pour ses dérivées partielles par rapport aux autres variables et sa différentielle totale est nulle.

Réciproquement, si cette différentielle totale est nulle, comme dx, dy, dz, ... sont arbitraires, c'est que $\dfrac{\partial f}{\partial x}$, $\dfrac{\partial f}{\partial y}$, $\dfrac{\partial f}{\partial z}$, ... sont nulles, et f, ne variant pas quand on fait varier séparément les variables, reste constant quand on les fait varier d'une façon quelconque.

Si les variables dont dépend la fonction ne sont pas indépendantes, on arrive aux mêmes conclusions à cause de l'invariance de la valeur du symbole df, quand on tient compte des liaisons entre les variables.

Théorème. — *Pour que deux fonctions u et v de plusieurs variables soient fonctions l'une de l'autre, il faut et il suffit que l'on puisse déterminer une fonction H de ces variables, telle que l'on ait $dv = H du$.*

Nous pouvons toujours supposer les variables indépendantes.

Supposons d'abord que l'on ait $v = \varphi(u)$; on en déduit : $dv = \varphi'(u) du$ et on réalise l'égalité précédente avec $H = \varphi'(u)$.

Supposons maintenant que u soit une fonction des variables indépendantes x, y, z, et, en particulier, que u dépende de x, de sorte que $\dfrac{\partial u}{\partial x}$ n'est pas nul, et dx, dy, dz sont arbitraires. Imaginons que l'on remplace dans v, x par sa valeur fonction de u, y et z. L'expression de dv, dans ces conditions, est de la forme

$$\frac{\partial v_1}{\partial u} du + \frac{\partial v_1}{\partial y} dy + \frac{\partial v_1}{\partial z} dz,$$

en représentant par $v_1(u, y, z)$, ce qu'est devenu $v(u, y, z)$ après la substitution. Mais, d'autre part, $dv = H du$, de sorte que

$$\left(\frac{\partial v_1}{\partial u} - H\right) du + \frac{\partial v_1}{\partial y} dy + \frac{\partial v_1}{\partial z} dz$$

est nul quels que soient du, dy, dz, c'est-à-dire que

$$\frac{\partial v_1}{\partial u} = H, \qquad \frac{\partial v_1}{\partial y} = 0, \qquad \frac{\partial v_1}{\partial z} = 0$$

et v_1 ne dépend que de u. On voit en même temps que H est aussi une fonction de u.

On démontrerait d'une façon analogue que, pour que trois fonctions u, v, w de plusieurs variables soient des fonctions de deux d'entre elles, il faut et il suffit que l'on puisse déterminer trois fonctions H, K, L de ces variables, telles que l'on ait : $H du + K dv + L dw = 0$. Si L, par exemple, n'est pas nul, w est une fonction de u et v.

Applications. — Toute relation finie entre plusieurs variables conduit à une relation entre les différentielles de ces variables. Ainsi, de l'équation $f(x, y, z, \ldots) = 0$, on déduit $\dfrac{\partial f}{\partial x} dx + \dfrac{\partial f}{\partial y} dy + \dfrac{\partial f}{\partial z} dz \ldots = 0$ en écrivant que la différentielle totale de f est nulle. On dit qu'on a différentié l'équation $f = 0$. A un système d'équations finies entre plusieurs variables, on fait ainsi correspondre un système d'équations contenant, sous forme linéaire et homogène, les différentielles de ces variables; ces nouvelles équations permettent de calculer les valeurs de certaines des différentielles en fonctions linéaires et homogènes des autres.

Par exemple, les trois équations

$$(4) \quad f(x, y, z, u, v) = 0, \quad f_1(x, y, z, u, v) = 0, \quad f_2(x, y, z, u, v) = 0,$$

différentiées, donnent :

$$(5) \quad \begin{cases} \dfrac{\partial f}{\partial x}\,dx + \dfrac{\partial f}{\partial y}\,dy + \dfrac{\partial f}{\partial z}\,dz + \dfrac{\partial f}{\partial u}\,du + \dfrac{\partial f}{\partial v}\,dv = 0, \\[2mm] \dfrac{\partial f_1}{\partial x}\,dx + \ldots\ldots\ldots + \dfrac{\partial f_1}{\partial u}\,du + \dfrac{\partial f_1}{\partial v}\,dv = 0, \\[2mm] \dfrac{\partial f_2}{\partial x}\,dx + \ldots\ldots\ldots + \dfrac{\partial f_2}{\partial u}\,du + \dfrac{\partial f_2}{\partial v}\,dv = 0, \end{cases}$$

et, si le déterminant fonctionnel $D = \begin{vmatrix} \dfrac{\partial f}{\partial x}, & \dfrac{\partial f}{\partial y}, & \dfrac{\partial f}{\partial z} \\[2mm] \dfrac{\partial f_1}{\partial x}, & \ldots & \ldots \\[2mm] \dfrac{\partial f_2}{\partial x}, & \ldots & \ldots \end{vmatrix}$ n'est pas nul, on

peut tirer des équations (5) les valeurs de dx, dy, dz, sous la forme

$$(6) \quad dx = A\,du + B\,dv, \quad dy = A_1\,du + B_1\,dv, \quad dz = A_2\,du + B_2\,dv$$

et x, y, z sont des fonctions de u et v, définies par les équations (4).

Nous laisserons de côté le cas où toutes les valeurs de x, y, z, u, v vérifiant les équations (4) annuleraient D.

A, B, A_1, B_1, A_2, B_2 représentent les dérivées partielles de x, y, z par rapport à u et v et l'on a ainsi un moyen de calculer ces dérivées partielles.

L'élimination de du et dv entre les équations (5) conduit à une relation de la forme

$$(7) \quad L\,dx + M\,dy + N\,dz = 0,$$

qui montre que z, par exemple, est une fonction de x et y et donne les dérivées partielles de cette fonction

$$\frac{\partial z}{\partial x} = -\frac{L}{N}, \qquad \frac{\partial z}{\partial y} = -\frac{M}{N}.$$

Si l'on regarde x, y, z comme les coordonnées d'un point, ce point décrit une surface et l'équation du plan tangent au point (x, y, z) de cette surface étant

$$Z - z = \frac{\partial z}{\partial x}(X - x) + \frac{\partial z}{\partial y}(Y - y),$$

prend la forme

$$(8) \quad L(X - x) + M(Y - y) + N(Z - z) = 0.$$

Ainsi, chaque fois qu'on a entre les différentielles des coordonnées du point courant, sur une surface, une relation de la forme (7), on en déduit de suite l'équation du plan tangent sous la forme (8).

Ce résultat s'obtient encore en remarquant que, si l'on astreint x, y, z à une relation complémentaire quelconque, de sorte que le point (x, y, z) décrive une courbe de la surface étudiée, dx, dy, dz représentent alors les paramètres directeurs de la tangente à cette courbe et l'équation (7) exprime que toutes les tangentes au point (x, y, z) sont dans le plan (8).

Une application particulièrement importante des différentielles est relative au problème des changements de variables et de fonctions; nous allons en donner un aperçu dans deux cas particuliers :

1° *Fonctions d'une variable.* — On suppose qu'on remplace une variable x et une fonction y de cette variable par deux nouvelles variables u et v liées à x et y par les deux équations données :

$$(9) \qquad x = \varphi(u, v), \qquad y = \psi(u, v).$$

v devient, par cela même, une fonction de u. On demande de calculer les dérivées successives de y par rapport à x en fonction des dérivées successives de v par rapport à u.

La différentiation des équations (9) donne :

$$(10) \qquad dx = \frac{\partial \varphi}{\partial u} du + \frac{\partial \varphi}{\partial v} dv, \qquad dy = \frac{\partial \psi}{\partial u} du + \frac{\partial \psi}{\partial v} dv,$$

et

$$(11) \qquad \frac{dy}{dx} = \frac{\dfrac{\partial \psi}{\partial u} du + \dfrac{\partial \psi}{\partial v} dv}{\dfrac{\partial \varphi}{\partial u} du + \dfrac{\partial \varphi}{\partial v} dv} = \frac{\dfrac{\partial \psi}{\partial u} + \dfrac{\partial \psi}{\partial v} \dfrac{dv}{du}}{\dfrac{\partial \varphi}{\partial u} + \dfrac{\partial \varphi}{\partial v} \dfrac{dv}{du}}.$$

Le problème est donc résolu pour la dérivée première.

La différentiation de l'équation (11) donne, en regardant v et $\dfrac{dv}{du}$ comme fonctions de u :

$$\frac{d}{du}\left(\frac{dy}{dx}\right)$$

$$= \frac{\left(\dfrac{\partial \varphi}{\partial u} + \dfrac{\partial \varphi}{\partial v}\dfrac{dv}{du}\right)\left[\dfrac{\partial^2 \psi}{\partial u^2} + 2\dfrac{\partial^2 \psi}{\partial u \partial v}\dfrac{dv}{du} + \dfrac{\partial^2 \psi}{\partial v^2}\left(\dfrac{dv}{du}\right)^2 + \dfrac{\partial \psi}{\partial v}\dfrac{d^2 v}{du^2}\right] - \left(\dfrac{\partial \psi}{\partial u} + \dfrac{\partial \psi}{\partial v}\dfrac{dv}{du}\right)\left[\dfrac{\partial^2 \varphi}{\partial u^2} + \ldots + \dfrac{\partial \varphi}{\partial v}\dfrac{d^2 v}{du^2}\right]}{\left(\dfrac{\partial \varphi}{\partial u} + \dfrac{\partial \varphi}{\partial v}\dfrac{dv}{du}\right)^2}.$$

D'autre part, la première des équations (10) donne :

$$\frac{du}{dx} = \frac{1}{\dfrac{\partial \varphi}{\partial u} + \dfrac{\partial \varphi}{\partial v}\dfrac{dv}{du}}.$$

En multipliant cette relation et la précédente membre à membre, on obtient la valeur de $\dfrac{d^2 y}{dx^2}$ en fonction de u, v, $\dfrac{dv}{du}$, $\dfrac{d^2 v}{du^2}$. Etc.

Appliquons cette méthode au calcul de $\dfrac{dy}{dx}$ et $\dfrac{d^2y}{dx^2}$ en fonction de θ, ρ, $\dfrac{d\rho}{d\theta}$, $\dfrac{d^2\rho}{d\theta^2}$, sachant que l'on a :

$$x = \rho \cos \theta, \qquad y = \rho \sin \theta.$$

On trouve :
$$\frac{dy}{dx} = \frac{\rho \cos \theta + \sin \theta \dfrac{d\rho}{d\theta}}{-\rho \sin \theta + \cos \theta \dfrac{d\rho}{d\theta}}.$$

$$\frac{d}{d\theta}\left(\frac{dy}{dx}\right) =$$
$$\frac{\left(-\rho \sin\theta + \cos\theta \dfrac{d\rho}{d\theta}\right)\left[-\rho \sin\theta + 2\cos\theta \dfrac{d\rho}{d\theta} + \sin\theta \dfrac{d^2\rho}{d\theta^2}\right] - \left(\rho\cos\theta + \sin\theta \dfrac{d\rho}{d\theta}\right)\left[-\rho\cos\theta - 2\sin\theta \dfrac{d\rho}{d\theta} + \cos\theta \dfrac{d^2\rho}{d\theta^2}\right]}{\left(-\rho \sin\theta + \cos\theta \dfrac{d\rho}{d\theta}\right)^2}$$

Le numérateur du second membre est une forme quadratique homogène en $\sin \theta$ et $\cos \theta$. On voit rapidement que le coefficient de $\sin^2 \theta$ et celui de $\cos^2 \theta$ valent $\rho^2 + 2\left(\dfrac{d\rho}{d\theta}\right)^2 - \rho \dfrac{d^2\rho}{d\theta^2}$ et que celui de $\sin \theta \cos \theta$ est nul. On a donc :

$$\frac{d}{d\theta}\left(\frac{dy}{dx}\right) = \frac{\rho^2 + 2\left(\dfrac{d\rho}{d\theta}\right)^2 - \rho \dfrac{d^2\rho}{d\theta^2}}{\left(-\rho \sin\theta + \cos\theta \dfrac{d\rho}{d\theta}\right)^2}.$$

D'ailleurs
$$\frac{d\theta}{dx} = \frac{1}{-\rho \sin\theta + \cos\theta \dfrac{d\rho}{d\theta}};$$

par suite
$$\frac{d^2y}{dx^2} = \frac{\rho^2 + 2\left(\dfrac{d\rho}{d\theta}\right)^2 - \rho \dfrac{d^2\rho}{d\theta^2}}{\left(-\rho \sin\theta + \cos\theta \dfrac{d\rho}{d\theta}\right)^3}.$$

Si l'on pose $\rho = \dfrac{1}{u}$, on trouve aisément que le numérateur du second membre vaut $\dfrac{1}{u^3}\left(u + \dfrac{d^2u}{d\theta^2}\right)$. Les points d'inflexion étant caractérisés en coordonnées cartésiennes par l'équation $\dfrac{d^2y}{dx^2} = 0$, le sont, en coordonnées polaires, par $u + \dfrac{d^2u}{d\theta^2} = 0$.

2° *Fonctions de deux variables.* — On suppose qu'on remplace deux variables x et y et une fonction z de ces variables par trois nouvelles variables u, v, w liées à x, y, z par les trois équations données :

(12) $$x = \varphi(u, v, w), \qquad y = \psi(u, v, w), \qquad z = \theta(u, v, w).$$

w devient, par cela même, une fonction de u et v. On demande de calculer les dérivées partielles successives de z par rapport à x et à y, en fonction des dérivées successives de w par rapport à u et à v.

La différentiation des équations (12) donne :

$$(13) \qquad \begin{cases} dx = \dfrac{\partial \varphi}{\partial u}\,du + \dfrac{\partial \varphi}{\partial v}\,dv + \dfrac{\partial \varphi}{\partial w}\,dw, \\[2mm] dy = \dfrac{\partial \psi}{\partial u}\,du + \ldots, \\[2mm] dz = \dfrac{\partial \theta}{\partial u}\,du + \ldots. \end{cases}$$

Si l'on élimine dx, dy, dz, dw entre ces équations et les deux équations

$$(14) \qquad dz = p\,dx + q\,dy, \qquad dw = P\,du + Q\,dv,$$

on obtient une relation $A\,du + B\,dw = 0$ qui doit être vérifiée quels que soient du et dv.

En annulant A et B, on trouve les deux équations

$$(15) \qquad \begin{cases} \dfrac{\partial \theta}{\partial u} + P\dfrac{\partial \theta}{\partial w} = p\left[\dfrac{\partial \varphi}{\partial u} + P\dfrac{\partial \varphi}{\partial w}\right] + q\left[\dfrac{\partial \psi}{\partial u} + P\dfrac{\partial \psi}{\partial w}\right], \\[3mm] \dfrac{\partial \theta}{\partial v} + Q\dfrac{\partial \theta}{\partial w} = p\left[\dfrac{\partial \varphi}{\partial v} + Q\dfrac{\partial \varphi}{\partial w}\right] + q\left[\dfrac{\partial \psi}{\partial v} + Q\dfrac{\partial \psi}{\partial w}\right], \end{cases}$$

qui donnent p et q en fonction de u, v, w, P, Q. Le problème est donc résolu pour les dérivées premières.

La résolution des équations (15) conduit à deux équations

$$(15)' \qquad \begin{cases} p(a_2 P + b_2 Q + c_2) = a\,P + bQ + c, \\ q(a_2 P + b_2 Q + c_2) = a_1 P + b_1 Q + c_1, \end{cases}$$

où $a, b, c, \ldots$ sont des fonctions de u, v, w.

La différentiation des équations (15)′ en tenant compte des relations

$$dp = r\,dx + s\,dy, \quad dq = s\,dx + t\,dy, \quad dP = R\,du + S\,dv, \quad dQ = S\,du + T\,dv$$

et des équations (13) et (14), donne encore deux relations de la forme

$$A\,du + B\,dv = 0.$$

En écrivant que ces équations sont vérifiées quels que soient du et dv, on obtient trois équations distinctes linéaires par rapport aux inconnues r, s, t; on peut en tirer ces inconnues en fonction de u, v, w, P, Q, R, S, T, après y avoir remplacé p et q par leurs valeurs déduites des équations (15)′, etc.

EXERCICES

1° Démontrer que les deux fonctions $\arctan x + \arctan y$ et $\dfrac{x + y}{1 - xy}$ sont fonctions l'une de l'autre.

2° Démontrer que les deux fonctions

$$\arcsin x + \arcsin y \quad \text{et} \quad x\sqrt{1 - y^2} + y\sqrt{1 - x^2}$$

sont fonctions l'une de l'autre.

3° Une surface est définie par les expressions paramétriques des coordonnées du point courant

$$x = f(u, v), \quad y = g(u, v), \quad z = h(u, v).$$

On demande de trouver une relation de la forme $L\,dx + M\,dy + N\,dz = 0$ et d'en déduire l'équation du plan tangent en un point.

4° On effectue le changement de variable et de fonction

$$x = Y, \quad y = X,$$

et l'on demande de calculer les dérivées successives de y par rapport à x en fonction des dérivées successives de Y par rapport à X, c'est-à-dire de x par rapport à y.

5° On effectue le changement de variables et de fonction, défini par les formules

$$X = p, \quad Y = q, \quad Z = px + qy - z,$$

z désignant une fonction de x et y, dont les dérivées partielles premières sont p et q. Calculer les dérivées partielles premières et secondes de Z par rapport à X et Y, en fonction de x, y, p, q, r, s, t (on remarquera que les formules qui définissent la transformation contiennent non seulement x, y, z, mais encore p et q).

56ᵉ LEÇON

LIEUX GÉOMÉTRIQUES DANS LE PLAN
COURBES ENVELOPPES DANS LE PLAN

On donne le nom de lieu géométrique, dans un plan, à l'ensemble des points de ce plan qui possèdent une propriété géométrique déterminée. L'existence de cette propriété se traduit par une équation entre les coordonnées d'un point qui la possède, et les solutions de cette équation soumise à certaines restrictions de grandeur sont les coordonnées des points du lieu géométrique. En général, cette équation est celle d'une courbe et le lieu est constitué par tout ou partie de cette courbe.

Un exemple très simple nous est donné par la recherche du lieu géométrique des milieux des cordes d'un cercle passant par un point. Supposons que le centre du cercle donné C soit à l'origine des axes (rectangulaires) et que R soit son rayon. Soit A (a, o) le point fixe que l'on peut toujours supposer sur Ox. M (x, y) étant un point du lieu, les deux droites MA et MO sont perpendiculaires, ce qui se traduit par

l'équation $\quad \dfrac{y}{x} \cdot \dfrac{y}{x - a} = -1 \quad$ ou $\quad x(x - a) + y^2 = o,$

ou encore $$\left(x - \frac{a}{2}\right)^2 + y^2 = \frac{a^2}{4}.$$

Cette équation définit un cercle C′ décrit sur OA comme diamètre.

Mais nous avons transformé la définition du point M pour traduire sa propriété et la définition nouvelle n'équivaut à la première que si la droite MA coupe C, ce qui exige que M soit à l'intérieur du cercle donné ; nous ne regarderons donc comme faisant partie du lieu que les points de C′ qui sont à l'intérieur de C ou sur C, c'est-à-dire ceux dont les coordonnées vérifient l'inégalité $x^2 + y^2 \leqq R^2$. Lorsque A est à l'intérieur de C ou sur C, C′ est à l'intérieur de C et constitue le lieu ; il n'en est plus de même si A est à l'extérieur de C.

En général, on ne pourra pas traduire immédiatement la propriété géométrique imposée au point sans faire intervenir des grandeurs autres que les données du problème et les coordonnées du point. Le cas le plus simple est celui où l'on fait appel à un paramètre auxiliaire α. La propriété attribuée à un point (x, y) du lieu s'exprime alors par deux équations :

$$(1) \qquad f(x, y, \alpha) = o, \qquad g(x, y, \alpha) = o,$$

dont les solutions donnent les coordonnées des points cherchés sous la réserve que ces solutions vérifient certaines inégalités.

Par exemple, dans le problème précité, on aurait pu écrire qu'un point du lieu se trouve sur une corde variable passant par A, soit $y = \alpha(x - a)$, et sur la perpendiculaire menée de O, soit $y = -\dfrac{x}{\alpha}$,

avec la même réserve que x et y vérifient l'inégalité $x^2 + y^2 \leqq R^2$.

On peut toujours regarder les équations (1) comme définissant deux faisceaux de courbes C et Γ (on emploie l'expression de faisceau, en général, pour désigner un ensemble de courbes dépendant d'un paramètre). Les points de rencontre de deux courbes associées sont les points du lieu.

On peut, suivant les cas, tirer des équations (1) des conséquences diverses.

D'abord, il est possible que ces équations soient résolubles par rapport à x et y en fonction de α; on obtient ainsi une représentation paramétrique du lieu. Ce fait se présente toujours quand les équations (1) sont du premier degré en x et y, c'est-à-dire quand les deux faisceaux de courbes associées sont des faisceaux de droites. De plus, dans ce cas particulier, si α entre rationnellement dans f et g, le lieu géométrique est une courbe unicursale.

Il peut se faire aussi que, pour certaines valeurs particulières de α, les équations (1) et (2) aient une infinité de solutions communes en x et y et que les courbes correspondantes des deux faisceaux soient confondues ou aient une partie commune; l'ensemble de ces solutions se distingue nettement de l'ensemble des solutions pour lesquelles α varie en même temps que x et y. Les points correspondants du premier ensemble constituent un lieu dit *singulier*.

Supposons, par exemple, que les équations (1) soient

$$y + \alpha(x - a) = 0, \qquad y - \alpha(x + a) = 0.$$

Si α n'est pas nul, ces deux équations admettent la solution : $x = 0$, $y = \alpha a$ variable avec α, et le lieu du point correspondant est Oy; c'est le lieu véritable.

Si α est nul, ces deux équations se réduisent à $y = 0$, de sorte que Ox est un lieu singulier.

Mais on peut se proposer aussi de trouver la relation entre x et y, c'est-à-dire trouver l'équation du lieu géométrique. Pour cela, il faut éliminer α entre les équations (1). Supposons que nous sachions faire cette opération et soit

$$(2) \qquad F(x, y) = 0$$

l'équation obtenue. On doit se demander si, à une solution réelle (x_0, y_0) de cette équation, correspond vraiment un point M_0 du lieu, tout en laissant de côté les inégalités que doit vérifier cette solution et qui résultent de la position du problème.

Supposons, pour préciser, que les équations (1) soient entières en α. Le résultant $F(x_0, y_0)$ des deux équations

$$(3) \qquad f(x_0, y_0, \alpha) = 0, \qquad g(x_0, y_0, \alpha) = 0$$

étant nul, ces deux équations ont au moins une solution commune.

Si elles n'en ont qu'une, α_0, cette solution est réelle, d'après une proposition connue. Les deux courbes particulières C_{α_0}, Γ_{α_0} se coupent en M_0 et, si l'on donne à α une valeur voisine de α_0, on obtient des courbes C_α, Γ_α, voisines des précédentes et qui se coupent, en général, en un point M voisin de M_0, c'est-à-dire qu'on a une branche du lieu passant par M_0.

Si les deux équations (3) ont deux solutions communes en α, ces solutions peuvent être réelles ou imaginaires conjuguées; dans le premier cas, le raisonnement fait prévoir deux branches du lieu se coupant en M_0 et, dans le second, M_0 se présente comme un point isolé. On peut d'ailleurs vérifier que les coordonnées de tels points annulent les dérivées partielles premières F'_x, F'_y. Il suffit de se reporter à l'expression du résultant $F(x, y)$ sous forme de déterminant d'ordre $m + p$ (leç. 28); on a vu que, si les équations (3) ont au moins deux solutions communes en α, tous les mineurs d'ordre $m + p - 1$ de F où l'on a remplacé x et y par x_0 et y_0 sont nuls. Or, les dérivées partielles du déterminant $F(x, y)$, par rapport aux variables x et y dont dépendent ses éléments, sont des fonctions linéaires et homogènes de ces mineurs, d'après la règle de différentiation d'un déterminant; elles sont donc nulles pour $x = x_0$, $y = y_0$.

On peut rapprocher cette analyse de celle qui a été faite à propos des points multiples des courbes unicursales.

Il peut se faire aussi que, x_0, y_0 variant, la solution α_0 commune aux équations (3) reste fixe et l'on a alors des points du lieu dit singulier.

Remarquons encore que, si l'une des équations (3) est vérifiée identiquement, ces équations ont un nombre de solutions communes égal au degré de celle qui reste; ce fait se présente quand les courbes de l'un des faisceaux passent par un certain nombre de points fixes.

Tangente en un point du lieu. — On peut, connaissant les coordonnées x_0, y_0, d'un point M_1 du lieu et la valeur α_1 correspondante, trouver la tangente au lieu en ce point. La différentiation des équations (1) donne en effet :

$$\frac{\partial f}{\partial x} dx + \frac{\partial f}{\partial y} dy + \frac{\partial f}{\partial \alpha} d\alpha = 0, \qquad \frac{\partial g}{\partial x} dx + \frac{\partial g}{\partial y} dy + \frac{\partial g}{\partial \alpha} d\alpha = 0$$

et, par élimination de $d\alpha$,

$$(4) \qquad \left(\frac{\partial f}{\partial x}\frac{\partial g}{\partial \alpha} - \frac{\partial g}{\partial x}\frac{\partial f}{\partial \alpha}\right) dx + \left(\frac{\partial f}{\partial y}\frac{\partial g}{\partial \alpha} - \frac{\partial g}{\partial y}\frac{\partial f}{\partial \alpha}\right) dy = 0.$$

Cette dernière équation donne la valeur de $\dfrac{dy}{dx}$ au point M_1, à condition d'y remplacer x, y, α respectivement par x_1, y_1, α_1. Si M_1 correspond à plusieurs valeurs distinctes du paramètre α, on obtient, en général, autant de tangentes distinctes en ce point.

Dans quelques cas, nous serons conduits à utiliser plusieurs paramètres auxiliaires pour traduire la propriété géométrique imposée à un point du lieu. Supposons qu'on en emploie deux, α et β.

Nous exprimerons la propriété en écrivant trois relations entre les valeurs que peuvent prendre ces paramètres et les coordonnées x, y, d'un point correspondant du lieu. Soient

$$(5) \qquad f(x, y, \alpha, \beta) = 0, \qquad g(x, y, \alpha, \beta) = 0, \qquad h(x, y, \alpha, \beta) = 0$$

ces relations. On ne peut guère indiquer de méthode générale pour l'étude analytique du lieu, dans ce cas.

Si deux des équations (5) sont résolubles en α et β, l'élimination de ces paramètres entre les trois équations en résulte de suite et l'on obtient ainsi l'équation du lieu.

Si deux des équations (5) sont résolubles en x et y, l'élimination de ces variables entre les trois équations donne une relation entre α et β, soit $\varphi(\alpha, \beta) = 0$. Supposons que cette relation permette d'exprimer α et β en fonction d'un paramètre auxiliaire (cela arrive, en particulier, si la courbe $\varphi(x, y) = 0$ est unicursale). En portant les valeurs de α et β, fonctions de ce paramètre, dans les valeurs obtenues pour x et y par résolution, on obtient une représentation paramétrique du lieu.

Des observations analogues peuvent être présentées lorsqu'on emploie plus de deux paramètres auxiliaires.

Courbes enveloppes dans un plan. — Considérons les courbes C_α, d'un faisceau, définies par l'équation

$$(6) \qquad f(x, y, \alpha) = 0,$$

où α désigne un paramètre.

Nous allons montrer qu'il existe, en général, une courbe Γ à laquelle toutes les courbes C_α sont tangentes. Cette courbe Γ s'appelle l'*enveloppe* des courbes C_α dites *enveloppées*.

Si la courbe C_α touche une courbe Γ en un point M variable avec α, les coordonnées X, Y de ce point sont des fonctions de α et quand α varie, M décrit Γ. Les paramètres directeurs λ, μ de la tangente en ce point à C_α vérifient l'équation $\lambda \dfrac{\partial f}{\partial X} + \mu \dfrac{\partial f}{\partial Y} = 0$.

D'autre part, la fonction composée $f(X, Y, \alpha)$ étant nulle quel que soit α, sa différentielle $\dfrac{\partial f}{\partial X} dX + \dfrac{\partial f}{\partial Y} dY + \dfrac{\partial f}{\partial \alpha} d\alpha$ est nulle également. Mais dX et dY, paramètres directeurs de la tangente en M à Γ, sont proportionnels à λ et μ, paramètres directeurs de la tangente en M à C_α, et $\dfrac{\partial f}{\partial X} dX + \dfrac{\partial f}{\partial Y} dY$ est nul, de sorte que X et Y vérifient aussi l'équation

$$(7) \qquad \frac{\partial f}{\partial \alpha}(x, y, \alpha) = 0.$$

Ainsi, les coordonnées des points où C_α touche son enveloppe (si cette enveloppe existe), sont solutions des équations (6) et (7).

Essayons de démontrer la réciproque. Considérons le lieu géométrique G des points communs aux courbes associées des faisceaux (6) et (7) et cherchons la tangente en un point (X, Y) de ce lieu, correspondant à la valeur α du paramètre. Les paramètres directeurs dX, dY de cette tangente sont liés à $d\alpha$ par les deux relations obtenues en différentiant (6) et (7) où l'on a remplacé x et y par les valeurs X et Y fonctions de α. Or, si l'on différentie l'équation $f(\mathrm{X}, \mathrm{Y}, \alpha) = 0$ en tenant compte de $\dfrac{\partial f}{\partial \alpha}(\mathrm{X}, \mathrm{Y}, \alpha) = 0$, on trouve $\dfrac{\partial f}{\partial \mathrm{X}}\, d\mathrm{X} + \dfrac{\partial f}{\partial \mathrm{Y}}\, d\mathrm{Y} = 0$, et, si $\dfrac{\partial f}{\partial \mathrm{X}}$ et $\dfrac{\partial f}{\partial \mathrm{Y}}$ ne sont pas nuls tous deux, cette équation donne pour $\dfrac{d\mathrm{Y}}{d\mathrm{X}}$ précisément la valeur du coefficient angulaire de la tangente au point (X, Y), à la courbe C_α qui y passe. Le lieu géométrique obtenu constitue donc l'enveloppe des courbes C_α.

Toutefois, l'établissement de cette réciproque comporte deux réserves essentielles :

1° Il est possible que, pour une valeur α_0 du paramètre, les courbes correspondantes (6) et (7) coïncident, ou aient une partie commune, ou que l'équation $\dfrac{\partial f}{\partial \alpha}(x, y, \alpha_0) = 0$ soit identiquement vérifiée. Le raisonnement précédent est alors en défaut. La courbe C_{α_0} est dite *courbe stationnaire* du faisceau (6) et elle ne fait pas partie de l'enveloppe proprement dite. Il faut la distraire de G.

2° Il est possible que $\dfrac{\partial f}{\partial x}$ et $\dfrac{\partial f}{\partial y}$ soient nuls en un point M (X, Y) variable avec α, quel que soit α. La courbe C_α possède alors un point singulier quel que soit α, et le raisonnement précédent est encore en défaut. On ne peut plus parler de contact de C_α et de G en de tels points.

Il est facile de montrer que si, quel que soit α, la courbe C_α présente un point singulier, ce point appartient au lieu géométrique G défini par les équations (6) et (7). Les coordonnées de ce point étant des fonctions X, Y, de α, la différentiation de l'équation $f(\mathrm{X}, \mathrm{Y}, \alpha) = 0$, en tenant compte de $\dfrac{\partial f}{\partial \mathrm{X}} = 0$, $\dfrac{\partial f}{\partial \mathrm{Y}} = 0$, donne en effet $\dfrac{\partial}{\partial \alpha} f(\mathrm{X}, \mathrm{Y}, \alpha) = 0$.

Il faudra donc distraire de G le lieu de ce point singulier.

Remarquons encore que la courbe C_α pourrait être obtenue pour plusieurs valeurs du paramètre α, deux par exemple, α_0 et α_1 (nous supposerons que cela ne se produit que pour des valeurs isolées de α). La courbe particulière C_{α_0} toucherait donc l'enveloppe aux points où elle est elle-même rencontrée par les deux courbes

$$\frac{\partial}{\partial \alpha} f(x, y, \alpha_0) = 0, \qquad \frac{\partial}{\partial \alpha} f(x, y, \alpha_1) = 0.$$

Les courbes de ce genre sont dites courbes *singulières* du faisceau.

L'adjonction de l'équation (7) à l'équation (6), pour définir les points dits *caractéristiques* où une courbe C_α touche son enveloppe, peut se faire de la façon suivante :

Imaginons que l'on cherche les points communs à la courbe C_α et à la courbe $C_{\alpha + \Delta\alpha}$.

Les coordonnées de ces points vérifient les deux équations

$$f(x, y, \alpha) = 0, \qquad f(x, y, \alpha + \Delta\alpha) = 0.$$

On peut remplacer la seconde par

$$(8) \qquad \frac{f(x, y. \alpha + \Delta\alpha) - f(x, y, \alpha)}{\Delta\alpha} = 0.$$

Les positions limites de ces points quand $\Delta\alpha$ tend vers zéro, α restant fixe, vérifient donc l'équation (6) et l'équation limite de (8), c'est-à-dire l'équation (7).

Il y a donc identité entre les points caractéristiques d'une courbe C_α et les positions limites des points où cette courbe est rencontrée par une courbe infiniment voisine. Lorsque, pour une valeur particulière α_0, l'équation (7) représente la même courbe que l'équation (6) ou est une identité, on peut dire que la courbe C_{α_0} coïncide avec une courbe infiniment voisine; cela justifie le nom de courbe stationnaire que nous lui avons donné.

En particulier, si C_α est une droite, elle touche son enveloppe en général en un point; si c'est un cercle, C_α touche en général son enveloppe en deux points; etc.

Dans le cas où $f(x, y, \alpha)$ est un polynome entier en α, l'équation (7) exprime que l'équation (6), où l'on regarde x et y comme donnés, a une racine double en α; cette remarque conduit à un procédé pratique pour écrire de suite l'équation de l'enveloppe quand le degré de f par rapport à α est peu élevé.

Par exemple, l'équation de l'enveloppe de la courbe

$$(9) \qquad \alpha^2 P + 2\alpha Q + R = 0,$$

où P, Q, R sont des fonctions données de x et y, quand α varie, est

$$(10) \qquad Q^2 - PR = 0.$$

Réciproquement, toute courbe dont l'équation est mise sous la forme (10) peut être considérée comme l'enveloppe du faisceau des courbes définies par l'équation (9).

De même, l'équation $Q^3 + PR^2 = 0$ représente une courbe qui est l'enveloppe des courbes du faisceau défini par l'équation

$$\alpha^3 P + 3\alpha Q + 2R = 0.$$

Exemples. — 1° Considérons la courbe C définie par l'équation $y = f(x)$ et la tangente en un point $M(x, y)$ de cette courbe. L'équation

$$F(X, Y, x) \equiv Y - y - y'(X - x) = 0$$

de cette tangente dépend du paramètre x. Pour trouver le point caractéristique, adjoignons l'équation $\dfrac{\partial F}{\partial x} = 0$; comme on a :

$$\frac{\partial F}{\partial x} \equiv -y''(X - x),$$

si y'' n'est pas nul, $X = x$, $Y = y$, et la courbe enveloppe de la tangente est la courbe donnée. Si y'' est nul, la tangente correspondante est stationnaire; ainsi, les tangentes stationnaires à une courbe sont ses tangentes d'inflexion.

2° L'équation de la normale à C au point M est

$$F(X, Y, x) \equiv X - x + y'(Y - y) = 0,$$

les axes de coordonnées étant supposés rectangulaires.

Le point I caractéristique sur la normale est à l'intersection de cette droite et de la droite définie par l'équation

$$\frac{\partial F}{\partial x} \equiv -1 + y''(Y - y) - y'^2 = 0.$$

L'ordonnée du point I vaut donc $y + \dfrac{1 + y'^2}{y''}$; on trouve facilement pour son abscisse $x - \dfrac{y''}{y'(1 + y'^2)}$ et $\overline{IM}^2 = \dfrac{1}{y''^2}(1 + y'^2)^3$.

Cherchons la position, par rapport à la courbe, du point de coordonnées

$$x_1 = x - \frac{y'(1 + y'^2)}{y''}, \qquad y_1 = y + \frac{1 + y'^2}{y''}.$$

Supposons $y'' > 0$, alors $y_1 - y$ est positif et, comme la courbe tourne sa concavité du côté des y positifs, le point I est sur la portion de normale intérieure à la courbe.

Si y'' est < 0, $y_1 - y$ l'est aussi et, comme la courbe tourne sa concavité vers les y négatifs, le point I est encore sur la portion de normale intérieure à la courbe. Quand y'' est nul, le point I est rejeté à l'infini.

Le lieu géométrique de ce point I, quand M décrit C, est l'enveloppe Γ des normales à C ou *développée* de C; inversement C s'appelle *développante* de Γ. Une courbe C n'admet qu'une développée, mais nous verrons qu'une courbe Γ admet une infinité de développantes.

On peut retrouver le point caractéristique sur une normale à une courbe donnée en traitant un autre problème. Supposons donné un point $A(X, Y)$ et cherchons, sur la courbe donnée, un point $M(x, y)$ tel que la distance AM soit maximum ou minimum. Le carré de cette distance est

$$\overline{AM}^2 = d^2 = (x - X)^2 + (y - Y)^2.$$

C'est une fonction composée de x; calculons ses dérivées successives par rapport à x :

$$\frac{1}{2}(d^2)' = x - X + y'(y - Y); \qquad \frac{1}{2}(d^2)'' = 1 + y'^2 + y''(y - Y).$$

D'abord, si le point M est tel que $x - X + y'(y - Y)$ ne soit pas nul, c'est-à-dire si la droite AM n'est pas normale à la courbe en M, d^2 est une fonction croissante ou décroissante de x en ce point.

Si $x - X + y'(y - Y) = 0$, c'est-à-dire si la droite AM est normale à la courbe en M, d^2 peut être maximum ou minimum en ce point. (Inversement, on déduit de là un procédé commode pour retrouver l'équation d'une normale à la courbe.) Pour décider si l'on a affaire à un maximum ou à un minimum, il faut étudier le signe de $\frac{1}{2}(d^2)''$ qui vaut $y''(y_1 - Y)$.

Supposons $y'' > 0$, $(d^2)''$ est négatif avec $y_1 - Y$, c'est-à-dire lorsque A est sur la portion de normale partant de I et s'éloignant à l'infini vers l'intérieur de la courbe; $(d^2)''$ est positif sur le reste de la normale.

Si y'' est < 0, on arrive aux mêmes conclusions. Par suite, A étant sur la normale en M à la courbe, AM constitue un minimum de la distance de A à un point variable sur la courbe, lorsque A est sur la demi-normale qui part de I et passe par M; c'est un maximum si A se trouve sur l'autre portion de normale.

Si A est en I, $(d^2)''$ est nul, et si $(d^2)'''$ ne l'est pas, la longueur AM varie dans un sens bien déterminé au voisinage de la normale et le cercle décrit de I comme centre avec IM comme rayon traverse la courbe en M tout en lui étant tangent en ce point. Le cercle est dit osculateur à la courbe au point M.

Si $(d^2)'''$ est nul en M, c'est-à-dire si $3y'y'' + y'''(y - y_1)$ est nul, ou bien si $3y'y''^2 - y'''(1 + y'^2) = 0$, IM constitue encore un maximum ou un minimum de la distance étudiée, suivant le signe de $(d^2)^{IV}$, et le cercle osculateur ne traverse pas la courbe en ce point. On peut vérifier que c'est un cercle osculateur stationnaire.

EXERCICES

1° Trouver l'équation du lieu géométrique des points de rencontre des courbes correspondantes des deux faisceaux

$$\alpha^2 P + \alpha Q + R = 0, \quad \alpha^2 P_1 + \alpha Q_1 + R_1 = 0,$$

P, Q, R, P_1, Q_1, R_1, désignant des fonctions données de x et y, et α un paramètre variable. Vérifier, sur l'équation de ce lieu, que les points définis par les équations

$$\frac{P}{P_1} = \frac{Q}{Q_1} = \frac{R}{R_1}$$

sont des points singuliers du lieu. On suppose que P, Q, ..., R_1 sont des fonctions linéaires de x et y. Le lieu est alors une courbe unicursale du 4ᵉ degré. Trouver le nombre des points singuliers obtenus dans ce cas.

2° Par un point M du plan, on peut faire passer un cercle de chacun des faisceaux définis par les équations

$$x^2 + y^2 + \alpha x - a^2 = 0, \quad x^2 + y^2 + \beta y + a^2 = 0,$$

où α et β sont des paramètres variables. Ces deux cercles se coupent en un second point M' dont on demande le lieu lorsque M décrit une droite ou un cercle donné.

3° Trouver l'enveloppe des courbes définies par l'équation

$$\alpha = \varphi(x, y) \pm \sqrt{\psi(x, y)}.$$

4° Les courbes définies par l'équation

$$(\alpha^2 + 1)\varphi(x, y) + \alpha\psi(x, y) = 0$$

ont-elles une enveloppe?

5o Etude de l'enveloppe de la droite

$$x\,\mathrm{F}(t) + y\,\mathrm{F}_1(t) + \mathrm{F}_2(t) = 0$$

quand t varie, dans le cas où F, F_1, F_2 sont des polynomes entiers premiers entre eux dans leur ensemble. Classe de la courbe enveloppe. Droites stationnaires. Droites singulières. Degré de la courbe enveloppe.

6o Étudier l'enveloppe de la courbe

$$t^4 + 2\,x t^3 + t^2(x^2 - 1) + 2ty - y^2 = 0$$

quand t varie.

7o Étudier l'enveloppe de la droite

$$t^2(y - 2) + t(1 - x) + y - 2 = 0$$

quand t varie.

8o Démontrer que les deux points caractéristiques d'un cercle d'un faisceau sont symétriques par rapport à la tangente correspondante à la courbe lieu de son centre. Étudier la disposition de ces points : 1o quand le cercle variable passe par un point fixe; 2o quand il conserve une puissance constante par rapport à un point fixe.

Trouver les positions du centre auxquelles correspondent des cercles stationnaires du faisceau.

9o Trouver l'enveloppe des cercles du faisceau

$$\left[\mathrm{X} - x + \frac{y'}{y''}(1 + y'^2)\right]^2 + \left[\mathrm{Y} - y - \frac{1 + y'^2}{y''}\right]^2 = \frac{(1 + y'^2)^3}{y''^2}$$

quand x varie, sachant que $y = f(x)$, f désignant une fonction donnée.

10o Montrer que si une courbe isolée du faisceau $f(x, y, \alpha) = 0$ possède un point singulier A dont les coordonnées et la valeur α correspondante vérifient l'équation $\dfrac{\partial f}{\partial \alpha} = 0$, A est aussi un point singulier de l'enveloppe. Trouver les tangentes à l'enveloppe en ce point.

11o Montrer que si, quel que soit α, la courbe $f(x, y, \alpha) = 0$ possède un point singulier, les coordonnées de ce point et la valeur correspondante de α vérifient l'équation

$$\begin{vmatrix} \dfrac{\partial^2 f}{\partial x^2}, & \dfrac{\partial^2 f}{\partial x \partial y}, & \dfrac{\partial^2 f}{\partial x \partial \alpha} \\[2mm] \dfrac{\partial^2 f}{\partial x \partial y}, & \dfrac{\partial^2 f}{\partial y^2}, & \dfrac{\partial^2 f}{\partial y \partial \alpha} \\[2mm] \dfrac{\partial^2 f}{\partial x \partial \alpha}, & \dfrac{\partial^2 f}{\partial y \partial \alpha}, & \dfrac{\partial^2 f}{\partial \alpha^2} \end{vmatrix} = 0,$$

57ᵉ LEÇON

ENVELOPPES DANS LE PLAN *(Suite)*
GÉNÉRATION DES SURFACES

Le problème de la développée d'une courbe C se traite facilement, chaque fois que la courbe est définie comme enveloppe de ses tangentes, l'équation générale de celles-ci étant mise sous forme normale. Soit

$$(1) \qquad \mathrm{F}(x, y, \alpha) \equiv x \cos\alpha + y \sin\alpha - p(\alpha) = 0$$

l'équation des tangentes à C. Le point caractéristique M de la droite (1) est le point où elle coupe la droite

$$(2) \qquad \frac{\partial \mathrm{F}}{\partial \alpha} \equiv \mathrm{F}_1(x, y, \alpha) \equiv - x \sin\alpha + y \cos\alpha - p'(\alpha) = 0.$$

Or les droites (1) et (2) sont rectangulaires. L'équation (2) définit donc la normale à C au point M et la développée cherchée est l'enveloppe de cette droite. Cette équation étant mise sous forme normale comme la première, le point I de la développée est donné comme intersection de la droite (2) avec une droite perpendiculaire définie par l'équation

$$(3) \qquad \frac{\partial \mathrm{F}_1}{\partial \alpha} \equiv \mathrm{F}_2(x, y, \alpha) \equiv - x \cos\alpha - y \sin\alpha - p''(\alpha) = 0.$$

Cette nouvelle droite est parallèle à la droite (1), de sorte que la distance de ces droites n'est autre que la distance IM, rayon du cercle osculateur ou rayon de courbure de C en M. Elle est mesurée par $|p + p''|$.

Si l'on désire les coordonnées de M, il suffit de résoudre les équations (1) et (2). On peut aussi, avant de différentier l'équation (1) par rapport à α, amener le coefficient de y dans l'équation de la droite variable à être constant, en divisant les deux membres par $\sin\alpha$. En différentiant l'équation

$$x \cot g\alpha + y - \frac{p}{\sin\alpha} = 0$$

par rapport à α, on obtient une équation qui ne contient pas y et qui donne x en fonction de α. (Cet artifice est d'un usage fréquent.) On trouve ainsi :

$$x = p \cos\alpha - p' \sin\alpha.$$

Un calcul analogue donne :

$$y = p \sin\alpha + p' \cos\alpha.$$

Les coordonnées du point I se déduisent de celles du point M en y substituant $\alpha + \dfrac{\pi}{2}$ à α dans $\sin\alpha$ et $\cos\alpha$, et en remplaçant p et p' par p' et p'', puisque ces changements sont précisément ceux qui permettent de passer des équations (1) et (2) aux équations (2) et (3).

On trouve de cette façon :

$$x_i = -p'\sin\alpha - p''\cos\alpha ; \qquad y_i = p'\cos\alpha - p''\sin\alpha.$$

L'équation (2) serait restée la même si l'on avait remplacé $p(\alpha)$ par $p(\alpha) + \lambda$, λ désignant une constante arbitraire, c'est-à-dire que toutes les courbes enveloppes des droites

$$x\cos\alpha + y\sin\alpha - (p(\alpha) + \lambda) = 0$$

sont orthogonales aux droites (2). On trouve l'équation générale des tangentes à ces courbes en remplaçant $\mathrm{F}(x, y, \alpha)$ par la fonction primitive générale de $\mathrm{F}_1(x, y, \alpha)$ par rapport à α.

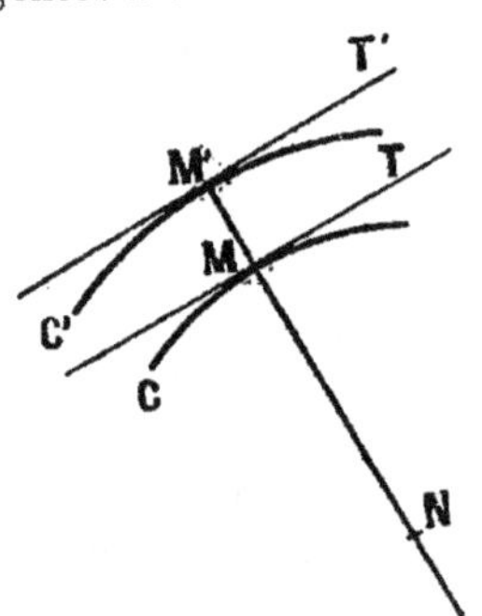

On voit que deux de ces droites correspondant à une valeur de α sont parallèles, et que leur distance $|\lambda|$ reste constante quand α varie. Il en résulte que la distance MM' des points où ces droites touchent les deux courbes est constante. Ces courbes sont dites *parallèles*.

On vérifierait aisément que, réciproquement, si l'on porte sur les normales à une courbe C, à partir de leur pied, un segment MM' de longueur constante, le lieu de l'extrémité M' de ce segment est une courbe C' parallèle à C.

Enveloppe de courbes dont l'équation dépend de deux paramètres liés par une relation. — Assez souvent, l'équation générale des courbes d'un faisceau dépend de deux paramètres α et β liés par une relation. Soit

$$(4) \qquad f(x, y, \alpha, \beta) = 0$$

cette équation générale, et soit

$$(5) \qquad \varphi(\alpha, \beta) = 0$$

la relation.

On peut regarder cette dernière comme définissant β en fonction de α. Dès lors, l'équation qu'il faut adjoindre à (4), pour définir les points caractéristiques, est

$$(6) \qquad \frac{\partial f}{\partial \alpha} + \frac{\partial f}{\partial \beta}\frac{d\beta}{d\alpha} = 0,$$

$\dfrac{d\beta}{d\alpha}$ étant déterminé par la différentiation de (5), c'est-à-dire par l'équation

$$(7) \qquad \frac{\partial \varphi}{\partial \alpha} + \frac{\partial \varphi}{\partial \beta}\frac{d\beta}{d\alpha} = 0.$$

L'élimination de $\dfrac{d\beta}{d\alpha}$ entre les deux dernières équations donne :

$$(8) \qquad \frac{\dfrac{\partial f}{\partial \alpha}}{\dfrac{\partial \varphi}{\partial \alpha}} = \frac{\dfrac{\partial f}{\partial \beta}}{\dfrac{\partial \varphi}{\partial \beta}}.$$

Les équations (4) et (8) définissent les points caractéristiques relatifs à la courbe $C_{\alpha,\beta}$ du faisceau.

Pratiquement, cette définition de l'enveloppe est médiocre et, chaque fois qu'on pourra tirer de l'équation (5) une représentation paramétrique de α et β, il faudra le faire. En particulier, si la courbe $\varphi(x, y) = o$ est unicursale, on peut exprimer α et β en fonctions rationnelles d'un paramètre et, si f dépend rationnellement de α et β, on peut la transformer en fonction rationnelle de ce paramètre.

Lorsque α et β sont tels que les équations (4) et (8) en x, y définissent la même courbe ou que l'équation (8) soit vérifiée identiquement, la courbe $C_{\alpha,\beta}$ correspondante est, en général, une courbe stationnaire du faisceau.

En particulier, l'équation (8) est une identité si $\dfrac{\partial \varphi}{\partial \alpha}$ et $\dfrac{\partial \varphi}{\partial \beta}$ sont nuls en même temps que $\varphi(\alpha, \beta)$, c'est-à-dire si α et β sont les coordonnées d'un point singulier de la courbe $\varphi(x, y) = o$.

Mais, dans ce cas, l'équation (7) ne définissant plus $\dfrac{d\beta}{d\alpha}$, il faut s'adresser en général à l'équation du second degré

$$(9) \qquad \frac{\partial^2 \varphi}{\partial \alpha^2} + 2 \frac{\partial^2 \varphi}{\partial \alpha \, \partial \beta} \frac{d\beta}{d\alpha} + \frac{\partial^2 \varphi}{\partial \beta^2} \left(\frac{d\beta}{d\alpha}\right)^2 = o,$$

de sorte que la courbe $C_{\alpha,\beta}$ correspondante admet deux séries de points caractéristiques ; ce sont les points où elle est rencontrée par les courbes (6) qui correspondent aux valeurs de $\dfrac{d\beta}{d\alpha}$ racines de (9).

Si les courbes du faisceau considéré sont des droites, les droites *singulières* ainsi rencontrées ont chacune deux points caractéristiques (réalité mise à part).

Équations tangentielles. — Un exemple d'enveloppes de cette nature est fourni par les équations tangentielles. Considérons la droite générale

$$(10) \qquad ux + vy + w = o.$$

Si l'on astreint cette droite à une condition géométrique quelconque, on obtient une relation

$$(11) \qquad f(u, v, w) = o$$

homogène en u, v, w. On peut alors regarder la droite comme dépendant de deux paramètres $\dfrac{u}{w}$, $\dfrac{v}{w}$, liés par l'équation $f\left(\dfrac{u}{w}, \dfrac{v}{w}, 1\right) = o$.

Les droites dont les coordonnées homogènes u, v, w vérifient l'équation tangentielle (11) sont en général tangentes à une courbe qui est leur enveloppe ; mais elles peuvent aussi passer par un point fixe ou rester parallèles à une direction fixe. Aussi, nous emploierons le mot enveloppe, dans ce cas, pour désigner l'ensemble des droites qui satisfont à la condition (11) et nous dirons couramment les droites de l'enveloppe (11).

Cherchons les coordonnées du point caractéristique sur une droite (u, v, w) de l'enveloppe.

On peut regarder v comme fixe et u, w comme variables liées par l'équation (11). En exprimant la proportionnalité des dérivées partielles des premiers membres de (10) et (11) par rapport à ces variables, on obtient :

$$(12) \qquad \frac{x}{\dfrac{\partial f}{\partial u}} = \frac{1}{\dfrac{\partial f}{\partial w}}.$$

Un raisonnement analogue, en échangeant le rôle de u et v, donne :

$$(13) \qquad \frac{y}{\dfrac{\partial f}{\partial v}} = \frac{1}{\dfrac{\partial f}{\partial w}}.$$

Les équations (12) et (13) définissent le point caractéristique.

Il est facile de vérifier que les équations (10), (11), (12), (13) ne sont pas distinctes, et que les deux systèmes (10), (12), (13) et (11), (12), (13) sont équivalents. En tenant compte de (12) et (13) on trouve en effet :

$$H \equiv (ux + vy)\frac{\partial f}{\partial w} - u\frac{\partial f}{\partial u} - v\frac{\partial f}{\partial v} = 0,$$

et si, dans cette équation, on remplace $ux + vy$ par $-w$, on obtient :

$$u\frac{\partial f}{\partial u} + v\frac{\partial f}{\partial v} + w\frac{\partial f}{\partial w} = 0,$$

c'est-à-dire, $f(u, v, w) = 0$,   à cause de la relation

$$u\frac{\partial f}{\partial u} + v\frac{\partial f}{\partial v} + w\frac{\partial f}{\partial w} \equiv mf(u, v, w)$$

m désignant le degré d'homogénéité de f, degré qu'on suppose non nul.

Si, au contraire, on remplace $u\dfrac{\partial f}{\partial u} + v\dfrac{\partial f}{\partial v}$ par $-w\dfrac{\partial f}{\partial w}$ dans H, en tenant compte de $f(u, v, w) = 0$, on obtient :

$$(ux + vy + w)\frac{\partial f}{\partial w} = 0,$$

c'est-à-dire $ux + vy + w = 0$, car, en écrivant les équations (12) et (13), on a supposé que $\dfrac{\partial f}{\partial w}$ n'est pas nul pour tout un ensemble continu de droites de l'enveloppe.

Que se passe-t-il si, pour un ensemble continu de droites de l'enveloppe, on a $\dfrac{\partial f}{\partial w} = 0$?

Supposons u constant pour ces droites. En différentiant l'équation (11) correspondante, on trouve alors $\dfrac{\partial f}{\partial v} dv = 0$, et, en écartant le cas où $\dfrac{\partial f}{\partial v}$ serait nul en même temps que $\dfrac{\partial f}{\partial w}$, on obtient $dv = 0$, c'est-à-dire que v est également constant pour les droites de cet ensemble : ces droites ont donc une direction fixe.

Si $\dfrac{\partial f}{\partial v}$ et $\dfrac{\partial f}{\partial w}$ étaient nuls, $\dfrac{\partial f}{\partial u}$ le serait aussi à cause de (11); réciproquement, les droites dont les coordonnées annulent $\dfrac{\partial f}{\partial u}$, $\dfrac{\partial f}{\partial v}$, $\dfrac{\partial f}{\partial w}$ sont des droites de l'enveloppe : ce sont les droites singulières. Il faut distinguer entre le cas où ces droites correspondent à des valeurs isolées de u, v, w et constituent des positions particulières de la droite générale, et celui où elles forment un ensemble continu que l'on peut mettre à part dans l'enveloppe générale.

Les coordonnées du point caractéristique peuvent varier avec la droite (u, v, w) de l'enveloppe (11) à laquelle ce point correspond et, dans ce cas, le point décrit une courbe qui est tangente à la droite, mais elles peuvent aussi rester constantes. Soient x_0, y_0 ces valeurs constantes; les valeurs correspondantes de u, v, w vérifient alors l'équation

$$(14) \qquad ux_0 + vy_0 + w = 0,$$

et l'ensemble des droites de l'enveloppe se partage en deux ensembles dont l'un est caractérisé par la relation précédente. Il va de soi qu'une décomposition plus complète peut se produire.

Le cas où l'équation $f(u, v, w) = 0$ est une équation du second degré est particulièrement intéressant. Nous l'étudierons en détail dans la suite.

Génération des surfaces. — L'étude de la génération des surfaces dans l'espace est analogue à celle des lieux géométriques dans le plan. Une propriété géométrique imposée à un point M (x, y, z) se traduit par une équation entre les coordonnées de ce point. Cette équation $f(x, y, z) = 0$ définit une surface dont les points (sauf réserves analogues à celles du plan) sont les points cherchés. En général, on ne sait pas écrire une telle équation immédiatement.

L'un des cas les plus intéressants, à cause de son interprétation géométrique, est celui où l'introduction d'une grandeur auxiliaire, dont l'équivalent algébrique est un nombre α variable avec le point considéré, conduit à écrire deux équations entre les coordonnées du point et ce paramètre. Soient

$$(15) \qquad f(x, y, z, \alpha) = 0, \qquad g(x, y, z, \alpha) = 0$$

ces équations. Elles définissent deux surfaces variables avec α et la courbe d'intersection C_α des surfaces associées de ces deux faisceaux engendre la surface cherchée S quand α varie.

L'étude de ces équations donne lieu aux mêmes remarques que l'étude correspondante du plan. Nous nous contenterons d'en mentionner les conséquences générales sans insister sur les réserves possibles.

Si les équations (15) sont résolubles par rapport à deux des coordonnées x et y, par exemple, en fonction de z et de α, on obtient une représentation paramétrique de S. Il en est de même si les équations (15) conduisent, quel que soit α, à une représentation paramétrique de la courbe C_α.

Il peut se faire que, pour certaines valeurs particulières de α, les surfaces associées des deux faisceaux soient confondues ou aient une nappe commune. L'ensemble des points correspondants constitue une surface *singulière* qu'il convient de mettre à part.

On obtient l'équation de S en éliminant α entre les équations (15).

Un point particulier de S peut appartenir à deux courbes génératrices C_{α_0} et C_{α_1} ; si les équations (15) sont entières par rapport à α, ce fait se présente chaque fois que ces équations, où l'on regarde x, y, z, comme données, ont plusieurs racines communes en α. De tels points sont des points singuliers de S. Les valeurs de α qui leur correspondent, au lieu d'être isolées comme dans le cas du plan, forment en général un ensemble continu, et ces points dépendant d'un paramètre sont distribués sur une courbe dont on obtiendrait les équations en écrivant que les équations (15) ont deux solutions communes en α. On pourrait aussi considérer les 4 équations à 5 inconnues :

$$f(x, y, z, \alpha) = 0, \quad g(x, y, z, \alpha) = 0, \quad f(x, y, z, \beta) = 0, \quad g(x, y, z, \beta) = 0$$

où α et β sont distincts, comme définissant l'ensemble de ces points.

Il convient également de distinguer le cas où ces points correspondent à des valeurs réelles de α et β de celui où α et β sont imaginaires conjugués : dans ce dernier cas on obtient des points isolés de S.

Plan tangent en un point. — On peut écrire l'équation du plan tangent en un point M (x, y, z) de S en supposant connues les coordonnées de ce point et la valeur correspondante de α.

En différentiant les équations (15), on obtient en effet :

$$(16) \quad \begin{cases} \dfrac{\partial f}{\partial x} dx + \dfrac{\partial f}{\partial y} dy + \dfrac{\partial f}{\partial z} dz + \dfrac{\partial f}{\partial \alpha} d\alpha = 0, \\[2mm] \dfrac{\partial g}{\partial x} dx + \dfrac{\partial g}{\partial y} dy + \dfrac{\partial g}{\partial z} dz + \dfrac{\partial g}{\partial \alpha} d\alpha = 0, \end{cases}$$

et, en éliminant $d\alpha$ entre ces deux relations, on trouve une relation linéaire et homogène entre dx, dy, dz. C'est :

$$\frac{\partial g}{\partial \alpha}\left[\frac{\partial f}{\partial x} dx + \frac{\partial f}{\partial y} dy + \frac{\partial f}{\partial z} dz\right] - \frac{\partial f}{\partial \alpha}\left[\frac{\partial g}{\partial x} dx + \frac{\partial g}{\partial y} dy + \frac{\partial g}{\partial z} dz\right] = 0.$$

On en déduit l'équation du plan tangent

$$(17)\quad \frac{\partial g}{\partial \alpha}\left[(X-x)\frac{\partial f}{\partial x}+(Y-y)\frac{\partial f}{\partial y}+(Z-z)\frac{\partial f}{\partial z}\right]$$
$$-\frac{\partial f}{\partial \alpha}\left[(X-x)\frac{\partial g}{\partial x}+(Y-y)\frac{\partial g}{\partial y}+(Z-z)\frac{\partial g}{\partial z}\right]=0.$$

Si le point M correspond à deux valeurs distinctes du paramètre α, on trouve de cette façon deux plans tangents à S en ce point (réalité mise à part). Ce fait s'explique très bien, au point de vue géométrique, en remarquant que la courbe lieu des points singuliers est une courbe d'intersection de deux nappes de S.

Si l'on considère le cas limite où les deux valeurs du paramètre α, auxquelles correspond le point singulier, sont égales, les équations (15), où l'on regarde x, y, z, comme donnés, ont une racine double commune en α; $\frac{\partial f}{\partial \alpha}$ et $\frac{\partial g}{\partial \alpha}$ sont nuls en ce point et l'équation (17) devient une identité. Mais, en se reportant aux équations (16), on voit que les deux surfaces qui définissent C_α sont tangentes en ce point ainsi que S ; il n'y a donc, en général, qu'un plan tangent en ce point singulier

Dans certains cas, on est obligé d'employer plusieurs paramètres auxiliaires pour traduire la propriété géométrique imposée à un point $M(x, y, z)$; supposons qu'on en utilise deux α et β. On écrit alors trois relations entre x, y, z, α, β. Soit

$$(18)\quad f(x, y, z, \alpha, \beta)=0, \quad g(x, y, z, \alpha, \beta)=0, \quad h(x, y, z, \alpha, \beta)=0.$$

Si ces relations sont résolubles par rapport à x, y, z, en fonction de α et β, on obtient une représentation paramétrique de la surface cherchée. Si deux d'entre elles sont résolubles en α et β, on peut éliminer ces paramètres entre les trois équations et on a l'équation de S. Si l'une d'elles est résoluble par rapport à l'un des paramètres, β par exemple, en portant la valeur de β fonction de x, y, z, α, dans les deux autres équations, on est ramené à la génération précédente.

Nous avons vu plus haut (leçon 55) comment on peut écrire l'équation du plan tangent en un point de S, en supposant connues les coordonnées de ce point et les valeurs de α et β correspondantes.

On pourrait présenter des observations analogues dans le cas où l'on emploie plus de deux paramètres auxiliaires pour traduire la propriété géométrique attribuée à un point.

EXERCICES

1° On considère les courbes définies par l'équation $f(x, y, \alpha, \beta, \gamma)=0$, les paramètres α, β, γ, étant liés par les deux relations $\varphi(\alpha, \beta, \gamma)=0$, $\psi(\alpha, \beta, \gamma)=0$. Ces courbes ont une enveloppe. Déterminer les points caractéristiques sur l'une d'elles.

2° Soit $x=f(\alpha, \beta)$, $y=g(\alpha, \beta)$, f et g désignant deux fonctions données. Si on fixe α, on obtient, en fonction du paramètre β, les expressions des coordonnées du point courant sur une courbe C_α. Si l'on fixe β, on obtient de même la représentation paramétrique d'une courbe Γ_β. Trouver la courbe enveloppe des courbes C_α et des courbes Γ_β.

3° Trouver la courbe enveloppe des projections sur xOy des courbes d'intersection de la surface $f(x, y, z) = 0$: 1° avec les plans parallèles au plan xOy, 2° avec les surfaces d'un faisceau.

Traiter la même question en supposant la surface donnée par sa représentation paramétrique.

4° On considère la courbe variable C_α définie par les deux équations

$$\alpha^2 P + \alpha Q + R = 0, \quad \alpha^2 P_1 + \alpha Q_1 + R_1 = 0,$$

P, Q, R, P_1, Q_1, R_1 désignant des fonctions données de x, y, z, et α un paramètre variable. Elle engendre une surface S dont on demande l'équation. Ligne de points singuliers de la surface. Cas particulier où P, Q, ..., R_1 sont des fonctions linéaires; dans ce cas, C_α est une droite; montrer qu'il y a deux points singuliers sur cette droite.

5° On considère une surface définie par la représentation paramétrique

$$x = \frac{f(t, t')}{f_3(t, t')}, \qquad y = \frac{f_1(t, t')}{f_3(t, t')}, \qquad z = \frac{f_2(t, t')}{f_3(t, t')}.$$

On suppose que les fonctions f, f_1, f_2, f_3 s'annulent quand on y remplace t et t' par t_0 et t'_0 et on pose $t' - t'_0 = \lambda(t - t_0)$, λ désignant un nombre fixe. Démontrer que si t_0 et t'_0 ne vérifient pas les équations

$$(18) \qquad \frac{\dfrac{\partial f}{\partial t}}{\dfrac{\partial f}{\partial t'}} = \frac{\dfrac{\partial f_1}{\partial t}}{\dfrac{\partial f_1}{\partial t'}} = \frac{\dfrac{\partial f_2}{\partial t}}{\dfrac{\partial f_2}{\partial t'}} = \frac{\dfrac{\partial f_3}{\partial t}}{\dfrac{\partial f_3}{\partial t'}},$$

le point $M(t, t')$ tend vers une position limite quand t tend vers t_0. Trouver le lieu de cette position limite quand λ varie. Que peut-on dire si t_0 et t'_0 vérifient les équations (18)?

6° Trouver le lieu du point de rencontre des trois plans définis par les équations

$$\begin{aligned}
xu(t, t') + yv(t, t') + zw(t, t') + h(t, t') &= 0, \\
xu_1(t, t') + yv_1(t, t') + zw_1(t, t') + h_1(t, t') &= 0, \\
xu_2(t, t') + yv_2(t, t') + zw_2(t, t') + h_2(t, t') &= 0,
\end{aligned}$$

quand t et t' varient. Démontrer que ce lieu possède un certain nombre de droites.

58e LEÇON

GÉNÉRATION DES SURFACES *(Suite)*

Cylindres. — On appelle cylindre toute surface engendrée par une droite dont la direction est fixe et qui est assujettie à une condition géométrique quelconque; une telle droite dépend en effet d'un paramètre.

Soient $P = o$, $Q = o$, les équations de deux plans particuliers parallèles à la direction fixe D, mais non parallèles entre eux. Deux plans respectivement parallèles à P et à Q se coupent suivant une droite parallèle à D et, réciproquement, par toute droite parallèle à D, on peut mener un plan parallèle au plan P et un plan parallèle au plan Q. Les équations de la droite la plus générale, parallèle à D, sont donc

$$(1) \qquad P = \alpha, \qquad Q = \beta,$$

où α et β sont deux paramètres variables. La condition géométrique imposée à cette droite se traduit par une relation entre les coefficients de ses équations, c'est-à-dire entre α et β. Soit

$$(2) \qquad \varphi(\alpha, \beta) = o$$

cette relation. On en déduit que l'équation du cylindre est

$$(3) \qquad \varphi(P, Q) = o.$$

Réciproquement, toute équation de cette forme définit un cylindre, car la surface qu'elle représente est le lieu géométrique de la droite (1) assujettie à la condition (2) et cette droite a une direction fixe.

Si la direction D est parallèle à Ox, on peut prendre $P \equiv y$, $Q \equiv z$, et l'équation du cylindre ne contient pas x: nous avions déjà remarqué ce fait. Soit

$$z = f(y)$$

cette équation. L'équation du plan tangent en un point (x, y, z) de ce cylindre est

$$Z - f(y) = f'(y)(Y - y).$$

Cette équation ne dépendant que de y, le plan tangent est le même en tous les points d'une même génératrice. En outre, tous les plans tangents sont parallèles à une direction fixe qui est celle des génératrices du cylindre. Cette propriété du cylindre est caractéristique.

Considérons en effet une surface dont l'équation est $z = f(x, y)$ et dont les plans tangents sont parallèles à une direction fixe que l'on a prise comme direction de Ox.

L'équation du plan tangent en un point (x, y, z) étant

$$Z - f(x, y) = (X - x)\frac{\partial f}{\partial x} + (Y - y)\frac{\partial f}{\partial y},$$

si ce plan est parallèle à Ox, c'est que l'on a $\dfrac{\partial f}{\partial x} = 0$ quel que soit le point considéré sur la surface, c'est-à-dire quels que soient x et y. Il en résulte que f est indépendant de x et l'équation $z = f(y)$ représente bien un cylindre dont les génératrices sont parallèles à Ox.

Cette remarque est importante, parce qu'elle donne une méthode pour reconnaître si une surface définie par une équation $f(x, y, z) = 0$ donnée est un cylindre. α, β, γ étant les paramètres directeurs de la direction inconnue des génératrices, l'équation $\alpha f'_x + \beta f'_y + \gamma f'_z = 0$, qui exprime que le plan tangent en un point (x, y, z) de la surface est parallèle à cette direction, doit admettre toutes les solutions de l'équation $f(x, y, z) = 0$. En écrivant que cette propriété est réalisée, on obtient un certain nombre d'équations aux inconnues α, β, γ, et ces équations doivent être compatibles pour que la surface soit un cylindre.

Dans la plupart des cas, la condition géométrique imposée aux génératrices d'un cylindre provient d'une courbe directrice C que la droite variable doit rencontrer ou d'une surface directrice Σ qu'elle doit toucher.

Soient $\qquad$ (4) $\qquad f(x, y, z) = 0, \qquad g(x, y, z) = 0$

les équations de la courbe directrice C, et a, b, c les paramètres directeurs de la droite mobile. La condition nécessaire et suffisante, pour qu'un point M (x, y, z) soit sur le cylindre ainsi défini, est que la droite de paramètres directeurs a, b, c, menée par ce point rencontre C; or les coordonnées d'un point quelconque de cette droite sont

$$x + a\rho, \qquad y + b\rho, \qquad z + c\rho$$

où ρ désigne un paramètre variable. Le point M est donc sur le cylindre si les deux équations

$$(5) \qquad \begin{cases} f(x + a\rho, y + b\rho, z + c\rho) = 0, \\ g(x + a\rho, y + b\rho, z + c\rho) = 0, \end{cases}$$

sont compatibles.

Si l'on désire l'équation du cylindre, il faut éliminer ρ entre les équations (5).

La courbe $C\rho$ que définissent ces équations n'est autre que la directrice C à laquelle on a imprimé une translation dont les composantes suivant les axes de coordonnées sont $-a\rho$, $-b\rho$, $-c\rho$, c'est-à-dire une translation parallèle à direction des génératrices.

En particulier, si la direction des génératrices est celle de Ox, on aura l'équation du cylindre en éliminant x entre les équations de la directrice.

Si la directrice est définie par sa représentation paramétrique

$$x = f(t), \qquad y = g(t), \qquad z = h(t),$$

les équations

$$x + a\rho = f(t), \qquad y + b\rho = g(t), \qquad z + c\rho = g(t)$$

expriment qu'un point de la parallèle menée par $M(x, y, z)$ aux génératrices se trouve sur la directrice. Ces équations donnent une représentation paramétrique du cylindre. Les courbes $t = C^{te}$ sont les génératrices de la surface et les courbes $\rho = C^{te}$ résultent de la directrice par une translation parallèle aux génératrices.

Supposons maintenant que l'on donne une surface directrice Σ définie par l'équation

$$(6) \qquad f(x, y, z) = 0.$$

Le point N où une génératrice du cylindre touche Σ décrit, sur cette surface, une courbe C le long de laquelle le cylindre et Σ sont tangentes ; en effet les plans tangents à ces deux surfaces en un point N passent tous deux par la tangente à C en ce point et par la génératrice. On dit que le cylindre et Σ sont circonscrits le long de C.

Les coordonnées du point N vérifient l'équation (6) et l'équation obtenue en écrivant que le plan tangent à Σ en ce point est parallèle à la direction de paramètres directeurs a, b, c. Cette équation est

$$(7) \qquad a f'_x + b f'_y + c f'_z = 0.$$

Les équations (6) et (7) définissent donc une directrice du cylindre cherché.

Remarquons toutefois que cette directrice passe par tous les points singuliers de la surface Σ, car les coordonnées de ces points, annulant f'_x, f'_y, f'_z, vérifient l'équation (7) quels que soient a, b, c.

L'élimination de ρ entre les deux équations

$$(8) \qquad \begin{cases} F(\rho) \equiv f(x + a\rho, y + b\rho, z + c\rho) = 0, \\ F'(\rho) \equiv a f'_x(x + a\rho, y + b\rho, z + c\rho) \\ \qquad + b f'_y(x + a\rho, y + b\rho, z + c\rho) \\ \qquad + c f'_z(x + a\rho, y + b\rho, z + c\rho) = 0, \end{cases}$$

donnera donc l'équation du cylindre cherché et, en même temps, l'équation d'un cylindre qui est parallèle à celui-là et a pour directrice la courbe lieu des points singuliers de la surface directrice.

Remarquons que si $F(\rho)$ est un polynome entier, ce qui arrive chaque fois que $f(x, y, z)$ en est un, l'élimination de ρ entre ces équations conduit à exprimer que la première a une racine double en ρ.

Dans le cas où la direction des génératrices est celle de l'un des axes, Oz par exemple, les équations de la courbe de contact sont

$$(9) \qquad f(x, y, z) = 0, \qquad f'_z(x, y, z) = 0.$$

On aura l'équation du cylindre circonscrit correspondant en éliminant z entre ces équations ; l'équation obtenue est aussi bien l'équation de la projection de la courbe de contact sur le plan xOy, ou contour apparent de la projection de la surface sur ce plan, parallèlement à Oz. La courbe (9) est le contour apparent dans l'espace. On peut rapprocher l'élimination de z, entre les équations (9), d'une opération analogue faite dans la théorie des enveloppes des courbes d'un faisceau dans le plan xOy.

Cônes. — On appelle cône toute surface engendrée par une droite qui passe par un point fixe et qui est assujettie à une condition géométrique quelconque; une pareille droite dépend en effet d'un paramètre. Le point fixe est le sommet du cône.

Si le sommet S est défini comme intersection des plans

$$P = o, \qquad Q = o, \qquad R = o$$

qui se coupent en ce seul point, toute droite menée par ce point est définie par les équations

$$(10) \qquad Q = \alpha P, \qquad R = \beta P$$

où α et β désignent des paramètres variables. La condition géométrique imposée à cette droite se traduit par une équation

$$(11) \qquad \varphi(\alpha, \beta) = o,$$

de sorte que l'équation du cône qu'elle engendre est

$$(12) \qquad \varphi\left(\frac{Q}{P}, \frac{R}{P}\right) = o.$$

Cette équation est homogène et de degré o par rapport à P, Q, R. Réciproquement, toute équation homogène (on peut toujours la supposer de degré o) par rapport à trois fonctions linéaires indépendantes de x, y, z, définit un cône, car, cette équation étant mise sous la forme (12), on voit que la surface qu'elle représente est engendrée par la droite variable (10) assujettie à la condition (11), et cette droite passe bien par un point fixe.

Si le sommet du cône est à l'origine, on peut prendre

$$P \equiv x, \quad Q \equiv y, \quad R \equiv z$$

et son équation $f(x, y, z) = o$ est homogène en x, y, z. On peut la supposer mise sous la forme

$$\frac{z}{x} = f\left(\frac{y}{x}\right).$$

L'équation du plan tangent en un point (x, y, z) de cette surface est, tous calculs faits,

$$Z = X\left[f\left(\frac{y}{x}\right) - \frac{y}{x} f'\left(\frac{y}{x}\right) \right] + Y f'\left(\frac{y}{x}\right).$$

Elle ne dépend que de $\frac{y}{x}$, de sorte que le plan tangent est le même tout le long d'une génératrice. Ce plan passe en outre par l'origine, c'est-à-dire par le sommet du cône. Cette propriété du cône est caractéristique.

Considérons en effet une surface dont l'équation est $z = f(x, y)$ et dont les plans tangents passent par un point fixe pris pour origine des axes.

L'équation du plan tangent au point (x, y, z) étant

$$Z - z = p(X - x) + q(Y - y),$$

ce plan passe à l'origine si l'on a :

$$(13) \qquad z = px + qy.$$

Nous voulons montrer que $\dfrac{z}{x}$ est alors une fonction de $\dfrac{y}{x}$, c'est-à-dire que l'on peut déterminer H tel que l'on ait $d\left(\dfrac{z}{x}\right) = H\,d\left(\dfrac{y}{x}\right)$.

Or, de (13), on tire :

$$d\left(\frac{z}{x}\right) = dp + \frac{y}{x}\,dq + q\,d\left(\frac{y}{x}\right) = \frac{x\,dp + y\,dq}{x} + q\,d\left(\frac{y}{x}\right).$$

On en tire aussi :

$$dz = p\,dx + q\,dy + x\,dp + y\,dq$$

c'est-à-dire $x\,dp + y\,dq = 0$, à cause de $dz = p\,dx + q\,dy$. Donc, finalement,

$$d\left(\frac{z}{x}\right) = q\,d\left(\frac{y}{x}\right).$$

Cette remarque donne, de même que précédemment, une méthode pour reconnaître si une surface définie par une équation $f(x, y, z) = 0$, est un cône.

x_0, y_0, z_0 étant les coordonnées du sommet inconnu de ce cône, l'équation $x_0 f'_x + y_0 f'_y + z_0 f'_z + f'_1 = 0$, qui exprime que le plan tangent en un point (x, y, z) de la surface passe par un point fixe, doit admettre toutes les solutions de l'équation $f(x, y, z) = 0$. En écrivant que cette propriété est réalisée, on obtient un certain nombre d'équations aux inconnues x_0, y_0, z_0, et ces équations doivent être compatibles pour que la surface soit un cône.

Dans la plupart des cas, la condition géométrique imposée à la droite mobile provient d'une courbe directrice C que les génératrices doivent rencontrer ou d'une surface directrice Σ qu'elles doivent toucher.

Soient

$$(14) \qquad f(x, y, z) = 0, \qquad g(x, y, z) = 0$$

les équations de la courbe directrice C et x_0, y_0, z_0 les coordonnées du sommet S.

La condition nécessaire et suffisante pour qu'un point $M(x, y, z)$ appartienne au cône ainsi défini est que la droite SM rencontre C, c'est-à-dire qu'un point N de SM se trouve sur C; or les coordonnées d'un point quelconque de cette droite sont

$$\frac{x+\lambda x_0}{1+\lambda}, \quad \frac{y+\lambda y_0}{1+\lambda}, \quad \frac{z+\lambda z_0}{1+\lambda},$$

où λ désigne un paramètre variable. Le point M est donc sur le cône si les deux équations

$$(15) \quad \begin{cases} f\left(\dfrac{x+\lambda x_0}{1+\lambda}, \dfrac{y+\lambda y_0}{1+\lambda}, \dfrac{z+\lambda z_0}{1+\lambda}\right) = 0, \\[2mm] g\left(\dfrac{x+\lambda x_0}{1+\lambda}, \dfrac{y+\lambda y_0}{1+\lambda}, \dfrac{z+\lambda z_0}{1+\lambda}\right) = 0 \end{cases}$$

sont compatibles.

Si l'on désire l'équation du cône, il faut éliminer λ entre les équations (15). On pourra naturellement faire précéder cette élimination de toute transformation qui n'altère pas l'équivalence du système, comme la multiplication des équations par une puissance de $1+\lambda$ afin de les rendre entières, si possible.

Il est facile de vérifier que le point N où la génératrice SM rencontre C est relié au point M et au point S par l'équation

$$\overline{MN} + \lambda \,\overline{SN} = 0.$$

On en conclut que la courbe C_λ définie par les équations (15) où l'on suppose λ donné, est homothétique de C par rapport au point S.

En particulier, si le sommet du cône est à l'origine des axes, les coordonnées du point courant sur OM étant $\dfrac{x}{t}, \dfrac{y}{t}, \dfrac{z}{t}$, on obtient l'équation du cône ayant pour sommet O et pour directrice la courbe définie par les équations (14), en éliminant t entre les équations

$$(16) \quad f\left(\frac{x}{t}, \frac{y}{t}, \frac{z}{t}\right) = 0, \qquad g\left(\frac{x}{t}, \frac{y}{t}, \frac{z}{t}\right) = 0.$$

Si la directrice est définie par sa représentation paramétrique

$$x = f(t), \quad y = g(t), \quad z = h(t),$$

les équations

$$(17) \quad x = \frac{f(t) + \mu x_0}{1+\mu}, \quad y = \frac{g(t) + \mu y_0}{1+\mu}, \quad z = \frac{h(t) + \mu z_0}{1+\mu}$$

expriment que le point (x, y, z), un point de la directrice et le sommet du cône sont alignés; par suite le point (x, y, z) est sur le cône. Ces équations donnent donc une représentation paramétrique de la surface : les courbes $t = C^{te}$ sont les génératrices, et les courbes $\mu = C^{te}$ sont des courbes homothétiques de la directrice par rapport au sommet.

Supposons maintenant qu'on se donne une surface directrice Σ définie par l'équation

$$(18) \qquad f(x, y, z) = 0.$$

Le point N où une génératrice du cône touche Σ décrit, sur cette surface, une courbe C le long de laquelle le cône et Σ sont tangents; en effet, les plans tangents à ces deux surfaces en un point N passent tous deux par la tangente à C en ce point et par la génératrice du cône : le cône et Σ sont circonscrits le long de C.

Les coordonnées du point N vérifient l'équation (18) et l'équation obtenue en écrivant que le plan tangent à Σ en ce point passe par le sommet (x_0, y_0, z_0). Cette équation est

$$(19) \qquad (x_0 - x)f'_x + (y_0 - x)f'_y + (z_0 - z)f'_z = 0.$$

Les équations (18) et (19) définissent donc une directrice du cône cherché.

Remarquons toutefois que cette directrice passe par tous les points singuliers de la surface directrice, car les coordonnées de ces points, annulant f'_x, f'_y, f'_z, vérifient l'équation (19) quels que soient x_0, y_0, z_0.

L'élimination de λ entre les deux équations

$$(20) \begin{cases} F(\lambda) \equiv f\left(\dfrac{x + \lambda x_0}{1 + \lambda}, \dfrac{y + \lambda y_0}{1 + \lambda}, \dfrac{z + \lambda z_0}{1 + \lambda}\right) = 0, \\[2mm] \Phi(\lambda) \equiv (x_0 - x)f'_x\left(\dfrac{x + \lambda x_0}{1 + \lambda}, \dfrac{y + \lambda y_0}{1 + \lambda}, \dfrac{z + \lambda z_0}{1 + \lambda}\right) \\[2mm] \qquad + (y_0 - y)f'_y(\dots) + (z_0 - z)f'_z(\dots) = 0, \end{cases}$$

déduites de (18) et (19) en y remplaçant respectivement x, y, z par $\dfrac{x + \lambda x_0}{1 + \lambda}, \dots, \dots$, conduit à l'équation du cône cherché et du cône de même sommet qui a pour directrice la courbe lieu des points singuliers de la surface directrice.

Remarquons que si $F(\lambda)$ est une fonction rationnelle de λ, ce qui arrive chaque fois que $f(x, y, z)$ est un polynome entier, comme le système (20) équivaut aux deux équations $F(\lambda) = 0$, $F'(\lambda) = 0$, cela revient à écrire que l'équation $F(\lambda) = 0$ a une racine double ou que la droite SM rencontre Σ en deux points confondus.

On peut naturellement remplacer l'équation $F(\lambda) = 0$ par une équation entière par rapport à λ, avant d'écrire qu'elle a une racine double.

Dans le cas particulier, où le sommet du cône est à l'origine, les coordonnées du point courant sur OM étant $\dfrac{x}{t}, \dfrac{y}{t}, \dfrac{z}{t}$, il suffit d'écrire que l'équation $f\left(\dfrac{x}{t}, \dfrac{y}{t}, \dfrac{z}{t}\right) = 0$ admet une racine double en t. Ainsi, Σ étant la surface du second degré ou quadrique la plus générale, définie par l'équation

$$\varphi(x, y, z) + 2(Cx + C'y + C''z) + D = 0$$

$[\varphi(x, y, z)$ est une forme quadratique homogène], on obtient l'équation du cône circonscrit à cette quadrique, avec O pour sommet, en exprimant que l'équation

$$\varphi(x, y, z) + 2(Cx + C'y + C''z)t + Dt^2 = 0$$

admet une racine double en t. C'est donc :

$$(\mathrm{C}x + \mathrm{C}'y + \mathrm{C}''z)^2 - \mathrm{D}\varphi(x, y, z) = 0.$$

Conoïdes. — On donne ce nom à toute surface engendrée par une droite G qui rencontre une droite fixe D, reste parallèle à un plan II et est astreinte à une autre condition géométrique. Une pareille droite dépend bien d'un paramètre.

Soient

$$\mathrm{P} = 0, \qquad \mathrm{Q} = 0$$

les équations de la directrice D, et

$$\mathrm{R} = 0$$

l'équation du plan directeur II. Toute génératrice G est l'intersection d'un plan passant par D et d'un plan parallèle à II; elle est donc représentée par les équations

$$(21) \qquad \frac{\mathrm{Q}}{\mathrm{P}} = \alpha, \qquad \mathrm{R} = \beta,$$

où α et β sont deux paramètres variables avec G. La condition imposée aux génératrices se traduit par une équation

$$(22) \qquad \varphi(\alpha, \beta) = 0,$$

de sorte que l'équation du conoïde est de la forme

$$(23) \qquad \varphi\!\left(\frac{\mathrm{Q}}{\mathrm{P}}, \mathrm{R}\right) = 0.$$

Réciproquement, toute équation de cette forme définit bien un conoïde, car la surface qu'elle représente est engendrée par la droite que définissent les équations (21), cette droite étant assujettie à la condition (22); or la droite variable rencontre une droite fixe intersection des deux plans $\mathrm{P} = 0$, $\mathrm{Q} = 0$, et elle est parallèle au plan fixe $\mathrm{R} = 0$.

En particulier, si D est prise comme axe Oz et le plan II comme plan xOy, on peut poser :

$$\mathrm{P} \equiv x, \; \mathrm{Q} \equiv y, \; \mathrm{R} \equiv z$$

et l'équation du conoïde est de la forme

$$\varphi\!\left(\frac{y}{x}, z\right) = 0.$$

Lorsque la directrice et le plan directeur sont perpendiculaires, on dit que le conoïde est droit.

On peut, comme pour le cylindre et le cône, se donner une courbe directrice ou une surface directrice du conoïde.

Donnons-nous, par exemple, une sphère directrice Σ ayant son centre sur Ox, le conoïde ayant Oz comme directrice et le plan xOy comme plan directeur (axes rectangulaires). L'équation de la sphère est alors

$$(24) \qquad (x - a)^2 + y^2 + z^2 = \mathrm{R}^2.$$

Une droite G ayant pour équations

$$(25) \qquad x - \alpha y = 0, \qquad z - \beta = 0,$$

nous exprimerons qu'elle est tangente à la sphère en écrivant que sa distance au centre est égale au rayon.

Le calcul est immédiat si l'on observe que la droite est définie comme intersection de deux plans rectangulaires et l'on trouve la condition

$$(26) \qquad \frac{a^2}{1 + \alpha^2} + \beta^2 = R^2.$$

L'équation du conoïde est donc

$$(27) \qquad \frac{a^2 y^2}{x^2 + y^2} + z^2 = R^2.$$

Quant à la courbe C, le long de laquelle le conoïde et la sphère sont circonscrits, elle est le lieu du point de rencontre de la droite (25) et du plan

$$\alpha(x - a) + y = 0,$$

mené perpendiculairement à cette droite par le centre de la sphère.

EXERCICES

1º Que représente une équation de la forme $f(P, Q) = 0$, P et Q étant les premiers membres des équations de deux plans parallèles?

2º Que représente une équation de la forme $f(P, Q, R) = 0$, P, Q, R étant les premiers membres des équations de trois plans parallèles à une même droite?

3º Démontrer que l'équation du plan tangent en un point (x_0, y_0, z_0) du cylindre défini par l'équation $f(P, Q) = 0$, peut s'écrire

$$(P - P_0) f'_P (P_0, Q_0) + (Q - Q_0) f'_Q (P_0, Q_0) = 0,$$

P_0 et Q_0 étant les résultats obtenus en substituant x_0, y_0, z_0 à x, y, z, dans les fonctions linéaires P et Q.

4º L'équation $f(P, Q, R) = 0$ étant homogène par rapport aux trois fonctions linéaires indépendantes, P, Q, R, qui y figurent, démontrer que l'équation du plan tangent en un point (x_0, y_0, z_0) du cône qu'elle définit, peut s'écrire

$$P f'_P (P_0, Q_0, R_0) + Q f'_Q (P_0, Q_0, R_0) + R f'_R (P_0, Q_0, R_0) = 0$$

5º Démontrer que l'équation

$$z^3 + 3x^2 z + 3y^2 z + 6xyz + 2xz + 2yz + x + y = 0$$

définit un cylindre.

6º Démontrer que l'équation

$$x^3 + y^3 + z^3 + 3(y^2 - x^2) + 3(x + y) = 0$$

définit un cône.

7º Dans l'exercice traité dans la leçon, chercher les projections de l'intersection de la sphère (24) et de la surface (27) sur les trois plans de coordonnées.

8º On considère le conoïde droit ayant pour directrice Oz, le plan xOy comme plan directeur et comme directrice curviligne l'ellipse qui est située dans le plan $z = mx$ et qui se projette sur le plan xOy, suivant le cercle : $x^2 + y^2 - 2ax = 0$. Trouver l'équation de ce conoïde (conoïde de Plücker, cylindroïde de Cayley). Démontrer que le lieu des projections orthogonales d'un point fixe quelconque sur les génératrices de ce conoïde est une ellipse.

9º Démontrer que l'équation générale des surfaces réglées ayant deux directrices rectilignes est de la forme

$$f\left(\frac{P}{Q}, \frac{R}{S}\right) = 0,$$

P, Q, R, S désignant 4 fonctions linéaires quelconques de x, y, z.

59e LEÇON

GÉNÉRATION DES SURFACES (Suite)

Surfaces réglées. — Tous les exemples traités dans la leçon précédente rentrent dans la catégorie générale des surfaces réglées.

Une droite assujettie à trois conditions géométriques engendre une surface réglée, car elle dépend d'un paramètre. Si ses équations sont prises sous la forme

$$(1) \qquad x = az + p, \qquad y = bz + q,$$

les conditions géométriques donnent lieu à trois relations

$$(2) \qquad f(a, b, p, q) = o, \quad g(a, b, p, q) = o, \quad h(a, b, p, q) = o.$$

L'élimination de a, b, p, q, entre ces cinq équations donne l'équation de la surface engendrée.

Si l'on définit la droite par les coordonnées de deux points quelconques $M(x, y, z)$ et $M'(x', y', z')$, les trois équations traduisant les conditions géométriques qui lui sont imposées sont de la forme

$$(3) \quad F(x, y, z, x', y', z') = o, \quad G(x, y, z, x', y', z') = o, \quad H(x, y, z, x', y', z') = o.$$

On peut y fixer l'une des coordonnées de M' à volonté, faire par exemple z' nul, et éliminer x', y', ce qui donne l'équation de la surface.

Dans la pratique, si les relations (2) permettent d'exprimer a, b, p, q en fonctions d'un paramètre α, on obtient de suite une représentation paramétrique de la surface réglée sous la forme

$$(4) \qquad x = a(\alpha) z + p(\alpha), \qquad y = b(\alpha) z + q(\alpha), \quad z = z.$$

Étudions la distribution du plan tangent le long d'une génératrice G $(\alpha = C^{te})$.

La différentiation des équations (4) donne :

$$dx = adz + zda + dp, \qquad dy = bdz + zdb + dq.$$

L'élimination de $d\alpha$ entre ces relations donne :

$$\frac{dy - bdz}{dx - adz} = \frac{zb' + q'}{za' + p'},$$

a', b', p', q' représentant les dérivées de a, b, p, q par rapport à α.

En remplaçant dx, dy, dz, dans cette relation homogène, respectivement par $X - x$, $Y - y$, $Z - z$, on obtient l'équation du plan tangent au point x, y, z. Si l'on remplace en même temps x et y par leurs valeurs en fonction de z et de α, on trouve, toutes réductions faites :

$$(5) \qquad \frac{Y - bZ - q}{X - aZ - p} = \frac{b'z + q'}{a'z + p'}.$$

Si $b'p' - a'q'$ n'est pas nul, le second membre est une fonction homographique de z qui prend toutes les valeurs possibles quand z varie de $-\infty$ à $+\infty$, de sorte que le plan tangent P tourne autour de G quand son point de contact M

décrit G. En supposant z infini dans l'équation (5), on obtient l'équation du plan P'
tangent au point à l'infini sur G; c'est :

$$(6) \qquad \frac{Y - bZ - q}{X - aZ - p} = \frac{b'}{a'}.$$

On appelle *plan central* le plan tangent Π perpendiculaire à celui-là et *point
central* le point de contact I du plan central sur G. Le lieu du point central,
quand G varie, est la *ligne de striction* de la surface réglée.

Supposons que la génératrice G_0 qui correspond à la valeur particulière α_0 du
paramètre ait été prise comme axe Oz, c'est-à-dire que l'on ait :

$$a_0 = b_0 = p_0 = q_0 = 0.$$

Supposons de plus que le plan Π_0 correspondant ait été pris comme plan zOx, de
sorte que le plan P'_0 est le plan yOz, si les axes sont rectangulaires.

En écrivant que l'équation (6) correspondante définit le plan yOz, on trouve
encore $a'_0 = 0$ et l'équation (5) devient :

$$\frac{Y}{X} = \frac{b'_0 z + q'_0}{p'_0}.$$

Le point central I_0, étant le point de contact du plan xOz, a une cote z_0 telle
que $b'_0 z_0 + q'_0$ soit nul, de sorte que l'équation du plan tangent P au point M de
cote z sur Oz, s'écrit finalement

$$\frac{Y}{X} = \frac{b'_0 (z - z_0)}{p'_0}.$$

Cette égalité équivaut à la suivante :

$$\operatorname{tg}(\Pi_0, P) = \frac{p'_0}{b'_0} \cdot \overline{I_0 M},$$

qui montre nettement les déplacements simultanés du point M et du plan P.

Le rapport $\dfrac{\operatorname{tg}(\Pi_0, P)}{\overline{I_0 M}}$, constant sur la génératrice G_0, s'appelle *paramètre de
distribution* de la surface réglée relativement à cette génératrice.

Supposons maintenant que $b'p' - a'q'$ soit nul. Cela peut avoir lieu pour certaines valeurs de α. c'est-à-dire que le plan tangent peut être fixe le long de certaines génératrices de la surface. Mais cela peut avoir lieu aussi quel que soit α;
on dit alors que la surface est *développable* : une pareille surface a même plan
tangent en tous les points d'une génératrice quelconque.

Nous allons montrer que toute développable est un cylindre, un cône ou une
surface dont les génératrices rectilignes sont tangentes à une courbe; cette courbe
est appelée *arête de rebroussement* de la surface.

Cherchons en effet à déterminer sur la droite (4) un point N variable avec α et
dont le lieu géométrique, quand α varie, soit une courbe tangente à G. Les paramètres directeurs dx, dy, dz. de la tangente à ce lieu doivent être proportionnels
à ceux de G, c'est-à-dire que l'on doit avoir :

$$\frac{dx}{a} = \frac{dy}{b} = dz.$$

Or, en vertu des équations (4) qui sont vérifiées par les coordonnées de N, on a
aussi :

$$dx = a\,dz + z\,da + dp \quad \text{et} \quad dy = b\,dz + z\,db + dq.$$

On en déduit les deux relations

$$(7) \qquad z\,da + dp = 0, \qquad z\,db + dq = 0$$

qui doivent être compatibles en z. Pour que cela soit, il faut que l'on ait :

$$da\,dq - db\,dp = 0 \qquad \text{ou} \qquad b'p' - a'q' = 0, \tag{8}$$

quel que soit α. La surface doit donc être développable.

Supposons que l'équation (8) soit vérifiée identiquement. Elle peut l'être si l'on a : $da = db = 0$, auquel cas les équations (7) ne donnent plus de valeur pour z; mais a et b étant constants, la surface est un cylindre.

Si da et db ne sont pas nuls tous deux, les équations (7) donnent pour z une certaine valeur fonction de α en général et la droite G est tangente au lieu du point correspondant. Mais cette valeur de z peut aussi être une constante z_0 et en remarquant que, dans ce cas, les équations (7) s'écrivent

$$d(az_0 + p) = 0, \qquad d(bz_0 + q) = 0,$$

on conclut que les grandeurs x_0 et y_0 définies par les relations

$$x_0 = az_0 + p, \qquad y_0 = bz_0 + q,$$

sont des constantes et que la droite G passe par le point fixe (x_0, y_0, z_0). La surface engendrée, dans ce cas particulier, est un cône.

L'analyse précédente montre que, réciproquement, toute droite qui se déplace en restant tangente à une courbe donnée engendre une surface développable. On peut le vérifier très simplement et trouver la liaison du plan tangent à la développable le long d'une génératrice et du point où cette droite touche l'arête de rebroussement.

La courbe étant définie, sous forme paramétrique, par les équations

$$x = f(t), \qquad y = g(t), \qquad z = h(t)$$

et les paramètres directeurs de la tangente au point $M(t)$ de cette courbe étant $f'(t)$, $g'(t)$ et $h'(t)$, les coordonnées du point courant sur la surface lieu de cette droite sont

$$(9) \qquad x = f(t) + \rho f'(t), \qquad y = g(t) + \rho g'(t), \qquad z = h(t) + \rho h'(t).$$

Des relations

$$dx = [f'(t) + \rho f''(t)]\,dt + f'(t)\,d\rho; \qquad dy = \ldots; \qquad dz = \ldots$$

on déduit entre dx, dy, dz, la relation

$$\begin{vmatrix} dx, & f'(t), & f''(t) \\ dy, & g'(t), & g''(t) \\ dz, & h'(t), & h''(t) \end{vmatrix} = 0,$$

à laquelle correspond l'équation du plan tangent, savoir

$$\begin{vmatrix} X - f - \rho f', & f', & f'' \\ Y - g - \rho g', & g', & g'' \\ Z - h - \rho h', & h', & h'' \end{vmatrix} = 0$$

c'est-à-dire, en simplifiant,

$$(10) \qquad \begin{vmatrix} X - f, & f', & f'' \\ Y - g, & g', & g'' \\ Z - h, & h', & h'' \end{vmatrix} = 0.$$

Cette équation ne dépend pas de ρ, ce qui montre bien que le plan tangent est le même en tous les points d'une génératrice ; on voit de plus que ce plan est le plan osculateur à l'arête de rebroussement au point M où la génératrice touche cette arête.

Surfaces de révolution. — On donne ce nom aux surfaces engendrées par la rotation d'une courbe C de forme invariable, autour d'une droite fixe D qu'on appelle axe de révolution.

Dans ce déplacement, un point quelconque M de la génératrice décrit un cercle Γ dont le centre A est sur l'axe et dont le plan est perpendiculaire à l'axe : ce cercle porte le nom de *parallèle*. On peut donc regarder une surface de révolution comme le lieu géométrique d'un cercle Γ dont le centre décrit une droite à laquelle son plan est perpendiculaire, ce cercle rencontrant une courbe fixe.

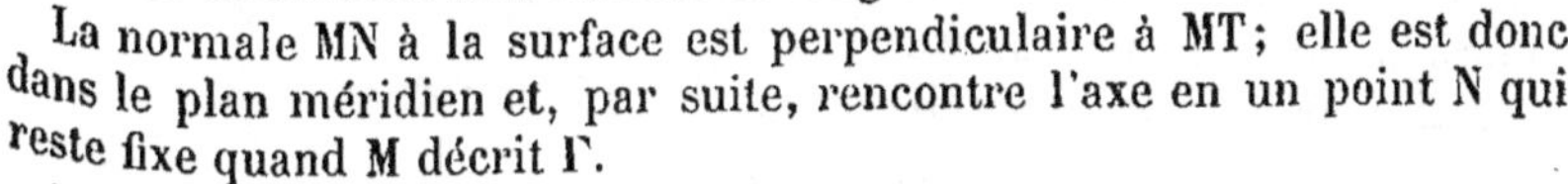

On appelle *méridien* toute section faite dans la surface par un plan passant par l'axe ; tous les méridiens sont superposables par rotation autour de l'axe.

Le plan tangent en un point M est défini par la tangente MT au parallèle et par la tangente MT′ au méridien C′ qui passe par ce point. Quand M décrit le parallèle Γ, le point S où MT′ rencontre l'axe reste fixe, de sorte que les plans tangents aux divers points du parallèle Γ enveloppent un cône de révolution dont S est le sommet ; ce cône est circonscrit à la surface le long de Γ.

La normale MN à la surface est perpendiculaire à MT ; elle est donc dans le plan méridien et, par suite, rencontre l'axe en un point N qui reste fixe quand M décrit Γ.

Les normales à une surface de révolution rencontrent donc l'axe de cette surface.

Cette propriété des surfaces de révolution est caractéristique. Considérons en effet une surface dont toutes les normales rencontrent une droite fixe D. Soit Γ une section faite dans cette surface par un plan quelconque perpendiculaire à D et soit M un point de cette section. La normale MN à la surface en M se projette sur le plan de la section suivant la normale en M à cette courbe ; or le point N où MN rencontre D se projette au point A où le plan de la section rencontre D. Les normales à la section situées dans son plan passent donc par un point fixe A. Or toute courbe plane dont les normales passent par un point fixe est un cercle. On s'en assure en prenant le point fixe comme origine et des axes rectangulaires dans le plan de la courbe ; l'abscisse à l'origine de la normale en un point (x, y) est $x + yy'$, c'est-à-dire $\frac{1}{2}(x^2 + y^2)'$. La normale passant à l'origine, $x + yy'$ est nul et $x^2 + y^2$ est constant ; la courbe est donc bien un cercle qui a son centre à l'origine. Les sections faites dans la surface par des plans perpendiculaires à D étant toutes des cercles qui ont leurs centres sur D, cette surface est de révolution.

Supposons l'axe D défini par un point $B(x_0, y_0, z_0)$ et par ses paramètres directeurs a, b, c, par rapport à trois axes rectangulaires quelconques. Le cercle Γ, qui est l'intersection d'une sphère de centre B et d'un plan perpendiculaire à D, a des équations de la forme

$$(11) \qquad (x - x_0)^2 + (y - y_0)^2 + (z - z_0)^2 = \alpha, \qquad ax + by + cz = \beta,$$

où α et β sont des constantes convenablement choisies.

Ce cercle étant astreint à une condition géométrique, les deux paramètres α et β dont il dépend sont liés par une relation

$$(12) \qquad\qquad \varphi(\alpha, \beta) = 0,$$

de sorte que l'équation de la surface engendrée est

$$(13) \qquad \varphi\big((x - x_0)^2 + (y - y_0)^2 + (z - z_0)^2, \ ax + by + cz\big) = 0.$$

Réciproquement, toute surface qui a une équation de la forme $\varphi(\Sigma, P) = 0$, où Σ désigne le premier membre de l'équation d'une sphère et P le premier membre de l'équation d'un plan, est une surface de révolution. On peut en effet la regarder comme le lieu géométrique du cercle variable défini par les équations $\Sigma = \alpha$, $P = \beta$, les paramètres α et β vérifiant la relation $\varphi(\alpha, \beta) = 0$. Or le plan de ce cercle est parallèle à un plan fixe, et son centre décrit la droite perpendiculaire à ce plan mené par le centre commun à toutes les sphères $\Sigma = \alpha$.

Si l'axe de révolution est pris comme axe Oz, le cercle Γ peut être regardé comme la section d'un cylindre de révolution autour de Oz, par un plan parallèle au plan xOy.

Les équations de ce parallèle sont donc de la forme

$$x^2 + y^2 = \alpha, \qquad z = \beta$$

et l'équation de la surface est $\varphi(x^2 + y^2, z) = 0$ ou $z = f(x^2 + y^2)$.

Cette dernière forme se prête aisément à la vérification des propriétés démontrées plus haut relativement aux plans tangents et aux normales. Si on l'écrit $z = F\big(\sqrt{x^2 + y^2}\big)$, en représentant par r le rayon d'un parallèle, on en déduit une représentation paramétrique de la surface sous la forme

$$x = r\cos\varphi, \qquad y = r\sin\varphi, \qquad z = F(r).$$

Les courbes $r = C^{\text{te}}$ sont les parallèles et les courbes $\varphi = C^{\text{te}}$ sont les méridiens.

Supposons donnée une courbe génératrice C au moyen des deux équations

$$f(x, y, z) = 0, \qquad g(x, y, z) = 0,$$

et écrivons qu'un point du parallèle

$$X = r\cos\varphi, \qquad Y = r\sin\varphi, \qquad Z = z$$

se trouve sur la génératrice. Nous obtenons deux équations

$$f(r\cos\varphi, r\sin\varphi, z) = 0, \qquad g(r\cos\varphi, r\sin\varphi, z) = 0,$$

et l'élimination de φ entre ces deux équations donne une relation $F(r, z) = 0$ qui est l'équation de la surface de révolution, à condition d'y remplacer r par $\sqrt{x^2 + y^2}$.

En particulier, si la courbe C est la méridienne du plan yOz, soit $f(y, z) = 0$, l'équation de la surface est $f\left(\sqrt{x^2 + y^2}, z\right) = 0$.

On pourrait aussi bien se donner une surface directrice S à laquelle tous les parallèles sont tangents; le point de contact d'un parallèle avec S décrit sur cette dernière surface une courbe C qui peut servir de génératrice à la surface de révolution.

En un point quelconque M de C, les deux surfaces sont tangentes, car leurs plans tangents contiennent tous deux la tangente à C et la tangente au parallèle; la normale en M à S rencontre donc l'axe de révolution. Réciproquement, si la normale en un point M de S rencontre Oz en un point N, le cercle d'intersection de la sphère décrite de N comme centre avec NM comme rayon et du plan perpendiculaire à Oz mené par M est tangent à S au point M. La courbe génératrice C le long de laquelle les deux surfaces sont circonscrites est donc définie par les deux équations

$$f(x, y, z) = 0, \qquad x f'_y - y f'_x = 0.$$

Le même raisonnement pourrait être utilisé pour déterminer la courbe de contact d'une surface donnée et d'une surface de révolution dont l'axe occupe une position quelconque.

Un cas particulier intéressant est celui des surfaces de révolution du second ordre.

Si l'axe de révolution est dirigé suivant Oz, la conique méridienne du plan yOz admet Oz comme axe de symétrie et a pour équation

$$A' y^2 + A'' z^2 + 2 C'' z + D = 0,$$

de sorte que l'équation de la surface de révolution est

$$A'(x^2 + y^2) + A'' z^2 + 2 C'' z + D = 0.$$

On peut l'écrire

$$A'(x^2 + y^2 + z^2) + 2 C'' z + D + (A'' - A') z^2 = 0,$$

laquelle est de la forme $\Sigma + P^2 = 0$, où Σ est le premier membre de l'équation d'une sphère et P le premier membre de l'équation d'un plan.

Cette forme n'est pas altérée dans un changement d'axes quelconque. Elle indique que la sphère, dont l'équation est $\Sigma = 0$, est circonscrite à la surface de révolution le long du parallèle situé dans le plan $P = 0$.

Elle peut d'ailleurs être réalisée d'une infinité de manières, car on peut l'écrire aussi

$$\Sigma + P^2 \equiv \Sigma - 2\lambda P - \lambda^2 + (P + \lambda)^2 \equiv \Sigma_1 + P_1^2 = 0.$$

Pour reconnaître si une surface donnée par son équation $f(x, y, z) = 0$ est de révolution, on pourra toujours chercher si toutes ses normales rencontrent une droite fixe inconnue définie par les équations

$$\frac{x - x_0}{\alpha} = \frac{y - y_0}{\beta} = \frac{z - z_0}{\gamma}.$$

En écrivant que la normale en un point $M(x, y, z)$, savoir

$$\frac{X - x}{f'_x} = \frac{Y - y}{f'_y} = \frac{Z - z}{f'_z},$$

est dans un même plan avec la droite fixe, on obtient l'équation

$$\begin{vmatrix} x - x_0, & f'_x, & \alpha \\ y - y_0, & f'_y, & \beta \\ z - z_0, & f'_z, & \gamma \end{vmatrix} = 0$$

qui doit admettre toutes les solutions de l'équation $f(x, y, z) = 0$. En écrivant que cela est, on obtient un certain nombre d'équations aux inconnues $x_0, y_0, z_0, \alpha, \beta, \gamma$, et ces équations doivent être compatibles pour que la surface soit de révolution.

EXERCICES

1º Trouver la cote du point central sur une génératrice quelconque d'une surface réglée. Trouver la cote de la position limite du pied de la perpendiculaire commune à cette génératrice et à une génératrice infiniment voisine et vérifier que c'est la cote du point central.

2º Démontrer que si une surface réglée admet un plan directeur, sa ligne de striction n'est autre que sa courbe de contour apparent dans une projection orthogonale sur son plan directeur.

3º Démontrer que si une surface réglée est algébrique, le nombre des plans tangents qu'on peut lui mener par une droite quelconque est égal au nombre des points de rencontre de cette droite et de la surface. (La classe de la surface est donc égale à son degré).

4º Trouver l'équation de la surface engendrée par la droite

$$\frac{x - x_0}{a} = \frac{y - y_0}{b} = \frac{z - z_0}{c}$$

tournant autour de la droite

$$\frac{x - x_1}{a_1} = \frac{y - y_1}{b_1} = \frac{z - z_1}{c_1}.$$

5º Trouver l'équation du tore engendré par le cercle

$$(y - a)^2 + z^2 = a^2 \sin^2 \theta, \qquad x = 0$$

tournant autour de Oz. Trouver l'équation, dans son plan, de la section faite dans le tore par le plan $z = y \operatorname{tg} \theta$, et vérifier que cette section se compose de deux cercles.

6º Déterminer a par la condition que la surface définie par l'équation

$$x^3 + y^3 + z^3 + 3axyz = b^3$$

soit de révolution.

60e LEÇON

ENVELOPPES DE SURFACES DÉPENDANT
DE DEUX PARAMÈTRES, DE SURFACES
OU DE COURBES DÉPENDANT D'UN PARAMÈTRE

Les plans tangents à une surface quelconque dépendent de deux paramètres, comme les points de contact de ces plans avec la surface (il faut excepter le cas où chaque plan touche la surface suivant une ligne); les plans tangents à une courbe quelconque dépendent aussi de deux paramètres. On est conduit à chercher si les plans dépendant de deux paramètres, ou, plus généralement, les surfaces dépendant de deux paramètres (réseau de surfaces) sont tangentes à une même surface Σ ou à une même courbe Γ. Lorsque cela a lieu, on dit que Σ ou Γ est l'enveloppe des surfaces du réseau.

Soit

$$(1) \qquad f(x,\, y,\, z,\, \alpha,\, \beta) = 0$$

l'équation générale des surfaces $S_{\alpha,\beta}$ d'un réseau. Supposons que ces surfaces soient tangentes à une surface Σ; appelons M l'un des points où une surface particulière $S_{\alpha,\beta}$ touche Σ. Les coordonnées X, Y, Z de ce point sont des fonctions de α et β; elles vérifient l'équation (1), de sorte que la fonction $f(X, Y, Z, \alpha, \beta)$ est nulle quels que soient α et β. La différentielle totale de cette fonction est donc nulle, c'est-à-dire que l'on a :

$$\frac{\partial f}{\partial X}\,dX + \frac{\partial f}{\partial Y}\,dY + \frac{\partial f}{\partial Z}\,dZ + \frac{\partial f}{\partial \alpha}\,d\alpha + \frac{\partial f}{\partial \beta}\,d\beta = 0$$

quels que soient $d\alpha$ et $d\beta$. Or dX, dY, dZ, paramètres directeurs d'une tangente quelconque à Σ au point M, sont aussi les paramètres directeurs d'une tangente à $S_{\alpha,\beta}$ en ce point, c'est-à-dire que l'on a :

$$\frac{\partial f}{\partial X}\,dX + \frac{\partial f}{\partial Y}\,dY + \frac{\partial f}{\partial Z}\,dZ = 0.$$

Comparant cette relation à la précédente, on voit que $\dfrac{\partial f}{\partial \alpha}\,d\alpha + \dfrac{\partial f}{\partial \beta}\,d\beta$ est nul quels que soient $d\alpha$ et $d\beta$, c'est-à-dire que l'on a :

$$(2) \qquad \frac{\partial f}{\partial \alpha} = 0, \qquad \frac{\partial f}{\partial \beta} = 0.$$

Ainsi les coordonnées d'un point de contact M de $S_{\alpha,\beta}$ avec son enveloppe (si cette enveloppe existe) vérifient les équations (1) et (2).

Supposons maintenant que le lieu géométrique des points définis par les équations (1) et (2), quand α et β varient, soit une surface Σ.

Pour obtenir l'équation du plan tangent en un point M(X, Y, Z) correspondant aux valeurs α et β des paramètres, il faut obtenir une relation homogène en dX, dY, dZ; or cette relation s'obtient de suite en différentiant l'équation (1) et tenant compte des équations (2). On trouve ainsi :

$$(3) \qquad \frac{\partial f}{\partial X}\,dX + \frac{\partial f}{\partial Y}\,dY + \frac{\partial f}{\partial Z}\,dZ = 0,$$

qui montre bien que le plan tangent à Σ et le plan tangent à $S_{\alpha,\beta}$ en M coïncident.

Il est possible que, parmi les solutions en x, y, z des équations (1) et (2), il y en ait qui soient indépendantes de α et β; on en conclurait que les surfaces du réseau passent par un certain nombre de points fixes ou même par une courbe fixe. (Nous écarterons le cas d'une surface fixe commune à toutes les surfaces du réseau.) D'ailleurs, si les surfaces (1) possèdent des points fixes, les coordonnées de ces points vérifient les équations (2), car si $f(x_0, y_0, z_0, \alpha, \beta)$ est nul quels que soient α et β, ses dérivées par rapport à α et à β sont également nulles.

Il est possible aussi que les équations (1) et (2), tout en définissant X, Y, Z comme des fonctions de α et β, donnent comme lieu du point M(X, Y, Z) une courbe et non pas une surface. En reprenant la démonstration précédente, on montre que cette courbe est tangente à toutes les surfaces du réseau, car l'équation (3) qui est encore vérifiée indique que la tangente au point M à cette courbe est dans le plan tangent à $S_{\alpha,\beta}$.

Mais il faut montrer également que, si les surfaces $S_{\alpha,\beta}$ sont tangentes à une courbe Γ, le lieu géométrique de leurs points de contact, c'est-à-dire la courbe Γ, est défini par les équations (1) et (2).

M(X, Y, Z) étant un tel point qui correspond à une infinité de valeurs de α et β, l'équation qui exprime le contact de son lieu avec $S_{\alpha,\beta}$ est encore :

$$\frac{\partial f}{\partial X}\, dX + \frac{\partial f}{\partial Y}\, dY + \frac{\partial f}{\partial Z}\, dZ = 0,$$

de sorte que l'on a aussi $\dfrac{\partial f}{\partial \alpha}\, d\alpha + \dfrac{\partial f}{\partial \beta}\, d\beta = 0$, quels que soient $d\alpha$ et $d\beta$, c'est-à-dire que les coordonnées de M vérifient les équations (2).

Enfin, on peut imaginer que, pour un système particulier de valeurs α_0, β_0 attribuées aux paramètres ou pour une infinité de valeurs de ces paramètres satisfaisant à une équation déterminée, les équations (1) et (2) définissent une surface : cette surface devra être mise à part.

Remarquons encore que la démonstration de la réciproque suppose que $\dfrac{\partial f}{\partial X}$, $\dfrac{\partial f}{\partial Y}$, $\dfrac{\partial f}{\partial Z}$ ne sont pas nuls tous trois au point M considéré. On montre sans difficulté que si toutes les surfaces du réseau possèdent des points singuliers, le lieu de ces points fait partie de la surface définie par les équations (1) et (2); le raisonnement est le même que pour les enveloppes dans le plan.

Le cas où la surface variable a une équation

$$(4) \qquad f(x, y, z, \alpha, \beta, \gamma) = 0$$

dépendant de trois paramètres α, β, γ liés par une relation

$$(5) \qquad \varphi(\alpha, \beta, \gamma) = 0,$$

peut être ramené au précédent. On regarde γ comme une fonction de α et β définie par l'équation (5) et on obtient les points où une surface particulière $S_{\alpha,\beta,\gamma}$ touche l'enveloppe, en adjoignant à l'équation (4) les équations

$$\frac{\partial f}{\partial \alpha} + \frac{\partial f}{\partial \gamma}\frac{\partial \gamma}{\partial \alpha} = 0, \qquad \frac{\partial f}{\partial \beta} + \frac{\partial f}{\partial \gamma}\frac{\partial \gamma}{\partial \beta} = 0.$$

Or $\dfrac{\partial \gamma}{\partial \alpha}$ et $\dfrac{\partial \gamma}{\partial \beta}$ sont donnés par les équations

$$\frac{\partial \varphi}{\partial \alpha} + \frac{\partial \varphi}{\partial \gamma}\frac{\partial \gamma}{\partial \alpha} = 0, \qquad \frac{\partial \varphi}{\partial \beta} + \frac{\partial \varphi}{\partial \gamma}\frac{\partial \gamma}{\partial \beta} = 0$$

obtenues en différentiant (5).

L'élimination de $\dfrac{\partial\gamma}{\partial\alpha}$, $\dfrac{\partial\gamma}{\partial\beta}$ entre ces équations donne :

$$(6)\qquad \frac{\dfrac{\partial f}{\partial\alpha}}{\dfrac{\partial\varphi}{\partial\alpha}}=\frac{\dfrac{\partial f}{\partial\beta}}{\dfrac{\partial\varphi}{\partial\beta}}=\frac{\dfrac{\partial f}{\partial\gamma}}{\dfrac{\partial\varphi}{\partial\gamma}},$$

et les points caractéristiques de $S_{\alpha,\beta,\gamma}$ sont déterminés par (4) et (6).

Équations tangentielles. — Par exemple, le plan défini par l'équation

$$(7)\qquad uv+vy+wz+h=0,$$

les coordonnées u, v, w, h de ce plan étant reliées par l'équation homogène

$$(8)\qquad f(u,\,v,\,w,\,h)=0,$$

dépend de deux paramètres. On peut le regarder comme dépendant de v, w, h liés par l'équation (8) à condition d'y voir u constant. Les coordonnées du point caractéristique vérifient alors les équations

$$(9)\qquad \frac{y}{\dfrac{\partial f}{\partial v}}=\frac{z}{\dfrac{\partial f}{\partial w}}=\frac{1}{\dfrac{\partial f}{\partial h}}$$

obtenues par l'application des formules (6). Mais on peut aussi regarder le plan comme dépendant de u, w, h, à condition d'y voir v constant. Finalement, on trouve que les coordonnées du point caractéristique vérifient les équations

$$(10)\qquad \frac{x}{\dfrac{\partial f}{\partial u}}=\frac{y}{\dfrac{\partial f}{\partial v}}=\frac{z}{\dfrac{\partial f}{\partial w}}=\frac{1}{\dfrac{\partial f}{\partial h}}.$$

L'enveloppe est complètement définie, soit par les équations (7) et (10), soit par les équations (8) et (10). Les rapports qui figurent dans les équations (10) étant égaux, leur valeur commune est égale à celle du rapport

$$\frac{ux+vy+wz+h}{u\dfrac{\partial f}{\partial u}+v\dfrac{\partial f}{\partial v}+w\dfrac{\partial f}{\partial w}+h\dfrac{\partial f}{\partial h}}$$

de sorte que les équations (7) et (10) entraînent (8) et que les équations (8) et (10) entraînent (7).

L'équation (8) s'appelle l'équation tangentielle de l'enveloppe et les plans dont les coordonnées vérifient cette équation s'appellent les plans de l'enveloppe. Nous nous contenterons de signaler l'existence possible de plans singuliers et la séparation possible des plans de l'enveloppe en plusieurs ensembles, les plans de l'un de ces ensembles étant parallèles à une direction fixe ou passant par un point fixe. Le cas où l'équation (8) est du second degré sera examiné avec plus de détails.

Enveloppe des surfaces d'un faisceau. — Les plans tangents à une développable, les sphères inscrites à une surface de révolution le long d'un parallèle, dépendent d'un paramètre et touchent la surface correspondante suivant une ligne. On est conduit à chercher si les surfaces dépendant d'un paramètre ne touchent pas une surface fixe en tous les points d'une ligne qui varie avec ce paramètre et qui décrit la surface fixe ; celle-ci est dite l'enveloppe des surfaces du faisceau.

Soit

$$(11)\qquad f(x,\,y,\,z,\,\alpha)=0$$

l'équation générale des surfaces S_α du faisceau. Supposons que S_α touche une surface Σ en tous les points d'une courbe C_α et soit $M(X, Y, Z)$ un point quelconque de C_α. Les coordonnées de ce point sont des fonctions de α et d'un autre paramètre β dont la valeur fixe la position de M sur la courbe C_α pour une valeur donnée de α. X, Y, Z, fonctions de α et β, vérifiant l'équation (11), la différentielle totale de $f(X, Y, Z, \alpha)$ est nulle et l'on a :

$$\frac{\partial f}{\partial X}\, dX + \frac{\partial f}{\partial Y}\, dY + \frac{\partial f}{\partial Z}\, dZ + \frac{\partial f}{\partial \alpha} = 0.$$

Or dX, dY, dZ sont les paramètres directeurs d'une tangente quelconque à Σ au point M ; cette tangente étant dans le plan tangent en ce point à la surface correspondante S_α, on a :

$$\frac{\partial f}{\partial X}\, dX + \frac{\partial f}{\partial Y}\, dY + \frac{\partial f}{\partial Z}\, dZ = 0$$

et, par suite

$$(12) \qquad\qquad \frac{\partial f}{\partial \alpha} = 0.$$

Ainsi, la courbe C_α, si elle existe, est l'intersection des surfaces (11) et (12).

La forme des équations de C_α montre qu'elle peut être regardée comme la position limite de l'intersection de deux surfaces infiniment voisines du faisceau.

Supposons maintenant que la courbe C_α, intersection des surfaces (11) et (12), engendre, quand α varie, une surface Σ. L'équation du plan tangent en un point $M(X, Y, Z)$ de cette surface s'obtient en éliminant $d\alpha$ entre les équations qui se déduisent de (11) et (12) par différentiation totale, ce qui fournit une relation linéaire et homogène en dX, dY, dZ ; or la différentielle totale de $f(X, Y, Z, \alpha)$ est indépendante de $d\alpha$ à cause de (12) et l'on a :

$$\frac{\partial f}{\partial X}\, dX + \frac{\partial f}{\partial Y}\, dY + \frac{\partial f}{\partial Z}\, dZ = 0$$

qui montre bien que le plan tangent en M à Σ est précisément le plan tangent à S_α.

Il peut se faire que les surfaces (11) et (12) aient un certain nombre de points fixes communs, l'ensemble de ces points fixes pouvant constituer une ligne ; ce fait se présente chaque fois que les surfaces du faisceau ont des points fixes ou une courbe fixe.

Il peut se faire aussi que les surfaces (11) et (12) correspondant à une valeur particulière de α aient une partie commune. (Surfaces stationnaires du faisceau).

Il peut arriver enfin que, quel que soit α, la surface (11) présente des points singuliers formant un ensemble discontinu ou une ligne ; les coordonnées de ces points vérifient l'équation (12) comme on s'en assure aisément, mais leur lieu géométrique doit être exclu de l'enveloppe.

Remarquons encore que, si f est un polynome entier en α, l'adjonction de l'équation (12) à l'équation (11) exprime que cette dernière a en α une racine double.

Le cas où la surface variable a une équation de la forme

$$(13) \qquad\qquad f(x, y, z, \alpha, \beta) = 0,$$

les paramètres α et β étant liés par une équation

$$(14) \qquad\qquad \varphi(\alpha, \beta) = 0,$$

se ramène de suite au précédent. La différentiation des équations (13) et (14) par rapport à α, suivie de l'élimination de $\dfrac{d\beta}{d\alpha}$, donne :

$$(15) \qquad\qquad \frac{\dfrac{\partial f}{\partial \alpha}}{\dfrac{\partial \varphi}{\partial \alpha}} = \frac{\dfrac{\partial f}{\partial \beta}}{\dfrac{\partial \varphi}{\partial \beta}}.$$

La courbe caractéristique d'une surface $S_{\alpha,\beta}$ est définie par les équations (13) et (15).

Si la surface variable a une équation de la forme

$$(16) \qquad f(x, y, z, \alpha, \beta, \gamma) = 0,$$

les paramètres α, β, γ étant liés par les deux équations

$$(17) \qquad \varphi(\alpha, \beta, \gamma) = 0, \qquad \psi(\alpha, \beta, \gamma) = 0,$$

un raisonnement semblable montre que la courbe caractéristique d'une surface $S_{\alpha,\beta,\gamma}$ est définie par l'équation (16) à laquelle on adjoint l'équation

$$(18) \qquad \begin{vmatrix} \dfrac{\partial f}{\partial \alpha}, & \dfrac{\partial f}{\partial \beta}, & \dfrac{\partial f}{\partial \gamma} \\[2ex] \dfrac{\partial \varphi}{\partial \alpha}, & \dfrac{\partial \varphi}{\partial \beta}, & \dfrac{\partial \varphi}{\partial \gamma} \\[2ex] \dfrac{\partial \psi}{\partial \alpha}, & \dfrac{\partial \psi}{\partial \beta}, & \dfrac{\partial \psi}{\partial \gamma} \end{vmatrix} = 0.$$

Par exemple, considérons un plan défini par l'équation

$$(19) \qquad ux + vy + wz + h = 0,$$

les coordonnées de ce plan vérifiant les deux équations homogènes

$$(20) \qquad f(u, v, w, h) = 0, \qquad g(u, v, w, h) = 0.$$

En appliquant les raisonnements précédents, on démontre aisément que la droite caractéristique se trouve dans les divers plans définis par les équations

$$(21) \quad \begin{vmatrix} x, & y, & 1 \\[1ex] \dfrac{\partial f}{\partial u}, & \dfrac{\partial f}{\partial v}, & \dfrac{\partial f}{\partial h} \\[2ex] \dfrac{\partial g}{\partial u}, & \dfrac{\partial g}{\partial v}, & \dfrac{\partial g}{\partial h} \end{vmatrix} = 0, \qquad \begin{vmatrix} x, & z, & 1 \\[1ex] \dfrac{\partial f}{\partial u}, & \dfrac{\partial f}{\partial w}, & \dfrac{\partial f}{\partial h} \\[2ex] \dfrac{\partial g}{\partial u}, & \dfrac{\partial g}{\partial w}, & \dfrac{\partial g}{\partial h} \end{vmatrix} = 0,$$

$$\begin{vmatrix} y, & z, & 1 \\[1ex] \dfrac{\partial f}{\partial v}, & \dfrac{\partial f}{\partial w}, & \dfrac{\partial f}{\partial h} \\[2ex] \dfrac{\partial g}{\partial v}, & \dfrac{\partial g}{\partial w}, & \dfrac{\partial g}{\partial h} \end{vmatrix} = 0, \qquad \begin{vmatrix} x, & y, & z \\[1ex] \dfrac{\partial f}{\partial u}, & \dfrac{\partial f}{\partial v}, & \dfrac{\partial f}{\partial w} \\[2ex] \dfrac{\partial g}{\partial u}, & \dfrac{\partial g}{\partial v}, & \dfrac{\partial g}{\partial w} \end{vmatrix} = 0.$$

Les 7 équations (19), (20), (21), qui définissent la développable enveloppe, ne sont d'ailleurs pas distinctes et il suffit d'en conserver 4 convenablement choisies. Il est cependant utile de considérer leur ensemble, parce que les quatre dernières donnent 4 plans particuliers intéressants passant par la droite caractéristique.

Les équations (20) s'appellent équations tangentielles de la développable enveloppe.

Chacune d'elles est l'équation tangentielle d'une surface ou d'une courbe à laquelle la développable est circonscrite.

Enveloppe d'une famille de courbes dépendant d'un paramètre. — Nous avons vu que les génératrices rectilignes d'une développable sont en général tangentes à une courbe, mais qu'il n'en est pas de même pour les génératrices d'une surface réglée quelconque. On est en droit d'en conclure que les courbes qui dépendent d'un paramètre, dans l'espace, ne sont pas en général tangentes à une courbe, c'est-à-dire qu'elles n'ont pas d'enveloppe, et on est conduit à chercher dans quelles conditions une famille de courbes dépendant d'un paramètre admet une enveloppe.

Soient

$$(22) \qquad f(x, y, z, \alpha) = 0, \qquad g(x, y, z, \alpha) = 0,$$

les équations de la courbe variable C_α. Supposons que cette courbe ait une enveloppe Γ qu'elle touche en un point $M(X, Y, Z)$; les coordonnées de ce point sont des fonctions de α, et les paramètres directeurs dX, dY, dZ de la tangente à son lieu Γ, vérifient les équations obtenues en annulant les différentielles totales de $f(X, Y, Z, \alpha)$, $g(X, Y, Z, \alpha)$, c'est-à-dire

$$\frac{\partial f}{\partial X}\,dX + \frac{\partial f}{\partial Y}\,dY + \frac{\partial f}{\partial Z}\,dZ + \frac{\partial f}{\partial \alpha}\,d\alpha = 0,$$

$$\frac{\partial g}{\partial X}\,dX + \frac{\partial g}{\partial Y}\,dY + \frac{\partial g}{\partial Z}\,dZ + \frac{\partial g}{\partial \alpha}\,d\alpha = 0.$$

Mais Γ et C_α étant tangentes en M, on a aussi :

$$\frac{\partial f}{\partial X}\,dX + \frac{\partial f}{\partial Y}\,dY + \frac{\partial f}{\partial Z}\,dZ = 0 \qquad \text{et} \qquad \frac{\partial g}{\partial X}\,dX + \frac{\partial g}{\partial Y}\,dY + \frac{\partial g}{\partial Z}\,dZ = 0.$$

La comparaison de ces équations montre que les coordonnées de M vérifient les relations

$$(23) \qquad \frac{\partial f}{\partial \alpha} = 0, \qquad \frac{\partial g}{\partial \alpha} = 0.$$

Le point M (s'il existe) a donc des coordonnées vérifiant les équations (22) et (23).

Or ces équations, si les fonctions f et g sont quelconques, donnent en général pour X, Y, Z des constantes et la courbe C_α n'a pas d'enveloppe. Dans le cas particulier où ces équations sont compatibles en X, Y, Z, quel que soit α, elles donnent en général pour X, Y, Z des valeurs fonctions de α et, en reprenant le raisonnement précédent en sens inverse, on montre que la courbe Γ, lieu du point (X, Y, Z) quand α varie, est tangente à toutes les courbes C_α.

Dans deux cas particuliers très simples, on peut, *a priori*, affirmer qu'il existe en général une enveloppe :

1° Supposons que l'une des équations (22) soit indépendante de α, c'est-à-dire que les courbes C_α soient les intersections d'une surface fixe avec les surfaces d'un faisceau. L'une des équations (23) est vérifiée identiquement et les équations restantes définissent en général une courbe.

2° Supposons que la courbe C_α soit la courbe caractéristique d'une surface S_α d'un faisceau, c'est-à-dire que les équations (22) soient de la forme

$$f(x, y, z, \alpha) = 0, \qquad \frac{\partial f}{\partial \alpha} = 0.$$

Les équations (23) se réduisent à une seule équation nouvelle $\dfrac{\partial^2 f}{\partial \alpha^2} = 0$.

Ainsi, les courbes caractéristiques des surfaces d'un faisceau admettent une enveloppe en général; lorsque les surfaces de ce faisceau sont des plans, on retrouve ainsi l'arête de rebroussement de la développable enveloppe de ces plans.

Si f est un polynome entier par rapport à α, l'adjonction des équations $\dfrac{\partial f}{\partial \alpha} = 0$, $\dfrac{\partial^2 f}{\partial \alpha^2} = 0$ à l'équation $f = 0$ exprime que cette dernière a en α une racine triple.

EXERCICES

1° On considère la surface enveloppe du plan défini par l'équation

$$x u(\alpha, \beta) + y v(\alpha, \beta) + z w(\alpha, \beta) + h(\alpha, \beta) = 0$$

où α et β désignent deux paramètres. Démontrer que cette surface possède un certain nombre de droites. Si u, v, w, h sont des polynomes entiers, cette surface est représentable sur le plan; trouver, dans ce cas particulier, le nombre des plans tangents qu'on peut lui mener par une droite (classe de la surface).

2° Montrer qu'une sphère dépendant de deux paramètres touche en général son enveloppe en deux points. Démontrer que ces deux points sont symétriques par rapport au plan tangent au point correspondant de la surface lieu des centres de ces sphères. Préciser la position de ces points lorsque la sphère variable passe par un point fixe ou a une puissance constante par rapport à un point fixe; démontrer, dans ce dernier cas, que la surface enveloppe se correspond à elle-même dans une inversion convenable ayant pour pôle le point fixe. (Surfaces anallagmatiques).

3° Étant donnés une courbe C en axes rectangulaires et un point fixe A, on écrit que la dérivée première de $\theta = \overline{AM'}^2$, par rapport au paramètre qui fixe la position du point M′ variable sur la courbe, est nulle. Soit M un point de C satisfaisant à cette condition; montrer que A est dans le plan Π normal à C en ce point.

Séparer les points A de Π en deux régions, les points de l'une correspondant à un minimum de AM′, les points de l'autre à un maximum. Toutes les sphères décrites des points A du plan Π comme centre avec AM pour rayon sont tangentes à C en M et ne la traversent pas en ce point, en général.

Si la dérivée seconde de θ est nulle, le point A est sur la droite Δ caractéristique du plan Π. Les sphères décrites des différents points A de Δ avec AM comme rayon sont tangentes à C en M et la traversent en ce point. (Sphères osculatrices à C en M.)

Si la dérivée troisième de θ est nulle, le point A est sur l'arête de rebroussement de la développable enveloppe du plan Π; soit H sa position particulière. Montrer que la sphère décrite de H comme centre avec HM pour rayon ne traverse pas en général la courbe C au point M. (Sphère surosculatrice à C en M.)

4° Montrer qu'une sphère variable dépendant d'un paramètre touche en général son enveloppe suivant un cercle. Etudier la position de ce cercle par rapport à la tangente au point correspondant de la courbe lieu des centres des sphères. Cas où la sphère a une puissance constante par rapport à un point fixe. Cas où le rayon de la sphère est constant (surface canal).

5° Montrer que si tous les plans normaux à une courbe passent par un point fixe, cette courbe est située sur une sphère (courbe sphérique).

6° Montrer que si toutes les normales à une surface rencontrent une courbe fixe, cette surface est l'enveloppe d'un faisceau de sphères.

7° Les sphères osculatrices à une courbe dépendent de deux paramètres; quelle est leur enveloppe?

8° On considère les coniques, sections d'une quadrique par les plans d'un faisceau. Démontrer que chaque conique touche son enveloppe en général en deux points et que le lieu de ces points est l'intersection de la quadrique avec la développable enveloppe des plans. Qu'arrive-t-il si cette développable est circonscrite à la quadrique ou si son arête de rebroussement est située sur la quadrique?

9° Le lieu géométrique d'une courbe variable C_α définie par les équations

$$f(x, y, z, \alpha) = 0, \quad g(x, y, z, \alpha) = 0,$$

est une surface définie par l'équation $F(x, y, z) = 0$. Or la courbe intersection des deux surfaces

$$f(x, y, z, \alpha) = 0, \quad F(x, y, z) = 0,$$

admet en général une enveloppe. Comment accorder ce fait avec l'absence d'enveloppe de la courbe C_α?

10° Une sphère variable de centre C (x, y, z) et de rayon R dépend de deux paramètres α et β. On suppose que les courbes $\alpha = C^{te}$, $\beta = C^{te}$, sur la surface Σ lieu du point C, sont orthogonales et l'on pose :

$$\mathrm{E}^2 = \left(\frac{\partial x}{\partial \alpha}\right)^2 + \left(\frac{\partial y}{\partial \alpha}\right)^2 + \left(\frac{\partial z}{\partial \alpha}\right)^2, \quad \mathrm{G}^2 = \left(\frac{\partial x}{\partial \beta}\right)^2 + \left(\frac{\partial y}{\partial \beta}\right)^2 + \left(\frac{\partial z}{\partial \beta}\right)^2.$$

Soit M l'un des points où la sphère touche son enveloppe. Démontrer que le rayon CM fait, avec la normale en C à Σ, un angle θ défini par la formule

$$\sin^2\theta = \frac{1}{\mathrm{E}^2}\left(\frac{\partial \mathrm{R}}{\partial \alpha}\right)^2 + \frac{1}{\mathrm{G}^2}\left(\frac{\partial \mathrm{R}}{\partial \beta}\right)^2.$$

Rapprocher ce fait de la loi fondamentale de la réfraction.

11° En écrivant qu'une droite définie comme intersection des deux plans

$$\mathrm{P} \equiv ux + vy + wz + h = 0, \quad \mathrm{Q} \equiv u'x + v'y + w'z + h' = 0,$$

possède une propriété géométrique donnée, on obtient une équation de condition

$$f(u, v, w, h, u', v', w', h') = 0$$

Quelle est l'enveloppe du plan P quand le plan Q est donné?

12° Comment trouver l'équation tangentielle d'une surface réglée engendrée par une droite assujettie à trois conditions géométriques données?

13° On dit que les courbes $C_{\alpha\beta}$ définies par les équations

$$f(x, y, z, \alpha, \beta) = 0, \quad g(x, y, z, \alpha, \beta) = 0,$$

et dépendant de deux paramètres α et β, appartiennent à une *congruence*. On considère, sur chacune de ces courbes, les points M dont les coordonnées vérifient l'équation

$$\frac{\partial f}{\partial \alpha}\frac{\partial g}{\partial \beta} - \frac{\partial g}{\partial \alpha}\frac{\partial f}{\partial \beta} = 0.$$

Montrer que le lieu de ces points est une surface à laquelle les courbes $C_{\alpha\beta}$ sont tangentes, ou une courbe sur laquelle elles s'appuient. Montrer que si la congruence est composée de droites, il y a deux points M sur chacune de ces droites.

14° On considère la surface S lieu du cercle C_α, intersection de la sphère

$$x^2 + y^2 + z^2 + 2ax + 2by + 2cz + 2d = 0$$

et du plan

$$ux + vy + wz + h = 0,$$

a, b, c, d, u, v, w, h étant des fonctions données de α. Trouver l'équation du plan tangent en un point de S. Démontrer que S et une sphère quelconque Σ passant par C_α se touchent en deux points M et M' de ce cercle. Montrer que, Σ variant et α restant fixe, la droite MM' passe par un point fixe situé sur la caractéristique du plan du cercle. Quelles relations doivent exister entre les fonctions a, b, ..., h, et leurs dérivées pour qu'il existe une sphère Σ tangente à S en tous les points de C_α?

15° Une surface S fixe et une surface S_1 variable avec le paramètre α, sont définies respectivement par les équations

$$f(x, y, z) = 0, \qquad f_1(x, y, z, \alpha) = 0.$$

Une surface variable S_2 est définie par l'équation

$$a(\alpha) f(x, y, z) + a_1(\alpha) f_1(x, y, z, \alpha) = 0,$$

où $a(\alpha)$ et $a_1(\alpha)$ sont des fonctions données de α.

Trouver l'intersection des surfaces enveloppes de S_1 et de S_2; démontrer qu'une partie de cette intersection se trouve sur S.

NOTION D'AIRE D'UNE COURBE PLANE
INTÉGRALE DÉFINIE

Notion d'aire. — Nous admettrons la notion de mesure d'une aire plane limitée par un contour rectiligne quelconque comme résultant de la décomposition de cette aire en rectangles et en triangles.

Considérons la courbe définie par l'équation $y = f(x)$ (axes rectangulaires) et supposant la fonction $f(x)$ continue et positive dans l'intervalle (a, b).

Proposons-nous de définir la mesure de l'aire bornée par l'arc de courbe AB, l'axe Ox et les deux ordonnées $x = a$, $x = b$.

Partageons l'intervalle (a, b) en m parties égales, et par les points de division $L_0, L_1, \ldots, L_i, \ldots L_m$ sur Ox, points d'abscisses

$$x_0 = a, x_1, \ldots, x_i, \ldots, x_{m-1}, x_m = b,$$

menons les ordonnées correspondantes de la courbe. Dans l'intervalle (x_i, x_{i+1}), la fonction y atteint son minimum absolu pour $x = \xi_i$ et son maximum absolu pour

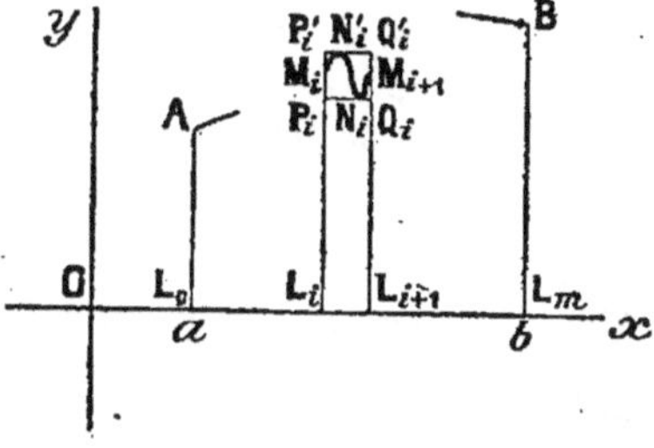

$x = \xi'_i$; soient N_i et N'_i les points correspondants de l'arc $M_i M_{i+1}$. Menons par ces points des parallèles à Ox et prenons les points de rencontre de ces droites et des ordonnées $L_i M_i$, $L_{i+1} M_{i+1}$. Nous définissons ainsi deux rectangles $L_i L_{i+1} Q_i P_i$ et $L_i L_{i+1} Q'_i P'_i$, le second débordant sur le premier, et l'arc $M_i M_{i+1}$ étant tout entier dans la partie débordante. Les nombres R_i et R'_i qui mesurent les aires de ces rectangles sont

$$R_i = \frac{b-a}{m} f(\xi_i) = (x_{i+1} - x_i) f(\xi_i); \quad R'_i = \frac{b-a}{m} f(\xi'_i) = (x_{i+1} - x_i) f(\xi'_i).$$

Leur différence

$$R'_i - R_i = \frac{b-a}{m} \left[f(\xi'_i) - f(\xi_i) \right]$$

mesure l'aire d'un rectangle qui a pour base $L_i L_{i+1}$ et pour hauteur l'oscillation de la fonction dans l'intervalle (x_i, x_{i+1}).

Considérons les deux sommes

$$S_m = R_0 + R_1 + \ldots + R_{m-1}, \quad S'_m = R'_0 + R'_1 + \ldots + R'_{m-1}.$$

La seconde mesure une aire qui contient à son intérieur tous les points de l'arc AB et qui déborde sur l'aire mesurée par la première de sorte que l'on a $S_m < S'_m$.

D'ailleurs, si l'on représente par μ_m la borne supérieure de l'oscillation de la fonction dans chacun des intervalles partiels, on voit aisément que $S'_m - S_m$ est inférieur ou égal à $(b-a)\mu_m$.

Supposons qu'au lieu de diviser l'intervalle (a, b) en m parties égales nous l'ayons divisé en m_1 parties égales; nous aurions obtenu de cette façon deux nombres S_{m_1} et S'_{m_1} tels que l'on ait $S_{m_1} < S'_{m_1}$, puisque S_{m_1} mesure une aire à contour rectiligne intérieure à l'aire analogue mesurée par S'_m.

Considérons les deux ensembles $E(S_m)$ et $E'(S'_m)$. Tout nombre du premier est inférieur à tout nombre du second. En outre, la différence entre deux nombres S'_m et S_m qui correspondent à la même valeur de m peut être rendue moindre qu'un nombre donné si μ_m tend vers zéro quand m tend vers l'infini. (On est sûr que cette condition est remplie si $f(x)$ est une fonction continue.) Ces deux ensembles définissent donc une coupure S que nous prendrons comme mesure de l'aire étudiée.

En particulier, si la fonction $f(x)$ est croissante dans l'intervalle (a, b), on a $\xi_i = x_i$ et $\xi'_i = x_{i+1}$, de sorte que les deux sommes

$$S_m = (x_1 - a)f(a) + (x_2 - x_1)f(x_1) + \ldots + (x_{m-1} - x_{m-2})f(x_{m-2})$$
$$+ (b - x_{m-1})f(x_{m-1}),$$
$$S'_m = (x_1 - a)f(x_1) + (x_2 - x_1)f(x_2) + \ldots + (x_{m-1} - x_{m-2})f(x_{m-1})$$
$$+ (b - x_{m-1})f(b)$$

sont approchées de S, la première par défaut et la seconde par excès. L'erreur commise en remplaçant S par l'une ou l'autre est moindre que $S'_m - S_m = \dfrac{b-a}{m}\big[f(b) - f(a)\big]$. Cette erreur peut être rendue moindre que tout nombre donné en choisissant m suffisamment grand.

En modifiant légèrement le langage, on pourrait se débarrasser de la restriction faite en supposant $f(x) > 0$ dans tout l'intervalle (a, b) et supposer que $f(x)$ a un signe quelconque, à condition de regarder comme négatives les mesures des aires placées au-dessous de Ox.

On peut aussi ramener le cas général au cas étudié tout d'abord en utilisant une limite inférieure $-l$ des valeurs négatives de la fonction dans l'intervalle considéré. La fonction $Y = f(x) + l = f_1(x)$, est constamment positive dans l'intervalle (a, b) et son oscillation, dans un intervalle quelconque, est la même que celle de $f(x)$. Soit S_1 la mesure de l'aire de la courbe correspondante; c'est la limite commune aux deux sommes

$$S_m^{(1)} = \frac{b-a}{m}\big[f(\xi_1) + l + f(\xi_2) + l + \ldots + f(\xi_{m-1}) + l\big]$$
$$= S_m + l(b-a)$$
$$S'^{(1)}_m = \frac{b-a}{m}\big[f(\xi'_1) + l + f(\xi'_2) + l + \ldots + f(\xi'_{m-1}) + l\big]$$
$$= S'_m + l(b-a).$$

On en conclut que les deux sommes S_m, S'_m définies comme précédemment, ont une limite $S = S_1 - l(b-a)$. Cette limite est la mesure positive ou négative de l'aire considérée. Cette transformation s'interprète aisément au moyen de la représentation graphique.

Intégrale définie. — Divisons maintenant l'intervalle (a, b) en m parties suivant une loi déterminée, ces parties n'étant pas forcément égales. Soient encore $x_0 = a, x_1 \ldots, x_i, \ldots, x_m = b$, les bornes de ces parties. A chacun des intervalles partiels (x_i, x_{i+1}), associons un rectangle dont la base est mesurée par $x_{i+1} - x_i$ et dont la hauteur a pour mesure $f(\eta_i)$, η_i étant un nombre de l'intervalle (x_i, x_{i+1}). Posons :

$$\rho_i = (x_{i+1} - x_i) f(\eta_i)$$

et considérons la somme

$$\Sigma_m = \rho_0 + \rho_1 + \ldots + \rho_{m-1}.$$

Si nous représentons par r_i l'aire du trapèze curviligne borné par la courbe, par Ox et par les ordonnées y_i, y_{i+1}, la différence $r_i - \rho_i$ a une valeur absolue moindre que $(x_{i+1} - x_i) \omega_i$, ω_i désignant l'oscillation de $f(x)$ dans l'intervalle (x_i, x_{i+1}). On a donc :

$$r_i - \rho_i = (x_{i+1} - x_i) \varepsilon_i, \qquad\qquad |\varepsilon_i| \leq \omega_i.$$

En faisant la somme de toutes ces égalités, on obtient :

$$S - \Sigma_m = (x_1 - a) \varepsilon_0 + (x_2 - x_1) \varepsilon_1 + \ldots + (b - x_{m-1}) \varepsilon_{m-1}.$$

Soit Ω_m la borne supérieure des nombres $\omega_0, \omega_1, \ldots, \omega_m$. On en conclut :

$$|S - \Sigma_m| \leq \Omega_m (x_1 - a + x_2 - x_1 + \ldots + b - x_{m-1}) = \Omega_m (b - a).$$

Il suffit que Ω_m tende vers zéro, quand m tend vers l'infini, pour que Σ_m tende vers S. En particulier, on peut prendre $\eta_i = x_i$ ou $\eta_i = x_{i+1}$. On obtient alors les deux sommes particulières

$$\sigma_m = (x_1 - a) f(a) + (x_2 - x_1) f(x_1) + \ldots + (x_{i+1} - x_i) f(x_i) + \ldots$$
$$+ (b - x_{m-1}) f(x_{m-1}),$$
$$\sigma'_m = (x_1 - a) f(x_1) + (x_2 - x_1) f(x_2) + \ldots + (x_{i+1} - x_i) f(x_{i+1}) + \ldots$$
$$+ (b - x_{m-1}) f(b),$$

qui tendent toutes deux vers S dans les conditions précitées.

Considérons le terme général de la somme σ_m; il a pour expression $(x_{i+1} - x_i) f(x_i)$ ou $f(x_i) \Delta x_i$. Cette somme peut donc être représentée par le symbole $\Sigma f(x_i) \Delta x_i$; on représente sa limite S par le symbole $\int_a^b f(x) dx$, qu'on lit : somme de a à b de $f(x) dx$. On lui donne le nom d'*intégrale définie*. a et b sont les limites de l'intégration.

Supposons maintenant $b < a$. Divisons encore l'intervalle (b, a) en m intervalles partiels bornés par les nombres $a, x_1, x_2, \ldots, x_{m-1}, b$, rangés cette fois par ordre de grandeur décroissante. Supposons toujours que la borne supérieure des oscillations de la fonction dans ces divers intervalles tende vers zéro quand m tend vers l'infini. La somme

$$\sigma_m = (x_1 - a) f(a) + (x_2 - x_1) f(x_1) + \ldots + (b - x_{m-1}) f(x_{m-1})$$

peut s'écrire

$$- [(x_{m-1} - b) f(x_{m-1}) + (x_{m-2} - x_{m-1}) f(x_{m-2}) + \ldots + (a - x_1) f(a)].$$

C'est donc, avec le signe opposé, la somme σ'_m relative à la même fonction dans l'intervalle (b, a). On en conclut que σ_m tend vers $-\int_b^a f(x)\,dx$ et, si l'on prend cette limite de σ_m comme définition du symbole $\int_a^b f(x)\,dx$, on voit que l'on a :

$$\int_a^b f(x)\,dx = -\int_b^a f(x)\,dx \qquad \text{ou} \qquad \int_a^b f(x)\,dx + \int_b^a f(x)\,dx = 0.$$

a, b, c étant trois nombres rangés par ordre de grandeur croissante, il suffit d'utiliser la définition de l'intégrale définie pour voir que l'on a :

$$\int_a^c f(x)\,dx = \int_a^b f(x)\,dx + \int_b^c f(x)\,dx,$$

c'est-à-dire

$$\int_a^b f(x)\,dx + \int_b^c f(x)\,dx + \int_c^a f(x)\,dx = 0.$$

Cette égalité subsiste, comme la relation de Chasles entre les équivalents algébriques de vecteurs portés par un même axe, quelles que soient les dispositions relatives des trois nombres a, b, c. Signalons encore l'égalité

$$\int_b^c f(x)\,dx = \int_a^c f(x)\,dx - \int_a^b f(x)\,dx.$$

Toutes ces égalités ont d'ailleurs des significations géométriques évidentes si l'on utilise la représentation graphique de la fonction $f(x)$ et les aires qui correspondent aux diverses intégrales.

Remarquons aussi les deux égalités

$$\int_a^b f(x)\,dx + \int_a^b g(x)\,dx = \int_a^b \big[f(x) + g(x)\big]\,dx,$$
$$\int_a^b f(x)\,dx - \int_a^b g(x)\,dx = \int_a^b \big[f(x) - g(x)\big]\,dx,$$

qui résultent de suite des définitions et qui s'interprètent géométriquement sans difficulté.

On conclut de la seconde que, si l'on a $a < b$ et $g(x) < f(x)$ dans tout l'intervalle (a, b), on a aussi :

$$\int_a^b g(x)\,dx < \int_a^b f(x)\,dx.$$

La valeur de l'intégrale $S = \int_{x_0}^{x_1} f(x)\,dx$ dépend naturellement de x_0 et de x_1; il est facile de montrer qu'elle admet une dérivée par rapport à x_0 et par rapport à x_1. Donnons à x_1 un accroissement h positif et soit k l'accroissement correspondant de l'intégrale; on a :

$$k = \int_{x_1}^{x_1+h} f(x)\,dx.$$

M désignant la borne supérieure et m la borne inférieure de la fonction $f(x)$ dans l'intervalle $(x_1, x_1 + h)$, k est compris entre mh et $\mathrm{M}h$, $\dfrac{k}{h}$ est compris entre m et M et a pour limite $f(x_1)$ quand h tend vers zéro, si l'oscillation de $f(x)$ tend vers zéro, ce qui arrive sûrement si $f(x)$ est une fonction continue. On démontrerait la même proposition en supposant $h < 0$.

Un raisonnement analogue montrerait que la dérivée de S par rapport à x_0 est $-f(x_0)$; il suffit d'ailleurs de se reporter à l'égalité $\int_{x_0}^{x_1} f(x)\,dx = -\int_{x_1}^{x_0} f(x)\,dx$ pour déduire cette proposition de la précédente.

La géométrie les rend également intuitives.

Intégrale indéfinie. — La dérivée de $\mathrm{I} = \int_{x_0}^{x} f(x)\,dx$, par rapport à x, étant $f(x)$, on conclut que I est une fonction primitive de $f(x)$. En changeant la borne x_0 de l'intégration, on ne fera qu'ajouter une constante à I et l'on aura une autre primitive. D'après cela, on peut représenter une primitive quelconque de $f(x)$ par le symbole $\int f(x)\,dx$ auquel on donne le nom d'*intégrale indéfinie*. Soit $\mathrm{F}(x)$ l'une de ces primitives; $\int_{x_0}^{x} f(x)\,dx$ et $\mathrm{F}(x)$ ayant même dérivée ne diffèrent que par une constante et l'on a :

$$\int_{x_0}^{x} f(x)\,dx = \mathrm{F}(x) + \mathrm{C}.$$

En faisant successivement $x = x_0$ et $x = x_1$, on obtient :

$$0 = \mathrm{F}(x_0) + \mathrm{C}, \qquad \int_{x_0}^{x_1} fx)\,dx = \mathrm{F}(x_1) + \mathrm{C},$$

et, en retranchant ces égalités membre à membre,

$$\int_{x_0}^{x_1} f(x)\,dx = \mathrm{F}(x_1) - \mathrm{F}(x_0).$$

Cette égalité est fondamentale.

Rappelons quelques-unes des primitives des fonctions les plus simples rencontrées au cours du calcul des dérivées :

$$\int x^m\,dx = \frac{x^{m+1}}{m+1} + \mathrm{C}^{\text{te}} \qquad (m+1 \neq 0).$$

$$\int \frac{dx}{x} = \log|x| + \mathrm{C}^{\text{te}}; \qquad \int a^x\,dx = \frac{a^x}{\log a} + \mathrm{C}^{\text{te}}.$$

$$\int \cos x\,dx = \sin x + \mathrm{C}^{\text{te}}; \qquad \int \sin x\,dx = -\cos x + \mathrm{C}^{\text{te}}.$$

$$\int \mathrm{ch}\,x\,dx = \mathrm{sh}\,x + \mathrm{C}^{\text{te}}; \qquad \int \mathrm{sh}\,x\,dx = \mathrm{ch}\,x + \mathrm{C}^{\text{te}}.$$

$$\int \frac{dx}{\sin x} = \log\left|\mathrm{tg}\frac{x}{2}\right| + \mathrm{C}^{\text{te}}; \qquad \int \frac{dx}{\cos x} = \log\left|\mathrm{tg}\left(\frac{\pi}{4} + \frac{x}{2}\right)\right| + \mathrm{C}^{\text{te}}.$$

$$\int \frac{dx}{\cos^2 x} = \mathrm{tg}\,x + \mathrm{C}^{\text{te}}; \qquad \int \frac{dx}{\sin^2 x} = -\cot g\,x + \mathrm{C}^{\text{te}}.$$

$$\int \frac{dx}{\mathrm{ch}^2 x} = \mathrm{th}\,x + \mathrm{C}^{\text{te}}; \qquad \int \frac{dx}{\mathrm{sh}^2 x} = -\frac{1}{\mathrm{th}\,x} + \mathrm{C}^{\text{te}}.$$

$$\int \frac{dx}{a^2 + x^2} = \frac{1}{a}\arctan\frac{x}{a} + \mathrm{C}^{\text{te}}; \qquad \int \frac{dx}{a^2 - x^2} = \frac{1}{2a}\log\left|\frac{a+x}{a-x}\right| + \mathrm{C}^{\text{te}}.$$

$$\int \frac{dx}{\sqrt{a^2 - x^2}} = \arcsin\frac{x}{a} + \mathrm{C}^{\text{te}} = -\arccos\frac{x}{a} + \mathrm{C}^{\text{te}}.$$

$$\int \frac{dx}{\sqrt{x^2 + a}} = \log\left|x + \sqrt{x^2 + a}\right| + \mathrm{C}^{\text{te}} = -\log\left|x - \sqrt{x^2 + a}\right| + \mathrm{C}^{\text{te}}.$$

On pourrait, dans la définition de la mesure d'une aire et, par suite, de l'intégrale définie, se débarrasser d'un certain nombre de restrictions faites sur la nature de la fonction $f(x)$. En particulier, on pourrait supposer que cette fonction possède un nombre fini de discontinuités qui ne la rendent pas infinie et que la courbe figurative présente l'aspect de la figure ci-jointe où l'aire définie est couverte de hachures.

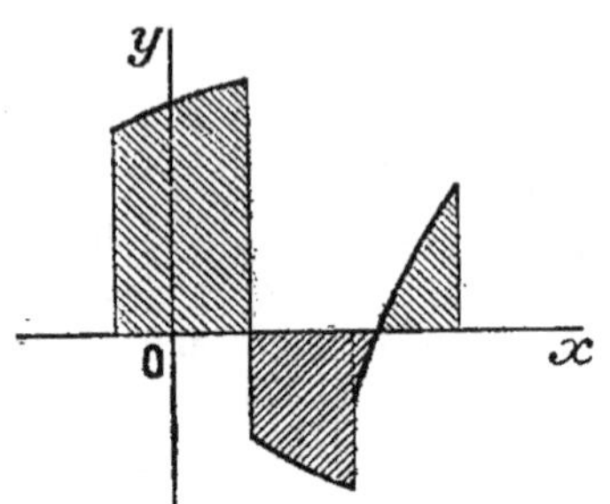

On peut aussi étendre la notion au cas où l'un des nombres x_0 ou x_1 ou tous deux sont infinis.

Supposons, par exemple, que $x_1 = +\infty$ et que $f(x)$ tende vers o quand x tend vers $+\infty$. Supposons en outre que la valeur de l'intégrale définie $\int_{x_0}^{x} f(x)\,dx$ tende vers une limite I dans ces conditions. Nous dirons que I est la valeur du symbole $\int_{x_0}^{+\infty} f(x)\,dx$. Nous ferons une convention analogue si $\int_{x}^{x_0} f(x)\,dx$ tend vers une limite quand x tend vers $-\infty$. Enfin, si le premier symbole tend vers une limite I quand x tend vers $+\infty$ et le second vers une limite I′ quand x tend vers $-\infty$, le symbole $\int_{x'}^{x} f(x)\,dx$, qui vaut $\int_{x'}^{x_0} f(x)\,dx + \int_{x_0}^{x} f(x)\,dx$, a pour limite I + I′, de sorte que $\int_{-\infty}^{+\infty} f(x)\,dx = \mathrm{I} + \mathrm{I}'$.

On vérifie sans difficulté que $\int_{x_0}^{+\infty} f(x)\,dx = \int_{x_0}^{x_1} f(x)\,dx + \int_{x_1}^{+\infty} f(x)\,dx$; etc.

Dans un certain nombre de cas, on peut reconnaître si la valeur du symbole $\int_{x_0}^{x} f(x)\,dx$ tend vers une limite quand x tend vers l'infini, tout en ne sachant pas exprimer une primitive de $f(x)$ au moyen des fonctions usuelles. En voici plusieurs exemples :

L'intégrale $\displaystyle\int_{x_0}^{x} \frac{dx}{x^{1+m}}$ vaut $\dfrac{1}{m}\left(\dfrac{1}{x_0^m} - \dfrac{1}{x^m}\right)$ et, si m est positif, elle tend vers $\dfrac{1}{mx_0^m}$ quand x tend vers $+\infty$. Considérons alors une intégrale $\int_{x_0}^{x} f(x)\,dx$ où $f(x)$ tend vers zéro par valeurs positives quand x tend vers $+\infty$. Supposons de plus que l'on puisse déterminer un nombre positif m tel que le produit $f(x)\cdot x^{1+m}$ soit limité supérieurement, dans ces conditions, par un nombre A. De l'inégalité $f(x) < \dfrac{A}{x^{1+m}}$ on conclut, en supposant $x > x_0 > 0$:

$$\int_{x_0}^{x} f(x)\,dx < \int_{x_0}^{x} \frac{A}{x^{1+m}}\,dx = \frac{A}{m}\left(\frac{1}{x_0^m} - \frac{1}{x^m}\right) < \frac{A}{mx_0^m}.$$

La fonction $\int_{x_0}^{x} f(x)\,dx$ croît avec x et est limitée supérieurement; elle tend donc vers une limite quand x tend vers $+\infty$.

Un raisonnement analogue montrerait au contraire que, si l'on peut déterminer un nombre $m \geqq 0$ tel que l'on ait $f(x) > \dfrac{A}{x^{1-m}}$, l'intégrale $\int_{x_0}^{x} f(x)\,dx$ tend vers $+\infty$ avec x.

Le cas où x tend vers $-\infty$ se ramène de suite au précédent.

L'intégrale $\int_0^x \dfrac{\sin x}{x}\,dx$ a un sens quel que soit x, car la fonction $f(x)$ vaut 1 pour $x = 0$. Faisons tendre x vers $+\infty$. La fonction $f(x)$ tend vers 0 mais ne conserve pas un signe constant; elle change de signe chaque fois que x passe par une valeur de la forme $\lambda\pi$. Supposons x compris entre $k\pi$ et $(k+1)\pi$ et écrivons

$$\int_0^x \frac{\sin x}{x}\,dx = \int_0^\pi \frac{\sin x}{x}\,dx + \int_\pi^{2\pi} \frac{\sin x}{x}\,dx + \ldots$$
$$+ \int_{(k-1)\pi}^{k\pi} \frac{\sin x}{x}\,dx + \int_{k\pi}^{x} \frac{\sin x}{x}\,dx.$$

Posons $u_n = \int_{n\pi}^{(n+1)\pi} \dfrac{\sin x}{x}\,dx$.

L'intégrale étudiée est donc la somme des k premiers termes de la série u_n, et de l'intégrale $\int_{k\pi}^{x} \dfrac{\sin x}{x}\,dx$ dont la valeur absolue est inférieure à $\int_{k\pi}^{(k+1)\pi} \dfrac{dx}{x} = \log \dfrac{k+1}{k}$ et tend vers 0 quand x tend vers $+\infty$. Il suffit donc d'étudier la série u_n. On voit de suite qu'elle est alternée, que la valeur absolue du terme général décroît et tend vers zéro, de sorte que la série est convergente; sa somme est la valeur du symbole $\int_0^{+\infty} \dfrac{\sin x}{x}\,dx$.

Le mode de raisonnement que nous venons d'employer peut aussi bien permettre de reconnaître qu'une intégrale $\int_{x_0}^{\infty} f(x)\,dx$ n'a pas de sens ou qu'elle est infinie parce qu'une série convenable qui lui est associée est divergente. Ce procédé a d'ailleurs une puissance très grande, mais sa généralité même en rend l'application un peu délicate.

Supposons maintenant que la fonction $f(x)$ possède une ou plusieurs discontinuités la rendant infinie; supposons, par exemple, que $f(x)$ tende vers ∞ quand x tend vers x_0 à droite et considérons le symbole $\int_{x_0+h}^{x_1} f(x)\,dx$ où l'on suppose $x_0 < x_0 + h < x_1$. Si la valeur de ce symbole tend vers une limite quand h tend vers zéro, cette limite est, par définition, la valeur du symbole $\int_{x_0}^{x_1} (x)\,dx$. Une définition analogue donnerait la valeur de ce symbole, au cas où $f(x)$ tendrait vers l'infini quand x tend vers x_1 à gauche.

Si l'on suppose que $f(x)$ tende vers l'infini quand x tend vers x_0 à gauche et à droite, on peut de même définir la valeur du symbole $\int_a^b f(x)\,dx$, dans le cas où l'on a : $a < x_0 < b$, en considérant les limites des valeurs des deux intégrales $\int_a^{x_0-h} f(x)\,dx$, $\int_{x_0+h}^{b} f(x)\,dx$, quand h tend vers zéro.

Ces nouveaux symboles jouissent, au point de vue de l'addition, des propriétés démontrées plus haut pour les intégrales définies ordinaires.

Dans quelques cas simples, on peut également reconnaître l'existence des valeurs limites, tout en ne sachant pas exprimer une primitive de $f(x)$ au moyen des fonctions usuelles.

L'intégrale $\int_{x_0}^{x_1} \dfrac{dx}{x^m}$, où x est positif, vaut $\dfrac{1}{1-m}[x_1^{1-m} - x^{1-m}]$, et, si m est inférieur à 1, sa valeur tend vers $\dfrac{x_1^{1-m}}{1-m}$ quand x tend vers zéro.

Considérons alors une intégrale $\int_x^{x_1} f(x)\,dx$ où $f(x)$ tend vers $+\infty$ quand x tend vers 0 à droite, x étant compris entre 0 et x_1 qui est positif. Supposons que l'on puisse déterminer un nombre m positif et inférieur à 1, tel que le produit $x^m f(x)$ soit limité supérieurement par un nombre A quand x est compris entre 0 et x_1.

De l'inégalité $f(x) < \dfrac{A}{x^m}$ résulte :

$$\int_x^{x_1} f(x)\,dx < \int_x^{x_1} \frac{A\,dx}{x^m} = \frac{A}{1-m}[x_1^{1-m} - x^{1-m}] < \frac{A\,x_1^{1-m}}{1-m}.$$

La fonction $\int_x^{x_1} f(x)\,dx$ croît quand x décroît et est limitée supérieurement; elle tend donc vers une limite quand x tend vers 0 à droite.

Un raisonnement analogue montrerait au contraire que, si l'on peut déterminer un nombre $m \geqq 1$, tel que le produit $x^m f(x)$ soit limité inférieurement par un nombre positif A, l'intégrale $\int_x^{x_1} f(x)\,dx$ tend vers $+\infty$ dans les conditions précitées.

Le cas où $f(x)$ tend vers l'infini quand x tend vers x_0 se ramène au précédent en posant $x = x_0 + y$.

EXERCICES

1° Démontrer la formule
$$\int_{x_0}^{x_0+h} f(x)\,dx = h f(x_0 + \theta h); \qquad 0 < \theta < 1.$$

2° On suppose que la fonction $f(x)$ est positive avec x, qu'elle est en outre décroissante et qu'elle tend vers 0 quand x tend vers $+\infty$. Démontrer que, si l'intégrale $\int_0^x f(x)\,dx$ tend vers une limite quand x tend vers $+\infty$, la série $u_n = f(n)$ est convergente. Réciproque.

Démontrer que, si S est la somme de la série, on a :
$$\int_{n+1}^{+\infty} f(x)\,dx < S - S_n < \int_n^{+\infty} f(x)\,dx.$$

Dans le cas où l'on connaît une primitive de $f(x)$, on en déduit la valeur de S avec une erreur moindre que $\int_n^{n+1} f(x)\,dx$.

Si l'on ne connaît pas une primitive de $f(x)$, on peut encore trouver soit une limite supérieure, soit une limite inférieure de $S - S_n$, en remplaçant $f(x)$ par une fonction plus grande ou par une fonction plus petite dont on connaisse une primitive.

Appliquer ces propriétés à l'étude des séries
$$u_n = \frac{1}{n(\log n)^\mu}, \quad u_n = \frac{1}{n \log n (\log \log n)^\mu}, \quad u_n = \frac{1}{n(\log n + n^\mu)},$$

où μ désigne un nombre positif, et au calcul de la somme de la série $u_n = \dfrac{1}{n^2}$ à 0,01 près.

3° L'intégrale $\displaystyle\int_0^1 \dfrac{dx}{\log\left(1 + \sqrt{x}\right)}$ a t-elle un sens?

4° L'intégrale $\displaystyle\int_0^{+\infty} \dfrac{\sin^2 x}{x}\,dx$ a-t-elle un sens?

5° Démontrer les inégalités

$$\log(n+1) < \frac{1}{1} + \frac{1}{2} + \frac{1}{3} + \ldots + \frac{1}{n} < 1 + \log n,$$
$$\log\frac{n+1}{2} < \frac{1}{2} + \frac{1}{3} + \ldots + \frac{1}{n}.$$

Déduire de là que la limite de $\dfrac{1}{1} + \dfrac{1}{2} + \dfrac{1}{3} + \ldots + \dfrac{1}{n} - \log n$ est comprise entre 1 et $\log\dfrac{e}{2}$.

6° Démontrer que l'intégrale $\displaystyle\int_{\frac{1}{n}}^1 \sin\frac{\pi}{x}\,dx$ tend vers une limite quand le nombre naturel n tend vers l'infini.

Démontrer que l'intégrale $\displaystyle\int_{x_0}^1 \sin\frac{\pi}{x}\,dx$ tend vers une limite quand x_0 tend vers zéro (Cette limite peut être prise comme définition de l'intégrale $\displaystyle\int_0^1 \sin\frac{\pi}{x}\,dx$; l'oscillation de $\sin\frac{\pi}{x}$ dans l'intervalle $\left(0, \dfrac{1}{n}\right)$ est toujours égale à 2 si grand que soit n). On peut aussi poser $x = \dfrac{1}{u}$.

7° Démontrer que si la fonction $f(x)$ satisfait à l'inégalité

$$|f(x)| < \frac{A}{x^m} \qquad\qquad (m > 1),$$

l'intégrale $\displaystyle\int_{x_0}^x f(x)\,dx$ tend vers une limite quand x tend vers $+\infty$.

Soit $x_1, x_2, \ldots x_n, \ldots$, une suite de nombres positifs croissants à partir de x_0, x_n tendant vers $+\infty$ avec n. On démontre :

a) Que la série $u_n = \displaystyle\int_{x_{n-1}}^{x_n} f(x)\,dx$ est absolument convergente et, par suite, que l'intégrale $\displaystyle\int_{x_0}^{x_n} f(x)\,dx$ tend vers une limite quand n tend vers ∞.

b) x étant compris entre x_n et x_{n+1}, le module de $\displaystyle\int_{x_n}^x f(x)\,dx$ est limité supérieurement par un nombre qui tend vers o quand n tend vers ∞.

8° Démontrer que si la fonction $f(x)$ vérifie l'inégalité

$$|f(x)| < \frac{B}{(b-x)^m} \qquad\qquad (m < 1),$$

quand x est compris entre a et b $(a < b)$, l'intégrale $\displaystyle\int_a^x f(x)\,dx$ tend vers une limite quand x tend vers b à gauche.

Soit $x_1, x_2, \ldots, x_n, \ldots$, une suite de nombres croissants à partir de a, x_n tendant vers b quand n tend vers l'infini. On démontre :

a) Que la série $u_n = \displaystyle\int_{x_{n-1}}^{x_n} f(x)\,dx$ est absolument convergente et, par suite, que l'intégrale $\displaystyle\int_a^{x_n} f(x)\,dx$ tend vers une limite quand n tend vers ∞.

b) x étant compris entre x_n et x_{n+1}, le module de $\displaystyle\int_{x_n}^x f(x)\,dx$ est limité supérieurement par un nombre qui tend vers o quand n tend vers ∞.

62e LEÇON

VALEUR MOYENNE D'UNE FONCTION
DANS UN INTERVALLE — RECHERCHE DES INTÉGRALES
INTÉGRALES LE LONG D'UNE COURBE

Considérons une fonction $f(x)$ et un intervalle (a, b). Partageons cet intervalle en m parties égales bornées par les nombres $a, x_1, x_2, \ldots, x_{m-1}, b$, et formons la moyenne arithmétique

$$\frac{1}{m+1}\left[f(a) + f(x_1) + \ldots + f(x_{m-1}) + f(b)\right]$$

des valeurs correspondantes de la fonction. La limite de cette moyenne, quand m tend vers l'infini, est ce qu'on appelle valeur moyenne de la fonction dans l'intervalle considéré. La limite de cette expression est la même que celle de

$$\frac{1}{m}\left[f(a) + f(x_1) + \ldots + f(x_{m-1})\right]$$

qui s'en déduit en supprimant le nombre $\dfrac{f(b)}{m+1}$ dont la limite est zéro,

et en substituant au facteur $\dfrac{1}{m+1}$ un facteur équivalent $\dfrac{1}{m}$.

Or, la dernière expression est le produit de $\dfrac{1}{b-a}$ par

$$\frac{b-a}{m}\left[f(a) + f(x_1) + \ldots + f(x_{m-1})\right]$$

qui tend vers $\int_a^b f(x)\,dx$. La valeur moyenne est donc $\dfrac{1}{b-a}\int_a^b f(x)\,dx$. C'est la mesure de la hauteur d'un rectangle dont la base est mesurée par $b-a$, et dont l'aire est égale à celle de la courbe $y = f(x)$ entre les ordonnées $x = a$, $x = b$.

D'ailleurs, l'application de la formule des accroissements finis à la fonction $\int f(x)\,dx$ entre les limites a et b permet d'écrire

$$\int_a^b f(x)\,dx = (b-a)f(c),$$

c étant compris entre a et b. La valeur moyenne est donc $f(c)$.

Recherche des intégrales. Procédés généraux. — Les méthodes usuelles reposent sur l'intégration par parties et sur le changement de variable. L'intégration par parties vient de l'égalité

$$(uv)' = uv' + vu'$$

d'où l'on déduit, en prenant les fonctions primitives des deux membres,

$$uv = \int uv'\,dx + \int vu'\,dx$$

ou, sous forme réduite,

$$uv = \int u\,dv + \int v\,du.$$

On l'applique habituellement sous la forme

$$\int u\,dv = uv - \int v\,du.$$

La connaissance de l'intégrale indéfinie $\int v\,du$ permet de trouver l'intégrale indéfinie $\int u\,dv$. On en déduit les intégrales définies correspondantes, s'il y a lieu.

Considérons maintenant l'intégrale définie $\int_a^b f(x)\,dx$, $f(x)$ étant continue dans l'intervalle (a, b) et même dans un intervalle (A, B) dont fait partie l'intervalle (a, b). Effectuons le changement de variable défini par l'équation

$$(1) \qquad x = g(u).$$

Soient α et β deux nombres tels que l'on ait :

$$a = g(\alpha), \qquad b = g(\beta)$$

et tels aussi que $g(u)$ admette une dérivée continue entre α et β. Quand u varie de α à β, la fonction continue $x = g(u)$ passe par toutes les valeurs comprises entre $g(\alpha)$ et $g(\beta)$, c'est-à-dire entre a et b ; mais cette fonction peut prendre aussi des valeurs extérieures à l'intervalle (a, b) : nous supposerons que la fonction $f(x)$ est continue pour toutes ces valeurs de x.

Dans ces conditions, u étant un nombre quelconque compris entre α et β, le symbole $\int_a^{g(u)} f(x)\,dx$ a un sens ; c'est une fonction $F(u)$ dont la dérivée vaut $f(x)g'(u) = f\big(g(u)\big)g'(u) = \varphi(u)$.

Cette dérivée est continue ; par suite, le symbole $\int_\alpha^u \varphi(u)\,du$ a aussi un sens. C'est une fonction $\Phi(u)$ qui a même dérivée que $F(u)$ pour $u = \alpha$; on en conclut que $F(u)$ et $\Phi(u)$ sont égaux et, par suite, que l'on a :

$$(2) \qquad \int_a^{g(u)} f(x)\,dx = \int_\alpha^u \varphi(u)\,du.$$

En particulier, si l'on fait $u = \beta$, on obtient :

$$(3) \qquad \int_a^b f(x)\,dx = \int_\alpha^\beta \varphi(u)\,du.$$

Le calcul de $\varphi(u)\,du$ se fait aisément en remarquant que cette différentielle est égale à $f(x)\,dx$, en vertu du changement de variable (1). Il n'y a intérêt à faire cette transformation que si l'on connaît la valeur de la nouvelle intégrale et, en particulier, si l'on connaît $\Phi(u)$.

Dans le cas spécial où la fonction g (u) *est toujours croissante ou toujours décroissante dans l'intervalle borné par α et β,* $\mathrm{x} = g(\mathrm{u})$ *ne prend que les valeurs comprises entre* $g(\alpha) = \mathrm{a}$ *et* $g(\beta) = \mathrm{b}$, *et ne prend chacune qu'une fois; il suffit alors que* $f(\mathrm{x})$ *soit continue dans l'intervalle* (a, b). D'ailleurs, la fonction inverse $u = \gamma(x)$ est alors bien définie et la fonction $\Phi(\gamma(x))$ est une primitive de $f(x)$.

On rencontre quelquefois des difficultés pour réaliser les différentes conditions dont nous avons admis l'existence. Il peut se faire, par exemple, que les équations $a = g(u)$, $b = g(u)$ n'aient pas de solutions. Ainsi, si l'on pose $x = \arcsin u$, et qu'on prenne pour cette fonction la détermination usuelle comprise entre $-\dfrac{\pi}{2}$ et $\dfrac{\pi}{2}$, x ne pourra acquérir de valeurs extérieures à l'intervalle $\left(-\dfrac{\pi}{2}, \dfrac{\pi}{2}\right)$. Si l'intervalle (a, b) n'est pas compris dans le précédent, il faudra le décomposer en plusieurs intervalles partiels, tels que chacun d'eux soit à l'intérieur d'un intervalle borné par $k\pi - \dfrac{\pi}{2}$ et $k\pi + \dfrac{\pi}{2}$, et prendre pour $\arcsin u$ la détermination comprise dans ce dernier intervalle.

Signalons encore un cas particulier où il est superflu de prendre toutes ces précautions; c'est celui où $f(x)$ est de la forme $\psi'(u)u'$, u désignant une fonction bien définie de x, et u' sa dérivée. Il est inutile de chercher si x est une fonction bien définie de u, car $\psi(u)$ est évidemment une primitive de $f(x)$.

Intégrale prise le long d'une courbe. — Considérons d'abord un arc C de courbe plane dont l'origine est un point $M_0(x_0, y_0)$ et l'extrémité un point $M_1(x_1, y_1)$. Les coordonnées (x, y) d'un point quelconque M de cet arc sont des fonctions d'un paramètre t qui varie de t_0 à t_1 quand M va de M_0 en M_1.

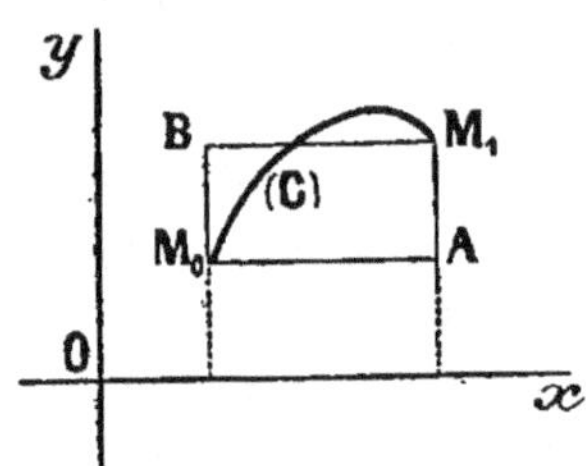

Considérons l'expression

$$P(x, y)\,dx + Q(x, y)\,dy,$$

où x, y représentent les coordonnées de M.

En vertu des équations $x = f(t)$, $y = g(t)$, cette expression peut se mettre sous la forme $\varphi(t)\,dt$. L'intégrale $\displaystyle\int_{t_0}^{t_1} \varphi(t)\,dt$ est, par définition, la valeur du symbole $\displaystyle\int_{(C)} P\,dx + Q\,dy$.

Dans le cas particulier où $P\,dx + Q\,dy$ est la différentielle totale d'une fonction $\Phi(x, y)$ des variables indépendantes x et y, cette intégrale est connue en même temps que la fonction Φ, car l'égalité

$$P(x, y)\,dx + Q(x, y)\,dy = d\Phi(x, y)$$

subsiste quand on suppose que x et y sont des fonctions d'une même variable t.

Dès lors, on a :

$$\varphi(t)\,dt = d\,\Phi(f, g)$$

et

$$\int_{t_0}^{t_1}\varphi(t)\,dt = \Phi\big(f(t_1),\, g(t_1)\big) - \Phi\big(f(t_0),\, g(t_0)\big) = \Phi(x_1,\, y_1) - \Phi(x_0,\, y_0).$$

On voit que ce résultat ne dépend pas du chemin parcouru par le point M, pour aller de M_0 en M_1.

Si la fonction Φ est inconnue, on peut substituer à l'arc C un contour rectiligne quelconque, par exemple le contour $M_0 A M_1$ constitué par la parallèle $M_0 A$ à Ox et par la parallèle AM_1 à Oy. Sur la première droite, $y = y_0$ et x varie de x_0 à x_1; sur la seconde, $x = x_1$ et y varie de y_0 à y_1; dy et dx sont nuls respectivement sur les côtés de ce contour et l'on a :

$$\int_{M_0}^{M_1} P\,dx + Q\,dy = \int_{x_0}^{x_1} P(x,\, y_0)\,dx + \int_{y_0}^{y_1} Q(x_1,\, y)\,dy.$$

Si l'on remplace x_1 et y_1 par des variables x et y, on obtient une fonction $\Phi(x, y) = \int_{x_0}^{x} P(x,\, y_0)\,dx + \int_{y_0}^{y} Q(x,\, y)\,dy$, dont la différentielle totale est précisément $P(x, y)\,dx + Q(x, y)\,dy$.

L'importance de ce résultat nous conduit à chercher la condition pour qu'une expression $P(x, y)\,dx + Q(x, y)\,dy$ soit une différentielle totale exacte. Supposons donc que l'on ait :

$$P\,dx + Q\,dy = d\,\Phi,$$

c'est-à-dire
$$P = \frac{\partial \Phi}{\partial x}, \qquad Q = \frac{\partial \Phi}{\partial y}$$

On en déduit de suite :

$$\frac{\partial^2 \Phi}{\partial x\,\partial y} = \frac{\partial P}{\partial y} = \frac{\partial Q}{\partial x},$$

et la condition

$$(2) \qquad \frac{\partial P}{\partial y} = \frac{\partial Q}{\partial x},$$

est nécessaire.

Supposons-la remplie et considérons la fonction

$$\psi(x, y) = \int_{x_0}^{x} P(x, y)\,dx.$$

On a :

$$\frac{\partial^2 \psi}{\partial x\,\partial y} = \frac{\partial P}{\partial y} = \frac{\partial Q}{\partial x}$$

et, par suite,

$$\frac{\partial}{\partial x}\left[\frac{\partial \psi}{\partial y} - Q\right] = 0.$$

Cette égalité montre que $\dfrac{\partial \psi}{\partial y} - Q$ est une fonction de y qu'on peut représenter par $\theta'(y)$, d'où

$$Q = \frac{\partial \psi}{\partial y} - \theta'(y) = \frac{\partial}{\partial y}\left[\psi - \theta\right].$$

Posons :

$$\Phi(x, y) = \psi(x, y) - \theta(y).$$

On voit de suite que $\dfrac{\partial \Phi}{\partial x} = \dfrac{\partial \psi}{\partial x} = P$ et $\dfrac{\partial \Phi}{\partial y} = Q$, de sorte que

$$d\Phi = P\,dx + Q\,dy.$$

On peut définir d'une façon analogue une intégrale prise le long d'un arc de courbe $M_0 M_1$ dans l'espace. Considérons l'expression

$$P(x, y, z)\,dx + Q(x, y, z)\,dy + R(x, y, z)\,dz;$$

x, y, z, représentant les coordonnées d'un point quelconque M de la courbe C, sont des fonctions d'un paramètre t qui varie de t_0 à t_1 quand M va de M_0 en M_1.

Soient $x = f(t), \qquad y = g(t), \qquad z = h(t).$

En vertu de ces équations, $P\,dx + Q\,dy + R\,dz$ est de la forme $\varphi(t)\,dt$. L'intégrale $\int_{t_0}^{t_1}\varphi(t)\,dt$ est, par définition, la valeur du symbole

$$\int_{(C)} P\,dx + Q\,dy + R\,dz.$$

Dans le cas particulier, où $P\,dx + R\,dy + R\,dz$ est la différentielle totale d'une fonction $\Phi(x, y, z)$ de variables indépendantes, la valeur de cette intégrale est connue en même temps que la fonction Φ, et l'on a :

$$\int_{(C)} P\,dx + Q\,dy + R\,dz = \Phi(x_1, y_1, z_1) - \Phi(x_0, y_0, z_0).$$

Elle est indépendante du chemin parcouru pour aller de M_0 en M_1.

Si la fonction Φ est inconnue, on peut calculer l'intégrale le long d'un contour $M_0 A B M_1$ dont les côtés sont respectivement parallèles à Ox, Oy et Oz, et l'on a :

$$\int_{(C)} = \int_{x_0}^{x_1} P(x, y_0, z_0)\,dx + \int_{y_0}^{y_1} Q(x_1, y, z_0)\,dy + \int_{z_0}^{z_1} R(x_1, y_1, z)\,dz.$$

Si l'on remplace x_1, y_1, z_1 par des variables x, y, z, l'on obtient une fonction $\Phi(x, y, z)$ dont la différentielle totale est précisément

$$P\,dx + Q\,dy + R\,dz.$$

On peut aussi trouver les conditions nécessaires et suffisantes pour que $P\,dx + Q\,dy + R\,dz$ soit la différentielle totale d'une fonction $\Phi(x, y, z)$ des variables indépendantes x, y, z.

Soit donc

$$P\,dx + Q\,dy + R\,dz = d\Phi,$$

d'où

$$P = \frac{\partial \Phi}{\partial x}, \qquad Q = \frac{\partial \Phi}{\partial y}, \qquad R = \frac{\partial \Phi}{\partial z}.$$

On en tire de suite :

$$\frac{\partial^2 \Phi}{\partial y\,\partial z} = \frac{\partial Q}{\partial z} = \frac{\partial R}{\partial y}; \qquad \frac{\partial^2 \Phi}{\partial z\,\partial x} = \frac{\partial R}{\partial x} = \frac{\partial P}{\partial z}; \qquad \frac{\partial^2 \Phi}{\partial x\,\partial y} = \frac{\partial P}{\partial y} = \frac{\partial Q}{\partial x}.$$

Les conditions

$$(3) \qquad \frac{\partial Q}{\partial z} = \frac{\partial R}{\partial y}, \qquad \frac{\partial R}{\partial x} = \frac{\partial P}{\partial z}, \qquad \frac{\partial P}{\partial y} = \frac{\partial Q}{\partial x}$$

sont donc nécessaires. Elles sont aussi suffisantes. Considérons en effet la fonction

$$\psi(x, y, z) = \int_{x_0}^{x} P(x, y, z)\,dx.$$

Elle est telle que l'on a :

$$\frac{\partial^2 \psi}{\partial x\,\partial y} = \frac{\partial P}{\partial y} = \frac{\partial Q}{\partial x}, \qquad \text{d'où} \qquad \frac{\partial}{\partial x}\left(\frac{\partial \psi}{\partial y} - Q\right) = 0,$$

$$\frac{\partial^2 \psi}{\partial x\,\partial z} = \frac{\partial P}{\partial z} = \frac{\partial R}{\partial x}, \qquad \text{d'où} \qquad \frac{\partial}{\partial x}\left(\frac{\partial \psi}{\partial z} - R\right) = 0.$$

On en conclut les égalités suivantes :

$$\frac{\partial \psi}{\partial y} - Q = \theta(y, z); \qquad \frac{\partial \psi}{\partial z} - R = \omega(y, z).$$

Ces dernières donnent encore :

$$\frac{\partial^2 \psi}{\partial y\,\partial z} = \frac{\partial Q}{\partial z} + \frac{\partial \theta}{\partial z}; \qquad \frac{\partial^2 \psi}{\partial y\,\partial z} = \frac{\partial R}{\partial y} + \frac{\partial \omega}{\partial y}$$

et, à cause de l'égalité $\dfrac{\partial Q}{\partial z} = \dfrac{\partial R}{\partial y}$, on a :

$$\frac{\partial \theta}{\partial z} = \frac{\partial \omega}{\partial y},$$

ce qui prouve que $\theta\,dy + \omega\,dz$ est une différentielle totale exacte $d\lambda$ et que

$$\theta = \frac{\partial \lambda}{\partial y}, \qquad \omega = \frac{\partial \lambda}{\partial z}.$$

Donc

$$Q = \frac{\partial \psi}{\partial y} - \theta = \frac{\partial}{\partial y}\big(\psi(x, y, z) - \lambda(y, z)\big)$$

$$R = \frac{\partial \psi}{\partial z} - \omega = \frac{\partial}{\partial z}\big(\psi(x, y, z) - \lambda(y, z)\big).$$

D'ailleurs

$$P = \frac{\partial \psi}{\partial x}(x, y, z) = \frac{\partial}{\partial x}\big(\psi(x, y, z) - \lambda(y, z)\big).$$

Par suite $P\,dx + Q\,dy + R\,dz$ est la différentielle totale de la fonction $\psi(x, y, z) - \lambda(y, z)$.

Calcul des intégrales usuelles. — 1° *Fractions rationnelles.* — Dans tout ce qui va suivre, nous emploierons les lettres f et g, pour désigner des polynomes entiers à une ou plusieurs variables.

Soit à calculer $\displaystyle\int \frac{f(x)}{g(x)}\,dx$, $f(x)$ et $g(x)$ ayant des coefficients réels.

On commence par décomposer la fraction rationnelle $\dfrac{f(x)}{g(x)}$ en ses éléments simples. Une première décomposition est de la forme

$$\frac{f(x)}{g(x)} = E(x) + \Sigma\left[\frac{A_1}{(x-a)^\alpha} + \frac{A_2}{(x-a)^{\alpha-1}} + \cdots + \frac{A_\alpha}{x-a}\right]$$

$$+ \Sigma\left[\frac{P_1 + iQ_1}{(x-p-iq)^\mu} + \frac{P_1 - iQ_1}{(x-p+iq)^\mu} + \cdots\right.$$

$$\left. + \frac{P_\mu + iQ_\mu}{x-p-iq} + \frac{P_\mu - iQ_\mu}{x-p+iq}\right],$$

$E(x)$ étant un polynome entier à coefficients réels et tous les nombres a, A, p, q, P, Q étant réels. On est ainsi conduit à calculer des intégrales particulières des types suivants :

$$1° \int A x^n\,dx = \frac{A}{n+1}\,x^{n+1},$$

$$2° \int \frac{A\,dx}{(x-a)^\beta} = \frac{A}{(1-\beta)(x-a)^{\beta-1}}, \qquad (\beta > 1)$$

$$3° \int \frac{A\,dx}{x-a} = A\log|x-a|,$$

$$4° \int\left[\frac{P+iQ}{(x-p-iq)^\mu} + \frac{P-iQ}{(x-p+iq)^\mu}\right]dx$$

$$= \frac{1}{1-\mu}\left[\frac{P+iQ}{(x-p-iq)^{\mu-1}} + \frac{P-iQ}{(x-p+iq)^{\mu-1}}\right], \qquad (\mu > 1)$$

$$5° \ I = \int\left[\frac{P+iQ}{x-p-iq} + \frac{P-iQ}{x-p+iq}\right]dx = \int \frac{2P(x-p) - 2Qq}{(x-p)^2 + q^2}\,dx.$$

Posons :

$$x - p = qy, \qquad \text{d'où} \qquad dx = q\,dy;$$

il vient :

$$I = \int \frac{2Py - 2Q}{1 + y^2}\,dy = P\int \frac{2y\,dy}{1 + y^2} - 2Q\int \frac{dy}{1 + y^2}$$

$$= P\log(1 + y^2) - 2Q\operatorname{arctg} y,$$

c'est-à-dire

$$I = P \log \frac{(x-p)^2 + q^2}{q^2} - 2 Q \operatorname{arc tg} \frac{x-p}{q}.$$

En supprimant la constante $- P \log q^2$, on peut prendre :

$$I = P \log\big((x-p)^2 + q^2\big) - 2 Q \operatorname{arc tg} \frac{x-p}{q}.$$

L'intégrale $\displaystyle\int \frac{f(x)}{g(x)} dx$ s'exprime donc au moyen d'une fraction rationnelle résultant de la réunion des intégrales particulières des types 1, 2, 4 et de fonctions transcendantes (log et arc tg) provenant des types 3 et 5.

On peut imaginer des fractions rationnelles dans lesquelles manquent les types 3 et 5 : l'intégrale est alors rationnelle. Il faut, pour cela, que les pôles de $\dfrac{f}{g}$ soient tous multiples et que les résidus correspondant à ces pôles soient tous nuls.

Une seconde décomposition de la fraction rationnelle en ses éléments simples diffère de la précédente par la mise des éléments correspondant aux pôles complexes sous la forme

$$\Sigma \left[\frac{M_1 + N_1 (x-p)}{[(x-p)^2 + q^2]^\mu} + \frac{M_2 + N_2 (x-p)}{[(x-p)^2 + q^2]^{\mu-1}} + \cdots + \frac{M_\mu + N_\mu (x-p)}{(x-p)^2 + q^2} \right].$$

Nous sommes amenés à calculer des intégrales de la forme $\displaystyle\int \frac{M + N(x-p)}{[(x-p)^2 + q^2]^\lambda} dx.$

Posons $x - p = y$; l'intégrale précédente devient :

$$\int \frac{M + Ny}{(y^2 + q^2)^\lambda} dy = M \int \frac{dy}{(y^2 + q^2)^\lambda} + \frac{N}{2} \int \frac{2y\, dy}{(y^2 + q^2)^\lambda}.$$

Or $\displaystyle\int \frac{2y\, dy}{(y^2 + q^2)^\lambda} = \frac{1}{(1-\lambda)(y^2 + q^2)^{\lambda-1}}$ si $\lambda > 1$ et elle vaut $\log(y^2 + q^2)$ si $\lambda = 1$.

Reste à calculer l'intégrale

$$I_\lambda = \int \frac{dy}{(y^2 + q^2)^\lambda}.$$

On peut établir une formule de récurrence reliant I_λ et $I_{\lambda-1}$ en supposant $\lambda > 1$. On a en effet :

$$(4) \qquad \frac{d}{dy} \frac{y}{(y^2 + q^2)^{\lambda-1}} = \frac{1}{(y^2 + q^2)^{\lambda-1}} + \frac{2(1-\lambda)y^2}{(y^2 + q^2)^\lambda}$$

et comme que $\dfrac{y^2}{(y^2 + q^2)^\lambda}$ vaut $\dfrac{y^2 + q^2 - q^2}{(y^2 + q^2)^\lambda} = \dfrac{1}{(y^2 + q^2)^{\lambda-1}} - \dfrac{q^2}{(y^2 + q^2)^\lambda}$, on voit

$$\frac{d}{dy} \frac{y}{(y^2 + q^2)^{\lambda-1}} = \frac{3 - 2\lambda}{(y^2 + q^2)^{\lambda-1}} + \frac{2(\lambda-1)q^2}{(y^2 + q^2)^\lambda}.$$

L'intégration des deux membres de cette égalité donne :

$$(5) \qquad \frac{y}{(y^2 + q^2)^{\lambda-1}} = (3 - 2\lambda)\,I_{\lambda-1} + 2\,(\lambda - 1)\,q^2\,I_\lambda.$$

Cette équation fournit I_λ en fonction de $I_{\lambda-1}$. De proche en proche, on sera ramené au calcul de

$$I_1 = \int \frac{dy}{y^2 + q^2} = \frac{1}{q}\,\mathrm{arc\,tg}\,\frac{y}{q}.$$

Remarquons encore que l'intégration des deux membres de l'équation (4) donne :

$$(6) \qquad \frac{y}{(y^2 + q^2)^{\lambda-1}} = I_{\lambda-1} + 2\,(1 - \lambda) \int \frac{y^2\,dy}{(y^2 + q^2)^\lambda}$$

qui permet de calculer $\displaystyle\int \frac{y^2\,dy}{(y^2 + q^2)^\lambda}$ en fonction de $I_{\lambda-1}$.

EXERCICES

1º Démontrer, au moyen d'un changement de variable, que l'intégrale $\displaystyle\int_x^1 \frac{1}{x} \sin\frac{1}{x}\,dx$ tend vers une limite quand x tend vers 0 à droite.

2º Démontrer dans les mêmes conditions, que l'intégrale $\displaystyle\int_x^1 \frac{1}{x} \sin^2\frac{1}{x}\,dx$ tend vers l'infini.

3º Calculer $\displaystyle\int_0^\infty \frac{x^2 + x + 1}{x^3 + 1}\,dx.$

4º Calculer $\displaystyle\int_0^x \frac{x^2 - 2ax + 1}{x^4 - 2x^2\cos 2\varphi + 1}\,dx.$ En déduire le résultat du calcul précédent.

5º Calculer $\displaystyle\int_0^\infty \frac{dx}{(1 + x^2)^n},$ n désignant un nombre naturel.

6º Calculer $\displaystyle\int_0^\infty \frac{x^{2p}\,dx}{(1 + x^2)^{n+1}},$ p et n désignant deux nombres naturels vérifiant la condition $p \leqslant n$.

7º Calculer $\displaystyle\int_0^\infty \frac{dx}{x^p + 1},$ p désignant un nombre naturel supérieur à 1. Limite de cette intégrale quand p tend vers l'infini.

8º Calculer l'intégrale $\displaystyle J_\lambda = \int \frac{y^2\,dy}{(y^2 + q^2)^\lambda}$ en fonction de $J_{\lambda-1}$.

9º Étude de l'intégrale $\displaystyle\int_0^1 x^m\,(1 - x)^p\,dx,$ m ou p désignant un nombre naturel.

10º $\displaystyle I = \int_{x_0}^x f(x, y)\,dx$ est une fonction des deux variables x et y, qui s'annule, quel que soit y, quand on y fait $x = x_0$.

On a aussi : $\displaystyle\frac{\partial^2 I}{\partial x\,\partial y} = \frac{\partial f}{\partial y}.$ En déduire que l'on a : $\displaystyle\frac{\partial I}{\partial y} = \int_{x_0}^x \frac{\partial f}{\partial y}\,dx.$

(Cette formule donne la dérivation sous le signe $\int$).

11° L'expression $P(x, y, z)dx + Q(x, y, z)dy + R(x, y, z)dz$ n'étant pas en général une différentielle totale exacte, montrer qu'elle le devient si l'on prend pour z une fonction de x et y vérifiant l'équation aux dérivées partielles

$$\frac{\partial P}{\partial y} - \frac{\partial Q}{\partial x} + p\left(\frac{\partial R}{\partial y} - \frac{\partial Q}{\partial z}\right) + q\left(\frac{\partial P}{\partial z} - \frac{\partial R}{\partial x}\right) = 0.$$

En déduire un mode de calcul de l'intégrale $\int_{(C)} P\,dx + Q\,dy + R\,dz$ dans le cas où les fonctions P, Q, R vérifient les relations

$$\frac{1}{a}\left(\frac{\partial R}{\partial y} - \frac{\partial Q}{\partial z}\right) = \frac{1}{b}\left(\frac{\partial P}{\partial z} - \frac{\partial R}{\partial x}\right) = \frac{1}{c}\left(\frac{\partial Q}{\partial x} - \frac{\partial P}{\partial y}\right),$$

a, b, c désignant des constantes.

12° La valeur moyenne de la fonction $\dfrac{1}{1+x}$ dans l'intervalle $(0, 1)$ est la limite de l'expression

$$\frac{1}{n}\left[\frac{1}{1+\frac{1}{n}} + \frac{1}{1+\frac{2}{n}} + \cdots + \frac{1}{1+\frac{n}{n}}\right]$$

quand n tend vers l'infini. Cette expression s'écrit aussi

$$\frac{1}{n+1} + \frac{1}{n+2} + \cdots + \frac{1}{2n}.$$

Trouver cette limite.

13° Trouver la limite de $\dfrac{1}{n+1} + \dfrac{1}{n+2} + \cdots + \dfrac{1}{pn-1} + \dfrac{1}{pn}$, quand n tend vers l'infini.

14° L'intégration par parties appliquée à l'intégrale $\int_{x_0}^{x_1} y\,dx$, y étant une fonction continue croissante ou décroissante dans tout l'intervalle (x_0, x_1), permet d'écrire

$$\int_{x_0}^{x_1} y\,dx + \int_{y_0}^{y_1} x\,dy = x_1 y_1 - x_0 y_0.$$

Interpréter cette formule par la géométrie.

63ᵉ LEÇON

CALCUL DES INTÉGRALES USUELLES *(Suite)*

Le calcul des intégrales de la forme $\int \dfrac{f(x, y, \ldots)}{g(x, y, \ldots)}\,du$, où $x, y, \cdots$ représentent des fonctions rationnelles d'une même variable t, et du une fonction rationnelle de t multipliée par dt, se ramène de suite à celui des intégrales de la forme $\int \dfrac{F(t)}{G(t)}\,dt$ où F et G sont des polynomes entiers.

On rencontre des intégrales de ce genre dans l'évaluation des aires de courbes unicursales. Le calcul d'une aire est en effet ramené à la recherche d'intégrales $\int y\,dx$, où x et y représentent les coordonnées du point courant sur la courbe qui limite cette aire et, dans le cas présent, x et y sont des fonctions rationnelles d'un paramètre. Par exemple, on peut prendre :

$$y = \sqrt{ax + b}, \qquad y = \sqrt{\frac{ax + b}{cx + d}}, \qquad y = \sqrt{ax^2 + 2bx + c},$$

car les courbes correspondantes (coniques) sont unicursales. Pour les deux premières, x s'exprime rationnellement en fonction de y. Pour la troisième, si a est positif, la conique étant une hyperbole, on peut la couper par une parallèle quelconque à une asymptote en posant $y - x\sqrt{a} = t$; on obtient alors :

$$x = \frac{c - t^2}{2\left(t\sqrt{a} - b\right)}, \qquad y = \frac{(t^2 + c)\sqrt{a} - 2bt}{2\left(t\sqrt{a} - b\right)}.$$

Si x_0 est un zéro du trinôme $ax^2 + 2bx + c$, le point $(x_0, 0)$ est un point de la conique et, en posant $y = t(x - x_0)$, on exprime encore x et y en fonctions rationnelles de t ; c'est ce que l'on peut faire, chaque fois que a est négatif, car la réalité du radical exige, dans ce cas, que les zéros du trinôme soient réels.

D'ailleurs, chaque fois que les zéros x_0 et x_1 du trinôme sont réels, il suffira de poser $\dfrac{x - x_0}{x - x_1} = t^2$ si a est positif, et $\dfrac{x - x_0}{x - x_1} = -t^2$ si a est négatif, pour exprimer x et y en fonctions rationnelles de t.

Les intégrales de la forme $\int \dfrac{f\left(x, \sqrt{ax + b}, \sqrt{cx + d}\right)}{g\left(x, \sqrt{ax + b}, \sqrt{cx + d}\right)}\,dx$ se ramènent aussi à des intégrales de différentielles rationnelles, car si l'on pose :

$$y = \sqrt{ax + b}, \qquad z = \sqrt{cx + d},$$

on obtient :

$$x = \frac{y^2 - b}{a} = \frac{z^2 - d}{c}.$$

La relation entre y et z, où l'on regarde y et z comme des coordonnées, définit une conique et l'on peut exprimer y, z, et par suite x, en fonctions rationnelles d'un paramètre.

On peut aussi calculer quelques-unes de ces intégrales, soit en effectuant un changement de variable particulier, soit en intégrant par parties, soit en utilisant ces deux procédés. En principe, chaque fois qu'un trinôme $ax^2 + 2bx + c$ joue un rôle important dans la construction d'une différentielle, on a intérêt à effectuer le changement de variable, $x + \dfrac{b}{a} = y$, qui ramène le trinôme à la forme canonique $ay^2 + c - \dfrac{b^2}{a}$. Ainsi

$$\int \frac{Ax + B}{\sqrt{ax^2 + 2bx + c}}\, dx = \int \frac{Ay + B - \dfrac{Ab}{a}}{\sqrt{ay^2 + c - \dfrac{b^2}{a}}}\, dy$$

$$= \frac{A}{a} \int \frac{ay\, dy}{\sqrt{ay^2 + c - \dfrac{b^2}{a}}} + \left(B - \frac{Ab}{a}\right) \int \frac{dy}{\sqrt{ay^2 + c - \dfrac{b^2}{a}}}.$$

Or

$$\int \frac{ay\, dy}{\sqrt{ay^2 + c - \dfrac{b^2}{a}}} = \sqrt{ay^2 + c - \frac{b^2}{a}}.$$

Quant à l'intégrale restante, elle rentre dans une catégorie connue. Si $a > 0$, elle vaut

$$\frac{1}{\sqrt{a}} \int \frac{d\left(y\sqrt{a}\right)}{\sqrt{\left(y\sqrt{a}\right)^2 + c - \dfrac{b^2}{a}}}$$

c'est-à-dire

$$\frac{1}{\sqrt{a}} \log \left| y\sqrt{a} + \sqrt{ay^2 + c - \frac{b^2}{a}} \right|.$$

Si $a < 0$, comme $c - \dfrac{b^2}{a}$ est positif, on peut poser :

$$y\sqrt{-a} = z \sqrt{c - \frac{b^2}{a}}$$

et l'on trouve :

$$\int \frac{dy}{\sqrt{ay^2 + c - \dfrac{b^2}{a}}} = \frac{1}{\sqrt{-a}} \int \frac{dz}{\sqrt{1 - z^2}} = \frac{1}{\sqrt{-a}} \arcsin z.$$

Dans chacun de ces cas, le retour à l'ancienne variable x est immédiat.

Soit encore à calculer l'intégrale $I = \int \sqrt{ax^2 + 2bx + c}\, dx$.

Le changement de variable $x = y - \dfrac{b}{a}$ donne de suite :

$$I = \int \sqrt{ay^2 + c - \frac{b^2}{a}}\, dy.$$

Intégrons par parties en posant :

$$u = \sqrt{ay^2 + c - \frac{b^2}{a}} \qquad \text{et} \qquad v = y;$$

il vient :

$$I = y \sqrt{ay^2 + c - \frac{b^2}{a}} - \int \frac{ay^2}{\sqrt{ay^2 + c - \dfrac{b^2}{a}}}\, dy.$$

Or

$$\int \frac{ay^2\, dy}{\sqrt{ay^2 + c - \dfrac{b^2}{a}}} = \int \frac{ay^2 + c - \dfrac{b^2}{a} + \left(\dfrac{b^2}{a} - c\right)}{\sqrt{ay^2 + c - \dfrac{b^2}{a}}}\, dy$$

$$= \int \sqrt{ay^2 + c - \frac{b^2}{a}}\, dy + \left(\frac{b^2}{a} - c\right) \int \frac{dy}{\sqrt{ay^2 + c - \dfrac{b^2}{a}}}.$$

On a donc l'égalité

$$I = y \sqrt{ay^2 + c - \frac{b^2}{a}} - I + \left(c - \frac{b^2}{a}\right) \int \frac{dy}{\sqrt{ay^2 + c - \dfrac{b^2}{a}}},$$

d'où

$$I = \frac{1}{2} y \sqrt{ay^2 + c - \frac{b^2}{a}} + \frac{1}{2}\left(c - \frac{b^2}{a}\right) \int \frac{dy}{\sqrt{ay^2 + c - \dfrac{b^2}{a}}},$$

et l'on est ramené au calcul d'une intégrale déjà rencontrée.

Le calcul des intégrales de la forme $\displaystyle \int \frac{f(\sin x, \cos x)}{g(\sin x, \cos x)}\, dx$ se ramène de suite à l'évaluation d'une intégrale de différentielle rationnelle au moyen du changement de variable $x = 2\arctan t$, à cause des égalités

$$\sin x = \frac{2t}{1 + t^2}, \qquad \cos x = \frac{1 - t^2}{1 + t^2}, \qquad dx = \frac{2\,dt}{1 + t^2}.$$

Toutefois, comme $2\arctan t$ ne varie que de $-\pi$ à $+\pi$, si l'on a à évaluer une intégrale définie, il conviendra de ramener l'intervalle de variation de x à faire partie de l'intervalle $(-\pi, +\pi)$. C'est une chose aisée à cause de la périodicité des fonctions $\sin x$ et $\cos x$.

Le calcul de l'intégrale $\displaystyle\int \frac{dx}{\sin^{2p+1} x}$ dirigé de cette façon conduit à la recherche de $\displaystyle\frac{1}{2^{2p}} \int (1 + t^2)^{2p} t^{-(2p+1)}\,dt$; si p désigne un nombre naturel, il suffit de développer $(1 + t^2)^{2p}$ par la formule du binôme pour être amené au calcul d'intégrales de la forme $\int t^m\,dt$, où m est entier.

En particulier, si p est nul, on retrouve $\int t^{-1}\,dt = \log|t|$ pour l'intégrale $\displaystyle\int \frac{dx}{\sin x}$.

La méthode s'applique aussi bien au calcul de $\displaystyle\int \frac{dx}{\sin^{2p} x}$, mais nous verrons que cette dernière intégrale se calcule plus rapidement encore par un autre changement de variable.

Appliquons aussi ce procédé à l'intégrale $\mathrm{I} = \displaystyle\int \frac{dx}{a\cos x + b\sin x + c}$. On trouve rapidement l'égalité

$$\mathrm{I} = \int \frac{2\,dt}{t^2(c - a) + 2bt + a + c}.$$

L'intégration est immédiate lorsque $a = c$, et très rapide lorsque $b = 0$; on peut réaliser cette dernière particularité en mettant d'abord $a\cos x + b\sin x$ sous la forme $a_1 \cos(x - \alpha)$, puis posant

$$x - \alpha = 2\arctan t.$$

On peut réaliser la première, en posant $x = \beta + y$ et déterminant β par la condition

$$a\cos\beta + b\sin\beta = c$$

ce qui exige que c^2 soit inférieur à $a^2 + b^2$.

Dans un certain nombre de cas particuliers, il est préférable de procéder autrement.

Par exemple, les intégrales de la forme $\displaystyle\int \frac{f(\sin x)}{g(\sin x)} \cos x\,dx$ se ramènent à $\displaystyle\int \frac{f(t)}{g(t)}\,dt$ par le changement de variable $x = \arcsin t$. Toutefois, il convient d'observer que t variant de -1 à $+1$, x varie de $-\dfrac{\pi}{2}$ à $+\dfrac{\pi}{2}$.

Dès lors, si l'on a à calculer une intégrale définie entre x_0 et x_1, il faudra commencer par ramener l'intervalle (x_0, x_1) à un intervalle compris dans l'intervalle $\left(-\dfrac{\pi}{2}, +\dfrac{\pi}{2}\right)$. La chose est facile; d'abord, $\sin x$ et $\cos x$ admettant la période 2π, on peut toujours ramener l'intervalle donné à un autre contenu dans l'intervalle $\left(-\dfrac{\pi}{2}, \dfrac{3\pi}{2}\right)$. Puis, remarquant que le changement de variable, $\pi - x = y$ fait correspondre, à des valeurs de x comprises entre $\dfrac{\pi}{2}$ et $\dfrac{3\pi}{2}$, des valeurs de y contenues dans l'intervalle $\left(-\dfrac{\pi}{2}, +\dfrac{\pi}{2}\right)$, sans altérer la forme de l'intégrale indéfinie, puisque $\sin x = \sin y$ et $\cos x\,dx = \cos y\,dy$, on voit que tout revient à évaluer l'intégrale considérée entre des limites contenues dans l'intervalle $\left(-\dfrac{\pi}{2}, +\dfrac{\pi}{2}\right)$.

Il y a avantage à procéder ainsi plutôt qu'à employer le changement de variable $x = 2\arctan t$, parce que la fraction rationnelle à laquelle on est conduit est plus simple.

Les intégrales de la forme $\displaystyle\int \dfrac{f(\cos x)}{g(\cos x)}\sin x\,dx$ se calculent de même en posant $x = 2\arccos t$ et en ramenant les limites de l'intégration à être comprises entre 0 et π.

Les intégrales de la forme $\displaystyle\int \dfrac{f(\operatorname{tg} x)}{g(\operatorname{tg} x)}\,dx$ se calculent en posant $x = \arctan t$ et en ramenant les limites de l'intégration à être comprises entre $-\dfrac{\pi}{2}$ et $+\dfrac{\pi}{2}$.

Ce procédé appliqué à l'intégrale $\displaystyle\int \dfrac{dx}{\sin^{2p} x}$ la remplace par $\displaystyle\int (1 + t^2)^{p-1} t^{-2p}\,dt$.

De même, l'intégrale $\displaystyle\int \dfrac{dx}{\cos^{2p} x}$ est remplacée par $\displaystyle\int (1 + t^2)^{p-1}\,dt$.

Il y a donc un intérêt assez grand à reconnaître si une fraction rationnelle $R(\sin x, \cos x)$ peut se mettre sous l'une des trois formes $R_1(\sin x)\cos x$, $R_1(\cos x)\sin x$, $R_1(\operatorname{tg} x)$.

Remarquons que le changement de x en $\pi - x$ change le signe de la première, le changement de x en $-x$ change le signe de la seconde et le changement de x en $\pi + x$ n'altère pas la troisième. On commencera donc par voir si la fonction $R(\sin x, \cos x)$ possède l'une ou l'autre de ces propriétés ; supposons qu'elle possède la première.

En vertu de l'équation $\cos^2 x = 1 - \sin^2 x$, toute fonction rationnelle de $\cos x$ peut se mettre sous la forme $A + B\cos x$. On aura donc :

$$R(\sin x, \cos x) = R_1(\sin x) + R_2(\sin x)\cos x.$$

Puisque le changement de x en $\pi - x$ change le signe de R, on a :

$$- R(\sin x,\, \cos x) = R_1(\sin x) - R_2(\sin x)\cos x$$

et, en additionnant ces deux égalités membre à membre, $R_1 \equiv 0$. $R(\sin x,\, \cos x)$ est donc bien de la forme prévue.

On verra de même que si R change de signe par le changement de x en $-x$, elle peut se mettre sous la forme $R_1(\cos x)\sin x$.

En tenant compte de la relation $\sin x = \operatorname{tg} x \cos x$, toute fonction rationnelle de $\sin x$ et de $\cos x$ peut s'exprimer rationnellement en fonction de $\operatorname{tg} x$ et de $\sin x$ ou de $\cos x$. En outre $\sin x$ étant racine de l'équation du second degré $\sin^2 x = \dfrac{\operatorname{tg}^2 x}{1 + \operatorname{tg}^2 x}$, toute fonction rationnelle de $\sin x$ peut se mettre sous la forme $A + B\sin x$. On aura donc :

$$R(\sin x,\, \cos x) = R_1(\operatorname{tg} x) + R_2(\operatorname{tg} x)\sin x.$$

Si le changement de x en $x + \pi$ n'altère pas R, on a aussi :

$$R(\sin x,\, \cos x) = R_1(\operatorname{tg} x) - R_2(\operatorname{tg} x)\sin x$$

et, par soustraction de ces égalités membre à membre, $R_2(\operatorname{tg} x) \equiv 0$. R est donc bien de la troisième forme particulière mentionnée plus haut.

En particulier, chaque fois que $R(\sin x,\, \cos x)$ se présente sous forme d'un quotient de deux polynomes entiers homogènes en $\sin x$, $\cos x$ dont les degrés diffèrent d'un nombre pair, on se trouve dans ce cas; il suffit alors de multiplier l'un des termes par une puissance convenable de $\sin^2 x + \cos^2 x$ de façon à donner le même degré au numérateur et au dénominateur de R. En remplaçant, dans le résultat, $\sin x$ par $\operatorname{tg} x$ et $\cos x$ par 1, on met R sous la forme $R_1(\operatorname{tg} x)$.

Il faut encore mentionner tout particulièrement le cas où R se réduit à un polynome entier $f(\sin x,\, \cos x)$ non susceptible de se mettre sous l'une des formes $f_1(\sin x)\cos x$, $f_1(\cos x)\sin x$. L'un quelconque des monômes dont se compose R est de la forme $A\sin^p x \cos^q x$ et peut être mis sous forme d'une fonction linéaire de sinus et de cosinus de multiples de l'arc x, soit en utilisant les formules élémentaires qui remplacent un produit de sinus et de cosinus par une somme algébrique de fonctions de même nature, soit en se servant des formules d'Euler.

On peut donc écrire

$$f(\sin x,\, \cos x) = \Sigma B\cos mx + \Sigma C\sin nx + D$$

L'intégrale indéfinie est $\Sigma \dfrac{B}{m}\sin mx - \Sigma \dfrac{C}{n}\cos nx + Dx + C^{\text{te}}$.

m et n désignant des nombres entiers, $\sin mx$ et $\cos nx$ reprennent la même valeur quand on remplace x par des nombres qui diffèrent de 2π. Par exemple,

$$\int_0^{2\pi} f(\sin x,\, \cos x)\, dx = 2\pi D.$$

La détermination des coefficients B et C est donc inutile dans ce cas.

La transformation des produits de sinus et de cosinus en sommes permet de calculer certaines intégrales provenant de polynomes entiers en $\sin mx$, $\cos mx$, $\sin m'x$, etc., m, m', ... n'étant pas des nombres entiers. Ainsi

$$\int \sin mx \cos nx \, dx = \frac{1}{2} \int \big[\sin(m+n)x + \sin(m-n)x \big] dx$$

$$= -\frac{\cos(m+n)x}{2(m+n)} - \frac{\cos(m-n)x}{2(m-n)} + \mathrm{C^{te}},$$

pourvu que $m^2 - n^2$ ne soit pas nul; le cas de $m = \pm n$ se traite aisément.

Signalons encore les intégrales

$$\mathrm{I}_{p,q} = \int \frac{\cos^p x}{\sin^q x} dx, \qquad \mathrm{J}_{p,q} = \int \frac{\sin^p y}{\cos^q y} dy$$

où p et q sont des nombres naturels. Elles se rattachent à la forme $\int \mathrm{R}(\sin x, \cos x)\, dx$ et peuvent être calculées soit par la méthode générale, soit par les méthodes spéciales relatives aux cas où R a une forme particulière. Nous pouvons d'ailleurs nous borner aux intégrales $\mathrm{I}_{p,q}$, les autres se ramenant à celles-là par le changement de variable

$$\frac{\pi}{2} - x = y.$$

Si p et q sont de même parité, on peut prendre comme variable $\operatorname{tg} x$.
Si p est impair, on prend toujours comme variable $\sin x$.
Si q est impair, on peut prendre comme variable $\cos x$.

Dans le cas où p est pair, il est généralement préférable d'utiliser une formule de récurrence que l'on obtient en partant de l'égalité

$$\frac{d}{dx} \frac{\cos^{p-1} x}{\sin^{q-1} x} = -(p-1)\frac{\cos^{p-2} x}{\sin^{q-2} x} - (q-1)\frac{\cos^p x}{\sin^q x}$$

L'intégration des deux membres de cette égalité donne :

$$(1) \qquad \frac{\cos^{p-1} x}{\sin^{q-1} x} = (1-p)\mathrm{I}_{p-2,\,q-2} + (1-q)\mathrm{I}_{p,q},$$

ce qui remplace le calcul de $\mathrm{I}_{p,q}$ par le calcul d'une autre intégrale de même forme où p et q ont diminué de deux unités.

Supposons $p > q$. Si q est pair, après $\dfrac{q}{2}$ applications de cette méthode, on sera amené au calcul de $\int \cos^{p-q} x \, dx$, calcul signalé plus haut.

Si q est impair, après $\dfrac{q+1}{2}$ applications du procédé, on sera amené au calcul de $\int \cos^{p-q-1} x \sin x \, dx$ pour laquelle on emploie le changement de variable $x = \arccos t$.

Supposons $p = q$. Comme ces nombres sont pairs, après $\dfrac{q}{2}$ applications de la méthode, on sera amené au calcul de $\int dx$.

Enfin, si p est inférieur à q, après $\frac{p}{2}$ applications de la méthode, on sera conduit au calcul de $\int \dfrac{dx}{\sin^{q-p} x}$ pour laquelle on pourrait aussi établir une formule de récurrence, mais qui se calcule rapidement comme nous l'avons indiqué plus haut.

Enfin, le calcul des intégrales de la forme

$$I_{p,q} = \int \frac{dx}{\sin^p x \cos^q x},$$

où p et q désignent encore des nombres naturels, se ramène de suite au calcul d'intégrales plus simples à cause de l'égalité

$$\frac{1}{\sin^p x \cos^q x} = \frac{\sin^2 x + \cos^2 x}{\sin^p x \cos^q x} = \frac{1}{\sin^{p-2} x \cos^q x} + \frac{1}{\sin^p x \cos^{q-2} x}$$

dont l'intégration donne :

$$(2) \qquad I_{p,q} = I_{p-2,q} + I_{p,q-2}.$$

L'application répétée de cette égalité permet de diminuer les indices p et q et de ramener finalement au calcul d'intégrales déjà rencontrées.

L'emploi des fonctions circulaires peut servir au calcul d'intégrales déjà évaluées plus haut par d'autres procédés.

Par exemple, le calcul de $\int \dfrac{f(x)}{[(x-p)^2 + q^2]^\lambda}\, dx$ se ramène, par le changement de variable

$$x = p + q \operatorname{tg} \varphi,$$

au calcul de

$$\int f(p + q \operatorname{tg} \varphi) \cos^{2\lambda-2} \varphi \, d\varphi,$$

et, si le degré de $f(x)$ est au plus égal à $2\lambda - 2$, on aboutit au calcul de

$$\int F(\sin \varphi, \cos \varphi)\, d\varphi,$$

où F désigne un polynome entier.

Reprenons également le calcul de l'intégrale $I = \int \sqrt{ax^2 + 2bx + c}\, dx$. Lorsque a est négatif, les zéros du trinôme $ax^2 + 2bx + c$ doivent être réels et $c - \dfrac{b^2}{a}$ est positif. A cause de l'égalité

$$ax^2 + 2bx + c = \frac{1}{a}(ax + b)^2 + c - \frac{b^2}{a},$$

la réalité du radical exige que l'on ait :

$$b^2 - ac > (ax + b)^2,$$

et le changement de variable

$$\varphi = \arcsin \frac{ax + b}{\sqrt{b^2 - ac}}$$

fait disparaître le radical. On trouve ainsi, tous calculs faits :

$$I = \frac{b^2 - ac}{a \sqrt{-a}} \int \cos^2 \varphi \, d\varphi = \frac{b^2 - ac}{2a \sqrt{-a}} \left(\varphi + \frac{1}{2} \sin 2\varphi \right) + C^{te}.$$

Lorsque a est positif, les zéros du trinôme peuvent être réels ou imaginaires. Supposons-les imaginaires, c'est-à-dire supposons $ac - b^2 > 0$. Le changement de variable

$$\varphi = \operatorname{arc\,tg} \frac{ax + b}{\sqrt{ac - b^2}}$$

fait disparaître le radical et donne :

$$I = \frac{ac - b^2}{a\sqrt{a}} \int \frac{d\varphi}{\cos^3\varphi}.$$

Or $\quad \dfrac{d}{d\varphi}\left(\dfrac{\sin\varphi}{\cos^2\varphi}\right) = \dfrac{1}{\cos\varphi} + \dfrac{2\sin^2\varphi}{\cos^3\varphi} = \dfrac{1}{\cos\varphi} + \dfrac{2 - 2\cos^2\varphi}{\cos^3\varphi} = \dfrac{-1}{\cos\varphi} + \dfrac{2}{\cos^3\varphi},$

d'où

$$\frac{\sin\varphi}{\cos^2\varphi} = -\int \frac{d\varphi}{\cos\varphi} + 2 \int \frac{d\varphi}{\cos^3\varphi} = -\log\left|\operatorname{tg}\left(\frac{\pi}{4} + \frac{\varphi}{2}\right)\right| + 2 \int \frac{d\varphi}{\cos^3\varphi}.$$

On tire de là $\displaystyle\int \frac{d\varphi}{\cos^3\varphi}$ et on trouve finalement :

$$I = \frac{ac - b^2}{2a\sqrt{a}}\left[\frac{\sin\varphi}{\cos^2\varphi} + \log\left|\operatorname{tg}\left(\frac{\pi}{4} + \frac{\varphi}{2}\right)\right|\right] + C^{te}.$$

Supposons enfin $ac - b^2 < 0$ avec $a > 0$. A cause de l'égalité

$$ax^2 + 2bx + c = \frac{1}{a}\left[(ax + b)^2 - (b^2 - ac)\right]$$

qui exige que l'on ait : $\qquad (ax + b)^2 > b^2 - ac,$

on peut poser : $\qquad ax + b = \dfrac{\sqrt{b^2 - ac}}{\sin\varphi},$

ou mieux $\qquad \varphi = \operatorname{arc\,sin} \dfrac{\sqrt{b^2 - ac}}{ax + b},$

d'où $\qquad \sqrt{ax^2 + 2bx + c} = \sqrt{\dfrac{b^2 - ac}{a}}\ \sqrt{\dfrac{\cos^2\varphi}{\sin^2\varphi}}.$

$\cos\varphi$ est positif, mais $\sin\varphi$ peut être négatif ; cela dépend de la grandeur relative de x et de $-\dfrac{b}{a}$. Si, par exemple, $ax + b > 0$, on a :

$$\sqrt{ax^2 + 2bx + c} = \sqrt{\frac{b^2 - ac}{a}}\,\frac{\cos\varphi}{\sin\varphi}, \quad dx = \frac{-\sqrt{b^2 - ac}}{a}\,\frac{\cos\varphi\,d\varphi}{\sin^2\varphi}$$

et

$$I = \frac{ac - b^2}{a\sqrt{a}} \int \frac{\cos^2\varphi\,d\varphi}{\sin^3\varphi}.$$

Or, de

$$\frac{d}{d\varphi}\frac{\cos\varphi}{\sin^2\varphi} = -\frac{1}{\sin\varphi} - \frac{2\cos^2\varphi}{\sin^3\varphi},$$

on tire :

$$\frac{\cos\varphi}{\sin^2\varphi} = -\log\left(\operatorname{tg}\frac{\varphi}{2}\right) - 2\int \frac{\cos^2\varphi}{\sin^3\varphi}\,d\varphi + C^{te}.$$

Cette égalité donne $\int \dfrac{\cos^2 \varphi}{\sin^3 \varphi}\, d\varphi$ et, finalement, on trouve :

$$I = \frac{b^2 - ac}{2\,a\sqrt{a}} \left[\frac{\cos \varphi}{\sin^2 \varphi} + \log\left(\operatorname{tg} \frac{\varphi}{2} \right) \right] + C^{\text{te}}.$$

EXERCICES

1° Calculer les intégrales

$$\int_a^b \frac{dx}{\sqrt{(b-x)(x-a)}} \quad (b > a); \qquad \int_a^b \sqrt{\frac{x-b}{x-a}}\, dx; \qquad \int_a^b \sqrt{(b-x)(x-a)}\, dx.$$

2° Calculer l'intégrale $\displaystyle\int_0^1 x^4 \sqrt{1 - x^2}\, dx$.

3° Calculer l'intégrale $\displaystyle\int_0^{\frac{\pi}{2}} \frac{dx}{\sin x + \cos x + 1}$.

4° Calculer l'intégrale $\displaystyle\int_0^{\frac{\pi}{2}} \frac{dx}{1 + \sqrt{3}\cos x + \sin x}$.

5° Calculer l'intégrale $\displaystyle\int_0^{\frac{\pi}{2}} \frac{2\sin x - \cos x}{3\cos x + \sin x}\, dx$.

6° Calculer l'intégrale $\displaystyle\int_0^{\frac{\pi}{2}} \frac{\sin^3 x + \cos x}{2\cos^3 x + \sin x}\, dx$.

7° Calculer l'intégrale $\displaystyle\int_0^{\pi} \frac{\sin^5 x\, dx}{\sqrt{a^2 + b^2 - 2ab\cos x}}$.

8° La dérivée d'un polynome $F(\sin x, \cos x)$, entier, homogène et de degré p, en $\sin x$ et $\cos x$, est un polynome entier de même forme et de même degré. Peut-on utiliser cette remarque pour trouver la fonction primitive d'un polynome entier et homogène $f(\sin x, \cos x)$, dont le degré est impair? Comment faut-il modifier la méthode lorsque le degré est pair?

64ᵉ LEÇON

CALCUL DES INTÉGRALES USUELLES *(Suite)*
CALCUL NUMÉRIQUE DES INTÉGRALES DÉFINIES

L'exposition de la leçon précédente repose principalement sur les relations algébriques qui existent entre les fonctions circulaires d'un même arc ou des multiples ou sous-multiples de cet arc. Des relations analogues existent entre les fonctions hyperboliques correspondantes. On en déduit des procédés d'évaluation pour les intégrales suivantes

$$\int \frac{f(\operatorname{sh}x,\operatorname{ch}x)}{g(\operatorname{sh}x,\operatorname{ch}x)}\,dx,\ \text{en posant } x=2\arg.\operatorname{th}t,\ \operatorname{sh}x=\frac{2t}{1-t^2},\ \operatorname{ch}x=\frac{1+t^2}{1-t^2}.$$

$$\int \frac{f(\operatorname{ch}x)}{g(\operatorname{ch}x)}\operatorname{sh}x\,dx,\ \text{en posant } x=\arg.\operatorname{ch}t \text{ et ne donnant à } x \text{ que des valeurs positives.}$$

$$\int \frac{f(\operatorname{sh}x)}{g(\operatorname{sh}x)}\operatorname{ch}x\,dx,\ \text{en posant } x=\arg.\operatorname{sh}t.$$

$$\int \frac{f(\operatorname{th}x)}{g(\operatorname{th}x)}\,dx,\qquad \text{en posant } x=\arg.\operatorname{th}t.$$

$$\int f(\operatorname{sh}x,\operatorname{ch}x)\,dx,\ \text{en mettant } f(\operatorname{sh}x,\operatorname{ch}x) \text{ sous la forme}$$
$$\Sigma\,\mathrm{B}\operatorname{ch}mx+\Sigma\,\mathrm{C}\operatorname{sh}nx+\mathrm{D}.$$

Puis

$$\int \operatorname{sh}mx\operatorname{ch}nx\,dx=\frac{1}{2}\int\big[\operatorname{sh}(m+n)x+\operatorname{sh}(m-n)x\big]\,dx$$
$$=\frac{\operatorname{ch}(m+n)x}{2(m+n)}+\frac{\operatorname{sh}(m-n)x}{2(m-n)}+\mathrm{C}^{\text{te}},$$

en supposant $m^2-n^2\neq 0$, etc.

Enfin, on pourra établir des formules de récurrence analogues à celles rencontrées plus haut et qui serviront à l'évaluation des intégrales

$$\int \frac{\operatorname{ch}^p x}{\operatorname{sh}^q x}\,dx,\qquad \int \frac{\operatorname{sh}^p x}{\operatorname{ch}^q x}\,dx,\qquad \int \frac{dx}{\operatorname{sh}^p x\,\operatorname{ch}^q x},$$

où p et q désignent des nombres naturels.

L'emploi des fonctions hyperboliques permet également d'évaluer certaines intégrales rencontrées plus haut. Par exemple, l'intégrale $\displaystyle\int \frac{f(x)\,dx}{[(x-p)^2-q^2]^\lambda}$, où l'on pose $x=p+q\operatorname{th}\varphi$, devient $\dfrac{(-1)^\lambda}{q^{2\lambda-1}}\displaystyle\int f(\operatorname{th}\varphi)\operatorname{ch}^{2\lambda-2}\varphi\,d\varphi$.

On peut également utiliser des substitutions contenant des fonctions hyperboliques pour faire disparaître les radicaux portant sur certains polynomes du second degré. Ainsi, en posant $x=a\operatorname{ch}\varphi$ (a, x et φ positifs), $\sqrt{x^2-a^2}$ devient $a\operatorname{sh}\varphi$ et

$$\int \frac{dx}{\sqrt{x^2-a^2}}=\int d\varphi=\arg.\operatorname{ch}\frac{x}{a}+\mathrm{C}^{\text{te}}.$$

etc.

Un grand nombre des intégrales qui viennent d'être étudiées, rentrent dans la forme générale $\displaystyle\int \frac{f(e^x)}{g(e^x)}\,dx$.

En posant $e^x = y$, d'où $dx = \dfrac{dy}{y}$, on obtient : $\displaystyle\int \frac{f(y)}{g(y)}\frac{dy}{y}$, c'est-à-dire une intégrale de différentielle rationnelle.

Par exemple,

$$\int \frac{dx}{\operatorname{ch} x} = \int \frac{2\,dx}{e^x + e^{-x}} = \int \frac{2\,dy}{y^2 + 1} = 2\arctan e^x + C^{te}$$
$$= 2\arctan(\operatorname{ch} x + \operatorname{sh} x) + C^{te}.$$

$$\int \frac{dx}{\operatorname{sh} x} = \int \frac{2\,dx}{e^x - e^{-x}} = \int \frac{2\,dy}{y^2 - 1} = \log\left|\frac{y-1}{y+1}\right| + C^{te}$$
$$= \log\left|\frac{e^x - 1}{e^x + 1}\right| + C^{te} = \log\left|\operatorname{th}\frac{x}{2}\right| + C^{te}.$$

$f(x)$ désignant un polynome entier, l'intégration par parties permet de ramener à une forme connue les intégrales

$$\int f(x)\arcsin x\,dx, \qquad \int f(x)\arccos x\,dx, \qquad \int f(x)\arctan x\,dx,$$
$$\int f(x)\log x\,dx.$$

Il suffit de poser $f(x)\,dx = du$ et $v = \arcsin x$, ou $\arccos x$, ou $\arctan x$, ou $\log x$.

u est alors un polynome entier en x et dv est une différentielle irrationnelle avec un radical portant sur un polynome du second degré, ou une différentielle rationnelle.

On peut imaginer d'autres intégrales de même forme où $f(x)\,dx$ n'est pas la différentielle d'un polynome entier, mais la différentielle d'une fonction rationnelle ou même d'une fonction irrationnelle ne contenant que le radical $\sqrt{1 - x^2}$; etc.

Nous signalerons encore l'application de l'intégration par parties à une catégorie assez étendue d'intégrales que l'on ramène ainsi à des formes connues.

L'intégrale $\int x^p e^{mx}\,dx$, où l'on pose $du = e^{mx}\,dx$ et $v = x^p$, se ramène à $\dfrac{x^p}{m}e^{mx} - \dfrac{p}{m}\int x^{p-1} e^{mx}\,dx$, c'est-à-dire à une intégrale de même forme où p est remplacé par $p - 1$. Si p est un nombre naturel, l'application répétée du procédé conduit au calcul de $\int e^{mx}\,dx = \dfrac{e^{mx}}{m} + C^{te}$.

On en déduit le calcul de toute intégrale de la forme $\int e^{mx} f(x)\,dx$, à laquelle le changement de variable $y = e^x$ fait correspondre une intégrale de la forme $\int y^n f(\log y)\,dy$.

Considérons de même les intégrales

$$I_p = \int x^p \cos mx\,dx, \qquad J_p = \int x^p \sin mx\,dx.$$

Une intégration par parties, en posant $du = \cos mx\, dx$ ou $du = \sin mx\, dx$ et $v = x^p$, donne :

$$I_p = \frac{x^p}{m}\sin mx - \frac{p}{m}\int x^{p-1}\sin mx\, dx = \frac{x^p}{m}\sin mx - \frac{p}{m}J_{p-1},$$

$$J_p = -\frac{x^p}{m}\cos mx + \frac{p}{m}\int x^{p-1}\cos mx\, dx = -\frac{x^p}{m}\cos mx + \frac{p}{m}I_{p-1}.$$

Lorsque p est un nombre naturel, on ramène le calcul de ces intégrales, de proche en proche, au calcul de $\int\sin mx\, dx$ et de $\int\cos mx\, dx$.

On en déduit le calcul de toute intégrale de la forme $\int f(x)\cos mx\, dx$, ou $\int f(x)\sin mx\, dx$.

Posons encore :

$$I = \int e^{mx}\cos nx\, dx, \qquad J = \int e^{mx}\sin nx\, dx.$$

On trouve de même :

$$I = \frac{e^{mx}}{m}\cos nx + \frac{n}{m}\int e^{mx}\sin nx\, dx = \frac{e^{mx}}{m}\cos nx + \frac{n}{m}J + C^{te},$$

$$J = \frac{e^{mx}}{m}\sin nx - \frac{n}{m}\int e^{mx}\cos nx\, dx = \frac{e^{mx}}{m}\sin nx - \frac{n}{m}I + C^{te},$$

et l'on peut résoudre ces équations par rapport à I et J.

L'évaluation de ces deux intégrales peut s'effectuer en utilisant les formules d'Euler ; on est ramené ainsi à la recherche des fonctions primitives d'expressions de la forme $e^{(\alpha+i\beta)x}$: nous verrons plus loin que $\dfrac{e^{(\alpha+i\beta)x}}{\alpha+i\beta}$ répond à la question. On groupera ensuite les fonctions imaginaires conjuguées de façon à reproduire des fonctions réelles.

Cette méthode conduit à la recherche des intégrales de la forme

$$\int x^p e^{lx}\cos mx\,\cos m'x \ldots \sin nx\,\sin n'x \ldots dx,$$

où p désigne un nombre naturel, $l,\ m,\ m',\ \ldots,\ n,\ n'\ \ldots$ étant des nombres quelconques.

Calcul numérique des intégrales définies. — Le calcul d'une intégrale définie $\int_a^b f(x)\,dx$, lorsqu'on connaît une primitive $F(x)$ de $f(x)$, est ramené à l'évaluation de $F(b) - F(a)$. C'est le problème général du calcul des valeurs numériques de fonctions usuelles. Nous nous contenterons d'observer que les fonctions circulaires directes ou inverses et les logarithmes népériens y jouent un rôle important. L'emploi des tables de logarithmes et de la règle à calcul rendra de grands services. Remarquons, à ce propos, que la recherche de $\log a$ s'effectue au moyen de la formule

$$\log a = \frac{\log_{\text{vulg.}} a}{\log_{\text{vulg.}} e},$$

d'où

$$\log_{\text{vulg.}}|\log a| = \log_{\text{vulg.}}|\log_{\text{vulg.}} a| + \log_{\text{vulg.}}\frac{1}{\log_{\text{vulg.}} e}.$$

Le nombre $\log_{\text{vulg.}}\dfrac{1}{\log_{\text{vulg.}} e} = 0,36222$ est donc employé couramment.

Méthode des rectangles. — Si l'on ne connaît pas d'intégrale indéfinie, on peut évaluer une valeur approchée de l'intégrale définie en divisant l'intervalle (a, b) (on peut toujours supposer $a > b$), en m parties égales et calculant l'une des sommes

$$S_m = \frac{b-a}{m}\left[f(a) + f(x_1) + \ldots + f(x_{m-1})\right],$$

$$S'_m = \frac{b-a}{m}\left[f(x_1) + \ldots + f(x_{m-1}) + f(b)\right],$$

précédemment définies.

Chaque terme de l'une de ces sommes représentant l'aire d'un rectangle, cette méthode est connue sous le nom de méthode des rectangles; elle exige le calcul de m valeurs de la fonction.

Essayons de nous rendre compte de la grandeur de l'erreur commise lorsqu'on emploie cette méthode.

L'intégrale $\int_a^b f(x)\,dx$ est la somme des m intégrales

$$\int_a^{x_1}, \qquad \int_{x_1}^{x_2}, \qquad \ldots, \qquad \int_{x_i}^{x_{i+1}}, \qquad \ldots, \qquad \int_{x_{m-1}}^b.$$

Si on la remplace par S_m, cela revient à substituer à chaque intégrale $\int_{x_i}^{x_{i+1}} f(x)\,dx$ le nombre $(x_{i+1} - x_i)f(x_i)$. Or, considérons la fonction

$$\varphi(x) = \int_\alpha^x f(x)\,dx - (x - \alpha)f(\alpha).$$

On voit de suite que $\varphi'(x)$ vaut $f(x) - f(\alpha)$ et $\varphi''(x)$ vaut $f'(x)$.

On en conclut que $\varphi(\alpha)$ et $\varphi'(\alpha)$ sont nuls et que $\varphi''(\alpha)$ ne l'est pas en général. L'application de la formule de Taylor donne donc :

$$\varphi(x) = \frac{(x - \alpha)^2}{2}f'\left(\alpha + \theta(x - \alpha)\right).$$

On en déduit l'égalité

$$\int_{x_i}^{x_{i+1}} f(x)\,dx - (x_{i+1} - x_i)f(x_i) = \frac{(x_{i+1} - x_i)^2}{2}f'(x'_i),$$

x'_i étant compris entre x_i et x_{i+1}. Par suite,

$$(1) \qquad \int_a^b f(x)\,dx - S_m = \frac{(b-a)^2}{2m^2}\left[f'(x'_0) + f'(x'_i) + \ldots + f'(x'_{m-1})\right].$$

Si $f'(x)$ ne conserve pas un signe constant dans l'intervalle (a, b), la valeur absolue M du crochet qui figure dans le second membre peut être assez faible; sinon, elle peut être très grande avec m. En tout cas, si $|f'(x)|$ est limité supérieurement par L, on est certain que M l'est par mL, de sorte que l'erreur commise est inférieure à $\frac{1}{2m}(b-a)^2$L.

Cette limite supérieure est un infiniment petit du premier ordre par rapport à $\frac{1}{m}$.

Si $f'(x)$ est constamment positif, il résulte de la formule (1) que S_m est une valeur approchée de l'intégrale par défaut : c'est ce que montre de suite l'interprétation géométrique. De plus si l est dans ce cas une limite inférieure de $f(x)$, dans l'intervalle considéré, une limite inférieure de l'erreur commise est $\frac{1}{2\,m}(b-a)^2\,l$. Si l'évaluation de l est facile, il peut y avoir intérêt à utiliser ce résultat.

Remarquons aussi que

$$\frac{b-a}{m}\left[f'(x'_0)+f'(x'_1)+\ldots+f'(x'_{m-1})\right]$$

est une valeur approchée de l'intégrale

$$\int_a^b f'(x)\,dx = f(b)-f(a),$$

de sorte que l'erreur commise est comparable à

$$\frac{b-a}{2\,m}\left[f(b)-f(a)\right] \quad \text{ou} \quad \frac{1}{2}\left(S'_m - S_m\right).$$

Méthode des trapèzes. — On divise encore l'intervalle (a, b) en m parties égales et on substitue à chacune des intégrales partielles $\int_{x_i}^{x_{i+1}} f(x)\,dx$ le nombre $(x_{i+1}-x_i)\dfrac{f(x_i)+f(x_{i+1})}{2}$ qui mesure l'aire d'un trapèze dont les bases sont deux ordonnées consécutives de la courbe $y = f(x)$.

Le calcul exige l'évaluation de $m+1$ valeurs de la fonction, mais il donne des résultats bien plus précis que celui de S_m ou de S'_m. Remarquons d'ailleurs que le nombre obtenu par la méthode des trapèzes vaut $\dfrac{S_m + S'_m}{2}$. C'est celui que donnerait la méthode des rectangles en tenant compte de la dernière correction indiquée.

Essayons encore de nous rendre compte de la grandeur de l'erreur commise.

Considérons la fonction

$$\varphi(x) = \int_\alpha^x f(x)\,dx - (x-\alpha)\frac{f(\alpha)+f(x)}{2}.$$

On trouve rapidement :

$$\varphi'(x) = \frac{1}{2}\left[f(x)-f(\alpha)-(x-\alpha)f'(x)\right]; \qquad \varphi''(x) = -\frac{1}{2}(x-\alpha)f''(x);$$

$\varphi(\alpha)$, $\varphi'(\alpha)$, $\varphi''(\alpha)$ sont nuls et $\varphi'''(\alpha)$ ne l'est pas en général. $\varphi(\beta)$ est donc, en général, un infiniment petit du 3ᵉ ordre par rapport à $\beta-\alpha$.

Posons :

$$\int_\alpha^\beta f(x)\,dx - (\beta-\alpha)\frac{f(\alpha)+f(\beta)}{2} = A\,(\beta-\alpha)^3$$

et considérons la fonction

$$\psi(x) = \int_\alpha^x f(x)\,dx - (x - \alpha)\frac{f(\alpha) + f(x)}{2} - A(x - \alpha)^3.$$

Cette fonction s'annule pour $x = \alpha$ et $x = \beta$. Sa dérivée première s'annule pour $x = \alpha$ et pour une valeur β_1 de x comprise entre α et β; sa dérivée seconde s'annule donc pour une valeur β_2 de x comprise entre α et β_1, et par suite comprise entre α et β.

Or, cette dérivée seconde est

$$-\frac{1}{2}(x - \alpha)f''(x) - 6A(x - \alpha),$$

ou

$$-6(x - \alpha)\left[A + \frac{1}{12}f''(x)\right].$$

On a donc :
$$A = -\frac{1}{12}f''(\beta_2).$$

On en déduit l'égalité

$$\int_{x_i}^{x_{i+1}} f(x)\,dx - \frac{x_{i+1} - x_i}{2}\left[f(x_i) + f(x_{i+1})\right] = -\frac{(x_{i+1} - x_i)^3}{12}f''(x_i'),$$

x_i' étant compris entre x_i et x_{i+1}, et

$$(2) \qquad \int_a^b f(x)\,dx - \frac{S_m + S_m'}{2}$$

$$= -\frac{(b - a)^3}{12\,m^3}\left[f''(x_0') + f''(x_1') + \ldots + f''(x_{m-1}')\right].$$

Si la fonction $f''(x)$ ne conserve pas un signe constant dans l'intervalle (a, b), la valeur absolue M du crochet qui figure dans le second membre de l'égalité (2) peut être assez faible; sinon, elle peut être très grande avec m. En tout cas, si $|f''(x)|$ est limité supérieurement par L, on est certain que M l'est par mL, de sorte que l'erreur commise est inférieure à $\frac{1}{12\,m^2}(b - a)^3 L$. Cette limite supérieure est un infiniment petit du second ordre par rapport à $\frac{1}{m}$.

Si $f''(x)$ est constamment positif, il résulte de l'égalité (2) que le nombre $\dfrac{S_m + S_m'}{2}$ est approché par excès de l'intégrale cherchée : c'est ce que montre de suite l'interprétation géométrique. De plus, si l est, dans ce cas, une limite inférieure de $f''(x)$, une limite inférieure de l'erreur commise est $\dfrac{(b - a)^3 l}{12\,m^2}$.

Dans le cas particulier où $f''(x)$ est constant dans l'intervalle considéré, la formule (2) donne exactement l'erreur commise et, par suite, l'intégrale cherchée ; dans ce cas, d'ailleurs, $f(x)$ est un polynome du second degré et l'intégrale indéfinie est connue de suite.

Remarquons aussi que

$$\frac{b-a}{m}\left[f''(x_0')+f''(x_1')+\ldots+f''(x_{m-1}')\right]$$

est une valeur approchée de l'intégrale

$$\int_a^b f''(x)\,dx = f'(b)-f'(a),$$

de sorte que l'erreur commise est comparable à

$$-\frac{(b-a)^2}{12\,m^2}\left[f'(b)-f'(a)\right].$$

On peut substituer à l'intégrale $\int_{x_i}^{x_{i+1}} f(x)\,dx$ une grandeur plus approchée encore en utilisant non seulement $f(x_i)$ et $f(x_{i+1})$, mais $f\left(\dfrac{x_i+x_{i+1}}{2}\right)$. Cherchons à déterminer λ, μ, ν de sorte que la différence

$$\Delta = \int_\alpha^\beta f(x)\,dx - (\beta-\alpha)\left[\lambda f(\alpha)+\mu f(\beta)+\nu f\left(\frac{\alpha+\beta}{2}\right)\right],$$

soit un infiniment petit de l'ordre le plus élevé possible par rapport à $\beta-\alpha$.

Posons $\dfrac{\alpha+\beta}{2}=\gamma$, $\dfrac{\beta-\alpha}{2}=h$. La différence considérée devient :

$$\Delta = \int_{\gamma-h}^{\gamma+h} f(x)\,dx - 2h\left[\lambda f(\gamma-h)+\mu f(\gamma+h)+\nu f(\gamma)\right].$$

Considérons la fonction

$$\varphi(x) = \int_{\gamma-x}^{\gamma+x} f(x)\,dx - 2x\left[\lambda f(\gamma-x)+\mu f(\gamma+x)+\nu f(\gamma)\right]$$

et développons-la suivant les puissances croissantes de x. On a :

$$\varphi'(x) = f(\gamma+x)+f(\gamma-x) - 2\left[\lambda f(\gamma-x)+\mu f(\gamma+x)+\nu f(\gamma)\right]$$
$$+ 2x\left[\lambda f'(\gamma-x)-\mu f'(\gamma+x)\right].$$

Le développement de $\varphi'(x)$, suivant les puissances croissantes de x, s'obtient en appliquant la formule de Taylor à $f(\gamma+x)$, $f(\gamma-x)$, $f'(\gamma+x)$, $f'(\gamma-x)$; en annulant les termes en x^0, x^1, x^2, dans ce développement, on trouve :

$$\lambda+\mu+\nu=1, \qquad \mu=\lambda, \qquad 3(\mu+\lambda)=1,$$

d'où

$$\lambda=\mu=\frac{1}{6}, \qquad \nu=\frac{2}{3}.$$

En vertu de l'égalité $\lambda=\mu$, $\varphi'(x)$ est une fonction paire de x, de sorte que le coefficient de x^3 est nul ; celui de x^4 vaut $-\dfrac{1}{18}f^{IV}(\gamma)$, si bien que $\Delta=\varphi(h)$ est un infiniment petit du 5e ordre par rapport à h, et sa valeur principale est

$$-\frac{h^5}{90}f^{IV}(\gamma).$$

Posons $\Delta=A h^5$ et considérons la fonction

$$\psi(x) = \varphi(x) - A x^5.$$

Cette fonction s'annule pour $x=0$ et $x=h$; sa dérivée première s'annule pour $x = 0$ et $x = h_1$, h_1 étant compris entre 0 et h; sa dérivée seconde s'annule pour $x = 0$ et $x = h_2$, h_2 étant compris entre 0 et h_1; sa dérivée troisième s'annule donc pour $x = h_3$, h_3 étant compris entre 0 et h_2 et, par suite, entre 0 et h. Un calcul rapide montre que l'on a :

$$\varphi'''(x) = \frac{x}{3}\left[f'''(\gamma - x) - f'''(\gamma + x)\right].$$

Donc

$$\psi'''(x) = \frac{x}{3}\left[f'''(\gamma - x) - f'''(\gamma + x) - 180\,\mathrm{A}x\right].$$

L'égalité $\psi'''(h_3) = 0$ entraîne la suivante :

$$f'''(\gamma - h_3) - f'''(\gamma + h_3) = 180\,\mathrm{A}h_3.$$

Or on a :

$$f'''(\gamma - h_3) - f'''(\gamma + h_3) = -2h_3 f^{\mathrm{IV}}(\gamma + h'),$$

h' étant compris entre $-h_3$ et $+h_3$ et, par suite entre $-h$ et $+h$. Donc, finalement,

$$\mathrm{A} = -\frac{1}{90}f^{\mathrm{IV}}(\gamma_1),$$

γ_1 étant compris entre $\gamma - h$ et $\gamma + h$.

Si $f^{\mathrm{IV}}(x)$ est identiquement nul, c'est-à-dire si $f(x)$ est un polynome du 3e degré au plus, il en est de même de A, et l'on a :

$$\int_\alpha^\beta f(x)\,dx = \frac{\beta - \alpha}{6}\left[f(\alpha) + f(\beta) + 4f\left(\frac{\alpha + \beta}{2}\right)\right].$$

Dans le cas général, divisons l'intervalle (a, b) en $2m$ parties égales; chacune de ces parties vaut $\dfrac{b - a}{2m}$ et l'on a la suite d'égalités

$$\int_a^{x_2} f(x)\,dx - \frac{h}{3}\left[f(a) + f(x_2) + 4f(x_1)\right] = -\frac{h^5}{90}f^{\mathrm{IV}}(x_1'); \qquad (a < x_1' < x_2).$$

$$\int_{x_2}^{x_4} f(x)\,dx - \frac{h}{3}\left[f(x_2) + f(x_4) + 4f(x_3)\right] = -\frac{h^5}{90}f^{\mathrm{IV}}(x_3'); \qquad (x_2 < x_3' < x_4).$$

$$\cdots\cdots\cdots\cdots\cdots\cdots\cdots$$

$$\int_{x_{2m-2}}^{b} f(x)\,dx - \frac{h}{3}\left[f(x_{2m-2}) + f(b) + 4f(x_{2m-1})\right] = -\frac{h^5}{90}f^{\mathrm{IV}}(x_{2m-1}');$$

$$(x_{2m-1} < x_{2m-1}' < b).$$

L'addition de toutes ces égalités membre à membre donne :

$$(3) \qquad \int_a^b f(x)\,dx - \frac{h}{3}\Big[f(a) + f(b) + 2f(x_2) + 2f(x_4) + \ldots + 2f(x_{2m-2})$$
$$+ 4(f(x_1) + f(x_3) + \ldots + f(x_{2m-1}))\Big]$$
$$= -\frac{h^5}{90}\left[f^{\mathrm{IV}}(x_1') + f^{\mathrm{IV}}(x_3') + \ldots + f^{\mathrm{IV}}(x_{2m-1})\right].$$

Si $f^{\mathrm{IV}}(x)$ ne conserve pas un signe constant dans l'intervalle (a, b), la valeur absolue M du crochet qui figure dans le second membre de l'égalité (3) peut être assez faible; sinon, elle peut être très grande avec m. En tous cas, si $|f^{\mathrm{IV}}(x)|$ est limité supérieurement par L, on est certain que M l'est par mL, de sorte que l'erreur commise est inférieure à $\dfrac{(b-a)^5 L}{180 (2m)^4}$. Cette limite supérieure est un infiniment petit du 4e ordre par rapport à $\dfrac{1}{m}$.

Si $f^{IV}(x)$ est constamment positif, il résulte de l'égalité (3) que la valeur de

$$\frac{b-a}{6m} \left[y_0 + y_{2m} + 2 (y_2 + y_4 \ldots + y_{2m-2}) + 4 (y_1 + y_3 + \ldots + y_{2m-1}) \right]$$

est approchée par excès de l'intégrale cherchée. De plus, si l est, dans ce cas, une limite inférieure de $f^{IV}(x)$, une limite inférieure de l'erreur commise est $\dfrac{(b-a)^5 l}{180 (2m)^4}$.

On montre d'ailleurs aisément que l'erreur commise est comparable, en général, à

$$\frac{-(b-a)^4}{180 (2m)^4} \left[f'''(b) - f'''(a) \right].$$

Les méthodes de calcul approché des intégrales définies paraissent en défaut lorsque la fonction devient infinie dans les limites de l'intégration ; en réalité il n'en est rien. On peut toujours supposer que le fait se produit pour une des limites. Par exemple, si $f(b)$ est infinie (en supposant $b > a$), on applique la méthode des rectangles en calculant S_m. On peut aussi, au voisinage de b, substituer, à la fonction $f(x)$, une fonction équivalente pour $x = b$, mais de forme telle que l'intégrale définie puisse être calculée.

Par exemple, pour évaluer l'intégrale $I = \displaystyle\int_0^1 \dfrac{dx}{\sqrt{1-x^4}}$ en partageant l'intervalle $(0, 1)$ en 10 parties égales, on peut appliquer la méthode des trapèzes à l'évaluation de $\displaystyle\int_0^{0,9} \dfrac{dx}{\sqrt{1-x^4}}$ et substituer, à l'intégrale

$$I_1 = \int_{0,9}^1 \frac{dx}{\sqrt{1-x^4}},$$

soit
$$I_1' = \int_{0,9}^1 \frac{dx}{\sqrt{2}\sqrt{1-x^2}} = \frac{1}{\sqrt{2}} \left[\frac{\pi}{2} - \arcsin 0,9 \right],$$

soit
$$I_1'' = \int_{0,9}^1 \frac{dx}{2\sqrt{1-x}} = \sqrt{0,1},$$

les trois fonctions
$$\frac{1}{\sqrt{1-x^4}}, \qquad \frac{1}{\sqrt{2(1-x^2)}}, \qquad \frac{1}{2\sqrt{1-x}}$$
étant équivalentes pour $x = 1$.

On pourrait même trouver une limite supérieure de l'erreur commise lorsqu'on remplace I_1 par I_1' ou par I_1'', en cherchant une limite supérieure de
$$\frac{1}{\sqrt{1-x^4}} - \frac{1}{\sqrt{2(1-x^2)}} \qquad \text{ou de} \qquad \frac{1}{\sqrt{1-x^4}} - \frac{1}{2\sqrt{1-x}}$$
dans l'intervalle $(0,9, 1)$.

Les mêmes méthodes paraissent encore en défaut si l'une des limites de l'intégration est infinie. Soit à calculer l'intégrale $I = \displaystyle\int_a^{+\infty} f(x)\, dx$ qui a un sens.

$f(x)$ tendant vers zéro quand x tend vers $+\infty$, remplaçons I par la somme des deux intégrales $\int_a^{x_0} f(x)\,dx$, $\int_{x_0}^{+\infty} f(x)\,dx$, x_0 étant très grand. Nous appliquerons la méthode des trapèzes à la première et nous remplacerons $f(x)$, dans la seconde, par une fonction $f_1(x)$ équivalente à $f(x)$ pour $x=+\infty$ et telle qu'on en connaisse une primitive.

On pourrait aussi poser $\dfrac{1}{x}=y$ et calculer l'intégrale $\int_0^{\frac{1}{a}} f\left(\dfrac{1}{y}\right)\dfrac{dy}{y^2}$, la fonction $\dfrac{1}{y^2}f\left(\dfrac{1}{y}\right)$ pouvant être infinie pour $y=0$, auquel cas on appliquerait les observations précédentes.

EXERCICES

1º Calculer l'intégrale $\int_0^\infty x e^{-x}\,dx$.

2º Démontrer que l'intégrale $\int_{-\infty}^{+\infty} e^{-x^2} f(x)\,dx$, où $f(x)$ désigne un polynome entier, a un sens. Calculer sa valeur lorsque $f(x)$ ne contient que des termes de degré impair.

3º Calculer l'intégrale $\int_0^\pi e^x x \sin x\,dx$.

4º Calculer l'intégrale $\int_0^\pi x\,(\operatorname{arc\,sin} x)^2\,dx$.

5º Calculer l'intégrale $\int \dfrac{x^2\,dx}{(\cos x + x \sin x)^2}$ (On pose $\cos x + x \sin x = u$).

6º Calculer $\int_0^{\frac{\pi}{2}} \log \sin x\,dx = \int_0^{\frac{\pi}{2}} \log \cos x\,dx = \dfrac{1}{2}\int_0^\pi \log \sin x\,dx$.
$$\left(\text{Rép.} : -\dfrac{\pi}{2}\log 2\right).$$

7º On substitue à l'intégrale $\int_{x_i}^{x_{i+1}} f(x)\,dx$ le nombre $(x_{i+1} - x_i)\,f\left(\dfrac{x_{i+1} + x_i}{2}\right)$. Déduire de là une valeur approchée de l'intégrale $\int_a^b f(x)\,dx$ en partageant l'intervalle (a, b) en m parties égales. Nombre d'ordonnées utiles; limite supérieure de l'erreur commise; comparaison avec la méthode des trapèzes.

65e LEÇON

LONGUEUR D'UN ARC DE COURBE

Considérons d'abord une courbe plane C définie par les équations

$$x = f(t), \quad y = g(t) \qquad \text{(axes rectangulaires)},$$

et un arc AB de cette courbe parcouru par un mobile M quand t croît de α à β.

Partageons l'intervalle (α, β) en m parties égales bornées par les nombres

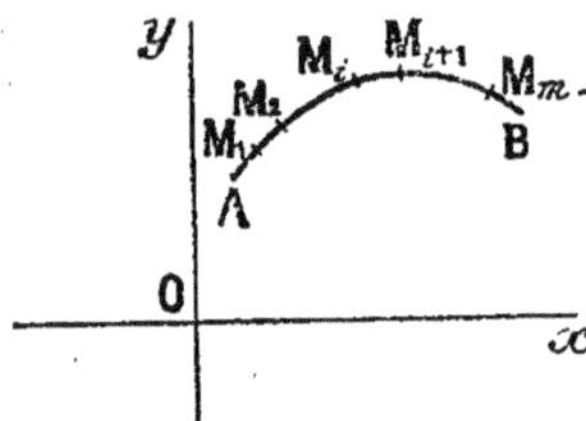

$$\alpha,\ t_1,\ t_2,\ \ldots,\ t_{m-1}, \beta,$$

en convenant que $t_0 = \alpha$ et $t_m = \beta$. Soient A, M_1, M_2, ..., B les points correspondants de la courbe.

Si le périmètre de la ligne brisée $AM_1 M_2 \ldots M_{m-1} B$ tend vers une limite, quand m tend vers l'infini, cette limite est dite la longueur de l'arc AB.

Représentons par x_i, y_i, les coordonnées du point M_i. La mesure du périmètre de la ligne brisée est $\displaystyle\sum_{i=0}^{i=m-1} M_i M_{i+1}$.

Or, $$M_i M_{i+1} = \sqrt{(x_{i+1} - x_i)^2 + (y_{i+1} - y_i)^2},$$

ou $$\sqrt{\left[f(t_{i+1}) - f(t_i)\right]^2 + \left[g(t_{i+1}) - g(t_i)\right]^2}$$

$$= (t_{i+1} - t_i)\sqrt{\left[\frac{f(t_{i+1}) - f(t_i)}{t_{i+1} - t_i}\right]^2 + \left[\frac{g(t_{i+1}) - g(t_i)}{t_{i+1} - t_i}\right]^2} = (t_{i+1} - t_i)R_i.$$

Remplaçons la valeur du radical R_i par $\rho_i = \sqrt{f'^2(t_i) + g'^2(t_i)}$.

La limite de $\Sigma(t_{i+1} - t_i)\rho_i$, quand m tend vers l'infini, est l'intégrale

$$(1) \qquad \int_\alpha^\beta \sqrt{f'^2(t) + g'^2(t)}\, dt.$$

D'après une remarque antérieure, cette limite est aussi celle du périmètre étudié si les diverses valeurs de $|R_i - \rho_i|$ sont bornées supérieurement par un nombre qui tend vers zéro quand m tend vers l'infini. Il suffit évidemment d'étudier à ce point de vue $R_i^2 - \rho_i^2$. Or

$$f(t_{i+1}) - f(t_i) = (t_{i+1} - t_i)f'(t_i'),$$
$$g(t_{i+1}) - g(t_i) = (t_{i+1} - t_i)g'(t_i''),$$

t_i' et t_i'' étant compris entre t_i et t_{i+1}. Par suite,

$$R_i^2 - \rho_i^2 = f'^2(t_i') - f'^2(t_i) + g'^2(t_i'') - g'^2(t_i).$$

La valeur absolue de $f'^2(t'_i) - f'^2(t_i)$ est égale ou inférieure à l'oscillation de $f'^2(t)$ dans l'intervalle (t_i, t_{i+1}); la valeur absolue de $g'^2(t'_i) - g'^2(t_i)$ est égale ou inférieure à l'oscillation de $g'^2(t)$ dans le même intervalle. Si ces diverses oscillations sont limitées supérieurement par des nombres qui tendent vers zéro quand m tend vers l'infini, on peut affirmer que le périmètre de la ligne brisée a pour limite la valeur de l'intégrale (1); cela a lieu, en particulier, si les fonctions $f'(t)$ et $g'(t)$ sont continues.

La longueur d'un arc AM (M correspondant à la valeur t du paramètre) est donc :

$$(2) \qquad s = \int_\alpha^t \sqrt{f'^2(t) + g'^2(t)}\, dt.$$

On en déduit :

$$(3) \qquad \frac{ds}{dt} = \sqrt{f'^2(t) + g'^2(t)}.$$

Cela suppose que s et t croissent en même temps. On verrait aisément que ces formules subsistent quand on fixe sur la courbe un sens de circulation, s étant mesuré alors par un nombre relatif. Si s et t variaient en sens inverse, il faudrait changer le signe du radical. $\frac{ds}{dt}$ s'annule en un point de rebroussement de la courbe.

On déduit de (3) la formule

$$(4) \qquad ds^2 = \left[f'^2(t) + g'^2(t)\right] dt^2 = dx^2 + dy^2.$$

Si l'on donne à t un accroissement Δt, il en résulte pour s un accroissement Δs mesuré par

$$\int_t^{t+\Delta t} \sqrt{f'^2(t) + g'^2(t)}\, dt = \Delta t \sqrt{f'^2(t + \theta \Delta t) + g'^2(t + \theta \Delta t)}.$$

La corde MM' correspondante a pour mesure

$$c = \sqrt{\left[f(t + \Delta t) - f(t)\right]^2 + \left[g(t + \Delta t) - g(t)\right]^2}$$
$$= \Delta t \sqrt{f'^2(t + \theta_1 \Delta t) + g'^2(t + \theta_2 \Delta t)},$$

en supposant $\Delta t > 0$. On en conclut que $\dfrac{\Delta s}{c}$ a pour limite 1 quand Δt tend vers zéro.

En particulier, si l'équation de la courbe est $y = f(x)$ et si s croît avec x, la mesure algébrique de cet arc est $\int_{x_0}^x \sqrt{1 + y'^2}\, dx$. Alors

$$\frac{ds}{dx} = \sqrt{1 + y'^2},$$

Les définitions et les démonstrations, dans le cas d'une courbe de l'espace, sont analogues aux précédentes. La courbe étant définie par les équations

$$x = f(t), \qquad y = g(t), \qquad z = h(t), \qquad \text{(axes rectangulaires)}$$

la mesure algébrique d'un arc de cette courbe est l'intégrale

$$(5) \qquad s = \int_{t_0}^{l} \sqrt{f'^2(t) + g'^2(t) + h'^2(t)}\,dt$$

et l'on a :

$$(6) \qquad \frac{ds}{dt} = \sqrt{f'^2(t) + g'^2(t) + h'^2(t)},$$

en supposant que s croisse avec t. On en déduit :

$$(7) \qquad ds^2 = dx^2 + dy^2 + dz^2.$$

Courbure — *Courbes planes.* —Considérons une courbe plane quelconque C et deux points M et M′ voisins sur cette courbe. Les tangentes MT et M′T′ à la courbe en ces points font entre elles un angle qui tend vers zéro (si $\frac{dy}{dx}$ est une fonction continue) quand M′ tend vers M. Le rapport de cet angle mesuré en radians à la longueur de l'arc MM′ s'appelle la courbure moyenne de l'arc. La limite de ce rapport, quand M′ tend vers M, est la courbure de la courbe en M; l'inverse de cette limite est le rayon de courbure en M.

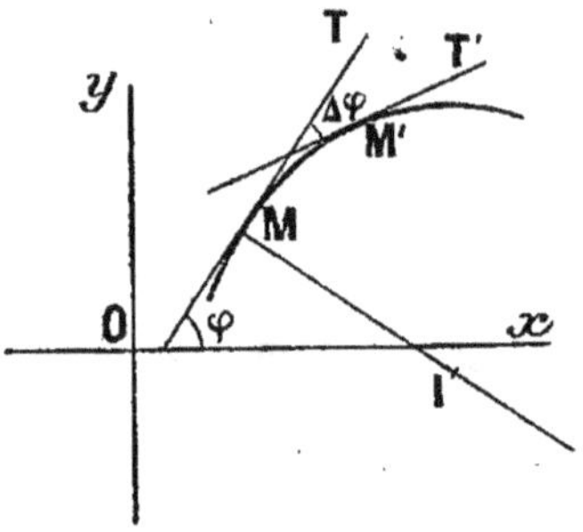

Cette définition est l'extension naturelle de la relation qui existe dans le cercle entre l'arc, le rayon et l'angle des tangentes aux extrémités de l'arc.

L'angle de deux tangentes voisines est la variation $\Delta\varphi$ de l'angle φ que fait la tangente en M avec une direction fixe, Ox par exemple. Le rayon de courbure R est donc donné par la formule

$$R = \text{limite} \left|\frac{\Delta s}{\Delta\varphi}\right| = \left|\frac{ds}{d\varphi}\right|$$

Si les équations de la courbe sont

$$x = f(t), \qquad y = g(t),$$

on a :

$$\varphi = \operatorname{arctg}\frac{y'}{x'}; \qquad \frac{d\varphi}{dt} = \frac{x'y'' - y'x''}{x'^2 + y'^2}; \qquad \left|\frac{ds}{dt}\right| = \sqrt{x'^2 + y'^2}.$$

Donc

$$(8) \qquad R = \frac{(x'^2 + y'^2)^{\frac{3}{2}}}{|x'y'' - y'x''|}.$$

En particulier, si x est la variable indépendante, on trouve :

$$R = \frac{(1 + y'^2)^{\frac{3}{2}}}{|y''|}.$$

On reconnaît le rayon du cercle osculateur défini plus haut (leç. 56).

On appelle centre de courbure en M, un point I situé sur la portion de normale intérieure à la courbe au point considéré et tel que $IM = R$. Le cercle décrit de I comme centre avec IM comme rayon est le cercle de courbure en M; c'est aussi le cercle osculateur en ce point.

Le centre de courbure en M est donc le point de contact de la normale MN avec la développée de la courbe. Ses coordonnées x_1, y_1, s'obtiennent en adjoignant à l'équation

$$Y - y + \frac{x'}{y'}(X - x) = 0,$$

de la normale, l'équation dérivée

$$- y' + \frac{y'x'' - x'y''}{y'^2}(X - x) - \frac{x'^2}{y'} = 0.$$

On en tire :

$$(9) \quad \begin{cases} x_1 = x + \dfrac{(x'^2 + y'^2)y'}{y'x'' - x'y''}, \\ y_1 = y + \dfrac{(x'^2 + y'^2)x'}{x'y'' + x'y''}. \end{cases}$$

En prenant x comme variable, on retrouve les formules déjà rencontrées (leç. 56).

On peut aussi prendre comme variable l'arc s de la courbe et préciser les notions de courbure et de rayon de courbure en attribuant des signes à ces grandeurs.

Menons les tangentes en M et en M' dans le sens des arcs croissants sur la courbe; les parallèles menées par l'origine à ces demi-droites rencontrent le cercle Γ qui a O pour centre et 1 pour rayon, en deux points m et m'. Prenons sur ce cercle un sens de circulation, le sens habituel du plan, par exemple. L'angle des deux demi-droites (Ox, Om) étant mesuré en radians par le nombre φ, l'arc mm' a pour mesure $\Delta\varphi$, l'arc MM' a pour mesure Δs et, si l'on pose $R = \dfrac{ds}{d\varphi}$, on a un rayon de courbure mesuré par un nombre relatif.

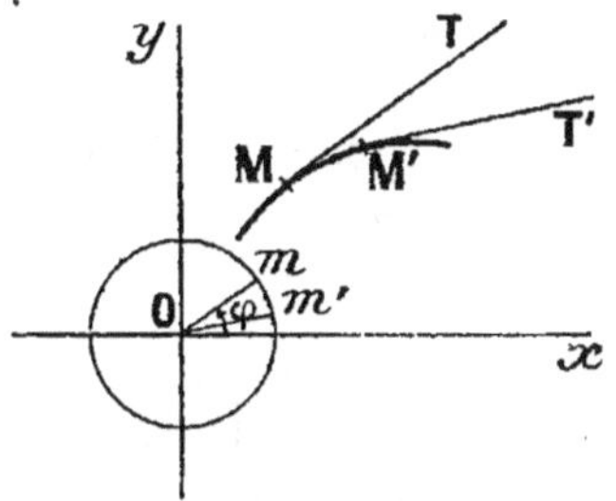

Le point M parcourant la courbe dans un sens déterminé, ds conserve un signe constant, mais le signe de $d\varphi$ peut changer : ce fait se produit, en particulier, en un point d'inflexion de la courbe.

La demi-droite MT admet comme cosinus directeurs $\cos\varphi$ et $\sin\varphi$. D'ailleurs, si l'on suppose $\Delta s > 0$ la direction limite du vecteur MM' est celle de la demi-droite MT. Les cosinus directeurs de MM' étant $\dfrac{\Delta x}{MM'}$ et $\dfrac{\Delta y}{MM'}$ ont comme limites respectives les limites des produits

$$\frac{\Delta x}{\Delta s}\cdot\frac{\Delta s}{MM'},\qquad \frac{\Delta y}{\Delta s}\cdot\frac{\Delta s}{MM'},$$

c'est-à-dire $\dfrac{dx}{ds}$ et $\dfrac{dy}{ds}$. On a donc :

$$(10)\qquad \frac{dx}{ds}=\cos\varphi,\qquad \frac{dy}{ds}=\sin\varphi.$$

On en déduit :

$$(11)\qquad \frac{d^2x}{ds^2}=-\sin\varphi\,\frac{d\varphi}{ds}=-\frac{\sin\varphi}{R},\qquad \frac{d^2y}{ds^2}=\frac{\cos\varphi}{R}.$$

Puis

$$\frac{dx}{ds}\frac{d^2y}{ds^2}-\frac{dy}{ds}\frac{d^2x}{ds^2}=\frac{1}{R}.$$

Les coordonnées du centre de courbure sont donc, en vertu des formules (9)

$$x_1=x-R\sin\varphi,\qquad y_1=y+R\cos\varphi$$

Si R est positif, les cosinus directeurs de la normale intérieure à la courbe sont $-\sin\varphi$ et $\cos\varphi$.

Cherchons la longueur d'un arc de développée. On a :

$$dx_1=dx-R\cos\varphi\,d\varphi-\sin\varphi\,dR$$
$$=\cos\varphi(ds-R\,d\varphi)-\sin\varphi\,dR=-\sin\varphi\,dR.$$
$$dy_1=\cos\varphi\,dR.$$

Par suite

$$dx_1^2+dy_1^2=dR^2.$$

Ainsi R représente la longueur d'un arc de la développée.

Les formules

$$\frac{dx_1}{ds}=-\sin\varphi\,\frac{dR}{ds},\quad \frac{dy_1}{ds}=\cos\varphi\,\frac{dR}{ds}$$

montrent aussi que $\dfrac{dR}{ds}$ s'annule en un point de rebroussement de la développée.

Inversement, portons sur la tangente en M à C un vecteur $\overline{MJ}$ dont l'équivalent algébrique est une fonction arbitraire $l(s)$ de l'arc de cette courbe, et cherchons à déterminer l par la condition que le lieu du point soit une développante de C. Les coordonnées de J sont

$$x_2=x+l\cos\varphi,\qquad y_2=y+l\sin\varphi,$$

d'où

$$\frac{dx_2}{ds}=\frac{dx}{ds}+\cos\varphi\,\frac{dl}{ds}-l\sin\varphi\,\frac{d\varphi}{ds}=\cos\varphi\left(1+\frac{dl}{ds}\right)-\frac{l}{R}\sin\varphi,$$
$$\frac{dy_2}{ds}=\ \ldots\ldots\ldots\ldots\ldots\ldots\ =\sin\varphi\left(1+\frac{dl}{ds}\right)+\frac{l}{R}\cos\varphi.$$

On en déduit :

$$\frac{dx}{ds}\frac{dx_2}{ds} + \frac{dy}{ds}\frac{dy_2}{ds} = 1 + \frac{dl}{ds}.$$

La condition nécessaire et suffisante pour que la tangente au lieu de J soit perpendiculaire à MT est donc $1 + \dfrac{dl}{ds} = 0$, ou bien $l + s = C^{te}$.

De là résulte un procédé de description des développantes d'une courbe donnée en déroulant un fil fixé en un point de la courbe et tendu sur cette courbe, ainsi que la raison du nom de développante.

Celles de C ont comme représentation paramétrique

$$x_2 = x + (k - s)\cos\varphi, \qquad y_2 = y + (k - s)\sin\varphi.$$

Équation intrinsèque. — La relation qui existe entre les équivalents algébriques du rayon de courbure d'une courbe en un point et de l'arc de la courbe ayant ce point pour extrémité, s'appelle équation intrinsèque de la courbe. Cette équation est naturellement indépendante du choix des axes. Montrons qu'à une équation intrinsèque donnée

$$s = f(\mathrm{R})$$

correspond une courbe de forme déterminée.

L'équation $ds = \mathrm{R}\,d\varphi$ devient, en vertu de la précédente,

$$f'(\mathrm{R})\,d\mathrm{R} = \mathrm{R}\,d\varphi$$

d'où l'on tire :

$$\varphi = \int f'(\mathrm{R})\frac{d\mathrm{R}}{\mathrm{R}} = \varphi_0 + \mathrm{F}(\mathrm{R})$$

$\mathrm{F}(\mathrm{R})$ désignant une primitive de $\dfrac{1}{\mathrm{R}} f'(\mathrm{R})$ et φ_0 une constante arbitraire.

L'équation $dx = \cos\varphi\,ds$ peut alors s'écrire

$$dx = \cos(\varphi_0 + \mathrm{F})f'(\mathrm{R})\,d\mathrm{R} = (\cos\varphi_0\cos\mathrm{F} - \sin\varphi_0\sin\mathrm{F})f'(\mathrm{R})\,d\mathrm{R}.$$

On aura de même :

$$dy = \sin(\varphi_0 + \mathrm{F})f'(\mathrm{R})\,d\mathrm{R} = (\sin\varphi_0\cos\mathrm{F} + \cos\varphi_0\sin\mathrm{F})f'(\mathrm{R})\,d\mathrm{R}.$$

Si l'on représente deux primitives particulières de $\cos\mathrm{F}(\mathrm{R})f'(\mathrm{R})$ et $\sin\mathrm{F}(\mathrm{R})f'(\mathrm{R})$ respectivement par $X(\mathrm{R})$ et $Y(\mathrm{R})$, on a :

$$x = \cos\varphi_0(X - X_0) - \sin\varphi_0(Y - Y_0),$$
$$y = \sin\varphi_0(X - X_0) + \cos\varphi_0(Y - Y_0),$$

X_0 et Y_0 désignant deux nouvelles constantes arbitraires. Toutes ces courbes se déduisent évidemment de la courbe dont la représentation paramétrique est

$$x = X(\mathrm{R}), \qquad y = Y(\mathrm{R}),$$

par un déplacement.

Courbes de l'espace. — Considérons maintenant une courbe quelconque C définie par les trois équations

$$x = f(t), \quad y = g(t), \quad z = h(t). \quad \text{(axes rectangulaires.)}$$

Nous appellerons encore courbure moyenne d'un petit arc MM' le rapport $\left|\dfrac{\Delta\varphi}{\Delta s}\right|$, $\Delta\varphi$ étant un petit angle des tangentes en M et M' ; courbure en M la limite de ce rapport, et rayon de courbure l'inverse de cette limite.

$\Delta\varphi$ et $\sin\Delta\varphi$ étant équivalents, on voit que R^2 vaut $\lim.\left(\dfrac{\Delta s}{\sin\Delta\varphi}\right)^2$,

ou bien

$$\left(\frac{ds}{dt}\right)^2 \lim.\ \frac{1}{\left(\dfrac{\sin\Delta\varphi}{\Delta t}\right)^2}.$$

α, β, γ étant les cosinus directeurs de MT, α_1, β_1, γ_1 ceux de M'T', on a :

$$\sin^2\Delta\varphi = (\gamma\beta_1 - \beta\gamma_1)^2 + (\alpha\gamma_1 - \gamma\alpha_1)^2 + (\beta\alpha_1 - \alpha\beta_1)^2.$$

La limite de $\dfrac{\gamma\beta_1 - \beta\gamma_1}{\Delta t}$ est la même que celle de $\gamma\gamma_1\dfrac{\dfrac{\beta_1}{\gamma_1} - \dfrac{\beta}{\gamma}}{\Delta t}$; or, $\gamma\gamma_1$

tend vers γ^2, $\dfrac{1}{\Delta t}\left(\dfrac{\beta_1}{\gamma_1} - \dfrac{\beta}{\gamma}\right)$ tend vers la dérivée de $\dfrac{\beta}{\gamma}$ ou $\dfrac{\gamma\beta' - \beta\gamma'}{\gamma^2}$.

La limite de $\dfrac{\gamma\beta_1 - \beta\gamma_1}{\Delta t}$ est donc $\gamma\beta' - \beta\gamma'$ et l'on a :

$$\lim.\left(\frac{\sin\Delta\varphi}{\Delta t}\right)^2 = (\gamma\beta' - \beta\gamma')^2 + (\alpha\gamma' - \gamma\alpha')^2 + (\alpha\beta' - \beta\alpha')^2.$$

Or, si l'on pose : $A = \sqrt{x'^2 + y'^2 + z'^2}$,

on a : $\alpha = \dfrac{x'}{A}$, $\beta = \dfrac{y'}{A}$, $\gamma = \dfrac{z'}{A}$,

$$\alpha' = \frac{A x'' - A' x'}{A^2},\qquad \beta' = \frac{A y'' - A' y'}{A^2},\qquad \gamma' = \frac{A z'' - A' z'}{A^2},$$

$$\gamma\beta' - \beta\gamma' = \frac{z' y'' - y' z''}{A^2},\qquad \text{etc.}$$

Par suite

$$\lim.\left(\frac{\sin\Delta\varphi}{\Delta t}\right)^2 = \frac{1}{A^4}\left[(z' y'' - y' z'')^2 + (x' z'' - z' x'')^2 + (y' x'' - x' y'')^2\right]$$

et, à cause de $\left(\dfrac{ds}{dt}\right)^2 = A^2$, on a :

$$(12)\qquad \frac{1}{R^2} = \frac{(y' z'' - z' y'')^2 + (z' x'' - x' z'')^2 + (x' y'' - y' x'')^2}{(x'^2 + y'^2 + z'^2)^3}.$$

On appelle centre de courbure, en un point M de la courbe donnée, un point I situé sur la portion de normale principale MN intérieure à la courbe au point considéré et tel que $IM = R$. Le cercle de courbure est décrit de I comme centre, avec IM pour rayon, dans le plan osculateur en M.

Nous allons trouver les coordonnées du centre de courbure en prenant comme variable l'arc s de la courbe donnée; une définition géométrique de ce point en résulte et permet de le retrouver quelle que soit la variable choisie. Menons la tangente en M à la courbe dans le sens des arcs croissants; les cosinus directeurs de cette demi-droite sont

$$\alpha = \frac{dx}{ds}, \qquad \beta = \frac{dy}{ds}, \qquad \gamma = \frac{dz}{ds}.$$

Une parallèle menée par O perce la sphère Σ qui a O pour centre et 1 pour rayon, en un point m. Lorsque M décrit C, m décrit sur Σ une courbe Γ qui est dite l'*indicatrice sphérique* de C. L'angle infiniment petit de deux tangentes MT, M'T', mesuré en radians, est équivalent à l'arc mm' de l'indicatrice. Appelons σ l'arc de Γ orientée. On peut alors mesurer le rayon de courbure de C par $\dfrac{ds}{d\sigma}$, qui est susceptible d'un signe. Si l'on a orienté Γ et C de sorte que σ croisse avec s, ce rapport est positif.

Le plan Omm', parallèle à MT et M'T', a une position limite parallèle au plan P osculateur en M à C. La tangente mt à l'indicatrice est la position limite de la corde mm'; elle est donc parallèle à P. Comme elle est perpendiculaire à Om et, par suite, à MT, sa direction est celle de la normale principale en M.

Cherchons les cosinus directeurs de mt orienté dans le sens des arcs σ croissants. Ce sont :

$$\alpha_1 = \frac{d\alpha}{d\sigma}, \qquad \beta_1 = \frac{d\beta}{d\sigma}, \qquad \gamma_1 = \frac{d\gamma}{d\sigma},$$

puisque les coordonnées de m sont α, β, γ. On a donc :

$$\alpha_1 = \frac{d\alpha}{ds}\frac{ds}{d\sigma} = R\frac{d^2x}{ds^2}, \qquad \beta_1 = R\frac{d^2y}{ds^2}, \qquad \gamma_1 = R\frac{d^2x}{ds^2}.$$

Considérons le point I dont les coordonnées sont

$$x_1 = x + R\alpha_1, \qquad y_1 = y + R\beta_1, \qquad z_1 = z + R\gamma_1$$

et qui est situé sur la normale principale en M. Montrons qu'il est placé à l'intérieur de la courbe en ce point et, par suite, que c'est le centre de courbure. Cherchons sa puissance algébrique par rapport au plan P' mené par M perpendiculaire à la normale principale, plan dont l'équation est

$$\alpha_1(X - x) + \beta_1(Y - y) + \gamma_1(Z - z) = 0$$

Cette puissance algébrique est R.

D'autre part, la puissance algébrique du point M' par rapport à ce plan est

$$\alpha_1\left(\frac{dx}{ds}\Delta s + \frac{d^2x}{ds^2}\frac{\overline{\Delta s}^2}{2} + \dots\right) + \beta_1\left(\frac{dy}{ds}\Delta s + \frac{d^2y}{ds^2}\frac{\overline{\Delta s}^2}{2} + \dots\right)$$
$$+ \gamma_1\left(\frac{dz}{ds}\Delta s + \frac{d^2z}{ds^2}\frac{\overline{\Delta s}^2}{2} + \dots\right).$$

Le coefficient de Δs est $\alpha\alpha_1 + \beta\beta_1 + \gamma\gamma_1$ qui est nul. Celui de $\dfrac{\overline{\Delta s}^2}{2}$

vaut $\frac{1}{R}(\alpha_1^2 + \beta_1^2 + \gamma_1^2)$ ou $\frac{1}{R}$. Les puissances algébriques de I et de M' par rapport au plan P' ont donc le même signe, de sorte que I est à l'intérieur de la courbe. Si R est positif, c'est-à-dire si σ croît avec s, les cosinus directeurs de la normale intérieure à la courbe sont α_1, β_1, γ_1.

Cherchons la droite caractéristique du plan Π normal à la courbe en M. L'équation de ce plan étant

$$(13) \qquad \alpha(X - x) + \beta(Y - y) + \gamma(Z - z) = 0,$$

la droite caractéristique se trouve dans le plan

$$(X - x)\frac{d\alpha}{ds} + (Y - y)\frac{d\beta}{ds} + (Z - z)\frac{d\gamma}{ds} - \left[\alpha\frac{dx}{ds} + \beta\frac{dy}{ds} + \gamma\frac{dz}{ds}\right] = 0,$$

c'est-à-dire

$$(14) \qquad \alpha_1(X - x) + \beta_1(Y - y) + \gamma_1(Z - z) - R = 0.$$

Le plan (14) est parallèle au plan P' et passe par le centre de courbure; il coupe le plan Π suivant une droite perpendiculaire au plan osculateur : l'intersection de cette droite et du plan osculateur est le centre de courbure.

On déduit de là un procédé de recherche du centre de courbure quel que soit le choix de la variable.

Cherchons encore, comme précédemment, la condition pour qu'un point J situé sur MT et dont les coordonnées sont

$$x_2 = x + \alpha l(s), \qquad y_2 = y + \beta l(s), \qquad z_2 = z + \gamma l(s),$$

décrive une courbe normale à MT. On a :

$$\frac{dx_2}{ds} = \frac{dx}{ds} + \alpha\frac{dl}{ds} + l\frac{d\alpha}{ds} = \alpha\left(1 + \frac{dl}{ds}\right) + l\frac{d\alpha}{ds}; \qquad \text{etc.,}$$

$$\frac{dx}{ds}\frac{dx_2}{ds} + \frac{dy}{ds}\frac{dy_2}{ds} + \frac{dz}{ds}\frac{dz_2}{ds} = 1 + \frac{dl}{ds}.$$

Il faut et il suffit que $1 + \frac{dl}{ds}$ soit nul, c'est-à-dire que $l + s$ soit une constante. La représentation paramétrique générale des développantes de C est donc définie par les formules

$$x_2 = x + (k - s)\frac{dx}{ds}, \qquad y_2 = y + (k - s)\frac{dy}{ds}, \qquad z_2 = z + (k - s)\frac{dz}{ds}.$$

k désignant une constante arbitraire.

Toutes ces courbes sont placées sur la développable lieu de MT; ce sont les trajectoires orthogonales des génératrices de cette développable.

EXERCICES

1° Montrer que toutes les sphères osculatrices en un point d'une courbe passent par le cercle de courbure de la courbe en ce point (voir ex. 3, leç. 60).

2° Soient α_2, β_2, γ_2, les cosinus directeurs de la binormale en un point d'une courbe, ω la courbure de la courbe de ce point. On pose :

$$\Sigma \alpha_2 \frac{d\alpha_1}{ds} = -\varpi = -\Sigma \alpha_1 \frac{d\alpha_2}{ds}.$$

ϖ s'appelle la torsion, et $\frac{1}{\varpi}$ le rayon de torsion de la courbe.

Démontrer les formules

$$\frac{d\alpha_1}{ds} = -\omega\alpha - \varpi\alpha_2, \qquad \frac{d\beta_1}{ds} = -\omega\beta - \varpi\beta_2, \qquad \frac{d\gamma_1}{ds} = -\omega\gamma - \varpi\gamma_2,$$

$$\frac{d\alpha_2}{ds} = \varpi\alpha_1, \qquad\qquad \frac{d\beta_2}{ds} = \varpi\beta_1, \qquad\qquad \frac{d\gamma_2}{ds} = \varpi\gamma_1.$$

3° Dans le plan normal en un point M d'une courbe C, on mène un vecteur MQ, mesuré par $l(s)$, l'axe qui porte ce vecteur faisant avec la normale principale un angle $V(s)$. Déterminer V par la condition que le support de MQ ait une enveloppe (développées de C); déterminer V et l par la condition que la tangente au lieu de Q soit parallèle à la tangente en M à C.

4° On considère la surface développable la plus générale définie par les équations

$$x = v_1 + (u - v)\,v'_1, \qquad y = v_2 + (u - v)\,v'_2, \qquad z = v_3 + (u - v)\,v'_3,$$

v_1, v_2, v_3 étant des fonctions de v telles que $v'^2_1 + v'^2_2 + v'^2_3 = 1$.

Démontrer que la différentielle de l'arc d'une courbe quelconque $u = \varphi(v)$ tracée sur cette surface est donnée par la formule

$$ds^2 = du^2 + (u - v)^2\,(v''^2_1 + v''^2_2 + v''^2_3)\,dv^2.$$

On fait correspondre à un point quelconque $m(u, v)$ de cette surface, un point M d'un plan dont les coordonnées sont

$$X = V_1 + u\cos V, \quad Y = V_2 + u\sin V,$$

V, V_1, V_2 étant des fonctions de v définies par les équations

$$V'_1 = \lambda\sin V, \qquad V'_2 = -\lambda\cos V, \qquad \lambda = v\,V', \qquad V' = \sqrt{v''^2_1 + v''^2_2 + v''^2_3}.$$

Démontrer que si le point m décrit un arc de courbe, le point M décrit un arc de même longueur. (Cette propriété est l'origine du nom de surface développable.)

Quelle est la courbe du plan qui correspond à l'arête de rebroussement de la surface? Montrer que ces deux courbes ont même courbure aux points correspondants. Peut-on généraliser cette propriété?

5° Les coordonnées du point courant sur une courbe étant données en fonction d'un paramètre t, on pose $\frac{ds}{dt} = \sqrt{x'^2 + y'^2 + z'^2} = A$. Démontrer les formules

$$\alpha_1 = \frac{R}{A^3}(A\,x'' - A'\,x'), \qquad \beta_1 = \frac{R}{A^3}(A\,y'' - A'\,y'), \qquad \gamma_1 = \frac{R}{A^3}(A\,z'' - A'\,z');$$

$$\alpha_2 = \frac{R}{A^3}(y'\,z'' - z'\,y''), \qquad \beta_2 = \frac{R}{A^3}(z'\,x'' - x'\,z''), \qquad \gamma_2 = \frac{R}{A^3}(x'\,y'' - y'\,x'');$$

$$\Sigma \alpha_1 \frac{d\alpha_2}{ds} = \varpi = \frac{-R^2}{A^6}\begin{vmatrix} x', & x'', & x''' \\ y', & y'', & y''' \\ z', & z'', & z''' \end{vmatrix}, \qquad \text{d'où } \varpi = -\frac{1}{\Sigma(y'z'' - z'y'')^2}\begin{vmatrix} x', & x'', & x''' \\ y', & y'', & y''' \\ z', & z'', & z''' \end{vmatrix}.$$

Cette dernière formule montre que la torsion s'exprime rationnellement en fonction des dérivées premières, secondes et troisièmes des coordonnées du point courant.

LONGUEURS D'ARCS, COURBURE, DÉVELOPPANTES; EXEMPLES

$1°$ *Cercle.* — Considérons le cercle défini par la représentation paramétrique

$$x = x_0 + R \cos \varphi, \qquad y = y_0 + R \sin \varphi.$$
$$dx = - R \sin \varphi \, d\varphi, \qquad dy = R \cos \varphi \, d\varphi, \qquad ds^2 = R^2 \, d\varphi^2.$$

Prenons sur le cercle un sens de circulation tel que s croisse avec φ. Alors

$$ds = R \, d\varphi \qquad \text{et} \qquad s = R (\varphi - \varphi_0).$$

On retrouve une formule connue. φ peut varier de $-\infty$ à ∞ et, en le faisant varier de 2π, on retrouve la longueur de la circonférence.

Les développantes de ce cercle sont définies par les formules

$$x = x_0 + R \cos \varphi + R (\varphi - \varphi_0) \sin \varphi, \quad y = y_0 + R \sin \varphi - R (\varphi - \varphi_0) \cos \varphi,$$

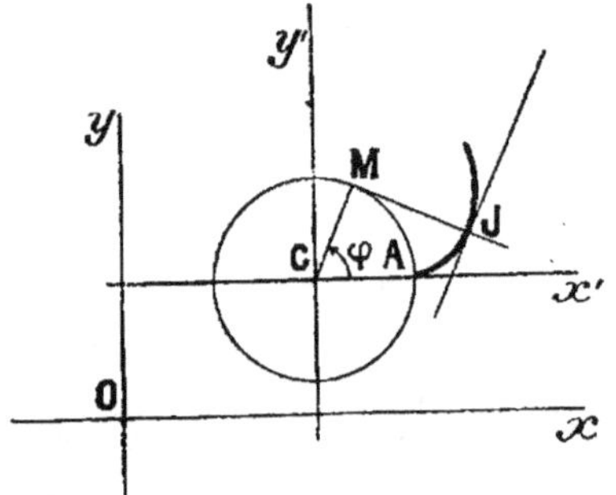

où φ_0 désigne une constante arbitraire. En faisant $\varphi_0 = 0$, on obtient la développante qui part du point A le plus à droite du cercle.

$2°$ *Ellipse.* — L'ellipse, étant rapportée à ses axes de symétrie, a pour équation

$$\frac{x^2}{a^2} + \frac{y^2}{b^2} = 1.$$

Une représentation paramétrique de cette courbe est donnée par les formules

$$x = a \cos \varphi, \qquad y = b \sin \varphi.$$
$$dx = - a \sin \varphi \, d\varphi, \quad dy = b \cos \varphi \, d\varphi, \quad ds^2 = (a^2 \sin^2 \varphi + b^2 \cos^2 \varphi) \, d\varphi^2.$$

$ds = \sqrt{b^2 + (a^2 - b^2) \sin^2 \varphi} \, d\varphi$, si l'on oriente l'ellipse de sorte que s croisse avec φ. On ne peut pas exprimer l'intégrale correspondante au moyen des symboles de fonctions usuelles.

Si l'on prend x comme variable, on a :

$$\frac{x \, dx}{a^2} + \frac{y \, dy}{b^2} = 0$$
$$dy^2 = \frac{b^4 \, x^2}{a^4 \, y^2} \, dx^2 = \frac{b^2 \, x^2}{a^2 (a^2 - x^2)} \, dx^2$$

et
$$ds^2 = \frac{a^4 - (a^2 - b^2)\, x^2}{a^2\, (a^2 - x^2)}\, dx^2,$$

$$\frac{ds}{dx} = \frac{\pm\, 1}{a\, (a^2 - x^2)} \sqrt{(a^2 - x^2)\,[a^4 - (a^2 - b^2)\, x^2]}\, dx.$$

L'intégrale correspondante porte donc sur un radical carré contenant un polynome du 4e degré en x : on donne le nom d'*intégrales elliptiques* aux intégrales de ce genre.

Des formules
$$\frac{dx}{d\varphi} = -\, a \sin \varphi, \qquad \frac{dy}{d\varphi} = b \cos \varphi,$$

on déduit :
$$\frac{d^2 x}{d\varphi^2} = -\, a \cos \varphi, \qquad \frac{d^2 y}{d\varphi^2} = -\, b \sin \varphi, \qquad \frac{dx}{d\varphi}\, \frac{d^2 y}{d\varphi^2} - \frac{dy}{d\varphi}\, \frac{d^2 x}{d\varphi^2} = ab,$$

d'où
$$R = \frac{1}{ab}\, (a^2 \sin^2 \varphi + b^2 \cos^2 \varphi)^{\frac{3}{2}}$$

Soit M′ le point de l'ellipse qui correspond à la valeur $\varphi + \dfrac{\pi}{2}$ du paramètre ; nous verrons que OM′ est le diamètre conjugué de OM. La formule précédente donne $R = \dfrac{\overline{OM'}^3}{ab}$.

Nous reviendrons plus loin sur l'étude de la développée de l'ellipse et sur l'étude correspondante de l'hyperbole.

3° *Parabole.* — La parabole, étant rapportée à son axe et à la tangente au sommet, a pour équation
$$x = \frac{y^2}{2p}$$

La variable naturelle est y. Prenons comme origine des arcs le sommet de la courbe et, comme sens des arcs croissants, celui des y croissants.

$$dx = \frac{y\,dy}{p}, \qquad ds = \frac{1}{p} \sqrt{p^2 + y^2}\, dy, \qquad s = \frac{1}{p} \int_0^y \sqrt{p^2 + y^2}\, dy.$$

En posant $\varphi = \text{arc tg} \dfrac{y}{p}$, on est ramené à l'intégrale $p \displaystyle\int_0^\varphi \frac{d\varphi}{\cos^3 \varphi}$.

Or
$$\int \frac{d\varphi}{\cos^3 \varphi} = \frac{1}{2}\, \frac{\sin \varphi}{\cos^2 \varphi} + \frac{1}{2} \log \text{tg} \left(\frac{\pi}{4} + \frac{\varphi}{2} \right) + C^{te}.$$

Donc
$$s = \frac{p}{2}\, \frac{\sin \varphi}{\cos^2 \varphi} + \frac{p}{2} \log \text{tg} \left(\frac{\pi}{4} + \frac{\varphi}{2} \right)$$

Le point M_0 correspondant à $\varphi = \dfrac{\pi}{4}$ se projette orthogonalement sur l'axe au foyer de la parabole; l'arc OM_0 vaut

$$\frac{p}{2}\left(\sqrt{2} + \log \operatorname{tg}\frac{3\pi}{8}\right) = \frac{p}{2}\left(\sqrt{2} + \log\left(1 + \sqrt{2}\right)\right).$$

En prenant y comme variable, le rayon de courbure est donné par la formule

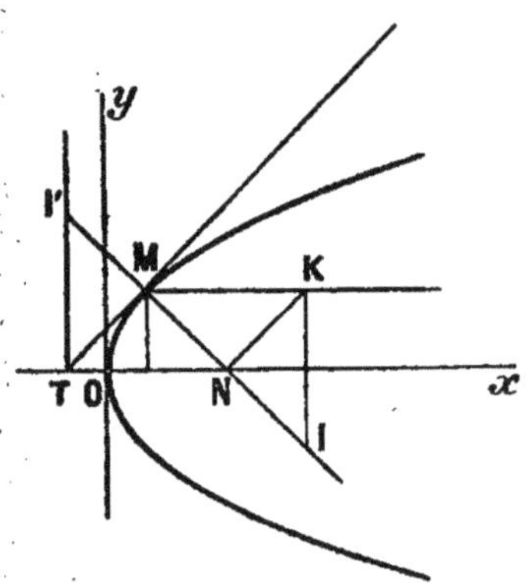

$$R = \frac{\left(1 + x'^2\right)^{\frac{3}{2}}}{|x''|}.$$

Or,

$$x' = \frac{p}{y} \qquad \text{et} \qquad x'' = \frac{1}{p}.$$

Donc

$$R = \frac{1}{p^2}\left(y^2 + p^2\right)^{\frac{3}{2}} = \frac{\overline{MN}^3}{p^2}$$

car

$$y^2 + p^2 = \overline{AM}^2 + \overline{AN}^2 = \overline{MN}^2.$$

De plus, la relation $\overline{MN}^2 = p \cdot NT$ donne :

$$R = \frac{MN}{p} \cdot NT = NI',$$

I' désignant le point de rencontre de la normale avec la parallèle à Oy menée par l'extrémité T de la tangente sur l'axe.

La relation $\cos\varphi = \dfrac{p}{MN}$ montre encore que l'on a $R = \dfrac{MN}{\cos^2\varphi}$ d'où cette construction du centre de courbure I : on mène, par le pied N de la normale sur l'axe, une parallèle à la tangente MT jusqu'au point de rencontre K avec la parallèle à l'axe menée par M. La perpendiculaire à l'axe menée par K passe par le centre de courbure. Le centre de courbure en O est le symétrique du sommet par rapport au foyer.

Nous reviendrons plus loin sur l'étude de la développée de la parabole.

Les développantes de la parabole sont des courbes transcendantes.

$4°$ *Chaînette.* — L'équation de cette courbe est, en prenant comme unité de longueur l'ordonnée du sommet, $y = \operatorname{ch} x$. On en déduit :

$$dy = \operatorname{sh} x\, dx; \qquad ds^2 = \left(1 + \operatorname{sh}^2 x\right) dx^2 = \operatorname{ch}^2 x\, dx^2.$$

Si l'on prend comme sens des arcs croissants celui des x croissants on obtient :

$$ds = \operatorname{ch} x\, dx, \text{ d'où } s = \operatorname{sh} x + C^{te}.$$

L'origine des arcs étant le sommet de la chaînette, on a : $s = \operatorname{sh} x.$

Menons la tangente en M à la courbe et abaissons du point H, projection de M sur Ox, une perpendiculaire MJ sur cette tangente.

L'angle φ de MT avec Ox est tel que $\operatorname{tg}\varphi = \operatorname{sh}x$.

On en déduit $\cos\varphi = \dfrac{1}{\sqrt{1+\operatorname{tg}^2\varphi}} = \dfrac{1}{\operatorname{ch}x}$ et $\sin\varphi = \operatorname{th}x$.

Comme MH vaut $\operatorname{ch}x$, MH $\cos\varphi$ ou HJ vaut 1, et MH $\sin\varphi$ ou MJ vaut $\operatorname{sh}x$.

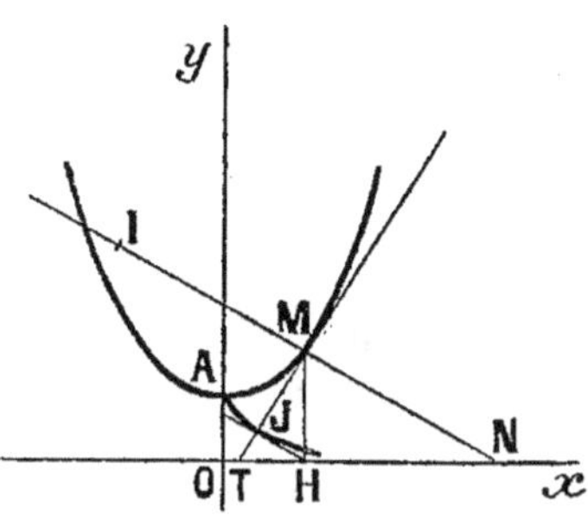

MJ étant égal à l'arc MA, le lieu du point J est une développante de la chaînette; cette développante passe par A. La tangente en J à cette courbe est perpendiculaire à MT; c'est donc JH. La développante en question est donc l'enveloppe de JH; cette courbe aux tangentes égales s'appelle une *tractrice*.

Le rayon de courbure de la chaînette vaut

$$\frac{(1+y'^2)^{\frac{3}{2}}}{y''} = \frac{(1+\operatorname{sh}^2 x)^{\frac{3}{2}}}{\operatorname{ch}x} = \operatorname{ch}^2 x.$$

Or MN vaut $\dfrac{\text{MH}}{\cos\varphi}$ ou $\operatorname{ch}^2 x$. Le centre de courbure I est donc le symétrique du point N par rapport au point M. On trouve d'ailleurs aisément ses coordonnées

$$x_1 = x - \operatorname{sh}x\,\operatorname{ch}x, \qquad y_1 = 2\,\operatorname{ch}x.$$

La développée et les développantes de la chaînette sont des courbes transcendantes.

5° *Cycloïde.* — On donne ce nom à la courbe engendrée par un

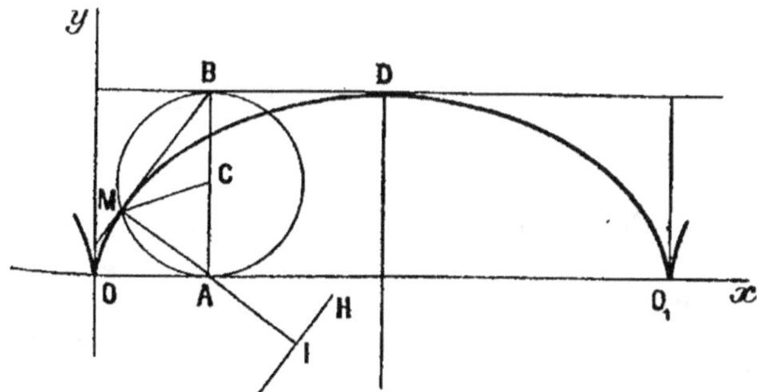

point M d'un cercle qui roule sans glisser sur une droite Ox. Prenons comme origine une des positions de M quand ce point se trouve sur la base Ox. Supposons que le cercle tourne en roulant dans le sens de la flèche et fixons sa position par l'abscisse du point A où la roulette touche la base.

C désignant le centre du cercle, soit φ la mesure de l'angle $\widehat{ACM}$, φ croissant dans le sens du mouvement. En vertu des hypothèses, on a :

$$\overline{OA} = \operatorname{arc} \overline{AM} = r\,\varphi.$$

r désignant le rayon du cercle. En projetant le contour OACM successivement sur Ox et Oy, on obtient comme coordonnées du point M :

$$x = r\,\varphi + r \cos\left(3\,\frac{\pi}{2} - \varphi\right) = r\,(\varphi - \sin\varphi),$$

$$y = r + r \sin\left(3\,\frac{\pi}{2} - \varphi\right) = r\,(1 - \cos\varphi).$$

On en déduit :

$$dx = r\,(1 - \cos\varphi)\,d\varphi = 2\,r \sin^2 \frac{\varphi}{2}\,d\varphi\,;$$

$$dy = r \sin\varphi\,d\varphi = 2\,r \sin\frac{\varphi}{2} \cos\frac{\varphi}{2}\,d\varphi\,;\qquad \frac{dy}{dx} = \operatorname{cotg}\frac{\varphi}{2}$$

Or l'angle $\widehat{MBA}$ valant $\frac{\varphi}{2}$, on voit que $\dfrac{dy}{dx}$ est le coefficient angulaire de MB, c'est-à-dire que MB est la tangente en M ; la normale en ce point est donc AM.

$ds^2 = 4\,r^2 \sin^2 \frac{\varphi}{2}\,d\varphi^2$ et, si l'on prend comme sens direct, sur l'arceau obtenu en faisant varier φ de 0 à 2π, le sens des φ croissants, on obtient :

$$ds = 2\,r \sin\frac{\varphi}{2}\,d\varphi.$$

Prenons comme origine des arcs le point O ; alors

$$s = -4\,r \cos\frac{\varphi}{2} + 4\,r.$$

Le point D le plus haut de l'arceau correspondant à $\varphi = \pi$, on a arc OD $= 4\,r$ et arc MD $= 4\,r \cos\frac{\varphi}{2} = 2\,$MB.

La différentielle de l'angle de la tangente avec Oy valant $\frac{1}{2}\,d\varphi$, le rayon de courbure vaut $2\left|\dfrac{ds}{d\varphi}\right| = 4\,r \sin\frac{\varphi}{2} = 2\,$MA.

Le centre de courbure I est donc le symétrique du point M par rapport au point A.

Il est facile de calculer les coordonnées du point I ; on trouve comme équation de MB :

$$x \cos\frac{\varphi}{2} - y \sin\frac{\varphi}{2} - r\left(\varphi \cos\frac{\varphi}{2} - 2 \sin\frac{\varphi}{2}\right) = 0.$$

On en déduit, en différentiant par rapport à φ, l'équation de MI

$$x \sin \frac{\varphi}{2} + y \cos \frac{\varphi}{2} - r \varphi \sin \frac{\varphi}{2} = 0.$$

Une nouvelle différentiation donne l'équation de la normale IH à la développante de la cycloïde

$$x \cos \frac{\varphi}{2} - y \sin \frac{\varphi}{2} - r \left(\varphi \cos \frac{\varphi}{2} + 2 \sin \frac{\varphi}{2} \right) = 0.$$

La résolution des deux dernières équations donne les coordonnées de I

$$x_1 = r (\varphi + \sin \varphi), \qquad y_1 = - r (1 - \cos \varphi) = - y.$$

On vérifie aisément que la développée est une cycloïde égale à la cycloïde donnée ; quand M décrit le demi-arceau OD, I décrit un demi-arceau qui résulte du demi-arceau DO_1 par la translation rectiligne d'amplitude DO. Il résulte de là que, parmi les développantes d'une cycloïde, il y a une cycloïde égale à la proposée.

6° *Hélice circulaire.* — Cette courbe résulte de l'enroulement d'une droite sur la surface d'un cylindre de révolution. L'enroulement peut être tel qu'un observateur placé suivant l'axe vertical du cylindre la tête en haut et regardant un mobile qui s'élève sur la courbe voit tourner ce mobile de droite à gauche ; nous dirons que l'hélice est sinistrorsum (tire-bouchon).

Dans le cas contraire, nous dirons que l'hélice est dextrorsum.

Considérons une hélice sinistrorsum.

Prenons comme axe Ox un rayon du cylindre aboutissant en un point A de l'hélice, comme axe Oz l'axe du cylindre orienté dans un sens arbitraire et comme axe Oy une perpendiculaire au plan xOz, orientée de telle sorte que le trièdre $O(x, y, z)$ soit sinistrorsum. Dans ces conditions, les points de l'hélice qui sont voisins de A et qui ont une cote positive se

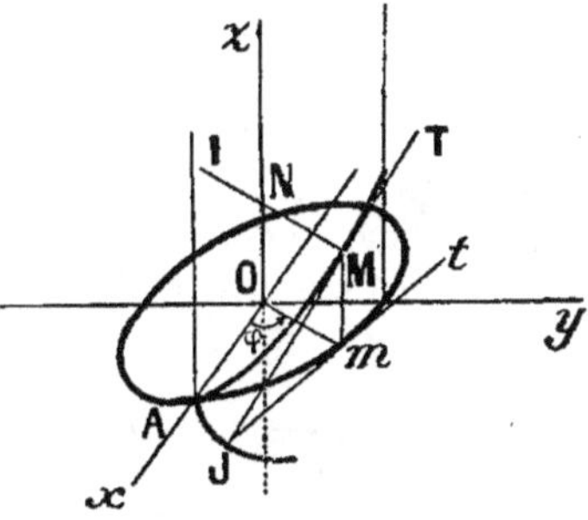

projettent sur le plan xOy dans l'angle xOy. Prenons comme variable l'angle φ des demi-droites OA, Om, dans le plan xOy orienté comme d'habitude. Les coordonnées du point M de l'hélice sont alors

$$x = r \cos \varphi, \qquad y = r \sin \varphi, \qquad z = k \varphi,$$

r désignant le rayon du cylindre et k une constante positive. Le pas h de l'hélice s'obtient en prenant la variation de la cote d'un point lorsque φ varie de 2π, on a donc : $h = 2 k \pi$.

On déduit de là :

$$dx = - r \sin \varphi \, d\varphi, \quad dy = r \cos \varphi \, d\varphi, \quad dz = k \, d\varphi, \quad ds^2 = (r^2 + k^2) \, d\varphi^2.$$

Prenons comme sens direct, sur l'hélice, le sens des φ croissants.

Alors $\qquad ds = \sqrt{r^2 + k^2}\, d\varphi \quad$ et $\quad s = \sqrt{r^2 + k^2}\,(\varphi - \varphi_0).$

Si l'origine des arcs est en A, on a :

$$s = \sqrt{r^2 + k^2}\,\varphi = \operatorname{arc} A\,m \, \frac{\sqrt{r^2 + k^2}}{r}.$$

Donc $\qquad\qquad \dfrac{\operatorname{arc} AM}{\operatorname{arc} A\,m} = \sqrt{1 + \dfrac{k^2}{r^2}}.$

Les cosinus directeurs de la tangente MT orientée dans le sens des arcs croissants sont

$$\alpha = -\frac{r}{\sqrt{r^2 + k^2}} \sin \varphi, \quad \beta = \frac{r}{\sqrt{r^2 + k^2}} \cos \varphi, \quad \gamma = \frac{k}{\sqrt{r^2 + k^2}}.$$

La tangente à l'hélice fait donc un angle constant avec les génératrices du cylindre.

L'indicatrice est un cercle.

On déduit de ces formules :

$$d\alpha = -\frac{r}{\sqrt{r^2 + k^2}} \cos \varphi\, d\varphi, \qquad d\beta = \frac{r}{\sqrt{r^2 + k^2}} \sin \varphi\, d\varphi,$$

$$d\gamma = 0; \qquad d\sigma^2 = \frac{r^2\, d\varphi^2}{r^2 + k^2}.$$

Si l'on prend comme sens des arcs σ croissants sur l'indicatrice, celui qui correspond à s croissant, on a :

$$d\sigma = \frac{r\, d\varphi}{\sqrt{r^2 + k^2}}, \qquad R = \frac{ds}{d\sigma} = \frac{r^2 + k^2}{r} = r + \frac{k^2}{r}.$$

Le rayon de courbure de l'hélice est donc constant ; ce fait est évident à priori si l'on remarque que la courbe se superpose à elle-même dans un déplacement continu.

La normale principale intérieure à la courbe en M a comme cosinus directeurs

$$\alpha_1 = \frac{d\alpha}{d\sigma} = -\cos \varphi, \qquad \beta_1 = \frac{d\beta}{d\sigma} = -\sin \varphi, \qquad \gamma_1 = \frac{d\gamma}{d\sigma} = 0.$$

Elle est donc parallèle à $m\mathrm{O}$ et a le même sens, il en résulte que le centre de courbure I s'obtient en portant sur le prolongement du rayon MN du cylindre une longueur NI constante et égale à $\dfrac{k^2}{r}$. Le lieu du point I est donc une hélice enroulée sur un cylindre de rayon $\dfrac{k^2}{r}$, dextrorsum comme la première et de même pas qu'elle.

Les développantes de l'hélice ont comme représentation paramétrique générale :

$$x_2 = r \cos \varphi + r\,(\varphi - \varphi_0) \sin \varphi, \qquad y_2 = r \sin \varphi - r\,(\varphi - \varphi_0) \cos \varphi,$$

$$z = k\,\varphi_0.$$

En particulier, celle qui correspond à $\varphi_0 = 0$ est dans le plan xOy; c'est une développante du cercle de base du cylindre, développante passant par A. Les autres ont une définition géométrique analogue.

On appelle hélice, d'une façon générale, une courbe résultant de l'enroulement d'une droite sur un cylindre quelconque; les tangentes à cette courbe font un angle constant avec les génératrices du cylindre; la longueur d'un arc d'hélice est proportionnelle à là longueur de l'arc de la section droite qui lui correspond; l'indicatrice est un cercle, etc.

Étude de la courbure des courbes menées par un point sur une surface. — Rappelons d'abord les résultats relatifs à la tangente et au cercle de courbure en un point M d'une courbe C définie par les équations

$$y = \psi(x), \qquad z = \theta(x).$$

Les paramètres directeurs de la tangente sont 1, y', z'. La droite caractéristique du plan normal est définie comme intersection de ce plan

$$(1) \qquad X - x + y'(Y - y) + z'(Z - z) = 0, \quad \text{(axes rectangulaires)}$$

avec le plan

$$(2) \qquad y''(Y - y) + z''(Z - z) = 1 + y'^2 + z'^2,$$

et le centre de courbure est le pied de la perpendiculaire abaissée de M sur cette droite.

Considérons deux courbes C et C' qui passent par un point M et qui ont même cercle de courbure en ce point; nous dirons qu'elles sont osculatrices en M.

Dès l'instant qu'elles sont tangentes, y' et z' ont les mêmes valeurs respectives sur les deux courbes en ce point. Les droites caractéristiques de leurs plans normaux étant les perpendiculaires au plan de leurs cercles de courbure menées par les centres de ces cercles, sont les mêmes en M; les projections de ces droites sur le plan yOz sont donc les mêmes et, par suite, en vertu de l'équation (2), y'' et z'' ont les mêmes valeurs respectives sur les deux courbes au point considéré.

Inversement, si, en un point M commun à deux courbes C et C', y', z', y'', z'' ont les mêmes valeurs respectives sur les deux courbes, C et C' ont même cercle de courbure en M.

Considérons maintenant une surface S définie par l'équation

$$(3) \qquad z = f(x, y)$$

et un point $M_0(x_0, y_0, z_0)$ de cette surface. Soient p_0, q_0, r_0, s_0, t_0 les valeurs des dérivées partielles premières et secondes de z par rapport à x et y en ce point.

Pour définir une courbe quelconque C située sur S et passant par M_0, il suffit de se donner le cylindre Γ qui la projette sur le plan xOy; soit

$$(4) \qquad y = \varphi(x)$$

l'équation de ce cylindre. Elle est telle que l'on a $y_0 = \varphi(x_0)$.

Les équations (3) et (4) définissent y et z comme fonctions de x et les dérivées premières et secondes de ces fonctions sont données par les équations

$$(5) \qquad y' = \varphi'(x), \qquad y'' = \varphi''(x); \qquad z' = p + q\,\varphi',$$
$$z'' = r + 2\,s\,\varphi' + t\,\varphi'^2 + q\,\varphi''.$$

En M_0, ces dérivées prennent des valeurs qui dépendent uniquement de $\varphi'(x_0)$, $\varphi''(x_0)$, p_0, q_0, r_0, s_0, t_0.

On en conclut que, si l'on remplace la courbe C en M_0 par une autre C' sur laquelle $\varphi'(x_0)$ et $\varphi''(x_0)$ ont les mêmes valeurs respectives que sur C, les deux courbes C et C' sont osculatrices au point considéré, ce qui revient à dire que C et C' sont osculatrices en M_0 si leurs projections sur le plan xOy sont osculatrices au point m_0 projection de M_0.

Si l'on remarque que l'équation du plan osculateur en un point de C est

$$\frac{1}{y''}\left[Y - y - y'(X - x) \right] = \frac{1}{z''}\left[Z - z - z'(X - x) \right],$$

on voit que, sur deux courbes C et C' ayant même plan osculateur en un point M_0, non seulement y' et z' ont les mêmes valeurs respectives, puisque les deux courbes sont tangentes à la même droite intersection de leur plan osculateur commun avec le plan tangent à S, mais le rapport $\dfrac{z''}{y''}$ a aussi la même valeur. Or ce rapport vaut

$$\frac{r_0 + 2\,s_0\,\varphi'_0 + t_0\,\varphi'^2_0}{\varphi''_0} + q_0.$$

Donc φ'_0 et φ''_0 ont les mêmes valeurs respectives sur les deux courbes en M_0 et les deux courbes sont osculatrices en M_0.

En particulier, une courbe quelconque C et la courbe C', intersection de S avec le plan osculateur en M_0 à C, ont le même cercle de courbure.

Si l'on substitue à S une autre surface S' passant par M_0 et sur laquelle p_0, q_0, r_0, s_0, t_0 ont les mêmes valeurs respectives que sur S, les deux courbes C et C', intersections de S et S' avec Γ, sont osculatrices en M_0.

L'étude des centres de courbure de toutes les courbes passant par un point M_0, sur une surface S, est donc ramenée à celle des centres de courbure des sections planes menées par M_0 sur une surface S' qui passe par ce point et telle que p_0, q_0, r_0, s_0, t_0 aient les mêmes valeurs respectives sur S et S' au point considéré.

Prenons le point comme origine, et le plan tangent en ce point comme plan xOy sans particulariser la direction de Ox.

p_0 et q_0 sont alors nuls et r_0, s_0, t_0 ont certaines valeurs bien déterminées.

Substituons à S la quadrique S' définie par l'équation

$$(6) \qquad 2\,z = r_0\,x^2 + 2\,s_0\,xy + t_0\,y^2.$$

p et q sont bien nuls à l'origine, et r, s, t prennent bien les valeurs r_0, s_0, t_0, en ce point sur la nouvelle surface. Nous allons étudier la distribution des centres de courbure des sections planes de S' en O.

Voyons d'abord la forme de S'. Un plan quelconque passant par Oz la coupe suivant une parabole, comme on s'en assure en cherchant la projection de cette courbe sur le plan yOz ou l'équation de la section dans son plan. Des plans parallèles au plan xOy la coupent suivant des ellipses si $r_0 t_0 - s_0^2$ est positif, des hyperboles si cette expression est négative, et des droites parallèles de direction fixe si elle est nulle.

S' est un paraboloïde elliptique dans le premier cas, un paraboloïde hyperbolique dans le second et un cylindre parabolique dans le troisième.

Cherchons le centre de courbure de la section faite dans S' par un plan quelconque qui passe par Ox. L'équation de ce plan étant $z = y \, \mathrm{tg} \, \varphi$, effectuons un changement d'axes en conservant Ox, et prenant comme nouveaux axes OY, OZ, la trace du plan sécant sur yOz et la perpendiculaire à ce plan. Les formules de transformation étant

$$y = Y \cos \varphi - Z \sin \varphi, \qquad z = Y \sin \varphi + Z \cos \varphi,$$

l'équation de la section dans son plan s'obtient en remplaçant y et z respectivement par $Y \cos \varphi$ et $Y \sin \varphi$ dans (6). On trouve ainsi :

$$2 \, Y \sin \varphi = r_0 \, x^2 + 2 \, s_0 \, x \, Y \cos \varphi + t_0 \, Y^2 \cos^2 \varphi.$$

Le calcul de $\dfrac{dY}{dx}$ et $\dfrac{d^2Y}{dx^2}$ est immédiat et on trouve à l'origine :

$$\left(\frac{dY}{dx}\right)_0 = 0, \qquad \left(\frac{d^2Y}{dx^2}\right)_0 = \frac{r_0}{\sin \varphi}.$$

Le centre de courbure I de C, en O, se trouve sur OY et son ordonnée vaut

$$(7) \qquad \frac{1 + Y_0'^2}{Y_0''} = \frac{\sin \varphi}{r_0}.$$

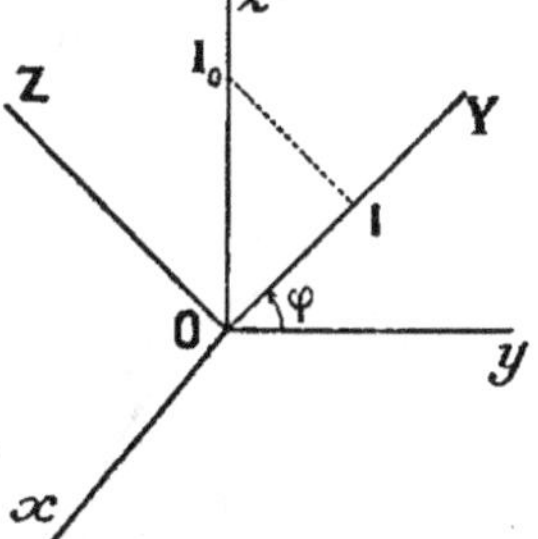

Pour $\varphi = \dfrac{\pi}{2}$, c'est-à-dire lorsque la section est normale, I vient en I_0 tel que $\overline{OI_0} = \dfrac{1}{r_0}$. Si l'on projette I_0 sur OY, on obtient précisément le point I.

On en conclut que le lieu de I est le cercle décrit sur OI_0 comme diamètre dans le plan yOz et on a la proposition suivante :

Le centre de courbure, en un point M d'une courbe quelconque C tracée sur une surface, s'obtient en projetant orthogonalement, sur le plan osculateur en M à C, le centre de courbure de la section normale qui est tangente à C en M. (Meusnier.)

On peut dire aussi que les droites caractéristiques des plans normaux à toutes les courbes tangentes en un point M sur une surface se rencontrent en un point fixe la normale à la surface au point M.

Cherchons maintenant comment varie le centre de courbure d'une section normale quand le plan de cette section tourne autour de la normale Oz.

L'équation du plan de la section étant $y = x \, \mathrm{tg}\, \theta$, effectuons le changement d'axes défini par les formules

$$x = X \cos \theta - Y \sin \theta, \qquad y = X \sin \theta + Y \cos \theta.$$

L'équation de la section, dans son plan, s'obtient en remplaçant x et y par $X \cos \theta$ et $Y \sin \theta$ dans (6). On trouve ainsi :

$$2\,z = X^2 \left(r_0 \cos^2 \theta + 2\, s_0 \cos \theta \sin \theta + t_0 \sin^2 \theta \right).$$

La cote du centre de courbure I vaut $\dfrac{1 + z'^2}{z''}$; on a donc :

$$\overline{OI} = \frac{1}{r_0 \cos^2 \theta + 2\, s_0 \cos \theta \sin \theta + t_0 \sin^2 \theta}$$

ou

$$(8) \qquad \frac{1}{\overline{OI}} = r_0 \cos^2 \theta + 2\, s_0 \cos \theta \sin \theta + t_0 \sin^2 \theta,$$

(r_0, s_0, t_0 sont de dimension -1, par rapport aux longueurs).

Il suffit évidemment de suivre la variation de $\dfrac{1}{\overline{OI}}$ en faisant varier θ dans un intervalle d'amplitude π, pour obtenir toutes les positions de I. On peut exprimer cette fonction soit au moyen de $\sin 2\theta$ et $\cos 2\theta$, soit au moyen de $\mathrm{tg}\,\theta$. On peut aussi adopter une représentation géométrique qui fait appel à certaines propriétés des coniques ; nous supposerons ces propriétés connues.

$1°$ Supposons $r_0 t_0 - s_0^2 > 0$. r_0 et t_0 ont le même signe ; nous pouvons les supposer positifs en changeant le sens de Oz si c'est nécessaire.

Le trinôme $r_0 \cos^2 \theta + 2\, s_0 \cos \theta \sin \theta + t_0 \sin^2 \theta$ ne peut s'annuler et reste toujours positif.

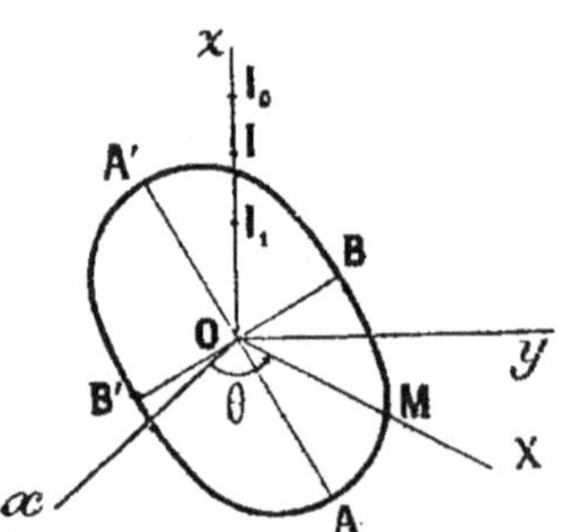

Posons $OI = \dfrac{\rho^2}{l}$, l étant une longueur positive, $\xi = \rho \cos \theta$, $\eta = \rho \sin \theta$; l'équation (8) devient :

$$(9) \qquad r_0 \xi^2 + 2\, s_0 \xi \eta + t_0 \eta^2 = l$$

qui définit une ellipse ayant son centre en O. La trace OX du plan de la section rencontre cette ellipse en un point M et OI vaut $\dfrac{\overline{OM}^2}{l}$.

Soient AA' et BB' les deux axes de symétrie de l'ellipse $(OA > OB)$.

Quand M décrit le quadrant AB de l'ellipse, OI décroit de $OI_0 = \dfrac{\overline{OA}^2}{l}$ à $OI_1 = \dfrac{\overline{OB}^2}{l}$ et I se déplace sur le segment $I_0 I_1$ de I_0 vers I_1. Quand OM occupe deux positions symétriques par rapport à OA, le point I reprend la même position. Les plans zOA et zOB s'appellent les plans principaux de S au point O; OI_0 et OI_1 sont les rayons de courbure principaux en ce point.

2° Supposons $r_0 t_0 - s_0^2 < 0$. Le trinôme

$$r_0 \cos^2\theta + 2 s_0 \cos\theta \sin\theta + t_0 \sin^2\theta$$

s'annule pour deux valeurs $t_0 = \operatorname{tg}\theta_0$, $t_1 = \operatorname{tg}\theta_1$ distinctes, et le point I correspondant à ces sections est rejeté à l'infini; autrement dit, il existe deux sections normales zOC_0, zOC_1 de S, présentant un point d'inflexion en O; dans S', ces sections sont des droites. Toutes les sections faites dans S par des plans passant par OC_0 ou OC_1 ont également un point d'inflexion en O.

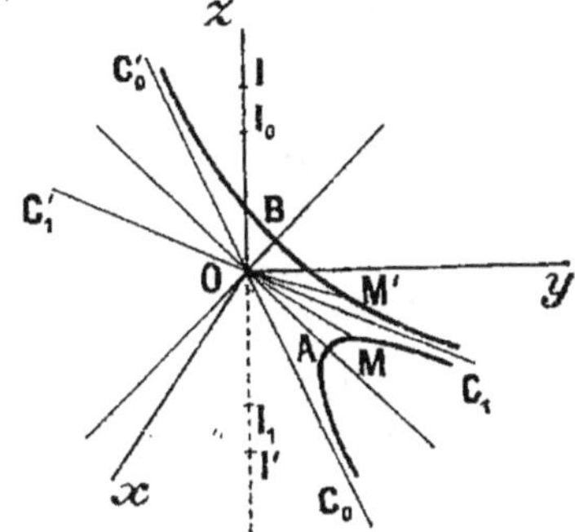

$\overline{OI}$ est positif quand la trace OM du plan normal sur le plan xOy se trouve dans l'angle $\widehat{C_0 OC_1}$, et négatif quand cette trace OM' se trouve dans un angle adjacent $\widehat{C_1 OC'_0}$. Dans le premier cas, posons encore $OI = \dfrac{\rho^2}{l}$, l étant positif, $\xi = \rho\cos\theta$, $\eta = \rho\sin\theta$. L'équation

$$r_0 \xi^2 + 2 s_0 \xi\eta + t_0 \eta^2 = l$$

représente une hyperbole dont le centre est en O et dont les asymptotes sont OC_0 et OC_1. Une branche de cette hyperbole nous suffit; soit AA' l'axe de symétrie qui la coupe. Quand M décrit l'arc $A\Gamma_1$ de cette hyperbole, OI croît depuis $OI_0 = \dfrac{\overline{OA}^2}{l}$ jusqu'à l'infini et le point I se déplace sur la demi-droite $I_0 z$ en s'éloignant constamment de I_0.

Dans le second cas, posons $\overline{OI} = -\dfrac{\rho^2}{l}$, l étant encore positif. L'équation

$$r_0 \xi^2 + 2 s_0 \xi\eta + t_0 \eta^2 = -l$$

représente l'hyperbole qui est dite conjuguée de la précédente. Elle admet les mêmes axes de symétrie et les mêmes asymptotes, mais elle n'est pas placée dans les mêmes angles des asymptotes que la première. Quand M' décrit l'arc $B\Gamma'_1$ de la seconde hyperbole, $\overline{OI}$ varie depuis $\overline{OI}_1 = -\dfrac{\overline{OB}^2}{l}$ jusqu'à $-\infty$ et le point I se déplace sur la demi-droite $I_1 z'$ en s'éloignant constamment de I_1. OI_0 et OI_1 sont les rayons de courbure principaux de la surface S qui est à courbures opposées au point O; les plans zOA, zOB sont les plans principaux de S en O.

3° Supposons $r_0 t_0 - s_0^2 = 0$. r_0 et t_0 étant de même signe, nous pouvons encore les supposer positifs. Nous posons encore $OI = \dfrac{\rho^2}{l}$, l étant positif. L'équation

$$r_0 \xi^2 + 2 s_0 \xi\eta + t_0 \eta^2 = l,$$

peut s'écrire

$$(r_0 \xi + s_0 \eta)^2 = r_0 l.$$

Elle définit deux droites parallèles Δ et Δ'. Soient AA' la perpendiculaire menée de O à ces deux droites et soit BB' la droite parallèle équidistante de Δ et Δ'. Quand le point M décrit la demi-droite AΔ, OI croit depuis

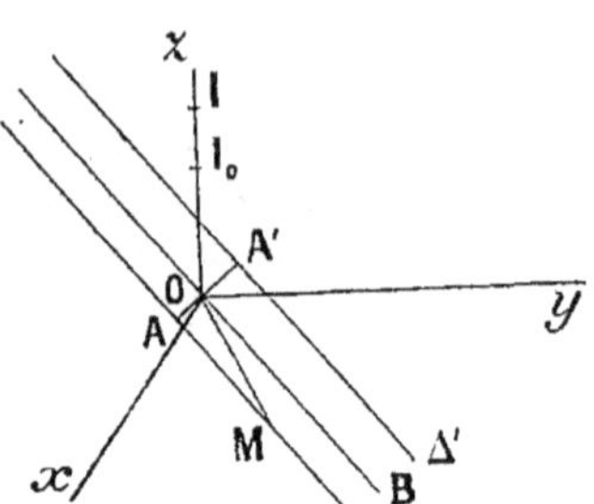

$$OI_0 = \frac{\overline{OA}^2}{l} \text{ jusqu'à l'infini et le point I}$$

décrit la demi-droite Iz.

Les plans principaux de S sont encore zOA et zOB; l'un des rayons de courbure principaux est infini, l'autre vaut OI_0.

Les coniques rencontrées au cours de cette étude s'appellent les *indicatrices* de la surface relatives au point O.

EXERCICES

1º Trouver la longueur d'un arc de la courbe dont la représentation paramétrique est donnée par les formules

$$ax = (a^2 - b^2)\cos^3\varphi, \qquad by = (b^2 - a^2)\sin^3\varphi,$$

φ désignant un paramètre variable. Montrer que les développantes de cette courbe sont des courbes algébriques; trouver le degré de ces courbes.

2º Traiter les mêmes questions pour la courbe définie par les équations

$$ax = (a^2 + b^2)\operatorname{ch}^3\varphi, \qquad by = -(a^2 + b^2)\operatorname{sh}^3\varphi.$$

3º Traiter les mêmes questions pour la courbe définie par l'équation

$$8(p - x)^3 + 27\,py^2 = 0.$$

4º Trouver les coordonnées du centre de la sphère surosculatrice en un point d'une hélice circulaire.

5º Démontrer que toute courbe pour laquelle le centre de la sphère surosculatrice en un point quelconque coïncide avec le centre de courbure en ce point, est une courbe C à courbure constante. Soit C_1 la courbe lieu du centre de courbure de C; trouver la courbe lieu du centre de courbure de C_1.

6º On suppose que les coordonnées du point courant sur une courbe gauche sont des fonctions rationnelles d'un paramètre l (courbe unicursale).
Démontrer que si les tangentes à cette courbe font un angle constant avec une direction fixe, les cosinus directeurs de ces tangentes sont des fonctions rationnelles de l.

7º On suppose que les cosinus directeurs des tangentes à la cubique gauche

$$x = f(l), \quad y = g(l), \quad z = h(l),$$

(f, g, h désignant des polynomes entiers du 3e degré au plus en l), sont des fonctions rationnelles de l. Démontrer que les tangentes à cette cubique font un angle constant avec une direction fixe. Trouver la forme générale des polynomes f, g, h, sachant que cette direction fixe est celle de Oz.

8º Trouver les courbes planes dont l'équation intrinsèque est

$$a\,\mathrm{R} = s^2 + bs + c,$$

a, b, c désignant des constantes.

9º Trouver les courbes planes dont l'équation intrinsèque est

$$\mathrm{R}^2 + s^2 + as + b = 0,$$

a et b désignant des constantes.

67ᵉ LEÇON

ÉVALUATION DES AIRES PLANES

L'évaluation d'une aire plane, limitée par une courbe quelconque, revient, d'après ce que nous avons vu, au calcul d'une ou de plusieurs intégrales définies; nous allons préciser quelques points.

Imaginons une aire limitée par deux parallèles à Oy, d'abscisses a et b, et par deux arcs de courbe A_0B_0, A_1B_1 rencontrés chacun en un seul point par une parallèle à Oy. Soient M_0 et M_1 les points de ces arcs, situés sur la droite d'abscisse x, y_0 et y_1 leurs ordonnées, y_1 étant plus grand que y_0. La différentielle de l'aire $A_0M_0M_1A_1$ est $(y_1 - y_0)\,dx$ et l'aire cherchée vaut $\int_a^b (y_1 - y_0)\,dx$.

Si y_0 et y_1 sont racines d'une équation du second degré dont les coefficients sont des fonctions de x, la différence $y_1 - y_0$ contient un radical carré; ce fait se présente en particulier quand A_0B_0 et A_1B_1 sont deux arcs d'une même conique.

Supposons maintenant que l'aire à évaluer soit limitée par une courbe fermée qui ne se croise pas elle-même, de sorte que la région intérieure à cette courbe soit bien définie. Les coordonnées x, y d'un point quelconque M de cette courbe sont des fonctions d'un paramètre t qui croît, par exemple, de α à β quand le point M, partant de A, décrit tout le contour en se déplaçant dans le sens de la flèche. Supposons, pour simplifier, que l'ordonnée de M soit toujours positive.

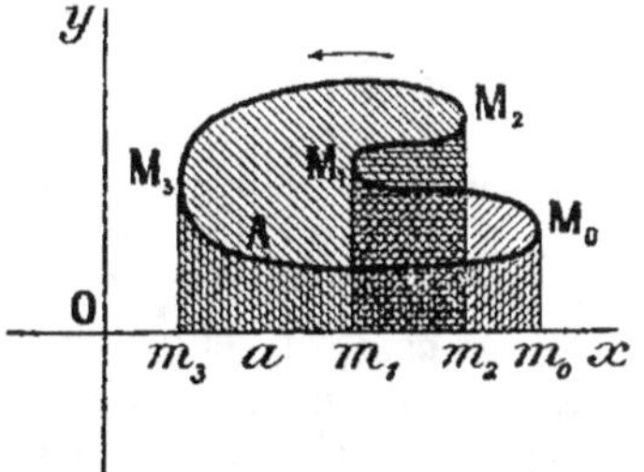

Soient t_0, t_1, t_2, t_3 les valeurs du paramètre correspondant aux points M_0, M_1, M_2, M_3 de la courbe, pour lesquels x passe par un maximum ou un minimum.

L'intégrale $\int_a^{t_0} y\,dx$ est positive, puisque y et Δx sont positifs; elle mesure l'aire $a\,AM_0m_0$ couverte de hachures verticales.

L'intégrale $\int_{t_0}^{t_1}$ est négative et représente, avec le signe —, l'aire $M_0m_0m_1M_1$ couverte de hachures parallèles à la première bissectrice.

L'intégrale $\int_{t_1}^{t_2}$ est positive et représente l'aire $M_1m_1m_2M_2$ couverte de hachures horizontales.

L'intégrale $\int_{t_2}^{t_3}$ est négative et représente, avec le signe —, l'aire $M_2 m_2 m_3 M_3$ couverte de hachures parallèles à la seconde bissectrice.

Enfin l'intégrale $\int_{t_3}^{\beta}$ est positive et représente l'aire $M_3 m_3 a A$ couverte de hachures verticales.

La somme de ces diverses intégrales est $\int_{\alpha}^{\beta} y\,dx$. Dans cette somme, les parties correspondant aux aires balayées un nombre pair de fois disparaissent.

Les parties correspondant aux aires balayées un nombre impair de fois subsistent seules et elles sont toutes négatives; la réunion de ces aires constitue l'aire cherchée qui est représentée, avec le signe —, par

$$\int_{\alpha}^{\beta} y\,dx.$$

Si le déplacement du point M avait eu lieu en sens inverse, l'intégrale $\int_{\alpha}^{\beta} y\,dx$ eût été positive. D'une façon générale, si le plan xOy est orienté sinistrorsum par les axes Ox, Oy, et si un observateur placé sur le plan et accompagnant le point M dans son déplacement laisse à sa gauche la région intérieure à la courbe, l'intégrale est négative; sinon elle est positive.

Au lieu de balayer l'aire par une droite de direction fixe, on peut la balayer par une droite passant par un point fixe, l'origine des axes par exemple. Le segment OM tournant autour de O, depuis la position OA jusqu'à la position OB, balaie l'aire limitée par l'arc de courbe AB et les deux rayons vecteurs OA et OB.

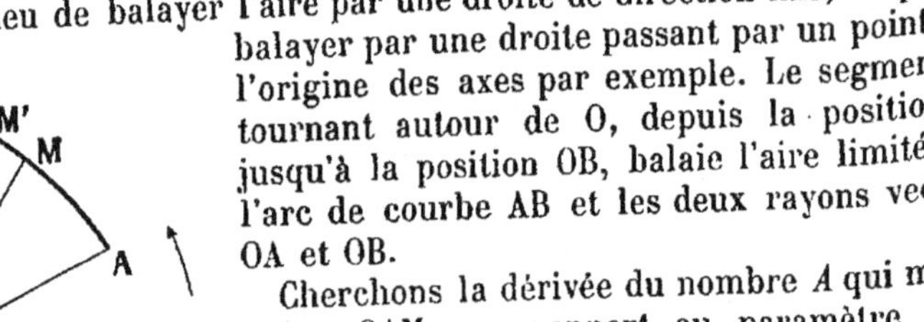

Cherchons la dérivée du nombre A qui mesure l'aire OAM par rapport au paramètre u qui fixe la position de M sur la courbe. Soient ρ et θ les coordonnées polaires du point M, fonctions de u; soient $\rho + \Delta\rho$, $\theta + \Delta\theta$ celles du point voisin M' qui correspond à la valeur $u + \Delta u$ du paramètre. La valeur absolue du nombre qui mesure l'aire OMM' est comprise entre les mesures des aires de deux secteurs circulaires qui ont même angle $|\Delta\theta|$ et qui ont pour rayons le maximum et le minimum absolu de $|\rho|$ dans l'intervalle considéré. On en conclut aisément que l'on a $|dA| = \frac{1}{2}\rho^2 |d\theta|$. Nous prendrons exactement

$$dA = \frac{1}{2}\rho^2\,d\theta,$$ ce qui revient à mesurer par des nombres positifs les aires balayées par un rayon vecteur tournant dans le sens direct du plan, et par des nombres négatifs les aires balayées par un rayon vecteur tournant en sens inverse.

Si l'on a affaire à une courbe fermée qui n'a pas de point de croisement, un raisonnement analogue à celui qui a été fait plus haut montre que si, u croissant de α à β, le point M part d'un point A du contour pour y revenir, en laissant à sa gauche l'aire à évaluer (le plan est orienté sinistrorsum), l'intégrale $\frac{1}{2}\int_{\alpha}^{\beta}\rho^2\,d\theta$ est la mesure de cette aire. Dans le cas contraire l'intégrale est négative.

Au lieu de définir le point M par ses coordonnées polaires, on peut le définir par les coordonnées cartésiennes rectangulaires correspondantes.

A cause de l'égalité $\operatorname{tg}\theta=\dfrac{y}{x}$, on a :

$$d\theta=\frac{d\left(\dfrac{y}{x}\right)}{1+\left(\dfrac{y}{x}\right)^2}=\frac{x\,dy-y\,dx}{x^2+y^2}$$

et, par suite,

$$dA=\frac{1}{2}\rho^2\,d\theta=\frac{1}{2}(x\,dy-y\,dx).$$

On aurait obtenu ce résultat rapidement en assimilant l'aire OMM' à celle du triangle rectiligne OMM', qui est mesurée par $\frac{1}{2}(x\Delta y-y\Delta x)$.

Si l'on pose $\dfrac{y}{x}=t$, on a aussi :

$$x^2\,dt=x\,dy-y\,dx,\qquad \text{d'où}\qquad dA=\frac{1}{2}x^2\,dt.$$

L'emploi de cette dernière formule rend des services chaque fois que x^2 est une fonction simple de t. Par exemple, si une courbe algébrique est définie par l'équation

$$\varphi_m(x,\,y)+\varphi_{m-2}(x,\,y)=0,$$

φ_m et φ_{m-2} désignant des polynomes homogènes de degrés respectifs m et $m-2$, on a $x^2=-\dfrac{\varphi_{m-2}(1,\,t)}{\varphi_m(1,\,t)}$, et l'évaluation d'une aire balayée par un rayon vecteur issu de l'origine est ramenée au calcul d'une intégrale de différentielle rationnelle. Ce fait se présente pour l'ellipse et l'hyperbole lorsqu'on place l'origine au centre de ces courbes.

On peut utiliser des balayages plus compliqués. Soit AB un arc de courbe sans inflexion. Portons sur la tangente en un point quelconque M de cet arc, dans un sens déterminé, un vecteur MM' dont la grandeur varie avec le paramètre u qui fixe la position de M sur cet arc. Le lieu de M' est un arc de courbe A'B' et le segment MM' balaie l'aire comprise entre les deux arcs AB, A'B' et les deux segments AA', BB'.

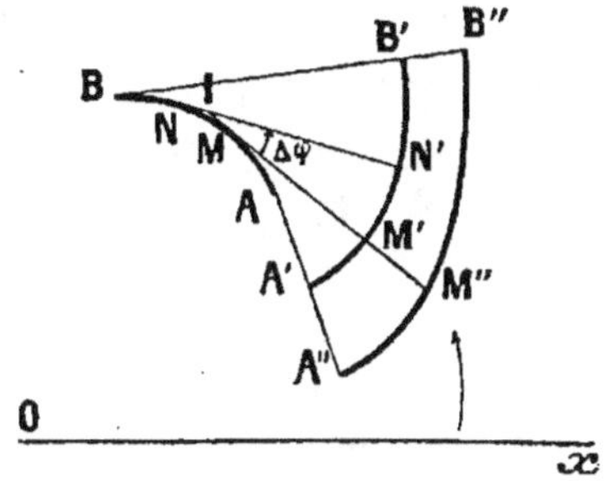

Désignons par A le nombre qui mesure l'aire mixtiligne AA'M'M. I étant le point de rencontre des tangentes en deux points M et N voisins sur AB, il est aisé d'établir que l'aire mixtiligne NMM'N' et l'aire rectiligne IM'N' sont des infiniment petits équivalents.

Soit φ l'angle de la demi-droite MM′ avec une demi-droite Ox, dans le plan orienté. L'aire du triangle IM′N′ est mesurée par $\frac{1}{2}$IM′.IN′ sin$|\Delta\varphi|$ qui est équivalent à $\frac{1}{2}\overline{MM'}^2.|\Delta\varphi|$. On en conclut l'égalité $|dA| = \frac{1}{2}\overline{MM'}^2|d\varphi|$.

Nous prendrons :

$$dA = \frac{1}{2}\overline{MM'}^2\, d\varphi,$$

en mesurant par des nombres positifs les aires balayées par des vecteurs qui tournent dans le sens direct quand u croît.

L'aire mixtiligne AA′B′B est mesurée, au signe près, par $\frac{1}{2}\int_{\alpha}^{\beta}\overline{MM'}^2\, d\varphi$, α et β désignant les valeurs de u en A et en B.

On remarque que c'est l'aire d'un secteur de la courbe définie en coordonnées polaires par les équations $\rho = $ MM′, $\theta = \varphi$.

En particulier, si MM′ est constant, c'est l'aire d'un secteur circulaire.

On peut évaluer, de cette façon, l'aire limitée par deux arcs de courbe quelconques A′B′, A″B″ qui ne se croisent pas, et par les deux segments A′A″, B′B″. On balaie cette aire par un segment M′M″ dont le support a pour enveloppe un arc de courbe convexe AB, et on la regarde comme la différence des aires balayées par MM″ et MM′.

Soit maintenant ABC un arc de courbe résultant de la juxtaposition de deux arcs convexes AB et BC en un point d'inflexion B de l'arc total.

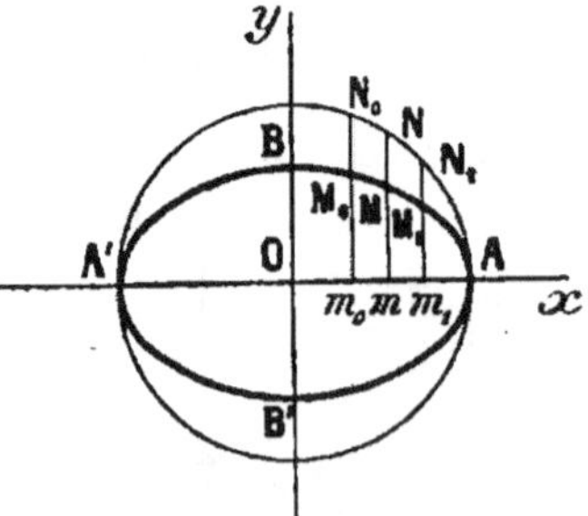

Portons encore sur la tangente en un point quelconque M de l'arc ABC, dans un sens déterminé, un vecteur MM′ dont la grandeur est fonction de u. Soient α, β, γ les valeurs du paramètre qui correspondent aux points A, B, C.

Supposons C′ confondu avec A′, de sorte que la courbe décrite par M′ est une courbe fermée que nous imaginons sans point de croisement. Il est facile de voir que l'aire intérieure à cette courbe est mesurée, au signe près, par $\frac{1}{2}\int_{\alpha}^{\gamma}\overline{MM'}^2\, d\varphi$.

Exemples. — 1° *Ellipse.* — Considérons l'ellipse définie par l'équation

$$\frac{x^2}{a^2} + \frac{y^2}{b^2} - 1 = 0$$

rapportée à ses axes de symétrie. Cherchons, par exemple, l'aire A balayée par une ordonnée mM dont l'abscisse varie de x_0 à x_1. Elle est mesurée par $\int_{x_0}^{x_1} y\, dx$.

On sait que les coordonnées de M sont aussi

$$x = a\cos\varphi, \qquad y = b\sin\varphi,$$

φ désignant l'angle $\widehat{AON}$ que fait Ox avec le rayon ON du cercle décrit sur AA′ comme diamètre. On trouve aisément :

$$y\, dx = -ab\sin^2\varphi\, d\varphi = -\frac{ab}{2}(1 - \cos 2\varphi)\, d\varphi.$$

Par suite

$$(1) \qquad A = -\frac{ab}{2} \int_{\varphi_0}^{\varphi_1} (1 - \cos 2\varphi)\, d\varphi$$

$$= \frac{ab}{2} \left[\varphi_0 - \varphi_1 + \frac{1}{2} \sin 2\varphi_1 - \frac{1}{2} \sin 2\varphi_0 \right].$$

Or $\frac{1}{2} \sin 2\varphi = \sin\varphi \cos\varphi = \frac{xy}{ab}$ et $\varphi = \text{arc} \cos \frac{x}{a}$, si l'on suppose que M se déplace sur l'arc ABA′ de l'ellipse. Donc

$$(2) \qquad A = \frac{ab}{2} \left[\text{arc} \cos\frac{x_0}{a} - \text{arc} \cos\frac{x_1}{a} \right] + \frac{1}{2}(x_1 y_1 - x_0 y_0).$$

La partie $\dfrac{ab}{2} \left(\text{arc} \cos\dfrac{x_0}{a} - \text{arc} \cos\dfrac{x_1}{a} \right)$ mesure l'aire du secteur $OM_1 M_0$.

En multipliant l'ordonnée $m\,M$ par le nombre constant $\frac{a}{b}$, on voit que l'aire balayée par l'ordonnée $m\,N$ du cercle principal est égale à l'aire balayée par $m\,M$, multipliée par ce nombre. On aurait pu utiliser cette remarque pour calculer l'aire A, en partant de l'expression, sous forme élémentaire, de la portion d'aire $m_0\,m_1\,N_1\,N_0$ du cercle principal; on retrouve ainsi la formule (1).

Si l'on fait $\varphi_0 = \dfrac{\pi}{2}$, $\varphi_1 = 0$, on obtient l'aire d'un quadrant de l'ellipse, savoir $\dfrac{\pi ab}{4}$; l'aire totale de l'ellipse est donc πab.

Cherchons encore l'aire balayée par OM depuis OM_1 jusqu'à OM_0. En posant $\dfrac{y}{x} = t$, on a de suite $x^2 = \dfrac{a^2 b^2}{a^2 t^2 + b^2}$, et l'aire cherchée vaut

$$\frac{1}{2} \int_{t_1}^{t_0} \frac{a^2 b^2\, dt}{a^2 t^2 + b^2} \quad \text{ou, en posant } at = bu, \text{ c'est} \quad \frac{ab}{2} \int_{u_1}^{u_0} \frac{du}{1 + u^2},$$

ou encore

$$(3) \qquad \frac{ab}{2} \left[\text{arc tg} \frac{ay_0}{bx_0} - \text{arc tg} \frac{ay_1}{bx_1} \right].$$

Le rapprochement de ce résultat et de celui que nous avons obtenu au moyen de la formule (2) est facile.

2° *Hyperbole.* — Considérons l'hyperbole définie par l'équation

$$\frac{x^2}{a^2} + \frac{y^2}{b^2} - 1 = 0,$$

rapportée à ses axes de symétrie. Cherchons l'aire balayée par une ordonnée $m\,M$ dont l'abscisse varie de x_0 à x_1. Elle est mesurée par $\int_{x_0}^{x_1} y\, dx$.

On pourrait utiliser, pour ce calcul, la représentation paramétrique $x = a\,\mathrm{ch}\,\varphi$, $y = b\,\mathrm{sh}\,\varphi$, qui définit la branche de l'hyperbole sur laquelle x est positif. Calculons l'intégrale directement, au moyen d'une intégration par parties.

$$I = \int \frac{b}{a}\sqrt{x^2 - a^2}\,dx = \frac{b}{a}x\sqrt{x^2 - a^2} - \frac{b}{a}\int \frac{x^2 - a^2 + a^2}{\sqrt{x^2 - a^2}}\,dx,$$

d'où
$$2\,I = \frac{a}{b}x\sqrt{x^2 - a^2} - ab\int \frac{dx}{\sqrt{x^2 - a^2}},$$

c'est-à-dire

$$I = \frac{b}{2a}x\sqrt{x^2 - a^2} - \frac{ab}{2}\log\left(x + \sqrt{x^2 - a^2}\right) + C^{te},$$

$$I = \frac{xy}{2} - \frac{ab}{2}\log\left(x + \frac{a}{b}y\right) + C^{te} = \frac{xy}{2} - \frac{ab}{2}\log\left(\frac{x}{a} + \frac{y}{b}\right) + C^{te}.$$

Donc

$$(4) \qquad A = \frac{x_1 y_1 - x_0 y_0}{2} + \frac{ab}{2}\log \frac{\dfrac{x_0}{a} + \dfrac{y_0}{b}}{\dfrac{x_1}{a} + \dfrac{y_1}{b}}.$$

Le rapport $\dfrac{\dfrac{x_0}{a} + \dfrac{y_0}{b}}{\dfrac{x_1}{a} + \dfrac{y_1}{b}}$ est égal au rapport des distances des points M_0 et M_1 à l'asymptote OC' dont l'équation est $\dfrac{x}{a} + \dfrac{y}{b} = 0$; c'est l'inverse du rapport des distances des mêmes points à l'asymptote OC.

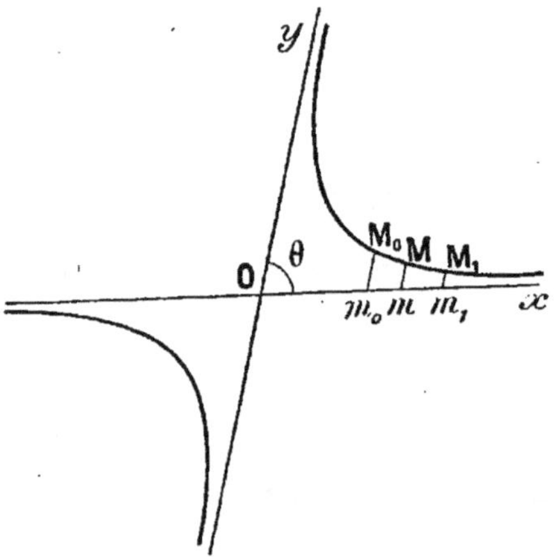

La partie $\dfrac{ab}{2}\log \dfrac{\dfrac{x_0}{a} + \dfrac{y_0}{b}}{\dfrac{x_1}{a} + \dfrac{y_1}{b}}$ représente l'aire du secteur OM_0M_1.

Supposons maintenant l'hyperbole rapportée à ses asymptotes; soit

$$xy = l^2$$

son équation. L'angle des axes étant θ, la différentielle de l'aire balayée par l'ordonnée mobile mM est $y\sin\theta\,dx$ et l'aire mixtiligne $m_0 m_1 M_1 M_0$ vaut $\sin\theta\int_{x_0}^{x_1} y\,dx$. Or $\int y\,dx = \int \dfrac{l^2\,dx}{x} = l^2\log x + C^{te}$.

Donc

$$A = l^2\sin\theta\,\log\frac{x_1}{x_0} = l^2\sin\theta\,\log\frac{y_0}{y_1}.$$

L'aire comprise entre une branche infinie d'hyperbole et l'asymptote correspondante est infinie.

3° *Parabole*. — L'équation de la parabole rapportée à un diamètre et à la tangente à l'extrémité de ce diamètre est

$$y^2 = 2p'x.$$

L'aire mixtiligne $m_0 m_1 M_1 M_0$ a pour mesure $\sin\theta \int_{x_0}^{x_1} y\,dx$, c'est-à-dire

$$\sin\theta \int_{x_0}^{x_1} \sqrt{2p'x}\,dx = \frac{1}{3}\sin\theta \sqrt{p'}\left[(2x_1)^{\frac{3}{2}} - (2x_0)^{\frac{3}{2}}\right]$$

$$= \frac{2}{3}\sin\theta\,(x_1 y_1 - x_0 y_0).$$

En particulier, l'aire Om_0M_0 vaut $\frac{2}{3}\sin\theta \cdot x_0 y_0$, c'est-à-dire les deux tiers de l'aire du parallélogramme $Om_0M_0m_0'$ ou le double de l'aire OM_0m_0'.

L'évaluation de cette dernière, sous la forme $\sin\theta \int_0^{y_0} x\,dy$, est plus rapide encore.

Évaluation des volumes. — Le volume limité par une surface S et par deux plans de cotes a et b parallèles au plan xOy peut être décomposé en m tranches par des plans équidistants parallèles à xOy. Substituons à chacune de ces tranches un cylindre ayant pour base la face inférieure de la tranche (Oz vertical est orienté vers le haut) et pour hauteur l'épaisseur de cette tranche, et prenons la somme des nombres qui mesurent les volumes de ces cylindres. Si z_i est la cote du plan de l'une des bases, l'aire s de cette base est une fonction de z_i; supposons cette fonction connue. Le nombre qui mesure le volume du cylindre est $\dfrac{b-a}{m}s(z_i)$.

Quand m tend vers l'infini, la mesure du volume de tous les cylindres tend vers $\int_a^b s(z)\,dz$. C'est cette intégrale que l'on prend comme mesure du volume considéré.

Nous allons justifier cette définition sur un exemple. Les sections horizontales de la surface sont des courbes fermées dont les projections horizontales ont ou n'ont pas d'enveloppe suivant que leurs plans coupent ou ne coupent pas le contour apparent horizontal de la surface. Un ellipsoïde qui n'a pas d'axe de symétrie nous donne un exemple de ces deux faits.

1° Deux sections horizontales dont les cotes sont comprises entre les cotes z_0 et z_1 du point le plus bas et du point le plus haut du contour apparent horizontal, projeté en E, ont leurs projections c et c' tangentes à E en a, b et a', b'.

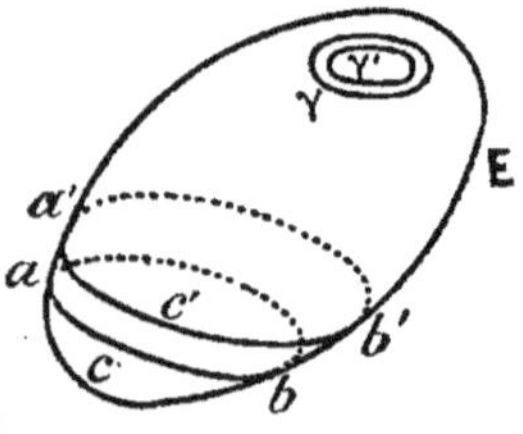

Les plans Π et Π' de ces sections découpent dans l'ellipsoïde une tranche t.

Supposons-les voisins, de sorte que les ellipses c et c' empiètent l'une sur l'autre. Désignons par A_1 l'aire de la partie commune qui est limitée par un arc de c en points et un arc de c' en trait plein, par A_2 l'aire limitée par un arc de c en trait plein et un arc de c' en points ainsi que par les deux arcs aa', bb' du contour apparent. Soient t_1 et t_2 les deux tranches déterminées par Π et Π' dans les cylindres droits ayant pour bases respectives les aires A_1 et A_2. Tout plan horizontal compris entre Π et Π' coupe la surface limitant t suivant une ellipse qui se projette tout entière à l'extérieur de A_1 et à l'intérieur de A_2. Tout point de t_1 est donc à l'intérieur de t et tout point de t est à l'intérieur de t_2. Or les volumes des deux tranches cylindriques t_1 et t_2 sont équivalents, comme les aires A_1 et A_2 de leurs bases, car A_1 et A_2 ont pour limite commune l'aire de c quand Π' tend vers Π.

2° Deux sections horizontales dont les cotes sont, par exemple, supérieures à z_1, ont leurs projections γ et γ' intérieures l'une à l'autre. Soient θ, θ_1, θ_2, les tranches découpées par les plans de ces deux sections dans l'ellipsoïde et dans chacun des cylindres droits qui ont pour bases respectives γ et γ'. Tout point de θ est à l'intérieur de θ_1 et tout point de θ_2 est à l'intérieur de θ. Or les volumes des deux tranches cylindriques θ_1 et θ_2 sont équivalents, comme les aires de leurs bases, car ces aires ont pour limite commune l'aire de γ.

Signalons quelques cas particuliers intéressants.

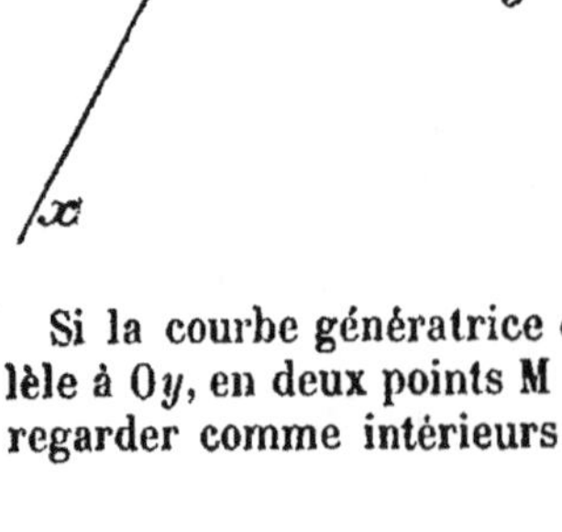

Un arc de courbe AB du plan yOz, tournant autour de Oz, engendre une surface S de révolution, et, si cet axe est rencontré en un seul point par une parallèle à Oy, l'espace intérieur à cette surface est nettement défini. (L'arc AB peut traverser Oz.)

u désignant la variable dont dépend un point $M(y, z)$ de la méridienne, α et β les valeurs de cette variable correspondant aux extrémités A et B de l'arc générateur $(\beta > \alpha)$, le volume limité par la surface et par les plans de cote α et β est

$$\int_{\alpha}^{\beta} \pi y^2 \, dz.$$

Si la courbe génératrice du plan yOz est rencontrée par une parallèle à Oy, en deux points M et N situés d'un même côté de Oz, on peut regarder comme intérieurs à la surface les points placés à l'intérieur des couronnes circulaires engendrées par les différentes positions du segment MN.

z étant la variable, z_0 et z_1 les cotes des points A_0 et A_1, le volume cherché V est mesuré par l'intégrale

$$\int_{z_0}^{z_1} \pi (y_1^2 - y_0^2) dz,$$

y_0 et y_1 désignant les ordonnées des points M et N $(y_1 > y_0)$.

On peut en déduire un théorème, dû à Guldin, sur l'expression du volume engendré par une aire plane tournant autour d'un axe situé dans son plan et qui ne la traverse pas.

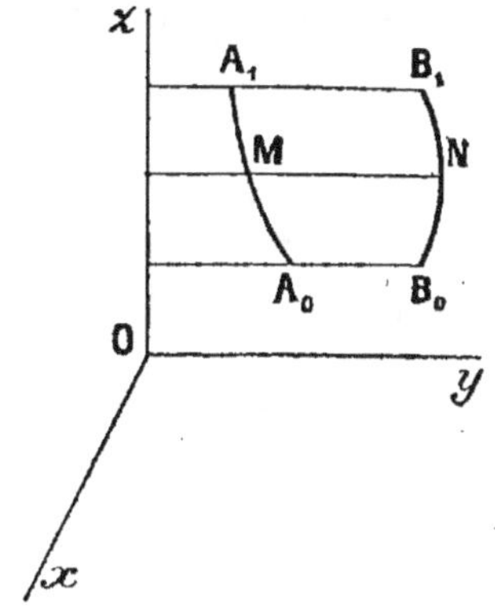

Regardons l'aire $A_0 B_0 B_1 A_1$ comme matérielle et supposons que cette aire soit homogène, sa densité en tous ses points étant prise comme unité. Remplaçons la masse totale, c'est-à-dire l'aire A par la somme des aires des rectangles $M_i N_i N_i' M_i'$ qui ont pour bases respectives les ordonnées et pour hauteur l'épaisseur des tranches précédemment définies. Le centre de gravité g_i d'un rectangle est en son centre de symétrie et a pour ordonnée $\frac{1}{2}(y_{1,i} + y_{0,i})$. Son aire a pour mesure

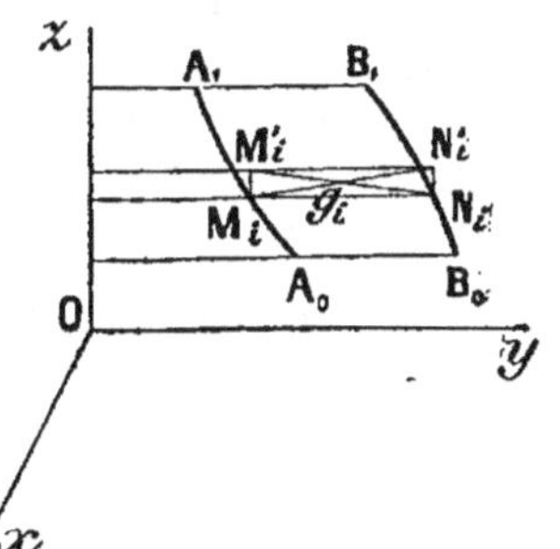

$\frac{z_1 - z_0}{m}(y_{1,i} - y_{0,i})$. Le centre de gravité de l'aire de tous les rectangles a donc pour ordonnée

$$\eta_m = \frac{\sum \frac{1}{2}(y_{1,i} + y_{0,i}) \frac{z_1 - z_0}{m}(y_{1,i} - y_{0,i})}{\sum \frac{z_1 - z_0}{m}(y_{1,i} - y_{0,i})}.$$

Le numérateur de ce rapport a pour limite l'intégrale

$$\int_{z_0}^{z_1} \frac{1}{2}(y_1^2 - y_0^2) \, dz,$$

quand m tend vers l'infini; cette limite est $\dfrac{V}{2\pi}$. Le dénominateur a pour limite l'intégrale $\int_{z_0}^{z_1}(y_1 - y_0) dz$, c'est-à-dire A. Si l'on appelle η la limite de η_m, c'est-à-dire l'ordonnée du centre de gravité de l'aire A, on a donc :

$$V = 2\pi\eta A,$$

égalité qui s'énonce aisément en langage ordinaire.

Supposons encore que la méridienne soit une courbe fermée, située tout entière d'un même côté de Oz, cette courbe pouvant être rencontrée en plus de deux points par une parallèle à Oy. La position d'un point M sur cette courbe dépend de la valeur d'un paramètre u qui croît de α à β quand M décrit la courbe tout entière, en partant d'un point A pour y revenir. La méridienne n'ayant pas de point de croisement, la région intérieure à cette méridienne est nettement définie et l'espace intérieur à la surface qu'elle engendre est défini en même temps. Les coordonnées du point M étant y et z, on démontrera que si ce point décrit la méridienne en laissant à gauche la région intérieure (trièdre $Oxyz$ sinistrorsum), l'intégrale $\int_\alpha^\beta \pi y^2 dz$ mesure le volume considéré.

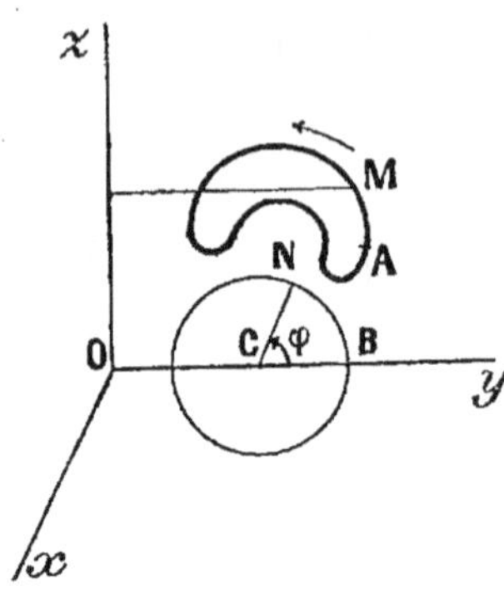

Par exemple, si la méridienne est un cercle dont le centre C est à une distance l du point O et dont le rayon r est inférieur ou égal à l, un point N décrira ce cercle dans le sens direct du plan yOz, en partant de B, si l'angle $\varphi = \widehat{yCN}$ varie de o à 2π. Le volume du tore engendré est donc mesuré par

$$\int_0^{2\pi} \pi (l + r\cos\varphi)^2 \, d(r\sin\varphi)$$

$$= \pi r \int_0^{2\pi} \left[\left(l^2 + \frac{3}{4} r^2\right) \cos\varphi + lr\cos 2\varphi + \frac{r^2}{4}\cos 3\varphi + lr \right] d\varphi.$$

La seule partie non nulle, dans cette intégrale, est

$$\pi r \int_0^{2\pi} lr\, d\varphi = 2\pi^2 lr^2.$$

Le volume du tore est donc égal au produit des nombres qui mesurent l'aire du cercle générateur et la longueur de la circonférence décrite par le centre de ce cercle, ce qui est bien conforme au théorème de Guldin.

Un autre cas très simple est celui où l'aire d'une section plane a pour expression un polynome du 3ᵉ degré au plus, par rapport à la cote du plan de la section.

On sait que l'intégrale $\int_\alpha^\beta s(z)\, dz$ vaut alors (*règle des trois niveaux*)

$$\frac{\beta - \alpha}{6} \left[s(\alpha) + s(\beta) + 4s\left(\frac{\alpha + \beta}{2}\right) \right].$$

Ce fait se présente pour les sections elliptiques des surfaces du second degré ; le degré de $s(z)$ est alors égal ou inférieur à 2.

Considérons, par exemple, la sphère définie par l'équation

$$x^2 + y^2 + z^2 - r^2 = o.$$

Le cercle de section par le plan de cote z a pour rayon $\sqrt{r^2 - z^2}$

et son aire vaut $\pi(r^2 - z^2)$. Le volume de la tranche comprise entre deux plans de cotes z_0 et z_1 est donc

$$\pi \frac{z_1 - z_0}{6}\left[r^2 - z_0^2 + r^2 - z_1^2 + 4\left(r^2 - \left(\frac{z_0 + z_1}{2}\right)^2 \right) \right]$$
$$= \pi \frac{z_1 - z_0}{3}\left[3r^2 - z_0^2 - z_0 z_1 - z_1^2 \right].$$

En faisant $z_0 = -r$, $z_1 = r$ dans cette expression, on trouve le volume $\frac{4}{3}\pi r^3$ de la sphère.

L'ellipsoïde, dont l'équation rapportée aux axes de symétrie est

$$\frac{x^2}{a^2} + \frac{y^2}{b^2} + \frac{z^2}{c^2} - 1 = 0,$$

est coupé par un plan de cote z, suivant une ellipse dont les demi-axes ont pour longueurs $a\sqrt{1 - \frac{z^2}{c^2}}$, $b\sqrt{1 - \frac{z^2}{c^2}}$; l'aire de cette ellipse a pour mesure $\pi ab\left(1 - \frac{z^2}{c^2}\right)$ et le volume d'une tranche vaut

$$\pi ab \frac{z_1 - z_0}{3}\left[3 - \frac{z_0^2 + z_0 z_1 + z_1^2}{c^2} \right].$$

Le volume de l'ellipsoïde total est $\frac{4}{3}\pi abc$.

L'hyperboloïde à une nappe, défini par l'équation

$$\frac{x^2}{a^2} + \frac{y^2}{b^2} - \frac{z^2}{c^2} - 1 = 0,$$

est coupé par un plan de cote z, suivant une ellipse dont l'aire a pour mesure $\pi ab\left(1 + \frac{z^2}{c^2}\right)$, et le volume d'une tranche vaut

$$\pi ab \frac{z_1 - z_0}{3}\left[3 + \frac{z_0^2 + z_0 z_1 + z_1^2}{c^2} \right].$$

Pour l'hyperboloïde à deux nappes, dont l'équation est

$$\frac{x^2}{a^2} + \frac{y^2}{b^2} - \frac{z^2}{c^2} + 1 = 0,$$

le volume d'une tranche vaut

$$\pi ab \frac{z_1 - z_0}{3}\left[-3 + \frac{z_0^2 + z_0 z_1 + z_1^2}{c^2} \right].$$

Cette fois, il faut supposer z_0 et z_1 de même signe, leurs valeurs absolues étant supérieures à c.

Le paraboloïde elliptique

$$\frac{x^2}{p} + \frac{y^2}{q} = 2z$$

est coupé par un plan de cote z, suivant une ellipse dont les demi-axes ont pour longueurs $\sqrt{2pz}$ et $\sqrt{2qz}$; l'aire de cette ellipse a pour mesure $2\pi\sqrt{pq}\,z$ et le volume d'une tranche vaut $\pi(z_1^2 - z_0^2)\sqrt{pq}$. En particulier, si z_0 est nul, on obtient comme volume du dôme $\pi z_1^2\sqrt{pq}$, c'est-à-dire la moitié du volume d'un cylindre qui aurait même base que ce dôme et même hauteur.

EXERCICES

1º Calcul de l'aire limitée par un arceau de cycloïde et par sa base.

2º Calcul de l'aire comprise entre une tractrice et son asymptote.

3º On donne la cubique définie par l'équation

$$x^3 + y^3 = axy.$$

Trouver : 1º l'aire de la boucle de cette courbe, 2º l'aire comprise entre les branches infinies de cette courbe et l'asymptote.

4º On donne la cubique définie par l'équation

$$x^3 + y^3 = a^2 x$$

Trouver : 1º l'aire du premier quadrant, comprise entre la courbe et Ox, 2º l'aire du quatrième quadrant limitée par Ox, la courbe et son asymptote.

5º Trouver l'aire du premier quadrant, comprise entre la première bissectrice et la courbe dont l'équation est

$$x^2(x^4 + y^4) = a^4 y^2.$$

6º Trouver l'aire limitée par un cercle, par l'arc de développante obtenu en déroulant un fil dont la longueur est celle de la circonférence et par la position limite de ce fil.

7º Trouver l'aire d'une boucle de la lemniscate définie par l'équation

$$\rho^2 = 2a^2\cos 2\theta.$$

8º On suppose que la courbe définie par les équations

$$x = a(u)z + a_1(u), \quad y = b(u)z + b_1(u),$$

où z est fixe et u variable, est une courbe fermée. Démontrer que l'aire de cette courbe s'exprime par un polynome du second degré au plus en z. Les mêmes équations, où l'on regarde u et z comme variables, définissent une surface réglée : que peut-on dire du volume de la tranche découpée dans cette surface par deux plans parallèles à xOy ?

9º Les équations

$$x = a(u)z^2 + a_1(u)z + a_2(u), \quad y = b(u)z + b_1(u),$$

où l'on fixe u, définissent une parabole dont l'axe est parallèle à Ox. Quand u varie, cette parabole engendre une surface. On suppose que les sections faites dans cette surface par des plans parallèles à xOy sont des courbes fermées. Que peut-on dire du volume d'une tranche limitée par la surface et par deux plans parallèles à xOy ?

10º Évaluer le volume limité par une sphère et par deux plans qui se coupent suivant une droite extérieure à la sphère. Plus généralement, une courbe fermée, située dans un plan tangent à une développable, se déforme en restant tout entière placée d'un même côté de la droite caractéristique de ce plan, quand le plan varie; elle engendre une surface. Comment pourrait-on évaluer le volume limité par cette surface et par deux positions particulières du plan ? Exprimer la différentielle de ce volume en fonction de la différentielle de l'arc décrit sur une sphère de rayon 1, par l'extrémité d'un rayon de cette sphère, perpendiculaire au plan.

11º Un segment de longueur constante glisse par ses extrémités sur deux droites données. Évaluer le volume limité par la surface qu'il engendre.

ÉVALUATION DES AIRES DES SURFACES DE RÉVOLUTION

Un arc de courbe AB situé dans le plan yOx, tout entier d'un même côté de Ox, du côté des y positifs, par exemple, engendre, par sa rotation autour de Ox, une surface de révolution. Les coordonnées du point courant, sur cette courbe, sont fonctions d'un paramètre u qui croît de α à β quand le point va de A en B. Divisons l'intervalle (α, β) en m parties égales, prenons sur AB les points correspondant aux valeurs de u qui bornent les intervalles partiels ainsi obtenus, et considérons la ligne brisée $AM_1 M_2 \ldots M_{m-1} B$ qui a ces points pour sommets. Dans la rotation autour de Ox, chaque côté $M_i M_{i+1}$ de cette ligne engendre l'aire latérale d'un tronc de cône. La limite de la somme des nombres qui mesurent

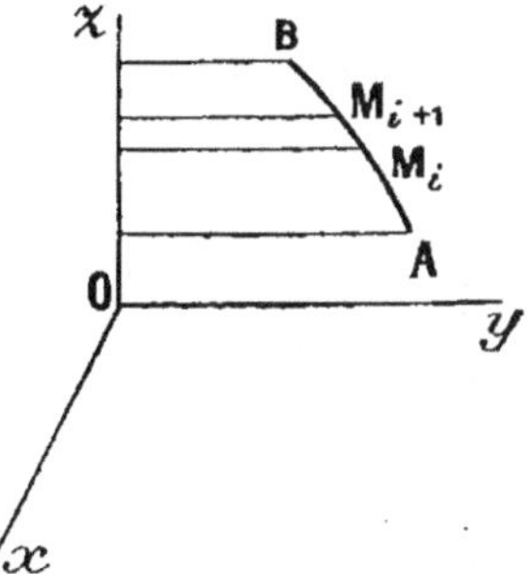

les aires latérales des différents troncs, quand m tend vers l'infini, est, par définition, la mesure de l'aire A engendrée par AB.

L'aire engendrée par $M_i M_{i+1}$ a pour mesure $\pi (y_i + y_{i+1}) \cdot$ corde $M_i M_{i+1}$. Au lieu de la somme $\Sigma \pi (y_i + y_{i+1}) \cdot$ corde $M_i M_{i+1}$, considérons la somme $\Sigma 2 \pi y_i \cdot$ corde $M_i M_{i+1}$, qui a la même limite que la première si $|y_{i+1} - y_i| \times$ corde $M_i M_{i+1}$ est borné supérieurement par un nombre qui tend vers zéro; substituons de même à la seconde la somme $\Sigma 2 \pi y_i$ arc $M_i M_{i+1}$, qui a la même limite si y_i (arc $M_i M_{i+1} -$ corde $M_i M_{i+1}$) est borné supérieurement par un nombre qui tend vers zéro. (On est sûr que ces différentes conditions sont remplies lorsque la méridienne est une courbe continue.) La dernière somme a pour limite $\int_\alpha^\beta 2 \pi y\, ds$, si le sens AB est le sens des arcs croissants sur la courbe. On a donc :

$$(1) \qquad A = \int_\alpha^\beta 2 \pi y\, ds.$$

Lorsque la méridienne traverse Ox, cette intégrale mesure la différence des aires engendrées respectivement par la portion de méridienne située d'un côté de Ox et par l'autre portion.

Regardons l'arc AB comme matériel et supposons la courbe homogène, sa densité en tous ses points étant égale à 1. Considérons la masse totale comme la somme des masses des différents arcs $M_i M_{i+1}$. Le centre de gravité g_i de l'arc $M_i M_{i+1}$ est un point situé à l'intérieur de tout contour fermé qui contient cet arc; l'ordonnée η_i de ce centre de gravité est donc comprise entre le maximum et le minimum absolu de y quand u varie de u_i à u_{i+1}, et l'ordonnée η du centre de gravité g de l'arc AB, qui est donnée par la formule $\eta = \dfrac{\Sigma \eta_i \ \text{arc} \ M_i M_{i+1}}{\Sigma \ \text{arc} \ M_i M_{i+1}}$, est aussi

égale à $\quad \dfrac{\int_\alpha^\beta y\,ds}{\int_\alpha^\beta ds} \quad$ ou $\quad \dfrac{A}{2\pi \ \text{arc AB}}.$

L'égalité $A = 2\pi\eta \times \text{arc AB}$, due aussi à Guldin, se traduit facilement en langage ordinaire.

Si on l'applique au tore engendré par un cercle de rayon r, dont le centre est à une distance l de l'axe égale ou supérieure à r, on trouve $4\pi^2 rl$ comme aire du tore.

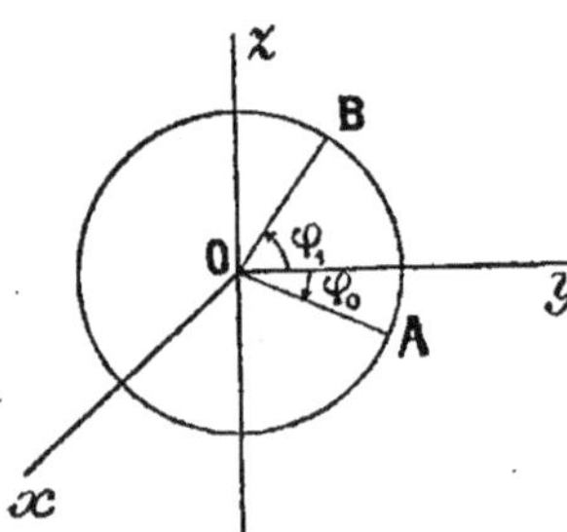

Appliquons la formule (1) à différents exemples.

1° *Sphère.* — Le cercle méridien ayant son centre en O a pour représentation paramétrique :

$$y = r\cos\varphi, \qquad z = r\sin\varphi.$$

L'aire de la zone engendrée par l'arc AB, dont les extrémités correspondent à $\varphi = \varphi_0$ et $\varphi = \varphi_1$, est donnée par la formule

$$A = 2\pi \int_{\varphi_0}^{\varphi_1} r\cos\varphi \cdot r\,d\varphi, \quad \text{car} \quad ds = r\,d\varphi.$$

On a donc :

$$A = 2\pi r^2(\sin\varphi_1 - \sin\varphi_0) = 2\pi r(z_1 - z_0) = 2\pi rh,$$

h désignant la hauteur de la zone.

2° *Ellipsoïde.* — L'ellipse définie par l'équation

$$\frac{y^2}{a^2} + \frac{z^2}{b^2} = 1,$$

dans le plan yOz, engendre, en tournant autour de Oz, un ellipsoïde de révolution.

L'égalité $dA = 2\pi y\,ds$ conduit au calcul de $y^2\,ds^2 = y^2\,dy^2 + y^2\,dz^2$. Or, on a :

$$\frac{y\,dy}{a^2} + \frac{z\,dz}{b^2} = 0.$$

Il est donc plus simple de prendre z comme variable et on trouve, finalement :

$$dA = 2\pi \frac{a}{b^2}\sqrt{b^4 + z^2(a^2 - b^2)}\,dz.$$

Le calcul de l'intégrale $I = \int \sqrt{b^4 + z^2(a^2 - b^2)}\,dz$, au moyen d'une intégration par parties, donne :

$$2I = z\sqrt{b^4 + z^2(a^2 - b^2)} + b^4 \int \frac{dz}{\sqrt{b^4 + (a^2 - b^2)z^2}}.$$

La suite du calcul exige que l'on distingue le cas où a est supérieur à b (l'ellipsoïde est alors aplati), du cas où a est inférieur à b (l'ellipsoïde est allongé).

Dans le premier cas, on trouve, tous calculs faits :

$$\frac{A}{\pi} = \frac{az_1}{b^2}\sqrt{b^4 + z_1^2(a^2 - b^2)} - \frac{az_0}{b^2}\sqrt{b^4 + z_0^2(a^2 - b^2)}$$
$$+ \frac{ab^2}{\sqrt{a^2 - b^2}}\log\frac{z_1\sqrt{a^2 - b^2} + \sqrt{(a^2 - b^2)z_1^2 + b^4}}{z_0\sqrt{a^2 - b^2} + \sqrt{(a^2 - b^2)z_0^2 + b^4}}.$$

En faisant $z_0 = 0$ et $z_1 = b$, on obtient pour l'aire d'un demi-ellipsoïde :

$$\pi a^2 + \frac{\pi ab^2}{\sqrt{a^2 - b^2}}\log\frac{a + \sqrt{a^2 - b^2}}{b}.$$

Dans le second cas, on trouve :

$$\frac{A}{\pi} = \frac{az_1}{b^2}\sqrt{b^4 + z_1^2(a^2 - b^2)} - \frac{az_0}{b^2}\sqrt{b^4 + z_0^2(a^2 - b^2)}$$
$$+ \frac{ab^2}{\sqrt{b^2 - a^2}}\left[\arcsin\frac{z_1\sqrt{b^2 - a^2}}{b^2} - \arcsin\frac{z_0\sqrt{b^2 - a^2}}{a^2}\right].$$

On en déduit, pour l'aire d'un demi-ellipsoïde :

$$\pi a^2 + \frac{\pi ab^2}{\sqrt{b^2 - a^2}}\arcsin\frac{\sqrt{b^2 - a^2}}{b}.$$

3° *Hyperboloïdes.* — L'hyperbole définie par l'équation

$$\frac{y^2}{a^2} - \frac{z^2}{b^2} = 1,$$

dans le plan yOz, engendre, en tournant autour de Oz, un hyperboloïde de révolution à une nappe. En prenant z comme variable, on trouve pour l'aire d'une zone :

$$A = \frac{2\pi a}{b^2}\int_{z_0}^{z_1}\sqrt{b^4 + (a^2 + b^2)z^2}\,dz.$$

Cette intégrale est de même forme que celle qui correspond à l'ellipsoïde aplati. Il suffit de remplacer b^2 par $-b^2$ sous le radical, dans le résultat obtenu plus haut.

L'hyperbole définie par l'équation

$$\frac{y^2}{a^2} - \frac{z^2}{b^2} = -1$$

engendre, en tournant autour de Oz, un hyperboloïde à deux nappes. En prenant encore z comme variable, on trouve pour l'aire d'une zone :

$$A = \frac{2\pi a}{b}\int_{z_0}^{z_1}\sqrt{-b^4 + (a^2 + b^2)z^2}\,dz.$$

L'intégrale à calculer est de même forme que la précédente; il suffit d'y remplacer b^4 par $-b^4$ sous le radical, pour obtenir le résultat correspondant

4° *Paraboloïde*. — La parabole définie par l'équation

$$y^2 = 2\,p\,z,$$

tournant autour de Oz, engendre un paraboloïde. En prenant y comme variable, on trouve pour l'aire d'une zone :

$$A = \frac{2\,\pi}{p} \int_{y_0}^{y_1} y\sqrt{y^2 + p^2}\,dy = \frac{2\,\pi}{3\,p}\left[(p^2 + y_1^2)^{\frac{3}{2}} - (p^2 + y_0^2)^{\frac{3}{2}}\right].$$

Or, les rayons de courbure de la méridienne, sur les parallèles limites, sont précisément

$$R_1 = \frac{1}{p^2}(p^2 + y_1^2)^{\frac{3}{2}} \qquad \text{et} \qquad R_0 = \frac{1}{p^2}(p^2 + y_0^2)^{\frac{3}{2}}.$$

On a donc :

$$A = \frac{2}{3}\,\pi\,p\,(R_1 - R_0).$$

Évaluation des aires des surfaces développables. — L'arête de rebroussement, C, d'une développable étant orientée, portons sur la génératrice tangente à C, en un point M, dans un sens déterminé, un vecteur MM' dont la longueur l est une fonction du paramètre u qui fixe la position du point M sur l'arête. Quand M décrit un arc AB, u croissant de α à β, M' décrit, sur la développable, un arc de courbe A'B'. La mesure de l'aire limitée par les deux arcs de courbe AB et A'B' et par les deux vecteurs limites AA' et BB', peut être définie de la façon suivante : partageons l'intervalle (α, β) en m parties égales; prenons sur l'arc AB les points A_1, M_1, M_2, ..., M_{m-1}, B qui correspondent aux bornes des intervalles partiels ainsi déterminés et, sur l'arc A'B', les points associés, A', M_1', ..., B'.

La somme des nombres qui mesurent les aires des triangles rectilignes $AA'M_1'$, $M_1M_1'M_2'$, $M_2M_2'M_3'$, ..., $M_{m-1}M_{m-1}'B'$, tend vers une limite A quand m tend vers l'infini. Cette limite est la mesure de l'aire considérée.

On démontre aisément que l'on a :

$$dA = \frac{1}{2}\,l^2\,d\sigma,$$

σ désignant la longueur d'un arc de l'indicatrice sphérique de C, en supposant que A et σ croissent en même temps.

On passe aisément de là à l'aire limitée, sur la développable, par une courbe fermée quelconque.

Recherche des centres de gravité des systèmes matériels continus. — Le problème est différent suivant que les points matériels sont distribués sur une ligne, sur une surface plane ou gauche, ou dans un volume.

1° *Centre de gravité d'une ligne*. — La densité ρ, en un point M d'une ligne, est la limite du rapport $\dfrac{\Delta\mu}{\Delta s}$, $\Delta\mu$ désignant la masse d'un petit arc de courbe qui contient M et Δs la longueur de ce petit arc, lorsque Δs tend vers zéro. La ligne est homogène si ρ est constant.

Pour trouver le centre de gravité d'une ligne, appliquons les formules

$$\xi = \frac{\Sigma \mu_i \xi_i}{\Sigma \mu_i}, \qquad \mu = \frac{\Sigma \mu_i \eta_i}{\Sigma \mu_i}, \qquad \zeta = \frac{\Sigma \mu_i \zeta_i}{\Sigma \mu_i},$$

qui donnent le centre de gravité d'un système de points matériels isolés.

Le point M décrivant un arc de courbe AB, quand une variable u dont il dépend croît de α à β, partageons l'intervalle (α, β) en m parties égales, et prenons les points A, M_1, M_2, ..., M_{m-1}, B qui correspondent, sur AB, aux bornes des intervalles partiels ainsi définis. Les arcs AM_1, $M_1 M_2$, ..., $M_i M_{i+1}$, ..., $M_{m-1}B$ ont des centres de gravité g_0, g_1, ..., g_i, ... g_{m-1}. (Nous admettons l'existence du centre de gravité.)

Soient ξ_i, η_i, ζ_i les coordonnées de g_i, et μ_i la masse de l'arc $M_i M_{i+1}$. ξ_i est voisin de x_i, puisque g_i est voisin de M_i. La masse μ_i, infiniment petite quand m est infiniment grand, est équivalente à $\rho_i \operatorname{arc} M_i M_{i+1}$, ρ_i désignant la densité en M_i. En regardant la masse de chacun des petits arcs comme concentrée en son centre de gravité et utilisant la formule $\xi = \dfrac{\Sigma \mu_i \xi_i}{\Sigma \mu_i}$, qui donne l'abscisse du centre de gravité g de cet ensemble de masses, on voit qu'on est conduit à remplacer $\Sigma \mu_i \xi_i$ par $\int_\alpha^\beta \rho x\, ds$ et $\Sigma \mu_i$ par $\int_\alpha^\beta \rho\, ds$. On a donc :

$$\xi = \frac{\int_\alpha^\beta \rho x\, ds}{\int_\alpha^\beta \rho\, ds}, \qquad \eta = \frac{\int_\alpha^\beta \rho y\, ds}{\int_\alpha^\beta \rho\, ds}, \qquad \zeta = \frac{\int_\alpha^\beta \rho z\, ds}{\int_\alpha^\beta \rho\, ds}.$$

En particulier, si ρ est constant, ρ disparaît de ces formules; on peut d'ailleurs le prendre comme unité.

Nous avons déjà rencontré ces résultats plus haut, à propos du théorème de Guldin relatif à l'aire d'une zone de surface de révolution.

$2°$ *Centre de gravité d'une aire plane.* — La densité ρ, en un point M d'une aire plane, est la limite du rapport $\dfrac{\Delta \mu}{\Delta A}$, $\Delta \mu$ désignant la masse d'une petite aire qui contient M, et ΔA la mesure de cette petite aire, lorsque ΔA tend vers zéro. L'aire est homogène si la densité est constante. Bornons-nous à ce cas et prenons la densité comme unité.

Considérons un arc de courbe AB rencontré par une parallèle à Oy en un seul point dont l'ordonnée $y = f(x)$ est positive; soient a et b les abscisses de A et B $(a < b)$. Cet arc, l'axe Ox et les ordonnées de A et B limitent l'aire A dont nous cherchons le centre de gravité g. Divisons l'intervalle (a, b) en m parties égales et menons les ordonnées qui correspondent aux bornes a, x_1, x_2, ..., x_i, ..., b des intervalles partiels ainsi définis. Nous décomposons l'aire totale en m aires A_0, A_1, ..., A_i, ..., A_{m-1}, dont les centres de gravité sont g_0, g_1, ..., g_i, ... g_{m-1}. L'abscisse ξ_i de g_i est voisine de x_i et son ordonnée η_i

est voisine de $\frac{1}{2}y_i$. La masse μ_i de A_i est mesurée par le même nombre que A_i; elle est infiniment petite quand m est infiniment grand et elle est équivalente à $\dfrac{b-a}{m}f(x_i)$. Les formules qui donnent les coordonnées du centre de gravité g de l'aire A sont

$$\xi = \frac{\Sigma \mu_i \xi_i}{\Sigma \mu_i}, \qquad \eta = \frac{\Sigma \mu_i \eta_i}{\Sigma \mu_i}.$$

On peut donc les remplacer par les suivantes

$$\xi = \frac{\int_a^b xy\,dx}{\int_a^b y\,dx}, \qquad \eta = \frac{\frac{1}{2}\int_a^b y^2\,dx}{\int_a^b y\,dx}.$$

Le cas où la densité est constante, sur une parallèle à Oy, se traite tout aussi facilement.

Lorsque l'aire homogène est limitée par une courbe fermée quelconque, on peut encore traiter le problème en regardant cette aire comme la somme ou la différence d'aires analogues à la précédente; c'est ce que nous avons fait plus haut, pour la démonstration du théorème de Guldin relatif au volume engendré par la rotation d'une aire plane.

3° *Centre de gravité d'une zone.* — La définition de la densité en un point d'une surface gauche est la même que pour une surface plane.

Proposons-nous de trouver le centre de gravité d'une zone d'une surface de révolution limitée par deux parallèles, l'axe de révolution étant Oz. Nous supposons la densité constante tout le long d'un parallèle, soit $\rho(z)$. Un point M décrivant l'arc AB de la méridienne du plan yOz, quand la variable u dont il dépend croît de α à β, décomposons l'intervalle (α, β) en m parties égales et menons les parallèles correspondant aux bornes des intervalles partiels. La zone considérée est divisée, par ces parallèles, en m zones engendrées par les arcs AM_1, M_1M_2, ..., M_iM_{i+1}, ..., $M_{m-1}B$ de la méridienne.

Soient μ_i la masse, ζ_i la cote du centre de gravité de l'aire A_i de la zone engendrée par M_iM_{i+1}. La cote ζ du centre de gravité cherché est donnée par la formule $\zeta = \dfrac{\Sigma \mu_i \zeta_i}{\Sigma \mu_i}$. Or, ζ_i est voisin de la cote z_i du point M_i; la masse μ_i est infiniment petite quand m est infiniment grand et elle est équivalente à $\rho_i A_i$, A_i étant équivalent à $2\pi y_i \operatorname{arc} M_i M_{i+1}$. On a donc :

$$\zeta = \frac{\int_\alpha^\beta 2\pi\rho yz\,ds}{\int_\alpha^\beta 2\pi\rho y\,ds} = \frac{\int_\alpha^\beta \rho yz\,ds}{\int_\alpha^\beta \rho y\,ds}.$$

De plus, le centre de gravité est sur Oz qui est un axe de symétrie. Si la surface est homogène, ρ disparaît.

Appliquons cette formule à la zone homogène limitée sur une sphère de centre O par deux plans de cotes z_0 et z_1. Le rayon de la sphère étant r, les coordonnées du point courant sur la méridienne du plan yOz sont

$$y = r\cos\varphi, \qquad z = r\sin\varphi, \qquad \text{avec } ds = r\,d\varphi.$$

On a donc :

$$\zeta = \frac{\int_{\varphi_0}^{\varphi_1} r^3 \sin\varphi \cos\varphi \, d\varphi}{\int_{\varphi_0}^{\varphi_1} r^2 \cos\varphi \, d\varphi} = \frac{1}{2} r \frac{\sin^2\varphi_1 - \sin^2\varphi_0}{\sin\varphi_1 - \sin\varphi_0} = \frac{1}{2} r (\sin\varphi_1 + \sin\varphi_0)$$

$$= \frac{z_0 + z_1}{2}.$$

$4°$ *Centre de gravité d'un volume.* — La densité ρ en un point M est la limite du rapport $\dfrac{\Delta\mu}{\Delta V}$, $\Delta\mu$ désignant la masse d'un petit élément de volume qui contient M, ΔV la mesure de cet élément, quand ΔV tend vers zéro. Le volume est homogène si ρ est constant.

Cherchons à déterminer la cote du centre de gravité d'un volume limité par une surface et par les sections faites dans cette surface par deux plans de cotes a et b parallèles au plan xOy ($a < b$). Supposons la densité constante en tous les points de même cote. Partageons l'intervalle (a, b) en m parties égales et menons, parallèlement au plan xOy, des plans ayant pour cotes les bornes a, z_1, z_2, ..., z_{m-1}, b des intervalles partiels ainsi définis. Nous décomposons le volume considéré en m tranches. La cote ζ_i du centre de gravité g_i de la tranche comprise entre les deux plans de cotes z_i et z_{i+1} est voisine de z_i. Le volume v_i de cette tranche est infiniment petit quand m est infiniment grand et il est équivalent à $\dfrac{b-a}{m} s(z_i)$, $s(z)$ étant la mesure de l'aire de la section faite par le plan de cote z. La masse μ_i de cette tranche est aussi infiniment petite et équivalente à $\rho(z_i) s(z_i) \dfrac{b-a}{m}$. La cote ζ du centre de gravité cherché étant donnée par la formule $\zeta = \dfrac{\Sigma \mu_i \zeta_i}{\Sigma \mu_i}$, on a :

$$\zeta = \frac{\int_a^b z \rho(z) s(z) \, dz}{\int_a^b \rho(z) s(z) \, dz}.$$

Ce calcul donne simplement un plan sur lequel se trouve le centre de gravité du volume considéré. Si l'on connaît en outre une droite sur laquelle il est placé, un diamètre, par exemple, le centre de gravité est bien défini.

Évaluation des moments d'inertie de systèmes matériels continus. — On appelle moment d'inertie d'un point matériel de masse m par rapport à un point, une droite ou un plan, le produit de sa masse par le carré de sa distance au point, à la droite ou au plan. Il existe entre ces grandeurs des relations simples résultant des propriétés suivantes : le carré de la distance d'un point à une droite D est la somme des carrés des distances de ce point à deux plans rectangulaires passant par D ; le carré de la distance d'un point A à un point O est la somme des carrés dès distances de A à trois plans rectangulaires passant par O.

On appelle moment d'inertie d'un système de points matériels par rapport à un point, une droite ou un plan, la somme des moments d'inertie correspondants des divers points du système.

Les moments d'inertie d'un système matériel donné, par rapport à un point, une droite ou un plan, varient avec la position du point, de la droite ou du plan. Étudions cette variation. Soient x_i, y_i, z_i, les coordonnées d'un point matériel quelconque M_i, m_i sa masse, z la cote du plan P parallèle à xOy, par rapport auquel on prend les moments d'inertie. Le moment du système considéré est

$$M_P = \Sigma m_i (z_i - z)^2 = \Sigma m_i z_i^2 - 2 z \Sigma m_i z_i + z^2 \Sigma m_i .$$

La cote du centre de gravité du système étant $\dfrac{\Sigma m_i z_i}{\Sigma m_i}$ est nulle en même temps que $\Sigma m_i z_i$. Supposons cette condition réalisée ; alors

$$M_P = \Sigma m_i z_i^2 + z^2 \Sigma m_i ,$$

c'est-à-dire que le moment d'inertie d'un système par rapport à un plan P, est égal au moment d'inertie de ce système par rapport à un plan Π parallèle à P, mené par le centre de gravité G du système, augmenté du moment d'inertie, par rapport à P, de la masse totale concentrée en G.

En utilisant les remarques précédentes, on conclut :

1° Que le moment d'inertie par rapport à une droite D est égal au moment d'inertie par rapport à une droite Δ parallèle à D, menée par G, augmenté du moment d'inertie, par rapport à D, de la masse totale concentrée en G ;

2° Que le moment d'inertie par rapport à un point O est égal au moment d'inertie par rapport à G, augmenté du moment d'inertie, par rapport à O, de la masse totale concentrée en G.

Nous admettrons l'existence des moments d'inertie de systèmes matériels continus et nous allons en déterminer quelques-uns.

I. *Sphère homogène.* — Cherchons son moment d'inertie par rapport à son centre. Décomposons la sphère de rayon r en m couches par des sphères concentriques, dont les rayons ρ_1, ρ_2, ..., ρ_{m-1}, r forment une progression arithmétique de raison $\dfrac{r}{m}$. Les points de la couche limitée par les deux sphères de rayons ρ_i et ρ_{i+1} sont à une distance du centre O voisine de ρ_i; le volume de cette couche est infiniment petit quand m est infiniment grand, il est équivalent à $4\pi\rho_i^2\dfrac{r}{m}$. La densité étant égale à 1, la masse de cette couche est aussi équivalente à $4\pi\rho_i^2\dfrac{r}{m}$ et son moment d'inertie, par rapport au centre O, est équivalent à $4\pi\rho_i^4\dfrac{r}{m}$.

Le moment d'inertie de la sphère par rapport à O a donc pour mesure l'intégrale

$$\int_0^r 4\pi\rho^4\,d\rho = \frac{4}{5}\pi r^5.$$

Les moments d'inertie par rapport à deux plans diamétraux quelconques sont évidemment égaux; il en résulte que le moment d'inertie par rapport à l'un de ces plans est le tiers du précédent, c'est-à-dire $\dfrac{4}{15}\pi r^5$.

Le moment d'inertie par rapport à un diamètre regardé comme intersection de deux plans diamétraux rectangulaires est donc le double du dernier nombre obtenu, c'est-à-dire $\dfrac{8}{15}\pi r^5$.

Le rayon de giration de la sphère relativement à un axe est la distance à laquelle il faudrait placer une masse égale à celle de la sphère pour que le moment d'inertie de cette masse, par rapport à cet axe, soit égal au moment d'inertie de la sphère. Le rayon de giration R relatif à un diamètre est donc donné par la formule

$$\frac{4}{3}\pi r^3 R^2 = \frac{8}{15}\pi r^5, \qquad \text{d'où} \qquad R = r\sqrt{0,4} = r\times 0,63\ldots$$

II. *Cylindre de révolution homogène.* — Cherchons son moment d'inertie par rapport à son axe. Décomposons-le en m couches coaxiales, par des cylindres de révolution dont les rayons $\rho_1,\ \rho_2,\ \ldots,\ \rho_{m-1},\ z$ sont en progression arithmétique de raison $\dfrac{r}{m}$.

Soit h la hauteur du cylindre dont la densité est égale à 1. Le volume d'une couche est infiniment petit quand m est infiniment grand; il est équivalent à $2\pi h\rho_i\dfrac{r}{m}$ et sa masse est aussi équivalente à $2\pi h\rho_i\dfrac{r}{m}$; son moment d'inertie par rapport à l'axe est équivalent à $2\pi h\rho_i^3\dfrac{r}{m}$. Le moment d'inertie du cylindre par rapport à l'axe est donc mesuré par l'intégrale

$$\int_0^r 2\pi h\rho^3\,d\rho = \frac{1}{2}\pi h r^4.$$

Le rayon de giration est donné par la formule

$$\pi h r^2 R^2 = \frac{1}{2}\pi h r^4, \qquad \text{d'où} \qquad R = \frac{r}{\sqrt{2}} = r \times 0,707\ldots$$

III. *Parallélépipède rectangle homogène*. — Cherchons ses moments d'inertie par rapport à ses plans de symétrie. Soient $2a$, $2b$, $2c$ les longueurs des arêtes. Prenons comme axes de coordonnées les parallèles aux arêtes menées par le centre. Décomposons le volume total en m tranches de même épaisseur, par des plans parallèles au plan xOy. Le moment d'inertie d'une de ces tranches, par rapport au plan xOy, est infiniment petit quand m est infiniment grand et, si la densité est égale à 1, ce moment est équivalent à $4\,ab\dfrac{2c}{m}z^2$. Le moment d'inertie total est donc :

$$M_z = \int_{-c}^{+c} 4\,abz^2\,dz = \frac{8}{3}\,abc^3.$$

Les moments d'inertie par rapport aux autres plans sont de même :

$$M_x = \frac{8}{3}\,bca^3, \qquad M_y = \frac{8}{3}\,acb^3.$$

On en déduit aisément les moments d'inertie par rapport aux axes et par rapport au point O.

Le rayon de giration, par rapport à Ox, est donné par la formule

$$8\,abc\,R^2 = \frac{8}{3}\,abc(b^2 + c^2), \qquad \text{d'où} \qquad R = \sqrt{\frac{b^2 + c^2}{3}}.$$

Cherchons encore le moment d'inertie, par rapport au plan xOy, d'un volume limité par une surface S et par deux plans parallèles à xOy ; soient a et b les cotes de ces deux plans ($a < b$). Supposons la densité en un point fonction de la seule cote de ce point. $s(z)$ étant la mesure de l'aire de la section faite par un plan de cote z dans la surface qui limite le solide, un raisonnement analogue à celui qui a été fait pour le parallélépipède, en décomposant le solide en tranches de même épaisseur par des plans parallèles à xOy, montre que le moment d'inertie cherché est

$$M_z = \int_a^b z^2\,\rho(z)\,s(z)\,dz.$$

EXERCICES

1º Retrouver l'aire de la sphère comme limite de l'aire d'un ellipsoïde de révolution allongé ou aplati.

2º Évaluer l'aire d'une zone de la surface engendrée par une parabole qui tourne autour de sa tangente au sommet.

3º Une hélice circulaire est prise comme arête de rebroussement d'une développable. On demande d'évaluer l'aire limitée, sur cette développable, par un arc AB de l'hélice, par la développante de l'hélice qui passe par A et par la tangente en B à l'hélice.

4° Soit G le centre de gravité d'un arc AM d'une courbe matérielle donnée C. Quand M décrit C, A restant fixe, le point G décrit une courbe Γ. Démontrer que la tangente en G à Γ va passer par M.

5° Soit G le centre de gravité d'un secteur plan qui a pour sommet un point O et pour base un arc AM d'une courbe plane C. Quand M décrit C, A restant fixe, le point G décrit une courbe Γ. Démontrer que, si l'aire est homogène, la tangente en G à Γ va passer par un point M' situé sur OM et tel que $\overline{OM'} = \frac{2}{3}\overline{OM}$.

6° Trouver les coordonnées du centre de gravité d'un arc de chaînette homogène.

7° Trouver les coordonnées du centre de gravité d'un arc de parabole homogène.

8° Trouver les coordonnées du centre de gravité d'un arc d'hélice homogène. Étudier la courbe lieu de ce point quand les deux extrémités de l'arc varient, le point milieu de cet arc restant fixe, ou quand une extrémité de l'arc varie seule. Étudier la surface lieu de ce point quand les deux extrémités de l'arc varient suivant une loi quelconque.

9° Trouver les coordonnées du centre de gravité d'un secteur homogène, le sommet du secteur étant le centre d'une ellipse donnée et la base de ce secteur un arc de l'ellipse.

10° Trouver le centre de gravité du solide homogène limité par deux plans parallèles et par la surface d'une sphère, ou d'un ellipsoïde, ou d'un hyperboloïde, ou d'un paraboloïde.

11° Trouver le moment d'inertie d'une sphère homogène par rapport à une droite qui lui est tangente.

12° Trouver le moment d'inertie d'un cylindre de révolution par rapport à une de ses génératrices.

13° Un solide homogène est limité par la surface d'un cylindre elliptique et par deux plans de section droite. Trouver les moments d'inertie de ce solide par rapport à ses plans de symétrie.

14° Un solide homogène est limité par la surface d'un ellipsoïde. Trouver les moments d'inertie de ce solide par rapport à ses plans de symétrie.

15° On considère un solide limité par la surface d'un paraboloïde elliptique et par un plan perpendiculaire à l'axe du paraboloïde. Trouver les moments d'inertie de ce solide par rapport à ses plans de symétrie et au plan tangent au sommet.

DIFFÉRENTIATION ET INTÉGRATION
DES SÉRIES ENTIÈRES

Les séries entières possèdent, au point de vue de la différentiation et de l'intégration, les mêmes propriétés que les polynomes entiers.

Nous allons établir tout d'abord que la série $u_n = a_n z^n$ et la série $v_n = n a_n z^{n-1}$ ont le même cercle de convergence.

Posons $|z| = \zeta$ et $|a_n| = \alpha_n$, ζ étant inférieur au rayon l du cercle de convergence de la série u_n. Soit r un nombre compris entre ζ et l.

La série $w_n = \alpha_n r^n$ étant convergente, son terme général est limité supérieurement par un nombre M et l'on a : $\alpha_n < \dfrac{M}{r^n}$. Par suite

$$|v_n| < \frac{n M \zeta^{n-1}}{r^n} = \rho_n.$$

Or, la série dont le terme général est ρ_n est convergente, car le rapport d'un terme au précédent vaut $\dfrac{n+1}{n} \dfrac{\zeta}{r}$ et a pour limite un nombre $\dfrac{\zeta}{r}$ inférieur à 1. Donc, la série v_n est absolument convergente à l'intérieur du cercle de rayon l.

La même démonstration se répète en passant de la série v_n à la série u_n, de sorte que les deux séries sont convergentes et divergentes en même temps. Toutefois, le raisonnement n'établit rien en ce qui concerne les points du cercle de convergence commun. Si la série v_n est absolument convergente en un point de ce cercle, il en est de même de la série u_n, car $\dfrac{u_n}{v_n}$ tend vers o quand n tend vers l'infini; la réciproque peut être fausse.

Nous allons montrer maintenant qu'à l'intérieur du cercle de convergence, la fonction

$$f(z) = a_0 + a_1 z + a_2 z^2 + \ldots + a_n z^n + \ldots$$

a pour dérivée la fonction

$$\varphi(z) = a_1 + 2 a_2 z + \ldots + n a_n z^{n-1} + \ldots,$$

c'est-à-dire que $\dfrac{f(z') - f(z)}{z' - z}$ tend vers $\varphi(z)$ quand z' tend vers z.

Représentons par s_n la somme des n premiers termes de la série $\varphi(z)$ et par ε_n la différence $\varphi(z) - s_n$. On a de suite :

$$\frac{f(z') - f(z)}{z' - z} = a_1 + a_2(z + z') + \ldots + a_n(z^{n-1} + z^{n-2}z' + \ldots + z'^{n-1})$$

$$+ a_{n+1}\frac{z'^{n+1} - z^{n+1}}{z' - z} + \ldots.$$

Représentons par σ_n la somme des n premiers termes de cette nouvelle série et par ε'_n la somme des termes qui suivent. Soit r un nombre supérieur à ζ et ζ' mais inférieur à l.

La série $w_n = n\alpha_n r^{n-1}$ étant convergente, on peut déterminer un nombre naturel p tel que la somme

$$\eta_p = (p + 1)\alpha_{p+1} r^p + (p + 2)\alpha_{p+2} r^{p+1} + \ldots$$

soit inférieure à un nombre positif donné λ.

Considérons l'égalité

$$\Delta = \frac{f(z') - f(z)}{z' - z} - \varphi(z) = \sigma_p - s_p + \varepsilon_p - \varepsilon_p.$$

On en déduit :

$$|\Delta| \leqq |\sigma_p - s_p| + |\varepsilon'_p| + |\varepsilon_p|.$$

On voit de suite que les termes de ε_p ont des modules moindres que les termes correspondants de η_p, de sorte que $|\varepsilon_p|$ est inférieur à λ.

D'autre part, $\dfrac{z'^{n+1} - z^{n+1}}{z' - z}$ vaut $z^n + z^{n-1}z' + \ldots + z'^n$; son module est donc inférieur ou égal à $\zeta^n + \zeta^{n-1}\zeta' + \ldots + \zeta'^n$ qui est moindre que nr^n. Les termes de ε'_p ont donc aussi des modules moindres que les termes correspondants de η_p et $|\varepsilon'_p|$ est inférieur à λ.

Enfin, $\sigma_p - s_p$ est un polynome entier de degré $p - 1$ en z' ; ce polynome s'annule quand on y fait $z' = z$. On peut donc déterminer un nombre μ positif, tel que l'inégalité $|z' - z| < \mu$ entraîne $|\sigma_p - s_p| < \lambda$ et, par suite, $|\Delta| < 3\lambda$. Δ tend donc vers zéro quand z' tend vers z.

$\varphi(z)$ étant la dérivée de $f(z)$, inversement $f(z)$ est une primitive de $\varphi(z)$.

Si f est à coefficients réels, toutes les primitives de $\varphi(x)$, x variant de $-l$ à $+l$, sont contenues dans la formule

$$\int \varphi(x)\,dx = f(x) + C^{te}$$

La dérivée d'ordre n de $f(z)$ est $n!\,a_n + Az + Bz^2 + \ldots.$

Si l'on y fait $z = 0$, on trouve : $a_n = \dfrac{1}{n!}f^{(n)}(0)$.

Ceci montre à nouveau que le développement en série entière d'une fonction donnée est unique. On reconnaît aussi la forme du coefficient de x^n dans le développement de $f(x)$ par la formule de Mac Laurin.

Connaissant le développement en série entière d'une fonction donnée, on peut en déduire les développements de ses dérivées ou de ses primitives successives.

En particulier, on constate que la dérivée de $e^{\mu z}$ est $\mu e^{\mu z}$, quels que soient μ et z.

Nous allons retrouver par ce procédé des développements déjà rencontrés et en donner d'autres.

L'égalité

$$\frac{1}{1-z} = 1 + z + z^2 + \ldots + z^p + \ldots$$

vaut quel que soit z, pourvu que $|z|$ soit inférieur à 1. En prenant les dérivées d'ordre m des deux membres de cette égalité, on a :

$$(1) \qquad \frac{1}{(1-z)^m} = 1 + \frac{m}{1}z + \frac{m(m+1)}{1\cdot 2}z^2 + \ldots$$
$$+ \frac{m(m+1)\ldots(m+p-1)}{p!}z^p + \ldots,$$

égalité valable aussi quand $|z|$ est inférieur à 1.

Plus généralement, on a :

$$\frac{1}{(z_0-z)^m} = \frac{1}{z_0^m} + \frac{m}{1}\frac{z}{z_0^{m+1}} + \frac{m(m+1)}{1\cdot 2}\frac{z^2}{z_0^{m+2}} + \ldots,$$

pourvu que $|z|$ soit inférieur à $|z_0|$.

On déduit de là la possibilité de développer une fraction rationnelle quelconque $\dfrac{f(z)}{g(z)}$ en série entière à l'intérieur d'un cercle dont le rayon est égal au plus petit module des pôles de la fraction. Il suffit en effet de remarquer que $\dfrac{f(z)}{g(z)}$ peut se décomposer en un polynome entier et en éléments simples de la forme $\dfrac{A}{(z_0-z)^m}$, z_0 désignant un pôle quelconque de cette fraction. Le cas où la fraction admettrait 0 comme pôle est naturellement écarté.

En posant $z = \dfrac{1}{u}$, on a :

$$\frac{1}{(z-z_0)^m} = \frac{u^m}{(1-uz_0)^m} = u^m\left[1 + \frac{m}{1}uz_0 + \frac{m(m+1)}{1\cdot 2}u^2z_0^2 + \ldots\right]$$

Ce développement est valable pour toutes les valeurs de u telles que $|uz_0|$ soit inférieur à 1, c'est-à-dire pour les valeurs de z dont le module est supérieur à $|z_0|$. On en conclut que toute fraction rationnelle en z peut se mettre sous forme d'un polynome entier en z augmenté de la somme d'une série entière en $\dfrac{1}{z}$, à l'extérieur d'un cercle dont le rayon est le plus grand module des pôles de la fraction.

La division ordonnée par rapport aux puissances croissantes ou décroissantes de z permet d'ailleurs d'obtenir ces deux développements d'une fraction rationnelle.

Bornons-nous maintenant au cas où la fonction et la variable sont réelles.

Développement de $\log(1+x)$. — De l'égalité

$$(2) \qquad \frac{1}{1+x} = 1 - x + x^2 - x^3 + \ldots + (-1)^{p-1}x^{p-1} + \ldots$$

on déduit, en prenant les primitives des deux membres :

$$\log(1+x) = C + \frac{x}{1} - \frac{x^2}{2} + \frac{x^3}{3} - \ldots + (-1)^{p-1}\frac{x^p}{p} + \ldots.$$

En faisant $x = 0$ dans cette dernière égalité, on voit que C est nul et l'on a :

$$(3) \qquad \log(1+x) = \frac{x}{1} - \frac{x^2}{2} + \frac{x^3}{3} - \ldots + (-1)^{p-1}\frac{x^p}{p} + \ldots.$$

Cette égalité est valable, comme (2), quand x est compris entre -1 et $+1$.

On peut démontrer qu'elle subsiste pour $x = 1$. Remplaçons (2) par

$$\frac{1}{1+x} = 1 - x + x^2 - x^3 + \ldots + (-1)^{p-1}x^{p-1} + (-1)^p\frac{x^p}{1+x}.$$

On en déduit :

$$\log(1+x) = \int_0^x \frac{dx}{1+x}$$
$$= \frac{x}{1} - \frac{x^2}{2} + \frac{x^3}{3} - \ldots + (-1)^{p-1}\frac{x^p}{p} + (-1)^p \int_0^x \frac{x^p\,dx}{1+x}.$$

Supposons $x > 0$, $\dfrac{x^p}{1+x}$ est inférieur à x^p et $\displaystyle\int_0^x \frac{x^p\,dx}{1+x}$ est inférieur à $\displaystyle\int_0^x x^p\,dx$ ou $\dfrac{x^{p+1}}{p+1}$. La différence

$$\log(1+x) - \left[\frac{x}{1} - \frac{x^2}{2} + \frac{x^3}{3} - \ldots + (-1)^{p-1}\frac{x^p}{p}\right]$$

tend donc vers zéro en même temps que $\dfrac{x^{p+1}}{p+1}$ quand p tend vers l'infini; or, ce fait se produit chaque fois que x est inférieur ou égal à 1.

Ce raisonnement établit la convergence de la série $u_p = (-1)^{p-1}\dfrac{x^p}{p}$, quand x est positif et égal ou inférieur à 1, et montre que la somme de cette série est $\log(1+x)$. En faisant $x = 1$, on a donc :

$$\log 2 = \frac{1}{1} - \frac{1}{2} + \frac{1}{3} - \frac{1}{4} + \ldots + \frac{1}{2n-1} - \frac{1}{2n} + \ldots.$$

C'est aussi une conséquence de l'ex. 6, leç. 38. (Théorème d'Abel).
En changeant x en $-x$ dans (3), on obtient :

$$(3)' \qquad \log(1-x) = -\frac{x}{1} - \frac{x^2}{2} - \frac{x^3}{3} - \ldots - \frac{x^p}{p} - \ldots$$

valable comme (3) dans l'intervalle $(-1, +1)$.

Retranchons les égalités (3) et (3)′ membre à membre; nous obtenons :

$$(4) \qquad \log(1+x) - \log(1-x) = \log\frac{1+x}{1-x}$$
$$= 2\left[\frac{x}{1} + \frac{x^3}{3} + \frac{x^5}{5} + \ldots + \frac{x^{2p+1}}{2p+1} + \ldots\right].$$

En particulier, donnons à x une valeur telle que $\dfrac{1+x}{1-x} = \dfrac{n+1}{n}$, d'où $x = \dfrac{1}{2n+1}$, n désignant un nombre naturel. Alors

$$(5) \qquad \Delta_n = \log(n+1) - \log n$$
$$= 2\left[\frac{1}{2n+1} + \frac{1}{3(2n+1)^2} + \frac{1}{5(2n+1)^3} + \ldots\right].$$

Cette égalité peut servir à former une table de logarithmes népériens des nombres naturels en donnant à n successivement les valeurs 1, 2, 3, ... On voit que $\Delta_n - \dfrac{2}{2n+1}$ est positif et inférieur à

$$\frac{2}{3}\left[\frac{1}{(2n+1)^3} + \frac{1}{(2n+1)^5} + \frac{1}{(2n+1)^7} + \ldots\right]$$

ou à $\dfrac{1}{6n(n+1)(2n+1)}$. Quand n est égal ou supérieur à 100, l'erreur commise en remplaçant Δ_n par $\dfrac{2}{2n+1}$, est inférieure à $\dfrac{1}{10^7}$.

De plus, Δ_n est inférieur à

$$2\left[\frac{1}{2n+1} + \frac{1}{(2n+1)^3} + \frac{1}{(2n+1)^5} + \ldots\right]$$

ou à $\dfrac{2n+1}{n(2n+2)}$ ou à $\dfrac{1}{n}$. Ce dernier fait résulte d'ailleurs immédiatement de l'inégalité

$$\log\frac{n+1}{n} = \log\left(1+\frac{1}{n}\right) = \frac{1}{n} - \frac{1}{2n^2} + \frac{1}{3n^3} - \ldots.$$

On en conclut que, pour $n \geqq 10^5$, la différence tabulaire est inférieure à une unité du cinquième ordre décimal.

Développement de arc tg x. — Si l'on remplace x par x^2 dans l'égalité (1), on trouve :

$$(6) \qquad \frac{1}{1+x^2} = 1 - x^2 + x^4 + \ldots + (-1)^p x^{2p} + \ldots$$

et, en intégrant entre les limites o et x,

$$(7) \quad \operatorname{arc\,tg} x = \frac{x}{1} - \frac{x^3}{3} + \frac{x^5}{5} - \ldots + (-1)^p \frac{x^{2p+1}}{2p+1} + \ldots.$$

Ces deux égalités sont valables dans l'intervalle $(-1, +1)$. On peut montrer que (7) subsiste aux bornes de l'intervalle. Au lieu de (6) écrivons

$$\frac{1}{1+x^2} = 1 - x^2 + x^4 - \ldots + (-1)^p x^{2p} + (-1)^{p+1} \frac{x^{2p+2}}{1+x^2}$$

et, en intégrant entre les limites 0 et x,

$$\arctan x = \frac{x}{1} - \frac{x^3}{3} + \frac{x^5}{5} - \ldots + (-1)^p \frac{x^{2p+1}}{2p+1} + (-1)^{p+1} \int_0^x \frac{x^{2p+2}\,dx}{1+x^2}.$$

Or $\dfrac{x^{2p+2}}{1+x^2}$ est inférieur à x^{2p+2}; donc $\displaystyle\int_0^x \frac{x^{2p+2}}{1+x^2}\,dx$ est inférieur à

$\displaystyle\int_0^x x^{2p+2}\,dx$ en valeur absolue. Cette dernière intégrale vaut $\dfrac{x^{2p+3}}{2p+3}$ et tend vers 0 quand p tend vers l'infini chaque fois que $|x|$ est inférieur ou égal à 1. On en conclut que l'égalité (7) subsiste pour $x = \pm 1$. En y faisant $x = 1$, on obtient :

$$\frac{\pi}{4} = \frac{1}{1} - \frac{1}{3} + \frac{1}{5} - \frac{1}{7} + \ldots + (-1)^p \frac{1}{2p+1} + \ldots.$$

Cette série converge lentement et se prête mal au calcul de π. On peut, en utilisant la formule $\operatorname{tg}(a+b) = \dfrac{\operatorname{tg} a + \operatorname{tg} b}{1 - \operatorname{tg} a \operatorname{tg} b}$, donner à $\operatorname{tg} a$ et à $\operatorname{tg} b$ des valeurs rationnelles simples telles que $\operatorname{tg}(a+b)$ soit égal à $\operatorname{tg}\dfrac{\pi}{4}$ ou à 1, $\operatorname{tg} a$ et $\operatorname{tg} b$ étant d'ailleurs inférieurs à 1, de sorte que la formule (7) se prête au calcul de a et b. Si l'on prend $\operatorname{tg} a = \dfrac{3}{5}$, on trouve $\operatorname{tg} b = \dfrac{1}{4}$ et on démontre aisément l'égalité

$$\frac{\pi}{4} = \arctan \frac{3}{5} + \arctan \frac{1}{4}.$$

On peut généraliser ce procédé et regarder $\dfrac{\pi}{4}$ comme une somme de 3, 4, ..., arcs dont les tangentes sont des nombres rationnels simples. Par exemple, si l'on pose :

$$\frac{\pi}{4} = 4 \arctan \frac{1}{5} - y,$$

on vérifie facilement que $\operatorname{tg} y$ vaut $\dfrac{1}{239}$ et que y vaut $\arctan \dfrac{1}{239}$.

La série qui provient du développement de $\arctan \dfrac{1}{5}$ converge rapidement et a des termes très faciles à évaluer en décimales; celle qui provient de $\arctan \dfrac{1}{239}$ converge avec une très grande rapidité. Ce résultat est dû à Machin.

Développement de $(1+x)^m$. — Quand m est quelconque, cette fonction n'est définie que si x est un nombre supérieur à -1. Quand m est un nombre naturel, le développement suivant les puissances croissantes de x est donné par la formule du binôme. Quand m est un entier négatif, le développement est donné par la formule (1) et est valable entre -1 et $+1$. Dans ces deux cas, on peut regarder $(1+x)^m$ comme la somme de la série dont le terme général est

$$u_p = \frac{m(m-1)\ldots(m-p+1)}{1\cdot 2\ldots p}x^p,$$

cette série se réduisant à ses $m+1$ premiers termes quand m est un nombre naturel. Supposons maintenant m quelconque et considérons la fonction

$$y = 1 + \frac{m}{1}x + \frac{m(m-1)}{1\cdot 2}x^2 + \ldots$$
$$+ \frac{m(m-1)\ldots(m-p+1)}{1\cdot 2\ldots p}x^p + \ldots.$$

Le rapport d'un terme au précédent dans la série dont elle est la somme vaut $\frac{m-p}{p+1}x$; il tend vers $-x$. Cette série admet donc comme intervalle de convergence l'intervalle $(-1, +1)$.

Montrons que la fonction y vérifie, comme la fonction $z = (1+x)^m$, la relation

$$u'(1+x) = mu.$$

On a successivement :

$$y' = m + \frac{m(m-1)}{1}x + \frac{m(m-1)(m-2)}{1\cdot 2}x^2 + \ldots$$
$$+ \frac{m(m-1)(m-2)\ldots(m-p)}{p!}x^p + \ldots.$$
$$xy' = mx + \frac{m(m-1)}{1}x^2 + \ldots + \frac{m(m-1)\ldots(m-p+1)}{(p-1)!}x^p + \ldots$$

Le coefficient de x^p dans la somme $y' + xy'$ vaut donc

$$\frac{m(m-1)\ldots(m-p+1)}{p!}[m-p+p]$$

c'est-à-dire le produit par m du coefficient correspondant dans y. On a alors :

$$\frac{y'}{y} = \frac{m}{1+x} = \frac{z'}{z}.$$

On en conclut que $\frac{y}{z}$ est constant. Or y et z sont égaux à 1 pour $x=0$, donc $y=z$ et l'on a :

$$(8) \qquad (1+x)^m = 1 + \frac{m}{1}x + \frac{m(m-1)}{1\cdot 2}x^2 + \ldots$$
$$+ \frac{m(m-1)\ldots(m-p+1)}{p!}x^p + \ldots.$$

Cette égalité est établie dans l'intervalle $(-1, +1)$, mais on ne sait *a priori* si elle subsiste aux bornes de cet intervalle.

Si l'on y remplace x par $-x$ et m par $-m$, on obtient l'égalité

$$(9) \quad \frac{1}{(1-x)^m} = 1 + \frac{m}{1}x + \frac{m(m+1)}{1 \cdot 2}x^2 + \dots$$
$$+ \frac{m(m+1)\dots(m+p-1)}{p!}x^p + \dots$$

valable aussi dans l'intervalle $(-1, +1)$.

Développement de arc sin x. — La dérivée de $y = \arcsin x$ étant $y' = \dfrac{1}{\sqrt{1-x^2}}$, nous obtenons son développement en série en remplaçant dans (9) x par x^2 et m par $\dfrac{1}{2}$. On trouve ainsi :

$$y' = 1 + \frac{1}{2}x^2 + \frac{1 \cdot 3}{2 \cdot 4}x^4 + \dots + \frac{1 \cdot 3 \cdot 5 \dots (2p-1)}{2 \cdot 4 \cdot 6 \dots 2p}x^{2p} + \dots$$

En intégrant entre les limites 0 et x, on en déduit :

$$(10) \quad \arcsin x = \frac{x}{1} + \frac{1}{2}\frac{x^3}{3} + \frac{1 \cdot 3}{2 \cdot 4}\frac{x^5}{5} + \dots$$
$$+ \frac{1 \cdot 3 \cdot 5 \dots (2p-1)}{2 \cdot 4 \cdot 6 \dots 2p}\frac{x^{2p+1}}{2p+1} + \dots$$

Cette égalité est démontrée quand x est compris entre -1 et $+1$. Pour $x = 1$, le rapport $\dfrac{u_p}{u_{p+1}}$ vaut $\dfrac{(2p+2)(2p+3)}{(2p+1)^2}$ ou $1 + \dfrac{6p+5}{4p^2+4p+1}$. Le produit $p \cdot \dfrac{6p+5}{4p^2+4p+1}$ ayant pour limite $\dfrac{3}{2}$ quand p tend vers l'infini, la série est convergente. En vertu du théorème d'Abel, l'égalité (10) subsiste donc pour $x = 1$ et l'on a :

$$\frac{\pi}{2} = 1 + \frac{1}{2} \cdot \frac{1}{3} + \frac{1 \cdot 3}{2 \cdot 4} \cdot \frac{1}{5} + \dots + \frac{1 \cdot 3 \cdot 5 \dots (2p-1)}{2 \cdot 4 \cdot 6 \dots 2p} \cdot \frac{1}{2p+1} + \dots$$

Cette dernière égalité présente un intérêt théorique.

EXERCICES

1º Lorsque m est un nombre naturel, le coefficient de z^p dans le développement en série entière de $\dfrac{1}{(1-z)^m}$ peut s'écrire $\dfrac{(p+1)(p+2)\dots(p+m-1)}{(m-1)!}$; c'est donc un polynome entier du degré $m-1$ par rapport à p. On demande d'utiliser ce fait pour effectuer la sommation des séries entières dans lesquelles le terme général est de la forme $f(p) \cdot z^p$, f étant un polynome entier donné (Comparer à l'ex. 1, leçon 38).

2º Trouver le développement de $\dfrac{1}{1 - 2z\cos\varphi + z^2}$ en série entière.

3º $f(z)$ désignant un polynome entier quelconque dont les zéros distincts ou non sont $z_1, z_2, \ldots, z_m$, on a :

$$-\frac{f'(z)}{f(z)} = \Sigma \frac{1}{z_i - z} = a_0 + a_1 z + a_2 z^2 + \ldots + a_p z^p + \ldots.$$

Démontrer que le rapport $\dfrac{a_{p-1}}{a_p}$ tend en général vers le zéro de plus petit module de $f(z)$. Dans quels cas cette proposition n'est-elle pas vraie ? Déduire de là une méthode d'approximation des zéros complexes d'un polynome entier.

4º Trouver les premiers termes du développement en série de $\sqrt{x^2 + x + 1}$ suivant les puissances décroissantes de x en utilisant la formule du binôme généralisée.

5º Étudier les branches infinies de la courbe définie par l'équation

$$y = \pm \sqrt{\frac{x^4 + x^2 + 1}{x^2 - 1}} + \sqrt[3]{x^3 + x^2 + 1}$$

6º On considère la fonction

$$y = a_0 + a_1 z + \ldots + a_p z^p + \ldots.$$

Démontrer que la condition nécessaire et suffisante pour que cette fonction vérifie une équation de la forme

$$(A z^2 + B z + C) y'' + (D z + E) y' + y = P(z),$$

A, B, C, D, E désignant des constantes et P(z) un polynome entier, est que, à partir d'un certain rang, 3 coefficients consécutifs a_p, a_{p+1}, a_{p+2} vérifient la relation

$$[1 + Dp + Ap(p-1)] a_p + (p+1)(E + Bp)a_{p+1} + (p+1)(p+2) C a_{p+2} = 0,$$

quel que soit p.

Dans le cas particulier où $\dfrac{a_{p+1}}{a_p}$ est de la forme $\alpha \dfrac{p+h}{p+k}$, α, h, k désignant des constantes, on demande de déterminer les coefficients A, B, C, D, E; discuter.

Résoudre la même question dans le cas où $\dfrac{a_{p+1}}{a_p}$ est de la forme $\alpha \dfrac{(p+h)(p+h')}{(p+k)(p+k')}$

Appliquer à la série hypergéométrique de Gauss :

$$y = 1 + \frac{\alpha}{1} \cdot \frac{\beta}{\gamma} z + \frac{\alpha(\alpha+1)}{1 \cdot 2} \cdot \frac{\beta(\beta+1)}{\gamma(\gamma+1)} z^2 + \ldots$$
$$+ \frac{\alpha(\alpha+1)\ldots(\alpha+p-1)}{1 . 2 \ldots p} \cdot \frac{\beta(\beta+1)\ldots(\beta+p-1)}{\gamma(\gamma+1)\ldots(\gamma+p-1)} z^p + \ldots.$$

7º Étudier la convergence de la série que donne le développement de $(1 + x)^m$, aux bornes de l'intervalle de convergence.

70e LEÇON

ÉQUATIONS DIFFÉRENTIELLES

On appelle équation différentielle une équation où figurent une variable x, une ou plusieurs fonctions y, z, ... de cette variable et les dérivées de ces fonctions jusqu'à un certain ordre. Dans ce qui va suivre, nous nous occuperons généralement des équations différentielles où entrent une seule fonction y et ses dérivées. Soit

$$f(x, y, y', y'', \ldots, y^{(n)}) = 0$$

une telle équation; n est son *ordre*.

On dit qu'une fonction donnée y est une solution ou une intégrale, lorsque la substitution de cette fonction et de ses dérivées transforme $f(x, y, y', \ldots, y^{(n)})$ en une fonction de x nulle identiquement dans l'intervalle où y et ses dérivées sont définies.

On peut imaginer aussi que x et y soient exprimés en fonction d'une variable auxiliaire; l'intégrale est alors définie sous forme paramétrique.

Nous appellerons *intégrale générale* l'ensemble des solutions de l'équation. Cette définition n'est pas toujours celle que l'on emploie, mais celle-ci est commode et nous suffira pour l'étude limitée que nous avons à faire.

La recherche de l'intégrale générale constitue l'intégration de l'équation.

Nous avons déjà donné des exemples d'équations différentielles; nous allons indiquer un procédé général pour en obtenir.

Soit

$$(1) \qquad \mathrm{F}(x, y, \mathrm{C}) = 0$$

une équation où C désigne un paramètre. A chaque valeur convenablement choisie de ce paramètre correspond une équation qui définit y comme fonction de x. La dérivée de cette fonction est solution de l'équation

$$(2) \qquad \frac{\partial \mathrm{F}}{\partial x} + y' \frac{\partial \mathrm{F}}{\partial y} = 0.$$

Si l'équation (2) ne dépend pas de C, ce qui arrive chaque fois que (1) est de la forme

$$(1)' \qquad \varphi(x, y) + \mathrm{C} = 0,$$

cette équation (2) est une équation différentielle du premier ordre que vérifient toutes les fonctions y qui correspondent aux diverses valeurs de C.

On peut ramener à ce cas celui où l'équation (1) est linéaire en C, c'est-à-dire de la forme $F_1(x,y) + CF_2(x,y) = 0$; il suffit de l'écrire

$$\frac{F_1}{F_2} + C = 0.$$

Il en est encore de même chaque fois que (1) est résoluble par rapport à C.

Si l'équation (1) n'est pas résoluble par rapport à C, mais si F est un polynome entier en C, $\dfrac{\partial F}{\partial x} + y' \dfrac{\partial F}{\partial y}$ est aussi un polynome entier en C et on sait éliminer C entre les équations (1) et (2). L'équation résultante

$$(3) \qquad\qquad f(x, y, y') = 0$$

est, par rapport aux coefficients de (2), et en particulier par rapport à y', d'un degré égal au degré n de F par rapport à C.

L'équation (1) définit un faisceau de courbes qu'on appelle *courbes intégrales* de l'équation différentielle (3). Rien n'indique d'ailleurs *à priori* que ces courbes soient les seules courbes intégrales de (3), c'est-à-dire que l'équation (1) définisse l'intégrale générale de (3).

On aperçoit, en général, une courbe qui n'est pas définie par (1) et sur laquelle y est une fonction intégrale, c'est la courbe Γ, enveloppe des courbes du faisceau (1) quand C varie. En un point M de Γ, x, y, y' ont en effet sur cette courbe les mêmes valeurs que sur la courbe (1) qui est tangente à Γ en ce point. (On dit quelquefois que deux courbes tangentes en un point ont même élément de contact en ce point.) La fonction y définie sur Γ est dite *intégrale singulière* par rapport aux intégrales (1).

Considérons par exemple l'équation

$$(4) \qquad\qquad y = Cx + \varphi(C),$$

où C désigne une constante arbitraire et φ une fonction donnée; cherchons l'équation différentielle que vérifient les droites de ce faisceau. En différentiant (4), on obtient $y' = C$ et en portant cette valeur de (C) dans (4), on obtient :

$$(5) \qquad\qquad y - xy' = \varphi(y').$$

Nous verrons plus loin que l'équation (5), qui est connue sous le nom d'équation de Lagrange, admet comme seules courbes intégrales les droites (4) et la courbe enveloppe de ces droites.

Chaque fois que l'équation (1) est linéaire en C, il n'y a pas d'intégrale singulière correspondante.

Nous donnerons plus loin un exemple d'équation différentielle dont les intégrales se partagent en plusieurs catégories suivant l'intervalle où l'on fait varier x.

Soit maintenant

$$(6) \qquad\qquad F(x, y, C_1, C_2) = 0$$

une équation où C_1 et C_2 sont des paramètres indépendants. À tout système de valeurs convenablement choisies de C_1 et C_2 correspond une équation qui définit y comme fonction de x. Cette fonction et ses dérivées première et seconde vérifient les deux équations

$$(7) \qquad \frac{\partial F}{\partial x} + \frac{\partial F}{\partial y} y' = 0,$$

$$(8) \qquad \frac{\partial^2 F}{\partial x^2} + 2 y' \frac{\partial^2 F}{\partial x \partial y} + y'^2 \frac{\partial^2 F}{\partial y^2} + y'' \frac{\partial F}{\partial y} = 0.$$

Elles vérifient aussi toute équation qui est une conséquence de (6), (7) et (8) et, en particulier, l'équation différentielle du second ordre obtenue en éliminant, si possible, C_1 et C_2 entre ces relations.

Par exemple, si (6) est de la forme

$$F_0(x, y) + C_1 F_1(x, y) + C_2 F_2(x, y) = 0$$

et si l'on pose pour abréger :

$$\Delta F = \frac{\partial F}{\partial x} + y' \frac{\partial F}{\partial y},$$

$$\Delta^2 F = \frac{\partial^2 F}{\partial x^2} + 2 y' \frac{\partial^2 F}{\partial x \partial y} + y'^2 \frac{\partial^2 F}{\partial y^2} + y'' \frac{\partial F}{\partial y},$$

toutes les fonctions y définies par l'équation (6), quand on donne à C_1 et C_2 toutes les valeurs possibles compatibles avec l'existence de y, sont des solutions de l'équation du second ordre

$$\begin{vmatrix} F_0, & \Delta F_0, & \Delta^2 F_0 \\ F_1, & \Delta F_1, & \Delta^2 F_1 \\ F_2, & \Delta F_2, & \Delta^2 F_2 \end{vmatrix} = 0,$$

qui est du premier degré en y''.

On peut encore procéder autrement et éliminer d'abord C_2, par exemple, entre les équations (6) et (7), ce qui donnerait une équation

$$(9) \qquad \varphi(x, y, y', C_1) = 0.$$

L'élimination de C_1 entre l'équation (9) et l'équation obtenue en la différentiant redonnerait l'équation du second ordre cherchée. On dit que l'équation (9) constitue une *intégrale première* de l'équation du second ordre.

On pourrait continuer en augmentant le nombre des constantes arbitraires figurant dans l'équation des courbes intégrales et obtenir ainsi des équations différentielles dont l'ordre est de plus en plus grand.

Intégration des équations du premier ordre; généralités. — Supposons l'équation résolue par rapport à y' et mise sous la forme

$$(10) \qquad y' = f(x, y),$$

$f(x, y)$ désignant une fonction uniforme.

Cherchons à déterminer une courbe intégrale qui passe par un point $M_0(x_0, y_0)$ du plan. L'équation (10) et celles qu'on en déduit par différentiations successives, en supposant la fonction f et ses dérivées partielles par rapport à x et y définies, quel que soit leur ordre, au point M_0, donnent les dérivées de y, sur la courbe intégrale, en ce point. On est donc conduit à utiliser le développement de y suivant les puissances croissantes de $x - x_0$ par la formule de Taylor et à voir si le développement en série de y est possible. Si cela est, on obtient de cette façon une courbe intégrale passant par un point M_0 donné.

L'intégration de l'équation $y' = y$, par exemple, s'effectue de suite et l'on a :

$$y - y_0 = y_0 \left[\frac{x - x_0}{1} + \frac{(x - x_0)^2}{1, 2} + \ldots + \frac{(x - x_0)^p}{p!} + \ldots \right]$$

c'est-à-dire $\quad y = y_0 e^{x - x_0} \quad$ ou, en posant $\quad y_0 e^{-x_0} = C, \quad$ l'on obtient :

$$y = C e^x$$

C désignant une constante arbitraire. On trouve d'ailleurs ce résultat de suite en remarquant que $\frac{y'}{y}$ est la dérivée de $\log |y|$.

Si l'équation différentielle mise sous la forme

$$(11) \qquad\qquad f(x, y, y') = C,$$

n'est pas résolue par rapport à y', on peut encore en déduire, par différentiations successives, les équations

$$(12) \quad \frac{\partial f}{\partial x} + \frac{\partial f}{\partial y} y' + \frac{\partial f}{\partial y'} y'' = 0 ; \quad \frac{\partial^2 f}{\partial x^2} + \ldots + \frac{\partial f}{\partial y'} y''' = 0 ; \ldots ; \text{etc.}$$

Si x_0, y_0 et la valeur y'_0, choisie pour y' parmi les solutions de l'équation $f(x_0, y_0, u) = 0$, n'annulent pas $\frac{\partial f(x, y, u)}{\partial u}$, les équations (12) donnent un seul système de valeurs pour $y''_0, y'''_0, \ldots$, si bien qu'à chaque valeur de y'_0 peut correspondre une courbe intégrale. Si f est du degré n en y', on pourra donc avoir n courbes intégrales passant par tout point $M_0(x_0, y_0)$ tel que les racines de l'équation $f(x_0, y_0, u) = 0$ soient réelles et distinctes. Le raisonnement ne s'applique plus dans le cas contraire.

Appliquons ces observations à l'équation de Lagrange. En la différentiant, l'on obtient :

$$- y'' \big(x + \varphi'(y') \big) = 0,$$

de sorte que les courbes intégrales vérifient soit l'équation $y'' = 0$, soit l'équation $x + \varphi'(y') = 0$.

L'équation $y'' = 0$ donne des droites comme courbes intégrales; en portant la valeur constante C de y' dans l'équation donnée, on retrouve les droites du faisceau (4).

L'équation $x + \varphi'(y') = 0$ adjointe à (5) donne x et y en fonction du paramètre $u = y'$ et l'on a :

$$x = - \varphi'(u) ; \qquad y = xy' + \varphi(y') = - u \varphi'(u) + \varphi(u).$$

La courbe correspondante est, comme on le vérifie aisément, l'enveloppe des droites du faisceau (4), c'est-à-dire l'intégrale singulière. L'ensemble des courbes intégrales est donc constitué par cette courbe et par ses tangentes.

Des considérations géométriques donnent ce résultat immédiatement. L'équation de la tangente en un point (x, y) d'une courbe étant

$$y'X - Y + y - xy' = 0,$$

les coordonnées de cette droite sont y', -1 et $y - xy'$. Toute propriété géométrique imposée à cette droite se traduit par une équation $y - xy' = \varphi(y')$ entre ses coordonnées, de sorte que l'équation de Lagrange est une véritable équation tangentielle.

Nous n'insisterons pas sur ces considérations et nous allons indiquer des méthodes qui s'appliquent à des équations de types bien définis.

L'équation du premier ordre étant mise sous la forme

$$A(x, y) + y'B(x, y) = 0,$$

ou encore

$$(13) \qquad A(x, y)\,dx + B(x, y)\,dy = 0,$$

chaque fois que A et B sont les dérivées partielles d'une même fonction $F(x, y)$, cette équation s'intègre immédiatement; elle équivaut à l'équation $F(x, y) = C$ qui définit l'intégrale générale cherchée. Nous avons appris à calculer F au moyen de quadratures (leç. 62).

Si A et B ne sont pas les dérivées partielles d'une même fonction par rapport à x et y, on peut remplacer l'équation (13) par

$$MA\,dx + MB\,dy = 0,$$

M désignant une fonction arbitraire de x et y, et chercher à déterminer M de sorte que MA et MB soient les dérivées partielles d'une même fonction; on est alors ramené au cas précédent. M s'appelle un *facteur intégrant* de l'équation (13); c'est une solution de l'équation aux dérivées partielles

$$\frac{\partial}{\partial y}(MA) = \frac{\partial}{\partial x}(MB) \quad \text{ou} \quad B\frac{\partial M}{\partial x} - A\frac{\partial M}{\partial y} + M\left(\frac{\partial B}{\partial x} - \frac{\partial A}{\partial y}\right) = 0 \quad (14).$$

Chaque fois qu'on connaît une solution particulière de l'équation (14), l'intégration de l'équation (13) se ramène à des quadratures.

Équations du premier ordre à variables séparées. — Un cas particulier très simple est celui où y' est de la forme $\dfrac{X}{Y}$, X désignant une fonction de x et Y une fonction de y. L'équation s'écrit alors

$$X\,dx - Y\,dy = 0,$$

et l'intégrale générale est

$$\int_{x_0}^{x} X\,dx - \int_{y_0}^{y} Y\,dy = C.$$

On dit que l'équation est, dans ce cas, à variables séparées. Il est à peine besoin de remarquer que les deux équations

$$y' = \frac{Y}{X} \qquad \text{et} \qquad y' = XY$$

sont à variables séparées.

Un cas plus particulier encore est celui où l'équation est de la forme $y' = X$; son intégrale générale est $y = \int_{x_0}^{x} X\,dx + C$.

De même, si elle est de la forme $y' = Y$, son intégrale générale est

$$x = \int_{y_0}^{y} \frac{dy}{Y} + C.$$

Équations homogènes du premier ordre. — On dit qu'une équation du premier ordre est homogène, lorsqu'elle reste vérifiée quand on y remplace x par kx et y par ky, k désignant une constante quelconque (ce qui ne change pas y'). L'interprétation géométrique est la suivante : si une courbe Γ est une courbe intégrale de cette équation, toute homothétique de Γ par rapport à l'origine en est également une.

Supposons encore l'équation résolue par rapport à y' et soit

$$(15) \qquad \frac{dy}{dx} = f(x, y).$$

$f(x, y)$, ne changeant pas quand on y remplace x et y par kx et ky, est homogène et de degré zéro.

Prenons comme inconnue auxiliaire $t = \dfrac{y}{x}$.

$$dy = t\,dx + x\,dt, \qquad f(x, y) = f(1, t),$$

et l'équation (15) devient :

$$\left[f(1, t) - t \right] dx - x\,dt = 0,$$

qui est à variables séparées.

Équation linéaire du premier ordre. — On dit qu'une équation différentielle est linéaire lorsqu'elle est du premier degré par rapport à la fonction inconnue et à ses dérivées. La forme générale d'une équation linéaire du premier ordre est donc :

$$(16) \qquad y' + a(x)y = b(x).$$

Le changement de fonction $y = uv$, où u est une fonction de x arbitrairement choisie et v une nouvelle fonction inconnue, conduit à l'équation

$$uv' + v(au + u') = b,$$

qui a la même forme que la précédente.

On peut déterminer u par la condition

$$(17) \qquad \frac{u'}{u} + a = 0$$

et v est définie par l'équation

$$(18) \qquad v' = \frac{b}{u}.$$

Une quadrature donne une fonction u, solution particulière de (17), et, en portant cette fonction dans (18), on est ramené à une nouvelle quadrature pour déterminer v. On obtient ainsi :

$$u = e^{-\int_{x_0}^{x} a\,dx}, \qquad v = \int_{x_1}^{x} \frac{b}{u}\,dx + C.$$

L'intégrale générale est donc donnée par la formule

$$y = \left[\int_{x_1}^{x} be^{\int_{x_0}^{x} a\,dx} + C \right] e^{-\int_{x_0}^{x} a\,dx}.$$

Elle dépend linéairement de la constante arbitraire C.

Par chaque point du plan passe une courbe intégrale; il n'y a pas d'intégrale singulière.

Un changement de fonction, défini par l'équation $y = \varphi(z)$, remplace l'équation (16) par une équation qui est encore du premier ordre, mais qui n'est pas linéaire en général. Le changement de fonction inverse remplace cette dernière équation par une équation linéaire. L'intégration de l'équation non linéaire peut donc s'effectuer par des quadratures.

Ainsi, la substitution $y = z^{-m}$ transforme (16) en

$$- mz^{-m-1} z' + az^{-m} = b \qquad \text{ou bien} \qquad mz' = az - bz^{m+1}.$$

Cette dernière équation est de la forme

$$(19) \qquad z' = Az + Bz^{n}.$$

Inversement, le changement de fonction $z = y^{\frac{1}{1-n}}$ substitue à l'équation (19) une équation linéaire.

Signalons en particulier le cas de $n = 2$; l'équation correspondante

$$z' = Az + Bz^{2}$$

a été étudiée par Bernouilli et se ramène, par la substitution $z = \frac{1}{y}$, à une équation linéaire.

Trajectoires orthogonales des courbes d'un faisceau. — Une courbe qui coupe à angle droit toutes les courbes d'un faisceau s'appelle une trajectoire orthogonale de ces dernières. Le coefficient angulaire de la tangente en un point $M(x, y)$ du plan à une courbe du faisceau considéré étant y', celui de la tangente à une courbe orthogonale en ce point est $-\frac{1}{y'}$. Par suite, si l'équation différentielle des courbes du faisceau est $f(x, y, y') = 0$, les trajectoires orthogonales ont pour équation différentielle $f\left(x, y, -\frac{1}{y'}\right) = 0$ et forment un second faisceau.

Ces deux équations différentielles sont, en même temps, à variables séparées, et si l'équation du faisceau donné est

$$\int_{x_0}^{x} \mathrm{X}\,dx + \int_{y_0}^{y} \mathrm{Y}\,dy = \mathrm{C},$$

celle du faisceau de courbes orthogonales est

$$\int_{x_1}^{x} \frac{dx}{\mathrm{X}} - \int_{y_1}^{y} \frac{dy}{\mathrm{Y}} = \mathrm{C}'.$$

Si l'équation $f(x, y, y') = 0$ est du second degré en y' et si le produit de ses racines est égal à -1, les courbes du faisceau donné sont telles qu'il en passe deux par un point du plan, et ces deux courbes sont orthogonales. Les trajectoires orthogonales des droites d'un faisceau sont les développantes de leur enveloppe; leur recherche exige une quadrature.

EXERCICES

1º Retrouver les développements en série de $\cos x$ et $\sin x$, sachant que ces fonctions vérifient l'équation $y'' + y = 0$, que la première est paire et prend la valeur 1 pour $x = 0$, que la seconde est impaire et équivalente à x pour $x = 0$.

2º Démontrer que, si les courbes intégrales d'une équation différentielle du premier ordre se déduisent de l'une d'elles par une translation parallèle à Ox, cette équation ne contient pas x.

3º Démontrer que si, dans une équation homogène du premier ordre, on effectue le changement de variable et de fonction défini par les équations

$$x = \rho \cos \theta, \quad y = \rho \sin \theta,$$

la nouvelle équation différentielle est à variables séparées.

4º Démontrer que, si les courbes intégrales d'une équation différentielle du premier ordre se déduisent de l'une d'elles par une rotation autour de l'origine, l'équation différentielle qu'on en déduit en posant encore $x = \rho \cos \theta$, $y = \rho \sin \theta$, ne contient pas θ.

5º La tangente en un point M d'une courbe coupe Ox en A et Oy en B (axes rectangulaires). Trouver cette courbe, sachant que le rapport $\dfrac{\overline{MB}}{\overline{MA}}$ est une fonction donnée de l'abscisse du point M. Cas particulier où ce rapport a une valeur constante; cas où ce rapport vaut 2.

6º La normale en un point M d'une courbe coupe Ox en A et Oy en B. Trouver cette courbe sachant que le rapport $\dfrac{\overline{MB}}{\overline{MA}}$ est une fonction donnée de l'abscisse du point M. Cas particulier où ce rapport a une valeur constante (axes rectangulaires).

7º La tangente et la normale en un point M d'une courbe, coupent respectivement Ox en des points T et N. Trouver cette courbe sachant que le vecteur TN a un équivalent algébrique constant.

8º T et N étant les points définis dans l'exercice précédent, on demande de trouver les courbes telles que $\dfrac{\overline{ON}}{\overline{OT}}$ ait une valeur constante. Cas particulier où T et N sont symétriques par rapport au point O.

9º T et N ayant toujours la même signification, on demande de trouver les courbes telles que le produit $\overline{OT} \cdot \overline{ON}$ ait une valeur constante.

(Pour traiter cet exercice et un certain nombre des précédents, on peut supposer la courbe définie soit par son équation $y = f(x)$, soit par l'équation générale de sa tangente mise sous forme normale.)

10º T et M ayant la même signification, trouver les courbes telles que $\dfrac{\overline{OT}}{\overline{TM}}$ ait une valeur constante.

11° Trouver les courbes pour lesquelles MT a une grandeur constante.

12° Trouver une courbe passant par l'origine et pour laquelle le rapport $\dfrac{\overline{MT}}{\text{arc}\,\overline{OM}}$ a une valeur constante.

(Pour traiter cet exercice et le précédent, il est commode de prendre comme inconnue auxiliaire l'angle φ de la tangente à la courbe avec Ox et d'utiliser les formules $dx = \cos\varphi.ds$, $dy = \sin\varphi.ds$.)

13° Intégrer l'équation $(ax + by + c)dx + (a'x + b'y + c')dy = o$. Cas particulier où $b = a'$.

14° Démontrer que la substitution $y = y_0 + \dfrac{1}{z}$, y_0 désignant une intégrale particulière de l'équation de Riccati :

$$y' = a(x) + y\,b(x) + y^2 c(x),$$

donne une équation différentielle linéaire par rapport à z. Il en résulte que l'intégration de cette équation est ramenée à des quadratures quand on en connaît une solution particulière; ce fait se présente, en particulier, lorsque l'équation

$$a + bu + cu^2 = o$$

a une racine u_0 indépendante de x, car $y = u_0$ est solution de l'équation.

15° On peut définir les cercles d'un faisceau au moyen de la représentation paramétrique

$$x = x_0 + r\cos\varphi, \quad y = y_0 + r\sin\varphi,$$

x_0, y_0, z_0 désignant des fonctions données d'un paramètre u qui est constant pour chaque cercle. Le coefficient angulaire de la normale en un point d'un cercle étant $\operatorname{tg}\varphi$, l'équation différentielle des trajectoires orthogonales des cercles du faisceau considéré est $\dfrac{dy}{dx} = \operatorname{tg}\varphi$, c'est-à-dire

$$r\frac{d\varphi}{du} + y_0'\cos\varphi - x_0'\sin\varphi = o.$$

Le changement de fonction $\varphi = 2\arctan t$ substitue à cette équation une équation de Riccati, de sorte que, si l'on connaît une trajectoire orthogonale des cercles considérés, la détermination des autres est ramenée à des quadratures; ce fait se présente, en particulier, si les cercles donnés ont leurs centres sur une droite : cette droite est en effet orthogonale à tous les cercles.

16° Former l'équation différentielle des cercles du faisceau linéaire dont l'équation est $x^2 + y^2 + Cx \pm a^2 = o$, a désignant une constante donnée et C une constante arbitraire. En déduire l'équation différentielle de leurs trajectoires orthogonales et trouver ces dernières.

17° Former l'équation différentielle des coniques du faisceau dont l'équation est

$$\frac{x^2}{a^2 + \rho} + \frac{y^2}{b^2 + \rho} - 1 = o, \qquad \text{(coniques homofocales)}$$

a et b désignant des constantes données, ρ une constante arbitraire. Vérifier que les deux coniques qui passent par un point du plan sont orthogonales.

18° Trouver les trajectoires orthogonales des coniques définies par l'équation

$$Ax^2 + Cy^2 = \lambda,$$

A et C désignant des constantes données et λ une constante arbitraire. Dans quel cas ces trajectoires orthogonales sont-elles des courbes algébriques?

19° Trouver les trajectoires orthogonales des coniques définies par l'équation

$$Ax^2 + Cy^2 + \lambda x = o,$$

A et C désignant des constantes données et λ une constante arbitraire.

20° Les surfaces d'un faisceau dépendant d'un paramètre λ, les paramètres directeurs de la normale en un point $M(x, y, z)$, à la surface qui passe par ce point, dépendent de x, y, z et de λ qui est une fonction de x, y, z définie par l'équation du faisceau. Les rapports des paramètres directeurs dx, dy, dz, d'une courbe normale en M à cette surface peuvent donc s'exprimer en fonction de x, y, z et l'on a :

$$\frac{dx}{f_1(x, y, z)} = \frac{dy}{f_2(x, y, z)} = \frac{dz}{f_3(x, y, z)}.$$

Ces deux équations différentielles du premier ordre caractérisent les trajectoires orthogonales des surfaces du faisceau.

Trouver les trajectoires orthogonales des surfaces définies par l'équation

$$X + Y + Z = \lambda,$$

X désignant une fonction donnée de x, Y une fonction donnée de y et Z une fonction donnée de z. Cas particulier du faisceau de quadriques :

$$A x^2 + B y^2 + C z^2 = \lambda.$$

Dans quel cas les trajectoires orthogonales de ces quadriques sont-elles des courbes algébriques ?

21° Les équations différentielles du premier ordre

$$\frac{dx}{f_1(x, y, z)} = \frac{dy}{f_2(x, y, z)} = \frac{dz}{f_3(x, y, z)},$$

où f_1, f_2, f_3 sont des fonctions uniformes données de x, y, z, définissent, en chaque point de l'espace, la direction d'une droite. Existe-t-il toujours des surfaces normales à ces droites ? Démontrer que s'il y en a, on peut déterminer une fonction $\mu(x, y, z)$ telle que $\mu f_1 dx + \mu f_2 dy + \mu f_3 dz$ soit la différentielle totale d'une fonction $F(x, y, z)$; l'équation générale des surfaces normales est alors $F(x, y, z) = \lambda$.

22° Trouver les trajectoires orthogonales des cercles placés sur un cône du second degré. Dans quel cas ces courbes sont-elles algébriques ?

23° Trouver les trajectoires orthogonales des cercles placés sur un ellipsoïde.

24° Trouver les trajectoires isogonales d'un faisceau de droites. (On dit qu'une courbe est une trajectoire isogonale des courbes d'un faisceau lorsqu'elle coupe ces dernières sous un même angle).

25° Trouver sur une surface de révolution définie par les équations

$$x = v \cos u, \quad y = v \sin u, \quad z = f(v),$$

les courbes dont les tangentes font avec l'axe de révolution (Oz), un angle donné. Cas particuliers : sphère, surfaces du second degré.

26° Trouver les trajectoires isogonales des méridiens d'une surface de révolution. Cas particulier du tore.

27° On donne une surface réglée dont les équations paramétriques sont

$$x = u_1 + U_1 v, \quad y = u_2 + U_2 v, \quad z = u_3 + U_3 v,$$

u_1, u_2, u_3, U_1, U_2, U_3, étant des fonctions de u.

Trouver l'équation différentielle des courbes tracées sur cette surface et dont les plans osculateurs sont tangents à la surface. (Lignes asymptotiques.)

Examiner, en particulier, le cas où l'on a :

$$U_1 = u_1' F(u) + u_1'' G(u),$$
$$U_2 = u_2' F(u) + u_2'' G(u),$$
$$U_3 = u_3' F(u) + u_3'' G(u).$$

28° Etant donnée une équation différentielle du premier ordre, $f(x, y, y') = 0$, entière en y', on considère le lieu géométrique des points du plan tels qu'en chacun d'eux l'équation en y' ait une racine double ; ces points sont tels aussi que deux des courbes intégrales qui y passent sont tangentes ou confondues. Déduire de là une décomposition possible du lieu.

29° Démontrer que si les courbes intégrales de l'équation $f(x, y, y') = 0$ ont une enveloppe, les équations

$$f(x, y, u) = 0, \quad \frac{\partial f}{\partial u} = 0, \quad \frac{\partial f}{\partial x} + u \frac{\partial f}{\partial y} = 0,$$

aux inconnues x, y, u, ne sont pas distinctes. Appliquer à l'équation

$$y^2(1 + y'^2) = m^2(x + y y')^2.$$

Trouver l'enveloppe des courbes intégrales, puis trouver les courbes intégrales et vérifier que leur enveloppe est bien la courbe déjà obtenue.

71ᵉ LEÇON

ÉQUATIONS DU SECOND ORDRE

Généralités. — L'équation du second ordre étant mise sous la forme $y'' = f(x, y, y')$, on peut en déduire, par différentiations successives, les valeurs de y''', y^{IV}, ... en fonction de x, y et y'. Si l'on donne un point $M_0(x_0, y_0)$ du plan et la valeur y'_0 de y' en ce point, les valeurs de y''_0, y'''_0, ... sont déterminées et le développement en série entière de y, suivant les puissances croissantes de $x - x_0$, est, s'il existe, bien déterminé. On suppose que f est une fonction uniforme.

Ainsi, l'équation $y'' = y$ donne :

$$y_0 = y''_0 = y^{IV}_0 = \ldots = y^{(2p)}_0 = \ldots,$$
$$y_0 = y'''_0 = y^{V}_0 = \ldots = y^{(2p-1)}_0 = \ldots,$$

et son intégrale générale est

$$y = y_0\left(1 + \frac{(x-x_0)^2}{2!} + \frac{(x-x_0)^4}{4!} + \ldots + \frac{(x-x_0)^{2p}}{(2p)!} + \ldots\right)$$
$$+ y'_0\left(\frac{x-x_0}{1} + \frac{(x-x_0)^3}{3!} + \ldots + \frac{(x-x_0)^{2p+1}}{(2p+1)!} + \ldots\right),$$

y_0 et y'_0 désignant deux constantes arbitraires.

On vérifie aisément qu'elle peut se mettre sous la forme

$$A\operatorname{ch}x + B\operatorname{sh}x \quad \text{ou} \quad C_1 e^x + C_2 e^{-x};$$

nous retrouverons ce résultat.

Nous allons étudier maintenant les procédés d'intégration relatifs à quelques cas particuliers.

$1°$ *L'équation ne contient pas* y. — Elle est de la forme $f(x, y', y'') = 0$. Prenons $y' = u$ comme fonction inconnue; nous obtenons une équation du premier ordre $f(x, u, u') = 0$ et, si nous savons trouver son intégrale générale, nous sommes ramenés à la quadrature $y = \int u\,dx$.

$2°$ *L'équation ne contient pas* x. — Elle est de la forme $f(y, y', y'') = 0$. À cause des égalités

$$\frac{dy}{dx} = \frac{1}{\dfrac{dx}{dy}}, \qquad \frac{d^2 y}{dx^2} = \frac{-\dfrac{d^2 x}{dy^2}}{\left(\dfrac{dx}{dy}\right)^3},$$

on peut la remplacer par une équation du second ordre qui ne contient pas la fonction. (On échange le rôle de x et y.) On serait ainsi conduit à prendre comme variable auxiliaire $\dfrac{dx}{dy}$.

Dans la pratique, on peut poser :

$$\frac{dy}{dx} = u, \qquad \text{d'où} \qquad \frac{d^2y}{dx^2} = \frac{du}{dy}\frac{dy}{dx} = u\frac{du}{dy},$$

et l'équation donnée est remplacée par l'équation du premier ordre $f\left(y, u, u\frac{du}{dy}\right) = 0$, qui relie u et y.

Connaissant l'intégrale générale de cette dernière équation, c'est-à-dire ayant y en fonction de u, ou u en fonction de y, ou y et u en fonction d'une variable auxiliaire, x est déterminé par la quadrature $x = \int \frac{dy}{u}$. Ce cas présente un certain intérêt parce que c'est celui auquel on est conduit en dynamique, dans l'étude du mouvement d'un point matériel sur une courbe donnée, lorsque la force tangentielle ne dépend que de la position du point sur sa trajectoire et de sa vitesse.

$3°$ *L'équation est linéaire.* — On peut la supposer mise sous la forme

$$(1) \qquad y'' + y'a(x) + yb(x) = c(x).$$

Quand $c(x)$ est identiquement nul, on dit que l'équation est sans second membre.

Un changement de fonction défini par $y = uv$, u étant une fonction de x arbitrairement choisie et v une fonction inconnue, n'en altère pas la forme ; v est défini par l'équation

$$uv'' + (2u' + au)v' + (u'' + au' + bu)v = c.$$

Si u est choisie de telle sorte que cette équation ne contienne pas v, le changement de fonction $v' = z$ conduit à une équation linéaire du premier ordre et on est ramené à des quadratures. Ainsi, chaque fois qu'on connaît une intégrale particulière u de l'équation linéaire du second ordre où l'on a supprimé le second membre, l'intégration de l'équation complète s'effectue au moyen de quadratures.

Soit, d'autre part, y_0 une intégrale particulière de l'équation avec second membre.

Posons : $y = y_0 + z$; nous voyons de suite que z est une solution de l'équation sans second membre

$$(2) \qquad y'' + ay' + by = 0$$

et, réciproquement, si z est une solution de cette équation, $y_0 + z$ est une solution de (1). L'effort principal devra donc porter sur la recherche d'une intégrale de l'équation sans second membre et, si possible, sur la recherche de son intégrale générale.

Équation linéaire du second ordre sans second membre à coefficients constants. — Le cas où a et b sont des constantes rentre dans le second cas particulier signalé plus haut. Au lieu de suivre la méthode générale correspondante, nous allons indiquer un procédé qui s'applique mieux à ce cas spécial.

D'abord, si a et b sont nuls, l'équation se réduit à $y' = 0$ et son intégrale générale est $C_1 + C_2 x$.

Supposons a nul sans que b le soit. L'équation s'écrit

$$y'' = - by.$$

Multiplions les deux membres par $2y'$; l'équation obtenue est

$$2y'y'' = - 2byy'.$$

Une intégrale première est donc :

$$(3) \qquad y'^2 = - by^2 + A,$$

A désignant une constante arbitraire. (Cet artifice peut être employé chaque fois qu'on a une équation de la forme $y'' = \varphi(y)$).

L'équation (3) ne contenant pas x s'intègre par une quadrature. On en déduit :

$$\frac{dy}{dx} = \varepsilon \sqrt{A - by^2}, \qquad\qquad (\varepsilon = \pm 1)$$

et

$$\varepsilon x = \int \frac{dy}{\sqrt{A - by^2}}.$$

Le calcul de cette intégrale dépend du signe de b.

Supposons d'abord que b soit négatif et posons $b = - k^2$. Alors

$$\int \frac{dy}{\sqrt{k^2 y^2 + A}} = \frac{1}{k} \int \frac{k\,dy}{\sqrt{k^2 y^2 + A}} = \frac{1}{k} \log \left| ky + \sqrt{k^2 y^2 + A} \right| - \frac{B}{k}$$

B désignant une constante arbitraire. Donc

$$\varepsilon kx + B = \log \left| ky + \sqrt{k^2 y^2 + A} \right|.$$

On peut remplacer cette équation par la suivante

$$ky + \sqrt{k^2 y^2 + A} = \pm e^{\varepsilon kx + B} = B_1 e^{\varepsilon kx},$$

B_1 désignant une constante arbitraire.

On pourrait déduire y de là en rendant l'équation rationnelle ; on peut aussi l'en tirer en prenant comme inconnue auxiliaire

$$ky - \sqrt{k^2 y^2 + A} = z.$$

En ajoutant, puis multipliant membre à membre les deux dernières équations, on obtient :

$$2ky = B_1 e^{\varepsilon kx} + z$$
$$(ky)^2 - (k^2 y^2 + A) = - A = B_1 z e^{\varepsilon kx}.$$

Tirant z de cette dernière et portant dans la précédente, on a :

$$y = \frac{B_1}{2k} e^{\varepsilon kx} - \frac{A}{2B_1 k} e^{-\varepsilon kx}.$$

A et B_1 étant des constantes arbitraires, il en est de même de $\dfrac{B_1}{2k}$ et de $\dfrac{-A}{2B_1 k}$. Représentons ces nouvelles constantes par C_1 et C_2. Nous pouvons prendre aussi $\varepsilon = 1$ sans particulariser le résultat, si bien que l'intégrale générale de l'équation $y'' - k^2 y = 0$ est

$$C_1 e^{kx} + C_2 e^{-kx}.$$

Supposons maintenant que b soit positif et posons $b = k^2$.

L'intégrale $\displaystyle\int \frac{dy}{\sqrt{A - k^2 y^2}}$ n'a de sens que si A est positif; posons :

$$A = A_1^2 \quad \text{et} \quad \frac{ky}{A_1} = \sin z, \quad \text{ou mieux} \quad z = \arcsin \frac{ky}{A_1}.$$

On en déduit :

$$\varepsilon x = \frac{1}{k} \int dz = \frac{z}{k} - \frac{B}{k},$$

B désignant une constante arbitraire. Donc

$$z = \varepsilon kx + B \qquad \text{et} \qquad y = \frac{A_1}{k} \sin(\varepsilon kx + B)$$

ou

$$y = \frac{A_1}{k} \sin B \cos \varepsilon kx + \frac{A_1}{k} \cos B \sin \varepsilon kx.$$

A_1 et B étant arbitraires, il en est de même de $\dfrac{A_1}{k}\sin B$ et $\dfrac{A_1}{k}\cos B$; représentons ces nouvelles constantes par C_1 et C_2 et prenons $\varepsilon = 1$, ce qui ne particularise pas le résultat. L'intégrale générale de l'équation $y'' + k^2 y = 0$ est donc

$$y = C_1 \cos kx + C_2 \sin kx.$$

On peut ramener le cas général à l'un ou l'autre de ces trois cas particuliers en effectuant le changement de fonction, défini par l'équation $y = uv$. L'équation en v étant alors

$$uv'' + (2u' + au)v' + (u'' + au' + b)v = 0,$$

déterminons u par la condition $2u' + au = 0$ ou $\dfrac{u'}{u} + \dfrac{a}{2} = 0$.

Une solution particulière est $e^{-\frac{a}{2}x}$ et l'équation en v devient :

$$(4) \qquad\qquad v'' + \left(b - \frac{a^2}{4}\right)v = 0$$

qui est l'une des formes étudiées plus haut. Résumons les résultats :

1° $a^2 - 4b = 0$. L'intégrale générale de (4) est $v = C_1 + C_2 x$; celle de (2), où l'on suppose a et b constants, est

$$y = C_1 e^{-\frac{a}{2}x} + C_2 x e^{-\frac{a}{2}x}.$$

11° $a^2 - 4b > 0$. L'intégrale générale de (4) est

$$v = C_1 e^{\sqrt{\frac{a^2}{4} - b}\, x} + C_2 e^{-\sqrt{\frac{a^2}{4} - b}\, x};$$

celle de (2) est

$$y = C_1 e^{\left(-\frac{a}{2} + \sqrt{\frac{a^2}{4} - b}\right)x} + C_2 e^{\left(-\frac{a}{2} - \sqrt{\frac{a^2}{4} - b}\right)x}.$$

III° $a^2 - 4b < 0$. L'intégrale générale de (4) est

$$v = C_1 \cos\left(\sqrt{b - \frac{a^2}{4}}\, x\right) + C_2 \sin\left(\sqrt{b - \frac{a^2}{4}}\, x\right);$$

celle de (2) est

$$y = C_1 e^{-\frac{a}{2}x} \cos\left(\sqrt{b - \frac{a^2}{4}}\, x\right) + C_2 e^{-\frac{a}{2}x} \sin\left(\sqrt{b - \frac{a^2}{4}}\, x\right).$$

Si l'on remplace les fonctions circulaires par des exponentielles, d'après les formules d'Euler, on obtient :

$$y = C_1 e^{-\frac{a}{2}x}\, \frac{e^{ix\sqrt{b - \frac{a^2}{4}}} + e^{-ix\sqrt{b - \frac{a^2}{4}}}}{2} + C_2 e^{-\frac{a}{2}x}\, \frac{e^{ix\sqrt{b - \frac{a^2}{2}}} - e^{-ix\sqrt{b - \frac{a^2}{4}}}}{2i}$$

ou

$$y = \frac{C_1 - iC_2}{2} e^{\left(-\frac{a}{2} + i\sqrt{b - \frac{a^2}{4}}\right)x} + \frac{C_1 + iC_2}{2} e^{\left(-\frac{a}{2} - i\sqrt{b - \frac{a^2}{4}}\right)x}.$$

La comparaison de ce résultat et du précédent montre que, chaque fois que $a^2 - 4b$ n'est pas nul, l'intégrale générale de l'équation (2), où a et b sont des constantes, est

$$y = C_1 e^{\mu_1 x} + C_2 e^{\mu_2 x},$$

μ_1 et μ_2 désignant les deux racines de l'équation du second degré

$$(5) \qquad \mu^2 + a\mu + b = 0.$$

L'équation (5) est dite équation caractéristique de l'équation (2). C_1 et C_2 désignent deux constantes arbitraires qui sont réelles ou imaginaires conjuguées en même temps que μ_1 et μ_2.

On peut retrouver cette solution en suivant une voie toute différente. Reprenons l'équation

$$(6) \qquad y'' + a(x)\, y' + b(x)\, y = 0.$$

Représentons par $\Delta(y)$ la valeur que prend l'expression $y'' + ay' + by$ quand on y remplace y par une fonction quelconque de x ayant des dérivées première et seconde. L'équation (6) peut donc s'écrire $\Delta(y) = 0$.

Le symbole $\Delta(y)$ possède des propriétés qui sont des conséquences de sa forme linéaire et qui se vérifient de suite. Ainsi, C désignant une constante, on a :

$$\Delta(Cy) = C\Delta(y).$$

On a aussi

$$\Delta(y_1 + y_2) = \Delta(y_1) + \Delta(y_2)$$

et, par suite,

$$\Delta(C_1 y_1 + C_2 y_2) = C_1 \Delta(y_1) + C_2 \Delta(y_2).$$

Il résulte de là que si y_1 et y_2 sont deux intégrales particulières de (6), $C_1 y_1 + C_2 y_2$, où C_1 et C_2 sont des constantes arbitraires, est aussi une intégrale.

Nous allons montrer que si $\dfrac{y_2}{y_1}$ n'est pas une constante, $C_1 y_1 + C_2 y_2$ est l'intégrale générale de (6). Pour cela, il faut faire voir qu'une troisième intégrale quelconque y_3 est de cette forme. Posons :

$$(7) \qquad y_3 = u_1 y_1 + u_2 y_2.$$

y_3' vaut $u_1 y_1' + u_2 y_2' + u_1' y_1 + u_2' y_2$ et se réduirait à $u_1 y_1' + u_2 y_2'$ si u_1 et u_2 étaient des constantes. Posons donc encore :

$$y_3' = u_1 y_1' + u_2 y_2'.$$
(8)

Les équations (7) et (8) définissent u_1 et u_2, car leur déterminant $y_1 y_2' - y_2 y_1'$ n'est pas identiquement nul, sans quoi $\dfrac{y_2}{y_1}$ serait une constante.

Montrons que u_1 et u_2 déterminés de cette façon sont des constantes, c'est-à-dire que u_1' et u_2' sont nuls. En vertu de (7) et (8), u_1' et u_2' vérifient l'équation

$$u_1' y_1 + u_2' y_2 = 0$$
(9)

et celle qui s'en déduit en la différentiant, savoir

$$u_1'' y_1 + u_2'' y_2 + u_1' y_1' + u_2' y_2' = 0.$$
(10)

D'autre part, un calcul simple donne l'égalité

$$\Delta(y_3) = u_1 \Delta(y_1) + u_2 \Delta(y_2) + u_1'' y_1 + u_2'' y_2 + 2 u_1' y_1' + 2 u_2' y_2' + a\,(u_1' y_1 + u_2' y_2).$$

En tenant compte de (9) et (10) et remarquant que $\Delta(y_1)$, $\Delta(y_2)$, $\Delta(y_3)$ sont nuls, on obtient donc :

$$u_1' y_1' + u_2' y_2' = 0.$$
(11)

Les équations (9) et (11), linéaires et homogènes en u_1' et u_2', ont un déterminant $y_1 y_2' - y_2 y_1'$ non nul; par suite u_1' et u_2' sont nuls et y_3 est bien de la forme indiquée.

Par exemple, si l'on pose $y_1 = \cos(m \arccos x)$, on a :

$$y_1' = \frac{m}{\sqrt{1 - x^2}} \sin(m \arccos x),$$

$$y_1'' = \frac{mx}{(1 - x^2)^{\frac{3}{2}}} \sin(m \arccos x) - \frac{m^2}{1 - x^2} \cos(m \arccos x),$$

de sorte que y_1 est une intégrale particulière de l'équation

$$(1 - x^2) y'' - x y' + m^2 y = 0.$$
(12)

On vérifie aisément que la fonction $y_2 = \sin(m \arccos x)$ vérifie la même équation et que $\dfrac{y_2}{y_1}$ n'est pas une constante, car $y_2 y_1' - y_1 y_2'$ vaut $\dfrac{m}{\sqrt{1 - x^2}}$.

L'intégrale générale de (12), dans l'intervalle $(-1, +1)$, est donc

$$C_1 \cos(m \arccos x) + C_2 \sin(m \arccos x).$$

Dans l'intervalle $(-\infty, -1)$, les deux fonctions $(-x + \sqrt{x^2 - 1})^m$ et $(-x - \sqrt{x^2 - 1})^m$ sont des intégrales particulières, et l'intégrale générale est

$$C_1 (-x + \sqrt{x^2 - 1})^m + C_2 (-x - \sqrt{x^2 - 1})^m.$$

Dans l'intervalle $(1, +\infty)$, l'intégrale générale est

$$C_1 (x - \sqrt{x^2 - 1})^m + C_2 (x + \sqrt{x^2 - 1})^m.$$

Appliquons ces résultats à l'équation

$$y'' + a y' + b = 0,$$

où a et b sont des constantes. Cherchons à déterminer μ de sorte que $y = e^{\mu x}$ soit une intégrale particulière. On a vu (leç. 69) que $y' = \mu y$ (μ peut être complexe) et, par suite, que $y'' = \mu^2 y$; donc

$$\Delta(y) = (\mu^2 + a \mu + b) y.$$

Si μ est une racine de l'équation caractéristique (5), y est une intégrale particulière.

Lorsque les racines μ_1 et μ_2 de (5) sont distinctes, le rapport $\dfrac{e^{\mu_2 x}}{e^{\mu_1 x}} = e^{(\mu_2 - \mu_1)x}$ n'est pas constant et l'intégrale générale est $C_1 e^{\mu_1 x} + C_2 e^{\mu_2 x}$, C_1 et C_2 étant des constantes arbitraires choisies de telle sorte que cette intégrale soit réelle.

Mais si μ_1 et μ_2 sont égaux, le raisonnement est en défaut, car les deux intégrales particulières sont égales. On peut traiter ce cas en remarquant que, si les deux racines sont distinctes, $\dfrac{e^{\mu_2 x} - e^{\mu_1 x}}{\mu_2 - \mu_1}$ est une intégrale et que, si l'on fait tendre μ_2 vers μ_1, ce rapport tend vers la dérivée de la fonction $e^{\mu x}$ par rapport à μ pour $\mu = \mu_1$. Or cette dérivée est $xe^{\mu_1 x}$. On vérifie d'ailleurs sans difficulté que si $a^2 - 4b$ est nul, $xe^{-\frac{a}{2}x}$ est une intégrale de l'équation donnée ; l'intégrale générale est alors $C_1 e^{-\frac{a}{2}x} + C_2 xe^{-\frac{a}{2}x}$ et l'on retrouve un résultat connu.

Cette méthode peut être généralisée.

y_1, y_2, ..., y_p désignant p intégrales particulières d'une équation linéaire d'ordre p sans second membre, si ces intégrales sont linéairement distinctes, c'est-à-dire si elles ne sont pas liées par une équation linéaire et homogène à coefficients constants

$$\lambda_1 y_1 + \lambda_2 y_2 + \ldots + \lambda_p y_p = 0,$$

l'intégrale générale de l'équation donnée est

$$C_1 y_1 + C_2 y_2 + \ldots + C_p y_p,$$

C_1, C_2, ... C_p étant des constantes arbitraires.

Considérons alors l'équation

$$y^{(p)} + a_1 y^{(p-1)} + a_2 y^{(p-2)} + \ldots a_p y = 0,$$

à coefficients constants. En écrivant que $e^{\mu x}$ est une solution de cette équation, on trouve que μ est une racine de l'équation caractéristique :

$$\mu^p + a_1 \mu^{p-1} + a_2 \mu^{p-2} + \ldots + a_p = 0.$$

Si les racines μ_1, μ_2, ..., μ_p de cette équation sont distinctes, on vérifie sans difficulté que les p intégrales $e^{\mu_1 x}$, $e^{\mu_2 x}$, ..., $e^{\mu_p x}$ sont linéairement distinctes, de sorte que l'intégrale générale est

$$C_1 e^{\mu_1 x} + C_2 e^{\mu_2 x} + \ldots + C_p e^{\mu_p x},$$

C_1, C_2, ..., C_p étant des constantes arbitraires, réelles si elles sont associées à des valeurs réelles de μ, imaginaires conjuguées quand elles sont associées à des valeurs de μ imaginaires conjuguées.

Si deux racines μ_1 et μ_2 sont égales, on démontre que $xe^{\mu_1 x}$ est aussi une intégrale ; si trois racines μ_1, μ_2, μ_3 sont égales, on démontre que $xe^{\mu_1 x}$, $x^2 e^{\mu_1 x}$ sont aussi des intégrales, etc. La méthode donne donc toujours p intégrales particulières linéairement distinctes et, par suite, l'intégrale générale.

En particulier, l'intégrale générale de l'équation $y^{\mathrm{IV}} - y = 0$ est

$$C_1 e^x + C_2 e^{-x} + \frac{C_3 - iC_4}{2} e^{ix} + \frac{C_5 + iC_4}{2} e^{-ix} = C_1 e^x + C_2 e^{-x} + C_3 \cos x + C_4 \sin x,$$

car les racines de l'équation caractéristique sont 1, -1, i, $-i$.

Équations linéaires du second ordre à coefficients constants avec second membre d'une forme particulière. — Examinons d'abord le cas où le second membre est un polynome entier en x. Soit

$$\Delta(y) \equiv y'' + ay' + by = f(x)$$

l'équation donnée, le polynome entier $f(x)$ étant de degré m.

$\Delta(y)$, où l'on remplace y par un polynome entier $F(x)$ de degré p, savoir

$$F(x) \equiv \alpha_0 x^p + \alpha_1 x^{p-1} + \alpha_2 x^{p-2} + \ldots + \alpha_p,$$

devient :

$$\Phi(x) \equiv b\alpha_0 x^p + \left[ap\alpha_0 + b\alpha_1 \right] x^{p-1}$$
$$+ \left[p(p-1)\alpha_0 + (p-1)a\alpha_1 + b\alpha_2 \right] x^{p-2} + \ldots$$

$\Phi(x)$ est de degré p si b n'est pas nul, de degré $p-1$ si b est nul et a non nul, de degré $p-2$ si a et b sont nuls.

Dans le premier cas, on prendra $p = m$; l'identification de $\Phi(x)$ et de $f(x)$ donne $m+1$ équations de condition aux inconnues $\alpha_0, \alpha_1, \ldots, \alpha_m$, qui sont définies de proche en proche par ces équations. Le polynome $F(x)$ est bien déterminé.

Dans le second cas, on prendra $p = m+1$ et on procédera de même; seulement le coefficient α_{m+1} ne figurant pas dans Φ, peut être pris arbitrairement : on peut le prendre nul.

Dans le troisième cas, on prendra $p = m+2$; les coefficients α_{m+1} et α_{m+2} sont arbitraires : on peut les prendre nuls.

Dans tous ces cas, on déterminera un polynome entier $F(x)$, solution de l'équation avec second membre, et, comme on connaît l'intégrale générale de l'équation $\Delta(y) = 0$, on aura l'intégrale générale de l'équation donnée.

Supposons maintenant que le second membre soit de la forme $e^{\lambda x} f(x)$, λ désignant une constante quelconque réelle ou complexe et $f(x)$ un polynome entier à coefficients également quelconques, de degré m. Posons $y = e^{\lambda x} z$; on trouve facilement :

$$\Delta(y) = e^{\lambda x} \left[z'' + (2\lambda + a)z' + (\lambda^2 + a\lambda + b)z \right],$$

de sorte que si z est une intégrale particulière de l'équation

$$z'' + (2\lambda + a)z' + (\lambda^2 + a\lambda + b)z = f(x),$$

y est une intégrale particulière de l'équation donnée. Or nous avons appris à trouver un polynome entier $F(x)$, solution de la dernière équation; F est de degré m si $\lambda^2 + a\lambda + b$ n'est pas nul, c'est-à-dire si λ n'est pas racine de l'équation caractéristique; F est de degré $m+1$ si $\lambda^2 + a\lambda + b$ est nul et si $2\lambda + a$ ne l'est pas, c'est-à-dire si λ est racine simple de l'équation caractéristique; F est de degré $m+2$ si λ est racine double de l'équation caractéristique.

Supposons enfin que le second membre soit un polynome entier à coefficients réels par rapport à x, $e^{p_1 x}$, $e^{p_2 x}$, $\ldots$, $\sin q_1 x$, $\sin q_2 x$, $\ldots$, $\cos r_1 x$, $\cos r_2 x$, $\ldots$; $p_1, p_2, \ldots, q_1, q_2, \ldots, r_1, r_2, \ldots$ désignent des nombres réels quelconques.

L'emploi des formules d'Euler :

$$\sin qx = \frac{e^{iqx} - e^{-iqx}}{2i}, \qquad \cos rx = \frac{e^{irx} + e^{-irx}}{2},$$

permettra de mettre le second membre sous forme d'une somme $A_1 + A_2 + \ldots A_n$ où chaque terme est de la forme

$$A_k = e^{\lambda_k x} f_k(x),$$

λ_k désignant une constante réelle ou complexe et f_k un polynome entier. Si λ_k est réel, il en est de même de f_k. A deux valeurs complexes conjuguées de λ correspondent deux polynomes f imaginaires conjugués.

Nous savons trouver une intégrale particulière y_k de chaque équation

$$\Delta(y) = A_k.$$

Or, on a vu que l'on a :

$$\Delta(y_1 + y_2 + \ldots + y_n) = \Delta(y_1) + \Delta(y_2) + \ldots + \Delta(y_n)$$
$$= A_1 + A_2 + \ldots + A_n.$$

$y_1 + y_2 + \ldots + y_n$ est donc une intégrale particulière de l'équation donnée; cette intégrale est d'ailleurs réelle, car, si λ_k est réel, y_k l'est aussi, et si λ_k, $\lambda_{k'}$ sont imaginaires conjugués, y_k et $y_{k'}$ le sont également. (Cette remarque fournit d'ailleurs $y_{k'}$, sans calcul, du moment qu'on connaît y_k.)

Appliquons ces résultats à quelques exemples :

1° Soit l'équation

$$\Delta(y) \equiv y'' + y = x \cos^3 x.$$

Le second membre vaut

$$x\left(\frac{e^{ix} + e^{-ix}}{2}\right)^3 = \frac{x}{8}(e^{3ix} + e^{-3ix} + 3e^{ix} + 3e^{-ix}).$$

Il suffit de trouver une intégrale particulière y_1 de $\Delta(y) = \dfrac{x}{8} e^{3ix}$ et une intégrale particulière y_3 de $\Delta(y) = \dfrac{3x}{8} e^{ix}$. Des intégrales particulières y_2 et y_4 en résultent pour les deux autres équations

$$\Delta(y) = \frac{x}{8} e^{-3ix}, \qquad \Delta(y) = \frac{3x}{8} e^{-ix},$$

en changeant i en $-i$ dans y_1 et y_3.

$3i$ n'étant pas racine de l'équation caractéristique $\mu^2 + 1 = 0$, on peut prendre $y_1 = (\alpha x + \beta)e^{3ix}$. On trouve, pour déterminer α et β, l'équation

$$\Delta(y_1) = (-8\alpha x - 8\beta + 6i\alpha)e^{3ix} = \frac{x}{8} e^{3ix},$$

On en déduit :

$$-8\alpha = \frac{1}{8}, \qquad -8\beta + 6i\alpha = 0, \qquad \text{d'où} \quad \alpha = -\frac{1}{64}, \qquad \beta = \frac{-3i}{256}.$$

Par suite

$$y_1 = \left(-\frac{x}{64} - \frac{3\,i}{256}\right) e^{3ix}, \qquad y_2 = \left(-\frac{x}{64} + \frac{3\,i}{256}\right) e^{-3ix}$$

$$y_1 + y_2 = -\frac{x}{32} \cos 3x + \frac{3}{128} \sin 3x.$$

i étant racine simple de l'équation caractéristique, on peut prendre
$$y_3 = (\alpha x^2 + \beta x) e^{ix}.$$

On trouve, pour déterminer α et β, l'équation

$$\Delta(y_3) = (4\,i\alpha x + 2\,i\beta + 2\alpha) e^{ix} = \frac{3x}{8} e^{ix}.$$

On en déduit :

$$4\,i\alpha = \frac{3}{8}, \qquad 2\,i\beta + 2\alpha = 0, \qquad \text{d'où} \qquad \alpha = -\frac{3\,i}{32}, \qquad \beta = \frac{3}{32}.$$

Par suite

$$y_3 = \left(-\frac{3\,i}{32} x^2 + \frac{3}{32} x\right) e^{ix}, \qquad y_4 = \left(\frac{3\,i}{32} x^2 + \frac{3}{32} x\right) e^{-ix},$$

$$y_3 + y_4 = \frac{3}{16} x^2 \sin x + \frac{3}{16} x \cos x.$$

Une intégrale particulière de l'équation proposée est donc

$$y_0 = -\frac{x}{32} \cos 3x + \frac{3}{128} \sin 3x + \frac{3}{16} x^2 \sin x + \frac{3}{16} x \cos x.$$

On obtient l'intégrale générale sous la forme

$$y = y_0 + C_1 \cos x + C_2 \sin x.$$

On aurait pu éviter l'emploi des imaginaires en mettant le second membre de l'équation donnée sous la forme $\dfrac{x}{4} \cos 3x + \dfrac{3}{4} x \cos x$, qui est linéaire par rapport à des cosinus, et chercher une intégrale particulière de chacune des équations

$$\Delta(y) = \frac{x}{4} \cos 3x, \qquad \Delta(y) = \frac{3}{4} x \cos x.$$

La première admet une intégrale z_1 de la forme
$$(\alpha x + \beta) \cos 3x + (\alpha' x + \beta') \sin 3x.$$

On détermine α, β, α', β' en substituant dans l'équation correspondante ; on obtient :

$$\Delta(z_1) = (A x + B) \cos 3x + (A' x + B') \sin 3x = \frac{x}{4} \cos 3x,$$

A, B, A', B' désignant des fonctions linéaires et homogènes de α, β, α', β'. On réalise cette égalité en prenant

$$A = \frac{1}{4}, \qquad B = 0, \qquad A' = 0, \qquad B' = 0,$$

ce qui détermine les inconnues.

La seconde admet une intégrale z_2 de la forme

$$(\alpha x^2 + \beta x) \cos x + (\alpha' x^2 + \beta' x) \sin x.$$

On trouve :

$$\Delta(z_2) = (A x + B) \cos x + (A' x + B') \sin x = \frac{3}{4} x \cos x,$$

A, B, A', B' désignant des fonctions linéaires et homogènes de α, β, α', β'. On réalise cette égalité en prenant

$$A = \frac{3}{4}, \qquad B = o, \qquad A' = o, \qquad B' = o, \quad \text{etc.}$$

$2°$ Soit encore l'équation

$$\Delta(y) \equiv y'' - 2y' + y = x^3 e^x.$$

Le coefficient de x, dans l'exponentielle, étant racine double de l'équation caractéristique $\mu^2 - 2\mu + 1 = o$, on peut trouver une intégrale particulière de la forme

$$y_1 = (\alpha x^5 + \beta x^4 + \gamma x^3 + \delta x^2) e^x.$$

On obtient, tous calculs faits :

$$\Delta(y_1) = (20\alpha x^3 + 12\beta x^2 + 6\gamma x + 2\delta) e^x = x^3 e^x.$$

On réalise cette égalité en prenant

$$\alpha = \frac{1}{20}, \qquad \beta = \gamma = \delta = o.$$

L'intégrale générale de l'équation donnée est donc

$$y = \left(\frac{x^5}{20} + C_1 x + C_2 \right) e^x.$$

EXERCICES

$1°$ Lorsque m est un nombre naturel, $\cos(m \arccos x)$ est un polynome entier en x; la formule de Moivre montre que son terme de plus haut degré est $2^{m-1} x^m$. Utiliser l'équation (12) pour calculer tous les coefficients de ce polynome entier.

$2°$ La fonction $y = e^{-x^2}$ vérifie l'équation différentielle $y' + xy = o$; on en déduit qu'elle vérifie aussi l'équation

$$y^{(n)} + 2xy^{(n-1)} + 2(n-1)y^{(n-2)} = o.$$

La dérivée $y^{(n)}$ est de la forme $P_n y$, P_n désignant un polynome entier de degré n en x.

Démontrer la relation

$$P_n = P'_{n-1} - 2x P_{n-1}$$

et déduire de là le coefficient de x^n dans P_n.

Démontrer la relation

$$P_n + 2x P_{n-1} + 2(n-1) P_{n-2} = o,$$

et faire voir que P_n est une intégrale de l'équation du second ordre

$$z'' - 2xz' + 2nz = o.$$

Déduire de là les coefficients de P_n et montrer que l'intégration de cette équation se ramène au calcul d'une intégrale de différentielle rationnelle.

Utiliser le théorème de Rolle et le fait que $y^{(n)}$ s'annule pour $x = \pm \infty$, pour démontrer que les zéros de deux polynomes P_n, P_{n+1} sont réels et se séparent mutuellement.

3° Étant donnée l'équation
$$y'' + a(x)y' + b(x)y = 0,$$
démontrer que si l'on peut déterminer une fonction u de x telle que $2u' + a$ et $u'' + u'^2 + au' + b$ soient des constantes, le changement de fonction, défini par l'équation
$$y = e^u z,$$
substitue à l'équation donnée une équation linéaire à coefficients constants.

4° Le changement de fonction, défini par la formule $\dfrac{y'}{y} = z$, substitue à l'équation linéaire du second ordre sans second membre l'équation de Riccati :
$$z' + z^2 + az + b = 0.$$
Déduire de là des cas où l'intégration de l'équation du second ordre se ramène à des quadratures.

5° Trouver la relation qui doit exister entre les coefficients a, b de l'équation linéaire du second ordre sans second membre pour que cette équation admette deux intégrales particulières liées par l'équation $y_1^2 + y_2^2 = 1$.

6° Parmi les courbes intégrales de l'équation
$$y'' + a(x)y' + b(x)y = 0,$$
il y en a en général une qui admet un point donné M_0 comme point d'inflexion. Démontrer que si M_0 se déplace sur une parallèle à Oy, la tangente d'inflexion passe par un point fixe.

7° Intégrer l'équation
$$y'' - 2y' + 2y = xe^x \sin x.$$

8° Intégrer les deux équations
$$\frac{dx}{dt} = ax + by, \qquad \frac{dy}{dt} = a_1 x + b_1 y,$$
a, b, a_1, b_1 désignant des constantes données (x et y sont solutions d'une équation différentielle linéaire du second ordre, sans second membre, à coefficients constants).

9° La normale en un point M d'une courbe inconnue coupe Ox en N et touche la développée en I. Déterminer cette courbe, sachant que le rapport $\dfrac{\overline{MI}}{\overline{MN}}$ a une valeur constante. Cas particuliers où cette constante est égale à $\pm 1, \pm 2, \pm 3$.

10° Intégrer l'équation $\dfrac{(1 + y'^2)^{\frac{3}{2}}}{y''} = C^{te}$.

11° Trouver l'équation différentielle du troisième ordre qui admet comme courbes intégrales tous les cercles du plan. Comparer à l'équation qui définit les cercles osculateurs stationnaires d'une courbe donnée (voir leç. 56).

12° Trouver l'équation du cercle qui passe par l'origine et qui est tangent en un point $M(x, y)$ à une courbe donnée. Déduire de là un procédé géométrique d'intégration d'une équation de la forme
$$f\left(y\,\frac{x + yy'}{y - xy'} + x, \ -x\,\frac{x + yy'}{y - xy'} + y \right) = 0.$$

13° Démontrer que toute courbe dont les plans osculateurs sont tous stationnaires est une courbe plane.

14° Quelle est l'équation transformée de l'équation
$$\frac{d^2y}{dx^2} + \frac{2x}{x}\frac{dy}{dx} + y = 0,$$
lorsqu'on effectue la transformation
$$z = \frac{1}{x}\frac{dy}{dx}.$$

d'intégrabilité?

TABLE DES MATIÈRES